C000264958

1 MONTH OF
FREE
READING

at

www.ForgottenBooks.com

By purchasing this book you are
eligible for one month membership to
ForgottenBooks.com, giving you
unlimited access to our entire
collection of over 1,000,000 titles via
our web site and mobile apps.

To claim your free month visit:
www.forgottenbooks.com/free1014271

* Offer is valid for 45 days from date of purchase. Terms and conditions apply.

ISBN 978-0-364-40052-4
PIBN 11014271

This book is a reproduction of an important historical work. Forgotten Books uses
state-of-the-art technology to digitally reconstruct the work, preserving the original format
whilst repairing imperfections present in the aged copy. In rare cases, an imperfection in
the original, such as a blemish or missing page, may be replicated in our edition. We do,
however, repair the vast majority of imperfections successfully; any imperfections that
remain are intentionally left to preserve the state of such historical works.

Forgotten Books is a registered trademark of FB &c Ltd.
Copyright © 2018 FB &c Ltd.
FB &c Ltd, Dalton House, 60 Windsor Avenue, London, SW19 2RR.
Company number 08720141. Registered in England and Wales.

For support please visit www.forgottenbooks.com

GIFT OF
J. C. HORGAN

EX LIBRIS

COLLEGE OF AGRICULTURE
DAVIS, CALIFORNIA

BEE
COLLECTION

Pa~, t du 1ᵉʳ au 5 de chaque mois.

L'APICULTEUR

JOURNAL

DES CULTIVATEURS D'ABEILLES

MARCHANDS DE MIEL ET DE CIRE

PUBLIÉ SOUS LA DIRECTION

DE M. H. HAMET

Professeur d'apiculture au Luxembourg

L'apiculteur, comme tous les ouvriers des diverses professions,
a besoin d'étudier son art, de le comprendre, de le raisonner.

1868-1869

TREIZIÈME ANNÉE

3ᵉ DE LA 2ᵉ SÉRIE

AUX BUREAUX DE *L'APICULTEUR*, RUE SAINT-VICTOR, 67

PRÈS LE JARDIN DES PLANTES

Prix de l'Abonnement : 6 francs par an

Digitized by Google

LA SOLIDARITÉ APICOLE

ART. 3. — L'association n'exige aucune cotisation. Mais tout adhérent s'engage à verser, au cas où il sera besoin de fonds pour venir au secours des associés atteints ou poursuivis, une répartition annuelle qui ne pourra dépasser 10 centimes par ruche qu'il aura déclaré posséder. (Pour les autres articles. Voir la 12ᵉ année de l'*Apiculteur*, p., 366).

Ont adhéré :

MM. DEHEURLES, à Rosson-Doche (Aube).	70 ruches.
DEMATONS, à Arrenières (Aube).	20 —
DEMATONS, à Lévigny (Aube).	20 —
DUPONT-POULET, à Montgueur (Aude).	» —
MONGIN, à Trannes (Aube).	15 —
VIGNOLE, à Beaulieu (Aube).	350 —
LOURDEL, à Bouttencourt (Somme).	25 —
COCHON, à Cloye (Seine-et-Marne).	35 —

Liste précédente :	1249
TOTAL. . .	1779

L'engagement est annuel.

INSTRUMENTS APICOLES PERFECTIONNÉS
aux Bureaux de l'APICULTEUR

Ruche Lombard-Radouan, belle façon, de 4, 75 à	5	»
Ruche à calotte normande (corps et chapiteau)	3	50
— Corps seul.	2	25
— Le cent, prises en gare, à Caen	240	»
— Corps de ruche seul, à Caen, de 100 à	130	»
Ruche à cabochon, façon des Vosges	4	50
Corps de ruche seul	3	25
Cabochon (chapiteau)	1	25
Ruche à hausses paille (2 hausses et chapiteau)	5	75
— à 3 hausses, dito sans chapiteau	6	»
— à 3 hausses avec chapiteau ou 4 hausses sans chapiteau . . .	7	»
Ruche à hausses en bois, 3 hausses (modèle soigné)	15	»
— à 4 hausses	18	»
Ruche à hausses et rayons mobiles de Mᵐᵉ SANTONAX.	10	»
Ruche d'observation, à cadres mobiles, système Hamet, de 45 à . . .	50	»
Cératome, couteau recourbé à extraire les rayons	3	50
— dito en langue de chat.	3	50
Couteau à lame pliante.	3	»
Spatule-couteau	1	25
Camail ordinaire (masque) non garni	1	50
— garni, de 3 à	3	50
Camail avec oreillettes non garni.	2	75
— garni.	4	50
Camail avec oreillettes et rebord non garni.	3	25
— garni	5	»
Canevas à presser la cire, selon force et largeur, le mètre, de 3 à . . .	7	»
— à couler le miel et à transporter les abeilles de 2 à . . .	2	50
Gants en peau tannée.	2	25
Enfumoir en tôle.	3	50
Moule pour couler la cire en briques.	2	50
Nourrisseur en grès, de 25 centimes à	0	35
Toiles (canevas) à transporter les abeilles.	1	50

COURS PRATIQUE D'APICULTURE, 3ᵉ édit. 1 vol. in-18 jésus, avec 115 fig. et 9 pl. par M. HAMET. Prix : 3 fr. 50.

Cet ouvrage a été encouragé par S. Exc. le Ministre de l'Agriculture.

L'APICULTEUR

PARIS. — IMPRIMERIE HORTICOLE DE E. DONNAUD, RUE CASSETTE, 9.

L'APICULTEUR

JOURNAL

DES CULTIVATEURS D'ABEILLES

MARCHANDS DE MIEL ET DE CIRE

PUBLIÉ SOUS LA DIRECTION

DE M. H. HAMET

Professeur d'apiculture au Luxembourg

L'apiculteur, comme tous les ouvriers des diverses professions
a besoin d'etudier son art, de le comprendre, de le raisonner.

TREIZIÈME ANNÉE

DEUXIÈME SÉRIE

PARAIT TOUS LES MOIS — 6 FRANCS PAR AN

PARIS

AUX BUREAUX DE *L'APICULTEUR*, RUE SAINT-VICTOR, 67

PRÈS LE JARDIN DES PLANTES

UNIVERSITY OF CALIFORNIA
LIBRARY

Digitized by Google

Nº 1.   TREIZIÈME ANNÉE   Octobre 1868.
_1868_

L'APICULTEUR

Chronique.

M. l'abbé Caye, curé d'Hémilly (Moselle), nous écrit qu'il a assisté
à la réunion apicole de Darmstadt des 8, 9 et 10 septembre, qui
comptait environ trois cents membres. Il se félicite de l'urbanité des
Allemands et se plait à rendre hommage à leur politesse et à leur bonne
sympathie. La ruche à cadres mobiles, comme bien on le pense, y était
représentée sous ses combinaisons multiples. Tous les honneurs ont été
pour elle.

— La 2e exposition des insectes a reçu comme la première les félicitations de la presse. Il faut excepter deux ou trois journaux qui se sont signalés par des articles malveillants. L'un de ces articles a été produit par
le _Journal d'Agriculture pratique_, et porte la signature de M. Eug. Liebert.
Cet _agronome_ débute par dire que les expositions ne servent à rien, et
dans quatre colonnes de prose filandreuse, il porte un jugiment en
conséquence sur les objets qu'il voit à l'exposition des insectes. Il fait
cependant des restrictions qui sentent la caque, c'est en faveur des ouvrages qu'expose la maison qui lui paye ses lignes. Le jury chargé d'examiner les ouvrages d'insectologie générale a dû faire retomber sur
l'éditeur la responsabilité de cet article malveillant et lui refuser toute
distinction. Une autre fois on choisira mieux son _émoucheur_.

— Une tartine en trois tronçons, cotée au moins 15 francs à la foire aux
idées, a aussi été lancée, ne forme de trognon de chou, à l'exposition des
insectes et de ses organisateurs. Ça est signé par un ancien employé qui
s'intitule économiste, agronome, entomologiste, philanthrope, etc., etc.,
et qui occupe le rôle de troisième doublure à _l'Echo agricole_. C'est le
même personnage qui, naguère, réclamait à la Société d'apiculture le
prix de son dévouement à raison de 20 centimes la ligne, et qui reçut
pour toute monnaie une exclusion en bonne forme. On ne peut pas plus
trainer la semelle qu'il ne fait à travers l'exposition des insectes. Arrivé
dans la salle des produits des abeilles, le pauvre vieux trouve que « l'o-

81985

Digitized by Go

deur du miel *exaltée* par la chaleur y est insupportable » et, comme un scarabé dont on aurait titillé les antennes avec un fétu, il s'esquive au plus vite, mais non sans protester sur le scandale qui se produit là : des producteurs y livrent leurs denrées directement aux consommateurs. Grands dieux ! que vont devenir certains... insectes nuisibles, s'est dit monsieur l'économiste ?

— Le compte rendu de la 17ᵉ séance publique annuelle de la Société protectrice des animaux contient parmi ses lauréats les noms de M. A. de Bouclon, curé à Sacquinville : médaille d'argent pour son traité de *l'Apiculture pratique et productive* ; M. Vignon, apiculteur à Saint-Denis, près Péronne : médaille de bronze pour ses conseils gratuits sur l'apiculture rationnelle.

La Société d'agriculture de l'arrondissement de Falaise, qui fait une large part à l'apiculture dans ses encouragements, a accordé les prix suivants pour ruchers bien tenus, au concours dernier, qui s'est tenu à Thury-Harcourt : 1ᵉʳ prix (médaille d'argent) à M. Aufray, curé de Culey-le-Patry ; 2ᵉ prix (médaille de bronze) à M. Brion (Thomas), apiculteur à Culey-le-Patry ; mention honorable, à M. Dalibert (Felix), apiculteur à Cauvelle ; et à M. Gueslot (Auguste), apiculteur à Fontaine-le-Pin.

Pour bonne préparation et supériorité des produits apicoles : 1ᵉʳ prix (médaille d'argent), à M. Vivien (Jérôme), apiculteur à Saint-Sylvain ; 2ᵉ prix *ex æquo* (médaille de bronze), à Mᵐᵉ Le Foulon, à Falaise, et à M. Levillain, apiculteur à Ceny-Bois-Halbout ; mention honorable à M. Minot, apiculteur à Bonœil. Un prix de 30 fr. hors concours a été accordé à M. Stanislas Chauvel, aveugle de naissance, apiculteur à Soumont-Saint-Quentin, pour fabrication de ruches normandes. Le jury était composé de praticiens, parmi lesquels M. de Saint-Jean, l'apiculteur désintéressé et dévoué dont le concours est assuré lorsqu'il s'agit de faire progresser notre industrie.

Au concours de la Société d'agriculture de Pontoise tenu le mois dernier, les distinctions suivantes ont été accordées : Prix d'honneur (médaille de vermeil grand module) à M. l'abbé Sagot, pour ruche l'aumonière et produits ; 1ᵉʳ prix (médaille d'argent M. Carboin, à Auvers ; 1ᵉʳ prix dito, M. Cheron, apiculteur à Magny-en-Vexin ; 2ᵉ prix (médaille en argent), M. Boulinguez, apiculteur à Persan ; 2ᵉ prix dito, M. Carbilliers, à Paris.

— La circulaire suivante a été adressée à MM. les marchands épiciers le

Digitized by C

Paris, pour l'observation de la vente du miel sous sa véritable dénomination de provenance.

« Frappés des préjudices que leur causent des épiciers et autres marchands qui se croient autorisés à vendre des miels du Gâtinais, les meilleurs connus, sous la dénomination de *miels de Chamonix, Narbonne, etc.*, ou qui, d'autres fois, débitent des miels inférieurs du Chili, sous la dénomination de *miels du Gâtinais*, les producteurs de cette région ont résolu, pour faire cesser cette tromperie de la chose vendue, aussi préjudiciable aux consommateurs qu'aux producteurs, de donner avis au commerce de Paris que désormais ils useront de la loi du 27 mars 1851 et des art. 323 et 463 du Code pénal.

« Dès aujourd'hui ils font parvenir la présente circulaire au parquet de M. le procureur impérial pour que celui-ci en prenne bonne note.

« Cette détermination a été approuvée par les exposants des produits des abeilles du Palais de l'Industrie dont l'exposition restera ouverte jusqu'au 14 de ce mois, et par le bureau de la Société centrale d'apiculture. »

Le président de la Société d'apiculture gâtinaisienne et beauceronne. — (E. MENAULT).

Le Secrétaire général de la Société centrale d'apiculture, professeur au Luxembourg. — (H. HAMET).

Il sera à prendre des mesures analogues contre les producteurs qui frelatent leur miel et leur cire, et c'est un grand service à rendre à l'avenir de l'apiculture que de les dévoiler au plus vite.

— Nous avons reçu une brochure de 36 pages, portant pour titre : *De l'usage de la cire dans les cérémonies religieuses*, par M. l'abbé E. Chevalier, Annecy, 1868 ; imprimerie C. Burdet. Quelques extraits la feront connaître. — Nous avons reçu une autre publication qui mérite une mention particulière, c'est le *Mémorial agricole de 1867*, ou l'agriculture à Billancourt et au Champ-de-Mars, par M. Louis Hervé, directeur de la *Gazette des campagnes*. On se rappelle nos petits différends à propos de certain lauréat apicole de Billancourt. Nous ne devons pas moins féliciter l'auteur du *Mémorial* qui a su réunir dans son intéressant travail les nombreux documents agricoles qui méritaient d'être relatés. C'est un ouvrage que consulteront avec fruit tous ceux qui s'occupent sérieusement d'agriculture. Librairie Blériot, quai des Grands-Augustins. Prix : 8 fr.   H. HAMET.

Distribution des médailles de l'exposition des insectes.

La distribution des récompenses aux lauréats de l'exposition des insectes s'est faite en famille et sans apparat, le 14 septembre, dans la salle des conférences, au Palais de l'Industrie. En l'absence du président et des vice-présidents, le bureau était présidé par M. Ch. Barbier, membre du conseil d'administration de la Société d'insectologie et d'un des jurys de l'exposition. A ses côtés se trouvaient MM. Vignole, président de la Société d'apiculture de l'Aube, Rivière, Hamet, de Lorza, Deyrolle, Delinotte, Personnat et Sigaut.

M. le président a adressé quelques mots pour excuser les membres absents et pour annoncer que la séance solennelle n'aurait lieu qu'en novembre, et qu'en attendant, on allait remettre les médailles aux lauréats présents. Il a ensuite donné la parole à M. Hamet, secrétaire général, qui s'est exprimé de la manière suivante :

Messieurs,

Dans un instant l'exposition organisée par votre Société, sous le patronage du Ministre de l'agriculture, va être close. Nous sommes réunis ici pour remettre aux lauréats les distinctions qu'ils ont méritées. Parmi ces distinctions sont trois médailles d'or que Sa Majesté l'Empereur a daigné nous accorder, et un certain nombre de médailles d'or, d'argent et de bronze de S. Exc. le Ministre de l'agriculture. Remercions Sa Majesté l'Empereur et S. Exc. le ministre de l'agriculture du haut témoignage d'intérêt qu'ils portent à notre œuvre.

Avant de désigner les lauréats, permettez que je vous rappelle l'origine récente de notre utile Société et que je résume les succès qu'elle vient d'obtenir.

C'est à une première exposition des insectes, organisée en 1865 par la *Société centrale d'apiculture*, à laquelle plusieurs d'entre nous appartiennent, qu'a germé l'idée de fonder une *Société d'insectologie agricole*. Quelques mois plus tard, cette idée essayait de prendre corps; mais comme la chrysalide du grand-pahnelle jugea, pour des causes qu'il serait oiseux de rapporter, que le moment n'était pas encore venu de naître. Ce n'est qu'au bout de dix-huit mois d'incubation qu'elle naquit enfin.

Après être restée si longtemps dans ce premier état, la Société d'insectologie, une fois constituée, devait se sentir bientôt assez forte, quoique peu nombreuse encore, pour organiser l'exposition que nous terminons et qui accuse un progrès réel sur la première, tant sous le rapport du nombre des exposants que sous celui des objets exposés.

La première ne comptait que deux cents et quelques exposants présentant environ 600 lots et collections. Celle-ci en compte plus de trois cents présentant au-delà de 800 lots et collections.

Je n'entrerai pas dans les détails du mérite des objets exposés : les rapports des jurys des trois divisions que comprend notre exposition s'en chargeront. Ces rapports seront publiés. Je me bornerai à vous faire remarquer que dans la sériciculture le jury s'est plus appliqué à encourager la culture du ver à soie du mûrier qui est une véritable richesse nationale, que celle des vers à soie nouveaux, qui n'ont pas encore assez fait leur preuve.

On se rappelle qu'à la première exposition des insectes une dissension profonde surgit dans le sein de la Société d'apiculture à la suite de la décision d'un premier jury séricicole, composé de membres de l'Institut, qui accordait la médaille d'or de l'Empereur au ver à soie de l'ailante, décision qui fut infirmée par les simples membres de la Société et qui provoqua une enquête dont le résultat fut en faveur de ces simples membres.

Cette fois le jury a accordé la médaille d'or de l'Empereur à M. Gelot, représentant des républiques de l'Équateur, du Chili et de l'Uruguay, pour la propagation de la sériciculture dans ces pays et pour l'introduction en France des graines de ces républiques, graines jusqu'à ce jour exemptes de maladies, ou du moins en Amérique. Votre Société a fait faire au Palais de l'Industrie une éducation de ces graines qui, jusqu'à ce moment, a donné des résultats satisfaisants pour l'époque et pour le lieu. Quelques vers sont malades, mais pas assez pour les empêcher de coconner.

Le jury a accordé une médaille d'or du ministre de l'agriculture à un praticien émérite, M. Nourrigat, de Lunel, pour ses produits et ses appareils exposés, et aussi pour son moyen de reconnaître *sans l'emploi du microscope* les vers qui donneront de la graine saine, moyen que l'auteur promet de mettre à la portée de tous les graineurs. Ce jour, M. Nourrigat aura rendu un service que la Société d'insectologie ne sera pas en mesure de récompenser selon son importance. Un autre sériciculteur, M. Cavalié, de Castres, croit posséder un moyen de guérison des vers malades que la Société serait heureuse de savoir efficace. Il a traité par son procédé, qui consiste à arroser de vin de Collioure les feuilles du mûrier données en pâture, une soixantaine de vers malades qui sont en train de monter et de filer leur cocon. M. Cavalié assure que les papillons qui naîtront de ces cocons donneront de la graine saine ; c'est ce que l'avenir nous apprendra. En attendant, nous devons dire que déjà et depuis longtemps des sériciculteurs du Midi — ou du moins on nous l'a affirmé — arrosent de vin les feuilles qu'ils donnent aux vers à soie. Cette addition de vin n'aurait pas toujours empêché, paraît-il, la maladie de sévir. Toutefois il ne faut rien préjuger du vin de Collioure et des merveilleux effets qu'il promet.

La section apicole accuse un progrès constant dans l'art de cultiver économiquement les abeilles et de préparer leurs produits. La médaille d'or de l'Empereur revient pour cette section à M. Emile Beuve, de Crancy (Aube) qui, pour l'intelligence et le dévouement, se trouve au premier rang. On remarquera que le département de l'Aube est celui qui enlève le plus de premières distinctions dans cette section. Nous en sommes flattés pour lui et attristés pour les autres. C'est que l'Aube marche d'une vitesse qui mérite d'être signalée. Grâce à l'activité et au désintéressement d'un de ses praticiens éclairés, M. Vignole, des sociétés d'apiculture ont été organisées dans chaque arrondissement; un rucher d'expérience a été fondé aux portes de Troyes, et un bulletin est publié qui propage les méthodes rationnelles discutées aux réunions de ces sociétés et essayées dans le rucher. Ajoutons que l'autorité supérieure de ce département a su seconder ce noble mouvement: le préfet et l'évêque sont membres actifs de la Société centrale d'apiculture de l'Aube et en suivent attentivement les travaux. Que de départements attendent des imitateurs!

Le jury a été doublement heureux de pouvoir accorder la médaille d'or du Ministre à un instituteur primaire, M. Lecler, de Bourdenay (Aube), et à une femme dévouée à l'apiculture, Mme Santonax, de Dôle (Jura). L'un et l'autre sont appelés à développer toutes les ressources de l'économie rurale.

Dans le concours qu'elle apporte, la *Société centrale d'apiculture* fait une large part aux instituteurs. Sans compter les prix en argent que son honorable président, M. Carcenac, a fondés, elle accorde un grand nombre de médailles aux instituteurs primaires qui cultivent des abeilles et qui donnent des notions d'apiculture à leurs élèves. Elle a compris que ces initiateurs des enfants du peuple étaient placés pour semer dans le champ de l'avenir le grain qui multipliera les moissons. Notre *Société d'insectologie agricole*, en fille qui ne peut dégénérer, ne manquera pas d'imiter sa mère, la Société d'apiculture, lorsqu'elle aura quelques sous en caisse. Pour mettre dès à présent ses intentions en pratique, elle s'était adressée au Ministre de l'instruction publique et lui avait demandé quelques ressources pécuniaires et des médailles. Son Excellence n'a mis à notre disposition que quelques volumes qui s'adressent plus à l'enseignement supérieur qu'à l'enseignement primaire. Cependant M. le Ministre pouvait nous aider sans bourse délier, et cela en se mettant à l'assistance publique. Je force l'expression quand je dis « en se mettant à l'assistance publique, » je veux simplement dire que le Ministre aurait pu s'entendre avec l'administration de l'assistance publique pour que celle-ci ne perçût pas sur le tourniquet placé à l'entrée de notre exposition, ce que l'on appelle le droit des pauvres. Avec cette somme nous eussions pu encourager largement les instituteurs qui s'occupent d'insectologie agricole; nous en eussions provoqué un grand nombre à s'en occuper. Et d'ailleurs cette somme n'eût pas été distraite de son objet le plus direct; elle eût servi à faire l'aumône aux seuls et véritables pauvres: les ignorants. Est-ce que si tous nos instituteurs primaires pratiquaient l'insectologie, à l'exemple de celui de Phalempin, dans le Nord, M. Bailleul, qui, l'année dernière, a fait détruire par ses élèves des millions d'insectes nuisibles, on ne sauverait pas au moins la moitié des quatre ou cinq cents millions que les insectes nuisibles enlèvent annuellement à nos récoltes? Il est de toute évidence qu'avec ces millions on pourrait assister bien des pauvres.

Dans la section d'insectologie générale, le jury a pensé, en attribuant la médaille de l'Empereur à M. Burel, exposant d'une nombreuse collection de plantes attaquées par les insectes, qu'il attirerait à nous les horticulteurs, gens si intéressés à étudier les insectes nuisibles et les moyens de les combattre. Puisse sa décision avoir les heureux résultats qu'il en espère! Dans cette section le public agricole s'est plus particulièrement arrêté devant les études de M. Millet sur le régime alimentaire des oiseaux insectivores et ses nids artificiels destinés à la protection et à la propagation de ces utiles auxiliaires; et aussi devant la remarquable collection d'insectes nuisibles accompagné des plantes qu'ils attaquent, exposée par M. Dillon, de Tonnerre.

En s'attachant plus particulièrement à ces collections, le public agricole a indiqué à notre Société d'insectologie la voie qu'elle a à suivre et l'enseignement qu'elle doit vulgariser.

Pour mettre en lumière le côté pratique de son exposition, la Société d'insectologie agricole a ajouté, à l'exhibition d'appareils, de produits et de collections d'insectes, des conférences qu'un public studieux a suivies avec assiduité et bienveillance. Conférenciers et auditeurs doivent recevoir les mêmes félicitations, et nous engagent à reprendre notre enseignement dans deux ans, en 1870. Les visiteurs de l'exposition actuelle ne nous y engagent pas moins. Le nombre en a presque doublé sur la première; celui des payants a été de 1,000 en moyenne, les dimanches, et de deux cents les jours de la semaine. Ce nombre a été suffisant pour couvrir à peu près nos frais.

Avant de terminer ce résumé, je dois exprimer le regret que nos principaux membres du bureau ne soient pas là pour remettre aux lauréats les distinctions qu'ils ont méritées. Cette absence semble vouloir prouver qu'en insectologie et tout ce qui y tient, il ne faut voir que les multitudes. En effet, chez les fourmis, les abeilles, les termites, les états-majors manquent : ce sont les légions qui accomplissent tous les travaux nécessaires à la conservation et à la multiplication de l'espèce. Simples travailleurs de l'insectologie agricole, réunissons-nous, à l'instar des insectes dont nous nous occupons, et formons la légion qui doit faire fructifier l'œuvre.

Un mot encore pour remercier la presse parisienne qui a bien voulu nous aider de sa publicité bienveillante. Si deux ou trois voix discordantes ont cru nécessaire de jeter un peu d'ombre dans le tableau, ça été sans doute pour mieux faire ressortir l'intérêt de l'insectologie agricole et l'importance de notre exposition.

— Lauréats dont le nom a été omis: M. Wéry, instituteur à Neuilly-Saint-Front (Aisne), médaille de 1re classe; M. Friez, instituteur à Froyolles (Somme), médaille de 2e classe; M. Hecquet, instituteur à Breilly, médaille de 2e classe; M. Ronot, fils, à Selongey (Côte-d'Or), médaille de 3ᵉ classe. — Au lieu de M. Pót, il faut lire M. Potte, instituteur à Gueudecourt.

Rapport sur les liquides dérivés du miel

exposés en 1868.

A Monsieur le président de la *Société d'insectologie.*

Nous avons l'honneur de vous exposer les résultats de la dégustation à laquelle nous nous sommes livrés sur votre invitation et qui avait pour objet l'appréciation des liquides dérivés ou traités par le miel. Nous croyons devoir entrer préalablement à l'examen des échantillons exposés, dans quelques considérations générales sur les usages du miel en tant que producteur d'alcool et de sirop; car il s'agit surtout dans notre étude de critiquer les pratiques ou faire ressortir les services que cette substance peut comporter.

L'alcool de miel nous a paru, presque sans exception, mal fabriqué et produit par des appareils très-imparfaits qui laissent ressortir un goût très-prononcé d'empyreume. Un examen très-attentif nous a permis pourtant d'apprécier son mérite intrinsèque. Cet alcool est sec, plus rude que fort au palais; il ne laisse au goûter qu'une sensation plus âcre que chaude; cela nous conduit à supposer que de nombreuses rectifications seraient nécessaires pour l'amener à un goût neutre et à un degré élevé.

Au point de vue économique, nous n'avons aucune donnée sur son prix de revient et ne pouvons vous fixer absolument sur la richesse alcoolique du miel. Cependant le prix de cette substance étant connu, nous pouvons affirmer que la distillation du miel ne peut donner aucun résultat avantageux comme produit réalisable en argent. La seule destination qui pût procurer quelque avantage se retrouverait seulement dans l'usage que le possesseur de miel pourrait faire pour sa propre consommation de cet alcool à degré réduit ou anhydre, attendu qu'il n'aurait pas à acquitter le droit de 90 fr. par hectolitre qui frappe tous les alcools mis en circulation.

Parmi les liqueurs nombreuses qui figurent à cette exposition, quelques-unes sont fort bien faites, ne décelant aucunement leur origine alcoolique ou sirupeuse, et ne marquent que la finesse du parfum qui leur sert ou fait leur caractère. Mais en cela, comme pour l'alcool, le prix de revient nous est inconnu, et il est impossible d'assigner à ces préparations les services qu'elles peuvent rendre à la consommation générale.

Les hydromels présentés sont assez nombreux et ont leur valeur. Nous avons été plus heureux en ce qui concerne les prix de vente à défaut du prix de revient. Nous avons goûté parmi cette sorte de liqueur de fort bons échantillons d'un prix qui varie de 1 fr. à 1 fr. 10 cent. le litre, de 75 cent. la bouteille. L'hydromel est l'objet d'un certain commerce et le fisc lui fait l'honneur de le taxer assez fortement pour que nous l'ayons considéré comme un produit sérieux.

D'après des renseignements qui nous ont été fournis, la consommation de cette boisson décroîtrait dans une déplorable proportion. L'hydromel, coté à Lille à raison de 50 fr. l'hectolitre, subirait des frais de régie d'octroi, de circulation, etc., s'élevant à 22 fr. 12 c. par hectolitre. En considérant l'exercice chez le débitant, qui est le comble des entraves, il est facile de comprendre cette décroissance qui se chiffre depuis 20 ans par les neuf dixièmes. On vendait autrefois 6 à 7,000 hectolitres d'hydromel, tandis qu'aujourd'hui on n'en compte qu'une consommation de 6 à 700 hectolitres pour ce pays seulement.

En résumé, nous considérons que le miel, en dehors de sa consommation en nature, peut trouver un écoulement avantageux dans un certain rayon autour du pays producteur et presque partout où peut se faire de l'apiculture :

1° Dans la fabrication de l'hydromel, boisson saine et nourrissante, dans sa qualité courante et dans l'usage qu'on peut faire de cette boisson comme vin de liqueur, tonique et agréable quand elle est préparée avec soin ;

2° Dans la préparation des sirops destinés à usage des sirops simples, de véhicules, de parfums et de substances utiles de certaines plantes. Un usage que l'exposition semble révéler comme au moins peu répandu, c'est l'emploi des sirops de miel comme sucrage des liqueurs. Ce sirop a l'avantage sur le sucre de donner une consistance plus grande, de faire des liqueurs grasses qu'on n'obtient qu'avec l'addition du sirop de fécule. Il serait à désirer que l'emploi du miel comme sirop se généralisât, les liqueurs y gagneraient en finesse et en innocuité ;

3° Comme sucrage de la vendange dans les années où le raisin n'a pas ou a mal mûri, le miel pourrait rendre de grands services. Les vins traités ainsi et que nous avons goûtés en sont un excellent témoignage.

Enfin, Monsieur le Président, nous ne pouvons poser que des con_
clusions aléatoires, car pour exprimer une opinion sérieusement motivée
à l'égard des services que le miel peut rendre à l'économie générale, il
nous manque le document le plus considérable, le prix de revient du
miel. Il ne vous échappera certainement pas que s'il est trop élevé, cela
renverse toutes les considérations que nous avons fait valoir quant à
l'usage et aux services que le produit des abeilles peut rendre.

Voici notre opinion sur les produits que nous avons goûtés et le
nom des exposants qui les ont envoyés :

M. Faure-Pommier, de Brioude (Haute-Loire) :

> Vin provenant de marcs sucrés au miel, franc de goût, spiritueux, un peu
> vert, très-limpide, peu coloré, assez agréable à boire.
> Hydromel, légèrement ambré de couleur, goût de fruit agréable, léger et
> peu spiritueux.
> Vinaigre de miel, très-fort, goût excellent, fin, couleur ambrée.
> Liqueur apicole, très-fine, parfum bien fondu, très-complète, goût excellent.
> Fruits divers conservés au miel, très-bons et sapides sans excès de sucre.

Tous les produits de cet exposant sont réellement remarquables ;
aussi n'avons-nous pas hésité à le classer comme premier mérite.

M. Vignon, de Saint-Denis (Somme) :

> Vin de treilles de 1865, très-corsé, belle robe, limpide, goût légèrement
> douceâtre, assez bon.
> Vins de 1865 et 1864, bonifiés au miel, ne nous ont pas paru bonifiés du tout.
> Hydromel à la vanille, bon goût, droit, limpide, belle qualité.
> — simple, trop sucré, bon goût, très-parfumé.
> Chartreuse au miel, liqueur bien faite, de très-bon goût, trop grasse.
> Cognac au miel, pas de nature, traité avec l'éther œnantique.
> Anisette, bon goût, trop alcoolique.
> Dantzig, assez bonne liqueur.
> Alcool, dit à 85 d°, assez fin, mais fort goût d'empyreume.

Cet exposant nous a paru mériter un encouragement pour ses essais,
car c'est celui qui a prouvé le mieux tout ce qu'on pouvait obtenir du
miel.

M. Deproye, à Reims (Marne) :

> Champagne, vin bon. Le miel employé comme sucrage ne l'a pas rendu
> meilleur. Alcool à 84 d°, mieux distillé que tous les autres.

M. Huet, de Guignicourt (Aisne) :

> Hydromel, fort goût d'origine.
> Eau-de-vie médiocre.

M. Leclerc, instituteur à Bourdenay (Aube) :

> Liqueur au café, brou de noix, bien faite et de bon goût.

M. Lyonnet, à Champagny (Aube) :

> Eau-de-vie blanche, très-bon goût, avec bonne sève.
> — — distillée sur fruits, bon goût de Quewtch.
> Esprit de miel, 62 d° fin, bon goût d'eau-de-vie de marc.

M. Lourdel, instituteur de Boutencourt (Somme) :

> Vin de fruits, excellent goût de vin de Grenache fin, droit, très-bien réussi.
> Hydromel de 1867, droit et fin de goût, le meilleur parmi tous ceux exposés.

M. Pascal-Leroy, à Groutte :

> Cassis et orange, liqueurs de faible qualité.

M. Boulinguiez, à Persan.

> Hydromel bon goût, trop cuit.
> Eau-de-vie, 48 d°, légèrement entachée de goût empyreumatique.

M. Barrat, à Port-Saint-Nicolas (Aube) :

> Liqueurs diverses, bien faites, douces et de bon goût.

M. Thiriet, de Paris :

> Chartreuse, bonne liqueur, bien faite, assez heureuse imitation.
> Hydromel très-bon goût, fin.

Tels sont, Monsieur le Président, les résultats de notre dégustation et telle est notre opinion consciencieusement motivée sur les produits dont vous nous avez chargés de faire l'expertise.

Agréez, Monsieur le Président, l'expression sincère et respectueuse de notre dévouement. L. Maurial.

(L'Insectologie.)

— Quelques produits n'ont pas été dégustés. Tels sont ceux de MM. Moreau, Robert, Dupont, etc.

Calottage par des petites boîtes remplaçant la calotte ordinaire.

Parmi les idées neuves d'une bonne application présentées à l'exposition qui vient de finir, il faut placer en première ligne le calottage par des petites boîtes de Mme Santonax. Le moyen employé est aussi ingénieux que simple. Neuf petites boîtes en bois blanc sont réunies au moyen de ficelles et forment un chapiteau de neuf compartiments qui peut se placer sur toute ruche coupée, voire même sur les ruches en cloche qui ont une issue par le haut. Dans ce cas, une planchette percée,

comme on le voit dans la figure ci-dessous, est adaptée au haut de la
ruche, où elle est consolidée à l'aide d'un bourrelet en paille ou en foin
placé en dessous.

Cette calotte de neuf boîtes peut être surmontée d'une autre du même
nombre de boîtes. Dans ce cas, le fond des boîtes du premier chapiteau
est percé d'un trou de la grandeur du goulot d'une bouteille, ce qui
permet aux abeilles de monter dans la boîte correspondante. Ces
petites boîtes réunies sont recouvertes d'une grande boîte qui sert de
surtout.

Les boîtes qu'emploie Mme Santonax sont en bois mince, de l'épaisseur de 4 à 5 millimètres. Ce sont des cubes de 9 centimètres de côté.
Leur capacité donne environ 500 grammes de miel en deux rayons. Ces
boîtes reçoivent un couvercle qui contribue à la conservation du miel
et en rend le transport très-facile.

Fig. 1.
Ruche pour être calottée.

Présenté ainsi, le miel en rayon acquiert
une valeur bien plus grande : le marchand
n'a plus à le fractionner pour la vente, et
l'acheteur n'est plus ennuyé par le coulage.
La marchandise a plus d'attrait ; elle est
plus demandée que celle placée dans des
corbeilles. Aussi les deux ou trois cents
boîtes qu'en a obtenues cette année Mme Santonax, ont eu facilement preneur à 3 fr.
pièce. C'est du miel vendu six fois plus
cher que celui du Gâtinais coulé.

Pour que les abeilles montent de suite
dans les petites boîtes, il convient d'y placer des *greffes* en rayons blancs. Ces greffes
sont fixées au moyen de cire fondue qu'on applique avec un pinceau.

H. H.

Fragments du journal d'un apiculteur.

Ferme-aux-Abeilles, octobre 186...

1er *octobre*. La campagne des abeilles commence avec la bonne saison
et finit quand vient la mauvaise. On voit des butineuses rapporter du
pollen depuis février ou mars jusqu'à novembre. Mais dès octobre, elles
ne sortent presque plus que vers le milieu de la journée, lorsque le temps

est beau. On doit alors penser aux moyens de leur faire passer l'hiver sans qu'elles en éprouvent trop les rigueurs. En automne, il faut faire une revue générale de toutes les ruchées, et alimenter au plus vite celles à qui un complément de nourriture est nécessaire pour atteindre la fin de l'hiver. Ce qu'il faut de miel à une colonie pour passer l'hiver, varie de 5 à 10 kilog. Tel essaim ne consommera que 4 à 5 kilog. depuis octobre jusqu'au milieu de mars, tandis que certaine souche en absorbera de 8 à 10 kilog. Mieux vaut que les ruches soient trop fortement que pas assez garnies ; l'excès n'est pas perdu, les abeilles ne consommant pas au delà de leurs besoins. Que de gens trouveraient là un bon exemple à imiter !

Lorsque le miel est à bon marché, c'est l'aliment qu'il faut préférer pour nourrir les abeilles. S'il était cher, il faudrait lui préférer le sucre. Et entre miels, on doit, à prix égal, préférer les indigènes aux étrangers. Il ne faut pas oublier que ces derniers viennent faire concurrence aux nôtres. Il faut donc les laisser de côté, à moins qu'on ne trouve des avantages bien grands à les employer. Tous les miels de presse et de four conviennent pour alimenter les abeilles.

Mais avant d'alimenter une colonie, n'oublions pas que, pour obtenir de bons résultats, il faut qu'elle soit forte en population. Commençons donc par réunir toutes les petites colonies qui ont besoin d'être secourues. L'opération est facile à cette saison par l'asphyxie momentanée des abeilles, soit à l'aide de vesse de loup, soit par le chiffon nitré. (Voir les années précédentes pour la manière d'opérer.) Ne laissons pas perdre une seule abeille ; mettons trois, quatre colonies dans la même ruche si elle est spacieuse, et conservons avec soin les bâtisses des ruches veuves d'abeilles : elles nous serviront pour des essaims ou pour le calottage l'année suivante. S'il y reste quelques bribes de miel, nous pouvons le faire *piller* par les abeilles.

Lorsque les ruches ont leurs provisions nécessaires, nous n'avons plus qu'à rétrécir leur entrée pour que les souris ne puissent s'y introduire, ce qu'elles ne manquent pas de faire en hiver, époque où les abeilles sont cantonnées dans la partie supérieure de leur habitation. On place des portes mobiles à l'entrée de celles qui ne peuvent se rétrécir autrement. Une plaque de tôle perforée, une ardoise, une planchette dentée, constituent ces portes.

Après l'entrée, il faut penser à la couverture. Les capuchons (surtouts), doivent être réparés. Il faut les tenir épais et les faire descendre assez bas pour que la pluie ne tombe pas sur les derniers cordons de la ruche et sur le plancher qui la porte. La paille de seigle convient le mieux pour cet usage. Il faut avoir soin d'en enlever l'herbe et tous les épis qui contiendraient encore quelques grains. Ces épis attireraient des rongeurs qui abimeraient la couverture des ruches et ennuieraient les abeilles.

Dans les localités où l'usage est de vendre les ruchées surabondantes à cette époque, il faut penser à en acheter pour augmenter les petits apiers ou pour en créer de nouveaux. Il faut, autant que possible, choisir des colonies populeuses et bien approvisionnées. Les colonies fortes en population ont des abeilles garnissant une grande partie des rayons et descendant jusqu'au bas. Ces abeilles sont groupées et bougent peu lorsqu'on soulève doucement leur ruche par une journée fraîche. Les rayons ne sont pas trop colorés, et ils exhalent une odeur agréable. Quant à la forme de la ruche, il faut la prendre telle que l'offre le vendeur. Si l'on a à choisir, il faut préférer celles à chapiteau et à hausses en paille, à parois épaisses et solides.

Dictionnaire d'apiculture (1).

(Glossaire apicole.)

ABEILLAGE, ABOILLAGE, s. f. Se disait autrefois pour désigner un essaim d'abeilles et l'endroit où l'on réunissait les ruchées.

— Droit en vertu duquel un seigneur pouvait prendre une certaine quantité d'abeilles (essaims), de cire et de miel, sur les ruches de ses vassaux. — Droit en vertu duquel les essaims d'abeilles non poursuivis appartenaient au seigneur justicier. Ces *droits* disparurent à l'abolition de la féodalité.

ABEILLE, s. f. (a-bè-lle ; ll mouillées); mouche à miel, *apis mellifica* (Linné, Fabricius). *Api* en italien, *abeja* en espagnol, *bee* (prononcez *bi*) en anglais, *biene* (prononcez *bine*) en allemand, *bij* en suédois. Le radical est *apex*, pointe, aiguillon.

Abeilla (Ardèche, Limousin). *Nous ouen de bourna que nous soun d'un gran proufiei, ma !a dgelado no tua bien de l'abeilla.* (Nous avons des ruches qui nous sont d'un grand profit, mais la gelée nous a tué bien des abeilles), environs de Limoges. *Abeillaud* (Languedoc). *Abeillo*

(1) Prière à nos lecteurs, qui ne l'ont pas fait, de nous envoyer les termes en patois employés en apiculture. Joindre des phrases autant que possible.

(Aude, Aveyron) ; *abélie, obélie, brus* (Lozère). *Abeuile* (Charente-Inférieure); *abeuille* (Landes, Deux-Sèvres); *aveille* (Savoie); *avette* (Sarthe). *Avili* (Jura); *é, es, ez* (Pas-de-Calais). Aux environs de Dunkerque, on dit : *fachaud'ez, wachaud'ez*, pour essaim, faisceau ou groupe d'abeilles. Par extension, cette locution s'applique aussi pour désigner une abeille. *Eveille* (Ain); *yebeylla* (Haute-Loire); *moichotte* (Doubs), *mouche* dans beaucoup de localités, *mouque* dans quelques-unes du nord.

Linné réunissait sous le nom générique d'abeille, *apis*, un grand nombre d'insectes hyménoptères, dont l'organisation et surtout les mœurs sont assez différentes. Depuis lui, plusieurs savants ont subdivisé ce groupe, et Latreille, dans le *Règne animal* (édit. de 1817), en a fait une section ou grande famille, sous le nom d'*Anthrophiles* ou de *Mellifères*. (Voir ces mots.)

Le genre abeille, tel qu'il est adopté aujourd'hui par les entomologistes, a pour type l'abeille commune, et ne renferme que des espèces analogues, sous le double point de vue de l'organisation et des habitudes. Tous les insectes qui rentrent dans ce cadre ont les antennes filiformes et brisées : le premier article des tarses postérieurs en rectangle, garni intérieurement chez les ouvrières d'un duvet soyeux, rangé par bandes transversales, les mandibules en cuiller chez les ouvrières, tronquées et bidentées dans les mâles et dans les femelles, etc. — Les abeilles se distinguent, au premier coup d'œil, des bourdons et des euglosses, par l'absence d'épines à l'extrémité des deux paires de jambes postérieures; on ne peut non plus les confondre avec les mellipones et les trigones, dont le premier article des tarses postérieurs n'est plus un rectangle, mais un triangle renversé. (Voir les mots *Caractères, Physiologie* de l'abeille.)

Les espèces d'abeilles domestiques sont : l'*abeille commune (apis mellifica)*, la plus répandue. Elle est noirâtre, avec l'écusson de l'abdomen de même couleur; celui-ci offre à la base du troisième anneau et des suivants une bande transversale et grisâtre formée par une sorte de duvet. Quelquefois la base du second anneau qui suit le pédicule est rougeâtre. On la rencontre dans toute l'Europe, en Barbarie (Afrique), en Amérique où elle a été naturalisée (Audoin.)

C'est à tort que des auteurs ont fait plusieurs espèces de notre abeille commune, entre autres celles qu'ils appellent *petite hollandaise* ou *petite flamande*. Dans chaque espèce d'abeilles, comme dans chaque espèce d'animaux, il y a des individus et des familles entières qui diffèrent en grosseur et en couleur : cela tient le plus souvent à la localité, à la qualité de la nourriture,-à la nature de la mère, etc., mais les caractères restent les mêmes.

L'abeille ligurienne (apis ligustica), abeille alpine, jaune des Alpes, italienne, qui paraît originaire des Alpes; elle se trouve entre deux chaînes de montagnes, à droite et à gauche de la Lombardie et des Alpes Rhétiques, ainsi que dans toute la région alpestre du Tessin, de la Valteltine et du sud des Grisons (Suisse). Elle prospère jusqu'à une hauteur de 1,500 mètres au-dessus du niveau de la mer, et paraît préférer les climats septentrionaux, car on ne la trouve plus au sud de l'Italie. Elle diffère de l'abeille grise ou commune par une couleur et des signes qui lui sont propres. Dans les ouvrières, les trois premiers segments supérieurs de l'abdomen sont couleur orange clair, quoique le bord inférieur du troisième soit noir. Tant qu'elles sont jeunes, cette couleur est plus vive, mais lorsqu'elles vieillissent, elles deviennent foncées. L'anneau terminal est plus pointu, plus effilé que chez l'abeille commune. Lorsque son abdomen est vide elle a la taille moins forte que l'abeille commune, mais lorsqu'il est plein, elle est plus forte. Son vol est plus léger, son odorat plus développé et son activité plus grande. (Consulter la *Table* générale des matières des dix premières années de *L'Apiculteur* au mot *Abeille italienne.*)

De-Berlepsch, Von Siebold et Leukart ne font de l'abeille ligurienne qu'une variété différemment colorée de notre *apis mellifica.* — L'abeille ligurienne a été introduite depuis quelques années dans l'Europe septentrionale, dans l'Amérique, notamment au Chili et dans l'Océanie.

L'abeille unicolore (apis unicolor de Latreille), qui habite les îles de France, de Madagascar et de la Réunion. Cette abeille est un peu moins forte que notre *apis mellifica.* Le mâle est relativement beaucoup plus gros que l'ouvrière. Les naturalistes ont avancé à tort que cette abeille *fournit* un miel très-estimé, le miel *vert.* L'abeille, n'importe son espèce, apporte dans sa ruche le miel tel qu'elle le trouve sur les fleurs. Le miel verdâtre qu'apporte l'*abeille unicolore* est recueilli sur l'arbre dit bois de tan (*Weinmania macrostachya*). C'est la fleur de cet arbre qui donne à ce miel sa couleur et son arome particuliers.

L'abeille indienne (apis indica de Fabricius), que l'on rencontre au Bengale et à Pondichéry. Le missionnaire apostolique Gio. Maria da Bione dit avoir vu trois espèces d'abeilles dans l'Inde (*Apiculteur,* 4e ann., p. 170), qu'il classe en grandes, moyennes et petites. Les grandes et les petites sont nomades par habitude ; elles ne vivent que dans le climat chaud, c'est-à-dire dans la région basse jusqu'à l'Hymalaya. Les premières sont environ la moitié plus grosses que les moyennes, et les petites ont un tiers de moins que celles-ci. Les moyennes sont stationnaires et ressemblent, sous tous les autres rapports, à l'abeille commune d'Europe; elles vivent dans le climat tempéré et au delà; elles sont abondantes dans les hautes montagnes.

. L'*abeille fasciée* (*apis fasciata* de Latreille), qui est répandue en Egypte. Amateurs de nouveautés, les Allemands en ont introduit depuis peu quelques colonies chez eux, et ont remarqué que cette espèce sympathise peu avec l'abeille commune et avec l'italienne.

L'*abeille d'Adanson* (*apis Adansonii* de Latreille), qui se trouve au Sénégal (Afrique). Cette abeille est plus petite de près d'un tiers que notre abeille commune; elle a les premiers anneaux abdominaux colorés comme ceux de l'abeille ligurienne.

L'*abeille de Perron* (*apis Perronii* de Latreille), qui se trouve à Timor (île de la Sonde), où elle vit particulièrement à l'état sauvage dans les forêts.

L'origine des abeilles remonte aux temps les plus reculés. La fable nous apprend que Jupiter fut nourri avec du miel dans une grotte de l'île de Crète, par une nymphe appelée Mélisse, et qui fut ensuite métamorphosée en abeille à cause de sa rare beauté. La plante qui porte le nom de cette nymphe appelée *Mélisse*, recherchée avec avidité par les abeilles, semblerait, en quelque sorte, donner l'explication de l'origine de cette fable et de l'étymologie du mot *miel*. Tous les historiens des abeilles reconnaissent qu'elles ont vécu primitivement dans les forêts. Quelques-unes en recèlent encore des colonies logées dans le creux des arbres. Si l'on en croit les Grecs, ce serait Aristée, roi d'Arcadie, qui aurait inventé l'art de cultiver les abeilles; selon d'autres auteurs, il faudrait rapporter à Gorgoris, roi d'un peuple d'Espagne, l'usage du miel comme aliment et comme médicament (1520 avant J.-C.). — V. Histoire externe des abeilles (*Apiculteur*, 3ᵉ ann.), et Esquisse historique (*Apiculteur*, 11ᵉ ann.).

(*A suivre.*)

L'apiculture aux États-Unis.

Hamilton-Illinois (États-Unis), 24 août 1865.

Monsieur le Rédacteur du journal l'*Apiculteur*, à Paris.

. Je me livre depuis quelques années à la culture des abeilles, et pen-

sant que vos lecteurs vous sauraient gré de leur donner quelques détails
sur l'état de l'apiculture aux États-Unis, je vous adresse les notes qui
suivent.

L'apiculture a été stationnaire aux États-Unis jusqu'à ces dernières
années. Plus que partout ailleurs, peut-être, on y pratiquait la barbare
coutume de l'étouffement, quand, vers 1862-63, les journaux d'agriculture, qui sont nombreux et beaucoup lus (chaque fermier en reçoit plusieurs, sans compter les journaux politiques); quand les journaux d'agriculture, dis-je, appelèrent l'attention des cultivateurs sur cette branche
d'économie rurale. Presque en même temps M. Langstroth publiait un
livre où il prônait une ruche de son invention. Puis MM. Quimby, King,
et une foule d'autres auteurs faisaient paraître divers écrits sur les
abeilles; tous, M. Quimby excepté, préconisant leurs ruches patentées et
offrant le droit de s'en servir à des taux qui allaient de 15 à 50 fr. par
rucher. On évalue à plus de 300 le nombre des brevets d'invention pris
aux États-Unis sur les ruches; sur ce nombre combien sont plus nuisibles qu'utiles aux abeilles ou aux apiculteurs! Mais le bon sens public
en a déjà fait justice. Enfin, un article de l'*Agriculturist* de 1864 (ce
journal tire à plus de cent mille exemplaires), annonçant que M. Quimby
avait récolté, cette année-là, vingt-deux mille livres de miel de cabotin
qu'il avait vendu 1 fr. 75 la livre, produisit un *intense excitement* parmi
le peuple intelligent et entreprenant des États-Unis. Il en résulta
d'abord, qu'un journal d'apiculture fut fondé et qu'il prospère; ensuite,
que partout on vit la population rurale chercher à s'affranchir de la
routine pour suivre le progrès.

Ce chiffre de 22,000 livres de miel récolté par un seul apiculteur
semblera sans doute, à la plupart de vos lecteurs, sinon à tous, grandement exagéré. Je le jugeai ainsi moi-même d'abord; plus tard, d'autres
rapports dans les journaux et les résultats que j'ai obtenus, quoique sur
une bien petite échelle comparativement, me démontrèrent la possibilité du fait.

Ainsi, M. James Marvin, à Saint-Charles-Illinois, accuse, pour l'année
1866, un rendement de trois cents livres d'une ruchée d'italiennes, à
laquelle il fournissait des rayons vides, ce que vous appelez des bâtisses,
et 75 livres chacune de 3 autres ruchées. Le rucher de M. James Marvin
contenait alors 450 ruchées dans la même localité. M. Silos-Way obte-
nait la même année, de 125 ruchées, 4,000 livres de miel et 105 essaims.

Enfin, je récoltais moi-même 160 livres et 6 essaims, dont un m'échappait, des seules 4 ruchées dont se composait alors mon rucher.

C'est ce rendement de 40 livres par ruchée qui m'a déterminé à m'adonner à la culture des abeilles, pour en tirer mes moyens d'existence.

Depuis cette époque je ne puis mettre en compte le peu de miel obtenu de mon rucher, tous mes efforts s'étant portés vers la production des essaims; vous savez qu'on ne peut obtenir à la fois, d'une même ruchée, beaucoup de miel et beaucoup d'essaims. Mon rucher est monté, en deux ans, de 9 ruches à 82. Je réduirai probablement ce chiffre à 75 pour l'hiver, plusieurs essaims ayant été fatigués par la production de reines italiennes que j'ai vendues à des apiculteurs des environs.

Vous comprendrez naturellement que tous mes essaims ont été faits artificiellement. N'employant que des ruches à cadres mobiles, toutes du même format, la manipulation des ruchées est aisée. J'emploie pour la production des essaims la méthode de M. E. Gallup; dans un prochain article je vous donnerai cette méthode tout au long. Qu'il vous suffise de savoir en ce moment que M. E. Gallup est notre maître ; il annonce avoir fait, en 2 ans, 123 essaims d'une seule ruchée. Peu d'apiculteurs pourraient se vanter d'en avoir fait autant. Ceci encore vous semblera exagéré, vous en jugerez autrement quand vous connaîtrez les moyens employés ; ils sont si rationnels, que vous serez convaincu de leur efficacité, *même avant de les avoir essayés.*

D'après ce qui précède, le climat des États-Unis vous paraîtra l'Eldorado des apiculteurs. Il n'en est pas ainsi cependant, et je crois que beaucoup de contrées en France sont, sous ce rapport, égales, sinon supérieures, aux États-Unis.

Nous avons, dans les États du nord des hivers longs et froids; du 15 octobre jusqu'au 1er avril il n'y a pas une fleur; c'est donc plus de 6 mois d'inaction pour les abeilles. En outre, du 15 juillet au 6 ou 10 août, le sol est tellement desséché et le soleil si brûlant (nous sommes sous la même latitude que Madrid), que les abeilles restent au repos. Si on ajoute à cela que du 1er avril au 10 juin les abeilles ne trouvent que de quoi nourrir leur couvain, et que du 15 septembre au 15 octobre elles dépensent plus qu'elles ne récoltent, on trouve que le temps propice ne dure que trois mois, et dans ces trois mois combien de jours perdus !

Pour bien passer l'hiver ici, il faut à chaque ruchée au moins 25 livres de miel (la livre américaine pèse 450 grammes). Souvent, au sortir de l'hiver, on trouve toute la population de la ruche morte, quoique laissant d'amples provisions ; tel a été le cas l'hiver dernier. Quand le froid continue sans interruption pendant trois ou quatre semaines, les abeilles, après avoir consommé tout le miel qui est à leur portée, ne peuvent atteindre le miel contenu dans les rayons voisins sans en faire le tour ; celles des abeilles qui, pressés par la faim, essayent ce voyage périssent de froid, et celles qui restent en place meurent de faim. Ces accidents ont donné l'idée de percer la ruche, en octobre, de part en part avec une broche de fer, afin d'établir une communication entre les rayons ; ce moyen réussit quand on doit laisser les ruches en plein air pendant tout l'hiver.

D'autres apiculteurs descendent leurs ruchées dans la cave, en ayant soin d'ouvrir la communication du dessus, si les ruches sont à cadres, ou de les retourner si ce sont des ruches ordinaires.

Plusieurs ont fait construire des bâtiments à moitié enterrés avec doubles murs et courants d'air agrandis et rétrécis à volonté ; d'autres enfin, et je suis de ce nombre, enterrent leurs ruches à la fin d'octobre pour les sortir le 10 ou le 12 mars. Voici la description de ce moyen tel que je l'ai communiqué au *Bee-Journal* en novembre 1867.

Absence d'humidité, basse et uniforme température, obscurité, sécurité contre les souris, tranquillité, et lent renouvellement de l'air, telles sont les conditions à observer pour maintenir les abeilles paisibles, endormies pour ainsi dire ; par ce moyen, elles consomment peu, et lors de leur exhumation, vous ne trouvez pas plus de 15 à 20 abeilles mortes dans chaque ruchée.

Dans un terrain bien sain et bien égoutté, en pente si c'est possible, je creuse un fossé ayant pour profondeur la hauteur de mes ruches ; je lui donne 20 ou 25 centimètres de largeur de plus que mes ruches ne sont larges ; je le draine pour plus de sécurité ; je mets au fond de ce fossé deux poutrelles sur lesquelles j'établis mes ruchées, après les avoir élevées sur des cales d'un demi-centimètre pour donner accès à l'air de tous côtés, et j'ouvre les ouvertures du dessus, ou soulève légèrement les couvercles, afin d'établir dans toute la ruche un léger renouvellement de l'air. Si j'avais des ruches ordinaires, je les retournerais le bas en haut, puis, avec 4 lattes de plâtrier, je fais des cheminées ou tuyaux ; les uns longs, atteignant presque le fond du fossé ; les autres courts, prenant au-dessus des ruches, afin d'avoir deux faibles courants d'air, l'un montant et l'autre descendant. Je place un de ces tuyaux à chaque troisième ou quatrième ruchée, alternativement un court et un long ; puis je prépare un support pour un toit à deux pentes, que je couvre de vieilles planches sur lesquelles je mets un pied d'épaisseur de paille neuve et bien sèche, puis sur cette paille la terre extraite du fossé.

Quant au résultat pour la consommation, le voici tel que le donne M. Avery Brown dans le *Bee-Journal* de juin dernier.

15 ruchées mises en cave le 11 novembre et retirées le 14 mars ont perdu 177 livres 4 onces; en moyenne, 11 livres 13 onces par ruchée.

9 ruchées enterrées suivant les indications ci-dessus, le 11 novembre et retirées le 14 mars, ont perdu 77 livres 8 onces, ou en moyenne 8 livres 10 onces par ruchée.

Différence en faveur des ruches enterrées, 3 livres 3 onces par ruchée; en outre, les abeilles enterrées avaient perdu moins d'abeilles que celles mises en cave.

A ces résultats les partisans de l'hivernage des abeilles en plein air objectent : que les ruches abritées commencent à produire du couvain plus tard que les ruches laissées en place, essaiment plus tardivement; cette objection est peut-être fondée; mais comme, d'une part, il reste plus de miel aux ruchées abritées pour élever le couvain, que, d'autre part, le nombre des abeilles survivant est plus grand, ènfin que les ruchées même les plus faibles sont préservées, je crois que la méthode de mettre les ruchées à l'abri, soit dans des caves, soit dans des fossés, gagnera chaque jour des partisans.

Si quelques-uns de vos lecteurs veulent essayer ces moyens, je leur conseille d'agir avec prudence, car vous n'avez en France ni nos froids rigoureux, ni notre atmosphère sèche, ni surtout notre automne sec et beau, qu'on a à juste raison surnommé l'été indien, et qui affranchit le terrain de toute humidité pour l'hiver. Si cet article plaît à vos lecteurs, j'en donnerai la suite dans une autre lettre.   CH. DADANT.

— Nos lecteurs liront avec intérêt les communications de notre honorable correspondant des États-Unis. Mais beaucoup savent que leur localité ne donne pas la quantité de miel annoncée plus haut.   H. H.

Abeilles Mexicaines Mellipones.

Quelques détails sur les habitudes des abeilles mexicaines,
par E. T. BONNET. Esq.

Les ruches des abeilles domestiquées du Mexique présentent une structure tout à fait particulière. Elles montrent peu de la régularité qui caractérise les ouvrages des abeilles de l'ancien continent, et sont, sous ce rapport, bien inférieures aux habitations des guêpes. Une chose leur donne de l'affinité avec les nids de bourdons d'Europe, c'est que le miel qu'elles contiennent est déposé dans de larges alvéoles, différents des cellules communes. Il est quelque peu singulier qu'on n'ait jamais observé les détails d'un point si intéressant de l'histoire naturelle ; nos connaissances acquises vont à peine au-delà de ceci, que certaines abeilles d'Amérique forment des nids, comme ceux des guêpes, attachés ou suspendus à des arbres, et entourés d'une enveloppe construite par elles ; tandis que d'autres, apparemment incapables de former pour leurs ruches cette croûte extérieure, cherchent des cavités toutes prêtes à les recevoir, où elles bâtissent leurs habitations. Des exemples de ces espèces de ruches sont mentionnés par Pison, dans son *Histoire naturelle des deux Indes;* et Hermandez, dans son *Histoire du Mexique*, remarque que les Indiens possèdent des abeilles analogues aux nôtres, qui déposent leur miel dans le creux des arbres. La plupart des livres modernes ne nous instruisent guère plus là-dessus que ces anciens écrivains. Le baron de Humboldt lui-même, dont les observations intelligentes ont enrichi la science de tant de découvertes concernant le Nouveau-Monde, ne semble pas avoir noté avec son soin ordinaire les particularités des abeilles de ce continent. Si ce voyageur distingué avait porté son attention sur les habitudes des espèces qu'il collectionnait durant ses mémorables journées, nul doute que M. Latreille ne nous eût donné les détails nécessaires dans son excellente *Monographie des abeilles d'Amérique*, renfermée dans les *Observations zoologiques* de M. de Humboldt. Dans l'estimable *Essai* qui précède cette Monographie, M. Latreille a recueilli, de quelques auteurs, de nombreuses remarques relatives aux habitations des abeilles, et spécialement des abeilles d'Amérique ; mais, il n'y a rien ajouté de nouveau par rapport à leurs ruches; c'est pourquoi le sujet doit être regardé comme entièrement neuf, et il exige certains développements.

On n'a pas besoin, pour domestiquer les abeilles du Mexique, de faire une bien grande violence à leurs habitudes naturelles. Comme, à leur état sauvage, elles habitent des arbres creux, on choisit un de ces arbres pour former leur ruche. On en scie une portion d'à peu près deux à trois pieds de long, et l'on perce diamétralement deux côtés vers le milieu de la longueur. Les extrémités de la cavité sont ensuite bouchées avec de la terre glaise, et la ruche future est suspendue à un arbre dans une position horizontale, le trou pénétrant dans la cavité, dans une position également horizontale. Un essaim ne tarde pas à prendre possession d'une ruche ainsi préparée, et les abeilles y commencent leurs opérations par la construction de cellules pour l'éducation de leurs larves, et de sacs pour l'emmagasinement de l'excédant du miel qu'elles trouvent dans leurs excursions. Deux de ces ruches, complétement formés et occupées, ont été envoyées en Angleterre, empaquetées dans des peaux fraîches. L'une d'elles était adressée à M. Huber, éminemment distingué par ses observations d'un très-haut intérêt sur les mœurs des abeilles; l'autre était offerte en don à la Société linnéenne, qui en a fait faire la section longitudinale pour laisser voir l'intérieur.

L'œil d'un observateur, accoutumé à la disposition régulière des rayons dans la ruche de l'abeille d'Europe, est tout de suite frappé des directions opposées suivies par l'abeille du Mexique dans les différentes parties de sa ruche. Au lieu des feuillets de rayons verticaux et parallèles, nous avons ici des rayons dont quelques-uns prennent une direction verticale et d'autres une direction horizontale ; les cellules de ces derniers sont les plus nombreuses. Ordinairement, les cellules varient dans leurs directions comme les rayons qui les portent ; celles des rayons horizontaux sont verticales, l'orifice en haut, et celles des rayons verticaux sont horizontales. Dans les cellules horizontales, les orifices sont en partie tournés à l'opposite de l'entrée de la ruche, et en partie dirigés du côté de cette même entrée ; la première direction est donnée aux cellules portées par les feuillets du centre, et la dernière, à celles qui sont placées sur le côté de la ruche opposé à l'entrée. Tous les rayons, soit verticaux, soit horizontaux, n'ont qu'une seule face de cellules juxtaposées, contrairement à ce qui existe dans les ruches de nos abeilles d'Europe, où les rayons ont deux faces de cellules adossées l'une à l'autre. Les rayons horizontaux sont beaucoup plus régulièrement formés que les verticaux ; ceux-ci sont rompus et placés à des distances variables; mais ceux-là sont parfaitement parallèles entre eux, formant des feuillets uniformes et placés à des distances égales. Entre ces rayons parallèles sont des ouvrages de cire qui leur donnent de la solidité; ils partent de la base d'une cellule et s'attachent au point de jonction des autres dans le rayon voisin. Ces colonnes sont beaucoup plus fortes et plus épaisses que les parois des cellules qui les supportent.

Les cellules paraissent être seulement destinées à l'habitation des jeunes abeilles; car on en a trouvé dans toutes celles qu'on a examinées.

L'abeille est placée dans la cellule, les parties inférieures dirigées du côté de l'orifice de la cellule, qui est fermée avec une masse granulaire, probablement composée du pollen des plantes. La forme des cellules est hexagonale ; mais les angles ne sont pas fortement accusés, et l'orifice est à peine plus épais que les côtés, si toutefois il est plus épais. Quant à leurs dimensions et à leurs proportions respectives, elles diffèrent matériellement de celles des abeilles européennes, et plus encore des abeilles indiennes, comme le fait voir le tableau suivant :

	MEXICAINES.	EUROPÉENNES.		INDIENNES.	
Diamètre des cellules,	2 2/3	2 2/3	3 1/3	1 1/2	2 2/3
Profondeur des cellules,	4	5	6	4 1/3	6

Les rayons sont placés ensemble à quelque distance de l'entrée de la ruche, et forment un groupe ovale, composé de cinq feuillets horizontaux et parallèles qui occupent la partie la plus éloignée de l'entrée ; d'un feuillet interrompu et vertical, appliqué au côté opposé à l'entrée ; et, au milieu, de deux feuillets principaux, et de deux ou trois plus petits, tous également verticaux. L'ensemble est maintenu par de la cire, étendue autour des feuillets ou ouvrages de même matière et collée sur le bois de la cavité, ou sur d'autres parties de la construction du rayon. Dans ces ouvrages et ces feuillets de cire sont de nombreuses ouvertures de dimensions inégales, permettant aux abeilles un accès facile dans toutes les parties de la ruche et économisant l'usage de la matière dont ils sont construits. Quelques ouvertures ont une dimension plus considérable. L'entrée dans la ruche se continue en une longue galerie, qui, à en juger par la direction que suit la substance flexible introduite en elle, passe par dessous les rayons à leur extrémité. Il est donc probable que c'est au bout de cette galerie que commence l'œuvre de construction.　　　　　　　　　　　　　　　　　　　　　　　　　　　(A suivre.)

De la manière de se conduire avec les abeilles.
(Voir 12e anr., p. 378.)

§ 65. — *Comment faire pour empêcher l'essaimage trop fréquent ainsi que l'essaimage secondaire ?*

a. On augmente l'espace suivant le besoin, dans les ruches de dimensions restreintes.

Les ruches petites et resserrées essaiment en général plus que d'autres.

Elles sont plus tôt remplies de construction et de couvain. Les abeilles sont gênées; elles n'ont pas assez de cellules pour y déposer leur miel et pour y propager le couvain. Ceci, joint à la grande chaleur qui se concentre dans la ruche rétrécie, les force à partager la famille et à pousser dehors un essaim. Les ruches décrites dans ce deuxième chapitre ont un espace suffisamment grand et bien proportionné, lequel peut encore être agrandi suivant le besoin. On peut non-seulement placer une *hausse vide* par dessous les ruches verticales ou en avant ou en arrière des ruches horizontales, mais on peut encore en mettre deux d'un coup, surtout lorsqu'il s'agit d'empêcher l'essaimage secondaire; on peut placer ces deux hausses l'une dessous et l'autre dessus la ruche verticale, ou bien l'une devant et l'autre derrière la ruche horizontale. Les abeilles n'aiment pas à voir d'espace vide dans leur ruche et pour pouvoir le remplir de constructions, elles renoncent ordinairement à essaimer. Mais le meilleur moyen est encore de placer une hausse vide entre deux hausses bâties que l'on sépare. Cependant ce moyen n'est guère applicable qu'aux magasins horizontaux, qui ont des constructions chaudes, parce qu'ici la séparation des hausses bâties est plus facile à pratiquer sans trop endommager le couvain. Il va sans dire que l'adjonction de hausses vides ne peut se faire qu'après le départ de l'essaim primaire.

(*A suivre.*)　　　*Trad.* D'ŒTTL.

Revue et cours des produits des abeilles.

Paris, 30 *septembre*. — MIELS. Des miels blancs durs ont été cotés de 90 à 100 fr. les 100 kil., au commerce de gros; surfins seuls : 120 à 125 fr. Des lots en sirops ont trouvé de 5 à 10 fr. de moins. La température douce empèche les miels d'été de prendre aussi vite qu'ils ne le font en année ordinaire. On cote à l'épicerie, miel blanc dur, de 100 à 120 fr.; surfin, de 130 à 140 fr. les 100 kil.; Chili inférieur et miel rouge de Basse-Normandie, 80 fr. Les premiers en barils de 90 kil. environ, et les derniers en barils de 50 kil. Chili de 1re et de 2e qualité, de 90 à 100 fr. — Au Havre un lot de ces miels disponible a été adjugé à 70 fr. les 100 kil. Il en a été traité 610 fûts à livrer au même prix.

Les blés noirs retardés ont donné mieux qu'on ne l'espérait; la récolte de miel de Bretagne sera passable dans un certain nombre de cantons, mais comme on n'est pas encore renseigné sur l'ensemble de la production, on reste en expectative avec les cours précédents. Ici on cote à la consommation 75 fr. les 100 kil. en gros fût.

La bruyère a aussi passablement donné dans un certain nombre de cantons, et la température ayant été sèche, les produits seront de bonne qualité comme miels de bruyère. Mais les landes de Bordeaux produiront peu.

Cires. Les belles cires jaunes en brique sont restées de 405 à 410 fr. les 100 kil., dans Paris. Quelques demandes se sont produites de 390 à 395 fr., hors barrière. Les producteurs tiennent à 400 fr. Qualités secondaire, de 360 à 385 les 100 kil , hors barrière.

Au Havre, cire jaune de New-York, 4 fr. 10 le kil.; de Haïti, 3 fr. 80.

A Marseille, cire jaune de Smyrne, les 50 kil., 230 à 230 fr.; de Trébizonde, 220; de Caramanie, 225; de Chypre et Syrie, 210 à 220; d'Egypte, 200 à 220; de Mogador, 185 à 200; de Tétuan, Tanger et Larache, 190 à 205; d'Alger et Oran, 205 à 210; de Bougie et Bone, 200 fr.; de Gambie (Sénégal), 212 fr. 50; de Mozambique, 210; de Corse, 220; de pays, 200 à 205. — A Alger, cire jaune de première main, 3 fr. 65 le kil.

Corps gras. Les suifs ont continué leur mouvement ascensionnel. Ceux de boucherie se sont cotés 117 à 118 fr. les 100 kil. Acide stéarique de saponification, 190 fr.; dito de distillation, 182 fr. 50.

Sucres et sirops. Les sucres raffinés sont restés bien tenus de 126 à 127 fr. les 100 kil. — Les sirops de fécules ont été calmes.

Abeilles. — La fin de l'été a été favorable et l'automne promet de l'être également. La température reste douce, et dans beaucoup de cantons des fleurs d'arrière-saison donnent de la pâture aux abeilles. Sauf dans quelques localités où la sécheresse a sévi au moment de la principale floraison, les colonies se trouvent en bon état. Dans divers ruchers il y a eu tendance au pillage; ailleurs on a constaté le vertige, et des abeilles ont eu les antennes et le corselet embarrassés par la matière gommeuse des pentecôtes. — On parle de 14 à 15 fr. pour les colonies livrables au Gâtinais. Peu d'achats sont faits jusqu'à ce jour. Des petits apiers se sont complétés. Les prix payés ont été de 10 à 20 fr., selon la localité et la qualité. Dans l'Oise on a traité des lots à 65 cent. le kil., en vrague, ruche et abeilles déduites. Voici les renseignements qu'on nous transmet :

Les mouches dans nos contrées n'ont donné des essaims qu'à raison de 50 pour 100. Les derniers venus de ces essaims étaient faibles; ceux

conduits au sarrasin ont passablement travaillé. Dubois-Lebrun, à
Liesse (Aisne). Nos abeilles ont assez bien fait. Les premiers essaims sont
assez bons ; ils passeront facilement l'hiver. Mazocky Gavel, à Tagnon
(Ardennes).

Les ruches qui ont été transportées aux sarrasins des petites terres pèsent
de 20 à 35 kil. Le miel rouge ne devra pas être cher. J'ai vendu mon
miel blanc 80 cent. le kil. en très-belle qualité. De Saint-Jean à Grainville (Calvados). — Malgré la sécheresse qui a nui à nos abeilles, souches et essaims sont bons. Les abeilles butinent encore dans ma région
sur la bruyère, l'origan, les crucifères, la bourrache, le réséda, les
asters, etc. Le miel se vend ici de 60 cent. à 1 fr. le demi-kil. et la cire
de 2 à 2 fr. 25. Geay, à Bonnal (Doubs).

Les abeilles, dans nos contrées, sont très-bonnes, mais il y a eu peu
d'essaims. Ceux qui en ont fait d'artificiels ont bien réussi. Les chasses
passeront. Gilles, à Abbeville-Saint-Lucien (Oise). Nos ruches ont généralement plus de poids que chaque année à pareille époque. Quelques
apiculteurs se préparent à faire la réunion des colonies faibles. Warpot,
à Bourecq (Pas-de-Calais).

Les abeilles ont peu essaimé cette année-ci. Cependant les jeunes
essaims ont leurs provisions d'hiver. Les souches ont elles-mêmes fourni
une première récolte de miel quinze jours après l'essaimage. Les ruches
en paille ne donnent généralement que 2 à 3 kil. dans leur petit grenier en paille. Celles de Dzierzon ont donné 10 à 12 kil. dans leurs greniers en bois. Quelques ruches ont donné une seconde récolte fin août.
Heyler, à Wiwersheim (Bas-Rhin).

Cette année j'ai très-mal réussi ; le froid et le mauvais temps du printemps et la sécheresse de l'été ont fait que mes abeilles n'ont pu rien
amasser. Je n'ai eu ni essaims ni récolte. Il faut espérer mieux pour l'année prochaine. Demaizière, aux Vezeaux (Saône-et-Loire). — Cette année
est, dans notre localité, bien passable pour l'apiculture ; les essaims ont
été assez nombreux (70 p. 100), et assez précoces. Mais la sécheresse a empêché les derniers de s'approvisionner suffisamment. J'ai vendu mon miel,
1re qualité, 1 fr. 60 le kil. Requet, à Armoy (Haute-Savoie).

Dans nos environs, la récolte est à peu près comme l'année dernière ;
nos abeilles ont bien travaillé dans le mois de mai ; plus tard la sécheresse a nui, et les derniers essaims n'ont pas le poids voulu pour passer
l'hiver. Ferrand, à Avesnes (Seine-Inférieure).

Mes ruches, qui étaient faibles au sortir de l'hiver, sont toutes bonnes et m'ont produit une récolte de 15 à 20 livres chacune. Pouillet-Leroy, à Caix (Somme).

Les ruches sont très-pesantes dans notre contrée mais il n'y a presque pas eu d'essaims. Ceux qui se sont adonnés à l'essaimage artificiel ont bien réussi. On n'offre en vrague que 50 cent. le kilog. F. Jouin à Loulay-l'abbaye (Orne).

8 ruchées, dont 4 bonnes, 2 médiocres et 2 mauvaises, ont donné, les premiers essaims compris, 120 essaims du poids moyen de 750 grammes chacun. Total, 90 kil. d'abeilles. Le miel n'a pas été en rapport avec les essaims ; j'en ai récolté seulement 70 kil. en laissant mes ruchées de 10 kilogr., poids net. Donde, à Assi-bou-Nif (Algérie).

La température reste très-favorable au nourrissement des colonies peu pourvues ; il faut se hâter et ne pas attendre le temps froid.

H. HAMET.

Occupé jusqu'au 25 au réemballage des produits de l'exposition, nous n'avons pu répondre à un certain nombre de lettres, ni satisfaire à toutes les demandes faites.

— M. B... à la Rochette. Versez vos abeilles asphyxiées dans la ruche dans laquelle doit se faire la réunion, entoilez jusqu'au lendemain matin. Vous opérerez le soir.

— M. P... à Mazières. Ces abeilles que vous voyez courir à terre en tournoyant dans la belle saison, sont prises de vertige. Il n'y a pas de remède connu.

— Les apiculteurs qui ont envoyé leur adhésion à la solidarité apicole et qui n'ont pas donné le nombre de leurs ruches sont priés de le faire.

— M. S... à Herpont. Reçu la pétition que vous avez fait signer. Tous les intéressés ne marchent pas si vite que vous.

— M. W... les médailles de MM. les instituteurs seront envoyées franco dans la 2e quinzaine d'octobre.

— On demande de la belle cire en brique, nuance claire, à 400 fr. les 100 kil. au comptant, escompte 1 p. 100, en gare de Tours ou d'Orléans. — S'adresser aux bureaux du Journal.

Paris.— Imprimerie horticole de E. DONNAUD, rue Cassette. 1.

L'APICULTEUR

Chronique.

C'est en voyant les choses sur place qu'on est à même de les apprécier.
Un apiculteur français qui vient de visiter plusieurs points de l'Allemagne avoisinants la France, notamment les environs de Bade, n'a pas
trouvé l'apiculture aussi avancée qu'on pourrait la croire au dire des
journaux spéciaux qui se publient dans ce pays. Il a bien rencontré
par-ci par-là des ruches à cadres dans les ruchers d'amateurs, et quelques ruches à chapiteau et à hausses, mais la grande majorité des simples
producteurs n'emploient que la ruche en une pièce affectant la forme
de poire, et plusieurs étouffent encore les abeilles pour s'emparer de
leurs produits. Ils agissent ainsi et restent étrangers aux améliorations
qu'ils pourraient apporter, parce qu'on leur présente ces améliorations
sous des horizons qu'ils ne peuvent atteindre. Que ne leur apprend-on
à transvaser les colonies, à réunir les populations, etc., etc.? En un mot
que ne leur enseigne-t-on la pratique si simple et si rationnelle de l'é_
minent Œttl?

Quant aux partisans des ruches à cadres qu'il a vus et interrogés,
préoccupés d'augmenter leur rucher, ils produisent peu jusqu'à ce moment; mais ils sont remplis d'espérances et bâtissent de magnifiques
châteaux en Espagne.

Il a remarqué que les produits allemands sont généralement moins
bien préparés et présentés que les nôtres. M. Schiendler, président de la
Société d'apiculture de Baden, qui a été délégué pour visiter l'Exposition
des insectes du Palais de l'Industrie, nous en a fait l'aveu lui-même.
Mais notre compatriote a constaté que les producteurs les placent dans
de meilleures conditions que nous en les vendant directement. A tous
les marchés où il a assisté, il a vu du miel présenté dans des tasses et de
grands verres qui est vendu aussi cher que le font payer nos intermédiaires. De ce côté nous ne saurions trop imiter nos voisins qui, à leur
tour, ont à gagner en copiant nos procédés de fabrications.

— M. Gaurichon nous adresse la lettre suivante :

« Dans votre chronique de mai 1868, vous écrivez que, d'après le compte rendu de l'Académie des sciences, publié par le journal *l'Epoque*, M. Coste présente, de la part de M. Sanson, un fait relatif aux abeilles.

» Ce fait, tel qu'il a été exposé, est le contraire de la vérité ; d'ailleurs votre chronique de juin suivant contient une longue lettre de M. Sanson par laquelle il proteste de la fausse interprétation donnée à ses paroles.

» Le journal *l'Epoque* a donc fait dire à M. Sanson le contraire de sa pensée ; et celui-ci a eu raison de rétablir la vérité.

» Comme je m'intéresse vivement à tout ce qui est écrit sur les abeilles, je n'ai pas dû rechercher dans *l'Epoque* la suite des faits énoncés par M. Sanson, puisque ce journal en dénature si bien le sens ; mais je retrouve dans le bulletin du 19 juillet 1868 de *l'Association scientifique de France* (quai des Augustins, 55, à Paris) un article important de M. Sanson, sur la même question, *les sexes des abeilles*, lequel article n'est autre qu'un rapport de ce qui a été mis de nouveau par M. Coste sous les yeux de l'Académie des sciences, dans le séance du 9 juin 1868.

» Comme, dans ce rapport, M. Sanson parle lui-même, ses paroles doivent bien exprimer sa pensée ; on y lit ce qui suit à l'adresse des apiculteurs Français :

» Il règne sur les mœurs des abeilles bien des erreurs parmi les natu-
» ralistes, erreurs dissipées en Allemagne, grâce aux progrès réalisés
» dans l'apiculture par l'invention des ruches à rayons mobiles, qui
» sont à la fois des ruches d'observations et des ruches de production,
» mais qui, en France, ne sont pas encore parvenues à la connaissance
» des physiologistes. »

» Ainsi voilà qui est clair, les physiologistes apiculteurs français n'ont pas encore eu le bonheur que la ruche à cadre mobile soit parvenue à leur connaissance !

» Si M. Sanson avait visité les deux expositions apicoles à Paris, s'il avait ouvert un *Traité d'apiculture francais*, il me semble qu'il aurait de nos apiculteurs une toute autre opinion ; il aurait vu surtout que la plupart de nos ruches d'observations sont à cadres mobiles, et que s'il existe en France, pour la production et la grande exploitation, un grand choix d'autres systèmes, il y a forcément un motif.

« La ruche a cadre mobile, adoptée en Allemagne pour la production, se prête en effet merveilleusement pour l'observation, et mes ruches d'observations sont toutes basées sur ce système ; aussi je m'étonne que

M. Sanson, qui a fait beaucoup d'expériences avec ces ruches, ait écrit, à la suite des lignes rapportées ci-dessus, ce qui suit :

» La mère ne pond que dans des cellules d'ouvrières et dans des cel-
» lules de mâle, car il n'en existe point d'autre dans la ruche tant que la
» mère y est présente; seulement, lorsqu'elle n'y est plus, par suite de
» mort accidentelle ou d'essaimage (auquel cas elle s'en va avec une
» partie de la population), les ouvrières qui y restent se mettent en de-
» voir d'en faire développer plusieurs autres. »

» Ainsi les cellules maternelles que nous voyons dans les bâtisses d'une ruchée, avant son premier essaimage, ne sont que le résultat d'un effet d'optique. D'un autre côté, je voudrais bien savoir comment M. Sanson explique alors le départ de l'essaim secondaire, accompagné d'une ou de plusieurs mères neuf jours après la sortie de l'essaim primaire. D'après sa théorie, aussitôt l'essaimage, « *les abeilles s'occupent de transformer en cellules maternelles une ou plusieurs larves de moins de six
jours.* »

» En acceptant même la larve âgée de six jours, il lui faut une journée pour filer sa toile, deux jours de repos, quatre jours à l'état de nymphe; total, sept jours comme une mère naturelle, née dans les meilleures con-ditions de température; l'essaim second ne part quelquefois que le neu-vième jour après l'essaim primaire; il est vrai, et nous venons de voir que la larve transformée peut être arrivée à l'état d'insecte parfait ou mère au bout de sept jours après l'essaimage, mais il ne faut pas oublier qu'une mère née dans ces conditions ne peut voler que cinq ou six jours après sa naissance; elle ne pourrait donc, d'après la théorie de M. Sanson, suivre l'essaim secondaire que le douzième jour après l'essaim primaire, et on sait que l'essaim second part toujours le huitième ou le neuvième jour après le premier, sauf le cas de force majeure.

» Si cette fois l'imprimeur a encore commis l'erreur, M. Sanson n'a pas de chance.

» Sauf ces deux points, l'article de M. Sanson est très-intéressant, et j'engage nos lecteurs à se le procurer. »

      Recevez, etc.

Fondettes, le 12 octobre 1868.

— Les apiculteurs de Vitry-les-Reims et de Caurel (Marne) viennent de rédiger leur pétition au Sénat contre les règlements entravants. On y lit les considérations suivantes : « Il n'est pas sérieux d'objecter les minces accidents occasionnés par les abeilles. Chaque chose a son côté

désagréable. En manipulant la poudre, elle peut faire explosion, et cependant personne n'en conteste l'utilité (pas pour tuer des hommes à la guerre, bon Dieu !) On voit des déraillements sur les chemins de fer et on en construit de nouveaux partout ; ce ne sont pas les dangers de la vapeur qui la feront supprimer. — Sèrait-ce donc pour quelques rares accidents qu'il conviendrait de mettre des entraves à l'apiculture ?.....
— Dans ce moment, les apiculteurs s'occupent de chercher les moyens de se cotiser pour dédommager celui qui aurait éprouvé quelque perte ou dommage par le fait de l'abeille. Nous nous associons tous ici, Messieurs les sénateurs, pour signaler à votre juste appréciation la réglementation abusive dont cette requète fait l'objet, espérant que vous daignerez faire disparaître cet abus. »

On remarquera que les plus intéressés à faire des réclamations, les apiculteurs de la Beauce, où chaque village aura bientôt son règlement municipal contre les abeilles, ne sont pas des plus pressés. Il est vrai qu'il s'agit d'intérêt général. Ah ! s'il s'agissait de mêler *habilement* de la cire végétale à la cire d'abeilles, et du sirop de fécule au miel pour *gagner* de l'argent, on verrait plus vite quelque gros bonnet du cru prendre l'initiative.   H. HAMET.

XVᵉ réunion des apiculteurs allemands à Darmstadt.

L'Apiculteur, dans le numéro d'octobre, annonce qu'une réunion apicole a eu lieu à Darmstadt du 8 au 10 septembre, mais il ne donne aucun détail sur ce qui y a été fait. Comme j'ai eu le bonheur d'assister à ladite réunion, je ne demande pas mieux que de combler cette lacune. Je tâcherai d'être aussi concis que possible, renvoyant pour les détails aux numéros du journal apicole d'Eichstaedt qui vont paraître sous peu.

Les apiculteurs allemands ont tenu dans la petite mais jolie résidence du duché de Hesse-Darmstadt, leur quinzième réunion : énoncer ce fait, c'est indiquer qu'elle a dû être réunie en tout point. Une expérience de plus de vingt ans (la réunion a été interrompue lors des guerres d'Italie et d'Allemagne) est un excellent maître. Au surplus, chacun a fait de son mieux, depuis le grand-duc, qui nous a cédé le vaste bâtiment de l'orangerie et le jardin y attenant, le président de la réunion, M. de Bechtold, et les deux vice-présidents, MM. Leuckart, professeur à Giesen, et A. Schmid, rédacteur du journal d'Eichstaedt, qui ont dirigé les débats avec autant de tact que de savoir-faire; le comité local qui s'est multiplié pour que rien ne manquât aux nombreux hôtes, les apiculteurs qui sont venus, je ne dirai pas de tous les coins de l'Allemagne, mais presque de l'Europe, les habitants qui leur ont donné l'hospitalité, tous ont fait leur devoir, jusqu'aux brasseurs qui nous ont fourni une excellente bière que la chaleur du soleil et l'ardeur de la discussion ont fait doublement apprécier. N'oublions pas que la plupart des chemins de fer allemands ont accordé une remise de 50 p. 100 aux apiculteurs et à leurs effets.

Le comité local dirigé par le Dr Vogel, de Darmstadt, a eu soin de faire construire un rucher (hangar) d'une vingtaine de mètres de long, placé près du bâtiment de l'orangerie et destiné à recevoir les ruches peuplées. Ce rucher a été une des parties les plus intéressantes de l'exposition (la réunion des apiculteurs allemands, Wanderversammlung der deutschen Dienenwirthe, est toujours accompagnée d'une exposition), non à cause du grand nombre de ruches, il n'y en avait que 24 ou 26, mais à cause de la beauté des abeilles exposées; toutes, sauf trois ruchées, étaient italiennes ou magnifiques comme coloration : à voir ces belles mouches volant au soleil, on eût dit des guêpes. Deux ruchettes étaient peuplées d'abeilles égyptiennes (apis fasciata), remarquables par leurs poils blancs et la coloration jaune du troisième anneau du corselet et des deux premiers de l'abdomen. Ces abeilles paraissent très-douces et sont facilement domptées avec un peu de fumée de bois pourri allumé; la fumée de tabac leur est antipathique et les rend furieuses. Quelques abeilles mères italiennes exposées dans des boîtes dites de transport se faisaient également remarquer par leur forte taille et leur belle couleur jaune d'or. Deux ruches enfin et une caisse recouverte d'un grillage en fil de fer attiraient tous les regards, mais je doute qu'elles aient fait des prosélytes, telle n'était pas dans tous les cas l'intention de l'exposant, M. de Hrushka. Les deux ruches étaient des ruches de la Vénétie, d'une simplicité plus que rustique et d'une construction incroyable. C'est tout simplement une affreuse caisse (un mètre de longueur sur 0 m. 15 de côté) formée de quatre planches clouées ensemble tant bien que mal et fermée à l'une des extrémités. L'autre reste ouverte et sert de guichet, qui a, comme on le voit, les mêmes dimensions que la ruche. L'essaim, une fois logé dans ce boyau carré, reste abandonné à lui-même, l'apiculteur ne s'en occupe plus; c'est aux abeilles à se défendre contre les pillardes et leurs nombreux ennemis.

En automne, une mèche soufrée met fin aux tourments des pauvres mouches, les rayons sont extraits de la caisse avec une pelle et placés sous la presse avec tout ce qu'ils renferment, miel, pollen, couvain et abeilles asphyxiées. — La caisse grillée renfermait un essaim de frelons (vespa crabro) avec les rayons qu'ils avaient bâtis. M. de Hrushka a eu je ne puis dire dire le courage mais la témérité de détacher d'un grenier le nid de ces redoutables insectes et de placer les rayons couverts de frelons dans la caisse, sans avoir ni masque ni gants. C'est un tour de force que peu d'apiculteurs oseraient imiter.

Les ruches vides, les instruments et produits de l'apiculture se trouvaient dans le bâtiment même de l'orangerie ; leur description demandant plus de place et de temps que je n'ai à ma disposition, je me borne à quelques indications. Ce qui aurait avant tout frappé la plupart de nos apiculteurs et des visiteurs de l'exposition insectologique, c'était *l'absence complète de ruches à bâtisse fixe* (les deux ruches vénitiennes ne figuraient que comme objet du curiosité). Cette absence ne saurait être attribuée à une opposition systématique de la part des membres de la réunion, car l'une des questions mises à l'ordre du jour traitant des ruches ordinaires, elle tient uniquement à ce que la supériorité de la ruche à rayons mobiles est *incontestée* en Allemagne ; un concours est impossible.

Les ruches à rayons mobiles étaient par contre très-nombreuses et toutes, sauf deux ou trois, du système de Berlepsch, c'est-à-dire à cadres fermés ; elles ne différaient que par leurs dimensions intérieures, la grandeur du magasin à miel et les matériaux dont elles étaient faites. La construction en était généralement très-bonne, mais le prix de revient, comme cela ne saurait être autrement pour les ruches à cadres fermés, un peu trop élevé : 15 à 20 fr. la ruche. Près du quart de ces ruches était en paille tressée sur le métier ; les parois en étaient parfaitement lisses et presque aussi solides que des planches, ce qui veut dire en d'autres termes que ces ruches ne laissaient à désirer sous aucun rapport, sauf celui du prix. Deux ruches enfin étaient l'une en brique, l'autre en une espèce de carton fait avec de la tourbe ; elles paraissaient être assez solides, mais leurs dimensions étaient loin d'être irréprochables. Toutes ces ruches étaient soit isolées, soit réunies par deux, ou trois, soit enfin réunies en pavillon de quatre, six, huit et 12 ruches.

Les produits exposés étaient de toute beauté et provenaient directement des abeilles, à l'exception de quatre ou cinq bouteilles de vin de miel (Meth). Le miel, contenu dans des tonneaux et vases de toute forme et obtenu au moyen de l'extracteur, soutenait parfaitement la comparaison avec celui en rayons. Parmi le miel en rayons, on remarquait surtout un magasin en verre contenant 25 kilogr. de miel irréprochable, et parmi les bocaux un échantillon de miel du mont Hymette d'une odeur de guimauve (*althea officinalis*) assez prononcée.

L'apiculture rationnelle ne demandant que peu d'outils, la section des instruments a été comparativement pauvre : masques, couteaux, cages à reine, pipes d'apiculteur, voilà à peu près tout ce qu'on y voyait. L'extracteur par contre était largement représenté tant en grandeur naturelle qu'en modèles. Il suffit de dire pour faire connaître au lecteur le prix que les Allemands attachent à cet instrument désormais indispensable, que lorsque Hrushka parut à la tribune pour prendre part à la discussion, d'interminables bravos saluèrent le savant et heureux inventeur de l'extracteur.

Les conférences eurent lieu dans l'orangerie et durèrent le 8 et le 9 septembre de 9 heures du matin à 2 heures de l'après-midi ; c'était malheureusement trop peu de temps pour traiter à fond les dix-neuf questions mises à l'ordre du jour. Quatre d'entre elles, si je ne me trompe, ont été écartées par suite de l'absence de ceux qui devaient les développer, les autres ont été discutées. En voici les principales :

2° De la loque, de ses causes et remèdes?

7° Y a-t-il des localités tellement défavorables à l'apiculture que, malgré tous les soins et connaissances de l'apiculteur, les plus fortes ruches succombent en peu de temps?

8° Qu'y a-t-il à faire pour obtenir une loi apicole?

10° Y a-t-il un moyen d'empêcher dans les contrées à récolte tardive la production des mâles sans recourir à l'enlèvement du couvain?

13° D'après les expériences faites, faut-il préférer la ruche à bâtisse fixe ou celle à bâtisse mobile? Quelle est l'importance de l'extracteur inventé par Hrushka?

14° La meilleure manière de faire des essaims artificiels?

15° Quelles doivent être les dimensions intérieures de la ruche, notamment du magasin à miel?

17° L'apiculture se sert-elle des chemins de fer? ne le pourrait-elle pas sur une plus large échelle, et comment?

La matière à discussion n'a pas manqué, comme on voit; deux

questions surtout ont été discutées avec une grande animation, la septième et la huitième. M. Kaden, l'un des plus anciens et distingués
apiculteurs de l'Allemagne, a perdu en peu de temps son rucher : ses
abeilles ont été empoisonnées par un voisin ; d'autres apiculteurs ont été
molestés de différentes manières par des agents de l'administration
ignorants ou malintentionnés, de là la proposition qu'une législation
spéciale vienne régler l'apiculture et la protéger contre l'arbitraire. Il
va sans dire que l'assemblée, à l'unanimité, a appuyé cette proposition,
dont l'équité ne saurait être mise en doute.

Une excursion à Mayence et une promenade en bateau à vapeur sur
le Rhin, à laquelle je n'ai pas pu prendre part, ont terminé, le 10, cette
belle et instructive réunion. La plupart des membres, il y en avait
350 à peu près, se sont donné rendez-vous pour l'année prochaine à Nuremberg, désignée comme lieu de réunion. L'apiculture française n'était
représentée à Darmstadt que par trois apiculteurs, espérons que l'an-
tique et très-pittoresque ville de Nuremberg en verra un plus grand
nombre ; ceux qui s'y rendront ne regretteront jamais ce petit voyage.
L'Italie avait envoyé deux de ses apiculteurs depuis longtemps connus
en Allemagne : Hrushka et Cruvelli. Parmi les apiculteurs allemands
présents, je citerai : Dzierzon, Dathe, Hopf, Kaden, Vogel, etc. M. de
Berlepsch, malade par suite d'un coup d'apoplexie, n'a pas pu venir,
Kleine a été également empêché ; par contre, nous avons eu le plaisir
de voir au milieu de nous un ecclésiastique grec, le conseiller consis-
torial Vojnowic, apiculteur distingué, venu des frontières militaires de
l'Autriche.

Si le lecteur avait été dans la soirée du 9 septembre dans la grande
salle de l'hôtel de la cour de Darmstadt, il aurait été témoin d'une
petite scène qui m'a vivement touché et me donne encore à réfléchir.
C'était au moment de se séparer ; trois apiculteurs, sans songer à autre
chose qu'à se souhaiter une bonne nuit, se donnèrent la main : tous
les trois sont ecclésiastiques, le premier, Dzierzon, appartient à l'Eglise
catholique, le deuxième, Vojnowic, à l'Eglise grecque et le soussigné à
l'Eglise protestante. Mais il y a encore autre chose : le premier est Prussien, le second Autrichien et le troisième Français. Nous avons, sans y
penser dans le moment, oublié les rancunes théologiques et politiques.
Puisse-t-il en être toujours ainsi pour nous et tous les apiculteurs, et
ajouterai-je volontiers, si ce n'était pas une utopie, puisse tout le monde
devenir apiculteur !   BASTIAN.

Ruches à cadres contre ruches à bâtisses fixes.

Traduit de l'*American bee-journal*.

Je désire soigner mes abeilles comme on le faisait il y a cent ans, ou en autres termes les laisser se soigner elles-mêmes, et quand la saison est arrivée, les détruire pour m'emparer de leurs provisions. Quelle ruche dois-je employer, à votre avis, l'ancienne ruche ou la ruche à cadre ?

Mon avis à tous les apiculteurs est d'employer la ruche à cadres mobiles, quelles que soient leurs vues. On peut faire ces ruches pour un prix presque aussi bas que les ordinaires. Un essaim peut être mis dans une ruche à cadre aussi aisément que dans une simple boîte, et les abeilles y travailleront aussi bien.

Quand vous voudrez les étouffer, vous gagnerez en temps et en tracas, car vous n'aurez pas à couper les rayons et par conséquent ne perdrez pas de miel. Dans le centre de la ruche, vous trouverez plusieurs rayons employés récemment pour élever le couvain, remplis de pollen et contenant très-peu de miel. Ces rayons ont peu de valeur, mais s'ils sont conservés jusqu'à l'année suivante et donnés aux jeunes essaims, ils ajouteront beaucoup à leur prospérité. Un cadre de rayon vaut au plus bas prix 1 fr. 25, dix valent 12 fr. 50, tous les rayons conservés sont donc un gain tout net, et doivent plaider en faveur des ruches à cadres mobiles.

Il me semble que la valeur des ruches à cadres mobiles est clairement démontrée ci-dessus ; il y a encore bien d'autres arguments en sa faveur, mais je m'en tiendrai là pour le moment.

M. M. BALDRIDGE, St-Charles-Illinois.

Les merveilles de la ruche Dzierzon.

Je lis dans l'*Apiculteur* d'octobre 1868, page 37, ligne 21 : « Les ruches en paille ne donnent généralement que deux à trois kilog. de miel dans leur petit grenier en paille. Les ruches de Dzierzon en ont donné dix à douze dans leur grenier en bois. »

L'auteur de ces paroles, M. Heyler, à Wiwersheim (Bas-Rhin), n'a pas été suffisamment renseigné sur le produit des ruches en paille de son voisinage. Je connais dans les environs de Wiwersheim un apier où vingt-trois colonies logées en ruches de paille ont donné, dans *leur petit grenier*, outre les provisions d'hiver, 225 kilog. de miel, c'est plus que 2 ou 3 kilog. pour chaque ruchée. Les vingt-trois colonies n'avaient pas essaimé.

L'école Dzierzonnienne ne pense pas assez au proverbe : *qui dit trop ne dit rien.*

Cette école avait-elle une si grande confiance dans la vertu de sa ruche quand elle refusait de faire les expériences qui lui ont été proposées dans *l'Apiculteur* de juillet 1868, page 343, ligne 13? On lui disait alors : à l'œuvre on connaît l'artisan; travaillons, vous avec votre ruche à bâtisse mobile, nous avec notre ruche à bâtisse fixe.

Les prétentions de cette école me paraissent tellement contraires à toutes les idées reçues que je suis tenté de croire que l'on ne s'entend pas. C'est pour être édifié sur ce point que j'adresse à M. Heyler des questions claires et précises avec prière de répondre en termes clairs et précis.

Première question. — D'une part, M. Heyler, en saison d'essaimage, loge six essaims artificiels en ruches à rayons mobiles entièrement bâties; lorsque le besoin s'en fait sentir, il place sur chaque essaim un cabochon à rayons mobiles entièrement bâti.

D'autre part, *l'apiculteur lorrain*, opérant le même jour et dans le même apier que M. Heyler, loge six essaims artificiels en ruches de paille remplies de bâtisses fixes; plus tard, à l'exemple de son honorable concurrent, il place sur chaque essaim une calotte pleine de gâteaux fixes. Les essaims seront de même force de part et d'autre.

Les conditions ainsi posées, les essaims Heyler amasseront-ils plus de miel que ceux de l'apiculteur lorrain?

Seconde question. — Les essaims Heyler, à la fin de la campagne, auront-ils notablement plus de miel que ceux de l'apiculteur lorrain, par exemple un quart, un sixième en plus?

Troisième question. — M. Heyler, persuadé que ses essaims amasseront notablement plus de miel que les essaims de l'apiculteur lorrain, consent-il à faire concurremment avec ce dernier des expériences comparatives *en territoire neutre?*

Ce serait en finir avec le parlage et les que si que non, car les expériences, donnant des résultats bien contrôlés, bien constatés clôtureraient tous débats sur la ruche à rayons mobiles.   .

Pour prévenir tout malentendu, je demande seulement à M. Heyler que ses essaims amassent notablement plus de miel que les miens, par exemple un quart, un sixième en plus.

Je laisse de côté la prétention qu'un essaim logé en ruche Dzierzon donne à son maître 10 à 12 kil. de miel quand un autre essaim logé en ruche de paille n'en donne que 2 ou 3; une telle prétention voudrait dire qu'un âne qui mange sa ration d'avoine dans une auge en bois travaille quatre fois plus que s'il la mangeait dans un picotin en paille.

Il y aurait nécessairement un vainqueur et un vaincu, ce serait au vaincu à payer les frais de toute nature.

Un apiculteur lorrain.

La première leçon des professeurs ambulants.

Les lecteurs de *l'Apiculteur*, qui ont le courage de suivre mes articles, savent que, plusieurs fois déjà, je les ai entretenus de la création des professeurs ambulants, mais ce qu'ils semblent oublier, c'est que la caisse à former est encore maigre, comme une ruchée au mois de mars; cependant qu'ils se rassurent, je ne viens aujourd'hui faire aucun appel de fonds, la souscription étant toujours ouverte à cet effet.

En France, on a mille peines à créer quelque chose, mais une affaire est-elle engagée que bientôt les capitaux affluent de toute parts, voire même le cas où on est obligé de refuser des milliards.

Je n'ai pour nos professeurs futurs nulle crainte semblable; je viens seulement aujourd'hui, chers lecteurs, le cœur plein de joie, vous apprendre qu'en attendant leurs professeurs ambulants, les abeilles viennent de donner elles-mêmes leur première leçon.

Cette joie est chez moi bien naturelle, car ne suis-je pas un peu leur avocat, n'ai-je pas prouvé, par expérience, que des ruchées pouvaient être placées, sans inconvénient, au milieu d'un concours agricole? D'un autre côté, le département où se passa la scène suivante est mon pays natal, et ne semble-t-il pas que les abeilles, mes payses, à l'instar des escargots, sympathisent avec moi?

Voici l'historiette en question :

En l'an de grâce 186..., il se trouva que, dans le département du..., eut lieu le concours régional; l'apiculture ne fut point exclue du concours, des prix même furent réservés à cette branche de l'agriculture.

Les exposants apiculteurs se réjouissaient, puisque les prix proposés firent pressentir un jury compétent. Parmi eux se trouvait un adepte des méthodes rationnelles, et tout fier de présenter une ruche vitrée, de son invention, il se proposait d'y loger une colonie.

Quel ne fut pas son dépit, lorsqu'il lui fut formellement interdit d'apporter des abeilles, les instruments seuls étant admis comme ne présentant aucun danger. Ainsi, dans la section de l'apiculteur les abeilles étaient exclues.

Quant à la cause de cette exclusion, c'est ce que l'histoire ne dit pas ; d'aucuns prétendent que c'est par prudence, d'autres (n'en croyez rien) affirment que c'est une prudence *bien ordonnée !*

Quoi qu'il en soit, une vieille butineuse, qui, au milieu d'instruments de toutes espèces, avait cru reconnaître son habitation, s'étant approchée du groupe qui l'entourait, entendit l'injustice faite à sa race ; et de même qu'on voit·la vigilante abeille qui a découvert un trésor aller à sa ruchée, en indiquer le lieu et la valeur, de même notre vieille butineuse fit entendre son cri de guerre, et volant à sa ruchée, donna le signal d'alarme.

Les sentinelles avancées, les gardiennes du logis, les nettoyeuses elles-mêmes furent bientôt sous les armes ; les cirières furent paralysées, les nourricières, les porteuses d'eau, etc., en un mot, la ruchée tout entière suspendit ses travaux. La mère fit entendre un *tuh* solennel, le silence se rétablit, alors la vieille butineuse demandant la parole, s'exprima en ces termes :

« Mes sœurs,

» Notre plus grand ennemi, celui qui nous tue pour avoir notre ré-
» colte, refuse de nous admettre parmi ses animaux domestiques ; il
» affirme que le glaive que nous portons est pour mettre tout à mort et à
» sang. Pour tant d'ingratitude, mes sœurs, je demande vengeance ! »

Contrairement à son habitude, la colonie se sentit piquée au vif, et un cri d'indignation, poussé par 20,000 doubles estomacs, répondit : Vengeance ! Aussitôt les dards furent préparés ; mais soudain un *tuah* terrible établit le silence et l'abeille mère s'exprima ainsi :

« Mes filles,

» Depuis que Noé planta la vigne, les dieux méprisèrent le nectar et
» nous tombâmes en disgrâce ; mais sachons patienter, justice nous sera
» faite un jour.

» Ce n'est pas en ce moment qu'on élabore un projet de Code rural
» que nous devons être agressives, et en attendant nos professeurs am-

» bulants, chargés de notre défense, prouvons nous-mêmes que nous
» méritons d'être appelées les amies de l'homme ; choisissons au beau
» milieu du concours régional une place visible pour tous, près des ani-
» maux; allons nous y établir, et que tous les glaives restent dans leurs
» fourreaux ; j'ai dit. »

Aussitôt les éclaireuses se mettent en campagne et avisèrent un superbe peuplier, placé au milieu de la fête, près des animaux et dans le
parcours de tous les visiteurs ; cet arbre fut jugé convenable et nos
envoyées retournèrent au logis faire part de la découverte.

Il fut décidé que le départ serait remis au lendemain, pour laisser à la
colonie le temps de se remettre de tant d'émotion, de préparer les vivres
du voyage et surtout afin de choisir le dimanche, jour où le public est
plus nombreux, et aussi le jour où elles auraient le bonheur de voir
donner les médailles aux apiculteurs récompensés.

Le lendemain, dimanche, à 11 heures, le chant joyeux de l'essaimage
se fit entendre et notre essaim, se balançant bientôt majestueusement
dans les airs, va se fixer à la place indiquée.

Grande joie parmi les apiculteurs de la localité ; comme on pense
bien, grand désappointement parmi les membres du jury délégué pour
l'apiculture ; mais, comme ceux-ci avaient terminé sans accident l'inspection des ustensiles apicoles, ils se mirent à rire comme tout le monde.
Qu'avaient-ils de mieux à faire ?

Quelques méchantes langues ajoutent que notre apiculteur, tout bon
bourgeois qu'il est, s'était entendu avec les abeilles, et que même il avait
marqué la place où devait s'abattre l'essaim avec du jus de citron ; mais
le jury ne partagea pas cet avis ; les abeilles furent mises en ruche sans
accident, et une médaille d'argent, 1er prix, fit entendre qu'à l'occasion
les abeilles trouveraient bon accueil.

Ne firent-elles pas mieux que de se plaindre ?

Pour les incrédules, je pense devoir ajouter que l'action se passa à
Lons-le-Saulnier, au dernier concours régional, et que l'apiculteur désigné est M. Bourgeois, que je prie de pardonner mon indiscrétion.

CH. GAURICHON.

Fragments du journal d'un apiculteur.

Ferme-aux-Abeilles, novembre 186...

2 *novembre*. — De la chute des feuilles à l'épanouissement des fleurs il se passe quatre ou cinq mois, pendant lesquels les abeilles consomment de la nourriture sans pouvoir en aller récolter au dehors. Malheur à celles dont la ruche n'est pas suffisamment pourvue pour passer ces cinq mois. Ce n'est pas seulement pour elles et pour entretenir la chaleur de leur habitation qu'elles absorbent du miel pendant la mauvaise saison, c'est aussi pour achever l'éducation du couvain déposé tardivement dans les berceaux, et pour alimenter celui qui le sera dès janvier, et quelquefois en décembre dans les ruches populeuses. La consommation moyenne peut se calculer de 1 kil. à 1 kil. et demi par mois, depuis novembre jusqu'à février, et de 1 kil. et demi à 2 kil; et quelquefois davantage en mars, voire même en avril, lorsque ce mois est mauvais. C'est donc de 7 à 10 kil. de provisions que toute colonie doit avoir en magasin à la Toussaint, pour atteindre la bonne saison, et si elle ne les a pas, l'apiculteur ne peut, sans préjudice, attendre plus tard pour les lui donner ; car s'il attendait, il s'exposerait à des mécomptes graves : le froid retiendrait les abeilles au logis lorsqu'elles auraient enlevé la nourriture ; par conséquent leur abdomen resterait surchargé de résidus, ce qui communiquerait la dyssenterie où la constipation à un certain nombre. La colonie en serait plus ou moins affectée.

L'été de la Saint-Martin présente encore une température parfois assez douce avec des journées de beau soleil, qui permettent aux abeilles d'enlever rapidement les aliments qu'on leur présente, et de sortir vers le milieu du jour pour alléger leurs intestins. Lorsque les nuits sont trop froides pour permettre aux abeilles de descendre pour enlever la nourriture (les ruches percées par le haut peuvent encore être alimentées extérieurement), il convient de porter les ruches dans une pièce abritée ou dans une cave ; on les reporte au rucher aussitôt que la nourriture est montée. Il faut avoir soin que la lumière ne pénètre pas dans la pièce dans laquelle on laisse la ruche en alimentation pendant le jour, à moins de fermer cette ruche au moyen d'une toile.

Ce n'est pas assez de pourvoir à l'alimentation des colonies nécessiteuses, il faut avant tout se préoccuper de la force de leur population ; il faut que les abeilles en soient très-nombreuses : il n'y en a jamais trop dans une ruche. On voit des colonies compter moins de 10,000 abeilles (un kilogramme environ), à l'entrée de l'hiver, le passer facilement et donner des résultats assez satisfaisants l'année suivante si la miellée est bonne ; mais celles qui ont une population double ou triple assurent toujours des bénéfices plus grands à leur propriétaire. Celui-ci est à même de jouir de ces bénéfices en doublant et en triplant la population de ses colonies, en leur ajoutant la population des ruches qu'il récolte entièrement ou celles que des voisins ignorants vouent au soufre ou qu'ils laissent périr d'inanition.

Bien que la saison soit froide et que les abeilles se trouvent groupées entre les rayons, on peut encore s'en emparer par le tapotement (il s'agit de colonies logées dans des ruches en une pièce pleine de rayons). Pour cela, il faut descendre ces ruches à la cave. Une lanterne procure la lumière convenable pour diriger l'opération et pour engager les abeilles à monter. — C'est aussi dans la cave qu'il convient de faire les réunions à cette époque. La ruche qui doit recevoir une population (chasse) y est apportée ; on arrose le bas de ses rayons d'une cuillerée ou deux de miel étendu d'eau, et on la pose sur une cale. Les abeilles de la chasse sont secouées à son entrée. La lanterne doit être éteinte ou fermée au moment où les abeilles de la chasse tombent. Le soir, les mariages pratiqués dans la journée sont reportés au rucher.

Il faut s'emparer des abeilles des ruches non entièrement pleines de rayons, qu'on veut réunir, au moyen de l'asphyxie momentanée, à l'aide de fumée de vesse de loup ou de chiffon nitré. On opère vers le soir, afin que les abeilles asphyxiées, qui retrouvent leurs sens, ne sortent pas de suite de la ruche, car, à moitié étourdies encore, elles n'y rentreraient pas. Il convient même, lorsqu'on a vidé les abeilles asphyxiées dans la ruche dans laquelle on les introduit, de fermer cette ruche avec une toile et de la laisser sens dessus dessous pendant quelques heures, c'est-à-dire jusqu'à ce que les abeilles asphyxiées soient bien revenues à elles et qu'un fort bruissement soit établi dans la ruche.

A la Toussaint, toutes les entrées des ruches doivent être rétrécies au moyen de grillages ou de portes dentées. Les capuchons doivent être en ordre et consolidés à l'aide de piquets.   X.

L'apiculture aux États-Unis.

Hamilton—Illinois, 18 septembre 1868.

Lorsque je me déterminai à me livrer d'une manière sérieuse à l'apiculture, mes abeilles étaient dans des ruches Debeauvoys, que j'avais fabriquées de mémoire, en ayant eu de semblables en France. Comme je n'avais aucun traité français sur les abeilles, je me procurai successivement les trois meilleurs ouvrages américains sur ce sujet; leur étude me détermina à quitter la ruche Debeauvoys pour adopter une forme plus simple, quoique répondant à tous les besoins des abeilles et de leur propriétaire. Cette ruche est connue ici sous le nom de ruche Quimby.

Plusieurs autres formes de ruches ont plus de vogue aux États-Unis que cette dernière; je citerai entre autres la ruche Langstroth, la ruche King ou américaine, la ruche Adair, la ruche Flanders. Mais je n'en finirais pas si je vous donnais la nomenclature de toutes les ruches dont leurs inventeurs ont cherché à introduire l'usage. Les ruches Langstroth et américaine ont seules obtenu du succès, parce que, malgré leurs défauts, elles ont des qualités réelles, et que leurs inventeurs n'ont épargné ni articles dans les journaux, ni affiches, ni circulaires pour leur donner de la réputation

Mais revenons à la ruche Quimby, qui, à mon avis, est moins employée qu'elle ne devrait l'être, par la seule raison que son inventeur n'ayant pas pris de brevet n'a rien fait pour la faire prévaloir.

Cette ruche, comme toutes celles dont je vous donne les noms plus haut, est à cadres mobiles; elle en contient huit. Les ruches à bâtisses fixes sont abandonnées par tous ou presque par tous les apiculteurs sérieux.

Dimensions: hauteur, 0 m. 32; largeur, 0 m. 305; longueur, 0 m. 50, le tout pris dans œuvre, en planches de sapin d'un pouce d'épaisseu r.

Les cadres: en lattes de 0 m. 024 sur 0 m. 007, ont, dans œuvre, 0 m. 44,75 de long sur 0 m. 28 de hauteur. La latte du dessus qui sert à les supporter par bout est plus longue à chaque bout de 0 m. 03 que l'extérieur du cadre. Au-dessous de cette latte, dans l'intérieur du cadre, est cloué un liteau triangulaire pour servir de guide aux rayons. On peut remplacer ce liteau par une baguette carrée de 0 m. 01 ; les bouts des cadres se logent dans une rainure de 0 m. 013 carrés bouvétée dans les planches des bouts de la ruche; l'épaisseur de la latte n'étant que de 7 millimètres, il y a un intervalle de 6 millimètres pour ne pas écraser les abeilles entre les cadres et le plancher du dessus qui est nommé ici *planche à miel (houey board).* Cette planche à miel, formée de plusieurs morceaux pour prévenir son gauchissement, couvre exactement le dessus de la ruche ; elle est percée de trois fentes d'un centi-

mètre de largeur sur 0 m. 22 de longueur, espacées régulièrement et
correspondant à trois boîtes de 0 m. 305 de longueur sur 0 m. 16 de
largeur, et 0 m. 16 de hauteur; ces boîtes sont en bois mince pour le
plancher, et le plafond est en verre pour les quatre côtés; le verre est
soutenu aux quatre coins par des montants de 0 m. 015 carrés, sur
0 m. 15 de long. A 0 m. 02 du dessus de la ruche, en dehors tout
autour, est cloué un liteau de 0 m. 025 carré ou, pour plus d'ornement moulé, qui supporte le couvercle. Ce couvercle a 0 m. 20 de
haut et sert à mettre dans l'obscurité les boîtes de verre. La tablette
du dessus, si on veut faire du luxe, est taillée plus longue et plus
large que le couvercle, et supporte une moulure pareille à celle de la
ruche.

Comme vous le voyez, les cadres sortent par le dessus de la ruche.
Pour empêcher qu'ils ne s'approchent trop par le bas, un dentier en
fil de fer maintient leur écartement. Ce dentier est fait ainsi : prenez
une baguette de coudrier de la grosseur du petit doigt, en bon bois,
équarrissez-la, puis percez-la de petits trous à 0 m. 021 l'un de l'autre,
coupez du fil de fer mince et bien recuit en sept morceaux de 0 m. 125
de long ou à peu près; pliez chaque morceau en V aigu, et insérez les
deux bouts dans le troisième et le quatrième trou de la baguette;
tournez ces bouts autour de la baguette pour que le V soit solidement
maintenu et qu'il ait environ 3 à 4 centimètres de long, puis conti-
nuez pour les cinquième et sixième trous, etc. Placez dans le premier et
dans le dernier trou un bout de fil de fer de 7 à 8 centimètres de long
maintenu comme tous les autres. Puis, pour fixer ce dentier à la ruche,
faites, à un centimètre du bas en dedans et au milieu de chaque côté,
un trou carré du diamètre du bout de votre baguette; ce trou ne devra
pas avoir plus de 2 à 3 millimètres de profondeur; taillez la baguette
de longeur convenable; insérez un bout dans un des trous; pliez-la
pour y faire arriver l'autre, et le dentier est fixé.

Pour entrée on fait au bas d'un des bouts de la ruche une entaille
de 1 centimètre de hauteur sur 12 de longueur; un trou percé dans le
milieu sert de sortie et de ventouse aux abeilles; il a 0 m. 025 de
diamètre et n'est ouvert qu'en été. Enfin, et pour en finir de cette
froide description, le plateau qui n'est pas attaché à la ruche est plus
long, sur le devant, de 10 centimètres; il est cloué sur deux blocs de
bois de chêne équarris de 10 centimètres sur 5 de largeur, et la ruche
repose simplement à terre. Il est bon de couvrir la ruche d'un toit à

deux pentes pour la protéger contre les intempéries, surtout si elle est placée dans un endroit découvert.

Les boîtes de verre ou boîtes de surplus (*surplus boxes*) contiennent chacune 6 à 7 kil. de miel. On doit avoir soin de les remplacer aussitôt pleines ; ou mieux aussitôt que'elles commencent à se garnir, on les soulève et on en établit trois vides au-dessous. Les abeilles s'empressent d'activer leurs travaux pour remplir l'intervalle vide entre les premières boîtes et les rayons. Ces boîtes pleines sont très-attrayantes, elles se vendent au poids sans défalcation du poids de la boîte; leur prix varie de 30 à 40 sous la livre et même davantage, selon les localités.

Un des avantages de cette ruche est de présenter aux abeilles une grande surface pour le surplus, ce qui les met à même de travailler toutes sans rester oisives, faisant barbe, comme on dit vulgairement.

Pour engager les abeilles à faire leurs rayons droits, car s'ils étaient crochus cette ruche serait peu maniable, aussitôt qu'on y a introduit un essaim, on la soulève de l'arrière de 30 degrés environ; si on opère artificiellement, la précaution de mettre un cadre vide entre les deux pleins, suffit.

Pour faciliter la sortie des rayons, après avoir levé la planche à miel, on les détache tous ; puis on les fait glisser légèrement l'une près de l'autre, afin de gagner assez de place pour sortir aisément le premier. Quand on a eu soin de faire construire des rayons droits ou de les rectifier s'ils étaient crochus, la sortie des rayons se fait aussi vite que dans une ruche ouvrant sur le côté. Il est même plutôt fait d'en sortir un rayon du milieu, pour y prendre du couvain par exemple; on n'a pour cela qu'a écarter les rayons de chaque côté afin d'avoir un espace libre au milieu.

Cette ruche a encore l'avantage précieux de coûter peu de façon ; le premier venu, pour peu qu'il sache manier les outils, peut faire une ruche semblable.

Enfin elle est d'une bonne capacité ; la reine a un large espace pour y pondre, et les abeilles peuvent y loger une grande quantité de miel. Je viens d'ouvrir une ruche à laquelle j'ai enlevé déjà deux cadres en juillet pour les faire passer par l'extracteur; je lui ai pris quatre cadres pesant ensemble trente-neuf livres, et je lui en laisse quatre autres presque aussi pleines. À l'exception d'une place de 0 m. 20 carrés garnie de couvain clos, tous les alvéoles étaient garnis de miel, la reine n'avait pas pondu depuis au moins huit à dix jours faute de place. Mes autres ruches italiennes ont rendu à peu près autant toutes.

L'automne me dédommage un peu du printemps qui n'a rien rapporté. Tous mes petits essaims ont grandi, et se sont engraissés de manière à avoir besoin de peu, si même il s'en trouve qui manquent de quelque chose, à l'exception de mes nucléi.

Un de mes voisins, qui a quatre ruchées d'abeilles noires dans des boîtes ordinaires, m'ayant dit, ces jours derniers, qu'il avait l'intention d'étouffer une ruchée pour avoir du miel, car depuis deux ans ses abeilles ne lui en produisent pas, je lui ai offert de le débarrasser de ses abeilles sans les étouffer. En effet, hier j'y suis allé muni d'une ruche à cadres mobiles dans laquelle j'avais introduit deux rayons contenant un peu de miel en à-compte de la provision à leur donner. J'ai chassé les abeilles et tué leur reine; puis, après avoir fixé le couvain dans des cadres et l'avoir mis dans la ruche entre mes deux rayons, j'ai encore rétréci l'espace en y glissant une planche mobile pour maintenir une température plus élevée à l'intérieur. Enfin j'ai arrosé les abeilles et les rayons avec de l'eau fortement sucrée, dans laquelle j'avais mêlé un peu d'essence de menthe poivrée, afin de leur faire accepter une reine italienne, qu'elles ont parfaitement accueillie, grâce à la forte odeur de la menthe qui les avait mises hors d'état de s'apercevoir de la substitution. Ce moyen d'introduire des reines italiennes est très-expéditif et réussit au moins aussi bien, sinon mieux, que la plupart des autres.   Ch. DADANT.

Étendue du parcours des abeilles.

Traduit de l'*American bee-journal*.

Ayant appris qu'il n'existait pas d'abeilles dans l'île de Kelley sur le lac Erie, j'y établis au printemps de 1865 un rucher d'abeilles italiennes, afin de produire des reines qui soient à l'abri du croisement avec des mâles indigènes, et de me rendre compte de la distance que les abeilles pouvaient parcourir en quête de nourriture.

J'établis mon rucher à un des bouts de l'île, et en cinq jours les abeilles furent remarquées à l'autre bout de l'île, à huit kilomètres et demi de leur ruches.

Le rucher italien le plus rapproché étant à seize kilomètres, il est certain que ces abeilles venaient de mon rucher. Quand il n'y a pas

discontinuité de fleurs, les abeilles peuvent parcourir cette distance ;
mais il est douteux qu'elles traversent plus de cinq kilomètres d'eau
pour aller butiner.

J'ai observé un cas sur ce point : l'île Johhson est séparés par eau de
six kilomètres de mon rucher, et on n'y a pas remarqué une seule
abeille dans toute la saison.　　　　　　　　W. A. FLANDERS.

Kelley-Island, Ohio.

Fécondation de l'abeille mère.

L'abeille mère n'est mûre pour la fécondation que le septième jour
de sa naissance.

Déjà l'année dernière, dans l'*Apiculteur* de décembre 1867, page 73,
j'ai établi ce point important de l'histoire naturelle de l'abeille mère ;
je viens aujourd'hui le confirmer par de nouveaux faits.

Plusieurs de mes expériences de 1867 n'ont pu aboutir, parce que, le
cinquième, sixième ou septième jour de la naissance des mères coïn-
cidant avec des journées froides ou pluvieuses, les mères restaient naturellement au repos. Mais en 1868, tout s'est passé à souhait pour le
but que je me proposais. Excepté le 3 juin, journée d'une température
douteuse qui coïncidait avec le cinquième jour d'une mère en expérience, les abeilles, pendant toute la durée des épreuves, n'ont pas été
contrariées un seul instant par la pluie ou le froid. Je ne parlerai donc
pas de la température, puisque toujours elle a été magnifique de soleil
et de chaleur. Arrivons à nos expériences :

1º Pour la première expérience, j'ai opéré sur une mère née dans la
nuit du 17 au 18 mai. Cette mère a donné les premiers signes d'agitation le dimanche 24 juin, deux heures du soir. Je lui ai donné la
permission de sortir au dehors le mardi 26 mai, trois heures du soir.

2º Pour la seconde expérience, j'ai pris une mère née dans la
nuit du 18 au 19 mai. Elle n'était pas sortie le 19 six heures du
soir, mais il est probable qu'elle est sortie peu de temps après six
heures, car le lendemain 20 mai, cinq heures du matin, elle avait
acquis la couleur brune que n'ont pas les mères nouvellement arrivées
à terme. Cette mère, plus précoce que toutes les autres, a donné des
signes d'agitation dès le 24 mai, en même temps que la mère de la
première expérience ; elle n'avait pas encore six jours accomplis. C'est
pour moi le seul exemple d'une mère qui ait manifesté le désir de la

fécondation avant le septième jour de sa naissance. Aussi je regarde ce fait comme une exception.

J'ai permis à notre mère de sortir le 26 mai vers trois heures du soir.

3° La mère de la troisième expérience était sortie de sa cellule le 20 mai, cinq heures du matin, mais depuis quelques heures seulement : sa couleur encore grise l'indiquait. Elle n'a demandé à sortir que le 26 mai vers trois heures du soir.

4° La mère de la quatrième expérience, née le 20 mai entre cinq heures du matin et deux heures du soir, a manifesté le désir de s'échapper de la prison le 26 mai vers trois heures du soir en même temps que la mère de la troisième expérience. C'étaient deux sœurs. Je les ai retenues prisonnières jusqu'au mardi 2 juin, deux heures du soir. La mère de la troisième expérience a été fécondée ce jour-là même, car elle n'a plus demandé à sortir. Mais la mère de la quatrième expérience est rentrée sans fécondation. J'ai attendu jusqu'au dimanche 7 juin, trois heures du soir, pour lui ouvrir la porte; cette fois elle est revenue fécondée, car, à partir de ce jour, elle est restée au repos et a pondu.

5° La mère de la cinquième et dernière expérience, née le samedi 30 mai entre quatre et dix heures du matin, n'a manifesté l'intention de sortir que le vendredi 5 juin, trois heures du soir. Le samedi 6 juin, trois heures du soir, la voyant très-agitée, je lui ai ouvert la porte; elle s'est présentée d'abord, puis elle est rentrée, puis se présentant de nouveau, elle a pris son vol. Le lendemain elle était calme, elle était fécondée.

Observations. 1° L'abeille mère sort au moins deux fois avant d'être fécondée. La première sortie ne dure que de six à dix minutes; la nouvelle créature veut s'orienter, prendre connaissance des lieux. La seconde sortie, qui est la véritable sortie de fécondation et suit de près la première, dure beaucoup plus longtemps. Aussi est-il prudent de ne fermer la porte de la ruchette où la mère se trouve prisonnière que lorsque les bourdons ne sont plus au vol, on est sûr alors que la mère est rentrée.

2° Quant à épier la rentrée de la mère, c'est difficile pour l'observateur, c'est dangereux pour la mère. Comment reconnaître la mère si vous n'êtes pas en observation tout près de la ruchée, et si vous êtes trop près, la mère gênée dans son vol ou effrayée par votre présence, pourra bien tomber à terre ou se jeter dans une ruchée voisine. Voilà

ce qui est arrivé, je le soupçonne fort, aux deux mères des deux premières expériences. Je les observais de trop près, j'ai pu les gêner à
leur retour. J'en ai trouvé une tombée à terre et entourée d'ennemis
qui ne la ménageaient pas. Les deux familles sont devenues orphelines.

3° Les cinq expériences ont été suivies avec un soin minutieux. Dès
le quatrième jour de leur naissance, je visitais les mères deux et trois
fois chaque jour, de deux à quatre heures du soir, et toujours je les ai
trouvées calmes, dans un repos complet, jusqu'au septième jour. La
mère de la seconde expérience est la seule qui ait voulu jouir de la
liberté le sixième jour.

5° La naissance de l'abeille mère se compte du moment où elle se
sent assez forte pour ouvrir sa cellule et en sortir. Chez une population qui se prépare à donner un essaim secondaire, les mères peuvent
être retenues dans leur cellule trois, quatre jours et plus, après leur
arrivée à terme; il est évident qu'on ne peut prendre de ces mères
pour les épreuves de fécondation : on ne connaît point leur âge. Il faut
donner à une famille orpheline pour la couver une chrysalide maternelle et épier la sortie de la mouche qui, dans ce cas, ouvre toujours
sa cellule aussitôt son arrivée à terme; on connaît alors sûrement
son âge.

5° J'ai vu, cette année, pour la première fois, que les bourdons sortaient
et rentraient plus tard que d'habitude ; ils ne sortaient guère avant une
heure et demie du soir, et on les entendait encore bourdonner dans les
airs à cinq heures. A l'exemple des bourdons, les mères ne demandaient
à sortir qu'entre une heure et deux heures du soir et ne se calmaient
que vers cinq heures du soir. Il est vrai que la température y prêtait,
car nous avions, pendant le temps des épreuves, une température qui se
soutenait entre vingt-six et trente degrés centigrades.

Un apiculteur lorrain.

Abeilles mexicaines (Mélipones).
Quelques détails sur les habitudes des abeilles mexicaines,
par E. T. BENNET, Esq.
(*Fin.* V. p. 25.)

Tout autour des rayons sont plusieurs couches de cire, minces comme
du papier, de forme irrégulière, et disposées à quelque distance l'une de
l'autre. — Les interstices varient entre un quart de pouce et un demi-

pouce. L'une d'elles supporte un rayon vertical; les autres s'unissent aux rayons à l'endroit de leurs angles, soit par des prolongements, soit par des feuilles de cire. En dehors de ces couches, sont placés les sacs destinés à contenir le miel; ils sont généralement larges et ronds. Leur dimension varie; quelques-uns ont plus d'un pouce et demi de diamètre. Ils sont maintenus par des ouvrages de cire partant du bord de la cavité, ou de leurs côtés respectifs, et sont souvent accolés ensemble, de manière à se prêter un appui réciproque et à n'avoir qu'un côté pour deux. Cette disposition est très-irrégulière; elle les fait ressembler à une grappe de raisin. Quelques autres sont situés à part; ils forment un groupe distinct; mais leur groupement a la même apparence que ceux immédiatement joints au rayon.

Les cultivateurs de l'abeille mexicaine tirent un très-grand avantage de cette singulière position des sacs à miel. Pour s'emparer de leur contenu, ils n'ont pas besoin, comme en Europe, d'asphyxier la population de la ruche, et moins encore de l'étouffer. Il leur suffit d'ôter le mortier à une extrémité du tronc qui sert de ruche, d'y introduire la main et d'en retirer les sacs à miel. C'est ainsi que le butin de l'active abeille passe au propriétaire de la ruche, sans nuire à la population, sans presque la troubler. L'extrémité est ensuite rebouchée, et les abeilles se hâtent de refaire leurs approvisionnements, qui leur seront encore enlevés. Une ruche conduite de la sorte peut donner au moins dix récoltes par été.

D'ordinaire, le miel s'exprime à la main. Il a peu de consistance; mais son parfum est bon, moins bon, toutefois, que celui du miel plus blanc de l'abeille espagnole, qui est probablement notre abeille noire commune (*apis mellifica* Latr.). Il fermente difficilement. Même après son arrivée en Angleterre, il est encore parfaitement doux et agréable (1).

La cire n'a pas beaucoup de qualité; elle est couleur brun foncé tirant sur le jaune. Celle que l'abeille emploie pour la construction des cellules et celle qui sert à l'œuvre plus grossière des sacs et des supports ont une texture et des propriétés identiques; la seule différence est qu'elle est plus pâle dans le premier cas, sans doute afin que les couches soient plus claires et plus délicates.

Quant à l'espèce de vernis, ou propolis, dont les abeilles se servent

(1) A l'Exposition des insectes dernière, on a pu voir deux troncs d'arbres contenant des *nids* de mélipones, ainsi que du miel provenant de ces abeilles, envoyés par M. Jean Poey, de la Havane.

pour enduire les substances étrangères avec lesquelles elles sont souvent en contact, à peine en voit-on vestige ; mais elle existe. Le bas de l'intérieur de la ruche n'en laisse voir qu'au point où la cire adhère.

Le creux du tronc formant la ruche que nous avons devant nous est irrégulier dans son contour et varie sur différents points en largeur. Cependant, son diamètre moyen est d'environ cinq pouces. La longueur occupée par les cellules est de plus de sept pouces ; et la longueur totale entre les extrémités des sacs à miel est de quinze pouces. Le chiffre de la population, en nous basant sur celui des cellules, doit avoir été fort au-dessous d'un millier d'abeilles, chiffre, bien faible en comparaison de celui de la population de nos ruches, où l'on compte communément vingt-quatre mille abeilles.

Celle qui a construit ce nid est plus petite que l'abeille européenne. Son abdomen, en particulier, est beaucoup plus court que dans notre espèce. De même que toutes celles du Mexique, dont les habitudes les rapprochent de la race européenne, elle se distingue de celle-ci, et de toutes les autres espèces de l'ancien monde, par la forme du premier article de ses tarses inférieurs, qui est celle d'un triangle ayant son sommet appliqué au tibia. Par suite de cette différence dans la forme d'une partie si importante à l'économie des abeilles, les entomologistes modernes se sont accordés universellement pour dire que les races américaines constituent un groupe différent des abeilles de l'ancien monde (1). Latreille est allé plus loin ; il a subdivisé les abeilles américaines en deux genres, la *Mélipone*, chez qui les mandibules ne sont point dentées, et la *Trigone*, en qui elles le sont. En conséquence du sens propre de cette subdivision, qui a semblé reposer jusqu'à ce jour sur l'apparence générale des insectes, comparés chaque groupe entre eux, l'examen des abeilles, dont précisément le nid vient d'être décrit, a donné lieu à des doutes considérables. Chez celles-ci, l'une des mandibules est dentée, tandis que l'autre ne l'est presque pas. Donc, leurs caractères techniques tiennent le milieu entre les deux genres, avec tendance vers la *Trigone* ; mais, leur apparence générale est absolument celle de la *Mélipone*, et très-particulièrement, de la *Mélipone faveuse*, *Mélipona favosa* Latr.; *Apis favosa* Fabr. L'endenture de leurs mandi-

---

(1) Il s'agit des mellifères indigènes de l'Amérique centrale, le Mexique, la Havane, la Guyanne, etc. Les diverses contrées de l'Amérique possèdent aujourd'hui *l'apis mellifica* importée d'Europe.

bules prouve, par conséquent, qu'elles ne sont ni cette dernière espèce, ni aucune de celles décrites par Latreille, dans les *observations zoologiques*, et qu'elles constituent une espèce nouvelle pour la science.

Les propriétaires ont rapporté quelques histoires curieuses sur les habitudes de ces abeilles; nous citons la suivante. Ils affirment qu'une sentinelle est placée à l'entrée de chaque ruche pour observer les allées et les venues de ses compagnes, et qu'elle est relevée au bout de vingt-quatre heures par une autre pour la même faction et la même durée de temps. Quant à la durée de la faction, on peut avoir des doutes; mais son existence est certaine, d'après des observations répétées. Toujours on a vu une abeille occupant le trou donnant dans la ruche. À l'approche d'une autre, elle s'enfonçait dans une petite cavité, apparemment faite exprès, à gauche de l'ouverture, et permettait ainsi à l'individu d'entrer ou de sortir; la sentinelle reprenait constamment son poste aussitôt le passage effectué. On ne saurait douter que ce ne fût la même que celle qui s'était effacée pour laisser passer l'autre; car sa rentrée n'avait lieu que dans la cavité à gauche du trou, et l'on apercevait généralement sa tête pendant le passage, après lequel la tête se relevait et l'abeille revenait dans l'ouverture. On n'a pu vérifier la durée du temps de la faction. On s'y est pris de toutes manières; par exemple, on a introduit un tout petit pinceau trempé de peinture; et toujours l'abeille en a esquivé l'atteinte. Donc, il a été impossible de déterminer avec exactitude si les dires à ce sujet étaient, oui ou non, fondés. Le bord du trou avait-il été souillé par la peinture? Aussitôt que la sentinelle était débarrassée de l'ennui qu'on lui faisait subir, elle s'approchait de la substance étrangère pour la flairer, ensuite elle rentrait au fond de sa ruche, d'où elle ramenait avec elle une troupe d'autres abeilles, apportant chacune une petite parcelle de cire ou de propolis dans leurs mandibules, afin d'en couvrir — l'une après l'autre — la partie souillée du bois. L'opération était ainsi répétée jusqu'à ce qu'il s'élevât une petite bosse sur la souillure et que la population n'eût plus à en redouter les effets.

Si l'existence de cette factionnaire, telle qu'elle vient d'être présentée, est positive, son utilité deviendra incontestable, parce qu'en tout temps on sera préparé à s'opposer à une abeille étrangère, ou à donner l'alarme aux approches d'une troupe d'ennemis plus nombreuse. Ces ennemis surtout sont de petites fourmis noires, qui attaquent quelquefois la ruche en bandes serrées, contre lesquelles les industrieuses abeilles se livrent souvent des combats désespérés. Généralement les abeilles remportent la victoire; mais il arrive aussi qu'elles succombent sous le nombre de leurs assaillants.

(Extrait du Voyage au Pacifique, de Berchey.) — American bee-journal, vol, IV, n° 2, C. K. trad.

De la manière de se conduire avec les abeilles.

(Voir p. 28.)

On peut aussi pratiquer cette operation aux magasins en bois, mais non pas aux ruches en bloc ou en planches. L'augmentation d'espace se fait ici en enlevant la planche de devant, et en rajoutant une caissette vide d'une contenance d'environ moitié de la ruche. Ceci parait assez difficile à faire à bien des personnes qui préfèrent alors donner aux abeilles toute liberté d'essaimer. Mais lorsqu'une pareille ruche en planche est petite, et qu'elle ne mesure à peine que de 6 à 7 pouces de hauteur ou de profondeur, il n'y a réellement aucun besoin pressant d'essaimage et par contre on ne doit pas craindre que la population soit trop faible et puisse souffrir de la faim. Ces petites ruches émettent parfois plusieurs essaims, quoique n'étant pas encore complétement bâties et ayant, par conséquent, encore beaucoup d'espace vide. Cette observation porte bien des personnes à croire que le moyen précité n'est pas bon, d'augmenter l'espace vide pour empêcher l'essaimage. Cependant cette observation ne prouve rien contre le moyen que nous conseillons; car s'il y a encore de l'espace vide, à la longue, dans ces petites ruches, cet espace manque partout dans la largeur et dans la hauteur; et ce rétrécissement des constructions suffit pour provoquer l'essaimage.

Du reste une ruche peut encore essaimer pour d'autres raisons : par exemple lorsque la mère est morte et que plusieurs jeunes femelles arrivent à terme; dans ce cas une ruchée faible, qui n'a construit que le tiers ou la moitié de l'espace libre, peut souvent donner un essaim de chant et des essaims secondaires.

b. Il ne faut pas enlever trop de rayons aux ruches.

Les ruches qui au printemps possèdent trois, quatre jusqu'à cinq hausses bâties, indiquent d'elles-mêmes qu'elles essaimeront peu et deviendront riches en miel. En coupant beaucoup de gâteaux dans les ruches, on les excite à former beaucoup et de faibles essaims.

c. Il faut mettre l'essaim primaire à la place de sa souche; ainsi, dès que l'essaim est recueilli, on le place à l'endroit où était la souche et cette dernière à une autre place. La souche perd alors une certaine portion de sa population, particulièrement celle composée des abeilles qui ayant passé tout le jour à la campagne, reviennent à leur ancienne place et entrent dans la ruche de l'essaim primaire qui en est renforcé d'autant. La souche voyant sa population ainsi diminuée, détruit ses jeunes reines et abandonne ordinairement toute idée d'essaimage.

d. Certaines personnes coupent une grande partie du couvain de bourdon avec les rayons, sitôt après la sortie de l'essaim primaire; ou bien elles déchirent avec le couteau le couvain de bourdons, pour le détruire. Mais ce moyen n'est pas toujours efficace.

e. On coupe et on enlève même une partie des rayons de miel à la ruche essaimeuse, là où cette opération peut se faire facilement; c'est encore l'un des meilleurs moyens à employer, et cela est très-facile à faire dans les ruches en plusieurs parties, en ce qu'il suffit de leur en lever soit une hausse, soit une caissette (1).

f. Enfin, on recueille l'essaim secondaire, on le baigne d'eau fraîche dans un tamis au moyen d'un arrosoir, on lui enlève sa reine et on tient les abeilles renfermées jusqu'au soir. Puis on les verse sur une planche en avant de la souche où on les laisse entrer de nouveau. Le bain froid aura probablement calmé leur ardeur à essaimer.

1. *Remarque.* Les deux premiers moyens sont les plus efficaces. Celui qui les aura employés ne se verra pas de sitôt dans la nécessité d'avoir recours aux moyens suivants plus énergiques. Nous verrons par la suite et surtout dans l'appendice, qu'il est possible, en modifiant convenablement les ruches et avec un peu de sagacité, de n'employer que bien rarement les derniers moyens, comme l'enlèvement des cellules à bourdons, du miel et des reines, etc.

2. *Remarque.* Les mêmes moyens qui empêchent l'essaimage peuvent aussi le contraindre, c'est-à-dire provoquer l'essaimage : ainsi en diminuant l'espace vide dans la ruche, en ne coupant que peu de rayons et en restreignant la nourriture. Ces trois moyens sont du moins très-efficaces.

---

(1) *Note du traducteur.* Je dois insister sur la demande que j'ai déjà faite d'une dénomination spéciale française pour pouvoir traduire les mots *stock* ruche en paille et *beuten* ruche en planche ou en bois, beuten signifierait encore une construction, comme maison, maisonnette, cabane.

J. SALADIN.

Revue et cours des produits des abeilles.

Paris, 30 *octobre.*—MIELS. Les prix restent faibles pour les miels. blancs. Des surfins gâtinais n'ont été payés au producteur que 125 fr. les 100 kil., baril perdu. On n'a donné des blancs seuls que 80 fr. Des surannés n'ont trouvé que 65 à 70 fr. On a offert des miels de pays qui n'ont pu trouver preneur. — A la fin de septembre, on avait coté les Chili 70 fr. au Havre. Depuis, le même article a été pris à 75 fr. Ces miels viennent faire concurrence à nos miels ordinaires, et sont cotés à l'épicerie depuis 80 jusqu'à 100 fr. les 100 kil., baril perdu. La vente est assez forte.

Des producteurs du nord et de l'ouest écoulent à l'épicerie locale, depuis 90 jusqu'à 120 fr. les 100 kil. selon mérite, et à la consommation depuis 120 jusqu'à 150 fr.

Les miels rouges sont bien tenus, et les prétentions des producteurs de Bretagne assez élevées. Quelques-uns demandent 75 fr. des 100 kil. des miels nouveaux. Il se traite quelques petites affaires à 70 et 72 fr. Le commerce de Paris attend ne payer que 65 à 67 fr. dans un mois ou six semaines, lorsque la fabrication sera entièrement achevée. Toutefois il est avéré que la récolte sera au-dessous de la moyenne. — On cote les bretagne de 1867 à la consommation 70 fr. en gros fût, et 80 fr. en petit fût.

Les miels de presse font défaut et l'on ne trouve ici aucun miel de bon usage pour nourrir les abeilles au-dessous de 80 fr. les 100 kil. — Les producteurs de ces miels ont le bon esprit de les utiliser pour sauver des colonies qu'autrefois on laissait mourir.

La Sologne est assez satisfaite de ses blés noirs. Rambouillet, Fontainebleau, le Mans, et d'autres localités le sont moins de la bruyère. Dans plusieurs cantons, les abeilles y ont perdu du poids.

CIRES. — Les achats ont été plus grands que précédemment, toutefois sans changement de prix. Les très-belles sortes ont été payées dans Paris 4 fr. 10 le kil. au producteur (entrée, 22 fr. 90 les 100 kil.). Les qualités courantes, 4 fr., et les sortes inférieures, 3 fr. 80 à 3 fr. 90. Des demandes ont été faites dans quelques provinces de 3 fr. 70 à 3 fr. 95 le kil. pour les belles cires non propres au blanc, et pour les blanchissables, de 3 fr. 90 à 4 fr. 20 le kil.

Au Havre des cires du Chili ont été cotées 4 fr. 30 le kil.; des Haïti 3 fr. 80 à 3 fr. 95.

A Marseille on a coté comme précédemment : cire jaune de Smyrne, 200 à 220 les 50 kil. à l'entrepôt; Trébizonde, 220 ; Caramanie, 225 ;

Chypre et Syrie, 210 à 220; Egypte, 200 à 210; Mogador, 185 à 200 ; Tétuan, Tanger et Larache, 190 à 205 ; Alger et Oran, 200 à 205 ; Gambie (Sénégal), 212 fr. 50 ; Mozambique, 210 ; Corse, à la consommation, 220 ; pays dito, 200 à 205. Le tout par 50 kil. — A Alger, cire jaune, 3 fr. 65 à 3 70 le kil.

Corps gras. Les suifs sont restés très-bien tenus ; on a coté ceux de boucherie 117 fr. les 100 kil., hors barrière ; suif en branche, 89 fr. 30 hors barrière. Stéarine saponifiée, 187 fr. 50 à 185; dito de distillation, 180 ; oléine de saponification, 92 fr. 50 à 93; dito de distillation, 82 fr.

Sucres et sirops. Les sucres raffinés ont continué d'être bien tenus; on les a cotés 127 fr. 50 à 130 fr. les 100 kil. au comptant et sans escompte. Vergeoise, 115 à 120 fr. — Les sirops de fécule se sont traités en baisse; on cote ceux dits de froment 55 à 56 fr. (60 au dépotage) ; sirop massé, 37 fr. 50 à 38 fr. (40 à 45 au dépotage); sirop liquide, 31 à 33 fr. (35 à 40 au dépotage). Le tout aux 100 kil.

ABEILLES. — Les réunions d'octobre, dans lesquelles on traite des colonies à livrer, n'ont pas donné de cours : il n'a été rien fait cette année. On hésite à traiter aux prix de l'année dernière que les vendeurs demandent. En première main on paye les colonies marchandes de 10 à 13 fr. dans le rayon de Paris. Des acheteurs ne veulent acheter qu'au poids ; ils payent 30 à 37 cent. le demi-kil., ruche déduite. Voici les renseignements qu'on nous adresse.

La récolte peut être considérée comme une moyenne dans notre localité ; les essaims venus avant le 20 mai sont bons à passer ; les autres auront besoin d'être nourris, au moins le tiers de l'hiver. L'essaimage a été d'environ 60 0/0. Les colonies qui ont été conduites aux sarrasins se sont largement approvisionnées ; des chasses nues sont revenues pesant 20 kil. En moyenne elles n'ont pas fait moins de 9 kil. *Regnier*, à Jeantes (Aisne).

La moitié de nos essaims ont besoin de nourriture pour compléter leur provision d'hiver. *Kanden*, au Auzon (Aube). — L'année est médiocre ici ; il n'y a pas eu d'essaims; toutefois il n'y aura pas de colonies à nourrir. *Bellot* à la Mevoie (Aube). — Nos essaims pèsent en moyenne 9 à 10 kil. et nous en avons eu 20 0/0. La récolte des souches a donné de 8 à 10 kil. par ruche. *Vivien-Joly*, à la Maizière (Aube).

Les abeilles ont bien fait aux fleurs de mai dans notre contrée. J'ai appris qu'elles ont assez bien fait au sarrasin précoce. J'ai laissé mes ruches aux regains où les abeilles ont amassé des provisions suffisantes pour passer gaiement l'hiver. J'en possède une centaine dans de bonnes conditions. *Brard,* à Fresne-Camilly (Calvados). — Le prix du miel en le vendant à la consommation est de 50 à 60 cent. le demi-kilogramme. *Lecomte,* à Goupillières (Calvados).

Dans notre contrée, l'année ne sera pas bonne ; il n'y a pas eu d'essaims ; les ruches n'auront que la nourriture des abeilles, et une partie ne pourra se suffire si l'on ne leur vient en aide. *E. Nebou,* à la Tremblade (Charente-Inférieure). — Je viens de peser mes ruches ; tous mes essaims ont amassé plus que leurs provisions. *Pironneau,* à Perrières (Indre-et-Loire).

La récolte de notre pays est très-médiocre, cette année. *Matard,* à Redon (Ille-et-Vilaine).

Je suis très-content de la récolte de cette année. Mais malheureusement 1867 avait dépeuplé nos ruchers. Avec 20 colonies qu'il me restait et 20 que j'ai achetées, j'ai pu récolter 250 à 300 kil. de miel en calotte sans nuire aux souches. Comme en 1865, les feuilles ont transsudé beaucoup de miel. *Droux,* à Chapois (Jura). — Nous n'avons pas eu un seul essaim ici. Les propriétaires d'abeilles qui habitent les communes voisines ont éprouvé le même désagrément. Été trop chaud. *Laralde,* à Saubrigues (Landes).

Les beaux jours de la fin de septembre ont permis aux abeilles de faire une abondante récolte sur le sarrasin. Les mouches n'ont pas allongé leurs rayons, mais elles les ont doublés d'épaisseur, ce qui nous dédommage un peu du printemps peu avantageux. *Antoine,* à Reims.

Le beau temps de la fin de la campagne a permis aux abeilles de butiner une assez grande quantité de pollen ; de sorte que le couvain est encore abondant (29 sept.), que les souches se sont très-bien repeuplées et se trouvent dans de bonnes conditions d'hivernage. *Chateau,* à Matignicourt (Marne).—Il n'y a eu cette année que peu d'essaims, bons généralement. Les paniers sont moins riches que l'année dernière. *Caillet,* à Baudrecourt (Haute-Marne).

Ici, essaims très-forts et nombreux ; mais résultat presque nul. Huit sur dix n'ont pas en moyenne 1 kil. de miel. Quant aux ruchées-mères, elles ne sont que passables. J'ai une colonie italienne (de M. Mona) qui n'était qu'une poignée au printemps et qui a très-bien réussi. *Guitte,* à Grand-Failly (Moselle).

Cette année marquera comme une des plus malheureuses pour nos

Flandres; mais 1869 nous donne des espérances; on a semé beaucoup de colzas qui sont beaux. *Vandewalle*, à Berthen (Nord). — L'année a été bonne dans notre département. Nous avons eu plus qu'une moyenne, et tout notre miel est à peu près écoulé, à bas prix il est vrai. *Leroy*, à Crouttes (Orne).

L'apiculture n'a pas été brillante cette année dans nos contrées ; il y a eu fort peu d'essaims, et la moitié des souches ne peut passer l'hiver sans recevoir un complément de nourriture. Les ruchées proches des forêts ont été plus heureuses, surtout à la miellée de juin. *Blondel*, à Sainte-Isbergue (Pas-de-Calais). — La récolte du canton de Calais est moyenne. Les essaims ont été à peine de 30 0/0. Nous avons payé 70 centimes en vrague. A Saint-Omer le cours a été de 60 centimes. *Vernagut-Baudel*, à Saint-Pierre-les-Calais.

L'année 1867 ayant été mauvaise, l'hiver qui a suivi a été désastreux et j'ai perdu la moitié de mes ruches. Le printemps n'ayant pas été beau, l'essaimage s'en est ressenti. L'été sec et chaud a empêché les abeilles de travailler; néanmoins mes ruches sont pourvues pour l'hiver. *Raverat*, à Lyon (Rhône).

Voici la statistique apicole de ma commune. Population, 590 habitants; apiculteurs, 8; ruchées au 1er mai, 90; essaims, 34. L'année a été mauvaise pour l'essaimage et moyenne pour la récolte. Grâce à la ruche à hausses que j'ai adoptée et qui m'a permis de réunir mes trévas aux essaims, je n'ai que des colonies viables. Nous avons vendu en vrague 65 cent. le kil. *Garnier*, à Arnouville (Seine-et-Oise). — Dans ma localité, tous les essaims venus après le 20 mai n'ont rien fait; il a fallu les réunir et les nourrir. *Hottot*, à Issou (Seine-et-Oise).

La production énorme de miel qui a eu lieu dans les premiers jours de beau temps dans nos environs et dans une grande partie de notre contrée, a été certainement cause du petit nombre d'essaims que nous avons eus cette année. J'ai transvasé vers la fin de mai, et des trévas pourront passer l'hiver. Dans la vallée de la Somme, on a été plus heureux en essaims. *Lenain*, à Bouvincourt (Somme).

Nos abeilles ont beaucoup fait au sarrasin et à la bruyère; mais depuis que la fleur a cessé, la diminution de poids des ruches est assez sensible. Les derniers essaims et les chasses ont tous des vivres pour arriver au mois de mai. *Cuny*, aux Hayottes (Vosges). — Je suis satisfait du produit de mes abeilles. *Larché*, à Épinal (Vosges).

Pas d'essaims dans ma localité. Les ruches sont restées dans de bonnes conditions pendant toute l'année. *Flatté*, à Egriselle (Yonne).

Dans nos contrées, l'année courante a été peu abondante en essaims, mais de bonne moyenne en miel. Le temps de la récolte a été très-court, vu la grande rapidité avec laquelle la floraison des arbres fruitiers, des tilleuls et autres plantes mellifères a passé. *Bernard de Gélieu*, à Saint-Blaise (Suisse). — Cette année a produit peu ou presque point d'essaims. Le mois de mai, qui s'annonçait favorablement, n'a pas réalisé ses promesses, vu que les fleurs, sous la pernicieuse influence de la bise, n'ont pas donné beaucoup de miel. Cependant les ruches qui étaient bien soignées et bien peuplées sont généralement pesantes. *Blanc*, à Courtilles (Suisse).

Après un été chaud, pourrait bien venir un hiver rigoureux. Un surcroît de couverture sur les ruches ne saurait jamais nuire, quoi qu'il arrive. Prendre aussi des précautions contre l'humidité.

H. HAMET.

A céder un établissement apicole. 72 ruchées en bon état, terrains et maison. — S'adresser au bureau du *Journal* ou à M. Patou à Dampmart près Lagny (Seine-et-Marne).

— M. Vez, à Troyes (Aube) est preneur de cire de 370 à 380 fr. les 100 kil. Adresser échantillons.

— On demande, pour Bordeaux, de la belle cire jaune clair à 400 fr. rendue. S'adresser au bureau du *Journal*.

— M. Binant à Ang. Refusez le journal agricole qu'on vous envoie sans cesse et auquel vous n'avez pas pris d'abonnement.

— M. Laplesse à R. Le modèle que vous avez est bon ; celui du Jardin botanique de votre ville vaut au moins autant.

— M. Chapron à F... Encaissé le montant de votre ruche : 5 fr. Calendriers 9. 25. Reliquat 9. 85.

— M. Vandewalle à B... Le *catalogue* de l'Exposition est épuisé.

— A. divers : Madame Santonax a retiré de la vente sa brochure.

Paris.— Imprimerie horticole de E. DONNAUD, rue Cassette, 1.

L'APICULTEUR

Chronique.

SOMMAIRE : Expérience à faire entre les ruches à bâtisses mobiles et celles à bâtisses fixes. — Axiome compris. — Opinion de praticien. — Triomphe d'étouffeurs. — Préjugé abasourdi par l'enseignement du fait. — Étouffeurs avec circonstances aggravantes.

Reste à l'ordre du jour la proposition que nous avons faite d'un essai comparatif de 10 ruches à cadres avec 100 ruches à chapiteau et à hausses, ou avec des ruches communes en cloche, dans une localité mellifère, tels que le Gâtinais, la Normandie, la Gasgogne, la Champagne, etc. Nous préférerions que l'essai comparatif se fît sur deux ou trois cents ruches, chiffre qu'entretiennent un certain nombre de producteurs de ces localités qui alimentent le commerce. Comme il s'agit d'enseignements, nous ne demandons aucune prime au possesseur de ruches à cadres si les avantages ne sont pas pour lui, et s'ils le sont, nous nous engageons à lui en payer une de 100 fr. Nous voudrions qu'on fût en mesure de commencer l'opération en mars ou en avril prochain. S'il se présente plusieurs concurrents, nous acceptons de faire l'essai dans deux provinces différentes, et même à répéter l'essai l'année prochaine, pour que les résultats soient plus concluants.

Nous savons des partisans de ruches à cadres qui répondent : « A quoi bon cet essai, lorsque nous donnons des chiffres ? » Nous répliquons à cela que les chiffres s'alignent facilement sur le papier ; mais tant qu'ils ne sont pas établis sur une moyenne et qu'ils ne sont pas contrôlés, ils ne nous convainquent pas. Il nous convainquent d'autant moins qu'ils sont accompagnés de recettes impossibles, telle est celle d'extraire le miel lorsqu'il n'est pas operculé et de le faire réduire sur le feu et de le mettre en bouteilles pour le conserver.

A propos de ruche à cadres, un journal apicole allemand publiait dernièrement que les Français ne veulent rien accepter de ce qui provient du cru germanique. D'abord la ruche à cadres n'en provient pas. Mais vraiment ce journal a voulu nous plaisanter s'il a pensé rappeler l'ovation que nos théoriciens ont faite, il y a deux ou trois ans, au fameux Hoïenbrenque, et nous remettre en mémoire un mystificateur bien autrement pitoyable (Mesmer !) que son pays nous a fourni. Autrement, il ne

3

nous en coûte aucunement d'avouer, — et de payer à leurs auteurs un tribut de reconnaissance, — que nous avons accepté de l'Allemagne les travaux de la Société de la Haute-Lusace, et, en fait de ruche, cet axiome qu'apprécient nos producteurs : « La meilleure est celle qu'on sait le mieux conduire. »

M. Bernard de Gelieu nous a adressé un opuscule assez rare, de feu son père, le judicieux Jacques de Gelieu, sur la ruche cylindrique en paille et sur la ruche de bois à double fond (Neuchâtel, 1795). Les considérations générales qu'on trouve dans cette brochure peuvent être invoquées dans l'occurrence, mais l'espace nous manque pour les rapporter ici. — Voici sur les ruches l'opinion de M. l'abbé Albasini, qui compte plus de trente ans de pratique, qui a étudié les auteurs italiens, allemands, français, espagnols et anglais (plus de 100 traités se trouvent dans sa bibliothèque) et qui a expérimenté les principaux systèmes préconisés, et les a comparés :

« Je suis dans la conviction qu'on n'a pas plus de miel des ruches à rayons mobiles que des ruches à rayons fixes qu'on calotte surtout avec des bâtisses, et auxquelles on met une hausse vide entre le corps de ruche et la calotte lorsque celle-ci est pleine. » Il ajoute : « On se procure des bâtisses pour le calottage, 1° en conservant les ruches bâties défectueuses de l'année précédente ; 2° en utilisant celles provenant des colonies orphelines ; 3° en chassant au besoin des souches qui se sont épuisées en essaims et qui n'ont pas de provisions ; 4° en utilisant tous les morceaux de cires sèches des ruches récoltées. »

— Un bouvier dégrossi nous écrit ce qui suit : « Le mois dernier, il y avait une petite exposition à Grignan (Drôme). L'apiculture y était représentée par trois ruches. La seule digne d'intérêt, présentée par un propagateur de l'apiculture rationnelle, se composait de deux hausses avec plancher à claire-voie et d'un chapiteau. L'exposant de cette ruche avait joint un enfumoir pour protester contre l'étouffage encore répandu dans la circonscription du comice de Grignan. Néanmoins ce fut un étouffeur qui obtint le prix. Circonstances atténuantes : il était maire et du comice, et le membre du jury qui l'*illustra* l'était aussi, étouffeur. » — Les deux font la paire, voilà !

— En Vendée, — où ce n'est pas demain qu'on saura plus lire qu'aux Etats-Unis, — les préjugés restent toujours fortement enracinés, notamment celui-ci : «que les abeilles achetées à prix d'argent ne réussissent pas. » Aussi le contraire vient-il *d'épater* singulièrement les habitants de

Caunay (Deux-Sèvres). M. Chargé, instituteur de cette localité, nous écrit ce qui suit : « Les deux ruchées que vous m'avez envoyées au mois d'avril dernier ont très-bien tourné; l'une a donné deux essaims. Elle est la seule de la contrée qui ait essaimé, et la mère et les enfants, à la très-grande stupéfaction de mes voisins, se trouvent en bon état. Cependant on était bien sûr et très-sûr que tout mon rucher serait perdu, parce que j'avais acheté à prix d'argent des abeilles. Mais, ô surprise, le contraire est arrivé; mon rucher prospère et la ruche achetée a seule essaimé! »

— Un incendie produit par des étouffeurs. Dans le hameau de Persenge (Jura), des voleurs se sont introduits la nuit du 15 au 16 novembre dans un rucher de 15 ruches, et se sont mis en mesure d'étouffer les plus lourdes, afin d'en prendre les produits. Mais le vent étant fort, leur mèche soufrée a mis le feu au rucher et rien n'a été sauvé, que les voleurs volés, qui courent encore.   H. HAMET.

Histoire de deux essaimages artificiels.

En faisant les deux essaims forcés dont je vais parler, je voulais savoir le temps qui se passe entre le moment de l'essaimage et la naissance de la mère qui arrive la première à terme.

Premier essaimage. Le mercredi 22 avril 1868, je donnai à une ruchée lourde et très-peuplée, portant le n° 8, une hausse en bois à sept rayons mobiles entièrement bâtie. Trois des rayons étaient pleins de miel operculé, je voulais par là hâter la ponte dans la hausse.

Le lundi 4 mai, sept heures trente minutes du matin, quatre rayons se trouvaient occupés par du couvain d'ouvrières de tout âge : œufs; larves et chrysalides.

La ruchée séparée de la hausse alla prendre une place vacante de l'apier, et la hausse agrandie d'une calotte bâtie à moitié resta en place. L'essaimage se trouvait ainsi consommé.

Le vendredi 15 mai, huit heures du matin, par conséquent onze jours trente minutes après l'essaimage, ayant trouvé dans la hausse quinze chrysalides maternelles, je les mis avec les rayons ou portions de rayons qui les portaient dans six ruchettes. Il y avait deux et trois chrysalides dans chaque ruchette avec une population suffisante pour continuer l'incubation.

Le samedi 16 mai, quatre heures du matin, une mère était sortie de son berceau, elle ne l'était pas le 15, six heures du soir; c'était la seule qui fût née. La dernière mère n'est sortie de son berceau que dans la nuit du 17 au 18 mai. Il y avait donc un intervalle de deux jours entre la naissance de la mère la plus âgée et la naissance de la plus jeune.

La plus âgée est arrivée à terme entre la dixième et vingtième heure du douzième jour après l'essaimage.

Second essaimage. Le 22 avril 1868, je mis sous le n° 6, ruchée aussi lourde mais moins peuplée que la précédente, une hausse à sept rayons mobiles entièrement bâtie, deux rayons étaient remplis de miel operculé.

Le jeudi 7 mai, huit heures quinze minutes du matin, je visitai la hausse ; elle contenait des œufs, des larves et quelques chrysalides d'ouvrières. Je la laissai en place en la coiffant d'une calotte entièrement bâtie, et portai la ruchée à une place vacante de l'apier. Par cette double opération, l'essaimage se trouvait fait.

Le lundi 18 mai, vers onze heures du soir, par conséquent onze jours sept heures quarante-cinq minutes après l'essaimage, je ne trouvai dans la hausse que cinq chrysalides maternelles. Je les mis séparément dans trois ruchettes avec une population suffisante pour les couver.

Une mère sortit de sa cellule dans la nuit du 18 au 19 mai ; elle n'était pas née le 18 six heures du soir, elle l'était le 19, cinq heures du matin (1).

Une seconde mère était née le 20 mai, cinq heures du matin, mais depuis très-peu de temps, sa couleur grise l'indiquait. Dans le même moment, cinq heures du matin, une troisième mère, voisine de la seconde, coupait la calotte de son berceau et en sortait presque blanche.

Une quatrième mère naissait entre cinq heures du matin et deux heures du soir.

La cinquième cellule operculée ne renfermait qu'une larve sans vie.

Dans le second essaimage comme dans le premier, la mère la plus

---

(1) Cette mère, née dans la nuit du 18 au 19 mai, est la même mère que j'ai utilisée pour la seconde expérience de mon article de novembre dernier, page 52, sur la fécondation de l'abeille mère. Dans cette expérience il s'est glissé deux fautes d'impression qu'il est important de corriger. Il faut lire : elle n'était pas sortie le 18 (non le 19) six heures du soir, mais il est probable qu'elle est sortie peu de temps après, car le lendemain 19 (non le 20) cinq heures du matin...

âgée est arrivée à terme entre la dixième et la vingtième heure du douzième jour après l'essaimage.

Je me propose de faire, au printemps prochain, de nouvelles expériences sur le même sujet. L'essaimage en 1868 s'est fait dans la matinée, il se fera en 1869, dans la soirée, alors la mère la plus âgée devant arriver à terme de jour et non de nuit, il me sera plus facile d'épier l'heure de sa naissance.

Un apiculteur lorrain.

L'apiculture aux États-Unis.

Hamilton-Illinois, octobre 1868.

Monsieur le Rédacteur,

Vous agissez sagement en publiant toutes les théories et toutes les controverses. Le journal est une arène où toutes les idées, tous les sentiments doivent pouvoir se produire et lutter. Telle utopie qui semble absurbe aujourd'hui peut être une vérité demain. La raison humaine juge en dernier ressort, et en fin de compte donnera droit au juste et au vrai tôt ou tard.

Aux Etats-Unis, le journalisme est considéré comme un sacerdoce, à tel point que pendant la guerre de la sécession tous les journalistes, quelles que fussent leurs opinions politiques ou leurs dénominations, furent, comme le clergé et le professorat, exempts du service militaire.

C'est que les journaux sont aussi nécessaires aux Américains que le pain quotidien. Chaque fermier, quelque pauvre qu'il soit, en reçoit plusieurs ; souvent on est étonné de trouver sur la table d'un manouvrier des journaux littéraires, scientifiques, entomologiques, etc., au milieu des journaux politiques et agricoles. Que n'en est-il de même dans notre chère France ?

J'ai lu votre chronique de septembre, et dussé-je recevoir aussi mon coup de boutoir, je viens me ranger du côté de MM. Sagot et Bastian pour la ruche à cadres et le mello-extracteur.

J'espère prouver dans la suite de mes articles que la ruche à rayons mobiles *bien dirigés,* est aussi supérieure à la ruche à bâtisses fixes que les machines à battre et à faucher le sont au fléau et à la faux.

Un fait dont tout apiculteur conviendra, c'est que les abeilles emmagasinent au moins deux fois autant de miel dans le corps de la ruche que dans les calottes ; de sorte que si une calotte pèse 10 kilogrammes, on peut compter, presque à coup sûr, que la ruche en contient au moins 20. Cette accumulation de miel dans la ruche est-elle favorable ou nuisible à l'apiculteur ?

Lorsque la miellée est abondante, les abeilles emplissent toutes les cellules à mesure que les éclosions les laissent libres ; elles mettent ent miel partout ; la reine ne trouvant plus d'emplacement vide est forcée de suspendre la ponte. Or la durée moyenne de la vie d'une ouvrière ét ル , ‒ de 40 jours, la ruche se dépeuple ; la ruchée n'est plus que d'une moyenne force pour la récolte d'automne et reste faible pour l'hiver.

Cela s'applique encore avec plus de vérité aux abeilles italiennes : c'est un de leurs défauts ou plutôt une de leurs qualités.

Si la miellée se prolonge, les abeilles n'ayant plus de place, et n'étant. pas stimulées par la ponte, restent oisives au dehors de la ruche, perdant ainsi un temps précieux. Avec la ruche à bâtisses fixes, on ne peut guère porter remède à un tel état de choses ; mais avec la ruche à cadres et le mello-extracteur, en vidant trois ou quatre rayons, on donne à la reine un large espace pour pondre et les abeilles travaillent de mieux en mieux.

Vous avez, il est vrai, du miel non entièrement évaporé, de la dureté et de la granulation duquel M. Poisson s'inquiète ; le remède est bien facile. Si le miel vous semble trop liquide, mettez-le dans une bassine bien étamée sur un feu doux, et le pèse-sirop en main amenez-le à la densité voulue, ce n'est pas plus malin que cela (1).

Nous mettons ici le miel d'extracteur en bocaux de verre d'un litre, dont le large goulot est fermé par la pression du couvercle, en verre aussi, sur une rondelle de caoutchouc ; ces bocaux, dans lesquels on glisse parfois quelques bouts de rayons pleins et operculés, pour les amateurs de miel en rayons, se vendent ici un dollard vingt-cinq cent. ou 4 fr. 50 de monnaie française. Une étiquette donne le nom de l'apiculteur et de la fleur qui a fourni le miel.

J'ai dit que pour réussir avec la ruche à cadres, il était nécessaire qu'elle fût bien dirigée ; j'ajouterai qu'entre des mains inexprimentées, elle vaut souvent beaucoup moins que les plus défectueuses ruches ordinaires.

(1) Du miel surfin chauffé n'est plus que du miel de chaudière diminué de moitié prix. — La Rédaction.

Permettez-moi d'appuyer ceci d'un exemple :

Un charpentier d'Hausilton qui possédait, le printemps dernier, quatorze ruchées ordinaires, ayant fabriqué quelques ruches à cadres pour des apiculteurs des environs en fit en même temps pour lui-même, avec le projet d'y loger ses essaims. Le printemps ayant été pluvieux, notre homme, lassé d'attendre des essaims qui ne venaient pas, entreprit de transvaser ses ruchées ; puis, l'appétit lui venant en mangeant, du même coup il les partagea.

J'entrai chez lui par hasard pendant qu'il était à cette besogne et voulus lui risquer quelques conseils. Il me coupa la parole par un : « moi je fais ainsi bien articulé. » Ces conseils consistaient à ne partager d'abord que deux ou trois ruchées, les plus fortes, et à attendre, pour partager les autres, que les premiers eussent des alvéoles de reine à distribuer, de sorte, que 11 essaims sur 14 n'auraient été privés de reines pour eux que pendant 12 jours au lieu de 22. Je voulus lui conseiller en outre de réunir tous les cadres pleins à un des côtés de la ruche, au lieu de les mettre au milieu ; enfin de mettre tout le couvain ensemble, au lieu de l'éparpiller sur tous les rayons.

Le résultat fut tel que je l'avais prévu ; les ruchées dépérirent à tel point que notre homme vint un jour me prier de voir ses ruchées, car il était certain que le plus grand nombre ne passerait pas l'hiver.

Je trouvai toutes ses colonies dans le plus piteux état, plusieurs n'avaient pas encore attaché les rayons de manière à permettre d'enlever les ficelles qui avaient servi à les soutenir dans les cadres. Je n'eus d'autre conseil à lui donner que de réunir ce qu'il avait divisé, puis de nourrir en hiver toutes les ruchées qui n'auraient pas de suffisantes provisions. Mon conseil ne lui plut pas, son amour-propre était en jeu. Il m'offrit alors ses ruchées en échange d'italiennes. Je lui en donnai six (6) et il se félicita de son marché. Je transportai ces ruchées immédiatement, les réduisis à 22, redressai les rayons qui, transvasés en été, s'étaient déformés, donnai à chaque ruche un rayon de miel et de couvain fourni par mes italiennes ; aujourd'hui ces 22 ruchées ont chacune une reine italienne, et des provisions suffisantes pour l'hiver moyennant un peu d'aide ; au printemps elles seront aussi bonnes que quelque colonie de mon rucher que ce soit.

Cet homme ayant vu depuis les dispositions que j'avais prises pour relever ses ruchées, m'apprit qu'il avait transvasé et divisé aussi mal plusieurs autres colonies dans les environs ; que dans un rucher, entre autres, il avait fait pis : le propriétaire ayant désiré que deux des cadres pleins de chaque essaim fussent placés de chaque côté, il laissa un espace de quatre cadres à remplir par les abeilles.

De semblables opérations suffiraient pour faire jeter le haro sur les ruches à cadres, s'il ne se trouvait pas dans le même pays des apiculteurs rationnels dont la réussite réduit ces insuccès à leur juste valeur.

M. Poisson, qui ne parait pas aimer à troubler ses colonies, sera sans doute étonné d'apprendre qu'ici généralement nous croyons que plus une ruche est troublée pendant que les fleurs contiennent du miel, plus elle est productive; je le surprendrai davantage encore, si j'ajoute que c'est même un moyen employé pour relever les ruchées faibles en population. En effet, les abeilles effrayées se gorgent de miel et en offrent beaucoup à la reine qui pond en proportion de la quantité de miel qu'elle consomme. D'un autre côté, aussitôt que le calme est rétabli, c'est-à-dire une demi-heure après, les abeilles, surexcitées, travaillent avec plus d'ardeur, et les jeunes qui d'ordinaire ne font leur première sortie qu'âgées de huit jours sortent plus tôt, ainsi que j'ai eu plusieurs fois l'occasion de le remarquer.

Il est bon de dire cependant que lorsque les fleurs ne donnent plus de miel, ou que la miellée tire à sa fin, il faut bien se garder de déranger les abeilles, à moins qu'on ne désire leur faire consommer du miel en élevant du couvain.

Je citerai, pour terminer, quelques phrases d'un article que je traduis de l'*American bee-journal,* octobre, page 64.

Au printemps je choisis une bonne ruchée, ayant une reine bien féconde et lui enlevai toutes les parties de rayon contenant des alvéoles de mâles pour les remplacer par des cellules d'ouvrières.... Le miel en fut enlevé au moyen du mello-extracteur à des intervalles de trois à huit jours, ou au moment où je jugeai que les abeilles allaient le clore. Comme la ruchée devint très-populeuse, je fus plusieurs fois forcé de lui enlever des rayons pour les remplacer par des cadres vides pour empêcher les abeilles de rester au dehors en grappe, de sorte que, outre plusieurs rayons de cire, j'ai obtenu de cette colonie à ce jour 21 juillet 203 livres de beau miel (91 kil.).

Toutes mes ruchées n'ont pas fait aussi bien, plusieurs étaient faibles au printemps ; cependant je pense que, sous le même traitement, elles auraient produit relativement autant. La moyenne de rapport de mes vingt autres ruchées a été de 50 livres (22 kil. 500) et un essaim.

Le rédacteur du journal ajoute en post-scriptum qu'il a vu et goûté le miel de M. Root et qu'il le considère comme aussi bon que possible.

Devant de pareils faits, on peut prédire que la ruche à cadres mobiles et le mello-extracteur sont appelés à opérer une révolution complète dans l'industrie apicole (1).

Le savoir-faire d'un partisan des bâtisses mobiles.

L'Américain M. Baldridge, dans *l'Apiculteur* de novembre 1868, page 11, donne à tous les apiculteurs l'avis d'employer la ruche à cadres mobiles. Donnons-lui la parole.

« Quand vous voudrez étouffer un essaim... dans le centre de la ruche, vous trouverez plusieurs rayons employés récemment pour élever du couvain, remplis de pollen et contenant très-peu de miel. Ces rayons ont peu de valeur, mais s'ils sont conservés jusqu'à l'année suivante et donnés aux jeunes essaims, ils ajouteront à leur prospérité. Un cadre de rayon vaut au plus bas prix 1 fr. 25 centimes, dix valent 12 fr. 50 centimes, tous les rayons conservés sont donc un gain tout net, et doivent plaider en faveur des ruches à cadres mobiles. » — Miséricorde ! « Il me semble que la valeur des ruches à cadres mobiles est clairement démontrée ci-dessus ; il y a encore bien d'autres arguments, mais je m'en tiendrai là pour le moment. » — Espérons que la réserve fera meilleure contenance que l'avant-garde !

Voici ma réponse qui sera courte. Gâchez du plâtre, coulez la matière dans une certaine quantité de cellules d'un gâteau, laissez sécher, donnez à un essaim ce gâteau ainsi préparé et voyez ce qu'il en fera. Il en sera de même d'un gâteau rempli de pollen desséché ; l'essaim ne pouvant rien tirer du pollen durci, pas plus que de la coulée de plâtre, creusera avec beaucoup de peine un fossé de circonvallation autour des cellules gâtées, jusqu'à ce que le tout tombe sur la tablette.

Du temps perdu, beaucoup de travail pour démolir et cela sans aucun profit, voilà le résultat final du savoir-faire de M. Baldridge.

Un opiculteur lorrain.

(1) Le chiffre de Root nous en rappelle un autre. Nous lûmes un jour dans une publication sortant de la maison Roret — c'était au moment de l'effervescence de la ruche à tiroirs, compartiments et vestibules de l'anglais Nutt — qu'un possesseur de cette merveilleuse ruche avait fait une récolte de 1100 livres (550 kil.) en une année sur la même ruche. *La Rédaction.*

De l'emploi de la cire dans la peinture.

Fondettes, le 18 novembre 1868.

Au dernier congrès apicole, nous cherchions les nouveaux débouchés à ouvrir au miel et je puis ajouter à la cire, cette dernière se faisant avec le miel.

J'ai fait remarquer, à cette occasion, que les producteurs avaient tout intérêt à améliorer les miels présentés au détail ; que le faisant, la consommation s'élèvera rapidement; car telle personne qui n'achète pas de miel inférieur, se réjouira de voir paraître sur sa table un miel en rayon vierge, ou du moins un miel coulé blanc et bien présenté.

Je sais bien que si tout le miel se vendait en rayon, il y aurait augmentation du prix de la cire ; mais, d'un autre côté, lorsque toutes nos ressources mellifères seront exploitées, lorsque par une pratique intelligente nous saurons présenter à la consommation un miel à bas prix et de première qualité, nous aurons fait une concurrence impossible à soutenir à ces miels exotiques que nous ne devrions employer que pour certains remèdes.

Lorsque nous aurons rendu la vente de ces miels étrangers sinon impossible, du moins à un très-bas prix, n'aurons-nous pas alors une nouvelle expérience à tenter, c'est-à-dire les utiliser avantageusement pour la fabrication de la cire?

Tous les apiculteurs comprendront qu'il serait possible de profiter de la belle saison pour faire construire des bâtisses à ces petits essaims qui se perdent faute de nourriture, ce qui n'empêcherait nullement les réunions à l'automne ; on aurait ainsi des bâtisses toutes prêtes pour les essaims, les chasses, et par suite pas de dégénérescence dans les populations en fondant toutes les bâtisses de deux ans, ce qui produirait une augmentation dans la production de la cire pour le commerce, et par suite diminution de prix.

Sachons bien que ce n'est pas un paradoxe que de croire qu'en abaissant le prix de ses produits, on parvient à gagner davantage, car la main-d'œuvre, les frais généraux diminuent proportionnellement à mesure que la production s'augmente.

Croit-on, par exemple, que l'administration des postes a moins de bénéfice depuis l'abaissement de la taxe à 0, 20 ? La statistique est là pour prouver le contraire.

Je sais que la stéarine fait une concurrence terrible à la cire ; et, me dira-t-on que ferez-vous de votre grande production de cire, puisque certaines églises s'éclairent déjà au gaz?

Je réponds qu'il est pour la cire de grands débouchés à créer, mais abaissons le prix ; je ne veux en citer qu'un en vous parlant de son emploi dans la peinture.

La cire s'emploie de plusieurs manières dans le bâtiment :

1° Mélangée avec du savon de Marseille, elle sert sous le nom d'encaustique à donner une première couche à tous nos parquets neufs, que la cire ordinaire en morceau est chargée d'entretenir, mais serait insuffisante à bien garnir, en premier lieu, les pores du bois, les fentes, etc.

Certaines maisons de Paris, emploient chacune, pour cet usage, plusieurs centaines de kilogrammes chaque année.

2° La cire dissoute dans l'essence de térébenthine s'emploie aussi pour encaustiquer tous les meubles de chêne non destinés à être vernis, tels que les comptoirs des magasins de commerce, les meubles sculptés, etc.

3° Enfin il y a un troisième moyen d'employer la cire dans le bâtiment, et c'est là celui qui présente un vaste débouché à ce produit, si nous parvenons à éclairer les parties intéressées.

Tout le monde sait que les peintures en décors, telles que les bois et marbres d'imitation, doivent être protégées par une couche transparente qui remplit l'office d'un verre. On emploie, pour arriver à ce but, les vernis.

Or un vernis est un liquide composé d'huile, de gomme, plus ou moins dure, d'essence de térébenthine et d'un seccatif presque toujours à base de plomb; il s'ensuit que ce liquide est toujours d'une couleur jaune sale qui tend chaque jour à s'accentuer au contact de l'air.

On comprend l'effet désastreux de ce vernis jaune sur des peintures de bois ou de marbre de couleur tendre: on cherche bien à en atténuer l'effet en traitant ces vernis par des acides qui le décolore, mais cette opération n'a lieu qu'aux dépens de sa solidité. D'un autre côté, le vernis a un éclat très-brillant qui fait ressortir tous les défauts des parties sur lesquelles on l'applique, et qui est loin de ressembler à la nature qui nous montre les bois et les marbres à l'état presque mat.

On peut remplacer avantageusement les vernis par une couche de cire dissoute, suivant le cas, dans de l'eau ou dans de l'essence de térébenthine; cette couche étant très-liquide, s'étendra sur les objets avec dix fois plus de facilité que le vernis, séchera rapidement; légèrement frottée avec une flanelle, elle donnera aux décors cette teinte douce, transparente que nous présentent les objets naturels coupés par des instruments bien tranchants ; les principaux défauts des fonds disparaîtront dans le demi-mat et de plus la cire étant peu attaquable par la potasse qui compose l'*eau seconde* des peintres, elle résistera mieux aux lessivages que les vernis qui se transforment facilement en savons sous l'action de cette *eau seconde* et laissent à nu les peintures ou oblige à un nouveau vernis.

Pour les tons très-clairs, tels que le marbre blanc-veiné, les érables, on emploie des cires blanchies.

Une couche de cire sur les vernis, éteint l'éclat trop vif de celui-ci, rend les peintures plus transparentes et ajoute à leur solidité.

Ayant fait, comme entrepreneur, et conduit personnellement les travaux de peintures et de décoration du Grand-Hôtel, j'ai employé la cire partout où j'ai pu et notamment dans les bains, où les peintures sont ainsi à l'abri de certaines émanations.

La cire est donc de beaucoup préférable au vernis pour le propriétaire; l'entrepreneur a, dans son emploi, un peu plus de main-d'œuvre en ce sens qu'il est obligé de frotter après la pose, de transporter à nouveau ses échelles, etc. Mais si les apiculteurs veulent là créer un nouveau débouché à la cire, qu'ils s'efforcent à en diminuer le prix de manière à permettre à l'entrepreneur de trouver dans l'achat de la matière première une compensation à la main-d'œuvre.

Quoique dans le siècle du progrès, nous avons encore beaucoup à faire, et puisque nous faisons tout pour le luxe, cherchons au moins à faire mieux sans dépenser plus. Nous sommes encore loin des anciens sur ce point, et les lecteurs, qui, comme moi, ont visité les ruines d'Herculanum et de Pompéia, ont été frappés d'admiration devant ces décorations murales, ces peintures encore si fraîches quoique faites depuis plus de deux mille ans et cependant exécutées à la chaux, c'est-à-dire à si bon marché.   Ch. Gaubichon.

Fragments du journal d'un apiculteur.

Ferme-aux-Abeilles, décembre 186...

3 *décembre*. — La température baisse de plus en plus, la gelée donne et le soleil se montre peu. Forcément les abeilles sont retenues au logis ; elles sont groupées et serrées entre les rayons qui contiennent des pro-

visions dans leur partie supérieure. Pendant tout le temps des froids vifs et du ciel couvert, elles ne sortiront pas de leur habitation; elles seront parfois six semaines ou un mois prisonnières dans notre climat, et trois mois dans les pays septentrionaux. Parfois aussi décembre et janvier auront des journées douces avec un soleil brillant vers midi qui leur permettront de sortir pour aller se vider.

La retenue des abeilles au logis, pendant un certain temps, est le moment de mettre de l'ordre dans le rucher et de changer de place les essaims qui ont été posés provisoirement en un lieu quelconque. On peut également reculer ou avancer, en un mot faire permuter toutes les ruches, et les placer par ordre de valeur : toutes les fortes par un bout du rucher et toutes les faibles par l'autre bout. Ce classement est surtout utile dans les ruchers dont les colonies sont très-nombreuses. Il n'est pas indispensable dans un petit rucher et surtout lorsque les ruches sont isolées dans un jardin. Il importe de le faire à cette saison pour que les abeilles, quand elles sortent après une ou plusieurs semaines de captivité, remarquent leur nouvelle destination et ne retournent pas à l'ancienne. Quand on tient un *journal* du rucher et que les ruches sont placées par ordre de numéro, il faut, au moment des permutations, donner aux ruches déplacées le numéro d'ordre qu'il leur convient, et indiquer sur les nouveaux numéros ceux qui leur correspondent au *journal*.

Toutes les ruches doivent être passées en revue extérieurement pour s'assurer que leur entrée est assez rétrécie pour empêcher le passage des souris, et que cette entrée n'est pas obstruée par l'accumulation de glaces formées par les vapeurs condensées des colonies qui ont encore du couvain au berceau, ou de celles qui ont butiné tardivement du miel contenant un excès d'eau. Il faut incliner un peu ces ruches en plaçant une cale derrière et sous leur tablier, afin de faciliter l'écoulement de cette eau de vapeur à mesure qu'elle descend des parois où elle se forme. Les ruches en planches condensent plus les vapeurs que celles en paille et sont par conséquent plus sujettes à voir s'agglomérer de la glace à leur entrée. Si l'on ne peut incliner le plateau, il faut soulever la ruche avec de petites cales d'un demi-centimètre de grosseur, afin de produire un courant d'air qui la séchera et l'assainira. Mieux vaut exposer les abeilles au froid qu'à l'humidité.

D'ailleurs on peut les préserver du froid en même temps que de l'humidité, en les couvrant d'un épais surtout (paillasson), qui éloigne la pluie et la neige, lorsqu'elles sont établies en plein air. Celles placées dans des ruchers peuvent être revêtues d'un habit d'hiver fait de mauvaise toile, de mousse ou de foin. Mais cet habit n'est pas. indispensable pour les fortes colonies et notamment dans les régions méridionales. Ces colonies supportent aisément l'hiver, quelque rigoureux qu'il soit ; aussi importe-t-il d'augmenter les populations avant l'hiver en recueillant toutes celles que les étouffeurs et les ignorants laissent perdre. Il n'en est pas de même des populations peu fortes, qui se cantonnent dans un coin de la ruche lorsque la gelée.sévit et qui périssent lorsqu'elle se prolonge, car ces abeilles ne peuvent se déplacer sans être prises de froid pour aller chercher des vivres plus loin. C'est aux ruches de ces faibles populations et principalement à celles alimentées en arrière-saison qu'il importe de donner une double couverture en hiver, afin qu'elles conservent le mieux possible leur chaleur.

Si l'on conserve quelques colonies peu pourvues, — chasses ou essaims, — dans la vue de les donner à des ruchées qui pourront fléchir ou devenir orphelines en hiver, il faut, autant que possible, les placer dans un endroit dont la température peu élevée reste uniforme, dans un cellier ou une cave sèche et saine. Il faut leur cacher la lumière et éviter qu'elles soient tourmentées par le bruit.

Les réunions peuvent encore avoir lieu au milieu de l'hiver, voire même par les gelées les plus fortes. Mais on ne peut les pratiquer que dans les caves ou dans les pièces dont la température ne descend guère au-dessous de 10 degrés au-dessus de zéro. Il s'agit de réunion de colonies logées dans des ruches communes en une pièce. On descend ces ruches dans la cave ; on verse quelques cuillerées de miel liquide et tiède sur le bas de leurs rayons ; on. renverse sens dessus dessous celle des deux ruches dont on veut faire sortir les abeilles ; on place l'autre dessus (elles sont gueule à gueule) ; on les entoile d'un canevas ou autre linge qui bouche toute issue aux abeilles, mais qui laisse passer un peu d'air. Les abeilles de la ruche inférieure montent bientôt dans la ruche supérieure. Pour les y engager, lorsqu'elles tardent à le faire, on tapote deux ou trois minutes leur ruche. Le miel qu'on a versé sur les rayons engage celles de dessus à se déplacer et à battre les ailes ; celles de dessous en font autant, et lorsqu'elles sont gorgées, elles montent, et la réunion a lieu sans combat. Le lendemain ou le surlendemain la ruche qui réunit les deux populations est reportée au rucher. Celle qui n'a plus que sa bâtisse est montée au grenier ou pendue au plancher pour être utilisée à l'essaimage ou au calottage.   X.

Société centrale d'apiculture.

Séance du 18 novembre 1868. — *Présidence de M. P. Richard.*

L'assemblée s'entretient des mesures à prendre pour le rétablissement du rucher expérimental. La discussion sur cet objet est renvoyée à la séance de décembre.

A propos du préambule du rapport sur l'apiculture à l'exposition des insectes dont M. Hamet donne lecture, une discussion s'élève sur les ruches à cadres mobiles. MM. de Layens et Richard pensent qu'on n'a pas fait à cette ruche tous les honneurs qu'elle mérite. M. Hamet répond qu'il a été l'interprète de ses convictions éclairées par l'expérience et de celle des autres praticiens qui composaient le jury.

Plusieurs lauréats de l'exposition des insectes, de la section de l'enseignement apicole, remercient le président de la Société d'apiculture des prix qu'il a créés et qui leur ont été accordés.

M. E. Thierry Mieg, de Mulhouse, adresse des *Notes* par lesquelles il rectifie quelques assertions émises dans *l'Apiculteur*, et donne, d'après l'Allemand Molitor, des aperçus nouveaux sur la loque (voir p. 82).

M. Masson, de Lavallée (Meurthe), fait ressortir l'avantage des grandes ruches en signalant la récolte qui a été obtenue l'année dernière par un apiculteur de Bar-le-Duc, sur deux ruches placées sur des tonneaux comme hausse, lesquelles ruches ont donné 132 kil. 50 de miel coulé. Elles n'ont été récoltées qu'au bout de deux années, ce qui fait pour chacun 33 kil. par an.

M. Louis Henry, médecin-vétérinaire à Fère-en-Tardenois, communique les notes suivantes : Les essaims artificiels, dit-il, ne travaillent jamais avec autant d'ardeur que les essaims naturels, même lorsqu'ils sont pratiqués dans les meilleures conditions : de très-bonne heure, du 15 au 20 mai au plus tard, — parce que c'est ici notre saison mellifère, — extraits de souches pesant 15 à 20 kil. et mis à la place de la mère. — L'année suivante, ils ne se conduisent pas aussi bien que les essaims naturels : leurs rayons sont toujours moins avancés. Enfin les souches sont bien plus exposées à devenir orphelines.

Ce correspondant dit qu'après la force des populations vient l'âge des mères dont il importe d'être exactement renseigné. Pour cela, il faut que l'apiculteur soigneux tienne registre des naissances et des décès, et remplace les vieilles mères à temps voulu. — Pour remplacer une mère, surtout lorsqu'elle est vieille, point n'est besoin, ajoute-t-il, de la faire ·

disparaître d'abord et d'attendre ensuite 24 ou 48 heures pour opérer l'introduction de la nouvelle par le haut de la ruche. Vous enfumez fortement la colonne par le bas. Vous pratiquez ou vous débouchez une ouverture par le haut et vous faites entrer par cette ouverture votre jeune mère avec quelques abeilles. Un jour, deux jours, quelquefois trois ou quatre jours après, vous retrouvez le cadavre de la vieille mère devant la porte de la ruche. — On réussira 7 fois sur 40.

Cet honorable correspondant dit avoir essayé l'essence de citron pour faire fixer les essaims et n'avoir obtenu aucun résultat. Il ajoute que la fixation des essaims est chose d'instinct de la part des abeilles, et que celles-ci en l'air ne vont pas toujours se fixer où est leur mère, qu'au contraire la mère suit le torrent des abeilles, rejoint le premier groupe qu'elles forment.

M. Devienne, apiculteur à Thiembronne, certifie que la présence de poux sur la mère n'accuse pas que cette mère soit vieille, il dit avoir trouvé, l'année dernière, une mère de deux ans couverte de 48 poux, dont il a pu s'emparer à l'aide d'une épingle. Il ajoute que, cette année, il a constaté la présence de poux sur une mère de deux mois, d'un essaim artificiel. Il est convaincu que la présence de poux nuit beaucoup à l'avenir des colonies, parce que les mères qui en ont sont moins actives. Il importerait donc, ajoute-t-il, qu'on trouvât un moyen de se débarrasser de ces parasites nuisibles.

Plusieurs membres répondent que les colonies fortes n'en ont pas, ou du moins que si elles en ont quelques-uns, elles s'en débarrassent et ne paraissent pas en souffrir sensiblement.

Des colonies fortes, des réunions qui les donnent, c'est ce dont tout apiculteur qui veut obtenir des succès doit se préoccuper avant tout.

M. Edouard Suaire, d'Herpont, donne une statistique approximative des ruches en France et de leur revenu, qui est succeptible de rectifications. « Il y a, dit-il, environ 2,000,000 de ruchées d'abeilles (ce chiffre n'en fait que 50 par commune), qui donne en moyenne 1.600,000 essaims chaque année, plus 45 kil. bruts de miel chacun et 1 kil. 500 de cire ; ce qui fait en tout un revenu annuel de 44,000,000 fr. qu'on peut établir de la manière suivante. Capital engagé 2,000,000 de ruchées à 40 fr. = 20,000,000 fr.

PRODUIT DE CHAQUE ANNÉE :

1° 1,500,000 essaims à 10. . . . . 16,000,000 fr.
2° 24,000,000 kil. miel brut à 50 cent. . . . 12,000,000
3° 1,5000.000 kil. cire brute à 2 fr. 3,000,000

Total 31,000,000

A déduire capital engagé. 20,000,000

Revenu. 11,000,000

Pour extrait : DELINOTTE, secrétaire.

Adhérents et abonnés nouveaux.

MM. A. VALETTE, propriétaire à Saint-Arnaud-les-Culmas (Algérie).

PASTUREAU, greffier de la justice de paix à Mazières (Deux-Sevres.)

Mme JARRIÉ, à la Jonchère (Seine-et-Oise).

Frère ISIQUE, instituteur à Nérac (Lot-et-Garonne).

Le baron DE JERPHANION, au château de Lafay (Rhône).

Am. RENARD, propriétaire à Acheux (Somme).

E.-A. CHATEAU, apiculteur à la Neuville-les-Wasigny (Ardennes).

Comte GAETANO-BARBO, à Saint-Damanio, près Milan (Italie).

DENNLER, à Entzheim (Bas-Rhin).

J. BONFANTE, négociant à Fontan (Alpes-Maritimes).

ROUSSELLE, curé à Irles (Somme).

DELILE, apiculteur à Alincourt (Ardennes).

C. SERRAIN, apiculteur à Richemont-Saint-Pierre (Oise).

E. LONDÉ, à Sallen (Calvados).

J. JAVOUHEY, fabricant de pain d'épice à Chartres (Eure-et-Loir).

V. FOY, fils, cultivateur à Maizy (Aisne).

H. BASTIEN, apiculteur à Villers-le-Sec (Meuse).

VIVIEN JOLY, apiculteur, fabricant de ruches à Maizières par Romilly (Aube).

C. CARPEZA, boulanger à Bernes (Somme).

QUINION, instituteur à Walincourt (Nord).

PIRONNEAU, officier en retraite à la Perrière (Indre-et-Loire).

J. NOUGUIER, à l'orphelinat de Courtelary (Suisse).

Dr MELICHER, à Vienne (Autriche).

LANCE, propriétaire, à Chevry-Cossigny (Seine-et-Marne).

P. BABAZ, professeur à Montgré, près Villefranche (Rhône).

MM. FLEURET, ancien contrôleur à Pont-à-Mousson (Meurthe).

HOTTOT, charron à Issou (Seine-et-Oise).

L. HENRY, médecin vétérinaire à Fère-en-Tardenois (Aisne).

A. LEHMANN, négociant en miel et cire au Havre (Seine-Inférieure).

MASSOU, tailleur à Civry (Eure-et-Loir).

COMPAIN, propriétaire à Lacanche (Côte-d'Or).

FLAMANT, à Romorantin (Loir-et-Cher).

J.-C. RÉMY, médecin vétérinaire, à Crécy-sur-Serre (Aisne).

CADILHON, propriétaire-négociant à Onesse (Landes).

Lucien VINCENT, apiculteur à Poussan (Hérault).

L. PIDANCET, à Montigny-Flanville (Moselle).

DUROUX, curé à la Chapelle-Guillaume (Eure-et-Loir).

MILLOT-HUARD, apiculteur au Chesne (Ardennes).

DESCHAMPS, marchand de miel au Tourneur (Calvados).

Origine, contagion et propagation de la loque (1).

Lorsqu'on dit qu'une ruche est atteinte de la loque, on entend par là qu'une portion plus ou moins grande du couvain a péri et est entré en putréfaction.

Cette apparition provient de deux causes, qui donnent lieu également à deux espèces de loques.

La première est la loque *bénigne*, laquelle se produit par le refroidissement du couvain qui meurt. Elle apparaît parfois au printemps, lorsque de bonne heure de belles journées chaudes engagent prématurément la reine à pondre beaucoup, à trop étendre le couvain. Si dans ce cas la température vient à se refroidir et que les abeilles sont obligées de resserrer leur siége et d'abandonner une partie du couvain, celui-ci se refroidit, périt et entre en putréfaction.

Le même système peut se produire en été, lorsque par de fortes averses ou autrement, il périt subitement un grand nombre d'abeilles et que le nombre de celles qui restent dans la ruche ne suffit plus pour couvrir et échauffer le couvain étendu. Dans ce cas encore la portion abandonnée périt et entre en putréfaction ; toutefois ceci n'est pas dangereux, les abeilles nettoient peu à peu la ruche et restent bien portantes.

Il n'en est pas de même de la loque *maligne*, contagieuse, qu'on

(1) Traduction en abrégé de l'article publié par M. Molitor en Allemagne.

appelle encore peste des abeilles. Des causes toutes différentes agissent ici.

Développement de la loque maligne.

M. Molitor dit qu'il existe une variété infinie d'ichneumones, qui, toutes ont le corps excessivement mince et effilé et qui déposent leurs œufs dans les chenilles des papillons, des coléoptères, des pucerons et même des araignées ; enfin ce qui nous intéresse plus particulièrement dans les *vers des abeilles sauvages et domestiques.*

Ce fait a été observé depuis longtemps sur les abeilles sauvages qui résident dans les murs, mais il ne l'avait point encore été sur les abeilles domestiques.

Sans nous étendre sur les autres espèces, nous nous arrêtons de suite à l'ichneumone de nos abeilles domestiques, car, ainsi que nous venons de le dire, les vers de ces dernières sont également poursuivis par une petite espèce d'ichneumone. Celle-ci de couleur jaune, rougeâtre, à peine longue de 3 millimètres, a, ainsi que toutes les autres espèces, le corps excessivement mince. Je la nomme *ichneumon apium mellificarum.*

M. Engster, à Constance, ancien apiculteur et grand observateur, l'a également observée dans ses ruches loqueuses, en la confondant toutefois avec la mouche de charogne. Mais il est à remarquer que cette dernière, qui ne pouvait avoir été attirée que par l'odeur de pourriture de la loque, n'aurait pu propager celle-ci, quoique M. Engster constate que dans les ruches où cette mouche se montrait, la loque ne tarderait pas à éclater.

La chose cependant se constitue différemment. Ce n'est pas une mouche de charogne, mais bien, ainsi que nous allons le prouver, une véritable petite ichneumone qui est *l'unique* cause de cette maladie qu'on craint, à si juste titre, et qu'on avait considérée jusqu'à présent comme incurable.

Voici ce qui se passe. Cette ichneumone s'introduit dans les ruches, pique et dépose un œuf dans chaque ver d'abeille, qui, malgré cela continue à vivre jusqu'après sa métamorphose et l'operculation de l'alvéole. Mais en attendant le ver de l'ichneumone se nourrit du corps gras de la larve de l'abeille, sort enfin de celle-ci, se métamorphose à son tour et après avoir percé l'opercule, l'ichneumone s'envole, devenu insecte parfait.

En conséquence, lorsqu'on veut savoir si c'est à la loque bénigne ou à celle maligne qu'on a affaire, il suffit d'examiner les opercules, et si ceux-ci sont percés d'un petit trou, on sera certain de l'existence de la loque maligne et contagieuse, engendrée par l'ichneumone.

Pendant ce temps la larve de l'abeille a péri ; mais elle n'a péri *qu'après* l'operculation de l'alvéole et c'est là précisément ce qui constitue la gravité du fait. Si elle avait péri *avant*, les abeilles l'auraient immédiatement transportée dehors et avec elle le ver de l'ichneumone. Mais comme elle ne périt qu'après l'operculation, le ver de l'ichneumone a le temps de se métamorphoser et de sortir, pendant que la larve de l'abeille entre en putréfaction et est convertie en une masse visqueuse, gluante et puante, que les abeilles sont incapables d'éloigner, parce qu'elle reste collée contre elles, etc.

L'ichneumone s'accouple alors, pique d'autres vers, y dépose des œufs et continue ainsi son œuvre de destruction jusqu'à ce qu'enfin les abeilles, diminuant chaque jour de nombre, à moins de secours énergique, finissent par périr misérablement ou abandonnent la ruche. — Suivent des considérations générales sur les raisons qui ont empêché de découvrir plus tôt la cause véritable de cette maladie, — contagion, propagation. — Ce qui précède peut suffire à expliquer la contagion et la propagation de la loque maligne. La multiplication des ichneumones est très-grande, parce que, à partir de l'œuf leur métamorphose n'exige que 10 à 12 jours. En conséquence, lorsque, par la négligence du propriétaire ou autrement, elles ont pu prendre un certain développement, elles attaquent également les autres ruches du même rucher, puis celles des voisins et enfin celles de toute la contrée, finissent par être rendues loqueuses par ces insectes, etc.

Il est donc absolument nécessaire que, dans les contrées où règne la loque, chaque apiculteur observe l'apparition de cette petite ichneumone, parce que ce n'est qu'en défendant à ces insectes l'accès des ruches qu'il est possible de préserver ces dernières de cette terrible maladie et d'en empêcher la propagation.

Le moyen d'y arriver sera indiqué par ce qui suit :

Guérison.

La cause du mal étant connue, le meilleur remède serait évidemment d'empêcher les ichneumones de s'introduire dans les ruches ; mais comme ceci n'est pas toujours possible je vais indiquer, par un exemple pratique, comment on peut guérir la loque qui a déjà élu domicile dans une ruche, en racontant un cas qui s'est présenté à moi l'été dernier :

Une personne de ma connaissance me pria d'examiner une ruche italienne malade. Cette dernière fut achetée à Frankenthal, à une vente des ruches du sieur Sprinkhorn, lesquelles étaient presque toutes attaquées de la loque. La population était de Mona et se trouvait dans une ruche Mona à compartiments. En ouvrant cette ruche, je trouvai que la loque y était déjà développée à un haut degré et les abeilles, quoique de pure race italienne, étaient très-méchantes et excessivement disposées à piquer.

J'opérai alors comme suit : Comme la population était encore passablement forte, je fis balayer les abeilles de tous les rayons dans une ruche neuve Berlepsch, qui contenait des cadres munis de commencements de constructions. On ne leur donna qu'un espace restreint.

Je plaçai la nouvelle ruche sur l'emplacement de l'ancienne et la fis nourrir fortement pendant assez longtemps ; les grands vases qui contenaient le miel furent placés dans la ruche même derrière la vitrine.

Quant aux rayons enlevés de la ruche, je les fis fondre, opération par laquelle le couvain des ichneumones fut détruit et la ruche même fut lavée à l'eau bouillante, ce qui cependant fut fait seulement dans le but de la débarrasser de la mauvaise odeur.

Les abeilles se remirent promptement, construisirent des rayons neufs, passèrent très-bien l'hiver et aujourd'hui la ruche est dans un état parfait.

Afin d'empêcher les ichneumones, qui pouvaient voltiger autour de la ruche, de s'y introduire, je fis asperger les alentours de celle-ci, ainsi que de toutes celles du rucher, avec de l'essence de térébenthine dans laquelle on avait fait dissoudre du camphre. Je fis répéter cette opération pendant quelque temps, par la raison que tous les insectes craignent l'essence et le camphre qui les tuent dans un espace renfermé.

Je considère d'ailleurs comme inutile et dangereux tous les autres ingrédients employés jusqu'ici pour combattre cette maladie ; comme le vin et les épices mêlés à la nourriture, parce qu'on cherchait à tort dans cette dernière la cause de la maladie.

L'essence et le camphre placés dans l'intérieur même de la ruche ou mêlés au miel doivent être méconseillé également, parce qu'on risquerait de porter préjudice aux abeilles elles-mêmes, etc.

L'origine de la maladie étant connue, il est possible que des apiculteurs intelligents ou des naturalistes trouvent encore d'autres moyens de guérison, etc.   Mamheim, mars 1868.

Signé : L. Molitor Muhlfeld.

Mulhouse, juillet 1868 : Edouard Thierry Mieg.

— Cette cause de la loque n'est qu'une hypothèse. Pour qu'elle fût démontrée, M. Molitor aurait dû prendre du couvain laqueux, le placer sous verre et attendre que son ichneumon naquît. Il aurait pu dire alors : voilà le coupable que j'ai pris sur le fait.   H. H.

Rapport sur l'apiculture à l'Exposition des insectes en 1868.

Membres du jury : MM. Delinotte, de Liesville, Pelletan, P. Richard, Vignole et H. Hamet, rapporteur.

La tâche de membre de jury est difficile lorsqu'on veut être impartial et qu'on n'a d'autre but que celui de servir le progrès. Il faut connaître à fond la partie qu'on a à juger ; il faut avoir pratiqué cette partie et savoir comparer les divers modes d'opérer. Les théoriciens purs, fussent-ils de l'Institut, ne sauraient porter des jugements aussi exacts que les praticiens éclairés sur ce qui concerne l'art de produire par le travail manuel.

Mais si la tâche de membre de jury est difficile, surtout lorsque divers systèmes sont en présence — et que certains exposants prennent les concours pour des *steeple chase* de solliciteurs, — celle de rapporteur n'est pas moins ardue. Néanmoins je l'ai acceptée, pensant pouvoir la remplir.

Au moment de se mettre à l'œuvre, le jury d'apiculture a reconnu qu'il ne pouvait suivre à la lettre le programme dressé à l'avance, lequel ouvrait 30 concours particuliers. Il a dû, le plus souvent, examiner et distinguer en bloc les instruments, les produits et le mérite de chaque exposant.

Il a commencé par faire une appréciation générale et par comparer cette exposition aux précédentes. De son examen d'ensemble, il résulte que l'impulsion donnée, il y a près de quinze ans, par la *Société d'apiculture* porte de plus en plus des fruits et que la culture des abeilles progresse. La salle des produits en témoigne d'une façon évidente, et donne plus exactement que celle des instruments l'état de notre apiculture améliorée.

Votre jury a constaté que les produits remarquables exposés, et tels qu'ils sont aujourd'hui fabriqués par nos bons producteurs, n'ont pas été obtenus avec les instruments dits les plus perfectionnés qu'on trouve en majorité dans la salle des appareils. Il a constaté en outre que les exposants de ces instruments perfectionnés n'ont pas apporté de produits pouvant lutter avec ceux fournis par les apiculteurs qui s'attachent plus aux méthodes rationnelles et économiques qu'aux systèmes d'appareils à employer pour les opérations. C'eût été pourtant un moyen frappant d'établir la supériorité de leur invention. Le public peu éclairé n'en eût pas demandé d'autre.

Ainsi que cela avait déjà été fait précédemment, votre jury a divisé les exposants d'instruments en deux catégories : ceux qui s'adressent à l'apiculture économique constituant une industrie étendue dans plusieurs cantons, et ceux qui s'adressent à l'apiculture accessoire et d'amateur ; et il a accordé la plus large part à la première, parce que c'est elle qui alimente la consommation au prix le plus bas possible.

Appelée à émettre son opinion sur la valeur du cadre ou rayon mobile, — qui constitue ce qu'on appelle le système allemand, — la majorité du jury n'a pas hésité à déclarer que ce système ne pouvait « faire merveille » chez nos grands et même chez beaucoup de nos petits producteurs, qui ne se trouvent pas dans les mêmes conditions que les Allemands. Ici la main-d'œuvre est plus élevée et les produits sont à meilleur marché, à cause de la concurrence que vient leur faire le Chili. D'où il résulte qu'il faut dépenser moins en appareils et en temps, et produire davantage pour obtenir les mêmes bénéfices. Or, on ne produit davantage qu'en exploitant un plus grand nombre de ruchées, et on dépense moins en n'employant que des appareils à prix peu élevé. On sait que les ruches à cadres coûtent deux ou trois fois plus que les ruches à divisions superposées et sept ou huit fois plus que les ruches simples.

Néanmoins des exposants de ruches à cadres prétendent que leur système est le *nec plus ultra* de l'apiculture rationnelle, et que, sans cette ruche, on ne peut même faire de l'apiculture rationnelle ; qu'en un mot, cette ruche est aux autres ce que le chemin de fer est aux anciennes voies de communication.

Vous n'avez pu confondre l'apiculture *savante*, qui s'intitule apiculture exclusivement rationnelle, avec l'apiculture *productive ;* vous n'avez pas non plus pris au sérieux la comparaison invoquée, car le chemin de fer abrége les distances, et le cadre mobile allonge la besogne. Tel apiculteur qui conduit cent ou deux cents ruches à calottes ou à hausses ne peut, sans aide, conduire que cinquante ou quatre-vingts ruches à cadres mobiles. Et encore, si celles-ci produisaient davantage ; mais on sait que la production du miel est le fait de la nature, et que là

où celle-ci n'en met qu'un kilogramme dans les fleurs, la ruche la plus
« merveilleuse » du monde ne saurait en donner deux.

Tout instrument dit perfectionné qui ne diminue pas la main-d'œuvre en raison de l'élévation de son prix ou qui ne donne pas un plus
grand rendement de produits, est à rejeter pour lui préférer l'instrument simple et à bon marché. Or, la ruche à cadres mobiles, qui coûte
deux ou trois fois autant que la ruche à chapiteau ou celle à hausses, et
qui ne produit pas davantage, à conditions égales, ne saurait être adoptée
par nos producteurs qui sont obligés de livrer à la consommation du
miel à bon marché.

Mais peuvent l'adopter avec avantage ceux qui ne se trouvent pas dans
les mêmes conditions : ceux qui peuvent la façonner eux-mêmes et qui
ont le bois à bas prix ; ceux qui n'ont pas à calculer le temps ; ceux qui
ont une clientèle bourgeoise à laquelle ils font payer les produits un tiers
ou le double plus cher que le commerce de gros ne les paye ; ceux qui
s'adonnent à l'éducation des mères italiennes ; ceux qui, pour leur agrément ou leur instruction, veulent suivre de près les travaux de leurs
abeilles, faire des observations ou des expériences.

Le nombre de ruches à cadres mobiles exposées indique que le nombre des possesseurs d'abeilles de cette catégorie augmente, sans que celui
des producteurs économiques diminue. La *Société d'insectologie agricole*
ne peut que doublement applaudir, et le jury qu'elle a désigné pour
apprécier le mérite de chaque exposant, a par suite d'un long et minutieux
examen, classé ainsi les lauréats.

Quoique jeune, mentionnait le rapport de l'exposition de 1865,
M. Émile Beuve, apiculteur à Creney (Aube), s'est déjà placé au premier rang de ceux qui concourent à l'amélioration de l'apiculture par
le perfectionnement des appareils. Depuis, la Société d'apiculture de
l'Aube, appréciant le mérite et le zèle de M. Beuve, l'a nommé directeur
du rucher expérimental de Foissy, et récemment M. le préfet de l'Aube
l'a désigné pour un professorat apicole ambulant. A ces titres, M. Beuve
joint de nombreux perfectionnements apportés dans les appareils apicoles, perfectionnements que la pratique a sanctionnés en s'en empa-
rant. Il expose : 1° un métier amélioré à fabriquer des ruches et des
capuchons en paille. Ce métier façonne hausse, corps de ruche, dessus
plat, chapiteaux, et il est muni d'une presse pour nouer les surtouts
et d'une forme pour les confectionner. Le prix du métier complet est
de 75 fr.; 2° une ruche à hausses avec planchers à claire, du prix de

3 fr. 60 ; 3° un corps de ruche simple avec un cabochon. Cette ruche, établie sur un traiteau à entrée entaillée, est recouverte d'un capuchon (paillasson) fait au métier. L'ensemble a été acheté par le directeur du musée de Saint-Pétersbourg ; 4° une ruche à divisions verticales avec cabochon du prix de 3 fr. ; 5° des hausses d'aérage pour le transport des abeilles ; 6° une boîte dite *trousse* de l'apiculteur, contenant : enfumoir, avec son soufflet, cératomes, couteau à décapiter les mâles, porte-mère, etc. Tous ces appareils sont d'une bonne application et d'un prix accessible aux petites bourses. Dans la section des produits, il présente une vitrine contenant neuf chapiteaux de miel en rayons qui dénotent un artiste en leur exposant, lequel a fait exécuter par ses abeilles, tantôt un seul rayon en spirale, et tantôt quatre ou cinq rayons d'un parallélisme mathématique. Plusieurs de ces chapiteaux ont été obtenus artificiellement, c'est-à-dire en alimentant les abeilles ; l'opération a eu lieu au milieu de l'été (en juillet) et l'opérateur a constaté qu'il n'y avait plus de déperdition de nourriture après une absorption donnée. Ainsi, après 20 kilog. absorbés et emmagasinés dans le corps de la ruche, la quantité donnée se retrouvait exactement dans le chapiteau. M. Beuve expose aussi un lot de cire en brique très-bien épurée et très-bien coulée. Réunissant tous les mérites de cet exposant, le jury des récompenses lui décerne unanimement la grande médaille d'or de S. M. l'Empereur, pour son zèle et son dévouement et pour l'ensemble de son exposition.

L'instituteur Lecler, de Bourdenay (Aube), pratique l'apiculture d'une façon très-entendue ; il l'enseigne avec profit à ses élèves ; des travaux de ceux-ci (cahiers exposés) et un rapport fait l'année dernière par des délégués de la Société d'apiculture de l'Aube en témoignent ; il propage autour de sa localité les appareils économiques améliorés, notamment les ruches à chapiteau et à hausses ; il expose une collection de petits modèles d'instruments qui plaisent tant que bientôt leur histoire est celle de la parmentière. Il expose en outre de beaux produits, notamment du miel en rayon. Il faut aussi mentionner le zèle et le savoir qu'il apporte dans ses fonctions de secrétaire de la Société de Nogent. Pour récompenser les divers mérites de M. Lecler, le jury lui accorde une médaille d'or de S. Exc. le ministre de l'agriculture.

La collection d'appareils et de modèles d'appareils apicoles qu'expose Mme Santonax de Dôle (Jura), est assurément la plus nombreuse et la plus remarquable de toute l'exposition. Il faut citer : 1° ses ruches en bois à doubles parois, dont le vide entre les parois peut être garni d'herbes ou de feuilles pour empêcher l'influence du chaud ou du froid extérieur ; 2° son surtout mobile en paille pour une ou plusieurs ruches, dont le prix est de 1 fr 50 ; 3° ses nourrisseurs s'adaptant à toutes formes de ruches. Le principal se compose d'une cuvette en fer-blanc dont une partie se glisse sous la ruche légèrement soulevée, et d'un bocal en verre renversé faisant l'office de récipient. Deux ruches normandes avec abeilles sont en nourrissement à l'aide de ces appareils, dont l'un est placé en dessus et l'autre en dessous ; 4° une boîte avec surtout qui sert à faire des réunions, à nourrir les abeilles avec du miel en rayons, et à faire enlever miel et pollen de cadres ou rayons que l'on voudrait conserver pour des bâtisses ; 5° un tablier glissoir qui sert à la permutation des ruches ; 6° plusieurs appareils simples et ingénieux pour fixer les rayons artificiels et naturels dans les cadres ; 7° des planches percées pour recevoir des chapiteaux composés de petites boîtes ; 8° des modèles d'instruments pour extraire les cadres, trancher les rayons, façonner les produits, etc.

Dans la salle des produits, Mme Santonax expose une vitrine garnie de petites boîtes pleines de rayons qui font l'admiration de tous les visiteurs. Elle obtient ces petites boîtes, de la contenance de 5 à 600 gr. lorsqu'elles sont garnies, en les réunissant au nombre de 9 et en formant un seul chapiteau qu'elle pose sur toute sorte de ruches au moyen de planchettes disposées pour cet usage. Elle présente une brochure qui fait connaître le moyen d'appliquer ces boîtes, et les moyens de se servir des autres objets qu'elle expose. Le jury des récompenses accorde à Mme Santonax une médaille d'or du ministre de l'agriculture pour l'ensemble de son exposition, notamment pour ses petites boîtes de miel et les moyens de les obtenir.   (A suivre.)

De l'essaimage artificiel (1).

§ 66. De la manière de faire un essaim artificiel par tambourinage.

a. De l'essaimage artificiel dans les ruches verticales à hausses. — Au mois de juin (2), ou bien de 8 à 14 jours avant l'époque de l'essaimage, c'est-à-dire principalement quand on est à peu près sûr d'avoir

---

(1) Chapitre V du *Traité d'apiculture* d'Œttl (p. 229).
(2) Devancer ou reculer selon la latitude, la flore, etc.

une température chaude et que le miel est abondant à la campagne, quand il y a beaucoup de couvain dans les ruches, on choisit pour cette opération une ruche qui possède une mère encore jeune et féconde, une population nombreuse, et des constructions pas trop vieilles. Il est facile de comprendre la raison qui fait agir de la sorte. Ainsi, en supposant que la mère qui doit sortir avec l'essaim soit âgée de plus de trois ans et que sa fécondité soit sur le déclin, la nouvelle ruchée pourrait en pâtir et ce serait pour elle un mauvais commencement. De même on ne pourrait obtenir qu'un faible essaim de la ruchée peu nombreuse, et la souche en serait trop affaiblie. Comme au moment de l'essaimage artificiel, la construction des gâteaux se trouve arrêtée, la souche, qui contient beaucoup de vieux gâteaux, construit peu cette année-là, et elle devra pâtir d'autant plus de l'ancienneté de ses rayons. De plus, nous verrons plus tard encore plusieurs des raisons qui doivent guider l'apiculteur dans son choix.

Après avoir choisi la ruche, on attend, pour commencer l'opération, une journée dont la chaleur ne soit pas trop étouffante, et de préférence les heures de l'après-midi, vers 4 ou 6 heures du soir. Car, vers ces heures-là, la chaleur devient plus supportable, les allées et venues des abeilles deviennent plus faibles, et l'approche de la nuit rend les mouches plus dociles.

On commence par préparer la demeure du nouvel essaim. On prend deux ou trois hausses ; avec un couvercle, que l'on réunit au moyen de crampons, et l'on dispose la ruche de manière à l'avoir sous la main quand on en aura besoin. On a soin aussi de se munir d'un soufflet à enfumer, ou d'une pipe à tabac, ou d'un cigare.

Maintenant occupons-nous de la ruche mère.

On commence par en enlever le couvercle, non en le détachant avec le fil de fer, mais pour aller plus vite en l'arrachant de force, puis on se dépêche de chasser, par quelques fortes bouffées de fumée, les abeilles qui se trouvent dans la hausse supérieure et qui se hâtent de descendre plus bas. Ensuite on enlève la ruche de dessous la planche et on la pose, sens dessus dessous, sur deux cales en bois de la hauteur d'un travers de main environ, afin de pouvoir encore au besoin y envoyer de la fumée. Puis on place sur l'ouverture supérieure la ruche vide qu'on assujettit à la souche au moyen de plusieurs crampons de fer.

Les ruches bien construites s'ajustent parfaitement et ne permettent à aucune abeille de passer par leur point de jonction ; seulement on aura

soin de boucher, avéc un peu de pourget ou terre glaise, les petites ot:-
vertures qui pourraient sé rencontrer.

Afin de recueillir les abeilles qui, pendant cette opération, reviennent
des champs, on pose une ruche vide à la place de la souche qu'on vient
de déranger.

A partir de ce moment, on se met à tapoter ou tambouriner sur les
ruches, d'où le nom de tambourinage donné à cette opération. On prend
dans chaque main un petit bâton de la grosseur du doigt, et on en
frappe un peu fort sur tout le pourtour des hausses en commençant par
le bas et en remontant petit à petit jusqu'en haut. Cela peut durer ainsi
un bon quart d'heure; alors on peut déjà voir au travers de la fenêtre,
ou bien entendre en y appliquant l'oreille, que les abeilles se sont rendues dans la ruche supérieure. Si cette ascension ne se fait pas bien, on
souffle un peu de fumée dans la souche, soit par une petite ouverture de
la grosseur d'une lentille, pratiquée au moyen d'un clou à l'angle d'une
fenêtre, soit par une ouverture faite à la jonction des hausses, dans le
cas où il n'y aurait pas de fenêtre, soit encore en enfonçant au travers
de la paille un trocar (sonde) à miel, dont on laisse le tuyau dans
la paille, par lequel alors on fait pénétrer un peu de fumée dans
la ruche; et l'on remarquera immédiatement les abeilles hâter leur
départ. Cependant il ne faut pas encore trop les presser; car, faisant de
même qu'au moment du départ d'un essaim naturel, les abeilles, avant
de monter, se précipitent sur les cellules à miel, afin de se remplir la
panse à miel, et d'emporter des provisions pour les quelques premiers
jours de leur arrivée dans la nouvelle demeure où elles ne trouvent aucune provision; et il faut un certain temps à ces milliers d'abeilles pour
cette petite opération.

Après cela on sépare les deux ruches et on lève tout doucement d'un
côté la ruche du dessus; on aperçoit alors toute la paroi intérieure couverte d'abeilles qui se traînent les unes sur les autres en chapelet. Cependant il ne faut pas se laisser tromper par les apparences; car cette foule
d'abeilles, répandues partout, ne représentera guère peut-être qu'un essaim
faible ou tout au plus moyen, quand il se sera réuni en groupe. Dans le
doute, on peut encore puiser, au moyen d'une cuiller à pot, un certain
nombre d'abeilles dans la souche pour les ajouter à l'essaim artificiel.

(*A suivre.*)　　*Trad.* d'Œttl.

Revue et cours des produits des abeilles.

Paris, 30 *novembre.* — Miels. Les prix ont peu varié pour les miels blancs. A notre connaissance un lot de gâtinais (tiers surfin et deux tiers blanc) a été cédé à 90 fr. les 100 kil. et un autre à 100 fr. — Les surfins seuls sont demandés. La vente à l'épicerie roule entre 100 et 150 fr. les 100 kil., selon qualité. Au Havre il a été payé des Chili de très-belle qualité à 87 fr. 50. Il en a été vendu à livrer à 75 fr. lot composé, qui sont attendus pour la première quinzaine de décembre.

On nous écrit de cette ville : La demande a été très-active, et il ne nous reste qu'environ 200 barils sur place; il faut voir les prix suivants : fin 1er blanc, 85 à 87 fr. 50 les 100 kil.; 2e blanc, 80 à 82 fr. 50 ; roux et brun, 70 à 75 fr.

Sur l'annonce des prix de 70 à 75 fr. que tenaient au début des producteurs de la Bretagne, des offres se sont produites de la Basse-Normandie, et il a été cédé des lots de miel rouge nouveau à 60 et 63 fr. les 100 kil. en baril de 50 kil., fût payé en plus. On pense que le cours des Bretagne ne s'éloignera pas de 65 fr. les 100 kil. en gare d'arrivée.

La circulaire de la maison Ferron et Cie de Rennes (20 octobre) dit que dans toute la Bretagne les ruches ont peu essaimé, mais qu'elles ont passablement récolté en août ; elle conseille aux fabricants, à cause des vieux miels à écouler, de n'acheter en vrague que de 50 à 60 fr., estimant que le miel nouveau ne sera vendu que 60 à 65 fr. les 100 kil., tare, 15 kil. par barrique.

Les miels de bruyère ne seront pas communs. Bordeaux qui, en année ordinaire, en place 1,500 barriques, en disposera d'une centaine seulement cette année. On les tient de 60 à 70 fr. les 100 kil.

Nous disions, dans notre revue du mois dernier, qu'on était satisfait en Sologne. Depuis, il nous est arrivé des avis contraires de plusieurs localités.

Cires. — Les cires jaunes pour encaustique, parquets, etc., sont plus fermes; les qualités de choix obtiennent 120 fr. les 100 kil. entrée; les qualités ordinaires et inférieures de 100 à 110 fr.

Il y a toujours acheteur pour Bordeaux à 4 fr. le kil. hors barrière, en belle qualité et nuance peu foncée (en pains ou en briques).

Les cires propres au blanc restent dans les mêmes conditions. Les Landes en produiront peu, puisque la récolte du miel y est mauvaise.

En Bretagne on cote 380 à 420 fr. les 100 kil.

Les cires étrangères sont assez recherchées dans les ports où elles arrivent. On nous écrit du Havre : — La cire Haïti, qui était descendue à 3 fr. 70 un moment, est montée subitement à 3 fr. 80 et par suite d'achats faits pour l'étranger on a payé 4 fr. pour environ 8,000 kil., soit tout ce qui était sur place. Maintenant notre stock est complétement nul de toute espèce de cire, sauf une dizaine de caisses du Chili qui sont tenues à 4 fr. 50. Les dernières affaires faites en cette provenance se composent de douze caisses payées 4 fr. 40 le kil.

A Marseille on est resté aux mêmes cours que précédemment. A Alger, cire jaune, de 3 fr. 65 à 3 fr. 75 le kil.

Corps gras. Les suifs ont été calmes à 115 fr. les 100 kil., hors barrière; suif en branche, 87 fr. 85. Stéarine saponifiée, 185 fr.; dito de distillation, 182 fr. 50 à 185; oléine de saponification, 90 fr.; de distillation, 82 à 83 fr. Le tout aux 100 kil., hors barrière.

Sucres et sirops. Les sucres raffinés sont faibles aux cours, de 128 à 130 fr. les 100 kil. au comptant et sans escompte. Les sirops de fécule sont calmes aux prix précédents.

ABEILLES. — Quelques achats ont été faits aux marchés de la Toussaint à des conditions qui changent peu les prix de l'année dernière à la même époque; les concessions faites par les marchands ne sont que de 50 cent. à 1 fr. par panier. Sur place on obtient plus ou moins selon vendeur et marchandise. — Novembre a été en grande partie humide; il y a eu quelques jours de froid assez vif et de neige dans l'est.

Les abeilles se comportent assez bien jusqu'à ce moment; les populations n'ont pas baissé et la consommation n'a été qu'ordinaire pour la plupart des ruchers. Voici les renseignements que nous avons reçus:

Il y a eu peu d'essaims; les premiers sont bons, quelques-uns ont beaucoup diminué de poids; ils ont besoin d'être soignés. Ceux qu'on a conduits aux sarrasins sont presque tous bons à passer l'hiver. Si l'on avait conduit ceux qui pesaient 12 à 15 kil., ils seraient revenus à 20 et 25 kil. *Dubois Lebrun*, à Liesse (Aisne).

La récolte a été au-dessous d'une année ordinaire. Les abeilles, grâce aux sarrasins, se sont convenablement fournies pour l'hiver. Essaims, 25 p. 100. *Magnenat*, à Saint-Denis-le-Chosson (Ain). — Nous avons eu la première quinzaine d'octobre favorable qui a permis à nos essaims de compléter leur nourriture d'hiver. *Vivien-Joly*, à Maizière (Aube). — Mes ruches cette année ne m'ont donné que 40 p. 100 d'essaims; mais j'ai été largement récompensé en miel; les fleurs des secondes coupes de luzerne en ont beaucoup donné; j'ai fait deux récoltes sur mes ruche à cabochon. *Doussot*, à Magny-Fouchard (Aube). — Les ruches dans nos pays sont en très-bon état. Je pense que tout sera bon au sortir de l'hiver. Je possède des paniers qui pèsent 20 à 25 kil. *Bouvard*, à Boissancourt.

L'année a été très-bonne; il en est à peu près de même dans tout le département. Les essaims ont été peu nombreux et la plupart se sont évadés. *Cadot*, à Sury (Ardennes). — J'étais dans le Bocage normand au commencement du mois où l'on était en train à étouffer quantité d'abeilles et surtout les meilleures ruchées. J'en ai vu qui pesaient 20 à 22 kil., ruche déduite, qui étaient vendues 30 à 35 cent. le demi-kil. en vrague; ces ruches avaient pris leur récolte sur le sainfoin et sur le sarrasin. Les éleveurs peuvent trouver là de très-bonnes colonies de 10 à 12 fr. *Marc*, à Caen (Calvados). — Chez moi, il y a eu peu d'essaims et peu de miel. Nous pensons que ce dernier article haussera. *Deschamps*, au Tourneur (Calvados).

Nous n'avons pas eu d'essaims, ni miel à récolter. Nous allons perdre beaucoup d'abeilles; déjà des colonies meurent de faim. *Picat*, à Onesse (Landes). — Les abeilles dans notre partie de la Sologne n'ont pas bien réussi : point d'essaim et guère de miel. *Berthé*, à Theillay (Loir-et-Cher).

L'apiculture dans nos contrées ne vaut pas mieux qu'en 1867, au contraire. L'essaimage a été de 10 p. 100 et les mères et les essaims ne valent pas grand'chose. L'été a été trop sec. *Masson*, à Insviller (Meurthe). — L'année n'a pas été favorable; les abeilles n'ont presque pas essaimé; il n'en reste pour passer l'hiver que la moitié de l'année dernière. J'ai extrait de 118 ruches 978 kil. *Castelin-Lhuissier*, à Saint-Vaast (Nord).

Cette année n'a pas été favorable à l'essaimage et à la production du miel. Les essaims précoces pèsent de 10 à 15 kil.; les tardifs ne valent rien. *Devienne*, à Thiembronne (Pas-de-Calais). — J'ai à vous annoncer une mauvaise année, et c'est la troisième de suite. L'aissaimage dans le rayon que j'habite n'a pas même atteint 10 p. 100. 37 ruchées m'ont donné 417 kil. miel en vrague, soit en moyenne 11 kil. 300. *Joud*, à Flumet (Savoie).

Nous avons eu une bonne récolte en miel, mais l'essaimage a été presque nul. Au moment arrivé, j'ai procédé à l'essaimage forcé, et mes essaims ont très-bien réussi, vu que j'avais des bâtisses; ils pèsent encore (fin octobre) 15 à 20 kil. Nous avons acheté les ruches à récolter 35 cent.

le demi-kil. Nous avons fait une mauvaise spéculation, le miel coulé ne répondant pas au prix d'achat. Mes chasses conduites au sarrasin et qui avaient des bâtisses ont fait 6 à 8 kil. *Lefebvre*, à Revelles (Somme). — Dans ma localité les abeilles n'ont eu que le mois de mai pour travailler ; le reste de l'année a été trop sec. J'ai conduit 20 colonies à la fleur de sarrasin qui m'ont donné 100 kil. de miel en leur laissant des provisions nécessaires. *Merciol*, à Valleroy-aux-Saules (Vosges).

— Par des journées où la température monte à dix ou douze degrés au-dessus de zéro, on peut encore présenter de la nourriture sous les ruches qui manquent de provisions pour atteindre février. On peut aussi placer au-dessus un pot nourrisseur.   H. HAMET.

A céder, un établissement apicole, 72 ruchées en bon état, terrains et maison. — S'adresser au bureau du *Journal* ou à M. Patou à Dampmart, près Lagny (Seine-et-Marne).

— On demande des miels vieux. S'adresser à M. Durand, à Tivernon, par Bazoches (Loiret).

— A vendre, miel blanc nouveau, bonne qualité, 100 fr. les 100 kil. en baril de 40 kil. environ. S'adresser au bureau de *l'Apiculteur*.

— MM. les ciriers et marchands de miel trouveront tous les renseignements qu'ils désirent sur les arrivages au Havre, chez M. A. Lehmann, négociant de cette ville. — Pour Bordeaux, s'adresser à M. Rohée, rue Bouquière, 45.

— A vendre, 25 ou 30 colonies en ruche à chapiteau. S'adresser à M. Caron, au Mesnil-Saint-Denis, près Beaumont (Seine-et-Oise). — Même nombre chez M. Choffrin, au Tremblay, près Joinville-le-Pont (Seine).

— M. Lucien V. à Poussan. Reçu le mandat. Les modèles de presses manquent.

— M. S..., à Reims. Vous pouvez faire signer la pétition par des personnes étrangères à l'apiculture. L'appui en dehors ne peut que servir.

— M. G..., à Saint-Marc. La 3e édit. du *calendrier* ne sera prête que dans quelques mois.

— *L'American bee-Journal*. Reçu les 2 années et un n° 9 (1re année). Ce sont les n°° 2 et 6 de la 1re année qui nous manquent. — Faites attention à l'affranchissement nécessaire. Le paquet était taxé 3 fr. pour affranchissement insuffisant. Le dernier numéro affranchi du *bee-Journal* nous a coûté 15 centimes. Nous vous adressons juillet 1868 de *l'Apiculteur*.

Paris.— Imprimerie horticole de E.DONNAUD, rue Cassette, 1.

L'APICULTEUR

Chronique.

SOMMAIRE : Idéalité et réalité font deux. — Démonstration à coup de boutoir.
— Les apiculteurs sérieux et la tuile de Sancho. — Sociétés et expositions apicoles. — Lauréats.

Ce n'était pas assez d'avoir sur les bras les partisans ultra des ruches
à cadres, nous nous y serions mis les magnétiseurs en ne prenant pas
plus au sérieux Mesmer que certains inventeurs d'apiculture rationnelle.
Nous n'avons pas entendu juger le mesmérisme, c'est-à-dire le magnétisme absolument, car nous ne nions pas qu'en bâillant plusieurs fois
devant un chien on ne le fasse bâiller. Mais de là à guérir les malades
par le fluide, comme le pense un de nos correspondants de la Suisse, il
y a loin. Dans tous les cas le magnétisme ne supprime pas plus la mort
que la ruche à cadres ne produit de miel quand il n'y en a pas dans les
fleurs. Où nous avons prétendu qu'il y a dans le mesmérisme mystifica-
tion patente, c'est à l'endroit des illuminés et des convulsionnaires du
siècle dernier, des tables tournantes et de l'armoire des frères Davenport,
naguère « faisant merveille » sur les imaginations tendres. Nous voudrions bien voir que le *fluide animal* fît produire du miel à discrétion
jusque sur les fleurs doubles. En attendant, revenons aux réalités. —
M. Poisson nous adresse la lettre suivante :

Beaune-la-Rulande, le 15 décembre 1868.

« Permettez-moi, Monsieur le Directeur, de ne pas laisser l'article de
M. Dadant sans réponse ; je viens d'abord rassurer ce Monsieur sur le *coup
de boutoir* qu'il craint de recevoir ; ce ne sera pas lui qui pourra en être
blessé, mais son système énoncé, fût-il défendu par les milliers de
journaux du pays de liberté qu'il a le bonheur d'habiter.

« J'espère, moi, prouver tout de suite que M. Dadant ne mettra en
évidence par ses articles que l'inutilité, sinon l'infériorité de la ruche à
cadres mobiles et du mello-extracteur ; qu'il les dirige à sa guise, quand
même, ce ne serait que sur le papier, comme son dernier article peut
le laisser supposer. Car tout apiculteur et même tout praticien ne conviendra pas de ce que M. Dadant est si certain, à savoir que les abeilles
emmagasinent deux fois autant de miel dans le corps de ruche que dans

4

le chapiteau. Mais, au contraire, tous les apiculteurs français connaissent que si la calotte est trop spacieuse tout le miel y est porté, et que
le corps de ruche en contient peu ou point du tout, et qu'il serait facile
à M. Dadant d'empêcher ses abeilles de se noyer dans les torrents de
miel qu'il voit ruisseler partout dans toute la ruche, où on ne peut toutes
les cinq minutes vider les rayons au moyen de la machine rotative.

» Je remercie M. Dadant de son procédé pour ramener la substance
des fleurs fraîchement recueillie par les abeilles à l'état de miel devenant dur et grainu ; et j'espère que dans son premier article cet auteur
m'indiquera un marché où je puisse désormais placer cette belle marchandise, ce qui ne doit pas être plus *malin* que le reste ; puisqu'il vend
dans son pays le litre de son nectar réchauffé, 4 fr. 50, je m'engage à lui
en faire parvenir franc de port, garanti pur sainfoin gâtinais, c'est-à-
dire sans concurrent possible, à 3 fr. le kil., à lui fournir autant de milliers de litres qu'il en désirera, lui garantissant en outre qu'il n'aura pas
besoin de bassine bien étamée, ni de combustible pour l'évaporer.

» M. Dadant me surprend, en effet, de plus en plus, en m'apprenant
que non-seulement il est rationnel d'extraire le miel au moyen du mello-
extracteur par 300 grammes, ainsi que le pratique M. Bastian, mais qu'il
convient encore pour obtenir des prodiges de tambouriner nuit et jour
sur ses ruches à coups de bâton : j'essayerai la recette l'année prochaine.

» Quant au chiffre de 91 kil., sans compter sans doute les récoltes
plus tardives, il est de la force de celui rapporté par la note de la rédaction, de celui que M. l'apiculteur lorrain à qualifié *prodiges apicoles*,
de ceux qui tirent des essaims artificiels le surlendemain de l'essaimage
naturel, et de bien d'autres réclames analogues qui font plus de tort à
l'apiculture qu'il ne la servent.

» Je puis ajouter que je ne suis pas élève en ruches à cadres mobiles,
qu'en 1852 j'en ai monté 120, que le système que j'ai modifié n'a pas
les inconvénients de beaucoup d'autres, que mes cadres fonctionnent
toujours bien, même en hiver, et que je les ai abandonnés pour n'y plus
revenir ; je n'en ai plus que pour curiosité et pour expérience.

Poisson. »

—Nous détachons les lignes suivantes d'une lettre que nous adresse un
apiculteur espagnol... « Au dire de l'un de vos correspondants, tous les
apiculteurs *sérieux* s'adonnent à la ruche à cadres. Du fond de notre
Espagne... arriérée, on se demande pourquoi les partisans de ces ruches
qui prennent la parole ne le sont pas — sérieux — dans le choix de leurs

expressions. Ils dénomment la femelle développée *reine*, au lieu de l'appeler mère ou abeille mère. — SANCHO BARNABÉ, ex-*sujet* de l'ex-*reine* d'Espagne. »

— Une société apicole vient d'être formée à Montréal, au Canada, pour encourager dans ce pays la culture des abeilles. L'*American bee journal*, de décembre 1868, nous donne les noms de ses officiers. Ont été nommés : MM. Gérard Lomer, esq. de Montréal, président ; le docteur Webber, de Richmond, et Thomas Valiquet, esq. de Saint-Hilaire, vice-présidents ; John Lowe, esq. de Montréal, trésorier ; S.-J. Lyman, esq. de Montréal, secrétaire ; et J.-J. Higgens, de Côte-Saint-Paul, Goodhue, de Danville, et Piper de Saint-Gabriel Locks, membres du bureau.

— Le journal l'*Ape italiana*, de Vérone, n° 19 (1er octobre), nous apprend qu'il y a eu dans cette ville une première exposition d'apiculture pendant le courant de septembre. Il faut en féliciter la Société apicole de Vérone, et, en particulier, M. l'abbé G.-B. Beduarovitz, qui a su par ses belles leçons et des expériences intéressantes, rendre l'apiculture rationnelle accessible même aux habitants des campagnes, chez qui elle prend faveur de plus en plus. Voici ce qu'il y avait de plus remarquable à cette exposition. *Abeilles :* l'abeille italienne, mère, ouvrière, mâle ; l'abeille fauve (commune de l'Europe). *Ennemies des abeilles :* guêpes, — petites et grosses, — frelons, cétoines, forficules, fourmis, poux des abeilles, araignée, fausse-teigne, sphynx atropos, lézard, oiseaux apivores, grenouilles, etc. *Produits :* cire, spécimen de rayons avec couvain, les différentes cellules, rayons neufs et anciens, propolis. Différents troncs d'arbre, des ruches à hausses, etc. *Livres :* Traités d'apiculture, etc., etc.

— Le n° 11 de l'*Apicoltore :* de Milan contient le programme d'une exposition apicole, qui a dû avoir lieu en cette ville du 10 au 13 décembre. On a dû y décerner des prix à la meilleure exposition de produits extraits du miel, comme vinaigre, hydromel, alcool, etc., et aux inventions et perfectionnements apicoles. On n'a pas admis d'étrangers à cette exposition. M. Kanden nous promet de traduire le compte rendu qu'en donnera l'*Apicoltore.*

— Au concours agricole suisse tenu à Annemasse en septembre dernier le premier prix d'apiculture a été obtenu par M. J. Babaz pour sa cave des apiculteurs.

— Dans son dernier concours, la *Société d'émulation des Vosges* a décerné une médaille d'argent de 2ᵉ classe à M. Larché, chef de bureau à la Préfecture, pour emploi de ruches perfectionnées et propagande de bonnes méthodes.

— Le n° 9 du Bulletin de la Société d'apiculture de l'Aube, paru en décembre, contient plusieurs articles de main de maître.

H. Hamet.

Les abeilles jaunes des Alpes (liguriennes) en Belgique.

Le 18 mai dernier, je reçus de M. A. Mona, de Bellinzona, une colonie d'abeilles jaunes des Alpes. A leur arrivée elles ont été transvasées dans une ruche en paille totalement vide; le surlendemain et le jour suivant, j'eus de mes indigènes deux essaims que je recueillis aussi dans deux ruches vides.

Ces trois colonies comptaient à peu près le même nombre d'ouvrières (8 à 9 mille), les trois ruches vides pesaient chacune 4 1/2 kilog.

Je plaçai ensuite ces trois colonies dans un rucher particulier.

Au 1ᵉʳ juin, l'italienne pesait.	8	kilog.
Mon essaim du 20. . . . —	7	—
— — du 21. . . . —	7	—
Au 1ᵉʳ juillet, l'italienne. . —	10 1/2	—
L'essaim du 20. . . . —	7 3/4	—
— du 21. . . . —	8	—
Au 1ᵉʳ août, l'italienne . . —	10	—
L'essaim du 20. . . . —	7	—
— du 21. . . . —	7	—

Les vents du nord et la grande sécheresse du mois de juillet ayant réduit nos abeilles à zéro de nourriture, j'ai donné à chaque ruchée 1 1/2 kilog. de miel en rayons.

Au 1ᵉʳ septembre, l'italienne pesait . .	22	kilog.
Mon essaim du 20 . . . . . — . . .	14 1/2	—
— du 21 . . . . . — . .	13	—
Au 1ᵉʳ octobre, l'italienne. . — . . .	24 1/2	—
L'essaim du 20 . . . . . — . . .	15 1/4	—
— du 21 . . . . . — . . .	14	—

Ces trois ruchées n'ont pas donné d'essaims. Mes autres colonies d'indigènes, que j'ai conduites à la bruyère, n'ont pas fait mieux en com-

paraison de mes deux essaims placés et restés au rucher avec l'italienne ;
mais je suis persuadé que, si mes liguriennes eussent été transportées au
pays des bruyères, elles auraient pesé au 1er octobre 30 à 35 kilog. Donc,
jusqu'à preuve du contraire, je tiens les liguriennes pour supérieures de
beaucoup à nos indigènes. Pas une seule n'a été trouvée morte devant
le rucher, et pourtant je les ai vues butiner par des journées froides et
humides tandis que mes indigènes ne montraient pas le nez au vent.

Aujourd'hui (20 décembre) ma ligurienne ne compte pas moins de
12 à 14 mille ouvrières ; elle pèse 18 kilog. ; je lui ai enlevé le surplus,
et j'attends avec impatience le retour du printemps pour recommencer
mes observations.

En attendant, je tiens à remercier publiquement M. Mona de l'exactitude, des soins et de la loyauté qu'il a apportés à satisfaire à ma commande, et j'ose dire aux apiculteurs désireux de faire l'essai d'abeilles
liguriennes : Adressez-vous à lui et vous serez bien servis.

H. FOSSOUL.

Fragments du journal d'un apiculteur.

Ferme-aux-Abeilles, janvier 186...

4 *janvier.* Il est des hivers dont la température exceptionnellement
douce permet aux abeilles de sortir à une saison où elles se tiennent
ordinairement serrées dans leur ruche. Elles profitent de cette température douce pour se livrer à l'éducation du couvain, et il en résulte que
la consommation journalière est plus forte que par un temps sec et froid.
La nourriture qu'on présente aux colonies nécessiteuses et à celles qui
ont baissé sensiblement de poids, est prise facilement et emmagasinée
dans de bonnes conditions ; elle ne tarde pas d'ailleurs à être employée
pour l'alimentation du couvain au berceau.

Mais aussi ou peut craindre que le froid ne survienne plus tard et ne
surprenne les ruchées en travail de couvain. Ce dicton : « Noël au pignon,
Pâque au tison » est menaçant, et l'avance de température douce pourrait bien être chèrement payée. Il est donc prudent de ne pas provoquer
la production du couvain par un alimentation intempestive : il ne faut
donner de nourriture qu'aux colonies qui pourront en manquer
avant peu.

Les colonies fortes n'ont rien à craindre des anomalies de l'hiver :
qu'il soit froid, qu'il soit doux, elles atteindront le printemps sans avoir

souffert. Si, après avoir été doux au début, il devient froid vers la fin, ou s'il passe alternativement du doux au froid, elles supportent les transitions sans accident, et le couvain qu'elles ont pu élever en décembre et janvier n'en concourt pas moins à les rendre vigoureuses lorsque la saison des fleurs arrive. Il n'en est pas de même des colonies faibles en population, auxquelles les transitions sont toujours préjudiciables et parfois fatales.

Si la gelée se fait peu sentir, on peut continuer les plantations arborescentes autour du rucher et établir des haies vives pour l'abriter. Les pelouses en gazon peuvent aussi être culbutées pour être semées un peu plus tard en fleurs printanières qui donnent de la pâture aux abeilles. — On peut encore opérer des changements de place dans le rucher ; on peut aussi transporter et établir les colonies achetées à peu de distance. Il faut s'abstenir de toucher aux abeilles si la température est à cinq ou six degrés au-dessous de zéro.

Les longues soirées de janvier laissent du temps qu'on peut employer à la confection des ruches dont on aura besoin au printemps pour loger les essaims. Dans les cantons d'arbres fruitiers, ou de culture de navettes, colzas et autres fleurs qui provoquent l'essaimage, il faut en préparer plus de vides qu'on n'en a de pleines.   X.

Rapport présenté au comice agricole de Sézanne le 22 août 1869.

Messieurs, je viens comme rapporteur, au nom de la commission que vous avez chargée de l'examen des candidats, vous rendre compte de notre mission.

Un seul candidat s'est présenté, et nous avons à regretter vivement que ce candidat soit venu seul sur la lice : son mérite tout exceptionnel, la bonne tenue et la bonne direction de son rucher méritaient bien à tous points le rehaussement qu'aurait démontré la comparaison de concurrents divers.

M. CLÉMENT GUILLOT, apiculteur à Fère-Champenoise, a été apprécié par la commission comme un apiculteur distingué. Tisserand de sa profession ordinaire, il donne néanmoins plus de temps à ses ruches qu'à sa toile ; il est jeune encore, et son intelligence au-dessus du niveau ordinaire de sa classe, soutenue par la persévérance, devra permettre un jour à venir au comice agricole de Sézanne d'être heureux et fier de le compter dans ses rangs.

Je ne puis mieux faire, Messieurs, pour rendre hommage à toutes les bonnes qualités que nous avons reconnues dans M. CLÉMENT GUILLOT, que d'engager vivement ceux d'entre vous tous qui en auraient le désir ou l'occasion, et notamment ceux de MM. les apiculteurs que nous avons visité ces années dernières, de se transporter à Fère-Champenoise, faubourg de Connantre, chez M. Clément Guillot; vous y verrez un rucher propre, bien tenu, bien dirigé, où l'intelligence du maître s'y rencontre jusque dans les détails.

Ne craignez pas d'aller le voir, Messieurs; quoique élevé dans les rangs de la classe ouvrière, son intelligence ne lui fera pas défaut, et il sera tout au contraire flatté de l'honneur de votre visite; du reste, son affabilité et son aménité sont à la hauteur de son intelligence; vous le trouverez toujours disposé à tout vous montrer, à tout vous expliquer, sans arrière-pensée, sans restriction, se faisant même un plaisir de communiquer toutes ses petites recettes particulières. Au surplus, il est avantageusement secondé par une épouse digne de lui sous tous les rapports, et à laquelle nous devons bien en passant rendre hommage et reporter une partie des louanges que nous donnons à son mari; elle mérite bien de partager avec lui l'honneur de la récompense que vous lui accorderez.

Voici, Messieurs, le résumé de nos observations à notre visite du rucher de M. Clément :

Établissement du rucher.

Le rucher de M. Clément est divisé en trois sections.

La première partie comprend un rucher composé de 35 ruches, situé en arrière et au midi de ses bâtiments, dans un jardin offrant un bel aspect en pente, au midi, à l'ombre de divers arbres fruitiers, garanti au nord à quelque distance par une haie en buis, bien taillée et entretenue.

Ce rucher est situé sur un emplacement de 15 m. environ de long sur 5 à 6 m. de large, en trois rangs de ruches; le sol a été couvert d'une couche de sciures de bois blanc de 15 à 20 centimètres d'épaisseur qui lui donne un coup d'œil de propreté très-agréable.

Chaque ruche est posée sur un petit support carré du diamètre de la ruche et de 5 à 6 centimètres de hauteur.

Les sciures permettent, par leur entretien de netteté et de propreté, d'avoir ce support assez bas pour que les mouches puissent facilement remonter à leur ruche.

Les 35 ruches qui composent ce rucher sont des ruches mères et des essaims mêlés.

Toutes ces ruches sont chacune de trois ou quatre hausses, en bois blanc, dont la description vous sera donnée ci-après.

Son second rucher est composé de 16 ruches à hausses en bois.

Les ruches sont placées dans un petit verger en une seule ligne, à l'aspect du couchant, garanties au levant par une haie vive sur deux petites barres de fer paralèlles, fixées sur des piquets de bois à 30 ou 35 cent. au-dessus du sol.

Le troisième comprend 40 ruches, tous essaims de l'année, placés dans des ruches ordinaires en osier, déposés dans un petit bois aux environs du pays et qu'il rentre à l'automne pour passer l'hiver.

Ruches. — Leur confection.

La majeure partie des ruches de M. Clément sont des ruches à hausses en bois blanc de peuplier, qu'il façonne lui-même.

Chaque hausse a 35 cent. de long sur 31 de large et 15 de haut.

Dans le haut de chaque hausse, il fixe à égale distance huit petites traverses évidées en dessous par une rainure, pour donner la reprise et la direction des rayons.

Aux huit coins extérieurs de chaque hausse, il fixe soit une pointe, soit un piton, et, au moyen d'un fil de fer, il assemble les hausses d'une même ruche en un seul tout.

La ruche est recouverte d'un plateau carré, garni de deux petites traverses avec une poignée en fil de fer au milieu.

Sur ce couvercle, il indique la tare et le poids de ses ruches.

M. Clément cultive aussi la ruche ordinaire en osier et en paille et la ruche lombarde.

Il ne manque dans son exploitation que la ruche d'observation, que la commission espère retrouver plus tard dans ses travaux.

Hausses à transport.

M. Clément fait beaucoup d'apiculture pastorale; à cet effet, il se sert, pour le transport en voiture de ses ruches en bois, d'une hausse toute spéciale qu'il adapte à chaque ruche lors de ce transport.

Cette hausse est de même forme et dimension que celle qui vient d'être décrite; mais il ajoute une toile claire à la place des petites traverses du haut; et il évide chaque côté de cette hausse en cintre pour faciliter la circulation de l'air.

Essaimoir.

M. Clément a imaginé une machine pour recueillir les essaims lors-qu'ils sont sur le point de sortir de la ruche mère, dont il se sert avec avantage et qu'il appelle essaimoir.

C'est une boîte en cône pyramidal, de 1 m. de hauteur, d'une largeur de 60 sur 70 à la base et de 45 à 50 au sommet.

Lorsqu'une ruche est sur le point d'essaimer et qu'elle fait bien la barbe, il pose son essaimoir sur la ruche après avoir enlevé le surtout et la couvre complétement jusqu'au sol comme d'un fourreau.

Dans le haut de l'essaimoir est un petit grillage à coulisse pour donner de l'air aux abeilles; en face de la sortie de la ruche se trouve un autre grillage pour donner aussi de l'air et du jour et faciliter la sortie de l'essaim.

M. Clément se propose même de faire son essaimoir tout en toile, sur quatre montants, pour qu'il soit plus léger et plus facile à manier.

Lorsqu'une ruche est ainsi couverte de l'essaimoir, les mouches qui composent l'essaim se trouvent comme emprisonnées et obligées de se fixer dans l'essaimoir où elles s'attachent pour en être ensuite facile-ment enlevées.

Surtouts de paille.

M. Clément fabrique ses surtouts de paille d'une manière bien simple et cependant qui a paru bien bonne et qui mérite d'être signalée.

Son métier à les fabriquer consiste dans deux morceaux de bois ordinaires, assemblés et fixés sur quatre pieds, ce qui forme comme deux tréteaux ou bancs.

A l'un des bouts est une planche transversale qui sert à supporter la paille.

Un bout de gros fil de fer est fixé sur le côté extérieur et au milieu de la longueur de l'un des morceaux de bois et mis en double.

Ce fil de fer est ensuite enroulé d'un seul tour autour de la poignée de paille, à l'endroit où l'on veut former la tête; puis, avec un petit bâton qu'il introduit dans le bout de deux branches du fil de fer, il lui fait former levier en appuyant sur la seconde traverse, de manière qu'il peut serrer très-fortement le surtout, et quand il est ainsi bien serré, il le fixe avec un autre bout de fil de fer qu'il arrête avec une pince en le tordant.

Il met ainsi trois liens à chaque surtout, puis il coupe la tête et introduit ensuite de force une cheville de bois, par la tête, entre les trois liens.

Cette cheville lui sert à fixer avec des pointes un petit chapiteau ou calotte en zinc qu'il pose sur chacun de ses surtouts.

Egouttoir à miel fin.

Pour obtenir son miel fin, M. Clément emploie une ruche en paille ordinaire ou en osier, sciée par le haut; il la renverse, fixe une petite clef au fond et la pose au-dessus d'un baquet.

Le miel égoutté dans le baquet est ensuite versé dans un tonneau, au travers d'un tamis fin, puis il le laisse déposer 4 ou 5 jours, en ayant soin de l'écumer de temps à autre, et soutire ensuite par un cochet au bas du tonneau.

Il a le soin de faire ces opérations dans un appartement d'une température douce et ordinaire.

Presse à gros miel.

Pour obtenir son gros miel, M. Clément emploie une presse composée de deux plateaux de bois, avec vis de pression par un bout et charnières et baguettes de fer à l'autre bout.

Ce pressoir est dressé sur le côté, et la cire et le miel qu'il veut presser sont renfermés dans un sac en fil retors.

Le liquide sorti de la pression tombe dans un baquet ou tonneau au-dessous, où il le laisse déposer pour le tirer à clair ensuite.

Produits.

Les produits de toute nature de M. Clément sont de bonne qualité.

Son miel fin est pur, de qualité fine, d'une douceur agréable et sans cette âcreté de fermentation que l'on rencontre trop souvent dans les miels; il est d'une homogénéité complète, sans grumeaux et se conserve bien.

Sa cire en pains est bien épurée, paraissant aussi pure dessus comme dessous, sans aucune trace de dépôt; le pied de la brique est entièrement net et sans aucune trace d'imperfection que le dépôt occasionne ordinairement; les briques sont d'un ensemble complet et bien homogène. La commission a vivement complimenté M. Clément de tous ses produits, dont la qualité est en général supérieure et de premier choix.

M. Clément, plus intelligent que certains apiculteurs des bords du Marais de Saint-Gond, qui ont refusé de faire connnaître les moyens de fabrication qu'ils emploient, et qui se cachent dans leurs forêts de joncs, a mieux compris le but de l'institution du comice agricole qui est la propagation des bonnes méthodes. ,

Voici comment M. Clément nous a expliqué son opération :

Il fait subir à sa cire deux fontes successives, mais douces.

Dans une chaudière, pouvant contenir environ 30 litres, il met 10 litres d'eau pure et le surplus est rempli de déchets de miel pressé.

Le tout, bien mélangé, est mis sur un feu doux et fond lentement ; lorsque tout est fondu, il passe à travers un tamis, puis fait subir une pression au résidu.

Ce résidu subit une seconde fonte, avec un mélange de 5 litres d'eau pure, et son produit est ajouté au premier.

Cette fonte est ainsi laissée au refroidissement pendant près d'une heure pour bien déposer; l'eau tombe au fond et entraîne toutes les impuretés, l'écume seule reste dessus et s'enlève facilement avant le refroidissement complet.

Au bout d'une heure, on peut mettre en moule et l'on obtient une cire de bonne qualité.

Lorsque l'on est pressé et que l'on ne veut pas attendre le refroidissement pendant une heure, on peut arroser le dessus avec de l'eau froide, cela précipite le dépôt et l'entraine en 20 minutes.

Direction générale des travaux d'exploitation.

M. Clément dirige tous ses travaux d'apiculture par lui-même.

Les ruches composant les trois ruchers ci-dessus décrits sont toutes de sa production. Lorsqu'il achète des ruchées (c'est le produit immédiat de son commerce), il a le soin de conserver alors les mouches et de les ajouter aux populations faibles.

Lorsqu'il fait des réunions, il ne se préoccupe pas de supprimer l'une des mères, il abandonne aux mouches l'instinct du choix.

Il donne la nourriture aux abeilles à la fin de septembre, au commencement de l'automne ; c'est par le poids seul qu'il se guide pour cette opération.

Il fait la récolte de ses ruches en enlevant tout ou partie d'une hausse, selon la situation de la ruche sur laquelle il opère.

Il sait tirer parti de ses eaux miellées, lorsqu'il en a pour la peine; il les fait fermenter dans des tonneaux et les passe à la distillation.

En résumé, les travaux de toute sorte et l'exploitation générale de M. Clément sont parfaitement dirigés. La commission l'a reconnu en lui faisant des éloges, et elle espère que le comice le reconnaîtra avec elle et voudra bien accorder à M. Clément une récompense tout exceptionnelle.

Présenté au comice agricole le 22 août 1868.

Signé : Halu.

L'apiculture aux États-Unis.

Hamilton-Illinois, novembre 1868.

Monsieur le rédacteur,

Mes articles venant à l'encontre de beaucoup de préjugés et d'erreurs sur les abeilles, je ne doute pas qu'ils ne soulèvent un certain nombre de critiques et de discussions ; s'il en est ainsi, ce sera un bien pour votre journal et pour l'apiculture française. Les discussions, qui sont la vie des journaux, sont en même temps le plus puissant ressort pour faire pénétrer les connaissances dans les masses en les y intéressant.

Je vois avec regret que peu de personnes vous envoient des articles à insérer. La même apathie n'existe pas ici ; le nombre des écrivains dans l'*American-bee journal* est infini, chaque numéro porte quelques signatures nouvelles ; aussi combien d'idées viennent s'y entre-choquer et faire jaillir la lumière comme le briquet tire le feu du caillou. J'ajouterai que mes articles, fruits d'une longue connaissance théorique de l'apiculture, s'appuient sur des expériences bien des fois renouvelées. Cela dit, je continue.

Les ruches à cadres, sont pour l'apiculteur autant de ruches d'étude ; il s'habitue vite à les ouvrir sans crainte, et cette opération avec laquelle les abeilles se familiarisent, devient bientôt pour lui un plaisir, puis un besoin.

Une saison de ruches à cadres mobiles donne plus d'expérience que trente années passées avec les ruches ordinaires ou à hausses, même en s'aidant de traités d'apiculture, car la plupart de ces livres contiennent un certain nombre de faits mal constatés ou d'erreurs accréditées (1).

Supposons que deux industriels désirent se livrer à l'élève des lapins. Le premier, connaissant les instincts de ces animaux, leur prépare une

---

(1) Notre correspondant paraît tenir la lorgnette du côté grossissant les merveilles de la ruche à cadres ; attention ! — *La Redaction.*

garenne bien close où ils puissent creuser et établir leur nid, loin de tous regards ; il laisse mâles, femelles et petits s'arranger ensemble à leur guise, en ne prenant d'autres soins que de leur fournir la nourriture et de faire rentrer ceux qui trouvent moyen de s'échapper ; sans s'occuper ni de leurs autres besoins ou maladies, qu'il ne peut guère que conjecturer, puisque ses élèves vivent le plus souvent au fond de leurs trous, ni de supprimer les mâles trop nombreux, qui dérangent les portées et tuent les petits.

Le second industriel fournit à ses lapins une loge pour chaque femelle chargée du peuplement, choisit pour reproducteurs les individus les mieux conformés ou de races plus perfectionnées, ne conserve que le nombre de mâles nécessaires à l'accouplement, remplace les femelles peu fécondes ou stériles, surveille les nichées, étudie leurs besoins, etc., etc.

Personne n'hésitera à reconnaître que le second industriel, acquérant plus d'expérience, réussira mieux que le premier. N'en est-il pas de même pour les apiculteurs? La ruche ordinaire ou à chapiteaux, c'est la garenne qui coûte peu et rapporte à proportion. Ne pouvant voir ce qui se passe dans son intérieur, on est obligé de juger sur les apparences (1). Les mâles peuvent y être produits sans contrôle et absorber une bonne part du profit. La teigne peut y exercer ses ravages sans qu'il soit possible de la poursuivre au fond de ses réduits. Une mère n'est souvent reconnue morte, ou stérile ou bourdonneuse que lorsque l'existence de la nichée est compromise.

Dans la ruche à cadres mobiles, rien ne peut échapper à l'œil de l'apiculteur ; il peut contrôler la ponte des mâles, la provoquer, la réduire ou la supprimer à son gré. Poursuivre les teignes partout (2), mettre la mère en réclusion pour un temps plus ou moins long, s'il veut suspendre la ponte, la remplacer aussitôt qu'elle est morte ou bourdonneuse ou stérile ; donner à une ruche faible du miel ou du couvain, ou des rayons ; agrandir ou rétrécir la ruche suivant le nombre d'abeilles et leur besoin

(1) Est-ce que l'agriculteur a besoin d'un laboratoire de chimiste pour connaître la valeur d'un sol? Est-ce que le boucher a besoin d'ouvrir un bœuf pour savoir si l'animal a du suif sous la peau ? — *La Rédaction.*

(2) Les lecteurs de l'*Apiculteur* ont appris — ou bien on leur aurait volé leur argent — qu'en ayant des populations fortes, ils n'ont JAMAIS à se préoccuper de la fausse teigne. Pour eux « la fausse teigne à poursuivre » est de la pure fantasmagorie. — *La Rédaction.*

de place ou de concentration de chaleur. Le tout sans le bris d'un seul rayon, sans déchirer un seul alvéole, sans tuer une seule abeille, et, s'il sait son métier, sans les irriter.

La ruche divisée par cadres verticaux est certainement la plus naturelle. En effet, les abeilles, construisant de haut en bas leurs rayons, indiquent elles-mêmes comment les divisions doivent être faites. *Toute partition horizontale comme dans la ruche à hausses est dans une division anormale dans les abeilles ou les résultats souffrent.*

Je faisais dernièrement dans le *bee-journal* le reproche à la ruche Langstroth d'être trop basse : ses cadres ont 22 centimètres de hauteur. Je disais : Lorsque la mère commence sa ponte au printemps, son premier œuf est déposé au centre du rayon, puis les suivants sont placés autour du premier en tournant toujours et agrandissant le disque tant que l'emplacement le permet. De sorte que le même cadre couvert de couvain, conserve une série de cercles concentriques, chaque cercle portant du couvain d'âge différent. A mesure que la mère pond, les abeilles donnent au couvain éclos la nourriture qui est le plus à leur portée ; de sorte qu'en continuant sa spirale la mère trouve toujours, sans chercher, un alvéole préparé. Si, après avoir couvert un disque de 22 centimètres, comme dans la ruche Langstroth, la mère est contrainte d'interrompre la régularité de la ponte et de tâtonner jusqu'a ce qu'elle ait trouvé où se renoue sa spirale interrompue, elle perd un temps précieux à chaque tour, en examinant des cellules déjà garnies ou qui ne sont pas encore nettoyées.

La pratique est ici tellement d'accord avec la théorie que les apiculteurs qui ont différents modèles de ruches à cadres constatent que les ruches Langstroth sont toujours moins garnies de couvain, par conséquent moins populeuses et essaiment plus tardivement que les ruches plus hautes. Si cela est vrai pour des rayons de 22 centimètres de hauteur, cela ne l'est-il pas, à plus forte raison, pour des hausses de 10 à 15 centimètres seulement ? La ruche ordinaire est donc sur ce point préférable à la ruche à hausses. J'ajouterai à ce propos que parmi les ruches ordinaires, il existe un moyen presque infaillible de désigner les ruchées les plus productives à circonstances égales : ce moyen c'est de voir quelles sont celles dont les rayons sont les plus droits. *Une colonie à rayons droits et parallèles, s'étendant dans toutes les largeur de la ruche, sans angles ni courbes, est toujours une bonne ruchée;* car la reine y pond d'autant plus qu'elle perd moins de temps à chercher où elle doit pondre. Tout bâton à ~~hausser~~ les rayons, détruisant leur régularité, peut être regardé comme nuisible.

Tous les rayons de la ruche à cadres devant toujours être droits, cette ruche est donc encore préférable aux autres sous ce rapport.

Le but de M. Langstroth, en faisant sa ruche basse, était d'avoir plus de facilité pour sortir les cadres qui s'enlèvent par le haut, seulement il sacrifiait ainsi un avantage certain pour obtenir une amélioration plus apparente que réelle. En effet, la partie inférieure des rayons destinée au couvain est toujours d'épaisseur régulière, et il y a toujours entre chaque rayon un intervalle assez large pour que deux abeilles au moins puissent y passer dos à dos. Il n'en est pas de même de la partie supérieure destinée à loger le miel ; les abeilles allongent les alvéoles pour en placer la plus grande quantité possible, laissant à peine, le plus souvent, entre deux rayons la distance nécessaire pour passer une abeille. On conçoit donc que lorsque le haut du rayon a pu sortir de la ruche, ce haut du rayon, fût-il de 25 ou 28 centimètres de long, peut aisément suivre.

Puisque j'ai commencé le procès de la ruche à hausses, j'ajouterai quelques mots sur ce que ses partisans indiquent comme un de ses principaux avantages, le renouvellement des rayons. Ce renouvellement des rayons, plus facile encore dans la ruche à cadres que dans la ruche à hausses, est-il nécessaire comme beaucoup d'apiculteurs l'ont cru et le croient encore ?

A mon arrivée ici, il y a cinq ans, je trouvai chez mon ami M. Morlot une ruche en planches de sapin, qu'il avait achetée sept ans auparavant, dont les ais disjoints et pourris, laissaient voir les rayons dans toute la hauteur. Pour que cette ruche fût en un pareil état on pouvait supposer que la colonie l'habitait depuis au moins huit ou dix ans. En effet, le vendeur, M. Becquet, Français aussi, à qui j'en parlai, me répondit que cette ruche qu'il avait achetée lui-même, et conservée sept ou huit ans avant de la vendre, était la mère de toutes ses colonies : il en avait alors dix-huit. Depuis cette époque, cette même ruche, replâtrée tant bien que mal, a presque chaque année donné un essaim et du miel. Il y a maintenant vingt ans que M. Becquet l'a achetée, et jamais elle n'a été taillée ni par le haut ni par le bas, et cependant elle est toujours productive (1), et ses abeilles n'ont pas diminué de grosseur, comme

(1) *Productive*, le mot est-il exact? Vous voulez dire que la colonie vit toujours. — *La Rédaction.*

on pourrait le supposer; du moins si elles ont diminué, la différence n'est pas appréciable. La dernière fois que je la vis au printemps dernier, les quatre planches ne se soutenaient plus que grâce à la propolis et aux bâtisses qui la soutenaient. Elle a la plupart du temps passé les âpres hivers de cette contrée, où le thermomètre descend parfois à 40° centigrades, montrant ses rayons à travers des crevasses à y passer la main, et jamais les abeilles qui la garnissent n'ont péri au point de compromettre son existence. (*A suivre.*)

CH. DADANT.

Alimentation des abeilles en saison froide.

Par la saison froide, lorsque les abeilles se tiennent groupées dans la partie supérieure de leur habitation, il faut alimenter les colonies nécessiteuses par le haut de leur ruche, si une issue se trouve de ce côté. Les ruches à cadres peuvent recevoir un rayon garni de miel qu'on place près des abeilles. Celle en cloche sans issue doivent être apportées dans une pièce chaude, et le nourrisseur, placé en dessous, doit toucher aux rayons.

Le simple pot renversé, fermé d'une toile et placé sur l'orifice ouvert, (V. *Cours d'apiculture*, 3° éd., fig. 91, p. 223), ne donne pas toujours les résultats désirables : il faut le déplacer chaque fois qu'il est vide, et un certain nombre d'abeilles peuvent s'échapper. Lorsqu'il est en terre ou en grès, on ne voit pas d'ailleurs quand il est vide. Le frère Isique, instituteur à Nérac, a cherché le moyen de contrôler le vide du nourrisseur et de le remplir sans le déplacer. Pour cela il se sert d'une bouteille coupée. Il prend une bouteille en verre blanc, carafe ou bocal à conserve, qu'il scie à l'endroit qu'il juge convenable et de la manière suivante. Il fait tenir la bouteille par quelqu'un et, avec une ficelle forte de fouet ou toute autre, il fait le tour de la bouteille A, fig. 2, et par un va-et-vient, simple jouet d'enfant, qu'il exécute avec une autre personne, toujours au même endroit, la bouteille s'échauffe considérablement ; plongée immédiatement dans l'eau froide, elle se partage aussi bien qu'avec le meilleur diamant. Il a ainsi un nourrisseur B, qu'il forme par une forte toile à la base X, qu'il place sur la ruche comme le pot renversé, et qu'il remplit à volonté en ouvrant le bouchon.

On peut faire confectionner un nourrisseur spécial par les verriers. On lui donnera alors la forme du pot à confiture droit, avec rebord pour que la toile puisse tenir, et dans le fond on pratiquera une ouverture fermant à bouchon de liége. Ce sera le bocal modifié qu'emploient Mme de Santonax et M. Babaz.

On sait que ce dernier n'établit pas son nourrisseur sur la ruche. Sa *cave*, ou mieux son garde-manger, réunit plusieurs bocaux renversés, C, qu'il fixe par le fond ou place dans une planche percée; ce garde-manger est établi à une certaine distance du rucher (dans une cave, comme le conseille l'auteur, l'endroit n'est pas des mieux choisis). Il amorce et attire à cet endroit les abeilles qu'il veut alimenter, ce qui ne peut se faire qu'en bonne saison. Mais, pour cela, il ne faut pas qu'il

Fig. 2, A,B,C, nourrisseurs.

se trouve dans le rucher ou dans les ruchers voisins des colonies ayant des instincts fortement développés de pillage. Cette manière d'alimenter peut développer ces instincts. Il ne faut pas non plus que le rucher possède quelques colonies italiennes, dont les abeilles n'ont pas besoin d'être amorcées pour trouver de suite le miel qu'on a mis à leur portée ou qu'on a laissé traîner. Non-seulement elles tombent vite sur ce miel, mais souvent elles battent et chassent les abeilles indigènes qui y viennent mordre concurremment. Les épiciers négligents, les confiseurs, les fabricants de pain d'épice et les raffineurs, lors même que leur établissement se trouve à plus d'un kilomètre de tout rucher, savent trop que les abeilles n'ont pas besoin d'être amorcées pour s'adonner au pillage des sirops qu'ils n'enferment pas.   H. H.

La pourriture du couvain (loque),

par Madame la baronne de Berlepsch.

Ce terrible fléau consiste dans un fongus microscopique, *cryptococcus alveario (alveariorum)*, et peut être prévenu et guéri.

Le prochain numéro de notre chère *Bienenzeitung* publiera une très-importante découverte faite par le Dr Preuss, de Dirschau. Afin de montrer quelle estime m'inspire *l'American bee journal* j'essaierai de traiter le sujet pour ses colonnes.

Le Dr Preuss sentit dès son enfance une sorte de passion pour les abeilles et l'apiculture, et voilà dix-sept ans qu'il possède un rucher. Néanmoins, quoiqu'il eût rendu de fréquentes visites aux apiculteurs des districts entre Dantzig et Plock, en Pologne, jamais il ne rencontra nulle part la pourriture du couvain jusqu'en 1866.

Dans la vallée de la Vistule, le peuple se sert communément de la ruche en paille. La culture des abeilles y profite davantage, à cause de la navette, du trèfle blanc et du radis sauvage,—y compris le sanve,—qui leur fournissent de larges compléments de nourriture. Mais, bien que l'ancienne ruche soit encore beaucoup en usage, il y a aussi un certain nombre de ruches carrées et de ruches à rayons mobiles, principalement dans les environs de Dirschau et de Dantzig. M. Mannow, de Gütland, un ami du Dr Preuss, possédait, il n'y a pas plus de deux ans, un superbe rucher composé de soixante-dix ruches Berlepsch. La pourriture du couvain commença à s'y montrer. A la vérité, M. Mannow signala le fait au Dr Preuss; mais il n'y fit pas grande attention,—d'autres ne fussent pas tombés dans une pareille erreur. Quand, peu de temps après, le docteur visita son ami, il fut fort surpris, en même temps qu'affligé, de voir que la moitié des colonies étaient mortes et que le reste souffrait étrangement de la maladie. Dès lors, il résolut de découvrir les causes de la loque ; et il communiqua le résultat de ses recherches à la *Bienenzeitung* et à mon mari, le baron de Berlepsch.

Le docteur Preuss n'a jamais été partisan des idées de Molitor Mühlfeld (*Bienenzeitung*, 1868, n° 8), qui regarde une mouche ichneumon comme la cause de la maladie (1). Il dit qu'il n'a pas encore signalé, même à l'aide du microscope, cette sorte de mouche, ni ses œufs, ni ses larves, soit dans les cellules, soit dans les ruches elles-mêmes. L'obser-

(1) Cette manière de voir a été communiquée à *l'Apiculteur* 1868, n° 3, p. 82.

vation du docteur Asmuss (voyez Von Berlepsch, « *Die Biene und Bienen-zucht*, » 1860, p. 137), que la larve du *Phora incrassata* cause la pour-riture du couvain ne semble pas mieux fondée au docteur Preuss.

La substance loqueuse a, comme on sait généralement, une apparence visqueuse, molle, pareille à la levure, et une odeur très-pénétrante.

Pour bien faire les examens microscopiques, il est nécessaire d'avoir un microscope grossissant au moins 200 à 400 fois. Celui employé par le Dr Preuss est de Brunner, de Paris ; sa puissance porte 600. Son micromètre permet de mesurer 1—10,000—millim., ou 1—20,000 de ligne.

La première chose requise est d'opérer proprement et avec la plus petite quantité de matière possible. Il vaut mieux tourner le réflecteur métallique simplement vers la lumière du ciel bleu que vers la lumière du soleil. Il faut encore choisir un lieu tranquille, éloigné du passage des voitures, et avoir une table posant carrément sur ses pieds. Le mi-croscope doit être lui-même établi sur un plan horizontal. La plupart des commençants mettent trop de matière sur le porte-objet. C'est une faute contre laquelle le célèbre professeur Ehrenberg, de Berlin, mettait tou-jours en garde ses élèves. Si l'on prend une trop grande quantité de matière on ne peut voir qu'une masse chaotique.

Ayant parfaitement ajusté l'instrument, vous trempez une aiguille propre, à tricoter, ou un bâtonnet de verre poli, dans une cellule ma-lade, et vous en mettez une parcelle de la grosseur d'un grain de sable sur une lamelle de verre sans aucun défaut, que vous aurez auparavant soigneusement essuyée avec un morceau de cuir doux. Une parcelle grosse comme un grain de millet serait trop forte. Cela fait, vous plon-gez un autre bâtonnet de verre dans de l'eau fraîchement distillée, ou dans de l'eau recueillie dans un vase très-propre en porcelaine ; car, si l'eau n'était pas parfaitement fraîche, elle serait imprégnée de diffé-rentes substances organiques, et par conséquent les observations seraient sujettes à erreur. De l'eau de pompe déposant des cristaux, on ne doit pas s'en servir.

Mettez donc une goutte de cette eau très-pure, de la grosseur d'un grain de millet sur la substance loqueuse en question, pour qu'elles se mélangent; couvrez le tout d'une petite lamelle de verre très-mince; et vous aurez une préparation qui vous permettra de faire de nombreuses et bonnes expériences. Lorsque vous placerez sous le microscope, vous apercevrez des milliers de corpuscules semblables à de la poussière, que tout micrologue reconnaîtra pour des fongus. Ils appartiennent à l'espèce *cryptococque, cryptococcus* (Külzing).

Si vous omettiez l'un des préliminaires que j'ai indiqués, vous n'apercevriez point séparément les fongus, et les observations seraient ordinairement inexactes. Si les corpuscules remarqués sont de dimensions diverses, les plus larges seront des globules de graisse, restes de la chrysalide; les petits corpuscules, comme des grains de poussière, seront seuls des fongus.

Le fongus loqueux, que le docteur Preuss nomme *cryptococque des ruches, cryptococcus alveario*, appartient à la plus petite espèce des fongus. Il est rond, comme un grain de poussière, et a un diamètre de 1—500—millim., 1—1,095—ligne. Ainsi, 1,095 fongus peuvent tenir sur une ligne rhénométrique ; et, sur une ligne carrée, 1,095 × 1,095, = 1,199,825, soit en chiffres ronds, 1,200,000 fongus. Conséquemment, une ligne cube en contiendra 1,400,000,000,000. Un pouce cube étant égal à 1,728 lignes cubes, un pouce cube de substance loqueuse contiendra 2,488,320,000,000,000 fongus loqueux. Si, de plus, vous considérez qu'un pouce cube de rayon comprend cinquante cellules, vous trouverez que chaque cellule contiendra 49,766,400,000,000 fongus, soit, en chiffres ronds, cinquante billions ; et si vous en retranchez le 1/5 pour la cire, il restera encore quarante billions de fongus.

. Cette énorme puissance d'augmentation est la raison pour laquelle ces fongus sont si excessivement dangereux. Elle est la même que celle des fongus du choléra, de la fièvre typhoïde, de la petite-vérole, etc. En lui-même, le fongus loqueux est légèrement vénéneux, comme l'herbe trop luxuriante, et il tend simplement à détruire ce que nous désirerions voir vivre et prospérer.

Il existe une étroite affinité entre le fongus loqueux et le fongus-ferment, ou *cryptococque de levûre, cryptococcus fermentum*. Celui-ci, par sa rancidité, transforme les fluides fermentescibles, et se montre comme levure, après avoir consumé toute parcelle. favorisant son développement. La levûre de la bière ou du vin n'est donc qu'une conglomération de billions de fongus microscopiques.

Si la question concernant la substance de la loque est clairement établie, tout le reste n'en est que la conséquence. Ordinairement, la maladie est contagieuse et facilement transmissible. Tant que la substance demeure operculée sous forme de pulpe dans les cellules, elle est peut-être moins contagieuse. Mais quand elle se sèche et colle aux parois des cellules, comme une croûte brûlée, ou qu'elle tombe sur le plancher de la ruche, ce sont des billions de spores ou germes pestilentiels qu'il faut redouter. Ils s'attachent d'eux-mêmes aux pattes des abeilles, montent dans les cellules du jeune couvain, sont emportés sur les fleurs, et propagent le fléau partout de mille manières.

Il est reconnu que ce n'est point la larve mais la chrysalide operculée qui est détruite par la loque. Le fongus existe cependant dans la larve, mais en quantité comparativement légère, et il ne peut lui nuire. Quelques milliers de fongus n'ont pas assez de force pour détruire. Ainsi, la vie de six jours de la larve est passée ; elle vit encore, mais elle porte déjà le germe léthifère. La chrysalide est tuée par l'énorme augmentation des fongus, et ceux-ci croissent, même après la mort de l'animal, jusqu'à ce qu'il soit entièrement consumé et transformé en leur propre substance. La distinction marquée faite par Dzierzon entre la loque inoffensive et la loque maligne doit donc être entendue en ce sens, que dans le premier cas la mort de la larve provient d'une autre cause, au lieu que dans le second elle est directement due au fongus loqueux.

A propos de l'origine de la loque, nous avons observé que le fongus loqueux et le fongus-ferment appartiennent à la même espèce. Il est encore reconnu que les fongus, — notamment les microscopiques, — subissent quelque changement, ou passent réciproquement dans l'autre espèce, étant placés dans un milieu différent. Il n'est donc pas improbable que le cryptococque-ferment se convertisse en cryptococque des ruches lorsqu'il lui arrive de pénétrer dans le corps des larves, par exemple, avec la nourriture, — d'ailleurs, influencé peut-être par certains états de température ou d'humidité.

Tous les cultivateurs d'abeilles s'accordent à dire que le miel en fermentation pour nourriture est une principale cause de loque. Eh bien ! la fermentation du miel est produite si, lorsqu'on la donne, on n'a pas soin d'en enlever toute parcelle de couvain, operculé ou non. Si cela est négligé, le miel renfermera de l'albumine, et il deviendra imprudent de l'administrer. Il est donc de la dernière importance d'être très-soigneux en nourrissant. Le fongus de la fermentation se fait remarquer sous forme d'innombrables sporules presque partout dans la nature ; aussi, n'est-il pas nécessaire qu'il soit introduit *en masse* par des fluides fermentescibles. Il suffit qu'il trouve un terrain favorable pour s'y développer. Des larves, des chrysalides mortes servent à cela tout particulièrement. Du couvain mort par une autre cause donnera probablement naissance à la loque s'il reste quelque temps dans la ruche. On engendrera la loque si, par le déplacement des ruches, on y occasionne une si grande diminution d'abeilles que le jeune couvain ne soit plus convenablement échauffé et nourri. L'essaimage artificiel peut aussi causer la maladie si le nombre des abeilles devient trop faible pour la quantité du couvain, qui sera tué par le froid ou qui mourra sans nourriture. Le docteur Preuss recommande une manière d'échauffer les ruches contenant les nouveaux essaims (Ableger), c'est au moyen de bouteilles d'eau chaude.

De plus, il faut avoir grand soin d'éloigner le plus tôt possible de la ruche tout le couvain mort, surtout s'il est operculé. Il faut même l'enterrer, parce que les fongus qui s'y trouvent déjà croissent rapidement en plein air. Il ne faut jamais vider d'abeilles mortes dans le voisinage du rucher, — rien ne favorisant davantage le développement des fongus. De même qu'un corps humain, s'il n'est enterré, empoisonnera l'atmosphère de toute une ville et causera les épidémies les plus meurtrières, de même des abeilles en putréfaction empoisonneront tout un rucher.

En supposant que la maladie règne déjà, on se demande s'il est possible de l'écarter? Avant tout, il ne faut pas la négliger, mais on doit la traiter avec autant de célérité qu'un cas de morve dans un cheval. D'ordinaire, toute nourriture capable de fermenter est éminemment dangereuse et doit être prohibée. *Il n'y a pas de remède pour détruire le fongus de la loque !* Ceci nous importe à connaître pour ne pas perdre de temps à des charlataneries. S'il n'y a pas de remède efficace contre cette maladie, il faut prendre en considération la vieille maxime d'Hippocrate : « *quæ medicamenta non sanant, ferrum sanat ; quæ ferrum non sanat, ignis sanat: ce que les remèdes ne guérissent pas, le fer le guérit ; ce que le fer ne guérit pas, le feu le guérit.* » C'est pourquoi le fer sera le premier remède pour guérir la loque. On examinera chaque ruche avec un très-grand soin, et l'on extirpera toute cellule malade. Si le fer ne vous réussit pas, recourez au feu sur-le-champ. Ne ménagez point votre rucher; brûlez tout rayon qui offre le plus petit symptôme de loque; le feu seul peut détruire les dangereux fongus. Mettez les rayons sains dans des ruches saines. Il n'est pas absolument nécessaire de brûler les ruches infectées. Si vous les lavez dedans et dehors avec de l'acide sulfurique étendu d'eau, — une livre d'acide pour dix livres d'eau, — et si vous les rincez parfaitement avec de l'eau bouillante, vous détruisez sûrement les fongus. Il est également bien de mettre les ruches dans un four de boulanger et de les y laisser plusieurs heures, à un degré de chaleur égal à celui de l'eau bouillante. On obtient le même résultat en les plaçant pendant quelques jours dans une chambre chauffée à 122° degrés Fahrenheit. La chaleur pénètre dans les crevasses et détruit les fongus.

Du temps que le docteur Preuss étudiait la médecine à Berlin, il y a quarante-cinq ans, l'hôpital de la Charité était visité d'une manière très-alarmante par la fièvre puerpérale et la gangrène dite d'hôpital. Les femmes en couches et les personnes souffrant de blessures ou d'abcès succombaient promptement à leurs attaques. Il n'y avait pas de remède, et toute précaution devenait inutile. A la fin, on éloigna tous les malades, et l'on chauffa les chambres à 122° Fahrenheit pendant des semaines. Lorsqu'ensuite on réinstalla les patients, toute maladie avait entièrement disparu. Quelques fongus délétères avaient probablement été détruits par la chaleur.

On peut encore arroser fréquemment le sol du rucher avec de l'eau seconde, et cultiver. Le mieux serait de changer de place le rucher, s'il était possible, après avoir parfaitement nettoyé les ruches. Cela fait, le docteur Preuss croit que l'on n'a plus à appréhender l'infection par les abeilles. Il ne permet de les faire mourir qu'à la dernière extrémité, s'il n'y a pas de remède. La meilleure époque, suivant lui, pour les faire passer dans des ruches saines ou neuves est la mi-juin, parce qu'elles auront encore le temps de construire des rayons et de s'approvisionner pour l'hiver. Il pense qu'on doit opérer simultanément dans tout le rucher, autrement les souches malades infecteront encore les ruches saines. La grande occupation sera de visiter régulièrement les souches, et d'enlever tout rayon malade, s'il en existe. Alors, il sera possible de déraciner la maladie.

Lorsque de grands médecins découvrent le traitement curatif de certaines maladies, ils ne sont pas toujours fixés sur leur nature précise et leur origine : de même *Dzierzon* et *Berlepsch* ont donné la plupart des règles que j'ai mentionnées plus haut sans être assurés de la substance de la loque. Ils ont particulièrement combattu toute charlatanerie.

Le docteur Preuss à la confiance que celui qui observera ses prescriptions viendra à bout d'anéantir la pourriture du couvain.

Le baron de Berlepsch regarde la découverte du docteur Preuss comme étant d'une haute importance ; j'ai, en conséquence, essayé de traiter le sujet dans une langue étrangère pour être utile au noble insecte et à tous ses amis et cultivateurs. Je suis fière de donner à l'Amérique le premier avis de la découverte, espérant que cette primeur amicale sera favorablement reçue et appréciée.

Lina, baronne de BERLEPSCH.

Cobourg, 14 septembre 1868.

Nous sommes heureux de pouvoir offrir en ce mois (novembre 1868), à nos lecteurs, une intéressante communication sur la loque, par Mme la baronne de Berlepsch...

Nous n'avons pas encore reçu le numéro de la *Bienenzeitung* où se trouve le rapport du docteur Preuss concernant sa découverte; mais notre impression est que les fongus observés par lui dans la matière loqueuse sont plutôt la conséquence que la cause de la maladie. Nous avons longtemps été d'avis que cette maladie a son origine dans l'usage de pollen commençant à fermenter par une cause quelconque; cela s'accorde avec les propres vues de M. Lambrecht, dont il a paru un excellent article sur le sujet dans plusieurs récents n^os du *Hanover Centralblatt*. Nous en avions préparé une traduction pour notre n° de novembre; mais, ayant reçu la communication de Mme la baronne de Berlepsch, nous en avons différé l'insertion jusqu'au mois prochain. Ces articles, ayant de la connexité, instruiront mieux, nous l'espérons, sur la nature, la source et le traitement de la maladie, que tout ce qui a été avancé jusqu'ici, et conduiront à une solution satisfaisante de la difficulté qui tourmente et désespère depuis si longtemps les apiculteurs de presque tous les districts de la contrée. — *Les éditeurs.*

(*Am. Bee journal,* vol. IV, n° 5, novembre 1868).

C. K. — tr.

Société centrale d'apiculture.

Séance du 15 décembre 1868. — Présidence de M. de Liesville.

L'ordre du jour appelle l'examen des finances de la Société. Il résulte du tableau des recettes et des dépenses que l'encaisse est, à la date de ce jour, de 2,194 fr. 55, dont 1,980 fr. restent dans les mains du trésorier et 214 fr. 55 dans celles du secrétaire général. Les dépenses se sont élevées à 760 fr. 65 ; elles ont été occasionnées en grande partie par l'exposition dernière. Les recettes se sont élevées à 1,275 fr. 20, y compris la vente des produits laissés à l'exposition par MM. Deproye, Casimir Caron, Picat, Vignon et Mme Santonax. Le trésorier fait remarquer que l'encaisse porté l'année dernière au procès·

Il est ensuite procédé au renouvellement des mem
du conseil. Les membres sortants sont : MM. Carcenat
Liesville, Delinotte et Gauthier, qui sont unanimemen
qu'ils occupaient. M. Favarger est élu membre du const
tion au lieu et place du membre révoqué dans le cours
bureau se compose de : MM. Ferd. Barrot, grand référendarre du Sénat,
président d'honneur ; Carcenac, président; vicomte de Liesville et d'Henricy, vice-présidents ; H. Hamet, secrétaire général; P. Richard et Delinotte, secrétaires; Gauthier, trésorier ; J. Valserres et Vignole, assesseurs.
Secrétaires correspondants pour la France, MM. Collin et Kenden ; pour
l'étranger, MM. Bernard de Gélieu (Suisse) ; Thomas Valiquet (Canada) ;
Buch (Grand-Duché du Luxembourg) ; Kleine (Hanovre).

L'assemblée s'entretient du rucher expérimental, et après une discu-
sion à laquelle prennent part MM. de Liesville, de Layens, Richard,
Hamet, Gauthier, Favarger et Delinotte, la solution en est ajournée. Est
également ajournée à la prochaine séance la question des concours à
ouvrir pour 1869.

On passe au dépouillement de la correspondance. M. E. Suaire rectifie
de la manière suivante l'essai de statistique apicole qu'il a envoyé précédemment : « 2,000,000 de ruchées d'abeilles, qui donnent en moyenne
1,600,000 essaims chaque année, plus 15 kil. de miel chacune et
1 kil. 500 de cire. — Capital engagé, 2,000,000 de ruchées à 10 fr. =
20,000,000 fr.

1,600,000 d'essaims à 10 fr.	=	16,000,000 fr.
30,000,000 kil. de miel à 1 fr. le kil.		30,000,000
3,000,000 kil. de cire brute à 2 fr. le kil.		6,000,000
	Total.	52,000,000
A déduire capital engagé		20,000,000
	Revenu	32,000,000

M. Wafflard, apiculteur à Villesavoye, accuse que ses colonies italiennes, au nombre de cinquante, lui ont donné 2 à 3 kil. de plus de produit par ruche que les colonies indigènes, mais il ajoute que la loque
s'est fait sentir fortement sur les abeilles italiennes.

M. Tolking, à Viarmes, fait sentir le découragement qu'il éprouve
devant l'apathie des possesseurs d'abeilles voisins, qui préfèrent tuer

...rs abeilles que de les soigner. L'assemblée engage vivement M. Tolking à continuer la propagande des bonnes méthodes qu'il a faite, et qui tôt ou tard produiront des fruits appréciables.

M. Malhomme fait connaître que dans son canton les ruchers conduits intelligemment, c'est-à-dire d'après les principes des populations fortes par les réunions, le nourrissement rationnel et l'essaimage artificiel bien fait, ont donné un revenu net de 100 pour 100; tandis que ceux abandonnés à la routine n'ont pas produit la moitié, quoique la campagne ait été favorable, notamment sous le rapport de la miellée. — Plusieurs correspondants d'autres localités, font connaître l'état de leur rucher. — La séance est levée à 10 heures.

Pour extrait : DELINOTTE, *secrétaire.*

Rapport sur l'apiculture à l'Exposition des insectes en 1868. (Suite, V. p. 86.)

M. Moreau, apiculteur à Thury (Yonne), est l'exposant du plus fort lot de cire en briques (1,000 k. environ), de qualité uniforme et courante. Il présente des échantillons de beau miel coulé et deux vases de miel en rayon. Il présente en outre des hydromels liquoreux d'une très-bonne qualité et de l'eau-de-vie de miel dont le goût originel est entièrement effacé. Son hydromel est amélioré par l'addition d'un dixième ou d'un vingtième de cette eau-de-vie. Voici comment il obtient celle-ci.

Il prend deux hectolitres d'eau qu'il fait tiédir et dans laquelle il met 35 kil. de miel (un baril) et qu'il remue jusqu'à fusion complète. L'eau miellée est déposé dans un grand tonneau ou dans un cuvier dans lequel sont ajoutés deux hectolitres de marc de raisin rouge (le blanc n'a pas la même force et donne des résultats moins satisfaisants). Le tout est bien mélangé et le fût est recouvert d'une toile. Après quelques heures, la fermentation commence et elle est terminée au bout de 5 ou 6 jours, suivant la température. Il a soin d'enfoncer chaque jour le marc dans le liquide de peur que le dessus aigrisse, et lorsque ce marc s'enfonce de lui-même dans le liquide, c'est le moment de distiller. On distille le tout ensemble. Les 35 kil. de miel et les 2 hect. de marc rendent en moyenne 50 litres d'eau-de-vie semblable à celle qui est exposée. Le rendement du marc varie de 5 à 7 litres à l'hectolitre, suivant qu'il a été pressuré. En prenant pour maximum le rendement de 14 litres pour le marc et en le défalquant, il reste 36 litres d'excellente eau-de-vie pour 35 kil. de miel. En établissant les frais de distillation à 10 centimes le litre, et en vendant l'eau-de-vie au prix de sa valeur, on réalise des bénéfices. Ces bénéfices sont plus grands si l'on ne paye pas de droits de régie. — Le jury accorde à M. Moreau un rappel de médaille d'or de S. Exc. le ministre de l'agriculture pour l'ensemble de son exposition, et lui donne une médaille de bronze de la Société d'insectologie pour son hydromel et pour son eau-de-vie de miel.

La multiplication de l'abeille italienne est la partie à laquelle M. Warquin, de Bellevue (Aisne), continue à se livrer avec le plus de succès. Il expose divers appareils perfectionnés et des ruches à cadres mobiles propres à la transformation des colonies indigènes en colonies italiennes. Il transforme ainsi annuellement deux ou trois cents colonies qu'il achète à des éleveurs du canton. Voici comment il opère : A la fin de l'hiver, en mars, les colonies indigènes, logées la plupart du temps dans des ruches vulgaires en cloche, sont extraites et introduites dans des ruches à cadres. Les bâtisses fixes (les rayons) sont détachés à l'aide de couteaux à lame recourbée et à lame pliante, et sont greffés dans des cadres. La mère de chaque colonie est enlevée. Comme, à cette époque, il y a du jeune couvain au berceau, les abeilles se mettent à transformer des cellules de couvain d'ouvrières en cellules de couvain maternel ; mais au bout d'une dizaine de jours ce couvain est mis en bas par l'apiculteur qui, en même temps greffe dans les cadres un morceau de jeune couvain d'ouvrière de colonies italiennes. Les abeilles s'apercevant de la disposition du couvain maternel et ne trouvant plus de larves indigènes à transformer, se hâtent de transformer plusieurs larves italiennes qui donnent des mères fin avril ou commencement de mai, époque à laquelle les faux bourdons de cette espèce commencent à sortir. L'opérateur a soin de conserver dans son rucher quelques souches italiennes vigoureuses et bien caractérisées, qu'il stimule par la présentation de nourriture (sirop de sucre) dès la fin de mars. Il obtient ainsi des mâles italiens dix ou quinze jours avant l'apparition des mâles indigènes dans les ruchers des localités voisines, et ces mâles italiens fécondent les jeunes mères de race qu'il a fait produire aux abeilles indigènes. Un peu plus tard, il se livre à l'essaimage artificiel par division pour augmenter le nombre de ses colonies, ou bien il enlève les mères fécondées pour les livrer aux personnes qui lui en demandent.

M. Warquin avait apporté trois ruches à cadres garnies d'abeilles italiennes et amplement fournies de provisions ; mais la chaleur extraordinaire du jour de leur arrivée a détruit ces colonies. (L'accident est arrivé dans le transport par fiacre de la gare du chemin de fer au palais de l'Industrie.) Il présente des miels nouveaux et surannés de très-belle qualité, ainsi que des miels en rayons obtenus artificiellement. Le jury des récompenses accorde à M. Warquin un rappel de médaille d'or de S. Exc. le Ministre de l'agriculture, pour l'ensemble de son exposition, et une médaille de bronze de la Société d'insectologie pour sa propagation de l'abeille italienne.

L'Association centrale d'apiculture de Milan expose une collection de ruches et d'appareils cotés à un prix beaucoup plus bas qu'on ne pourrait les faire fabriquer en France. La nature du bois, son épaisseur, l'ajustement des parties, les modes de fermeture, etc., rien ne laisse à désirer. Parmi les ruches, celle à cadres mobiles domine. Les voici : 1° Ruche d'observation à petits cadres mobiles (larg. 0,75; ép. 0,39; haut. 1 m.), inventée par M. Maineri de Lognano, et modifiée par le président de l'association; prix : 58 fr.; 2° Ruche Lurani (0,49 sur 0,33; haut. 0,33); prix 12 fr.; 3° Ruche horizontale Dzierzon (0,74 sur 0,44; haut. 0,30), modifiée par le président de l'association; prix : 11 fr. ; 4° Ruche verticale à trois étages, dont un avec cadres mobiles et les deux autres à supports (0,49 sur 0,40; haut. 0,76) ; prix : 14 fr.; 5° Ruche verticale à deux étages, l'un et l'autre à supports (0,49 sur 0,40 ; haut. 0,52) ; prix : 8 fr.; 6° Ruche villageoise (corps de ruche) en bois (0,35 en tous sens), modifiée par le président de l'association ; prix : 5 fr. Le chapiteau est une hausse à fond (0,40 sur 0,30 ; haut. 12), du prix de 60 cent. Une hausse de 0,12 avec planche mobile, du prix de 1 fr. 40, peut être placée entre le chapiteau et la ruche, ou sous celle-ci. Cette ruche est celle qui convient le mieux à l'apiculture économique et de production.

Les autres objets présentés par l'Association de Milan sont : 1° Un mello-extracteur, du prix de 25 fr. Ce mello-extracteur donne des résultats à peu près semblables aux autres extracteurs exposés — résultats qui laissent à désirer — mais il est peu encombrant ; 2° Un extracteur à main du prix de 3 fr.; 3° Des crochets pour la ruche Dzierzon; 4° Porte-rayons pour les cadres de la ruche Dzierzon ; 5° Deux cages pour les mâles; 6° Le journal l'*Apicoltore ;* 7° Des échantillons de miel et de cire. Les produits miels sentent leur origine méridionale : ils sont colorés et très-aromatisés ; les échantillons présentés se trouvant en sirop, on ne peut juger comment se fera leur granulation. Les cires laissent à désirer pour l'épuration et le moulage. — Le jury n'a pu établir comme il l'aurait désiré le mérite particulier de chaque exposant de ces produits. Il accorde une médaille de vermeil de la Société d'insectologie à l'Association de Milan pour l'ensemble de son exposition. .

(A suivre).

Revue et cours des produits des abeilles.

Paris, 30 *décembre*. — Miels. Dans la quinzaine qui précède le 1ᵉʳ janvier et celle qui le suit, on s'occupe toujours peu de miel; ce n'est pas le moment d'en offrir au commerce. Cependant le surfin gâtinais trouverait preneur de 125 à 130 fr. les 100 kil. Quant au blanc, il faut voir les cours derniers de 80 à 90 fr., selon provenance et qualité. Les blancs gâtinais et de pays ont été cotés à l'épicerie de 100 à 130 fr. les 100 kil.; les surfins gâtinais de 140 à 150 fr. Les Chili de 80 à 110 fr., selon qualité. Miel citron à nourrir 80 fr., en baril de 40 kil. environ.

L'adjudication des miels à fournir, en 1869, aux hospices, — miels dénommés gâtinais au cahier des charges, — a été faite à 80 fr. les 100 kil. Ce prix va pousser les producteurs du Gâtinais à demander leur admission à l'hospice.

Les miels de Bretagne trouvent difficilement preneur au-dessus de 60 à 65 fr. les 100 kil. en gare d'arrivée. Néanmoins on les tient à la consommation de 70 à 80 fr., selon la quantité. — A Bordeaux, les miels de bruyère sont cotés de 70 à 75 fr. les 100 kil.

Au Havre, on a traité des Chili à 83 fr. les 100 kil.

Cires. — Les cires jaunes, belle qualité, se payent couramment 400 fr. les 100 kil. hors barrière ; les très-belles peuvent obtenir 405 et peut-être 410 fr. La marchandise ne sera pas abondante avant la taille des ruches, c'est-à-dire avant avril ou mai. Jusque-là elle devra être plus demandée qu'offerte, les magasins du commerce n'étant pas très-fournis.

Dans la Bretagne les cires sont recherchées de 3 fr. 90 à 4 fr. 20 le kil. A Bordeaux les cires étrangères ont été cotées de 390 à 420 fr. les 100 kil., et les indigènes de 395 à 425 fr.; cire végétale de 200 à 220 fr. les 100 kil.

Voici le cours de Marseille: Cire jaune de Smyrne, les 50 kil., 230 à 235 fr.; Trébizonde, 225 fr.; Caramanie, 225 fr.; Chypre et Syrie,

220 à 225 fr.; Egypte, 205 à 215 fr.; Mogador, 195 à 200 fr.; Tétuan, Tanger, Larache, 190 à 205.; Alger et Oran, 200 à 215 fr.; Gambie (Sénégal), 212 fr. 50 ; Mozambique, 210 fr.; Corse, 220 fr.; pays, 200 à 205 fr.; ces deux dernières à la consommation, et les autres à l'entrepôt.

Corps gras. Les suifs de boucherie ont été cotés 117 fr. les 100 kil. hors barrière. Chandelle, 134 à 135 fr.; acide stéarique de saponification, 182 fr. 50 à 185 fr.; de distillation, 177 fr. 50 à 180 fr.; acide oléique de saponification, 92 fr.; de distillation, 83 fr. Le tout aux 100 kil.

Sucres. — Les sucres raffinés ont été calmes de 126 fr. 50 à 127 fr. 50 les 100 kil. Les sirops et les fécules, après avoir éprouvé un peu de hausse, sont redevenus calmes et stationnaires.

Abeilles. — De loin en loin il se fait quelques achats au prix moyen de 15 fr. pour le Gâtinais. La Bourgogne tient de 16 fr. 50 à 18 fr. — Décembre a été humide et pluvieux, avec une température élevée pour la saison ; cette température a été quelquefois jusqu'à 15 et 16 degrés au-dessus de zéro à l'ombre. Aussi les abeilles ont pu sortir, et, du 1 au 20, nous avons compté, à Paris, 12 jours par lesquels nous avons vu des ouvrières rentrer avec du pollen. La nourriture donnée a été montée aussi vite qu'en septembre, et les ruches alimentées ne laissent aucune trace de dyssenterie, malgré l'humidité régnante. Des chasses faites en octobre ont pu recevoir leur alimentation complète au rucher et bâtir des demi-cires, ce qu'on ne voit pas une année sur dix. Voici les renseignements qu'on nous adresse :

Tous mes essaims artificiels se sont faits bons. J'ai réuni des souches qui se trouvent également en bon état. *Wafflard* à Villesavoie (Aisne). — L'essaimage a été satisfaisant en 1868 ; les trois quarts des souches ont donné des essaims ; mais un certain nombre de colonies ont dû être nourries. Le goût de l'apiculture va croissant dans l'arrondissement de Pont-Audemer. *Dorée* à Appeville (Eure). — L'état de la récolte a été très-satisfaisant. Les ruches de 25 à 30 kil. en vrague n'étaient pas rares. Le miel est beau et bon ; néanmoins il se place difficilement de 45 à 50 c. à l'épicerie. *Fr. Genty* à Granvilliers (Eure).

La campagne dernière a été bonne pour les abeilles. *Maillié*, aux Loges (Eure-et-Loir). — Mes ruches étaient faibles au printemps ; elles se sont mises au couvain et ne se sont pas fournies de miel. L'essaimage a été de 10 pour 100 seulement. Mon rucher n'a produit que 200 livres de miel. *L'hôpital* à Chartainvillier (Eure-et-Loir).

Les abeilles vont fort mal ici. On se demande si l'on en pourra conserver seulement la semence. Des ruchers de 100, de 150 et 200 ruches sont menacés de destruction presque complète ; un de mes voisins, qui, au printemps, avait 76 ruches, n'en a plus que 25 et toutes bien pauvres. Mes ruches qui pesaient au mois de mai dernier 14, 15 et 18 kil., sont réduites aujourd'hui (10 décembre) à 6, 7 et 8 kil., les plus belles. J'ai dû leur fournir quelques provisions au commencement du mois dernier. — Sur 1,000 ou 1,200 ruches de mes connaissances, il n'a pas été recueilli un seul essaim, ni un seul kil. de miel. Nous nous estimerons fort heureux si nous retrouvons quelques ruches encore vivantes le mois de mai prochain. *Bossuet*, à Audenge (Gironde).

Sur 84 paniers je n'en garde que 48, et encore je suis obligé de leur donner pour les faire arriver au mois de mars, 5 kil. de sirop en moyenne à chacune, autrement je n'en conserverais peut-être pas une demi-douzaine. Jusqu'à présent (12 décembre) il n'a pas encore gelé, et les abeilles, ces jours derniers, ont encore trouvé du pollen et de la miellée sur quelques fleurs dans les vignes. Un kilog. de sirop se trouve monté dans presque toutes les ruches en 10 à 12 heures. — Du côté des landes surtout, je connais bon nombre de personnes qui avaient cet été 100 et 150 paniers et qui aujourd'hui n'en ont plus qu'une dizaine à peine. Je suis persuadé qu'au printemps, elles n'en auront plus du tout n'alimentant pas. *Lefoulon*, au Taillan (Gironde).

Notre récolte de 1868 a été satisfaisante dans la contrée ; notre calottage a bien réussi, surtout fait de bonne heure. J'ai renoncé au culbutage depuis quelques années et je m'en trouve bien. Nos produits se sont mieux écoulés que je ne m'y attendais. J'ai vendu mes miels en pots, bien présentés, blancs fins 1 fr. 20 le kilog., et les surfins 1 fr. 50, pot perdu, tare nette et rendu franco dans Paris. Cire en briques 4 fr. 20 le kil., entrée comprise. Les belles colonies nous sont offertes à 15 fr. à prendre dans le Berry. Le val de la Loire tient à 12 fr. *Amiard*, à Neuville (Loiret).

L'année a été assez favorable pour les produits. *Létrilliart-Lefèvre*, à Courcy (Marne). — L'année 1868 a été très-bonne pour la production du miel, surtout au printemps, à partir du 15 avril jusqu'au mois de juillet ; les essaims n'étaient pas nombreux, par cette raison même que l'abondance du miel a fait négliger le couvain dans les ruches qui n'ont pas été agrandies au fur et à mesure de l'arrivée du miel. Mes 20 ruchées

m'ont donné en moyenne 20 kilog. de miel chacune. Les ruches Dzierzon avec chapiteau l'ont emporté sur les ruches à hausses de 4 à 5 kilog.
Une de mes Lagerstoëke (ruche couchée) a fourni 28 kil., dont 18 dans
le chapiteau, le reste dans le corps de la ruche, et je lui laisse pour
passer l'hiver plus de 20 kilog. *Derivaux*, à Urmatt (Bas-Rhin).

L'année 1868 a été très-médiocre pour les apiculteurs du pays de
Liége. L'essaimage n'a été que de 100 p. 100. Une année passable donne
ici 200 p. 100; une bonne année donne jusqu'à 250 p. 100. La récolte du
miel n'a pas été plus fructueuse. Au 1er octobre, nos meilleures colonies
n'ont pesé que 20 à 25 kilog.; le reste n'a récolté que la provision requise
pour l'hivernage (12 à 15 kil.) Résultat : zéro de bénéfice. *H. Foussoul*,
à Tilleur-les-Liége (Belgique.)

— Nous crions aux apiculteurs des Landes : Sauvez vos abeilles ! réu-
nissez les colonies à bout de provisions et alimentez-les au plus vite, avec
sirop de fécule, sucre brut, miel rouge qu'on peut se procurer à bas
prix.   H. HAMET.

— On demande des miels vieux. S'adresser à M. Durand, à Tivernon, par
Bazoches (Loiret).

— A vendre, 25 ou 30 colonies en ruche à chapiteau. S'adresser à M. Caron,
au Mesnil-Saint-Denis, près Beaumont (Seine-et-Oise). — Même nombre chez
M. Choffrin, au Tremblay, près Joinville-le-Pont (Seine).

— Ruches à calottes et à hausses en paille. Demandez dès maintenant les
quantités en nombre pour être servi en temps convenable.

— MM. les ciriers et marchands de miel trouveront tous les renseignements
qu'ils désirent sur les arrivages au Hâvre, chez M. Lehmann, négociant de cette
ville, qui se charge des achats, etc. — Pour Bordeaux. s'adresser à M. Robé,
rue Bouquère, 54.

— M. J... à Nérac. Reçu le mandat de 16 fr. 50.

— S. à Reims. Reçu pétition. Le nom des adhérents sera publié dans le corps
du journal.

M. C. D... à Hamilthon (États-Unis). Mis la *cave* à la poste en même temps
que le journal. L'autre brochure manque ici. Recherche de prospectus demandé.
N'écrivez plus que sur un côté, les typographes refusent de composer.

— MM. les participants de la Cie des *cultivateurs d'abeilles* pourront toucher
le dividende de l'année échue, à partir du 15 janvier, aux bureaux de *l'Apiculteur*.

— M. Laf... à Chatellerault. Colonie 15 fr.; emballage 2 fr. 50 ; transport
à la gare 1 fr. Total 18 fr. 50.

— On demande des *bâtisses* pour mars et avril.

Paris.— Imprimerie horticole de E.DONNAUD, rue Cassette, 1.

L'APICULTEUR

Chronique.

SOMMAIRE : Le charbonnier est libre de prendre la parole chez lui et de fermer sa porte. — Les essais et la morale de la fable du Loup et de l'Agneau. — Notes diverses. — Sociétés apicoles à organiser, etc.

Dans la polémique sur les divers systèmes de ruche, qui absorberait tout le journal si nous nous y prêtions, des partisans des ruches à cadres voudraient que le praticien qui dirige l'*Apiculteur*, le professeur d'un cours public dans lequel sont enseignées toutes les méthodes expérimentées qui peuvent donner de bons résultats, se tînt à l'écart et se gardât d'apporter aucun jugement dans tel ou tel système théorique plus ou moins brillant exposé dans son journal. Qu'on exige une sage retenue — en tout lieu et en toute circonstance — de quiconque est étranger à la pratique, rien de mieux : la science et l'art ne peuvent qu'y gagner. Mais qu'on prétende nous imposer silence, chez nous, sur un terrain que nous avons épierré et que nous cherchons à améliorer, non à notre profit particulier ou à celui d'une caste, mais au profit de tous; c'est par trop fort ! Nous n'aurons jamais la faiblesse de tolérer de telles prétentions, quoique nous soyons très-tolérant, et si tolérant que parfois on a pu croire que nous laissions passer, par complaisance, tel article, ou certain rapport semblant avoir été rédigé entre la poire et le fromage.

Disons en passant que si, de temps en temps, nous laissons passer de ces sortes d'articles, c'est afin de donner à la polémique l'occasion de s'exercer au profit du lecteur. Mais ce que nous ne tolérerons non plus, c'est que tel correspondant ou tel partisan de système, invective ses adversaires au lieu de les éclairer, ou qu'il ne prétende nous imposer traîtreusement son jugement contraire à l'évidence, sur une pratique que nos lecteurs sont à même de contrôler et d'apprécier sainement. Bref· donc, les portes de l'*Apiculteur* restent ouvertes à deux battants à tous ceux qui veulent discuter sans s'emporter sur tout ce qui peut contribuer à étendre la culture des abeilles et à faire progresser l'apiculture; mais elles sont fermées au nez de tous les fanatiques de système exclusif, se crussent-ils (de la famille de Lustucru!) — par privilége, — fils du soleil, et assurassent-ils avoir coupé la patte à coco sans faire saigner la pauvre bête.

La parole est à M. R. Simon, instituteur à Reims et petit-fils d'un praticien que les possesseurs d'abeilles de l'arrondissement connaissent.

« Il y a quelques jours, me sentant fatigué de respirer l'air toujours impur d'une ville industrielle, je résolus d'aller faire visite à un de mes amis, apiculteur des environs de Reims. Je partis vers midi et j'arrivai chez lui à deux heures ; le voyage, comme vous le voyez, n'était pas long, mais c'était plutôt la soif de parler abeilles que toute autre chose qui me faisait faire cette promenade. Je le trouvai dans un joli petit laboratoire, occupé à transvaser quelques ruches qui avaient épuisé leurs provisions et qu'il replaçait immédiatement dans d'autres bien fournies de miel. L'opération du transvasement est certainement une chose à laquelle beaucoup d'apiculteurs n'apportent pas assez d'attention ; mais notre homme peut se vanter de se tirer parfaitement d'affaires, et cependant c'est par tapotement ; mais là n'est pas la chose principale dont j'ai à parler.

» En examinant avec soin les outils et instruments d'apiculture que je trouvai dans ce petit atelier, je rencontrai par hasard, et dans un coin assez obscur, du reste, deux boîtes jaugeant à peu près chacune 10 litres, pleines d'étuis servant à enfermer les abeilles mères pendant la miellée. Eh bien, lui dis-je, confrère, vous ne me parlez pas de tout cela ! — Ah ! c'est que je craindrais de vous faire faire fortune ; c'est le secret de faire du miel et de perdre toutes ses ruches, et si vous voulez, je vais vous le livrer.—J'acceptai avec empressement tout en me promettant bien de ne pas mettre le moyen à exécution s'il offrait de sérieux inconvénients.

» — Je me rencontrai, me dit-il, il y a de cela à peu près trois ans, avec un apiculteur assez distingué du département de la Marne, et nous nous entretenions d'abeilles, particulièrement des moyens à employer pour obtenir une grande quantité de miel. Je me sers, lui dis-je, de la ruche à calotte normande, et j'obtiens de très-beaux résultats ; moi, me dit-il, je me sers de la ruche ordinaire, et je suis persuadé que la récolte d'une de mes ruches est supérieure à celle que vous pouvez obtenir d'une des vôtres. Quel moyen employez-vous donc? Le voici : Lorsque je m'aperçois que la miellée donne (dans ma localité c'est ordinairement vers le milieu de mai, floraison des sainfoins) et que mes ruches sont assez peuplées, je transvase chaque ruche que je veux démolir pour prendre la mère que j'enferme dans un étui en fil métallique, et je place cet étui dans le corps de ruche, de manière que les abeilles puissent alimenter leur mère sans aucun inconvénient. Je laisse ainsi cette mère enfermée pendant toute la miellée et c'est seulement lorsque je transvase ma ruche pour en extraire le miel, que je rends la liberté à la prisonnière.

« Je n'emploie ce moyen que pour les ruchées qui ne me donneraient qu'un essaim tardif. Je remerciai mon confrère de son excellent procédé et je me promis d'en essayer ; c'est ce que je fis l'année dernière ; j'obtins du miel en grande quantité (1868 a été favorable aux abeilles dans notre département), mais ce fut tout, les colonies devaient périr presque toutes.

» Quand je les visitai, une quinzaine de jours après le transvasement, je les trouvai fort dépeuplées et je m'aperçus alors que mes prisonnières avaient perdu leur fécondité, et lorsque j'allai chercher mes chasses que j'avais transportées à la bruyère, lors du transvasement, je trouvai 42 ruchées sur 50 qui étaient dépourvues de mères. Je me gardai bien alors de parler étui à mes confrères et je les plaçai tous où vous venez de les trouver (1).

» Quand je fus rentré chez moi, je pensai aux étuis du confrère, et, sans chercher plus loin, je me disais : Voilà un homme que j'estime, le procédé ne lui a pas réussi, il n'en a pas parlé.

» Il est à désirer que tous ceux qui font des essais ne les prônent pas avant d'être bien sûrs de la réussite ; il y aurait moins de fautes commises en apiculture ; malheureusement on se fait prendre au piége et on oublie la morale de la fable le Loup et l'Agneau. « Jugeons les hommes par leurs actions et non par leurs discours ».— En apiculture : jugeons des essais de ceux qui les prônent par les résultats et non par les discours qu'on nous fait. — R. SIMON. »

— Nous aurions à reproduire la lettre d'un apiculteur qui demande à ne pas signer, parce qu'il craint que son voisin, un fonctionnaire inventeur de ruche à cadres, qu'il combat, ne nuise par son influence à ses intérêts particuliers. Nous ne reproduisons que le passage suivant :

« Dans le procès que M. Dadant intente à la ruche à hausses (janvier dernier), il reproche au plancher des hausses, — plancher à claire-voie, sans doute, — d'empêcher le développement du couvain, et il donne la préférence à sa ruche, qui a de grands cadres, sur celle de Langstroth qui, paraît-il, n'en a que de petits. Mais, à l'exposition universelle der-

(1) Je me hâte de dire que je n'attribue pas toute la faute aux étuis ; d'ailleurs les mères étaient restées enfermées trop longtemps, je le crois, 22 jours, du 13 mai au 5 juin.

nière, c'est précisément aux ruches à cadres étagés comme le plancher des hausses, par conséquent petits, que le jury a donné la préférence. Il est vrai que les deux praticiens dont on a été censé prendre l'avis dans cette circonstance, n'en ont pas donné de favorable sur la ruche à cadres. Mais si le jury, composé de membres de l'Institut qui doivent tout savoir sans avoir jamais rien pratiqué, s'est trompé à ce point, les Allemands n'ont guère à se prévaloir du triomphe qu'ils ont remporté si facilement au Champs-de-Mars. En tout cas, une ruche qui ne produit pas beaucoup de couvain au moment de la miellée fait bien notre affaire. Elle n'en produirait pas du tout, qu'elle n'en serait que meilleure. »

— M. H. Dannin de Porfondeval (Oise) nous écrit : « Les ruches à cadres ne seront jamais mes ruches de production, quoi qu'en disent les amateurs. Celle que j'ai essayée plusieurs années ne m'a pas fourni plus de miel que la ruche à hausses et celle à calotte que j'emploie. Lorsqu'il faut faire des essaims artificiels, les cadres tenus par la propolis que les abeilles y appliquent, ne fonctionne pas comme on veut le faire croire, et lorsqu'il s'agit de réunion, cela n'est pas aussi vite fait avec les cadres qu'avec les hausses, ou avec les corps de ruche coupés. Quant à une production plus grande de miel dans les ruches à cadres, on ne peut la faire admettre qu'aux amateurs disposés à croire tout ce qui tient au merveilleux, car le praticien sait que les abeilles amassent tout autant de miel dans n'importe quelle ruche, pourvu qu'on leur fournisse de l'espace à mesure des besoins, et des bâtisses lorsqu'il y a bonne miellée sur les fleurs. »

— Viendrait ici le tour d'une lettre anonyme si nous en reproduisions. Toutefois, il est bon d'en prendre note avant de la jeter au panier. On se rappelle qu'au moment de l'exposition (voir fin de la chronique de septembre, 12e année), un membre du jury, qu'on croyait pouvoir intimider par ce moyen peu digne, fut obligé de déclarer qu'on perdait le temps à lui envoyer des lettres anonymes en faveur des ruches à cadres. Celle qui nous est adressée pourrait bien se rattacher à la même histoire, mais elle émanerait de la partie adverse. Elle nous avise qu'un *frelon* serait entré « dans notre ruche » et que déjà dans le cours de l'exposition, tout en ayant l'air de servir chaudement l'œuvre, il se serait appliqué à la corroder, comme le fait l'insecte de son espèce qui s'attaque à un jeune rameau de frêne. — Nous ne sommes pas un jeune rameau.

— Cette chronique serait beaucoup trop longue si nous y faisions la part des ruches à cadres. Plus loin on trouvera des articles en faveur de leur défense.

Nous avons reçu les statuts de la Réunion des apiculteurs alsaciens qui se composent de 8 articles, dont le premier est ainsi formulé : « La Réunion des apiculteurs alsaciens a pour but la propagation de l'apiculture *rationnelle.* » On se rappelle que, par une note publiée l'année dernière, il fallait entendre par ce mot *rationnelle,* « l'emploi exclusif de la ruche à cadres par les adhérents. » Nous applaudissons vivement à tous les groupes d'apiculteurs qui se forment, mais avec restriction, à ceux qui arborent le drapeau de l'exclusivisme, drapeau qui a toujours été celui des sectaires et qui n'est pas le nôtre.

— La première série des concours régionaux aura lieu du 17 au 25 avril. Ces concours se tiendront à Aix, Angers, Gray, Lyon, Montauban et Moulins. La 2ᵉ série aura lieu du 19 au 27 juin à Beauvais, Chartres, Cap, Guéret, Nancy et Poitiers. Cette dernière série pourra recevoir des produits nouveaux et réunir un certain nombre d'apiculteurs. Ce sera une occasion pour former des sociétés ou cercles apicoles. Chartres Nancy, Beauvais sont des centres où l'on peut grouper un certain nombre d'apiculteurs.

— La société d'apiculture de l'Aube va augmenter la publicité de ses travaux. Son bulletin paraîtra 4 fois l'an au lieu de trois, sans augmentation de prix. La cotisation de membres n'est que de 3 fr. : elle donne droit à la réception du bulletin dont le dernier numéro contient une revue très-importante et très-intéressante de l'exposition des insectes. Adresser les demandes à M. Thévenot, secrétaire trésorier à Troyes, ou à M. Vignole, président, à Beaulieu, près Nogent-sur-Seine (Aube).

— La fête de Saint-Valentin sera fêtée à Sainte-Isbergues (Pas-de-Calais), le lundi 15 février. Des apiculteurs du Nord se disposent aussi à se réunir pour fêter leur patron.

— Nous sommes obligé de renvoyer au mois prochain le compte rendu de l'exposition de Véronne, promis le mois dernier, ainsi que plusieurs autres articles composés depuis longtemps. Nous ajournons également M. Jean-Pierre, qui veut à toute force introduire son discours, prétendant que la saison est venue où ceux qui ont charge d'éclairer les populations sont tenus de s'exécuter.   H. HAMET.

Défi entre la ruche à cadres mobiles et celles à rayons fixes.

Je lis dans le numéro de l'*Apiculteur* de novembre, que je viens de rece-voir, un défi porté par un apiculteur lorrain à l'école Dzierzonne. Je regrette de ne pas être voisin de cet apiculteur pour relever le gant, en posant toutefois la question en d'autres termes; car je ne suppose pas qu'aucun élève de Dzierzon ait la puérilité de croire que des abeilles en ruches à cadres produisent plus de miel que d'autres, simplement parce qu'elles sont dans des ruches perfectionnées (1).

Voici comment j'accepterais la lutte : au commencement de mars, nous choisirions chacun dix ruchées de poids net égal; l'apiculteur lorrain dans des ruches à calottes ou à hausses, à son choix, et moi en ruches à cadres telles que je les ai. Nous les établirons dans le même rucher en prenant l'engagement de ne donner ni miel, ni sirop dans les ruches.

Au premier novembre, nous pèserions les ruchées et leur produit, en y comprenant le poids des essaims que mon confrère aurait obtenus *bon gré ou malgré lui*, et le poids des miens dans le cas où j'aurais eu *la fantaisie* d'en faire.

Je perdrais l'enjeu si, défalcation faite du poids primitif des ruchées, je n'avais pas obtenu, non pas un tiers ou un quart de produit de plus que mon compétiteur, mais *quatre fois autant que lui*, c'est-à-dire que, *si les ruchées lui donnaient en moyenne chacune dix kilogrammes, chacune des miennes devrait donner en moyenne quarante kilogrammes.*

L'apiculteur lorrain me répondra que, qui dit trop ne dit rien, que c'est du parlage, ou d'autres aménités du même goût. Pour que le lecteur juge, j'objecterai que je n'ai, moi Français, aucun intérêt à induire les Français, mes compatriotes, en erreur; que, d'un autre côté, à l'appui de ma proposition, je vais citer des faits que j'écris sous les yeux de ma femme, de mon fils et de mes deux filles, devant lesquels je ne voudrais pas avoir à rougir d'un mensonge.

Ces faits, les voici. Il y a dans un rayon de trois kilomètres autour de moi, une quarantaine de ruchers nombrant ensemble environ deux cents colonies logées en ruches à calottes ou à hausses. Ces deux cents colonies n'ont pas produit en moyenne cette année une livre de miel de surplus. Leurs essaims ont été à peine suffisants pour combler les décès,

(1) Il n'est peut-être pas inutile de rapporter ici une appréciation d'élève sur ce chef d'école : De Berlepsch dit de Dzierzon : *C'est un ange pour la théorie et un simple mortel pour la pratique.* Or, s'il y a école, ce ne peut être, selon de Berlepsch, qu'une école de *théoriciens.* — *La Rédaction.*

et les ruchées qui ont essaimé, de même que leurs essaims, n'ont pas généralement récolté de quoi passer l'hiver.

Ma qualité d'apiculteur par état m'a permis de visiter plusieurs de ces ruchers et de me procurer des renseignements exacts sur les autres. — Mes 24 ruchées à cadres placées au centre, par conséquent dans les mêmes conditions de récolte, ont produit 36 essaims, et chacune environ soixante livres de miel de surplus. Je dis environ, parce que, ayant eu à soutenir par du couvain et du miel les ruchées qui me venaient du charpentier, je n'ai pu me rendre un compte exact à une ou deux livres près. J'ai en outre détérioré plusieurs ruchettes en élevant 80 mères environ, tant pour mon rucher que pour vendre. Ce qui m'a empêché de tirer deux essaims de chaque ruchée, comme j'en avais eu l'intention au printemps.

Si des résultats si concluants ne sont pas dus en partie à la supériorité des abeilles italiennes et en partie à la ruche à cadres, ou aux manipulations qu'elle permet, je prie mon contradicteur de me dire d'où ils viennent. Je n'habite pas le pays des miracles ni des sorciers.

L'apiculteur qui vous donne les renseignements sur l'apiculture allemande sur place rendrait certainement le même compte de l'apiculture aux États-Unis. S'il y a des sourds qui ne veulent pas avancer, il y a des aveugles qui ne veulent pas voir. J'ai entendu différentes fois en France des gens que le progrès chagrinait dire que les chemins de fer étaient un engouement qui passerait de mode. Ces propos sont le râle de la routine aux abois.

J'ajourne votre correspondant à dix ans d'ici, et je lui prédis, si son entendement n'est pas trop oblitéré par les préjugés ou par les croyances surannées (1), un revirement semblable à celui du patriarche de l'apiculture américaine : honneur aux 22,000 livres de miel. M. Quimby qui, après avoir dans la première édition de ses mystères de l'apiculture qu'il a publiés il y a 12 ou 13 ans, condamné la ruche à cadres, lui a fait, dans la deuxième édition, amende honorable en écrivant que *toute personne désirant s'occuper des abeilles d'une manière fructueuse ne peut guère s'en passer* (2). Ce même M. Quimby, qui portait le rendement d'une ruche à 10 fr. par an dans la 1re édition, écrit dans le numéro du *Bee-journal* d'avril dernier, page 188, qu'il espère que quelques-unes

(1) M. Patou, de Dampmart, qui a vu sur place l'apiculture en question, pourrait répondre : j'affirme qu'à moins de devenir toqué, je ne produirai jamais chez moi, avec la ruche à cadres, du miel que je ne pourrais vendre que 40 centimes le demi-kilo, tandis que je vends 1 fr. ou 1 fr. 20 celui que me donne en rayons la ruche à calotte. — *La Rédaction*.

(2) En France un auteur, M. Debeauvoys, qui a publié cinq éditions succes-

de ses ruchées rapporteront cette année 30, 40, peut-être 50 dollars (150, 200 ou 250 fr. (1).

Remarquez-bien que M. Quimby ne met pas même la condition que l'année devra être favorable pour qu'il obtienne un pareil produit. Avec la méthode rationnelle, l'apiculteur est à l'abri des mauvaises récoltes, les ruchées produisent plus ou moins ; mais quant à éprouver de la famine, jamais (2) ! Je dois ajouter que le caractère de M. Quimby est tellement honorable que personne ne met en doute ce qu'il avance.

Si votre apiculteur venait ici, il verrait la vapeur plus forte et plus docile qu'un cheval bien dressé, quoique coûtant moins, employée dans les moindres villages par les charrons, les menuisiers, etc. Je lui montrerais dans les cours des cultivateurs les animaux, les outils perfectionnés, les charrues à siége qui permettent de labourer sans fatigue ; les machines à planter pour toutes les graines, à faucher, à moissonner, à mettre le foin en greniers ou en meules, presque sans que l'homme y mette les mains, etc., etc. Dans l'intérieur si propre des fermes, il verrait les machines à laver le linge, à tordre, à coudre, à tricoter, à peler les pommes, les pêches, à enlever les noyaux de cerises, les pepins de raisin, pour faire des conserves ; enfin les mille *labor saving machines*, ou engins à augmenter la quantité de travail en diminuant la fatigue, que le génie *yankee* a pu inventer.

Il pourrait voir les voisins de la veuve pauvre lui amener et lui préparer ses provisions de bois pour l'hiver ; faire sa culture, ses semailles, sa récolte en attendant que ses enfants soient assez forts pour cette besogne. Si elle meurt, son agonie ne sera pas troublée par la pensée de l'avenir de ses enfants, car elle sait que vingt familles se disputeront le bonheur de les adopter. Elle sait aussi que les enfants de la famille où ils seront reçus, au lieu d'être jaloux des caresses dont ils seront l'objet, les combleront eux-mêmes de marques d'affection ; qu'ils seront enfin

sives de son *Guide de l'apiculture*, et qui ne s'est déjugé dans aucune circonstance, a chaudement et exclusivement prôné la ruche à cadres, et si chaudement prôné, qu'il est parvenu à recruter près de 2,500 prosélytes. Eh bien, plus de 2,475 de ces prosélytes ont fait comme M. Quimby : ils ont tourné casaque. — *La Rédaction.*

(1) En 1861, année de miellée abondante, un lot de 25 ruches à calottes, cultivé à compte et demi, nous donna 2,000 fr. de bénéfices *nets*. Ces *merveilles* ne font pas règle. — *La R.*

(2) Les possesseurs d'abeilles des Landes de Bordeaux les auraient à ce moment logées dans des ruches à cadres que ces ruches ne seraient pas moins vides que celles du pays, à moins que, l'année précédente, ils n'eussent laissé dans chaque ruche à cadres la consommation pour deux campagnes, ce qu'ils étaient à même de faire avec leur ruche commune. — *La R.*

les enfants chéris de toute la famille qui aura eu le bonheur de les obtenir.

Dans les écoles primaires, qui s'élèvent partout, dès qu'il y a une réunion de 5 ou 6 familles et dont la fréquentation est gratuite, il verrait qu'on enseigne les éléments de toutes les connaissances humaines : physique, chimie, hygiène, anatomie, géologie, histoire naturelle, etc.; philosophie, religion, morale, rhétorique, éloquence, etc., etc. Il pourrait assister à un discours en trois points où une grave institutrice de 20 ans engagerait ses élèves des deux sexes à être vertueux, et à profiter des facilités que présente l'école afin de découvrir les aptitudes spéciales que chacun d'eux possède ; à les développer pour devenir éminents dans les sphères qu'ils auront choisies. Elle leur dira qu'en s'élevant ils élèveront leur nation, qui a pour mission de guider les autres peuples comme un phare guide les bâtiments pendant la nuit ; qu'en grandissant en morale, en science, en richesse, ils entraîneront l'humanité entière dans la voie du progrès et de la liberté.

Pénétrant aussi dans le sein des familles, il y verrait la mère confier, sans arrière-pensée, ses filles à des jeunes gens qui les conduiront aux *meetings* (lieux de rassemblements), aux fêtes, aux bals. Que craindrait-elle ? ne sait-elle pas que pendant sa jeunesse, en de semblables parties de plaisir, aucune parole inconvenante n'a jamais choqué ses oreilles ? Tant est grand le respect dont les femmes sont entourées ici. C'est à la liberté de la femme qu'on reconnaît le degré de civilisation d'un peuple, a dit Ch. Fourier.

Puis il pourrait voir une jeune fille annonçant à ses parents son mariage accompli ou projeté ! — *All right!* (très-bien !) répond le père ; puis, s'il est riche, il ajoute: « tu emporteras ton lit. Je te donne aussi le poney que tu as l'habitude de monter. » Voilà la dot ! A quoi bon davantage ? Ne sait-il pas que son gendre habile dans un état librement choisi, aimant sa femme, l'entourera de soins et de bien-être, autant qu'il sera en son pouvoir ?

Combien la France, avec ses écoles différentes pour les deux sexes, où on dément dans l'une, au nom de la science, ce qu'on enseigne dans l'autre au nom de la religion ; ses alliances d'inconnus ou d'indifférents de la veille, où les époux, apportant des croyances, des idées et des habitudes contraires, sont réunis par le seul mobile des convenances de la dot, a besoin de grandir en savoir et en moralité pour atteindre la hauteur où sont arrivés les États-Unis !

Quand votre apiculteur lorrain aura vu tout cela, et bien d'autres choses encore, je crois qu'il reconnaîtra qu'une idée féconde comme celle de la ruche à cadres, semée en pareil terrain, ne peut manquer de germer, de grandir et de porter des fruits.

Je me suis imposé la mission de réformer l'apiculture en France (1),
et quoique chétif, luttant pour le progrès, j'ai la certitude de réussir (2).
La tâche sera difficile et longue. Semblable à la mite, je percerai mon
petit trou dans le sombre voile, pour y glisser un faible rayon de la
lanterne du phare américain. Cette lueur redonnera courage à ceux qui
désespèrent, et préparera les yeux des aveugles pour le jour peu éloigné
où le voile, artisonné par toutes les mites du progrès, sera déchiré et
dispersé....   CH. DADANT.

De la prétendue infériorité des cadres, démontrée à coups de boutoir.

Je prie M. le Directeur de me permettre de faire une objection
à la lettre de M. Poisson, insérée dans le numéro de janvier de l'*Apiculteur*, sous le titre : « Démonstration à coups de boutoir. »

M. Poisson dit : « J'espère, moi, prouver tout de suite que M. Dadant
ne mettra en évidence par ses articles que l'inutilité sinon l'infériorité
de la ruche à cadres mobiles et du mello-extracteur, etc. » J'ai lu et
relu sa lettre, et, franchement parlé, je n'y ai pas trouvé une preuve
convaincante de l'inutilité de ces deux instruments apicoles, déjà tant
maltraités. Je me suis dit : ou bien M. Poisson ne parle pas au sérieux
dans son article, et veut rire aux dépens de ses lecteurs, ou bien, par-
donnez-moi l'expression, il est ennemi juré des cadres : la fin de sa lettre
où il parle de ces derniers qui fonctionnent si bien, *même en hiver*,
veut me le faire croire.

Enfin, tout considéré, j'étais plus convaincu que jamais de la bonté
des ruches à cadres mobiles et du mello-extracteur, et, sans être maître
en apiculture comme l'est, je n'en doute nullement, M. Poisson, sans
avoir, comme lui, monté une centaine de ruches à cadres, j'espère pourtant prouver à mon honorable collègue que les praticiens des ruches de
ce genre ont, avec l'extracteur, des avantages réels, je puis dire considérables, sur ceux des ruches à bâtisses fixes quelconques.

(1) L'introducteur des ruches à cadres, en France, M. Debeauvoys, disait 1
même chose il y a vingt-cinq ans. — *La R.*

(2) Voici une recette assurée. Que les possesseurs de ruches à cadres fournissent du miel, beaucoup de miel aux marchands de gros, voire même directement à la consommation, à prix plus bas, — tout en gagnant autant, — que les
possesseurs de ruches d'autres systèmes. Ceux-ci feront aussitôt un *prononcia-
mento* général en faveur de la ruche à cadres. On n'est pas plus dur que cela à
la détente. — *La R.*

Suivons les travaux et observons les résultats de deux apiculteurs, l'un ayant des ruches à bâtisses fixes, l'autre des ruches à cadres mobiles, et puis comparons. Tous les deux sont supposés avoir des ruches d'une même force au début de la campagne.

Eh bien! l'apiculteur à bâtisses fixes commence la saison des fleurs en munissant ses ruches de calottes vides. Il lui serait bien difficile de leur donner des calottes garnies de rayons sans avoir un extracteur à sa disposition, et s'il devait avoir quelques débris de gâteaux, ce serait une rare exception. Tant que les cellules du corps de ruche ne sont qu'à remplir, la besogne des abeilles est facile, le plus grand nombre pouvant voler aux champs pour butiner; mais une fois arrivées dans le magasin, voilà un autre genre de travail qui les attend. Des rayons sont à construire, des masses de miel sont à transformer en cire; des quantités d'ouvrières sont requises pour ces travaux et par là le nombre des butineuses est diminué considérablement. Il y a perte de temps, perte de miel, et par suite, perte au lieu de gain pour l'apiculteur.

Après dix jours de travail, la calotte est pleine, le miel mûr, comme disent les apiculteurs de l'Alsace. Le propriétaire procède à son tour à la récolte en enlevant miel et cire à ses abeilles, qui, sans se rebuter, recommencent à bâtir; nouvelle perte de temps et de miel, dix grammes de miel ne donnant qu'un gramme de cire.

Si ce même apiculteur peut récolter trois fois ses calottes durant toute l'année, supposons 9 kilog. de miel, il pourra parler de chance.

Observons maintenant le praticien des ruches à cadres mobiles. Son premier soin, au printemps, c'est de visiter sa caisse à rayons. Je m'explique; à la fin de l'été précédent cet apiculteur a eu soin de garder tous les cadres munis de rayons et vidés par l'extracteur ainsi que tous les débris de rayons provenant de ruches qui ont dépéri, et les a conservés dans une caisse ou dans un tonneau fermant hermétiquement. Il y a brûlé un morceau de soufre pour préserver les gâteaux des ravages de la fausse-teigne.

Notre apiculteur a là des provisions qui, fondues, lui auraient peut-être donné un ou deux kilog. de cire, et qui, conservées comme nous venons de l'indiquer, seront, pour ses abeilles, une ressource précieuse, pour lui, un capital placé à de bons intérêts.

Au commencement du printemps donc, notre homme donne à toutes ses ruches des magasins garnis de rayons. La tâche de la gent ailée est alors facile, elle ne consiste plus qu'à fournir du miel pour remplir des

cellules toutes préparées, et à soigner le couvain. La presque totalité
des abeilles va aux champs, qui, par une saison où la belle nature est
si prodigue en fleurs, leur fournissent une ample moisson. Le miel est
rapporté en abondance, et déposé à la hâte dans les rayons des magasins.
Ces derniers ayant six ou huit cadres, sont remplis dans moins de deux
belles journées comme nous en avions le mois de mai dernier. Un tour
de la machine rotative et les rayons sont vidés et remis aux abeilles, qui
les remplissent dans un même laps de temps. Cet apiculteur, avec les
ruches à cadres mobiles, videra trois fois et même quatre fois ses magasins moyennant une simple application de la force centrifuge, pendant
que l'apiculteur routinier se contente d'une seule récolte. Le premier
peut obtenir d'une ruche de 20 à 30 kilog. de miel, le second en aura à
peine 8 ou 9.

Les chiffres que je donne ici ne peuvent pas servir de règle générale ;
l'essaimage, la température et la contrée influant beaucoup sur le rendement des abeilles ; et d'ailleurs le chiffre serait trop beau, tout le
monde en conviendra, si avec 20 ruches, par exemple, on pouvait, une
année dans l'autre, réaliser un bénéfice de 400 à 500 kil. de miel.
J'ajoute seulement que, si les causes que je viens de citer plus haut in-
fluent sur le rendement des ruches à cadres, il ne faut pas oublier que
les ruches ordinaires ne sont pas épargnées non plus *des mêmes effets de
ces mêmes causes.*

La comparaison entre les deux sortes de ruches est faite : épargne de
temps et de miel, rendement bien supérieur à celui des ruches ordinaires, voilà le problème résolu par les bâtisses mobiles et leur aide *indispensable*, l'extracteur.

Quant à l'infériorité du miel provenant des cadres, si infériorité il y a,
je défie tout apiculteur de réaliser avec 9 kilog. de miel de bâtisses
fixes et de la meilleure qualité, le même bénéfice que réalisera l'apiculteur praticien des cadres avec 20 kilog. de miel passé par l'extracteur.

J'ose enfin croire que, si M. Poisson avait possédé l'extracteur en 1852,
quand il avait 120 ruches à cadres de montées, il ne les aurait certainement pas fait remplacer. La ruche à cadres sans l'extracteur n'a pour
moi pas plus de valeur que toute autre espèce de ruche, sinon comme
ruche de curiosité, comme le dit M. Poisson.   S. DENNLER.

Entzheim, le 8 janvier 1869.

Médaille de 100 francs à l'apiculture rationnelle (1).

Dans l'*Apiculteur* de janvier 1869, page 127, M. Derivaux, à Urmatt (Bas-Rhin), nous coule tout doucettement une petite réclame en faveur des bâtisses mobiles. Voici ses paroles : « L'année 1868 a été très-bonne pour la production du miel, surtout au printemps, à partir du 15 avril jusqu'au mois de juillet ; les essaims n'étaient pas nombreux, par cette raison même que l'abondance du miel a fait négliger le couvain dans les ruches qui n'ont pas été agrandies au fur et à mesure de l'arrivée du miel. Mes vingt ruchées m'ont donné en moyenne vingt kilog. chacune. « *Les ruches Dzierzon avec chapiteau l'ont emporté sur les ruches à hausses de quatre à cinq kilog.* Une de mes ruches Lagerstoëke (ruche couchée) a fourni vingt-huit kilog. dont dix-huit dans le chapiteau, le reste dans le corps de la ruche, et je lui laisse pour passer l'hiver plus de vingt kilog. » L'honorable apiculteur d'Urmatt a été trop sobre de détails. Si par exemple il avait dit : J'avais au printemps huit colonies en ruches à hausses; et ces colonies étaient aussi lourdes, aussi peuplées, aussi jeunes (quant à la bâtisse) que les autres colonies en ruches Dzierzon, et cependant, malgré ces conditions égales, les ruches Dzierzon l'ont emporté de quatre à cinq kilog. chacune sur chacune des ruches à hausses ; si M. Derivaux avait tenu ce langage, nous aurions reconnu en lui un observateur qui veut servir la vérité plutôt que son opinion.

En attendant que M. Derivaux veuille bien compléter ses renseignements, je lui offre une médaille de cent francs aux conditions suivantes : M. Derivaux, en avril prochain, choisira dans son apier six colonies logées en ruches Dzierzon, l'apiculteur lorrain choisira dans le même apier (apier Derivaux) six colonies logées en ruches à hausses ; les douze ruchées seront transportées sur le territoire de Mutzig, et là elles seront commises à la garde et à la loyauté de M. Emile Billot ; et si à la fin de la campagne les ruchées Dzierzon l'emportent sur les ruchées à hausses, je m'engage à attacher à la boutonnière de mon heureux concurrent une médaille de cent francs.

(1) L'école alsacienne appelle l'apiculture rationnelle celle qui est pratiquée au moyen des bâtisses mobiles. Toute autre apiculture est pour cette école une apiculture routinière, une apiculture attardée. Selon M. Bastian, *nous en sommes encore pour l'apiculture comme qui dirait presque au système de Ptolémée pour l'astronomie.* En bon français l'apiculture de notre pays est à l'envers comme l'était l'astronomie de Ptolémée qui faisait tourner le soleil et les étoiles autour de la terre.

Il est entendu cependant que les frais de toute nature, autres que le prix de la médaille exclusivement à la charge de l'apiculteur lorrain, retomberont sur celui qui aura trop présumé de ses forces. Il est encore entendu que si l'apiculteur lorrain ne trouve pas sur l'apier Derivaux des ruchées à hausses qui soient équivalentes, pour la population et l'âge des bâtisses, aux ruchées Dzierzon, il aura le droit d'en prendre ailleurs.

Pour éviter tous ces petits désagréments qui naissent trop souvent entre créancier et débiteur, nous déposerons chacun une somme de cent cinquante francs chez un notaire, comme garantie des frais à payer à qui de droit. L'apiculteur lorrain ajoutera cent francs pour garantir la remise de la médaille.

Un apiculteur lorrain.

Fragments du journal d'un apiculteur.

Ferme-aux-Abeilles, février 186...

5 *février.* Par les hivers très-froids, comme par les hivers doux, les abeilles consomment plus que par les hivers ordinaires. Dans les premiers, elles consomment plus de miel pour entretenir la chaleur nécessaire à leur existence ; dans les derniers, elles en consomment davantage pour nourrir le couvain à l'éducation duquel la température leur permet de s'adonner. Aussi dès qu'arrive février, il faut soupeser toutes les ruches qui, au mois de novembre, n'étaient pas largement fournies de provisions, et se hâter d'alimenter celles dont les provisions tirent à leur fin. C'est à ce moment que les ruches à issue supérieure peuvent être nourries sans embarras. L'ouverture est débouchée et, dessus, est placé un vase renversé et fermé d'une toile, où tout autre nourrisseur ayant une cuvette dans laquelle les abeilles peuvent venir puiser la nourriture sans trop se déranger. Celles en une seule pièce qui ne sont pas percées par le haut doivent être alimentées par dessous. On peut aussi leur donner des provisions en greffant, en lieu et place de rayons vides, des rayons garnis de miels qu'on a mis en réserve. Pour faire tenir ces rayons garnis, on se sert de petites chevilles et de barrettes en bois, qu'on passe tantôt dans les parois des ruches, et qu'on serre contre ces parois lorsque les ruches sont en planche.

Si la gelée est vive, il faut rentrer dans un logement ou dans une cave les ruches à alimenter par-dessous, et ne présenter aux abeilles qu'un kilog. de nourriture au plus, qu'on a soin de tenir légèrement tiède au moyen d'une tuile chauffée et placée sous le nourrisseur. Les ruches sont reportées au rucher lorsque l'alimentation est montée. Mais quinze jours ou trois semaines après, il faut recommencer et cela jusqu'au moment où les fleurs mellifères donnent du butin aux abeilles et que le temps leur permet d'aller le recueillir.

C'est le moment aussi d'enlever de leur ruche les abeilles qui ont épuisé les provisions pour les loger dans les ruches garnies, dont on a enlevé les abeilles avant l'hiver pour les réunir à une autre population. On assure, par ce moyen, l'existence de ces abeilles jusqu'au moment de la récolte, et l'on a une bâtisse en bon état qui pourra recevoir un essaim au printemps, ou mieux être employée au calottage au moment de la miellée. Cette cire devra être montée au grenier, en attendant son emploi. Dans le cas où elle contiendrait quelques peu de couvain, il est bon de l'extraire au moyen d'un couteau à lame recourbée.

Les petites populations des ruchées à bout de provisions doivent être réunies, soit pour être alimentées artificiellement, soit pour être logées dans une ruche garnie de miel. L'opération se fait dans une cave en transvasant les abeilles, ou en les secouant sur un linge par un fort mouvement de bras. On peut aussi opérer la permutation de la population par l'asphyxie momentanée ; mais il faut que les abeilles aient pu sortir depuis peu pour vider leur abdomen. Il est bon de n'employer ce dernier moyen, à cette époque, que si la gelée ne se fait pas sentir, et si le temps permet aux abeilles de sortir dans la journée. On n'opérera que vers le soir, dans une pièce dont la température n'est pas au-dessous de 12 à 15 degrés ; les abeilles asphyxiées seront versées dans leur nouvelle habitation, qu'on clora avec un linge et qu'on gardera renversée une heure ou deux.

Les réunions sont très-faciles avec les ruches à hausses. Les hausses qui contiennent les abeilles sont détachées, puis elles sont réunies par deux ou trois. On donne un peu de fumée de part et d'autre pour empêcher les abeilles de se chercher noise. On peut aussi leur jeter un peu de miel liquide qui les engage à se réunir.

Les ruches en cloche dont on veut se défaire, peuvent être réunies de la manière suivante, à des colonies logées dans des ruches à hausses. On scie ces ruches en cloche au tiers ou à la moitié de la hauteur, et on les place sur les hausses logeant la colonie avec laquelle on veut faire l'union. On peut également les placer sur des corps de ruche plats, corps de ruches à chapiteau.

Il ne faut pas oublier que *ventôse* ne tardera pas à se faire sentir, et qu'il pourra jeter à terre les ruches établies en plein air, bien que ces ruches aient résisté aux grands vents de l'entrée de l'hiver. Alors elles avaient un poids qu'elles n'ont plus, et qui les consolidait. Deux ou trois piquets fichés en terre et réunis par le haut, les mettront à l'abri de toute bourrasque.   X.

Avis aux producteurs de miel du Chili.

Les apiculteurs et marchands de miel du Chili trouveront un débouché bien plus avantageux à porter leurs produits aux États-Unis que de les envoyer au Havre. Ils pourront vendre leur miel à New-York, ou dans tout autre port des États-Unis, deux ou trois fois le prix qu'ils le vendent au Havre. Le kilog. de miel qui n'est payé que 80 cent. au Havre, et qui se vend 1 fr. à la consommation de Paris (2 fr. en Allemagne), se payera au moins 1 fr. 50 à 1 fr. 80 à New-York, et sera vendu 3 ou 4 fr. à la consommation Yankee. Le nord des États-Unis, ne produisant pas de sucre, consomme beaucoup de miel qu'il va demander en partie à la Havane, dont les produits sont très-inférieurs; ce qui veut dire qu'il n'est pas difficile sur la qualité.

Apiculture en Australie. — Dans une note sur les progrès de l'acclimatation en Australie, on lit ce qui suit sur l'apiculture : « M. Edward Wilson a introduit l'abeille ordinaire il y a bien des années, et dans quelques parties du *bush* on peut récolter aujourd'hui le miel et la cire par tonnes. Depuis cette première introduction, la société d'acclimatation de Victoria y a ajouté l'abeille lugurienne; mais l'impossibilité d'empêcher le croisement de cette nouvelle venue avec l'ancienne race a enlevé à cet essai tout résultat utile.

Fabrication des capuchons ou surtouts.

Les capuchons se façonnent généralement à la main, lorsqu'il s'agit de la forme ordinaire pour les ruches en cloche. Mais, on a inventé des appareils pour façonner ceux qui se tiennent ouverts comme des parapluies. A l'exposition des insectes du Palais de l'Industrie, on a pu voir l'appareil que M. Beuve monte sur son métier à fabriquer les ruches, avec lequel appareil il façonne des capuchons épais et d'une solidité remarquable.

Pour façonner un capuchon ordinaire, il faut prendre une botte de paille de seigle, en enlever l'herbe et les brins de paille brisés, frapper sur un sol uni le bas de cette botte pour unir la paille; puis la lier par le haut au moyen d'une ficelle ; il faut ensuite rabattre les épis et lier une seconde fois pour former la tête du capuchon. A la main, on ne peut pas serrer assez fortement çette tête pour empêcher l'eau d'y en-

Fig. 3. Métier à serrer les têtes des capuchons.

trer; il faut avoir recours à une corde et à un levier : on se sert de ceux employés par les fabricants de balais.

M. C. Viaut, instituteur à Quenne, nous communique la figure d'une machine qu'il a inventée pour nouer les capuchons, fig. 3. La vue en montre tout le mécanisme. Cette machine permet de serrer très-fortement les têtes des capuchons. — Il est bon que la ligature de la tête soit en fil de fer. Il est bon aussi de coiffer d'un pot à fleur ou autre les têtes des capuchons établis sur les ruches.   H. H.

La pourriture du couvain (loque).

Sa cause, sa source, son traitement,
par M. A. Lambrecht.

Parmi les différentes maladies des abeilles, mentionnées dans l'histoire de l'apiculture, si haut qu'on fasse remonter cette histoire, il n'en est pas de plus dangereuse ni de plus destructive que la *pourriture du couvain,* justement redoutée. Des ruchers entiers ont été balayés par ce mal pestilentiel ; et plus d'un apiculteur a été littéralement ruiné, et contraint

de renoncer à l'apiculture, les pertes subies l'ayant privé des moyens
d'acquérir une souche d'abeilles saines pour regarnir ses ruches. D'autres, moins sérieusement lésés, ont été cependant tellement désappointés
et découragés par le dommage souffert qu'ils ressentent un violent dégoût pour une industrie qu'un pareil désastre peut atteindre ; et, à
n'envisager le sujet qu'à leur point de vue, le cas de ces derniers excite
la pitié et la sympathie, et leur résolution ne doit pas causer de surprise.
Le mal arrive à sa victime soudainement et à l'improviste, souvent
attaquant ses souches la nuit, comme un voleur, et s'étendant d'une
colonie à l'autre. Il n'est donc point étrange que l'apiculteur découragé soit
prévenu d'un noir pressentiment, lorsqu'en ouvrant une ruche il flaire
une exhalaison méphitique, au lieu de la douce odeur du miel. N'ayant
pas d'expérience personnelle pour se diriger, employant vainement les
remèdes suggérés par d'autres, il est forcé d'assister au progrès du mal
sans espoir ni ressource ; et, quand a péri sa dernière colonie, il abandonne, de dégoût, ce qu'il avait cru lui devoir procurer des bénéfices, ou
au moins une agréable distraction dans ses travaux. Voilà trop souvent
ce qui arrive ; et c'est une raison suffisante en soi pour qu'un chercheur
imagine, appuyé sur l'expérience et la science, quels moyens guériront
infailliblement et invariablement cette maladie, partout et toujours où
elle existera. La dissertation suivante montrera-t-elle que nous ayons
réussi dans cette entreprise? L'apiculteur intelligent prononcera. En
attendant, nous osons garantir le succès, dans tous les cas où l'on appli-
quera le remède proposé, et où l'en exécutera convenablement et de
point en point les opérations requises.

Quand, en visitant une ruche, l'apiculteur trouve sur le plancher de
petites parcelles ou granules noirâtres qui, pressées entre les doigts,
deviennent plastiques et envoient une odeur puante ; et quand, de plus,
il voit que les couvercles des cellules de couvain sont affaissés et que les
cellules elles-mêmes contiennent des larves mortes et en putréfaction,
soit que celles-ci soient encore molles, bien qu'en décomposition, ou
qu'elles soient repliées, pour se dessécher, masse noire et fétide ; ou
même, quand des larves non encore mûres, mortes et en décomposition,
sont tirées des cellules par les ouvrières et gisant sur le plancher ; il peut
dire qu'il a devant lui une preuve concluante de l'existence de la pourriture du couvain dans cette ruche. Pour l'apiculteur expérimenté, l'émanation nauséabonde qui s'échappe de la ruche annonce sur-le-champ la
condition malade de la colonie, et rend superflue une visite de plus près.

Des cas se présentent, à la vérité, où, par suite d'une longue suspension de miellée ou d'un mauvais temps prolongé, les provisions d'une colonie étant épuisées, sans qu'il y ait espoir que la miellée reprenne, les ouvrières, arrachent le couvain des cellules et l'emportent au loin, désespérées. Mais, alors, les larves sont encore fraîches et intactes, elles ne montrent pas le plus léger symptôme de maladie ou de décomposition naissante, et il ne s'échappe de la ruche aucune mauvaise odeur. Cela, quoique malheureux, n'a pas encore de rapport avec la maladie contagieuse dont nous traitons. Il y a, en outre, une forme de loque bénigne et non pestilentielle, facile à distinguer de l'autre par ceci, que là où elle existe, il n'y a d'affecté que les larves *non operculées*, qui sont trouvées mortes dans les cellules. Cette forme résulte d'une exposition à un grand froid, après un changement subit de température, alors que le bas des rayons est déjà occupé par du couvain, et nullement d'une propriété nuisible du chyme dont il est nourri. Cependant, même alors, il faut être soigneux, et il est toujours prudent de traiter le cas sur-le-champ, dès qu'il se présente, en la manière que nous dirons.

Aux accompagnements externes de la pourriture du couvain appartiennent incontestablement les miasmes gazeux et putrides particuliers dont est chargée l'atmosphère de la ruche entre les rayons, et qui transforment cette ruche en une sorte de réservoir, où les germes de la fatale maladie se renouvellent continuellement, et d'où ils sortent pour se répandre à l'infini. L'atmosphère d'une ruche pourrie est mortellement infectée. L'ammoniaque qui s'y développe, résultant de la décomposition des larves, et l'hydrogène sulfuré qui y est engendré, agissent affreusement sur la force vitale des abeilles : leur magasin de vivres, — surtout le pollen, — est constamment atteint, et devient ainsi tout particulièrement propre à propager et à entretenir la génération ininterrompue des corpuscules miasmatiques. Nous reparlerons plus longuement de ce fait dans un autre endroit, notre but étant, d'abord, d'élucider la source des deux substances élémentaires que nous venons de nommer.

Une maxime généralement reconnue, c'est que « partout où des substances organiques sont en décomposition, — c'est-à-dire se résolvent dans leurs éléments constituants, — il s'en dégage de l'ammoniaque et l'hydrogène sulfuré. » Que ce soit le cas, lorsque se présente malheureusement dans une ruche la pourriture du couvain, c'est ce que démontre jusqu'à l'évidence la simple expérience que voici. Mettez quinze ou seize larves d'abeilles dans une petite fiole de verre, et versez autant d'eau qu'il faut pour les en couvrir d'un pouce et demi de hauteur. Trempez une petite bande de papier à lettre ordinaire dans une solution aqueuse de sucre de plomb (*sel de saturne*), faites sécher, et suspendez dans la fiole, un peu au-dessus de l'eau, au moyen d'un bouchon. Quelques jours après, vous observerez les changements suivants. Le papier suspendu aura pris une teinte brunâtre, le sulfure développé par les larves en décomposition, s'étant séparé de l'hydrogène, avec lequel il était combiné, et s'étant uni au plomb, pour lequel il a une plus grande affinité chimique, formant ainsi du sulfate de plomb. La présence actuelle de l'hydrogène sulfuré dans la fiole devient évidente si l'on ouvre ce vase, d'où s'évapore une odeur désagréable, pareille à celle d'œufs punais. D'autre part, le nitrogène, dégagé des larves en décomposition, se combine à son tour avec l'hydrogène libre et forme l'ammoniaque, qui est retenu temporairement par l'eau dans la solution. Versez dans un gobelet un peu de cette eau, chauffez doucement, et distillez sur un morceau de chaux vive; la fumée âcre qui s'en élèvera indiquera la présence de l'ammoniaque, dégagé et expulsé par la chaux. Nous ne dirons rien, quant à présent, des autres substances élémentaires contenues dans les larves et maintenant rendues libres.

Il est parfaitement connu que les abeilles ne respirent pas, comme la plupart des autres créatures, par les poumons, mais par des spiracules (*stigmates*), dont deux paires sont situées sur les côtés du thorax, et une paire de chaque côté des segments abdominaux. Comme toutes les créatures, les larves respirent un air atmosphérique, qui, pour être vital, doit être pur et se composer de quatre parties nitrogènes et d'une partie oxygène, avec une faible portion d'acide carbonique et de vapeur aqueuse, unies mécaniquement. Mais si, comme nous l'avons déjà montré, l'atmosphère d'une ruche pourrie contient en addition une quantité d'ammoniaque et d'hydrogène sulfuré, les créatures qui la respireront avaleront à un certain degré la mort. L'air vicié, respiré, produira son effet naturel. La vie n'est plus possible à un tel médium, dont la respiration ne produit que des combinaisons morbifiques, dans les tissus délicats des larves. Le pollen, emmagasiné dans une ruche semblable, se décomposera de plus en plus, à cause de la présence de ces éléments hétérogènes; nous l'avons déjà remarqué, et il n'est pas nécessaire d'y revenir.

Ayant ainsi indiqué les points que nous avons jugés indispensables, pour une convenable élucidation du sujet, recherchons maintenant la cause à laquelle seule il faut attribuer l'existence de la pourriture du couvain.

Il n'est point d'apiculteur qui ne sache de quelles substances nutritives subsistent lés abeilles ; mais il ne sait pas aussi bien que ces substances, chez les abeilles, comme chez les animaux vertébrés, se forment de deux classes distinctes, les non-nitrogènes, renfermant le miel, et les nitrogènes, comprenant le pollen. Pendant que les premières sont composées de trois *organogons,* — le carbone, l'hydrogène et l'oxygène, avec quelques substances inorganiques, — les dernières sont principalement formées du carbone, de l'hydrogène, de l'oxygène, du nitrogène et du sulfure (*phosphorus*). Celles-ci, *simplement en conséquence de leur composition particulière, se décomposent très-aisément.* Elles fermentent et se putréfient facilement, étant mises en contact avec la chaleur et l'humidité; et, pendant qu'elles sont ainsi en décomposition, elles affectent irrésistiblement, de la même manière, quelques substances non nitrogènes avec lesquelles elles sont combinées. Tels sont les ferments naturels qui, unis avec la chaleur, engendrent le travail appelé fermentation, et qui sont particulièrement propres à convertir en d'autres formes les substances saccharines. Plus tard, quand il le faudra, je reviendrai sur cette propriété des substances nitrogènes ; jugeant à propos d'examiner avant tout le pollen comme substance nitrogène et sulfurée.

Le chyme, que les ouvrières préparent avec le miel et le pollen, au moyen d'une digestion partielle, et dont les larves sont nourries, contient *une substance nitrogène, plastique, formative, dont dérivent et se composent tous les organes et tissus des larves.* Il est composé, ainsi que nous l'avons déjà remarqué, de carbone, d'hydrogène, de nitrogène et de sulfure (*phosphorus*) ; et précisément à cause de cela, sa composition étant compliquée, il est particulièrement susceptible de décomposition rapide, exposé à l'air et à l'humidité, — c'est-à-dire, à la fermentation et à la pourriture. Par la décomposition, les substances élémentaires qu'il contient sont rendues libres, c'est-à-dire, la combinaison chimique qui existait jusque-là est dissoute ; et elles sont libres de former de nouvelles combinaisons, dépendant en particulier de leurs plus ou moins fortes affinités. Ainsi, le nitrogène attire et s'assimile autant d'hydrogène qu'il en faut pour composer l'ammoniaque, le résidu de l'hydrogène se combinant avec le sulfure, et formant l'hydrogène sulfuré, tandis que le carbone s'unit avec l'oxygène restant, pour former l'acide carbonique, etc., etc. Nous comprenons, en conséquence de ces opérations diverses, que la décomposition soufferte par une substance nitrogène se résolve dans la production d'un certain nombre de substances nouvelles, possédant des formes et des propriétés nouvelles, et que l'effet original qu'elle était apte à produire, en tant qu'unité organique, ne puisse plus être obtenu après que la décomposition est accomplie. Donc, il est évident que le pollen, bien que n'ayant subi qu'une décomposition partielle, affectera les corps des abeilles et des larves différemment de ce qu'il le fait ou le ferait dans sa condition naturelle ; et l'on ne peut plus douter que *la pourriture du couvain ne doive son origine au pollen ainsi partiellement décomposé*. Qu'il puisse très-facilement se décomposer, rien de plus manifeste. L'humidité, résultant en partie du miel non operculé, et en partie de la transpiration des abeilles, est condensée dans la ruche par le froid extérieur ; et à l'automne et au commencement du printemps, on voit souvent des gouttes couler sur les rayons, comme nous en voyons sur les vitres de nos demeures. Or, si une goutte d'eau pénètre dans une cellule de pollen, il s'ensuivra immédiatement la prompte décomposition de ce dernier, et elle sera bientôt communiquée par les abeilles au pollen des autres cellules ; et, par suite, la cause de la loque subsistera dans une ruche ainsi affectée. Cela explique *la répugnance naturelle des abeilles à emmagasiner l'eau dans leurs cellules*. Leur habitude est de n'en charrier qu'autant que l'exigent leurs besoins immédiats ; et de lécher soigneusement toute goutte condensée, aussitôt que la température intérieure de la ruche leur permet de le faire. Cette circonstance a probablement amené plusieurs apiculteurs à s'imaginer que les ruches ont besoin d'eau ; on a même écrit là-dessus, mais il est clair que les abeilles n'en veulent pas dans leurs magasins, et qu'elles l'éloignent aussitôt que possible. Elles sentent que l'humidité produit la chancissure, que celle-ci détruit leur pollen et conduit à l'introduction d'une funeste maladie. Ceci, toutefois, n'est dit qu'en passant. Avançons dans la considération du problème.

Au premier aspect, l'insinuation que le pollen en décomposition est la cause de la pourriture du couvain, peut paraître improbable, attendu que le couvain en a été nourri dès les premiers instants de son existence, et que la larve, tellement avancée en maturité qu'elle est sur le point d'être operculée dans sa cellule pour subir sa métamorphose finale, ne semble nullement être affectée par la qualité détériorée de la nourriture, ou par la maladie latente inoculée avec elle. Mais, la contradiction apparente disparaîtra, à un examen plus sérieux, et le blâme tombera de nouveau sur le pollen contaminé. Aussi longtemps que la larve a été nourrie avec le chyme, déjà *digéré* dans l'estomac de l'abeille, l'aliment a été en partie privé de ses propriétés nuisibles, par le changement qu'il a subi dans l'estomac, ses qualités nutritives originales ayant été restaurées fortement. Par conséquent, les larves nourries avec sont développées d'une façon tout à fait normale jusqu'au moment où elles sont operculées. Il est d'ailleurs possible que la décomposition du pollen ait été arrêtée ou suspendue par l'action de l'estomac de l'abeille, ou au moins tellement influencée que son admixtion ne détériore pas essentiellement la propriété nutritive du chyme. Des changements identiques sont communément aperçus. Ainsi, on observe que la levure, générateur actif de fermentation, étant triturée avec une molette, perd la propriété d'exciter la fermentation alcoolique, quoiqu'elle puisse, en cet état, convertir encore le sucre en acide lactique, etc. Nous concevons que cela ne sera point une explication futile, si nous regardons l'estomac de l'abeille comme un appareil de trituration, à l'aide duquel le pollen est privé de la plus grande portion de ses propriétés nuisibles. Mais, quand la larve reçoit le chyme *non digéré*, la décomposition progressive est en même temps communiquée aux tissus de son organisme d'insecte, qui, incapable de résister, ou de neutraliser l'influence pernicieuse, est alors détruit; et la pourriture du couvain en *doit fatalement* résulter.

Même quand le chyme a été digéré, c'est-à-dire rendu mangeable et nourrissant, et que les larves le reçoivent sous cette forme, sa puissance fermentative, comme dans le cas de la levure triturée, a été changée, *mais non détruite*. Un travail de fermentation a encore lieu, aboutissant toutefois à d'autres produits; et ceux-ci s'accumulant dans les tissus délicats des larves, nous comprenons qu'ils conduisent naturellement et nécessairement à la mort et à la pourriture. Toute substance capable d'engendrer la fermentation, possède le pouvoir particulier de la communiquer à tout corps fermentescible avec lequel elle se trouve en contact, et d'y ajouter une décomposition continuelle, jusqu'à ce que la putréfaction soit complète. La durée du travail est plus longue ou plus courte, à proportion de la quantité de ferment présente, ou suivant l'amas plus grand ou plus faible de la matière fermentescible à décomposer. Lors donc que nous réfléchissons, combien est infiniment petite la portion de pollen, mêlée avec le chyme dans l'estomac de l'ouvrière, nous concevons facilement que ses effets ne se manifestent qu'après un laps de temps, correspondant en ce cas au progrès naturel de développement dans la larve, et n'atteignant son apogée que lorsque la larve est operculée dans sa cellule. — A. Lambrecht. — Bornum. — C. K. tr.

Bibliographie apicole.

La Cave des Apiculteurs, par le R. P. Babaz. 1 vol. de 100 pages, gr. in 18.
Pinet imprimeur à Villefranche (Rhône). Prix 2 fr. Paris, librairie A. Goin,
rue des Écoles, 82.

L'auteur, un savant jésuite, auteur d'une petite monographie des
araignées aériennes, fils de la vierge, etc., dont les journaux ont fort
parlé, a baptisé de ce nom un procédé que le hasard lui a fait découvrir,
à l'aide duquel on peut *nourrir les abeilles à volonté, parfumer leur miel,
recueillir le meilleur de la contrée qu'on habite, avancer l'essaimage* et
*le rendre excessivement productif, sauver les ruches, même les plus pau-
vres et les essaims les plus tardifs.*

La moitié seule de ces avantages suffirait, cé nous semble, à faire
bien venir l'inventeur de ses confrères en apiculture. Eh bien ! lisez sa
brochure, écrite en très-bon style et avec une chaleur toute communica-
tive, et vous serez convaincu qu'il ne surfait sur rien. D'aucuns même,
réduits, comme le berger Aristée, à pleurer la perte de leurs chères abeilles, regretteront de ne pas avoir connu plus tôt ce merveilleux procédé.

Mais ce mirifique procédé qui va faire la joie de tous ceux dont les
établissements luttent avec avantage dans des pays peu favorables à la
culture des abeilles, quel est-il enfin ? Le voici, lecteur, en deux mots :
Vous avez une cave, caveau, simple souterrain, un lieu retiré enfin,
à demi mystérieux, où le jour pénètre avec peine, afin que le lieu ne soit
connu que des seules privilégiées qui y auront été initiées; vous garnissez
cette cave de bocaux remplis d'une liqueur miellée, ou tout simplement
du sirop de sucre assez liquide. Vous couvrez le goulot des bocaux d'une
étamine ou d'un simple linge à mailles ni trop claires, ni trop serrées;
vous placez les bocaux renversés sur une planche percée de manière à
les recevoir : la pression de l'air retient dans le vase le liquide sucré
sans qu'il puisse s'en répandre une seule goutte. Les abeilles *amorcées*
se répandent avec avidité sur les nectaires artificiels, se gorgent de ce
nectar et, dans un va-et-vient perpétuel, ne font qu'un bond de la ruche
à la cave et de la cave au rucher, emmagasinant avec un tel empressement le fruit de leurs rapines, qu'au bout de quelques semaines la ruche
est pleine à ne plus rien admettre. En aromatisant le sirop qu'on leur
sert avec diverses essences, on peut à volonté avoir du miel parfumé au
rhum, à la vanille, à la rose, au citron, à la fleur d'oranger, etc.

L'important dans ce procédé est d'amorcer les abeilles, et *surtout de
n'amorcer qu'elles ;* car, de remplir le rôle de la Providence pour les

abeilles de tout un canton, c'est ce que je ne conseillerais à personne de tenter ; une fois le sacrifice commencé, on ne sait où il s'arrêterait ; toutefois, en s'y prenant avec adresse, on y arrive facilement, à ce qu'il paraît, et sans avoir à redouter le danger ; sur le soir, au moment où les abeilles, fatiguées de leurs courses aventureuses, se prélassent au devant de la ruche, on leur présente le bord d'un capot englué de miel, et pendant qu'elles s'empressent de mettre à profit cette bonne aubaine, on les emporte tout doucement à la susdite cave dans laquelle on les place à bonne proximité des nectaires; elles ne tardent pas à les apercevoir et et s'y gorgent de *nectar* à *ventre déboutonné ;* puis on les voit se disposer au départ, non sans avoir effectué auparavant leur petit manége de reconnaissance autour du lieu qu'elles ont envie de revoir. Le lendemain toute la ruche renseignée arrive en masse sur les pas de ces éclaireurs de la veille, et les allées et venues, une fois commencées, ne discontinuent plus tant qu'on a soin de leur tenir les goulots garnis.

On peut ainsi *amorcer* un nombre indéfini de ruches; pas n'est besoin même pour cela d'avoir une cave : une étagère mobile où l'on établit quelques bocaux remplira parfaitement au besoin le but indiqué. La distance de la *cave* au rucher est insignifiante, elle ne doit pas toutefois être trop éloignée, afin de ne pas faire rendre aux abeilles trop de temps dans leurs allées et venues ; elle ne doit pas être trop rapprochée non plus, afin d'éviter que la mine soit éventée par d'autres, et aussi pour donner aux abeilles la facilité *d'excréter* en route la partie liquide du sirop ; car elles excrètent d'autant plus que l'aliment qu'on leur donne est plus liquide, et c'est à ce besoin, soit dit en passant, plutôt qu'à la prétendue joie d'un nouveau festin de Balthasar qu'il faut attribuer le feu *d'artifice* qu'exécutent au devant de leur ruche les abeilles auxquelles on a servi de la nourriture, ce qui, au dire de l'auteur, explique les déjections nombreuses dont sont salies les ruches que l'on alimente pendant la saison rigoureuse qui ne permet pas au abeilles d'exécuter au dehors cette *fantasia* si nécessaire à une bonne digestion.

« Du 1er juin au 1er août, dit M. Babaz, j'ai servi ainsi à mes
» abeilles plus de *douze hectolitres* de nectar artificiel. Aujourd'hui, pen-
» dant que les autres apiculteurs mes voisins tremblent pour le sort
» de leurs ruches, je suis en parfaite sécurité pour les miennes, car il
» n'en est aucune qui n'ait, pour passer l'hiver, au moins vingt ou vingt-
» cinq kilogrammes de provisions , sans compter une assez bonne quan-

» tité de miel que j'ai recueilli en automne, entre autres, un capeau de
» dix-neuf kilogrammes sur un *essaim du mois de juin !* »

Reste maintenant la question économique. Nous comprenons très-
bien qu'un apiculteur éprouve quelque plaisir à conserver et à améliorer
ses ruches; mais si, pour le plaisir de transformer du sucre en miel, il
change sa pièce de cinq francs contre cent sous et qu'il trouve zéro au
quotient et sa peine en plus, le plaisir, ce nous semble, serait payé son
prix. C'est à quoi nous laissons à M. l'abbé Babaz le soin de répondre.
Ce que nous avons voulu, c'est provoquer des expériences comparatives,
afin de constater s'il est aussi facile que le dit l'inventeur de la *cave*
de doubler, tripler, quintupler au printemps la population d'une ruche
dont on veut provoquer l'essaimage, et de décupler les provisions en
automne, de manière à faire traverser aux derniers essaims la mauvaise saison, sans avoir à redouter la disette, qui cause la perte de tant
de ruches sur lesquelles on avait fondé les plus belles espérances. Restera après cela à établir le prix de revient, ce qui, comme l'on sait, est
la pierre de touche de bien des procédés, séduisants en théorie, mais
qui sont souvent tout 'autres lorsqu'on vient à les traduire en pratique.

Mornant, le 30 novembre 1868.

Dr F. MONIN.

Société centrale d'apiculture.

Séance du 19 janvier 1869. — *Présidence de M. de Liesville.*

Le procès-verbal de la dernière séance est adopté. — Le secrétaire général annonce que M. Carcenac, qu'un voyage en Espagne éloigne pour
le moment de Paris, lui a fait part qu'il est dans l'intention de verser à
la Société la somme de 200 fr. pour être affectés à quatre prix donnés en
1869 à des instituteurs qui pratiquent et enseignent l'apiculture. La
Société témoigne toute sa reconnaissance à M. Carcenac, son honorable
président, et lui vote de vifs remerciments.

L'assemblée s'occupe ensuite des concours à ouvrir pour 1869, et elle
affecte des distinctions pour les questions suivantes :

1° *Une abeille d'honneur* à celui qui aura trouvé le moyen assuré de
guérir la loque ;

2° *Une abeille d'honneur* à celui qui aura trouvé le moyen de conserver un certain temps (huit à dix jours au moins) aux œufs d'abeilles les
facultés d'éclosion.

Les étrangers peuvent concourir pour ces deux prix.

3° Une *médaille d'or*, de la valeur de 100 fr., à l'auteur d'un moyen, à la portée de tous, de reconnaître avec précision la fraude des cires;

4° Une *médaille d'argent* ou de *vermeil* à celui qui aura le plus contribué à faire disparaître l'étouffage dans son arrondissement;

5° Une *médaille d'argent* à celui qui, dans le courant de l'année, aura le plus fait de propagande apicole, et formé d'apiculteurs autour de lui.

Il est affecté des médailles pour d'autres questions dont l'importance pourra être appréciée.

Des prix en argent (prix Carcenac) sont offerts aux instituteurs qui auront le plus aidé aux développements de l'apiculture, soit par l'enseignement dans leur école, soit par la propagande extérieure des bonnes méthodes apiculturales (un prix de 100 fr., un de 50 fr. et deux de 25 fr.).

La Société pourra donner d'autres prix en argent, selon le nombre et le mérite des concurrents. Elle ajoutera en outre des médailles, des livres et des instruments apicoles. — Les concurrents devront adresser leurs pièces au secrétariat de la Société, rue Saint-Victor, 67, avant le 15 novembre prochain. Ces pièces consisteront en déclaration et attestation, en moyens employés, preuves à l'appui, etc.

On passe au dépouillement de la correspondance. Plusieurs apiculteurs font connaître l'état de leur rucher et signalent la température exceptionnellement douce qui a régné en décembre et dans la première quinzaine de janvier, température qui a permis aux abeilles, les jours où le soleil se montrait, d'aller butiner sur les chatons en fleur des noisetiers, sur les mourons, et d'autres fleurs qui ne s'épanouissent ordinairement qu'en mars.

M. Ledeux-Algis adresse un mémoire sur lequel il sera fait un rapport, s'il y a lieu.

M. Pagnon, de Vigneux (Aisne), donne le produit de son rucher, qui se composait de 30 colonies au mois de mars, logées en ruches de paille en cloche. Il a obtenu 31 essaims, et a vendu 28 colonies, tant souches qu'essaims, à 13 fr. l'une; total, 364 fr. Il a fait 60 kil. de miel à 1 fr. 50 = 80 fr., et 5 kil. de cire à 3 fr. 60 = 18 fr. Total général, 162 fr. Il lui reste 25 ruchées en bon état. Ce correspondant fait remarquer que depuis 52 ans qu'il cultive des abeilles, il n'avait jamais vu, comme cette année, les abeilles rapporter tant de pollen en décembre.

M. Philippe Deproye, de Reims, adresse une cotisation volontaire de 10 fr. pour encouragement à l'apiculture. Remerciment.

Pour extrait: DELINOTTE, secrétaire.

L'apiculture aux États-Unis (1).

(*Suite*, Voir p. 108.)

Voilà donc des bâtisses qui ont 20 ans de durée et qu'un amateur de ruches à hausses eût remplacées quatre fois à son détriment, puisque le prix de la cire n'équivaut jamais au quart de la valeur du miel consommé pour la produire.

La croyance que *les vieux rayons conviennent mieux pour hiverner les abeilles que les nouveaux*, parce qu'étant plus épais, ils conservent mieux la chaleur, est très-rationnelle, et comme ils sont, ainsi que j'ai pu m'en convaincre, aussi bons pour élever le couvain, *c'est pour l'apiculteur une grande erreur* que de les remplacer sous la prétention qu'ils sont noirs.

J'éprouve le besoin de revenir sur le sujet par lequel débute mon article ; je veux parler du petit nombre de collaborateurs que vous trouvez parmi vos abonnés. Je viens de compter les signataires des quatre derniers mois de l'*American bee journal*, leur nombre s'élève à 120, ce qui fait supposer 300 pour l'année entière.

Questions ou réponses, critiques ou louanges de tel ou tel système, ou de telle ou telle ruche, observations, essais, difficultés vaincues, réussite ou insuccès, destructions des préjugés ou des erreurs, chacun apporte au journal ses expériences, ses opinions, ses résultats.

Mais il y a trois points sur lesquels tous les apiculteurs sont d'accord. Le premier c'est la supériorité des ruches à cadres mobiles. L'expérience en est faite, les résultats en sont concluants (2). On discute le mode d'application mais non le principe. *Tous essais en dehors de cette direction sont en dehors du progrès* (3). Le deuxième point c'est la supériorité des abeilles italiennes. De même que pour la ruche à cadres, il n'y pas une seule dissidence. Les abeilles italiennes sont supérieures aux noires sous tous les rapports. Enfin, le troisième point, c'est le désir de doter la république d'une nouvelle source de produits en l'affranchissant du tribut à payer à l'étranger par l'importation du miel.

Quand les grands seigneurs des États du Sud se séparèrent du Nord

---

(1) L'ordre de la mise en page du numéro de janvier a nécessité la coupure de cet article dont la suite est forcément renvoyée au mois de mars.

(2) Pour les amateurs, oui. Pour nos praticiens, non. Le premier point de l'apiculture productive est que les colonies soient fortes. — *La Rédaction*.

(3) Paradoxe de théoricien. — *La Rédaction*.

afin de jouir sans contrôle de l'odieuse institution de l'esclavage, la guerre de la *secession* fit doubler le prix du sucre. Les États du Nord firent alors ce que Napoléon Ier avait fait en France lors du blocus continental : ils demandèrent du sucre au sol. Au lieu de la betterave on trouva l'abeille qui répondit littéralement. L'apiculture, de branche accessoire de l'agriculture qu'elle était, devint aussitôt une industrie lucrative, et aujourd'hui on compte par milliers les familles qui lui demandent exclusivement leurs revenus. La ruche à cadres et l'abeille italienne furent les moyens. Cela dure depuis moins de quatre ans; jugez, d'après de tels commencements, des résultats que l'avenir tient en réserve. (*A suivre.*)

Errata. Dans le numéro de novembre, p. 49, ligne 3, au lieu de : ces boîtes sont en bois mince pour le plancher, et le plafond *est* en verre pour les quatre côtés, lisez : Ces boîtes sont en bois mince pour le plancher *et* le plafond, *et* en verre pour les quatre côtés.

Dans le numéro de décembre, p. 70, ligne 4, au lieu de 49, lisez : 40; page 74, ligne 45, supprimez : pour eux; page 70, ligne 8, après : « d'une ouvrière » ajoutez : en été...

Revue et cours des produits des abeilles.

Paris, 30 *janvier* — Miels. Les miels blancs sont restés en janvier aux prix de décembre. Les petits lots du Gâtinais en bonne condition, non encore placés, ont été pris de 90 à 110 fr. les 100 kil., baril perdu, selon composition, et les pays de dernière fabrication, à 80 fr. Il reste peu de miel dans les mains des producteurs. De son côté le commerce de gros n'a pas à se plaindre de l'écoulement qui est toujours facile lorsque les prix sont bas. Il cote à l'épicerie de 100 à 150 fr. les 100 kil.; selon qualité, en baril de 40 kil. Chili, de 80 à 110 fr., en baril de 90 kil.

Des producteurs de Bretagne ont cédé à 60 et 62 fr. les 100 kil. en gare d'arrivée. On cote à la consommation 65 fr. en gros fût et 70 fr. en petit fût. Au détail 80 cent. le kil.

Au Havre il existe un lot Chili demi-banc tenu 75 fr. 100 kil., une cinquantaine de barils roux tenu 70 fr. et 30 barils de Haïti faisables aux environ de 62 à 65 fr.

Cires. — Les cours de 400 à 405 fr. les 100 kil. hors barrière sont restés acquis pour les belles qualités en brique. Des lots ont été cédés à prix inférieurs, mais ils étaient accompagnés de lots de miel. Ces cours devront être conservés pour les cires de taille qui ne seront pas très-abondantes, les ruchers n'étant pas fort garnis. Dans la plupart des contrées mellifères, les *morines* ne seront pas non plus abondantes, l'essaimage n'ayant pas donné, et les souches possédant des provisions pour atteindre la saison des fleurs.

Au Havre, à Bordeaux et à Marseille, les cours sont restés tenus. A Marseille, on a coté : cire jaune de Smyrne, 230 à 235 fr. les 50 kil.; Trébizonde et Caramanie, 225 fr.; Chypre et Syrie, 220 à 225 fr.; Egypte, 205 à 215 fr.; Mogador, 195 à 200 fr.; Tétuan, Tanger et Larache, 190 à 205 fr.; Alger et Oran, 200 à 215 fr.; Gambie (Sénégal), 210 fr.; Corse, 220 fr.; cire de pays, 200 à 205 fr. Ces deux dernières à la consommation.

Au Havre il ne se forme toujours pas de stock sur place, les importations de Haïti par suite de la guerre civile dans ce pays sont très-minimes et on vient de payer quelques petits lotins jusqu'à 4 fr. 15 le kil., mais il y a plus de vendeurs au-dessous de 4 fr. 20. Les provenances du Chili ont été payées ces jours derniers 4 fr. 50 tant en disponible qu'à livrer, mais on ne pourrait plus en trouver maintenant au-dessous de 4 fr. 60. Nous attendons quelques fûts de New-York, on parle du prix de 4 fr. 25 le kil. demandé par les détenteurs. Autres sortes manquent et n'ont pas de cours régulier.

ABEILLES. — Il s'est traité quelques lots de choix en crus blancs à 16 et 17 fr., livrables en avril pour le Gâtinais. On reconnaît que si la qualité est bonne, la quantité n'est pas nombreuse. Les éleveurs se défont de peu de colonies, parce qu'ils n'ont pas eu d'essaims. — Les bâtisses sont rares et recherchées. Les landes de Bordeaux en fourniraient beaucoup cette année, si on trouvait là des gens pour les ramasser.

Les abeilles n'ont pas sensiblement souffert jusqu'à ce moment. Plusieurs journées, dans la première quinzaine de janvier, leur ont permis de sortir et de rapporter du pollen. Dans la seconde quinzaine, l'hiver est enfin arrivé, et des gelées assez fortes les ont fait remonter dans leurs rayons. Voici quelques renseignements qu'on nous adresse :

Les temps doux de décembre et de la première quinzaine de janvier ont été favorables aux abeilles. Elles ont peu consommé. Le 7 et le 8 janvier, elles butinaient sur la fleur du noisetier épanouie, et sur la violette de mars. Travail prématuré ! *Kanden* à Anson (Aube). — Il a fallu mélanger et approvisionner des essaims ; les premiers pesaient en décembre 15 kil. Le miel est à bas prix : 1 fr. 20 le kil. et se tire peu. A. *Quignard*, à Vaupoisson (Aube). — Les essaims ont été presque nuls dans nos localités. Les bonnes souches ont encore bien fait malgré la sécheresse. J'ai des essaims forcés; faits avec une hausse pleine qui sont bien bons; cela tient à la fécondité de la mère; d'autres faits avec les mêmes avantages sont faibles, parce que la mère valait moins. Une bonne mère produit des filles actives et laborieuses. *Jobert*, à Vallières.

Il est offert des colonies suffisamment approvisionnées pour atteindre les fleurs, de 8 à 10 fr. par les éleveurs. Le miel rouge se vend facilement au détail. *Lecomte*, à Goupillières (Calvados).

Les abeilles ont rapporté du pollen une grande partie du mois de décembre; elles sont assez bien approvisionnées pour atteindre la bonne saison. On était inquiet en voyant la température douce de ces temps derniers, mais maintenant le froid se fait sentir, qui va arrêter la végétation. J'ai vendu la plus grande partie de mon miel à Dijon, celui en capot à 80 cent. le demi-kil.; le coulé, 1 fr. 50 le kil., et la cire, 4 fr. le kil. *Arviset* à Selongey (Côte-d'Or).

Les essaims ont été de 50 p. 100. Les réunions faites en septembre se comportent bien. Le miel se vend 1 fr. 20 le kil. et la cire 4 fr. *Audinelle*, à Vesly (Eure).

Nous n'avons pas à nous plaindre de la récolte dernière; nos souches sont très-lourdes, mais il y a eu peu d'essaims et la moitié n'atteindront pas le mois de mai sans être nourris. Hier, 16 janvier, les abeilles apportaient du pollen; les ajoncs sont en pleine fleur. *Lassuile*, à Tréon (Eure-et-Loir). — 25 ruches chassées m'ont donné 737 livres de miel que je vends 50, 70 et 75 cent. la livre, et 50 livres de cire à 1 fr. 80. J'ai mené mes chasses en Sologne et les ai ramenées en 25 à 54 livres. *Imbault-Grillon*, à Lorge (Loir-et-Cher).

La température la plus douce règne ici (9 janvier) depuis près de deux mois et déjà nos amandiers sont couverts de fleurs. Les tiges du colza sont bien développées et cette plante est sur le point de fleurir. Si les froids ne surviennent pas vite, nos ruchées souffriront nécessairement plus tard d'un temps aussi doux; — car quand les journées sont belles, les abeilles travaillent comme en avril et rapportent beaucoup de pollen. Il est probable que beaucoup de colonies seront dépourvues de provisions au moment de la grande ponte et, nous n'aurons d'autres moyens de les sauver qu'en leur venant ed aide. *Jabot* à Marmande (Lot-et-Garonne).

Nos abeilles ont énormément absorbé de provisions pendant ces derniers mois. La gelée, un peu trop tardive, va les faire remonter, et dans le cas où il y aurait eu des préparatifs de ponte, nous aurons de la casse. *Aubert*, à Juvigny (Marne). Les abeilles sont bien pauvres dans notre canton ; cela ne les empêche pas de consommer beaucoup. *Montignon,* à Saulxure-les-Vannes (Meurthe). J'ai fait des essaims artificiels qui se trouvent dans de bonnes conditions. Plusieurs logés en bâtisse m'ont fourni une calotte de 5 kil. Les souches sont également bonnes et ont aussi fourni leur calotte. H. *Dannin,* à Parfondeval (Oise).

Nos abeilles se portent bien ; elles ont peu consommé jusqu'à ce moment. *Blondel,* à Sainte-Isbergue (Pas-de-Calais). Le printemps dernier a été favorable aux abeilles ; l'automne a encore été meilleur, et toutes mes ruches se trouvent dans de bonnes conditions. *Brodet,* à Lyon.

.. L'année 1868 a été favorable pour les abeilles dans notre localité. Les ruchées chassées ont donné en moyenne 9 à 10 kil. Les chasses ou trèves faits avant le 8 juin sont bons, et les souches se trouvent dans d'excellentes conditions. Malheureusement le colza sera en bien petite quantité au printemps prochain. *Dubois,* à Parvilliers (Somme). — Dans nos contrées les abeilles ont sorti presque tous les jours du mois de décembre, et il y en avait qui rentraient chargées de pollen. Elles n'ont pas encore beaucoup consommé et je n'ai pas trouvé une orpheline jusqu'à ce moment. Chez nous le miel se vend 6 fr. le pot (?), la cire 4 fr. le kil., et les bonnes ruchées de 20 à 24 fr. en mars et avril avec des vivres pour atteindre juin. *Cuny,* aux Hayottes (Vosges).

— Au sortir des gelées et lorsque les abeilles auront fait une sortie pour se vider, il faudra présenter de la nourriture aux colonies pauvres.

H. HAMET.

— A vendre, quelques barils de 40 kil. environ, de miel de pays, 2ᵉ récolte, à 92 fr. les 100 kil. S'adresser au bureau de *l'Apiculteur.*

— A vendre, miel surfin Gâtinais à 130 fr. et ordinaire à 100 fr. S'adresser à M. Poisson à Baune-la-Rolande (Loiret).

— A vendre, 25 ou 30 colonies en ruche à chapiteau. S'adresser à M. Caron, au Mesnil-Saint-Denis, par Neuilly-en-Theil (Oise). — Même nombre chez M. Choffrin, au Tremblay, près Joinville-le-Pont (Seine).

M. B... à Sérimzelle. Pour petits pots en verre adressez-vous à la maison Thibart, rue de la Verrerie, 85.

M. A. Q. à Vaupoisson, l'intérieur des petites boîtes pour un demi-kil. ont 9 centimètres pour chaque côté.

M. P... à Baune-la-R. — Inutile de perdre le temps.

M. D... à Fessenheim. Reçu la pétition.

M. V... à Quenne. Pour plaque de tôle perforée, maison Callard, rue Leclerc, 8. (6.50 la feuille de près de 1 mètre carré).

M. B. à Wissembourg. Pas plus que l'article l'avis ne peut passer.

M. D... à Hamilton. La place manque; le format sera agrandi l'année prochaine.

Paris.— Imprimerie horticole de E. DONNAUD, rue Cassette, 1.

L'APICULTEUR

Chronique.

SOMMAIRE : Il faut montrer les produits. — Marchands entrant dans la ligue. — Toujours l'apiculture rationnelle. — La cave ailleurs qu'au sous-sol. — Concours. — Réunions. — Renseignements divers.

Tous les apiculteurs qui n'ont pas de systèmes préconçus — et c'est la grande majorité — ne demandent pas mieux qu'on leur fasse connaître les théories les meilleures et les plus simples. Mais pour les convaincre très-vite et sûrement, les flots d'encre n'ont pas la puissance de certaines quantités de produits obtenus par l'application de ces théories qu'on peut leur montrer, leur faire voir des yeux, toucher de la main, afin qu'ils puissent les comparer avec les leurs, et qu'ils soient à même d'établir les différences de qualité, de rendement, de prix de revient, de bénéfices nets. Rien ne les entraîne comme ce dernier résultat. Les expositions et les concours sont une bonne occasion pour les démonstrations de cette nature. Une autre bonne occasion, dont il faut profiter le plus possible, est celle des marchands de miel dont l'étalage dans leur magasin est une exposition permanente fort appréciée par les consommateurs. Ces intermédiaires — qui ne sont pas toujours indispensables — ne demandent pas mieux, eux aussi, qu'on leur vende des produits supérieurs et à prix plus bas. Ils n'ont pas autrement d'idées préconçues, et ils sont on ne peut mieux disposés à devenir de chauds adeptes de tout système de produire qui leur présente quelques bénéfices.

Pour faciliter la démonstration palpable des grands avantages que le système à bâtisses mobiles prétend avoir sur les bâtisses fixes, nous avons donc demandé le concours des marchands des rues de la Verrerie et des Lombards qui, tous, consentent à entrer dans le *mobilisme*, et s'engagent à mettre sur les barils de miel et les briques de cire que voudront bien leur vendre les cultivateurs du cadre, cette étiquette en gros caractères : *produits de ruches à cadres.*—Adresser à MM. Ménard et Blaive, marchands de miel, rue de la Verrerie, 99 ; Vermond, même rue, 89 ; Antheaume, rue des Lombards, 6 ; Poulain et Ronsseray, rue du Cloître-Saint-Méry, 12 ; Javel, même rue, 6 (1). Cette exposition permanente de

(1) MM. les producteurs allemands à bâtisses mobiles sont avisés que le droit d'entrée du miel qu'ils pourront envoyer n'est pas plus élevé que celui que nous payons pour le miel récolté par bâtisses fixes que nous fournissons à leur pays.

produits à l'étalage de ces gros marchands, attirera plus l'attention publique que tous les boniments alléchants qu'on puisse écrire. Elle permettra aux cultivateurs de bâtisses fixes de passage à Paris, d'aller visiter, du moins par la bonde, le miel récolté par les bâtisses mobiles. La démonstration devra nécessairement convaincre les intelligences les plus réfractaires ; on s'entendra facilement ; la paix sera enfin faite, et la plus vraie, la plus douce et la plus franche harmonie régnera dans la grande ruche des apiculteurs et des apiphiles. *Amen!*

Pour s'entendre en toute chose, il faut d'abord une bonne définition. C'est ce que désire avoir sur *l'apiculture rationnelle* notre honorable correspondant M. Stambach, qui pose ainsi la question :

Je lis dans le numéro de février de *l'Apiculteur*, page 133 : « La réunion des apiculteurs alsaciens a pour but la propagation de l'apiculture rationnelle. — On se rappelle que, par une note publiée l'année dernière, il fallait entendre par ce mot *rationnelle* l'emploi exclusif de la ruche à cadres par les adhérents. » Cela est inexact, on ne l'exige pas. Les adhérents ont pleine liberté à cet égard. Je trouve plus loin, page 141 : « L'école alsacienne appelle l'apiculture rationnelle celle qui est pratiquée au moyen des bâtisses mobiles. Toute autre apiculture est pour cette école une apiculture routinière, une apiculture attardée, etc. » — Comme ce qui précède n'émane point des partisans des cadres et qu'à mon avis, que vous partagez sans aucun doute, tout apiculteur qui sache se rendre compte de ce qu'il fait doit faire de l'apiculture rationnelle, j'ai lieu de supposer que l'apiculture rationnelle soit possible avec les ruches à bâtisses fixes. Je suis élève de l'école alsacienne, et si je demande des explications à mon maître au sujet de la pratique de l'apiculture rationnelle, il me dit invariablement :

L'apiculture rationnelle est impossible au moyen des ruches à bâtisses fixes ; elle est possible avec les ruches à cadres ; mais tous les possesseurs de ruches à bâtisses mobiles ne sont pas apiculteurs rationnels. Je comprends assez, mais je voudrais que l'apiculture rationnelle pût être pratiquée au moyen de toutes les ruches. On ne m'apprend pas cela.

Je pense donc qu'on me pardonne si je me permets de douter de la justice de l'enseignement de mon maître, et si je m'adresse à vos lumières pour vous prier de m'éclairer à ce sujet. Je crois savoir que vous n'êtes pas de son avis, et je vous serais très-obligé si, par l'organe de votre estimable journal, dans lequel je vous prie de recevoir ces lignes, vous m'appreniez que l'apiculture rationnelle est possible en dehors des ruches à bâtisses mobiles et si vous pouviez me convaincre que mon maître est dans l'erreur.

Je vous remercie d'avance des peines que je vous donne et suis avec
le plus profond respect.   STAMBACH.

— L'avis du plus grand maître des maîtres, M. tout le monde
sensé, est que « l'apiculture rationnelle est celle qui donne des bénéfices, »
et que « l'apiculture la plus rationnelle est celle qui donne les plus grands
bénéfices. » Un système de ruche ne ne constitue pas plus l'apiculture
rationnelle qu'un système de charrue ne constitue l'agriculture rationnelle.

— Voici un autre cas de définition qui se présente et qui demande a
être vidé. Je dis cas de définition, car c'est sur elle — et un peu sur
une figure qui place le nourrisseur sous une sorte de voûte — qu'ont porté
nos appréciations.

« Permettez-moi, monsieur le Directeur, de vous faire remarquer que
je n'ai point conseillé, comme l'affirme l'Apiculteur (janvier, p. 118),
de placer mon nourrisseur dans une cave. C'est le nourrisseur lui-même
qui, à tort ou à raison, s'appelle cave (cave des apiculteurs ou des abeilles);
mais il n'est point destiné à fonctionner si bas : c'eût été par trop ori-
gi n

» Quant aux autres défauts que vous lui reconnaissez, permettez-moi
de dire qu'ils me paraissent tout aussi chimériques. « Cette manière
» d'alimenter, dites-vous, peut développer les instincts (déjà fortement développés) de pillage chez les colonies voisines. » Pourquoi ! n'est-elle
«pas, au contraire, la plus rapprochée de la nature, et par conséquent la
moins sujette à cet inconvénient?

» Vous ne me paraissez pas, du reste, vous être fait de la cave une idée
fort exacte. Vous semblez croire qu'elle ne consiste qu'à mettre, sans
précaution, du miel à la portée des abeilles. Mais ce n'est pas tout à fait
cela. D'abord, je ne me sers de miel que pour amorcer, et en si petite
quantité, que 8 ou 10 abeilles, en deux voyages, ont tout emporté.

» Le fond de la nourriture consiste en un liquide sucré, mais servi de
telle manière qu'il n'attire pas les abeilles et n'émet aucune odeur. Car
il est renfermé dans des bocaux renversés et soutenu par la pression de
l'air extérieur, qui est ordinairement si forte, qu'elle contraint les abeilles,
pour l'aspirer, à pomper à travers les toiles au lieu de lécher, comme elles
font, dit Réaumur, sur les fleurs. C'est ce dont on s'aperçoit à la simple
inspection des toiles, qui se creusent en ménisques très- accentués, toutes
les fois du moins qu'on sert un liquide qui n'est pas gazeux ; car dans
ce dernier cas, les gaz qui s'en échappent et montent à la surface, empêchent la prédominance de la pression extérieure de se faire aussi bien
sentir. Mais, dans tous les autres cas, il y a prédominance de la pression

extérieure, et par conséquent ni écoulement, ni émanation. Les exemples que vous apportez des confiseurs et d'épiciers négligents ne sont donc pas ici de mise, parce qu'il n'y a pas de parité possible.

» Du reste, l'expérience, souveraine en ces matières, décide en ma faveur, car outre ce que j'ai rapporté dans mon livre, j'ai pu pendant tout le mois de septembre dernier, nourrir, sans précautions, mes abeilles avec un nectar très-appétissant, sans attirer aucune étrangère. J'ai tenu constamment mes bocaux remplis d'un nectar parfumé à l'essence de citron, qui est une de leurs odeurs favorites, et, malgré ma surveillance attentive, je n'ai pu surprendre aucune pillarde. Je ne manque pas pourtant d'apiculteurs dans mon voisinage. Car, sans parler de deux ruchers qui ne sont qu'à quelques centaines de pas du mien, j'en compte 14 autres dans un rayon de 2 kilomètres.

» Permettez-moi donc de regretter en finissant, Monsieur, qu'une lecture peut-être un peu superficielle de mon livre m'ait privé de l'honneur de joindre votre approbation à celle de M. le docteur Monin, qui a été pour moi très-flatteuse.

» Agréez, etc.   J.-M. Babaz. »

— La date du concours régional de Chartres a été modifiée. Ce concours aura lieu du 1er au 9 mai. Les déclarations de concourir devront être faites avant le 25 mars. La Société d'horticulture de Chartres, qui fera un exposition en même temps que le concours, accordera des médailles pour l'apiculture. Les concurrents doivent se mettre en mesure de les mériter. Un jour sera déterminé pour une réunion d'apiculteurs. — A côté du concours régional, la ville de Beauvais organise une exposition industrielle et horticole, du 1er jusqu'au 5 juillet, dans laquelle seront aussi admis les produits des abeilles avec les instruments apicoles de toute la région. Une réunion apicole sera aussi possible dans cette ville pendant la durée de l'exposition.

— Plusieurs possesseurs d'abeilles de l'Yonne expriment le désir de voir la Société d'apiculture, qui a son siége dans un coin du département, à Thury, le porter à Auxerre, ou mieux, qu'une Société centrale soit fondée au chef-lieu. Espérons que dans le cours de l'année une occasion permettra de réaliser ce vœu.

— Il vient de se fonder à Brioude une Société viticole, horticole et apicole. M. le comte de Morteuil a été nommé chef de la section d'apiculture. M. Faure-Pommier fait partie du bureau.

— Après une interruption de quelques années, le journal d'apiculture suisse (*Bienen Zeitung für die Schweiz*) vient de ressusciter, à Fraubrunnen (Suisse), sous la direction de M. P. Jacob. C'est une publication mensuelle en allemand qui coûte 3 fr. par an. — Les personnes qui désirent des rayons artificiels (plaques de cire gaufrées) doivent s'adresser à ce même Pierre Jacob, qui expédie contre mandat de poste. Le prix des plaques est de 20, 25, 30 et 40 centimes, selon grandeur.

— Des amateurs d'abeilles italiennes nous demandent le prix des colonies italiennes en Suisse, à cette époque. En mars et en avril, M. Mona, à Bellinzona (canton (Tessin) fournit des colonies d'une livre et demie environ d'abeilles à 23 fr., et des colonies d'un kilog. et demi d'abeilles à 26 fr., chez lui. Le port varie de 5 à 12 fr., selon la distance du demandeur et le poids du colis.   H. HAMET.

Quelques mots de réponse.

> Le dernier des crimes qu'on pardonne est celui d'annoncer des vérités nouvelles.
>
> Thomas, Éloge de DESCARTES.

Je regrette d'avoir du *réchauffé* à offrir aux lecteurs de *l'Apiculteur*, l'éloignement ne me permettant pas de faire mes réponses dans le numéro qui suit les critiques. Je prie donc les abonnés de se reporter au numéro de janvier.

J'avoue qu'en énonçant que tous les apiculteurs savent que les abeilles logent deux fois autant de miel dans le corps de ruche que dans le chapiteau, je croyais avancer une vérité dans le genre de celles de M. de La Palisse. Puisque, au dire de M. Poisson, tous les apiculteurs *français* savent que le contraire est la vérité, je ne citerai ni Langstroth, ni Quimby dont les écrits font autorité parmi nous, ils sont *Américains ;* mais je le prierai de lire dans la *Cave des Apiculteurs* du R.-P. Babaz, page 85, que les abeilles ne montent dans le chapiteau que lorsque la ruche est pleine. Je pense aussi que M. Poisson n'est pas encore assez persuadé de la supériorité des abeilles italiennes, puisque son rucher n'en est pas peuplé ; je reconnais cela, parce qu'il n'a jamais vu, chez lui, l'heureux accident que je signale, c'est-à-dire une ruche assez pleine de miel pour que la mère n'ait plus assez de place pour pondre.

Je ne répondrai pas aux paragraphes relatifs au miel chauffé et au chiffre de 91 kilog. ; ma réponse ferait double emploi avec celle que j'ai adressée à M. Hamet, et qui a dû être insérée en février.

Je m'étais bien douté à l'avance de l'étonnement qu'éprouverait M. Poisson en lisant qu'en troublant les abeilles on fait pondre la mère, ce qui donne de la force à la colonie. Puisqu'il s'étonne pour si peu, je le préviens qu'il aura bien d'autres sujets d'ébahissement, s'il continue à lire mes articles. *Si je n'avais que des banalités à dire aux abonnés du journal, si je n'avais pas autre chose à leur apprendre que ce qu'ils savent déjà, je ne me donnerais pas la peine de prendre la plume.* Je ne suis pas surpris des critiques, des sarcasmes dont mes articles sont le point de mire, car je sais qu'une méthode nouvelle, avant de se faire admettre, a toujours à lutter contre les méthodes anciennes qu'elle est appelée à remplacer. Avant d'élever un bâtiment neuf à la place d'un vieux, ne faut-il pas déblayer le terrain ?

M. Poisson n'est pas, dit-il, élève en cadres mobiles. Quand j'étais enfant, le père d'un de mes camarades lui acheta, sur sa demande, une belle paire de patins. Nous arrivons aux bords de la Marne ; puis, après avoir chaussé nos patins, je pousse mon camarade par les coudes pour lui apprendre à patiner seul, et ne le quitte que quand je crois la leçon suffisante. Il tombe sur son nez deux pas plus loin ; puis, au lieu d'essayer de nouveau, il s'accroche à une barrière, qu'il ne lâche que pour retourner en ville. La deuxième leçon ayant produit un semblable résultat, les patins, à dater de ce moment, restèrent au clou.

Les malheureux *essais* de M. Poisson *sur 120 ruches à cadres* ne sont pas plus concluants, contre les cadres, que les essais de mon camarade contre l'exercice du patin. *M. Poisson a eu peur de ses ruches ou n'a pas su s'en servir ;* voilà tout. J'ai transvasé mes ruchées, en 1844, dans des cadres, après avoir vu M. Debeauvoys à l'exposition ; j'ai à me louer d'avoir persévéré. Il est vrai que si j'avais toujours suivi les leçons seules de cet apiculteur, et conservé sa ruche sans modifications, je n'aurais pas grand'chose à apprendre aux lecteurs de *l'Apiculteur.*

Il trouve que, dans un de mes articles, j'ai appelé *reine* la mère abeille. Les Américains, qui ne craignent pas de se voir jamais asservis par un despote en culottes ou en jupon, ont conservé le nom de *Queen* (Reine), sans y attacher d'importance. Peu importent les termes, si mon patois est compris, et s'il peut être utile. Je prie les lecteurs de me pardonner cette faute, si faute il y a, et de plus grosses que je pourrais commettre, comme je pardonne aux compositeurs les 7 ou 8 coquilles dont ils ont gratifié mon article de janvier, en me faisant dire : page 109, ligne 24 : nichée, au lieu de ruchée ; page 110, ligne 7 : dans une division anormale, dans les abeilles, au lieu de : donc une division anormale, dont les abeilles ; ligne 36 : toutes les largeurs, au lieu de : toute la largeur; page 111, ligne 1 : hausser, au lieu de : travers; ligne 15 : en haut, au lieu de : le bas; page 110, ligne 15 : conserve au lieu de : présente, etc., etc. Il est vrai que les pattes de mouche que j'envoie à travers l'océan doivent être souvent aussi difficiles à déchiffrer que des hiéroglyphes; écrites, comme elles le sont, sur le papier trop mince que les 7 gr. et demi, poids de rigueur, me forcent à employer. L'administration paternelle des Postes de l'Union n'y regarde pas de si près; que nos lettres pèsent 15 gr. au lieu de 10, les employés s'en préoccupent peu. Voilà ce qui explique la surtaxe de 3 fr. que M. Hamet a eu à débourser sur le *Bee-Journal;* les employés du bureau de Washington avaient affranchi à l'américaine.

La rédaction trouve que je tiens la lorgnette par le gros bout. Je crois que ceux qui regardent leurs ruchées avec des verres grossissants sont parmi les apiculteurs qui, ne les voyant pas intérieurement, peuvent se faire des illusions, plutôt que parmi ceux qui, par la visite des rayons, se rendent compte de tout ce qui se passe dans la ruche.

La rédaction n'a pas été heureuse dans le choix de ses comparaisons, elle me dit : « Est-ce que l'agriculteur a besoin d'un laboratoire de chi-
» miste pour connaître la valeur d'un sol? Est-ce que le boucher a be-
» soin d'ouvrir un bœuf pour savoir si l'animal a du suif sous la
» peau? » J'avoue que l'agriculture routinière se passe de la chimie; mais je sais que l'agriculture progressive s'en sert. Je lis en effet dans le cours d'agriculture pratique de M. J. Girardin : *L'agriculture a besoin, pour être exercée avec succès... du concours de la chimie qui lui apporte la connaissance de la nature du sol... Les méthodes routinières ne suffisent pas,* etc. Je retrouve la même proposition en d'autres termes dans la *Maison Rustique* publiée il y a quarante ans. L'argument emprunté à la boucherie ne vaut pas mieux; il ne pourrait convenir que de la part d'un étouffeur. Quand j'ouvre la ruche, ce n'est pas pour voir si elle est grasse, mais pour m'enquérir de ses besoins et y suppléer. La rédaction pense que ces examens sont inutiles; citons un cas, entre mille, où ils peuvent rendre des services importants. M. Hamet dans son cours, 3ᵉ édition, page 107, dit que : « Lorsqu'une ruche est atteinte de la loque,
» l'odeur infecte qu'elle exhale *ne tarde pas* à la faire découvrir. » Mon avis est que *quand cette maladie est assez développée dans une ruchée pour que son odeur prévienne l'apiculteur de sa présence, non-seulement la colonie est bien malade, mais que beaucoup d'autres ruchées voisines ont éprouvé l'effet de ses miasmes avant que leur odeur ait frappé les nerfs olfactifs de*

*son propriétaire, et qu'on court grand danger de trouver tout le rucher
infecté. La ruche à cadres, en cas de loque, montre ses larves mortes dès
qu'il y en a une douzaine et même moins, et le mal peut être arrêté dès
le début.*

Quant à la fausse teigne, j'espère que MM. de la rédaction me feront
bien l'honneur de croire que je sais qu'elle est peu à craindre dans les
populations fortes. Cependant qu'ils me permettent de leur rappeler, ce
qu'ils savent aussi bien que moi, que quand une ruchée, soit au printemps, soit après l'essaimage, soit par accident à la mère, a plus de
rayons qu'elle n'en peut surveiller, la teigne ne tarde pas à y déposer
ses œufs. Les ruchées les plus populeuses elles-mêmes ont souvent quelques vers qui, promenant leurs galeries sur le couvain, coupent aux
larves ou une aile, ou une patte, ou une antenne, ce qui les rend invalides avant leur naissance. C'est peu important à la vérité ; mais voici
ce qui l'est davantage. J'ai remarqué cette année qu'une jeune femelle
ne pouvait voler à la rencontre du mâle, une de ses ailes étant trop
courte. En cherchant la cause de cet accident, j'ai découvert que la galerie d'une teigne, la seule qui eût existé dans la ruche, passait tellement
près de la cellule de mère qu'elle avait dû rogner le bout de l'aile qui
manquait à ma jeune femelle. L'enlèvement de la teigne, dans ce cas au
moins, eût donc été utile. A ce propos, je prie la rédaction de se mettre
d'accord avec son chef, M. Hamet. Je lis dans son cours, page 115 :
« Quand on s'aperçoit de la présence de cet ennemi dans une ruche,
» il faut se hâter d'enlever les rayons, ou parties de rayons dans les-
» quels il se trouve. » Et page 116 : « On doit faire la chasse aux papil-
» lons de la fausse teigne. » Si j'ai fait de la fantasmagorie, M. Hamet
en a fait avant moi ; et je regrette d'être forcé de le battre avec ses propres
armes.

Je maintiens l'épithète *productive à la ruche à bâtisses de 20 ans.*
M. Morlot me disait, il y a un an, que cette ruche était toujours une de
ses meilleures. Le célèbre éditeur Charpentier, de Paris, a un de ses ne-
veux marié à Mlle Bocquet ; si la rédaction doute, qu'elle me fasse le
plaisir de prier M. Charpentier de demander, à l'occasion, à son neveu des renseignements sur la vérité de mes allégations.   Ch. DADANT.

Hamilton-Illinois, janvier 1869.

—La rédaction ne met aucunement en doute les chiffres de M. Dadant,
son honorable correspondant. Elle met seulement en doute que ce qu'il
obtient là-bas puisse s'obtenir ici. — En ce qui concerne la prétendue

contradiction invoquée, elle répond ceci : Quand on a laissé la fausse-teigne envahir les ruches, il faut l'expulser ; mais la fausse-teigne n'envahit pas les ruches bien conduites, les ruches populeuses. *La Rédaction*.

Réponse à M. Dennler.

Je viens, monsieur le directeur, vous prier de m'accorder encore une petite place pour répondre le plus brièvement que je pourrai à l'article de M. Dennler.

Que mon honorable contradicteur se rassure, je ne suis l'ennemi de rien, excepté de l'erreur, et si j'ai dit en terminant ma précédente lettre que mes cadres fonctionnaient bien, même en hiver, je n'ai voulu rire aux dépens de personne; mais je répète ici que j'en ai vu bien peu fonctionner de la sorte à cause de la dureté de la propolis en cette saison, et que les miens ne fonctionnent si bien que parce qu'ils ne sont retenus par le bas que par une simple pointe dans un V de fil de laiton, qui ne laisse pas accès à la propolis, et qu'en les tirant par le haut seulement j'ai la facilité d'écarter les voisins de celui que je veux extraire, afin de le laisser intact sans la moindre déchirure, malgré quelques légères sinuosités que le miel operculé peut avoir dans les parties du haut des cadres. Je répète donc et j'affirme que la ruche à cadres que j'ai modifiée est la plus simple, la plus facile à manœuvrer, et la moins coûteuse de toutes les ruches à cadres; j'ai dit que je l'avais abandonnée pour n'y plus revenir et je viens l'affirmer de nouveau.

M. Dennler voudra bien me permettre de lui dire que, quand j'entends parler de trois récoltes, je ne puis jamais supposer un apiculteur parlant sérieusement, à moins que son climat ne soit bien différent du mien, et dans ce cas encore je dirais : puisque le miel coule à foison chez vous pendant deux ou trois mois, vous n'avez que faire de méthodes perfectionnées, et la mèche de soufre est ce qu'il y a de plus rationnel, car bientôt les ruchées seront si nombreuses que vous serez obligé de recourir à un moyen modérateur de leur accroissement ; quand, pour moi, je devrais m'estimer heureux, comme le dit M. Dennler, si j'obtiens en moyenne neuf kilogrammes, mais en une seule miellée, celle du sainfoin, donnant ordinairement avec temps favorable huit ou dix jours ; mais si je dois parler de chance avec cette récolte, est-il si certain que les grands maîtres aux rayons mobiles en récoltent vingt ou trente kil.? En ce cas M. Bastian ne serait donc pas un praticien de première force, en fait de ruches à cadres, puisque la dernière récolte, quoique ayant fait tourner vingt-cinq fois l'extracteur, fut inférieure à la mienne qui n'ai enlevé qu'une seule fois mes calottes.

Je viens invoquer ici le souvenir de M. Dennler, en lui rappelant que je disais dans ma première lettre que si l'extracteur pouvait expulser notre miel de sainfoin après avoir enlevé l'opercule, je serais prêt, non pas à revenir à la ruche à cadres, mais à construire des calottes à rayons mobiles. Mais, nouvelles objections : M. Dennler paraît ne pas être certain si la qualité du miel récolté à l'aide de la machine tournante sera, oui ou non, inférieure au miel de calottes ; ce praticien des ruches à cadres n'a donc jamais obtenu de récolte autrement qu'à l'aide de son procédé favori ? Eh bien, qu'il prenne tout simplement le bas de ses cadres s'il n'a pas de calottes à mettre en parallèle ; je dis le bas des cadres, car vers le haut le miel, qui ne sera pas rempli de pollen, sera du vieux miel, et ne pourra plus figurer en première ligne ; ces fractions détachées du bas, comme je viens de dire, seront regardées au grand jour en désoperculant ; on apercevra alors la plus petite parcelle de pollen, que l'on séparera avec assez de précaution pour qu'aucun atome ne reste dans le miel avant d'être écrasé. Le miel obtenu ainsi sera de premier choix ; s'il manque de qualité, ce sera la faute de la localité et non du fabricant.

Maintenant je suppose que, de mon côté, j'use de l'extracteur pour vider mes calottes dont j'aurais rendu les rayons mobiles ; je dois dire que dans les plus beaux miels de table, il se trouve souvent encore quelque peu de pollen. Eh bien, celui-ci, dans ce cas, sera lancé avec le miel et en altérera la qualité, je n'aurai plus que du miel ordinaire au lieu de surfin, sans concurrent ; mais que sera le miel de M. Dennler quand il l'extraira des rayons de l'intérieur dont tout le centre contiendra plus de pollen que de miel ? Oh, merci ! rien que d'y penser j'éprouve déjà quelque besoin de fuir pour échapper à la vue et à l'odeur d'un pareil produit ; il est inutile que je montre les larves non operculées lancées aussi et écrasées dans ce gâchis général. Je demanderai même si le couvain operculé ne sera pas tué au berceau par cette rotation rapide.

On répondra peut-être qu'on ne place dans l'extracteur que des rayons sans couvain, mais où les prendra-t-on au moment de la grande ponte, puisqu'à cette époque ceux d'extrémité même en sont souvent remplis ? Mais peut-être l'étui est-il aussi un meuble indispensable dans le système rationnel tant vanté.

J'insiste donc auprès de M. Dennler, afin qu'il veuille bien un peu
descendre des hauteurs d'une théorie romantique dans la plaine de la
pratique et de la production; alors il s'apercevra qu'il est plus facile
d'aligner des phrases et des chiffres sur le papier que de remplir des pots
et des barils de miel de premier choix.

Avec la ruche à cadres, traitée par l'extracteur, on obtiendra du miel
inférieur même dans les meilleures contrées; jamais d'essaims, c'est entendu; probablement loque générale, donc dégénérescence et perte
totale des ruchers. Oui, messieurs les théoriciens, gouvernez vos abeilles
ailleurs que dans vos articles et bientôt vous reconnaîtrez vos erreurs.
Ou bien dites-nous que la ruche à cadres est bonne pour amuser l'oisiveté
des amateurs, ou bien établissez de grands ruchers et produisez du miel
en quantité pour alimenter la négoce et la consommation; jusque-là je
vous tiendrai pour théoriciens, beaux parleurs et beaux écrivains, mais
pas du tout pour des apiculteurs praticiens.

En terminant cet article, on me permettra de remarquer les tactiques
de messieurs les *apiculteurs mobiles*: j'attaque, d'abord, MM. Bastian et
Sagot dans leurs pratiques; ces deux maîtres restent sourds et muets
et dédaignent de me répondre, tandis que M. Dadant m'envoie du Nouveau-Monde quelques coups d'épée qui ne peuvent m'atteindre, sans
doute à cause de la longueur limitée du bras de mon nouvel adversaire
et de l'immensité de l'océan qui nous sépare; je me retourne du côté
de ce nouveau contradicteur en lui faisant une réponse que je ne destine qu'à préparer le terrain, mais encore une fois ce monsieur me
tourne le dos pour dire à M. l'apiculteur lorrain qu'il accepterait son défi
s'il n'était pas aux Antipodes et pour lui faire un chapitre de roman sur
les mœurs américaines. Quant à moi je serai de nouveau le point d'attaque d'un autre champion qui me paraît, lui aussi, un romancier apicole plutôt qu'un praticien. A quel nom aurai-je à répondre le mois
prochain?   Poisson.

L'apiculture rationnelle en brouille avec l'arith-métique.

L'honorable M. Dennler, à Entzheim (Bas-Rhin), vient de consacrer
trois pages de *l'Apiculteur* de février 1869 à chanter la victoire de l'apiculture *rationnelle* sur l'apiculture *routinière*.

Tout serait pour le mieux si dans la chaleur du combat l'innocente
arithmérique n'avait pas été grièvement blessée.

Expliquons-nous : M᷊ Dennler fait entrer en lutte deux apiculteurs appartenant, l'un à l'apiculture de *routine* (bâtisse fixe), l'autre à l'apiculture de *raison* (bâtisse mobile). Les deux apiculteurs sont supposés avoir des ruches de même force au début du printemps.

Arrive le moment de la miellée. L'homme de *routine* donne à ses ruches des calottes vides, et comme les abeilles perdent, selon M. Dennler, dix grammes de miel pour produire un gramme de cire, notre *routinier* sera bien heureux si chacune de ses ruches lui rapporte neuf kilog. de miel.

L'homme de *raison* donne de son côté à ses ruches des calottes bâties. Quand celles-ci sont pleines, un tour de la machine rotative les vide, et ainsi rendues et vidées trois et quatre fois, ces calottes produisent finalement, pour chaque ruche, de 20 à 30 kilog. de miel, tandis que chacune des ruches du *routinier* réalise à peine de 8 à 9 kilog.

C'est ici que les cartes se brouillent. Dame Arithmétique se voyant méconnue de dame Apiculture *rationnelle,* lui dit avec calme et fermeté : Ma sœur, à vous entendre, vous possédez seule la science apicole, puisque vous traitez de routinier quiconque ne suit pas votre méthode ; mais cette prétention ne fausse-t-elle pas un peu votre jugement? Partons de principes que vous admettez et tirons-en les conséquences :

1º Les abeilles, toutes choses égales d'ailleurs, amassent autant de miel en bâtisse fixe qu'en bâtisse mobile, vous l'avouez.

2°.Quarante kilog. de miel peuvent se loger dans un kilog. de cire nouvelle qui n'a point encore servi de berceau au couvain. Vous manqueriez de mémoire si vous contestiez ce chiffre.

3° Les abeilles perdent dix grammes de miel pour produire un gramme de cire. C'est votre enseignement.

Eh bien ! si quarante kilog. de miel trouvent à se loger dans un kilog. de cire nouvelle, huit kilog. trouveront à se loger dans deux cents grammes de la même cire, mais deux cents grammes de cire, à raison d'un gramme pour dix grammes de miel, ne coûtent aux abeilles que deux kilog. de miel ; chacune des ruches de celui que vous appelez routinier n'a donc dépensé que deux kilog. de miel, pour loger les huit qu'elle a emmagasinés, donc elle n'aurait eu que deux kilog. de plus si elle n'avait pas bâti, c'est-à-dire dix kilog. Les ruches de l'apiculteur de *raison* n'ont donc pu amasser que dix kilog. chacune et non vingt et trente, comme vous le dites avec un sans-façon inimitable.

Vous avouez vous-même que les ruches de l'apiculteur de *raison* ne peuvent l'emporter sur celles du *routinier* que pour la quantité de miel perdu pour la production de la cire, et nous venons de voir que cette quantité se réduit à deux kilog.

Continuons, ma sœur. L'homme de *routine* n'a obtenu, à la vérité, que huit kilog. de miel, tandis que l'homme de *raison* en a récolté dix kilog.; mais huit kilog. de miel en cire blanche, vendus à la bourgeoisie, rapportent autant d'argent que dix kilog. de miel empoté vendus à l'épicerie.

Ce n'est pas tout, l'homme de *raison*, l'artiste, en un mot, n'a pu obtenir ces dix kilog. de miel empoté qu'à l'aide d'une machine coûteuse, machine d'encombre, machine ne fonctionnant bien que dans une pièce chauffée à trente degrés centigrades. Voilà, ma sœur, ce que j'avais à vous dire.

Observations : 1° On sera bien près de la vérité, en disant que les abeilles emmagasinent quarante kilog. de miel dans un kilog. de cire qui n'a pas servi de berceau au couvain ;

2° J'ai concédé dix grammes de miel pour produire un gramme de cire. Cette concession, je l'ai faite parce qu'elle ne contrarie pas sensiblement la cause; mais en principe je la retire et soutiens que la cire coûte peu de miel aux abeilles.

Un essaim mis en ruche vide dans un moment de forte miellée perdra, sans aucun doute, beaucoup de miel, faute de magasins construits à temps. Mais un essaim logé en tiers de bâtisse construira les deux autres tiers sans grande perte de miel. Il en sera de même au printemps pour une ruchée qui étend sa bâtisse, soit dans une hausse, soit dans une calotte ; elle perdra, je le répète, peu de miel pour ses nouvelles constructions.

Dans un cas de miellée persistante et exceptionnelle, les abeilles, faisant un sacrifice de couvain plutôt qu'un sacrifice de miel, enlèveront les œufs et les plus jeunes larves et les remplaceront par du miel ; voilà ce que les abeilles savent faire quand elles sont à bout de ressource.

Puisqu'il faut indiquer un chiffre, je dis que les abeilles perdent tout au plus trois grammes de miel pour produire un gramme de cire, et cela chez un essaim logé en tiers de bâtisse, et chez une ruchée au printemps qui étend ses constructions.

L'honorable M. Dennler serait bien aimable de consentir à faire sur ce point des expériences en commun avec l'apiculteur lorrain.

Si le résultat se rapprochait plus de son chiffre que du chiffre de l'apiculteur lorrain, celui-ci payerait les frais de toute nature occasionnés; dans le cas contraire, ce serait M. Dennler qui les supporterait.

L'école alsacienne voudrait-elle nous indiquer les expériences qui l'autorisent à dire qu'il faut dix grammes de miel pour produire un gramme de cire? Elle n'osera certainement pas nous opposer l'expérience que de Berlepsch a faite avec des abeilles en chambre close. Expérimentons, mais en plein air, en plein soleil, en pleines fleurs.

3° Les bâtisses nous amènent tout naturellement à parler de l'extracteur. N'ayant pas fait usage de cet instrument, je ne puis que mettre sous les yeux du lecteur ce qu'en disent ses partisans.

Pour que la machine fonctionne bien « *il faut*, dit Hofmann : 1° éviter de donner aux abeilles le temps d'operculer le miel : on vide les rayons dès qu'ils sont pleins; 2° il faut opérer dans un local où la chaleur soit au moins de vingt-deux degrés Réaumur..., pour que le miel possède la fluidité requise. »

Voilà deux conditions bien décourageantes.

Comment s'y prendre pour obtenir des rayons pleins de miel et non operculés? Comment obtenir une température de vingt-deux degrés au moins (degrés Réaumur), si l'on ne chauffe pas une chambre où l'on devra transporter la machine, machine-lourde et d'encombrement.

La parole de M. Bastian, quoique plus séduisante, laisse encore à désirer. « Lorsque le miel est encore liquide, dit le savant apiculteur de Wissembourg, l'opération se fait excessivement vite; elle va encore *parfaitement bien* lorsqu'il est sirupeux ou même à moitié cristallisé, surtout si l'on a soin d'élever à 30 degrés centigrades la température de la pièce dans laquelle on se trouve... Le miel de bruyère ne sort que très-difficilement. » Ailleurs, M. Bastian dit carrément : *Le miel de bruyère n'est pas expulsé, il est trop tenace.*

Si le miel de bruyère est *tenace*, le miel de colza l'est tout autant, pour peu qu'il ait séjourné dans la ruche. Voilà déjà deux insoumis, deux diablotins qui viennent troubler la classe des cadres.

Si l'opération va *parfaitement bien* sans feu, avec du miel sirupeux (à l'état de sirop dense), il est *parfaitement* inutile de chauffer la pièce dans laquelle on se trouve.

En attendant que nous soyons mieux renseignés sur le bon travail de l'extracteur, gardons dans notre poche les cinquante francs au moins qu'il coûterait.

Un apiculteur lorrain.

P. S. M. Charles Dadant, à Hamilton-Illinois (Etats-Unis), me porte un défi (*l'Apiculteur* de février 1869), que j'accepterais volontiers si je pouvais aller jusqu'à lui ; mais lui en Amérique et l'apiculteur lorrain en France, nous n'avons pas le bras assez long pour nous chiquenauder à travers l'Océan.

Un malentendu expliqué. — En présence des déclarations de MM. Ch. Dadant et Dennler consignés dans l'*Apiculteur* de février dernier, page 134, ligne 6, pour M. Dadant, et page 140, ligne 33, pour M. Dennler, j'ai dû retirer, comme étant sans objet, l'article intitulé : *une médaille de 100 fr.* à l'apiculture rationnelle. Dès le 1er février j'ai fait connaître ma résolution à M. Dérivaux qui a bien voulu me faire une réponse des plus obligeantes.

Ces trois honorables apiculteurs croient que les abeilles, toutes choses égales d'ailleurs, n'amassent pas en bâtisse mobile plus de miel qu'en bâtisse fixe. M. Bastian, dans une autre occasion, avait déjà fait la même déclaration. Il y a donc accord sur ce point entre les partisans des bâtisses mobiles et les partisans des bâtisses fixes.

Un Apiculteur lorrain.

Sur la liberté de discussion des systèmes de ruches.

Cormoranche, par Pont-de-Veyle (Ain), 6 février 1869.

Monsieur le Directeur,

Après un sommaire intitulé : « Liberté de discussion et de principes, » on lisait dans votre numéro de septembre : « Nous l'avons déclaré, il y a longtemps, *l'Apiculteur* est une tribune libre où tous les systèmes peuvent se produire, s'affirmer et surtout faire ressortir leur valeur quand ils en ont. » En lisant la première page de votre livraison de février, toute menaçante de sous-entendus, on serait presque tenté d'y voir une déclaration de principes nouveaux. La libre tribune va-t-elle devenir un pachalik? Ce serait regrettable et j'aime à croire que cela ne sera jamais.

Vous annoncez l'intention bien arrêtée d'exclure de la discussion les personnalités blessantes, de laisser le monopole des piqûres aux abeilles surmenées. On ne peut qu'applaudir à la sagesse d'une telle direction. Je suis convaincu avec l'auteur de la *Cave des apiculteurs* que nulle tribu n'est pacifique, sociable comme la tribu des apiculteurs. Ce sont tous gens faits pour s'entendre. Je suis assuré que, nous connaissant personnellement, nous nous aimerions comme de bons frères. D'une réunion générale, si elle était possible, on verrait sortir quelque chose de plus stable que le baiser Lamourette. Grâce à Dieu, nous ne sommes divisés ni par les ardeurs d'une ambition mécontente, ni par la soif du pouvoir, ni par *l'auri sacra fames*.

Tous nous aimons nos diligentes petites ouvrières; nous avons le même but : obtenir des industries réunies de l'homme et de l'abeille les meilleurs profits possibles. Faire arriver à prix réduits sur la table de tous nos ouvriers français les beaux rayons gonflés de nectar ou les bocaux remplis de miels bien purs, bien parfumés ; c'est le triomphe que nous ambitionnons. Parmi des hommes si bien occupés, ainsi réunis par les mêmes sympathies, la paix est facile à maintenir, et si, dans le feu d'une première émotion, un mot quelque peu blessant vient à échapper d'une plume, nous devons savoir gré à la rédaction de l'adoucir ou de le supprimer.

Mais de là à fermer les portes de *l'Apiculteur* à des abonnés coupables seulement d'une exclusive confiance dans la ruche éprouvée, adoptée par eux, le pas serait roide, très-roide. Leur dire : dehors, les fanatiques, les sectaires ; il y a loin d'ici à la liberté des discussion. L'honorable M. Ch. Dadant se plaît à nous raconter les mirobolants succès obtenus en Amérique par le mello-extracteur et par la ruche Dzierzon ; et par deux fois, dame Rédaction lui répond : Debeauvois par-ci, Debeauvois par-là. Dans quel but? dans quelle intention? Qu'ont de commun les complications de la ruche Debeauvois et la simplicité de la ruche Dzierzon? C'est une confusion malheureuse qui seule peut expliquer la répulsion qu'éprouve la ruche Dzierzon à cadres mobiles de la part de tant d'apiculteurs distingués. Mon quasi-homonyme de Beaune-la-Rolande, M. Poisson, aurait bien fait de nous dire à quel système appartiennent les cadres des 120 ruches montées par lui, lesquels maintenant fonctionnent surtout en hiver.

Au début de mes études apicoles, j'eus le malheur de tomber sur l'ouvrage ayant pour titre : *Guide de l'apiculture*, par M. Debeauvois. Renonçant pour toujours aux abeilles, j'en serais resté là si la lecture des ouvrages de MM. Hamet et Colin, rencontrés plus tard, ne m'avait débarrassé de l'indigestion.

Je pratique l'apiculture depuis huit années seulement. Grâce aux réunions que j'ai tous les ans pratiquées avec les populations condamnées à l'étouffage par mes paroissiens, les ruches à calottes et à hausses (paille et bois) m'ont toujours donné d'assez bons résultats. Je n'ai eu à subir aucune campagne désastreuse. J'ai été amené, l'an dernier seulement, à essayer la ruche à rayons mobiles, mais sans parti pris, sans rancune quelconque envers les ruches à bâtisses fixes. Un heureux incident me fit reconnaître la valeur des bâtisses. La polémique soutenue dans ce journal, il y a quelques années, par le vénérable apiculteur lorrain, m'avait laissé des doutes à cet égard.

Le 24 août 1867, je pratiquai, sur la plus forte de mes ruches ayant 20 kil. de provisions, une chasse qui me parut bien réussie. La souche devant être récoltée entièrement après 21 jours, et un nombre d'abeilles, que je jugeais suffisant pour élever le couvain lui étant resté, elle fut transportée à quelques pas, l'essaim chassé mis à sa place en ruche neuve (on était en pleine miellée de sarrasin). Obligé de partir le lendemain pour assister à la retraite pastorale, je restai cinq jours absent. Au retour, rien de plus pressé que de visiter et l'essaim et la souche. Tout allait bien par devers l'essaim, trop bien peut-être. Plus tard, je le soupçonnai, à tort ou à raison, d'avoir pris sa part du pillage de sa souche. La souche, en effet, n'avait plus d'abeilles et pas un atome de miel. J'étais échec et mat. Le 3 septembre, ne voulant pas rester sous ce coup, je chassai dans la ruche pillée une forte population. Le 18 septembre, fin de la miellée, je pesai; la souche pillée et repeuplée le 3 septembre donnait 16 kil. de provision, l'essaim chassé le 24 août en ruche neuve, 11 kil. seulement et pourtant il avait eu 10 jours de miellée de plus. L'essaim n'était pas entièrement construit; en arrière-saison les abeilles construisent avec si peu d'ardeur! Sur ce, je réfléchissais aux bénéfices à tirer des bâtisses, lorsque *l'Apiculteur*, qu'il en soit dix fois béni, me fit connaître le mello-extracteur et la ruche Dzierzon, modifiée ou plutôt perfectionnée par M. Bastian, pasteur protestant, à Wissembourg. Donc, au printemps 1868, quoique mal préparé, mal outillé, j'ai essayé de la ruche à rayons mobiles, non sans quelques répugnances. Il me semblait que le couvain devait y réussir assez mal, les rayons se trouvant en travers des guichets. A la fin de la campagne 1868, j'étais à la tête de 18 ruches à bâtisses fixes, 18 à rayons mobiles. En général le couvain a bien réussi partout; plusieurs Dzierzonnes sont devenues extraordinairement fortes en population, et avec le concours de l'extracteur, elles ont donné un produit supérieur à celui des ruches à calottes et à hausses. Le miel obtenu par la force centrifuge de la machine que j'ai fait fabriquer chez moi est irréprochable.

Comparant les deux systèmes d'après les résultats de cette année, je crois pouvoir dire en conscience : que, de même que je jugeais, il y a deux ans, la ruche à calotte et à hausses supérieure, plus rationnelle que la ruche d'une seule pièce, ainsi, à cette heure, je crois la ruche à cadres mobiles supérieure, plus rationnelle que la ruche à rayons fixes. Mais, de grâce, dans ce débat entre deux bons systèmes, qu'il ne soit plus question de la ruche à cadres Debeauvois. Cette dernière n'a rien à y voir, même avec les 2,475 prosélytes ou dupes qu'elle a faits.

Le débat contradictoire ne fait que commencer entre les deux systèmes, et on disputera encore longtemps et en pure perte sur leurs mérites relatifs si l'on ne se range tout de suite à l'opinion du célèbre apiculteur lorrain. Il faut, dit-il, donner la parole aux faits, aux chiffres, à l'expérience ; et il entre carrément en lice pour couper court aux *que si*, aux *que non*.

(Page 41, numéro novembre). A toute l'école Dzierzonnienne, représentée par M. Heyler, il propose un cartel qu'il résume ainsi : « Pour prévenir tout malentendu, je demande seulement à M. Heyler que ses essaims amassent notablement plus de miel que les miens, par exemple, un quart, un 6e en plus. »

(Page 141, numéro février). A l'école mobile Dzierzon, représentée cette fois par M. Derivaux, deuxième défi porté par l'apiculteur lorrain, et en plus, promesse de médaille, déposition de 150 fr. chez un notaire.

J'espérais voir le premier gant promptement relevé par quelque vétéran de la mobile. Aucun ne s'est montré dans les colonnes de *l'Apiculteur*. Le second défi va-t-il encor tomber dans l'eau ?

Quoique je n'aie pas mission pour cela, n'étant ni maître, ni professeur, mais simple élève, pauvre conscrit, j'accepte, au nom de la mobile, les deux défis de M. l'apiculteur lorrain. Le vrai mérite est indulgent : qu'il daigne oublier pour cette fois seulement que le Macédonien Alexandre le Grand ne voulait aux jeux Olympiques que des rois pour concurrents ; qu'il se rappelle au contraire que Napoléon Ier a fait de fort belles campagnes avec les conscrits français (1). M. l'apiculteur lorrain réglera toutes les conditions de l'épreuve ; je m'en rapporte à son expérience et à sa sagesse. Telle somme qu'il désignera sera déposée chez un notaire. Que le mérite relatif des deux systèmes en présence ressorte clairement de la lutte. Tous, vainqueur et vaincu, spectateurs aussi ne peuvent que gagner.

Comme renseignements, je dirai à M. l'apiculteur lorrain que, dans le rayon d'un kilomètre autour de mon apier, je compte 5 apiers tous à bâtisses fixes, dont un de 40 ruches. Ceci peut faciliter l'épreuve. De toute nécessité, les populations à mettre en concurrence, qui, en rayons fixes, qui en rayons mobiles, ne peuvent être très-éloignées les unes des autres. A une lieue de distance, la miellée, les conditions peuvent tout à fait différer.

Et après des expériences concluantes, des résultats dûment contrôlés, bien constatés, tout ne sera pas dit. L'apiculture, comme toutes les choses du monde matériel livrées à la dispute des hommes sera toujours perfectible. Travailler par le progrès à parvenir à la perfection, c'est la noble

(1) Il faut souligner les *fort belles campagnes* et. . . . .
. . . .
. . . . Espérons que l'image ne fera pas tableau dans la circonstance. — *La Rédaction.*

tâche indiquée par le Créateur comme fin et comme récompense des généreux efforts. Le progrès se fait lentement partout. Quand, après huit ans de luttes, je vois quelques-uns seulement de nos cultivateurs d'abeilles se décider à grand'peine au calottage de leurs ruches d'une seule pièce (ils ne sont pas encore à la hausse), et cela après avoir reconnu le succès constant des théories enseignées par les bons traités, je ne comprends que trop comment il est advenu qu'un apiculteur français (n° novembre, page 33) ait trouvé tant de gens attardés en Allemagne, notamment dans les environs de Bade, comment il se fera que M. Cb. Dadant, malgré de très-beaux profits, verra encore longtemps les anciennes méthodes pratiquées dans plusieurs des 40 ruchers qui sont autour du sien. Si j'avais subi quelque perte, ce serait bien autre chose. Comme les vieux *mouchards* du pays allaient rire.   H. Peysson, curé.

Fragments du journal d'un apiculteur.

Ferme-aux-Abeilles, mars 186...

6 mars. Les travaux des abeilles marchent en raison de la végétation des plantes. L'année est-elle avancée, que déjà le couvain est nombreux en mars. Dès février des hivers bénins, on voit les abeilles aller à la cueillette de l'eau plus qu'elles ne le font en mars et même en avril des hivers longs et rigoureux. De même, on les voit par les journées de beau temps de février, butiner du pollen sur les fleurs de l'orme, du saule marsault, du tremble, de l'amandier, etc., dans les localités où croissent ces arbres. Il faut, autant qu'on peut, mettre l'un et l'autre à leur portée. Il n'en coûte qu'un peu de peine pour leur procurer de l'eau. On doit placer les abreuvoirs dans les endroits les plus propices. Ces endroits sont rapprochés du rucher et abrités autant que possible des vents froids ; ils sont exposés au soleil une grande partie de la journée. Les abreuvoirs qui se trouvent dans les meilleures conditions sont des bacs en pierre ou des baquets peu profonds, placés à fleur de terre au pied d'un mur au midi. Ils sont entretenus pleins d'eau de puits ou de rivière. La surface en est garnie de paille ou d'autre corps léger qui permet aux abeilles de prendre pied sans se mouiller. On peut les garnir de cresson de fontaine, mais il est bon de remettre à avril pour cette garniture, car les gelées de mars peuvent l'atteindre.

Dans quelques cantons, on transporte les ruchées près des forêts pour procurer aux abeilles le pollen des fleurs hâtives. On a soin, dans ce cas, d'établir les ruches dans un endroit abrité des vents froids. Parfois elles sont déposées dans une clairière, au milieu du bois. Pour peu que le soleil luise, les abeilles de ces ruches peuvent butiner, tandis que celles des ruches placées en plaine et dans les lieux éventés sont contraintes de rester au logis, ou si elles en sortent, elles s'exposent à périr.

Mais dans les localités où la pâture manque et où les fleurs sont éloignées du rucher, on peut procurer un surrogat de pollen aux abeilles en mettant à leur portée de la farine de seigle, de fèves, de haricots, de pois, de lentilles, etc. On verse la farine dans des vases quelconques nourrisseurs, assiettes, ruches vides, etc., et on expose ces récipients non loin du rucher, au soleil et dans un endroit abrité du vent et de la pluie. Pour que les abeilles puissent facilement mordre à cette pourvente et ne pas s'empêtrer dedans, il faut avoir soin de placer dessus quelques morceaux de rayons secs, de copeaux de menuisiers, ou autre corps sur lequel les abeilles se posent. Les vases alimentateurs doivent être regarnis tous les jours. Pour y attirer une première fois les abeilles, il est bon d'allécher celles-ci par un peu de miel qu'on pose près de là.

Si l'on veut activer la ponte, il faut donner en même temps un peu de miel aux ruchées. Le soir on leur présente dans un nourrisseur un demi-kilog. de miel liquide ou de sirop de sucre. Le miel inférieur, de presse ou autre, doit être chauffé jusqu'à ébullition et écumé ; il est inutile d'y ajouter de l'eau. — Les colonies à bout de provisions, qui ont besoin d'être alimentées, doivent recevoir de plus grandes portions de nourriture : on peut leur en présenter un ou deux kilog. à la fois. Il faut leur présenter cette nourriture le soir pour éviter le pillage que le moindre miel extérieur provoque facilement lorsque les colonies sont pauvres et que les fleurs n'offrent pas de ressources.

L'année avancée commande de pratiquer la taille plus tôt que l'année retardée. Si l'on ne devançait pas l'époque ordinaire de la taille, on serait exposé à rencontrer du couvain dans les rayons qu'on se propose d'enlever. On empêcherait aussi les ruchées trop garnies de miel de développer leur couvain faute de place. Dès mars, on peut d'ailleurs tailler les ruches dès que de belles journées le permettent. Seulement, il faut le faire avec circonspection et ne pas découvrir le couvain, car on l'exposerait à mourir de froid s'il survenait des gelées après l'opération. (Voir les années précédentes de *l'Apiculteur* pour l'opération de la taille.)

Les colonies qu'on a gardées dans des bâtisses peu fournies et destinées au calottage doivent être transvasées et être logées dans les ruches ayant des provisions pour atteindre les fleurs, ruches dont on a enlevé la population. avànt l'hiver pour la réunir à quelque autre faible. Les bâtisses vidées doivent être nettoyées : le couvain, s'il y en a, doit être enlevé à l'aide d'un couteau à lame recourbée. On peut les exposer extérieurement par une belle journée, et les abeilles du rucher en enlèvent le miel, s'il en reste. Des apiculteurs confient le soin d'approprier leurs bâtisses aux souris qui enlèvent le couvain et le pollen.

Les colonies orphelines depuis un certain temps, et dont la ruche est garnie de provisions, peuvent recevoir une de ces populations organisées qu'on change de ruche. Mais il faut avoir soin d'asphyxier entièrement les abeilles de ces colonies orphelines et ne les réintégrer dans leur ruche qu'après qu'on y a mis la colonie nouvelle. Si les colonies ne sont orphelines que depuis peu, on peut les réorganiser en leur donnant un morceau de rayon ayant du jeune couvain qu'on vient d'enlever d'une ruche bien organisée. Ce rayon est greffé au centre, à l'endroit où se tiennent les abeilles. Celles-ci transforment une ou plusieurs cellules d'ouvrières garnies de larves en cellules maternelles, et au bout de douze ou treize jours, il en naît une mère qui trouve à se faire féconder dans la seconde quinzaine d'avril.

C'est aussi le moment d'enlever la mère des colonies indigènes dont on veut changer l'espèce. Neuf ou dix jours après, on enlève toutes les cellules maternelles que les abeilles ont élevées artificiellement et l'on greffe un morceau de rayon avec du jeune couvain pris dans une colonie italienne. Pour cet usage la ruche à cadres mobiles a des avantages sur les autres ruches. Si la colonie italienne sur laquelle on a pris le couvain est activée par l'alimentation artificielle, dont on a parlé plus haut, elle devra avoir des faux bourdons de nés huit ou quinze jours plus tôt que les colonies indigènes qui n'auront pas été stimulées, faux bourdons qui féconderont les jeunes mères nées depuis peu. — C'est aussi le moment de demander au Tessin (Suisse), des colonies italiennes pour les recevoir à la fin du mois ou dans le courant d'avril.

On peut encore scier les ruches en tronc d'arbres ou en boîtes élevées qu'on désire transformer. Après cette opération (voir 12° année, p. 289), la partie supérieure de la ruche sciée est placée sur une hausse ou sur un corps de ruche, selon que l'on veut adopter la ruche à hausses ou celle à chapiteau.

Mars est propice pour l'achat et le transport des ruches à une grande distance.   X.

Exposition apicole de Milan.

La Société centrale d'apiculture de la Haute-Italie exposait pour la deuxième fois à Milan, les 10, 11, 12 et 13 déc. 1868. Ceux qui ont vu la première exposition, en 1867, ont constaté dans celle-ci un véritable progrès. Ce n'est pas que les produits fussent nombreux; mais ils étaient très-beaux; les miels pris et les miels liquides, très-transparents et très-blancs, et les cires vierges parfaitement épurées. Évidemment, les exposants avaient soigné leur affaire. L'exhibition des ruches et des instruments montrait aussi par leur nombre, et par des inventions ou des modifications intelligentes, que l'*apiculture rationnelle* avait gagné du terrain. Pendant les quatre jours que cette exposition a duré, il y a eu foule. Ainsi que nous l'avons dit dans le numéro précédent, les étrangers ont été exclus du concours. En revanche, il ne s'est pas mal trouvé de nationaux, malgré la saison avancée.

La présidence, dès le premier de novembre, avait dénoncé les conditions d'admission au concours pour les primes. — *Miel :* On ne devait pas en présenter moins de 5 kil. — Les trois premiers prix ne seraient décernés que pour les miels les plus *doux*, les plus *délicatement parfumés*, les plus *blancs*, c'est-à-dire, pour les miels les plus capables d'être substitués au sucre dans l'usage. — Quoique *la couleur ne fasse pas le miel*, cependant, à mérites égaux, on primerait celui qui ajouterait *la couleur voulue.* — *Cire :* On n'en présenterait pas moins de 3 kil. — Les deux prix destinés à ce produit seront accordés aux cires *grasses, transparentes,* belle *couleur naturelle.* — Des mentions honorables étaient promises aux *meilleurs extraits* du miel.

Quant aux instruments apicoles, la commission pourrait délivrer trois médailles d'argent, des diplômes, aux exposants, qui mettraient en évidence des ruches ou des instruments d'invention nouvelle, joignant le bas prix à l'utilité pratique, ou modifiés avantageusement.

Durant les quatre jours précités, le jury, comme le public, a donc pu regarder, qualifier, et classer toutes sortes d'articles : des miels, — liquide, — granulé, — en rayons, — en calotte; — des vinaigres; — des savons; — des alcools; — des hydromels ; — des farines; — des cires; — des ruches, — horizontale, — Dzierzon, — à rayons mobiles, — verticales, — à deux plans, — à trois plans ; — villageoise, — en bois, — en paille, à hausses, — à calotte, — en poterie : — hausses pour asphyxie momentanée, — chevalets, — soufflets, — enfumoirs, — camails, — gants, — nourrisseurs, — couteaux, — onglets, — tenailles, —

bourdonnières, — grilles, — attrape-mères, — étuis; — presses, — extracteurs, — désoperculateur; — canevas, — pots à miel; — tableaux, — dessins, etc., etc.

Voici quel a été le verdict du Jury :

1° Section des produits.

Miels : 1er prix. Luigi Piccinnini. 2. Luigi Dal-Verme. 3. Le n° 1 de l'exposition.

Cires : 1er prix. Domenico Lampugnani. 2. Francesco de Hruschka, etc.

2° Section des instruments.

1er prix. Ambrogio Balconi, pour l'ensemble de son exposition. 2°. Carlo Fumagalli, pour une ruche verticale, à deux plans, économique (5 fr. 30 c.). 3°. Luigi Ottina, pour extracteur perfectionné.

Il a été décerné des mentions honorables : 1° au Dr Angelo Dubini, pour ruche d'observation en verre, enfumoir, etc.; 2° à Fr. de Hruschka, pour extracteur (c'est l'inventeur de cet instrument); 3° à Carlo Borromeo, pour ruche d'amateur, etc., etc.

Le Jury a bien fait de donner aussi des prix aux apiculteurs qui ont le plus sauvé de chasses de l'étouffage. Nous citons : MM. Bizzarini et Mancini.

La distribution des récompenses était présidée par S. E. le Préfet et l'assesseur municipal de Milan.

Cette fête apicole s'est terminée par un banquet. C. K.

Société centrale d'apiculture.

Séance du 16 février 1869. — *Présidence de M. de Carcenac.*

Le procès-verbal de la dernière séance est lu et adopté. Il est ensuite délibéré sur plusieurs points administratifs.

Le secrétaire général demande que la Société provoque des conférences et la formation de sociétés apicoles départementales, et qu'elle alloue les fonds nécessaires pour les premiers frais d'organisation. Sur la proposition de M. Carcenac, il est mis à la disposition de M. Hamet une somme qui pourra s'élever jusqu'à concurrence de 200 fr. pour cet objet, et dont l'emploi sera justifié à la fin de l'année.

M. Favarger soumet à l'examen de la Société un nourrisseur de son invention destiné à alimenter les abeilles par le haut de la ruche. Ce nourrisseur, qui peut également les alimenter par le bas, se compose d'un tablier à tiroir qui reçoit un bocal renversé, lequel déverse le miel dans un auget où les abeilles peuvent le prendre sans s'engluer. Une vitre couvre cet auget et permet de voir à quel point le miel est enlevé. L'appareil est ingénieux et peu encombrant. On peut l'établir à peu de frais lorsqu'on sait manier les ciseaux et le rabot. — M. Rousseaux, apiculteur à Œilly, signale qu'il emploie pour nourrir par le haut un nourrisseur qui lui sert à un autre usage : c'est le verre à lampe pour pétrole qu'il ferme par le bout à l'aide d'un bouchon de liége.

M. Arviset de Selongey (Côte-d'Or) indique le parti avantageux qu'il a tiré de 50 colonies qu'il n'avait pas trouvé à vendre. Il a d'abord enlevé à chacune un capot de miel, qu'il a vendu en rayons 8 fr.; puis il les a chassées, et chacune a donné 25 fr. tant en miel qu'en cire, ou 33 fr. capot compris (sa ruche est d'une assez grande capacité). Quant aux abeilles, comme la saison était avancée, il les a réunies à d'autres colonies voisines qu'elles ont renforcées et qui, par là, pourront donner les mêmes profits l'année prochaine. — Ce mode est trouvé rationnel.

M. Audinelle, de Vesly, signale le résultat peu satisfaisant que l'emploi de la tôle perforée lui a donné l'année dernière sur une ruche à hausses dont il avait tiré un essaim par division et qu'il voulait empêcher d'essaimer ensuite. Les faux-bourdons et les abeilles se sont amassés sur la tôle et ont tellement empêché la circulation de l'air que l'étouffage commençait à avoir lieu. — Un membre fait remarquer que la tôle perforée ne doit pas être mise à l'entrée de la ruche comme l'a fait le correspondant, mais entre une hausse vide et la dernière qui est garnie ; dans ce cas cet inconvénient n'arrive pas, et un essaimage naturel n'a pas lieu, parce que la mère ne peut pas sortir, ou du moins si les abeilles essaiment, elles rentrent bientôt s'apercevant qu'elles n'ont pas de mère.

M. Guilleminot, de Saint-Jean-de-Losne, fait connaître qu'il avait inventé la ruche à châssis mobile avant qu'il n'entendît parler de la ruche à cadres, et que ses ruches, qui ont une capacité de plus de 60 litres, ne lui reviennent pas à plus de 4 fr. en bois mince, et de 6 fr. en bois de 3 centimètres d'épaisseur. Il dit aussi qu'il est parvenu à se débarrasser de la loque qui ne lui a pas fait périr moins de 150 ruchées. Il ne donne pas le moyen employé. — M. Hamet fait remarquer qu'un cas de 150 ruchées loqueuses ne s'est jamais vu dans un rucher n'ayant que des ruches en paille, et qu'il n'a pu avoir lieu que dans un apier de ruches en bois mince et à châssis ou cadres mobiles. — Sachant comment il se procurait la loque, il était facile à M. Guillemot de l'éviter.

M. Pastureau, de Mazières-en-Gatine, dit que dans le bocage vendéen on fait usage de la ruche en cloche, et aussi d'une ruche verticale cylindrique ou carrée qui est facile à tailler, parce qu'elle s'ouvre par le haut. Lorsqu'on l'a taillée (l'opération se fait au sortir de l'hiver), on la retourne sens dessus dessous, pour que l'année suivante on puisse enlever la vieille cire. Il ajoute que la dyssenterie et la loque sont les maladies les plus ordinaires de ce pays froid et humide. — Plusieurs membres font remarquer que cette taille et le renversement de la ruche qui la suit ne doivent pas être étrangers à l'extension de ces maladies, produites aussi par le miel aqueux récolté tardivement. Le même correspondant pense que la guêpe n'est pas un ennemi de l'abeille. M. Delinotte répond qu'il a vu des guêpes tomber sur les abeilles et les couper en deux. MM. de Liesville, de Layens et Favarger confirment les déprédations des guêpes.

M. Mulette, à Paissy, annonce que, par suite de longues observations, il est arrivé à savoir trois semaines à l'avance la sortie d'un essaim, si le temps n'est pas contraire à cette sortie. Ses observations seraient basées sur la sortie des mâles. Mais parfois des essaims ont lieu avant qu'on ait vu sortir des mâles. Il pense aussi que les mâles concourent à entretenir la chaleur après la sortie des essaims, et que les colonies qui en ont beaucoup ne sont pas les plus mauvaises.

M. Bailly-Durieux, de Beauquesne, signale la lutte qu'un essaim a soutenue contre la fausse-teigne et la grande quantité de miel qu'il a usée à cette occasion. Au mois d'août, dit-il, la ruche à laquelle il avait été ajouté un essaim secondaire, était remplie de centaines de coques renfermant des vers ; entre la ruche et le capuchon, il s'en trouvait par dizaines. En peu de temps, les rayons furent en partie détruits, à l'exception de ceux remplis de miel. Les abeilles débarrassèrent alors un côté de la ruche et y construirent de nouveaux rayons qu'elles occupèrent ; elles se mirent ensuite à débarrasser l'autre côté, mais sans y travailler. Aujourd'hui (1er février) l'essaim existe encore ; il occupe les quelques rayons rebâtis et a une population pas trop faible ; mais de 17 à 18 kil. qu'il pesait au début, il n'en pèse plus que cinq.

Une discussion s'établit sur la propension qu'ont les rayons âgés d'être attaqués par la fausse-teigne, et leur conservation plus difficile que ceux de jeune cire. La séance est ensuite levée.

Pour extrait : DELINOTTE, secrétaire.

Les impressions de Jean-Pierre à l'Exposition des insectes.

Saperlotte ! c'est comme une rage chez nous. Hommes, femmes et enfants : tout le monde se précipite dans les cadres, aussi bien dans ceux des ruches que dans ceux de la garde mobile. Voilà, cette fois, qui s'appelle « faire merveille » sur toute la ligne. Quelle ardeur ! quel enthousiasme ! *Primo*, c'est que, voyez-vous, ça vous donne du miel, le cadre ; ça vous donne du miel, paraît-il, de vraies rivières, là. *Secundo*, c'est qu'on le vend plus cher. *Tertio*, c'est qu'on a promis la médaille d'or au meilleur cadre, et que la médaille d'or, voyez-vous, ça attire l'homme aux mouches, comme une grosse prime ou un gros lot attire l'actionnaire, l'obligationnaire et autre gens debonnaire qui désire devenir riche sans trop de peine. Que diable ! il fallait prendre les gens par quelque part pour les faire mordre au progrès et, fort heureusement, on a découvert qu'on peut les prendre par l'intérêt comme les bœufs par les cornes. Il y aurait bien à essayer l'amélioration de l'espèce, et que sais-je encore. Mais cela est bon pour les veaux, les moutons et les cochons.

Pour lors, la mère Chrysostôme, elle-même rêvait d'établir des cadres dans sa casserole. Jean-Simon, qu'elle avait consulté à cet effet, lui avait démontré, par le raisonnement bien entendu — faculté que ne possèdent pas les huîtres, aussi se laissent-elles gober bêtement ; — le bon homme lui avait démontré, dis-je, qu'en établissant trois étages de cadres dans son ustensile, elle opérerait une véritable révolution dans l'art de se servir de ce vase culinaire, si nécessaire pour faire fixer les essaims. Dans le premier compartiment, au rez-de-chaussée, elle aurait l'avantage d'y façonner le petit noir indispensable pour la santé ; dans l'étage du milieu, d'y faire du même coup du veau braisé aux carottes ou un consommé à la vapeur ; et dans l'étage supérieur des pommes de terre à l'étouffée, des œufs sur le plat ou des tourtes aux prunes mirabelles. Hein ? en voilà-t-il des avantages réunis !

Donc, tous les gens aux mouches de chez nous étaient en enfantement de cadre. Chacun se creusait le cerveau pour inventer le meilleur, le plus rationnel, celui qui devait enfoncer tous les autres et mériter seul la médaille d'or. Comme de raison, Jean-Pierre en faisait l'heureuse application dans sa ruche en zigzag, déjà si avantageusement connue, tandis que Jean-Claude était réduit à essayer le sien dans sa boîte au sel. C'est que chez nous, voyez-vous, tout le monde ne nage pas dans les boîtes comme l'épicier de l'endroit qui, étant né sous une heureuse étoile, a à discrétion des boîtes à chandelles, des boîtes à pruneaux, des boîtes à clous, des boîtes aux passements, etc, etc., dans lesquelles il peut à son aise faire fonctionner tous les cadres qu'il lui prend fantaisie d'inventer.

Du reste, tout le monde ne peut pas être épicier, à ce qu'assurent MM. les professeurs d'économie politique et leur patron feu de la Palisse : les clients manqueraient.

Le jour de la réception des objets étant arrivé, chacun de nous se leste de vaisselle de poche, s'arme de son cadre soigneusement caché dans un mouchoir de poche, dans une serviette ou dans une feuille de papier, et tous nous partons pour Paris animés des espérances les plus grandes et les plus légitimes, car, nécessairement, le cadre que nous avons inventé ne s'est pas encore vu sous le soleil. Nous sommes si pressés d'arriver et de triompher qu'en chemin nous ne prenons pas le temps de fumer une pipe de tabac, ni même de boire un coup, quoiqu'il fasse une soif à vous souder la langue aux dents. Aussi quand nous abordons le Palais de l'Industrie, la sueur ruisselle sur nos fronts et notre chemise est trempée comme une soupe de la veille. Quatre à quatre nous enjambons les marches de l'escalier pour être arrivés des premiers et pour occuper la plus belle place. Le greffier de la Société nous désigne la table où nous allons avoir l'honneur de montrer à la population de la capitale le fruit de notre génie. Nous épousseterons notre compartiment et l'entourons d'un brin de fioritures qui sera comme qui dirait la sauce autour du poisson... Le moment suprême où il s'agit d'exhiber nos objets est venu... Notre pouls bat vivement et nos yeux lancent des éclairs aux compétiteurs... Néanmoins aucune hésitation ne nous retient et, comme sur le commandement d'un machiniste de théâtre, en un temps et trois mouvements nos cadres sont sortis de l'enveloppe qui les cachait aux yeux des profanes... Quelle disposition pour la mobile !

Mais où notre mine change et notre figure se décompose, c'est lorsque soudain nous apercevons que notre invention est la même, que nos cadres se ressemblent tous comme deux gouttes d'eau. Quelqu'un que ça n'étonne pas et qui en rit dans sa barbe, c'est Jean-Simon. Il n'en fait jamais d'autres ! Voici l'histoire : quand on avait su qu'il s'abstiendrait d'inventer quoi que ce soit pour cette exposition-là, chacun était allé le consulter en particulier pour le meilleur cadre à inventer, bien que personne ne soit sensé vouloir écouter cet original qui pense rarement comme les autres, et à tous notre homme avait conseillé la même forme

et donné les mêmes dimensions. — Pour le quart d'heure, chacun lui
eût passé volontiers son cadre dans le ventre, si on l'avait osé. Mais
on réfléchit, — c'est ce qu'il y avait de mieux à faire, — et l'on s'aperçut,
en y regardant de plus près, que si les cadres avaient la même forme et
les mêmes dimensions, ils différaient par la nature du bois, ou par la
longueur des clous employés dans leur confection. Alors, chacun de s'é-
crier tous bas : Sauvé, mon Dieu ! Le voisin Cadet Choufleur, le principal
mouchetier de chez nous, ne soufflait mot ; mais il s'apprêtait à faire
valoir au jury que son cadre, à lui Choufleur, était cloué sans clous : ce
qui, pour lors, le rendait supérieur à tous les cadres présents et futurs.

Revenus enfin de la folle terreur qui nous avait empoignés, nous
jetons, en attendant une visite en détail, un coup d'œil scrutateur sur
les tables voisines sur lesquelles nous apercevons pas mal de ruches à
cadres, mais qui ne pourront jamais l'emporter sur les nôtres ; sur lesquelles tables il y a aussi — comme par le passé — des ruches à chapiteau et à hausses, présentées par quelques arriérés, des *pékins,* quoi ;
car, hors des cadres — aussi bien pour les hommes que pour les mouches — il n'y a pas de progrès.

Nous voyons que, dans une salle à côté, on installe un grand nombre
de produits qui ne paraissent pas trop vilains, et cela nous fait penser
que nous avons oublié d'apporter les nôtres : on ne pense pas à tout, surtout quand on a l'esprit fouetté par le cadre. Et puis, notre découverte
est si fraîche qu'elle ne nous a encore donné que des espérances ; mais
elles sont si grandes, si grandes, que nécessairement les produits que
nous aurons l'année qui vient seront bien plus beaux et plus abondants
que ceux de tous ces routiniers et *empiriques* de l'ancien régime. D'ailleurs, d'aucuns d'entre nous attendent le passage du jury pour sortir de
leur gousset à montre une fiole qui contient la quintessence du miel que
donne le cadre, et l'on n'aura jamais vu rien de plus beau, ni de meilleur dans tout l'univers et autres lieux.   (*A suivre.*)

L'apiculture aux États-Unis.

(*Suite.* Voir p. 157.)

Il y a en France une classe de la société que j'ai vu avec plaisir récompenser à l'exposition des insectes, dans la personne de 75 de ses
membres, je veux parler des instituteurs. Je les conjure de *secouer la
routine* et d'essayer la ruche à cadres. Je les aiderai de mon mieux, dans

la suite de mes articles, à tirer bon parti de cette ruche. Ils verront bientôt l'aisance d'abord, puis une richesse relative venir les tirer de l'état de dépendance où ils sont aujourd'hui. Rien ne relève un homme dans sa propre estime comme de se sentir à l'abri du besoin ; le besoin c'est le servage.

Je les adjure en même temps de ne pas négliger de faire connaître, par votre journal, les essais tentés, les résultats obtenus. 75 collaborateurs de plus, en ne prenant que le nombre des instituteurs récompensés, donneraient à l'*apiculture* une nouvelle vie, un nouvel attrait, et son accroissement, répandant les connaissances, affranchirait bientôt la France des importations des produits des abeilles qu'elle fait chaque année et qui lui coûtent plusieurs millions de francs (1).

Les fleurs ne manquent pas en France, ni le miel aux fleurs ; ce qui manque ce sont les abeilles pour le récolter. Je crois qu'on peut quadrupler au moins le nombre des ruchées dans la plupart des localités, le centupler dans d'autres sans craindre la famine pour les abeilles. Quelques jours de bonne miellée en été et en automne suffisent pour mettre une colonie à l'abri du besoin et même lui donner un excédant qui paye l'apiculteur de ses soins, mais pour cela il faut de bonnes ruchées. Nous verrons bientôt quels sont les moyens employés par nos maîtres en la matière pour obtenir un résultat aussi désirable.

Un des grands obstacles à l'introduction de la ruche à cadres en France, c'est son prix.

Cet obstacle n'existe pas ici. Le fermier américain, habitué à se procurer tous les instruments d'agriculture perfectionnés, aussitôt qu'ils sont reconnus avantageux, se pose, lorsqu'il s'agit de remplacer un objet par un plus nouveau, cette simple question : *will that pay?* Cela payera-t-il? et si la réponse est affirmative il n'épargne rien pour se procurer l'objet convoité. *A suivre.*

Revue et cours des produits des abeilles.

Paris, 28 *février.* — MIELS. Les cours n'ont pas varié. On a continué de coter à l'épicerie miel blanc, pays et gâtinais de 100 à 130 fr. les 100 kil.; surfin gâtinais 140 à 150 fr. — Chili, 80 à 110 fr. — Bretagne

---

(1) Jadis cet argument était vrai. Mais aujourd'hui nos exportations couvrent et quelquefois surpassent nos importations. Consultez les états de la douane et la collection de l'*Apiculteur.* — *La Rédaction.*

de 65 à 70 fr. en gros fût, et 70 à 75 fr. en petit fût. Le prix de producteur est resté de 60 à 62 fr. pour ce dernier.

On trouve quelques miels blancs surannés pour nourrir les abeilles de 85 à 92 fr. les 100 kil. Ils ne valent guère mieux que les Chili à 80 fr.

Cires. — Cours bien tenus. Les producteurs de belles cires en brique demandent 410 fr. les 100 kil. hors barrière. Il s'est traité quelques affaires à des prix au-dessous, mais pour des qualités inférieures. — Il s'est aussi traité quelques affaires directes avec les marchands de couleurs à 435 fr. dans Paris (entrée 22 fr. 90).

Dans les ports d'arrivage la marchandise est toujours peu abondante, et les cours tendent à la hausse. A Marseille, les belles qualités ont gagné de 40 à 15 fr. les 100 kil.; on a coté : cire jaune de Smyrne, 235 à 240 fr. les 50 kil. à l'entrepôt; de Trébizonde, 230 à 235; de Caramanie, 230 fr.; de Chypre et Syrie, 225 à 230 fr.; d'Egypte, 205 à 220 fr.; de Mogador, 200 à 210 fr.; de Tétuan, Larache et Tanger, 190 à 205 fr.; d'Alger et Oran, 210 à 220 fr.; de Bougie et Bone, 200 à 205 fr.; de Gambie (Sénégal), 210 fr.; de Mozambique, 215 fr.; de Corse, 220 fr.; de pays, 200 à 205. Ces deux dernières à la consommation.

Corps gras. — Les suifs de boucherie se sont cotés de 107 à 109 fr. 50 les 100 kil. hors barrière; suifs en branche, 83 fr. 55 les 100 kil. hors barrière. Chandelles, 428 fr. 50 les 100 kil., hors barrière, par paquet de 2 kil. 500 gr. Stéarine saponifiée, 177 fr. 50 ; de distillation, 172 fr. 50. Oléine de saponification, 95 fr.; de distillation, 84 à 83 fr.

Sucres et sirops. — Les sucres se sont traités en hausse. Les raffinés ont été cotés de 132 à 134 fr. les 100 kil. au comptant et sans escompte. — Les sirops de fécule ont eu une tendance très-ferme.

Abeilles. — La température printanière d'une partie de février a engagé des producteurs à faire les achats et les transports d'abeilles, qu'ils ne font ordinairement qu'en mars. Les prix des ruchées marchandes se sont maintenus, pour le Gâtinais, de 13 à 17 fr. 50 selon provenance et grandeur de la ruche.—Sur quelques points les navettes sont en fleurs depuis le milieu du mois. Ici des pruniers ont commencé à fleurir le 20. L'apport du pollen a eu lieu presque tous les jours, et les fortes colonies sont garnies de couvain comme au 10 avril d'une année ordinaire. — Voici quelques renseignements qu'on nous adresse.

La plupart de nos ruchers ne possèdent que les deux tiers des colonies qu'ils avaient en 1866, les deux dernières campagnes ayant été mauvaises en essaims. Nous payons les bonnes colonies de 18 à 20 fr.

avec provisions suffisantes pour atteindre le mois de mai. Le miel vaut
90 cent. le demi-kil., et la cire 1 fr. 75. *Richerot*, à Saint-Martin-du-
Fresne (Ain). — Plusieurs de mes essaims, ceux recueillis avant le
20 mai, ont amassé, en une semaine, de 15 à 20 kil. *Petel*, à Coincy
(Aisne). — La campagne dernière a été assez favorable à nos abeilles
sous le rapport du miel, mais peu sous celui des essaims. Nos colonies
sont bien peuplées. Prix de nos miels : 1 fr. 50 le kil.; cire 3 fr. 50.
Mullette, à Paissy (Aisne). — La récolte moyenne par ruche n'a été ici que de
15 livres ; mais nos colonies sont bonnes et les trèfles incarnats promettent autant qu'ils ont donné peu l'année dernière. *Rousseaux*, à Œuilly
(Aisne). — Nos abeilles n'ont pas souffert jusqu'à présent, et la consommation n'a pas été forte. — *Petit*, à Mont-Notre-Dame.

Si l'année 1868 n'a pas été une année d'essaims (5 ou 6 0/0) pour
notre canton, elle a donné assez de miel. Le rendement de mes plus
fortes ruchées dépasse 20 kil., tandis qu'à Dijon, où j'ai un apier, je n'ai
point eu d'essaims, et pas plus de 5 kil. de miel par colonie pour les
plus fortes. *Guilleminot*, à Saint-Jean-de-Losne (Côte-d'Or).

Nos amandiers sont en fleurs (5 février) et nos abeilles y butinent du
pollen. *Faure*, à Roquefort (Haute-Garonne). — Il fait ici un temps
de printemps (4 février), les amandiers sont en fleurs et les abeilles
rapportent beaucoup de pollen. Nos colonies sont dépourvues de provisions, l'été et l'automne ayant empêché les abeilles d'en amasser beaucoup. *Faure-Pomier*, à Brioude (Haute-Loire).

Nos mouches profitent du beau temps pour aller visiter les coudriers,
saules marsault, amandiers, pêchers, abricotiers, prunelliers, etc., et sont
bien garnies de couvain. Seulement les ruchées faibles périssent avec
du miel dans leur ruche, cela vient de ce que les populations étant peu
nombreuses ne peuvent entretenir la chaleur convenable de leur couvain. Il y aura peu de cire à la taille du printemps, les ruches étant
garnies de couvain. Quant au miel, la vente en est lente : le sologne se
cote 80 à 100 fr., et le berry de 100 à 120 fr. les 100 kil. En bonnes
ruchées non rognées on vend ici 13 fr., et 10 fr. les ruchées rognées.
Muller, à Châtillon-sur-Loire (Loiret).

L'éducation du couvain a fait diminuer considérablement la réserve
de nos abeilles. Beaucoup d'apiculteurs craignent qu'une grande partie
de leurs ruches ne puissent atteindre les beaux jours. *Chardonnet*, à
Coulommes (Marne).

Nous n'avons eu que des essaims primaires, et en très-petite quantité;

ils sont faibles, mais les souches ont donné beaucoup de miel et atteindront facilement le printemps. On a payé les ruches à récolter 30 cent. le demi-kilog. Le miel blanc est vendu en pot à l'épicerie 1 fr. 10 à 1 fr. 20 le kilog. La vente en baril est difficile. *Dumoulin*, à Aix-en-Issart (Pas-de-Calais).

Dans notre contrée de Gâtine (Deux-Sèvres), nous n'avons pas eu un essaim par 100 ruchées. La sécheresse de l'été a dû en être la cause Mais les blés noirs de l'arrière-saison ont largement approvisionné nos abeilles. *Pastureau*, à Mézières. — L'année 1868 n'a pas été trop défavorable. Près des 2/3 de nos colonies ont essaimé, et la moitié des essaims pourra atteindre le printemps sans nourriture. Nous craignons que 1869 donne moins, les colzas étant en moins grande quantité. *Bailly*, à Beauquesne (Somme). Nos mouches n'ont subi qu'une diminution de poids presque insignifiante jusqu'alors (5 février). Leurs populations sont aussi dans les meilleures conditions, et l'on peut espérer que cet hiver sera un des moins nuisibles pour nos ouvrières; mais nos produits s'écoulent difficilement et à des prix bien peu rémunérateurs : le miel à 60 cent. et la cire à 1 fr. 90 le demi-kilog. *Lenain*, à Bouvincourt (Somme).

La saison étant avancée, le nettoyage des planchers, l'alimentation des colonies nécessiteuses, la taille des rayons, etc., doivent être exécutés le plus tôt possible. Il faut aussi penser aux ruches vides pour l'essaimage qui pourra venir un mois ou six semaines plus tôt, si l'avance continue.   H. HAMET.

— A vendre, 20 bonnes colonies. S'adresser à M. Viardot Léopold à Cerilly, par Laigne (Côte-d'Or).

— M. G... à Cheray : trous de plaques perforées 4 millimètres 14 centimes, sur 13 millimètres 25 centièmes.

— A vendre, miel blanc, bonne qualité à 85 fr. les 100 kil. et citron à 70 fr. en gare de Beauvais. — Blanc Gâtinais, 95 fr. à Pithiviers.

— M. F... à Roquefort : la recette pour la fabrication du nougat a été donnée dans la 3e année de l'*Apiculteur* p. 102.

— M. A. D... à A. (Pas-de-Calais) : M. Gaillard, rue de la Verrerie, 79, à Paris. MM. Daire père et fils à Arras.

M. P... à Mont-Notre-Dame : Les petites boîtes peuvent coûter de 20 à 25 cent. — Pour un cent, adressez-vous à l'auteur, à Dôle (Jura).

— M. Sp. à Philadelphie : l'*American bee-Journal* n'est pas arrivé en janvier et en février.

Paris.— Imprimerie horticole de E. DONNAUD, rue Cassette, 9

L'APICULTEUR

Chronique.

SOMMAIRE. — Dzierzonniens et Berlepschiens. — Qui est César? — Moyen terme proposé. — Les avantages de la méthode la plus simple pour le nourrissage. — Raison d'être des méthodes et des systèmes divers. — Conférence, concours, avis.

En mars, mois consacré au dieu de la guerre, l'Olympe du mobilisme s'est couvert d'un nuage orageux, qui a été un véritable point noir dans le ciel apicole de la paisible et libre Helvétie. La guerre n'est pas déclarée, mais c'est tout comme. Le *casus belli*, pour parler le langage de certains politiques, est une question de frontière *naturelle*. Il s'agit de rendre à César ce qui appartient à César, disent les champions des deux camps, lesquels champions sont deux dilettanti-apiculteurs, un Dzierzonnien et un Berlepschien, — Suisses. — En attendant que recommence, sur la même question, le fameux combat jadis livré dans le *Bienen zeitung*, par les intéressés directs, on s'est escarmouché dans les colonnes du *Culti- vateur* de la Suisse Romande, pour établir qui est César de Dzierzon ou de Berlepsch. L'un dit : Dzierzon a *inventé* le rayon mobile (*sic*), donc il est César. L'autre répond : de Berlepsch a inventé le cadre et perfectionné le rayon, donc il est le véritable César. — De deux maux, la Sagesse des nations recommande de choisir le moindre. Mais lorsqu'il s'agit de divinités apicoles, c'est une autre paire de manches, et il importe de prendre des lunettes afin de n'être pas surfait.

N'usant du mobilisme que pour des observations et n'en étant pas au- trement engoué, d'un autre côté n'ambitionnant de piédestal aucun, surtout celui de prôneur de système exclusif, nous pouvons peut-être nous permettre d'examiner les titres des candidats, ne serait-ce que sous le rapport de la priorité.

On ne peut nier que l'Allemagne n'ait produit de tous temps des api- culteurs célèbres, mais ces apiculteurs n'ont pas plus inventé le système des bâtisses mobiles que celui des bâtisses fixes. Dans ces derniers temps, les célébrités apicoles allemandes ont plus que qui ce soit propagé le premier système à l'exclusion du dernier ; voilà le titre qui leur revient. Quant aux modernes *inventeurs* du mobilisme, ce ne sont que des pla- giaires ou des imitateurs des Grecs anciens, à qui on doit l'application des rayons mobiles. C'est dans la *Maison rustique* de Liger, publiée il y a un siècle et demi, qu'ils ont *découvert* cette invention, comme l'inventeur Holenbrenck avait découvert dans Columelle l'arqure de 112 1/2 degrés. Ce que les Césars modernes peuvent s'attribuer en fait de mobilisme, est d'avoir modifié l'application qu'en faisaient les Grecs. Ainsi, Huber, le premier, a transformé le simple rayon mobile des Grecs en un cadre ou feuillet mobile. Prokopowisch en Russie, Debeauvoys en France, de Berlepsch en Allemagne, Langstroth aux États-Unis, etc., etc., ont à leur tour modifié le cadre de Huber. Un peu après Prokopowisch (1) et un peu avant Debeauvoys, Dzierzon appliquait le simple rayon des Grecs modifié, à une ruche haute, une sorte d'armoire, puis à une ruche longue, tantôt double, tantôt simple (V. 3ᵉ et 6ᵉ années de *l'Apiculteur*). Cent autres modificateurs sont venus depuis. Nous-même, il y a 18 ou 20 ans, alors que nous ne connaissions ni Prokopowisch, ni Dzierzon, et que nous faisions de l'apiculture en chambre, nous adoptions deux montants au rayon grec que nous introduisions dans les ruches de toutes les formes ; ce qui, — soit dit en passant, mais sans présomption, — nous valut une médaille de bronze. Depuis vingt ans, le rayon avec montants a été *inventé* trente ou quarante fois. Un des *inventeurs* les plus récents l'a baptisé de cadre ouvert ou *cadre à trois côtés*. Le cadre à *trois* côtés est de la famille du triangle à *deux* angles. Il faut espérer que la postérité n'oubliera pas le César qui a fait cette trouvaille. Ainsi, en fait de mobilisme, on ne peut jurer que par les Grecs, et ce n'est pas la peine que nos voisins de la Suisse entament une guerre de Troie pour un cheval de bois *amélioré* chez eux d'abord, puis devenu trotteur en Allemagne et galopeur aux États-Unis.

— M. le Dr Monin nous adresse les notes suivantes :

« Dans la discussion semi-aigre-douce qui s'est établie contre ou pour les ruches à cadres, personne, il me semble, n'a mentionné comme moyen terme l'adoption des cadres *pour le haut de la ruche seulement* dans l'unique but d'obtenir des rayons d'un miel supérieur que l'on pût cueillir isolément et successivement à diverses époques de l'année.

» Or, telle est la méthode que j'ai préconisée, il y a déjà plusieurs années, dans un traité que vous avez qualifié de fantaisiste (2), — parce

---

(1) A. Martin (*Nouveau Manuel complet du propriétaire d'abeilles*, éd. de 1828, p. 127, cite avant Prokopowisch une ruche Blake, à rayons mobiles, en usage en Amérique.

(2) Nous prions les lecteurs qui ne l'ont pas lu de voir le compte rendu que nous avons fait dans la 11ᵉ année de *l'Apiculteur*, p. 24, du livre de M. Monin; ils n'y trouveront aucunement l'épithète de fantaisiste qu'il nous prête.

(*La Rédaction.*)

que je m'étais permis d'engluer les bords du vase à l'aide de quelques
fleurs de rhétorique, — en me contestant *ipso facto* la qualité de praticien.

» Certes l'invention n'est pas nouvelle, j'en conviens ; j'ai été le
premier à le dire moi-même, mais pour cela elle n'en est pas moins
bonne ; et sans prétendre élever une question de priorité ni m'aventurer,
à l'exemple de *tutti quanti*, à prôner *ma méthode* plus ou moins renouvelée des Grecs, je la recommande à tous ceux qui tiendront à économiser du temps et à laisser reposer leur cerveau fatigué de réinventer les
inventions anciennes.

» Quant aux ruches à cadres du haut en bas, voici ce que je disais déjà
en 1866 dans ce même traité :

« Mais pourquoi, me dira-t-on, ne pas laisser subsister ces cadres ?
» tant d'autres les préconisent, et ils sont si commodes pour la dé-
» pouille et l'inspection des ruches ! Dans le principe, j'avais entièrement
» *garni* mes cases de cadres, combinés de manière à ce qu'ils pouvaient
» *facilement se substituer les uns aux autres*, j'en avais même rendu la
» manœuvre assez facile. Mais je n'ai pas tardé à m'apercevoir que les
» interstices qui restent, quoi que l'on fasse, entre eux et les parois
» de la ruche ou les liteaux de suspensions, étaient autant d'asiles ou-
» verts aux larves de teignes, qui réfugiées là comme dans un fort, bra-
» vaient impunément les attaques des abeilles et déjouaient ma surveil-
» lance. Cet inconvénient me donna à réfléchir, et dès lors je n'hésitai
» pas à supprimer les cadres dans l'intérieur de la ruche ; les réservant
» pour les cas exceptionnels, comme celui que je viens de mentionner,
» et en particulier pour le chapiteau, où la surveillance est facile, et où
» l'inconvénient que j'ai signalé est loin d'exister au même degré. J'ai
» vu pareils incidents se présenter chez des amateurs qui possédaient des
» ruches Debeauvoys, garnies, comme l'on sait, de cadres du haut jusques
» en bas ; les teignes avaient tellement travaillé dans les interstices, et le
» fond était noyé dans un tissu de soies et de cocons tellement inextrica-
» ble, qu'aucune manœuvre n'était possible, et que les ruches, devenues
» inhabitables, ont dû être abandonnées (1). »

» Maintenant permettez-moi d'ajouter un mot à la discussion qui
vient d'avoir lieu à la Société centrale, au sujet du mode de nourrir les
abeilles. J'ai fait là-dessus toutes les expériences possibles et, comme
toujours, j'ai reconnu que la méthode la plus simple était la meilleure.

» Lorsque l'on veut forcer la nourriture des abeilles, en temps ordinaire toute méthode est bonne, pourvu qu'on prévienne l'engluement et
le pillage ; il faut encore se garder d'attirer les fourmis. Pour cela il ne
faut point d'appareils qui laissent dégoutter le miel, et surtout bien se
donner garde d'en laisser suinter au dehors, car, une fois affriandées,
on ne s'en débarrasse pas aisément. La méthode préconisée par le père
Babaz est assez commode, mais elle a bien aussi quelques inconvénients ;
elle n'est pas applicable en saison froide, puis elle rend les abeilles
paresseuses en les habituant trop à venir chercher leur pâture toute faite

---

(1) *Physiologie de l'abeille*, suivie de l'art de soigner et d'exploiter les abeilles
par une méthode applicable à toutes sortes de ruches, page 150. Paris, Baillière,
rue Hautefeuille, 17.

sans se donner la peine de l'aller chercher au loin ; elles perdent un temps considérable à *tourner autour du pot* quand on vient à la leur retrancher, et les rend fatigantes par leur importunité. Je trouve plus commode, pour mon compte, et pas plus dispendieux, de leur servir leur pitance à domicile, il faut avoir pour cela des ruches pourvues d'un socle communiquant avec le corps de ruche seulement par une ouverture de dix à douze centimètres que l'on puisse fermer à volonté par un coulisseau. On dispose, — celui-ci étant fermé, — dans le socle une assiette pleine de miel liquide, recouvert d'un papier persillé soutenu par quelques brindilles de paille ; puis on tire la planchette qui bouchait la communication ; les abeilles se répandent dans l'étroit compartiment et ont bien vite fait de monter ce qu'on leur a si libéralement servi. Quand on veut les en sevrer, on repousse la planchette ; les abeilles, ne trouvant plus d'ouverture, passent par-dessus et vont à la picorée sans s'acharner après une proie qui leur manque. Ce socle ne communiquant au dehors que par la porte étroite qui sert à glisser le miel et que l'on tient soigneusement fermée, n'expose pas la ruche au pillage et n'attire pas les fourmis.

» En temps d'hiver, il faut bien le dire, le mode de nourrissage laisse bien aussi quelque chose à désirer ; les abeilles ne se risquent pas facilement à y descendre, et celles qui s'y résignent, pressées par le besoin, pour peu qu'elles s'attardent trop sur l'assiette ou dans les recoins du compartiment, sont exposées à être surprises par le froid si elles ne se hâtent de regagner la ruche. Il faut alors plaquer l'assiette contre l'ouverture, de manière à ce qu'elle fasse, pour ainsi dire, corps avec la ruche, ou bien glisser sous celles-ci une petite hausse de quelques centimètres de haut, sans liteaux ni treillis, et y disposer l'assiette de manière à ce qu'elle touche littéralement les rayons. J'ai vu même des cas où les abeilles, malgré toutes les invitations, se laissaient mourir de faim entre les rayons plutôt que de descendre vers la nourriture qu'on leur tendait. Il ne faut pas hésiter, dans ce cas, à démonter la ruche et à la transporter dans une cave ou un cellier chaud pendant le temps du nourrissage.

» Il est fort commode d'adapter dans le haut du corps de ruche une petite fenêtre vitrée obturée par un volet, afin de se rendre compte *de visu* du progrès de l'alimentation, que l'on cesse lorsque l'on voit les rayons pourvus de cellules operculées. Ces préceptes seront de mise au printemps, dans nos pays et dans tous ceux où ne se cultive pas le blé noir, qui est, on le sait, avec la bruyère, la grande ressource d'automne pour les abeilles dans un grand nombre de pays. Ceux-ci n'ont pas à se préoccuper du nourrissage, et ils seront, soit dit en passant, pendant longtemps encore en possession d'approvisionner MM. les inventeurs de ruches, qu'elles soient à cadres ou non. La solution du problème est là : étant donné du miel sur les fleurs et un nombre égal d'abeilles, la quantité du miel récolté sera mathématiquement la même pour les ruches de tous systèmes, mais l'avantage restera toujours aux ruches pourvues de bâtisses, qu'elles soient fixes ou non, parce que les abeilles économiseront toujours le temps et le miel qu'elles emploieraient à se construire des édifices, ce qui est précieux au temps de la miellée.

» Quant au mello-extracteur, il ne peut avoir de mérite que pour ceux qui, vendant le miel en pot, veulent en utiliser à nouveau les rayons.

Pour ceux qui trouvent avantage à débiter le miel en rayon, — et dans certains pays la différence est assez considérable pour être prise en considération, — l'extracteur n'a pas sa raison d'être.

» Donc à chaque pays ses usages ; que les riches continuent de prêter aux pauvres et que ceux-ci ne portent pas trop envie aux premiers ; que la grenouille ne veuille pas s'enfler comme le bœuf, et la paix continuera à régner au camp des apiculteurs.   F. Monin.

Nous sommes heureux d'annoncer que M. le Dr Monin se propose de faire une conférence apicole au concours régional qui aura lieu du 17 au 25 avril à Lyon. Les journaux de la localité devront annoncer le jour et le lieu de cette conférence que voudront entendre tous les apiculteurs des environs de Lyon.

A Beauvais et à Chartres on se préoccupe de projets de Société apicole. Dans la première localité, M. Naquet a pris l'initiative et reçoit les adhésions des apiculteurs qui veulent concourir à la formation d'une société pour le département de l'Oise. Une circulaire sera publiée sous peu et adressée à tous les intéressés. Les apiculteurs qui désirent exposer dans les concours régionaux doivent envoyer leur déclaration de suite au ministère de l'agriculture. Ils trouveront des modèles de demande aux bureaux de leur sous-préfecture.

L'apiculteur lorrain nous adresse la note suivante :

« Après avoir lu l'Apiculteur de mars dernier, page 175, M. Peysson a compris sans peine qu'il était arrivé trop tard à la séance, après le vote unanime de l'assemblée ; que les défis de la page 178 n'ayant plus de raison d'être doivent, pour suppression d'emploi, être mis à la retraite par lui et aussi par l'apiculteur lorrain.

» Je profite de l'occasion pour témoigner le regret d'avoir lu trop légèrement M. Ch. Dadant. L'honorable apiculteur d'outre-mer dit seulement : « Je regrette de ne pas être voisin de l'apiculteur lorrain pour relever le gant. » Ainsi, pour M. Ch. Dadant comme pour moi, l'Océan est un obstacle qui s'opposera toujours à des expériences faites en commun. »

On nous écrit : « Le dernier numéro de l'Apiculteur donne le nom d'acheteurs en gros de miel produit par les mobilistes ; mais il ne dit pas si ces acheteurs prennent le miel en rayon dans des cadres. » Nous répondons que jusqu'à ce moment les acheteurs de miel en rayons ne se soucient pas des cadres, les consommateurs ne courant pas après ; ils préfèrent acheter le miel en calotte (corbeilles en paille et boîtes bien propres). L'année dernière un producteur du Gâtinais, qui s'était adonné aux cadres et qui avait plusieurs centaines de kilog. de beaux produits en vra-

gue, a vainement couru tous les marchands de Paris : il a été obligé de
couler sa marchandise pour la placer. — Les principaux acheteurs de
miel en rayon sont : MM. Thiriet, rue du Faubourg-Montmartre, 8 ;
Chailly, rue de Rivoli, 37; Gemptel, rue du Faubourg-Saint-Honoré, 32;
Petit, même rue, 79; Demeufve, rue Saint-Honoré 372; Coignard, même
rue, 416; Chrétien, rue du Bac, 108; Durand, rue de Seine, 44; Mentel,
même rue, 78, etc.

— Dans le nouveau projet du code rural, on déplacerait la question
de réglementation sur les abeilles. Ce ne seraient plus les maires, mais
directement les préfets qui réglementeraient la matière. Les entraves
pour venir de plus haut n'en subsisteraient pas moins. — Plus d'entraves,
mais le droit commun, la liberté, et pour l'obtenir agissons par le pétitionnement et par le vote, quand la circonstance se présente.

La Société d'émulation des Vosges décernera, en 1869, une recompense
pour l'apiculture (mémoire, traités, etc., sur la matière). Adresser avant
le 1er août, à M. Lebrun, secrétaire à Épinal. — La Société d'agriculture
de la Gironde porte aussi dans son programme des médailles, or et
argent, pour les ruchers les mieux conduits. — La *Société protectrice* des
animaux accorde des médailles et des mentions honorables aux personnes
qui combattent l'étouffage des abeilles. Adresser avant juin les demandes
et certificats, rue de Lille, 19, à Paris.

La première leçon du cours d'apiculture du Luxembourg aura lieu samedi, 3 avril, à 9 heures du matin, dans l'Orangerie.   H. HAMET.

Quelques renseignements au sujet de l'extracteur.

Cormoranche, par Pont-de-Veyle (Ain), 9 mars 1869.

En apiculture, comme dans toute science expérimentale, vouloir
parler sans avoir vu, exposera souvent à dire ce qui n'est pas. Sur ce
terrain, on ne saurait, même avec une forte imagination, avoir la main
constamment heureuse. Si les opinions erronées que je trouve émises
dans le numéro de mars, au sujet de l'extracteur, en décourageant certains apiculteurs, pouvaient passer sans préjudice pour notre pays, je
laisserais couler et l'onde claire et les eaux troubles.

Je ne suis pas comme M. Dadant, protégé par l'immensité de l'Atlan-
tique, et les coups d'épée à recevoir, même à donner, ne sont pas du
goût de tout le monde. *Time is money*, disent les Anglais; le temps
vaut davantage, doivent dire tous les chrétiens ; et nous n'avons pas été
mis au monde pour ferrailler. Malgré ce, quand la vérité peut être utile
à tous, nul n'a le droit de marchander sa peine. Je dirai donc ce que
j'ai vu, ce que j'ai expérimenté en plein air, à plusieurs reprises, sur
quelques centaines de kilog. de miel. C'est le témoignage désintéressé

d'un confrère : je ne suis pas marchand de ruches nouvelles, ni inventeur d'instrument à débiter, ni auteur d'ouvrages apicoles à écouler. En racontant le résultat de mes consciencieuses expériences, j'espère lever quelques doutes, et je suis assuré qu'après avoir essayé, comme moi, plus d'un parmi les disciples de saint Valentin, trouvant dans la pratique nouvelle plaisir et profit, me remerciera comme je remercie encore notre excellent *Apiculteur* de m'avoir fait connaître l'extracteur, ainsi que la ruche Dzierzon-Bastian.

La découverte faite, il y a 4 ou 5 ans, par le major autrichien Hruschka fera époque dans l'histoire des abeilles ; elle est plus heureuse pour l'humanité que l'invention du meilleur des chassepot ; et pourtant on en parlera moins. Ainsi va le monde : pour être entendu, il faut faire beaucoup de bruit. Heureusement, il n'en est pas ainsi dans notre petit monde apicole ; la paix se fera sans tapage : nous sommes plus près de nous entendre qu'il ne semble au premier aspect.

M. Poisson dit (p. 170) : « Maintenant je suppose que, de mon côté, j'use de l'extracteur pour vider mes calottes dont j'aurai rendu les rayons mobiles ; je dois dire que, dans les plus beaux miels de table, il se trouve souvent encore quelque peu de pollen. » M. Poisson a très-bien observé ; dans les plus magnifiques calottes, garnies des miels les plus appétissants, il peut se rencontrer des cellules pleines de pollen. En saison d'abondante miellée, les abeilles, pressées de retourner à la picorée, entravées par la multitude, déposent avec l'aide de sœurs charitables, là où elles se trouvent, ce pollen, que le palais des gourmets attrapé distingue vite à son amertume. On dit même que nos malicieuses ouvrières poussent quelquefois la plaisanterie plus loin et cachent le jeu. Des alvéoles sont remplies de miel dans le haut, de pollen dans le bas. Le plus fin renard s'y laissera prendre.

M. Poisson ajoute : « Eh bien, celui-ci (le pollen), dans ce cas, sera lancé avec le miel et en altérera la qualité ; je n'aurai plus que du miel ordinaire au lieu de *surfin*, sans concurrent.... »

Je suis heureux de pouvoir, sur toute la ligne, rassurer M. Poisson. 1° Pas un atome de pollen ne sera lancé avec le miel ; la force centrifuge ou d'aspiration, comme vous voudrez, laisse toujours le pollen en place, sans en détacher une parcelle ; 2° le miel que les mellificateurs solaires ou autres lui coulent *surfin*, sera par l'extracteur craché *extra-fin*, hors concours avec les miels coulés. Les miels obtenus avec l'extracteur sont aux miels coulés ce que ceux-ci sont aux miels de presse. C'est la proportion arithmétique : 6. 4 : 4. 2. Vous me direz : donnez-en la preuve. C'est facile ; observons les opérateurs dans les deux cas, c'est-à-dire sans extracteur, 1er cas ; avec extracteur, 2e cas.

1er cas. La calotte à rayons fixes, contenance de six kilog., est à maturité, son miel operculé. Vous décalottez : le procédé le plus simple, le plus expéditif est sans contredit celui indiqué par M. Hamet (*Cours pratique d'apiculture*, page 133). Dans l'hypothèse la plus favorable, vous serez très-content si, après 25 à 30 minutes d'attente, vous voyez les abeilles, défilant la parade, s'en aller à la souche. Vous aurez la patience d'attendre qu'il plaise à la dernière abeille de saluer la compagnie : vous n'irez pas brusquer la sortie par les injections d'une fumée nauséabonde ; nous savons que vous aimez le *surfin*. Enfin, vous êtes maîtres de la place ; la calotte est à vous, après 30 à 40 minutes de vigilance pour écarter les pillardes, empêcher le retour des congédiées. Il faut couler le miel : la table des Lucullus consommant les rayons vierges à beaux deniers comptants, triomphe du producteur, ne se trouve pas sous la main partout. Profitant du beau soleil qui brille au firmament, après avoir arraché les rayons de la calotte, vous les broyez sur un tamis et vous avez recours au mellificateur solaire avec ses avantages et ses inconvénients. Praticien habile, vous modérez par un écran les ardeurs du soleil : vous ne lui permettriez pas de fondre « la cire qui, en tombant dans le miel, lui communique le goût de l'huile essentielle qu'elle contient. » (*Cours pratique.*) Le soir venu, grâce à la chaude journée, vous mettez en pot un miel tiède, presque chaud, en somme, pas trop éventé. Ce serait autre chose si le traître Phœbus, qui vous souriait si agréablement durant la sortie des abeilles, venait à tirer sa révérence. Force serait bien de remettre au lendemain ou au surlendemain l'empotage d'un beau miel pas mal éventé.

2ᵉ *cas.* Ici je ne fais point de suppositions, je décris une opération maintes fois pratiquée par votre serviteur sur des miels de provenances diverses. Du 20 août au 15 septembre, les mêmes calottes ont été opérées plus de quatre fois, donnant chacune un total de 25 à 30 kil. de miel.

J'observe par le verre qui fait l'arrière de la calotte. Elle est mûre. Toutes les cellules sont operculées comme dans le premier cas. Le verre légèrement alvéolé, 3 ou 4 bouffées de fumée inodore produite par un bois pourri de peuplier, jouant l'amadou, sont lancées dans la citadelle. Les assiégées se rendent sans autre mitraille. Le couvercle supérieur non cloué, ainsi que les vitres sont enlevés. Je détache avec le couteau-truelle et j'enlève l'un après l'autre les six rayons, pesant environ un kil. chaque ; mes doigts ne sont pas englués ; pas une cellule n'est brisée. La main droite tient le rayon par son support ou planchette, élevé dans sa position verticale, tandis que la main gauche, armée d'une plume mouillée, balaye les abeilles qui couvrent les rayons en les faisant tomber à côté de la calotte ou sur le devant de la ruche, mais la calotte reste en place ; je n'emporte que mes gros rayons. — Il faut désoperculer. Mon neveu, petit lutin de douze ans, me prête un joyeux concours. Le couteau-truelle dans la main de l'enfant et dans la mienne, glisse rapide sur chaque face des rayons. Leur barbe est faite.

Parfaitement désoperculés, les 6 rayons sont posés dans les 6 cribles de l'extracteur. Mon petit aide, grand ami du mouvement, est prestement à la manivelle. Assis un instant sur ma chaise, je n'ai qu'à modérer la rapidité de son jeu. Il faut l'arrêter pour prendre le temps de retourner les rayons sur l'autre face, et vite, la rotation a de nouveau fait jaillir la seconde moitié de mon miel. Le miel entièrement expulsé a cessé de crépiter contre les parois du tambour ou enveloppe. Halte, camarade ! Les rayons, allégés de tout le miel, presque secs, quasi sans dommage, sont rendus à leur calotte et, durant l'intervalle, le miel onctueux, sirupeux a glissé dans le bocal. Le tour est fait.

En résumé, je demande :

Pour enlever les rayons, balayer les abeilles. . .	5	minutes.
Pour désoperculer les cellules.	6	—
Pour vider les deux côtés des rayons.	5	—
Pour rendre les rayons aux abeilles, tout remettre en place.	4	—
Total.	20	—

Et maintenant, lecteur ami, veuillez conclure vous-même. Le miel mis en pot ainsi à froid, avec une telle prestesse, ne doit-il pas, plus sûrement que les miels les mieux coulés, conserver son arôme, sa virginale pureté? Que de temps gagné! Je suis abrité contre toutes les vicissitudes de l'atmosphère; qu'il fasse beau ou qu'il pleuve; que le thermomètre marque 15, 20, 30 degrés, c'est son affaire; je fais toujours la mienne.

Rien n'est amusant comme le petit spectacle, donné, pas tout à fait *gratis* par les abeilles, retrouvant, après 20 minutes de pénible attente, leurs rayons chéris. Je crois vraiment que si mon docte maître, l'apiculteur lorrain, auquel une longue pratique a enseigné le langage des abeilles, pratiquant un jour l'extracteur, assiste une fois à cette reprise de possession, comme Lalande pour la fin du monde, il voudra refaire ses calculs sur la valeur des bâtisses. Oh! la cire ne coûtant rien ou presque rien aux abeilles, elles devraient y attacher peu d'importance: l'*instinct*, qui les guide avec tant de sûreté partout ailleurs, ne peut sur ce point seul les égarer et changer, à leurs yeux, un plomb vil en un or pur.

Tandis que nous causons ainsi, les flots d'une foule empressée se précipitent: on veut tout revoir, on va, on vient; les antennes des amies s'inclinent les unes vers les autres; on se dit la bonne nouvelle; on se félicite. Et aussitôt, sans découragement, sans hésiter un seul instant, les diligentes ouvrières, à qui mieux mieux, se mettent à l'œuvre. Le lendemain matin les rayons sont consolidés; les plus minces dégâts ont été réparés: le soir venu, un miel nouveau brille déjà au fond extrême des alvéoles, 6 ou 7 jours après, si le temps et la miellée ont été propices, l'heureux berger pourra procéder à une tonte nouvelle. Avant la répétition de ces exercices renouvelés toujours avec un nouveau plaisir, j'aimais déjà fort mes intéressantes petites républiques; mais je dois dire que, la dernière campagne, avec l'extracteur et la ruche Dzierzon-Bastian, les ont considérablement grandies dans mon estime et mes affections. Je n'ai pu que remercier le Seigneur, donnant à l'homme de reprendre chaque jour, à la vigueur de son front, l'empire sur la création perdu par sa désobéissance. En voyant quelles leçons d'ordre, de prévoyance nous sont données, quels immenses services nous sont rendus par de si petites créatures, comment ne pas répéter: « *Mirabilis Deus in minimis?* » Dieu est admirable dans les plus petites choses.

M. Poisson fait une troisième supposition: « Que sera le miel de M. Dennler quand il l'extraira des rayons de l'intérieur dont tout le centre contiendra plus de pollen que de miel? Oh! merci!... il est inutile que je montre les larves non operculées lancées aussi et écrasées dans ce gâchis général. Je demanderai même si le couvain operculé ne sera pas tué au berceau par cette rotation rapide. »

Cette troisième supposition suppose une imagination très-active. Je ne puis en admettre la réalisation. Il n'est pas permis de prêter à de loyaux contradicteurs une sottise pareille. Pourquoi déranger les rayons à couvain? Laissons donc l'enfant au berceau ou sur le sein maternel. Il n'a que faire dans le manège de l'extracteur. Le confrère, assez mal avisé pour faire une telle bévue, serait indigne de la corporation apicole.

Des abeilles ayant été, par inadvertance, oubliées sur les rayons soumis à l'extracteur, ont été par moi retrouvées sur ces mêmes rayons ou cramponnées à la toile métallique à peine engluées. Les mailles de ma toile métallique étant de 0ᵐ 004 carrés ne laissent pas passer les abeilles avec le miel. Sans inconvénient et mieux les mailles pourraient être plus larges, même de 7 millimètres carrés.

Et maintenant un mot de réponse aux appréhensions de l'apiculteur lorrain, faisant suite aux suppositions de M. Poisson (page 174) : « Comment s'y prendre pour obtenir des rayons pleins de miel et non oper-Lulés? » Que les rayons soient operculés, qu'ils ne le soient pas, ils se cident également bien, sauf qu'il faut prendre le temps de désopercuter. v'opération est moins prompte, voilà tout. Il n'est pas facile, en effet, de trouver tous les rayons pleins de miel et non operculés. Les rayons du milieu des calottes sont operculés quand ceux des extrémités, surtout celui près de la vitre, ne le sont pas du tout. L'essentiel, pour ne pas faire perdre trop de temps aux abeilles en les laissant operculer inutilement pour elles et pour l'apiculteur, c'est de trouver le joint. La calotte est assez mûre quand le rayon en face de la vitre est plein sans être operculé.

(Id.) « Faut-il opérer dans un local où la chaleur soit au moins de 25° Réaumur ? » Inutile. J'ai toujours opéré sans feu, même fin d'octobre. C'étaient de vieilles ruches à démolir dont la population venait d'être chassée. A ces bâtisses fixes j'ai arraché, avec les couteaux recourbés, des blocs de rayons aussi larges que possible et, après les avoir désoperculés, je les ai soumis à la rotation. L'opération a réussi passablement. Les parcelles de rayons conservant un peu de miel granulé, sont renvoyées au tamis du mellificateur.

(Id.) « Si le miel de bruyère est tenace, le miel de colza l'est tout autant pour peu qu'il ait séjourné dans la ruche. Voilà déjà deux insou-mis, deux diablotins qui viennent troubler la classe des cadres. » Nous avons ici du vrai et du faux. Le miel de bruyère est trop tenace. M. Bastian, qui l'a expérimenté, le dit, je le crois. Sur nos bords de la Saône, point de bruyères, tant mieux ! Mais aussi point de sainfoin, hélas ! En revanche beaucoup de colzas, dont le miel calotté s'est vidé tout aussi bien que celui des prairies et des sarrasins. J'ai cru reconnaî-tre le miel granulé dans mes vielles ruches pour être du miel de colzas. Mais ce cas, en général rare et presque insignifiant, ne laisse en réalité qu'une insoumis à la force centrifuge. C'est la bruyère.

L'extracteur dont j'ai fait usage est, en tout point, celui dont le plan est montré dans le traité : *Les abeilles, par F. Bastian.* La description en est si claire, si détaillée que j'ai pu le faire construire conforme, par un menuisier de ma paroisse, qui me disait naïvement durant l'étude que j'en faisais avec lui : « Ah! monsieur, le livre dit tout ce qu'il faut faire, c'est comme si on le voyait. » Ce n'est plus l'instrument primitif et défectueux inventé, il y a 4 ou 5 ans, par Hruschka. Il est moins en-combrant que les mellificateurs en grand, les presses à miel dont il tien-dra lieu. Tel que je le l'ai fait construire, il m'a fait un travail parfait. Je n'y ai bien cru qu'après avoir vu, comme saint Thomas. Mais quand l'extracteur aura passé par l'étamine de nos ouvriers français si indus-trieux dans le perfectionnement des mécanismes, on trouvera, je l'es-père, plus simple encore et plus achevé, plus économique. Tant mieux.

La ruche Dzierzon, par ses qualités propres, méritait de figurer parmi les plus recommandables. Le rang qu'elle avait conquis en Allemagne et en Amérique le prouve assez. Néanmoins, il a fallu l'invention de l'extracteur pour assurer le triomphe du mobilisme. Et, après l'avoir pratiqué un an à peine, je comprends l'enthousiasme de M. le pasteur protestant de Wissembourg, proclamant le prêtre catholique de la Silésie, Dzierzon, le plus éminent des apiculteurs passés, présents et futurs.

On reproche aux ruches à cadre le prix de revient. Ce reproche, fondé pour la ruche Dzierzon-Berlepsch, modification de la primitive Dzierzonne, ne l'est pas pour la ruche Dzierzon-Bastian.

D'après les indications de *l'Apiculteur*, janvier 1868, j'ai demandé à Wissembourg une ruche Dzierzon-Bastian. Je m'en félicite. Ce spécimen, dont l'agencement a dû coûter pas mal de tâtonnements et de calcul, m'en a au contraire épargné beaucoup. L'ouvrier qui la fabrique si proprement, au prix de 6 fr. 50, avec ses 10 cadres ouverts, sa jolie petite calotte, peut manger du pain, mais il ne s'enrichira pas très-vite. Il ne s'avise pas, je pense, de suivre le marchand qui perd un peu sur chaque objet pour se rattraper sur la quantité, comme dirait notre Jean-Pierre. Je l'ai trouvée bon marché relativement à son travail soigné. Néanmoins, l'apiculteur, sachant manier la scie et le marteau, économisera une main-d'œuvre plus chère que la matière. Elle ne lui coûtera pas le prix d'une ruche-paille à 2 hausses avec calotte, sur le même modèle, elle peut être construite en paille, grand avantage dans certains pays.

La rédaction, page 189, donne une nouvelle qui doit chatouiller agréablement nos oreilles françaises. Si la France n'est plus tributaire de l'étranger, en miel et en cire, nous devons tous nous en réjouir. Honneur à notre *Apiculteur* et aux savants maîtres dont l'exemple et les leçons ont amené ce précieux succès. Mais aussi, puisque noblesse oblige: comme les voisins, perfectionnons notre outillage. Les hommes compétents prétendent que, si l'Autriche eût combattu à *armes égales*, elle n'aurait jamais subi le désastre de Sadowa (1).

Veuillez, monsieur le Directeur, accueillir avec la même bienveillance que ci-devant, ces lignes qui n'ont qu'une prétention, faire goûter à tous mes co-abonnés un plaisir nouveau dans l'étude et la culture de nos chères abeilles.   H. Peysson.

Deux mots sur la question des cadres mobiles.

Autant la discussion raisonnable et calme éclaircit et persuade, autant une polémique fanatique et hostile est suspecte, irritante, et au lieu de rendre un bon service à l'apiculture, elle ne fait qu'en entraver le progrès.

Le lecteur impartial, qui a suivi jusqu'ici avec intérêt les débats chaleureux qui ont eu lieu pour et contre les cadres, commence à s'en dé

---

(1) L'Autriche n'aurait pas subi ce désastre si elle eût commencé par donner la liberté et n'eût pas *fait la guerre*. C'est ainsi que Christ l'a enseigné à Pierre.

(*La Rédaction.*)

goûter, voyant qu'il n'a pas beaucoup à gagner en assistant à une lutte, qui, au lieu d'amener une conciliation, ne fait que devenir toujours plus acharnée, désagréable et inconcluante.

Ceci s'entend surtout pour des lecteurs étrangers, tels que nous autres Italiens, qui, placés en deçà des Alpes, sur un terrain neutre et sans prédilections exclusives, n'avons aucun intérêt ni *personnel*, ni *national* pour le triomphe de l'un plutôt que de l'autre système.

Favorisés par la nature qui nous a donné un climat très-doux, une riche végétation et une abeille plus productive, nous n'avons pas besoin de beaucoup d'art pour obtenir de beaux résultats en apiculture. Cependant ces avantages naturels n'empêchent pas que nous suivions attentivement les études et les progrès apicoles de nos confrères d'outre-Alpes. Nous lisons avec beaucoup d'intérêt soit l'organe de l'apiculture française, soit les journaux apiphiles de l'Allemagne; nous tâchons de tirer parti de l'enseignement des deux nations, qui nous ont précédés dans la voie du progrès apicole, en nous appropriant leurs meilleures pratiques; et lorsque nous voyons s'engager des luttes de systèmes, nous nous gardons bien de nous fanatiser ni pour ni contre, sachant que, une fois préoccupés, on n'a plus ni des yeux pour voir ni des oreilles pour entendre, par conséquent on n'est pas en état d'apprécier les choses à leur juste valeur.

Revenant aux cadres, je dis qu'il est temps d'en venir à une conclusion, afin que le lecteur sache à quoi s'en tenir.

M. Hamet a porté, il y a bien longtemps, un défi à l'école dzierzonienne, en proposant un prix pour celui des deux systèmes qui, par un essai comparatif, résulterait le plus productif. Le lecteur s'est réjoui de cette proposition fort décisive, qui faisait entrevoir une prochaine solution de la question des cadres. Mais nous l'avons vainement espéré. Personne n'a relevé le gant; les numéros de *l'Apiculteur* se succèdent, et la question des cadres est toujours encore à l'ordre du jour.

Après M. Hamet vint l'apiculteur lorrain, avec un nouveau défi en faveur des bâtisses fixes, et nous venons de lire, dans le numéro de février, la proposition fort généreuse, sinon hasardée, d'un partisan des cadres (M. Dadant), qui, répondant à l'apiculteur lorrain, dit, ni plus ni moins : « Je perdrais l'enjeu si, défalcation faite du poids primitif des ruchées, je n'avais pas obtenu non pas un tiers ou un quart de produit de plus que mon compétiteur, mais *quatre fois autant que lui*, c'est-à-dire que, *si les ruchées lui donnaient en moyenne chacune 10 kilogrammes, chacune des miennes devraient donner en moyenne* 40 *kilogrammes.* Arrivés à ce point, que nous reste-t-il encore à attendre? Que tarde-t-on à mettre fin à une dispute infructueuse, qui est d'autant plus à regretter que les partisans des deux systèmes, au lieu de s'approcher par la discussion, ne font que devenir de plus en plus inconciliables? Pourquoi ne se groupe-t-on pas d'un côté à l'école française, de l'autre, à l'école allemande, pour concerter des expériences comparatives, dont le résultat serait le dernier mot dans la question des cadres?

La chose étant de la plus haute importance, je crois bon de me faire l'interprète des vœux de la grande majorité des abonnés à *l'Apiculteur,* en sollicitant vivement les plus zélés défenseurs des deux systèmes en contestation, pour qu'ils mettent la main à l'œuvre. Que l'on organise, s'il le faut, une contribution par souscription; mais qu'on le fasse de suite afin de ne pas perdre l'opportunité de la campagne prochaine. Dans ce dernier cas, j'autorise à ouvrir la liste avec ma souscription pour 20 fr. au moins. Dussent-ils être donnés à fonds perdu, ce sera toujours de l'argent bien dépensé. L'art ne peut qu'en profiter. Il n'est pas nécessaire, selon moi, que l'on opère sur une vaste échelle. Une quinzaine de ruchées pour chaque système concourant pour la palme peut suffire.

Au lieu d'engager de ne donner ni miel, ni sirop, etc., aux abeilles, j'accorderais pleine liberté sous ce rapport; mais je mettrais la condition de tenir note exacte de tout *matériel* employé (tel que rucher, colonies, ruches et accessoires, cires, miel, sucre, sirop, etc.), ainsi que du *personnel* qui serait requis pour bien soigner et exploiter chaque classe de ruches, car le *temps c'est de l'argent* aussi. Or, comme dans toute entreprise économique, le rendement des ruches serait considéré plus ou moins grand en rapport au *capital* (argent et travail) qui aura été employé.

Plusieurs de mes correspondants m'ayant demandé à quelle forme de ruche je donne la préférence, ce serait ici l'endroit de dire mon opinion dans la question des cadres. Mais que dirai-je? Mon apiculture est tout à fait exceptionnelle, car je ne suis point producteur de miel, mais éleveur de mères-abeilles, dont je fais un vaste commerce avec l'étranger. A cet effet, je possède quelques centaines de ruches, dont une bonne partie à cadres mobiles, le reste à rayons fixes. La ruche à cadres mobiles est, pour moi, d'une grande utilité, puisque c'est la forme qui m'offre le plus de facilité de multiplier les essaims artificiels à l'infini, d'utiliser les cellules maternelles superflues, de constater en un instant la présence ou la fécondité de la mère, de m'en emparer quand je veux pour l'expédier, etc. Les ruches à rayons fixes, que je suis obligé d'acheter des paysans à la fin de chaque campagne pour regarnir mes ruchers, jouent aussi un rôle très-important, qui est de me fournir, à peu de frais, des abeilles en masse pour la formation de centaines de petits essaims artificiels, à qui je n'ai qu'à donner le lendemain une cellule maternelle mûre (prête à éclore) pour avoir des mères fécondes au bout d'une douzaine de jours ; et je n'hésite pas à déclarer, à l'appui d'une longue expérience, que je trouve les ruches communes, à bâtisses fixes, remplissant la tâche de productrices d'abeilles *au moins* aussi bien que la ruche à rayons mobiles.

Je n'ose pas prononcer un jugement sur la ruche à cadres, considérée comme moyen *d'exploitation*. Je me suis proposé plusieurs fois de faire des expériences comparatives avec les deux systèmes de ruches, mais je n'ai jamais pu en venir à bout, ayant toujours été obligé, pour effectuer les nombreuses demandes de mères, de mettre à contribution toutes mes ruches sans exception, ce qui ne m'a pas permis d'établir un examen concluant.

Je suis d'avis que la ruche à rayons mobiles peut être fort productive, mais à la condition, *sine qua non*, qu'elle soit *bien gouvernée*, ce qui suppose un mouchard expérimenté et possédant des connaissances apicoles assez profondes ; et je ne puis nullement partager l'opinion hasardée de ceux qui prétendent que la ruche à cadres est, à elle-même (dans les mains de qui que ce soit) au moins aussi bonne que toute autre ruche à bâtisses fixes. La ruche à rayons mobiles, mal dirigée, entre dans la classe des ruches les moins productives. C'est à l'appui d'autorités apicoles allemandes des plus compétentes.

Tout en désapprouvant l'incrédulité de M. Poisson, qui, au sérieux ou non, nie l'utilité du mello-extracteur, je loue la modération de M. Dennler, qui avoue franchement que la ruche à cadres, sans l'extracteur, n'a pour lui pas plus de valeur que toute autre espèce de ruche, sinon comme ruche de curiosité (d'observation).

Il reste à dire un mot sur le *cadre* proprement dit, qui a été substitué par Berlepsch et comp. aux simples planchettes horizontales à la Dzierzon. L'opinion de plusieurs apiculteurs des plus éminents, tels que Dzierzon, Kleine, etc., c'est que le cadre, beaucoup plus maniable que la planchette, serait, en effet, une heureuse invention si les inconvénients n'en taient en réalité beaucoup plus sensibles que les avantages. Voici les principaux reproches que l'on fait à cette innovation. Les cadres sont beaucoup plus coûteux que les simples planchettes ; ils exigent une construction fort précise, sans cela ils ne sont pas praticables et ils favorisent l'introduction de la fausse-teigne ; ils gênent les abeilles, qui aiment mieux que l'intérieur de leur habitation soit sans encombres, et des témoignages dignes de foi (toujours chez les Allemands) assurent que les abeilles n'y prospèrent pas si bien que dans des ruches à bâtisse fixe ou à simples planchettes. — Ceci s'entend pour le corps de la ruche ou siége du couvain (*Brutraum*), car dans le magasin à miel (*Honigraum*), je crois les cadres aussi utiles, sinon préférables aux planchettes. Reconnaissant la commodité du cadre, on a cherché à en diminuer les inconvénients en adoptant, comme par exemple chez M. Bastian, des cadres sans planchette horizontale en bas, et des demi-cadres, dont les montants ne descendent qu'à moitié de la ruche.

Sous le rapport de la simplicité les cadres, ainsi modifiés et surtout les planchettes Dzierzon, s'approchent plus de la nature (bâtisse fixe) que le cadre complet, à quatre parois, qui est une innovation des disciples de l'école dzierzonienne. Encore une réflexion. La mobilité des rayons est d'une utilité incontestable dans le magasin à miel : elle n'est que d'une utilité secondaire dans le corps de la ruche : d'où il s'ensuit qu'une ruche, de grandeur moyenne, à bâtisse fixe, munie d'un magasin à cadres, ne serait pas la plus malheureuse des ruches.

Ne serait-ce pas là la ruche de la conciliation ?

Cette idée, qui n'est pas nouvelle, va trouver chez nous son application. Ne pouvant m'en occuper moi-même, j'y ai engagé quelques-uns de mes amis , entre autres le directeur d'une ferme-école d'Italie (Macérata), homme zélé et progressiste, qui m'a promis d'adopter le système sur une vaste échelle ; et nous en lirons à son temps le compte-rendu.

Comme il s'agit d'une ruche destinée à être disséminée chez les campagnards, je me suis contenté de conseiller une modification de la ruche du pays, sachant bien que c'est faire de la propagande apicole avec chance de succès que d'éviter les innovations brusques et coûteuses, et qu'il est plus prudent de se borner à de simples améliorations accessibles aux petites bourses et aux petites intelligences, si on veut faire des prosélytes. En voulant faire main basse sur les pratiques en usage, on risque de n'être qu'écouté, mais pas suivi.

Je fais des vœux pour que le nouveau système proposé donne de tels résultats qu'ils justifient la dénomination de « *ruche de conciliation.* »

A. MONA.

Fragments du journal d'un apiculteur.

Ferme-aux-Abeilles, avril 186...

7 avril. — Plus l'époque des grands travaux des abeilles approche, plus les ruchées réclament de soins. Si, dans le midi, elles sont sauvées dès avril, parce que les beaux jours se succèdent et que les fleurs abondent, elles ne le sont pas encore dans le nord où la température est extrêmement variable en avril, et quelquefois même en mai. Les fleurs ne manquent nulle part : colzas, pruniers, cerisiers, étc., en donnent partout. Mais dans la région du nord, plusieurs jours froids et pluvieux succèdent souvent à des jours favorables. Pendant que les abeilles sont retenues au logis, elles ont besoin d'aliments pour elles et pour leur nombreux couvain. La consommation est d'autant plus forte à ce moment, que la température extérieure est basse, car il faut que les abeilles en absorbent une certaine quantité pour entretenir les trente ou trente-cinq degrés de chaleur qui sont nécessaires à l'incubation des œufs et aux autres transformations du couvain. Il faut donc venir au plus vite au secours des nécessiteuses en leur présentant, le soir, un ou deux kilog. de miel fondu ou du sirop de sucre. En mettant cette nourriture dans un vase à bords droits qu'on place sous la ruche le soir, les abeilles l'auront entièrement enlevée le lendemain matin. Ainsi secourues, elles pourront supporter huit ou dix jours continus de mauvais temps, sans qu'elles ne discontinuent de s'adonner à l'éducation du couvain. Un peu plus tard, lorsque la saison sera bonne, elles se trouveront en mesure de payer en essaims et en produits les avances qui leur auront été faites. Elles donneront des bénéfices.

En avril, il faut visiter toutes les ruches qui ne l'ont pas encore été, ainsi que celles qui ont été marquées à la craie dans une première visite. Si l'on rencontre des ruchées orphelines assez populeuses, il faut leur donner un rayon de couvain d'ouvrières de divers âges, pris dans une ruche bien organisée ; ce rayon est substitué à un qu'on détache vers le milieu de la ruche à l'aide d'un couteau à lame recourbée. Mais si la colonie orpheline est ou peu populeuse ou bourdonneuse, il faut s'emparer de ses abeilles par l'asphyxie momentanée et les réunir à une colonie voisine, ou à une autre colonie dont la population est faible. La bâtisse est conservée pour un essaim ou pour le calottage.

Dans la visite de cette époque, on peut enlever des rayons garnis de miel aux ruches qui ont un excès de provisions et les donner à celles qui en manquent. Ces rayons sont greffés dans les ruches nécessiteuses, ou bien ils sont seulement posés sur le tablier, si l'on a affaire à un essaim dont la bâtisse n'est pas complète. Ils peuvent encore être placés sur les ruches qui ont une ouverture par le haut ; dans ce cas ils sont couverts par un chapiteau pour que les abeilles des autres ruches ne puissent y aller mordre. Une fois vidés, ces rayons peuvent servir pour être greffés dans des calottes ou dans des hausses.

Vers la fin d'avril l'essaimage artificiel peut être commencé sur les ruchées avancées, lorsque le temps est beau (Voir les années précédentes pour les moyens d'opérer). — Les ruches à calotte établies dans les localités où le colza et la navette sont abondants, doivent être calottées dès que le corps est rempli de travaux et d'abeilles. Celles à hausses doivent également recevoir un supplément d'espace.

Le transport des colonies doit se faire avec de grandes précautions dès que l'essaimage approche. Il faut ménager le plus d'air possible aux abeilles dont la ruche est fortement garnie de couvain, autrement on s'expose à les étouffer.   X.

Les impressions de Jean-Pierre à l'Exposition des insectes (v. page 186).

La mère Chrysostôme achève d'installer à une fenêtre la colonie qu'elle à établie dans sa casserole, ne voulant pas, comme de raison, que les gens de Paris disent : il n'y a pas que les hommes de capables de nous apporter des essaims dans leur chapeau, comme l'a fait un jour un mouchetier des environs de Reims; les bonnets blancs aussi savent apprivoiser ces petites bêtes, ainsi que d'autres. Et vous voyez donc que les bonnets blancs sont aussi aptes à entrer dans les cadres de la grande mobile que dans les autres. D'ailleurs, il le faudra bien, quand auront fonctionné seulement pendant deux fois vingt-quatre heures ces jolies machines, — fruits du génie de l'homme, — qui en *fauchent* quinze · cents à la minute. C'est alors que tout le monde sera de même opinion et qu'il n'y aura plus, s'il plaît à Dieu, de querelles dans les ménages, comme on en voit tant au jour d'aujourd'hui.

L'exposition est enfin ouverte et les visiteurs arrivent. Mais jusqu'à ce moment il n'y en a pas encore beaucoup, il n'y en a même pas du tout à genoux en extase devant la ruche en zigzag, quoiqu'elle soit si « heureusement modifiée. » Patience, que je me dis, ce sera comme la queue des chats : ça viendra. Cependant les affinités s'attirent et des groupes se forment. Bientôt deux camps tranchés sont en présence (côté des hommes, côté des dames), dont l'un, le plus bruyant, met cette étiquette prétentieuse sur son drapeau : *Rationnel-infaillible*, et réunit les gens aux cadres mobiles ; l'autre ne met sur le sien que ce mot : *Économie*, et réunit tout les gens qui produisent du miel à meilleur compte possible, n'importe avec quelle ruche. Diable ! nous voilà dans de vilains draps, s'il faut que nous options pour l'un ou pour l'autre de ces deux camps. Car si nous sommes des *inventeurs* de cadres qui séduisent et amusent, nous restons jusqu'à ce jour des producteurs qui conservent leurs ruches simples, parce qu'après tout, ce sont celles qui donnent les produits à prix de revient le plus bas. Il faut compter avec notre bourse avant de faire la part de l'imagination. En présence de ces deux circonstances majeures qui nous tiraillent, l'une à droite et l'autre à gauche, comme le feraient deux maquignons se disputant notre *bestial* à la foire du chef-lieu, la majorité des gens de chez nous résout, à l'exemple de nos mouches (les ouvrières), de rester neutre et de former un troisième camp, comme qui dirait le côté des Auvergnats. Sans qu'il nous rince le bec du moindre petit verre et que, comme l'adjoint de chez nous qui, le jour du votage, promet plus de beurre que de pain, nous nommons chef de file de ce camp-là Jean-Simon, le seul qui, en fait de ruche, n'ait pas la prétention d'avoir inventé la poudre, ni découvert la lune.

En attendant la venue du jury, nous nous mettons à examiner l'exposition en détail. Le voisin Cadet-Choufleur est déjà accroché à un enfumoir à soufflet qu'il mécanise d'importance, disant qu'il faut être fou pour inventer ces choses-là, parce que les gens aux mouches qui connaissent leur affaire n'en ont pas besoin : une pipe leur suffit. La mère Chrisostôme lui coupe le fil du discours pour réclamer le droit à la pipe pour les femmes.

En effet, maître Cadet, qui est un fin matois, n'a jamais d'enfumoir quand il vend des mouches, mais il en porte toujours un sous sa blouse quand il va en acheter. Vous arrivez chez lui pour voir sa marchandise, notre homme commence par vous régaler de deux ou trois petits verres de *cognac* (fil-en-trois), d'un pot de cidre ou d'une bouteille de vin, selon qu'il connaît votre goût. Pendant qu'il emplit votre verre, il vous fait l'histoire de l'excellence du cru de ses mouches et vous assure que dans tout le canton on ne peut en trouver de plus populeuses. Enfin, vous lui demandez un enfumoir et un masque pour les visiter. Il ricane à votre nez et vous dit : « Allons, cet ami, il faut être un brave quand on est de la partie : jamais les gens du métier comme nous autres ne se servent de ces choses inutiles. » Alors, il vous dirige vers son jardin d'où sort, par une porte de derrière, sa femme ou sa domestique, qui vient de donner une volée de coups de sabots à chaque ruche pour en animer comme il faut les abeilles. « Eh bien, cet ami, qu'il vous dit, lorsque vous n'êtes plus qu'à 10 pas des ruches, peut-on en voir de plus populeuses et de plus actives, hein? » Vous approchez toujours, mais bzim, voici une mouche qui s'accroche à votre nez. Pour une vous ne voulez pas avoir l'air de la sentir. Vous faites encore un pas : bzim, en voilà une autre qui se pend à votre oreille gauche, que vous ne pouvez faire autrement que de gratter vivement, car, entre nous soit dit, cet endroit est très-sensible. Choufleur, qui ne perd pas un de vos mouvements, vous berne; il vous dit de sucer la plaie, c'est tout ce qu'il y a de meilleur, et de ne pas faire attention. Mais bientôt ce n'est pas deux ou trois abeilles qui vous assaillent, c'en est un nuage. Alors le voisin Cadet vous tire à l'ombre et cherche à vous persuader que les abeilles les plus mauvaises sont de la meilleure espèce, et que celles qu'il a l'honneur de vous montrer sont de première qualité, tout ce qu'il y a de mieux. Bref, si vous le croyez sur parole, il vous colloque pour 16 francs des ruchées qui en valent tout au plus 10 ou 12.

Mais lorsque lui, Choufleur, achète des mouches, il commence par les enfumer de façon à les contraindre de se blottir dans un coin de la ruche; alors, il fait remarquer au vendeur que la population n'est pas forte, attendu qu'elle n'occupe pas tous les rayons. En conséquence, il ne donne que 10 ou 12 fr. des ruchées qui en valent 16. — Si, entre quatre yeux, quelqu'un lui dit : « Mais voisin, tous ces moyens-là frisent la friponnerie. — Allez donc ! qu'il répond, au jour d'aujourd'hui le commerce n'est qu'un truc. » Et le brave homme se mouche pour détourner la conversation.

L'enfumoir en question, qui avait l'avantage de s'ouvrir et de se fermer sans qu'on n'ait à quitter la main des manches du soufflet, réunissait donc de nombreux partisans, s'il trouvait quelques gens qui le critiquassent pour cause. Il en fut de même de beaucoup d'autres appareils de l'exposition.

Nous voulons commencer l'examen des ruches et nous sommes en face de celle dénommée *industrielle* ou *aumônière*, je ne sais plus au juste, mais dont le nom ne fait pas connaître celui de l'inventeur. Jean-Simon, qui est parlementaire à son heure, demande la parole pour une motion de circonstance. Il expose que — sans comparaison — nous ne vivons plus sous le temps où les oignons et les bœufs étaient des divinités auxquelles on donnait des noms inintelligibles ne signifiant rien du tout pour le vulgaire. Il faut qu'il dit, dit-il, — sans comparaison, — dénommer chaque ruche telle que nos petits-enfants n'aient pas à se casser l'esprit pour savoir de suite à quel système elle appartient, ou qui l'a inventée ; d'autant plus, ajoute-t-il, que si la progression des inventeurs de ruche continue, dans cinquante ans ce sera une vrai tour de Babel dans les noms qu'il leur aura pris fantaisie de donner à leur invention. Il cite, par exemple, l'*aumônière*. Qu'est-ce ça? se demanderont-ils. Est-ce une ruche dont l'inventeur faisait l'aumône, ou est-ce une ruche dont il donnait pour rien le miel qu'il en tirait ? — Un apiculteur herboriste propose qu'on fasse dériver le nom de chaque ruche du latin ou du grec. — *Timeo Danaos...,* répond un persifleur en lorgnant le voisin Cadet. (Rires et applaudissements du côté de la majorité.)

Jean-Simon reprend la parole et dit que tout le monde saura de quelle ruche il s'agit quand on dira, par exemple : la Dzierzonnienne, la Berlepschienne, la Choufleurienne ; la Bastiannière, la Sagottière ; la Jeanpierrotte... A ces mots de *Jeanpierrotte* mes entrailles d'inventeur bondissent de joie : je pleure comme une commère et je saute au col du parrain de ma ruche, que j'embrasse sur sa plus belle joue. Je lui dis que pour témoigner publiquement ma reconnaissance, je veux payer les dragées du baptême, et que ces dragées seront des pralines au miel, tout ce qu'il y a de bon, et il y en aura pour tout le monde.

Post-scriptum. Ceux et celles qui ajouteront une modeste pièce de 20 fr. à leur demande de ma Jeanpierrotte avec dragées (lisez pralines, bigre!) recevront par-dessus le marché DEUX clefs de montre de GENÈVE.

(*A suivre.*)

Société centrale d'apiculture.

Séance du 16 mars 1869. — *Présidence de M. de Carcenac.*

Le procès-verbal de la dernière séance est adopté sans réclamation. Le secrétaire-général donne lecture d'une lettre par laquelle S. Ex. M. le Ministre de l'agriculture accorde, à titre d'encouragement et pour l'exercice de 1869, une subvention de 500 fr. à la Société centrale d'apiculture. — Des remercîments sont votés à M. Gressier, ministre de l'agriculture, du commerce et des travaux publics.

La discussion pendante au Corps législatif sur les terrains distraits du jardin du Luxembourg, amène l'assemblée à s'occuper du rucher expérimental. Elle rédige la pétition suivante pour être adressée au ministre de l'agriculture :

« Depuis 1855, une école d'apiculture existait dans la pépinière du jardin du Luxembourg, grâce à un rucher expérimental qu'avait fait construire le grand référendaire d'Hautpoul, et qui réunissait une collection d'appareils nécessaires à un enseignement pratique. Un cours public et gratuit, ouvert en 1854 par M. Hamet, était suivi par 150 auditeurs, en moyenne, lorsque les leçons étaient pratiques. Ce cours a contribué pour beaucoup à transformer et à étendre la culture des abeilles en France.

» En attendant le rétablissement de ce rucher, le cours d'apiculture n'est plus que théorique, et il a lieu dans l'orangerie du jardin.

» M. le Préfet de la Seine avait bien mis à la disposition de la Société d'apiculture un terrain extra-muros, à Vincennes, pour le rétablissement du rucher expérimental. Mais la Société n'a pu accepter un emplacement à une distance aussi éloignée du centre : 1° parce qu'elle manque de ressources pour entretenir un professeur à demeure ; 2° parce que les auditeurs du cours d'apiculture feraient défaut à cause d'un déplacement trop grand.

» Une partie des terrains distraits de la pépinière redevenant vacants, la Société centrale d'apiculture vient de solliciter de V. E. qu'il soit mis à la disposition de ladite Société l'emplacement nécessaire sur ces terrains pour le rétablissement de son rucher-école.

» Comptant sur votre bienveillante sollicitude, les membres du bureau de la Société d'apiculture ont l'honneur d'être, etc. (Pour les membres du bureau, signés : le Président et le secrétaire-général.)

» —M. Jabot, à Marmande, soumet une porte dentée, ayant une partie mobile qui diminue ou agrandit le passage des abeilles de façon à pouvoir les retenir prisonnière en laissant entrer l'air ; de façon aussi à empêcher de sortir la mère ou les faux bourdons. — Un membre fait remarquer les inconvénients d'une porte qui retient les mâles prisonniers : ceux-ci peuvent s'accumuler et se presser tellement aux entrées qu'ils empêchent les abeilles et l'air de circuler. Quoi qu'il en soit, la porte mobile de M. Jabot peut rendre de bons services.

— M. Chapron, instituteur à Feigneux (Oise), envoie plusieurs jeunes mères trouvées à l'entrée d'une ruche en février. Ces jeunes mères proviennent d'une colonie orheline qui avait du jeune couvain d'ouvrière lorsque la mère est morte ou a été remplacée.

M. le frère Isique, de Nérac, communique ce qui suit : « Nous avons eu le 4 mars, une journée vraiment printanière : les abeilles, retenues prisonnières dans leur ruche depuis plus de 15 jours, en ont profité pour aller dans les champs recueillir force pollen. Mais un vent froid du nord, qui s'est élevé vers la fin de la journée, en a surpris un grand nombre, la plupart chargées de pollen. Le sol près du rucher était couvert d'ouvrières qui ne purent regagner leur ruche. Le froid de la nuit ayant été rigoureux, le plus rigoureux même que nous ayons eu de cet hiver, — car la gelée nous a ravi les boutons à fruits que la douceur de la température de février avait fait éclore, — je ne pensais rien moins qu'à déplorer la perte de tant de mouches et je commandai à un jeune homme, qui reçoit parfois des leçons d'apiculture, de les balayer hors du rucher ou de ses alentours. Mais l'idée lui vint de les ramasser et de les mettre dans un panier qu'il apporta non loin du feu. Au bout d'un moment, il eut la satisfaction de voir la plus grande partie de ces abeilles, qu'il croyait mortes, remuer les pattes et les ailes; bientôt presque toutes purent reprendre leur vol et retourner à leur ruche. Désormais, je ferai ramasser avec soin les abeilles que le froid aura ainsi surprises. » Un membre ajoute que les abeilles supportent d'autant mieux le froid que leur estomac est garni de miel. Celles qui tombent le soir au printemps peuvent se relever le lendemain si le soleil vient les réchauffer.

— Sur la présentation du secrétaire-général, M. Ch. Dadant, à Hamilton (Illinois), est nommé membre correspondant de la Société pour les États-Unis.

— M. le Président propose que les instituteurs soient engagés à faire des conférences sur l'apiculture, et que, pour la distribution des prix affectés à l'enseignement apicole, le jury tienne compte du vœu qu'il exprime. Cette motion est adoptée. — La séance se termine par la dégustation d'hydromel provenant de cires, de miel surfin gâtinais, lavées à l'eau chaude. Cet hydromel, qui a deux ans, tient des vins de Grenache et de Grave. La limpidité en est remarquable.

Pour extrait : DELINOTTE, *secrétaire.*

. Une anecdote.

Il y a eu environ six ans l'hiver dernier, je reçus la visite d'un individu, prôneur d'une ruche brevetée. Il en montrait un spécimen ; c'était beau, c'était admirable ! Il m'en expliqua tous les avantages, — moins les inconvénients. « Il avait été amateur pendant plusieurs années : après beaucoup de recherches et d'expériences, il avait inventé la seule ruche qui fût en rapport avec les besoins et les habitudes des abeilles. La ruche Langstroth avait bien quelque réputation ; mais c'était une bourde. » Il me conta que la cire était du *miel cristallisé*, combien il fallait de livres de miel pour faire une livre de cire, et que les abeilles la produisaient à force de manger du miel. Il dit qu'une partie des abeilles était occupée à bâtir, une autre à pétrir et à préparer la cire, comme le maçon son mortier, et une autre à porter l'oiseau, c'est-à-dire la cire gâchée aux ouvrières. Il se lança ensuite dans les hautes sphères de la science apicole : « Souvent il avait vu la mère et le faux-bourdon s'accoupler ; et il dirait bien, à première vue, si une mère est ou n'est pas fertilisée. » Il me donna une description détaillée des organes internes et des fonctions de la mère, du faux-bourdon et de l'ouvrière ; bref, une foule de choses merveilleuses, que je ne puis pas me rappeler.

Alors, je lui dis, à mon tour, que j'avais eu des abeilles pendant un certain nombre d'années ; que je n'avais pas appris grand'chose ; que je savais seulement qu'il existe dans l'économie interne de l'abeille des choses qui sont pour moi de véritables mystères. Et je lui demandai « combien l'abeille avait de pattes. » — « Quatre, me répondit-il. » — « Et d'ailes ? » — « Deux » — « C'est très-bien ! Il n'y a plus qu'*une* chose que je voudrais connaître, comment il se fait que vous en sachiez tant, pratiquement et scientifiquement, et des choses que l'œil de l'homme ne peut apercevoir, même au microscope, tandis qu'il y en a d'autres, de très-visibles à l'œil nu, que vous ne connaissez pas ? Si j'ai des yeux, une abeille a six pattes et quatre ailes. » Et lui me répliqua, qu'il ne le croirait et n'en conviendrait que lorsque je lui aurais apporté de ces abeilles-là, et prouvé *de visu* la vérité de mon assertion. Et il ajouta que je possédais sans doute une espèce d'abeilles différentes de celles qu'il avait toujours vues, lesquelles, à en juger par le nombre de leurs pattes et de leurs ailes, devaient être une race supérieure, et il pensait que ma race supérieure et sa ruche supérieure feraient des miracles !...

— « Or çà, dis-je, mon ami, vous dites donc que la cire est du miel cristallisé. En raisonnant *à priori*, vous devez admettre que *le suif* est *de l'herbe cristallisée ;* car chacun sait que le bœuf produit le *suif* en se rassasiant d'*herbe.* Si'vous pouvez me démontrer que le suif est de l'herbe cristallisée, et me dire combien il faut de livres d'herbe pour faire une livre de suif, j'aurai plus de confiance dans vos connaissances apicoles scientifico-pratiques. » — Notre homme, *cela dit, s'enfuit et court encore.*

(*A. B. J.* Vol. IV, n° 1, 1868. — C. K.)

L'apiculture aux États-Unis.

(*Suite.* Voir p. 188.)

Il n'existe pas d'industrie qui puisse fonctionner sans capital d'exploitation. Le fermier a besoin d'animaux, de semences, d'engrais, d'outils, de bâtiments ; le tout emploie un capital considérable comparativement aux résultats. Les abeilles ne demandent qu'une habitation convenable, des soins bien entendus, des secours de temps à autres ; mais combien est grand le produit, mis en regard du capital employé !

En apiculture, comme en toute autre branche d'industrie, une lésinerie maladroite coûte souvent plus cher qu'une prodigalité raisonnée.

Le docteur Gitthens est un très-galant homme, amateur fou des abeilles, il possède un vieux livre d'apiculture qui a au moins dix ans de date, qu'il a lu et relu, se pénétrant de toutes les notions, bonnes ou mauvaises, qu'il contient. Ayant entendu parler de mon rucher, il vint me voir l'an dernier, et fut tellement émerveillé, qu'il transvasa, au printemps, ses colonies dans des ruches à cadres.

Quand la saison des essaims arriva, je lui donnai le conseil de ne demander que 4 essaims à ses 8 ruchées qui, fatiguées par le transvasement, n'avaient pu encore se refaire, la saison ayant été défavorable. Ce conseil fut d'autant moins suivi, qu'il savait que je voulais prendre, cette même saison, deux essaims à chacune de mes ruchées.

Quand il m'apprit qu'il avait doublé, par l'essaimage artificiel, le nombre de ses colonies, je l'engageai à donner du sirop à ses abeilles. N'attendez pas, lui dis-je, que le tilleul ait donné ses dernières fleurs, mais dès que vous verrez la cueillette baisser, donnez chaque jour quelques cuillerées de sirop à toutes vos ruches, plus ou moins suivant la population. Quoique mes colonies soient plus fortes que les vôtres, je ne manque pas de le faire pour entretenir la ponte.

Cette idée de nourrir les abeilles, en plein été, le fit rire ; il était du nombre de ceux qui sont persuadés que tout argent déboursé pour les abeilles est perdu. Ma femme, me répondit-il, est déjà contrariée de n'avoir pas de miel à donner aux enfants, que serait-ce si je lui parlais d'acheter du sucre pour mes ruchées en plein été ?

Il avait fait l'effort d'acheter des planches pour faire des ruches, qu'il avait fabriquées lui-même ; mais acheter en outre un bon traité, s'abonner au *Bee-journal*, donner du sucre à une époque où les abeilles ont du miel dans leur ruches, c'eût été faire des dépenses folles. Quant à *italianiser* ses colonies, ce serait pour l'année prochaine.

Il vint me voir vers la mi-septembre, et me trouva levant du miel à des ruchées à qui j'en laissais encore 30 à 40 livres pour leur hiver ; je lui ouvris, sur sa demande, une dizaine d'essaims ; tous les premiers avaient d'amples provisions ; quelques-uns même pouvaient disposer d'un cadre pour les seconds, donc quelques-uns avaient besoin d'un peu d'aide. Il était confondu d'étonnement. Aucune de ses colonies n'avait, me dit-il, suffisamment de miel pour l'hiver. En effet, quelques jours après je me rendis chez lui, comme il m'en avait prié ; nous visitâmes toutes les ruchées, notamment sur chaque ruche la quantité de miel à fournir ; l'addition nous donna plus de 180 livres de sirop à donner, pour conduire avec certitude toutes ses colonies jusqu'aux prochaines fleurs. Trente à quarante livres données en juillet eussent amplement suffi, c'eût été de l'argent placé à gros intérêts.

Un agriculteur distingué, Mathieu de Dombasle, lui dis-je alors, donnait le conseil aux cultivateurs de vendre des terres pour acheter du bétail ; si je l'eusse osé, je vous eusse donné le même conseil. En vendant deux ruchées au printemps, pour en employer l'argent à acheter un bon livre sur les abeilles, une mère italienne, un abonnement au *Bee-journal* et du sucre en juillet ; au lieu d'avoir près de deux cents livres de miel à débourser aujourd'hui, vous auriez probablement pu les prendre ; c'eût été bien différent.

L'explication du produit de mes abeilles pendant que celles de mes voisins ne récoltent pas pour passer l'hiver, est bien simple, en voici une des causes :

J'ai donné en mars, avril et mai de la farine de seigle et du sirop à mes abeilles pour leur faire produire du couvain ; lorsque le trèfle blanc, qui est ici une des principales ressources, est arrivé à pleine floraison, toutes mes ruchées étaient extrêmement populeuses et en état de remplir · leurs ruches pendant les quelques jours que la grande miellée a duré.

Les ruchées de mes voisins, au contraire, ayant élevé peu de couvain pendant les mauvais temps, qui ont duré jusqu'au 10 juin, se sont mises à en produire à cette époque, et le petit nombre d'abeilles a suffi à peine à le nourrir pendant le moment de la grande récolte.

Le mois de juillet étant ici extrêmement chaud et sec, la végétation s'arrête ; le peu de fleurs qui s'ouvrent voient leur miel desséché dans les nectaires aussitôt que produit. La mère suspend la ponte pour ne la reprendre que lors de la floraison d'automne, notamment du sarrasin, c'est-à-dire vers le 10 ou le 15 août. Pendant tout un mois les abeilles qui meurent n'étant pas remplacées, les ruches se trouvent de nouveau dépeuplées pour le moment de la seconde cueillette. D'un autre côté, les abeilles pondues après le 10 août ne sont capables de butiner que 36 jours après, c'est-à-dire vers le 15 septembre, la floraison est alors bien près de finir. (Les sarrasins ont été gelés cette année le 16 septembre.) En donnant du miel aux abeilles dès le 10 juillet, ce boni excite les butineuses à leur faire souvent trouver des ressources qu'elles n'eussent pas cherchées sans cet excitant ; en outre la mère continue la ponte ; la population de la ruche augmentée garnit les alvéoles de miel, ce qui arrête une ponte intempestive, qui, effectuée trop tard, serait plutôt une perte qu'un profit pour l'apiculteur.

Il est donc de toute nécessité que les propriétaires d'abeilles se pénètrent bien de ceci : *Les abeilles, comme tous les autres animaux domestiques, rendent d'autant plus qu'on leur avance davantage.* Les poules pondent par le bec pour terminer par un dicton des bonnes femmes de mon pays.

———

Nous sommes bien plus avancés en apiculture que l'Allemagne, nous connaissons leurs méthodes, leurs ruches, et ils ne connaissent pas les nôtres faute de savoir notre langue ; et puis, c'est un peu le faible de l'Allemagne, comme de la France, de se croire le premier peuple du monde. Les Européens ne savent pas assez que nous sommes le peuple aux mille langues, aux mille mœurs, aux mille sciences, le tout résumé en une admirable unité. Toutes les améliorations, tous les progrès, sur mer, sur terre, de toutes parts, nous arrivent par les journaux, par les lettres, par les livres, par les émigrants. L'idée est essayée, torturée, analysée, simplifiée, enfin tellement changée, qu'on ne la reconnaît plus tant elle est pratique, quand elle a passé par le creuset du génie américain. La vie est si facile à gagner ici que chacun peut suivre ses goûts; l'instruction telle qu'on la donne fait éclore les vocations. Avez-vous cela en Europe ?

Les ruches à cadres ont été essayées sous plus de 200 formes, avant qu'on s'arrête à en choisir deux ou trois, qui ne sont déjà presque plus les mêmes qu'à leur apparition, tant elles sont *faciles* et *simplifiées.* Des *milliers* de gens instruits, dirigés par les livres les mieux considérés, faisant chaque année toutes les opérations que Huber, Réaumur, Dzierzon, etc, etc., ont faites, *les démentant, les rectifiant ou les confirmant,* en essayant un grand nombre d'autres dont ces princes de l'apiculture ne se sont donc jamais doutés. Puis en voyant le résultat de leurs essais, de leurs observations, de leurs améliorations au journal, qui choisit les plus dignes d'être publiés.

Le peuple, guidé par ces publications, changeant la race de ses abeilles et ses ruches, apprenant à employer les meilleures méthodes, voilà le spectacle de l'apiculture présente ici. Elle a marché tellement vite, que les traités Langstroth, Quimby, qui n'ont pas plus de quatre à cinq ans d'existence, et dans lesquels la plus scrupuleuse critique n'a presque pas pu découvrir une erreur, sont aujourd'hui regardés comme *behind the times* (trop vieux).

Y a-t-il quelque chose d'étonnant que dans de semblables circonstances les résultats que nous obtenons soient merveilleux ? Ne prenez donc pas pour des divagations, des hallucinations, nos chiffres de produit, pas plus que qui ne sera pas d'accord avec vos idées. *Le progrès n'est progrès que parce qu'il renverse les idées reçues pour en substituer d'autres meilleures.* Faut-il pour vous donner confiance vous raconter mon histoire. Quoique je n'aime guère à parler de moi, la voici : J'ai quitté la France il y a cinq ans; j'y avais fait de mauvaises affaires par suite de la révolution de février qui m'avait fait perdre 40 mille francs; des spéculations malheureuses ont empiré ma situation. Enfin le déplacement des affaires par suite de l'établissement des chemins de fer m'a achevé. J'arrive aux Etats-Unis avec ma famille et ma belle-sœur qui voulut partager notre sort en me prêtant le peu qu'elle possédait. C'est avec cela que nous avons vécu jusqu'à cette année. Je venais pour planter de la vigne. Mes deux premiers essais échouent. Me voilà forcé à trouver un moyen d'existence ailleurs. Heureusement ce n'est pas difficile; les journées du travail sont bien payées. Je m'étais abonné à l'*Agriculturist* pour y apprendre l'anglais dont je ne savais pas un mot en arrivant. J'y

lus que M. Quimby avait récolté 22,000 livres de miel en 1864.
J'avais deux ruchées, l'une en ruche ordinaire, l'autre à hausses, présent
de M. Morlot, mon ami ; je pouvais déjà me regarder comme bon apiculteur ayant toujours aimé les ruches en France, ayant étudié Huber,
Réaumur, Lombard, Gélieu, de Frarière, Radouan, Féburier, Varembey,
Soria, Debeauvoys et vous-même. Je m'étais en dernier lieu arrêté à la
ruche Debeauvoys que je vis en 1845 à l'exposition. Je l'avais transformée pour la rendre plus pratique. Je transvasai mes deux ruchées auxquelles je n'avais pas encore donné beaucoup de soins faute de temps.
Puis, excité par le chiffre Quimby, j'allai demander à un de mes voisins,
Ecossais d'une grande bonté et d'une probité reconnues, ce qu'il pensait
de la récolte Quimby. Voici sa réponse : Savez-vous pourquoi l'*Agriculturist* à 100,000 abonnés ? C'est parce qu'il ne donne jamais de renseignements inexacts. — Pas même dans les annonces et les réclames ?
— Tous nos bons journaux font ainsi. Il y en a pour les charlatans, on
les connaît ; ils ont peu d'abonnés, et ceux qui s'y laissent prendre sont
pincés parce qu'ils le veulent bien (1). Depuis j'ai reconnu la justesse de
ces renseignements. Je n'étais pas un novice en apiculture ; j'achète le
livre de Quimby, on m'en prête d'autres ; je choisis la forme Quimby que
je change encore un peu ; puis, comme il fallait vivre, je me mets à
élever des mères italiennes pour la vente ; cela m'aide, mais retarde mes
progrès, car il faut user des abeilles. Enfin j'atteins le chiffre de 26 ruchées, après en avoir vendu une ou deux pour acheter de la planche et
m'aider à vivre. *24 ruchées, c'est assez quand on sait les manier, pour faire
vivre une famille, quelque mauvaise que soit l'année* (2). Elles étaient faibles cependant, bien faibles en octobre ; 12 au moins n'avaient pas en
moyenne un litre d'abeilles. L'apiculteur lorrain que je crois être
M. Collin, les eût réunies ; vous-mêmes vous le conseillez; je les ai conservées. En les sortant de terre, une avait péri, la mère, que j'avais introduite tard, ayant été tuée, les abeilles avaient déserté la ruchée, en

(1) Nous devons avouer humblement qu'on n'en est pas là en France où *Barnum*
a envahi à peu près tous les journaux. Ici la réclame de l'écumeur coudoie in-
solemment le fait dit sérieux. Il nous en cuirait de dire la cause de ce fâcheux
état de choses. — *La Rédaction.*

(2) Ce petit nombre indique que les ressources mellifères, les débouchés et les
conditions d'existence ne sont pas les nôtres. Car en France il ne se trouve aucune localité où une famille puisse vivre avec 24 ruches, quelque rationnellement qu'elle les conduise. — *La Rédaction.*

silo; une autre mère possédait des œufs clairs. Je restai avec 24 ruchées.
Le mois de juin arriva, la fleur de trèfle était à moitié passée, les arbres
fruitiers n'avaient pas donné à cause de la pluie; *le 10 juin mes ruches
ne contenaient pas entre elles deux livres de miel; j'avais été obligé de
nourrir mes essaims artificiels.* Mais mes ruchées bien soignées *étaient
toutes égales en force* et regorgeaient d'abeilles, et je vous ai envoyé le
résultat. J'ai envoyé au *Bee-journal* ces jours derniers un parallèle de
ma récolte avec celle de mes voisins. Il est exact de tous points, et je suis
sûr que pas un Américain ne le mettra en doute, car on sait que ce que
j'avance est possible et que M. Wagner n'accueillerait pas des chiffres
extravagants à moins qu'ils lui viennent de source certaine.

Ch. Dadant.

De l'essaimage artificiel.

(Voir page 90.)

Enfin on enlève la ruche du haut et on la place sur un plateau; on en
fait de même avec la souche. On recouvre la souche de son couvercle en
l'arrêtant solidement et on dispose les deux ruches, la souche et celle
qui contient l'essaim artificiel, l'une à côté de l'autre, de manière à ce
que l'ancienne place de la porte d'entrée se trouve entre elles deux.

Il est préférable que la souche n'ait plus aucun espace libre dans les
constructions qui garnissent la hausse supérieure, car alors les abeilles
n'ayant aucune facilité de s'y arrêter se hâtent de monter dans la ruche
superposée. L'opération se fait plus vite et on est d'autant plus certain
que la reine se trouve au milieu du peuple émigrant.

Maintenant on attendra de 10 à 20 minutes pour s'assurer si la reine
a suivi l'essaim artificiel. Lorsque la reine y est, on n'entend aucun
bruit dans la ruche; les abeilles se rassemblent toutes en un tas et quelques-unes seulement se présentent à l'entrée. Quand la mère ne se trouve
pas dans l'essaim artificiel, celui-ci se met en émoi, les abeilles courent
de ci de là en bourdonnant; quelques-unes, puis beaucoup, enfin toutes
les abeilles arrivent au trou de sortie, comme en procession, et la plupart d'entre elles retournent directement à la souche.

On s'assure plus facilement de la présence de la mère dans l'essaim
artificiel quand, au lieu d'opérer directement, comme nous venons de
le voir, on se sert pour cela du panier à prendre l'essaim qui a été décrit,
d'où l'on reprend ensuite les abeilles avec une grande cuiller pour les
mettre dans la nouvelle ruche. On a soin tout d'abord de tendre au-des-

sous une toile blanche. Cette manière de prendre les abeilles convient aussi quand la ruche nouvelle est toute différente de la souche et ne peut lui être superposée.

Quand on ne fait cette opération que dans la vue de prendre la mère, on enlève à la cuiller les abeilles du panier pour les remettre de suite dans la souche, et dès qu'on aperçoit la mère, on s'en saisit.

Quand on opère avec soin, comme nous venons de le dire, on est presque toujours sûr du succès ; car la mère se dépêche de mettre sa précieuse personne en sûreté dès qu'elle entend le bruit du tapotement et dès qu'elle sent les premières atteintes de la fumée. Cependant il arrive quelquefois que la mère se perd dans les détours des constructions enchevètrées, — comme cela existe souvent dans les caisses de Christ (ruches à hausses et planchers à claire-voie), où les grilles et les petits bois se trouvent de tous côtés, — elle s'arrête dans un coin et y reste. Il arrive aussi que la souche ne possède pas de reine, laquelle peut avoir péri depuis peu, et qu'il n'y a pas encore de couvain royal préparé.

En supposant que l'on ne réussisse pas toujours, qu'est-ce que cela peut faire, si ce n'est d'avoir perdu une petite demi-heure ? La souche n'en est nullement endommagée, et même, si l'on a opéré avec soin, on ne tue pas une seule abeille.   (*A suivre.*)

Revue et cours des produits des abeilles.

Paris, 28 *mars*. — MIELS. Les cours ont peu varié pour les qualités ordinaires. Les surfins gâtinais ont été demandés. Le peu qu'il en reste est tenu de 135 à 140 fr. les 100 kil. par les producteurs. Le temps froid de mars a fait marcher la vente ; il restera peu de marchandise dans les magasins de gros si avril est aussi favorable que mars. Les miels inférieurs ont eu un écoulement sur plusieurs points pour le nourrissement des abeilles. Les miels de Bretagne sont restés dans les mêmes conditions.

Au Havre il a été vendu quelques miels du Chili blancs à 82 fr. 50 les 100 kil. et quelques jaunes à 65 fr.

CIRES. — Les cours sont restés bien tenus. Le prix de 110 fr. a été praqué hors barrière pour les belles qualités et 100 fr. pour les qualités courantes, avec peu de marchandise à la vente. On attendait quelques offres à livrer de fabricants de cire de taille qui ne sont pas encore venues, le temps froid de mars ayant retardé cette opération. Les avis

sont à peu près unanimes sur un rendement faible pour la récolte printanière. Les belles cires à blanchir prennent de la faveur.

A Marseille, les cours ont encore progressé; on a coté : cire jaune de
Smyrne, 240 à 245 fr. les 50 kil.; Trébizonde et Caramanie, 230 à
235 fr.; Chypre et Syrie, 225 à 230 fr.; Egypte 210 à 225 fr.; Alger,
et Oran, 215 à 225 fr.; Bougie et Bone, 205 à 210 fr.; Tétuan, Tanger
et Larache, 200 à 215 fr.; Magador, 200 à 210 fr.; Gambie (Sénégal),
212 fr. 50 à 215 fr.; Mozambique, 215 à 220 fr.; Corse, 220 fr.; pays, 200
à 205 fr. Ces deux dernières à la consommation, et les autres à l'entrepôt,
— A Alger, on cote en première main, cire jaune, 3 fr. 65 à 3 fr. 70
le kil., marchandise assez rare.

Corps gras. — On a coté les suifs de boucherie, 105 fr. les 100 kil.
hors barrière; suif en tranche, 80, 10.; chandelle, 124 fr.; stéarine saponifiée, 173 fr. 50 à 175 fr.; oléine de saponification, 95 à 95 fr. 50;
dito de distillation, 83 fr.; huile de palme, 102 à 108 fr.; dito de coco,
124 à 131 fr. Le tout aux 100 kil., hors barrière.

Sucres et sirops. — Les sucres ont été plus calmes; on a coté les raffinés de 128 à 130 fr. les 100 kil., au comptant et sans escompte. — Les
sirops de fécule ont peu varié; on a coté ceux dits de froment de 58 à
60 *fr., les 100* kil.; les sirops liquides, 34 à 40 fr.

ABEILLES. — Quelques achats, pour livrer dans la première quinzaine
d'avril, ont eu lieu à 15 et 16 fr., en abeilles provenant de l'Eure et de
l'Orne; on a payé 22 fr. avec la bâtisse, et de 5 à 7 fr. les belles bâtisses
pleines. — Mars est venu faire perdre une partie de l'avance que l'hiver
doux avait donnée aux ruchées. Néanmoins les fortes colonies produiront des essaims quinze jours ou trois semaines plus tôt qu'en année
ordinaire si avril est beau. Mais les petites colonies qui s'étaient adonnées
tôt au couvain, ont plus ou moins souffert des froids et des pluies de
mars qui ont empêché les abeilles de sortir. — Voici les renseignements
qu'on nous adresse :

Toutes mes ruches pèsent de 20 à 30 kil. Une seule aura besoin de
miel dans un mois. Je vends aujourd'hui le miel 2 fr. le kil.; la cire
4 fr. 25, et la colonie d'abeilles 18 à 20 fr. *Cadot,* à Sury (Ardennes). —
Notre campagne a été dans la partie de Savenay, où j'ai quelques ruchées,
des plus mauvaises; nous n'avons eu presque pas d'essaims, et les colonies qu'on a sauvées ont à peine de quoi se nourrir. Cela se comprend
facilement : cette contrée ne donne pas une variété dans les cultures,

et lorsque les blés noirs manquent, nos pauvres abeilles ne trouvent plus rien. *Aubert*, à Savenay (Loire-Inférieure).

Le beau temps continue ici (6 mars); les abeilles butinent énormément de pollen sur le colza. Hier j'ai vu sortir de faux-bourdons. *Jabot*, à Marmande (Lot-et-Garonne). — Dans les Landes, la Gironde et chez moi, il est mort beaucoup d'abeilles. La récolte de miel et de cire a été nulle. *Amouroux*, à-Virebeau (Lot-et-Garonne). — Nous n'avons pas à nous plaindre de la récolte dernière : nos ruches ont bien fait; mais elles n'ont pas donné beaucoup d'essaims. Un confrère, M. Lucidarme, qui avait conduit ses abeilles au colza, en a eu plus que nous et, après avoir récolté 138 kil. de miel à 1 fr. 60, il est resté avec 36 paniers. *Decherf-Tancré*, à Doulieu (Nord).

45 ruches à calottes et à hausses m'ont donné 750 livres de miel à 70 centimes et 50 livres de cire à 2 fr. Total, 625 fr., ou environ 14 fr. par ruche, à peu près 100 pour 100. *Carré*, à Grand-Frenoy (Oise). Les colzas vont fleurir et les ruchées sont fortes en population ; il ne manque que du bon temps. *Caron*, au Mesnil (Oise).

— Il ne faut pas perdre de vue les colonies faibles : deux ou trois jours de mauvais temps peuvent les tuer. Il faut également soigner les essaims artificiels hâtifs et les souches qui les auront donnés.

H. HAMET.

— A vendre, miel blanc Gâtinais, à 95 fr. les 100 kil. en gare d'expédition à Pithiviers (Loiret); surfin 140 fr.

— M. V... à Fontaine. Pour hausses au métier et ruches de hauteur diverses, adressez-vous à M. Emile Beuve à Creney près Troyes (Aube), et pour aiguilles à coudre les ruches, à M. Durand, à Blercourt par Verdun (Meuse) : 15 centimes l'aiguille.

— M. C... à Sury. Les moyens proposés ne sont pas d'une efficacité certaine pour les deux cas.

— M. R... à Œuilly. Reçu la description pour mai.

— M. D. à Eutzheim et S... à Offerviller. Reçu les articles que le manque de place force à renvoyer à mai. Même réponse à M. P. à Beaune-la-Rolande.

— M. J. B... à Mil. Envoyé 25 seulement, et un plus grand nombre en juillet si besoin est.

M. S... à Reims. Cette description a été prise dans l'*Apiculteur* qu'on aurait dû citer. V. 6e année, p. 119.

— M. C... à Feigneux. Pour le concours régional on ne paie pas l'emplacement.

— MM. à Bellinzona. L'affranchissement insuffisant a occasionné un déboursé de 2 fr.

— Mardi de Pâques, réunion de la Société d'apiculture de l'Aube à l'hôtel-de-ville de Troyes.

Paris.— Imprimerie horticole de E. DONNAUD, rue Cassette, 9

L'APICULTEUR

Chronique.

SOMMAIRE : Solidarité apicole. — Opinions diverses sur la question du mobilisme. — Conciliation en faveur du cadre. — Les concours régionaux de la
première série peu fréquentés des apiculteurs. — Bibliographie.

Le jour où la solidarité sera comprise, nous aurons fait un pas immense
en avant. Les bases sur lesquelles nous avons établis la solidarité apicole,
c'est-à-dire l'assurance mutuelle, sortent tellement des frayers battus
que les esprits routiniers ont pu se demander s'il n'y avait pas là-dessous
quelque appât trompeur ou quelque traquenard perfide. En effet, c'est
vraiment étrange, fabuleux même, d'édifier un moyen de secours sans
rien demander au contribuable, sans organiser de *caisse !* car la caisse
est, par le temps qui court, la clef de voûte de tout édifice de cette nature. — Eh oui ; pas de caisse pour qu'il n'y ait pas de Bilboquet qui la
sauve ; pas d'impôts afin de supprimer le fonctionnarisme qui en vit
sans produire quoi que ce soit. D'abord la solidarité ne saurait être une
spéculation de tontine ; elle ne peut promettre d'intérêts, ni assurer de
rentes à personne. Son but matériel est de pallier les accidents dont peuvent être atteints quelques membres, sans grever sensiblement la masse
des adhérents. Mais son caractère moral commande à chaque associé de
prévenir autant que possible les accidents. Les résultats de la solidarité
apicole seront donc, d'une part, d'établir des liens de bonne confrater-
nité entre les intéressés, et de l'autre, d'éviter ces accidents toujours
préjudiciables à l'apiculture par la réglementation entravante qu'ils provoquent.

— Nous avons reçu une douzaine de lettres dont les auteurs nous
prient de sacrifier moins au mobilisme. Voici la plus courte : « Il me
semble que depuis quelque temps *l'Apiculteur* entre dans une voie de
discussion oiseuse et stérile. Veuillez nous donner des articles pratiques
et utiles. Agréez... V. E. PERRUQUETY, au château de Montbrian par
Montmerle. » Nous avons reçu deux missives de nuance contraire. L'une
trouve la question très-intéressante, et l'autre propose ou demande une
solution en faveur du cadre mobile. Voici cette dernière :

« J'ai lu dans le numéro du mois d'avril de *l'Apiculteur* l'article de
M. Mona, qui a pour titre : *Deux mots sur la question des cadres mo-*

8

biles. M. Mona déplore que cette question ait trainée si longtemps
sans jamais se résoudre, et quoiqu'il n'y soit pas personnellement intéressé, à cause de sa spécialité, il fait des vœux pour qu'elle soit le plus tôt
possible résolue. Cependant les Italiens ne sont pas moins intéressés que
les Français dans cette question, d'autant plus que depuis quelque temps
ils ont adopté le système des cadres mobiles, et désireraient le voir
triompher partout.

» Or, M. Mona pense que la question pourrait facilement se concilier
en adoptant une ruche qu'il appelle *ruche de conciliation*, dans laquelle
entreraient les deux systèmes, c'est-à-dire les bâtisses fixes pour le corps de
la ruche et les cadres mobiles pour le magasin.— Cette idée, dit M. Mona,
n'est pas nouvelle, mais je me permets de faire une observation, car je
crois qu'avec ce système on n'arrive pas à obtenir la conciliation
désirée.

» L'importance de la mobilité des rayons est, selon moi, incontestable;
mais, si je devais faire une concession, je la ferais plutôt pour le magasin
que pour le corps de la ruche. Toutes les opérations les plus importantes
se font dans le corps de la ruche, de manière que la mobilité des rayons
les rend plus faciles, au lieu que dans le magasin à miel les rayons mobiles ne sont pas d'une nécessité absolue, car les opérations qui les regardent peuvent se faire, quoique pas tout à fait avec le même profit, au
moyen des bâtisses fixes.

» Du reste, tenant compte de ce que M. Mona dit très-justement en
terminant son article, c'est-à-dire que voulant faire de la propagande
apicole avec chance de succès, il faut éviter les innovations brusques et
coûteuses ; il me semble que nous avons très-heureusement résolu le problème avec une ruche totalement à rayons mobiles, modifiée par
M. Charles Fumagalli, de Milan, qui, selon moi, serait la véritable ruche
de conciliation, car elle réunit tous les avantages des ruches compliquées,
avec la plus grande simplicité possible et le meilleur bon marché, ne
coûtant que 5 fr. — Cette ruche a été accueillie avec grande faveur.
Dans les derniers trois mois, la présidence de l'association a dû se
charger de la construction de plusieurs centaines de ces ruches, pour
satisfaire aux nombreuses demandes qui lui parviennent de toutes
parts de l'Italie. — Par la ruche elle-même que M. Fumagalli compte
vous envoyer, vous pourrez vous faire une idée exacte de ses avantages.
Quant à la ruche, je me dispense de vous en faire la description que vous
aurez trouvée dans notre journal *l'Apicoltore* n° 1 janvier 1869.

» J'espère que vous trouverez cette question assez importante pour que j'ose vous prier de vouloir publier cette lettre dans votre journal ; bien qu'ayant dû l'écrire dans une langue pour moi étrangère, je crains de ne pas m'être expliqué assez clairement, mais assez pourtant pour montrer que les apiculteurs italiens ne peuvent pas s'associer aux idées de M. Mona.

« Agréez, etc. » A. VISCONTI DE SALICETO, Secrétaire de l'association centrale d'encouragement pour l'apiculture en Italie.

Milan, 13 avril 1869.

— Les catalogues des concours régionaux de la 1ʳᵉ série portent peu d'exposants apicoles ; celui de Moulins n'en porte aucun ; celui de Montauban n'en porte qu'un pour les instruments : un fumigateur qui a figuré à l'exposition des insectes. Celui de Lyon n'a qu'un exposant de ruches et un exposant de miel. Celui de Gray porte deux exposants d'instruments et quatre exposants de produits ; celui d'Angers n'a que deux exposants de produits. Aix est le plus fourni : il a cinq exposants d'instruments et onze exposants de produits. Un plus grand nombre d'exposants se fussent présentés si, comme pour maintes autres parties, on eût affecté des prix en argent.

La deuxième série des concours régionaux s'ouvrira le 19 juin. Les déclarations de concourir seront reçues au ministère de l'agriculture jusqu'au 15 mai.

Le concours régional de Chartres se tiendra du 1ᵉʳ au 9 mai. Une conférence apicole aura lieu le vendredi 7, dans la salle de l'exposition horticole.

Nous avons reçu les ouvrages suivants : *Petit code de voyageur en chemin de fer*, par H. M. Delignières. Prix : 1 fr., à la librairie A. Sagnier, 9, rue de Fleurus. Ce livre est indispensables à ceux qui voyagent. *Études d'histoire naturelle* (entomologie), par Romuald Jacquemoud. Prix : 2 fr., chez M. Prudhomme, libraire, à Grenoble. L'ouvrage contient un article plein d'intérêt sur l'abeille. *Die Bienenzucht in der Weltausstellung zu Paris 1867, und die Bienencultur in frankreich un in der schweiz*, par Ludwig Josef MELICHER. Ce compte rendu de l'exposition apicole au Champ-de-Mars et à Billancourt en 1867, suivi de l'état de l'apiculture française, est écrit par un observateur judicieux, qui a voulu faire connaitre aux allemands nos méthodes économiques.

A propos de compte rendu de l'exposition apicole à Billemourt, nous avons trouvé dans un bulletin de comice agricole qui nous est tombé sous la main, une description magnifique de ruches qui n'ont figuré que sur le calalogue des exposants. L'auteur de cette description de ruches qu'il n'a pas vues doit être un *spirite*.

— Est ouvert au bureau de *l'Apiculteur* une souscription pour l'ouvrage en publication de M. A. Lambrecht, donnant les moyens de guérir la loque. Prix du livre : 8 fr. s'il y a mille souscripteurs, et 16 fr. s'il n'y en a que cinq cents.   H. HAMET.

Toujours les cadres !

Depuis longtemps déjà les apiculteurs ont le droit d'attendre une solution à la question, trop longuement discutée dans l'*Apiculteur*, au sujet de la supériorité de la ruche à cadres mobiles sur la ruche à bâtisses fixes.

Après les offres d'expériences, faites par les personnes qui marchent à la tête de l'école française, on avait le droit de croire que ceux qui discutent si bien, ne reculeraient pas sur le terrain d'expérience; mais il paraît qu'ils jugent prudent d'en agir autrement.

Puisque nous ne pouvons trouver de juges à Berlin, cherchons-en chez nous! Dans son excellent article du mois dernier, M. Mona abrége la besogne que je m'étais proposée depuis plusieurs mois, en offrant aussi mon idée pour arriver à une solution dans la question des cadres; je l'en remercie bien vivement, puisque j'en ai été empêché par une installation nouvelle dans le Jura.

Je remercie aussi M. Mona pour la souscription qu'il ouvre pour faire des expériences; mais, qu'il me permette de le lui dire, je crains que sa souscription n'ait le résultat de celles que j'ai essayées à d'autres époques; d'ailleurs, l'année dernière, nous avons fait cette proposition à l'une des séances mensuelles et elle a été rejetée; d'un autre côté, la saison avance et tout retard nous reculerait d'une année!

Tout propriétaire de grand rucher ne pourrait-il faire une expérience comparative? Les abeilles ne se chargent-elles de payer les frais d'expériences pourvu qu'on les fasse travailler dans une contrée un peu mellifère? Quant au matériel, c'est différent, il y a là évidemment une depense, mais un apiculteur qui emploie les cadres mobiles ne pourrait-il faire un échange de vingt ruches contre pareil nombre à bâtisses fixes; et pour éviter les frais de retour, ne pourrait-il, sinon conserver, du moins placer dans sa contrée les ruches à retourner. Celles qui seront considérées comme supérieures se placeront facilement, quant aux autres, elles conserveront toujours leur valeur.

De cette manière chaque expérience serait contrôlée par elle-même, pourrait être exécutée dans un grand nombre de localités à la fois, et en agissant sans parti-pris, on arriverait sans bourse délier à la solution cherchée, comme aussi on aurait des renseignements précieux sur la richesse mellifère des diverses localités ; car on aura à constater :

1° La quantité de miel récolté dans un temps donné, essaims, miel et cire ;

2° La valeur en argent du produit de chaque ruchée ;

3° Le poids, ruche déduite, de chaque colonie ;

4° Le temps employé à récolter et à préparer les divers produits ; car chacun comprend que 10 kil. de miel coulé, par exemple, ne vaudront jamais 5 kil. de miel blanc en rayon, et qu'il est plus facile d'enlever une calotte de 5 kilog. de miel en rayon, que d'en extraire la même quantité au moyen de l'extracteur à force centrifuge.

Le seul point important est de commencer les expériences avec des populations d'égales forces et de les loger dans des ruches vides.

Les apiculteurs qui se livreront à ces expériences enverraient à l'Apiculteur le résultat de leurs opérations ; et la publication de ces documents sera le meilleur jugement que nous puissions désirer.

Ch. Gaurichon.

Réponse à plusieurs.

Pourquoi M. Dadant avait-il cru énoncer une vérité comme celle de M. Lapalisse ? Tout simplement parce qu'il s'est contenté de lire dans des livres au lieu d'étudier le grand livre de la pratique et de l'expérience ; il ne citera ni Langstroth ni Quimby, et en cela il a bien raison ; il aurait pu en faire autant du R. P. Babaz qu'il me prie de lire ; je puis assurer mon honorable contradicteur que tous les révérends du monde ne m'apprendront rien là-dessus. Est-ce que j'ai dit quelque part qu'il fallait calotter une mauvaise ruchée à moitié pleine ? En vérité on dirait que nous ne parlons pas la même langue ; est-ce que pour M. Dadant ruche pleine veut dire ruche ne pouvant plus rien emmagasiner faute de place ? On serait presque tenté de croire que c'est ce qu'il a compris en lisant tous ces auteurs ; ce qui me confirme de nouveau qu'il y a un océan entre celui qui n'est qu'écrivain, amateur théoricien, et celui qui est producteur, et qui fait de l'apiculture le gagne-pain de sa famille.

Je connais tellement peu les abeilles italiennes que je n'en ai jamais
vu, et le silence qui succède au bruit des réclames de ceux qui espéraient en tirer grand profit, — ce silence, dis-je, me fait croire qu'elles
ne valent pas tout ce qu'on en a dit d'abord, et je suis persuadé que si
elles étaient si avantageuses, il en serait comme de l'extracteur et de la
ruche à rayons mobiles : on ne se contenterait pas de jouer avec aux éco-
liers, mais on en aurait des milliers afin de faire·fortune; on parlerait
beaucoup moins en agissant beaucoup plus. M. Dadant a raison de ne
pas faire double emploi à ses réponses, car une seule *pouvant* suffire.

Non, M. Dadant ne m'a pas étonné par son imperturbable aplomb;
à lui toute la science apicole! à lui, non-seulement d'élever un bâtiment neuf à la place d'un vieux, mais à lui d'élever le temple de l'apiculture duquel je le proclame le grand-prêtre.

Je ne veux pas répondre à la burlesque fable de l'Enfant patineur, je
pense que nos lecteurs l'ont appréciée pour ce qu'elle vaut. M. Dadant
verra ma réponse à M. Dennler, et pourra s'en attribuer une bonne
partie.

Je n'ai pas reproché, que je sache, à M. Dadant d'avoir appelé reine la
mère des abeilles; il y a sans doute ici une confusion, mais je lui observerai que les *Américains* sont bien peu conséquents de conserver à une
mouche un nom qui n'a pour eux aucun sens.

Je trouve la rédaction bien accommodante avec M. Dadant, car il disait dans son article que toutes les ruchées autour de lui étaient bien pauvres; les siennes seules, à causes de ses ruches à cadres, avaient récolté
des tonnes de miels. Hélas!... hélas!...

Je répondrai à M. Peysson que ma ruche à rayons mobiles est
mienne, qu'elle n'a rien de commun que le nom avec toutes les ruches
compliquées fonctionnant si mal; la mienne, je le répète, est la plus
simple et la plus facile, et même en hiver, je puis tirer les cadres sans
inconvénients, puisqu'ils ne sont jamais propolisés; mais je l'ai abandonnée uniquement parce que la mobilité des rayons n'aboutit à aucun
résultat plus satisfaisant que mes bâtisses fixes qui ont exactement les
mêmes dimensions, le même nombre de rayons, toujours constamment
droits sans avoir jamais besoin d'aucun régulateur.

M. Peysson avoue qu'il n'est pas un vieil apiculteur; eh bien! je lui
prédis ceci : s'il prend trop d'enthousiame pour la ruche à cadres, il en-
tonnera des chants d'allégresse en sa faveur, puis petit à petit à chaque
déception la voix baissera et enfin fera le silence, à moins qu'il ne

veuille briller aussi comme écrivain et comme idéologue, à l'exemple de M. Sagot, qui a d'abord voulu forcer les abeilles à construire des rayons de 24 mill. d'épaisseur et qui écrivit à perte de vue pour prouver que c'était la mesure ; mais ses abeilles obéirent au grand maître des maîtres, à la nature et laissèrent de côté toutes les divagations savantes. Aujourd'hui, M. Sagot a remis ses rayons à 27 mill., mais il n'avoue pas que ce fut forcé et contraint, après avoir avalé maintes couleuvres.

J'engage en terminant M. Peysson à lire un peu moins les contes bleus de l'apiculture et à pratiquer un peu plus, et surtout sur une grande échelle. Car il est vraiment ridicule de voir s'ériger en maîtres des amateurs qui possèdent deux ruchées ! Produisez ! produisez ! ce sera le meilleur enseignement.

Il est à remarquer, que tous ceux qui emploient la machine centrifuge obtiennent, suivant leur connaissance, de beaux produits ; qu'est-ce que cela prouve, encore un coup ? Sinon qu'ils feraient encore plus mal en opérant autrement ; ils sont comme certains de mon canton qui vont, disant partout que si on fait du miel plus blanc que le leur, c'est qu'on le blanchit à l'aide de farine.   POISSON.

De la perte de temps occasionnée par la fabrication de la cire.

L'*Apiculteur* de mars reproduit un article intitulé : « L'apiculture rationnelle en brouille avec l'arithmétique. » L'apiculteur lorrain a bien voulu qualifier ainsi la critique de notre article de février : « De la prétendue infériorité des cadres, etc. » C'est pour répondre à mon honorable contradicteur que j'écris ces quelques lignes.

J'ai dit, et j'affirme encore aujourd'hui, qu'avec les ruches à bâtisses fixes, il y a perte de temps et perte de miel : perte de temps, en ce qu'une partie de la population est retenue dans la ruche, pour l'élaboration de la cire et la construction des rayons ; perte de miel, car il en faut dix grammes pour la production d'un gramme de cire.

D'après son article du mois dernier, l'honorable apiculteur lorrain ne tient pas compte de la *perte de temps ;* quant au rapport du miel à la cire, nous différons complétement : l'apiculteur lorrain n'admet que trois gr. de miel, moi j'en admets dix pour un gramme de cire, me basant sur l'expérience du célèbre de Berlepsch. L'école française, représentée par M. le chanoine Collin, condamne cette expérience, pour la seule raison

qu'elle a eu lieu en chambre close. Elle ajoute qu'il faudrait expérimenter cette question en plein air, en plein soleil, en pleines fleurs. Si
la question proposée n'a pas été résolue encore, la faute n'en doit pas
être attribuée aux apiculteurs, cette expérience étant littéralement
impossible. Comment déterminer la quantité de miel et de pollen changée en cire, quand les butineuses sont en pleine récolte, rapportant une
fois beaucoup de miel, une autre fois moins, suivant l'état de l'atmosphère et suivant les différentes heures de la journée ?

En attendant, je prierai M. Collin de vouloir bien me dire sur quoi il
se fonde pour n'évaluer qu'à trois pour un la perte de miel transformée
en cire, pour les essaims logés en tiers de bâtisses, et les ruchées, au
printemps qui étendent leurs constructions. Je ne vois pas comment les
commencements de bâtisses puissent i nfluer sur le rapport du miel à la
cire. Un agriculteur qui a employé une première journée à plâtrer une
partie de sa luzernière, emploiera-t-il, le lendemain, le plâtre en de plus
faibles proportions, par la seule raison que le plâtrage de son champ
est déjà commencé ?

J'ai dit que M. Collin ne tient pas compte du temps que les abeilles
emploient pour élaborer la cire. En effet, dans son article, nous lisons
que les 8 kilog. de miel récoltés par les r uches à bâtisses fixes peuvent
se loger dans 200 gr. de cire, qui ont coûté aux abeilles 2 kilog. de miel
(en prenant 10 gr. de miel pour 1 gr. de cire), les ruches à cadres n'ont
donc pu donner que 10 kilog., ou 2 kilog. de plus que les premières. De
la perte de temps, pas le moindre mot.

De mon côté, je trouve que la perte de miel entraînée par la perte de
temps est énormément plus grande que la perte du miel changé en
cire. Les constructions demandent beaucoup d'ouvrières, et précisément
à une époque où les fleurs abondent, et où pas une butineuse ne devrait
être empêchée de voler aux champs. C'est un grand inconvénient pour
les ruches dépourvues de rayons, pour les ruches à bâtisses fixes, en général, que les abeilles ne construisent que dans la mesure de leurs
besoins. Tant qu'elles n'ont pas à emmagasiner du miel et du pollen,
les constructions ne seront pas agrandies, les magasins resteront vides.
Il en résulte que, quand le besoin de place pour déposer les provisions
se fait sentir, les jeunes abeilles, essentiellement destinées aux travaux
intérieurs, y sont occupées près de trois semaines et même davantage,
tandis que dans les ruches à cadres, que l'apiculteur peut munir de
rayons, elles butinent déjà le quinzième jour après leur sortie de l'al-

véole. Supposons que ces abeilles soient retenues dans la ruche six jours plus longtemps que de coutume. Si nous admettons que chaque jour il éclose seulement 1,500 abeilles (ce nombre est bien plus fort dans une ruche bien conditionnée), dans ces six jours le nombre en sera de 9,000, que les travaux intérieurs empêcheront de butiner. Ce sont donc autant de travailleuses enlevées à la récolte, et occasionnant par leur état de cirières une autre perte encore à leur propriétaire. Je laisse à chaque apiculteur le soin d'évaluer la quantité de miel et de pollen que 9,000 abeilles auraient pu fournir à la ruche, au moment de la récolte, lui rappelant seulement qu'une ruche produit en raison du carré de sa population.

Une autre question se pose maintenant : quand l'apiculteur pourra-t-il procéder à la récolte?

Pour les ruches à cadres, l'opération se fait dès que les rayons sont pleins, avant même qu'ils soient operculés, cette particularité étant plutôt un inconvénient qu'un avantage pour l'apiculteur qui se sert de l'extracteur. En disant inconvénient, j'emploie peut-être un terme trop fort, puisqu'un couteau mince et bien tranchant enlève facilement les opercules qui s'y trouvent. Cinq minutes suffisent pour vider un magasin de six à huit rayons, et les abeilles sont de nouveau en possession des mêmes bâtisses. La récolte du miel n'est pas interrompue ; il n'y a, par conséquent, pas la moindre perte de temps pour ces travailleuses infatigables.

Il en est bien autrement avec la récolte du miel des bâtisses fixes : je puis en parler avec connaissance de cause, mon père ayant exploité, pendant de longues années les ruches de cette espèce. Je l'ai souvent assisté dans les travaux que nécessitaient ces ruches, et je me rappelle, qu'à l'époque de la récolte des calottes ou cabochons, nous en enlevions souvent dont les rayons étaient complétement bâtis, mais si mous qu'on ne pouvait pas y toucher sans les abimer. Quand le miel était destiné à être mis sous la presse, l'opération pouvait marcher : les rayons étaient détachés de la calotte, brisés souvent ; l'opération était bien loin d'être appétissante.

Mais quand M. Collin parle de miel en cire blanche, et M. Poisson de beau miel de table, ils se garderont bien d'y toucher avant que la cire soit bien figée. Nous attendrons quelques jours, diront-ils, la perte de temps chez ces messieurs n'étant pour rien dans la culture des abeilles. Ces dernières se reposent pendant quelques jours : ce sont les vacances, ou bien les jours fériés des mouches à miel! Elles font la barbe. Les magasins des ruches à cadres mobiles, pendant ce temps, sont remplis une seconde fois, vidés et remis aux abeilles.

Je ne puis passer sous silence un sacrifice dont M. Collin nous fait part, en disant que les abeilles, quand la miellée est abondante, se déterminent à arracher de leurs berceaux les larves, et à les vouer à la destruction afin d'obtenir de la place pour le miel.

De quel nom doit-on qualifier la pratique qui n'empêche pas un acte semblable? Forcer les abeilles à sacrifier leur couvain, c'est les faire agir contre les lois de la nature, c'est pousser une mère à sacrifier ses enfants! N'est-il pas plus rationnel de donner assez de place aux abeilles en leur vidant les rayons du magasin, ce qui n'occasionne pas de perte de temps et de miel, donne une récolte notablement plus forte, et ne compromet pas l'avenir de la ruche?

M. Poisson, dans son dernier article, accuse les praticiens des ruches à cadres d'être des théoriciens. Il s'imagine donc que ceux qui sont dans les cadres n'ont pas fait d'expériences comparatives? Nous sommes dans les cadres, non pas parce que c'est une nouveauté, mais parce que nous avons fait l'expérience que les cadres valent mieux que les ruches à bâtisses fixes. M. Poisson, dans son article, n'accumule que des suppositions. Entre autres, il parle d'un gâchis général de miel, de pollen, de larves écrasées, et lancées par l'extracteur. Est-ce que jamais un apiculteur mettra des rayons à couvain dans l'extracteur? Cette hypothèse de M. Poisson prouve qu'il est à cent lieues de connaître la méthode Dzierzon; il en parle comme l'aveugle parle des couleurs.

M. Poisson dit que sa contrée ne donne qu'une récolte, qui peut durer dix jours, à peu près. Je trouve que c'est une raison de plus de donner à ses abeilles les moyens de l'exploiter avec fruit. Ces moyens se résument par ces deux mots : *Diminution de la perte de miel, diminution de la perte de temps*. M. Poisson craint de voir son miel troublé par du pollen. Je lui dirai que le pollen ne sort pas au moyen de l'extracteur, mais que le miel de sainfoin est expulsé facilement.

Procéder avec l'extracteur, comme l'honorable M. Poisson le suppose, ce ne serait plus de l'apiculture rationnelle, mais une apiculture de la pire espèce. Cela ressemblerait trop à la fable de la Poule aux œufs d'or, et à cette coutume barbare qui consiste à étouffer les abeilles pour s'emparer de leur miel. Compromettre le couvain, c'est compromettre l'avenir de la ruche, c'est sacrifier le capital pour les intérêts.

Enfin, je terminerai, en disant qu'entre les ruches à cadres et les ruches à bâtisses fixes, il n'y a plus de comparaison possible : chez l'une, toujours perte de temps et de miel, chez l'autre, la production si coûteuse de la cire est réduite à sa plus simple expression. La ruche à cadres est toujours fournie de rayons, vidés avec l'extracteur, l'autre est toujours forcée de bâtir, donc toujours perte de temps. Et le temps, c'est de l'argent; c'est un proverbe qui est surtout vrai dans la culture des abeilles.   DENNLÈR.

Calottage rationnel en Normandie.

Dans les environs de Bayeux, que j'habite, comme dans la plaine de Caen, les cultivateurs d'abeilles n'ont pas à aller demander aux amateurs étrangers comment et à quelle époque ils doivent opérer en Normandie: l'observation et la pratique le leur ont appris. Nous savons, par exemple, qu'en calottant au début de la campagne avec des bâtisses, nous obtenons des résultats moins bons qu'en calottant avec des calottes n'ayant qu'une greffe. Nous savons également que la calotte n'ayant reçu qu'une greffe est emplie très-vite de rayons qui ne coûtent presque rien aux abeilles.

Ainsi, vers le milieu ou la fin d'avril, selon que la saison est plus ou moins bonne, nous calottons nos ruchées *fortes*, placées près des colzas. Nous nous contentons de greffer dans la calotte un morceau de rayon qui descende jusqu'au trou de la ruche. Bientôt les abeilles montent par ce rayon et commencent à en édifier d'autres à côté. Cette édification marche plus ou moins vite selon que le temps est favorable, et du miel y est apporté successivement, soit de l'extérieur, soit du corps de la ruche. Il est rare que la mère y monte pour pondre. Elle y monte d'autant moins que les abeilles mettent à sa disposition, dans le corps de la ruche, un certain nombre de cellules dont elles enlèvent le miel pour les travaux de la calotte.

Si, au contraire, nous calottons au début de la campagne avec une bâtisse pleine, la mère y monte et l'emplit d'œufs. Il en résulte que la fleur du colza se passe sans qu'il y soit emmagasiné de miel. Il n'en est pas emmagasiné sensiblement plus dans le corps de la ruche. La population en sera plus forte à la fin de la floraison, voilà tout.

Mais au moment de la grande miellée, soit des colzas, soit des sainfoins, nous trouvons des avantages à calotter avec des bâtisses dans lesquelles les abeilles ne donnent pas le temps à la mère de pondre, car elles les embarbouillent aussitôt de miel. Il n'est pas rare alors que nous ne placions une bâtisse sur la calotte mise au début de la fleur (la première est percée) et nous obtenons deux calottes de miel au lieu d'une.

Nous avons remarqué qu'au moment de la grande éducation du couvain, la construction des rayons dans la calotte coûte très-peu de miel aux abeilles qui, dans cette circonstance, profitent de la chaleur élevée de la ruche et de son humidité pour transformer le miel en cire. On sait que la chaleur et l'humidité sont deux éléments indispensables aux abeilles pour qu'elles élaborent avec le moins de perte possible la cire, et que, si elles ne se trouvent pas naturellement au milieu de ces éléments, elles sont obligées de les produire au détriment du miel, et elles ne peuvent produire que la chaleur. Ce sont deux éléments que *les savants* n'improvisent pas comme des phrases quand il font transformer du miel en cire dans leur cabinet. Aussi n'obtiennent-ils qu'*une* partie de cire pour *dix* ou *vingt* de miel; tandis que, placées dans des circonstances favorables, les abeilles n'emploient pas plus de deux ou trois parties de miel pour produire une partie de cire. Les praticiens qui, depuis longtemps, emploient le calottage avec greffe, peuvent affirmer cela avec certitude, toutefois, sans pouvoir dire comme les savants de cabinets : nous l'avons pesé avec des balances (1).

Ce que nous avons pesé avec des balances, ce sont nos ruches calottées avec bâtisse, au début de la saison, et celles calottées sans bâtisse. Eh bien, celles calottées sans bâtisse ont toujours été les plus lourdes à la fin de la fleur des colzas, et l'importance que les bâtisses peuvent avoir dans le Gâtinais et ailleurs, elles ne l'ont pas ici où il faut calotter tôt.

Au dire d'un correspondant du Nouveau-Monde, les abeilles de ce pays-là logeraient plus de miel dans le corps de la ruche que dans la calotte. Les abeilles de ce pays-ci, n'en déplaise à ce correspondant et aux autorités qu'il invoque, mettent en moyenne un tiers plus de miel dans les calottes que dans les corps de ruche, *excepté dans les ruches des apiculteurs vierges.*   P. LEFRANC.

(1) On peut péser avec des balances le miel absorbée par les abeilles pour produire une certaine quantité de cire ; mais on ne sait pas défalquer avec des balances la quantité qui a été employée en calorique.   *La Rédaction.*

Fragments du journal d'un apiculteur.

Ferme-aux-Abeilles, mai 186...

8 mai. — Les abeilles sont en pleins travaux. Dans l'intérieur de leur ruche, elles élèvent un nombreux couvain et à l'extérieur elles se livrent, depuis le matin jusqu'au soir, à la cueillette du pollen et du miel des fleurs qui deviennent abondantes. Des faux bourdons sont éclos et se montrent dans les colonies fortes : il faut surveiller ou prévenir la sortie des essaims ; il faut aussi agrandir les ruches afin d'obtenir des produits abondants. On prévient la sortie des essaims en les extrayant artificiellement un peu avant l'époque de leur sortie. On agrandit les ruches par des chapiteaux et par des hausses, ou bien encore par des rayons mobiles pour celles qui peuvent en recevoir.

L'essaimage naturel est, comme on le sait, subordonné à l'état de l'atmosphère et des fleurs, à l'âge de l'abeille mère et à d'autres circonstances. On voit parfois des colonies qui paraissent réunir toutes les conditions pour produire des essaims et qui, cependant, n'essaiment pas. D'autres fois elles essaiment trop, et des essaims émigrent au loin. Par l'essaimage artificiel ou forcé, on peut régler la production des essaims ; mais il faut se rappeler que tout ce qui s'obtient artificiellement demande de l'entendement et des soins.

Il existe plusieurs moyens de former des essaims artificiels : c'est par le transvasement de la plus grande partie des abeilles qu'on procède le plus souvent. Après avoir projeté de la fumée à l'entrée de la ruche, on décolle celle-ci et on lance encore un peu de fumée aux abeilles afin de les maîtriser. On enlève la ruche et on la porte à quelque distance, à l'ombre autant que possible, puis on la renverse sens dessus dessous, et on l'établit sur un escabeau ou sur un tabouret renversé, de manière qu'elle ne puisse vaciller et qu'on l'ait à sa portée. On la recouvre ensuite de la ruche qui doit loger l'essaim artificiel, et on passe un linge autour pour que des abeilles ne puissent s'échapper. Des praticiens habiles n'enveloppent pas les ruches : ils opèrent à ciel ouvert et sont plus à même de juger quand l'essaim est fait.

Lors donc que les ruches sont ainsi disposées, on tapote avec les mains ou avec des baguettes autour de la ruche qui contient les abeilles, en commençant par la partie inférieure et en montant graduellement. Au bout de quatre ou cinq minutes de tapotement, quelquefois avant ce temps, un bourdonnement assez fort se fait entendre : ce sont les abeilles qui se mettent en marche. Ce bourdonnement grandit : il se fait entendre plus particulièrement vers l'extrémité des rayons. En continuant de tapoter la ruche inférieure douze ou quinze minutes plus des trois quarts des abeilles sont montées dans la ruche supérieure ; c'est autant qu'il en faut pour constituer un fort essaim. Mais l'essaim n'est fait qu'autant qu'il possède l'abeille mère. Voici un moyen de constater sa présence sans la voir. On pose la ruche qui contient le groupe d'abeilles sur un linge de couleur, ou sur une feuille de papier bleu ou noir, et au bout de quelques minutes, on trouve sur ce linge des œufs d'abeilles que la mère, pressée de pondre et tourmentée par l'opération insolite pratiquée sur sa colonie, a laissé tomber.

La ruche de laquelle a été extrait cet essaim est reportée à la place qu'elle occupait dans le rucher. Elle avait été remplacée provisoirement par une ruche vide dans laquelle rentraient les abeilles qui revenaient des champs. Toutes les butineuses qui sont allées quêter des produits, rentrent dans la souche et la repeuplent d'autant. Quant à l'essaim, il est établi à l'extrémité du rucher. Mais le soir à la brune ou le lendemain matin, la souche est déplacée et mise à la place de l'essaim, et *vice versa.*

Un certain nombre d'abeilles butineuses de la souche viennent se joindre à l'essaim ; mais bientôt cette souche retrouve une population nombreuse dans le couvain qui lui naît successivement, et se trouve dans des conditions normales. Si elle possédait du couvain de mère au berceau, l'éducation de ce couvain a été continuée ; si elle n'en possédait pas, les abeilles ont transformé plusieurs cellules d'ouvrières possédant des larves en cellules maternelles ; une nourriture spéciale a été donnée à ces larves, et au bout de seize jours de la ponte des œufs, il en est né des mères identiquement semblables à celles pondues et élevées dans les cellules spéciales.

Lorsque le temps devient mauvais, au bout de deux ou trois jours qu'on a extrait un essaim artificiel, il faut apporter des soins à l'enfant et à la mère. En quittant leur ancienne demeure, les abeilles de l'essaim ont pris des provisions pour deux ou trois jours, mais elles ont converti ces provisions en édifices ; elles mourraient donc de faim si le mauvais temps les contraignait de rester plusieurs jours sans sortir, et si on ne leur présentait des vivres. La ruche de la souche demande à être bien calfeutrée et enveloppée d'un épais paillasson si le temps devient froid, quelques jours après l'extraction de l'essaim artificiel.

Trois semaines après la sortie d'un essaim primaire naturel ou l'extraction d'un essaim artificiel, il n'existe plus de couvain d'ouvrières dans la
souche ; il peut encore s'y trouver quelque couvain de faux bourdons. A
ce moment, on peut chasser entièrement les abeilles de cette souche pour
en récolter les produits. Les abeilles de cette dernière chasse sont logées
seules si la saison offre encore des ressources mellifères, ou elles sont
réunies à l'essaim artificiel extrait trois semaines avant, si celui-ci a été
placé à côté de sa mère. Elles peuvent être réunies à une chasse voisine,
faite en même temps.   X.

Métier pour la confection des ruches en paille.

M. Rousseau, apiculteur à Œuilly (Aisne), a inventé un moule indicateur pour la confection des ruches en paille, qui est une modification
de celui de M. Josselin, décrit dans la troisième année de l'*Apiculteur*,
page 155. Une table rectangulaire A, fig. 4, est percée d'un trou circulaire de 0.40 de diamètre. Sur la barre transversale T de cette table, est
établi un arbre vertical B, qui supporte un tambour mobile C, lequel

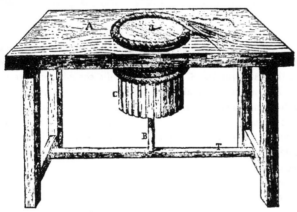

Fig. 4. Métier Rousseau.

tambour à 0.33 de diamètre et 0.35 de hauteur. Cette hauteur peut
varier.

Le diamètre du trou de la table, étant plus grand que celui du tambour, laisse une ruelle par laquelle descend le cordon de paille au fur
et à mesure qu'il est cousu. Ce cordon est fait à la main et s'enroule sur
le tambour cylindrique, qui peut être une lanterne à claire-voie comme

on l'a indiqué dans la figure ci-contre. La construction prend par là un diamètre uniforme. On coud toujours au niveau de la table.

Lorsqu'on a obtenu la hauteur de la hausse ou du corps de ruche qu'on veut fabriquer, on enlève le tambour en le montant. Il est ensuite facile d'extraire le travail fait en le descendant, surtout si le diamètre de la base de ce tambour est un peu moins grand que celui du sommet.

Société centrale d'apiculture.

Séance du 20 avril 1869. — Présidence de M. Carcenac.

Le procès-verbal de la dernière séance est adopté. M. Jabot, de Marmande, adresse la rectification suivante ; Il dit que la porte dentée qu'il a présentée dans la dernière réunion a été inventée par M. Loustan, instituteur à Lisse, prés Nérac.

M. Lefebvre Poncelet, de Bergnicourt (Ardennes), fait part de plusieurs observations. Il dit que chez lui les essaims naturels commencent par les abeilles italiennes. Sur 100 colonies, il en possède 40 de cette espèce. — Cet honorable correspondant rappelle la communication qu'il a adressée sur la loque (*V. l'Apiculteur*, novembre 1858, 3e année). « J'ai oublié, dit-il, d'indiquer alors le temps le plus propice pour l'opération, et ce temps est le moment de la miéllée, si toutefois la colonie est passable (un kilogr. d'abeilles pour le moins).

» J'opère toujours de la même manière. Je suppose une ruchée atteinte de la loque, je la prends, je la transvase, j'en extrais les couvains, je brûle une mèche soufrée dessous, puis je prends une colonie saine que je transvase de la même manière (elle doit être à peu près de la même force que la première). Je laisse cette dernière telle qu'elle se tient et comporte dans l'intérieur ; je prends la colonie loqueuse que je fais passer dans la ruche saine et la colonie saine dans la ruche loqueuse ; par ce moyen, j'obtiens parfaite guérison, et je laisse ces colonies à leur place.

» J'ai pratiqué cette manière d'opérer chez plusieurs personnes qui ont quelques ruchées dans leur jardin, et mes résultats ont toujours été très-satisfaisants, car, en fin d'été je n'ai jamais rencontré aucune trace de cette maladie. Les apiculteurs qui ont des ruchées atteintes se trouveront bien d'employer cette méthode. Je prie ceux qui obtiendraient des résultats négatifs de me les faire connaître. »

M. Guilleminot, de Saint-Jean-de-Losne, explique une précédente communication ; il dit que la loque n'a sévi que sur un de ses ruchers, où elle a commencé à se manifester en 1855 pour ne disparaître entièrement qu'au printemps de l'année dernière, et qu'elle ne s'est propagée d'une ruchée à l'autre que tant qu'il n'eut pas découvert qu'un seul châssis, — fût-il dépourvu de bâtisse, — provenant d'une ruchée malade suffisait pour infester la ruchée saine à laquelle il le donnait. Il faut donc, ajoute-t-il, attribuer cette perte à mon inexpérience et à ma méthode de former des essaims artificiels avec des châssis garnis de couvain, pris dans plusieurs ruchées. Il opérait de même pour les réunions et pour les provisions à prendre dans une ruche pour les donner à une autre.

Cet honorable correspondant communique le fait suivant : «M. Jossot, agent-voyer de notre canton, étant auprès du rucher de son père, aperçut un crapaud immobile sous une ruchée qui faisait la barbe. Bientôt il remarqua que de temps en temps une abeille se détachait de cette barbe et venait d'elle-même s'engloutir dans la gueule du reptile. Il prit un échalas qu'il appuya tellement sur le ventre du batraciens qu'il en fit sortir près d'une poignée d'abeilles. » M. Guilleminot attribue au magnétiste cette manière d'attirer les abeilles, — Un membre répond que s'il en est ainsi, le crapaud a avant l'homme inventé le magnétisme animal. Ce n'est pas par son fluide, ajoute ce membre, que le crapaud engage l'abeille à se détacher de la grappe et à se jeter dans sa gueule, c'est en remuant la langue contre laquelle se jette l'abeille, dans le but de l'aiguillonner. On sait que chez l'apiculteur les parties du corps qui remuent le plus, les paupières, sont les plus exposées au piqûres. Dans cette circonstance le crapaud fait preuve d'une intelligence aussi grande que le hérisson qui, lui, va souffler à l'entrée de la ruche afin d'en faire sortir les abeilles qu'ils veut croquer.

M. Auguste Lambrecht, de Bornam, près Boerssum (Brunswick, Allemagne du nord), écrit que, outre l'altération du pollen comme cause de la loque, ainsi qu'on a pu le lire dans l'Apiculteur de février et de mars dernier, il a découvert d'autres causes et les moyens de les combattre, qu'il va consigner dans un ouvrage qui sera publié cet été. Il annonce qu'une souscription est ouverte et que s'il se trouve mille souscripteurs en France, cet ouvrage sera envoyé franco pour 8 fr.; s'il n'y en a que cinq cents, le prix sera de 16 fr.

Plusieurs personnes demandent à concourir pour les prix annoncés. A ce propos il est discuté un programme à adresser à MM. les instituteurs. M. Alsac, de Mauriac, annonce qu'il se propose de publier un mémoire

·portant pour titre : *Observations pratiques d'un apiculteur du Cantal.* —
M. F. Devienne, de Thiembronne (Pas-de-Calais), soumet le plan suivant de propagande apicole. Je propose d'établir dans chaque canton·des
sociétés d'apiculture rationnelle. Ce serait des sortes de conférences où
chaque membre de la Société apporterait le fruit de ses lumières et de
ses expériences. On se réunirait périodiquement, soit dans le chef-lieu
de canton ou dans un des villages du canton qui aurait une plus grande
importance apicole. Tous les membres de la Société s'engageraient à renoncer à l'étouffage et à unir leurs efforts.pour faire disparaître tout ce
qui peut nuire à leur culture.

« A mon avis le meilleur moyen de faire progresser l'apiculture, c'est
de la rendre intéressante ; de chercher à la montrer par le côté le plus
attrayant à ceux qui désirent s'en occuper ; de dissiper autant que possible la crainte puérile qui éloigne beaucoup de personnes de la culture·de
ces utiles insectes.

La Société centrale partage entièrement les vues de M. Devienne et engage les hommes de bonne volonté à prendre l'initiative. M. Le secrétaire annonce que M. Naquet, de Beauvais, s'occupe de mettre ce plan à
exécution dans le département de l'Oise.

Pour extrait : DELINOTTE, secrétaire.

Société d'apiculture de l'Aube.

Séance générale du lundi 29 *mars* 1869. — *Présidence de M. Vignole.*

La séance s'ouvre à 1 heure dans la salle des mariages, à l'hôtel de
ville de Troyes.

M. Vignole donne lecture d'une lettre qu'il vient·de recevoir de M. le
préfet de l'Aube, et par laquelle ce magistrat s'excuse de ne pouvoir assister à la séance. Le procès-verbal de la séance générale précédente et
ceux des séances des sections d'Arcis-sur-Aube et de Nogent-sur-Seine
sont adoptés sans observations.

L'ordre du jour appelle la réélection du bureau central, qui est ainsi
composé pour l'année 1869 :

Président, M. Vignole, apiculteur à Beaulieu ;

Vice-présidents, MM. l'abbé Kanden, curé à Auzon, et Labourasse, inspecteur des écoles, à Arcis-sur-Aube ;

Secrétaire général, trésorier, M. Thévenot, vérificateur des poids et
mesures, à Troyes ;

Secrétaire, M. Lamblin, propriétaire au château de Villemorien ;

Archiviste, M. Brunet, vérificateur adjoint des poids et mesures, à Troyes ;

Directeurs du rucher : MM. Beuve, Dupont-Poulet et Thévenot.

M. le secrétaire général procède ensuite au dépouillement de la correspondance qui amène la lecture de diverses lettres et l'analyse de plusieurs *Bulletins* de sociétés acceptant l'échange de leurs publications avec les nôtres.

M. le trésorier rend compte de sa gestion financière pendant l'année 1868, d'où il résulte que les recettes se sont élevées à 1,016 fr. 85 c., et les dépenses à 866 fr. 85 c..

Il est décidé qu'il sera alloué une gratification de 10 fr., plus une prime de 2 fr. par essaim naturel qu'il recueillera, au surveillant du rucher expérimental de Foicy.

L'assemblée décide également que la Société mettra à la disposition du comice agricole qui doit se tenir à Bar-sur-Aube les 1er et 2 mai 1869, deux médailles d'argent et deux médailles de bronze pour être attribuées aux instruments et aux produits apicoles.

M. Victor Deheurles appelle l'attention des membres présents sur les avantages de la solidarité apicole, et demande que le *Bulletin* de la Société d'apiculture de l'Aube mentionne cette excellente institution. Six membres adhèrent séance tenante aux statuts de la *Solidarité* par une déclaration de 500 ruches.

Le même sociétaire expose ensuite l'importance et l'utilité qu'il y aurait pour l'apiculture à posséder une bonne statistique apicole, indiquant les fleurs mellifères de chaque localité, le nombre et le système des ruches entretenues ; la quantité et la qualité des miels et des cires récoltés; les procédés de fabrication, les prix de vente, etc., etc. L'assemblée partage complétement l'avis de l'intelligent orateur et décide que la *statistique apicole du département de l'Aube* sera mise au concours. Une commission est aussitôt nommée pour préparer le programme de ce concours qui sera publié à bref délai. Cette commission est ainsi composée : MM. Beuve, Froideval, Thévenot et Deheurles, rapporteur.

Sur la proposition de M. Vignole, une médaille d'argent est votée pour récompenser M. Baral, apiculteur au Port-Saint-Nicolas, de son zèle dans l'organisation de la section d'apiculture de Nogent-sur-Seine.

La séance est levée à 3 heures et demie.

Le secrétaire général, THÉVENOT.

Société d'apiculture de la Somme.

Le 4 avril dernier, 33 apiculteurs de différents cantons du département de la Somme se sont réunis, autorisés par le sous-préfet de Doullens, à l'hôtel-de-ville de Domart en Ponthieu, que M. Macquet, maire et conseiller d'arrondissement, a bien voulu mettre à leur disposition. Le bureau se composait de MM. Macquet, président honoraire ; Dumont, président titulaire ; Calixte-Legente, vice-président ; Moignet, trésorier, et Rambour, secrétaire.

M. le président honoraire, après avoir félicité les membres présents de leur empressement à se rendre au rendez-vous, malgré le mauvais temps, a ouvert la séance, et les douze questions apicoles suivantes, qui avaient été proposées à la séance précédente, ont été traitées tant par les membres que par MM. Besnard, de l'Étoile ; Houbart, de Ribeaucourt ; Hubaut, de Marcelcave ; Moy, d'Ailly-sur-Somme ; Pacques, de Saint-Léger ; Talbot, de Pont-de-Metz ; Billet, de Domart ; Devienne, de Prouville ; Legris, d'Houdencourt ; Rohaut, d'Halloy-les-Pernois, tous apiculteurs expérimentés.

Questions traitées :

1. On demande la manière de faire les essaims artificiels et le moyen de s'assurer si on a la mère.

2. Est-il préférable d'asphyxier ou de secouer les essaims pour faire les réunions ?

3. Quelle est la manière la plus favorable pour conserver les essaims faibles pendant l'hiver ?

4. Quel est le moyen d'avoir le plus d'essaims ?

5. Sur 50 ruches de la même force, 25 donnent des produits et 25 n'en donnent pas : pour quelle cause ?

6. Comment faire pour diviser plusieurs essaims réunis en essaimant ?

7. Comment naissent et finissent les bourdons, quel est leur emploi dans les ruches ?

8. Quel est le moyen de savoir qu'une ruche a essaimé ?

9. Quel âge doit avoir une mère pour qu'il soit utile de la remplacer par une jeune ?

10. Comment peut-on connaître l'âge d'une mère ?

11. Quel moyen doit-on employer pour visiter et tailler les ruches sans irriter les abeilles ?

12. Doit-on chasser les ruches garnies de couvain pour récolter le miel?

Le rucher d'expérimentation fondé l'an dernier a ensuite été l'objet d'un entretien assez sérieux. De nouveaux membres y ont adhéré.

Douze nouvelles questions ont été données pour la prochaine séance fixée au 1er dimanche de mai 1870. Un simple banquet a terminé cette réunion.   RAMBOUR, secrétaire.

Rapport sur l'apiculture à l'Exposition de insectes en 1868. (Suite, V. p. 122.)

M. Faure-Pomier présente une collection d'appareils et de produits des plus complètes. Elle réunit : 1° un rucher de jardin bourgeois, fait pour le concours régional du Puy, afin d'inspirer le goût de l'apiculture. La toiture est en paille, et elle est faite de même système que ses capuchons; 2° cinq hausses de différents systèmes pour améliorer le tronc d'arbre en usage répandu aux environs de Brioude; 3° un capuchon en paille (surtout) de son invention; 4° un fumigateur avec son soufflet qu'un perfectionnement rend fort commode : en poussant une tringle qui aboutit à l'une des poignées du soufflet, le feu se trouve dans un courant d'air et ne s'éteint pas; 5° deux tabliers de ruche avec deux bourdonnières en tôle; 6° une calotte miel provenant d'une ruche en tonneau comme celle qu'il expose; 7° un pot de miel coulé; 8° un pain de cire brute; 9° cinq bouteilles de liqueurs de sa fabrication avec de l'alcool de miel : la liqueur désignée sous le nom de Grâce-Dieu est excellente; 10° deux bouteilles vins chargés au miel, prouvant qu'on peut doubler sa récolte en y ajoutant du miel, qui remplit le même but que le sucre : il faut le fondre à l'eau tiède et le mélanger avec le marc après avoir tiré le vin; 11° une bouteille vinaigre fait avec le vin au miel; 12° un bocal compotes de fruits assortis au miel; 13° trois pots de fruits au miel; 14° un pot marmelade d'abricots d'Auvergne au miel; 15° un pot confiture d'airelle cueillie dans les bois du pays. Le tout fabriqué au miel, et démontrant les ressources qu'on peut tirer des produits des abeilles dans l'économie domestique.

M. Faure ne se borne pas à exposer des produits pour montrer les résultats, il fait une propagande active et incessante dans son département qui n'est pas des plus avancés. A ce double titre, le jury lui accorde une médaille de vermeil de la Société d'insectologie agricole pour l'ensemble de son exposition, et pour sa propagande des méthodes rationnelles dans la Haute-Loire.

Si les études microscopiques et comparatives de l'abeille que présente M. Ch. Gaurichon, de Fondettes (Indre-et-Loire), n'atteignent pas toute la perfection possible, elles n'en sont pas moins le premier travail sérieux, en ce genre, qui ait été fait en France. Comme Swammerdam, M. Gaurichon est obligé d'apprendre seul comment on prépare, et d'inventer les appareils nécessaires pour préparer. Ses recherches sur la coloration et l'épaisseur des rayons de l'abeille ne sont pas non plus sans intérêt. Sa ruche d'étude et d'observation témoigne surtout de son ardeur à pénétrer certains secrets de l'histoire naturelle de l'abeille, tel, par exemple, que celui de connaître d'une façon précise le rapport de la cire au miel.

Le jury, portant aussi en première ligne de compte la transformation des pratiques apiculturales qu'en prêchant d'exemple M. Gaurichon a accomplie dans son canton, lui accorde une médaille de vermeil de la Société d'insectologie agricole pour ses études microscopiques de l'abeille, pour sa ruche d'observation et pour sa propagande des méthodes rationnelles dans l'Indre-et-Loire.

L'exposition des produits de M. Bertrand, de Maule (Seine-et-Oise), est une des plus remarquables, notamment par la quantité et la qualité de ses miels en rayons. Trois cadres enchâssés dans des vitrines, contiennent chacun un rayon de miel d'un blanc complet, de 70 centimètres de long sur 32 de haut. Des globes en cristal sont garnis de rayons d'un miel très-blanc, ainsi qu'une quinzaine de calottes de formes diverses. Le tout est artistement présenté. Son miel coulé dans des petits pots de verre ne laisse non plus rien à désirer. Sa cire en brique est très-bien épurée et coulée, et témoigne comme le reste de l'habileté et du mérite du praticien. Le jury accorde à M. Bertrand une médaille d'argent de S. Ex. le ministre de l'agriculture, pour son exposition des produits des abeilles.

L'exposition de M. Goby, blanchisseur de cire, à Grasse (Alpes-Maritimes), est non moins brillante que celle de 1863 ; mais elle est plus complète et plus digne d'attention. Car à sa magnifique collection de cierges richement façonnés et de bougies, aux nombreux et remarquables échantillons de cires blanches, telles qu'on ne trouve nulle part leurs pareilles, il ajoute des produits nouveaux : *Vernis à l'alcool de miel* qui sert aux ébénistes comme celui à l'alcool de vin ; *pommade à base de cire*, pour la guérison des brûlures, des gerçures occasionnées par le froid, et même des dartres, etc.

Les travaux de cet exposant, dont l'intelligence et la supériorité avaient été déjà constatées à l'Exposition de 1863, le mettent sans contredit au premier rang, et font au jury un devoir de s'associer aux vœux exprimés alors par la Commission « pour qu'il obtienne du chef de l'État la distinction qu'il mérite ». Le jury accorde à M. Goby un rappel de médaille d'or pour l'ensemble de son exposition, et lui décerne en outre pour ses produits nouveaux une médaille d'argent de S. Ex. le ministre de l'agriculture et du commerce.

Le rucher le mieux tenu du département de la Seine est assurément celui de M. Lahaye, à Maison-Blanche. Il réunit 175 colonies logées toutes dans les ruches chapiteau en paille à peu près uniformes. M. Lahaye s'adonne spécialement à la production de miel en rayons qu'il écoule avantageusement à Paris. Il en expose plusieurs chapiteaux bien finis, et du miel en sirop bien épuré. Il expose en outre une presse de son invention qui permet l'extraction à froid ou à chaud. Cette presse, du prix de 75 à 100 fr. selon force, a l'avantage d'être peu encombrante et de pouvoir être démontée facilement; elle convient principalement aux petits producteurs. Il expose aussi un millificateur solaire, en tôle étamée qu'on peut laisser au milieu du rucher sans que les abeilles puissent toucher au miel. Ce millificateur pour une ruche ou deux à la fois, au prix de 30 fr., convient également aux petits possesseurs d'abeilles. — Le jury accorde à M. Lahaye une médaille d'argent de S. Ex. le ministre, pour son rucher bien tenu et pour ses produits et appareils exposés.

Les produits que présente M. Legrand, de Montgeron (Seine-et-Oise), ne laissent rien à désirer comme fabrication. Son lot de cire en briques est le plus beau de l'exposition. Quoiqu'il ne se serve en grande partie que de la ruche en cloche qu'il confectionne lui-même, sur un métier-indicateur qu'il expose, il n'en obtient pas moins de beaux résultats. Cette ruche jauge environ 40 litres. Les abeilles en sont transvasées à la fleur du tilleul, et elles sont réunies aux colonies voisines ou à leurs essaims. Son rucher d'une centaine de colonies est bien tenu, et son outillage approprié au genre de culture à laquelle il s'adonne. Il expose un double cadre de presse établie dans de très-bonnes conditions. Le jury accorde à M. Legrand une médaille d'argent de S. Ex. le ministre pour ses produits exposés, notamment pour son lot de cire en brique.

(*A suivre.*)

De l'essaimage artificiel.

(Voir page 221.)

Pour justifier *la pose de la souche à côté de la ruche nouvelle*, nous rappellerons encore ceci : lorsque la souche est passablement remplie de constructions de manière à ce que beaucoup d'abeilles se tiennent près de la porte de sortie, il arrive que le lendemain, au moment où les abeilles de l'essaim artificiel volent au devant de la ruche pour se reconnaître, elles retournent en partie à la souche, attirées par les abeilles de la souche qui sont sur la planchette, occupées à bourdonner et à ventiler, et aussi par l'odeur du miel et du couvain qui émane de la souche. Dans ce cas, il est plus convenable de poser l'essaim juste à la place qu'occupait la souche, et celle-ci complétement de côté. Car il ne faut pas oublier une condition essentielle, c'est que l'essaim a besoin d'être aussi renforcé que possible en population ; la souche au contraire ne peut guère en pâtir, surtout lorsque le temps est chaud ; sa population s'augmente tous les jours de tout le couvain qui éclôt ; elle possède des constructions et du miel en abondance, ce qui contribue à sa prospérité ; tandis que l'essaim doit se procurer tout cela, et pour y arriver il doit nécessairement posséder une forte population.

L'essaim artificiel se met à voler le lendemain tout comme un essaim primaire naturel ; la souche elle-même, placée à moitié de son ancienne place, continue son travail de telle manière qu'on ne s'aperçoit presque pas de la perte importante en population qu'elle vient de subir. Par contre, la souche, placée à dix pas, je suppose, de son ancienne place, arrête son vol presque entièrement pendant un ou deux jours, parce que sa population se réunit à l'essaim artificiel, ce qui du reste ne lui nuit pas.

Dès que l'on est bien persuadé que l'essaim artificiel reste dans sa nouvelle demeure, on peut le traiter comme un essaim naturel et on peut le transporter dans un autre apier distant d'au moins une demi-lieue de l'ancien. Cependant quand on le conserve dans son rucher maternel, il faut le laisser à côté de sa souche et non pas le placer parmi les autres ruches ; car alors les abeilles qui rentrent des champs en suivant leur chemin habituel retourneraient à la souche. Il est bien entendu que l'on doit toujours placer les souches dans le rucher de telle manière qu'il se trouve à droite et à gauche de chacune d'elles un espace convenable pour y placer les essaims.

b. De l'essaimage artificiel dans les ruches à hausses horizontales. —
On pratique l'essaimage artificiel de la même manière dans les ruches
à hausses horizontales, qui ont des constructions froides; pour cela on
les place sur leur tête, en les renversant, de manière à ce que les constructions nouvelles soient en haut. Cependant il ne serait pas prudent
de placer sur leur tête les ruches qui contiennent des constructions chaudes ou placées en travers, et qui n'auraient pas suffisamment de bâtons
en travers, parce que les rayons nouveaux pourraient se briser. On place
alors une telle ruche renversée sur le dos, c'est-à-dire que les rayons
chargés de miel se trouvent par le bas et les rayons vides par le haut; tout
au plus la place-t-on un peu inclinée en l'élevant d'un travers de main
à l'endroit où se place la nouvelle ruche destinée à l'essaim. De cette
manière, et dès qu'elles sentent la fumée et qu'elles entendent le tapotement, les abeilles montent jusque vers la partie supérieure de la ruche,
où les rayons ne sont pas attachés et de là elles se rendent facilement
vers leur nouvelle demeure.

c. L'essaimage artificiel dans les *magasins de bois horizontaux* (ruche à
hausses en bois) se pratique comme pour les ruches à hausses en paille.

d. L'essaimage artificiel est plus difficile et plus incommode pour les
ruches d'une seule pièce, en bloc ou en planches. Une ruche verticale
doit nécessairement avoir une espace vide soit par le bas, soit par le haut,
dans lequel les abeilles puissent se loger. Lorsque l'espace vide se
trouve par le bas, comme cela se présente ordinairement, on doit mettre
la ruche sens dessus dessous, dans la direction de la partie mince des
rayons. Après avoir donné fortement de la fumée et après avoir longtemps tapotté, les abeilles remontent et se rassemblent petit à petit sur
le haut. La mère qui craint principalement de se voir exposée à la
lumière, hésite encore longtemps avant d'abandonner les constructions.
Si on venait à l'apercevoir, il faudrait de suite s'en emparer, car alors
l'essaimage serait assuré. Dans la plupart des cas, cependant, on ne
l'apercevra pas; alors il faudra transvaser l'essaim dans un tamis ou
dans la ruche neuve, et.suivant que les mouches resteront ou ne resteront pas tranquilles on en déduira, que la mère s'y trouve ou ne s'y
trouve pas; dans ce dernier cas il faudra recommencer à enfumer jusqu'à
ce que la mère se décide à partir (1). Quelquefois il est bon de boucher

(1) Voir *l'Apiculteur* 6ᵉ année, p. 59, procédé Jaim Gill, pour s'assurer de la
présence de la mère.

le haut de la ruche avec le plateau de manière à provoquer l'obscurité. Il est aussi très-avantageux d'avoir une petite caisse, que l'on introduit dans l'espace vide de la ruche, et dont l'ouverture est dirigée par en bas; l'essaim s'y réfugie et on peut ainsi très-facilement l'enlever. Quelquefois il arrive que les abeilles s'arrêtent et s'entassent dans les passages entre les gâteaux ou sur un côté de la ruche; on tâche alors de les séparer et de les pousser au moyen d'une baguette. Souvent la mère est lourde, ou bien il lui manque quelque chose aux pattes, ce qui l'empêche de grimper aux parois de bois. On pose alors contre les gâteaux des rayons vides ; la mère y monte et on peut ainsi l'enlever. Quand elle est prise, on l'enferme dans une petite boîte ou étui spécial, jusqu'au moment où l'essaim étant complètement sorti on peut de nouveau l'y réunir.

On désigne sous le nom de boîte à mère une espèce de petite cage ou étui en toile métallique, dans laquelle on peut enfermer une mère de manière à pouvoir la conserver, ou pour la mettre à l'abri des atteintes que pourraient lui porter des mères ou des abeilles étrangères. Voici comment on la fait :

On coupe un bout d'environ 4 pouces (104 1/2) de longueur dans une branche de saule ou de tremble d'un pouce d'épaisseur (26ᵐᵐ.). A un demi-pouce (13ₘₘ.) de chaque extrémité, on pratique en travers une entaille qui pénètre jusqu'au tiers de l'épaisseur du bois, et on enlève tout le morceau qui existe entre les deux entailles. Les deux parties de bois des extrémités forment donc deux rondelles qui se trouvent réunies par la partie de bois qui a été réservée par le bas. Sur les circonférences de ces rondelles on perce, avec une alêne, de petits trous écartés de 1/8 de pouce (ᵐᵐ.2) l'un de l'autre. On y enfonce les extrémités de morceaux de fil de fer fin qu'on a préalablement recourbés d'équerre des deux bouts à la distance convenable et limés en pointe. Ces fils de fer forment une véritable cage grillée. L'une des rondelles est percée au centre d'un trou en manière de porte que l'on bouche au moyen d'un petit morceau de bois ou de liége. Dans l'autre rondelle on enfonce solidement une pointe en fer qui peut servir à fixer la petite cage dans la ruche en paille ou en bois, afin de l'empêcher de rouler de tous côtés, surtout pendant qu'on transporte la ruche.   D. B.

Une ruche horizontale ne peut subir d'essaimage artificiel qu'à la condition d'être vide d'un côté; mais alors il est bon que les rayons

soient dirigés dans le sens de la longueur. Dans les ruches à constructions froides (à rayons en long), les rayons cassent facilement quand on
renverse la ruche sans dessus-dessous, ce qui empêche beaucoup les
abeilles de monter.

En général l'essaimage artificiel dans les ruches d'une seule pièce est
une opération très-difficile, tandis que ce n'est qu'un jeu quand il s'agit
de nos ruches à hausses en paille. Aux premières on est obligé de donner
beaucoup de fumée, ce qui ordinairement irrite les abeilles; pour les
secondes on ne donne que peu de fumée et on peut même se dispenser
de mettre le capuchon d'apiculteur (masque); — on est obligé d'ouvrir
les ruches d'une seule pièce et d'exposer les abeilles à la lumière du jour,
ce qui leur est odieux; les ruches à hausses en paille restent fermée et
les abeilles sont dans l'obscurité; pour manier les premières on est
obligé d'enlever un bloc ou une caisse d'un maniement lourd et incommode, tandis que les secondes peuvent être facilement levées et repla-
cées, agrandies ou rapetissées et dans tous les cas maniées sans difficultés.

En un mot, les ruches à hausse, et surtout les ruches verticales ont
beaucoup d'avantages sur toutes les autres espèces de ruches, quand on
veut pratiquer l'essaimage artificiel.

Les essaims secondaires sont faciles à former dans les ruches en paille
ou en bois composées de plusieurs parties.

12, 13 ou 14 jours après la sortie de l'essaim primaire artificiel, les
jeunes mères commencent déjà à chanter dans la ruche-mère; on peut
alors espérer un ou plusieurs essaims secondaires. Dès qu'on a entendu
ce chant on peut faire un essaimage artificiel. L'opération se fait exactement de la même manière que pour l'essaim primaire. Lorsque dans
l'essaim secondaire il se trouve plusieurs mères, les abeilles en choisissent une pendant la nuit et jettent les autres hors de la ruche. Quelque
fois on peut avoir la chance d'attraper une mère pendant ou après cette
opération; on la prend et on l'enferme dans une petite boite. Quelquefois aussi, en ouvrant la souche, on aperçoit une cellule royale encore
fermée; on s'empresse de l'enlever délicatement et de la mettre dans
un étui à mère ou sous un verre; peu de temps après on voit la mère en
sortir.

On peut aussi placer l'essaim artificiel dans un tamis, après l'avoir
convenablement enfumé et aspergé, et y chercher les mères superflues.
Cependant il est essentiel d'avoir soin de laisser une mère, aussi bien à

la souche qu'à l'essaim secondaire, et si l'on a quelque doute à cet égard il serait préférable d'y laisser entrer une mère.

Dès que l'essaim secondaire artificiel a donné les signes de prise de possession, on peut être sûr qu'il demeurera tout comme un autre essaim naturel.

Quelques jours après avoir placé les ruches l'une à côté de l'autre, de manière à ce que les abeilles se partagent entre elles, on les écarte journellement davantage, de 1 à 2 pouces (26 à 52ᵐᵐ.), afin que les abeilles s'habituent petit à petit à leur ruche propre, et pour éviter que les jeunes mères qui sont sorties ne s'égarent dans la ruche voisine.

§ 67. *Jusqu'à quel point les essaims artificiels sont-ils plus avantageux que les essaims naturels?*

Quoique l'essaimage artificiel obtenu par tambourinage, soit de tous les essaimages artificiels celui qui se rapproche le plus de l'essaimage naturel, on distingue entre eux trois points principaux de divergence, tels que :

a L'essaim naturel se produit spontanément, l'essaim artificiel est forcé. *b* Les abeilles de l'essaim naturel demeurent d'elles-mêmes dans leur nouvelle ruche, malgré la proximité de la souche et elles n'ont aucun désir de retourner dans cette dernière; tandis que les abeilles de l'essaim artificiel, lorsque celui-ci n'a pas été assez éloigné, se dépêchent dès leur première sortie, de retourner vers la souche, et même d'y rentrer si cette dernière n'a pas été placée un peu loin. Il faut conclure de ce qui précède que les abeilles de l'essaim naturel savent parfaitement que la mère les a suivies; les abeilles de l'essaim artificiel au contraire, doivent ignorer ce qu'est devenu leur mère au milieu de l'effroi que leur cause le tapottement, et elles peuvent penser qu'elle doivent se trouver encore dans la souche. *c* Quand l'essaim naturel part, il y a déjà, en général, dans la souche des cellules maternelles commencées et même en partie operculées; dans la souche de l'essaim artificiel, il n'y a encore rien de semblable et ce n'est qu'après le départ de l'essaim que les abeilles commencent les cellules maternelles. C'est pour cette dernière raison que la souche de l'essaim naturel peut déjà avoir un essaim secondaire au 3ᵐᵉ, 7ᵐᵉ ou 9ᵐᵉ jour, après la sortie de son premier essaim, tandisque la souche de l'essaim artificiel n'essaime en général, qu'après le 11ᵐᵉ jour.

Enfin, *d* les essaims artificiels ont sur les essaims naturels les avantages suivants :

4. Au moyen de l'essaimage artificiel on est plus maître de son exploitation apicole, on le dirige mieux suivant ses désirs, qu'en laissant les
ruches essaimer naturellement, ce qu'elle font souvent d'une manière
bizarre, soit trop faiblement, soit. trop tard, quelquefois pas du tout ;
d'autrefois des ruches essaiment qu'on aurait cru incapables de le faire
ou qu'on aurait bien désiré voir rester tranquilles. On peut choisir
dans son apier les ruches que l'on destine a l'essaimage et assigner aux
autres la fabrication du miel ;. On peut s'assurer à l'avance et d'une manière certaine de l'augmentation de son rucher par un nombre déterminé
d'essaims artificiels, et l'on peut mener son exploitation d'après un plan
régulier et systématique. Il arrivera bien de temps en temps qu'un fait
isolé fera exception à la règle, par exemple, la venue inattendue d'un
essaim naturel ou bien la non réussite d'un essaim artificiel ;. cela n'empêchera pas de continuer suivant son plan arrêté.

De même qu'il n'est nullement indifférent au cultivateur de savoir
quelle espèce de jeunes bestiaux il aura dans l'année, ni comment il
l'aura et en quelle quantité ; de même l'apiculteur soigneux a tout intérêt à diriger l'augmentation de son rucher et de ne pas s'abandonner au
caprice des abeilles ou au simple hasard.

2. L'essaimage artificiel vous dispense d'épier si longtemps quelquefois
et si péniblement la venue de l'essaim naturel, et vous épargne la déception que l'on éprouve quand on voit sortir et quelquefois disparaître
l'essaim que l'on avait recueilli. Pendant l'été de 4852 ; dans mon rucher
du parc de Schœnhof, les jeunes mères chantaient le douzième jour,
après l'opération et j'attendais un essaim secondaire pour le jour suivant.
Il sortit, en effet, et possédait deux mères ; je le recueillis en vain, car
il rentra dans la souche. Je l'attendis alors avec assurance pour le surlendemain. Cette fois je parvins à lui prendre une mère au moment où
celle-ci était sur la planchette, et une seconde mère l'accompagnait encore ; ce fut de même en vain que je le recueillis. Cela commençait à
m'ennuyer ; je ne pouvais et ne voulais plus m'amuser à surveiller cette
ruche essaimeuse un troisième jour ; car c'était un dimanche. Alors je
pris le parti de laisser la ruche tranquille pendant quelques heures, puis
je l'ouvris et en détachai une cellule maternelle qui se trouvait en avant
et dont la jeune mère me sortit entre les mains, je pratiquai l'essaimage
artificiel et je juxtaposai sur le rucher la souche et l'essaim. Ce dernier

se comporta de suite très-bien, et comme j'allai le revoir deux jours après je le trouvai, ainsi que la souche, dans le meilleur état possible et travaillant avec ardeur. De ce jour, je m'affermis de plus en plus dans ma résolution de ne plus jamais laisser une ruche essaimer librement mais de faire toujours des essaims artificiels.

3. Par l'essaimage artificiel on obtient des essaims 8 ou 11 jours plus tôt que de l'autre manière, de telle sorte que, les essaims provenant des essaims secondaires, peuvent profiter plus longtemps de la récolte.

Les essaims naturels arrivent un peu tard, alors que la récolte commence déjà à diminuer ; ce qui les empêche de s'assurer avant l'hiver toutes leur provisions de bouches ainsi que de pousser assez loin leurs constructions.

On voit, par conséquent, de quelle importance il est d'obtenir ses essaims secondaires au moyen du tapotement 8 ou 11 jours plus tôt et de les avoir déjà au moment où les essaims primaires commencent seulement à apparaître.

4. Enfin l'essaimage artificiel permet d'élever et de multiplier les jeunes mères ; ce qui est un avantage très-grand pour la prospérité d'un rucher.   OETTL.   (A suivre).

Revue et cours des produits des abeilles.

Paris, 30 avril. — MIELS. Les miels blancs ont eu en avril une vente courante, de 100 à 120 fr. les 100 kil. à l'épicerie. Il en reste très-peu en magasin. Les Chili se sont cotés de 70 à 100 fr. les 100 kil. Les miels de Bretagne ont été plus fermes. Il en a été pris par le commerce de gros à 70 et 72 fr. en gare d'arrivée. On les tient à la consommation de 75 à 80 fr. les 100 kil.

Au Havre, il s'est traité quelques petits lots de Chili de 65 à 82 fr. les 100 kil. A Bordeaux, on a côté les miels des Landes 70 fr. les 100 kil.

CIRES. — L'article est en faveur; on a pris des cires en briques à 120 fr. les 100 kil. hors barrière. Il en a été traité à 150 fr. dans Paris (entrée, 22 fr. 90). Les offre manquent et les magasins sont peu fournis. Le commerce de gros vend au commerce de détail de 4 fr. 70 à 4 fr. 80 le kil. dans Paris.

Les cires étrangères continuent d'être recherchées dans nos ports. Les Allemands en enlèvent une certaine quantité et contribuent à élever les prix.

Au Havre, la marchandise s'enlève aussitôt qu'elle est arrivée, dans les prix de 4 à 4 fr. 60 le kil., selon provenance et qualité.

A. Marseille, toutes les provenances ont éprouvé de la hausse; des qualités ont atteint 5 fr. le kil. On a coté : cire jaune de Smyrne de 245 à 250 fr. les 50 kil.; Trébizonde, 235 à 240 fr.; Caramanie, 240 fr.; Chypre et Syrie, 230 à 235 fr.; Égypte, 210 à 225 fr.; Mogador, Tétuan, Tanger et Larache, 200 à 220 fr.; Alger et Oran, 220 à 225 fr.; Bougie et Bone, 210 à 220 fr.; Gambie (Sénégal), 220 fr.; Mozambique, 215 à 220 fr.; Corse, 220 fr.; pays, 205 à 215 fr. Le tout par 50 kil., à l'entrepôt, excepté les deux dernières. — A Alger, on paye, en première main, 4 fr. le kil.; marchandise assez rare.

A Bordeaux, on s'attend à de la hausse sur l'année dernière pour les cires qui paraîtront à la Saint-Fort. La récolte ne sera pas forte; plus de la moitié des abeilles sont mortes l'hiver faute de nourriture. On a coté des cires du Sénégal, à 420 fr., et de Madagascar, à 425 fr. les 100 kil.

Corps gras. — Les suifs de boucherie se sont cotés de 104 à 105 fr. 50 les 100 kil., hors barrière ; suif en branche 79 fr. 70 les 100 kil. pour la province ; Stéarine saponifiée 172 fr. 50. ; de distillation 167 fr. 50. Oléine de saponification 90 50 à 90 fr.; de distillation 83 fr.; le tout par 100 kil., hors barrière.

ABEILLES. — Il s'est encore traité quelques lots d'abeilles aux prix précédents. Des éleveurs de l'Yonne ont préféré garder leurs colonies que de les céder à 16 fr. qu'on leur offrait. — Une bonne partie d'avril a été favorable ; la plupart des colonies ont regagné ce que mars leur avait fait perdre : elles promettent de forts essaims. L'essaimage est ouvert dans le midi et ne tardera pas à commencer dans le nord. Voici les renseignements qu'on nous transmet.

Nos abeilles ont dépensé en moyenne 4 kilog., d'octobre à mars. Les fortes ruchées étaient déjà garnies de couvain le mois dernier. Vivien Joly, à Maizières (Aube). J'ai des ruches avancées et d'autres fort en retard. Vignole, à Nogent (Aube). — Les cires jaunes se payent dans nos contrées jusqu'à 4 fr., lorsqu'elles sont belles, Bourreau, à Chateaudun (Eure-et-Loir).

Plus de la moitié de nos abeilles sont mortes cet hiver de manque de nourriture. Bien peu de landais se donnent la peine de les secourir. Bohée, à Bordeaux (Gironde).

Les sainfoins sont peu avancés dans nos localités ; la floraison n'aura lieu que vers la mi-mai. Les paquerettes n'ont donné ni miel, ni pollen cette année, et nous ne croyons pas que les navettes et les colzas puissent nous dédommager; mais il n'y a aucun danger à craindre pour la conservation des ruches, presque toutes ont encore du miel en quantité. Simon, à Reims (Marne).

Le 8 de ce mois (avril), un bel essaim est sorti de mon apier; le 11 un voisin en récoltait un de 3 kilog. Jabot, à Marmande (Lot-et-Garonne). Mes ruches sont en très-bon état et me promettent de nombreux essaims, comte de Milly, au Châlet-des-Mouches (Loire). — Grâce au colza qui entre en pleine fleur, nos abeilles trouvent à butiner. Elles n'ont pu rien faire pendant la floraison des saules, le temps ayant été mauvais. Si le beau temps qui règne depuis quelques jours continue, l'essaimage pourra commencer vers le 25 de ce mois. Vandewalle, à Berthen (Nord).

Mes abeilles se sont bien conservées cet hiver; elles ont peu consommé et sont ardentes au travail. J'ai bon espoir pour la campagne qui s'ouvre. Dérivaux, à Urmatt (Bas-Rhin).

Nos ruches restent bien garnis de miel; on a pu en prendre à la taille sans altérer les abeilles, qui promettent pour l'avenir. Puissant, à Lain (Yonne).

Le premier essaim signalé aux portes de Paris est venu le 22 avril, dans un rucher de quelques colonies, sis à Montreuil-aux-Pèches.

H. HAMET.

A vendre, miel de 1re qualité, à 80 fr. les 100 kil.; et 70 fr. pour la 2e qualité, rendu en gare à Nice. S'adresser, à M. J. Bonfante à Fontan (Alpes-Maritimes.

— A vendre, 70 bâtisses; s'adresser à M. Bourgeois à Morolles, près Nogent-le-Rotrou (Eure-et-Loir).

— A vendre, environ 50 bâtisses. S'adresser à M. Huard, à Vichères par Beaumont-les-Autels (Eure-et-Loir).

— Quelques abonnés se sont plaints de n'avoir pas reçu le numéro d'avril; ce qu'il faut attribuer en partie à la réimpression des bandes d'adresse. (Les omissions ont été réparées.

M. All... aux Courtils. Reçu votre mandat.

M. H... à Breilly. Ce point sera traité; mais il est bon de recourir à un traité spécial sur la matière.

M. G. B... à Milan reçu la ruche. Port fr. 9.

M. V. de S. à Milan. Faites attention à vos affranchissements. Votre lettre dernière a coûté 80 cent., à cause de son poids de plus de 7 grammes et demi.

M. Stamb. à Offviller. Article renvoyé à juin par manque de place.

— Nouvelle adresse de M. Lecler, secrétaire de la Société d'apiculture de Nogent : Marigny-le-Châtel par Marcilly-le-Hayer (Aube).

L'APICULTEUR

Chronique.

La plupart de ceux qui ont à offrir une panacée au public apicole, invoquent les sommes fabuleuses que la France est obligée de verser à l'étranger pour le miel et la cire que nous serions réduits à lui deman- der. *L'Apiculteur* a plusieurs fois publié que, depuis un certain nombre d'années, nous ne sommes pas du tout réduits, par insuffisance de pro- duction, à invoquer les ressources étrangères. Au contraire, nous expor- tons un excès de produits que nous fournissons principalement à l'An- gleterre et à l'Allemagne. Voici le relevé officiel des importations et des exportations des produits des abeilles en 1868. Miel importé : 493,500 kil. Miel exporté : 831,865 kilog. Différence : 328,365 kil. fournis à l'étran- ger. Cire non ouvrée importée : 391,000 kil. Cire exportée : 514,480 kil. — Différence : 123,480 kil. fournis à l'étranger. En numéraire ces pro- duits fournis ne représentent pas loin d'un million de francs.

Ce qui frappe le plus dans l'exportation, c'est la fourniture faite à l'Allemagne qui a la prétention d'avoir l'apiculture la plus rationnelle de l'Europe. Sans doute, les Allemands *rationnels* peuvent répondre : nous utilisons si *rationnellement* la cire par l'emploi des rayons mobiles que nous n'en produisons pas suffisamment. Mais ce que nous perdons en cire, nous le regagnons au quintuple en miel.—Dans ce cas, pourquoi ne fournissez-vous pas abondamment ce dernier produit aux *irration- nels*, au lieu de leur en demander aussi, ce dont ils ne se fâchent pas plus d'ailleurs, que quand vous les appelez superbement des *routiniers*. Inutile de rappeler que les marchés allemands, qu'un de nos compatriotes a visités l'année dernière, sont alimentés principalement par des *routi- niers* indigènes.

—On lira plus loin un moyen proposé de combattre l'étouffage des abeilles par l'instruction, par le professorat ambulant. C'est le moyen le plus rapide et le plus efficace qu'on puisse employer. On commence à être convaincu que c'est par la divulgation des lumières qu'il est possible d'arriver au perfectionnement de toutes choses. Aussi, tous les amis du

9

progrès ont-ils dû récemment déposer un bulletin en faveur de l'instruction gratuite et obligatoire.

— M. Pastureau nous écrit : « Vous me faites dire, dans un des derniers numéros de *l'Apiculteur*, que dans le bocage *vendéen* (j'habite les Deux-Sèvres, à 20 lieues de la Vendée), on fait usage de la ruche en cloche et de la ruche verticale cylindrique ou carrée. Je crois vous avoir dit aussi qu'au sud-est du département on cultive une autre ruche qu'on appelle étranglée, parce qu'au deux tiers de son élévation il y a un étranglement, comme la gorge d'une poulie. Cette ruche est très-répandue dans tout l'arrondissement de Melle, et M. de Laubier, qui a de grandes propriétés à Chef-Boutonne, en possède plus d'un cent. Cette ruche est, à mon avis, préférable aux deux autres. C'est absolument une ruche normande dont la calotte serait renversée l'orifice en haut. Cette ouverture est recouverte d'un plateau en paille sur laquelle on place des tuiles en hiver. L'abeille mère ne monte jamais au-dessus de l'étranglement traversé de deux bois en croix, et le dessus de cette ruche fournit du miel de choix dans des rayons de 5 à 10 centimètres. J'en ai vu, j'en ai mangé. »

La ruche landaise améliorée que M. Picat aîné, d'Onesse, a présentée à la dernière exposition des insectes, a beaucoup d'analogie avec celle que signale M. Pastureau.

— Le concours régional de Chartres n'avait aucun exposant apicole. Nous le regrettons pour la Beauce, pays essentiellement mellifère, mais où la stimulation entre les gens du métier est aussi monotone que l'uniformité du sol. L'exposition de la Société d'horticulture réunissait trois exposants apiculteurs, M. Guillaumin, de Chartres, qui exposait une belle collection de produits apicoles et une ruche normande à calotte d'une bonne façon ; M. Legrand, de Montgeron, qui présentait de beaux échantillons de miel et de cire, et M. Ricour, instituteur à Dangeau, qui exposait une ruche à trois hausses en bois. A l'exposition horticole se trouvait aussi une magnifique collection de pains d'épices au miel de la Beauce et autres lieux, présentée par M. Javouhey, qui a su redonner aux pains d'épices de Chartres la réputation qui leur est légitimement due. — A l'exposition industrielle nous avons remarqué les mêmes produits de M. Javouhey, mais plus grandement représentés. Parmi les produits en cire ouvrée exposés, il faut citer les cierges façonnés de M. Bourcau, cirier à Châteaudun ; ses bougies enluminées, ses cires blanches en plaques, etc., etc. M. Pinchon, de Chartres, excelle dans les saints-sacrements en cire.

Les récompensés accordées par la Société d'horticulture de Chartres (elles seront remises en juillet), l'ont été de la manière suivante pour l'apiculture : *Médaille d'argent*, à M..Ricour, instituteur à Dangeau, pour sa ruche modèle. *Médaille d'argent* de 1re classe, à M. Guillaumin, apiculteur et marchand de produits apicoles à Chartres, pour sa collection de miel, cire et produits divers de l'apiculture beauceronne. *Mention honorable*, à M. Legrand, apiculteur à Montgeron (Seine-et-Ooise), pour ses produits. M. Javouhey a obtenu une médaille de vermeil pour ses pains d'épices de Chartres, ses biscuits et desserts avec des miels de la Beauce.

Un certains nombre d'apiculteurs de l'Oise se sont donné rendez-vous à Beauvais les 16 et 17 juin pour se concerter sur divers points apicoles. Ne fissent-ils que se renseigner sur l'état de la récolte, que le déplacement en vaudrait la peine. Dans tous les cantons où les apiculteurs sont nombreux ils doivent saisir toutes les occasions de se réunir.

H. HAMET.

Moyen de combattre l'étouffage des abeilles,

proposé par HESSE, instituteur à Montbronn, canton de Rohrback, arrondissement de Sarreguemines (Moselle).

Examinons d'abord pourquoi la coutume d'étouffer les abeilles existe encore dans notre pays.

Par la raison bien simple que les éleveurs d'abeilles ignorent les mœurs de ces insectes et, par suite, la bonne manière de les élever et de les traiter.

L'ignorance des paysans de nos contrées à ce sujet est si grande qu'ils considèrent encore la mère comme l'être mâle et les faux-bourdons comme les êtres femelles, et le reste en conséquence.

Pourtant le paysan d'aujourd'hui ne demande pas mieux que d'apprendre ce qu'il ne sait pas ; d'un autre côté, comme il a de l'intérêt à conserver ses ruches plutôt que de les détruire, il est hors de doute qu'il suffira d'éclairer le paysan sur les bonnes méthodes d'apiculture pour le voir s'empresser de les mettre en pratique au plus vite.

Mais à qui le paysan peut-il s'adresser pour apprendre ces méthodes ?

Voici donc ce que je propose :

Il y aura dans chaque département (ou même dans une région plus petite encore) un instituteur-apiculteur qui sera chargé de faire des cours nomades d'apiculture ; il ira dans toutes les communes ; mais, à l'avance,

Digitized by G

il préviendra le maire de la commune dans laquelle.il veut se rendre; le maire fera connaître à ses administrés le jour et l'heure fixés, et, ce jour, les pères de famille viendront remplacer leurs enfants aux bancs de l'école pour assister au cours d'apiculture.

Dans ces séances, qui dureront plus ou moins longtemps suivant le nombre et la disposition des auditeurs, l'instituteur recevra les observations qui pourront lui être faites de la part des paysans; il ne négligera aucune circonstance favorable pour les éclairer.

Dans ces conférences il évitera de vouloir introduire toutes sortes d'innovations; il donnera premièrement la meilleure méthode de traiter les abeilles dans les ruches en usage dans le pays, en montrant toutefois ce qu'elles ont de défectueux.

Il fera connaître les diverses manières de transmuter les abeilles, ainsi que l'anesthésie momentanée de ces insectes, etc., etc.

L'instituteur-apiculteur sera tenu d'avoir lui-même cinq ruches au moins à l'effet d'acquérir toujours plus d'expérience.

Ces cours dureront du mois de novembre au mois d'avril, tous les jours, le dimanche excepté; l'instituteur pourra voir deux communes par jour, ce qui ferait en 5 mois 250 communes environ.

De plus il en visitera cinq à l'époque de l'essaimage et autant vers le mois d'août et septembre; ces communes ne seront pas voisines l'une de l'autre.

Il tiendra un registre-journal double où il inscrira jour par jour le nom de la commune qu'il aura visitée, sa population, le nombre d'auditeurs, le nombre d'heures qu'a duré la séance, le nombre de possesseurs de ruches et le nombre de ruches, etc. Ces indications seront certifiées par le maire de chaque commune.

Tous les ans au commencement d'avril, il y aura une distribution de prix qui consisteront eu ruches de toutes espèces, instruments d'apiculture; ces prix seront décernés à ceux qui auront mis en pratique les doctrines enseignées; on pourra également donner des traités d'apiculture aux jeunes gens sachant lire et qui auront assisté aux conférences.

Les personnes étrangères à la commune où a lieu la conférence sont autorisées d'y assister, si l'espace de la salle le permet.

Cet instituteur-apiculteur sera payé par les communes à raison de 1,800 fr.; le logement (ou une indemnité de logement) lui sera fourni par le département, et l'État lui accordera une subvention pour ses frais de tournée.

Digitized by Go

Par ce moyen on, combattra non-seulement l'étouffage des abeilles, mais l'industrie mellifère qui a presque disparu de nos contrées prendra une nouvelle vigueur et assurera à nos pauvres un bénéfice qui leur coûtera peu de temps et peu de peines.

Je prie donc le gouvernement de vouloir bien essayer ce système, soit dans un département, soit dans un arrondissement seulement, pour qu'on en puisse juger.   *L'instituteur de Montbronn.*

Conseils sur la récolte.

Au moment où les apiculteurs vont commencer une récolte qui promet d'être abondante, il n'est pas sans intérêts d'appeler l'attention sur les moyens les plus commodes de s'emparer des produits des abeilles.

La question ne préoccupe guère les gens rompus au métier ou qui en font profession; mais ces derniers ne forment pas le plus grand nombre, et je dirai même que pour donner à l'apiculture le développement considérable dont elle est susceptible, ce n'est pas sur eux que je compterais le plus : je fonderais plus d'espérance sur la quantité de personnes, habitant la campagne, qui élèveraient des abeilles comme à temps perdu et sans faire tort à des occupations plus importantes. Ces nombreux producteurs ne tireraient sans doute pas de l'abeille tout ce qu'elle peut donner au praticien consommé dans son art; ils laisseraient à de plus habiles les ruches coûteuses et les procédés savants et perfectionnés; ils se contenteraient de quelques opérations simples, faciles, élémentaires. Leur bénéfice qui, pour être un peu plus restreint, n'aurait au moins presque rien coûté, leur procurerait un précieux supplément de ressources, et ils livreraient en somme à la consommation générale une masse énorme de produits que nous laissons perdre chaque année.

Qui s'oppose à ce résultat et à cette extension si désirable du nombre des apiculteurs? Ce méchant petit aiguillon dont l'insecte est pourvu pour sa défense et dont il fait un usage mortel pour lui, si désagréable pour nous. Ne qualifions pas de puérile puisqu'elle est si générale, la crainte qu'il nous inspire; tâchons plutôt de tourner l'obstacle et de trouver un moyen de récolter avec sécurité nos produits, sans avoir besoin de l'attirail rebutant de masques, de gants et de fumigation auquel on a recours d'ordinaire.

Soit dit en passant, la nécessité d'employer ces moyens de défense si incommodes et si souvent inefficaces est une des considérations qui nous détourneraient d'adopter la ruche à cadres. Ses partisans parlent vraiment de l'ouvrir comme on ferait d'une tabatière, et ils ont l'air d'en extraire les rayons aussi tranquillement que l'on prend une prise. L'opération ne me paraît pas si facile, et j'imagine que celui qui introduit une main téméraire dans une ruche bien garnie de couvain doit recevoir un accueil fort peu hospitalier.

Dans votre excellent *Cours d'apiculture* que je possède depuis longtemps et que j'ai lu, je puis le dire, presque avec enthousiasme, après tant de traités si insuffisants composés sur la matière, vous passez un peu légèrement, il me semble, sur les moyens de récolter les chapiteaux ou capuchons. Vous conseillez d'opérer au milieu de la journée : après avoir projeté un peu de fumée pour maîtriser un peu les abeilles, on détache le chapiteau et on le porte à quelques pas de là ; on le retourne à ciel ouvert ou bien au contraire on l'abouche contre terre en laissant un petit trou pour la sortie des abeilles. Celles-ci, reconnaissant bientôt leur isolement, s'envolent peu à peu et rejoignent la ruche mère. Ce système est facilement praticable lorsqu'il y a peu d'abeilles dans le capuchon ; mais dans le cas beaucoup plus fréquent où elles y sont fort nombreuses il est difficile de se préserver entièrement de l'aiguillon. Vous reconnaissez d'ailleurs vous-même que les abeilles ne se prêtent pas toujours de bonne grâce aux désirs de l'opérateur, que la sortie est quelquefois longue et difficile et qu'on est alors obligé de recourir au tapotement et à la fumée. Dans un ouvrage aussi complet que le vôtre, destiné à être le *vade-mecum* des apiculteurs, n'eût-il pas été convenable de s'étendre davantage sur le procédé du tapotement. C'est ce procédé que je suis tel qu'il est décrit dans le petit et néanmoins intéressant traité de M. Baudet, de Lyon. Le voici sommairement : On renverse le capuchon qu'on vient d'enlever, on le recouvre d'un capuchon vide et on enveloppe d'une serviette les deux capuchons de manière que les abeilles ne puissent sortir et inquiéter l'opérateur ; celui-ci donne quelques coups de baguette sur le capuchon plein jusqu'à ce qu'il entende le bruissement que font les abeilles en montant dans le capuchon supérieur ; lorsque le bruit a cessé, il détache la serviette et porte le capuchon vide rempli d'abeilles sur la ruche qu'il vient de dépouiller ; s'il reste quelques abeilles dans les rayons, il est facile de les chasser avec les barbes d'une plume, car elles sont devenues complétement inoffensives.

Ce procédé admis, il reste à se préserver des piqûres auxquelles on est exposé au moment où l'on enlève le capuchon ; celui qui opère avec calme est rarement atteint, je le reconnais; mais, pour acquérir le sang-froid nécessaire, il faut une longue pratique ou d'heureuses dispositions naturelles.

Je crois avoir trouvé le moyen d'écarter tout danger par la plus simple des modifications. On enseigne généralement que les diverses opérations d'apiculture doivent se faire au milieu de la journée; je crois que c'est un préjugé et que toutes les heures sont à peu près également bonnes. Quant à moi, lorsque je veux récolter un capuchon, j'attends la tombée de la nuit; à ce moment on peut l'enlever sans que les abeilles fassent aucune tentative de s'envoler et de se précipiter sur le ravisseur; je l'emporte à quelques pas de là, je le retourne et le recouvre d'un capuchon vide; j'attends le lendemain matin pour envelopper mes deux capuchons d'une serviette et chasser les abeilles par le tapotement, suivant le procédé ordinaire. Tout cela se fait en très-peu de temps et sans le moindre danger, même lorsque par hasard le capuchon contient du couvain, et l'on sait que dans ce cas les abeilles sont d'humeur beaucoup moins accommodante.

On pourrait dès la veille ne pas recouvrir le capuchon plein d'un capuchon vide; mais cette précaution a son utilité; avant qu'on arrive le matin pour chasser les abeilles, bon nombre d'entre elles ont déjà déguerpi, et, bien gorgées de miel, elles sentent le besoin de s'alléger des matières dont elles se sont chargé l'intestin; par cette démonstration méprisante, veulent-elles manifester leur dépit du larcin qui leur est fait et se venger du spoliateur? Quoi qu'il en soit,

> C'est ainsi qu'en partant elles font leurs adieux,

et les déjections qu'elles projettent sur les rayons y laissent une tache désagréable. Au moyen du capuchon dont on les recouvre, ils sont préservés de cette insulte.

Je me fais peut-être illusion sur le mérite du procédé que je vous livre; mais vous n'écrivez pas seulement pour les praticiens aguerris. Combien d'amateurs au contraire, ennuyés de revêtir leur armure, ont renvoyé au lendemain, voire même à quinzaine la récolte de leurs produits! En faisant connaître un moyen d'opérer facilement et sans danger, on rendra peut-être service à quelqu'un de vos lecteurs qui se trouverait dans l'embarras des richesses.

Un amateur (de l'Ain).

État de la législation sur les abeilles.

Lorsqu'elles sont à travers champs, occupées à picorer les fleurs, les abeilles, à proprement dire, n'appartiennent à personne. Comment, en effet, distinguer celles qui partent de mon rucher de celles qui sortent du vôtre, tous deux voisins? Si donc elles piquent quelqu'un, si elles causent le moindre dommage, ni vous ni moi n'en sommes responsables.

Mais aussitôt qu'elles rentrent au logis, la question change d'aspect; elles constituent alors une propriété particulière que la loi attribue au maître de la ruche. Il en est de même des pigeons. Tant qu'ils courent la campagne, il est très-difficile de constater quel est leur propriétaire; mais le doute cesse aussitôt qu'ils rentrent au colombier. Ils suivent alors la condition de l'édifice dont il deviennent l'accessoire.

Les abeilles jouissent du droit de parcourus sur toutes les terres qui environnent le rucher jusqu'à plusieurs kilomètres. Les propriétaires qui supportent cette servitude éprouvent-ils quelques dégâts et ont-ils le droit de s'y opposer? De par la loi naturelle, les abeilles peuvent picorer les fleurs au gré de leur caprice. Ajoutons que, loin de causer des dommages, leur présence est au contraire fort utile. On sait comment s'opère la fructification des plantes. Le pollen, c'est-à-dire la poussière fécondante, se répand sur le stigmate, qui est la partie la plus apparente de l'organe femelle. De ce rapprochement doit résulter le fruit ou le grain.

Or il pourrait arriver que le rapprochement éprouvât quelques difficultés à s'accomplir, par exemple si la température était trop froide, le travail de l'abeille rend alors instantanée cette opération si importante. Loin de nuire à la fructification, elle lui est donc très-favorable. Il en résulte que les propriétaires sujets à un parcours qu'ils ne sauraient éviter, ne peuvent s'en plaindre. A raison des services que les abeilles leur rendent, ils devraient bien plutôt une prime au propriétaire du rucher (1).

(1) Beaucoup de cultivateurs, fait remarquer Bosc, ignorent que les abeilles, en butinant sur les fleurs, outre les produits qu'elles en retirent, et dont ils doivent en partie profiter, favorisent la fécondation des germes, et assurent par conséquent la récolte des fruits. La nature, qui n'a rien fait en vain, et qui a toujours su combiner ses moyens de manière à les rendre réciproquement utiles les uns aux autres, a voulu que l'abeille, en déchirant les capsules qui renferment les

Ainsi en principe, prises isolément, les mouches à miel n'appartiennent à personne. Elles constituent une propriété juridique alors seulement qu'elles forment une colonie. Les propriétaires voisins des ruchers ne peuvent réclamer contre le parcours, ni s'opposer à son exercice, car, loin de leur être dommageable, il leur procure d'abondantes récoltes.

Le semblant de domestication que nous avons imposé aux abeilles n'a point encore fait disparaître leur caractère sauvage. Mais cette sauvagerie s'aggrave lorsqu'on place les ruches loin de toute habitation. Au contraire elle diminue si on les met en rapports continuels avec l'homme.

C'est là une loi que les naturalistes ont formulée depuis des siècles, et bien des faits confirment cette loi ; les abeilles dont le rucher touche les maisons de ferme, ne piquent jamais ni les personnes ni les bêtes. On ne cite que de rares exceptions et encore ont-elles pour cause des provocations intempestives de la part d'enfants mal avisés. Les abeilles qui vivent isolées, hors de la présence de l'homme, sont toujours farouches et attaquent plus d'une fois sans raison ceux qui veulent trop les approcher. La sûreté des personnes, aussi bien que leurs propres intérêts, exigent donc que les ruchers se trouvent le plus près possible des villages, des hameaux, des batiments d'exploitation.

Est-ce de cette manière que le comprennent les maires qui, en vertu de la loi du 18 juillet 1837 (art. 10 et 11), sur les attributions municipales, prennent des arrêtés relatifs à la police des ruchers ? Ces magistrats, au lieu de les rapprocher des lieux habités, les en éloignent toujours le plus possible. Sans le savoir, ils contribuent de la sorte, d'une part, à rendre les abeilles plus farouches, plus dangereuses, de l'autre à les priver de l'œil du maître, qui seul peut leur donner tous les soins désirables et accroître ainsi leurs produits. Nous ne concevons rien de plus nuisible aux progrès de l'apiculture que les règlements, inspirés quelquefois, dit-on, par des animosités personnelles.

poussières fécondantes, facilitât la dispersion de ces poussières, qu'elle les portât même sur le pistil, non-seulement de la fleur à laquelle elles appartiennent, mais même des autres fleurs du même pied et de pieds différents. Cette grande fonction est d'une telle importance pour l'agriculture que ses avantages l'emportent bien des fois sur ceux que l'on retire du miel et de la cire.

L'abeille, en portant le pollen d'une variété sur une autre de même famille, a plus d'une fois créé des variétés nouvelles. (*Cours pratique d'apiculture.*)

Quelle est, aux yeux de la loi, la nature d'une ruche ? Est-elle meuble ou immeuble ? Le législateur la considère comme immeuble par destination. Par conséquent, elle ne pourrait être vendue qu'avec la terre elle-même sur laquelle on l'a établie. Toutefois, il y a des exceptions à cette règle au profit du vendeur de la ruches non payée, du percepteur des contributions directes, enfin du propriétaire de l'immeuble à l'encontre de son fermier qui serait en retard de payer ses termes. Mais dans ces trois hypothèses, la saisie ne pourrait être faite et la vente pratiquée que durant les mois de décembre, janvier et février, époque où les abeilles se trouvent en chômage. Hors de ce moment, on interromprait leurs travaux. C'est pourquoi l'adjudication n'est plus permise, d'où il faut conclure que la ruche est toujours l'accessoire du sol et qu'elle suit sa condition.

On sait qu'à peu près tous les ans, vers le mois de mai, une ruche en bon état donne un essaim, quelquefois plus. Comment le législateur règle-t-il la propriété de cet essaim, qui exprime toujours un excès de population chez la colonie mère ? Tant que le maître de l'apier suit ses fugitifs, il a le droit de les pendre partout où il les trouvera. Pour conserver son droit, il n'est point nécessaire qu'il agite l'air en battant des chaudrons ou en poussant des cris. Cet usage existait chez les Romains, dont les lois étaient matérialistes. Le propriétaire de l'essaim prévenait ainsi le public qu'il entendait le recouvrer. Les juriconsultes romains considéraient les abeilles comme sauvages et en accordaient la propriété au premier occupant.

Chez nous en France, le législateur décide le contraire. Le droit féodal regardait les abeilles comme l'accessoire du fonds et les attribuait au seigneur. La loi des 28 septembre et 6 octobre 1791 a suivi les mêmes errements ; elle décide que les essaims deviennent l'accessoire du sol sur lequel ils s'arrêtent. Mais elle accorde au propriétaire du rucher le droit de suite. Celui donc qui s'emparerait des fugitifs au détriment de ce dernier serait passible de dommages-intérêts.

Qui veut la fin, veut les moyens. Seulement, pour légitimer la propriété des essaims, la loi accorde implicitement au maître de l'apier le droit de pénétrer partout où ils se reposeront et de les réintégrer en sa possession. Seulement, il est tenu de payer tous les dommages que ses recherches pourraient nécessiter sur les domaines d'autrui.

Quelle est la condition du rucher lorsque la terre est donnée à ferme ? S'il n'y a rien de stipulé à cet égard, il reste sur le domaine comme un accessoire ; mais alors, le preneur ferait bien d'en dresser un inventaire et de lui assigner une estimation. Le rucher devrait être soumis aux mêmes règles que la *prisée*. De cette manière, si à la fin de son bail il avait péri, le preneur se libérerait èn payant la valeur convenue d'avance. Au contraire, si par suite des essaims l'apier se trouvait accru, le fermier pourrait s'attribuer toute la différence, mais il serait responsable vis-à-vis le propriétaire de la perte totale ou partielle. L'estimation donnée, lors de l'entrée en jouissance, équivaudrait pour nous à une vente.

Qu'adviendrait-il, si on n'avait point donné d'estimation au rucher? Alors le fermier ne serait tenu de rendre que ce qui en resterait. En cas de perte totale, le propriétaire n'aurait rien à réclamer, à moins qu'il ne prouvât la faute du preneur. Cette preuve faite, ce dernier serait responsable.

Supposons maintenant que des essaims viennent durant le bail se poser sur le domaine loué et qu'ils soient recueillis par le fermier, à qui les essaims devront-ils appartenir? Comme ils sont devenus l'accessoire du sol, ils appartiennent au propriétaire, mais le preneur seul a le droit d'en jouir, de même qu'il profiterait seul des alluvions qu'un fleuve riverain lui octroierait. Ajoutons qu'il n'aurait pas le droit de déplacer les ruches au détriment du bailleur.

Lorsque l'immeuble est soumis au métayage, comment se règlent les droits respectifs des parties en ce qui concerne les abeilles? Le colon les soigne de la même manière que s'il s'agissait du cheptel garnissant la ferme. Les rayons se partagent suivant les usages locaux ou dans les rapports convenus. Si le rucher périt tout entier, sans la faute du colon, il n'est rien dû au propriétaire. Si la perte n'est que partielle, chacun en supporte sa part relative. Si le rucher prospère et s'accroît, à la fin du bail le métayer a sa part dans la différence. Pour lui, les chances de perte et de gain sont égales, à moins que le rucher ne périsse tout entier, auquel cas, comme nous venons de le dire, il se trouverait complétement libéré. Cette disposition du Code Napoléon peut avoir des conséquences fâcheuses pour le propriétaire, mais comment les éviter? Les règles relatives au cheptel doivent également être appliquées aux colonies d'abeilles.

Lorsque par suite du voisinage des ruchers les ouvrières causent des dommages soit aux personnes, soit aux animaux domestiques, le propriétaire en est garant. La même responsabilité incombe au fermier; mais elle est à la charge des deux parties s'il s'agit du métayage. La

part de chacune d'elles se règle suivant sa participation dans les produits de la récolte.

Telle est en résumé la législation sur les abeilles, suivant que l'établit
la loi de 1791. Le projet de code rural soumis à la Chambre ne lui fait
subir que de légères modifications. La plus importante est celle qui enlève aux maires le droit de faire des règlements sur la police des ruches
et l'accorde au préfet qui sera tenu de prendre l'avis du conseil général.
Cette disposition ne peut être que favorable aux apiculteurs. Mais il ne
faut pas que les préfets ne craignent pas de trop rapprocher les colon-
nies des villages et des lieux publics. C'est là le seul moyen de combattre
la sauvagerie des abeilles et de rendre la prospérité à ces sortes d'éducation auxquelles certains arrêtés municipaux ont été préjudiciables.

Les autres dispositions du projet ne font que régler diflnitivement des
question indécises et que la jurisprudence était en voie de fixer. Ainsi se
trouvera complétée cette législation particulière. Si dans les arrêtés qu'ils
doivent prendre, les préfets se conforment aux principes que nous venons
d'établir, nous ne craignons pas d'affirmer que l'apiculture en recevra
une vive impulsion et que bien des petits cultivateurs trouveront dans
cette réforme les éléments de leur fortune.

    (*Journal officiel.*)   JACQUES VALSERRES.

— Ce n'est pas plus des arrêtés des préfets que de ceux des maires que
l'apiculture pourra recevoir une vive impulsion, « c'est de la liberté. »
Donc, plus d'entraves administratives, pas plus d'en haut que d'en bas.
Les apiculteurs de la Beauce, où la réglementation municipale sur les
abeilles a pris naissance il y a une quinzaine d'années pour s'étendre
comme une tache d'huile, signent la pétition suivante qui montre assez
où le bât les blesse.

« Les apiculteurs du départememt d'Eure-et-Loir soussignés ,

» Considérant que la loi des 28 septembre et 8 octobre 1791 établit en
principe que *la culture des abeilles,* comme celle de tous les animaux
domestiques, *n'est soumise à aucune restriction ;*

» Considérant que cette culture est depuis longtemps pratiquée sur
une grande échelle dans le département d'Eure-et-Loir, à cause de ses
nombreuses prairies artificielles à la fructification desquelles l'insecte
mellifère concourt;

» Considérant que dans ces derniers temps l'administration municipale en fixant, sous l'invocation de l'art. 11 de la loi sur la police rurale
du 18 juillet 1837, le nombre de ruches « *qu'il est permis* » à chaque

propriétaire d'entretenir sur son terrain et en déterminant la distance des ruchers aux chemins et places publiques à outrepassé ses droits ;

» Considérant que cette réglementation empêche les propriétaires de champs exigus de posséder des ruchers et, par là, porte atteinte à la propriété ;

» Considérant en outre que le résultat obtenu par cette réglementation est diamétralement contraire au but proposé, attendu qu'en éloignant les abeilles de l'habitation de l'homme on rend l'insecte sauvage et farouche, par conséquent susceptible d'occasionner des accidents ;

» Les soussignés ont l'honneur d'exposer à MM. les sénateurs qu'il désirent que le futur Code rural établisse sans restriction aucune, les principes de liberté proclamés par la loi de 1791 et que, par conséquent, l'apiculture, ainsi que toute autre culture, ne puisse être entravée par une réglementation administrative (1). »

Encore l'apiculture rationnelle. — Définition.

J'ai dit, ou plutôt fait dire (page 162 de *l'Apiculteur*) que « l'apiculture rationnelle est impossible au moyen des ruches à bâtisses fixes, qu'elle est possible avec les ruches à bâtisses mobiles, mais que tous les possesseurs de ruches à bâtisses mobiles ne sont pas apiculteurs rationnels. » Désirant connaître l'opinion d'un homme compétent, je me suis adressé à M. notre honorable directeur, afin de m'éclairer à ce sujet. Si je n'ai pas obtenu une réponse explicite, et cela probablement parce que je n'ai pas été assez clair, j'ai au moins eu la satisfaction de voir que je pense un peu comme tout le monde. En effet si M. le directeur dit « l'avis du plus grand maître des maitres, M. tout le monde sensé, est que l'apiculture rationnelle est celle qui donne les plus grands bénéfices, » il entre tout à fait dans mes vues. Car une culture quelconque doit, par cela même qu'elle est rationnelle, donner plus de bénéfices que celle qui ne l'est pas, autrement elle cesse de l'être. Si enfin il ajoute qu'un système de ruche ne constitue pas l'apiculture rationnelle il ne fait que reproduire mon opinion quand je dis : « L'apiculture rationnelle est *possible* avec les bâtisses mobiles, mais tous les possesseurs de bâtisses mobiles ne sont pas apiculteurs rationnels. »

Nous sommes donc d'accord sur ces deux points, inutile d'y revenir.

(1) A Chartres, cette pétition se signe chez M. Guillaumain, apiculteur.

Le sommes-nous aussi sur le fond de la question où M. le directeur ne s'est pas exprimé? Je ne le sais; mais je vais essayer d'exposer clairement le sujet, et l'avenir nous le dira. Commençons par une définition. On dit d'un procédé qu'il est rationnel, s'il est expéditif, c'est-à-dire s'il conduit promptement et directement au but proposé. Si l'instrument ne constitue pas le procédé, il n'est pas moins vrai que le procédé et l'instrument sont si intimement liés que l'un n'aurait pas de raison d'être sans l'autre. C'est justement ce qui a lieu pour l'apiculture rationnelle et les bâtisses mobiles. Cela dit, restons dans le domaine de la pratique, parce qu'on prétend que notre école ne forme que de roides théoriciens.

Tout apiculteur sait que les faux-bourdons sont de gros mangeurs, de lourds fainéants qui vivent aux dépens d'autrui et qui pour cette raison ne méritent point un accueil favorable surtout quand ils apparaissent en grande quantité. Ils sont uniquement destinés à féconder les jeunes mères. Les mâles d'une seule ruche suffiraient souvent à la fécondation des mères de tout un apier. Une ruche ayant beaucoup de cellules de mâles produira des mâles en proportion et sera plus mauvaise qu'une autre qui en a bien peu. Personne ne le contestera. Que fera dans ce cas l'apiculteur qui possède des bâtisses fixes? Rien; il a les mains liées et confie à la bonne chance ses ruches. Tout ce qu'il peut, c'est d'exterminer les mâles quand ils ont déjà consommé une grande quantité de miel. Eh bien, au moyen des bâtisses mobiles on coupe le mal dans sa racine. Pour cela on place dans la chambre d'éclosion des rayons à cellules d'ouvrières et tout est fait. La mère ne trouvant point de cellules de mâles pondra des œufs fécondés dans les cellules d'ouvrières et le but est atteint. J'espère que ce procédé ne manque point d'être rationnel, et comme il ne peut être appliqué dans les ruches à bâtisses fixes, il s'ensuit, ne déplaise aux apiculteurs de l'ancien système, que l'apiculture rationnelle est possible avec les bâtisses mobiles seules.

Mais, me dira-t-on, c'est bien; comment se procurer tous ces rayons à cellules d'ouvrières? Ce sera encore au moyen de bâtisses mobiles seules. Qu'on prenne la patience de me suivre un instant.

Nous savons que lorsqu'une ruche a essaimé et qu'elle possède une jeune mère fécondée, les ouvrières exterminent les mâles, leur tâche étant terminée, et, guidées par le même instinct, ne construisent dans la chambre d'éclosion que des rayons à cellules d'ouvrières. C'est à cette époque que l'on taille les rayons ayant encore des cellules de mâles. On prend alors ces rayons taillés, ainsi que les cadres pourvus de rayons indicateurs seulement, et on les place dans la chambre d'éclosion des ruches, toujours entre deux rayons entiers. On obtient ainsi les plus beaux gâteaux, et encore grâce à la mobilité des rayons.

Je fais observer en passant que parmi ces ruches il y en a qui construisent mieux et plus rapidement que d'autres. Le praticien habile saura en profiter.

Ne peut-on pas profiter de cette disposition des abeilles pour faire remplacer les cellules de mâles par des cellules d'ouvrières dans les ruches à bâtisses fixes? Non; on ne réussirait qu'en partie. Les abeilles construiraient des cellules d'ouvrières au cœur de la ruche et des cellules de mâles aux rayons bernant la chambre d'éclosion et qui dans l'année serviraient à emmagasiner le miel et l'année suivante à élever des mâles. Il en serait de même si l'on plaçait le rayon à construire dans la partie de la ruche en arrière de la chambre d'éclosion. On voit donc qu'il ne faut pas seulement des ruches à bâtisses mobiles, mais il faut de plus encore connaître les principes de la science apicole et les appliquer pour réussir.

Voyons encore quelle chance l'apiculture rationnelle peut avoir en face des deux systèmes quand il s'agit de venir en aide à une ruche faible. — L'apiculteur intelligent prendra sur une ou deux ruches fortes deux ou trois rayons de couvain operculé qu'il échangera contre le même nombre de rayons vides de la ruche faible, qui dans l'espace de quelque jours sera bien conditionnée et marchera à merveille. Les ruches fortes ne se ressentiront pas de leur perte de couvain parce qu'elles reçoivent des rayons construits qui le même jour seront remplis d'œufs. Ce procédé n'est-il pas rationnel? Peut-il servir dans les ruches à bâtisses fixes? Non; on le comprend. Dans ce cas la ruche à bâtisse fixe est condamné à languir, son produit sera nul.

L'apiculteur n'a d'autre ressource que de réunir deux ou trois ruches faibles, et pour cela il faudra tuer une ou deux mères. Il aura de plus quelques ruches de moins. Si cette opération a lieu au printemps, où une mère à elle seule vaut 5 francs, le moyen sera d'autant plus condamnable. Il sacrifie la poule pour avoir l'œuf.

Ces simples faits, que je multiplierais s'ils ne parlaient pas assez clairement, nous apprennent :

1° Que l'apiculture rationnelle *est celle qui consiste dans l'application, la pratique de procédés rationnels*, c'est-à-dire dans l'application de la science apicole.

2° Que l'application de ces principes, en d'autres termes l'apiculture rationnelle, doit donner évidemment les plus beaux résultats, les plus grands bénéfices.

3° Que cette apiculture n'est *opplicable que dans les bâtisses mobiles*, incompatible avec les bâtisses fixes et que par conséquent les premières sont de beaucoup supérieures aux dernières.

Est donc apiculteur rationnel celui-là seul qui, exploitant des ruches à bâtisses mobiles, *possède les principes de l'apiculture rationnelle et a assez de tact pour les appliquer sainement.*

Offviller, le 19 mars 1869.

STAMBACH.

— Selon la définition de l'honorable M. Stambach l'apiculture rationnelle est l'apiculture rationnelle, et hors des cadres il n'y a pas de salut. C'est sans doute dans cette prévision que les marchands de miel en gros viennent de faire agrandir considérablement leurs magasins. Aux rationels *purs* et *infaillibles* de les emplir au plus vite, s'ils ne veulent entendre l'anathème sacramentel des prêtres de Mercure : « Vous n'êtes que des blagueurs. » — H. H.

Les Impressions de Jean-Pierre à l'Exposition des Insectes (v. page 209).

Le groupe des gens au cadre augmente et les fervents font une *popote* soignée des autres systèmes. Parmi les plus chauds, nous reconnaissons M. de Gand, l'inventeur de l'abeille sans aiguillon, celui-là qui, il y a une dizaine d'années, proposait qu'on coupât l'aiguillon aux abeilles à seule fin qu'elles n'en eussent plus. La théorie de ce savant était qu'en coupant successivement l'aiguillon aux mères, celles-ci finiraient bien par pondre des ouvrières sans aiguillon. C'est aussi roide à croire cette affaire-là que celle d'une récolte de miel dans une ruche à cadres quand les fleurs n'en produisent pas. — Mais puisque d'aucuns possèdent, paraît-il, le don des miracles, demande donc à ce farceur, dit la mère Chrisostôme à Jean-Claude, en lui allongeant familièrement un coup de coude dans les côtes; demande-lui, dit-elle, à quel endroit il faut couper l'aiguillon des abeilles pour que les guêpes n'en aient plus; sa réponse obligera beaucoup les bonnets blancs de chez nous, qui sont obligés de faire des confitures avec les prunes trop mûres. Jean-Claude, qui saisit toutes les occasions de plaire au *sèque*, ne se le fait pas répé-

ter ; il tousse, met la main à sa casquette et dit : « Monsieur...
pardon, mande excuse... » Ah ! ouichtre, l'autre fait semblant de ne pas
l'entendre : il est à démontrer les avantages de sa ruche à cadres et il
n'en sortirait pas pour un beau diable. Cependant la mère Chrysostôme
lance de nouveaux coups de coude à Jean-Claude pour l'éperonner ;
mais les avantages de la ruche de M. de Gand sont si nombreux et se tiennent de si près que notre homme ne trouve pas la plus petite jointure
pour introduire sa question.

Voyant cela, nous abandonnons la place à ceux qui, comme les lapins,
se laissent prendre par les oreilles, et nous nous mettons à la recherche
des produits de la Provence, pays qu'un gascon du cru devait transformer
en un clin d'œil, grâce à l'introduction de *sa* ruche à cadres, bien entendu.
Nous rencontrons une collection de produits magnifiques, la plupart tra-
vaillés, exposés, par M. Goby, de Grasse ; mais de miel de Provence
donné par la ruche à cadres, pas plus que dans le creux de la main. Il
parait que le cadre a fait là long feu, faute d'amateurs. L'inventeur introducteur de la merveille en question a lui-même battu en retraite : il
est sorti du cadre apicole pour entrer dans le cadre séricicole. D'où il
faut conclure, fait observer la mère Chrisostôme, que tous les chiens qui,
sauf votre respect, paraissent enragés, ne le sont pas toujours. Le mouri-
nier Fouinard crie bravo.

Nous en sommes là de nos réflexions quand on annonce le jury.
Aussitôt chacun de nous de filer à son exposition respective. En faisant
semblant de rien, on l'époussette avec un mouchoir de poche. On redresse
le plumet ou autre acroche-cœur qu'on a planté sur sa ruche à seule fin
d'attirer un brin l'attention des gens comme il faut, et l'on tient le
regard fixe sur les mouvements des jurés. Le voisin Cadet Choufleur se
hâte de passer en revue la devanture de sa chemise et remercie le ciel que
sa traîtresse de blanchisseuse n'y ait fait cette fois aucun faux pli ; il
rajuste le nœud de sa cravate et se compose la figure qui convient à un
inventeur. Voyant que le jury va l'aborder, il prend le sourire un tau-
tinet hypocrite qui fait l'ornement des gens très-comme il faut d'au jour
d'aujourd'hui, et commence ses salamalecs sur lesquels l'ours blanc
du jardin des plantes est seul capable de lui rendre des points. Pour
lors, un membre du jury lui demande comment il s'appelle. — De Choufleuri, que répond le voisin Cadet, en ôtant respectueusement son chapeau. — L'autre cherche dans le catalogue l'article « de Choufleuri »
qu'il ne trouve pas, comme de raison. — « Mais, vous n'êtes pas porté,

qu'il dit, dit-il. » — Pardon, mande excuse, que répond le voisin Cadet. Seulement c'est que, voyez-vous, on a *corrompu* l'osthographe de mon vrai nom en imprimant Cadet Choufleur. — Alors il raconte comme quoi Cadet n'était que le nom de son grand-père, et Choufleur celui de son père ; mais que lui, en vertu de la rotation de la terre et des progrès qu'il a fait faire à l'apiculture rationnelle qui en sont une conséquence, il a le droit incontestable de s'appeler de Choufleuri. C'est comme notre adjoint Benoiton, dit-il, dont le père ne s'appelait que Benoit et dont le fils, qui est riche à être député, s'appelle de Benoiton. Par conséquent l'arrière-petit-fils Benoit pourra s'appeler de la Benoitonnerie, et ainsi de suite jusqu'à plus soif. Lisant dans la physionomie des membres du jury que quelque lutte a dû avoir lieu entre eux, et voyant lesdits membres préoccupés, peut-être à cause de la difficulté qu'ils éprouvent de se prononcer sur le meilleur cadre, Choufleur juge opportun de leur raconter l'histoire de la famille Benoit pour les distraire un peu et pour les disposer favorablement à son égard.

Le père Benoit, voyez-vous, était un tantinet barbier et fortement maquignon ; il fréquentait les foires au *bestial* et en savait peut-être plus long sur les vaches, mes bons Messieurs, que vous en connaissez sur les mouches. C'est lui qui avait la main heureuse pour les remettre à neuf : il les rajeunissait de moitié, quoi. Aussi s'intitulait-il *artiste*. Lorsqu'un nommé Guenon eut indiqué, par la disposition des raies du pis, le moyen de reconnaître les bonnes vaches, Benoit, avec son rasoir, fit qu'il n'y en eût plus d'autres, et, le *métier* n'étant pas connu, il *gagna* de l'argent gros comme lui. Pour lors, il poussa dans les études son petit Benoiton qui, dès l'âge le plus tendre, montrait déjà qu'il ne dégénérerait pas. Bon chien chasse de race. A sept ans et demi, le petit Benoiton jetait comme un ange des fleurs sur le passage du Saint-Sacrement et soufflait comme un singe la toupie de ses camarades. Il ira loin, que dirent les fortes têtes du commerce, et quand il fut bachelier, il alla à Paris à la recherche d'un métier facile et peu connu. Là, s'intitulant *ingénieur*, il se faufila partout, si bien qu'un beau jour il fut à même de souffler, aussi facilement que si c'eût été une toupie, un procédé de fabriquer, je veux dire de blanchir les noix. Comme il n'y a pas de sot métier selon le proverbe, il monta cela à la vapeur, de façon à pouvoir faire concurrence au fretin de la partie, et à fabriquer 100 hectolitres de noix par jour dans la saison où l'article donne. Les étés de pluie devinrent pour lui des étés d'or. Pensez donc qu'il trouva à écouler à 10 centimes le quarteron de noix qui ne lui revenait qu'à 5 seulement après blanchiment. Bénéfices nets, d'après Barême, ou intérêt du capital, d'après les banquiers du chef-lieu, 100 pour 100. Aussi notre adjoint a-t-il bien vite attrapé le *gros lot* et son garçon, qui porte trois chaînes en or à sa montre et qui court comme un lièvre sur le vélocipède, s'appelle *de* Benoîton gros comme le bras dans le monde très-comme il faut d'au jour d'aujourd'hui.

A ce moment le jury paraît en avoir assez comme ça de préambule, et un membre prie Choufleur de faire connaître les avantages de son cadre sur les autres.

D'abord, mon cadre que voici, et qui peut remplacer tous les cadres passés, présents et futurs, c'est moi seul qui l'ai inventé le premier. Il y a de cela longtemps, très-longtemps; j'étais encore petit, tout petit. Un jour que j'étais à garder la vache à papa, derrière notre *courtil*, j'aperçois le télégraphe qui fait aller ses bras de droite et de gauche et qui les plie même sous le ventre. Bon, que je me dis; si quelque jour lorsque je serai grand, j'invente un cadre mobile quelconque, ses côtés seront articulés, comme les bras d'un télégraphe, — du temps passé, — à seule fin que mondit cadre puisse devenir un simple rayon, et par là satisfaire du même coup les amateurs de l'un et de l'autre : première révélation ! A quatre pas plus loin, au moment où je suis absorbé dans les méditations profondes que demande l'invention d'un cadre unique en son genre, je découvre un escargot, qui vaudrait au moins deux sous à Paris, avec un brin de sauce. A la vue d'un animal étranger, cet *insecte* retire ses cornes comme par enchantement. Bon, que je me dis encore; les côtés de cadre que j'inventerai diminueront et s'allongeront comme les cornes d'un colimaçon, à seule fin que ceux qui l'aiment petit, moyen ou grand, le cadre, puissent être satisfaits en même temps : deuxième révélation!

Faut que je vous dise, mes bons Messieurs, que vous allez entendre tous ces inventeurs de rayons et de cadres de grandeurs et de formes différentes, et que tous vont vous dire : C'est moi seul qui ai trouvé la grandeur voulue; c'est moi seul qui ai découvert la forme la plus convenable, la plus rationnelle, comme ils baragouinent en beau langage. Et vous allez voir que dans tous ces rayons et ces cadres vous n'en trouverez pas deux qui aillent à la même ruche et encore moins à toutes les ruches. Tandis que mon système de rayon, qui s'allonge ou se raccourcit à volonté et qui, toujours à volonté, devient cadre à deux, à trois et à quatre côtés de grandeurs variables, est, comme le beau soleil et le bon vin, susceptible de convenir à tout le monde. C'est le véritable rayon ou cadre de conciliation. Je dis donc que si vous ne proclamez pas Choufleur le plus rationnel de tous ceux qui ont la prétention de l'être, et ne lui accordez pas la première médaille, vous lui ferez un passe-droit des plus injustes. Je ne vous dis que ça, entendez-vous.

Le jury se parle à l'oreille et passe plus loin. (*A suivre.*)

Fragments du journal d'un apiculteur.

Ferme-aux-Abeilles, juin 186...

9 *juin.* Le temps est propice, les fleurs des prairies sont en plein épanouissement et donnent du miel ; faisons que nos abeilles emmagasinent le plus possible de produits ; agrandissons leur ruche par des hausses ou par des chapiteaux. Agrandissons aussi les ruches peu spacieuses qui logent des essaims forts. La capacité des ruches doit être en raison des ressources mellifères et en raison de la force des colonies. En pleine saison de miellée, on ne doit pas avoir de ruchées qui fassent la barbe au milieu de la journée ; car les abeilles groupées extérieurement perdent un temps précieux qu'elles utiliseraient si elles avaient de la place dans leur ruche. Parfois cependant elles se groupent extérieurement quoique la place ne manque pas dans l'intérieur ; la chaleur est si forte dans la ruche, parce que le soleil luit dessus, qu'elles sont contraintes de se répandre dehors. Il faut dans ce cas abriter le plus possible la ruche des rayons ardents du soleil, et la soulever par des petites cales pour que des courants d'air la rafraîchissent.

Si les colonies sont disposées à essaimer, n'attendons pas les essaims jusqu'au dernier moment ; pratiquons de suite des essaims artificiels par division ou par transvasement, selon que nos ruches le permettent. Par l'emploi du transvasement nous pourrons récolter la souche trois semaines plus tard : elle n'aura plus de couvain d'ouvrières.

Lorsque les colonies sont logées dans des ruches communes qu'on tient à renouveler, il faut noter la date de la sortie de l'essaim primaire de chaque ruche, et 21 jours après chasser entièrement les abeilles de la souche pour la récolter. On réunit plusieurs *trevas*, si l'on ne tient pas à augmenter le nombre de ses colonies, ou bien on les ajoute aux essaims primaires. Si on les garde isolément, il faut les aider pour peu que la saison soit avancée et le temps peu favorable ; quelques livres de miel inférieur ou de sirop de sucre en feront des colonies viables ;

mais il ne faut pas attendre que la saison des fleurs soit passée pour leur apporter ces secours; il faut les leur présenter de suite et en une fois, si c'est possible.

Il est important de connaître l'âge des mères des essaims primaires, afin de remplacer celles qui sont vieilles et inactives par l'addition de trevas; mais il faut être certain que la jeune mère du trevas est fécondée, autrement elle serait sacrifiée. On peut, dans les ruches en une pièce, s'emparer des mères vieilles pas l'asphyxie momentanée. La réunion pratiquée ensuite se fait dans les meilleures conditions. Il ne faut pas oublier qu'une jeune mère dans un essaim lui donne une valeur double. Mais, à poids égal, un essaim avec une vieille mère ne vaut pas la souche qui l'a produit.

N'oublions pas qu'au moment de l'essaimage, c'est-à-dire lorsque l'essaim primaire vient de sortir d'une ruche, il est bon d'y pratiquer un *pincement* sur les faux-bourdons au berceau. Ce sont des bouches inutiles qu'il faut supprimer autant que possible. Une heure ou plusieurs heures — voire même le lendemain — après la sortie de l'essaim, on met la ruche sens dessus dessous après l'avoir enfumée, et à l'aide d'un couteau à lame aiguë et tranchante, on enlève l'opercule des cellules de mâles. Ces cellules se trouvent communément au bas des rayons de côté. Tout le couvain décapité ou seulement désoperculé est extrait par les ouvrières et porté hors de la ruche.

10 juin. Il arrive qu'en plein essaimage plusieurs essaims se réunissent en l'air ou à la branche. On peut les diviser, mais on a souvent intérêt à ne pas le faire, surtout s'ils ne sont pas forts, et s'ils sont secondaires. Souvent il arrive que ces essaims réunis ne veulent pas rester dans la ruche dans laquelle on les a logés : ils en ressortent parfois le lendemain et le surlendemain. Cela vient de ce que les mères ne peuvent se rejoindre pour se livrer combat, ou de ce que les abeilles les tiennent en prévention à divers endroits.

Pour contraindre la réunion à rester, il faut entoiler cette ruche aussitôt que les abeilles sont entrées, et la descendre dans une cave où on la laissera passer 24 heures, temps pendant lequel les abeilles seront obligées de se grouper, à cause de la fraîcheur du lieu, et d'éliminer les mères inutiles.

Les chapiteaux de miel qu'on tient à avoir très-blancs et frais doivent séjourner le moins possible sur les ruches. Il faut les enlever aussitôt que toutes les cellules en sont operculées.   X.

Société centrale d'apiculture.

Séance du 18 mai 1869. — *Présidence de M. Hamet.*

Est soumise à l'examen de la Société une ruche à double rangée de rayons mobiles présentée par M. Fumagalli, de Milan, comme pouvant satisfaire à toutes les exigences. Cette ruche a, en dedans, 0,46 de haut, sur 0,275 de large et 0,335 de profondeur. En réalité cette profondeur est de 0,38, mais il faut déduire 0,045 pour l'épaisseur d'un volet mobile, avec vitre au milieu, qui se place derrière la ruche, côté par lequel les rayons s'enlèvent. Ces rayons ont des montants qui ne descendent pas jusqu'à la partie inférieure; mais ils sont suffisamment développés pour que le rayon garni de miel puisse supporter la rotation du mello-extracteur. — Au point de vue du prix peu élevé (5 fr.), de la solidité et du fonctionnement facile des rayons, cette ruche est une des meilleures de ce système. Mais elle ne peut avoir la prétention de remplacer tous les autres systèmes, pas plus que le cabriolet (4 ou 2 roues), le plus perfectionné des véhicules pour le transport rapide par traction de bête de somme, ne peut avoir la prétention de remplacer la charrette pour le transport des récoltes, etc.

M. le Dʳ Bourgeois, adresse au nom de la Société d'horticulture et de botanique de Beauvais, au président de la Société centrale d'apiculture la lettre suivante : « S. M. l'Impératrice vient d'accorder à notre Société une médaille d'or de la valeur de 300 fr. pour le concours d'apiculture à l'exposition horticole et d'apiculture de Beauvais. Cette médaille est déjà entre les mains de notre honorable président. Je suis chargé par le bureau de vous prier de vouloir faire désigner un des membres de votre Société pour faire partie du jury de ce concours. » L'assemblée désigne M. Hamet.

Ce membre rend compte de la visite qu'il a faite au concours de Chartres et dit que la conférence apicole qui devait avoir lieu a dû, faute de temps, être remise à une autre époque. Il ajoute qu'il a reçu du bureau de la Société d'horticulture de cette ville l'assurance qu'une section apicole sera créée dans cette Société. D'un autre côté, il s'est occupé des moyens d'établir un rucher dans le jardin de l'école normale de Chartres et d'y faire un cours d'apiculture.

M. Pastureau, de Mazières (Deux-Sèvres), dit que s'il est possible de faire disparaître les causes de la loque, on n'a pas besoin de se préoccuper des moyens de guérison. Il ajoute qu'un praticien très-entendu de son canton, M. Augereau, assigne trois causes à cette maladie : un froid excessif, une trop grande chaleur et le manque de nourriture du couvain. Cet habile praticien, dont la principale occupation est de tirer des arbres creux les colonies qui s'y sont réfugiées — il en retire de 50 à 60 annuellement, — assure qu'il n'a jamais trouvé de loque dans les arbres; ce qui me porte à conclure que nos ruches sont trop accessibles aux variations de la température ; que l'épaisseur des troncs d'arbres empêche le couvain de geler en hiver et de cuire en été, et retarde aussi la ponte trop précoce de l'abeille mère qui, en pondant trop tôt, donne naissance à des larves que les abeilles ne peuvent alimenter, à cause du froid extérieur qui retient les butineuses dans la ruche. — Un membre ajoute qu'il est évident que les parois peu épaisses des ruches concourent à développer cette affection, et c'est surtout dans les printemps froids et humides qu'elle se développe le plus.

M. Gilbert, du Mans, adresse la note suivante sur des essaims qui se sont logés seuls. Il y a quatre ans, un essaim partit du rucher de M. Poignant à Pontlieu ; cet essaim alla s'asseoir dans un panier-mannequin en bourdaine placé au hasard dans un coin de son jardin ; le lendemain et jours suivants, tous ses autres essaims suivirent l'exemple du premier.

Charmé de cette bonne découverte, les années suivantes au lieu d'un mannequin, il en a placé plusieurs à 10 pas de ses ruches ; ses essaims n'ont pas choisi d'autre refuge. Dernièrement, M. Poignant m'a conseillé de l'imiter, ce que j'ai aussitôt fait. J'ai attaché cinq grands mannequins à hauteur d'un mètre et à 10 pas de distance de mes 25 ruches. Samedi dernier un essaim part, et il va s'asseoir dans l'un de ces paniers ; hier deux prennent leur essor, et ils n'ont pas choisi d'autre refuge, bien qu'il y ait passablement d'arbres dans le jardin.

M. Hamet ajoute que ce moyen de recueillir les essaims n'est pas d'une efficacité complète, il s'en faut de beaucoup. Il y a des années et des jours où aucun essaim ne va se loger seul dans la ruche qu'on a placée à sa portée. Généralement il n'y va pas quand le temps est chaud et la saison bonne. Mais c'est une précaution sage de placer des ruches propres, ayant déjà logé des abeilles, à quelque distance du rucher, surtout lorsqu'on ne peut surveiller assidûment la sortie des essaims.

L'ordre du jour étant épuisé, la séance est levée et la session actuelle déclarée close.

Pour extrait : Delinotte, secrétaire.

Société d'apiculture de l'Aube.

Concours ouvert à Bar-sur-Aube les 1er et 2 mai 1869.

La Société d'apiculture de l'Aube, qui depuis sa fondation a toujours annexé ses concours à ceux du Comice agricole départemental, avait transporté cette année le siége de son exploitation à Bar-sur-Aube, où se tenait en même temps que le Comice, la 3e exposition générale, ouverte par la Société horticole, vigneronne et forestière.

Voici les prix qui ont été décernés pour l'apiculture :

Médaille d'argent et prime de 50 francs offertes par le Comice pour le rucher le mieux tenu : M. Dematons, instituteur, à Levigny.

Médailles d'argent de la Société d'apiculture : M. Leclerc, instituteur, à Marigny, pour ses instruments et ses produits apicoles; M. Barat, apiculteur au Port-Saint-Nicolas, pour ses miels et cires remarquables.

Médailles de bronze : M. Mougin, instituteur, à Trannes, pour sa ruche à hausses en bois; M. Chamerois, garde forestier, à Arrentières, pour sa ruche d'observation en bois.

Le Secrétaire général :   Thévenot.

De l'essaimage artificiel.
(Voir page 248.)

Quand il arrive que, pendant plusieurs années, il ne se forme que peu ou point d'essaims dans un rucher, les mères deviennent trop vieilles et ne se rechangent pas assez ; plusieurs d'entre elles deviennent de moins en moins fécondes, et la population des ruches diminue ; des mères devenues trop vielles, périssent en hiver ou au printemps et les ruches deviennent orphelines. L'essaimage artificiel a le don de rajeunir les vieilles ruchées. On obtient aussi par ce moyen des mères superflues que l'on peut garder et au moyen desquelles on vient en aide aux ruchées dont la femelle est imparfaite, ou à celles qui sont devenues orphelines.

Remarque. L'essaimage artificiel, — comme nous l'avons dit, — peut servir non-seulement à la propagation des essaims mais aussi à d'autres fins ; par exemple, pour prendre une mère inféconde; ou bien pour réunir une population à une autre population, de manière à ce que des rayons disponibles puissent servir à un autre usage, etc., etc. Nous reparlerons encore de cela dans un article spécial.

OETTL.

Des motifs de la coloration des rayons, de leur épaisseur. — Conséquences.

J'ai déjà, dans *l'Apiculteur* (octobre 1867), indiqué mon opinion sur les motifs de la coloration des rayons dans les ruches ; je demande néanmoins la permission au lecteur de revenir sur ce point, puisque je viens lui présenter le résultat de deux nouvelles années d'études.

Comme on le sait, la cire est le résultat de la transformation du miel, opérée par des organes spéciaux que possède l'abeille ouvrière.

Ces organes sont, outre le double estomac, où la transformation du miel en cire s'élabore, des membranes pentagonales placées immédiatement à la naissance des anneaux inférieurs, qui reçoivent le miel transformé, le façonnent en plaques très-minces de même forme, qui se durcissent peu à peu au contact du peu d'air qui peut arriver jusqu'à elles ; et enfin lorsque le degré de consistance est suffisant, ces plaques sortent, l'abeille les saisit pour les employer à la construction de ces rayons qui font notre admiration.

Les personnes qui contredisent encore cette manière d'opérer, et de production de la cire, ont un moyen facile de s'en convaincre : il leur suffira de saisir quelques ouvrières dans un groupe faisant *la chaîne*, c'est-à-dire s'occupant de la sécrétation de la cire, de les disséquer, en les préparant toutefois avec des bains dans lesquels la cire ne soit pas soluble ; on obtiendra ainsi, en opérant avec beaucoup de soins, les membranes mellifères, le plus souvent chargées de plaquettes de cire à divers degrés d'avancement.

J'ai sous les yeux des plaquettes de cire que j'ai ainsi obtenues, et qui sont parfaitement conservées depuis plusieurs années.

Des auteurs ont affirmé que la sécrétation de la cire avait lieu, chez les abeilles, indépendamment de leur volonté, et qu'il leur suffit d'absorber du miel pour produire de la cire.

Cette assertion est contraire au résultat de toutes mes observations.

La nature qui a si merveilleusement doué l'abeille, qui surtout, a poussé chez l'ouvrière l'instinct de l'économie jusqu'à lui faire égorger ses frères lorsqu'ils sont devenus inutiles, se serait, en effet, étrangement trompée, si elle avait forcé l'ouvrière à transformer en une matière qui lui sera inutile le jour de la disette, la provision qui lui sauvera la vie en lui permettant d'attendre les beaux jours.

Si nous soulevons une ruchée, dont les constructions sont complètes.

et non atteintes de la fausse teigne, nous ne trouverons sur le tablier aucuns débris de cire ; cependant il peut arriver dans un transvasement, dans la mise en ruche d'un essaim, que des abeilles laissent échapper des plaquettes de cire, ce sont des plaquettes sécrétées dans la prévision d'un prochain besoin et qui, arrivées à terme, s'échappent des organes de l'abeille, si elle n'a pu encore les utiliser ; ne laissons donc pas inutilement un essaim sans le recueillir, car, outre la crainte de le perdre, il y a certainement déperdition de cire au moment où les abeilles en ont le plus grand besoin pour édifier les constructions de leur nouvelle demeure.

Je n'ai jamais trouvé de différence dans la couleur des plaquettes de cire ainsi obtenues, quoique mes expériences aient été faites sur de la cire provenant de miel recueilli sur des fleurs différentes ; mais nous allons voir comment la cire peut prendre des tons différents.

Les rayons construits seulement en cire seraient facilement endommagés par le passage continuel des abeilles à leur surface ; pour remédier à cet inconvénient, les abeilles recouvrent la surface extérieure de leurs constructions, c'est-à-dire les extrémités des cellules d'une bordure de propolis qui, durcissant rapidement, non-seulement forme un arête solide, mais encore comme un réseau dont les surfaces des alvéoles sont des mailles et qui acquiert une grande solidité ; or, la propolis étant de différentes couleurs, il s'ensuit que souvent des rayons vides, bâtis dans une même journée paraissent avoir une couleur différente.

Considérons un rayon lors de sa construction, le degré de température contribuera à sa coloration. Ainsi, je copie ce qui suit sur mon carnet d'expériences :

« Rayon enlevé pendant sa construction, température de 33°
    id.   id.   id.   25°
    id.   id.   id.   15°

Le rayon construit à 33° est couleur jaune soufre ;
celui   id.   à 25° est couleur jaune paille ;
celui   id.   à 15° est parfaitement blanc.

Depuis cette époque ces rayons ont conservé la différence de nuance.

Nous savons tous qu'un rayon qui n'a reçu aucun couvain et qui serait retiré de la ruche après son achèvement, pourrait être conservé indéfiniment sans changer de couleur ; cette expérience est répétée à chaque instant dans la conservation des bâtisses pour le calottage ; mais si l'abeille mère vient déposer un œuf dans la cellule, au bout de trois

jours un ver sera éclos, qui, absorbant de là nourriture développera de la
chaleur; laissez vivre ce ver deux ou trois jours et enlevez-le de sa
cellule, nettoyez cette dernière, la cire aura déjà une certaine teinte
produite par la chaleur; mais si vous laissez à la larve le temps de se
métamorphoser, elle filera une enveloppe qui, restant adhérente à la
paroi, donnera à celle-ci une teinte brunâtre ; si vous laissez deux, trois,
dix générations se continuer dans la même cellule, les enveloppes soyeu-
ses déposées par chaque nymphe seront comme autant de rideaux placés
devant une vitre qui deviendra obscure.

J'ai présenté à l'exposition de 1868 une série d'échantillons de cire,
provenant d'expériences faites à mon rucher et qui démontraient clairement ce que j'annonce ; de plus, certains rayons qui avaient reçu du
couvain ont été agrandis après coup pour servir de magasins à miel, la
partie de cellule allongée est restée d'un ton clair; d'autres rayons ont
reçu du couvain dans une seule portion de leur surface, cette dernière
partie est devenue noire, l'autre portion est restée blanche.

J'ai vidé des rayons remplis de couvain, par portées et à des âges
divers, la portion où le ver et la larve ont atteint le plus de durée, et où
par conséquent il s'est développé le plus de chaleur, est plus foncée que
les autres.

Il résulte donc de mes observations, que les motifs de la coloration des
rayons sont :

1° La propolis employée à leur consolidation ;

2° La température à divers degrés au moment de leur construction ou
celle à laquelle ils se trouvent soumis par diverses circonstances;

3° Le passage d'un plus ou moins grand nombre de générations dans
les cellules.

De ces observations, il résulte, que les rayons les plus noirs sont ceux
qui, ont reçu le plus grand nombre de générations ; or ces cellules se
trouvant de plus en plus rétrécies, amèneraient infailliblement une dégénérescence dans l'abeille si l'apiculteur intelligent ne venait à les
supprimer.

Voyons maintenant quelle est l'épaisseur des rayons construits dans
les ruches ordinaires, où l'apiculteur a laissé agir la nature, et cherchons à en déduire la distance et la largeur à donner aux rayons indicateurs.

(A suivre.)   Ch. GAURICHON.

Manière de transvaser les abeilles d'une ruche en bois dans une ruche en paille.

§ 68. Les ruches en bloc et en planches ne me convenant plus, comment faire pour transvaser les abeilles de celles-ci dans lés ruches en paille, à hausse?

Celui qui possède des ruches en bloc ou en planches qui sont encore un peu bonnes, doit y laisser ses abeilles; car l'opération nécessite la destruction de ces ruches, comme nous allons le voir bientôt; et ce serait dommage pour le bois, qui de nos jours est devenu si cher. Il faut continuer à soigner les abeilles de ces ruches aussi bien que possible et selon les principes que nous avons décrits; elles rapporteront toujours ce qu'elles auront coûté.

Mais à mesure de l'arrivée des essaims, on fera bien de les loger de suite dans des ruches en paille, afin de monter petit à petit son rucher exclusivement de ruches en paille.

Il en est autrement quand les ruches en bloc et en planche sont tellement usées par le temps, rongées par les vers, pleines de trous et de fentes, par lesquels le vent, la pluie, et toutes sortes d'ordures et de bêtes nuisibles entrent, et rendent l'habitation tout à fait impossible; alors il devient nécessaire de briser ces vieilles ruches et de transvaser leurs habitants dans une demeure plus saine. Mais comment faire? — On pourrait bien, au printemps, enlever les gâteaux avec les abeilles et les placer aussi bien que possible dans une ruche en paille; mais quel mal cela donnerait! et comme il serait facile de manquer l'opération! — Il vaudra mieux se servir du moyen suivant qui est moins violent:

Au printemps, au moment où l'on nettoie ordinairement les ruches, et lorsque le couvain ne s'est pas encore trop étendu, on enlève dans la vieille ruche en bois toute la vieille cire inutile afin de restreindre autant que possible le cantonnement des abeilles. L'opération est d'autant plus facile lorsque le cantonnement à lieu soit à l'une des extrémités de la ruche horizontale, soit a la partie supérieure de la ruche verticale.

On chasse alors les abeilles pour les rassembler en tas, au moyen de la fumée, et on scie, avec une grande scie à bois, la ruche juste au-dessous des constructions en cire; cette opération se fait sans difficulté, car les abeilles, effrayées par l'ébranlement de la scie, restent bien tranquilles.

a Lorsqu'il s'agit d'*une ruche en bois verticale*, on scie plus court la

planche du devant, et on la fixe à sa place. Il ne reste donc plus de toute
la ruche en bois qu'une espèce de hausse que l'on peut maintenant
placer facilement sur toute ruche en paille.

Cependant il faut commencer par arranger convenablement la ruche
en paille ; ainsi on la pose sur un plateau, et on la munit de ses petites
traverses à la partie supérieure ; ces dernières ont pour but de permettre
aux abeilles de la ruche en bois d'y fixer leurs bâtisses qu'elles continuent par le bas, et de donner aux rayons une assise assez forte pour
ne pas être détachés lorsque plus tard on enlèvera la ruche en
bois, fig. 5.

Enfin, on place encore sur la hausse en paille un plateau, appelé plateau de réunion, d'un demi-pouce
(13 millim.) d'épaisseur et assez grand
pour couvrir toute la hausse.

Au milieu de ce plateau, on perce
un trou carré proportionné à la grandeur de la ruche en bois qui doit y être
superposée. Le plateau sert à donner à
la ruche en bois une assise solide, et à
boucher les ouvertures de côté qui exis-
teraient sans cela entre la ruche carrée
et la hausse en forme ronde. Ce plateau
peut être rond pour une ruche en bloc
ronde, et carré pour une ruche en
planche carrée.

La ruche en bois étant placée sur le
plateau, on fixe le tout ensemble avec

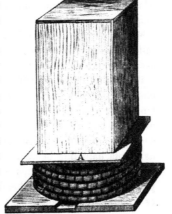

Fig. 5. Ruche verticale transformée.

des crampons en fil de fer, et on bouche soigneusement toutes les ouvertures avec de la terre glaise.

L'opération ne nuit en rien à la ruchée quand celle-ci est saine ; au
contraire sa nouvelle demeure est chaude et bien confortable. Les abeilles
s'empressent de vaquer à leurs travaux, d'aller et de venir en sortant
par le trou qui est ménagé dans le plateau du dessous, et elles se mettent
à bâtir de haut en bas dans la hausse en paille. Lorsque le temps est
beau, que le miel abonde et que l'essaimage ne se fait pas, on peut s'attendre à pouvoir donner à cette ruchée au moins deux hausses de plus
qu'elle remplira pendant la récolte. Les abeilles établissent leur couvain
dans les hausses en paille, et convertissent la ruche en bois du dessus

en magasin à miel. On peut, dès l'automne suivant, enlever cette ruche en bois, la vider et la jeter au vieux bois.

b Lorsque c'est une *ruche en bois horizontale*, on peut facilement la changer en une ruche horizontale en paille.

Pour cela, on commence aussi par préparer la ruche en paille. On place cette dernière sur une échelle, ou bien sur une planche, fig. 6 ; on la ferme par devant au moyen d'un couvercle avec une entrée, et on

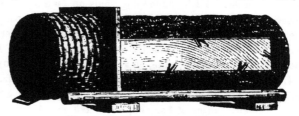

Fig. 6. Ruche couchée transformée.

fixe deux traverses dans sa circonférence postérieure. On place entre la ruche en bois et celle en paille un plateau de réunion, pareil à celui dont il a été parlé précédemment, avec un trou carré dans le milieu, et destiné à boucher les ouvertures qui pourraient exister entre les deux ruches.

Après avoir scié la ruche en bois, on la couche de son long sur l'échelle précitée, tout contre le plateau de réunion, et on fixe le tout solidement ensemble. *Traduit* D'ŒTLL. (*A suivre.*)

Revue et cours des produits des abeilles.

Paris, 30 *mai*. — MIELS. Dès qu'arrive mai, on se préoccupe plus de la récolte que des cours du miel blanc. Si la campagne promet d'être bonne, on est disposé à faire des concessions sur la marchandise non écoulée. Si au contraire, et comme cette année, l'inclémence du temps l'annonce mal, on s'abstient d'offrir, ou on élève ses prétentions. En réalité les cours seront nominaux jusqu'à ce qu'on soit bien fixé. Ce n'est que sous quinzaine qu'on saura à quoi s'en tenir pour la récolte dans le Gâtinais. Jusqu'à ce moment le miel n'a pas encore donné à cause du temps froid et pluvieux ; cependant la fleur avance rapidement. Les colzas ont peu donné dans le Calvados, et la faux entre dans les sain-foins ; ce qui veut dire récolte médiocre. L'Yonne a quelques marchan-dises disponibles ; la taille d'avril a été bonne en miel.

Les miels de Bretagne continuent à être plus demandés qu'offerts. Les détenteurs les tiennent à 75 fr. les 100 kil. en gare d'arrivée, et encore les vendeurs à ce prix ne sont pas nombreux. Toutefois la consommation indigène a ses provisions à peu près complètes pour atteindre la fin de la campagne.

Cires. — Les cours sont restés en faveur; on a coté hors barrière de 125 à 135 fr. les 100 kil.; on nous a même parlé du prix de 140 fr.

A la foire de Saint-Fort de Bordeaux, les cires des grandes landes se sont enlevées au début à 4 fr. 50 le kilog.; puis on les a payées 4 fr. 60, demandée. Petites landes 130 à 135 fr. les 100 kil. En cire à parquet, on a traité à 120 fr. C'est une hausse sérieuse sur le prix de l'an dernier.

Les cours du Havre et de Marseille ont conservé un ton de fermeté accentué. Dans cette dernière ville, on a coté : cire jaune de Smyrne de 145 à 150 fr. les 50 kil. à l'entrepôt; Trébizonde, 235 à 240 fr.; Caramanie, 240 fr.; Chypre et Syrie, 230 à 235 fr.; Egypte, 210 à 225 fr.; Mogador, Tétuan, Tanger et Larache, 200 à 220 fr.; Alger et Oran, 220 à 225 fr.; Bougie et Bone, 210 à 220 fr.; Gambie (Sénégal), 220 fr.; Mozambique, 215 à 220 fr.; Corse, 220 fr.; pays, 205 à 215 fr.; ces deux dernières à la consommation. — A Alger, les cours sont aussi élevés en première main qu'à la revente à Marseille; on a coté en dernier lieu de 4 fr. 20 à 4 fr. 25 le kil. C'est une hausse de 60 fr. les 100 kil. depuis trois mois.

Corps gras. — Les suifs de boucherie ont été cotés au dernier marché 103 fr. 50 les 100 kil., hors barrière; suif en branche 78 fr. 75 les 100 kil.; Stéarine saponifiée, 172 à 173 fr. 50 les 100 kil.; dito de distillation, 170 fr.; oléine de saponification, 90 fr. 50 à 91 fr.; de distillation, 83 fr.

Sucres et sirops. — Les sucres raffinés sont restés tenus de 130 fr. 50 à 131 fr. 50 les 100 kil., au comptant. Les sirops de fécules ont été cotés, massés, 38 à 45 fr. les 100 kil.; liquides, 40 fr.

Abeilles. — Avril sec et mai froid et pluvieux n'ont pas activé l'essaimage qui se fait lentement jusqu'à ce jour. Quant à l'apport de miel, il n'est pas brillant jusqu'à ce moment, et si le temps chaud n'arrive pas sous peu, la campagne sera mauvaise dans la plupart des cantons de sainfoins. Voici quelques renseignements qu'on nous transmet.

Le temps a été si peu favorable que nos abeilles sont en retard de quinze jours au moins. De 80 ruchées que j'ai hivernées, une seule a déserté laissant des provisions. *Collignon Beuvart*, à Attigny (Ardennes).—

Jusqu'ici (22 mai), le temps n'a pas été trop défavorable à nos abeilles. Seulement il nous faudrait à présent un beau temps stable, qui permit à nos mouches de nous donner miel et essaims en abondance. *Richerot*, à Saint-Martin (Ain).

Le poids de la ruchée que je pèse tous les dix jours a augmenté de 17 kil. 500 gr. du 10 au 30 avril, et diminué d'un demi-kilog., depuis cette dernière date au 20 mai. Cependant les fleurs abondent depuis le 10 courant, mais les fortes bises froides et les pluies presque continuelles n'ont pas permis aux abeilles d'en récolter le miel. Néanmoins près de la moitié des ruchées du canton ont assaimé, et si le beau temps qui a commencé hier 22 continue, l'autre moitié essaimera avant la fin du mois. Il y a eu un essaim à Saint-Jean-de-Losne le 22 avril. Je n'ai pas entendu dire qu'il y en ait eu dans le canton avant cette époque. Dans mon rucher de Dijon, il n'y avait pas encore eu d'essaim le 18. *Guilleminot*, à Saint-Jean-de-Losne (Côte-d'Or).

J'ai donné, au commencement de mai, à mes ruches pauvres, mais peuplées, un litre de nourriture qui leur a fait le plus grand *bien*. Chose rare dans nos contrées, j'ai aperçu des faux bourdons vers les premiers jours de mai. Je suis le seul qui possède des ruches à hausses, et mes abeilles prospèrent ; mes voisins n'ont que des ruches anciennes dont ils tirent peu de profits. *Didelot*, à Sauvigny (Meuse).

Le gelée tardive a détruit les fleurs dans nos localités ; cependant les abeilles étaient en bon état et avancées au commencement de mai. *Vernaqut-Baudel*, à Saint-Pierre (Pas-de-Calais).

Nos abeilles ont une mauvaise campagne, les froids de mars et avril les ont fait tellement souffrir qu'elles ont de la peine à se remettre. L'essaimage en est retardé et il est présumable qu'il ne sera pas fort. *Capdevielle* à Pau (Basse-Pyrénées).

La taille a fourni peu de cire, mais assez abondamment de miel. *Moreau*, à Thury (Yonne)

Lorsque la campagne se présente mal, il faut restreindre le nombre des essaims par des réunions, et donner quelques aliments en attendant les secondes coupes de prairies.   H. HAMET.

Nos abonnés et correspondants sont priés de nous adresser des renseignements sur l'essaimage, l'état de la récolte, et le prix des produits dans leur localité.

Paris — Imprimerie horticole de E. DONNAUD, rue Cassette 9

L'APICULTEUR

Chronique.

Les Sociétés d'apiculture qui se forment doivent travailler de toutes
leurs forces à l'émancipation de l'industrie apicole; elles doivent battre
en brèche avec la plus grande énergie la réglementation entravante qui
est venue, il y a une douzaine d'années, tomber sur elle, dans un coin
de la France, comme l'oïdium sur la vigne. C'est dans l'Eure-et-Loir, département essentiellement apicole, que l'épidémie de la réglementation
municipale sur la distance des ruchers et le nombre des ruches a pris
naissance et s'étend de jour en jour d'un village à l'autre. Un préfet de la
Restauration avait bien appliqué la réglementation préfectorale, dans un
département, le Calvados; mais après quarante ans de réclamation, de la
part des réglementés, le Conseil d'État a enfin dit que ce prétendu *droit*
préfectoral n'était qu'un *abus*. L'opinion publique s'était prononcée le premier jour, comme elle se prononce contre l'abus des arrêtés municipaux
sur la même matière. Car on a beau fouiller l'arsenal de nos lois, on n'en
trouve aucune qui consigne que l'abeille est un animal dangereux, un
animal qui puisse nuire à la sécurité publique. Or, si elle ne peut nuire,
c'est une erreur, c'est un abus de la classer parmi les objets sur lesquels
la loi permet de réglementer. Il y a atteinte à la liberté et à la propriété
que de contraindre, par un arrêté municipal, le cultivateur d'abeilles à
cesser sa paisible et utile industrie en fixant arbitrairement une distance
qui rend cette industrie impossible. A l'arbitraire on joint parfois l'odieux.
M. Charpentier nous écrit de Berchère, — 16 juin : « Je viens d'être
condamné par le tribunal de simple police de Chartres, à 5 fr. d'amende
avec dépens, et contraint à enlever mes abeilles du lieu où elles sont
dans le délai de 48 heures, sans quoi le commissaire de police et le maire
de Berchère *les feront brûler*. L'arrêté pris par ce dernier et approuvé par
le préfet, établit la distance des ruchers aux chemins et places publiques
à *mille mètres*. » La *justice* féodale était moitié plus douce à l'endroit
des abeilles que ne le sont les *principes* de 89 (!) en vigueur à Berchère :
elle ne prenait que 500 pas. Il est vrai que des maires voisins ne

10

fixent la distance qu'à 100, 150, 200 mètres. Ce qui semblerait faire croire que les abeilles ne sont pas partout également dangereuses et ne troublent pas également la sécurité publique, sans doute selon des circonstances particulières; qui sait? celle peut-être de la couleur des cheveux de Messieurs les Maires.

Lorsque les préfets du Calvados réglementaient la culture des abeilles, ils faisaient valoir — comme toujours en pareile cas — l'intérêt public, et invoquaient la sécurité ou la liberté des éleveurs de chevaux au piquet. Les apiculteurs répondaient : il se peut que lorsque les éleveurs de chevaux commettent l'imprudence d'attacher leurs bêtes trop près des ruchers et sur le passage des abeilles au moment de leurs grands travaux, qui durent une quinzaine de jours, les aiguillons de celles-ci en incommodent quelques-uns ; on en a quelquefois vu succomber à la suite. Mais pour un cheval que nous prenons à la production générale et que nous payons à son propriétaire en vertu de la loi de la responsabilité, nous lui en sauvons cent par le miel que ces mêmes abeilles fournissent à la médecine vétérinaire et dont on ne saurait se passer pour les chevaux.

Au surplus les apiculteurs d'Eure-et-Loir sont un peu la cause de l'extension qu'a prise chez eux la réglementation en ne se réunissant pas pour la combattre. L'isolement tue, tandis que la réunion fructifie, aussi bien pour les apiculteurs que pour leurs abeilles. Tout récemment une occasion se présentait d'exposer à Chartres, comme on vient de le faire avec un grand succès à Beauvais, des abeilles et leurs produits sur la place publique, au milieu de la foule, et de montrer à celles-ci en même temps qu'au premier magistrat du département qui sanctionne les arrêtés entravants; — de montrer publiquement à tous que l'insecte mellifère n'est aucunement dangereux. La Société d'horticulture de Chartres avait sollicité cette démonstration en faisant appel aux apiculteurs beaucerons, qui se sont abstenus sur toute la ligne, comme si cela ne les intéressait aucunement. On ne peut expliquer cette apathie coupable que par la jalousie qui règne entre les gens du métier, surtout entre ceux qui le tiennent de famille. Cependant le jour où la réglementation les atteint individuellement, ils se remuent; ils courent, ils sollicitent qu'on les tire d'embarras, eux seulement et non leurs voisins. Nous en avons vu dans cette circonstance venir nous demander de les aider à faire casser leur maire, ou à faire avoir son changement à leur préfet. *Risum teneatis, amici !...*

Ce n'est pas dans l'Aube, dans l'Oise, dans l'Aisne, dans la Somme et partout ailleurs où les apiculteurs se réunissent, d'abord pour développer l'esprit de fraternité qui doit régner entre tous les hommes, encore plus entre les membres d'une même industrie; ensuite pour s'occuper des moyens d'améliorer et de faire progresser leur art; ce n'est pas dans ces départements que l'apiculture sera jamais gênée par l'administration. Au contraire celles-ci s'empressera de concourir à son développement et de l'encourager le plus possible.

Que les apiculteurs d'Eure-et-Loir imitent leurs confrères; qu'ils se réunissent, se concertent et agissent en commun; qu'à la foire du Puiset, du 22, ils profitent de l'offre gracieuse que leur fait le maire de Janville en mettant à leur disposition la salle de l'hôtel de ville pour se réunir et discuter leurs intérêts; qu'ils pétitionnent et arrêtent les démarches ultérieures à faire. Ils nous trouveront toujours prêts à les seconder, et, tous ensemble, nous devons vaincre. Mais il ne faut pas perdre de temps et il faut agir partout, car nous sommes solidaires; le texte de loi que consacrera aux abeilles le futur code rurale sera d'une application générale. Les apiculteurs réunis à Beauvais l'ont compris, ils ont signé et font signer la pétition suivante, qui sera adressée au Sénat :

« Les soussignés voient avec peine que des arrêtés municipaux aient été établis dans quelques localités et depuis une quinzaine d'années seulement, sur la distance des ruchers et le nombre de ruches d'abeilles. Ils expriment le vœu que la culture de cet insecte utile soit devant la loi débarrassée de toute entrave, dégagée de toute réglementation et libre comme celle du ver à soie, de la volaille, du lapin, ou même du gros bétail et des industries qu'ils font naître.

» C'est dans la conviction que leur juste réclamation sera prise en considération lors de l'établissement du code rural qu'ils s'adressent avec confiance au Sénat. Et ils ont l'honneur d'être, etc. (*Signatures et adresses.*)

— Nous lisons dans le *Bulletin de la Société d'apiculture de l'Aube:*
« On nous signale un de ces abus que des agents du fisc commettent souvent par excès de zèle. M. Baguet, apiculteur à Villette, arrondissement d'Arcis, utilise les eaux qui ont servi au lavage et à la fonte de sa cire, en les soumettant à la distillation. Il en obtient par ce moyen de *l'eau-de-vie* d'assez bonne qualité, qui sert à sa consommation. Sa production s'est élevée cette année à 30 litres; la régie, pour ce fait, l'a obligé à payer 14 fr. 60 c. de droits, comme s'il avait fait acte de commerce. Nous ignorons sur quelle loi la régie s'est appuyée pour percevoir cet impôt,

qui ne peut atteindre que le commerçant. Le producteur a le droit de distiller, pour son *usage*, les boissons alcooliques provenant de son crû. (Arrêt de la Cour de cassation, du 20 août 1868.)

Nous ajoutons que l'expression « sa consommation » a une signification étendue : l'eau-de-vie ainsi obtenue peut, dans le but d'augmenter leur conservation, entrer dans les cidres et autres boissons fabriquées dans la ferme. Nous rappellerons aussi que la loi permet au producteur, en prenant un acquit au bureau de la régie de faire sortir de sa maison ses produits pour les conduire à la distillerie portative située momentanément chez un voisin ou près d'une mare, et de ramener chez lui son eau-de-vie une fois faite en reprenant un second acquit : chaque acquit coûte 25 centimes.

—Au concours régional de Nancy on comptait quatre exposants de ruches : MM. Camus et Gérardin (Meurthe), Meyer (Moselle) et Bastian (Bas-Rhin). Ce dernier hors concours pour cause de demande arrivée trop tard. Une médaille de bronze a été donnée à MM. Camus et Gérardin. Trois exposants de la Meurthe, MM. Camus, Gérardin et Vaucoster *présentaient* des miels en rayons et coulés. Les deux premiers ont obtenu une médaille de bronze. On nous écrit : les ruches ont obtenues tout ce qu'elles méritaient ; mais le miel méritait mieux. — On trouvera plus loin le nom des lauréats de Beauvais.

— La distribution des récompenses de l'exposition industrielle de Chartres a eu lieu le 3 juin, date de la clôture. Voici les lauréats pour industries dérivant de l'apiculture : *médaille d'or*, M. Javouhey, à Chartres, pour son excellente fabrication de pains d'épice au miel ; *médaille d'argent*, M. Bourreau, cirier à Châteaudun, pour les beaux cierges de sa fabrication.

Dans sa séance solennelle du 25 mai dernier, la Société d'agriculture de Bailleul (Nord) a décerné une médaille d'argent (grand module) à M. Vandewalle, à Berthen, pour les progrès qu'il a fait faire à l'apiculture dans le Nord.

—M. le frère Isique nous écrit : Au nombre des moyens propres ou remèdes contre les piqûres d'abeilles il en est un qui n'est guère connu : c'est le seul que j'emploie ou que je fais employer. Je veux parler de la boue qui, maintenue fraîche pendant quelque temps, enlève en séchant une partie du venin donné par l'abeille. Il faut l'appliquer sur la partie piquée.

— Saint Martial a une influence presque aussi grande sur la bruyère que saint Médard sur les blés. D'après les *observations* des apiculteurs des Landes, si le ciel est clair le jour de ce saint (30 juin) et la nuit sereine, la miellée sera bonne à la bruyère ; si au contraire ce jour et la nuit suivante sont sombres, les abeilles n'auront rien à picorer. Ce n'est pas au saint, mais au temps qu'il fait à cette époque qu'il faut attribuer les effets prévus qui, du reste, ne répondent pas toujours aux pronostics. H. HAMET.

***

Exposition de la section d'apiculture à Beauvais.

La section d'apiculture que la Société d'horticulture et de botanique de Beauvais a créée est représentée d'une manière remarquable pour un début dans l'exposition horticole ouverte pour le moment à Beauvais. Dix-huit exposants réunissent une belle collection d'appareils, de produits et de colonies d'abeilles logées dans des ruches d'observation et autres. Cette exhibition d'abeilles, représentée par une quinzaine de ruchés établies au milieu d'un concours très-fréquenté, est une innovation dans les joutes agricoles. Jusque-là, on en avait exclu les abeilles sous prétexte qu'elles gèneraient les visiteurs, et que cet insecte aussi utile qu'intéressant, était à éloigner. Les intelligents organisateurs du concours horticole de Beauvais ont voulu prouver le contraire et montrer que l'abeille a sa place marquée dans le jardin, aussi bien dans celui d'agrément de l'habitation bourgeoise que dans le verger de la ferme et le potager de toute habitation champêtre. Dans le premier, elle est logée en ruche vitrée qui permet de se rendre compte des travaux intérieurs de ces intéressantes ouvrières, de suivre l'éducation de leur couvain, de jouir de l'harmonie qui règne dans cette famille modèle. Dans le second, elle est logée en ruche usuelle, ruche à chapiteau ou à hausses, facile à manier et à récolter, permettant surtout la conservation du précieux insecte, sa réunion ou sa division selon que les circonstances le demandent. Le concours de Beauvais réunit un choix nombreux de ces ruches, et il sera une des leçons les plus fructueuses qu'on puisse donner au public, leçon qui se vulgarisera dans tous les concours provinciaux des cantons où l'abeille peut prospérer.

Outre un choix de ruches, l'exhibition apicole de Beauvais réunit tous les appareils indispensables à la grande comme à la petite culture des abeilles. La collection la plus complète et la plus remarquable est celle de M. Naquet fils, apiculteur à Beauvais, qui se compose d'une vingtaine d'appareils divers, parmi lesquels il faut plus particulièrement

noter, parce qu'ils sont des inventions de l'exposant ou des améliorations
heureuses, sa ruche à rayons mobiles, son métier OEttl modifié à fabriquer des hausses, des hausses fabriquées sur ce métier, son pèse-ruche,
sa porte mobile qui empêche la sortie des mères, par conséquent la perte
des essaims. Il faut aussi s'arrêter devant ses beaux produits : miels en
rayons et coulés, cire en briques, sirops de miel, etc.

Vient ensuite la collection de M. l'abbé Sagot, de Saint-Ouen-l'Aumône
(Seine-et-Oise), qui s'adonne spécialement à l'emploi du cadre et du
grenier mobiles. Il faut particulièrement s'arrêter devant ses rayons de
miel présentés sous l'emblème de l'égalité, et devant sa ruche d'observation Nutt améliorée.

. Parmi les produits et les instruments les plus remarquables, il faut
surtout citer : les calottes de miel en rayons de M. Honoré Dannin,
apiculteur à Parfondeval, qui sont une rareté par la campagne défavorable actuelle; la cire en brique de M. Roussel-Tallon, de Saint-Rimault; le miel en rayons affectant la forme de fruits, de M. Lachaise,
de Thury; les ruches à hausses en paille au métier de M. Gilles, apiculteur à Abbeville-Saint-Lucien, ainsi que son mellificateur pour four,
qui est d'un usage indispensable; la ruche d'observation et les produits
de M. Hacque, instituteur à Flavacourt, qui enseigne ce qu'il pratique ;
la cire bien épurée de M. Daubigny, fabricant à Jouy-en-Thelle; la vitrine
de M. Dauzet-Plessier, de Beauvais, qui renferme une collection de
produits industriels, tels que sirop de gomme au miel, cire à modeler et
à cacheter, encaustiques, miels conservés, etc.; les appareils économiques
surtout un pèse-ruche ingénieux et un appareil très-simple à asphyxier momentanément les abeilles, de M. Leguay, de Crillon; la ruche
avec porte mobile de M. Régnier, de Tillé; la ruche d'observation ayant
double colonie, de M. Ventin, de Villotran. L'une de ces deux colonies
possède une mère italienne remarquablement caractérisée ; mais comme
cette mère a dû être fécondée par un faux bourdon noir ou métis, elle
pond des ouvrières de diverses nuances.

Afin de stimuler les exposants et de chercher à augmenter le nombre
des possesseurs d'abeilles, la Société d'horticulture de Beauvais a mis à
la disposition du jury de la section apicole un nombre assez grand de
médailles. Ce jury a été demandé : à la Société centrale d'apiculture,
qui a délégué M. Hamet, professeur d'apiculture au Luxembourg; à la
Société d'apiculture de l'Aube, qui a délégué M. Thévenot, secrétaire
général; à la Société d'apiculture de la Somme, qui a délégué M. Du-

mont-Legueur, président. Voici comment les distinctions ont été réparties.
Grande médaille d'or (300 fr.) de S. M. l'Impératrice, à M. Naquet
fils, apiculteur à Beauvais, pour l'ensemble de son exposition remarquable :
ruches de divers systèmes, appareils, produits, etc. *Médaille de vermeil*,
à M. l'abbé Sagot, de Saint-Ouen-l'Aumône pour ses miels et ses appareils
apicoles. *Médaille d'argent* (grand modèle), à M. Honoré-Danwin, de
Parfondeval, pour ses calottes de miel en rayon et ses ruches à hausses ;
à M. Roussel-Tallon, de Saint-Rimault, pour sa cire en briques et son
miel coulé ; à M. Lachaise, de Thury, pour ses miels en rayons forme de
fruits. *Médaille d'argent*, à M Hacque, instituteur à Flavacourt, pour
ses appareils et son enseignement apicoles ; à M. Gilles, d'Abbeville-
Saint-Lucien, pour l'ensemble de son exposition, notamment pour son
melhficateur. *Médaille de bronze*, à M. Daubigny, à Jouy-en-Thelle,
pour sa cire en briques ; à M. Danzet-Plessier, marchand de comestibles
à Beauvais, pour ses produits industriels et ses miels en pot ; à M. Regnier, de Tillé, pour sa ruche et ses produits ; à M. Legnay, de Crillon,
pour sa ruche à feuillets, son pèse-ruche et ses autres instruments ; à
M. Ventin, de Villotran, pour sa ruche d'observations à double colonie ;
à M. François Sagot, aide de M. l'abbé Sagot, pour sa pratique et ses
soins apicoles entendus. *Mention honorable*, à M. Lecomte-Levasseur, de
Beauvais, pour ses ruches vitrées ; à M. Royer, chantre à Beauvais, pour
sa bonne fabrication de ruches en paille au métier Œttl.

L'examen des objets de l'exposition terminé, les membres du jury,
accompagnés de M. le docteur Bourgeois, secrétaire de la section apicole,
ont visité le rucher de l'Institut agricole de Beauvais qu'ils ont trouvé
très-intelligemment conduit. Une mention très-honorable n'eût pas manqué de revenir au frère Adelin qui le dirige, s'il avait pris part au concours. Le dimanche 20, a eu lieu une conférence apicole quelque peu
improvisée. La veille, lorsque les exposants et d'autres apiculteurs
étaient présents, il n'en était pas question. Aussi ces auditeurs naturels
ont fait défaut et ont laissé la place libre aux nombreux visiteurs que
les brillantes et remarquables expositions horticole, industrielle et ré-
trospective de Beauvais réunissaient ce jour.   H. HAMET.

P. S. Dans l'exposition industrielle, nous avons remarqué les cierges
façonnés de M. Pillon fils, cirier à Clermont (Oise); les cierges ornés
de M. Cheron-Guenot, de Beauvais; les pains d'épices très-appétissants de
M. Wattebled, de Lille.

— Au concours régional de Beauvais se trouvaient dix apiculteurs qui figurent presque tous à l'exposition horticole, Voici les distinctions ac_cordées.

INSTRUMENTS : *Médaille de bronze*, à M. Naquet de Beauvais, pour sa ruche à rayons mobiles. PRODUITS : *Médailles d'argent*, au même, pour cire, miel et sirop de miel. *Médaille de bronze* à M. Chéron, de Magny, pour miel coulé et miel en rayon ; à M. Roussel-Tallon, de Saint-Rimault ; à M. Lachaise à Thury, pour miel en rayons sous forme de poires.

Méthode et conseils pour l'enseignement de l'apiculture

DANS LES ÉCOLES PRIMAIRES RURALES ET DANS LES COURS D'ADULTES DES CAMPAGNES.

Personne, mieux que l'instituteur des campagnes, ne peut se charger de l'enseignement de l'apiculture ; il doit le faire, par la raison qu'elle forme une branche de l'agriculture ; mais, pour bien l'enseigner, il faut l'aimer et surtout la pratiquer ; pour engager les instituteurs à s'adonner à l'apiculture, je leur citerai les paroles d'un éminent professeur d'apiculture : «L'instituteur, dit-il, ne saurait mieux employer ses loisirs que de les consacrer à la culture de quelques ruches ; dans beaucoup de localités, cette distraction peut augmenter ses revenus, améliorer sa position. » J'ajouterai : et par là il acquerra les connaissances nécessaires pour l'enseigner à ses élèves.

Mais comment s'y prendre pour l'enseigner aux élèves ?

L'instituteur doit avant tout posséder un bon traité d'apiculture ; tous les mois il donnera deux ou trois dictées choisies dans ce traité ;

Il fera une lecture générale sur une bonne méthode apiculturale tous les quinze jours environ.

Il donnera des problèmes ou questions de calcul sur ce sujet ;

Tous les mois il fera faire une rédaction sur un chapitre d'apiculture qu'il lira et expliquera au préalable ;

Il donnera de temps en temps quelques questions ou demandes auxquelles les élèves répondront par écrit ;

Dans les promenades agricoles, il leur parlera des abeilles ; il leur fera connaître les plantes que ces insectes préfèrent, et qui contiennent le meilleur miel, telles que les *labiées;*

Mais l'enseignement par excellence, c'est de prêcher d'exemple : exposez aux enfants et aux adultes les avantages de cette industrie, vous ne leur ferez pas la même impression qu'en les faisant assister à une ré-

côlte de miel et de cire ; faites-leur calculer alors le produit d'une ruche
et vous verrez que vous aurez des imitateurs.

Je viens d'exposer en toute simplicité et franchise la manière d'enseigner et de propager l'apiculture : c'est celle que je suis; j'avoue humblement que je n'ai pas la prétention de faire de la science, mais de donner
aux enfants et aux adultes les connaissances pratiques indispensables à
tout cultivateur ou citoyen rural qui veut élever fructueusement des
abeilles.

Je n'ai pas non plus la prétention de tracer un programme qui soit
irréprochable, ni de tirer aucune vanité de ce que je fais, mais, s'il peut
être utile, je m'en réjouis.

Montbronn, le 11 juin 1869.

L'instituteur, LIPSEN.

_____

Fragments du journal d'un apiculteur.

Ferme-aux-Abeilles, juillet 186...

11 *juillet*. Mai et juin secs et chauds, récolte avancée et presque toujours bonne ; mai et juin froids et humides, récolte retardée et généralement mauvaise. Cependant les fleurs sont plus abondantes et durent plus
longtemps par les printemps humides que par les printemps secs, mais
elles sont moins mellifères. Plus tard, en juillet et en août, un excès
d'humidité peut être favorable à la production du miel. Mais communément, la terre donne peu de *séve miellée* pendant toute la campagne lorsqu'elle a été battue par des pluies froides en mai. Les terres sablonneuses
où pousse la bruyère peuvent faire exception.

Il importe de noter ces remarques et de supputer les ressources de l'a-
venir pour se guider sur la récolte à prélever sur les ruchées. Il faut aussi
tenir compte de la multiplication des colonies. Si l'essaimage a été abondant, on peut récolter entièrement des ruchées qui ne sont pas largement
approvisionnées, et cela, d'abord pour avoir des produits, ensuite pour
ramener l'apier au nombre des colonies qu'il peut comporter. Il est entendu que la population des ruches récoltées est réunie à celle des ruches
conservées. Mais il faut se garder de récolter des colonies qui n'ont pas
un excès de provisions si l'apier n'est pas au complet, ou si l'on s'adonne
plus particulièrement à l'élevage des abeilles. (Voir les années précédentes de *l'Apiculteur* pour les diverses manières de récolter et de façonner
les produits.)

Lorsqu'on a affaire à des ruches en une seule pièce ou à des corps de ruche dont on transvase les abeilles par le tapotement, il reste dans ses ruches, surtout par les années humides, une certaine quantité de couvain qu'il ne faut pas perdre. On coupe les rayons qui le contiennent et, à l'aide de baguettes, on les établit dans une ruchette, dans une hausse ou dans un chapiteau qu'on place sur une ruche ayant une issue par le haut et dont la population demande à être augmentée. Dès que le couvain est éclos, ces bâtisses artificielles sont enlevées et rangées pour être utilisées au calottage l'année suivante. Les rayons de couvain peuvent être établis dans des ruches dans lesquelles on loge des chasses destinées à être conduites à la bruyère ou au sarrasin. Ces chasses ainsi logées se comportent beaucoup mieux que celles placées dans des ruches nues.

L'essaimage est terminé, ou il tire à sa fin dans beaucoup de localités, tandis qu'il commence dans celles où la bruyère et le sarrasin dominent. Tant qu'il reste des faux-bourdons dans les ruchées, on peut renouveler les mères âgées. On enlève ces mères et les abeilles les remplacent en transformant du jeune couvain d'ouvrière. L'essentiel est qu'il se trouve du jeune couvain d'ouvrière dans la ruche dont on veut renouveler la mère. On sait que pour provoquer la ponte, il suffit de présenter aux abeilles un demi-kilog. — plus ou moins — de nourriture sucrée, sirop de sucre ou miel. — Donc, deux ou trois jours avant d'enlever la mère d'une ruchée, il est bon de lui présenter de la nourriture le soir.

Pour s'emparer de la mère d'une colonie logée dans une ruche usuelle, il faut transvaser cette colonie par le tapotement. Une main exercée peut, dans le passage des abeilles, s'emparer de la mère. L'œil du praticien peut aussi la découvrir au milieu des ouvrières réunies dans la ruche dans laquelle on les a contraintes de monter. Mais lorsqu'on est peu habile à la découvrir et à la saisir au milieu de la colonie, on rend celle-ci à sa ruche qu'on a eu soin de surmonter d'une hausse dont le plancher est en tôle perforée ne laissant passage qu'aux ouvrières. Un quart d'heure ou une demi-heure après, on trouve la mère au milieu d'un petit groupe d'ouvrières restées près d'elle; il est alors facile de s'en emparer.

Le renouvellement des mères n'est pas chose indifférente en apiculture; on l'a déjà dit et il faut le répéter : c'est une opération qui a son importance et que tout apiculteur soucieux de la prospérité de ses ruchées ne doit point négliger. On sait que la vieille mère accompagne toujours — sauf de très-rares exceptions dont on ne doit pas tenir compte dans la pratique, — l'essaim primaire, et que les souches ayant essaimé et les essaims secondaires ont toujours de jeunes mères à leur tête. On dresse un tableau que l'on renouvelle chaque année et sur lequel on ménage une colonne dans laquelle on a soin d'inscrire l'âge des mères de chaque ruchée. Par exemple, pour une ruchée possédant une mère de deux ans au printemps, mais qui a essaimé, on marquera 0 et 2 pour son essaim. De cette façon, on ne peut perdre aucune mère de vue, et il suffit d'un coup d'œil pour savoir celles qui sont à renouveler.

Par les années où les ruchées sont peu pourvues de provisions, on ne perd pas son temps à préparer des sirops de fruits, allongés de miel inférieur, de cassonnade, voire même de glucose, avec lesquels on peut compléter économiquement les vivres des abeilles pour la mauvaise saison. Il faut donner rapidement cette alimentation pour qu'elle profite.   X.

De la pourriture du couvain (loque).
par A. de Berlepsch.

On entend par la pourriture du couvain la mort, la putréfaction et la dessiccation finale, dans les cellules, du couvain non operculé, et plus généralement du couvain déjà operculé. Cette maladie du couvain varie beaucoup dans ses manifestations, mais elle prend ordinairement une forme contagieuse ou non contagieuse.

§ 1.

1. Pourriture du couvain non contagieuse.

Cette forme procède de diverses causes. Ainsi, une certaine quantité de couvain périt lorsqu'une colonie se trouve tellement diminuée, par suite de l'extraction d'un essaim, ou de la transposition de sa ruche, qu'elle ne peut plus nourrir ou couvrir convenablement tout le couvain. Elle se rencontre également au printemps quand, après que les œufs pondus par la mère au bas des rayons sont éclos, un brusque changement de température oblige les abeilles à remonter, et que les larves sont tuées par le froid. Cette destruction du couvain était déjà signalée du temps de Columelle.

La nourriture dont les larves sont alimentées peut renfermer aussi quelquefois une qualité délétère et causer la mort. Spitzner rapporte ceci : « Au printemps de 1784, j'avais placé trente colonies dans une forêt parsemée d'airelles en fleur. Quand elles furent ramenées au rucher, j'y remarquai des plaques noires, larges d'environ six pouces au bas des rayons et les larves mortes dans les cellules. Cependant, les

abeilles ayant promptement éloigné ces larves, je trouvai, huit jours
après, les cellules noires remplies d'un couvain qui aboutit régulièrement. »

« En 1851, dit Hoffman-Brand, les sapins furent ici fort dévastés par
une nombreuse espèce de chenilles. Celles-ci étant mortes, le garde forestier Wunsche, de Tiefenfurth, observa que les abeilles fréquentaient
ces arbres, et bientôt après la pourriture du couvain apparut dans ses
ruches. Les cellules d'un rayon contenant de la pourriture étaient toutes
noires. Des faits identiques m'ont été communiqués par M. Sommer, de
Neuhammer. En aucun cas il ne s'ensuivit rien de fâcheux. »

Quelquefois les abeilles arrachent des cellules le couvain malade avant
qu'il pourrisse; d'autres fois elles l'y laissent auparavant se dessécher
complétement.

D'ordinaire la pourriture non contagieuse est sans conséquence,
étant limitée au couvain qu'elle affecte dans l'origine. Prend-elle, en
certaines circonstances, un caractère contagieux, ou la pourriture contagieuse peut-elle, à l'occasion, en résulter? C'est ce que nous examinerons
dans une autre section.

§ 2.

2. *Pourriture du couvain contagieuse.*

Cette forme ne paraît pas se rencontrer toujours dans tous les districts.
Spitzner, dans la Haute-Lusace, Busch, d'Arnstadt, Kaden, à Mayence, et
Kleine, en Hanovre, constatent qu'ils n'ont jamais vu cette maladie dans
leurs ruchers, ni dans leur voisinage respectif. Elle était entièrement
inconnue en Thuringe jusqu'en 1858, et mon vieux maître en apiculture,
Jacob Shulze, ne l'observa point dans ses colonies ou ailleurs pendant
plus de cinquante ans de pratique apicole.

Cette pourriture, la plus dangereuse de toutes les maladies auxquelles
les abeilles soient sujettes, se montre sous divers aspects, tantôt plus, et
tantôt moins destructive, quelquefois s'étendant rapidement, d'autres
fois n'avançant point du tout. Par fois elle est si bénigne qu'il est aisé
de l'extirper, et souvent elle disparaît spontanément. Il est impossible de
spécifier avec détails tous ces degrés; cependant nous en distinguerons
les trois suivants.

a. PREMIER DEGRÉ.

Au commencement de la maladie, on trouve dans un ou plusieurs
rayons dix, vingt cellules, plus ou moins, operculées, ayant leurs calottes
ou couvercles affaissés. En examinant de près ces couvercles, on y aper-

çoit un petit trou rond. Le couvercle ôté, on voit la larve, parvenue à sa pleine croissance, tout étendue, la tête tournée vers la cloison du rayon, et le corps décoloré en une couleur brune. Ordinairement la larve meurt avant que la tête se retourne, sans doute aussitôt après le scellement de la cellule, et avant qu'elle subisse l'état de *pupe* (forme voisine de l'état ailé de l'insecte). Rarement on trouve des larves non operculées pourries, et plus rarement des *pupes* pourries. Si on les écrase, leur contenu est une masse épaisse et gluante. Bientôt la forme spécifique de la larve devient méconnaissable, se décomposant en matière glutineuse, et se desséchant dans l'espace de dix ou douze jours, sous l'apparence d'une croûte ou écaille brun foncé, presque noire, à la paroi inférieure de la cellule. Les abeilles sont impuissantes à arracher cette écaille. Si elles sont encore en nombre suffisant, elles démolissent courageusement la cellule infectée et en reconstruisent une nouvelle. Mais, quand la maladie a fait de trop grands progrès, elles ne peuvent plus éloigner la matière loqueuse, et elles discontinuent de bâtir, n'en ayant plus le courage, excepté, je le répète, lorsqu'elles sont en nombre suffisant et que le pâturage abonde encore. Si la maladie devient très-virulente et prédominante, elles cessent presque tout à fait de voler, se contentant de chasser avec effort l'air vicié de la ruche. Elles sont portées à essaimer, ou plutôt à déserter leur ruche, au printemps, ou en automne, par un beau jour.

Si l'on trouve sur le plancher de petites écailles, ou granules, brunes ou noires, qui étant pressées entre les doigts produisent une masse grasse et fétide, on a une preuve certaine de l'existence de la pourriture du couvain dans la ruche. Une fois qu'elle a commencé de s'étendre, ordinairement elle marche très-vite, et souvent la moitié, ou les trois quarts du couvain, est affectée et meurt. A cet état, l'existence de la maladie s'annonce par une odeur pénétrante, semblable à celle d'une viande corrompue, qui s'échappe de l'entrée de la ruche, au lieu de l'agréable odeur accoutumée ; les abeilles sont là sans cesse occupées à renouveler l'air.

Il est singulier que tout le couvain ne meure pas. Dans les ruches même où la pourriture existe à l'état le plus intense et le plus pernicieux, on découvre toujours une portion de couvain, quoique petite, parfaitement bien portante et arrivant à maturité. C'est là vraiment un grand mystère, si l'on réfléchit à la nature contagieuse de cette maladie. Cependant, elle ne reste pas longtemps confinée dans la ruche où elle a pris naissance; elle pénètre peu à peu dans les autres ruches, tellement qu'en un an ou deux toutes les souches du même rucher ou du voisinage sont plus ou moins infectées. Les colonies envahies par la pourriture maligne ne survivent pas longtemps. La maladie progresse vite, et non-seulement le premier couvain attaqué meurt, mais les cellules saines se changent en foyers'de pourriture, de sorte que la mère ne trouve bientôt plus où déposer ses œufs. Alors, la colonie se dépeuple rapidement, et elle périt la première année, ou certainement la seconde.

b. SECOND DEGRÉ.

Ce degré diffère du premier seulement en ceci : 1° que la maladie ne se propage pas aussi rapidement; 2° qu'elle devient rarement aussi intense; et 3° qu'elle disparaît d'elle-même ordinairement. J'ai plusieurs fois eu l'occasion de m'en assurer. Ainsi, par exemple, au printemps de 1859, plusieurs souches appartenant à M. Umbreit, de Wolfis, dans le duché de Gotha, furent fort infectées de la pourriture du couvain. Eh bien! en 1862, la maladie avait complétement disparu, sans qu'on eût employé aucun moyen pour l'écarter ou la guérir. M. Klein, de Tambuchshof, a signalé un cas semblable dans la *Bienenzeitung* en 1864. Lorsque la maladie se présente à ce degré, elle est toujours guérissable, étant traitée avec l'attention et le soin ordinaires; dans plusieurs cas elle est même facilement écartée, comme je l'ai souvent remarqué. En 1860, une colonie, de M. Kalb, à Gotha, fut infectée; il en eut encore trois dans l'été de 1865; la guérison, dans chaque cas, s'effectua simplement par l'enlèvement du couvain malade. Le fléau eût sans doute disparu spontanément. Mais, l'apiculteur ne doit point se fier à une possibilité de ce genre, ni tomber dans l'incurie et le défaut de vigilance; car, au lieu de disparaître, ce degré de la maladie aboutit souvent (généralement la seconde année), à la pourriture maligne et contagieuse, si parfaitement appelée la *peste du couvain*, qu'on n'a pas encore pu guérir, que je sache.

c. TROISIÈME DEGRÉ.

Dzierzon dit : « Où cette forme de pourriture existe, la plus grande portion des larves non operculées périt. La portion qui est suffisamment avancée pour être calottée ou scellée reste ordinairement saine et se développe régulièrement. Une cellule de couvain operculé et pourri est ici une rareté. La matière en laquelle la larve morte se décompose est plus pâteuse et moins dure que celle qui résulte de la forme maligne. Elle se dessèche en forme d'écaille à la base de la cellule; elle est aisément dé-

tachée ; et, si la colonie reste nombreuse, elle est charriée hors de la
ruche. Quand on voit de ces écailles brun foncé sur le plancher, on a
une preuve positive que la pourriture du couvain existe dans la ruche.
Les colonies ainsi infectées se conservent souvent durant deux saisons,
parce qu'il n'y a qu'une portion du couvain qui meure, et que les abeilles l'emportent facilement. Les cellules vidées sont de nouveau remplies
par la mère ; une portion des larves mûrit encore parfaitement, et entretient ainsi à peu près la force de la colonie pendant assez longtemps.
Quelquefois même la maladie disparaît. Telles colonies ont exhalé une
forte odeur de loque en été qui sont devenues entièrement pures et
saines en automne. » (*L'Apiculture rationnelle*, 1861, page 271.) Je n'ai
pas eu l'occasion d'observer *cette forme* de pourriture du couvain.

§ 3.
Mode d'infection.

La maladie peut être communiquée :

1° Par le nourrissement des abeilles avec un miel venant de ruches
pourries ;

2° Par l'insertion de rayons venant de ces ruches, spécialement de
rayons contenant du miel et du pollen ;

3° Probablement aussi par les miasmes de l'atmosphère environnante ;

4° Par les abeilles de souches bien portantes ayant du couvain, pillant
ou cherchant à piller les provisions de la ruche malade ;

5° Par l'apiculteur lui-même si, après avoir ouvert et examiné une
souche malade, il ouvre et opère une souche bien portante sans s'être
auparavant lavé les mains ;

6° Par la réunion des abeilles d'une souche malade avec celles d'une
bien portante, lorsqu'il y a du jeune couvain dans celle-ci, — la réunion
n'offre pas de danger s'il n'y a pas de couvain. Du miel même pris à des
souches malades pour nourrir des colonies qui n'ont pas de couvain leur
nuit rarement, — il n'en est pas de même si elles ont du couvain.
On croit généralement qu'une mère venant d'une souche malade, introduite seule dans une souche saine, ne communique point la maladie. Spitzner affirme cependant qu'une colonie saine est infectée par
l'introduction de cette mère. Cela est arrivé chez le Dr Asmusz dans
deux cas ; et dans mon propre rucher, en 1867, une colonie, certainement bien portante à l'époque, devint bientôt malade après que je lui
eusse donné, sans y prendre garde, une mère venant d'une souche
pourrie. On ne comprend pas, en effet, comment une mère ne communi

querait point la maladie, lorsqu'il est certain qu'elle est souvent communiquée ainsi par les ouvrières.

7° Par la mise en ruche d'un essaim ou par le transvasement d'une colonie dans une ruche occupée auparavant par une population malade. Le bain chaud, le décrassement, et d'autres moyens de purification ne désinfectent pas toujours une telle ruche, dans laquelle la maladie peut éclater de nouveau, même au bout de plusieurs années.

8° Par la pose d'une colonie sur la place ou le plancher occupé avant cela par une souche malade. On a des exemples où la pourriture s'est déclarée en pareilles circonstances, quoique la place eût été inoccupée plus d'un an.

Enfin, je tiens de Dzierzon lui-même que la maladie peut être communiquée et disséminée même par les fleurs que fréquentent les abeilles de souches malades, lorsqu'elles sont ensuite visitées par celles de souches bien portantes. Il a reconnu que la pourriture du couvain a été portée dans des ruchers distants sans transposition d'abeilles ou de colonies malades. Weltzer a fait les mêmes remarques; Hoffman-Brand pareillement. C'est très-probable. Au Congrès apicole de Dresde, un membre d'une Société d'apiculture a raconté qu'il y a trente ans la pourriture du couvain se propagea si généralement et si rapidement de place en place dans le royaume de Saxe, qu'en quelques années les neuf dixièmes des colonies furent totalement détruits et l'apiculture ruinée pour longtemps.   (A suivre). C. K. Tr.

Fabrication des capuchons.

Voici comment je fabrique les robes (capuchons) de mes ruches. Lorsque mon glui est solidement lié à sa partie supérieure, avec une corde que je serre parfaitement au moyen d'un nœud coulant, je le coupe à environ 0^m 20 de la corde, à l'aide d'une faucille, puis je l'étends convenablement sur un petit métier dont voici la description.

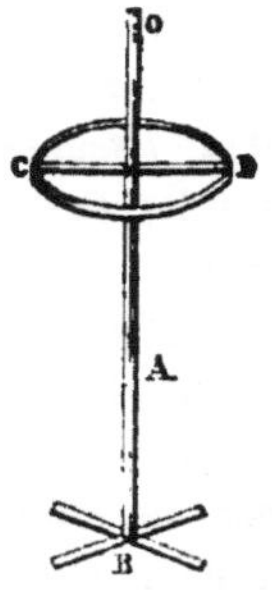

Fig. 7. Appareil pour capuchons.

Il se compose d'un montant A, fig. 7, fixé sur un pied B formé de deux traverses se coupant à angle droit. CD est une cheville traversant le montant A, à environ 0^m 10 du point O. A cette cheville est fixé un cercle immobile, qui reçoit lui-même un autre cercle en bois que j'attache au premier par 3 petites ficelles. Alors je place mon glui que j'étends, ainsi que je le disais plus haut. Un autre cercle, en gros fil de fer galvanisé passe sur le glui et s'attache au moyen de trois petits bouts de fil de fer au cercle mobile placé en dessous.

Il suffit alors de détacher les ficelles qui retiennent ce dernier cercle à celui qui est immobile, et d'enlever la robe qui a été obtenue ainsi en moins de 10 minutes et qui présente toutes les garanties de solidité et de durée. — Cette robe est bien entendu, recouverte d'un pot à fleur renversé.　　　　　　　　　　　　　　　　　　　　　　　BERNASSE.

Dictionnaire d'apiculture

(Glossaire apicole. Voir page 18.)

ABEILLE (origine du mot). Nous avons, d'après plusieurs dictionnaires, donné comme radical ou étymologie du mot *abeille*, le mot latin *apex*. M. Kauden émet un doute à cet égard. « Si je recherche, dit-il, l'origine du mot *abeille* dans la langue hébraïque, dont dérivent le grec, le latin, etc., au moins en bonne partie, j'y trouve le verbe *aouph*, *ouph*, voler, et le nom, *aoph*, *oph*, oiseau, volatile. Conformément au génie de chaque langue qui fait retrancher, ou substituer une voyelle préfixe, ou une consonne, à une autre voyelle ou consonne correspondante, ne serait-ce pas du mot hébreu en question que viendrait : *iptamaï*, voler (en grec) ; *avolare*, *volare*, voler, s'envoler ; *avis*, oiseau ; *apis*, abeille ; *apex*, sommet (en latin) ; *ape* (en italien) ; *abeille* (en français) ; *abja* (en espagnol) ; *biene* (en allemand) ; *bee* (en anglais) ; *bij* (en suédois), etc.? Ce mot hébreu se rattache à la grande famille des radicaux : *ab*, *ap*, *af*, *ar*, *ag*, *al*, *ad*, *ed*, qui marquent l'élévation. »

ABEILLE MÈRE. s. f.; femelle développée, mère; dénommée anciennement, lorsqu'on ne connaissait pas ses fonctions : *reine*, *roi*, *maître*, *chef*. — *Reina* (Isère) ; *reino*, *gouber* (Lozère) ; *moëte* (Picardie) ; la *maistra* — la mère — (Ardèche). Les anciens apiculteurs, dit Bosc (*Nouveau cours complet d'agriculture théorique et pratique*, éd. Deterville), se sont mépris grossièrement sur la destination des abeilles. Voyant qu'il y avait un ordre admirable dans la société de ces insectes laborieux, et un seul individu différent des autres, ils ont supposé que cet individu était un *roi*, dont les mâles étaient les *soldats* et les ouvrières les *sujets*. On ne voit pas sans peine des auteurs modernes conserver le nom de *reine* à l'abeille mère, nom tout aussi impropre et tout aussi absurde que celui de *roi*, *chef* ou *maître*. » Il est vrai que quelques-uns de ces auteurs attribuent à l'abeille-mère des velléités de commandement et de présidence à l'ordre des travaux intérieurs, et que, selon eux, elle déterminerait, par exemple, la direction à donner aux édifices publics, etc.; mais ces attributions ne sont que supposées. « Le mauvais choix d'expression, quand il s'agit de science, dénote toujours, dit le docteur Desaive, des notions superficielles. » Cependant, les auteurs qui, de nos jours, s'obstinent le plus à perpétuer cette fausse dénomination, sont précisément ceux-là qui prétendent posséder la science infuse et renover complétement l'apiculture. Et ils s'intitulent « rationnels, » — pur sang!

Il n'y a qu'une femelle développée ou mère dans chaque colonie d'abeilles. Elle se distingue des ouvrières et des faux-bourdons par une taille plus forte et des couleurs plus vives, fig. 8. Sa tête est triangu-

Fig. 8. Mère.

laire et a les mêmes caractères que celle de l'ouvrière; son corselet est globuleux; il mesure 0ᵐ0045 de diamètre. Son abdomen est plus pointu et plus développé, surtout lorsqu'il est chargé d'œufs. Ses ailes sont aussi un peu plus grandes que celles des ouvrières, quoique à première vue elles paraissent plus courtes, parce qu'elles recouvrent un abdomen plus long. Sa trompe est plus courte, ses mandibules plus petites et ses antennes plus ténues que celles de l'ouvrière. Ses pattes sont plus longues et plus colorées que celles du mâle et de l'ouvrière; elles n'ont ni brosses ni cueillerons. L'aiguillon de la mère est plus fort et plus recourbé que celui des ouvrières; elle ne s'en sert jamais que pour tuer les mères, ses rivales. Une mère de grandeur moyenne est de 7 à 9 millimètres plus longue qu'une ouvrière: elle a de 22 à 24 millimètres.

Au moment de sa grande ponte, la mère atteint sa plus forte taille. Alors sa démarche est plus lente, plus grave et son vol plus lourd. Les jeunes mères non encore fécondées ont, au contraire, une taille plus élancée, une démarche plus vive et un vol plus léger. Quant à sa couleur, la mère est, sur la partie supérieure du corps, d'un brun brillant, souvent un peu noirâtre, tandis que la partie inférieure de son corps, et principalement l'abdomen et les pattes sont d'un jaune d'or. En avançant en âge et, à force de se traîner d'une cellule à une autre en pondant, la mère finit par perdre les poils bruns et fins qui garnissent ses flancs; alors elle paraît lisse, noirâtre et brillante, principalement sur la partie supérieure du corselet. Quand la mère est morte, son corps (l'abdomen), se replie sur lui-même et perd ses belles apparences.

L'abeille-mère alpine a les mêmes dimensions que la mère de l'espèce indigène. Elle se distingue par des couleurs plus claires; les premiers anneaux de son abdomen sont jaunâtres avec raie blanchâtre. Dans une planche qui sera jointe à l'un des prochains n°° de l'*Apiculteur*, il sera donné les types coloriés de trois sortes d'individus de l'espèce d'abeille indigène et de l'espèce italienne.

Dans l'espèce italienne comme dans l'espèce indigène, il y a des mères plus ou moins fortes; leur taille varie de deux à quatre millimètres. Ce développement plus ou moins grand est dû à la capacité du berceau dans lequel le sujet a été élevé. Cette capacité est moins uniforme que pour les cellules d'ouvrières et celles de faux-bourdons.

Le rôle de l'abeille-mère est uniquement de pondre. Elle ne va pas picorer sur les fleurs, et, lorsqu'elle est fécondée, elle ne sort de sa ruche que pour l'essaimage.(Voir les mots *Ponte, Influence de l'âge*, etc.) — A consulter, VI° année de l'*Apiculteur*, page 40 ; IX°, p. 369 ; X°, p. 22, 56, 85.

ABEILLE OUVRIÈRE, s. f.; femelle atrophiée. (Voir *Ouvrière, Fonctions de l'ouvrière, Physiologie de l'abeille*, etc.)

ABEILLER, ABEILLÈRE (abé-ié, ière), adj. qui a trait aux abeilles.

ABEILLIER, s. m. (a-bé-ié), synonyme de apier, rucher (Voir ces mots). On l'emploie aussi quelquefois pour apiculteur, possesseur ou cultivateur d'abeilles. Dans les *Mémoires sur les meilleurs moyens d'élever les abeilles*, couronnés par l'Académie des sciences et belles-lettres de Bruxelles, en 1779, l'expression *abeilliste* est employée pour apiculteur. En consacrant le terme générique abeille, on aurait dû employer les expressions *abeilliculture* et *abeilliculteur*.

ABEILLON (a-bé-ion). Vieux mot. Essaim d'abeilles. « Si aucun trouve un *abeillon* en son héritage, il est tenu de le révéler au seigneur justicier. » (*Coutumier général*). Dans quelques localités, on donne encore le nom d'abeillons aux essaims secondaires.

ABEILLEROLE ou guêpier. (Voir *Guêpier*), oiseau ennemi des abeilles.

ABRI des ruchers ; haies, palaissons, murs ou autres constructions élevées pour abriter les apiers des mauvais vents, des avalanches de la neige, etc. V. vol. X de l'*Apiculteur*.

ACARE de l'abeille ; parasite de l'*Helianthus annuus* (soleil) auquel l'abeille servirait d'omnibus. (V. 10° année de l'*Apiculteur*.)

ACHAT D'ABEILLES (de ruchées ou colonies d'abeilles, souches ou essaims). On achète, par conséquent on vend des colonies d'abeilles à trois époques principales de l'année qui correspondent aux moments où elles sont le plus facilement transportables : au sortir de l'hiver, à l'essaimage et en arrière-saison. Après l'hiver on paye un peu plus cher, parce qu'on est plus certain de ce qu'on achète : on n'a plus à redouter la saison rigoureuse pendant laquelle l'abeille mère peut mourir sans pouvoir être remplacée. Au moment de l'essaimage, on court le plus de chance, car on achète des colonies qui n'ont rien, des *essaims à la branche* qu'on paye peu cher, mais qui peuvent être bons si la saison est favorable, et mauvais si elle ne l'est pas. En arrière-saison, on est certain des provisions, lorsque le poids de la ruchée est élevé. Il faut acheter des colonies qui ont une forte population, des provisions, une jeune mère et des rayons dont la cire n'est pas trop noire. Le prix des bonnes colonies varie depuis 8 jusqu'à 20 fr., selon la province.

ACCOUPLEMENT. V. *Fécondation des mères.*

AIGUILLE à coudre les ruches en paille; sorte de lardoire en tôle ou en fer-blanc qui reçoit la lanière servant à attacher les cordons des ruches en paille. *L'Apiculteur*, vol. IV.

AIGUILLON, s. m. (*égu-illon*); organe interne de l'abeille (ouvrière et mère), qui produit la piqûre que tout le monde connaît. *Piquion* (Somme, Nord, etc.); *pecquillon* (dans quelques cantons de Seine-et-Oise, Yonne, etc.) ; *pican* ou *piquant* (Meuse) ; *pindron* (Aisne). — L'aiguillon est placé à l'extrémité postérieure du corps. Dans l'état de repos, il est enfermé entièrement dans l'abdomen. Il peut en sortir et y entrer suivant la volonté de l'abeille. Indépendamment de ces deux mouvements de protraction et de rétraction, il peut être dirigé dans tous les sens et rencontrer ainsi le corps que l'insecte veut frapper.

L'aiguillon de l'abeille se compose : 1° d'une *base* ; 2° d'un *étui* ; 3° d'un *dard*. La *base* est formée par plusieurs pièces cartilagineuses. Swammerdam en compte huit, et Réaumur six. Audoin fait observer que ce dernier n'a pas su distinguer deux pièces que Swammerdam avait décrites. Duméril a reconnu l'existence d'une neuvième pièce, placée sur la ligne médiane et représentant la figure d'un V. Les branches de cette pièce sont dirigées en avant et s'articulent avec l'étui. Elles ont peut-être pour fonctions de ramener ce dernier en dedans. Les huit autres pièces sont placées par quatre de chaque côté. Des membranes résistantes les unissent, et leur ensemble constitue une sorte d'enveloppe qui par sa circonférence externe, se trouve en rapport avec le dernier segment de l'abdomen et lui adhère, tandis que, par sa face interne, elle entoure l'étui de l'aiguillion. On observe de plus, en rapport avec les huit pièces dont il vient d'être question, quatre muscles spéciaux, deux protracteurs et deux rétracteurs. On doit encore considérer, comme appartenant à la base de l'aiguillon, deux corps allongés, blanchâtres, membraneux, creusés chacun en gouttière, qui accompagnent l'étui et lui forment en se réunissant par leur bord interne, une sortes de fourreau incomplet. Swammerdam regarde ces deux corps comme destinés à mouvoir l'étui de dedans en dehors. Réaumur croit qu'ils garantissent les parties molles de l'abdomen du contact de l'étui, et *vice versâ*.

L'*étui* est une tige de consistance cornée, offrant à la base un renflement que Réaumur a nommé *talon*, et diminuant progressivement jusqu'à son sommet, qui est assez aigu. Cet étui est incomplet, c'est-à-dire qu'il ne constitue pas un cylindre fermé de toutes parts. C'est un demi-canal ou un corps creusé en gouttière longitudinalement et inférieurement. Le *dard* n'est pas un organe simple, mais double. Il est formé de deux stylets longs et déliés reçus dans l'étui, mais ne le remplissant pas exactement. Ils sont adossés l'un à l'autre par leur face interne, qui est plane et parcourue dans toute sa longueur par un léger sillon. Son sommet est très-aigu et garni en dehors d'une dizaine de petites dents pointues, dirigées d'avant en arrière. Ces stylets se séparent et divergent vers la base. Ils s'articulent avec les pièces cartilagineuses. Il sont accompagnés, dans leur partie inférieure par l'étui, qui se divise aussi en deux branches (1).

L'aiguillon est une arme offensive et défensives propre à plusieurs hyménoptères autres que l'abeille : en sont pourvus les guêpes, les frelons, les bourdons des champs, etc. (*A suivre*).

Rapport sur l'apiculture à l'Exposition des insectes en 1868. (Suite. V. p. 245.)

Le jury des récompenses accorde un rappel de médaille d'argent de S. E. le ministre de l'agriculture à M. Barat, apiculteur au Port-Saint-Nicolas (Aube) pour ses miels coulés de belle qualité, ses miels en rayons, sa cire et ses sirops au miel dont plusieurs sont d'excellents tafias, et le mentionne particulièrement comme membre organisateur de la première réunion apicole de l'Aube.

Il accorde également un rappel de médaille d'argent de S. E. le ministre à M. Brunet, confiseur à Paris, pour son assortiment de bonbons

(1) Moquin-Tandon : *zoologie médicale.*

au miel, notamment pour ses pastilles dont la renommée continue de s'étendre.

M. Frédéric Bastian, pasteur à Wissembourg (Bas-Rhin), se livre à l'apiculture théorique et pratique, et emploie spécialement les méthodes allemandes (de l'école des bâtisses mobiles) qu'il cherche à propager. Il expose : 1° un extracteur de miel (mello-extracteur) quelque peu encombrant, du prix de 65 fr.; 2° un extracteur Schmield, plus simple, du prix de 20.fr. Ces machines ont été établies dans le but de vider les rayons sans les briser. Elles fonctionnent comme les essoreuses sur lesquelles elles ont été copiées. Les essais auxquels les mello-extracteurs exposés ont été soumis n'ont pas donné, aux praticiens du jury, tous les résultats désirables : ils ne s'appliquent qu'aux cadres ou aux rayons mobiles avec montants, et ne vident pas complétement toutes les cellules ; 3° une ruche à rayons mobiles avec montants dits cadres ouverts, qui, à vide, fonctionnent sans obstacles. Cette ruche est de capacité plutôt petite que grande, mais elle peut recevoir un chapiteau également à rayons mobiles ; 4° une ruche d'observation dont les cadres peuvent former différentes dispositions, du prix de 10 fr. Cette ruche loge une faible population d'abeilles italiennes ; 5° une pipe d'apiculteur, du prix de 3 fr.; 6° un couteau d'apiculteur, du prix de 1 fr.; 7° une forme à cadres ouverts, du prix de 50 cent.; 8° une cage à reine (étui à mère), du prix de 30 cent.; une pelle en carton pour le maniement des abeilles, du prix de 1 fr.; 9° un exemplaire : *Les Abeilles* (traité d'apiculture par les bâtisses mobiles) : 3 fr. 50. Tous ces objets se recommandent aux partisans du mobilisme. Mais le jury s'est plus particulièrement arrêté aux 6 échantillons de miel granulé, obtenu par le mello-extracteur, que présente M. Bastian. Plusieurs de ces échantillons laissent à désirer sous le rapport de la granulation régulière, partant de leur conservation : ils sont veinés de sirop demi-liquide, ce qu'il faut attribuer à la présence en trop grande quantité de miel non opercalé, état sous lequel l'extraction par la machine a lieu plus facilement et plus complétement. — Le jury, tenant compte aussi à M. Bastian d'un groupement d'apiculteurs du bas-Rhin, lui décerne une médaille d'argent de la Société d'Insectologie agricole pour ses ruches à rayons mobiles, ses extracteurs et son traité d'apiculture.

M. Froideval, apiculteur à Lamotte-Thilly (Aube), possède un rucher d'une soixantaine de colonies très-intelligemment conduit, et fait usage de la ruche à chapiteau et de celle à hausses en paille. Il expose deux chapiteaux de miel en rayons qui ne laissent rien à désirer, du miel coulé et un lot de cire bien épurée et bien briquée. Il présente aussi une entrée mobile de ruche d'une grande simplicité et tout à fait inédite. Le jury accorde à M. Froideval une médaille d'argent de la Société d'Insectologie pour ses produits exposés et pour son entrée mobile de ruche.

Le rucher de M. Pascal Leroy, de Crouttes (Orne), composé de 250 colonies, continue à être l'un des mieux conduits du département de l'Orne. M. Leroy présente : 1° quatre briques de cire dont le moulage est parfait ; 2° deux flacons de miel coulé d'une très-grande blancheur ; 3° une cloche en verre, garnie de rayons ; 4° divers échantillons d'hydromel de vinaigre et de liqueurs au miel plus ou moins bonnes. Il présente en outre une dalle qui lui sert à l'extraction du miel. Cet exposant a le mérite d'étendre la consommation des produits apicoles en les vendant directement aux consommateurs qu'il va trouver à domicile. Il écoule facilement sa récolte et celle de ses voisins qui veulent s'associer à lui pour cette opération. Le jury à accorde à M. P. Leroy, une médaille d'argent de la Société d'Insectologie pour ses produits, cires, miels et eaux-de-vie de miel.

M. Sagot, curé de Saint-Ouen-l'Aumône (Seine-et-Oise), appartient à une classe d'apiculteurs qui, n'attendant pas après les produits de leurs abeilles pour les faire vivre, et qui, ayant des loisirs et une intelligence cultivée, peuvent s'adonner aux cadres mobiles avec certitude de réussite. On doit se féliciter de voir cette honorable corporation s'occuper d'apiculture et d'en propager le goût. Il expose : 1° sa ruche l'*Aumônière* qu'il pense être la meilleure des ruches ; 2° un appareil très-simple pour l'essaimage naturel. C'est une boite grillagée qui contraindrait la mère de passer dans une ruche vide mise en contact avec la pleine. L'expérience devra en faire connaître toute la valeur ; 3° un mello-extracteur des plus primitifs, importé de l'Allemagne ; 4° une petite presse de même origine, qui rend à peu près les mêmes services que la presse ordinaire à fruits ; 5° de beau miel en rayon, logé en grenier mobile ; 6° des miels coulés et très-limpides de diverses fleurs ; 7° des échantillons de cire en brique qui ne paraissent pas être de même fabrication ; 8° son *petit Traité* de la culture des abeilles par l'aumônière. Le jury accorde à M. l'abbé Sagot une médaille d'argent de la Société d'Insectologie pour l'ensemble de son exposition.

Il faut répéter ce qui a été dit dans le rapport de l'exposition précédente concernant les produits de M. Sigaut. Tous les pains d'épices qui sortent de sa fabrique sont au miel et bien présentés. Ses nonnettes ont une renommée universelle; ses petits-fours et ses autres friandises au miel sont pour tous les goûts et pour toutes les bourses. Le jury lui décerne une médaille d'argent de la Société d'Insectologie pour les produits de sa fabrication, notamment pour ses nonnettes.

M. Angelo Lessamé, apiculteur à Dolo (Vénétie-Italie), expose les objets suivants : 1° un petit modèle d'extracteur (invention Hurscka) avec description. C'est l'idée première du mello-extracteur; 2° un entonnoir extracteur pour expérimenter et pour extraire des petites quantités de miel; 3° trois tablettes de cire de belle qualité et bien épurée provenant des collines *Euganei* (province de Venise); 4° six petites tablettes de cire provenant de jeunes rayons; 5° divers échantillons de miel très-aromatisé et plus ou moins coloré extrait par la machine Kurscka (1). M. Lessamé conduit le rucher de 100 colonies de M. Kurscka, qui a quitté l'Italie. Ses abeilles sont logées dans des ruches de diverses formes, mais toutes à cadres mobiles. Sa récolte annuelle est de 3 à 4,000 kilog. de miel; soit en moyenne de 15 à 20 livres par ruche, quantité que donnent au moins les bâtisses fixes dans maints ruchers des localités où l'apiculture est faite industriellement (2). La localité (Mira) où se trouve le rucher de M. Lessamé a été des premières à fournir des mères italiennes à l'Allemagne (1853). M. Lessamé continue d'en expédier aux étrangers qui lui en demandent. [— Le jury décerne à A. Lessamé une médaille de vermeil (1re classe) de la Société centrale d'apiculture pour l'ensemble de son exposition, notamment pour ses cires et ses miels.

M. Boulinguiez, apiculteur à Persant (Seine-et-Oise), possède au début de la campagne de 60 à 80 colonies logées dans des ruches à chapiteau en paille et en bois, dont le corps jauge 24 litres et la calotte de 8 à 10 litres, grandeurs qui conviennent le mieux dans sa localité et pour les résultats qu'il veut obtenir, entre autres ceux de la production de miel en calotte qu'il écoule avantageusement. Il s'applique à n'avoir que des colonies fortes, à renouveler les mères et à n'en pas garder au-dessus de trois ans. Il pratique l'essaimage artificiel par transvasement lorsque l'essaimage naturel tarde à se faire, et récolte les souches âgées trois semaines plus tard. Il expose : 1° six corbeilles de miel en rayons d'une

---

(1) Les petits échantillons conservés au secrétariat de la Société d'apiculture sont restés en sirop. — Juin 1869.

(2) Mêmes prix que ceux de M. Mona. La consommation de miel étant très-restreinte dans sa province, M. Lessamé désirerait trouver un débouché au dehors.

grande beauté; 2° des échantillons de beau miel coulé ; 3° vingt briques de cire bien épurée et bien briquée; 4° quatre bouteilles d'hydromel et deux bouteilles d'eau-de-vie de miel (résidus) dont le goût originel a disparu ; 5° une presse peu encombrante à double vis en fer dont il dit être très-satisfait. Le jury accorde à M. Boulinguiez une médaille de 1re classe (vermeil) de la Société d'apiculture pour l'ensemble de son exposition, notamment pour ses miels en rayons.

M. Capdevielle, marchand tailleur à Pau (Basses-Pyrénées), s'occupe d'apiculture d'une façon très-entendue, et propage les bonnes méthodes dans sa contrée. L'apier qu'il possède à Angais se compose d'une cinquantaine de colonies logées dans des ruches vulgaires du pays (forme pain de sucre en osier) qu'il a coupées par le haut pour pouvoir les calotter, et dans des ruches en bois à divisions horizontales (ruches à hausses en bois). Il a introduit et répand la ruche à chapiteau en paille (forme normande) qu'il fait fabriquer sur place pour l'obtenir au meilleur marché possible. Il expose : 1° deux hausses de miel en rayons; un chapiteau Durand *dito*, et deux cloches en verre garnies : le transport a abîmé ces produits; 2° un échantillon de miel coulé de très-bonne qualité; 3° un pain de cire jaune qui laisse quelque peu à désirer sous le rapport de la fonte; 4° une ruche à 6 divisions (hausses) qu'il a modifiée. Le jury décerne à M. Capdevielle une médaille de 1re classe de la Société d'apiculture pour sa ruche et ses miels exposés et pour sa propagande des bonnes méthodes.

Les produits qu'exposent MM. Caron père et fils, apiculteurs au Mesnil-Saint-Denis (Oise), accusent des soins intelligents et une récolte abondante. Les douze calottes de miel qu'ils présentent sont les plus volumineuses de l'exposition, et les rayons en sont d'une épaisseur remarquable. Leur cire est bien épurée et bien coulée. M. Caron père présente des petits pains au miel qui sont une innovation. C'est un nouvel emploi du miel et un moyen d'en faire accepter l'usage aux personnes à qui il répugne. Le jury accorde à MM. Caron père et fils une médaille de 1re classe de la Société d'apiculture pour leurs produits exposés.

M. Chardonnet, apiculteur à Coulommes (Marne), présente ; 1° un mellificateur solaire; 2° une ruche à hausses et à calotte en paille; 3° un siége pour bourdonnière; 4° une bourdonnière; 5° un capuchon ou surtout en paille; 6° un vase en terre verni pour le recouvrement du capuchon. Le mellificateur est en zinc et monté sur bâtis en bois en forme d'X qui se démonte facilement. Il est couvert d'un châssis vitré s'ouvrant en deux parties et fermant hermétiquement. L'un des côtés reçoit les rayons devant donner le 1er choix, et l'autre ceux devant donner le 2e choix. L'appareil est placé au soleil et la chaleur est modérée à l'aide d'une toile. — La ruche à hausses en paille est fabriquée sur un métier Lelogeais modifié par l'exposant; elle est cousue avec du fil de fer galvanisé, ce qui en rend la durée très-longue. La calotte de cette ruche est surmontée d'une poignée en deux parties mobiles; l'une, le manche proprement dit, s'ôte à volonté pour l'introduction du tuyau d'un enfumoir; l'autre, qui forme couvercle, s'ôte pour donner des vivres au moyen d'un bocal renversé, pour placer des petits calottes, etc. — La bourdonnière se compose d'une boîte ou cage en tôle perforée qui a une entrée aussi en tôle qui communique avec l'entrée du siége. Cette entrée est munie à l'intérieur de plusieurs clapets s'ouvrant au passage des bourdons et des ouvrières; celles-ci peuvent s'échapper et rentrer dans la ruche par une issue détournée, tandis que les mâles restent prisonniers. — Le rucher d'une cinquantaine de colonies de M. Chardonnet est très-bien tenu; chaque ruche et chaque accessoire a une petite plaque en zinc portant son poids. — Le jury lui accorde une médaille de 1re classe de la Société d'apiculture pour ses appareils exposés.

M. Phil. Deproye, chef de cave et apiculteur à Reims (Marne), cherche des débouchés au miel en l'employant pour la fabrication de liqueurs, de sirops et de champagne. Il expose 2 bouteilles de champagne au miel; 1 flacon de sirop de miel d'une limpidité remarquable; 1 flacon d'hydromel vineux; 1 flacon d'alcool d'hydromel. Ces produits décèlent une main exercée dans la distillation des matières sucrées et la préparation des liquides vineux. Il expose en outre 8 flacons de miel de belle qualité, et 6 briquettes de cire bien épurée. Le jury accorde à M. Deproye une médaille de 1re classe de la Société d'apiculture pour ses liqueurs, sirops et champagne au miel.

L'exposition de cires blanchies, ouvrées et non ouvrées, de M. Lamiral-Morlet, cirier à Chaumont (Haute-Marne), est plus complète qu'à la 1re exposition des insectes. Il faut surtout remarquer ses cierges et ses bougies en cire, son lot de cire jaune indigène en briques, et sa collection d'échantillons de cire de diverses provenances propres au blanc, avec les produits blanchis qui y correspondent. Le jury décerne à M. Lamiral-Morlet une médaille de 1re classe de la Société d'apiculture pour ses cierges et ses cires blanchies.

Les très-belles ruches à chapiteau et à hausses en paille qu'expose M. J.

Mourot, apiculteur à Baulecourt (Meuse), sont prises sans choix entre celles qu'il fabrique à la main et fournit aux personnes qui lui en demandent. Elles sont toutes d'une régularité et d'une solidité remarquables, le prix en est modéré. En nombre, il cote celles à chapiteau de Lombard 2.75, et celles à trois hausses et chapiteau avec planchers à claire voie et manche mobile, 4.50. Le jury accorde à M. Mourot une médaille de 1re classe de la Société d'apiculture pour sa bonne fabrication de ruches en paille. *(A suivre.)*

Revue et cours des produits des abeilles.

Paris 30 juin. — Miels, La récolte des miels blancs sera mauvaise à peu près dans tous nos cantons mellifères. Dans le Gâtinais, on pourrait estimer à un tiers de récolte si l'on dépouillait toutes les ruches. Quelques lots de miel en sirop, composés par moitié de surfin et de blanc ont été payés de 110 à 115 fr. les 100 kil. baril perdu. On coterait à l'épicerie les surfins en sirop, de 80 à 90 centimes et plus le demi-kil. Les cours pourront varier à la Madeleine. La récolte étant faible, ils ne devront pas baisser. On ne parle pas de prix bien établis pour les miels d'autres provenances. Presque partout la production sera insuffisante pour la consommation locale.

Un certain nombre de possesseurs de ruches garderont leurs abeilles, ne trouvant pas de bénéfice à les récolter et ne sachant pas s'ils pourront les remplacer l'année prochaine.

Dans la Normandie, la Picardie, la Champagne, la Brie, pas de récolte ou très-petite récolte à faire. Quelques parties de la Bourgogne sont un peu mieux partagées; les ruchées n'ont pas un excès de provisions, mais elles en ont à peu près assez pour survivre. Il n'en est pas de même dans les contrées citées plus haut, et si les secondes coupes de prairies ne viennent pas donner des provisions aux colonies, surtout aux essaims, la misère sera presque aussi grande qu'en 1860.

Le temps humide a provoqué l'essaimage qui a été abondant dans beaucoup de localités, il y a eu quelques exceptions; mais la plus grande partie des essaims manquent de provisions; il a fallu en nourrir ou milieu de juin pour les empêcher de succomber.

Les besoins en miels vont être grands et l'existence de marchandise en magasin est très-réduite, la vente ayant été forte pendant la campagne qui se termine. La vente du miel est toujours grande lorsque les prix sont bas. Elle devra être très-restreinte l'hiver prochain, à moins que des miels étrangers à bas prix n'arrivent en abondance.

Les Chili sont recherchés; le commerce de Paris, dès qu'il a vu le mauvais temps persister, a pris tout ce qu'il y avait au Havre. Jusqu'au 15 juin, les qualités inférieures sont restées à 80 fr.; depuis on a coté 85 fr., et ces derniers jours 90 fr. les 100 kil. en barils de 10 kil. (tare 10 p. 100). Les qualités inférieures sont plus abondantes. Quant aux belles qualités, elles se vendent à des prix divers et variables, mais qui s'élèvent en raison de la quantité. Ainsi tel miel est vendu à la clientèle 100 fr. pour un baril, qui le serait 110 pour 4 barils, et 120 fr. pour 30 barils.

On nous écrit du Havre : « Rien du tout sur place et on ne connait rien en route pour notre port; cours nominaux de 72 fr. 50 à 85 fr. suivant nuance et qualité. » On trouverait peut-être encore quelques lotins de qualités inférieures en seconde main. A Bordeaux, il est attendu 200 barils de 90 kil. que l'acheteur céderait à 80 fr.

Les miels de Bretagne se raréfient ; les détenteurs les tiennent à 80 fr. en gare d'arrivée. On les cote à la consommation de 90 à 92 fr. les 100 kil. On ne saurait encore rien préjuger sur la récolte de ces miels, puisque les sarrasins entrent à peine en fleurs, et que dans quelques cantons ils ne sont semés que depuis peu. Ils l'ont été dans de bonnes conditions et ont bien levé. D'un autre côté, l'essaimage se prépare assez bien dans les localités de blé noir et de bruyère.

Tandis que le temps froid et humide empêchait nos abeilles de trouver du miel sur les fleurs, la Hongrie et la Turquie jouissaient d'un temps chaud et favorable qui a dû emplir les ruches. Il est bon de rappeler le nom de la maison Belvizayet fils, négociant à Pesth, qui a concentré la vente du miel en Hongrie et qui en traite annuellement de 1,000 à 2,000 mille barils.

Cires. — Cours tenus et marchandise peu abondante. On trouve des acheteurs de 420 à 440 fr. les 100 kil. hors barrière. On a pris à 450 dans Paris (entrée 22 fr. 90). Le commerce de gros cote au détail 4 fr. 80 le kil. La récolte de la cire se ressentira de celle du miel : elle produira peu.

Voici ce qu'on nous mande du Havre à la date du 24 : « Disponible toujours rare. Il ne reste sur place qu'une bagatelle de 1,000 kil. de New-York qui est tenu 4 fr. 50, dernier prix payé. Nous avons quelques petits lots de Haïti, de New-York et du Chili en route pour le

Havre. Il faut voir les cours suivants : Haïti, 4 fr. 30; New-York, 4 fr. 50 ; Chili, 4 fr. 70. Cire végétale du Japon, 2 fr. 40 le kil. »

M. Rohée nous écrit de Bordeaux : « Notre dernière foire de la Bouheyre a été à la hausse. Elle s'est faite à 160 fr. pour 1er blanc; le 2e blanc d'Armagnac, 445 fr. les 100 kil. Je suis à la tête d'une assez forte partie de cire pour 1er et 2e blancs, et cire à parquet. Voici pour aujourd'hui les prix auxquels je vendrais : pour 1er blanc, 460 fr. pour 2e blanc, 450 fr.; cire à parquet, 430 fr. les 400 kil. sans escompte, valeur à 40 jours, Bordeaux. »

A Alger, les cires ont continué d'être recherchées, de 4 fr. 20 à 4 fr. 25 le kilog. Les cours de Marseille ont été pratiqués de la manière suivante : cire jaune de Smyrne, 245 à 250 fr. les 50 kil.; Trébizonde et Caramanie, 240 fr.; Chypre et Syrie, 230 à 235 fr.; Égypte, 215 à 220 fr.; Madagascar, 210 à 220 fr.; Tétuan, Tanger et Larache, 200 à 220 fr.; Alger et Oran, 230 à 235 fr.; Bougie et Bone, 225 fr.; Gambie (Sénégal), 220 fr.; Mozambique, 215 fr.; Corse, 220 fr.; pays, 205 à 215 fr.; le tout par 50 kil. et à l'entrepôt, excepté les deux dernières provenances.

Corps gras. — Les suifs de boucherie ont été cotés de 104 à 105 fr. les 100 kil., hors barrière ; suif en branche, 79 fr. 90 ; stéarine, 168 à 170 fr. les 100 kil.; oléine, 89 à 90 fr.

Sucres et sirops. — Les sucres raffinés sont restés aux cours précédents, de 130 fr. 75 à 131 fr. 50 les 100 kil.; sucres bruts, blancs indigènes, 80 fr., entrepôt. Les sirops de fécule ont eu la cote suivante à la Bourse : sirops liquides, 34 à 35 fr. les 100 kil.; massés, 37 à 38 fr.; sirops dits de froment, 57 à 58 fr. Les maisons Entheaume, rue des Lombards, et Ménard, et Blaine, rue de la Verrerie, fournissent ces sirops, en baril de 40 kil., 90 kil. et plus : sirops liquides, à 40 fr. les 100 kil.; massés, à 45 fr.; de froment, 65 fr., fût en plus.

ABEILLES. — Elles n'ont pas plus fait merveille en juin qu'en mai, le temps ayant été aussi mauvais. Dans le Gâtinais, on n'a eu que deux journées seulement de bonne miellée. Mais nos butineuses se sont livrées et se livrent encore à la cueillette de pollen, et, dans beaucoup de ruchers, les bonnes colonies ont produit force essaims, qu'il va falloir penser à alimenter si l'on tient à les conserver. Beaucoup de souches se trouvent dans les mêmes conditions de misère. Voici les renseignements qu'on nous adresse.

Dans nos contrées les abeilles ne font rien; pas d'essaims et plus de fleurs. J'ignore si on fera du miel. *Mourin*, à Saint-Pierre (Aisne).

La moitié de mes souches ont essaimé. Comparativement je suis un des mieux partagés dans la contrée. Nous avions nos premiers essaims le 23 mai. Tout était fini le 6 juin. Les deux tiers de nos essaims, ceux venus de bonne heure, son bons, les autres seront à nourrir ou à réunir si la seconde miellée n'améliore leur condition. Jusqu'à ce jour, on peut dire : mauvaise année. *Kanden*, à Auzon (Aube).

Dans notre canton passablement d'essaims ; les ruchers ont doublé. Le temps âcre qui règne promet peu de miel. *Mulette*, à Paissy (Aine). Année mauvaise. *Vignole*, à Beaulieu (Aube). Dans nos pays les essaims sont assez nombreux, mais la plupart sont insignifiants. Les souches transvasées n'ont donné que moitié miel des années ordinaires. *Gondrecourt*, à Saint-Clément (Ardennes).

La récolte de miel sera presque nulle cette année dans nos contrées. Le temps froid qui a régné pendant mai a empêché les abeilles de butiner sur les colzas. Du 4 au 8 juin, les abeilles ont pu recueillir du miel sur le sainfoin ; mais depuis le mauvais temps est revenu qui a neutralisé l'essaimage. Mes ruches ont des provisions que je me garde d'enlever dans la crainte que la fin de la campagne soit comme le commencement. *Lecomte*, à Goupillière (Calvados). Les abeilles n'ont rien fait du tout. Il n'y a pas de miel à récolter. *Dalibert*, à Cauville (Calvados).

L'essaimage a mieux réussi que l'année dernière ; mais depuis trois semaines que la floraison donne, le temps n'a pas été favorable à la miellée, et nos jeunes colonies souffrent. *Moulin*, à Saint-Pierre (Eure). Nous ne sommes pas riches cette année ; le mauvais temps nous a fait perdre la plus belle semaine du sainfoin. *Charpentier*, à Berchère (Eure-et-Loir). — Les environs de Bordeaux ont donné des essaims. J'en ai eu 55 de 40 souches. Au 10 juin, les landes n'en avaient pas encore donné. *Bernard*, à Pessac (Gironde). Nos abeilles marchent beaucoup mieux que l'année dernière ; je n'ai pas encore eu d'essaims (13 juin) ; mais mon père en a recueilli plusieurs. *L. Vincent*, à Poussan (Hérault).

Depuis le 1er juin, le temps est favorable pour nos abeilles dans les landes ; les fleurs de bruyère s'épanouissent en abondance, et il y a de bons jours de miellée. D'après les apparences la bruyère nous promet beaucoup de fleurs. Si les rosées sont bonnes, nos abeilles pourront nous dédommager un peu des pertes que nous avons faites l'année dernière. Dans la plupart des ruchers cette perte a été de un tiers, la moitié et même des trois quarts des colonies. Pour mon compte de 110 ruchées, je suis tombé à 66. J'ai recueilli mon premier essaim le 16, et, hier 23, le second ; il y a belle apparence. *Picat* aîné, à Onesse (Landes).

La taille de mars a été mauvaise, et presque tous les essaims de l'année dernière ont péri l'hiver. Le temps s'est montré peu favorable depuis la floraison des prairies. *Pironneau*, à Chinon (Indre-et-Loire).— Les abeilles se trouvent peu fournies cette année, vu que le mauvais temps a trop duré. *Perthuis*, à Montbarrois (Loiret). L'essaimage a doublé mes colonies. Je n'ai pas encore commencé la récolte (25 juin), mais je pense qu'elle ne sera pas forte ; les ruches n'ont pas de poids. *Imbault Grillon*, à Lorges (Loir-et-Cher). L'essaimage a été, cette année, des plus favorable dans ce pays-ci. Après les essaims artificiels mes colonies m'ont donné de nombreux essaims naturels. Les pluies de ces derniers temps ont arrêté ces émigrations que je commençais presque à redouter ; car j'ai eu un assez grands nombre de ruches qui ont essaimé trois fois. L'on a trouvé un grand nombre d'essaims volages qui ont pourvu nos campagnes de nouvelles colonies. La fleur est abondante, et j'espère que, malgré les intempéries, les abeilles rattraperont le temps perdu. *De Milly*, au Chalet-aux-Mouches (Loire). — Avant les jours pluvieux qui ont eu lieu à la fin de mai, il y a eu beaucoup d'essaims. Sur 18 boîtes Santonax qui se trouvent sur des ruches essaimées, j'en ai trouvé 14 entièrement remplies. *Isique*, à Nérac (Lot-et-Garonne).

L'année 1869 pourra être classée parmi les années.les plus défavorables à l'apiculture ; peu d'essaims, pas de miel, voilà les résultats. La disposition des sainfoins était magnifique, mais le mauvais temps a détruit toutes les espérances conçues. *Simon*, à Reims (Marne).

La température est toujours peu favorable aux abeilles qui ont très-peu fait aux colzas. L'essaimage a été presque nul ici, et les essaims recueillis meurent de faim. *Vandewalle*, à Berthen (Nord). Nous sommes passé la mi-juin et nos abeilles n'ont encore rien fait ; si la manne ne tombe pas du ciel aux secondes coupes, il ne restera ni essaims, ni souches. *Carré*, à Grand-Frénoy (Oise). — L'année n'est pas favorable à nos abeilles. J'ai eu des essaims, mais mes voisins n'en ont pas. *Jacquelet*, à Berlancourt (Oise).

J'ai multiplié mes colonies à raison de 150 pour 100. La première semaine de juin tout allait bien. Le miel se vend ici 1 fr. 50 le kil., et

la cire 4 fr. *Demaizière*, aux Vezeaux (Saône-et-Loire). — Les abeilles
ont bien essaimé, mais il n'y a pas de miel. *Hamet,* à Fay (Somme). —
De 50 paniers je n'ai eu que 10 essaims tant naturels qu'artificiels.
Après récolte, j'en nourris une vingtaine en attendant les secondes
coupes. J'ai presque vendu tout mon miel à 2 fr. le kilog., et le tiers aujourd'hui à 2 fr. 50 ; cire, 4 fr. *Cuny,* aux Hayottes (Vosges). — Les
essaims ont été peu nombreux cette année et on est obligé de nourrir
ceux qui sont venus. Le temps froid et pluvieux que nous avons empêchent les abeilles de travailler, et les ruches diminuent en poids au lieu
d'augmenter. *Crevoisier,* à Saint-Dié.

Nos abeilles ne font rien, et pour peu que le mauvais temps continue, les essaims mourront de faim. Nous aurons très-peu de ruches
grasses à chasser, car la plupart ont à peine leurs provisions d'hiver.
Moreau, à Thury (Yonne).

— Mes abeilles ont souffert durant l'hiver ; j'ai perdu 20 0/0 de mes
ruchées. Il y avait beaucoup de miel cristallisé dans les ruches mortes,
et toute ventilation que j'ai pu donner aux abeilles n'a pu empêcher les
gâteaux de noircir. Ce printemps les ruchées sont faibles, et l'atmosphère sec ne se réchauffe point ; c'est à peine si les abeilles peuvent
sortir aujourd'hui (21 mai). Néanmoins les trèfles blancs et alsike se montrent bien, ce qui me fait espérer d'avoir une bonne récolte. *Thomas
Valiquet,* à Saint-Hilaire (Canada).

Depuis huit jours le temps est redevenu au beau, et quelques fleurs
du moment, telles que tilleul, troëne, sénevé, etc., offrent certaines provisions aux abeilles.   H. HAMET.

Les livraisons de *l'Apiculteur* sont remises aux abonnés du 1er au 5 au plus
tard. Quelques abonnés indirects doivent s'en prendre à l'intermédiaire s'ils tardent à recevoir leurs numéros.
— M. J. à Lorges. Il n'est rien dû au voisin dans le jardin duquel on va re-
cueillir un essaim, à moins de lui avoir occasionné des dégâts.
M. S... à Reims. On ne peut vous réclamer un abonnement que vous n'avez
pas souscrit. On vous sert gratis le journal en question, que vous pouvez refuser.
M. K... à Auzon. Ce serait perdre son temps que de répondre à l'article Dubini de *l'Apicoltore* et autres *ejusdem farinæ.*
— S'adresser pour miel et cire à M. Lehmann, négociant au Havre, et à
M. Rohée, à Bordeaux.
— Réunion à Janville, à 2 heures et demie à l'hôtel de ville. — Beau miel
fin Chili 110 fr. inférieur 85.

Paris.— Imprimerie horticole de E. DONNAUD, rue Cassette, 9.

L'APICULTEUR

Chronique.

Nous avons un arriéré à régler avec ou plutôt contre la spécialité rationnelle. Quatre ou cinq réponses nous ont été adressées sur le dernier article de M. Stenbach. Comme leur reproduction *in extenso* demanderait trop de place, nous les résumons. M. Mulette, de Paissy, répond aux partisans exclusifs des bâtisses mobiles qu'on peut faire de l'apiculture rationnelle ou, pour mieux dire, intelligente avec toute sorte de ruche, et que celle à cadres convient mieux aux rentiers qu'aux simples particuliers comme lui, dont les divers travaux des champs le tiennent trop souvent éloigné de ses abeilles. Il ajoute qu'on ne saurait avancer sérieusement que les bâtisses mobiles offrent seules la faculté de destruction des faux bourdons. Il dit que le praticien n'est pas plus embarrassé de détruire les faux bourdons avec les bâtisses fixes qu'avec les bâtisses mobiles. Quant au rendement plus grand qu'on attribue à tel ou tel système, il le porte au chapitre de l'intelligence, et à des chiffres il oppose des chiffres.

De son côté, M. l'abbé Moulin, de Saint-Andéol-le-Château, répond à ce qui suit : « L'apiculture rationnelle, dit-on, est très-avantageuse pour
» venir en aide à une ruche faible... Vous prenez dans une ruche forte
» deux ou trois rayons de couvain operculé que vous échangez contre
» le même nombre de rayons vides de la ruche faible. Vous fortifiez
» donc avec la plus grande facilité la ruche faible sans affaiblir la ruche
forte. » « Eh] bien, j'emploie un moyen plus simple et plus facile qui
réussit parfaitement. Je mets tout simplement la ruche faible à la place
d'une ruche forte.

» Depuis quelques années je m'occupe beaucoup d'apiculture, et, comme tel et tel, j'ai aussi *ma ruche*, une ruche à division verticale avec verre sur chaque face opposée. Elle peut remplacer jusqu'à un certain point la ruche d'observation, et offre les plus grandes facilités pour faire les essaims artificiels. Je l'ai exposée au concours régional de

Lyon, avec une ruche à hausses perfectionnée, et une ruche à cadres mobiles dans la partie supérieure. Le jury lui a décerné une modeste médaille de bronze.

» En résumé, je crois que pour le progrès de l'apiculture, il faut laisser à chaque localité sa ruche, apprendre au cultivateur, qui n'a pas le temps de monter la garde devant son rucher pendant la durée de l'es. saimage, à faire des essaims artificiels, et lui indiquer les moyens pour fortifier les ruchées faibles. Telles sont les instructions que je donne à mes paroissiens qui cultivent les abeilles et à bien des personnes qui me consultent. »

M. Demaizière, des Vezeaux, nous écrit : « J'ai à vous dire que je suis du parti des cadres mobiles; ma ruche est du système Debeauvoys, et je la fabrique moi-même; je l'ai beaucoup perfectionnée et j'espère la perfectionner encore. Mais je suis loin de la conseiller aux autres, car elle est trop coûteuse. Toutefois, comme la liberté de l'adopter existe en France, il faut maintenir cette liberté-là. » Nous devons ajouter que M. Demaizière obtient de beaux résultats, et voici comment : Il habite un pays d'étouffeurs, et dès le mois de septembre, il ramasse autant qu'il peut les colonies que l'ignorance voue au soufre et il les ajoute aux siennes qu'il alimente au besoin; il a ainsi des ruchées très-populeuses et dont le succès est certain. Parfois il rencontre des possesseurs de ruches qui préfèrent enterrer les abeilles que de les lui donner, car leur croyance est que s'ils introduisaient dans leur rucher quelque apiculteur étranger, celui-ci pourrait, dans un but de concurrence, ensorceler leurs abeilles. Aussi, M. Demaizière applaudit aux propositions faites par l'instituteur de Montbron pour extirper l'ignorance dans les campagnes. Mais il croit que, pour vaincre l'inertie des gens, il faut aller à eux et non attendre qu'ils viennent à vous. Il faut, dit-il avec raison, que le professeur ambulant aille enseigner sur place.

— Un abonné nous communique le moyen simple qu'il emploie pour chasser les abeilles des calottes. Il s'agit de calottes dont le miel est destiné à être vendu en rayon et qu'il faut ménager pour ne pas les abîmer : « J'ai fait faire, dit-il, des calottes en faïence, vernies en dehors et brutes à l'intérieur pour que les abeilles puissent y fixer plus solidement les rayons; elles contiennent 4 kil. et ont la forme d'une coupe. A la partie supérieure il y a un trou de 0,03 de diamètre que l'on ferme par un bouchon en bois. Lorsqu'on veut récolter, on ôte ce bouchon et on le remplace par un autre qui est percé, ce qui permet d'y in-

troduire la douille d'un fumigateur. Je lance modérément de la fumée
par ce tube et au bout de 5 minutes au plus, je puis enlever la calotte
sans mouches qui sont descendues dans le corps de la ruche, puis je
remets une autre calotte. »

Un autre lecteur de *l'Apiculteur* signale l'apport de pollen vert. Il
nous écrit : « Je n'ai jamais vu jusqu'à présent de pollen vert; j'ai été
étonné ces jours-ci (1re semaine de juillet) de voir un certain nombre
d'abeilles qui en rentrant en étaient complétement chargées et couvertes ; j'en ai pris quelques-unes ; j'ai cherché si ce fait était connu, et
je n'ai pas trouvé qu'on en eût parlé. »

Nous avons omis de dire que l'Empereur et l'Impératrice ont honoré
de leur présence l'exposition apicole de Beauvais à laquelle ils ont consacré 20 ou 25 minutes. Leurs Majestés ont stationné devant la ruche
d'observation avec abeilles et devant les produits de M. Naquet, dont
l'exposition était remarquable et ne comprenait pas moins de 40 articles
divers, savoir : une ruche d'observation avec abeilles (1); une ruche en
paille à rayons mobiles de son système avec abeilles ; une ruche dito
sans abeilles ; une en bois dito ; une ruche également en bois avec
rayons mobiles en fer ; une ruche en paille à calotte ; une ruche à hausses se divisant en deux ; une ruche à hausses surmontée d'une calotte
(épaisseur des parois de la ruche, 5 centimètres); une ruche vitrée à
rayons mobiles garnie d'abeilles (cette ruche est placée dans le bâtiment
des produits) ; une ruche d'observation à l'aide de laquelle on peut facilement obtenir de jeunes mères ; un métier Œtti modifié pour corps de
ruches et hausses ; un métier pour fabriquer des ruches en paille carrées
de son système ; un cueille-essaim ; un pèse-ruche ; un plateau servant
de support et empêchant infailliblement l'essaimage ; une porte mobile
pour empêcher l'essaimage ; un mello-extracteur Hoffmann modifié ;
un nourrisseur ; des gants pour se garantir de la piqûre des abeilles ; un
étui porte-mère ; des couteaux à extraire les rayons ; un enfumoir à
soufflet ; une petite presse pour extraire la cire dans l'eau bouillante ;
un épurateur pour la cire ; 40 briques de cire de belle nuance et d'une
épuration complète ; des miels en rayons sous plusieurs formes ; un
échantillon de cire appliquée ; des échantillons de miels vieux parfaitement conservés ; des miels nouveaux de sainfoin, colza, etc.; de l'alcool
d'hydromel ; de l'eau-de-vie de miel ; du cassis au miel ; des confitures

(1) Cette ruche a été offerte à la duchesse de Mouchy qui accompagnait Leurs
Majestés.

au miel ; des sirops de miel ; de l'hydromel vieux ; de l'hydromel nouveau ; plusieurs sortes de liqueurs fines au miel ; plusieurs applications
en cire ; une collection d'alvéoles maternels ; quelques ennemis des
abeilles, etc.

— La Société de viticulture, d'horticulture et d'apiculture de Brioude
(Haute-Loire) vient de décider qu'un concours et une exposition auraient
lieu dans le courant de septembre, et auxquels pourront prendre part les
producteurs du département et des arrondissements voisins. Pour l'apiculture le programme porte : Culture générale des abeilles (ruchers composés de 4 essaims au moins) ; miel et ses dérivés, cire, cierges, bougies,
liqueurs, etc. — Adresser les demandes avant le 15 août à M. Faure-
Pomier, trésorier de la Société, à Brioude.

La Société d'agriculture de la Lozère affecte trois primes, s'élevant ensemble à 50 fr., des ruches perfectionnées et des traités d'apiculture,
qui seront décernés pour le rucher le mieux tenu, le plus beau miel et la
plus belle cire. Des échantillons de ces derniers devront être remis au
local de la Société le 25 octobre au plus tard, leur provenance sera
constatée par un certificat du maire. À l'égard des ruchers qu'on voudra
faire concourir, on aura à présenter, avant le 1er octobre, une demande
indiquant le nombre des colonies, la nature des ruches employées et les
soins donnés aux abeilles. Ces ruchers seront visités. — Adresser les demandes aux président de la Société, à Mende.

— La Société d'agriculture départementale de l'Yonne tiendra son
concours central les 4 et 5 septembre prochain à Avallon. Des distinctions
seront accordées au produits et aux instruments apicoles reconnus les
plus méritants.

— Les organisateurs des expositions des insectes de 1865 et de 1868,
au palais de l'Industrie à Paris, s'occupent d'une troisième exposition internationale pour 1870. Cette fois l'exposition aura probablement lieu en
plein air, soit au bois de Boulogne, au Luxembourg ou ailleurs, et dans
la seconde partie de juin. L'emplacement permettra de pouvoir organiser des ruchers et de faire fonctionner les divers systèmes de ruches
avec abeilles. Un local sera disposé pour recevoir les produits et les
appareils qui demandent à être abrités. Il faut espérer que la campagne prochaine sera meilleure que celle de 1869 et qu'elle permettra à
beaucoup d'apiculteurs de pouvoir se distinguer. . H. HAMET.

Digitized by Google

Réunion apicole de Janville.

La réunion du 22 juillet 1869, à l'hôtel de ville de Janville (Eure-et-Loir), est assez nombreuse, quoique plusieurs *mouchards* de la contrée lui boudent. Occupent le bureau : MM. Hamet, assesseur ; Germain, trésorier, et Thibaud, secrétaire. L'ordre du jour porte : 1° proposition d'établissement de marché au miel en sirop ; 2° des moyens de combattre la réglementation entravante ; 3° établissement d'un rucher-école à Chartres. La première proposition est faite par plusieurs apiculteurs du Loiret qui exposent que la vente du miel du Gâtinais étant changée et se faisant en grande partie avant la Madeleine, les intérêts des producteurs demandent qu'un marché soit établi dans un endroit central et à une époque moins avancée de l'année. Ils indiquent Arthenay (station de chemin de fer de Paris à Orléans), et donnent la Saint-Jean comme époque convenable. M. Germain, de Janville, combat le déplacement du marché de Janville ; il dit qu'on peut changer l'époque de la foire au miel sans avoir besoin de changer le lieu du marché. M. Lefèvre, de Guillerville, abonde dans le même sens. M. Foucher-Vapereau, de Chevilly, dit qu'on peut conserver à Janville sa réunion de la Madeleine, mais qu'il y aurait avantage à se réunir en juin dans une localité desservie par le chemin de fer, entre Étampes et Orléans ; il opine pour Arthenay que plusieurs de ses collègues ont proposé. D'autres apiculteurs proposent Thoury ou Angerville. M. Pilâtre, de Boursay, craint que la division des marchés ne jette la division entre les producteurs qui, pourtant, ont tout intérêt à se réunir plutôt deux fois qu'une au moment de la récolte pour être bien informés sur le rendement et sur les cours à établir. Le président résume les débats et propose de diviser ainsi la question : 1° Y a-t-il utilité d'établir un marché au miel en sirop? 2° A quelle époque et dans quelle localité ce marché doit-il avoir lieu ? Il met aux voix la première partie de cette proposition, qui est adoptée à une grande majorité. Mais si l'on paraît être à peu près d'accord sur l'urgence du marché et sur son époque (vers la Saint-Jean ou la fin de juin), on l'est moins sur la localité.

Un apiculteur des environs de Janville accorde la préférence à cette localité qui, dit-il, a toujours eu le marché au miel. Un confrère lui fait remarquer que le marché était autrefois au Puiset et non à Janville, et qu'il a été déplacé pour la commodité du plus grand nombre. Il ajoute que la même raison demande que le premier marché se tienne à Toury, tout en conservant le second à Janville. Le président fait remarquer que l'intérêt général, notamment celui des producteurs de la contrée, doit primer les autres considérations. Mais il pense que la question n'a pas été assez étudiée pour pouvoir être résolue immédiatement. Il propose qu'elle soit ajournée à l'année prochaine. Cette proposition est adoptée.

Les autres questions à l'ordre du jour ne peuvent être traitées devant les intérêts de clocher que la proposition précédente vient de soulever, lesquels produisent sur la réunion l'effet d'un orage au moment de la forte miellée.   Le secrétaire : THIBAUD.

Vulgarisation de l'apiculture.

C'est avec un grand intérêt que j'ai lu les moyens proposés par M. Hesse, instituteur, pour combattre les préjugés nuisibles à l'apiculture et pour vulgariser la culture des abeilles ; mais je crois qu'il nous faudrait encore attendre longtemps pour que l'État vînt à notre secours d'une manière aussi directe, l'apiculture ne représentant qu'un faible capital, vu le développement progressif de toutes les autres branches de l'agriculture.

Intéressons d'abord à l'apiculture par les meilleures méthodes, le plus de personnes que nous pourrons, et ensuite nous demanderons à l'État de nous venir en aide.

J'entreprends donc, Monsieur le Rédacteur, d'exposer quelques idées à ce sujet, vous remerciant à l'avance de la publicité que vous voudrez bien leur donner.

Moyens de propager l'apiculture en France.

Selon moi, il y a un homme capable dans chaque commune d'aider à la propagation de l'apiculture, et cet homme, toujours dévoué aux intérêts de tous, en général, c'est l'instituteur.

C'est donc avec le concours des instituteurs que nous devons espérer régénérer l'apiculture, que nous pourrons aider au développement des bonnes méthodes et faire la guerre aux préjugés. Oui, je le répète, c'est avec les instituteurs que nous pourrons faire cela, et pourquoi ? Parce que l'instituteur a près de tous les habitants une autorité morale que personne ne peut lui contester, parce qu'il est toujours disposé à rendre service à quiconque le réclame, parce qu'il instruit lui-même les générations et qu'il peut ainsi dès l'enfance intéresser la jeunesse à l'apiculture, enfin parce qu'il possède un degré d'instruction qui lui permet de s'expliquer clairement et le talent de se faire comprendre de tous.

Maintenant que j'ai donné les motifs qui me font préférer l'instituteur à tout autre pour aider à la propagation de l'apiculture, arrivons aux moyens qu'il nous faut employer.

Il nous faut prendre la situation telle qu'elle est aujourd'hui et ne pas nous faire d'illusions. L'apiculture a-t-elle beaucoup progressé depuis plusieurs années? Oui; mais aujourd'hui, elle a plus que jamais besoin d'être stimulée, encouragée, et pour le faire, il suffit d'établir des conférences cantonales, faites gratuitement. Oui, il nous faut des conférences, et des conférences pratiques, faites dans un rucher.

Il faut des conférences, mais qu'est-ce qui les fera? L'instituteur, et lorsqu'il n'y aura pas d'instituteur capable dans le canton, et on ne trouvera guère de ces cantons-là, un apiculteur intelligent sera chargé de ces cours.

Le but des conférences cantonales est celui-ci : Faire des conférences dans chaque commune, lorsque les instituteurs en seront tous capables.

Je m'explique :

Un instituteur par canton, ou un apiculteur, sera chargé de faire des conférences, au moins deux fois par mois, dans la commune où il résidera et dans les communes où il voudra se transporter; il devra s'arranger de manière à faire de toutes les communes du canton trois ou quatre groupes suivant leur importance, et ceci jusqu'à ce que tous les instituteurs du canton soient capables de faire des cours communaux.

Actuellement, s'il se trouve plusieurs instituteurs capables dans ces cantons, ils se partageront ces communes.

Aussitôt ces projets admis, un président cantonal sera élu par les instituteurs en conférence et par les personnes qui y assisteront. Dans chaque arrondissement, il y aura un autre président élu par les présidents cantonaux et pris parmi eux. Dans chaque commune, et chaque mois, l'instituteur enverrait au président cantonal un petit rapport sur les questions soulevées et débattues pendant le mois avec l'état de l'apiculture dans la commune. Chaque président cantonal résumerait en un seul rapport ceux des instituteurs et l'enverrait au président d'arrondissement qui, lui aussi, aurait à résumer le rapport des présidents cantonaux; ce dernier rapport serait envoyé à Paris où il serait examiné. Chaque année il y aurait aussi deux statistiques (et ceci remplacerait le rapport) donnant le nombre d'apiculteurs de chaque commune et les ruches possédées. On ferait un de ces rapports au mois d'avril, l'autre au mois d'octobre; ce dernier pourrait encore contenir les quantités de miel et de cire récoltées. On suivrait la filière déjà indiquée pour résumer tout cela, et le secrétaire de la Société centrale d'apiculture pourrait en quelques heures faire la statistique de toute la France.

Cette statistique serait publiée dans le journal; on pourrait le faire insi :

Marne : 0v0 apiculteurs, 00 ruches, 00 miel, 00 cire, de même pour tous les départements; il ne faut que très-peu de temps pour faire tout cela.

Les instituteurs savent tous qu'avec une vingtaine de ruches bien dirigées, on peut réaliser un bénéfice de 150 à 200 fr. en moyenne et qu'il ne faut pour gouverner 20 colonies que quelques instants de loisir.

Le plan que je viens de donner peut parfaitement être exécuté dans toute la France.

Telles sont, Monsieur le Rédacteur, les quelques lignes que j'ose mettre au jour. Jh.- Simon.

Instituteur adjoint, à Reims (Marne).

Des motifs de la coloration des rayons, de leur épaisseur, conséquences. (Suite et fin.)

Il n'est pas toujours facile de mesurer l'épaisseur d'un rayon de cire, en ce sens que, pour être exacte, cette mesure doit être une moyenne entre la hauteur de toutes les cellules composant ledit rayon, et que celui-ci est loin d'être toujours parfaitement droit.

Voici le procédé que j'ai employé dans les expériences de ce genre, et qui se recommande par sa simplicité.

Je soumets le rayon dont je cherche l'épaisseur à une chaleur d'environ 40° de manière que la cire subisse un commencement de ramollissement; la chaleur solaire est parfaite pour cela ; puis, je pose mon rayon sur une partie droite et lisse, une tablette de cheminée de marbre, par exemple, et au-dessus une feuille de verre que je charge légèrement; le rayon se redresse parfaitement sous l'influence de la chaleur, et la légère pression exercée sur lui écrasant les parties trop saillantes de quelques alvéoles, fera reposer le verre sur la moyenne du nombre des cellules. Il ne restera plus qu'à mesurer la distance des deux plans formés par le marbre et par le verre au moyen d'un biseau divisé en demi-millimètres, et monté sur un pied bien verticalement, pour avoir cette épaisseur à 1/4 de millimètre près, ce qui est plus que suffisant.

J'ai opéré d'après ces procédés sur un certain nombre de rayons, choisi dans des ruches où les abeilles avaient travaillé en liberté. Voici le ré sultat de mes expériences.

D'abord je divise les rayons en trois catégories :

1° Les rayons servant de magasin ;

2° Les rayons à cellules d'ouvrières ;

4° Les rayons à cellules de mâles.

1° Les rayons servant de magasin n'ont aucune dimension fixe, s'ils sont construits dans des cabochons sans rayons indicateurs ; ils peuvent avoir une épaisseur qui va quelquefois jusqu'à 0^m10 ; les abeilles trouvant ainsi une économie de cire et de temps en ayant moins de cellules à fermer et moins de cloisons à établir ; quelquefois, dans des ruches à cadres, où elles n'auront bâti que des rayons à couvain, c'est-à-dire de dimension ordinaire, et où il y aura un centimètre de passage entre chaque rayon, les abeilles prolongeront les cellules de la partie supérieure de ces rayons de manière à ne laisser que cinq millimètres d'espace libre ; et si ce gâteau de cire a reçu du couvain, on reconnaîtra cet allongement de cellules après coup par la couleur de la cire, la partie ayant reçu du couvain étant brune, tandis que la partie allongée après coup pour agrandir le magasin au miel restera blanche ; mais ceci ne se verra que dans les ruches qui auront besoin d'agrandir leur magasin et par une forte miellée.

2° Les rayons à cellules d'ouvrières ont de 0^m022 à 0^m025, lorsque ces cellules ne sont pas operculées ; si on ajoute à ces épaisseurs trois millimètres pour les deux opercules de couvain, on obtient pour l'épaisseur maxima des rayons à cellules d'ouvrières operculées une mesure qui varie de 0^m025 à 0^m028.

3° Les rayons à cellule de mâles ont de 0^m025, à 0^m027, et en ajoutant comme ci-dessus, trois millimètres pour les deux opercules du couvain, on obtient pour épaisseur maxima des rayons à cellules de mâles avec couvain operculé de 0^m028 à 0^m030.

Dans les cellules de mâles à couvain operculé, le couvercle est quelquefois plus bombé que celui qui ferme la cellule de l'ouvrière ; et dans certain rayon de mâle l'épaisseur maxima va quelquefois jusqu'à 0^m031 ; mais, je le répète, je parle ici de la moyenne.

J'ai présenté à la dernière exposition des insectes une série de rayons ayant les épaisseurs précitées, et qui m'ont servi aux expériences que je rapporte ici.

Nous voyons donc que l'épaisseur maxima d'un rayon à couvain d'ouvrières est de 0^m 028 ; c'est à ce genre de rayon et à cette épaisseur que je me suis arrêté dans la construction de mes ruches, que j'exécute presque toujours moi-même.

Nous ne devons pas craindre de gêner plus ou moins messieurs les mâles, et comme il faut cinq millimètres pour le passage d'une ouvrière, mettons un centimètre entre deux rayons ; nous aurons ainsi 0^m038 pour la distance du milieu de deux rayons, de deux cadres, ou de deux tasseaux indicateurs dans les ruches à bâtisses fixes.

J'ai présenté, il y a quelques années, à la Société centrale d'apiculture, une ruche de mon invention, composée de 16 cadres, dont moitié destinée à servir de magasin, s'enlevait par le haut de la ruche, et l'autre moitié par le derrière ; ces cadres formaient deux étages et étaient réunis par quatre, les cadres avaient les dimensions ci-dessus ; la régularité des constructions ne laissait rien à désirer et a frappé d'étonnement toute l'assemblée.

Dans ma ruche d'expérience qui a figuré à la dernière exposition, j'ai augmenté cette distance de 1/2 millimètre, pour plus de facilité dans la manœuvre des cadres qui sont tous mobiles ; j'ai ainsi obtenu des cadres carrés environ de 0^m40 de côté droits comme un marbre et sortant avec la plus grande facilité.

Je recommande donc cette mesure de 0^m385 aux amateurs comme aux producteurs.

Nous trouvons dans certains ruchers mal tenus, comme aussi chez les abeilles vivant à l'état sauvage, des rayons ayant une épaisseur beaucoup moindre, m cela tient à une dégénérescence de l'espèce et ne saurait nous occuper.

J'ai indiqué le moyen de redresser les rayons, je viens d'indiquer les distances où nous devons les fixer ; j'ai, à une époque antérieure, prouvé par expérience qu'il y avait tout avantage à employer des bâtisses vides; cherchons maintenant les meilleurs moyens pour fixer ces rayons dans les ruches des divers systèmes. CH. GAURICHON.

Salins-les-Bains, 15 juillet 1869.

___

De la pourriture du couvain (loque).

par A. DE BERLEPSCH. (Suite. V. p. 299.)

§ 4.

MOYENS PRÉSERVATIFS.

1° Etre circonspect lorsqu'on achète du miel pour nourrir, et ne se servir à cet effet que de miel dont on est sûr qu'il vient de colonies saines. — Ne nourrissez jamais avec du miel d'Amérique, ou de l'ile de Cuba, parce qu'il a été parfaitement constaté que la pourriture du couvain est résultée de l'usage de ce miel.

2° N'être pas moins circonspect lorsqu'on achète des abeilles. — Jamais n'introduisez dans votre rucher de colonies malades. On reconnaît qu'une colonie est malade à l'odeur méphitique qui s'échappe de la ruche.

Voilà à peu près tout ce que peut faire un apiculteur pour prévenir la pourriture du couvain. Il ne peut empêcher ses abeilles d'apporter un miel impur ou infecté, car elles puisent à des sources où elles seules ont accès. Les abeilles de M. Stœhr fréquentèrent une confiserie voisine, attirées par des pots de miel ouverts. Bientôt en conséquence la pourriture du couvain se déclara dans son rucher, et à la fin toutes ses colonies furent ruinées.

§ 5.

TRAITEMENT DES SOUCHES POURRIES.

1. Comme en ce moment nous ne connaissons pas encore l'*origine* de la pourriture du couvain, — c'est-à-dire quelle est la cause, ou quelles sont les causes qui la produisent, — mais que nous savons seulement qu'elle tue les larves, nous ne pouvons qu'espérer de l'arrêter et de la guérir en éloignant la mère et *en faisant cesser la production du couvain,* — réduisant ainsi littéralement la maladie par la famine en lui refusant les matières dont elle vit. Celui qui possède quelque notion de la nature de cette maladie ne peut que sourire quand il trouve certaines prescriptions, certains médicaments à administrer aux abeilles, recommandés comme remèdes infaillibles. Des abeilles bien portantes introduites dans une ruche infectée tombent bientôt malades; pouvons-nous croire que des abeilles déjà malades redeviendront bien portantes en restant dans une ruche imprégnée de virus et immergée dans une atmosphère surchargée de miasmes infects, rien que par l'administration de quelques drogues? Si de pareils remèdes ont toujours paru servir, cela n'a eu lieu que dans des cas où la maladie aurait disparu spontanément; on l'a attribué à une concoction empirique, quand en réalité c'était dû aux seules forces vivifiantes de la nature. Une colonie travaillée de la pourriture du premier degré, ou pourriture maligne, est absolument inguérissable. Tout ce qu'on peut faire, c'est d'extraire et de fondre les rayons, et d'employer les abeilles à former une colonie

artificielle, ou à renforcer une colonie faible, après les avoir tenues con.
finées dans une ruche parfaitement aérée quarante-huit heures durant
sans nourriture. Car, bien que la mère ait été enlevée à cette colonie, et
que les abeilles aient purifié les cellules de toute matière malfaisante,
la maladie reparaît pour sûr, et ordinairement avec un redoublement
de malignité, dès que la mère est réintégrée et que l'éducation du con-
vain recommence. Le miel, le pollen, les rayons, la ruche elle-même
retiennent la matière infectée. Le plus court est de tout renouveler.

Conséquemment, je me moque de ces essais qui ont pour but de guérir
une colonie loqueuse au premier degré ; au moins aucun expédient
n'a-t-il encore réussi en Thuringe. Qu'on transvase les abeilles, qu'on
les tienne « à la diète, » qu'on les loge dans une ruche nouvelle, elles
redeviendront malades comme devant. Dans les étés de 1865 et de 1866,
des confrères m'ayant appelé à leur aide, je fis quatre essais différents
pour sauver leurs abeilles, expérimentant avec une prudence et un soin
irréprochables. Inutilement. Je n'hésite donc pas à conseiller de soumettre une colonie ainsi malade au procédé du soufre, quand toutes les
abeilles sont rentrées le soir, afin d'arrêter la diffusion du fléau, qui sans
cela s'étendrait aux autres colonies du rucher. En 1864, je communiquai
à la *Bienenzeitung* une relation de la ruine totale d'un rucher de soixante-
dix-sept magnifiques colonies, occasionnée par l'introduction de la
nourriture du couvain. Dzierzon semble avoir renoncé aux procédés cu-
ratifs ; car il dit, dans son dernier ouvrage, page 276 : « Le mieux est
de ne pas s'en préoccuper beaucoup ; convertissez en argent le contenu
de ces ruches, et avec achetez-en de saines. »

2. Pareillement, je conseillerai de recourir au soufre toutes les fois
qu'on découvrira dans une ruche des cellules pourries, parce qu'on ne
sait pas si c'est le début d'une maladie rapide, terrible et incurable.

3. La pourriture du couvain du second degré est plus facilement
arrêtée et éloignée, quoique non sans dommage. Si la mère est supprimée, les ouvrières nettoieront les cellules de la matière qui les infecte
longtemps avant que la jeune mère commence à pondre. La cure
sera plus radicale si l'on enlève les rayons aussitôt après l'éclosion du
couvain, et qu'on donne une ruche nouvelle à la colonie. Comme les
cellules maternelles des premiers rayons peuvent se gâter, on détruira au bout d'une semaine toutes celles qu'on découvrira, et on les
remplacera par d'autres operculées prises à des colonies saines.

4. Examinez attentivement vos ruches en automne, à la fin d'octobre,

quand tout le couvain est éclos, et enlevez tout rayon qui a contenu ou qui contient encore de la pourriture dans quelques cellules.

5. La pourriture du couvain du second degré disparaît souvent spontanément. Je ne conseille pas de se reposer là-dessus. Il vaut mieux procéder comme je l'ai dit dans les deux numéros précédents. Je me rappelle deux exemples où des apiculteurs se croisèrent les bras ; et l'été d'ensuite presque toutes leurs colonies furent ruinées par la pourriture de la forme la plus maligne.

6. Les ruches, d'abord bien échaudées, seront ensuite passées à la fumée de soufre. Il est encore prudent de brûler la propolis qu'elles contiennent, au moyen d'un feu de paille clair, avant de les laver à l'eau bouillante. Après les avoir échaudées, et avant de les parfumer, on les lavera avec une solution concentrée de chlorite de chaux. Si la pourriture n'est que du second degré, on pourra se servir de suite des ruches traitées comme je viens de le dire ; mais, si c'est la pourriture maligne, il est très-sage de les mettre de côté pour deux ou trois ans. On lavera aussi avec la même solution les places occupées par ces ruches; le mieux est de les laisser vides au moins une année.

7. N'ayant point eu de cas de pourriture du troisième degré, je conseille, si on la rencontre, de la traiter comme celle du second degré.

8. On a suggéré que les colonies infectées de la pourriture du couvain ne doivent pas être sur-le-champ condamnées au soufre, mais qu'il faut les porter à distance du rucher pour voir et ensuite les traiter. Je ne le recommande pas, à moins qu'on n'ait une place isolée convenable, dans un rayon de trois ou quatre milles loin de tout rucher. Car on est moralement responsable, quoique peut-être non punissable aux yeux de la loi, de porter ainsi la mort et la destruction dans les rangs des abeilles de ses voisins.   (*A suivre.*) C. K. tr.

Sur la chaleur propre des abeilles.

Dans la thèse que M. M. Girard a présentée récemment à la Faculté des sciences de Paris, pour obtenir le titre de docteur ès sciences naturelles, l'auteur fait connaître les travaux de Newport sur la chaleur propre des insectes, notamment sur le pouvoir de calorification volontaire des hyménoptères sociaux, nidifiants. (*Prom. philos.* 1837, p. 259).

« Les expériences de Newport, dit-il, ont été faites sur des nids de bourdons (*Humbles bées*), notamment de l'espèce la plus grosse de nos contrées, le *Bombus terrestris*. Le nombre de sujets des nids est peu considérable, et leur large corps peut aisément recouvrir le réservoir du thermomètre; les résultats observés ont été étendus par Newport, par induction légitime, aux ruches d'abeilles. Il constata ainsi, en glissant sous le ventre le réservoir du thermomètre, des excès de température de six degrés pour le corps des bourdons couveurs, au-dessus de la température des cellules non recouvertes, et bientôt sortaient de jeunes bourdons mous, imprégnés de sueur, très-sensibles au moindre courant d'air, et se glissant parmi les autres bourdons pour se réchauffer. Newport compare, avec une grande justesse, les hyménoptères sociaux, au moment de la transformation de nymphe, aux petits des mammifères à l'instant de la naissance, incapables, pendant quelque temps, de produire et de maintenir une chaleur suffisante, et ayant besoin de la protection d'une chaleur extérieure. Ce principe, démontré par W. Edwards pour les animaux supérieurs, est, dit Newport, une des grandes lois universelles et simples de la vie animale.

» Newport a étudié les variations de température des ruches pendant toute l'année, au moyen de thermomètres fixés à demeure et d'avance, afin qu'on ne pût attribuer les nombres observés à un trouble accidentel causé dans la ruche par l'introduction de l'instrument, amenant des mouvements insolites chez les abeilles, et par suite un dégagement de chaleur. Newport a soin de faire remarquer qu'il ressort de ses expériences que la chaleur des ruches est toujours liée à l'énergie de la respiration, et que, quand les insectes se sont élevés à un certain degré au-dessus de la température ambiante, une abondante transpiration cutanée se produit, qui amène une diminution immédiate de température. « La température interne des ruches, dit Newport, augmente graduellement de mars en avril, et prend son maximum dans les mois de mai et de juin, époque de l'essaimage, où éclosent un nombre considérable de jeunes abeilles, ce qui s'explique par la faculté de calorification, nécessaire pour l'éclosion des nymphes (1). »

(1) Newport aurait pu s'exprimer ainsi : La somme de calorique des ruches est en raison de la quantité de couvain que contiennent ces ruches, et quels que soient l'époque de l'année et le degré de température extérieur la chaleur nécessaire à l'éducation du couvain (de 30 à 35 degrés) règne toujours à l'endroit où ce couvain se transforme, tandis que dans les autres parties de la ruche, la température peut se trouver beaucoup plus basse, et être même au-dessous de zéro dans la partie inférieure désertée par les abeilles. — *La Réduction.*

L'auteur des recherches sur la chaleur propre des abeilles passe ensuite en revue les observations que Dubost a enseignées dans sa *Méthode avantageuse de gouverner les abeilles* (Bourg, 1800), observations ignorées de Newport.

« Dubost examina, jour par jour, la température de ses ruches pendant le rigoureux hiver de 1788-1789. Après l'éclosion du couvain, la température des ruches tombe à une valeur de 20 à 25 degrés, mais reste à cette limite, même par les froids les plus rigoureux, pourvu que les abeilles serrées en peloton continuent à entourer le thermomètre; mais on peut, peu de temps après, trouver ce même thermomètre à quelques degrés au-dessous de zéro. Dans cette saison, en effet, les abeilles n'occupent jamais qu'une partie de la ruche, et si elles s'éloignent du thermomètre, celui-ci subit l'influence de la température extérieure (p. 10). Ce fait donne, sans doute, la raison des résultats assez variés selon que les pelotes d'abeilles étaient plus ou moins voisines du thermomètre, constaté par Newport pour ses ruches en hiver, et des basses températures qu'il y observait quelquefois, habituellement supérieures toutefois à la glace fondante. Dubost vit le thermomètre descendre dans une de ses ruches à 5 degrés, la serre où elle était placée étant à 8 degrés, et l'air libre du dehors à 20 degrés. Les abeilles, vives et bien portantes, avaient quitté le centre de la ruche où était fixé le thermomètre, pour se placer dans la partie supérieure. Une autre ruche, plus peuplée et plus riche en miel, laissée au froid rigoureux du dehors, conservait, comme à l'ordinaire, les hautes températures indiquées. Dans l'intérieur des deux ruches pendaient des glaçons s'arrêtant brusquement autour des parties où les abeilles rassemblées en peloton conservaient une haute température. Dubost, à la fin de janvier 1789, observa des ruches sans abri dans la campagne, et, en frappant légèrement sur les parois, entendait aussitôt assez de bruit pour être rassuré sur le sort de leurs habitants; on ne peut présumer que, dans un pareil hiver, la gelée n'eût pas pénétré jusqu'aux abeilles, si elles n'avaient eu le pouvoir de l'arrêter.

» Les abeilles ne sauraient résister sans périr, même pendant peu de jours, à un véritable engourdissement; en hiver, elles se réunissent en masse et sont toujours environnées d'air chaud. Non-seulement elles ne succombent pas sous les atteintes du froid, mais peuvent encore se déplacer dans la ruche et notamment se serrer davantage, si le froid augmente, de sorte que le thermomètre au milieu des abeilles monte alors de quel-

ques degrés pour descendre, au contraire, si le temps devenant plus
doux, le peloton s'éclaircit.

» Les expériences de Dubost, si curieuses et conduites avec une véritable précision scientifique, sont restées ignorées, non-seulement de
Newport, mais des auteurs français, ainsi qu'on peut s'en assurer en
lisant le court extrait du journal l'*Institut*, au sujet du mémoire de
Newport inséré dans les *Annales des sciences naturelles* (Zoologie, 2ᵉ série,
t. VIII, 1837, p. 124), et l'excellent ouvrage de M. Gavarret, *De la chaleur produite par les êtres vivants* (Paris, 1855, p. 385 et ailleurs). Il n'en
reste pas moins acquis à Newport la preuve expérimentale de la chaleur
d'incubation, et cette découverte importante que les dégagements de
chaleur des hyménoptères sociaux sont proportionnels à l'activité des
mouvements respiratoires et à la quantité d'air respiré (1). »

Maurice GIRARD.

Mellificateur solaire.

Les possesseurs de quelques ruchées d'abeilles, a-t-il été dit dans l'*Apiculteur* (6ᵉ année, p. 17), en parlant du mellificateur Baudet, sont souvent embarrassés pour extraire leur miel, n'ayant pas d'appareil spécial
pour cela. La plupart du temps, ils font usage de tamis en crin et de
terrines en grès ou en terre cuite. Mais ils ne parviennent pas toujours à
extraire complétement le miel des rayons; en outre, ils sont obligés d'o-
pérer à ciel découvert, ce qui a parfois des inconvénients. C'est pour
parer à ces inconvénients que M. Baudet a inventé son appareil. Mais
le mellificateur Baudet, s'il a une forme commode, laisse à désirer dans
les proportions de la burette supérieure, autrement dit la passoire;
celle-ci est relativement trop élevée proportionnellement à son diamètre.
l'écoulement du miel en est lent; aussi cet ustensile apicole a-t-il dû être
modifié. M. Carey, de Genève, l'a fait en diminuant sensiblement la hau-

(1) Les praticiens ajoutent : « surtout à la quantité de nourriture, — matière
saccharine — ingurgitée ; » car la base de la chaleur chez les abeilles est l'alimentation prise. A ce sujet, ils savent à quoi s'en tenir, et ils abritent le mieux
possible leurs abeilles pour que celles-ci consomment moins pour « se chauffer »
pendant l'hiver. Ils ont aussi fait une remarque sur la surélévation de température des ruches que n'ont pas controlée au thermomètre Dubost et Newport :
c'est la surélévation qui est produite au moment de l'apport abondant du miel, et
cela dans le but d'évaporer l'excès d'eau que contient le miel natif.—*La Rédaction.*

teur et en exagérant le diamètre de la passoire. Il est passé aux extrêmes.
On a pu voir ce millificateur solaire aux dernières expositions apicoles et
à celle du Champ-de-Mars. Voici une disposition beaucoup meilleure :
c'est une légère modification du modèle présenté par M. Lahaye, à l'exposition des insectes de 1868.

Ce mellificateur solaire se compose de trois parties mobiles : une bu-

Fig. 9. Mellificateur solaire.

rette A, une passoire B, et un couvercle vitré C, fig. 9. Sa hauteur totale
est de 33 centimètres. La hauteur intérieure de la burette est de 24 centimètres. Celle de la passoire est de 26 centimètres, et le diamètre de
cette passoire est de 41 centimètres. La burette A est munie à sa base
d'une douille d'égout qui ferme avec un bouchon. Le fond de la passoire
a un centimètre environ de concavité ; ce fond est percé de petits trous
rapprochés qui laissent passage au miel tout en retenant la cire. Chaque
partie est munie d'anses pour en faciliter le maniement. Lorsque ces
parties sont réunies, elles ne laissent aucun passage aux abeilles, ni
aucune fuite au miel. De façon que l'appareil peut fonctionner au milieu

du rucher. On peut aussi l'introduire dans un four. Il est entendu que la température de ce four ne doit pas s'élever au-dessus de 60 degrés.

Les gâteaux dont on veut extraire le miel sont placés dans la passoire B ; ils sont légèrement écrasés, autrement dit les cellules en sont déchirées pour que le miel puisse en sortir. Si les rayons du soleil qui viennent frapper la vitre du couvercle C, sont trop vifs, on en modère les effets, en plaçant sur cette vitre un canevas ou une toile claire quelconque. Plus la vitre du couvercle est épaisse, plus elle concentre les rayons du soleil dans la passoire.

Ce mellificateur est en fer battu étamée. Il est peu encombrant, et son poids de 8 kil. environ le rend très-portatif. Il peut recevoir le produit de deux ruches ordinaires à la fois, pourvu qu'on ait soin de vider la burette lorsqu'elle est pleine. Il coûte 35 fr.   H. H.

Remèdes contre les effets de la piqûre des abeilles, des guêpes, etc.

J'ai l'honneur de vous envoyer, relativement aux piqûres d'abeilles, quelques observations qui pourront peut-être offrir un peu d'intérêt aux abonnés de l'Apiculteur.

Beaucoup de personnes ne se livrent pas à la culture des abeilles, malgré les avantages réels et surtout l'amusement qu'elles procurent, parce que ces personnes en redoutent la piqûre. Cette piqûre est bien facile à éviter avec la précaution de se couvrir les mains de gants et la figure d'un camail ; ou même, si une abeille irritée vous attaque à l'improviste (fait très-rare), on évite tout danger en se tenant coi, ou en courant se mettre dans quelque endroit obscur et voisin, pour y rester immobile.

Si par malheur on est piqué, il y a beaucoup de remèdes.

Après avoir enlevé le dard le plus tôt possible, doucement et en le tournant, on suce la piqûre si l'endroit le permet, on la lave ou on l'essuie ; ensuite il faut la frotter avec une plante aromatique, en particulier avec une feuille de plantin écrasée, ou mieux y appliquer une compresse d'un dissolvant, eau, alcool, éther, huile de pétrole, etc., et de façon que la piqûre soit un peu comprimée et isolée de l'air.

Il y a beaucoup d'épidermes qui se contenteront de ces soins, d'autres se trouveront mieux de ce remède :

Au lieu de dissoudre le venin, il faut l'attaquer et le détruire avec de l'alcali volatil (ammoniaque), ou avec de l'acide phénique ou phénol.

— 339 —

L'acide phénique est plus commode que l'alcali, en ce que son odeur n'est ni piquante, ni désagréable, qu'il ne s'évapore pas comme l'alcali, et qu'on ne risque pas en se servant d'un vieux flacon de le voir sans effet.

Dans un petit flacon avec bouchon à l'émeri et terminé en porte-goutte, l'acide phénique coûte 2 à 3 fr.; mais, pour les bourses économes, l'acide phénique cristallisé coûte au plus 8 fr. le kilogr., c'est-à-dire 0 fr. 08 c. les 10 grammes, chez les marchands de produits chimiques. On dissout les cristaux dans la plus petite quantité possible d'esprit de vin (quelques gouttes suffisent pour 10 gram.), et on ajoute ensuite un volume d'esprit de vin six fois plus petit environ que le volume de la dissolution : de cette façon l'acide phénique corrode et blanchit la peau sans la brûler et sans produire d'ampoule, on en met une petite goutte sur la piqûre ; au bout de 10 à 20 secondes la douleur disparaît, et on n'a plus à s'occuper de rien.

Il est vrai qu'on peut être piqué et n'avoir sous la main ni son flacon d'acide phénique, ni même de l'eau ou des plantes aromatiques ; dans ce cas, voici un remède très-simple mais *très-efficace* et sur lequel j'insiste particulièrement :

Un peu de salive triturée en forme de boue avec de la poussière, et appliquée comme emplâtre sur la piqûre (ce remède a été donné comme efficace dans *l'Apiculteur* de juillet).

La salive étant alcaline dissout et même attaque le venin, la terre qui la maintient préserve la piqûre de l'air et y entretient la fraîcheur ; la plupart du temps, après 3 ou 4 minutes, même pour la peau la plus délicate, la piqûre est passée.

Si on avait négligé de soigner une piqûre et qu'une forte enflure fût survenue, je crois que le seul remède est de mettre une compresse d'éther, ou de frotter l'enflure avec une brosse douce, d'y mettre une compresse d'eau pure et fraîche et de renouveler souvent.

GEORGES DE LA MARNIÈRE.

Fragments du journal d'un apiculteur.

Ferme-aux-Abeilles, août 186...

12 *août.* — Août chaud et humide donne du miel en abondance ; la seconde sève des plantes est très-active et les fleurs de luzerne, de sarrasin, de bruyère etc., sont chargées de nectar que les abeilles s'em-

pressent de recueillir. Les feuilles de quelques arbres forestiers sécrètent aussi de la miellée que nos butineuses mettent à profit. Il importe de conduire les colonies établies dans les plaines manquant de ressources aux endroits qui en présentent. Le transport des abeilles demande alors beaucoup de soins et exige des précautions d'emballage et d'aération qui empêchent qu'elles ne s'étouffent en chemin. Le plus possible elles doivent voyager la nuit. Il faut détoiler les ruches avant le soleil levé, lorsqu'elles sont établies près des habitations; car, à la suite d'un transport par une température élevée, les abeilles sont irritées et peuvent piquer les gens et les bêtes du voisinage. Les accidents n'arrivent pas autrement. Si la distance et très-grande, il vaut mieux stationner en chemin et accomplir le voyage en deux nuits que de le faire tout d'une traite. Dans ce cas, on décharge les ruches à la pointe du jour, on les dépose provisoirement dans un champ isolé, on ouvre leur toile pour que les abeilles puissent sortir, et le soir on les réemballe pour achever le parcours. Toute voiturée d'abeilles doit être munie d'un seau d'eau dont on peut avoir besoin pour les colonies qui s'échauffent; en en arrosant fortement les abeilles échauffées, on évite de les perdre.

Les ruches dont on a diminué la capacité en leur enlevant une hausse ou un chapiteau récolté précédemment, doivent être agrandies en les calottant de nouveau. Il se peut que les abeilles n'emplissent pas le compartiment ajouté, mais ce qu'elles y déposeront n'aura pas moins sa valeur. Si ce sont des rayons vides, on les conservera pour la campagne suivante. Si ces rayons contiennent quelque miel, on pourra le couler, ou le conserver tel pour alimenter les colonies dont les provisions ont besoin d'être complétées.

Toutes les colonies orphelines et bourdonneuses doivent être récoltées sans plus tarder, car la fausse teigne peut les atteindre d'un moment à l'autre. Les abeilles doivent en être asphyxiées momentanément et être réunies à des colonies voisines.

Les colonies qui n'ont pas essaimé ne sont pas généralement les meilleures à garder, quoiqu'elles aient du poids; leur mère est souvent âgée ou défectueuse. Il convient de les récolter si les rayons en sont noirs, durs et épais, et d'en donner la population à une colonie voisine. Mais si les rayons en sont jeunes et sains, il vaut mieux conserver ces colonies, après qu'on s'est assuré, toutefois, de l'activité de la mère et de la force de la population. L'addition d'un essaim secondaire sans provisions ou d'une autre population dont la mère est jeune en fait de bonnes ruchées.

Les apiers négligés qui se trouvent dans les localités où le soleil a desséché les plantes mellifères, voient leurs essaims tardifs et même des souches commencer à mourir de faim. Les apiculteurs intelligents recueillent ces colonies vouées à la mort, et les mêlent à celles qui ont des provisions; ou bien ils en réunissent trois ou quatre dans une grande ruche bâtie et ils les alimentent. Ils donnent 8 ou 10 kilog. de matière sucrée à bon marché et obtiennent une ruchée qui leur assurera des bénéfices la campagne suivante. — Pour alimenter avec profit, il faut alimenter vite, en une ou deux fois, trois au plus.

Les bâtisses vides qu'on veut conserver doivent être passées fortement au soufre et être placées dans un endroit à température basse, dans un cellier ou dans une cave sèche. Plus tard, à la fin de septembre, on les pendra dans un grenier.   X.

Rapport sur l'apiculture à l'Exposition des insectes en 1868. (Suite. V. p. 309.)

M. Naquet fils, apiculteur à Beauvais! (Oise), présente une ruche rectangulaire en paille, fabriquée au métier Lelogeais, avec rayons mobiles d'une nouvelle disposition. Cette ruche reçoit un chapiteau également à rayons mobiles (elle peut recevoir tout autre chapiteau). Le plancher en bois qui couvre ce chapiteau porte trois colonnes de chiffres auxquels on fait correspondre des chevillettes qui donnent : le poids de la ruchée, l'âge de la colonie, celui de la mère, etc. Il présente la même ruche rehaussée d'un chapiteau ne logeant qu'un rayon entre deux vitres. Il présente en outre des échantillons de beau miel coulé, et un lot de cire très-bien épurée. Le jury des récompenses lui accorde une médaille de 1re classe de la Société d'apiculture pour sa ruche et pour ses produits.

— L'exposition de M. Vignon, de Saint-Denis près Péronne (Somme), justifie les nombreuses distinctions que cet habile praticien a obtenues dans divers concours. Sa collection de liqueurs montre tout ce qu'on peut obtenir de résidus autrefois perdus. Son rucher continue d'être l'un des mieux tenus de la région du nord; sa propagande des méthodes économiques est incessante. Le jury accorde à M. Vignon un rappel de médaille de 1re classe pour l'ensemble de son exposition, et une médaille de bronze de la Société d'insectologie pour ses liqueurs au miel.

— Le jury accorde également un rappel de médaille de 1re classe à M. Dagron, de Moret (Seine-et-Marne), pour ses beaux produits ; à M. Debilly, de Voisin-lez-Bretonneux (Seine-et-Oise), pour ses ruches améliorées et sa collection de beaux produits ; à M. Guillet, de Nantes, pour ses ruches à cadres Debeauvoys modifiées ; à M. Thierry-Mieg, de Mulhouse, pour sa ruche paille et bois à cadres mobiles ; à M. Vandewalle, à Berthen (Nord), pour ses ruches à hausses et à chapiteau appropriées à sa localité.

— M. Blum, apiculteur à Longueville (Moselle), expose des ruches carrées en paille, et le métier pour les fabriquer. Sa forme de ruche reçoit ou non des rayons mobiles, et elle peut être à divisions verticales et à divisions horizontales. La fabrication en est bonne. Il expose aussi du miel en rayon que le transport a quelque peu détérioré. Le jury accorde à M. Blum une médaille de 2e classe de la Société d'apiculture pour ses ruches, son métier et ses produits exposés.

— M. Bourgeois, menuisier-apiculteur, à Lons-le-Saunier (Jura), présente une ruche d'une disposition nouvelle. Elle se compose de trois compartiments étagés, recevant chacun deux tiroirs, lesquels forment des hausses avec plancher à claire-voie. Ils ont une ou deux vitres par les côtés. Une porte, fermant à clef, met ces tiroirs et leurs produits à l'abri des voleurs. Lorsqu'un tiroir a été récolté, il est remplacé par un vide, ou le tiroir inférieur est transposé. La lacune laissée à la fin de la campagne est comblée par de la mousse. Les vitres sont également couvertes d'une couche de mousse pour qu'elles ne condensent pas la vapeur intérieure. M. Bourgeois se livre à une propagande active de bonnes méthodes apiculturales, et combat surtout l'étouffage. Le jury lui accorde une médaille de 2e classe pour sa ruche à compartiments et pour sa propagande apicole.

— M. Javouhey, fabricant de pain d'épice à Chartres, s'applique à maintenir à ses produits la renommée acquise depuis longtemps à Chartres. Il cherche aussi à faire entrer le miel de Beauce dans ses pains d'épice. Les produits qu'il expose sont de très-bonne qualité. Le jury lui accorde une médaille de 2e classe pour ses pains d'épice exposés.

— M. Le Guidec, apiculteur à Saint-Joseph (île de la Réunion), expose un échantillon de miel dit miel vert. Tant qu'il est liquide, ce miel a

une nuance verte assez accentuée, mais lorsqu'il est granulé, il devient
blanc. Il en est de même du miel butiné dans le Gâtinais et ailleurs
sur le bluet. Le jury accorde une médaille de 2e classe à M. Le Guidec
pour son miel exposé.

— M. Marc, menuisier-apiculteur à Caen, appartient à l'école du progrès, c'est-à-dire à cette génération qui point et qui demande la lumière
pour tous, génération mal vue par les vieux de la vieille. Il expose 1° une
ruche d'observation garnie d'abeilles. La manière dont cette ruche a
été disposée pour le voyage est à copier. Grâce a un grillage en toile
métallique qui occupe le côté de derrière, les abeilles ont de l'air en
abondance et ne peuvent aucunement s'échauffer pendant le voyage.
2° Un extracteur de miel (mello-extracteur) conçu dans de bonnes conditions; 3° une hausse en bois à rayons mobiles, garnie de gâteaux
ayant été vidés par l'extracteur; 4° une ruche mixte à hausses et à
calotte, avec nourrisseur mobile; 5° un enfumoir à soufflet; 6° une
calotte normande garnie de miel en rayons; 7° deux échantillons de
cire très-bien épurée, et deux échantillons de miel surfin de très-belle
qualité. Le jury accorde à M. Marc une médaille de 2e classe pour sa
ruche d'observation, son extracteur et ses produits exposés.

— Les échantillons de cire que présente M. Picot aîné, d'Onesse
(Landes), sont de très-bonne qualité. Il expose en outre 1° une ruche
landaise vulgaire, avec son capuchon en paille; 2° une ruche landaise
qu'il a modifiée; 3° une ruche en planche affectant la forme landaise,
mais ayant des divisions horizontales, hausses et chapiteau; 4° un
nourrisseur en fer-blanc; 5° Un dito en terre cuite qui s'applique par
le haut des ruches. Ces appareils sont bien conçus et sont appelés
à rendre des services plus certains dans les Landes que les instruments
qui ont une plus grande prétention au perfectionnement. Le jury lui
accorde une médaille de 2e classe pour l'amélioration de la ruche
landaise, pour ses appareils et pour ses échantillons de cire exposés.

—M. Pilâtre, à Boursay (Loir-et-Cher) n'est apiculteur que depuis la
première exposition apicole (1859). Mais quel chemin il a fait, surtout
pour une contrée d'étouffeurs! Cependant il a dû, en sa qualité de
prolétaire, payer à l'État plusieurs années de service militaire qui ont
allongé son apprentissage apicole et ralenti son élan. Aujourd'hui, il
n'en est pas moins à la tête de deux cents colonies dont la moitié est
menée dans la Beauce pour la production du miel, et l'autre moitié
est placée à cheptel dans le Perche pour la multiplication. Élève de

l'école créée par notre Société économique d'apiculture, il en propage les principes : il enseigne à ne plus étouffer les abeilles, mais à les réunir, à former des essaims artificiels et à faire des avances aux abeilles par les années pauvres. Il ne craint pas d'acheter pour 200 fr. de nourriture (sucre blanc pur, ou mêlé avec miel) qui lui procureront 400 fr. l'année suivante. En un mot, il fait de l'apiculture intelligente. Les produits qu'il présente le prouvent. Le jury accorde à M. Pilâtre une médaille de 2° classe pour ses produits exposés et pour sa propagande des bonnes méthodes.

— Les produits qu'expose M. Roussel-Tallon, de Saint-Rimault (Oise), sont bien préparés. Sa cire est bien épurée et bien briquetée ; son miel est limpide et d'excellent goût. Le jury accorde à M. Roussel-Tallon une médaille de 2° classe pour ses produits exposés.

— Le jury accorde un rappel de médaille de 2° classe : à M. Casimir Caron, de Monthyon (Seine-et-Marne), pour son miel en rayon et sa ruche à chapiteau très-bien confectionnée ; à M. Leblon, d'Auteuil-Paris, pour sa ruche dite industrielle et ses produits divers exposés ; à M. Mellion, tonnelier à Mezidon (Calvados), pour la bonne confection de ses barils à miel de 25 et 50 kil. ; à M. Osmont, apiculteur à Saint-Aubin-lez-Elbeuf (Seine-Inférieure), pour ses échantillons de miel et de cire exposés ; à M. Prévost, apiculteur à Saint-Clair-sur-Ept (Seine-et-Oise), pour ses miels en rayons et en sirops exposés.

— M. Dupont, apiculteur à Attichy (Oise), expose 40 flacons de liqueurs au miel, diverses, dont plusieurs, notamment ses ratafias aux cerises, cassis, etc., sont très-bons, quoique trop épicés. Il expose aussi une petite ruche à surprise sous laquelle on découvre un pot contenant du miel du Chili. Il expose encore des chandelles en cire jaune, dites chandelles économiques. Le jury accorde une médaille de bronze de S. Exc. le ministre de l'agriculture à M. Dupont, pour ses liqueurs au miel. Le jury accorde la même distinction à M. Hanin, fabricant de pain d'épice à Paris, pour ses pavés rafraîchissants dont la qualité est reconnue supérieure.

— M. Lourdelet, fabricant de couleurs à Paris, soumet une collection de cire à modeler préparée par ses soins, et un lot de cire en brique refondue par lui. Ses produits sont beaux et bien présentés. Le jury lui accorde une médaille de bronze de S. Exc. le ministre pour ses cires à modeler.   (*A suivre.*)

Les impressions de Jean-Pierre à l'Exposition des Insectes de 1868. (V. page 272.)

Le jury arrive au cadre de la mère Chrisostôme et en demande les avantages particuliers.—Le plus grand avantage qui lui revient, et qui est légalement reconnu et attesté par les autorités de chez nous, dit la mère Chrisostôme, c'est qu'il met la paix dans le ménage. Demandez plutôt au père Chrisostôme, ajoute-t-elle, en lançant à son homme un regard de tambour-maître. — O... ou...i, que répond celui-ci, ayant l'air de compter les vitres de la croisée d'en face. — Quant au fonctionnement, ça va tout seul, que reprend la bonne femme.

Au moment où elle s'apprête à faire fonctionner ses cadres, on crie un essaim ! En effet, l'une des colonies apportées à l'exposition émet un essaim, absolument comme si elle était au village. L'habitude, qui est une seconde nature, pousse naturellement la mère Chrisostôme à empoigner au plus vite sa casserole pour carillonner cet essaim, à seule fin qu'il se fixe. La chère femme y va de si bon courage que, patatrac! voilà tous ses cadres à terre, et deux essaims en l'air au lieu d'un. Aussitôt les compétiteurs accourent de tous les coins de la salle pour plaindre la pauvre femme et pour lui offrir leurs bons services ; mais, sous cape, ils applaudissent de tout cœur à sa mésaventure. Fort heureusement que le père Chrisostôme est une fiche de consolation à laquelle elle va se rattraper. Car c'est ce pelé, ce galeux qui est l'unique cause de l'accident ; il n'en fait jamais d'autre dans le cadre réciproque du ménage. Pour lors, il s'apprête à recevoir en brave le savon qu'il mérite, et qui affirme l'avantage *particulier* de ladite invention. Enfin, après s'être purgée un brin, la bonne femme ramasse ses cadres qu'elle *rebiblotte* dans sa casserole veuve d'abeilles. Pendant ce temps, les essaims réunis se sont, sans tambour ni trompette, fixés tout seuls au mur. Pour lors, tout un chacun de se dire : voilà un exemple qui prouve que le bruit des casseroles et chaudrons n'est pas nécessaire. C'est donc inutile de tambouriner les essaims comme d'aucuns moucherons de chez nous le font.

Après ce temps-là, le jury entend la théorie complète d'un amateur de cadres, tout ce qu'il y a de plus rationnel. Par le système de cet amateur, qui assure que son invention fonctionne encore mieux que sa langue, on n'a, du matin au soir, mais seulement qu'entre ses repas, et pendant toute la bonne saison, qu'à pousser des cadres vides et qu'à les

retirer pleins, en veux-tu, en voilà. D'abord, dit-il, le matin vous vous
levez et vous commencez par plonger les regards du côté du buffet, puis
la main dedans pour en aveindre quelque fiole contenant de quoi tuer
le ver. En même temps qu'il est hygiénique, cet exercice préliminaire délie les coudes et vous dispose au maniement des cadres le reste
de la journée. Vous avalez un bon petit verre de ratafia quelconque,
pourvu que la marchandise soit potable et le verre assez grand, sinon
vous avez le droit de doubler la dose : c'est une des libertés qui subsistent chez nous. Préférez-vous le vin blanc, alors avalez-en un verre ou
deux de chablis ou de grenache vieux : c'est comme du velours sur la
poitrine. Avec l'exercice du cadre, il n'y a rien comme ça pour vous
ouvrir l'appétit. Aussi, à vos repas, vous dévorez les châteaubriants (vulgairement appelés bifteeks au filet de bœuf), côtelettes à la purée de marron ou non, ailes de poulet au salmis, etc., etc., comme si c'étaient des
fraises. En attendant votre premier déjeuner, vous poussez donc des
cadres dans vos ruches perfectionnées; de deux minutes et demie à trois
minutes au plus qu'il faut par cadre, cela fait 20 cadres par heure, ou
200 cadres par journée de 10 heures de travail. Or, comme il est entendu que vous en enlevez un plein chaque fois que vous en poussez un
vide, c'est donc, en résumé, 200 cadres que vous récoltez par jour ; soit,
à 2 kil. de miel par cadre, 400 kil. par jour. En exerçant ce productif
et agréable métier,—non patenté et par conséquent accessible à tous, —
pendant les six mois que dure la bonne saison, soit pendant environ 150
jours, en déduisant les fêtes, les dimanches et le quinze du dernier mois
de chaque trimestre, jour consacré à aller toucher chez le percepteur le
traitement que vous alloue percimonieusement l'Etat, cela vous donne
60,000 kil. de miel par campagne. On pourrait à la rigueur se passer de
toucher le traitement qui, cependant aide à mettre plus de beurre dans
les épinards dont votre cuisinière entoure les tranches de gigot de votre
deuxième déjeuner; mais la fonction vous pose dans la *socilieté* et ne nuit
pas à la récolte du miel. Les routiniers, dit-il en rajustant son lorgnon
sur le nez, demandent des chiffres; hé bien, je les défie de prouver que
mes multiplications et mes additions ne soient pas exactes, à moins qu'ils
ne prouvent que Barême lui-même est faux. Quant au temps employé à
l'extraction du miel, il ne compte plus avec nos moyens rationnels. Pendant que vous buvez votre café à votre aise, ou que vous fumez la pipe à
l'ombre, les cadres sont placés dans la machine tournante, et brumm...
brumm...., votre domestique les vide en un tour de main et deux coups

de ficelle; ce qui est pour lui un exercice très-salutaire et très-moral, car ça lui évite l'oisiveté et ça lui ôte le temps de farfouiller dans les poches de votre paletot des dimanches.

Nos oreilles sont en partie au discours de cet habile orateur, mais nos yeux arpentent le jury dont la plupart des membres ont, pour le moment, l'air de dormir debout. Nous profitons de cette circonstance pour le passer en revue; car, chez nous, on examine tout au jour d'aujourd'hui. Ainsi lorsqu'on nous octroie un jury, nous commençons par regarder comment est composé ce jury; nous supputons : tant de praticiens, tant d'amateurs, tant de comparses. Quand la première catégorie de membres domine, nous disons : la journée sera bonne pour l'apiculture ; mais si ce sont les autres catégories qui se trouvent en majorité, nous disons : l'affaire ne sera bonne que pour les intrigants et les coureurs de médailles. L'examen en question nous satisfait ; car nous ne trouvons qu'un comparse que nous sommes sensé avoir nommé, parce que nous n'étions pas là ; ce qui prouve, une fois de plus, que les absents ont toujours tort.

La journée tirant à sa fin, nous éprouvons le besoin de faire une tournée dans Paris en attendant le souper. La démangeaison en est d'autant plus vive que nous venons d'apprendre que la reine d'Espagne arrive à l'instant même avec toute sa maisonnée. Il paraît qu'on montre aussi au Jardin d'acclimatation un chimpanzé (qu'est-ce que ce peut bien être?) et plusieurs autres bêtes qui coûtent cher à nourrir. Allons donc voir ça, que tout le monde se dit. (*A suivre.*)

Manière de transvaser les abeilles d'une ruche en bois dans une ruche en paille.

(Suite. V. p. 284.)

1re *Remarque.* Veut-on, par exemple, transvaser la population d'une *ruche en planches horizontale* en une *ruche verticale*, cela est facile.

Après avoir enlevé à la scie la partie des planches qui est vide, et avoir de nouveau fermé la ruche par une planche de dimension convenable, on perce au-dessous du cantonnement des abeilles un trou de 5 à 6 pouces d'ouverture, au moyen d'une mèche à centre, et on place la vieille ruche sur la nouvelle.

2e *Remarque.* Quand les gâteaux à couvain se trouvent au milieu de la vieille ruche, voici comment on opère : On enlève toute la cire du côté où les cellules sont vides, et du côté par où l'on veut que la réunion se fasse avec la ruche en paille ; on scie le bois superflu, et on opère la réunion des deux ruches comme nous l'avons déjà expliqué. Après cela, on laisse le tout en repos pendant un ou plusieurs jours. Puis on ouvre la planche de devant, on coupe de ce côté encore tout le miel et la cire de trop, on garnit le vide ainsi fait, au moyen d'une planche convenablement ajustée dans le carré de la ruche. Les ouvertures de côté sont ensuite bouchées de nouveau par la planche de devant. Les abeilles ainsi resserrées sont obligées de continuer leurs bâtisses en avant dans la ruche en paille.

Là où le rucher, à cause du peu d'espace, ne permettra pas de placer les ruches ainsi disposées, on pourra encore, d'un second trait de scie enlever toute la portion de la ruche en bois qui dépasse la planche au fond intérieur que l'on vient de poser.

3ᵉ *Remarque.* Il est inutile, au printemps, lorsque l'on coupe les rayons, de ménager ces derniers, puisque le but que l'on se propose est de restreindre autant que possible l'espace occupé par les abeilles, afin de forcer celles-ci de pousser leurs bâtisses vers la hausse en paille et d'y établir leur couvain, et puisque l'on a l'espoir, en opérant ainsi, de voir à l'automne l'ancienne bâtisse qui se trouve dans le bois, remplie de miel. Dans le cas où la ruchée n'aurait pas assez de miel, dans ce qu'on lui laisse de gâteaux pour se nourrir pendant le mois du printemps, on pourrait encore lui donner de la pâture. Cependant on fera bien de ne pas la nourrir outre mesure, afin que le miel que les abeilles mettraient en réserve n'occupe pas une trop grande partie des cellules des gâteaux ainsi diminués, et ne gêne le développement nécessaire du couvain.

4ᵉ *Remarque.* Il est très-avantageux, quand on transvase des ruches, de se servir de hausses déjà bâties et munies de rayons nouveaux. Celui qui possède déjà des ruches en paille fera bien de détourner les hausses nouvellement bâties et de les destiner à l'emploi susdit.

§ 69. *De la manière de transvaser les abeilles des magasins en bois ou ruches en caisses dans les magasins en paille.*

a Quand il s'agit de *magasins en bois verticaux*, il ne faut pas croire qu'il suffise, pour opérer le transvasement, de substituer des hausses en paille par le dessous, à la place des caisses en bois et de laisser les abeilles les remplir de constructions, avec l'espoir de pouvoir enlever petit à petit par le haut les caisses remplies de miel. Lorsque l'année n'est pas

Digitized by Google

extrêmement bonne, et que la ruchée est peu populeuse, les abeilles bâtissent peu dans la paille et elles continuent de se cantonner dans les caisses en bois, que l'on devra bien se garder d'enlever à l'automne suivant, mais qu'il faudra laisser pendant l'hiver. Dans ce cas, les caisses en bois suent pendant l'hiver et au commencement du printemps, et l'eau coule sur les hausses en pailles qui sont au-dessous; les bâtisses que renferment ces dernières se moisissent et s'abîment, et l'on peut être obligé de les enlever de nouveau. De sorte que l'opération du transvasement, après avoir fait un pas en avant, en fait un en arrière et tout est à recommencer.

Voici une méthode plus expéditive et plus sûre : on enlève au mois d'avril toutes les caisses du haut en bas qui sont remplies de miel, et on ne laisse que celle où les abeilles mangent. On enlève ensuite par le bas les autres caisses, de manière à ne laisser que quatre caisses pour une forte ruchée et trois seulement si elle est plus faible. Puis on renverse la ruche sens dessus dessous, on la pose devant soi et on détache les rayons d'avec la boite d'en bas au moyen d'un large couteau. Ceci étant fini, on scie avec une scie à voleur, au raz des parois, les traverses qui soutiennent les rayons. Maintenant on peut enlever sans obstacle la petite caisse et la mettre de côté, et les rayons demeurent à leur place.

(*A suivre.*) ŒTTL.

Revue et cours des produits des abeilles.

Paris, 31 *juillet.* — MIELS. Les premiers cours établis se sont maintenus. A la Madeleine, les miels du Gâtinais ont été payés 140 à 145 fr. et même 150 fr. pour petite partie, les 100 kil., baril perdu et lots composés moitié en surfins et moitié en blancs. Les marchés d'Argences ont été insignifiants; c'est tout au plus si on y a apporté 50 barils de miels, la récolte n'en ayant pas produit. On n'a pu même établir aucun cours commercial; ces quelques barils ont été pris directement par l'épicerie, depuis 60 centimes jusqu'à 1 fr. le demi-kilo, selon qualité et vendeur.

La première fleur n'ayant rien donné dans la Picardie et les environs de Paris, il n'a pu être présenté de produits nouveaux au commerce de Paris. Cependant les fabricants comptent faire une récolte de deuxième coupe qui satisfera en partie les besoins locaux, si la première quinzaine d'août n'est pas trop sèche. Le complément sera fait avec des miels du

Chili, dont les prix ont peu varié depuis un mois. On cote les inférieurs 85 à 90 fr. les 100 kil., et les supérieurs de 100 à 120 fr.

Le beau temps de la première quinzaine de juillet a quelque peu calmé l'ardeur de la spéculation. La hausse s'accentuera plus tard, si l'arrière-saison n'est pas meilleure que le printemps. — Les miels rouges sont toujours peu communs et recherchés aux prix précédents. Dans quelques cantons les blés noirs souffrent de la sécheresse. Rien n'est encore compromis, pourvu que la terre soit mouillée sous peu et que la température reste chaude.

Le miel en rayon se paye, en corbeille propre, de 1 à 1 fr. 40 le demi-kil., selon blancheur. La belle qualité n'est pas commune.

Cires. — Les cours sont restés bien tenus. On a pris dans Paris, à 160 fr. les 100 kil. (entrée, 22 fr. 90). En dehors, on a coté de 120 à 135 fr. les 100 kil. Quelques fabricants ont des prétentions plus élevées ; mais le commerce ne paraît pas disposé à franchir les cours actuels. A la Madeleine, on a payé les cires jaunes en brique 120 fr., avec les lots de miel. On aurait traité quelques parties à part, nous a-t-on dit, de 135 et 140 fr., à livrer.

Le Havre, Nantes et Bordeaux ont conservé les prix précédents. A Marseille, les Corses ont gagné 10 fr. les 100 kil.; on a coté : cire jaune de Smyrne, 245 à 250 fr. les 50 kil.; Trébizonde et Caramanie, 240 fr.; Chypre et Syrie, 230 à 235 fr.; Egypte, 215 à 230 fr.; Mogador, 200 à 215; Tétuan, Tanger et Larache, 200 à 220 fr.; Alger et Oran, 222 à 235 fr.; Bougie et Bône, 225 fr.; Gambie (Sénégal), 220 fr.; Mozambique, 215 fr.; Corse, 225 fr.; pays, 205 fr., ces deux dernières franches de droits. — A Alger, cire jaune, de 4 fr. 05 à 4 fr. 15 le kil.

Corps gras. — Les suifs de boucherie ont été cotés 104 fr. 75 les 100 kil.; chandelles, 123 fr. 50 les 100 kil., hors barrière; stéarine saponifiée, 175 à 175 fr. 50; de distillation, 172 fr. 50; oléine de saponification, 88 fr.; de distillation, 83 fr. les 100 kil.

Sucres et sirops. — Le sucres raffinés sont restés stationnaires de 129 à 130 fr. 50 les 100 kil., au comptant et sans escompte. Les sirops de de fécule ont conservés les prix précédents. Pour la nourriture des abeilles, les sucres raffinés de 2ᵉ qualité sont les préférables. Mêlés par moitié avec des miels colorés du Chili, ils donnent de bons résultats.

Abeilles. — La première quinzaine de juillet a été favorable aux abeilles dans les localités où les secondes coupes de sainfoin ont donné, ainsi que dans celles où d'autres fleurs étaient épanouies. Les ru-

chées ont amassé quelques provisions. L'essaimage s'est prolongé jusqu'au 10 et même au 15, dans quelques localités boisées où il finit ordinairement avec juin. A partir du 15, la sécheresse s'est fait sentir, notamment dans les cantons de plaines, où la fleur s'est fanée. Dans le Gâtinais,
les chasses ont en partie succombé avant l'époque du transport à la
bruyère. Dans la Beauce elles se sont mieux conservées. Depuis le 24,
des orages sont venus humecter le sol et rafraîchir quelque peu l'atmosphère. La bruyère et le sarrasin vont donner du miel si le temps reste
chaud et humide. Voici les renseignements qu'on nous communique.

Les essaims ont été nombreux, notamment dans les apiers où les ruches sont plutôt petites que grandes. Les premiers pèsent 8 à 9 kilog.
Ils ont besoin des secondes coupes pour compléter leurs provisions. Les
souches sont aussi peuplées qu'avant l'essaimage, mais elles ne sont pas
lourdes. *Bellot*, à la Mévoie (Aube).

— Comme il n'y a pas eu beaucoup d'essaims et que toutes les souches
ne sont pas bonnes, on récolte peu cette année. Prix du miel en détail
0,90 c. les 500 gr. La miellée est bonne en ce moment; malheureusement, les fleurs des secondes coupes passent vite. Il faudra probablement
nourrir les derniers essaims. *Kanden*, à Auzon (Aube).

La récolte est bien mauvaise dans nos contrées, et il faudra nourrir la
plupart des essaims. *Peigné*, à Caen (Calvados). — La sécheresse a empêché l'essaimage dans nos pays de bruyère. Si la pluie tarde encore
quelques jours (21 juillet), nous n'aurons qu'une récolte médiocre. *Leneveu*, à Captieux (Gironde).

Heureux ceux qui ont donné de la nourriture à leurs abeilles au printemps dernier, car celles qui n'en ont pas reçu sont mortes à raison de
75 0/0, tandis que celles qui ont été secourues ont donné de bons essaims,
et souches et essaims paraissent bien approvisionnés. Dans les chaleurs
de juillet des essaims précoces ont donné des reparons. *Boilloz*, à Quin-
gey (Doubs.)

J'ai encore recueilli trois essaims secondaires cette semaine (15 juillet).
Le premier essaim sorti de mon apier date du 8 avril. C'est un essaimage
qui dure plus de trois mois. *Isique*, à Nérac (Lot-et-Garonne).

La récolte en miel n'est pas satisfaisante. Chaque panier ordinaire ne
fournit que 5 à 6 kilog. au plus de miel. La saison pluvieuse et froide
de juin a fait manquer les essaims. *Rafy*, à Marfaux (Marne). — Nos
abeilles ont donné très-peu d'essaims, mais en revanche, la récolte sera
abondante. Je viens de recevoir (23 juillet) une lettre d'un apiculteur de-

mes amis, qui me dit qu'il espère faire une récolte abondante ; l'essaimage a été mal chez lui. La bruyère, ajoute-t-il, a sauvé nos abeilles. *Hesse*, à Montbronn (Moselle).

Les nouvelles apiculturales de cette contrée laissent beaucoup à désirer. Nous avons fort peu d'essaims, et la plupart sont venus fort tard. J'attends encore le premier. Ces derniers jours, les abeilles ont bien travaillé. A la fin du mois de juin, elles étaient fort pauvres. *Bresselle*, à Liettres (Pas-de-Calais). — Nos abeilles ont passé un triste printemps et un fâcheux été ; il a fallu donner de la nourriture jusqu'au 2 juillet (!!). Mais depuis le 3, à midi, elles vont butiner à la miellée sans doute, car il n'y a plus de fleur ; le 4, à 5 heures du matin, elles sont déjà en campagne. *Blondel*, à Saint-Isbergue (Pas-de-Calais).

Nos colonies n'ont pas trop souffert pendant l'hiver ; mais le commencement de la campagne fut très-mauvais : beaucoup de fleurs et pas de temps favorable, partant pas de miel. Grâce à quelques sorties fort rares, l'essaimage, quoique tardif, doubla néanmoins les paniers. Faute de secours, des essaims et même des souches auraient succombé ; mais depuis une quinzaine de jours (17 juillet) nos abeilles travaillent bien, et nous avons lieu d'espérer bonne récolte et bonnes provisions d'hiver. *Lourdel*, à Bouttencourt (Somme). — A la sortie de l'hiver, nous étions pleins d'espérance, n'ayant fait aucune perte de ruchées d'abeilles. En mars des ruchées faisaient la barbe, tant elles étaient fortement peuplées. Depuis lors nous n'avons eu que déceptions : bien peu d'essaims et la première récolte entièrement nulle. Depuis 15 jours seulement (21 juillet), nos abeilles travaillent bien, et pour le moment les ruches sont assez pesantes. Il nous faudrait de la pluie pour raviver la végétation. *Vignon*, à Saint-Denis (Somme).

Dans les localités où les ressources florales vont manquer, il faut penser à réunir les colonies sans provisions et alimenter.   H. HAMET.

A céder : une presse de forte puissance, vis, armatures et sceau en fer. Prix : 200 fr. S'adresser au bureau de *l'Apiculteur*.
— 500 ruches normandes complètes : à 2 fr. pièce, en gare, à Bordeaux. S'adresser à M. Leneveu, à Saint-Michel par Captieux (Gironde).
M. B... à Ronchaux. Les abeilles italiennes n'ont pas la langue plus longue que nos indigènes.
— M. L... à Hartennes. Votre abonnement n'est pas venu ici ; vous l'avez fait par libraire. Autrement vous seriez servi, le 1er ou le 2 de chaque mois.
M. K... à Saint-Paul (Etats-Unis). Envoyez le montant de votre abonnement.

Paris — Imprimerie horticole de E. DONNAUD, rue Cassette 9.

Digitized by Google

L'APICULTEUR

Chronique.

SOMMAIRE. Moyens de vulgarisation.—Création de ruchers écoles par actions de 5 fr. — Souscription ouverte. — Obtention des miels en rayons forme de fruits. — Réclames. — Concours.

La question de vulgarisation des bonnes méthodes apiculturales est, par l'intérêt qu'elle présente, de celles qui demandent à être élucidées le plus possible. Toutes les personnes qui en ont traité dans l'*Apiculteur* sont d'accord sur la nécessité du professorat ambulant, sur l'utilité de conférences pratiques à domicile, telles qu'en peuvent faire des membres capables des sociétés d'apiculture et des instituteurs apiculteurs. Le correspondant qui en a parlé le dernier, M. Jh Simon, petit fils d'apiculteur et instituteur, compte plus particulièrement sur le concours de ses collègues, d'abord pour former les jeunes générations, ensuite pour enseigner dès à présent la pratique sur place. Il propose entre autres de hiérarchiser les professeurs et de centraliser les moyens d'action. Mettons en réquisition toutes les activités et toutes les ressources, localisons-les pour mieux les faire fructifier, mais ne hiérarchisons et ne centralisons rien, et surtout sachons nous passer de l'état-providence. Nous avons d'ailleurs sous la main tous les moyens d'organisation, sachons-nous en servir. Il nous faut des sociétés d'apiculture ; groupons les apiculteurs de bonne volonté en faisant appel à leur intérêt. Nous manquons d'instituteurs qui soient apiculteurs, faisons que tous le soient désormais. Pour cela, nous avons le jardin des écoles normales dans lequel nous pouvons établir un rucher-école, l'enseignement premier.

Nous avons aussi les fermes-écoles qui recevront avec le même empressement l'apier dont nous voudrons les doter. Ces ruchers-écoles seront assurément des pépinières de praticiens et de professeurs que nous sommes aujourd'hui obligés d'improviser. Nous pouvons organiser ces ruchers, par nos propres ressources, sans grands sacrifices et avec bénéfices à tous les points de vue. Voici les moyens à employer : ils sont aussi simples qu'applicables. — Que dans chaque canton où il existe une ferme-école et dans chaque département où il se trouve une école normale, on réunisse 2, 4 ou 600 fr. en nature (ruchées) et en espèces, par des actions de 5 fr. que les apiculteurs intelligents s'empresseront de

souscrire dès que l'initiative aura été prise, et, avec cette modeste somme
on aura le rucher-école, qui rendra les services demandés et dont les revenus couvriront bien vite les avances faites. Ce rucher ne sera pas un
laboratoire d'expériences, mais un établissement pratique conduit par
les plus capables d'entre les intéressés. C'est ainsi que dans la partie de
la France — le Nord — où l'agriculture est la plus avancée, des cultivateurs s'associent pour l'etablissement de sucreries et de distilleries dont
la direction est confiée aux plus intelligents d'entre les associés, et ces
associations donnent des résultats on ne peut plus brillants.

Nous devions, à la dernière réunion de Janville, faire aux apiculteurs
de la Beauce la proposition d'une souscription de quelques centaines de
francs pour l'établissement d'un rucher-école à Chartres. Nous savons
les Beaucerons quelque peu réfractaires, mais les circonstances nous
commandent impérieusement de donner là le premier coup de pioche,
espérant qu'il ne tombera pas dans le tuf. Il y a urgence d'établir ce
rucher à Chartres, parce que d'un côté le nombre de possesseurs d'abeilles
diminue dans l'Eure-et-Loir quand la flore mellifère du département
augmente. De l'autre la réglementation en vigueur tend à anéantir l'industrie apicole, si on ne réagit. Il s'agit, par cette fondation, d'amener à
nous en l'éclairant l'autorité qui réglemente.

Nous savons que la direction de l'école normale de Chartres accueillera
avec empressement ce rucher dans son jardin et qu'elle se prêtera de tous
ses moyens à sa réussite. La Société d'horticulture de cette ville ne serait pas moins jalouse de le posséder dans son parc.

Deux apiculteurs, M. Guillaumin de Chartres, et M. Pelâtre de Boursay, à qui nous avons communiqué ce projet, ont offert de souscrire, de
plus de prêter leurs soins à la conduite du rucher et de donner des leçons pratiques aux époques des principales opérations. Il y a donc lieu d'aller en avant. En conséquence, nous recevrons les adhésions qui nous seront adressées pour cette fondation ; ces adhésions seront également
reçues chez M. Guillaumin à Chartres. Les actions sont de 5 fr. Elles
peuvent être versées en colonies d'abeilles. Le rucher-école acceptera
les dons particuliers qu'on voudra lui faire. Les bénéfices réalisés serviront dabord à éteindre le capital et payer les intérêts ; puis ils pourront
être consacrés à des primes d'encouragement.

Les apiculteurs des autres provinces et les personnes qui ne font pas
d'apiculture peuvent prendre part à cette souscription. Elles y sont en-
gagées vivement dans le but particulier de supprimer la principale cause

Digitized by Google

des entraves, l'ignorance. Cette organisation a un précédent : la Société d'apiculture de l'Aube a fondé son rucher modèle par actions de 5 fr. Chaque section ou Société d'arrondissement se rattachant à la Société centrale, organise le sien par les mêmes moyens; ces sections s'épargneront inévitablement les épreuves de toute première création ; elles seront rigoureuses dans le choix de la direction. Il faut que les représentants des intérêts de tous aient du dévouement et qu'ils soient d'une intégrité à toute épreuve. Tôt ou tard, ils ne manqueront pas de recueillir les fruits de ces vertus sociales.

— Des apiculteurs nous ont demandé de leur indiquer comment s'obtiennent les miels en rayons sous forme de fruit qu'on a exposés à diverses reprises. L'auteur de ces produits, M. Lachaise, de Thury (Oise), qui est assez original mais peu communicatif, se garde d'éclairer même les jurys qui l'interrogent. Voici comment, il y a déjà longtemps, nous avions pensé à obtenir les mêmes résultats. Avoir des moules forme de fruits de plusieurs pièces en tôle légère ou en verre ; les garnir d'une bâtisse artificielle, composée de rayons ou de plaques de cire collées à un pivot central sortant par le haut et formant la queue du fruit. Nous n'avions pas rêvé que cette queue fût en os comme la poignée des cannes et des parapluies, ainsi que les fait M. Lachaise, parce qu'à l'état libre les abeilles ne vont jamais bâtir là. C'est un anachronisme aussi grand que de loger du miel dans un pot à moutarde. Ces moules, qui ont une issue par le bas, sont placés comme chapiteaux sur les ruches qui peuvent les recevoir. Plus tard lorsqu'ils sont pleins et enlevés, un fer assez fortement chauffé est passé dessus, à l'endroit correspondant à l'attache des rayons ; ceux-ci se décollent, et les parties du moule peuvent être séparées.

Cette manière de présenter le miel est très-alléchante ; mais il faut des soins et du temps pour obtenir quelques chose de présentable.

— Nous avons reçu de M. Lambrecht une communication qui est à peu près la répétition de ce qui a paru dans l'*Apiculteur* de février dernier. Il s'agit de donner 16 fr. en échange d'un secret infaillible pour guérir la loque ou pourriture du couvain. Croira qui voudra à l'infaillibilité de ce secret.

— Le congrès apicole allemand de 1869 aura lieu à Nuremberg les 14, 15 et 16 septembre.   H. HAMET.

Considérations sur les bâtisses.

L'école alsacienne, par l'organe d'un jeune aspirant d'apiculture, M. Dennler, nous a donné, dans l'*Apiculteur* de mai 1869, page 231, son programme sur les bâtisses. Nous y lisons : « Il y a, pour les ruchées qui bâtissent, perte de temps et perte de miel : perte de temps en ce qu'une partie de la population est retenue dans la ruche pour l'élaboration de la cire et la construction des rayons ; perte de miel, car il en faut dix grammes pour la production d'un gramme de cire... La perte de miel entraînée par la perte de temps est *énormément* plus grande que la perte de miel changé en cire. »

Ce programme a le mérite d'être clair, mais il a le tort de ne pas être vrai.

Ce qui étonne, c'est qu'on l'ait exposé après que nous avions mis en demeure M. Dennler de faire en commun des *expériences comparatives* sur la matière. Cette mise en demeure restée sans effet et d'autres refus du même genre ne nous autorisent-ils pas à dire que l'école dont M. Dennler n'est et ne peut être que le porte-voix, aime plus à parler qu'à besogner ?

Tandis qu'on se gonfle les joues pour mieux accentuer les épithètes de routiniers, d'empiriques dont on nous qualifie de temps à autre, on se bouche les oreilles pour ne pas entendre nos propositions d'expériences à faire en commun.

C'est de l'Allemagne que l'Alsace a importé son programme, mais ce qui n'était qu'œuf de moineau en Allemagne est devenu œuf de canard en Alsace, rien qu'en traversant le Rhin.

Quant aux apiculteurs allemands, ils sont en réalité, sur la question des bâtisses, moins avancés que les apiculteurs français. Les Allemands ont expérimenté en laboratoire ; les Français, en plein air. Les gens d'outre-Rhin, pensant mieux les étudier, ont rendu leurs abeilles prisonnières ; les gens d'en deçà des Vosges ont cru qu'en leur laissant toute liberté, ils connaîtraient mieux leur instinct, leur activité, leur industrie ; de là contrariété entre les enfants de la Gaule et les enfants de la Germanie.

Les Allemands sont arrivés à ce résultat, que sans pollen les abeilles en laboratoire ont besoin de vingt parties de miel pour produire une partie de cire ; mais qu'ayant du pollen à leur disposition, il ne leur faut plus que treize grammes de miel pour produire un gramme de cire.

Soupçonnant néanmoins que les choses se passent mieux en plein air qu'en laboratoire, ils réduisent leur enseignement à cette formule : dix grammes de miel au moins sont nécessaires pour produire un gramme de cire.

Ce n'est pas tout, il faut du temps, ajoutent-ils, pour transformer le miel en cire et construire les gâteaux, et pendant tout le temps employé à ce double travail, l'abeille ne butine point ; de ce chef elle perd encore beaucoup de miel. Cependant le baron de Berlepsch, le plus accrédité pour la question qui nous occupe, ne s'appesantit pas trop sur le temps perdu ; il avoue que les abeilles bâtissent généralement de nuit. (La nuit pour les abeilles commence à sept heures du soir et dure jusqu'à huit heures du matin. Il est rare que les fleurs donnent du miel avant huit heures du matin, la rosée s'y oppose.)

Le prince des apiculteurs allemands, Dzierzon *par qui jure toute l'Allemagne* (Stambach) ; Dzierzon, *l'apiculteur le plus éminent des temps passé, présent et à venir* (Bastian), Dzierzon a une manière à lui d'envisager la question. Selon lui les ruchées fortement taillées au printemps développent une activité beaucoup plus grande que si elles n'avaient pas été taillées ; que, grâce à cette activité, la nouvelle cire qu'elles produisent ne serait-elle destinée qu'à la fonte, est un gain pur et net ; mais il admet l'utilité des bâtisses au moment des fortes miellées.

Les Français ayant observé dans de meilleures conditions que de Berlepsch et ses adhérents disent : la bâtisse coûte peu de miel, mais faute de bâtisse les abeilles perdent parfois beaucoup de miel. C'est ce que j'établirai dans plusieurs articles qui paraîtront successivement dans le journal.

Je me propose aussi de faire connaître prochainement à nos coabonnés les deux apiculteurs allemands, de Berlepsch et Dzierzon, dont je possède une traduction manuscrite que je dois à l'extrême obligeance de trois personnes amies. *Un apiculteur lorrain.*

De la pourriture du couvain (loque).

par A. DE BERLEPSCH. (Suite et fin. V. p. 330.)

§ 6.

QUELLE EST LA CAUSE DE LA POURRITURE DU COUVAIN ?

Cette question est encore enveloppée de la plus grande obscurité, et les opinions des apiculteurs sont très-divergentes. Ma conviction personnelle est que la pourriture du couvain résulte de causes aussi diverses que les phénomènes qu'elle présente et que le caractère qu'elle revêt. Je ne puis donc guère faire autre chose, pour le moment, que de résumer les opinions émises là-dessus par les écrivains apicoles les plus estimés.

Première opinion.

Quelques-uns croient qu'une petite mouche noire, le phore, *phora incrassata*, entre dans la ruche et dépose ses œufs dans le couvain, choisissant pour son nid seulement les larves non operculées les plus avancées, en chacune desquelles elle pond un œuf. Après qu'elle est éclose, la larve du phore consume, à la façon des parasites, les viscères de la larve de l'abeille qu'elle habite, absolument comme la larve de la mouche ichneumone, qui vit sur ou dans la vulgaire chenille du chou. Mûre au bout de cinq jours, elle sort alors de la carcasse de la larve de l'abeille par une ouverture visible à l'œil nu, et, perforant la calotte de la cellule, elle tombe sur le plancher de la ruche; là, ou elle file sa coque parmi les débris qui s'y trouvent, ou elle rampe dehors pour aller subir sa métamorphose dans la terre. Tant que la larve du phore habite la larve de l'abeille, celle-ci, suivant le Dr Donhoff, reste vivante; mais elle meurt, à la fin, par suite de la perte de sa substance graisseuse interne, que son ennemi parasite a dévorée. Ainsi, la décomposition de cette larve commence déjà virtuellement de son vivant, mais la putréfaction n'arrive qu'après sa mort.

Le Dr Asmusz affirme avoir trouvé plusieurs larves de phore dans des larves d'abeilles, et il dit que pour les voir il ne faut rien que décapiter une larve d'abeille où se manifestent les premiers symptômes de pourriture et en faire sortir le jus qu'elle contient. En répétant plusieurs fois ce procédé, l'opérateur ne peut manquer de découvrir une ou plusieurs larves de phore. Ou bien, s'il présente le corps d'une larve d'abeille devant la lumière d'une chandelle dans une chambre obscure, il apercevra distinctement les mouvements de la larve parasite qui y sera renfermée. Pourtant, suivant le Dr Asmusz, on ne trouve pas les larves du phore dans toutes les larves d'abeilles, mais seulement dans un nombre de larves relativement peu considérable. Cependant, par l'effet des miasmes que les larves pourries exhalent dans la ruche, d'autres larves, non infectées par le parasite, s'infectent, meurent et pourrissent également. De cette sorte, lorsqu'une portion seulement du

Digitized by Google

couvain périt et qu'une autre portion se développe heureusement, c'est
un cas analogue à ceux qui se rencontrent dans d'autres maladies contagieuses, comme dans certaines maladies de la peau, où des animaux
sont infectés, tandis qu'il y en a qui échappent à l'invasion, grâce
peut-être à une disposition particulière de leur corps à cette époque.
C'est encore ce qui s'observe souvent quand règnent des épidémies,
telles que la peste, le choléra, le typhus, la scarlatine, etc., auxquelles
le système humain est sujet ; des individus tombent, pendant que
d'autres restent debout, même là où le mal sévit davantage. Telle est
l'opinion du Dᵣ Asmusz, longuement développée dans son *Traité des
parasites de l'abeille;* et l'on doit avouer que le *phore,* dans les gravures, a véritablement une apparence et une expression méphisto-
phéliennes.

On oppose à cette opinion :

1º *Que le phora incrassata* abonde partout, et qu'il est nourri dans
toute ruche contenant des abeilles mortes. Cependant, de nombreux
districts sont complétement exempts de la pourriture du couvain. Cela
n'aurait pas lieu, remarque M. Kleine, si telle était l'origine de cette
maladie, car, la même cause, dans les mêmes circonstances, produit le
même effet partout.

2ᵉ Le *phora incrassata* ne dépose pas ses œufs dans des organismes
vivants, mais seulement dans des organismes *morts.*

3ᵉ Si, comme le Dᵣ Asmusz semble l'avoir découvert dans des examens microscopiques, le *phora incrassata,* en cas exceptionnels, pond
ses œufs dans des larves d'abeilles, n'est-il pas vraiment singulier que
le résultat soit la décomposition putride de ces larves, résultat qui
n'est produit dans aucun cas analogue? Et pourquoi les seules larves
ainsi détruites par le phore répandent-elles des miasmes putrides, que
ne répandent pas pareillement des larves en décomposition, mortes par
une autre cause?

4ᵉ Si l'opinion du Dᵣ Asmusz est correcte, les pupes du *phora incrassata* doivent être aussi nombreuses dans les ruches pourries que dans
celles contenant des abeilles où le phore a déposé ses œufs. Cependant,
il n'en est pas ainsi.

5º Les parasites, en effet, sont destructeurs pour les insectes que la
nature leur a désignés comme une proie ; mais, ils ne sont point la
cause de la destruction de toute une race : ils feraient la guerre à leur
lignée et à leurs intérêts.

6° J'ai dernièrement examiné une centaine de larves d'abeille, « en les présentant devant la lumière d'une chandelle, dans une chambre obscure, » sans y découvrir les mouvements d'aucune larve de phore.

7° Dans l'été de 1860, le professeur Leuckart examina au microscope un grand nombre de larves d'abeille pourries. Quelques-unes étaient mortes, les autres vivaient encore. Il n'y découvrit ni larves de phore, ni aucun autre animal parasite.

Malgré cela, mon impression est que la pourriture du couvain du premier et du deuxième degré, ou de la première et de la deuxième forme, est produite, au moins occasionnellement, et probablement plus souvent qu'on ne le suppose, par quelque insecte parasite, le *phora incrassata*, ou un autre.

D'abord, le Dr Asmusz a reconnu la présence d'animaux parasites dans des larves d'abeille encore vivantes, prises à des ruches pourries ; or, contre des *faits* exclusivement établis, des preuves scientifiques par induction et par négation sont de peu de valeur.

En second lieu, les petits trous observés dans les calottes des cellules pourries indiquent qu'une créature vivante, ou bien est entrée dans ces cellules, ou bien en est sortie. Je pense avoir une preuve concluante qu'il *en sort* une créature animée. Dans l'été de 1861, M. Henri Keil, apiculteur de Dottelstadt, près Gotha, m'apporta un rayon pourri d'une de ses ruches. Je l'examinai minutieusement, et j'observai des petits trous aux calottes de *sept* cellules. Je plaçai ensuite le rayon sous un couvercle de verre, et neuf jours après, l'ayant examiné de nouveau, je trouvai *vingt-quatre* cellules percées. Les dix-sept trous additionnels, cela est évident, ne peuvent avoir été percés que *du dedans au dehors*. Ils n'ont pas dû l'être par des abeilles, comme l'a supposé Scholtiz, « pour s'assurer du contenu des cellules, après avoir attendu en vain le développement des larves. »

Enfin, ce sentiment sur la matière explique parfaitement la présence spontanée de la pourriture du couvain dans des places où l'on ne peut en accuser une cause évidente. Il est probable que l'insecte n'apparaît que temporairement et que dans des surfaces limitées, quoiqu'il existe plus ou moins nombreux à différentes périodes. Cela explique également le fait qu'une ou deux ruches sont parfois attaquées dans un rucher où l'on n'a point administré de miel vicié ou malsain, circonstance inexplicable autrement.

Deuxième opinion..

La pourriture du couvain peut être occasionnée par le nourrissement des abeilles avec du miel fermenté ou acidifié. Une matière fermentative, quand même elle ne viendrait, ni en tout, ni en partie, de souches malades, causera une fermentation dans le couvain qui en sera nourri et produira la pourriture. Le président Busch remarque, toutefois, qu'il a souvent donné de ce miel à ses souches sans leur nuire. J'ai moi-même, ces dernières années, donné des tonnes de miel de Cuba à mes abeilles, — un miel répandant une odeur et un goût nauséabonds, désagréables, — sans qu'il en soit résulté rien de fâcheux. Mais cela ne veut rien dire. Ce qui n'a pas fait de mal dans dix cas peut tuer au onzième. Il me parait certain que du miel fermenté ou acidifié engendre la pourriture du couvain.

« J'avais, dit M. Kalteich, des rayons de miel de l'année précédente, exhalant une odeur fétide ; leur surface était humide et leur pollen moisi. Je les donnai à trois souches populeuses ; toutes devinrent malades et périrent. La même chose arriva à une quatrième qui avait pillé de ce miel, et à plusieurs autres, dans lesquelles j'avais inséré des rayons semblables, que je ne croyais pas être contaminés. »

M. Hermann dit : « En deux circonstances, la pourriture du couvain fut produite par un nourrissement avec du miel qui avait séjourné dans un vase où s'était formé du vert-de-gris. »

M. P.-J. Mahan, apiculteur très-distingué de Philadelphie, me raconta, étant ici, qu'il avait jadis passé quelque temps dans l'île de Cuba, et qu'il avait observé que c'était une pratique générale, dans les ruchers de ce pays, de presser la masse mêlée de miel, de pollen, de couvain et d'abeilles mortes, pour en faire sortir le liquide, que l'on entonnait dans des barils comme produit de l'abeille ! Ce mélange dégoûtant fermente vite, surtout si les rayons n'ont pas été chauffés auparavant, et s'ils contiennent beaucoup de jeune couvain, dont on sait que les jus très-riches fermentent facilement. La pourriture du couvain s'ensuivra si les abeilles ont accès à cette nourriture ; et il connait des exemples, aux Etats-Unis, où telle fut la cause de la maladie, *pourtant presque inconnue à Cuba.* En effet, les Cubains n'ignorent pas quelles qualités malsaines renferme leur miel, et ils ont soin d'en fermer l'abord aux abeilles. Tant que ce mélange, appelé miel de Cuba, ne fermente pas, on peut en nourrir ses abeilles en toute sécurité ; et sa qua-

lité pestilentielle dépend entièrement de ceci : si le pressage a eu lieu
quand il y avait beaucoup de couvain non operculé dans les cellules.
Ordinairement, l'opération du pressage s'accomplit lorsque les rayons
n'ont plus de couvain ; mais, le manque de ruches vides pour loger les
essaims oblige, à l'occasion, d'être moins scrupuleux. Les apiculteurs
des États-Unis savent, par expérience, que le miel de Cuba est une dangereuse espèce de nourriture pour l'abeille; ils l'abandonnent absolument, et pour rien même ils n'en voudraient pas. Ainsi s'exprimait
M. Mahan. Du miel luisant et autres miels étrangers de commerce,
ont presque une égale insalubrité.

J'ajoute, à l'appui de ce sentiment, le fait observé, que ce miel ne
cause pas directement la pourriture du couvain, mais indirectement.
Il souille par degrés l'air de la ruche, développant une odeur fétide, et
déterminant ainsi la maladie, qui éclate toujours six ou huit semaines
après que le miel malsain a été donné. L'exemple de Dzierzon, qui
rendit malades toutes ses souches, en 1848, en leur donnant du miel de
Cuba, confirme le fait (1). .

Troisième opinion.

Quelques-uns pensent que le couvain mort par une cause quelconque,
s'il n'est pas enlevé par les abeilles, devient putride et produit une maladie contagieuse, et que la pourriture non contagieuse le devient en
certaines circonstances. Cela, je le comprends, est très-probable. En
1855, je trouvai dans le rucher de M. Oscar Ziégler, à Schleusingen,
une ruche pourrie, fétide au dernier point, qu'à cause de cela on condamna au soufre. D'où venait-elle? M. Ziégler l'avait achetée dans un
village voisin et les abeilles avaient été étouffées lorsqu'il fallut l'apporter chez lui. Environ huit jours après, il y logea un essaim, et voilà
que la maladie, qui jusque-là n'avait pas été contagieuse dans cette
ruche, y prit sur-le-champ la forme contagieuse.

Quatrième opinion.

La maladie peut être déterminée par des rosées malsaines qui sur-

(1) En 1860, il a été fait en France pour l'alimentation des abeilles, une consommation extraordinaire de miels de la Havaune, Cuba et autres, dont une certaine partie ayant été mal fabriquée était plus ou moins altérée, ou du moins à
la surface. Néanmoins nous n'avons pas constaté que l'emploi de ce miel eût
développé la loque. Nous devons même ajouter qu'en l'année très-favorable de
1861, les cas de loque ont été assez rares. — Ne devrait-on pas attribuer le
développement de la loque à l'époque froide et peu propice à laquelle le miel inférieur ou fermenté est donné? Ne devrait-on pas l'attribuer aussi à la ruche
qui — comme celle de Dzierzon — concentre mal la chaleur? — H. Hamet.

viennent quelquefois au moment où les arbres fruitiers sont en fleur.
Cette opinion est très-ancienne. Hoffier disait en 1660 : « A de certaines années, les fleurs des arbres sont littéralement empoisonnées
par des rosées et des brouillards, tellement que les abeilles tombent malades. » En 1855, conversant avec Dzierzon, qui était venu me voir à
Seebach, je l'entendis émettre à peu près le même avis : « Je me rappelle, dit-il, avoir souvent observé des faits analogues dans mon voisinage, au moment de la floraison des arbres fruitiers. La pourriture du
couvain peut vraiment en résulter ; mais, on attribue plutôt à ces rosées
malsaines la maladie du *vertige*. »

Cependant, si tel fut le cas, toutes les souches, dans un certain rayon,
ne devaient-elles pas être affectées à la fois et de la même manière ?
Hoffman-Brand a fait la remarque que dans ses ruches pourries le
pollen était visqueux et qu'on eût dit qu'il voulait fermenter ; ce qu'il
attribua aux mauvaises qualités de la rosée.

Cinquième opinion.

Le fongus appelé *mucor mellitophorus*, qu'on découvre souvent dans
l'estomac chylifiant des abeilles, exerce, dit-on, une influence délétère sur la préparation de la bouillie, en sorte que le couvain n'est pas
pourvu d'un aliment convenablement digéré — ce qui le rend malade
— et qu'il meurt et se putréfie. On suppose donc que le fongus est la
cause indirecte de la maladie. Mais, ce fongus existe souvent abondamment dans des colonies parfaitement saines ; et le Dr Asmusz ne l'a
jamais trouvé dans des abeilles de souches pourries.

Pour compléter le résumé de ces opinions, on pourrait ajouter plusieurs conjectures exposées dans des livres apicoles et par des correspondants de la *Bienen Zeitung* ; mais, pas une ne repose sur des bases
solides.

M. Kritz a supposé que la pourriture du couvain serait occasionnée par un effluve malsain émanant de l'apiculteur lui-même. Le
Dr Alefeld croit qu'elle vient d'une condition malade des organes
sexuels de la mère. Semlitsch imagine qu'elle résulte de la poussière
des rues et des grands chemins soufflée dans les ruches par le vent. Et
même la position prise par le directeur Fisher, dans un article sur
« l'origine, la nature et la cause de la pourriture du couvain, » publié
dans les *Mémoires du troisième congrès des agriculteurs allemands*, en
1865, ne saurait influencer en rien, parce que sa théorie manque de
prémisses certaines.

Enfin, je pense, et je l'ai déjà dit, que la pourriture du couvain ré-sulte de causes aussi diverses que les phénomènes qu'elle présente et que les formes ou degrés qu'elle revêt. Jusqu'à présent, toutefois, nous n'avons pas du sujet une connaissance tangible. Les apiculteurs devront donc être attentifs à observer et à noter les faits et les circonstances, chaque fois que la maladie s'offrira à leur examen. Qu'ils ne se préci-pitent pas pour former ou proclamer des théories. Surtout, qu'ils ne négligent pas de soumettre les rayons pourris à l'observation de quelque naturaliste compétent, quand cela sera praticable. Je ne crois pas du tout possible que des apiculteurs inexpérimentés, non versés dans la physiologie, sans pratique dans l'emploi du microscope, nous avan-cent beaucoup dans cette direction, s'ils ne sont pas aidés par des hommes que leur profession prépare à suivre des investigations scien-tifiques, et entre les mains desquels des faits soigneusement observés ont une valeur inappréciable. C'est seulement lorsque nous serons bien certains de la véritable nature de la maladie que nous pour-rons peut-être espérer de former des méthodes pour la prévenir et y remédier.

A. DE BERLEPSCH. — C. K. tr.
(Extrait de la *Bienen Zeitung*.)

De la rosée mellifère (miellée),

par S. Bevan Fox.

Comme apiculteur je me suis souvent occupé de ce sujet. Mon opi-nion est que la rosée mellifère est causée de deux manières, mais généralement par les aphidiens. Ces insectes l'extraient des faces infé-rieures des feuilles et l'expulsent de leurs corps avec une force consi-dérable; une certaine quantité de rosée tombe alors naturellement sur les faces supérieures des autres feuilles. Cette pluie, je l'ai sentie sur mon visage, étant sous un arbre affecté de rosée mellifère. Un pavé de notre ville devint dernièrement tout noir et tout gluant par suite de cette pluie saccharine. Mais, d'après mes observations, je suis convaincu que la rosée mellifère est souvent une exsudation des pores des feuilles, une sueur de matière sucrée, tout à fait indépendante des opérations d'un insecte.

Il y a peu d'années, la rosée mellifère se manifesta sur les groseilliers de mon jardin avec tant de force que de larges gouttes perlaient au bout des feuilles. Leurs buissons étaient complétement libres d'aphidiens. Ou s'il y en avait quelques-uns, c'était la conséquence et non la cause de la rosée. De fait, je doute que leur nombre eût pu être assez grand sur les feuilles pour produire une exsudation telle qu'ils s'y seraient complétement empêtrés et noyés. La température était, à cette époque, excessivement chaude depuis quelques semaines. Les jours qui suivirent, j'observai plusieurs fois la même sorte de miellée sur d'autres arbres fruitiers. Je mis quelques feuilles dégouttantes de cette rosée à l'entrée de mes ruches; mais les abeilles ne parurent pas y faire grande attention pour les lécher. C'est qu'il est probable que les abeilles ne se jettent pas autant sur la miellée qu'on se l'imagine; car, lorsque la condition des sucs des plantes et l'état de la température sont favorables à sa production, les fleurs sécrètent généralement plus abondamment le miel qu'en tout autre temps. Je pense donc qu'il y a en réalité deux espèces de miellée: l'une presque toujours existante, occasionnée par les organes suceurs des aphidiens; l'autre, par l'exsudation spontanée des feuilles des arbres. La miellée, quand elle règne dans toute sa force, est produite par une chaleur considérable et par une grande sécheresse de l'atmosphère. M. Radclyffe est dans le vrai, selon moi, lorsqu'il suppose que des vents froids et piquants, précédant ou suivant une température chaude, sont favorables à son apparition. Les plantes deviennent jusqu'à un certain degré malades; par conséquent, les feuilles sont plus facilement affectées, — que la rosée mellifère soit causée par les aphidiens, ou qu'elle soit une exsudation naturelle indépendante de ces derniers.

Le Dr Bevan, l'auteur de « la Mouche à miel, » dit : « Je pense qu'on aura remarqué qu'*il y a au moins deux espèces de miellée,* l'une, *une sécrétion de la surface de la feuille,* occasionnée par les causes que j'ai dites, *l'autre, une évacuation du corps des aphidiens.* » Les italiques sont de lui.

Erasme Darwin et d'autres naturalistes ont regardé la rosée mellifère comme une exsudation ou une sécrétion de la surface des feuilles sur lesquelles on la remarque, produite par quelque force atmosphérique qui aura dérangé leur santé. Le Dr Evans et d'autres ont cru qu'elle était une transpiration végétale, que les arbres exhalent pour leur soulagement au milieu d'une chaleur étouffante. D'autres écrivains affirment que la rosée mellifère est une matière excrémentielle, évacuée par les aphidiens, que l'on voit toujours lorsqu'elle paraît.

Malgré tout mon respect pour M. Thompson et autres, qui ont

exprimé cette dernière opinion dans les colonnes du *Gardeners' Chronicle*, je prends la liberté de la rejeter. Quant à celle du Dr Bevan, je la crois parfaitement exacte.　　　S. BEVAN FOX. — C. K. tr.

(Extrait du *Gardeners' Chronic'e and agricultural Gazette*, 17 juillet 1869.)

— Cette année, le miel produit par des aphidiens (pucerons) a été abondant dans quelques localités de l'Yonne, notamment de l'arrondissement de Sens. Ç'a été au mois de mai — on se rappelle que la température n'était pas alors très-bonne — que ces vaches à miel ont donné, et elles se trouvaient principalement sur le prunellier et sur l'osier. Le miel de cette provenance est très-coloré et très-gluant; on a beaucoup de peine à l'extraire des rayons, même au mellificateur solaire. —

La Rédaction.

Fragments du journal d'un apiculteur.

Ferme-aux-Abeilles, septembre 186...

13 *Septembre*. Le ciel est calme, la température assez élevée au milieu du jour et les fils de la Vierge pavoisent les éteules, mais les fleurs des champs sont rares. Cependant les abeilles ont encore quelque activité, mais elles trouvent bien peu de miel, pas même assez pour leur consommation journalière, excepté dans les localités de bruyère et de blé noir. Il faut passer en revue toutes les colonies et alimenter celles qui n'ont pas de provisions suffisantes pour l'hiver. — Pour alimenter avec succès, il faut n'alimenter que des colonies populeuses, et on peut toujours rendre populeuses celles qui ne le sont pas en les réunissant par deux, voire même par trois ou quatre. Les réunions se font à l'aide de l'asphyxie momentanée pour les colonies à petites bâtisses des ruches communes (voir la brochure sur cette matière), et par la chasse pour les ruches pleines. Les abeilles chassées sont données comme des essaims. Il faut avoir soin d'enfumer, avant le mariage, jusqu'au bruissement la colonie qui reçoit, pour que la réception ait lieu sans combat. Les corps de ruches droits ainsi que les hausses se réunissent par superposition et fumée. La partie la plus jeune doit être placée en haut, excepté lorsqu'elle n'est pas pleine de bâtisses. Les colonies logées dans des ruches à rayons mobiles se réunissent par l'ajoutée des rayons qui ont les provisions. Il faut enfumer pour éviter le combat et pour maîtriser les abeilles.

Voici le moment où dans les localités arriérées, des possesseurs de ru-

chées sacrifient les abeilles de celles qu'ils veulent récolter. Il faut recueillir ces abeilles pour les joindre aux colonies à conserver. Lorsqu'on
s'en empare par la chasse, elles peuvent emporter un demi-kilog. ou un
kilog. de miel si la population est forte ; ce qui retient le propriétaire
de les donner. On ne perd jamais son argent ni son temps à payer le kilog.
de miel enlevé. En employant l'aspyhxie momentanée, les abeilles n'emportent pas de miel ; mais elles ne tombent pas toutes à la première opération, pour peu que la ruche soit spacieuce, et ses rayons irréguliers.
On est obligé d'opérer une deuxième et même parfois une troisième fois.
Lorsqu'on opère à son aise et qu'on. veut aller vite, on commence par
chasser, et au bout d'une dizaine de minutes on asphyxie les abeilles
qui ne sont pas montées. On les verse avec les premières.

Pour que le transvasement marche rondement, on prépare quatre ou
cinq ruches en même temps : on les entaille et on leur donne quelques
coups afin que les abeilles se gorgent et se disposent à monter vite; ce
qu'elles ne manquent pas de faire lorsqu'au bout de cinq à six minutes
on tapote leur ruche d'une façon continue.

Par les années productives en essaims, mais peu productives en miel,
le nombre des colonies à nourrir est grand et nécessite des dépenses
qu'on n'est pas toujours disposé à faire, parce qu'on n'est pas certain que
ces dépenses seront remboursées. Le moyen de dépenser moins avec
chance de plus de succès est de diminuer le nombre des colonies par la
réunion. Mais lorsque toutes sont fortement peuplées et ont déjà quelques
provisions, on fait un bon placement en complétant les provisions de
chacune d'elles. — Il faut alimenter vite, en une fois ou deux si c'est
possible, et donner plutôt plus que pas assez. Une partie de cette nourriture complémentaire pourra être employée par les abeilles à alimenter
le couvain qu'elle aura provoqué, mais on aura toujours à gagner. — On
peut employer toute matière sucrée liquide pour alimenter les abeilles,
mais celle qui leur convient le mieux est le miel de bonne qualité, ou
le sirop de sucre contenant à peu près les mêmes quantités de matières
saccharines. Au même prix, le sucre est plus économique que le miel,
parce que sous le même poids il renferme plus de matières sucrantes.
Par conséquent il en faut moins. On l'étend d'eau, bien entendu.

Le complément de nourriture des ruches à hausses et de celles à chapiteau peut se faire par l'addition d'une hausse ou d'un chapiteau enlevé d'une ruche qui avait un excès de ressources. Toutes les calottes contenant quelques provisions amassées aux deuxièmes coupes des prairies

peuvent être utilisées pour cela. Les ruches à rayons mobiles peuvent aussi recevoir leur nourriture complémentaire par l'addition de rayons garnis enlevés à des ruches ayant un excès de provisions. — Avec les produits en vragues des ruches ordinaires (en une pièce) on peut garnir des calottes, des hausses, des cadres pour être donnés en alimentation. ce qui vaut mieux que de couler le miel pour le présenter aux abeilles, Plus tard, on a des bâtisses dont on tire bon parti.

Dans les localités de plaine on peut commencer l'achat des colonies. La température en permet le transport, d'autant mieux qu'elles ont peu de couvain, et celles déplacées maintenant ne sont pas sujettes à être prises de la dyssenterie comme le sont quelquefois celles qu'on déplace à la fin d'octobre. Mais le déplacement hâtif occasionne souvent une plus grande consommation, parce qu'il provoque une émission de couvain. Aussi doit-on prendre des poids un peu plus forts qu'à la Toussaint (de 20 à 25 kil., en ruche de 3 à 4 kil.).

Un moyen infaillible de réussir avec les ruchées d'achat est d'en prendre deux pour une; c'est-à-dire que sur deux on en récolte une — souvent la plus âgée — et qu'on ajoute sa population à celle qu'on conserve. On retire quelques bénéfices de la vente des produits fabriqués qui diminuent d'autant le prix des ruchées conservées.   X.

Insecte qui attaque la cire.

Tous les possesseurs d'abeilles connaissent la gallerie de la cire, autrement dit la larve de la fausse-teigne, qui envahit en été les ruches peu peuplées ou orphelines. Ils connaissent moins un autre insecte, le Dermeste, dont la larve attaque aussi la cire, non dans les ruches, mais extraite et mise en vrague dans un magasin envahi par cet insecte à qui tout est bon : lard, cire, fromage sec, plumes, crin, laine, parchemin, collections zoologiques, etc. Aucune matière animale n'est à l'abri de sa voracité.

Le dermeste appartient aux coléoptères, section des pentamères, famille des clavicornes. Sa larve a le corps allongé, peu velu et composé de douze anneaux distincts dont le dernier est terminé par une touffe de poils très-longs; sa tête est écailleuse, munie de mandibules très-dures et tranchantes, de deux antennes et de barbillons très-courts; elle a six pattes écailleuses terminées par un ongle crochu, et change plusieurs fois de peau avant de passer à l'état de nymphe; dans cet état, elle est un peu plus raccourcie et immobile, et son changement en insecte parfait a lieu au bout de quelques jours.

Il existe plusieurs espèces de dermeste. L'espèce qui attaque le plus la

Fig. 10, 11, 12 et 13. Dermeste (insecte parfait — grandeur naturelle, grossie) et nymphe, larve.

cire et qui est la plus répandue, est désignée sous le nom de *dermeste du lard (dermestes lardarius)*. Vient ensuite le *dermeste renard*. Le dermeste du lard est noir avec une large bande grise à la base des élytres. Il aime les *endroits obscurs et malpropres*. Sa larve, à fortes mandibules, a des pattes courtes; elle marche lentement et avance en se servant, comme d'un levier, d'un tube qui termine son corps. De longs poils rougeâtres forment comme une couronne autour de ses anneaux d'un brun rouge. Pendant quatre mois les larves de ce dermeste ne cessent de se repaître, et même se dévorent entre elles, si la faim les presse. Elles se couvrent d'excréments pour se changer en une nymphe qui conserve pour s'appuyer les deux appendices postérieurs de la larve.

Nous empruntons aux *Métamorphoses des Insectes*, de M. Maurice Girard (1), les figures du dermeste du lard, de sa nymphe et de sa larve. L'insecte fig. 10 est représenté de sa grandeur naturelle, qui est de 8 millimètres, puis grossi fig. 11. La nymphe fig. 12 et la larve fig. 13 sont aussi grossies.

La larve du dermeste se découvre moins vite dans la cire que le ver de la fausse-teigne, mais sa présence s'accuse également par des excréments noirs ressemblant à des grains de poudre. Il est difficile de se défaire de cet ennemi lorsqu'il a envahi un local. Il faut l'attirer pas des appâts et le détruire à la main.   H. H.

Rapport sur l'apiculture à l'Exposition des insectes en 1868. (Suite. V. p. 311.)

M. Maillet, de Montferré près Reims, poursuit ses améliorations au ma-

(1) Bibliothèque des merveilles; prix 2 fr. Librairie *Hachette et Cie.*

tériel apicole, et son rucher continue d'être prospère. Il se livre à la propagande des bonnes méthodes et est en instance près de ses collègues pour une réunion apicole dans l'arrondissement de Reims. Il expose un pèse-ruche modifié, un plateau bourdonnière très-ingénieux et des produits de bonne qualité. Le jury des récompenses lui accorde une médaille de bronze de S. Exc. le ministre pour son pèse-ruche et pour son plancher bourdonnière.

M. Thiriet, marchand de comestibles à Paris, expose une collection de beaux produits, notamment des miels en rayons très-bien présentés. Il expose aussi un nouveau savon dans lequel il entre une petite partie de miel qui l'adoucit singulièrement, et des pastilles à la gomme et au miel que la consommation sait apprécier. Outre qu'il cultive des abeilles, il s'applique à créer des débouchés à leurs produits. Le jury accorde à M. Thiriet une médaille de bronze de S. Exc. le ministre pour son savon au miel et pour ses autres produits.

M. Thomas Valiquet, de Saint-Hilaire-Station (Canada), présente une jolie ruche mi-bois mi-paille à cadres mobiles et ayant pour chapiteau une réunion de petites boîtes en verre d'une grande simplicité (1). Le jury lui accorde une médaille de bronze de la Société d'insectologie pour sa ruche à cadres et chapiteau exposés.

M. Bourgeois, fabricant de pain d'épice à Dijon, s'applique à maintenir aux nonnettes de Dijon leur bonne renommée. Il expose : 3 paquets de nonnettes ou chocolat; 3 *dito* surfines à la vanille; une boîte chanoinesses : ces trois articles sont au miel de Bretagne; 3 paquets nonnettes à l'orange et 2 paquets petites impériales au miel de pays, 1 gros pavé rafraîchissant de 8 à 9 kilogrammes. Ces produits sont trouvés de bonne qualité. Le jury accorde à M. Bourgeois une médaille de bronze de la Société d'insectologie pour ses produits exposés.

M. Dumont-Legueur, au Pont-de-Metz-les-Amiens (Somme), expose un lot de cire marchande et des échantillons de miel en sirop de très-bonne qualité. Praticien intelligent, il continue de grouper et de stimuler les possesseurs de ruches des cantons voisins. Le jury accorde à M. Dumont une médaille de bronze de la Société d'insectologie pour ses miels exposés et pour sa propagande.

(1) On a fait remarquer, dans le rapport des objets apicoles exposés au Champ-de-Mars, que M. Valiquet appliquait au Canada les petites boîtes comme chapiteau en même temps que madame Santonax, de Dôle, en faisait l'application en France.

M. A. Joly, apiculteur au Tremblay-le-Vicomte (Eure-et-Loir), n'a pas craint de changer les méthodes employées dans la Beauce : il a fait l'application de la ruche à calottes en paille. Il expose un métier à fabriquer ces ruches qui, au moyen d'un certain nombre de pièces de rechange, permet de confectionner les corps de ruche et les calottes de dimensions diverses, ainsi que des hausses. Toutefois ces pièces de rechange demandent un apprentissage plus ou moins long et élèvent quelque peu le prix de cet appareil, qui, complet, coûte 60 fr. M. Joly présente des ruches, des calottes et des hausses fabriquées sur ce métier et dont les cordons sont épais et serrés; leur forme est régulière. Le prix des corps de ruche est de 1 fr. 25 à 2 fr. 50. Le jury lui accorde une médaille de bronze de la Société d'insectologie pour son métier à fabriquer des ruches, calottes et hausses.

L'exposition de **M. Asset**, jardinier-apiculteur à Sèvres (Seine-et-Oise), comprend : 1° un *surtout* ou rucher portatif pour une ruche; 2° un *surtout* avec ruche à petites hausses en bois, ayant des rayons mobiles; 3° une ruche à hausses en bois du prix de 12 fr.; 4° un *surtout-rucher* du prix de 3 fr. Le surtout-rucher abrite bien les ruches et empêche le vol des produits. Le jury accorde à M. Asset une médaille de bronze de la Société d'apiculture pour ses abris et ses ruches.

M. Diss, coutelier-apiculteur à Fessenheim (Haut-Rhin) fabrique les couteaux à lame recourbée et ceux à lame droite et pliante à un grand bon marché. Plusieurs des cératomes qu'il expose ne coûtent que 1 fr. 25 à 1 fr. 50 malgré leur bonne façon. Le jury lui accorde une médaille de bronze de la Société d'apiculture pour sa fabrication de cératomes à bon marché.

L'échantillon de miel surfin que présente **M. Daubigny**, de Jouy-sous-Thel (Oise), est très-beau. Ses quatre briques de cire ne sont pas moins bien réussies. Le jury lui accorde une médaille de bronze de la Société d'apiculture pour sa cire et pour son miel exposés.

MM. Chauvet frères, ciriers à Pléaux (Cantal), présentent des échantillons de miel en rayons des récoltes de 1867 et 1868. Ces miels sont dans un but de transport et de conservation plus facile, enveloppés de papier métallique (en étain). Ils présentent en outre de la cire jaune du Cantal en brique, à 3 fr. 60 le kil.; de la cire jaune grêlée à 4 fr. et 4 fr. 20 le kil.; de la cire blanche propre à la fabrication des cierges à 4 fr. 90 le kil. Ces produits sont de bonne qualité. Le jury accorde

à MM. Chauvet frères une médaille de bronze pour leurs cires du Cantal blanchies.

Le jury accorde la même distinction à M. Frequoix, de Saint-Benoit
(Aube), pour la très-jolie calotte de miel en rayon qu'il expose.

M. A. Jacquard, à Dornecy (Nièvre), expose sa récolte de cire qui se
compose de 18 briques dont le moulage est moins bon que l'épuration,
ce qu'il faut attribuer aux moules en bois employés. Cet apiculteur
fait usage de la ruche à hausses avec plancher mobile à claire-voie
qu'il fabrique lui-même, et il en tire un très-bon parti. Le jury lui
accorde une médaille de bronze pour sa cire et pour sa pratique intelligente.

Le métier à fabriquer des ruches en paille que présente M. A. Lefoullon, du Taillaut (Gironde), est une modification de l'appareil Œttl-
Lelogeais. Le levier de pression s'ajuste à l'arbre du métier par une main
à tiroir qui en rend les mouvements faciles. Son chasse-paille peut monter et descendre à volonté. Toute personne peut du premier coup faire
une ruche (corps droit) sur ce métier. Le produit ne sera pas du dernier
fini, mais il pourra être utilisé. Les corps de ruches à chapiteau qu'expose
M. Lefoullon sont très-solides et le prix de revient en est peu élevé. Le
jury lui accorde une médaille en bronze pour son métier à fabriquer des
ruches en paille.

M. Latourte, à Givrauval (Meuse), expose une ruche à cadres mobiles
avec trois chapiteaux. Elle se compose d'une boîte carrée, sans fond, qui
repose sur un tablier ou plateau; d'une porte à coulisse ou volet mobile
qui sert à agrandir la ruche et à la raccourcir au besoin; de cadres mobiles ayant boutons comme des tiroirs, et de trois chapiteaux de dimensions
diverses. L'usage de la porte à coulisse est pour régler la ruche selon la
force de la colonie. En automne il règle la quantité de rayons de chaque
ruche selon la force de la population; il choisit six ou sept rayons bien
construits, qui ne contiennent pas ou qui contiennent peu d'alvéoles de
mâles; il fait arriver le volet contre le dernier rayon, et le vide, il le
comble avec de la mousse ou du foin pour que la chaleur se conserve
mieux en hiver. Le chapiteau n° 1 est pour l'observation : il ne loge qu'un
cadre. Le n° 2 est pour la récolte de miel de choix. Le n° 3 est pour le
nourrissement des abeilles; celui-ci se place devant l'ouverture de la ruche. Cet apiculteur, qui possède une centaine de colonies, dont un certain nombre d'italiennes, logées dans cette ruche qu'il fabrique lui-même,
en obtient de très-bons résultats. Il faut ajouter que ses fonctions d'éclu-

sier lui donnent du temps pour surveiller ses abeilles qui sont constamment sous ses yeux. Le jury accorde à M. Latourte une médaille de bronze pour sa ruche à cadres mobiles et chapiteaux.

M. Robert, de Casseau près Palaiseau (Seine-et-Oise), cultive plusieurs centaines de colonies et fait de l'apiculture pastorale. Il emploie la ruche à hausses en bois et utilise très-intelligemment les rayons et fragments de rayons secs qu'il peut se procurer. Il colle ces rayons dans les boîtes (hausses ou chapiteaux) qu'il place au-dessus de ses ruches au moment où la miellée donne. Au lieu d'établir parallèlement les rayons artificiels, il leur donne la disposition d'un disque (rayons convergents), laquelle disposition engagerait moins la mère à y venir pondre en cas de mauvais temps au moment de la fleur du sainfoin. Il expose cette ruche garnie artificiellement de rayons, et deux échantillons de miels surfins obtenus par son système; plus une brique de cire bien épurée et des échantillons d'eau-de-vie de résidus de ruches. Le jury accorde à M. Robert une médaille de bronze pour ses produits et sa manière de conduire la ruche à hausses.

M. A. Ronot, de Selongey (Côte-d'Or), présente un nourrisseur à cuvettes d'une nouvelle disposition. Ce nourrisseur en fer-blanc se compose de deux récipients dont l'un clôt l'autre. Le miel ou sirop est placé dans une cuvette A; une cuvette B ferme celle-ci, et le tout est retourné pour le placer sur une ruche. M. Ronot expose aussi une pâtisserie de bonne qualité au miel. Le jury lui accorde une médaille de bronze pour son nourrisseur à cuvettes.

Le coopérateur homonyme de M. l'abbé Sagot s'entend on ne peut mieux aux diverses opérations apiculturales et est pour beaucoup dans le succès qu'obtient son maître. Le jury accorde une médaille de bronze à M. Fr. Sagot pour sa pratique et ses soins intelligents.

Le jury décerne un rappel de médaille de bronze à M. Lionnet, de Champigny (Aube), pour ses beaux échantillons de miel coulé et en rayons, ses eaux-de-vie de miel, et son tableau d'insectes mellifères; et à M. Plaideux, curé de Séry (Oise), pour ses ruches pyramidales à hausses, ses miels en rayons qui se ressentent de l'année et pour son collecteur à gâteaux pleins de couvain.

M. Babaz, de Montgré (Rhône), présente une nouvelle manière d'alimenter les abeilles. Il désigne son appareil nourricier *cave d'apiculteur.* Cette cave se compose de bocaux renversés et établis sous une table étagée qu'on place à quelque distance du rucher. Les abeilles de la colonie qu'on veut appeler à ce râtelier sont amorcées, et l'auteur assure que les abeilles des autres ruches n'y viennent pas mordre. Il accompagne son appareil d'un livre explicatif bon à consulter. Le jury accorde à M. Babaz une mention honorable pour sa cave et l'explication du moyen de s'en servir.

Le jury accorde également une mention honorable à M. Carré, de Grand-Fresney (Oise), pour ses produits et sa manière intelligente de cultiver les abeilles; à M. Denais, menuisier à Nantes, qui fabrique à bas prix les ruches à cadres Debeauvoys-Guillet; à M. Depeyre, de Montcuq (Lot), pour son fumigateur à deux orifices; à M. L. Meaume, de Chailley (Yonne), pour son miel en sirop; à MM. Poiret frères, de Paris, pour leur canevas à presser le miel et la cire; à M. Robinet, de Sèvres (Seine-et-Oise), pour sa ruche d'observation garnie d'abeilles; à M. le Dr Séré, de Paris, pour son système de cueillette de miel; et à M. Ch. Solesse, de Plaisance-Paris, pour sa ruche à divisions verticales doubles.

(A suivre.)

Les impressions de Jean-Pierre à l'Exposition des insectes de 1868. (V. page 345.)

En moins de 25 minutes nous nous trouvons sur le boulevard où doit passer, nous assure-t-on, la reine d'Espagne pour aller au bois, comme disent les Parisiens, distraire un brin Sa Majesté. Il y a tant de piétons sur ces boulevards de Paris qu'on est obligé de jouer des coudes pour pouvoir arriver à la bonne place, ce que les gens de chez nous ne manquent pas de faire. Nous sommes aux premières loges depuis une demi-heure et « Anne, ma sœur Anne, » nous ne voyons rien venir. Enfin, nous finissons par apercevoir une voiture bien plus luisante que les autres et qui a pour cocher une espèce de mardi-gras en perruque poudrée, avec queue idem. L'équipage approche, mais nous ne découvrons dedans qu'un bout d'homme ayant à peine la taille d'un tourlourou. Des messieurs qui sont là près de nous, disent que c'est une Excellence. — Une excellence de quoi, demandons-nous. — L'Excellence Pinard, que répond l'un d'eux. Et nous autres qui nous figurions qu'une Excellence devait avoir au moins la taille d'un tambour-major et être galonnée de même! Nous attendons encore, mais enfin notre curiosité est vaincue par notre estomac qui nous contraint de quitter le poste pour nous diriger du côté de la soupe; nous nous promettons du reste de n'être pas bredouille de même pour le chimpanzé.

Le lendemain matin nous sommes, à la première heure, au jardin d'acclimatation pour voir le susdit chimpanzé qu'un employé de l'établissement nous dit demeurer au « Palais des singes. » — Diable! un animal qui demeure dans un palais, que nous disons en nous-mêmes, doit être quelque roi de la création, pour parler comme les poëtes. Nous nous transportons au palais en question, qui est l'endroit où se tenaient autrefois les vers à soie, et que voyons-nous? un grand satané singe qui, ressemble, sauf l'habillement, à certaine catégorie de gens de la ville. Tout de même, on voit chez nous et ailleurs des gens ressembler brigrement à des singes, mais jamais on n'avait vu de singe ressembler à des gens. Il n'y a plus de mœurs! Toutefois, la question n'est pas là; elle est de savoir si ce chimpanzé qu'on nous montre en est un, ou si c'est un goril; car il y a singe et singe, comme il y a fagot et fagot. Il paraît qu'un goril, c'est fidèle à sa compagne comme, sans comparaison, les gens de chez nous peuvent l'être; tandis que le chimpanzé, lui, a des mœurs plus bourgeoises, mais il n'a rien du tout de verni; ce qui est une consolation pour nous autres, et témoigne en faveur du naturel des singes.

Puisque nous y sommes et que nous avons payé pour cela, nous rendons une petite visite aux bêtes utiles ou nuisibles que nous avons le plus intérêt à étudier et dont plusieurs sont acclimatées chez nous. Nous voyons les jaseurs, tels que perroquets, pie-grièches, etc.; les rapaces, tels que vautours, aigles, éperviers, buses, etc.; les barboteurs, tels que canards domestiques et autres; les rampants, tels que vipères, caméléons, etc. Mais l'heure avançant, nous retournons à nos mouches au palais de l'Industrie.

Cette fois nous examinons en détail tous les produits : c'est par là qu'on doit commencer dans une exposition, car c'est par la valeur des produits qu'on peut juger du mérite de la méthode employée pour les obtenir. Néanmoins, il ne faut jamais oublier de s'informer du prix de revient. Nous nous trouvons à notre aise dans ce compartiment-là, parce que les mobilistes ne brillant pas par les produits, se tiennent prudemment dans celui où sont les bibelots. La vérité vraie est que miels, cires, liqueurs et autres produits au miel sont représentés en quantité et en qualité; ce qui prouve qu'on possède l'art de les obtenir et de les façonner; si bien que là-dessus les gens en blouse de chez nous qui exposent, ne craignent pas de porter un défi aux beaux messieurs en paletot de la ville. Le malheur peut-être, c'est que chaque exposant a la prétention que ses produits soient plus beaux que ceux de son voisin. Sans comparaison, c'est comme la mère Chrisostôme qui se figure que sa fille Cunégonde est la plus belle fille du monde. Quand on regarde avec ces yeux-là, on ne voit pas de loin.

Après avoir vu et revu chaque pot de miel, pour nous assurer de sa limpidité ou de sa granulation; chaque corbeille de rayons, pour nous enquérir de l'intelligence du producteur; après avoir tourné et retourné chaque brique de cire, pour constater son épuration et la réussite du coulage, nous repassons dans le compartiment des instruments et nous examinons de près les améliorations qui ont été apportées, depuis la dernière exposition, aux appareils dont nous faisons usage, ainsi que ceux que nous pourrions employer avec avantage. Nous constatons bien vite que l'outillage apicole se perfectionne et s'approprie à tous les genres de culture. Voici par exemple des enfumoirs de poche et des nourrisseurs mignons, des camails en toile d'araignée, des outils aussi ingénieux que simples, des trousses d'apiculteurs qu'on prendrait pour des trousses de médecins, tant c'est peu volumineux et bien combiné. Nous sommes devant des ruches en paille d'une régularité et d'une solidité parfaites; pourtant elles n'ont pas été fabriquées exprès pour l'exposition. Nous apprécions les planchers à claire-voie dont les barrettes sont plus espacées que précédemment. Ces barrettes ont 20 à 22 millimètres de large et l'intervalle entre elles est de 15 à 16 millimètres. Elles sont à angle saillant en dessous. Le mode de fixer les planchers à claire-voie de Durand est aussi simple que bonjour pour les rendre mobiles. Nous poursuivons notre examen; mais bientôt nous sommes accrochés par des fanatiques du cadre qui, quand ils vous tiennent, vous lâchent des boniments à assommer un bœuf.

Pour le moment, nous avons affaire à un amateur dont l'*invention* fait merveille quand même : il extrait des produits lorsque ses voisins n'en ont pas, lors même que les fleurs ne produisent rien du tout. Voici sa malice : il donne à ses abeilles deux kilogrammes de sucre de 2 fr. 70, et il obtient un kilog. de miel de 1 fr. 50. Pour les gens de chez nous, perte sèche : 1 fr. 20, sans compter le temps. Mais pour lui, bénéfice, 5 fr., dont moitié en satisfaction et moitié qu'il aurait pu dépenser en consommation au café, ou à aller entendre quelque Thérésa chanter : *les Pompiers de Nanterre;* couin, couin..., ou autre ineptie de même genre.

Nous sommes attrapés par un autre inventeur, qui prétend avoir la

mesure exacte des ruches, laquelle doit être de quarante litres. Jean-
Simon lui répond qu'il en parlera au cordonnier et au chapelier de chez
nous, afin que ces industriels fassent leurs chaussures et leurs coiffures
sur la même mesure, sans avoir égard à la grosseur des têtes et à la longueur des pieds : ça ne sera pas moins absurde. Nous n'en sortirions pas,
si le moment de nous rendre au congrès n'était venu. Mais avant de
quitter la place, les gens de chez nous veulent consulter l'opinion de la
majorité sur l'emploi du cadre : on est d'avis de l'adopter tous lorsqu'on
sera rentier ou qu'on aura un traitement qui fasse vivre. Si on ne peut
devenir rentier d'un jour à l'autre, on peut toujours solliciter un traitement ; le tout c'est de s'adresser à bon escient. Consulté là-dessus, Jean
Simon dit qu'il n'y a qu'à signer une pétition par laquelle on demandera un traitement de sénateur pour les contribuables en général, et
en particulier pour les apiculteurs. — A qui l'adresser, demande un intéressé ? — Pour ce qui concerne les apiculteurs au pasteur Aristée qui,
de son vivant, était le grand maître des moucherons et qui maintenant
doit habiter l'Olympe, répond notre homme. — Comment lui faire parvenir ? ajoute-t-on. — Par l'entremise d'un spirite. — Qu'est-ce qu'un spirite ? demande Jean-Claude. — C'est, répond Jean-Simon, un homme
qui a dans la tête une bobine d'un fil plus fin qu'une lanière de cheveu
fendu en trente-six millions de parties. Cet homme veut-il communiquer avec quelqu'un vivant ou mort, il lance, sans le secours de fil télé-
graphique ni de rail, mais par la seule puissance de sa volonté, le bout de
sa bobine qui arrive directement et *subito* à destination. Le destinataire
sent quelque chose qui le chatouille comme si c'était du poil à gratter ;
aussitôt il tend les oreilles et le message tombe dedans sans qu'il s'en
perde une virgule. — Mais c'est mirobolant cette *invention*-là, que se
dirent nos gens ; vite usons-en, si ça n'est pas trop cher pour notre
bourse.

On donne encore, avant d'entrer au congrès, un coup d'œil à la collection de ruches à cadres exposées par la Société apicole de Milah. Par
leur bonne façon et leur bon marché, ces ruches enfoncent les nôtres
de même genre, excepté la ruche en zigzag, pardon, *ma* Jeanpierrotte,
qui est la seule, unique, bien gentille et pas chère. Jean-Simon dit que
ce bon marché-là n'est possible que dans les pays qui, comme l'Italie et
l'Allemagne, entretiennent la grande oisiveté à côté de la grande misère,
deux inséparables. Dans ces pays, ajoute-t-il, on fait de l'apiculture
principalement pour les amateurs qui ont du temps de reste.

Manière de transvaser les abeilles d'une ruche en bois dans une ruche en paille.

(Suite. V. p. 347.)

On en fait de même pour toutes les autres caissettes, excepté celle du dessus que l'on ne bouge pas. La ruche est donc là dépouillée de son vêtement de bois, et maintenant on n'a plus besoin que de la couper encore un peu pour pouvoir l'enfiler dans la ruche en paille. Toute la construction en cire, dénudée est là de forme carrée, et il s'agit de l'introduire dans la forme ronde de la ruche en paille. Au moyen du couteau, on coupe les quatre angles saillants, et de ce moment la préparation pour la mise en ruche ronde est terminée.

La préparation de la ruche en paille, qui doit déjà avoir été faite, consiste à fixer les unes aux autres par des crampons autant de hausses en paille sans traverses qu'il en faut pour égaler en hauteur la masse de construction en cire qu'on a à recouvrir.

Quand les deux ruches sont ainsi préparées, on enlève la vieille ruche et on en introduit les constructions en cire dans la ruche en paille, de telle sorte que les rayons ne tiennent plus qu'à la petite caisse, qui désormais pose par ses bords sur la hausse supérieure. Comme il existe des vides dans les coins entre la caisse et la hausse, on y bourre de la bouse de vache pour boucher toutes les ouvertures.

Enfin, pour consolider le tout et remplacer autant que possible les traverses qu'on a dû scier, on enfonce au travers de la paille, dans chaque hausse, d'un côté et de l'autre, au travers de la grande face des rayons, des bois pointus de 6 à 7 pouces (157 à 183 millim.) de longueur. Et maintenant l'opération du transvasement est terminée.

Bientôt après les abeilles se mettent à consolider partout leurs constructions aux parois de paille, et dès ce moment et pendant tout le courant de l'été, elles habitent les hausses, continuent leurs constructions par le bas et donnent les signes les plus certains de leur bien-être.

Il faudrait qu'il advînt une année bien mauvaise, ou que la ruchée soit malade ou faible en population, pour qu'à l'automne suivant on ne puisse pas lui enlever la dernière petite caisse du haut avec le miel qu'elle contient.

Cependant on peut encore enlever cette petite caisse dès l'automne suivant, malgré que la ruchée ait besoin du miel qui s'y trouve. Ainsi, on enlève la caisse avec son miel et on la remplace par une hausse en paille garnie de miel et enlevée à une ruche voisine ; ou bien on détache tout autour, comme nous venons de le voir, les rayons de la petite caisse que l'on enlève par le haut, on coupe les quatre angles qui gênent et on recouvre le tout d'une hausse en paille. De cette manière la ruche en magasin de bois est dès la même année convertie totalement en une ruche en paille. (*A suivre.*)

Revue et cours des produits des abeilles.

Paris, 31 *août*. MIELS. — Les cours des gâtinais restent fermement maintenus. Les détenteurs des quelques parties disponibles demandent des prix plus élevés qu'à la foire. On a fait quelques offres de miel de seconde coupe de diverses provenances, aux prix de 105 à 130 fr. les 100 kil., selon qualité. Les produits de la Picardie et de la Champagne se vendent sur place de 110 à 140 fr. Quelques fabricants ont payé, en débutant, les ruches en vrague 80 cent. le kil.; ils ne payent plus aujourd'hui que 35 cent. le demi-kil. La récolte sur les secondes coupes de luzernes a été passable dans les cantons où la pluie est tombée à la fin de juillet et au commencement d'août.

En miel du Chili, on ne trouve plus rien au-dessous de 95 fr. Les qualités ordinaires valent de 110 à 120 fr. Les très-beaux manquent. On en attend au Havre, vers novembre, une certaine quantité vendue à l'avance. Quant aux disponibles, nos producteurs ne seront pas fâchés d'apprendre qu'ils prennent une direction vers Hambourg et Liverpool. Dernièrement un bâtiment chargé de 1,500 barils a sombré à l'entrée du port de cette dernière destination, 1,200 barils plus ou moins avariés ont été repêchés.

On commence à avoir des inquiétudes sur la récolte des miels rouges, notamment dans l'est, où la sécheresse est excessive. Les miels de Bretagne de la dernière récolte sont rares et tenus en hausse. On parle de 100 à 105 fr. les 100 kil.

Les avis des cantons où la bruyère est la grande ressource des abeilles ne sont pas non plus favorables, la sécheresse grille les fleurs, et les nuits sont sans rosées.

CIRES. — Le mouvement de hausse persiste. Bien que des acheteurs nous assurent trouver facilement à 420 et 430 fr., hors barrière, nous savons des producteurs qui refusent 460 fr. les 200 kil. dans Paris (entrée, 22 fr. 90). D'aucuns se décideraient à 475 ou 480 fr.; d'autres espèrent obtenir 5 fr. du kil. avant mars prochain. Le fait est que la récolte donnera peu et que la réserve n'est point forte. Dans la rue des Lombards, on cote 5 fr. le kil. à l'épicerie.

Les cires à blanchir ont été un peu moins tenues dans les ports d'arrivée; quelques sortes ont même éprouvé de la baisse. Ou a coté, à Marseille, cire jaune de Smyrne, 240 fr. les 50 kil.; de Trébizonde et Caramanie, 240 à 235 fr; de Chypre et Syrie, 230 fr.; d'Egypte, 215 à 230 fr.; de Magador, 200 à 215 fr.; Tétuan, Tanger et Larache, 200 à 220 fr.; Alger et Oran, 220 à 230 fr.; Bougie et Bone, 220 fr.; Gambie (Sénégal), 220 fr.; Mozambique, 215 fr.; Corse, 225 fr.; pays, 205 à 215 fr. Le tout par 50 kil., à l'entrepôt, excepté les produits de France. A Alger, cire jaune, de 4 fr. 5, à 4 fr. 15 le kil.

Corps gras. — Suifs de boucherie, 105 fr. les 100 kil.; suif en branche, 80 fr. 45; stéarine saponifiée 175 à 180 fr.; de distillation, 172 à 175 fr.; oléine de saponification, 88 fr..; de distillation, 83 fr. les 100 kil. hors barrière.

Sucres et sirops. — Les sucres bruts disponibles sont toujours assez fermes; les raffinés restent dans la même position, de 129 à 130 fr. les 100 kil., au comptant et sans escompte. Par suite d'avis moins favorables des pommes de terre, les sirops sont plus tenus.

Abeilles. — Le nombre des mauvaises colonies est moins grand qu'on avait lieu de le craindre à la fin de juin Les secondes coupes de luzerne ont assuré les provisions d'une certaine quantité de ruchées qu'on pensait nourrir. Mais des cantons restent pauvres, et d'autres qui comptaient sur la bruyère et le sarrasin ne sont pas rassurés. Les plaintes sont très-vives dans la Bresse. Voici les renseignements qu'on nous adresse :

Nos environs ont été bien tristes cette année pour les abeilles. Les essaims ne pèsent que de 8 à 9 kilog. *Lacroute*, à Margival (Aisne).

Tout est à peu près fini dans notre pays (15 août), nous n'avons plus d'autres fleurs que celles des luzernes et des trèfles. Il faudra faire un choix des souches qui devront passer l'hiver. On s'apprête à nourrir. Très-médiocre, sinon mauvaise année. *Kanden*, à Auzon (Aube).

Mes colonies vont me produire cette année 10 fr. Je vends mon miel en rayon 1 fr. 50 le kil., et je n'en ai pas assez pour les amateurs. J'emploie la ruche de Lombard et celle à hausses. *Monjot*, à Vandevenne (Aube).

Mes 20 colonies m'ont donné 28 essaims dans le courant de juin, tous très-beaux. Mes voisins n'ayant pas nourri les souches l'année dernière comme je l'ai fait, n'en ont eu que quelques-uns. J'ai en outre une avance de près d'un mois sur eux. Mes premiers essaims étaient tellement beaux qu'ils m'auraient donné d'autres essaims si les trop fortes chaleurs que nous avons eues avaient été tempérées par des alternatives de pluie. Quoi qu'il en soit, je suis très-satisfait de mes résultats. Mes colonies sont très-bien peuplées et fortement approvisionnées de miel. Malgré les fortes chaleurs, nos abeilles trouvaient beaucoup de miel, et si nous avons quelques pluies pendant ce mois-ci, j'espère encore faire une récolte de miel, car je les ai presque toutes calottées *Abadie-Ferran*, à Captieux (Gironde).

L'année 1869 a été loin d'être fructueuse en essaims et en miel. C'est à peine si j'ai récolté de quoi goûter aux produits. *Juillien*, à Bourges (Cher).

Cette année encore, mes abeilles italiennes ont amassé presque le double des abeilles ordinaires. En somme, la récolte ne sera pas riche. *Guitte*, à Ancy (Moselle). — Nous éprouvons depuis deux mois une sécheresse qui nuit beaucoup aux abeilles: la population des ruches a diminué considérablement. La récolte de miel a été presque nulle l'année dernière dans une grande partie du département de la Vienne, il est probable qu'il en sera ainsi cette année. *Courtaud*, à Poitiers (Vienne).

Nos capots (calottes) se sont bien remplis cette année. *Vibert*, à Albertville (Savoie).

J'ai visité plusieurs de mes ruches ; il s'en trouve peu de grasses. Les essaims de mai seront bons, mais ceux de juin et de juillet ne passeront pas l'hiver, ce qu'il faut attribuer à la grande sécheresse. En résumé, maigre récolte dans notre pays cette année. *Alliot*, au Mans (Sarthe).

Les avis de la Suisse ne sont pas plus favorables que ceux des cantons français voisins.

Après la sécheresse prolongée de l'été, une végétation automnale assez forte devra donner quelque butin aux abeilles dans quelques cantons. Mais il ne faut pas trop compter sur ces ressources éventuelles. H. HAMET.

A céder : une presse de forte puissance, vis, armatures et seau en fer, en très-bon état. Prix : 200 fr. S'adresser au bureau de l'*Apiculteur*.

— A vendre une trentaine de bonnes colonies à 15 fr. S'adresser au bureau du journal.

— M. V... à Lisse. Le prix du mellificateur solaire emballé, est de 37 fr.

— M. M... à Valdevenne. Laissez vos bonnes colonies au rucher pendant l'hiver, et descendez à la cave les petites seulement; vous les remonterez lorsque la température leur permettra de sortir pour se vider. Elles doivent être mises à l'ombre dans une cave sèche.

— M. M... à Chauny. Il sera donné la figure des principaux appareils de M. Naquet.

— M. B... à Châlons-sur-Marne. Reçu le mandat et expédie les 2 vol. Huber. Le *Calendrier* pourra être envoyé à la fin du mois.

— *Table* des dix premières années de *l'Apiculteur*, 40 cent., *franco* pour les abonnés, ou 6 fr. avec leur réabonnement.

Erratum. Le lecteur a dû faire mentalement la correction des fautes typographiques trop apparentes qu'on a laissé subsister à l'imprimerie.

AVIS AUX ABONNÉS.

Cette livraison termine la *treizième* année de l'*Apiculteur*. La livraison prochaine commencera la *quatorzième* année.

MM. les abonnés sont priés, pour éviter tout retard dans la réception de leur numéro prochain et pour faciliter le travail de l'administration du journal, de nous adresser, dès à présent, le montant de leur abonnement à la *quatorzième* année. Le prix du réabonnement est de 5 fr. 60 c. lorsqu'il nous est adressé *franco* par un *mandat de poste;* il est de 6 fr. en timbres-poste ou fait par libraire (7 fr. pour l'étranger). — On est prié de rectifier sa bande, s'il y a lieu. Signer lisiblement *et indiquer* le bureau de poste.

Des abonnés qui ont fait leur abonnement par libraire se sont plaints d'avoir reçu tardivement les livraisons du journal. Ces retards n'ont pas lieu lorsque les abonnements et réabonnements sont faits directement au bureau du journal, rue Saint-Victor, 67.

Comme par le passé, nous continuerons de servir les abonnés à moins d'avis contraire. Les abonnés qui veulent cesser de recevoir le journal, n'auront qu'à refuser le numéro d'octobre, lorsque le facteur le leur présentera. *Seront considérés comme réabonnés, tous les abonnés qui ne refuseront pas le numéro prochain.* Plus tard il sera fait traite sur eux, s'ils tardent de payer.

· Quelques améliorations seront apportées au journal dans l'année qui va commencer. Nous comptons donner annuellement une planche ou deux coloriées et, au besoin, un supplément de texte, sans augmentation de prix. Ce qui devient possible avec l'augmentation graduelle de nos abonnés.

Nous prions nos lecteurs de profiter de l'occasion de leur réabonnement pour nous renseigner sur l'état de l'apiculture dans leur localité, la situation de la récolte, les expériences auxquelles ils se sont livrés, les prix des produits, la valeur des colonies, etc.

Quelques lecteurs se sont étonnés que nous ayons gardé le silence aux attaques d'une feuille éphémère qui leur a été distribuée *pro deo gratis.* Nous n'avons pas répondu, parce que ces attaques étaient affaire de boutique et qu'elles avaient plus pour but de nous nuire personnellement que de réfuter nos doctrines. Nous aurions cessé d'être sérieux en prenant pour tel certaines gens qui ne le sont pas.

Le Directeur-Gérant: H. HAMET.

TABLE ALPHABÉTIQUE DES MATIÈRES

DU 13ᵉ VOLUME DE L'APICULTEUR.

AUTEURS.

FIGURES.

PRIX COURANT DES ABEILLES ITALIENNES

Prises chex M. MONA, à Bellinzona, canton Tessin (Suisse)

En avril, jusqu'au 20, mère fécondée avec une poignée d'abeilles, 11 fr.; Essaims d'une livre et demie, 23 fr.; dito, de 3 livres, 26 fr.

Du 21 au 30 avril, mère, 10 fr. 50 ; Essaim faible, 22 fr.; dito de 3 livres, 25 fr.

Du 1er au 10 mai	—	10 » ;	—	21	— 28 »
Du 11 au 20 id.	—	9 50;	—	20	— 26 50
Du 21 au 31 id.	—	9 » ;	—	19	— 25 »
Du 1er au 10 juin	—	8 50;	—	18	— 23 50
Du 11 au 20 id.	—	8 » ;	—	17	
Du 21 au 30 id.	—	7 50;	—	16	
Du 1er au 15 juillet	—	7 » ;	—	15	
Du 16 au 31 id.	—	6 50;	—	14	
Du 1er au 15 août	—	6 » ;	—	13	
Du 16 au 31 id.	—	5 50;	—	12	
Du 1er au 10 sept.	—	5 » ;	—	11 50, dito de 3 livres , 16 fr.
Du 11 au 20 id.	—	4 70;	—	11	— 15
Du 21 au 30 id.	—	4 35;	—	10	— 13
Octobre	—	4 » ;	—	10	— 13

Dans les prix indiqués sont compris l'emballage et les vivres pour le transport. Les frais de transport sont à la charge du destinataire. — Une commission de 20 mères à la fois jouit de 10 0/0 d'escompte; de 50 mères, 15 0/0; de 100 mères, 20 0/0. — Si une mère, n'importe sous quelle forme d'emballage, ni dans quelle saison, périt en chemin, M. MONA s'oblige de la remplacer par une autre à expédier *gratis*, à condition que la mère morte lui soit renvoyée franco, par le *retour du courrier*, (ce qui se fait dans une petite boîte par la poste). — On exige le renvoi immédiat de la mère morte, parce que la garantie de l'envoyer cesse dès l'arrivée des abeilles à destination. Dans sa lettre d'avis, l'envoyeur indique le moyen de faire accepter les mères.

Adresser un mandat de poste à M. MONA, ou il fait suivre contre remboursement. — Indiquer la gare de chemin de fer où les colonies doivent arriver.

A l'occasion des étrennes, il a été envoyé à nos abonnés quelques numéros d'un nouveau journal. C'est *pro Deo gratis* que ces numéros ont été adressés, et pour lesquels, par conséquent, **il n'est rien dû**.

De temps à autres, des directeurs de feuilles qui manquent de lecteurs, adressent aux abonnés de l'**Apiculteur**, dont la liste a été publiée depuis son origine, une suite de numéros ; puis, sans plus se gêner, ils font présenter une quittance d'abonnement que quelques personnes sont assez bons enfants de payer. Nous pensons qu'en signalant ce **truc**, aucun de nos abonnés ne s'y laissera prendre désormais.

Guide du propriétaire d'Abeilles, 3e édition, revue et augmentée. 1 vol. in-48 jésus, avec figures, par M. l'abbé COLLI. P : 2 fr. 50, *franco*.

Le Conservateur ou la culture perfectionné des abeilles, par M. DE GELIEU. Prix : 1 fr. 50 *franco*.

L'APE ITALIANA

QUATORZIÈME ANNÉE (1869-1870).

L'APICULTEUR

JOURNAL
DES CULTIVATEURS D'ABEILLES

PUBLIÉ PAR LIVRAISONS MENSUELLES

PRIX D'ABONNEMENT

(Franco par la poste, et pour un an à partir du mois d'octobre)

PARIS ET DÉPARTEMENTS. . . . . 6 fr.
ÉTRANGER. . . . . 7 fr.

ANNÉES ANTÉRIEURES

Chaque année à part, un volume broché. . . . . **5 fr.**
La collection, 13 années, br., et l'année courante. . **56**

MM. les abonnés peuvent se procurer les quatre premières années, à raison de
4 fr. par année brochée, et les neuf suivantes, à **3 fr. 50** l'une.—Pour prix de
l'abonnement, adresser un mandat de poste ou un bon sur une maison de Paris, à
l'ordre de M. HAMET, directeur de l'*Apiculteur*, rue Saint-Victor, 67 (*affranchir*). — Tous les abonnements faits dans le courant de l'année remontent au
1er octobre.

COURS PRATIQUE
D'APICULTURE

Professé au Jardin du Luxembourg

(3e édition).

Par H. HAMET

L'ouvrage est divisé en 16 leçons, et forme un volume in-18 jésus de 340
pages, avec 115 figures intercalées dans le texte et 9 planches tirées à part,
représentant les différents systèmes de ruches et les appareils apicoles le plus
en usage. Composé en caractères compactes, ce livre renferme la matière d'un
fort volume in-8°.

PRIX : 3 FR. 50

*En envoyant un mandat de poste à l'auteur, rue Saint-Victor, 67, à Paris,
le volume est adressé franco au demandeur.*

CALENDRIER APICOLE

Almanach des Cultivateurs d'Abeilles

(3e édition).

Par MM. HAMET et COLLIN

Le *Calendrier Apicole* contient tout ce qu'il importe de savoir pour conduire
un rucher. C'est l'ouvrage le plus élémentaire et le plus pratique qu'on puisse
mettre dans les mains des débutants. Prix : 50 cent., franco. S'adresser aux
bureaux de l'*Apiculteur*, rue Saint-Victor, 67, et chez tous les libraires.

On trouve aux bureaux de l'*Apiculteur* des modèles de tous les instruments
apicoles perfectionnés, ruches et accessoires.

Paris. — Imprimerie de E. Donnaud, rue Cassette, 9.

L'APICULTEUR

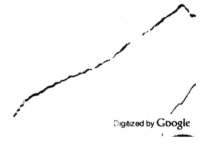

Digitized by Google

PARIS. — IMPRIMERIE DE E. DONNAUD RUE CASSETTE, 9.

Paraît du 1ᵉʳ au 5 de chaque mois.

L'APICULTEUR

JOURNAL

DES CULTIVATEURS D'ABEILLES

MARCHANDS DE MIEL ET DE CIRE

PUBLIÉ SOUS LA DIRECTION

DE M. H. HAMET

Professeur d'apiculture au Luxembourg

L'apiculteur, comme tous les ouvriers des diverses professions
a besoin d'étudier son art, de le comprendre, de le raisonner.

1869-1870

QUATORZIÈME ANNÉE

4ᵉ DE LA 2ᵉ SÉRIE

AUX BUREAUX DE *L'APICULTEUR*, RUE SAINT-VICTOR, 67

PRÈS LE JARDIN DES PLANTES

Prix de l'Abonnement : 6 francs par an

Digitized by Google

N° 1.   QUATORZIÈME ANNÉE   Octobre 1869.

L'APICULTEUR

Chronique.

SOMMAIRE. Rappel de programme. — Campagne désastreuse pour certains rationalistes. — Concours. Lauréats. — Sociétés en projet. — Bibliographie.

Qu'est-ce que l'apiculture pour la plupart des possesseurs d'abeilles ?
C'est l'art de conduire les ruchées pour en obtenir du miel et de la cire
au plus bas prix de revient possible. — Que faut-il pour arriver à ce résultat ? Avoir des populations fortes par la réunion des colonies, et
vigoureuses par le renouvellement des mères ; puis, savoir se servir des
bâtisses. — Pour d'aucuns, c'est aussi l'art de multiplier les colonies afin
d'en tirer profit et agrément. Ces quelques lignes résument le programme
de l'*Apiculteur* que nous croyons utile de rappeler au commencement de
la 14° année du journal.

— Un apiculteur alsacien nous écrit :

« Il n'y a pas eu d'essaims naturels cette année et le mauvais temps
ne m'a pas engagé à en faire d'artificiels. Cependant toutes les vieilles
ruches paraissent être bien approvisionnées pour l'hiver.

» Il n'en a pas été de même des soi-disant rationalistes à cadres ouverts. Ces messieurs se sont livrés à toutes sortes d'exercices plus ou
moins gymnastiques, sciant des ruches en paille par le milieu pour les
dévaliser de leurs pauvres rayons en piteux état et les assujettir dans le
fameux joujou qu'ils appellent cadre ouvert; faisant des essaims artificiels quand même ; fourrageant en plein air au milieu de l'été et même
avec des baguettes enduites de miel et introduites par l'ouverture aux
portières des ruches, etc., etc. — En un mot ils ont tant et si bien fait
qu'au mois de juillet déjà leurs malheureuses abeilles affamées et accoutumées au pillage, venaient attaquer les ruches en paille et en bois des
apiculteurs qui ne sont pas dans les cadres et qu'ils appellent dédaigneu-
sement routiniers et originaux.

» Il y a eu dans ma localité une réunion d'apiculteurs rationalistes
cet été, réunion à laquelle je n'ai pas été obligé de refuser d'assister, par
la simple raison que ces illuminés ont dédaigné d'y inviter les anciens
et sérieux apiculteurs des environs. Je regrette donc de ne pas pouvoir
vous dire ce qui s'y est passé. Un indiscret cependant m'a dit que le but

1

principal était un dîner pour lequel on s'était procuré du miel chez les profanes.

» Inutile de vous dire que je ne suis pas dans les cadres pleins ou ouverts, peu importe, et dont je ne reconnais l'utilité que quand il s'agit de fourrager une ruche en bois, carrée, avec du miel en rayon.

» Je préfère les ruches en paille surmontées de chapiteaux qui sont connues dans notre département depuis un temps immémorial, et qui sont très-favorables à l'essaimage naturel.

» Comme ruche de produit, je me sers de ruches en bois carrées, avec hausses et greniers. Chaque compartiment est garni de neuf listeaux recouverts de planchettes, et muni d'une porte mobile.

» Bien que cette ruche, réduite à sa plus simple expression, soit dédaignée par les soi-disant rationalistes, elle a l'immense avantage de pouvoir être maniée beaucoup plus facilement que la leur et permet de faire des récoltes tout aussi fortes, ainsi que toutes les opérations auxquelles on veut bien se livrer. »

— En ce qui concerne les exploits des rationalistes en question, cette communication confirme que les extrêmes se touchent ; car rationalistes et étouffeurs ont été très-malheureux cette année.

— M. Bernasse nous adresse le compte rendu suivant :

« Le dimanche, 3 septembre avait lieu à Avallon le concours de la Société centrale d'Agriculture de l'Yonne, réunie au Comice agricole de l'arrondissement.

» L'apiculture s'y trouvait bien faiblement représentée ; seul j'exposais les produits des abeilles : 25 livres de cire, un chapiteau de beau miel, quelques bocaux de miel coulé de belle qualité, des ruches, mon métier à confectionner les capuchons, vos ouvrages sur l'apiculture. J'avais demandé la visite de mon rucher par la Commission ; de plus j'avais adressé un rapport sur la comptabilité ; cela m'a valu une médaille de vermeil.

» Quant à des concurrents, il n'y avait pas même l'ombre ; c'est désolant, surtout pour un concours où tout le département est appelé.

» Vous vous plaignez souvent du peu d'encouragements réservés à l'apiculture dans les concours ; mais n'a-t-on pas le droit de se plaindre aussi de l'apathie des apiculteurs ?

» Aucun d'eux n'a demandé la visite de son rucher ou adressé un rapport sur la comptabilité, bien que ce fût une des conditions du programme affiché dans toutes les communes. La Commission ne peut pas

deviner ceux qui s'occupent d'apiculture, et cependant, dans l'arrondissement d'Avallon seulement, les ruchers bien tenus y comptant un assez
grand nombre de colonies, ne manquent pas.

» C'est donc aux apiculteurs à attirer sur eux l'attention des Commis-
sions, et je vois que celles-ci, chez nous du moins, sont animées d'excellentes intentions. Le président de la Société centrale m'a manifesté son
regret de ne pas voir tous les instituteurs s'occuper avec soin de la culture des abeilles, disant que, de sa part, les encouragements et les récompenses ne leur feraient pas défaut. »

— A l'exposition organisée par le Comice de Nérac qui a eu eu vers la
fin du mois d'août dernier, le frère Isique instituteur communal, directeur des écoles chrétiennes, a été le lauréat apicole : il a obtenu une médaille de vermeil. Son exposition était remarquable sous tous les rapports ;
elle se composait des objets suivants : Une ruche d'observation avec
abeilles ; une dito à laquelle un accident est arrivé en voyage ; une ruche
normande avec abeilles, calotte en verre et rayons postiches pour la captivité des abeilles ; une ruche forme normande jaugeant 70 litres, avec
abeilles, grande calotte postiche comme la précédente ; cadre mobile
garni d'un magnifique rayon ; ruches normandes avec calottes ; ruches
à hausses ; enfumoir ; masque garni ; ceratome et autres petits appareils ;
calotte normande garnie de beaux rayons et pesant 12 kil. net ; une autre de 10 kil., et une de 8 kil.; 17 boîtes Santonax garnies de beaux
rayons et pesant de 6 à 800 grammes ; nombreux bocaux de miel de cette
année et des années 1868 et 1867 ; plusieurs petits ouvrages en cire ,et
briques dito ; sirop et eau-de-vie de miel ; liqueurs et hydromels ; presse
et mellificateur solaire ; petit manuel d'apiculture (manuscrit), présenté
au comice agricole de Nérac. — Cette brillante collection apicole a attiré
une foule de visiteurs ; de huit à dix mille ont stationné devant et pendant les trois jours qu'a duré l'exposition. Le frère Isique a fait un cours
cent fois repris, et a répondu à des milliers de questions. Cet enseignement profitera.

— Plusieurs apiculteurs des environs de Chartres expriment le désir
que le rucher-école dont il a été parlé le mois dernier, soit établi dans
le terrain de la Société d'horticulture. Nous ne nous y opposons aucunement. L'essentiel est qu'on s'empresse de souscrire pour son édification.

— Des apiculteurs de l'arrondissement de Péronne se préoccupent des
moyens d'organiser une société, affiliée à celle des environs d'Amiens.

A l'autre extrémité du département on penserait aussi à créer une réunion apicole.

— Du 2 au 5 décembre prochain, aura lieu à Milan la 3° exposition apicole organisée par les soins de la Société pour l'encouragement de l'apiculture en Italie.

— La 3° édition du *Calendrier apicole,* almanach des cultivateurs d'abeilles vient d'être mis en vente. Pour le prix qu'il coûte (50 cent.), ce traité d'apiculture est le plus étendu et le plus à la portée des débutants qu'on puisse se procurer et propager.

— Nous avons reçu une brochure de 38 pages, avec planche, portant pour titre : *Di un Alveare pratico-razional.* — Considération sur l'apiculture, par M. *Guiseppe Scud ellari* (Vérone, 1869).   H. Hamet.

Considérations sur la bâtisse des abeilles.

Je me suis engagé, en septembre dernier, a établir 1° que la bâtisse coûte peu de miel; 2° que, faute de bâtisse, les abeilles perdent parfois beaucoup de miel.

Avant d'en venir aux preuves, je vais résumer les observations que j'ai pu faire sur la matière.

Première observation. Les abeilles bâtissent généralement de nuit et, pour les abeilles, la nuit dure de treize à quatorze heures au moins. Après six heures du soir et avant neuf heures du matin, les abeilles récoltent peu. Elles peuvent donc, dans cet intervalle, bâtir sans perdre de temps, sans nuire à la récolte.

Seconde observation. Un essaim logé en ruche vide ne récolte rien ou presque rien le jour même de son installation, et récolte peu les trois jours suivants. Il y a donc perte pour lui et grande perte si le miel est abondant à la campagne. La bâtisse lui manque et peut-être autre chose encore.

Troisième observation. Toute comparaison entre essaim logé en ruche vide et essaim logé en bâtisse grasse (avec miel), est défectueuse. L'essaim en bâtisse grasse peut supporter une crise alimentaire, c'est-à-dire un manque de récolte sans que la ponte commencée soit interrompue; tandis que l'essaim en ruche vide souffre énormément, si les premiers jours de l'installation sont mauvais; sa mère, pendant toute la durée du mauvais temps, ne pondra pas faute de cellules; les ouvrières ne bâtiront pas; ces pauvres ouvrières, au premier beau jour, affaiblies par la faim, tenteront d'aller aux vivres, mais toutes pourront-elles supporter les fatigues du voyage et revenir avec des provisions? Dans ce cas, il peut y avoir une très-grande différence de produits en faveur de l'essaim à bâtisse grasse.

Quatrième observation. Un essaim logé en ruche vide ne sera pas sensiblement inférieur à un autre essaim du même jour logé en bâtisse, si les quatre premiers jours, y compris celui de la naissance, ne fournissent au dernier qu'une récolte de deux à trois cents grammes chaque jour.

A la fin de la campagne l'essaim en ruche vide aura acquis un poids presque égal au poids de l'essaim en ruche bâtie. Un gramme de bâtisse ne lui aura pas coûté plus de trois à quatre grammes de miel.

Cinquième observation. Vous voilà avec deux essaims du même jour; l'un est mis en ruche vide, l'autre en ruche bâtie; le lendemain et le surlendemain, le mauvais temps ne permet à personne de faire les vivres. Mais le troisième jour, la température est belle, le miel est abondant. Dans ce cas l'essaim en ruche vide se trouve dans une triste position; n'ayant pas de bâtisse, il ne peut faire qu'une récolte insignifiante, tandis que son concurrent peut déployer toute son activité, ayant reçu une bâtisse qui est là pour recevoir œufs, miel et pollen.

Sixième observation. Un essaim logé en tiers de bâtisse travaille énergiquement le jour même de son installation. Il continue, les jours suivants, à travailler avec la même énergie. Cet essaim, dont la population pèse par exemple 2,500 grammes, peut, sans nuire en rien à la récolte, bâtir chaque jour six décimètres carrés de gâteaux.

Septième observation. Une ruchée forte à la quelle on donne au printemps une hausse vide, remplit cette hausse à peu de frais, elle ne perd pas trois grammes de miel pour un gramme de bâtisse. Elle bâtira la hausse d'autant plus vite que les abeilles pourront prolonger les gâteaux de haut en bas, sans rencontrer aucun obstacle, tel que plancher ou barrettes par dessus la hausse.

Huitième observation. Deux colonies très-fortes en population reçoivent au printemps: l'une, une calotte bâtie; l'autre, une calotte vide avec gâteau échelle pour déterminer les abeilles à monter plus vite. La première colonie, celle à calotte bâtie, possède encore dans le corps de la ruche des cellules disponibles où elle pourrait loger sa récolte, cependant elle préfère la transporter dans la calotte. En cela elle ne fait que suivre son instinct qui lui dit de mettre ses provisions dans la partie la plus haute et la plus sûre de son habitation.

La seconde colonie n'ayant pas de bâtisse dans la calotte est bien forcée de loger sa récolte dans le corps de la ruche; mais, avant que les cellules lui fassent défaut dans le bas, elle se met à bâtir dans le haut, et dès ce moment, à l'exemple de sa sœur, elle transporte dans la calotte son butin de chaque jour. Elle fait sa bâtisse à peu de frais, parce qu'elle peut en faire, chaque jour, sans nuire à sa récolte six décimètres carrés, ce qui est plus que suffisant pour emmagasiner deux kilog. de miel. Je maintiens que, dans le cas présent, la colonie perdra au plus trois grammes de miel pour un gramme de bâtisse.

Des apiculteurs peu attentifs me diront : La calotte bâtie de la première colonie sera souvent pleine de miel quand celle de la seconde sera à peine bâtie au tiers. Oui, la chose est possible, mais n'allez pas conclure que la première colonie a récolté plus de miel que la seconde. Si vous aviez pesé les deux ruchées avant de leur donner les calottes, et encore avant de les enlever, vous auriez reconnu que le poids acquis était à peu près le même pour chaque ruchée ; que ce qui manquait de miel dans la calotte bâtie au tiers seulement se retrouvait dans le corps de la ruche.

On a crié haro quand j'ai dit que dans un cas de miellée persistante et exceptionnelle, les abeilles, faisant un sacrifice de couvain plutôt qu'un sacrifice de miel, enlèvent les œufs et les plus jeunes larves et les remplacent par du miel. Œttl, qui n'était ni un étourdi, ni un apiculteur du lendemain, mais un des plus habiles praticiens de l'Allemagne, dit : « Quand la récolte du miel est surabondante, et qu'il ne se trouve pas assez de cellules pour l'emmagasiner, les abeilles ouvrières détruisent le couvain de bourdon pour faire de la place au miel, cela arrive rarement. »

Il m'est arrivé plusieurs fois de placer dans une calotte un gâteau contenant des œufs, des larves et des chrysalides d'ouvrières, et chaque fois j'ai vu les œufs et les larves remplacés par du miel; l'on ne respectait que les chrysalides qui toutes arrivaient à terme. Ce que les abeilles pratiquent dans la calotte, pourquoi ne le pratiqueraient-elles pas dans le corps de la ruche ?   *Un apiculteur lorrain.*

Congrès apicole allemand à Nuremberg.

Du 14 au 16 septembre dernier, a eu lieu à Nuremberg, en Bavière, la seizième réunion annuelle des apiculteurs allemands à laquelle nous avons assisté. Cette réunion comptait 390 membres, y compris un Autrichien, deux Italiens et deux Français. Il y a eu congrès et exposition de produits et d'instruments. Les deux séances du congrès ont été bien remplies. Les questions portées au programme y ont été longuement discutées, et même trop longuement au début, car il a fallu écourter les dernières qui, cependant, n'étaient pas les moins intéressantes. Les solutions proposées laisseraient pour la plupart à désirer, si nous nous en rapportons à la traduction sommaire qu'on nous a faite sur place.

Étranger à la langue allemande, nous n'avons pu prendre que la physionomie de cette assemblée, et nous serons obligé d'attendre le compte rendu des discussions que nous ferons traduire si nos lecteurs peuvent y trouver quelque intérêt. Le congrès s'est tenu dans la vaste salle du Palais de Justice, à l'hôtel de ville. Une tribune avait été élevée à la gauche du bureau; à la droite se trouvait une rangée de jeunes demoiselles en blanc avec écharpes bleues dont la présence dans cette réunion grave n'était pas sans nous intriguer. Au moment où la séance fut ouverte, l'enceinte du Palais comptait six ou huit cents personnes, tant apiculteurs que Nurembergeois de la classe aisée.

Avant de s'occuper des questions apicoles portées au programme, on a célébré le quart de centenaire (26ᵉ année) du *Bienen Zeitung*, le journal apicole d'Eischtatd qui a propagé les connaissances apicoles nouvelles, notamment la théorie de Dzierzon. M. Andreas Schmid l'intelligent et modeste fondateur et directeur de cette feuille, a été le héros de la fête. Voulant lui témoigner toute leur reconnaissance, les sociétés apicoles allemandes lui ont offert une valeur de trois mille francs environ, tant en objets d'art (coupe d'argent, service en porcelaine de Saxe, albums, etc.) qu'en argent. Un moment, cet encouragement extraordinaire nous parut n'être pas en concordance avec les quelques florins qu'on délivra plus tard pour tout prix aux lauréats de l'exposition. Mais, mieux éclairé, nous y applaudîmes sans réserve. Comme tous les hommes dévoués à la science, M. Andreas Schmid n'est pas riche et encore moins solliciteur. Le gouvernement bavarois s'est associé à cette manifestation qu'on peut dire nationale en envoyant une décoration à M. Schmid. La réception de cette distinction n'est pas ce qui a le plus ému l'honorable rédacteur du *Bienen Zeitung*. Ce sont les jeunes demoiselles dont nous avons parlé plus haut qui ont présenté au lauréat sur un plat de vermeil, une couronne de chêne accompagnée d'un certificat de l'acte de reconnaissance de ses lecteurs, les apiculteurs allemands.

La première séance du congrès, qui a duré quatre heures, a été suivie d'un banquet de 200 à 250 couverts. Vers la fin du repas, de nombreux toasts ont été portés. Prié de prendre la parole au nom des apiculteurs étrangers, nous avons porté un toast « à la Fédération de tous les apiculteurs ». Traduit en allemand par l'un de nos voisins, le D' Pollmann, de Bonn, ce toast à été interprété dans le sens que nous avons voulu lui donner et que nous développerons plus loin.

Au sortir du banquet, une visite a été faite à l'exposition apicole organisée par une commission locale dans un établissement public, situé hors barrières. Autant la réunion du matin nous avait impressionné favorablement, lorsque nous la comparions à nos congrès où les savants se trouvent en nombre bien minime et où l'art oratoire fait souvent défaut, autant nous avons trouvé l'exposition mesquine comparée aux nôtres de Paris, notamment sous le rapport des produits et de l'art de les façonner et de les présenter. Ce que nous avons dit précédemment sur l'état de l'apiculture en Allemagne est vrai en tous points. L'apiculture *passionnelle* — selon la définition donnée par Toussenel — y est très-avancée. Quant à l'apiculture productive et économique comme nous la pratiquons et comme nous l'avons améliorée depuis quinze ans, elle y est très-en retard; l'exposition de Nuremberg en témoigne et nous en avons recueilli des preuves dans l'enquête que nous avons faite dans notre excursion, qui ne s'est pas bornée à étudier une classe d'apiculteurs dont l'élite était réunie dans un congrès, mais qui avait pour principal but de voir sur place cultiver les abeilles par ceux qui fournissent le plus de miel à la consommation; de pouvoir comparer leur fabrication avec la nôtre; de connaître les prix de revient, les débouchés, etc., etc. Sur ces divers points, nous avons butiné des documents que nous reproduirons plus loin et qui permettront d'en juger.

Nuremberg ne comptait qu'une quinzaine d'exposants de ruches, toutes à *cadres* mobiles. Nous soulignons le mot cadre pour faire remarquer qu'en ce moment l'apiculture passionnelle allemande parait avoir abandonné le *rayon* mobile, même, celui à montants, que les inventeurs de la deuxième heure ont appelé cadre *ouvert*. Un seul exposant étranger, M. Fumagalli, de Milan, présente une ruche à rayons avec montants, qu'il intitule ruche de conciliation, sans doute à cause des deux sortes de rayons dont elle est ornée : des rayons avec montants longs, et des rayons avec montants courts.

Les ruches à cadres exposées sont en paille et en bois ; elles sont longues ou étagées, c'est-à-dire diversifiées comme nos ruches à chapiteau et à hausses. Leur fabrication est supérieure à ce qu'on nous en montre en France. La plupart sont à parois très-épaisses, ce qui indique que les Allemands se doutent que la ruche à cadres en général, et celle à parois minces en particulier, provoque la loque. C'est un des reproches que depuis longtemps nous lui avons faits. Notre conviction est aussi que la loque s'est développée là où l'on pratique la taille et l'essaimage artificiels, c'est-à-dire partout où l'on fait de l'apiculture forcée. La grandeur des cadres paraît diviser ceux qui les emploient : trois ou quatre exposants les font sur le même modèle ; les autres observent des dimensions diverses.

On s'est appliqué à trouver des moyens de fabrication économique, et plusieurs apiculteurs exposent des moules à cadres qui facilitent l'ajustement des pièces, ce qui permet de vendre la douzaine de cadres bien conditionnés 1 fr. 50. Mais il ne faut pas oublier que la main-d'œuvre est plus de moitié moins élevée en Allemagne qu'en France. Le bois y est aussi moins cher. Ce pays n'a pas encore eu ses ravageurs de forêts.

Pour quelques apiculteurs du mobilisme, le cadre est on ne peut plus productif, par conséquent rationnel. Il l'est d'abord pour ceux qui placent des ruches de ce système ; il l'est pour ceux qui fabriquent des plaques de cire ou rayons artificiels ; il l'est surtout pour ceux qui se livrent à l'élevage de mères italiennes ; il l'est encore pour ceux qui se sont créé autour d'eux une clientelle bourgeoise de consommateurs. Ainsi il existe en Allemagne, comme en France, quelques producteurs de miel par le cadre qui vendent leurs produits le double de ce que les vendent les producteurs par les systèmes usuels. Mais le commerce est alimenté uniquement par ces derniers, qui, nous le répétons, ne sont pas avancés, puisque la plupart sont étouffeurs et ne savent pas extraire le miel. Un fabricant de pain d'épice de Nuremberg (cette ville a la renommée de Reims et de Chartres pour ses pains d'épices), qui consomme annuellement plusieurs milliers de kilogrammes de miel et que nous avons prié de nous mettre au courant de la vente de cet article, nous a appris qu'il est fourni en bonne partie par les possesseurs de ruches des environs, tous hors des cadres, bien entendu, lesquels livrent leur marchandise en vrague à raison de 30 à 35 centimes le demi-kilog. pour le moment. Le miel est de bruyère en partie. Le fabricant de pain d'épice de Nuremberg, comme sans doute ses confrères des localités voisines, est nécessairement marchand de cire. En effet, nous avons vu chez celui que nous avons visité un pain et parties de pains de cire ayant à peu près le cachet de ceux que fabriquent nos possesseurs d'abeilles du midi de la France : cette cire a plus ou moins de pied, et elle n'a pas été coulée dans les conditions de chaleur voulue, le pain est fendu et sa face est ridée. Nous avons fouillé en vain tous les étalages pour rencontrer une brique de cire. Quant aux petits échantillons de l'exposition, sauf les tablettes exposées par M. Hruscka, de Dolo, ils étaient pitoyables sous le rapport de l'épuration ou du coulage.

Les spécialistes se sont appliquées à améliorer les appareils et à perfectionner les méthodes dont ils font usage. Ainsi les éleveurs de mères italiennes ont dû chercher les moyens de les faire accepter sans accidents, et ils y sont parvenus. On trouve à l'exposition deux petits appareils conçus dans le même principe et pour le même but. Ces petits appareils n'ont pas été inventés pour les apiculteurs, mais ceux-ci les ont mis à leur usage ; ils sont faits pour la volatilisation des liquides, notamment des essences, et employés par les parfumeurs. L'un des premiers M. Hruscka a essayé, à l'aide de cet appareil, fig. 1, de parfumer l'abeille mère, c'est-à-dire de masquer son odeur originelle pour que les abeilles d'une autre famille l'acceptent sans méfiance ; et il a obtenu les résultats les plus satisfaisants. Il parfume, outre la mère, les abeilles qui doivent la recevoir ou du moins leurs rayons. Il emploie pour cela un tiers d'essence de menthe mêlée à deux tiers d'eau. La fiole fig. 1 présente un avantage sur un autre appareil également employé pour le même usage. Elle se met commodément dans la poche, et elle conserve jusqu'à épuisement, l'arome pénétrant de la liqueur qu'elle renferme (1).

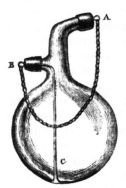

Fig. 1. Vaporisateur de poche.
1, orifice par lequel on introduit le liquide ; B, côté par lequel on souffle ; C, tube qui vaporise.

(1) Le *vaporisateur* ou mieux les vaporisateurs dont il est parlé, se trouvent chez les principaux parfumeurs de Paris, qui les font payer 1 fr. 50. En Allemagne, ils ne coûtent que 60 centimes. L'idée première du vaporisateur a été pré-

Le mobilisme a inventé une foule de petits appareils inconnus aux fixistes. On rencontre à l'exposition de Nuremberg nombre d'outils qui séduisent les novices, mais qui sont à peu près inutiles pour les initiés au maniement des cadres. M. Dümmler, de Homburg, dont nous avons visité avec grand intérêt et grand profit le rucher, l'un des mieux conduits de l'Allemagne, n'a d'autre outil pour la manœuvre de ses cadres qu'une simple serpette. Avec le coup de main qu'une pratique exercée lui a donné' il tire de cette serpette les avantages que peuvent procurer ensemble tous les outils spéciaux inventés pour cet usage. C'est l'histoire de nos producteurs de miels : ils remplacent la ruche dispendieuse par une pratique intelligente qui leur économise le capital, ou les fait s'en passer, et ils obtiennent ainsi des produits au plus bas prix de revient possible ; ce qui est rationnel au premier chef.   H. HAMET.   (*A suivre.*)

Fragments du journal d'un apiculteur.

Ferme-aux-Abeilles, octobre 186...

10 *octobre*. La première partie de l'automne est la dernière période des travaux des abeilles. Dans les cantons de bruyère et de sarrasins retardés, ainsi que dans ceux où l'on cultive la moutarde blanche pour être coupée en vert, les mouches à miel trouvent encore assez de butin pour s'entretenir. Après un été sec, les terres non cultivées se couvrent de petites plantes dont les fleurs donnent plus de pollen qu'autre chose ; on voit parfois des champs de sénevés qui ressemblent à des champs de colzas en fleurs. Les ruchées à proximité de ces champs sont en grand mouvement au milieu de la journée lorsque le temps est beau ; elles s'adonnent à une éducation adventice de couvain qui refera leur population amoindrie par une trop longue sécheresse. C'est le moment de compléter la nourriture de celles qui n'ont pas de provisions suffisantes pour passer l'hiver. Donnés plus tard, les aliments seraient moins vite pris et moins bien emmagasinés ; en outre l'éducation de couvain qu'ils provoquent toujours se fait moins bien et peut amener des accidents, tels que la dyssenterie, la constipation et la loque. Il faut présenter la nourriture fondue et tiède, et par portions d'un kilogramme ou deux dans des vases non vernis et à rebords droits qu'on place le plus près possible des abeilles, sous la ruche le plus souvent. En trois ou quatre jours, l'alimentation doit être complétée.

sentée à l'Exposition des insectes en 1865. Il s'agissait de l'appliquer contre l'oïdium.

Pour obtenir des succès assurés, il faut n'avoir que des colonies à fortes populations; on rend toutes les populations fortes en réunissant les faibles, notamment celles qui manquent de provisions. La réunion peut se faire en transvasant les abeilles des ruches qu'on veut supprimer. Le transvasement par tapottement marche encore assez bien en octobre sur les ruches communes en cloche, lorsque les rayons descendent jusqu'au bas, que les ruches sont pleines de bâtisses. Les colonies transvasées se donnent le soir, comme si c'étaient des essaims, en ayant soin d'enfumer les abeilles qui reçoivent, et de jeter un peu d'eau miellée sur celles qui doivent être reçues. Pour les ruches qui n'ont qu'une demi-bâtisse, il faut opérer par l'asphyxie momentanée. Voir *Calendrier apicole* pour les divers modes d'opérer).

Les chapiteaux qui n'ont pas été enlevés à la première récolte parce qu'ils n'étaient pas entièrement garnis, doivent l'être maintenant, à moins que les corps de ruche ne soient pas suffisamment pourvus de vivres. Mais les chapiteaux vides et ceux qui n'ont que quelques rayons doivent être enlevés avant l'hiver, et le trou de communication bouché. Autrement une partie de la chaleur des ruches se perdrait par-là, et les abeilles en souffriraient dans la saison rigoureuse. Il en est de même pour les ruches à hausses qui auraient une division non pleine à la partie supérieure : il faut enlever cette division et la placer au bas. Les chapiteaux et les hausses enlevés et garnis de miel secondaire peuvent être donnés aux ruches qui manquent de provisions. — Les premières précautions d'abri pour l'hivernage doivent être prises.   X.

Araignée apivore.

L'araignée apivore est l'*Epeire diadème* (*Epeira diadema*). Geoffroy l'a appelée *l'araignée à croix papale*. Cette araignée est l'une des plus communes dans les jardins, à l'automne, et surtout autour des ruches, car elle trouve là un berceau favorable pour sa progéniture et une nourriture abondante pour elle-même. Voici la description qu'en donne le docteur Boisduval dans son *Essai sur l'entomologie horticole* (1).

« Le fond de sa couleur est brun ou roussâtre plus ou moins clair. L'abdomen est allongé avec deux tubercules latéraux plus ou moins apparents à la partie antérieure; il est marqué d'une ligne de points

(1) 1 vol. in-8°, avec de nombreuses figures. Prix : 7 fr. 50. — *Librairie E. Donnaud.*

blancs ou d'un blanc jaunâtre, traversée par trois autres lignes semblables formant une croix, et en outre, de chaque côté, d'une raie en festons. Cette araignée s'accouple en été et pond ses œufs en automne, elle ne construit pas de nid; elle se tient cachée entre des feuilles qu'elle rapproche et lie avec des fils de soie. Elle ourdit et tisse une toile verticale orbiculaire, assez grande, dans les lieux écartés et trop souvent à travers les allées des jardins; les œufs pondus à l'automne passent l'hiver dans leur cocon, et les petits éclosent au milieu du printemps. Comme ils trouvent une nourriture abondante à cette époque de l'année, ils profitent vite. »

Fig. 2. Epeire diadème.

Nous ajouterons que, depuis avril jusquà juillet, cette araignée reste petite et qu'elle ne cause aucune déprédation dans les ruchers. Mais à partir de l'époque des chaleurs, qu'elle choisit pour s'accoupler, elle se développe énormément et acquiert bien vite la grosseur d'une balle à fusil. Il s'agit de la femelle fig. 2, car celle-ci mange son mari à la suite des noces, probablement pour se mettre en appétit.

La toile qu'elle tisse alors est assez forte pour prendre et retenir les abeilles, notamment celles chargées de provisions. Il n'est pas rare d'en trouver quatre ou cinq de prises dans l'espace d'une heure ou deux. Dès qu'elles sont accrochées par les pattes, les abeilles s'épuisent en vains efforts et s'empêtrent de plus en plus; puis l'araignée vient les couvrir de fils pour qu'elles ne lui échappent pas et probablement aussi pour que des oiseaux insectivores ne viennent pas s'en emparer.

Le plus souvent la toile est tendue du paillasson d'une ruche au paillasson de l'autre, sur le passage des abeilles; parfois, elle est établie devant les ruches, lorsqu'il se trouve près de là quelque arbrisseau ou des piquets pour y attacher les fils de soutènement. L'araigné a donc étudié le terrain et combiné les résultats probables de sa chasse. Elle fait plus : lorsque les victimes ne tombent pas dans le traquenard, elle les y attire, et voici comment elle s'y prend : Elle se place au milieu de sa toile et accomplit une sorte de danse de Saint-Gui qui manque rarement son effet. Voyant un être qui remue d'une façon insolite, l'abeille le considère comme un voisin dangereux pour sa famille et fond dessus; mais bientôt elle est prise dans les fils englués du rusé vampire. Nous avons vu, de nos yeux vu ce manége (1).

(1) Nous en avons vu un autre qui n'est pas sans analogie, employé par les hi-

Les ruchers en plein air sont un berceau favorable pour l'*Epeire*, notamment quand les ruches sont couverts de capuchons de paille. Les
cocons de l'araignée sont abrités dans ces capuchons et sous le vase qui
les couronne, et les œufs profitent du calorique des ruches pour éclore à
bon point. Au printemps, on trouve des capuchons littéralement couverts
de jeunes épeires, jaunes alors comme des grains de cuivre. Si elles
n'étaient pas si nuisibles, on les conserverait avec plaisir, tant elles sont
jolies : on dirait des essaims de perles lorsque le soleil luit dessus ; mais
lorsqu'il se cache, ces essaims en font autant ; ils se blotissent dans la
paille ou se retirent dans les chapiteaux vides ayant une issue. Un peu
plus tard, lorsque la température devient douce, la famille se disperse
pour aller pulluler chacun de son côté. Il ne faut pas attendre la dispersion pour faire la chasse à ces futurs ennemis.

La destruction des cocons a lieu depuis novembre jusqu'à février. Dès
juillet il faut détruire les toiles et toutes les araignées qu'on rencontre.
Une chasse journalière est presque indispensable en automne dans les
ruchers où cette araignée s'est multipliée.

Du 15 août au 10 septembre de cette année, nous avons détruit plus
de 500 *épeires* dans un jardin près de l'ancien marché aux chevaux de
Paris, dans lequel sont réunis depuis août à mars un cent ou deux de
colonies, et où cette araignée s'est multipliée d'une manière étonnante
malgré la chasse que nous n'avons cessé de lui faire. C'est à peine si
nous constatons sa présence il y a dix ans. A cette époque nous la trou-
vions très-nombreuse dans un jardin que nous occupions dans l'ancienne
propriété de Roquelaure, à la Villette. Nous l'avons, à notre insu, portée
d'un jardin dans l'autre ; nous l'avons de plus portée dans d'autres jardins éloignés où elle s'est d'autant plus multipliée qu'elle a trouvé
plus de ressources et moins de chasseurs.   H. HAMET.

L'hydromel.

Avant l'introduction de l'agriculture dans la Grande-Bretagne, l'hydromel était le principal breuvage cordial de ses habitants. Mathias de

---

rondelles. Un couple d'hirondelles, à la tête d'une famille nouvellement sortie du
nid et ayant fort appétit, venait raser les ruches et passer dans les groupes d'a-
beilles volant à l'entour, afin d'en surexciter un certain nombre et de s'en faire
pourchasser. En effet, des abeilles poursuivent les hirondelles qui passent près
des ruches, et lorsque chasseurs et gibiers sont à une certaine distance et à une
certaine élévation, les novices de la gent hirondelle trouvent à leur portée la
pâture qu'il s'agit de leur procurer.

Lobel, M. D., l'appelle *cambricus potus*, boisson des Cambres. Chez d'autres peuples du Nord, il était aussi, primitivement, en haute estime (1). Cela venait sans doute, ou de leur goût simple et peu délicat, ou de ce qu'ils manquaient d'autres cordiaux, ou de ce qu'ils avaient une meilleure méthode de fabriquer l'hydromel que celle qui nous a été transmise par la postérité ; car, certainement, cette liqueur est aujourd'hui rarement réussie, et son rang est bien modeste entre nos productions vineuses imparfaites. Cependant, l'hydromel a continué d'être en faveur longtemps après l'introduction du malt, et les habitants du nord de l'Europe en faisaient encore généralement usage jusque dans des temps très-modernes ; et même en Angleterre, du temps de Dryden, il paraissait être mieux connu qu'il ne l'est aujourd'hui, étant quelquefois employé pour adoucir ou corriger les vins forts :

« Voulez-vous adoucir la force et la dureté du vin?
Mêlez avec un vieux Bacchus et un nouveau méthéglin. »

Pour montrer en quelle haute estime il était anciennement dans cette contrée, je donnerai un extrait d'une vieille loi de la principauté de Galles, où « ses louanges, accompagnées avec la lyre, retentissaient sous les voûtes des salles spacieuses de ses princes. » « Il y a, à la cour, trois choses qu'on doit communiquer au roi avant de les communiquer à personne.

« La première, la sentence d'un juge,
« La deuxième, un nouveau poëme,
« Et la troisième, tout baril d'hydromel. »

La fabrication de l'hydromel paraît avoir été regardée par nos aïeux comme une haute et une importante occupation ; à la cour des princes de Galles, celui qui en était chargé arrivait le onzième en dignité, comme le médecin. Nous lisons dans l'histoire d'Angleterre qu'au dixième siècle, un petit roi de Kent, Ethelstan, rendant visite à sa cousine Ethelflède, vit avec plaisir que sa cave était bien pourvue d'hydromel. Cette liqueur, aux festins royaux, était servie, selon la coutume, dans des cornes ciselées et autres vases de différentes grandeurs. Vers la même époque, c'était l'usage de distribuer aux moines un setier (environ une pinte) d'hydromel pour six à dîner et un demi-setier à souper.

La reine Élisabeth en était tellement affolée qu'elle le fabriquait elle-même tous les ans ; on trouvera sa recette à la fin de notre article.

(1) « *Hydromel Borealibus, quibus vina desunt, pro vino est.* » De Lebel.

Bruce nous apprend que les Abyssins en font encore leur boisson ordinaire. Ils le font fermenter avec une petite quantité de farine d'orge séchée, et ils lui ôtent son goût douceâtre en y ajoutant une petite poignée de bois de surdo. C'est dans le même but qu'au pays de Galles on le fait fermenter avec le jus de la baie du frêne de montagne. Peut-être était-ce avec cela, dit M. Knight, que les habitants barbares de l'Europe acidulaient autrefois leur hydromel.

> « Pocula læti.
> » Fermento, atque acidis imitantur vitea sorbis »
> (Virg. Georg., I. III.)

Selon Féburier, quoique l'hydromel soit très-déprisé en France, lorsqu'il est servi comme hydromel, il y est cependant fort en usage sous de faux noms, tels que vins de Rota, vins de Madère, vins de Malvoisie, vins d'Espagne.

C'était probablement la liqueur qu'Ossian appelait « la joie et la force des écailles, » et dont se délectaient ses héros ; les vases à boire calédoniens ayant consisté en de larges coquillages, tels que leur postérité s'en sert encore dans quelques pays des Highlands. Il est aussi fait mention quelquefois du festin des écailles.

L'hydromel était le nectar idéal que les nations scandinaves s'attendaient à boire au ciel dans les crânes de leurs ennemis ; et, comme bien on pense, ceux qui l'exaltaient si fort dans leurs *banquets célestes imaginaires* ne devaient pas l'oublier dans les banquets *réels* qu'ils s'accordaient *pendant leur vie*. Il faut en inférer qu'à cette époque on dut prêter une grande attention à la culture de l'abeille, parce qu'il fallait créer un excédant de miel suffisant pour produire l'hydromel et satisfaire les demandes de ces races altérées. A l'appui de ceci, je ferai la remarque que les anciens barons, en France, tiraient un gros revenu de la taxe sur les ruches.

La mythologie scandinave (la religion de nos ancêtres les Goths) a été donnée par Siggé ou Odin, chef qui émigra de Scythie avec toute sa tribu et subjugua les parties septentrionales de l'Europe par les armes ou les arts. De lui descendirent Alaric et Attila. Dans le singulier paradis qu'Odin imagina pour ses sectateurs, le principal bonheur était emprunté à la guerre et au carnage ; après quoi ils s'asseyaient à table pour manger la chair de sanglier et boire l'hydromel. Cette liqueur leur était servie dans les crânes de leurs ennemis par des vierges quelque peu semblables aux houris du paradis mahométan, et ils buvaient tant que l'ivresse n'avait pas achevé leur félicité. Le poëte Penrose s'est inspiré de cette circonstance au commencement de son « Carrousel d'Odin. »

> « Versez à pleins bords le breuvage de miel,
> Remplissez les crânes ; tel est le cri d'Odin !
> N'entendez-vous pas le puissant appel,
> Formidable comme un tonnerre, dans la salle voûtée ?
> Versez le breuvage, asseyez-vous à table,
> Vassaux du farouche seigneur !
> Le festin commence, le crâne circule à la ronde,
> Les rires éclatent, — les cris résonnent ! »

Nous remarquons encore le passage suivant sur l'Élysée du Nord, dans une ode de M. Stirling :

> « Leur banquet, c'est une vaste échine,
> Interminable, d'un sanglier monstrueux.
> Des vierges, aux traits immortels,
> Présentent à tous la coupe écumante :
> Les coupes des héros sont des crânes,
> Avec des figures de morts et des serpents en reliefs dorés. »

La chair du sanglier était considérée par ces tribus comme un mets de haut goût ; cette viande céleste était renouvelée tous les jours, et suffisait au repas de la plus nombreuse assemblée : de même, une quantité d'hydromel, suffisante pour noyer les esprits de cette communauté paradisiaque, était fournie chaque jour par la chèvre Heidrunn,

> « Dont les amples mamelles remplissent la coupe
> Qui élève jusqu'à l'extase l'âme d'Odin;
> Toujours remplie, toujours vidée
> Torrent qui ne s'arrête jamais (1). »

Je ne tarirais pas si je voulais produire tous ces petits morceaux historiques et poétiques, pour faire voir en quelle haute estime nos ancêtres du Nord tenaient l'hydromel. De plus, j'ai confiance qu'on voudra bien m'excuser si je prolonge mon préambule en entrant dans *les principes généraux de l'œnologie.*

Les grands desiderata dans le vin sont la force, le bouquet, l'agréable. Pour que le premier soit obtenu, il faut que le sucre soit converti en alcool par la fermentation ; le second dépend de l'article à vinifier et de la conduite du procédé de vinification ; le bouquet est encore obtenu artificiellement par différentes adjonctions; l'agréable résulte principale-

---

(1) Si l'on réfléchit au pouvoir légèrement enivrant de l'hydromel, on doit croire qu'il n'en fallait pas peu dans ces joyeux banquets; car on calcule que l'hydromel ne contient que sept parties pour 100 d'alcool.

ment des mêmes causes, mais plus particulièrement de la liqueur contenant en solution une certaine quantité de sucre non converti.

Les éléments nécessaires pour une fermentation convenable et pour conduire le procédé à bonne fin, sont : du sucre, de la matière extractive, de l'acide de tartre et de l'eau. Ces éléments existent au plus haut degré et avec les meilleures proportions relatives dans *le raisin;* de là, la supériorité des vins étrangers. C'est pourquoi, quiconque veut imiter autant que possible ces généreuses liqueurs doit suppléer, dans le procédé, ces ingrédients dont manque l'article que l'on cherche à convertir en vin.

Si les jus naturels des fruits sont en déficit de sucre, il sera impossible de les convertir en un vin fort sans un supplément convenable de cet ingrédient; et, s'il n'y a pas une quantité suffisante de matière extractive, qui est le ferment naturel, la fermentation voulue ne pourra s'établir; le vin sera doux, mais sans force, *les vins doux étant le produit d'une fermentation incomplète.* Si la matière extractive excède au contraire, la liqueur aura une tendance à la fermentation acéteuse, laquelle peut être également causée par une proportion d'eau surabondante.

Le résultat d'une fermentation complète est un vin sec; et, pour y arriver, les éléments doivent être très-exactement balancés, et le procédé, conduit en circonstances favorables, ayant égard à la température, à l'entonnage, au bondonnement, etc.

Deux méthodes opposées prévalent dans la manipulation de la même sorte de vin ; *quelques viticulteurs font bouillir le jus avant la fermentation, d'autres conduisent tout le procédé sans faire bouillir.* La propriété ou l'impropriété de ces pratiques dépend de la qualité des jus à vinifier. La matière extractive est en partie coagulable sous l'action de la chaleur; donc, faire bouillir, en obligeant cette matière à se diviser et à déposer, tend à la production d'un vin doux. La matière extractive est également précipitée par le gaz acide sulfurique (en faisant brûler une mèche soufrée dans le tonneau), ou par l'acide sulfurique lui-même, dont la levure soluble forme un composé insoluble. De là, où la matière extractive excède, et où il y a danger que la fermentation marche trop vite, faire bouillir, ou soufrer est chose utile, tant pour le vin que pour le cidre, afin d'arrêter ou de prévenir la fermentation. L'extrait superflu, écumant sous forme de levure pendant la fermentation, ou déposant sous forme de lie, étant remêlé avec la liqueur, a le même effet de continuer la fermentation; de là, l'utilité de soutirer et de clarifier lorsqu'il excède, et de réunir, lorsqu'il fait défaut. *La levure ou levain artificiel*, qui contient le principe extractif en grande quantité, apporte un supplément à ces jus qui en manquent, et sans lequel ils ne fermenteraient pas. *La levure naturelle* (c'est-à-dire *la matière extractive*) est soluble à l'eau froide ; *l'artificielle* ne l'est pas : cette dernière, durant la fermentation, est toujours rejetée : la plus grande partie de la première l'est également si le procédé est conduit comme il faut.

La plupart des fruits de cette contrée abondent en *acide malique* ; ceux qui n'en possèdent qu'une quantité modérée produisent cependant un excellent vin avec l'addition du sucre seul ; ce vin est encore meilleur avec une nouvelle addition d'acide de tartre. Lorsque l'acide malique domine tellement qu'il est désirable de le neutraliser, M. le Dr Culloch (à qui je dois une bonne partie des renseignements contenus dans cet article) conseille d'enduire l'intérieur des cuves en fermentation, en coulant de l'eau blanche de *chaux vive*. J'ai neutralisé l'acide malique, en mettant dans le fût, après que la fermentation sensible eût cessé, environ une livre de *coquilles d'œuf* par chaque soixantaine de gallons de vin.

L'acide de tartre augmente le pouvoir fermentatif des fluides ; les fruits à demi mûrs le contiennent très-abondamment, d'où vient la vivacité au champagne et au jus de groseille verte. On l'emploie plus convenablement à l'état de surtartrate de potasse, ou de crème de tartre commune ; le tartre brut commun est en quelque sorte préférable, parce que sa mixture de levain contribue à perfectionner la fermentation.

Tous les végétaux contiennent plus ou moins de matière extractive ; ceux qui en ont peu sont aidés dans leur fermentation, étant mis dans des vaisseaux de bois, le bois suppléant à la liqueur le principe extractif ; par conséquent, les mêmes jus qui fermenteront parfaitement dans des vases de bois, fermenteront mal dans des vases de verre ou de terre.

La matière extractive et le sucre sont rarement complétement détruits dans les vins ; l'existence de la première est démontrée par la matière pelliculeuse qui dépose souvent au-dedans des bouteilles de vin ; le dernier, un palais délicat le découvre dans nos vins très-secs ; sa prédominance indique un vin inférieur.

Par suite des observations qui précèdent, les lecteurs ont probablement anticipé mon opinion sur l'emploi *du miel dans la vinification*. Je le regarde comme un pur *substitut du sucre* ; et à ceux qui recherchent le bouquet, je recommande les instructions suivantes, qui m'ont été très-utiles pendant plusieurs années pour donner à mes vins de ménage une forte portion de bouquet étranger : Faites dissoudre une once de crème de tartre dans cinq galons d'eau bouillante; versez la solution à clair dans vingt livres de fin miel, faites bouillir ensemble, ayant soin d'écumer. Vers la fin de l'ébullition, ajoutez une once de bon houblon ; environ dix minutes après, versez la liqueur dans une cuve pour refroidir ; étant ramenée à la température de 70° ou 80° Fahrenheit, selon la saison, ajoutez une rôtie de pain barbouillée d'un peu de levure, le moins possible est le meilleur, attendu que *la levure dépouille invariablement le vin de son bouquet*, et lorsqu'il y a suffisamment de matière extractive dans les ingrédients employés, n'en pas mettre ; si la fermentation s'accomplit dans des vases de bois, rien de tout cela non plus n'est nécessaire. Placez ensuite la liqueur dans une chambre chaude, et remuez-la de temps en temps. Dès qu'elle commence à former un chapeau, entonnez, et remplissez à l'occasion avec la réserve, jusqu'à ce que la fermentation soit presque arrêtée. Bondonnez, ne laissant d'ouverture qu'un petit trou de fausset; au bout d'un an, vous percerez. BEVAN. — C. K. tr.

(*A suivre.*)

Rapport sur l'apiculture à l'Exposition des insectes en 1868. (Suite. V. 13° année de l'*Apiculteur*.)

M. Vibert, horloger apiculteur à Abbertville (Savoie), expose : 1° Une trousse de petits appareils d'apiculture qui décèlent un artiste en son fabricant : ce sont de vrais bijoux; on n'avait encore rien présenté d'une telle délicatesse et d'un fini semblable ; 2° des ruches à chapiteau d'une bonne confection ; 3° des échantillons de miel et de cire de belle qualité. M. Vibert propage activement les bonnes méthodes autour de lui et provoque la création des ruchers. Le jury lui accorde une *abeille d'honneur* à titre de propagateur apicole et d'artiste dans la fabrication des petits appareils.

M. l'abbé Magaud, curé de Fontanès (Loire), a imprimé dans l'arrondissement de Saint-Etienne un mouvement de progrès apicole très-marqué. Grâce à sa propagande, les ruchers s'y multiplient et le nombre des élèves qui suivent ses leçons théoriques et pratiques augmente tous les jours. Il a apporté des améliorations à la ruche à divisions verticales : elle est munie d'un appareil qui contraint les abeilles à bâtir régulièrement dans le sens des divisions. Le jury accorde à M. Magaud une médaille de 2° classe pour sa propagande et pour sa ruche exposée.

M. G. de Layens, de Paris, fait partie des inventeurs qui demande à la théorie la meilleure ruche; celle à cadres mobiles qu'il présente ne satisfait pas les praticiens. Mais l'auteur est plein de zèle, et il a donné un concours actif dans l'organisation de nos expositions dernières. A ce titre, le jury lui accorde une médaille de bronze de la Société d'Insectologie agricole.

M. Henry Baudroit, apiculteur à Meslières (Doubs), présente un mémoire apicole qui est un traité élémentaire rédigé par un praticien entendu. Publié et propagé dans la localité pour laquelle il a été écrit, ce petit traité rendrait de grands services, et le jury serait heureux de décerner à son auteur une première distinction. En attendant, il accorde à M. Baudroit une médaille de 3° classe pour son mémoire manuscrit (1).

Convaincu que des conférences dans lesquelles l'apiculture serait montrée sous ses côtés les plus attrayants décideraient un certain nombre de personnes aisées à s'occuper d'abeilles, M. le docteur Monin, de Mornant (Rhône), s'est mis à l'œuvre. Son traité d'apiculture fait fructifier l'enseignement que sème le conférencier. La ruche qu'il recommande et qu'il expose est celle à hausses en bois quelque peu modifiée. Le jury accorde à M. Monin une médaille de 3° classe pour ses conférences apicoles et pour son traité d'apiculture.

Le jury accorde un rappel d'*abeille d'honneur* à M. Frédéric de Saint-Jean, de Grainville (Calvados), dont le dévouement à la propagande apicole est inaltérable, et un rappel de médaille de 2° *classe* à M. Cœnoff, d'Iffendri (Ille-et-Vilaine), pour propagation de la ruche à hausses en paille.

L'enseignement apicole a été l'objet d'une attention particulière; les libéralités de M. Carcenac, président de la Société centrale d'apiculture ont permis au jury de distribuer des prix en argent. Avant de désigner les lauréats, il est bon de rappeler les motifs qui sont exprimés en ces termes dans le rapport sur l'exposition précédente :

(1) Une copie de ce mémoire, accompagné d'une demande de récompense ou d'encouragement, a été adressée par l'auteur au ministre de l'agriculture qui a soumis ce mémoire à la Société d'apiculture. Celle-ci a jugé que les titres invoqués n'étaient pas suffisants. D'ailleurs l'État ne peut se mettre sur le pied de récompenser tous les propagateurs des bonnes méthodes, non plus que de décorer tous ceux qui font leur devoir.   H. H.

« Convaincu que l'instruction est le plus grand levier du progrès, et qu'elle contribue puissamment à développer la production agricole comme à étendre l'industrie, c'est-à-dire à créer la richesse publique, la Société d'apiculture a pensé, l'une des premières entre les associations agricoles, à encourager les instituteurs qui s'occupent des abeilles et qui donnent à leurs élèves des notions d'apiculture. Elle a compris que ces initiateurs des enfants du peuple étaient placés pour semer dans le champ de l'avenir le grain qui multipliera les moissons. Aussi la part de distinctions qu'elle leur accorde est grande, mais pas assez à son gré, car elle voudrait pouvoir signaler au moins un instituteur par canton, dont le rucher bien tenu sert de rendez-vous pour des conférences dans lesquelles les autres instituteurs voisins sont initiés aux connaissances apicoles, et se concertent pour la divulgation de ces connaissances. S'il en était ainsi, avant vingt ans les bonnes méthodes seraient partout répandues, et la routine et les pratiques absurdes que l'ignorance entretient auraient disparu. D'ailleurs, l'établissement d'un rucher dans le jardin de l'école procure à l'instituteur quelques revenus que sa position lui refuse de dédaigner. »

Un certain nombre de concurrents méritent les premières distinctions. et tous mériteraient une récompense. Obligé de limiter le nombre des lauréats, le jury a, à mérite égal, fait choix de l'instituteur dont l'enseignement est répandu dans les localités les plus arriérées. C'est ainsi que, pour les prix Carcenac, il a mis au premier rang M. Boudes, instituteur à Lagarde (Aveyron), dont la propagande est faite dans un pays où le tronc d'arbre pour ruche est encore en usage. Non-seulement ce pionnier apicole a à lutter contre l'ignorance et des préjugés gros comme les montagnes de l'Auvergne, mais il est souvent contraint pour aller enseigner sur place, de franchir de longues distances, à travers les plaines et les côtes à demi-désertes du Segalas, un véritable canton de l'Arabie pétrée. Néanmoins il obtient des succès marqués, aidé qu'il est par quelques amis des progrès agricoles (1). Le jury accorde à M. Boudes le 1er prix Carcenac (100 fr.) avec rappel de médaille de 1re classe.

M. Martin, instituteur à Abbeville, près Étampes, fait de l'apiculture

---

(1) M. Boudes a rédigé un traité élémentaire d'apiculture pour l'Auvergne qu'il a présenté à la Société d'agriculture de l'Aveyron. Celle-ci avait pris l'engagement de faire imprimer ce petit traité et de le répandre. Malheureusement une épidémie a passé par là qui en a retardé l'impression : c'est l'épidémie des..... candidatures officielles.   H. H.

sur une assez grande échelle et l'enseigne à ses élèves; il expose des travaux de ceux-ci devant lesquels le public s'arrête avec intérêt. Il expose aussi des miels surfins gâtinais de toute beauté.

M. Martin avait groupé un certain nombre de cultivateurs d'abeilles des localités voisines et était en train d'organiser une société apicole lorsqu'un changement de commune à une assez grande distance est venu l'empêcher de réaliser son projet. Le jury lui accorde le 2ᵉ prix (50 fr. avec médaille de 1ʳᵉ classe).

M. Mentré, instituteur à Château-Salins (Meurthe), enseigne diverses branches de l'agriculture depuis 19 ans qu'il exerce les fonctions d'instituteur primaire. Il présente 10 cahiers d'élève pour le cours d'apiculture qui sont des modèles à suivre pour tous les instituteurs. Le jury accorde à M. Mentré le 3ᵉ prix (25 fr. avec médaille de 2ᵉ classe).

M. Gauthier, instituteur à Betoncourt-les-Brotte (Haute-Saône), a à lutter contre cet étrange préjugé qu'un *maître d'école* ne saurait enseigner les choses de l'agriculture. Il a commencé par avoir des abeilles qui, par les soins entendus qu'elles ont reçus, ont prospéré mieux que celles de ses voisins, ce qui a fait quelque peu ouvrir les yeux des possesseurs de ruches. Il a ensuite donné des soins aux abeilles des propriétaires les moins bornés, et les résultats favorables obtenus ont achevé d'éclairer les plus aveugles. Le gain procuré en soignant mieux les abeilles a engagé un grand nombre de campagnards à possédé un rucher. M. Gauthier présente des produits du rucher du jardin de son école et des travaux de ses élèves. Le jury lui accorde le 4ᵉ prix (25 fr. avec une médaille de 2ᵉ classe).

M. Pidolot, instituteur à Alaincourt (Meurthe), enseigne l'apiculture dans son école et dehors. Il présente un entretien sur l'apiculture (manuscrit) très-condensé et des cahiers d'élèves qui ne laissent rien à désirer. Le jury lui accorde le 5ᵉ prix (25 fr., avec une médaille de bronze).

Le jury accorde un rappel de prix : à M. Laugier, à Montbris on (Drôme). à M. Denisart, à Courboin (Aisne) ; à M. Lecler, à Bourdenay (Aube) ; à M. Dematons à Levigny (Aube), et un rappel d'Abeille d'honneur à Mˡˡᵉ Pegaut, à Caurel (Marne). Tous ces instituteurs enseignent et pratiquent l'apiculture avec zèle et entendement.　　　　(*A suivre.*)

Manière de transvaser les abeilles d'une ruche en bois dans un ruche en paille.

(Suite. V. 3ᵉ année de *l'Apiculteur.*)

b Quand il s'agit de *magasins en bois horizontaux*, qui du reste sont peu usités, on ne peut pas dégarnir et enlever les caissettes comme nous venons de le voir, parce que, dans ce cas, les rayons tomberaient. Il faut se contenter de couper autant de rayons que possible, d'enlever toutes les caissettes inutiles et de les remplacer par des hausses en paille, dans lesquelles habiteront les abeilles pendant l'été. Dans le cas où, à l'automne suivant, on ne pourrait pas enlever d'un coup toutes les caissettes en bois, celles-ci ne causeraient aucun dommage aux hausses en paille pendant l'hiver ; car les caisses ne sont plus ici par-dessus, mais à côté des hausses en paille, et par conséquent la sueur qui découle en hiver le long des parois de bois ne peut pas mouiller la paille sans rémission.

1ʳᵉ *remarque.* On comprendra de soi-même qu'il ne peut être question de transvaser, comme ci-dessus, des ruchées faibles en populations et pauvres. Car ces mouches ne laissent guère espérer qu'elles bâtiront, et il est probable qu'elles resteront dans les caisses.

2ᵉ *remarque.* C'est ainsi que j'ai transvasé moi-même toutes mes ruches en bois de diverses sortes dans des ruches en paille. Plusieurs d'entre elles, qui n'avaient jamais essaimé dans les ruches en bois, essaimèrent dès la première année du transvasement ; et celles qui autrefois perdaient pendant l'hiver d'énormes tas d'abeilles, n'en perdaient plus que quelques-unes. Un bien-être très-remarquable se faisait sentir parmi les ruches transvasées, ce qui me confirma toujours de plus en plus dans la conviction que les habitations en paille sont de beaucoup préférables à celles en bois pour hiverner les abeilles.

Trad. D'ŒTTL. (*A suivre.*)

Revue et cours des produits des abeilles.

Paris, 29 *septembre.* — MIELS. Les prix sont restés tenus notamment pour les surfins gâtinais. On a présenté quelques petits lots de miel nouveau de provenances diverses, mais généralement colorés, qui ont été sont payés de 100 à 130 fr. les 100 kil. selon blancheur. Les surfins gâtinais cotés à l'épicerie de 180 à 190 fr. les 100 kil. ; les blancs dito de 140 à 150 fr. En fait de miel à nourrir les abeilles, on ne trouve rien au-dessous de 100 fr., soit en chili, soit en citron gâtinais ou beauce.

Dans le rayon de Paris, les prix en vragues sont de 35 à 45 centimes le demi-kilog. selon cru et acheteur. On place le miel coulé à l'épicerie et à la pharmacie, par potées ou par barils, de 130 à 175 fr. les 100 kil. A la consommation on fait payer de 75 centimes à 1 fr. le demi-kil.

Les chili ont éprouvé de la faveur, les premières qualités sont cotés de 130 à 140 fr. les 100 kil.; les qualités ordinaires, de 110 à 125 fr.; les qualités inférieures, 100 fr., par baril de 45 ou de 90 kil., tare 10 pour 100. — Au Havre, on a vidé les magasins aux prix de 90 à 110 fr. les 100 kil. Quelques parties avaient de 2 à 4 ans d'âge. Les miels avariés du bateau qui à sombré près de Liverpool le mois dernier et dont nous avons parlé, ont été vendus depuis 65 jusqu'à 95 fr. pour Anvers et Hambourg, les plus avariés pour être livrés à la distillation. Aucun arrivage prochain n'est signalé.

Les renseignements que nous avons reçus de la Bretagne ne sont pas bien complets; les producteurs se plaignent sur la quantité qu'ils pourront livrer aux fabricants. Dans la Basse-Normandie, il y a quelques miels de sarrasins de disponibles que les producteurs tiennent à 100 fr. les 100 kil. A ce prix, le commerce n'est pas décidé à contracter des engagements. Toutefois, il sera contraint de prendre quelques pièces à ces hauts prix, en attendant que les bretagnes soient fabriqués, ce qui demandera encore un mois. — On cote à la consommation les bretagnes de l'année dernière de 105 à 110 fr. les 100 kil. et au détail, 60 centimes le demi-kil. Aux cours actuels, la fabrication de pain d'épice se rabat le plus possible sur les miels de Chili colorés; la médecine vétérinaire en fait autant.

Voici la circulaire que la maison Ferron et C°, de Rennes, adresse à ses commettants:

« Les chaleurs intenses et sans pluie, jusqu'à la mi-septembre, ont, pour la seconde année, nui considérablement à la propagation ainsi qu'au travail des abeilles. A peu près dans toute la Bretagne elles n'ont pu essaimer, mais dans plusieurs cantons les ruches seraient pleines. Le commerce, qui a pressenti la pénurie de notre récolte, s'est empressé de faire des achats de miels étrangers de qualité supérieure aux miels roux de Bretagne. Il faut donc acheter avec beaucoup de prudence et ne pas compter sur le cours de début, qui fléchira certainement. Nous engageons en conséquence les fabricants à ne payer les ruches que 60 à 70 fr. les 100 kil., pour vendre le miel de 65 à 75 fr., tare, 45 kil., par barrique.

La cire jaune, 420 à 450 fr. les 100 kilos.

Sacs à miels, de 3 à 6 fr. (Rennes, 20 septembre). »

A Bordeaux on compte livrer sous peu des miels des Landes (bruyère) à 70 fr. les 100 kil. (même tare que les bretagnes — 45 kil. par pièce de 220 litres environ ou 12 p. 100 et 2 kil. de barres; — escompte 3 p. 100 au comptant). La récolte sera au-dessous d'une moyenne ordinaire; si quelques ruchers sont favorisés, beaucoup donneront peu à cause de la grande sécheresse d'août qui a brûlé les fleurs. Le prix de 70 fr. serait abordable pour la fabrication de pain d'épice si ce miel lui convenait; mais il donne de mauvais résultats, lors même qu'il est mêlé à du miel de sarrasin. Cependant des fabricants de l'Allemagne l'emploient mêlé à du miel blanc. On peut l'employer avec avantage mêlé à partie égale de sucre pour nourrir les abeilles.

CIRES. — Cours bien tenus pour les cires à parquet, encaustiques, etc. On a coté, hors barrière de 430 à 450 fr. les 100 kil., selon qualité et briquetage (de 453 à 473 fr., dans Paris) (entrée 22 fr. 90). Les cires à blanchir sont restées stationnaires aux cours du mois dernier.

Les cires étrangères sont venues un peu plus abondantes, mais les cours n'ont pas fléchi. A Marseille on a coté cire jaune de Smyrne, 240 fr. les 50 kil.; de Trébizonde et Caramanie, 240 à 235 fr.; Chypre et Syrie, 230 fr.; Egypte, 215 à 230 fr.; Magador, 200 à 205 fr.; Tétuan, Tanger et Larache, 200 à 210 fr.; Alger et Oran, 215 à 125 fr.; Bougie et Bone, 215 à 210 fr.; Gambie (Sénégal), 220 fr.; Mozambique, 215 fr.; Corse, 225 fr.; pays, 205 à 215 fr. Ces deux dernières à la consommation, et les autres à l'entrepôt.

A Bordeaux les cires sont restées à peu près dans la même position : 4 fr. 20 le kil. pour la cire à parquet marchandises courante ; 4 fr. 35 la belle petite lande, et 4 fr. 50 la grande lande.

A Alger la marchandise a été plus abondante et les prix plus doux. On a coté en première main cire jaune, 3 fr. 65 à 3 fr. 75 le kilog.

Corps gras. — Suifs de boucherie disponibles, 108 fr. les 100 kil., hors barrière ; à livrer, 109 fr. 50 ; suifs en branche, 82 fr. 40 les 100 kil. Stéarine de saponification, 177 fr. 50 à 180 fr. les 100 kil.; dito de distillation, 173 fr. 50 à 175 fr.; oléine de saponification, 85 fr. 50 à 86 fr.; de distillation, 82 fr. Le tout aux 100 kil., hors barrière.

Sucres et sirops. Les sucres bruts sont restés bien tenus ; la fabrication sera retardée ; on attendra que la betterave ait acquis plus de développement. Les raffinés ont été fermes à 132 fr. 50 les 100 kil., sans escompte. — Les sirops de fécule ont été très-fermes : sirops massés, 38 à 40 fr. les 100 kil.; liquides, 34 à 35 fr.; dits de froment, 56 à 57 fr. Il faut ajouter 5 à 10 fr. pour le dépotage. La récolte des pommes de terre laissera à désirer dans le nord et dans l'ouest.

Esprits. Les trois-six du nord ont été cotés à la Bourse, disponibles, 64 fr. 50; trois derniers mois de l'année, 62 fr.— On compte que les prix ne fléchiront pas à moins d'événements politiques. Les trois-six du Languedoc disponibles se payent 91 fr. Le tout à l'hectolitre à l'entrepôt.

ABEILLES. Dans quelques cantons on a constaté en septembre que le nombre des colonies sans ressource est presque aussi grand qu'en 1860; et celles qui ont un peu de poids manquent de population. Mais, dans beaucoup d'autres, les secondes coupes et la miellée des arbres ont produit aux abeilles des provisions pour l'hiver. Une partie du Perche, de la Bourgogne et des cantons de l'est se trouvent dans ces conditions. La Normandie s'est quelque peu refaite aux blés noirs. Mais si l'essaimage a été abondant dans beaucoup de localités au miel blanc, il a été généralement faible dans les cantons au miel rouge ; la Bretagne et les Landes sont mal partagées. — Voici les renseignements qu'on nous communique.

L'année que nous traversons a été très-féconde en essaims et en miel. Mon rucher a donné 700 kil. de miel en capot. On trouve difficilement 1 fr. 40 le kil. pour le miel provenant de la transudation des feuilles d'arbres verts. Le miel de sainfoin s'est vendu facilement de 1 fr. 50 à 1 fr. 80 le kil. *Droux*, à Chapois (Ain).

Notre fabrication va bientôt se terminer; nous faisons à peine la moitié de miel de l'année dernière; il n'y en a pas assez pour la consommation du pays. *Bonnard*, à Soissons (Aisne). — 1869 a eu très-peu d'essaims, mais pour le miel l'année est une bonne ordinaire. *Boudès* à Lagarde (Aveyron). — Cette année peu d'essaims et trop de sécheresse en Basse-Bretagne. *Garzuel* à Saint-Marc (Finistère).

Ce n'est pas encore cette année que je raconterai merveille de nos abeilles. La sécheresse a tout grillé, prés et bruyères; le sarrasin va (4 septembre) heureusement fleurir. *Gabrielle-Lebrasseur* au Com-Villagrain (Gironde). — Les pluies survenues dans les premiers jours de septembre ont refait les bruyères et les sarrasins. Aussi les abeilles trouvent beaucoup de miel en ce moment (17); encore une quinzaine de beau temps, elles auront, et au delà, des provisions pour l'hiver. Les bonnes colonies logées dans des ruches landaises se vendent 10 fr. dans nos contrées. *Abadie-Ferran* à Captieux (Gironde). — Jusqu'à présent (4 septembre) nos abeilles n'ont rien fait, si ce n'est au commencement de juillet à la bruyère; depuis, le soleil a tout desséché. Le blé noir pourra peut-être encore donner quelque chose, quoique bien des fleurs soient grillées. La pluie d'aujourd'hui donne un peu d'espoir. *Mutard* à Redon (Ille-et-Villaine.)

Pendant la grande sécheresse qui vient d'avoir lieu, les abeilles n'ont rien ou presque rien emmagasiné. Il ne reste d'espoir que dans la fleur de blé noir et une végétation tardive (20); somme toute, mauvaise année pour les propriétaires d'abeilles. *Parmilleux*, à Saint-Savin (Isère). — La récolte de miel est, paraît-il, abondante cette année dans notre pays *Vincenot*, à Pont-à-Mousson (Meurthe). — Dans ma contrée la campagne a été mauvaise; nos essaims ont été nombreux, mais les trois-quarts sont à nourrir. *Serrain*, à Richemont (Oise).

Il n'y a presque pas eu d'essaims dans mon canton; les ruches à passer l'hiver sont assez bonnes. Malgré la pénurie du miel, les prix ne sont pas sensiblement élevés. J'ai acheté en vrague ici 70 cent. le kil., et à Saint-Omer 80 cent. Les chili nous tiennent en bride. *Vernagut-Baudel*, à Saint-Pierre-les-Calais (Pas-de-Calais).

La récolte de miel dans nos environs a été presque nulle; il y a eu peu d'essaims, et la plupart n'ont pas de provisions suffisantes pour passer l'hiver. *Poupion*, à Larchamp (Orne). La récolte n'a pas été bonne cette année dans nos parages. Il n'y a pas eu d'essaims naturels et le mauvais temps n'a pas engagé à en faire d'artificiels. *Heyler* à Wiwersheim (Bas-Rhin).

J'achève (19) de peser mes souches; elles sont moins lourdes qu'au mois d'avril : bon nombre n'ont pas leurs vivres. L'intermédiaire paye 80 centimes le kil., en vrague. Ce prix quoique plus élevé que l'année dernière n'est pas rémunérateur. *Garnier*, à Arnouville (Seine-et-Oise). — La récolte par ici a été mauvaise, ou plutôt il n'y en a pas eu. Tous les apiers que j'ai visités autour de moi sont en mauvais état, les essaims et les ruchées mères n'ont pas de provisions; beaucoup sont déjà tombés. Peu de colonies pourront atteindre la saison prochaine. Je ne suis guère mieux partagé que les autres, quoique j'aie nourri au mois de juillet. De soixante colonies que j'avais, il m'en restera une la moitié quand mes réunions seront terminées. *Tolking*, à Viarmes (Seine-et-Oise).

Une faible moitié de mes abeilles ont essaimé cette année, mais tardivement; ce n'est que vers la fin de juin que quelques-unes se sont exécutées; force me fut de les nourrir auparavant, vu leur faiblesse. — Le miel brut se vend chez nous 70 cent. le kil., et les ruchées se payent de 8 à 10 fr. *Ferrand*, à Avesnes (Seine-Inférieure). — Nos ruches sont faibles en population et n'auront pas de provisions suffisantes pour l'hiver; il en succombera un grand nombre. La cire vaut, chez nous, de 4 fr. 20 à 4 fr. 50 le kilog., et le miel de 80 cent. à 1 fr. M. Augereau fait payer ses colonies 20 fr., garanties jusqu'au mois de mai. *Pastureau*, à Mazières (Deux-Sèvres).

Nous ne sommes pas riches : très-peu de miel à vendre. *Monborgne-Vilfroy*, à Wincourt (Somme).— Les ruchers sont diminués d'un dixième sur l'année dernière, sans qu'on en ait retiré de bénéfices. *Bailly-Durieux*, à Beauquesne (Somme). — Cette semaine j'ai rentré chez moi 60 ruchées d'acquisition ; j'ai transvasé les fortes colonies et asphyxié les faibles, et ai donné les populations à autant de ruchées de mon apier. J'ai fait la même opération l'année dernière et mes ruches très-populeuses ont trouvé leurs provisions quand les étouffeurs en ont la moitié à nourrir. *Vignon*, à Saint-Denis (Somme). — Je suis au centre des étouffeurs; ils ne feront pas fortune cette année. Par mes soins et en achetant les petites ruchées pour fortifier les miennes, j'ai été un peu plus heureux. *Tellier*, à Gamaches (Somme).

Dans nos contrées, du 21 mai au 15 juin, les essaims ont été assez nombreux, mais médiocres ou faibles; aussi les derniers n'ont-ils pu remplir leurs ruches. La récolte du miel en calotte a été au-dessous d'une moyenne. *Blanc*, à Courtilles, c. Vaud (Suisse). — L'année 1869, est une des meilleures pour le cultivateur d'abeilles de nos contrées : abondance d'essaims et de miel. *Jaquet*, à Villarvotard, c. Fribourg (Suisse).

L'Allemagne aussi a été favorisée dans quelques contrées; dans d'autres la sécheresse a nui, comme en France, à la production du miel. A Hambourg, l'article est demandé. Il en est de même à Anvers.   H. HAMET.

A vendre : une soixantaine de bonnes colonies en ruches à chapiteaux divers. S'adresser à M. Deligny chef de gare à Ormoi-Villers par Crépy (Oise).

A céder : une presse de forte puissance, vis, armatures et seau en fer, en très-bon état. Prix : 200 fr. s'adresser aux bureaux de *l'Apiculteur*.

— M. B... à la Rochette. Vous serez expédié prochainement.

M. B... à Courtelles. Il convient de boucher le trou en hiver. Il n'y a pas de condensation de vapeur lorsque les parois sont épaisses et que la ruche est bien abritée. L'enlèvement de rayon de côté est sans importance. S'il y avait humidité, il faudrait faire un courant d'air en dessous et non en dessus.

M. P... à Sailly. L'exposition aura lieu l'année prochaine; les Allemands y prendront part. Mettez-vous en mesure.

— M. M... au Thil. L'article sera publié le mois prochain.

— M. B.., à Angervilliers. Il faut faire les essaims artificiels à l'époque de l'essaimage naturel. Il ne faut pas en faire lorsque le temps est froid et par c trop sec.

— A vendre : 20 bonnes ruchées, en ruche à calotte normande, à Argences. S'adresser à M. Alfred Dufay, Danestal par Dozulé (Calvados).

Paris.— Imprimerie horticole de E. DONNAUD, rue Cassette, 9.

L'APICULTEUR

Chronique.

Les moyens les plus assurés de trouver des débouchés et de ne pas redouter la concurrence est de produire bon. Mais quelques possesseurs d'abeilles préfèrent produire beaucoup, vaillent que vaillent les produits. C'est surtout lorsque les prix sont élevés, que l'amour du lucre allèche le plus les consciences peu scrupuleuses. On voit alors surgir des frelatiers, — qui font de belles affaires, — mais qui rendent un très-mauvais service à l'apiculture. Il nous revient des confins du Gâtinais qu'on aurait fabriqué, à la dernière récolte, des miels nouveaux du cru avec des miels vieux du Chili. Répétons à ceux qui se livrent à ce genre d'industrie qu'ils se mettent dans le cas des maquignons qui refont les cornes, le poil et le pis des vieilles vaches pour les rajeunir : la loi les atteint également pour tromperie sur la chose vendu, autrement dit pour vol. Mais il est des faiseurs de miel par ce procédé qui répondent qu'ils ne trompent pas plus le consommateur que ne le font tous les producteurs du Gâtinais et de la Beauce, dont le miel blanc est moins du Gâtinais que du Bourguignon, du Percheron ou du Berrichon, car on sait que la moitié ou les deux tiers du miel blanc extrait des ruches apportées dans le Gâtinais, provient de la province d'où les ruches ont été tirées.

Nous répondrons qu'il n'y a pas d'assimilation possible, car le miel blanc gâtinais, bien qu'il n'ait pas été butiné entièrement dans le Gâtinais, est vierge : il n'a pas été fabriqué une première fois; tandis que le mélange fait à la main se compose d'un miel refondu qui a perdu ses principales qualités, notamment celle de la conservation; après l'hiver, il sirote et fermente. Enfin, les *refaiseurs* de miel invoquent une circonstance atténuante, qui n'en est pas une : ils disent qu'en tirant parti de vieux miels, ils rendent ces produits accessibles aux petites bourses, et par là poussent à la consommation. Sans doute, il y a mérite à tirer parti des vieux miels. Mais, nous le répétons, les

2

présenter pour de jeunes miels d'un cru qui n'est pas le leur, est une
tromperie qui ne saurait être tolérée.

— Un de nos abonnés de l'Aisne nous adresse les réflexions suivantes : « Il se fait un certain bruit depuis quelque temps autour de
la ruche à cadres mobiles et de l'extracteur. Les Allemands, qui sont
nos égaux souvent dans l'industrie, et nos maîtres quelquefois, ont
donné, comme vous savez, le surnom ronflant d'apiculture rationnelle
à leur système de culture. Le mot n'a jamais rien fait à la chose, et
tout le monde sait bien qu'on peut faire de l'apiculture rationnelle
avec la ruche primitive comme avec la ruche Dzierzon. Rationnelle
n'avait donc ici rien du tout à faire et pouvait sans inconvénient être
supprimée. Ceci, en tout cas, est une puérilité et une chicane de mot
qui ne prouve rien en faveur du système, ni en sa défaveur. » Après
nous avoir fait part des essais comparatifs qu'il va tenter, notre honorable correspondant ajoute en *post-scritum* cette recommandation :
« N'attaquez pas trop le mobilisme, il peut y avoir du bon. » Sans
doute, il y a du bon, puisqu'il s'en trouve dans tous les systèmes, et
si nous nous en prenons parfois vertement au mobilisme, c'est pour
relancer les hableurs et les charlatans qui en exagèrent l'importance
et non pour attaquer le système en lui-même. Cette guerre-là, nous
l'avons déclarée aux hableurs de tous les systèmes, sans d'autre parti
pris que celui d'éviter les déceptions, partant les défections.

Tenez, par exemple, voici qui sent le terroir à plein nez. On annonce
que MM. les apiculteurs alsaciens ont dû, dans un premier congrès à
Hagueneau, s'occuper des « moyens à employer pour *relever* l'apiculture et la rendre *vraiment* productive. » Eh bien ! il y a là-dedans du
Lagingeole, — prenez mon ours !

M. Antoine, apiculteur à Reims, partage aussi l'opinion que tous
les systèmes sont bons dès qu'on sait en tirer parti. Voici ce qu'il nous
écrit à ce sujet : « Depuis trois années, la ruche à calotte a fait son
irruption dans ma localité ; trois de mes voisins en ont chacun 200.
L'un d'eux, M. S..., s'en trouve très-bien ; cela n'est pas étonnant,
parce qu'il traite les abeilles avec précision, pour mieux dire, par
excellence. Quant à moi j'aime mieux conserver mes 100 ruches d'une
pièce en osier, parce qu'elles m'ont toujours donné du profit. Cette
année même, le journal de Reims annonçait qu'à partir du 15 jusqu'au
30 août je livrerais du miel vierge en rayons à la consommation. Je
possède des souches qui ont 18 ans, et je ne les détruirai que quand les

parois de la ruche ne pourront plus supporter le contenu, car ce sont ces colonies qui me donnent toujours les meilleurs essaims, parce que les conservant fortes, elles produisent abeilles et miel, avec jeunes mères se renouvelant. »

La place nous manque aujourd'hui pour faire connaître la manière d'opérer d'un praticien distingué des Deux-Sèvres, M. Augereau, qui sait aussi obtenir de bons résultats de tous les systèmes de ruches. Nous y reviendrons.

M. de Lassalle, de Bourges, nous communique les bons résultats qu'il obtient de la hausse de forme octogonale qu'il emploie (hausse Zédel).

« Je les place, dit-il, au mois d'avril, sous celles de mes ruches qui paraissent en état de donner des essaims, afin de retarder la sortie de ces derniers, ce qui me dispense d'une surveillance que je n'ai pas le temps d'exercer; puis, à la fin de mai, lorsque le temps est favorable, je fais tous mes essaims artificiellement le même jour (je me contente de mettre, à la tombée de la nuit, l'essaim à la place de la souche et la souche à une autre place; cela réussit). Trois semaines après, je transvase les souches, je récolte entièrement, et je donne le trévas à l'essaim, ou bien je le laisse seul suivant les circonstances. Enfin j'envoie en Sologne, à la fin de juillet, les colonies qui en ont besoin.

» Ce mode d'exploitation présente toutefois un inconvénient déjà signalé par l'*Apiculteur*. L'essaimage artificiel, en effet, est souvent cause de la perte de la souche, qui devient orpheline. C'est ainsi que, en 1868, sur douze souches d'essaims artificiels, trois sont devenus orphelines et que, en 1869, sur dix-sept souches d'essaims artificiels deux ont été inhabiles à se faire une mère.

» Je crois bon d'appeler votre attention ou plutôt de vous engager à appeler d'une manière toute spéciale l'attention des possesseurs d'abeilles sur une pratique excellente que vous avez consignée dans votre ouvrage et que j'ai vue également dans le livre de M. l'abbé Collin, mais qui n'est pas assez répandue, à ce qu'il me semble. Le 10 mai 1868, mon rucher était tout à fait en désarroi pour des motifs divers. J'avais quinze ruches, dont trois bonnes et douze mauvaises ; quelques-unes même (essaims ou trévas de l'année précédente) étaient tellement faibles que les abeilles, la cire, les provisions et le couvain ne pesaient pas en tout 250 grammes. J'ai commencé par mettre mes trois bonnes ruches à la place de trois mauvaises et *vice versa* ; puis, au bout de huit jours, ayant six bonnes ruches, je les ai permutées avec six autres ruches faibles... Bref, mon rucher m'a donné en juin douze essaims artificiels et une petite récolte de 45 kilog. de miel. Cette année, au mois de mai, j'ai de nouveau effectué ce chassez-croisez entre les ruches faibles et les colonies fortes, et m'en suis fort bien trouvé, car toutes mes ruchées étaient en état, au mois de juin, de donner des essaims. »

— Au dernier concours agricole de l'arrondissement de Falaise, tenu à Ussy, les distinctions suivantes ont été accordées à l'apiculture. Pour bonne direction du rucher : 1ᵉʳ prix (médaille d'argent), à M. P. Vivien, apiculteur à Saint-Sylvain ; 2ᵉ prix (médaille de bronze), M. F. Sabine, apiculteur à Ouilly-le-Tesson ; 1ʳᵉ mention honorable, à M. L. Gosse, apiculteur au même lieu ; 2ᵉ mention honorable, à M. H. Gosse, apiculteur au même lieu. Pour bonne préparation et supériorité des produits apicoles : 1ᵉʳ prix (médaille d'argent), à Mᵐᵉ Lefoulon, de Falaise; 2ᵉ prix (médaille de bronze), M. F. Dalibert, apiculteur à Cauville.

— Plusieurs apiculteurs ont envoyé des ruches et des produits à la dernière exposition horticole de Soissons. Ont obtenu une médaille d'argent, M. Maillet, apiculteur à Montferré (Marne), pour son beau miel, sa cire, son hydromel, sa ruche à calotte et son appareil à nourrir les abeilles; M. Bruncamp, propriétaire à Soissons, pour son mello-extracteur, sa cire et son miel en pot ; une médaille de bronze, M. Deligny, chef de gare, apiculteur à Ormoy (Oise), pour ses ustensiles et ses produits d'apiculture.   H. HAMET.

Vulgarisation de l'apiculture.

Beaucoup de gens en France paraissent vouloir s'occuper d'apiculture, et s'en occuperaient, au grand profit de tous, s'il se trouvait un homme qui voulût bien consacrer quelques heures par mois à leur instruction.

Sur ce point, presque tout le monde est d'accord avec moi; mais sur les moyens que je veux employer pour arriver au but que ces confrères doivent atteindre, j'ai quelques contradicteurs; cependant je dois dire que j'ai reçu de mes collègues à ce sujet des lettres de félicitation qui m'ont fait le plus grand plaisir.

On n'est pas d'accord avec moi sur les moyens de centralisation; s'il n'y a que cela qui gêne, biffons de l'article tout ce qui tient à la centralisation et organisons nos conférences ; et une fois organisées, nous

verrons qu'il faudra centraliser, car sans cela nous échouerions complétement, puisque nous agirions seuls et livrés à nous-mêmes, tandis
qu'avec les moyens que je propose, la lumière se fera jour partout, et
tous ceux qui feront ces conférences ou qui y prendront part, seront de
mon avis.

On parle de la création, d'un rucher-école à Chartres, j'approuve
cette idée, mais je me demande, et beaucoup se demanderont avec moi,
de quelle utilité sera le rucher-école de Chartres pour les apiculteurs
du Bas-Rhin, des Alpes-Maritimes, des Basses-Pyrénées, du Finistère,
du Nord, etc.

A cela, on pourrait me répondre que le rucher-école de Chartres sera
le modèle de tous ceux qui devront exister dans chaque département.
Eh bien, moi, à cela je répondrai : Quand un rucher-école sera créé dans
chaque département par souscription volontaire, à quoi cela servira-t-il,
et dans combien de temps aurons-nous cela? Je ne veux pas dire jamais,
mais je crois cependant que je serais près de la vérité en disant cela.

Pourtant, en réfléchissant, je me dis : On peut espérer cela ; mais,
avant, il faut des conférences communales faites dans un rucher, afin
de démontrer à tous que l'apiculture bien entendue peut procurer des
bénéfices assez considérables pour aimer à consacrer aux abeilles ses
loisirs.

Il nous faut donc des conférences sérieuses : on paraît hésiter; quelques personnes osent avancer que ces conférences n'auront rien de bon.

Eh bien, moi, j'affirme le contraire. Sans doute si celui qui fera la
conférence commence par dire ce que c'est que l'abeille, explique combien elle a de pattes, quelle est l'utilité de ses autennes ou tant d'autres
choses qui ne signifient rien pour tous les apiculteurs de nos campagnes,
celui-là, dis-je, ne verra pas deux fois les apiculteurs près de lui. Je ne
veux pas sans doute négliger la théorie, au contraire, mais je dis et je
répète que pour enlever des adhérents, il faut d'abord la pratique, afin
de leur montrer le bénéfice : c'est cela qui tente ; ensuite viendra la
théorie.

Encore une objection ; on pourrait me dire : Mais vous ne pourrez
faire ces conférences que dans les beaux mois de l'année; une fois les
abeilles rentrées au logis, il n'y a plus de conférences à faire. Vous vous
trompez, chers lecteurs, il y a toujours à faire?

Supposez que je fasse la conférence.

J'arrive à l'heure indiquée dans la commune où je dois me rendre. La

neige tombe à flocons, il est impossible de sortir de la maison. Que faire?
Eh bien, je ferai moi-même, avec de l'osier, de la paille ou des planches,
une ruche, et j'apprendrai ainsi à tous les apiculteurs à fabriquer eux-
mêmes le logement de leurs abeilles; ce jour-là je ferai aussi un peu
de théorie, tout le monde aura le temps de m'écouter. Un autre jour, il
fait beau, mais froid, les abeilles ne peuvent sortir; ce jour-là nous
ferons la conférence sur les capuchons des ruches, le tablier, l'exposition du rucher, le calfeutrage des paniers, etc., etc. Quand il fera beau,
nous ferons des essaims artificiels, nous transvaserons des ruches, nous
ferons du miel, de la cire, nous asphyxierons pour réunir, nous mélan-
gerons des essaims, etc., etc. Il y a toujours à faire.

Je m'arrête, car je dois fatiguer ceux qui me lisent.

Ainsi donc, des conférences cantonales d'abord, en se transportant,
comme je l'ai dit, de tous les côtés du canton et en groupant à chaque
conférence les apiculteurs de quelques communes, afin d'occasionner
moins de dérangement.

J'appelle l'attention de tous les abonnés du journal *l'Apiculteur* sur
la vulgarisation, et je les prie de vouloir bien me dire quels seraient
les obstacles qui empêcheraient mes projets de réussir.

J.-R. SIMON, instituteur, à Reims.

— L'enseignement par la parole, celui qui se perçoit par les oreilles
une grande valeur; mais en agriculture, celui qui se perçoit par les
yeux en a une plus grande encore. D'ailleurs l'un et l'autre peuvent et
doivent marcher de pair si l'on veut arriver à des résultats rapides. La
création du rucher-école dans chaque département est donc d'une grande
importance, surtout si les élèves des écoles normales le fréquentent. A
Chartres, il doit atteindre un autre but encore; celui de montrer aux
adversaires de l'apiculture, à ceux qui l'entravent par la réglementation,
que les abeilles ne sont pas agressives. Autrement, nous ne voyons pas
d'obstacles à la réalisation des plans proposés, surtout en apportant du
vouloir.

Pour cela, centralisons ou pour mieux dire groupons les forces et mar-
chons. A Reims, par exemple, commençons par réunir tous les hommes
de bonne volonté — ils sont nombreux dans l'arrondissement — et formons une société qui pourra mieux organiser les conférences apicoles
que ne saurait le faire le membre isolé le plus dévoué. A l'œuvre donc !

H. H.

Considérations sur la bâtisse des abeilles.

(Suite voir page 8.)

Nous avons résumé, en octobre dernier, notre opinion sur la bâtisse des abeilles, aujourd'hui nous commençons à donner nos preuves par deux expériences dues à l'obligeance d'un ami, M. Martin, curé de Pagny-sur-Moselle (Meurthe). La première, qui date de 1861, a déjà paru dans *l'Apiculteur* de décembre 1863. Si nous le reproduisons, c'est en faveur des abonnés qui ne possèdent pas la collection du journal. La seconde, date de 1865. Elle nous dira ce que sait faire un essaim logé en tiers de bâtisse seulement.

Chaque expérience porte un enseignement particulier. La première nous montrera les moments difficiles d'un jeune ménage logé en maison nue et n'ayant pas reçu la plus petite dot. La seconde nous dira les joies d'un autre jeune menage plus favorisé, car, outre la maison, il a été doté d'un petit mobilier par des parents bons et prévoyants.

Première expérience.

1861	A	B	C	D
21 mai	10,530			11,550
22	230	10,150		870
23	290	450		580
24	250	250		1,220
25	530	950		700
26	1,000	250		880
27	1,150	650	9,400	1,000
28	1,200	800	230	1,150
29	930	630	470	500
30	870	500	300	500
31	1,220	1,000	630	630
1er juin	1,530	1,480	530	680
Total,	19,730	16,510	11,560	23,260

Explication du tableau. A, B, C, sont des essaims naturels logés en ruche vide, et mis à la place des souches pour en recevoir de la population. D, est une ruchée ancienne, forte en population, qui n'a pas essaimé. Elle est prise comme terme de comparaison. Le premier nombre en tête de chaque colonne, donne le poids brut (plateau, ruche, abeilles) que chaque colonie avait à six heures du matin. Ainsi, l'essaim A, né le 20 mai, pesait le 21 mai six heures du matin, 10,5?0 grammes; l'essaim B, né le 21 mai, pesait le lendemain 22 mai, 10,150 grammes; l'essaim C, né le 26 mai, pesait le 27 9,400 grammes; et la ruchée ancienne D, pesait le 21 mai 11,550 grammes.

Les petits nombres nous donnent la récolte de la veille, la pesée se faisant à six heures du matin; ainsi, le nombre 230 grammes indique la récolte de l'essaim A pour la journée du 21 mai.

Ce qui nous frappe dans cette première expérience, c'est la récolte des essaims, plus faible dans les premiers jours, et plus forte dans les derniers, que la récolte de la ruchée prise pour terme de comparaison. Quelle lenteur, les premiers jours, et quelle activité, les derniers!

Nous allons voir qu'un essaim mis en ruche bâtie au tiers seulement, peut produire, chaque jour, six décimètres carrés de gâteaux, et cela sans nuire à sa récolte. Pourquoi un essaim en ruche vide ne peut-il pas en produire la même quantité pendant les premiers jours de son installation?

Seconde expérience.

1865	E	F	G	H
22 mai	11,900	17,600	19,150	
23	1,220	250	780	
24	1,030	780	890	
25	200	070	130	9,550
26	600	400	270	11,120
27	1,600	1,130	1,100	10,950
28	[1,800	690	900	2,400
29	1,320	415	850	1,870
Total,	19,670	21,335	24,370	

Explication du second tableau. E est un essaim naturel du 21 mai logé dans une ruche, bâtie au tiers, jaugeant de 26 à 27 litres et pouvant contenir environ soixante-quatre décimètres carrés de gâteaux. L'essaim a été mis à la place de la souche pour en recevoir de la popu-

lation. F et G sont deux ruchées anciennes, fortes en p opulation, qu
n'ont pas essaimé. Elles sont là comme terme de comparaison. H est un
autre essaim naturel du 26 mai, logé dans une ruche bâtie aux deux
tiers et mis à la place de la souche.

Le premier nombre en tête de chacune des trois colonnes E, F et G,
donne le poids brut (plateau, ruche, abeilles) de chaque colonie, le
22 mai, six heures du matin.

Les petits nombres nous donnent le produit de la veille, la pesée se
faisant toujours à six heures du matin ; ainsi les nombres 1,220, 250
et 780 grammes indiquent le produit des ruchées E, F et G, pour la
journée du 22 mai.

Quant à l'essaim du 26 mai, il a été pesé immédiatement après sa
mise en ruche et encore le soir du même jour. La première pesée
accusait un poids de 9,550 grammes ; et la seconde pesée, un poids de
11,120 grammes, différence de 1,570 grammes, dont on peut déduire
un tiers pour les abeilles qui de la souche sont revenues à l'essaim ;
les deux autres tiers représenteraient la récolte de la dem. journée.

Le lendemain 27 mai, six heures du matin, l'essaim ne pesait plus
que 10,950 grammes. C'est une perte de 170 grammes pour la nuit,
perte qu'on doit attribuer à la transpiration insensible.

Le 29 mai, six heures du matin, la ruche de l'essaim E étant
remplie de gâteaux, l'expérience était terminée par la pesée de ce
même jour.

Nous voyons dans la seconde expérience que des essaims logés en
bâtisse déploient, dès les premiers instants de leur installation, une
activité presque fiévreuse. Nous ne connaissons pas la récolte de l'essaim E le jour même de la naissance ; mais il a dû faire comme
l'essaim H qui a augmenté de 1,570 grammes, rien que dans la seconde moitié du jour de la mise en ruche, 26 mai.

Voilà un beau résultat en faveur des bâtisses données dans un moment de bonne miellée. Il est évident que nos deux essaims, s'ils
avaient été logés en ruches vides, n'auraient pas mieux fait que les
trois essaims de la première expérience.

L'essaim E nous donne un enseignement que je recommande à
l'attention du lecteur.

Pendant les trois premiers jours de son établissement, il ne devait
pas éprouver le besoin d'étendre sa bâtisse. Celle-ci était plus que
suffisante pour recevoir sa récolte et la ponte de la mère, et cepen-

dant si nous le comparons aux deux ruchées anciennes, nous remarquons que la récolte des trois premiers jours n'est pas proportionnellement plus grande que celle des derniers jours où il a été
obligé de bâtir.

Voilà une preuve que des abeilles établies en bâtisse perdent peu
de miel pour des bâtisses nouvelles.

Si l'essaim E s'était mis à étendre sa bâtisse dès la première nuit
de son établissement, il aurait fabriqué en sept jours quarante-deux
centimètres carrés de gâteaux, puisque sa ruche, qui n'était bâtie
qu'au tiers le 22 mai, l'était entièrement le 29 mai six heures du
matin. Mais s'il n'avait commencé que deux jours plus tard, ce seraient
huit décimètres carrés de gâteaux et non six qu'il aurait bâti chaque
jour, et cela sans nuire à sa récolte. Voilà un exemple de la puissance cirière d'une forte colonie.

Un apiculteur lorrain.

Congrès apicole allemand à Nuremberg.

(Voir page 41.)

L'introduction de l'abeille italienne en Allemagne a été l'élément
qui a le plus contribué à former l'école du mobilisme. Cette abeille a
passionné les esprits chercheurs, nombreux dans ce pays, et l'histoire
naturelle en a retiré les principaux profits. Des spécialistes, tels que
M. Dathe, de Hanovre, se sont appliqués à maintenir autant que possible la race pure par le choix des mères ; ils se sont adonnés à n'élever
que des *reines aristocratiques,* selon leur expression, c'est-à-dire bien
caractérisées. Inutile de faire remarquer qu'à cause de leur noble naissance, ces mères ont été chèrement vendues aux amateurs, la plupart
appartenant aussi à la classe aristocratique. Des *reines démocratiques*
eussent été un non-sens. Mais quoi qu'ils fassent, les éleveurs de mères
de la race non indigène sont obligés d'aller de temps à autre rede-
mander à l'Italie du sang pur pour en avoir réellement. Les lois clima-
tériques ne se transgressent pas aussi facilement qu'un serment. Aussi,
des abeilles liguriennes présentées à l'exposition de Nuremberg, celles
de M. Hruscha, de la Vénétie, sont-elles les mieux caractérisées. Rela-
tons en passant, que l'exposant de ces abeilles a accompli un véritable
tour de force pour les apporter ; car elles sont à l'air libre : leurs rayons,

longs de 40 à 50 centimètres et hauts de, 30 à 40, n'ont d'autre point d'attache qu'un plancher supérieur.

L'introducteur en Allemagne de l'abeille égyptienne (l'*apis fasciata*), M. Vogel, de Berlin, en expose une colonie qui ne provoque pas une attention aussi vive qu'en a provoquée jadis l'abeille italienne. Bien que son propagateur lui attribue beaucoup de qualités, les amateurs disent avec raison que cette abeille étant de taille plus petite que l'indigène et l'italienne, doit nécessairement butiner moins. Aussi au prix de 25 fr. qu'est cotée la colonie exposée (abeilles sans provisions), ils ne se précipitent pas pour se la disputer. — Au Congrès, les savants qui s'attachent plus aux mots qu'au reste — il s'en trouve de cette *espèce*-là dans tous les pays — soutiennent que l'*apis fasciata* n'est pas une *espèce* particulière, mais une *variété* de l'abeille lygurienne. D'abord, il faut savoir que les naturaliste ont donné, en insectologie agricole, le nom d'espèce, à ce que d'autres, en zoologie agricole, ont appelé *race*, et en botanique agricole, *sorte* ou *variété*. Ainsi, l'abeille égyptienne qui, par la taille, tient le milieu entre l'abeille du Sénégal et l'abeille italienne, est autant une espèce particulière que le sont les deux autres, quoique ces trois abeilles se ressemblent à peu près du côté de la couleur. De même la vache bretonne et la vache cottentine (normande) constituent deux races distinctes.

Nous avons dit que les discussions du Congrès n'ont pas toutes donné des solutions satisfaisantes. Ainsi le fameux moyen de guérir la loque de Lambrecht n'a pu sortir de la région nuageuse dans laquelle il paraît avoir pris naissance. Dzierzon, la baronne de Berlepsch et d'autres observateurs ont tour à tour occupé la tribune et fait part de ce qu'ils ont appris sur cette terrible affection qu'il importe, avant tout, de prévenir. Maniant la parole aussi facilement qu'un avocat, — nous avons constaté qu'un certain nombre de membres du Congrès possèdent la même facilité d'élocution, — M. Lambrescht riposte avec ardeur aux attaques faites à *son système*. Dans son préambule, il invoque, à l'instade des arracheurs de dents français, les attestations qu'il a reçues de l'étranger, entre autres celle de l'*Apiculteur*. Il n'y a pas de quoi, car l'*Apiculteur* s'est borné à reproduire textuellement un article que l'inventeur lui a envoyé, et il a laissé entendre qu'il ne forçait pas à *croire* à l'efficacité du remède proposé. Ce qui veut dire qu'il attendait une démonstration.

La démonstration n'a pas été faite. L'inventeur était bien muni de fioles renfermant sans doute les causes du mal prises sur le fait, des champignons ou des insectes infiniment petits, — deux mondes qui, de sitôt, ne seront pas entièrement explorés et qui, de longtemps, laisseront une large marge à ceux qui déduisent par hypothèse; — mais, au lieu de se borner à des données simples et compréhensibles, l'orateur est entrée dans une discussion scientifique à perte de vue qui a produit des battements de pieds, au lieu de produire des applaudissements. Dans feu des contradictions un auditeur des bancs extrêmes lance cette apostrophe incisive : « Faites-nous connaître, en deux mots, votre procédé ; nous vous faisons grâce du reste. » L'inventeur répond qu'il a vendu sa découverte, et qu'il s'est engagé à ne pas la divulguer; il ramasse alors ses fioles et descend de la tribune avec le calme qu'avait Cincinnatus lorsque après le combat il retournait à sa charue.

On s'est réuni, les soirées des deux premières journées, dans une vaste salle (lieu de bals) du bâtiment de l'exposition. Le but de la réunion n'était pas uniquement de boire de la bière, manger des saucissons farcis de choucroute et fumer des cigares à discrétion; il était de nouer des relations intéressées ou intimes, de discuter dans les groupes d'affinités des questions de pratique; il était aussi de rire, au déboutonné, des étrangetés mises en cours par Pierre et Paul. Intrigué par le rire général qui venait d'éclater à une table voisine, je m'en fis traduire le motif. Il s'agissait d'un moyen proposé par un Américain, soi-disant avancé, de faire féconder les mères par des faux-bourdons choisis. Ce moyen consisterait à attacher par une patte postérieure, à l'aide d'un fil de soie très-mince et au haut d'une perche, la mère et le faux-bourdons dont on désire l'accouplement. En accordant à l'inventeur le bénéfice des idées *élevées,* on riait fort.

Un peu après, c'était à la table où je me trouvais qu'on riait à gorge déployée, et non sans que les regards ne fussent braqués de mon côté· j'étais vivement interloqué, car je supposais qu'il s'agissait d'autre chose que de nos *frontières naturelles.* En effet, on me traduisit que la conversation portait sur la désopilante découverte de Londois, concernant les moyens de changer de sexe les œufs des abeilles (V. l'*Apiculteur,* 44ᵉ année, p. 461), découverte qui un moment a été prise au sérieux par des gobe-mouches et des académiciens français. Le franc rire s'exprimant de même dans toutes les langues, je fis chorus sans aucune restriction.

A la première réunion, un instituteur apiculteur de la Prusse,

M. Wiegand, a porté un toast au centenaire que toute l'Allemagne a fêté spontanément et avec éclat, au savant Alexandre de Humboldt, un des plus grands apôtres de la science et bienfaiteur ;de l'humanité. Nous nous sommes d'autant plus associé à cette manifestation qu'au nom de l'illustre savant allemand s'attache celui d'un Français, Bompland, qui, pendant cinq ans, de 1799 à 1804, a accompagné Humboldt en Amérique, et qui a achevé des travaux commencés en commun. Et puis, cette manifestation exprimait des idées d'instruction, de progrès d'indépendance et de liberté. On sait que jusqu'à Humboldt, qui naquit le 14 septembre 1769 à Berlin, le peuple et la science étaient séparés. Les savants formaient des corporations qui aimaient à conserver leur savoir, qui cachaient leurs découvertes au public non lettré. Humboldt rompit cette barrière en Allemagne ; il rendit la science populaire, intelligible et accessible à tous les esprits. Les Allemands ont profité du grand exemple que leur a laissé Humboldt : ils s'appliquent à élever de plus en plus le niveau du savoir (1). Toutes leurs institutions tendent à ce but essentiellement humanitaire. Aussi les réunions scientifiques y sont autrement encouragées qu'en France. Tout ce qui enseigne, tout membre d'une société agricole, littéraire, artistique ou autre, jouit d'une remise de 50 p. 100 sur le prix des places en chemin de fer, lorsqu'il se rend à une réunion de la société dont il est membre. Les membres étrangers jouissent de la même faveur. Il faut ajouter que le prix des transports est moins élevé en Allemagne qu'en France, quoique les wagons soient établis dans de meilleures conditions, et cela, parce que là-bas, on n'a pas concédé à l'actionnaire tous les priviléges et monopoles dont il jouit ici. C'est grâce à ces moyens de locomotion prix réduits et excessivement doux que le congrès apicole de Nuremberg compte des centaines de membres venus de tous les points de l'Allemagne. Les administrations de chemins de fer allemands, qui ne sont pas des Etats dans l'Etat, font plus, elles mettent autant que possible des locaux à la disposition des réunions scientifiques.

Ainsi, à Nuremberg, une délégation des commissaires du congrès, parmi lesquels se trouvent plusieurs notabilités de la ville, est installée

(1) Parmi les 41,000 jeunes gens qui sont entrés au service militaire, dans le royaume de Wurtemberg, pendant ces dernières années, on n'en a trouvé que 8 — 4 sur plus de 5,000 — qui fussent incapables de lire et d'écrire. Plusieurs de nos départements en fournissent plus de 50 p. 100. Mais nous l'emportons de beaucoup sur le nombre des ivrognes !!!

depuis la veille, dans une vaste salle de la gare qu'on prendrait pour
un hôtel de préfecture française, et à chaque train les membres qui
arrivent sont reçus par cette délégation qui s'empresse de fournir
aux arrivants tous les renseignements qui leur sont nécessaire.

Nous avons à prendre à l'étranger plus d'un enseignement.

H. Hamet.

Fragments du journal d'un apiculteur.

Ferme-aux-Abeilles, novembre 186...

11 novembre. Il faut profiter de l'été de la Saint-Martin pour compléter la nourriture des colonies dont les provisions sont insuffisantes, et
pour réunir les populations faibles. Ces opérations auraient dû être faites
plus tôt, mais mieux vaut tard que pas du tout. La nourriture doit être
présentée le soir ; elle se compose de miel fondu, de sirop de sucre, ou
d'un mélange de l'un et de l'autre. Plus on avance en saison, moins il
faut ajouter d'eau à la matière sucrée. Il faut la présenter légèrement
tiède aux abeilles. On la met dans un vase à bords droits et peu élevés ;
on couvre la surface de brins de paille ou d'un autre corps flotteur, et
on place le nourrisseur sous la ruche. Lorsque les rayons en descendent
jusqu'au bas, on la surélève d'une hausse dans laquelle est mis le nourrisseur. — Si le froid est vif et empêche les abeilles de descendre pour
enlever la nourriture, il faut alimenter dans une cave ou dans une pièce
fermée. D'ailleurs, la déperdition de miel est moins grande à une température élevée qu'à une température basse. — L'alimentation doit être
terminée en moins d'une semaine ; mieux vaut la faire en une fois, si
c'est possible, que de la faire en quatre ou cinq séances. Pour atteindre
le mois de mars, il faut à chaque colonie de 6 à 7 kilogr. de miel. Les
ruchées peuvent en avoir davantage, et il y en a, notamment des essaims,
qui ne consomment pas toute cette quantité.

Le transvasement par tapotement des abeilles qu'on veut réunir devient difficile en plein air, mais il peut encore se faire dans la cave ou
dans une pièce obscure. Les abeilles transvasées peuvent être données
immédiatement lorsqu'on opère dans une pièce obscure, en ayant soin
toutefois, d'enfumer jusqu'à bruissement la colonie qu'on renforce.

Pendant tout l'hiver les colonies à réunir logées en ruche peu élevée
et dont les rayons descendent jusqu'au bas, peuvent être réunies en renversant la ruche que l'on veut vider et en plaçant l'autre dessus. On

opère dans une cave ou dans une pièce close dont la température est de
40 à 42 degrés. Pour que la réunion se fasse vite et sans combat, on arrose les bouts de rayons de chaque ruche de quelques cuillerées de
miel liquide, et on place entre les deux ruches un morceau de rayon.
arrosé de miel, qui établit une communication et sert d'échelle aux
abeilles de la ruche renversée. On ferme les ruches avec un linge clair
qui ne supprime pas entièrement le passage de l'air. Les corps de ruche
droits et les hausses sont réunis par superposition. On enfume pour maîtriser les abeilles et pour contraindre celles de la partie inférieure à monter de suite dans la partie supérieure.

Il faut employer l'asphyxie momentanée pour les colonies logées dans
des demi-bâtisses ou des tiers de bâtisses qu'on tient à conserver. On peut
secouer les abeilles lorsque les ruches sont en cloche et avec manche.
L'asphyxie par le chiffon nitré est plus rapide; mais pratiquée par des
mains peu exercées, elle est plus dangereuse que celle par la vesse de
loup. Voici comment on prépare le chiffon nitré : On prend 5 grammes
de salpêtre ou sel de nitre (nitrate de potasse) qu'on fait fondre dans un
petit demi-verre d'eau chaude, et l'on trempe dedans jusqu'à saturation
complète une poignée de chiffon de chanvre ou de coton, qu'on fait sécher et qu'on réunit ensuite en paquet. La vesse de loup ou lycoperdon
est un champignon qu'on trouve à cette époque dans les bois au sol sablonneux et argileux. Il en faut à peine gros comme un œuf de poule
pour asphyxier une colonie logée en ruche jaugeant de 25 à 40 litres
(voir l'*Asphyxie momentanée* pour la manière d'opérer).

Au moment où les arbres se dépouillent, il faut penser à habiller à
neuf les ruches placées en plein air, car l'hiver approche à grands pas,
et les parois épaisses et chaudes de leur habitation sont aux abeilles ce
que les vêtements de laine sont aux hommes. Les ruches à parois minces, en bois surtout, doivent être enveloppées de paillassons de jardinier,
de mousse ou de fougère. — Les entrées doivent être rétrécies par une
porte dentée qui empêche les rongeurs de pénétrer. — Avant d'assujettir
par des piquets les ruches en plein air, afin d'empêcher qu'elles ne soient
renversées par les grands vents de la mauvaise saison, il est bon de les
pencher un peu en avant pour que les vapeurs condensées s'en écoulent
facilement.   X.

Ruche à rayons mobiles Naquet.

M. Naquet, de Beauvais, est un praticien entendu, de plus un cher-cheur consciencieux : l'un ne gâte pas l'autre. Aussi commence-t-il par expérimenter sa ruche sur une certaine échelle avant de la recomman-der à tous avec assurance. Si à titre d'inventeur il aime excessivement son invention, à titre de praticien qui sait compter, il ne la soumet pas moins à une suite d'expériences comparatives en tenant une comptabilité rigoureuse des avances faites et du temps dépensé. Les possesseurs d'a-beilles ses voisins ont les regards fixés sur ces points importants.

Cette année, lors du concours de Beauvais, nous avons compté dans son rucher une trentaine de colonies logées dans sa ruche à rayons mobiles, et à peu près autant logées dans des ruches en cloche. Mais la mauvaise campagne actuelle n'a pas permis de comparaison appréciable : les colo-nies d'une sorte de ruche ne se trouvent pas plus garnies de provisions que celles de l'autre sorte. Quoi qu'il en soit, l'inventeur n'a pas moins été à même de constater sur sa ruche des avantages que nous énumére-rons plus loin.

La ruche à rayons mobiles Naquet se compose d'un corps de ruche rec-tangulaire, A fig. 3, et d'un chapiteau, C A C', de même forme. Le cha-piteau peut n'être qu'une boîte, B (l'inventeur le faisait ainsi primitive-ment). En outre la ruche peut recevoir toute forme de chapiteau, circu-laire et autre, qu'on établit sur le plancher mobile employé pour le nourrissement des abeilles.

Le corps de ruche est en paille façonnée au métier, ou en planche tel que le dessin ci-joint l'indique. Ce corps de ruche a 38 centimètres de longueur dans œuvre, 30 de profondeur et 23 de hauteur; les planches ont 2 centimètres d'épaisseur. L'entrée est ménagée dans le plancher de support; elle est disposée pour recevoir obliquement une tôle perforée T, qui empêche la sortie de la mère, et qui supprime au besoin le passage aux faux-bourdons. Dans ce cas, une sortie est ménagée dans un des côtés de la ruche, qui reçoit une bourdonnière extérieurement. Les planches de la ruche sont clouées avec des pointes de Paris; elles sont en outre consolidées par des équerres en tôle ou en fer-blanc fixés sur les angles.

Le chapiteau est de même longueur et de même profondeur que le corps de ruche; mais il n'a que 12 centimètres de hauteur. C'est en quel-ue sorte une hausse supérieure qui peut devenir hausse inférieure. Son plancher supérieur est composé de trois planches mobiles, dont la plus grande, celle du milieu a une issue pour recevoir un nourrisseur E.

Les rayons mobiles sont sans montants F, ou avec des montants rudimentaires en tôle F'. Chaque partie (corps et chapiteau) reçoit 10 rayons uniformes.

Pour que les abeilles ne propolisent pas ou propolisent peu les rayons et ne les attachent au plancher supérieur, M. Naquet les recouvre d'une toile cirée qui est en même temps un mauvais conducteur du chaud, et

Fig. 3. Ruche à rayons mobiles Naquet.

qui, par conséquent, empêche le dégagement de calorique par cette partie. Dans les régions froides, la ruche peut être habillée en hiver d'un paillasson de jardinier. Elle est abritée de la pluie par une toiture mobile, en bois ou en zinc.

Cette ruche est de construction facile; en planches de bois blanc non rabottées, elle ne revient qu'à 5 ou 6 francs.

Les avantages que M. Naquet a reconnus à sa ruche à rayons mobiles sont ceux procurés par les cadres bien agencés : elle rend facile, 1° l'essaimage artificiel par division; 2o la récolte partielle de miel pur , 3° la soustraction de berceaux de mâles pour en faire des magasins au moment de la miellée ; 4° le rajeunissement des édifices ; 5° le nourrissement par apport de rayons garnis ; 6° la réunion de colonies, etc.

A l'aide de la porte mobile T, (tôle perforée recommandée par M. Collin), il empêche la sortie des essaims ; c'est-à-dire, il contraint les essaims à rentrer tout seuls lorsqu'ils sont sortis, car la tôle perforée retient la mère au logis. Cet avantage n'est pas le moindre.   H. H.

L'hydromel.

(Fin v. p. 18.)

Les anciens avaient coutume de faire bouillir leur hydromel pendant un temps considérable, jusqu'à ce que la liqueur soutînt un œuf frais, en le laissant émerger à sa surface à peu près la largeur d'un shilling, à quoi ils jugeaient que le procédé d'ébullition devait être discontinué.

Plusieurs fabricants de vin et de cidre, habitués à entonner dans un fût vide étranger, ont procuré, sans s'en douter, le bénéfice du tartre à leur liqueur ; les parois du fût, incrustées, suppléant à leur vin ou à leur cidre une portion de cet ingrédient, nécessaire pour une vinification parfaite.

C'est une pratique, chez quelques-uns, d'ajouter à leur hydromel, durant la fermentation, certaines épices, comme gingembre, clous de girofle, macis, romarin, écorce de citron, etc. Mauvaise économie ; une bien plus faible quantité donne le bouquet requis, en faisant l'addition après que la fermentation a cessé.

Quelquefois on obtient un *breuvage commun* par le simple lavage des rayons de miel mis de côté, lorsqu'on en a extrait tout le miel qu'on a pu, et par l'ébullition de cette eau durant quelques minutes : cette liqueur n'a besoin ni de tartre, ni de levure : on l'entonne dès qu'elle est refroidie ; on la bondonne trois ou quatre jours après ; et elle est potable au bout de quelques semaines. Dans certains cantons du pays de Galles, on brasse ces sortes de rayons avec du malt, des épices, etc. ; ce qui s'appelle faire du *braggot*, nom dérivé du vieux breton, *brag*, malt, et *gots*, rayon de miel.

L'hydromel simple s'obtient soit avec du miel devenu acide, soit avec du miel et de l'eau acidulée ; on ne le fait pas fermenter, et on le boit en été comme breuvage prompt.

Féburier recommande de mêler une partie de miel avec trois parties d'eau, — « qui ne commenceront, dit-il, à fermenter qu'environ dix-huit jours après, et qui écumeront pendant six semaines ou deux mois.»

Une connaissance des principes de fermentation mettra le fabricant de vin à même de régler son procédé. Ainsi, voudra-t-il un vin sec, la fermentation étant suspendue, il la rétablira par un remplissage avec de la levure séparée, ou l'addition d'une levure fraiche; ou par le remuage, afin de remèler la lie. C'est en conséquence de ce dernier principe, qu'on appelle « *entretenir sur la lie,* » que quelques vins étrangers se bonifient après de longs voyages; mais ce traitement, si *profitable au madère et autres vins d'Espagne,* de même qu'à certains vins de France, *détruirait le bourgogne;* le haut arôme pour lequel ce vin est si fort estimé étant acquis aux dépens de quelques-uns de ses attributs vineux. S'il y a excès de fermentation, l'opérateur scientifique la réglera, l'arrêtera, ou la suspendra, en écumant, en soutirant, en clarifiant. Si l'écumage et le soutirage ne servent de rien, *il clarifiera,* par exemple, *avec la colle de poisson,* dans la proportion d'à peu près une once pour 100 gallons. La colle sera battue pendant quelques jours dans une petite quantité de vin jusqu'à sa parfaite dissolution. Cette solution sera bien agitée dans le tonneau; et au bout de huit jours le vin deviendra clair, et bon à soutirer. La clarification s'obtient encore par *le mutage,* c'est-à-dire, *par la combustion d'une mèche soufrée dans un vaisseau clos, contenant une petite portion du vin,* à la règle d'une drachme de soufre par trente gallons. Lorsque la mèche est consumée, on roule le tonneau environ un quart d'heure, pour que le vin absorbe le plus possible de gaz acide sulfurique. Cela fait, on remplit avec le restant du vin, et l'on bondonne. En ce procédé, l'acide sulfurique, ou son oxygène, s'unit avec la matière extractive, ou levure soluble, qui, rendue par-là insoluble, est précipitée au fond, comme je l'ai déja observé. Si le vin est parfaitement fermenté, il n'est point nécessaire d'y ajouter de l'alcool, parce qu'une quantité d'esprit suffisante a été engendrée durant le procédé.

La meilleur température pour conduire une fermentation doit comporter environ 54° Fahrenheit. Sa perfection dépend en quelque degré du volume de la liqueur; plus la quantité est considérable, plus la fermentation dure, est plus le vin est fort et agréable à boire. Cette règle a pourtant des exceptions. L'excellence particulière du champagne serait *détruite si sa fermentation* était conduite sur une large échelle : elle se fait avec succès à la mesure d'un gallon. Ce vin est tellement bien manipulé par les fabricants qu'il fermente encore après sa mise en bouteilles.

Des vins secs et fins sont beaucoup plus durables que les autres ; et ceux qui se perdraient en fût se conserveront des années en bouteilles.

Voilà des avis qui permettront, je l'espère, aux fabricants de vins de ménage de conduire leur procédé scientifiquement, et de lui assurer généralement une heureuse issue. Les livres du *Bon Cuisinier* et de la *Bonnes Ménagère* fourmillent de recettes pour la fabrication du vin, mais, de recettes très-souvent imaginaires et absurdes, recommandant l'emploi d'articles qui, de leur nature, s'opposent à la production d'un bon vin. De là, on nous présente quelquefois de si misérables, de si insipides drogues, que le nom du vin en est déshonoré : on ne les rend supportables qu'avec l'alcool qui dérobe un peu leur crudité et leur fadeur, et corrige leur tendance à troubler la paix de nos estomacs.

Anciens témoignages favorables à l'hydromel.

L'hydromel de la plus fine qualité était appelé *méthéglin,* nom tiré de deux mots grecs, pour signifier un *vin splendide, vinum splendidum :* il était produit avec un miel plus fin que l'hydromel, et il en contenait une plus grande proportion par rapport à la quantité d'eau. Le méthéglin était à l'hydromel ce que le vin est à la piquette, ce qu'est le premier cidre propre à mettre en bouteille, à la boisson de cidre ordinaire.

L'hydromel était tellement estimé en Transylvanie que Mercator dit que les plus fins connaisseurs y étaient trompés, et le prenaient facilement pour du vin de Crète ou de Malvoisie : « *Qui etiam rerum peritis, vinum creticum ceu malvaticum opinantibus facile imponat.* »

On ne le trouvait que sur les tables bien servies, et les grands seulement en faisaient usage : « *Lantiorum sit, et primates solum bibant,* » dit Ulysse Aldrovendus.

Le *mulsum* est un vin très-utile et très-convenable pour l'estomac : « *Mulsum est vinum utilissimum et stomacho convenientissimum,* » — écrivaient Lebel et Pictorius.

C'était un mélange de vin et de miel, suivant le Dr Henderson.

Il lui fallait de l'âge pour avoir de la qualité : « *Vetus sit et vite confectum.* » André Mathiolus.

Recette de la reine Elisabeth pour faire de l'hydromel.

Prenez, feuilles d'églantier odoriférant (*ronce*), un boisseau; thym,

un boisseau ; romarin, un demi-boisseau ; feuilles de laurier, un picotin. Faites bouillir ces ingrédients dans un fourneau rempli d'eau (pas
moins de 120 gallons), pendant une demi-heure ; versez le tout dans
une cuve, et après refroidissement à une température convenable
(à peu près 75° Fahr.), pressez. A chaque six gallons de liqueur coulée,
ajoutez un gallon de fin miel, et travaillez le mélange une demi-heure.
Répétez à l'occasion le remuage les deux jours suivants; après, faites
bouillir de nouveau la liqueur, écumez à clair, et reversez dans la cuve
pour refroidir; ramenée à une température voulue (à peu près 8'),
versez dans un fût frais vide, ayant contenu de l'ale ou de la bière :
laissez cuver pendant trois jours, et entonnez.

Sur le point de bondonner, troussez un sachet de clous de girofle et
de macis concassés (de chaque, environ une once), que vous suspendrez
dans la liqueur par la bonde. Au bout de six mois, tirez. — BEVAN, *sur*
les abeilles (Am. B. j., t. 3). — C. K. tr.

Autre recette pour faire de l'hydromel.

Voici une autre recette en usage en Pologne et en Russie : Prenez
120 liv. eau douce et 20 liv. miel fin clair. Mêlez bien dans une chaudière convenable, et réduisez à 80 liv. — écumant soigneusement pendant le bouillon. Ensuite, versez dans un cuveau et laissez refroidir.
Quand la liqueur est encore tiède, versez dedans une bonne pinte de
levure, agitez bien, et versez le tout dans une futaille de chêne (autant
que possible ayant contenu du rhum ou du vin), suffisamment large
pour tenir dix gallons.

Le restant sera mis en bouteilles, et l'on s'en servira pour remplir
le baril ou le fût durant la fermentation. Ensuite, mettez dans un petit
sachet de toile 1/4 o. (*once*) cannelle, 1/4 o. pepins de paradis (*pommier*
doucin), 1/4 o. poivre, 1/4 o. gingembre, 1/4 o. clous de girofle, concassés, et fleurs sèches de sureau, une bonne poignée. Suspendez par
un cordon le sachet dans la liqueur à travers la bonde, et placez le fût
dans un cellier bien sec et bien aéré. Laissez fermenter six semaines
durant, ayant soin de remplir avec la réserve des bouteilles. Ensuite
retirez doucement le sachet, transvasez dans un autre fût, et bouchez
légèrement. La fermentation continuera encore un peu, six ou huit
semaines avant que la liqueur soit claire. Alors vous mettrez avec précaution en bouteilles, et vous cachetterez. La lie qui restera dans le fût
vous servira au besoin pour préparer un supplément.

L'hydromel ainsi fait se garde des années. Il a une teinte claire d'ambre, et un goût vineux. — *Am. B. d.*, t. 1. — C. K. tr.

Autre recette.

Prenez trcis gallons d'eau chaude (36° cent.), une pinte et demie de mélasse, 2/3 de cuiller à table de gingembre, 1/3 de cuiller à table de poivre de Jamaïque, et mêlez bien avec le tout une roquille (1/4 de pinte) de levure ; laissez passer la nuit, et mettez en bouteilles·le lendemain matin. Il sera bon à boire en 24 heures; et ce sera un breuvage agréable et salubre. — *Am. B. d.*, t. 4. — C. K. tr.

Société centrale d'apiculture.

Séance du 19 octobre 1869. — Présidence de M. de Liesville.

Mesures à prendre pour l'exposition de 1870. — Questions apicoles à soumettre au congrès. — Mode de réunion avantageux pour les abeilles et leurs bâtisses. — Antipathie des races. — Guêpe attaquant les abeilles. — Nominations.

M. Hamet rend compte du congrès apicole de Nuremberg.

L'assemblée est appelée à s'occuper de l'exposition de 1870 et des moyens de l'organiser. Il est décidé que, comme les deux expositions précédentes, celle de 1870 comprendra trois grandes divisions : l'apiculture, la sériciculture, l'enthomologie appliquée et tout ce qu'y s'y rapporte. L'époque et le lieu seront déterminés dans une prochaine séance.

Le secrétaire général demande que les apiculteurs membres de la Société soient engagés à proposer, avant le mois de janvier, les questions apicoles devant être discutées au Congrès qui aura lieu au moment de l'exposition. Il dit qu'on pourrait déjà cataloguer la question de l'essaimage artificiel et du mode proposé dans le cours de l'année par M. Vignole, mode qui consiste à opérer tôt et à permuter la souche avec une autre colonie qui n'est pas opérée. Cette proposition est accueillie. En conséquence, les correspondants sont priés d'adresser au secrétariat, avant la publication du programme, les questions qu'ils désirent voir traiter dans le congrès de 1870.

— M. Malhomme, apiculteur à Thil, près Reims, adresse un mémoire dans lequel après avoir fait ressortir ce qu'ont d'imparfait la plupart des modes de réunion, propose une méthode d'opérer qui donne de bons résultats, autant sous le rapport des colonies que sous celui de la

Digitized by Google

valeur des bâtisses. Voici sa description : « Au 1er octobre, et même plus'tôt, selon les résultats de la campagne, je fais une revue générale de mon apier; je désigne les colonies à réunir, et je fais en sorte que mes réunions donnent environ 4 kil. d'abeilles aux ruches jaugeant 40 litres. Les réunions ne devant être faites qu'à partir du 1er novembre, je donne quelque miel aux colonies à réunir qui en manquent. Quant à celles à conserver qui n'ont pas 6 kilog. de vivres, je complète leurs provisions au moment de la réunion. Je ne devance jamais l'époque précitée pour opérer, et je continue l'opération plus tard, et même par les plus grands froids, pourvu que la réclusion des abeilles n'ait pas excédé un mois. Je commence par les ruches à supprimer qui n'ont plus de couvain. La présence du couvain dans la ruche à conserver n'empêche aucunement mon opération. Je dirai plus loin le moyen que j'emploie pour empêcher la tuerie sans avoir recours à la fumée. — Je commence par transporter le soir les ruches à opérer dans une place obscure et tempérée, en plaçant celles qui doivent être réunies à côté de celles qui doivent les recevoir. Le lendemain soir, je renverse successivement ces ruches et j'arrose de miel liquide l'extrémité de leurs rayons; 25 ou 30 minutes après, je saisis la ruche à vider d'une main par la poignée et de l'autre par la base; puis je la soulève perpendiculairement sur une futaille ou un cuvier, et j'imprime par la force des bras cinq ou six *lancées* qui font tomber toutes les abeilles dans le cuvier au fond duquel j'ai placé deux cales. Aussitôt je pose dessus une ruche à conserver et je couvre le tout d'une toile. Au bout d'un quart d'heure je puis enlever la ruche pour recommencer un autre mariage. S'il reste des abeilles groupées aux parois du cuvier, il faut les faire tomber avec une aile de volaille avant d'enlever la ruche.

» Lorsque la colonie qui doit recevoir une adjonction de population possède du couvain, je commence par l'opérer, comme on vient de le voir, c'est-à-dire que je fais tomber ses abeilles dans la futaille; ensuite je fais tomber les abeilles de la ruche qui doit être vidée, et je place au fond de la futaille une ruche vide dans laquelle se réunissent sans cérémonie les deux colonies. Puis, deux heures après, je réintègre ces deux populations dans la ruche contenant du couvain.

» Le lendemain matin des réunions, je reporte au rucher les colonies réunies; mais lorsque j'ai besoin de compléter l'alimentation, je place avant l'opération le nourrisseur dans la futaille où je laisse la ruche plus ou moins de temps selon la quantité de miel à administrer. J'ajoute à la quantité nécessaire aux abeilles un dixième en plus pour la déperdition dans l'enlèvement de la nourriture. — Par ces moyens, on ne perd ni abeilles, ni bâtisses, et l'emploi de temps n'est pas grand, car en employant plusieurs futailles ou cuviers on peut réunir une trentaine de ruches en une heure, c'est-à-dire donner quinze ou seize populations. »

Un membre fait remarquer que ce mode d'opérer, qui a quelque analogie avec celui employé par des apiculteurs du Gâtinais, mérite d'être recommandé.

— M. Flamant, de Romorantin, signale une activité supérieure des abeilles italiennes qu'il vient de recevoir du Tessin (Suisse), et une particularité sur leur peu de disposition à accepter des abeilles indigènes, même à l'état de couvain. C'est surtout lorsqu'il présente, dans le jour et hors de la ruche, du miel aux italiennes qu'elles sacrifient des abeilles noires. Mais lorsqu'il présente la nourriture le soir dans la ruche, ce désordre n'a pas lieu. — M. Hamet ajoute qu'on choisit, avec raison, le soir pour faire les réunions.

— M. Kanden, d'Auzon, engage la Société à profiter du voyage que vont accomplir des Français en Egypte pour faire l'acquisition de l'*apis fasciata*. Il sollicite le soin et l'étude de ces abeilles. La Société accueille cette proposition et charge le secrétaire général d'aviser aux moyens de réalisation.

— M. Pastureau, de Mazières, adresse la note suivante : « Il y a eu cette année peu de guêpes et encore bien moins de frelons, et, malgré mon attention soutenue, je n'ai pas vu, plus cette année que les autres, une guêpe chercher chicane aux abeilles vivantes. Il n'en est pas de même des frelons qui prennent les abeilles au vol à l'entrée de la ruche, les emportent dans un arbre voisin et les dépècent. On me permettra donc de croire que les guêpes n'attaquent pas les abeilles, ainsi que l'a affirmé M. Delinotte, dans une discussion sur ce sujet. — M. Delinotte répond que l'été qui vient de finir lui a fourni plusieurs exemples de guêpes coupant en deux des abeilles vivantes. M. Hamet confirme le fait qu'il a été à même d'observer plusieurs fois par les années d'abondance de guêpes et de manque de nourriture pour elles.

— M. de Lasalle, directeur de l'école supérieure de Bourges, adresse un papillon qu'il a trouvé en août dernier dans une ruche. Bien que ce papillon soit devenu méconnaissable par suite de sa dénudation ou de son épilation complète, il n'en est pas 'moins reconnu pour un papillon tête de mort.

M. Hamet met sous les yeux de l'assemblée une chenille vivante de ce papillon qu'il a recueillie récemment dans une excursion dans le nord.

— Le secrétaire général propose l'admission des membres suivants : **MM.** Malnory, inspecteur de l'instruction primaire à Château Thierry; **P.** Brun, agriculteur à Bordeaux ; Georges de la Marnierre, à Livry, comme membres titulaires; et **MM.** Dümmler, apiculteur à Humburg (Palatinat), et Parmly, à New-Nork (États-Unis), comme membres honoraires correspondants. Ces membres sont admis à l'unanimité.

Pour extrait : DELINOTTE, secrétaire.

Bibliographie apicole.

Il a été publié, au commencement de ce mois, à Vérone, typographie Vicentini, un opuscule de 38 pages, sur *une* ruche pratique rationnelle, *di un alveare pratico-razionale*, par M. Gius. Scudellari, avec dédicace à l'honorable Giov. Bednarovitz, professeur d'apiculture. Ce sont des considérations et non un traité. Il paraît, suivant l'auteur, que les ruches, dans cette région, lesquelles sont beaucoup à cadres mobiles, présentent une insuffisance regrettable, sentie de tous les apiculteurs, qui réclament qu'elles soient revues et modifiées. M. G. Scudellari, après de patientes études et plusieurs expériences, en a inventé une, qu'on pourrait appeler *éclectique*, à cause du choix qu'il a fait, pour la composer, de tout ce qu'il a trouvé de meilleur dans chaque autre du même système, mais qu'il nomme, lui, *ruche pratique rationnelle*. Dans les autres ruches rationnelles les rayons ne sont rien moins que mobiles : il faut recourir au couteau pour les décoller, au levier ou aux tenailles, pour les enlever; telles sont toutes les ruches à cadres, à rayons, à un plan (étage), à deux plans, etc.; ce qui occasionne perte de temps, mort d'abeilles, gaspillage de travail et de capital, nombreuses piqûres, accidents et désagréments plus ou moins confessés! Rien de tout cela avec la ruche de M. G. Scudellari : on a la vraie mobilité des rayons ou cadres, bâtisse des gâteaux régulière, point d'appui des cadres, non plus sur des listeaux, par leur bout supérieur, mais en bas, avec glissement sur des tringlettes, guide-rayons invariablement suivis par l'insecte, plus de couvre-rayons, ni de magasin à miel; ce qui n'empêche pas d'en récolter, dit la *morale* de l'auteur, et d'avoir beaucoup d'essaims. La gravure est à la fin du volume.

Il vient également de paraître à Louisville, Ky, chez Hull et frères, imprimeurs, un fascicule broché, presque un livre intitulé : *Annals of bee culture for* 1869, édité par M. L. Adair, d'Hawesville, Ky. Ces *Annales apicoles*, bien imprimées, sur beau papier, ne coûtent que 50 centimes. Elles me semblent devoir marcher avec honneur à côté de l'*American bee journal*, qui lui-même va bientôt commencer sa cinquième année. La Société d'insectologie de France, à qui la brochure a été adressée, avec *compliments de l'auteur*, y trouvera deux articles intéressants, l'*abeille italienne* et la *fausse-teigne* (pour la destruction de laquelle on conseille la mélasse exposée la nuit dans des vases ouverts, au rucher, en juillet et en août). L'éleveur et le praticien liront avec fruit *la multiplication des souches, l'éducation des mères, le mello-extracteur*, etc. Nous lui souhaitons de longues années.

On a déjà signalé dans l'*Apiculteur* la publication espagnole du *Manual de l'Apicultor*, traité spécial à l'île de Cuba. Ce livre, imprimé à Santiago en 1867, donne des détails étendus sur l'abeille sans aiguillon de Cuba et de l'Amérique centrale, et sur l'introduction de l'abeille européenne dans le Nouveau-Monde.

Nous ne terminerons point cet article-revue sans avoir salué la 3e édition du *Calendrier apicole*, rectifiée en quelques points de la théorie. Les noms des auteurs, MM. Hamet et Collin, sont une garantie de son exactitude théorique et pratique. C'est un *vade-mecum* de l'apiculteur, commode, à bon marché, un véritable *directoire* du possesseur d'abeilles, mobiliste ou fixiste, que la propagande éclairée devrait un peu plus répandre. — Il a de la vie pour longtemps.   C. K.

    Auxon, le 14 octobre 1869.

---

27 *octobre*. Première et abondante neige à Paris. L'hiver pourrait bien être rigoureux. Prenons des précautions pour nos abeilles.

De la manière de donner de l'espace aux ruches en y ajoutant des hausses par dessous, par dessus ou par côté.

§ 70. *Des circonstances dans lesquelles il faut ajouter des hausses vides et des caissettes aux diverses espèces de ruches.* — Il faut réduire l'espace

Digitized by Google

vide des ruches autant que possible en hiver et au commencement du printemps, pour y conserver un degré suffisant de chaleur, à la condition toutefois d'éviter le danger d'asphyxie. Mais lorsqu'au printemps, la récolte devient abondante, que l'abeille commence à construire et que la population de même que la chaleur augmentent de jour en jour dans la ruche ; alors il devient nécessaire de donner plus de place.

a. *Aux ruches verticales* on ajoute de temps en temps une hausse par le *dessous* ; par la raison que les abeilles bâtissent toujours de haut en bas. Cependant il ne faut jamais ajouter qu'une hausse à la fois, afin que les abeilles bâtissent d'une manière plus uniforme. Lorsqu'on place, par exemple, deux hausses à la fois, les abeilles bâtissent ordinairement leurs rayons d'un seul côté et les poursuivent jusque tout en bas, tandis que de l'autre côté elles ne bâtissent pas du tout ou seulement de petits rayons qui ne seront continués que plus tard. Il arrive alors que les abeilles, dans leur ardeur à remplir l'espace vide le plus tôt possible, construisent de grandes cellules, c'est-à-dire, des cellules à bourdons, et qu'elles continuent ces mêmes cellules jusqu'en bas. Lorsque plus tard l'espace consacré au couvain arrive jusqu'à ces cellules, il ne s'y forme que du couvain de bourdons ce qui est un inconvénient puisque ceux-ci se nourrissent aux dépens de la ruchée, sans rapporter de bénéfice. On ne donnera donc la seconde hausse que lorsque la première aura été bâtie aux deux tiers, ou à 1 pouce (26 millimètres) près jusqu'en bas ; dans ce cas les abeilles sont obligées de continuer leurs constructions sur tous les points à la fois ; elles les font moins à la hâte et d'une manière plus compacte, et elles construisent moins de cellules à bourdons.

Lorsqu'un essaim de l'année précédente composé, par exemple, de trois hausses, a bâti au printemps une 4ᵉ hausse qu'on lui a rajoutée par le bas, et que l'on désire en faire une ruchée qui rapporte du miel au lieu d'en faire une ruchée essaimeuse, on lui rajoute des hausses vides *par le haut*, après toutefois avoir enlevé le couvercle du dessus.

A chaque hausse que l'on rajoute par le haut, il faut avoir soin de placer des traverses larges d'un pouce (26 millimètres) écartées les unes des autres d'un demi-pouce (13 millimètres) et fixées au bord supérieur, sur lesquelles les abeilles attachent leurs rayons. Comme les abeilles n'aiment pas laisser d'espace vide au-dessus d'elles, elles commencent immédiatement leurs constructions dans cette hausse, lorsque d'ailleurs le temps le permet ; elles se mettent d'autant plus vite au travail qu'on a eu soin de fixer de petits morceaux de rayons à chaque traverse, et un autre morceau de rayon qui descend jusqu'aux constructions inférieures pour leur servir d'échelle. La hausse se trouve remplie en 10 ou 11 jours, non-seulement de constructions mais encore d'un beau miel. Lorsque la ruchée est forte et que la saison de la récolte n'est pas trop avancée, on peut rajouter encore une et jusqu'à deux hausses par-dessus. A ce moment cependant, on peut couper avec un fil de fer la hausse ainsi rajoutée et l'enlever, après toutefois avoir pris la précaution de refouler les abeilles au moyen d'un peu de fumée ; puis on place sur la ruche une hausse vide préparée à l'avance, et par dessus on replace de nouveau la hausse remplie. De cette manière il se trouve un espace vide au milieu de la ruche, ce qui empêche les abeilles d'essaimer, et les excite au contraire à bâtir avec ardeur. On peut aussi, au lieu de la hausse vide placer une hausse *garnie de rayons vides,* que l'on aura enlevée comme superflue à une autre ruche soit à l'automne soit au printemps. De cette manière les abeilles font l'économie des bâtisses et elles remplissent d'autant plus vite les cellules de miel.

Il est tout aussi facile d'ajouter des *petites caisses garnies de rudiments de gâteaux,* par derrière ou par le côté des ruches, lorsque ces dernières ont des fenêtres. Il suffit d'enlever la vitre et de mettre l'ouverture ainsi faite en communication avec une ouverture semblable pratiquée à la caissette. Une autre manière d'ajouter de l'espace par le côté se fait comme suit ; ainsi, comme nous l'avons vu précédemment, on place à côté de la ruche un deuxième plateau recouvert d'une hausse en paille avec son couvercle ; on enlève les petits tiroirs pour mettre les deux ruches en communication et de ce moment les abeilles vont bâtir dans la hausse et y emmagasiner du miel.

C'est avec une ruche de côté, comme nous venons de le voir, que l'on peut se tirer d'affaire lorsqu'on veut ajouter de l'espace à une ruche dont la hausse supérieure touche déjà à une poutre, et à laquelle on ne peut rien ajouter parce qu'on ne peut plus la soulever.

On peut aussi ajouter une hausse par le dessus sans retirer le couvercle de la ruche. On se contente d'enlever le bouchon et on pose par-dessus une hausse en paille ou une caissette ou bien un grand verre, etc., (Je suppose qu'ici *verre* veut dire *caisse garnie de vitres,* ou un *bocal.*)

Cependant les abeilles ne bâtissent qu'à contre cœur dans les ruches de verre, parce qu'elles ne peuvent que difficilement fixer leurs constructions aux parois polies du verre, et qu'elles se voient alors dans la néces-sité de bâtir de bas en haut. Les abeilles bâtiront plus volontiers lorsqu'on leur aura donné un rudiment de rayon dans la ruche en verre. Celle-ci devra, en outre, être recouverte d'un capuchon opaque afin que l'intérieur soit dans l'obscurité.   Tr. D'ŒTTL.   (A suivre.)

Revue et cours des produits des abeilles.

Paris, 30 *octobre*. — MIELS. Les miels blancs sont restés dans les mêmes conditions. Les surfins gâtinais sont demandés, et le peu de producteurs qui en restent nantis les tiennent aux prix que le commerce vend à l'épicerie de 90 à 95 cent. le demi-kil. Les quelques petits lots de provenance diverse qu'on a présentés n'ont pas trouvé les prix que la consommation locale les paye sur place, à cause des chilis qui laissent plus de bénéfices au commerce. Un lot de 600 barrils de ces derniers, achetés il y a trois mois, est arrivé; il renferme des qualités inférieures qu'on cote, de 90 à 95 fr. les 100 kil. Pour nourrir, ces miels sont préférables aux bretagnes et même aux citrons. La fabrication de pain d'épice en tire aussi parti. Les autres qualités conservent les prix précédents, de 100 à 110 fr.

On a fait quelques offres de bretagne nouveau, à 83 fr. en gare d'arrivée; il a été traité peu de chose; les acquéreurs attendent les prix, de 75 à 78 fr. Des producteurs auraient vendu sur place, en première main, 70 fr. Les miels rouges de Basse-Normandie sont tenus à prix très-élevé à cause de la petite quantité qui en a été récoltée. Ils sont vendus sur place à 50 cent. le demi-kil. pour alimenter les abeilles nécessiteuses. La Sologne a été assez bien partagée. On demande, de 85 à 100 fr., selon producteur et qualité; espérant des prix plus doux, les acheteurs ne se pressent pas à ces cours. Il est venu quelques miels colorés et inférieurs de l'Espagne qu'on cote 80 fr. les 100 kil., en gros fûts.

Dans le rayon de Paris, on a payé en vrac, c'est-à-dire déduction des poids du panier et des abeilles, de 40 à 50 cent. le demi-kil., des ruchées à récolter ou à conserver. Il y a peu de vendeurs.

A Genève, prix du miel, de 75 cent. à 1 fr. la livre.

CIRES. — Sans avoir été plus abondantes, les cires ont eu un peu plus de calme, ce qu'il faut attribuer au marasme des affaires produit par l'incertitude de l'avenir. Le prix extrêmes de 470 fr. les 100 kil., dans Paris, ont été difficilement obtenus. Belles qualités, 465 fr. (entrée, 22 fr. 90). Qualités courantes en brique, 440 fr. les 100 kil., hors barrière; inférieures, de 420 à 435 fr.

On écrit du Havre : les cires provoquent quelque demande. On a traité 2,500 kil. jaune de Saint-Domingue, à livrer, à 1 fr. 90 le demi-kil.; entrée acquittée, et une caisse du Chili disponible, à 2 fr. 15. Cire végétal du Japon, 1 fr. 85 le kil.

Corps gras. — Suif de boucherie disponible, 105 fr. les 100 kil., hors barrière; suif en branche, 79 fr. 70. Stéarine saponifiée, 177 fr. 50; dito de distillation, 475 fr.; oléine de saponification, 86 fr.; de distillation, 80 fr. Huile de palme, 104 à 112 fr. les 100 kil.

Sucres et sirops. — Les sucres bruts indigènes ont peu varié. Les blancs en grains ont été cotés 70 fr. 75 les 100 kil., en fabrique. En ajoutant 40 fr. d'impôt, ces sucres reviennent à 110 fr. 75 les 100 kil. Ils valent presque les sucres raffinés pour nourrir les abeilles, surtout lorsqu'on les mêle avec un quart ou un tiers de miel. Les fabricants ne les écoulent pas en quantité moindre de 100 kil. — Sucres raffinés, de 128 fr. 50 à 130 fr. les 100 kil., à la Bourse. Les sirops ont conservé les cours précédents. Les abeilles les prennent difficilement à cette époque.

Esprits. — Trois-six du nord disponible, 63 fr. 50 l'hect. à l'entrepôt; à livrer à trois mois, 60 fr.; trois-six du Languedoc, 82 à 83 fr. l'hect., à 86 degrés; le tout en entrepôt.

ABEILLES. — L'automne sec est favorable aux colonies apprivisionnées et permet d'alimenter dans de bonnes conditions celles qui ne le sont pas suffisamment. Les bonnes ruchées sont tenues dans les cantons d'élèves de 1 à 3 fr., au-dessus des prix de l'année dernière. Dans certaines localités les prix sont plus que doublés. Aux environs de Caen, où les bonnes colonies étaient tombées à 8 fr. et même à 6 fr. l'année dernière, on tient les bien approvisionnées de 15 à 18 fr. Nous imprimions dans le dernier bulletin que les abeilles de la Normandie (plaine de Caen) se sont refaites aux blés noirs; il faut lire aux secondes coupes des prairies, car celles qui ont été conduites aux blés noirs n'y ont rien fait. — Voici les renseignements que nous avons reçus de diverses contrées.

Cette année nos abeilles n'ont rien fait; on ne voit pas de ruches lourdes comme l'année dernière. Les essaims n'ont que peu de choses en magasin. Gare l'hiver et le printemps! *L. Henry* à Fère en Tardenois (Aisne). — Nous avons une récolte de miel bien maigre cette année. *Bonfante* à Fontan (Alpes-Maritimes). — La 1ʳᵉ quinzaine de juillet a produit du miel dans certains cantons environnants, ce qui m'a permis de faire quelques barils. *Urique* à Grandpré (Ardennes).

Nos produits sont minimes cette année; nous comptons perdre un quart ou un tiers de nos abeilles. *De Saint-Jean* à Grainville (Calvados). — Cette année je suis très-content de mon apier. Le prix du miel est ici de 80 cent. à 1 fr. le demi-kil., suivant qualité, et la cire de 2 fr., prix moyen. On va multiplier le sainfoin : j'ai donné l'exemple. *Geay*, à Bonnal (Doubs). — J'ai obtenu des résultats satisfaisants. Dans la localité (rayon de 12 kil.), on s'occupe peu de la culture des abeilles, pourtant beaucoup de cultivateurs ont des ruchers, mais ils sont très-mal tenus et les produits sont très-médiocres, en quantité et encore plus mauvais en qualité. Les beaux miels en rayons se débitent facilement à 1 fr. le demi-kil., mais ils sont assez rares. On vend si peu de colonies et le prix en est trop variable pour être donné comme renseignement utile. Les ruches sont de celles dites suisses; elles valent avec la capote, 2 fr. 25 à 2 fr. 50. *Gouget*, à Baume (Doubs).

Cette année les ruchées ont assez bien essaimé, mais elles ne valent rien. De 42 j'ai réduit à 20, et je n'ai pas fait une livre de miel. Mes voisins n'en conserveront pas un quart. Les marchands ou étouffeurs payent 35 cent. le demi-kil. *Audenille*, à Vesly (Eure). — La récolte dans ma localité n'est pas des plus brillantes. A la Saint-Jean des essaims mouraient de faim. Heureusement que la première quinzaine de juillet a été assez bonne, sans cela nous étions aussi malheureux qu'en 1860. Il mourra beaucoup de colonies cet hiver. Le prix payé en vrac a été de 40 cent. le demi-kil. Le miel belle qualité vaut, 4 fr. 20 le kil., et la cire de 4 à 4 fr. 20. *Genty*, à Grandvilliers (Eure).

Le 15 de ce mois, j'avais à peu près terminé la récolte de 1869 ; elle laisse beaucoup à désirer. Sur 3,500 ruches je n'ai récolté que 30 barriques de miel brut. Il y a eu peu d'essaims nouveaux ; les faibles de l'année dernière se sont maintenus, mais il faut les nourrir pour les sauver. *Leneveu*, à Captieux (Gironde). — La récolte de 1869, a été assez bonne en essaims et en miel, car sur onze caisses j'ai tiré deux quintaux de miel. *L. Vincent*, à Poussan (Hérault).— Nous avons eu cette année très-peu d'essaims, le mois de juillet ayant été trop chaud et trop sec. *Larralde*, à Saubrigues (Landes).

Les abeilles par ici n'ont pas mal fait ; l'essaimage a été de 80 p. 000, et la majeure partie des essaims sont bons ; d'aucuns ont donné du miel ainsi que les souches. En somme, bonne année. En Sologne, beaucoup de miel et peu ou pas d'essaims ; on commence à tailler, et en vrac on vend 30 à 35 cent. le demi-kil. *Muller*, à Châtillon-sur-Loire (Loiret).

Le 22 août, j'ai encore récolté deux essaims que j'ai réunis ; il est bien rare d'en avoir à cette saison en Champagne. Nous avons été trois mois sans pluie et nos mouches ne sont pas heureuses. Des ruchers des environs qui comptent 60 à 70 colonies devront être réduits à 30 au plus, et encore passeront-elles l'hiver. Beaucoup d'éleveurs ne veulent pas nourrir : c'est malheureux. *Barbat*, à Châlons (Marne). — Les abeilles n'ont pas bien réussi dans nos contrées. J'ai pourtant récolté la plus forte partie de mes abeilles qui n'ont donné en moyenne que 5 kil. de miel. De 250 j'ai réduit le nombre à 150 pour l'hiver. *Guillemart*, à Perthes (Marne). — Ici comme bien d'autres contrées, la première coupe de sainfoin, quoique belle, n'a pu profiter à nos abeilles à cause des pluies et des froids ; elles se sont un peu dédommagées à la seconde coupe des luzernes, mais la sécheresse excessive a encore nui. *Brulefert*, à Ville-en-Tardenois (Marne).

Dans nos pays l'année a été mauvaise pour les abeilles ; moitié des ruches ont essaimé. J'ai réuni mes essaims et j'ai parfaitement réussi. Ceux laissés seuls ne passeront pas l'hiver. *Georget*, à Sommevoire (Haute-Marne). J'ai nourri mes abeilles au printemps et j'en suis satisfait, car j'ai fait une bonne récolte. Pourtant mes voisins se plaignent du peu de miel et d'essaims qu'ils ont eus ; ils suivent la routine, étouffent la plupart du temps, tandis que je réunis les populations, et vais même prendre des abeilles chez les étouffeurs pour renforcer les miennes. J'ai eu 60 p. 000 d'essaims, tandis que les autres n'en ont eu que de 20 à 30 p. 000. Miel en pot, 70 cent. le demi-kil.; cire, 2 fr. en pain. *Mourot*, à Raulecourt (Meuse).

Nous avons fait peu de miel. On a payé les ruches en vrague de 40 à 45 c. le demi-kil. On vend le miel blanc de 130 à 140 fr. les 100 kil.; le citron 110 fr. *Naquet*, à Beauvais (Oise). — La récolte, chez moi, a été abondante en miel cette année. J'ai enlevé toutes mes calottes au mois de juillet et elles ont été remplies de nouveau. Je n'ai pas l'habitude de faire la chasse, mais je furette dans le corps des ruches, et tout s'est rempli. Je n'ai eu que 20 essaims p. 100. Je vends mon miel de 75 à 90 c. le demi-kil. à la consommation. *Jacquard*, à Dornecy (Nièvre). L'année a été on ne peut plus mauvaise pour nos abeilles ; des souches ont commencé à mourir de faim dans le courant du mois d'août. *Dubaële*, à Merris (Nord).

Nous n'avons pas été heureux avec nos abeilles cette année. Sur 17 je n'en avais pas une capable de passer l'hiver. J'ai acheté des ruchées *éteintes* qui pesaient de 25 à 30 livres, et à l'aide de la vesse de loup j'ai fait passer mon monde dedans, jusqu'à concurrence de 3 ou 4 populations par ruche, et j'ai de bonnes colonies. Plusieurs ont opéré de même pour conserver des abeilles sans être obligés de les nourrir. *Blondel*, à Sainte-Isbergue (Pas-de-Calais). — Le sénevé, cultivé en grand ici, nous avait fait esperer de voir s'augmenter le poids de nos ruches ; mais vain espoir, la plupart d'entre elles sont trop faibles pour passer l'hiver. Quelques apiculteurs réunissent aux fortes colonies celles qui manquent de provisions. *Worpot*, à Bourecq (Pas-de-Calais). — Les essaims sont venus tardivement dans notre pays. Il y en a peu de bons. Prix du miel en brèche, 70 cent. le kil. *Vasseur*, à Bléquin (Pas-de-Calais).

La sécheresse que nous avons depuis trois mois n'a pas favorisé nos chères abeilles ; aussi elles n'ont pas ramassé beaucoup de miel. C'est tout juste si elles ont fait leurs provisions d'hiver. Fort heureusement que j'ai fait de bonne heure mes essaims artificiels : ils ont eu assez de temps pour se fortifier. *Ludovic*, à Larajasse (Rhône). Généralement dans notre localité l'apiculture a été fait cette année : il y a eu beaucoup d'essaims ; pour ma part, quinze mères en ont donné vingt-quatre qui sont tous bien pourvus, grâce à la manne qui nous est arrivée les mois de juillet et d'août. Mais ça donne un produit de médiocre qualité quant au goût et à la couleur. J'ai vendu une partie du mien, 1er choix, 1 fr. 50 le kil. *Requet*, à Armoy (Haute-Savoie).

Dans notre contrée les abeilles ne sont pas fameuses, c'est-à-dire que les ruchées ne sont pas aussi bonnes que l'année dernière. On vend le miel jaune 60 c. le demi-kil. *Cuisinier*, à Ecommoy (Sarthe). Mes ruches et celles de la contrée que j'habite sont bien pauvres, surtout celles qui ont essaimé. Il va falloir les nourrir entièrement si on veut les sauver. *Hottot*, à Issou (Seine-et-Oise). Mes ruches étaient bien pauvres au milieu de l'été ; mais depuis j'ai constaté qu'elles avaient amassé presque toutes de quoi passer l'hiver. *G. de la Marnierre*, à Livry (Seine-et-Oise).

Je n'ai eu que quatre essaims de vingt colonies, et souches et essaims ont fait peu de chose. Tout en réunissant, il faut nourrir pour sauver. *Gouge*, à Becquincourt (Somme).

L'année courante peut être comptée pour une bonne moyenne quant au miel. Il y a eu abondance d'essaims dès le 13 mai ; bon nombre de ruches en ont donné des secondaires et même tertiaires. Ces derniers, sortis à la mi-juin, ont dû être réunis, soit à d'autres, soit à des anciennes ruches. *Bernard de Gelieu*, à Saint-Blaise (Suisse).

— Il ne faut pas oublier que les ruchées nourries tardivement souffrent beaucoup plus que les autres de l'humidité. On doit tâcher de les placer dans un lieu sec ou aéré. **H. Hamet.**

— M. D... à Grougis, reçu le montant de votre abonnement.

M. G... à Sommevoire, nous ne connaissons pas la brochure dont vous parlez.

M. L... à Bar, vous ne devez pas payer d'abonnement pour le journal en question que vous n'avez pas demandé. Vous devez penser que les gens qui vous l'envoient sont des philantropes ou des floueurs.

Paris. — Imprimerie horticole de E. DONNAUD, rue Cassette 9.

L'APICULTEUR

Chronique.

Dans le cours de novembre, un procès pour cire saisie comme falsifiée nous donnait l'espoir que la Société d'apiculture allait enfin pouvoir trouver à qui délivrer la médaille d'or qu'elle tient du ministre de l'agriculture pour le moyen, à la portée de tous, de déterminer exactement l'addition de cire végétale à de la cire d'abeilles. Mais il lui faudra attendre encore, car la 8ᵉ chambre de la police correctionnelle de Paris, devant laquelle a été plaidée cette affaire, a jugé qu'il n'y avait pas de fraude. Cependant ce n'est pas ce que le rapport du chimiste du plaignant avait établi, car ce rapport déclarait *au moins* 22 pour 100 de cire végétale dans la cire d'abeilles. Cet *au moins* est du dernier admirable; il équivaut à cette formule algébrique A+B égale au moins AB. Au *moins* 22 pour 100 nous rappelle les termes d'un rapport d'analyse par un laboratoire public qui constatait *quelques traces de matières étrangères*, quand il y avait 50 pour 100 d'addition.

« Pour déterminer avec précision la densité de la cire incriminée, dit le chimiste susmentionné, nous avons fait usage du procédé suivant. Nous avons taillé dans chacune des six briques saisies un parallélipipède du poids exact de 100 gr., que nous avons plongé dans un grand vase à précipité rempli d'eau distillée. Pour tous les échantillons, l'expérience a démontré qu'il est nécessaire d'ajouter le même poids qui est 3 gr. 15. Or des briquettes de cire jaune pure, quelle que soit l'origine de cette dernière, taillée de la même forme et pesant le même poids que ci-dessus, exigent pour tomber au fond de l'eau un poids exact de 4 gr. Un écart aussi considérable entre la densité de ces deux produits ne peut s'expliquer que par l'introduction dans la cire saisie d'une substance étrangère plus pesante que la cire elle-même. » — Cet écart ne prouve pas du tout ce que notre chimiste devait prouver, car nous nous engagerions à lui offrir un merle blanc, s'il trouvait la même densité à la cire d'une ruche dont partie a été fondue avec le miel qu'elle contenait, et l'autre partie a été fondue à l'eau. Aussi, MM. les

3

chimistes ne s'accordent pas sur la densité de la cire jaune. Chevalier l'établit à 0.974 ; Girardin à 0.966, et d'autres à 0.960. Mieux vaudrait chercher la présence de la cire végétale par le degré de fusion. On sait que telle cire végétale fond à 47 et à 50 degrés. Enfin un travail complet sur la matière est encore à faire.

. — On lit dans le *Cosmos :* Les abeilles importées à Tahiti y ont parfaitement réussi. Aux dernières nouvelles, un navire en charge pour San-Francisco venait d'embarquer vingt barils de miel du pays, soit deux tonnes environ, provenant de ruches installées dans la vallée de Fautana, par un résident étranger, et un navire arrivé de San-Salvador avait tout récemment débarqué cent cinquante autres ruches.

Les abeilles transportées par mer dans les latitudes chaudes sont placées dans la chambre aux réserves alimentaires (viande, etc,), dont la température est tenue basse par de la glace. Elles peuvent accomplir des voyages de quinze jours ou un mois, lorsque la température de l'endroit où elles se trouvent ne s'élève pas au-dessus de 8 ou 10 degrés centigrades. La température de cette chambre est de 1 à 2 degrés.

— Le mois dernier, le *Journal officiel* a reproduit sérieusement un canard d'outre-Manche emprunté à *l'International :*

« Voici, dit le chroniqueur anglais de *l'International*, un fait étrange, mais dont l'authenticité n'est pas d'outeuse, attendu que j'en ai été moi-même témoin oculaire. — En passant près d'un jardin d'horticulture à Chelsea, j'observai deux abeilles sortant d'une ruche et portant entre leurs pattes le cadavre d'une camarade. Je les suivis avec curiosité. Je remarquai le soin avec lequel elles choisirent un trou commode sur les bords d'une allée sablée, la tendresse avec laquelle elles déposèrent dans la terre le corps de la défunte, la tête la première, et la touchante sollicitude avec laquelle elles poussèrent deux petites pierres contre les restes inanimés de leur camarade. Leur tâche terminée, elles restèrent immobiles durant une minute, sans doute pour verser une larme sympathique sur le tombeau de leur amie ; puis elles s'éloignèrent avec lenteur en tournant de temps en temps la tête. »

En tournant de temps en temps la tête ! Pauvres abeilles ! Il faudrait avoir un cœur d'agate pour n'être pas attendri par la larme sympathique et le mouvement expressif de ces deux insectes inconsolables.

— Les habitants de l'île de la Réunion, à l'occasion du Concile, envoient au Saint-Père, entre autres présents, 300 livres de leur beau miel vert, qu'on dit être un des meilleurs miels du monde.

— Dans le rapport sur le concours de la Société d'agriculture tenu
en septembre dernier, à Saint-Fargeau, on lit ce qui suit : « *Apiculture*,
M. Bidault, apiculteur, est seul sur les rangs. Mais s'il est sans concurrents, cela ne veut pas dire qu'il soit sans mérite. M. Bidault ne sait
pas lire; cependant il reçoit le journal de M. Hamet; il se le fait lire,
et il fixe dans sa mémoire ce qu'il entend aussi bien que s'il lisait lui-
même. Aussi emploie-t-il pour la tenue de ses ruches toutes les méthodes recommandées. M. Bidault a commencé par avoir dix paniers :
il en possède aujourd'hui près de 400. Nous vous proposons de lui
donner la médaille d'argent, offerte par S. Ex. le ministre de l'agriculture. »

Au concours de Chablis et de Coulanges-la-Vineuse, M. Binet, de Sementron, a obtenu des médailles de vermeil pour ses miels coulés, ses
miels en rayons et sa colonie d'abeilles en ruche d'observation.

— Un abonné de la Savoie nous écrit :

Le concours agricole départemental qui s'est tenu à Albertville les
18 et 19 septembre derniers, avait réuni une collection de miel en
capote assez remarquable, et une certaine quantité d'échantillons de
miel coulé, généralement plus coloré que les autres années. On attribue
cela à la grande quantité de miellée donnée par les arbres en juillet. Les
producteurs n'ont pas été très-satisfaits des récompenses accordées ; elles
ont été très-minimes et données à des exposants qui ne possèdent pas
une colonie. On a dit que c'étaient des quêteurs de récompenses dont le
jury s'est débarrassé comme il a pu. Il paraîtrait aussi qu'on pourrait
reprocher aux producteurs de miel d'avoir manqué de donner de l'a-
rome à leurs produits avec quelques bouteilles de champagne.

— Vient de paraître un ouvrage apicole autographié, ayant pour titre :
La ruche de l'instituteur et du jeune apiculteur, ou ruche des pays pauvres
en fleurs ou à récolte en miel fort irrégulière, par M. J. N. Cayatte,
instituteur à Billy-les-Mangiennes, qui sera lu avec fruit (1). C'est un
traité didactique qui, par sa forme, peut être introduit dans les écoles
et servir de livre de lectures manuscrites. Dans une note, l'auteur dit que
cet ouvrage est le fruit de son expérience et de ses persévérantes recherches. On s'en convainc en le lisant, et l'on voit combien il a étudié
et raisonné la matière qu'il traite. Nous en extrayons l'observation de
circonstance suivante.

(1) 1 vol. in-8°, cart., de 120 pages, avec figures dans le texte. Prix : 2 fr. 2
chez l'auteur, à Billy, par Spincourt (Meuse).

« Il arrive trop souvent qu'on attend les premiers froids pour compléter les provisions des colonies pauvres, par du miel liquide ou par des sirops dont elles remplissent leur estomac ; tandis qu'à l'approche de l'hiver, elles doivent se préparer, par une grande tempérance, à une réclusion de plusieurs mois. Qu'arrive-t-il ? Leur ventre se ballonne, le besoin de sortir se fait sentir au moment des grands froids : elles périssent si elles sortent ; elles périssent si elles ne peuvent sortir. — Où sont les torts ? Évidemment on ne peut s'en prendre à nos insectes. »

M. Cayatte a controlé par des expériences divers faits d'histoire naturelle déjà établis. Ainsi, la transformation de colonies indigènes en colonies italiennes par la substitution de mères, lui a montré que des ouvrières vivent un an. Il pense même qu'elles peuvent. vivre davantage. Ce qui ne veut pas dire qu'elles vivent toutes cet âge, puisqu'il signale une colonie dont toutes les ouvrières ont été remplacées en trois mois. Nous en avons eu une de plus de 2 kilog. d'abeilles, dont toutes les ouvrières ont été remplacées en six semaines ; ce qui ne nous a pas fait dire que les ouvrières ne vivent que six semaines, mais ce qui nous a convaincu que *toutes* les ouvrières vont à la cueillette de la matière sucrée. Cette colonie avait été portée après la substitution de la mère, qui eut lieu vers la fin de juillet, près d'une raffinerie de sucre accessible aux abeilles.

La critique pourrait peut-être s'exercer sur la forme de ruche qu'affectionne l'auteur du livre qui nous occupe. Mais la méthode de s'en servir qu'il donne peut être appliquée avec avantage à toute ruche à chapiteau et à hausses. Plus d'un lecteur goûtera aussi la saine appréciation que M. Cayatte fait de la ruche à cadres mobiles entre les mains de simples particuliers.

— Les ouvrages suivants ont été adressés au bureau de *l'Apiculteur* : *Arbres fruitiers*, arbres d'ornements, arbustes et rosiers cultivés chez Durand, horticulteur, dessinateur et entrepreneur de parcs et jardins, à Bourg-la-Reine (Seine). — Paris, lib. Vict. Masson. Prix : 2 fr. Cet ouvrage est un traité d'arboriculture et un catalogue complet des arbres et arbrisseaux cultivés, que tous les amateurs de jardins doivent consulter. — *Guide* pour reconnaître *les champignons* comestibles et vénéneux du pays de France, par Krœnishfranch, botaniste. Vol. avec planches coloriées ; lib. Donnaud. Prix : 5 fr. Les amateurs de champignons ont enfin un *vade mecum*. — *Almanach de l'agriculture* pour 1870, par J.-A. Barral. Prix : 50 c. (60 par la poste). Librairie V. Masson. Cet almanach contient un article sur la ruche à arcades en paille, avec figures, que les amateurs de ruches voudront lire.   H. Hamet.

Considérations sur la bâtisse des abeilles.

(Suite, voir page 39.)

En novembre dernier, nous avons vu que dans un moment de forte miellée un essaim en ruche vide perdait beaucoup de miel faute de bâtisse ; mais que, logé en ruche bâtie, celle-ci ne fût-elle bâtie qu'au tiers, il déployait une grande activité dès les premières heures de son installation et perdait peu de miel pour de nouvelles bâtisses. Nous verrons aujourd'hui, par deux expériences, que, quand il y a pénurie de miel, un essaim en ruche vide la remplit de bâtisse sans grande perte de miel et qu'il n'est pas, à la fin de la campagne, sensiblement inférieur pour le poids à un autre essaim logé en ruche bâtie.

`Les deux expériences datent de cette année 1869. La première a été faite chez un ami, M. Bron, secrétaire du comice agricole de Mirecourt. M. Bron est un apiculteur qui fait peu de bruit et fait beaucoup de miel. La seconde expérience a été faite les 13 et 14 mai dans un petit apier que j'ai sous la main et qui est uniquement consacré à des expériences.

Première expérience.

1er mai.	A		B		C		D	
Ruche.	6 k.	070	5 k.	680	6 k.	050	7 k.	280
Abeilles.	1.	350	1.	190	1.	350	1.	620
2 mai.	7.	420	7.	170·	7.	400	8.	900
13 mai.	5.	650	6.	260	6.	900	8.	220
26 mai.	6.	840	6.	360	7.	150	8.	150
1 juin.	7.	000	6.	170	7.	200	8.	380
7 juin.	7.	700	7.	230	7.	850	9.	500
14 juin.	8.	800	8.	450	8.	700	11.	100
23 juin.	8.	700	8.	360	8.	420	10.	950
Différence.	1.	280	1.	190	1.	020	2.	050

EXPLICATION DU TABLEAU.

Les lettres A B C D sont quatre essaims artificiels du 1er mai 1869. A et B ont été logés en ruches vides ; C et D l'ont été en ruches entièrement bâties. Les quatre ruches sont de capacité égale, jaugeant de 20 à

21 litres et par conséquent pouvant fournir 500 grammes de cire. Les quatre essaims ont été mis à la place des souches. Comme il y avait pénurie de miel à la campagne, on a dû ajouter à chaque ruche une petite calotte remplie de miel afin de mettre les essaims à l'abri du besoin.

La première ligne donne le poids de chaque ruche (calotte comprise) avant la réception de l'essaim.

La deuxième donne le poids des abeilles.

La troisième, le poids total (ruche, calotte, abeilles), le 2 mai.

Les lignes suivantes donnent les pesées des 13 et 26 mai, des 4; 7, 14 et 23 juin.

La dernière ligne donne la différence entre la pesée du 2 mai et celle du 23 juin, soit : 1 k. 280 pour A, et 1 k. 190 pour B; 1 k. 020 pour C et 2 k. 050 pour D.

Ainsi, les deux essaims A et B, logés en ruches vides, avaient acquis ensemble un poids de 2 k. 170 contre 3 k. 070 acquis par les essaims C et D, logés en ruches bâties. Mais les essaims A et B avaient bâti presque entièrement leurs ruches, et rappelons-nous que chaque ruche pouvait fournir 500 grammes de cire. Rappelons-nous encore que les essaims A et B n'avaient ensemble que 2 k. 840 d'abeilles contre 2 k. 970 pour les essaims C et D.

Seconde expérience.

14 mai.	1.		12.		4.		8.
Ruche.	11 k.	050	7 k.	365	8 k.	680	7 k.	195
Abeilles.	1.	720	1.	730	1.	950	1.	950
14 mai.	12.	770	9.	090	10.	630	9.	145
31 mai.	3.	045	3.	000	3.	005	3.	010
9 juin.	16.	545	12.	670	14.	695	12.	225
Différence.	3.	775	3.	575	4.	035	3.	080

EXPLICATION DU TABLEAU.

Les numéros 1 et 12 sont des essaims artificiels du 13 mai 1869, quatre heures du soir. Le numéro 1 a été logé en ruche entièrement bâtie jaugeant de 25 à 26 litres. Le numéro 12 a été logé en ruche vide jaugeant 25 litres et pouvant contenir au moins 600 grammes de cire. Les numéros 4 et 8 sont des essaims artificiels du lendemain 14 mai, onze heures du matin. Le numéro 4 a été logé, comme le numéro 1, en ruche entièrement bâtie, et le numéro 8 a été logé, comme le numéro 12, en ruche vide jaugeant 25 litres.

Digitized by Google

Les quatre essaims, mis à la place des souches, en ont pris le numéro d'ordre et ont été pesés le 14 mai, six heures du soir.

Les deux ruches bâties contenant du miel, j'ai dû aussi donner du miel en rayons aux deux essaims à ruches vides, afin qu'ils puissent soutenir la lutte.

La première ligne donne le poids de chaque ruche (miel compris) avant la réception de l'essaim.

La deuxième donne le poids des abeilles.

La troisième, le poids total (ruche, miel, abeilles).

Dans l'intention de hâter la bâtisse des numéros 12 et 8, mais ne voulant faire de préférence pour personne, je donnai, le 31 mai, 3 kilog. de sirop de sucre à chacun des quatre essaims.

Le 9 juin, le ruche numéro 12 étant entièrement bâtie, et celle du numéro 8 l'étant aux cinq sixièmes au moins, je regardai l'expérience comme terminée et pesai les quatre essaims.

La dernière ligne donne la différence de la pesée du 14 mai à la pesée du 9 juin.

On voit que l'essaim numéro 12, quoique ayant bâti au moins 600 grammes de cire, est presque aussi lourd que son concurrent le numéro 1 qui n'a pas bâti.

Quant au numéro 8, il a été moins actif ; il pèse un kilogr. de moins que son concurrent le numéro 4. Mais, malgré cette infériorité, il n'a pas perdu plus de trois grammes de miel pour produire un gramme de cire.

Ce qui nous reste à dire sur la question de la bâtisse des abeilles paraîtra dans *l'Apiculteur* de janvier.　　　　　*Un apiculteur lorrain.*

L'abeille égyptienne.

Sa culture en Égypte, et son introduction en Allemagne, par M. Woodbury (1).

« Enfin, l'auteur aborde la question de l'acclimatation de nouvelles formes d'abeilles. Il croit que la plus avantageuse pour l'Europe serait l'égyptienne, en partie à cause de sa beauté, et en partie à cause de sa répugnance à user de l'aiguillon, qualité commune à toutes les abeilles d'Afrique, et l'une des recommandations de l'abeille italienne. » — *Annals and Magazine of Natural history*, for may 1863.

Un peu avant que M. Dallas eût publié sa traduction abrégée de l'écrit du docteur Gerstacker sur « la distribution géographique et les

---

(1) Il signe : *Un apiculteur du Devonshire. — Le trad.*

variétés de l'abeille, » d'où est tiré l'extrait ci-dessus, j'avais ouï parler
de la valeur que le savant Allemand attribuait à l'abeille égyptienne
(*apis fasciata*), et j'avais tenté de me la procurer en chargeant un marchand distingué, fixé dans la contrée, à qui j'avais fait donner une
l ettre d'introduction, de m'acheter trois colonies, accompagnant mon
ordre de pleines instructions pour leur emballage et leur transport en
Angleterre. Cela ne fut point exécuté, pour des raisons qu'alors je ne
pus comprendre, mais que le récit qui va suivre expliquera suffisamment, et la chose en était restée là jusqu'à l'année dernière, où j'appris
que la Société d'acclimatation de Berlin avait été plus heureuse et que .
M. Vogel, célèbre apiculteur, commis par la Société, avait réussi à
multiplier la race étrangère, ainsi qu'il le dira lui-même. — *Un apiculteur du Devonshire.*

« Nous pensons, dit M. Vogel, que l'Egypte était comprise dans le
rang de la création de l'abeille, puisque, par suite de l'obscurité et de
l'insuffisante connaissance que nous avons de l'histoire ancienne de cette
contrée, nous ne pouvons établir ni que notre insecte favori s'y répandit
spontanément, par degrés, ni quel fut celui qui l'importa dans la
vallée du Nil.

» Le fait historique que les anciens Egytiens étaient un peuple policé
nous permet de supposer que l'abeille était domestiquée en Egypte dès
les temps les plus reculés. Quoiqu'aucun document ne révèle qu'elle
ait été classée parmi les animaux sacrés, toutefois divers antiquaires
sont d'avis que la sainteté mythique de l'abeille était indiquée dans le
nom d'*Apis*, le bœuf sacré des Egyptiens, parce que ce nom répond à
celui que les Latins donnèrent plus tard à l'abeille (*apis*). Il est rapporté dans la Bible (*Genèse*, ch. XLIII, v. 11) que le vieux patriarche
Jacob envoya, entre autres présents, du miel « à l'homme » en Egypte ;
mais on ne saurait inférer de là que l'abeille n'y existât pas, et que ce
fût à cause de cela que Jacob désira en faire présent à Joseph. Selon des
commentateurs, le miel (*D'basch*), mentionné dans ce passage, n'était
point du miel d'abeille, mais un succédané, un jus de raisin épaissi,
aujourd'hui encore appelé *dibs* (1).

(1) En effet, les rabbins talmudistes, et certains dissidents, donnent ce sens
au mot *Debasch*, et les Arabes appellent *Dibs* le jus épaissi du raisin ou des
dattes. Mais les commentateurs catholiques ne l'entendent pas ainsi: *Debasch*
veut dire du *miel d'abeille*, et *Dibs* est employé abusivement pour désigner des
succédanés du miel. — *Le trad.*

» De même que les anciens laboureurs égyptiens se servaient du Nil pour obtenir de riches moissons, de même les anciens apiculteurs savaient l'utiliser pour faire profiter des plantes leurs abeilles, en les transportant de distance en distance sur les eaux de ce grand fleuve. La haute Egypte étant plus chaude que la basse, et la contrée plus promptement débarrassée de l'inondation, les plantes mellifères s'y développaient aussi plus vite. C'est pourquoi, dans la basse Egypte et dans celle du milieu, les apiculteurs, ayant compté leurs ruches, les empilaient en forme de pyramide sur des ¡bateaux construits dans ce but, et leur faisaient remonter le Nil.

» Quand la principale fleur était passée dans la haute Egypte, ils descendaient quelques milles plus bas, où ils s'arrêtaient jusqu'à ce que l'abeille eût épuisé les fleurs. Les souches revenaient ainsi dans la basse Egypte au commencement de février, et ils les rendaient à leurs propriétaires. Ceux de la haute Egypte qui les avaient suivis restaient en face des pâturages proche la mer, et s'en retournaient seulement en avril avec des ruches bien approvisionnées.

» La civilisation de l'Egypte avait baissé peu à peu et était devenue usée et stérile ; elle expira enfin sous la domination des fanatiques mahométans. Avec elle s'évanouit l'agriculture, et nécessairement l'apiculture, si ancienne et si étendue dans ce pays ; du moins les voyageurs modernes ne trouvent-ils plus l'apiculture nomade sur le Nil. Aujourd'hui, il n'y a que les seuls Arabes, ou Fellahs, agriculteurs, qui possèdent des abeilles ; les Bédouins, confinant vers le désert, n'en ont pas. Le petit nombre des habitants de l'Egypte, qui n'est que d'environ trois millions, nous donne une idée de celui des apiculteurs de cette contrée. La haute Egypte cultive les abeilles sur une plus grande échelle. Les ruches sont des vases mobiles en terre cuite protégés d'une muraille-abri. Il n'y a guère de ruchers dans l'Egypte du milieu et dans la basse Egypte. Un architecte nommé Kindler voyagea pendant quelque temps dans les environs du Caire sans en découvrir. Les vases en poterie qui servent de loges aux abeilles ont partout la forme cylindrique. Il ne paraît pas qu'on se serve de ruches en paille ; à la vérité, des voyageurs, décrivant l'apiculture de cette contrée, emploient le mot *korbe* (ruche en paille) dans leurs descriptions ; mais ce mot veut dire probablement une ruche, et rien de plus.

» Je ne connais que de vue les cylindres égyptiens. Ils sont fabriqués avec le limon du Nil, dont se servent aussi les pauvres gens pour bâtir leurs misérables huttes. Un cylindre a environ 15 pouces de diamètre intérieur, et 3 pieds de long; il a par conséquent les mêmes dimensions qu'une ruche Dzierzon. Son épaisseur est d'un pouce 1/2 ou 2 pouces. Un disque de même matière le ferme à chaque bout; l'entrée, qui est très-petite, est pratiquée à l'un de ces bouts. La position des cylindres est horizontale, et ils sont couchés, comme des drains, sous l'ombrage des arbres. La souche qui a été introduite en Allemagne était sous un arbre spacieux du cimetière anglais du Caire. Sa ruche était un cylindre d'un tiers moins grand que les ruches ordinaires; on l'avait faite petite exprès pour la commodité du transport. C'est février qui est le mois de l'essaimage dans la haute Egypte, et mars dans la basse Egypte. La souche importée était un tout petit essaim secondaire de la fin de mars. On ne connaît pas l'essaimage artificiel. Le calottage est également inconnu. On ne se sert pas non plus de masque pour aborder les abeilles, pour loger les essaims, pour récolter le miel lorsque la miellée a donné. La plante favorite est le trèfle d'Egypte, *trifolium alexandrinum.*

» En fait d'animaux hostiles aux abeilles dans l'Egypte, je ne connais que les frelons et les guêpes, poursuit M. Vogel. A une certaine époque de l'été, il faut qu'un enfant se tienne toujours auprès des ruches pour en écarter les frelons, et empêcher qu'elles soient dévalisées. Celui qui sait combien l'Egypte est fertile en insectes nuisibles peut se figurer quel fléau sont les frelons pour les abeilles, et leurs possesseurs en cette contrée durant la saison chaude. Une fois que le pillage a commencé, il y a peu de remède. La grande affaire du gardien est donc de repousser les premières attaques de ces animaux.

» Parce qu'il n'y a que quelques Fellahs et Koptes qui possèdent des abeilles, on met du temps à découvrir un rucher. L'Européen qui ne sait pas l'arabe a de la chance s'il en trouve un. En outre, les Fellahs sont tellement intolérants qu'ils sèment des difficultés, quelquefois insurmontables, devant les pas de l'amateur d'abeilles, et puis il faut compter avec les voleurs. A Mansourah, un Kopte a des abeilles, lequel passe pour maître apiculteur. M. Hammerschmidt, photographe, l'alla trouver, en 1863, dans l'espoir de lui acheter une souche pour la Société d'acclimatation de Berlin; l'Egyptien, sombre, soupçonneux et très-superstitieux, le satisfit d'abord d'une réponse évasive, et il ne lui donna en dernier lieu pas même une-abeille morte comme spécimen. Pardon! il lui faisait 15 à 20 thalers une abeille morte (un thaler vaut environ liv. 5 silbergros, ou 3 liv.)! M. Hammerschmidt eut plus de bonheur en

1864 ; il découvrit un petit rucher au Vieux-Caire. Le propriétaire, Fellah qui avait été élevé dans une famille européenne, lui donna *gratis* une abeille comme échantillon, et lui vendit pour *une forte somme* un petit essaim. Il voulut faire lui-même la ruche pour le transport, et son fils, qui était menuisier, fit la boîte d'emballage. Il faut qu'on sache qu'il ne consentit à vendre cet essaim que parce que M. Hammerschmidt, passé maître dans l'arabe, lui fit remarquer que son nom allait devenir européen, et même immortel : ce fut ce qui le décida. Il n'aurait pas voulu loger cet essaim dans une ruche en bois, persuadé que les abeilles, non accoutumées à cette matière, y seraient mortes. Ce Fellah n'est cependant pas sans quelque valeur pratique. Pour forcer les abeilles à faire des rayons parallèles au diamètre du cylindre, il fixe de vieux rayons à un petit bâton fourchu, aussi long que l'axe du cylindre en dedans, et il les maintient en position dans la ruche où il se propose de mettre les abeilles. Celles-ci collent les rayons sur le cylindre et sur la baguette ; et le Fellah, les détachant du haut et de la paroi, les retire avec le bâton et les introduit dans une autre ruche. Les Fellahs ont aussi des rayons en partie mobiles. Ils rendent parallèles aux rayons insérés ceux construits à neuf, pour faciliter l'extraction des gâteaux de miel.

» L'abeille égyptienne, différente de toutes les autres variétés connues par sa petitesse et une légère pubescence, est répandue dans toute l'Égypte. La vallée du Nil étant mieux isolée sous le rapport apicultural, cette abeille ne peut se croiser avec d'autres variétés; aussi garde-t-elle toute sa pureté de race. La preuve en est dans toutes les variétés qu'on a recueillies çà et là dans la contrée. L'abeille arabe, de nature africaine, a la même forme que l'égyptienne, ainsi que le démontre le spécimen de la collection entomologique de Berlin, apporté de l'Arabie Heureuse par Ehrenberg. La syrienne ne diffère de l'égyptienne que par un peu plus de grosseur et un corselet jaune velu ; elle lui ressemble tellement sous les autres rapports qu'on peut dire qu'elle lui appartient. Cette forme de l'abeille égyptienne se voit encore maintenant en Palestine, où elle cherche gîte dans des trous d'arbres et des fentes de rocher ; c'était peut-être celle qui donna du miel à Samson. A part les abeilles hybrides du Nord et de l'Italie, et l'abeille grecque, ou abeille de l'Hymette, on trouve dans l'Asie Mineure plusieurs abeilles qui se rapprochent de l'égyptienne par leur corselet et leur exiguïté. La forme égyptienne à tête noire et à couronne de poils règne jusqu'en

Chine, en passant par l'Himalaya ; c'est l'espèce décrite par Fabricius sous le nom d'*apis cerana* (1).

» Comme l'abeille égyptienne habite la zone subtropicale, on a craint qu'elle ne pérît bientôt sous le climat froid de l'Allemagne. Un de mes amis m'informa, en 1864, qu'il avait entendu dire qu'on n'avait pu acclimater cette abeille en Angleterre, où on l'avait introduite quelques années auparavant (2). Admettons qu'on ait essayé d'acclimater l'abeille égyptienne en Angleterre, et qu'on n'y ait pas réussi : mais, à en juger par les abeilles du Nord et de l'Italie, croit-on que ce soit le climat qui l'y ait fait périr? Le climat agirait sur un sujet élevé en Allemagne dans la supposition que la théorie cellulaire ou de préformation serait vraie. Selon la théorie imitative ou épigénèse, qui consiste dans le développement de tout être, depuis le bourgeon ou germe, il est tout à fait naturel de supposer au contraire que les germes de propagation, de même que ceux des autres organes du corps animal, se forment et se développent en leur temps, de sorte que l'influence du climat est ici inadmissible. Dès le principe, j'inférai que si l'abeille égyptienne ne supportait pas bien de suite notre climat il serait douteux qu'elle pût jamais s'y accoutumer. Si, pour se conserver avec utilité, elle était obligée d'altérer sa nature, l'acclimatation de l'insecte deviendrait impossible; car la nature originelle de l'abeille est inaltérable, d'après notre expérience, et ses impulsions innées sont immuables, le Créateur ne lui permettant pas de développer de nouveaux instincts. L'opinion que les abeilles, dans les Indes occidentales, cessent l'emmagasinement du miel, parce que, et quoique le pâturage soit ininterrompu durant toute l'année, est une erreur. Ce changement dans la nature de l'insecte est impossible; il est en opposition directe avec les lois invariables qui régissent la nature de l'abeille. On peut dresser les chevaux, instruire

(1) Le nom « d'abeille égyptienne », rigoureusement parlant, est incorrect, attendu qu'on la rencontre aussi en Arabie; mais, étant désignée sous ce nom dans les ouvrages d'histoire naturelle, et ayant été domestiquée et cultivée en Égypte dès la plus haute antiquité, et enfin apportée de ce pays dans l'Allemagne, nous le conserverons. Le mot latin *apis fasciata* (*fascio, as, avi, atum, are, entourer de bandelettes*) lui a été donné par le naturaliste français Latreille, en 1838. Il signifie que cette abeille semble ornée de bandes jaune, rouge et blanche.

(2) Ceci est une erreur probablement : je ne sache pas qu'on ait jamais tenté d'acclimater l'abeille égyptienne en Angleterre. — *Un apiculteur du Devonshire.*

les chiens, dompter les lions, mais nul homme, nul climat ne peuvent altérer la nature de l'abeille. Seulement, le climat règle son instinct dans tous les pays du monde, selon la variation des saisons.» — C. K. tr.

(*A suivre.*)

_____

Congrès apicole allemand à Nuremberg.

(Fin, voir page 42.)

L'impression que nous a laissé le congrès de Nuremberg et les documents que nous y avons recueillis nous forcent à étendre ce compte rendu. — Autant que nous avons pu en juger, le nombre de colonies d'abeilles est moins grand en Allemagne qu'en France, ou du moins dans la contrée que nous avons traversée : le Palatinat, la Prusse Rhénane, une partie de la Hesse et de la Bavière. On nous a dit qu'en Silésie, patrie de Dzierzon, en Hanovre et dans d'autres contrées, elles s'y trouvent en plus grande quantité. Les abeilles sont peu abondantes dans la partie que nous avons visitée, parce que les ressources florales n'y sont pas étendues. Les bois ne manquent pas sur les montagnes, mais dans la plaine, la culture est divisée, et beaucoup de champs sont consacrés à des plantes qui ne fournissent pas de miel aux abeilles : telles que betteraves, pommes de terre, choux, maïs, houblon, etc. En outre, la plupart des prairies naturelles qu'on trouve dans les vallées sont irriguées, c'est-à-dire trop lavées pour fournir beaucoup de miel. Quelques cantons sont mieux partagés ; ils sont couverts d'arbres fruitiers, — cerisiers, pruniers, etc.; — d'autres ont de vastes champs de colza, de luzerne, et quelques-uns de sainfoin. Les ruchers sont plus répandus dans ces cantons. Nous avons traversé une localité privilégiée près de Worms où on nous a signalé un rucher de 150 colonies logées en ruches à cadre, qui donne à son propriétaire de très-beaux bénéfices qu'on doit attribuer plus aux ressources mellifères qu'au reste.

En chemin de fer, on a peine à rencontrer un rucher par quatre ou cinq stations, et nous n'avons pu en découvrir ayant plus de douze colonies. Les ruchers sont presque tous des bâtiments couverts, et ouverts devant. Les ruches sont de formes diverses, et plus en paille qu'en bois. Aux environs de Mayence, nous avons vu une ruche en paille ayant quelque peu la forme d'une toupie renversée. Près de Nuremberg nous avons rencontré la ruche cylindrique haute, d'Œtl, Le miel en rayons que nous avons vu vendre sur le marché aux denrées de Nuremberg était extrait de ruches vulgaires en bois. Ce miel, provenant de fleurs du

printemps et de celles de bruyère, n'était pas de première qualité; en
outre, il aurait pu être mieux présenté. Il était vendu par morceaux depuis 100 grammes jusqu'à un ou deux kil., à raison de 2 à 3 fr. le kil.
En saison plus avancée, le marché est mieux fourni ; on en présente en
pots, et l'approvisionnement des petits consommateurs se fait là uniquement.

Le programme des questions à traiter à la réunion portait celle des
móyens de faire progresser l'apiculture. Le congrès de Nuremberg aurait
dû, ce nous semble, localiser cette question et concentrer son action sur
les moyens de présenter mieux les produits, car en les présentant mieux
on excite la consommation, par là on concourt à développer la production. C'est ce que nous avons fait en France en créant pour la présentation du miel des vases spéciaux inconnus en Allemagne. Mais si les apiculteurs allemands ont à nous copier de ce côté, nous avons aussi à les
imiter sous d'autres rapports. Nous avons, par exemple, à prendre au
congrès allemand le moyen qu'il emploie pour propager les bons appareils. Il fonde une tombola qui est tirée à la fin de l'exposition et les
principaux lots de cette tombola se composent d'objets primés que la Société achète aux exposants.

Ce qui nous a frappé chez nos voisins, c'est le peu de cas qu'ils semblent faire des distinctions du gouvernement, et de l'importance au contraire qu'ils ajoutent aux insignes de la corporation ou de la société à
laquelle ils appartiennent. Ainsi And. Schmit, à qui le gouverneur
du cercle a remis une décoration pendant la cérémonie, se hâte de la
détacher de sa boutonnière pour circuler dans la rue. Dzierzon a aussi
reçu la croix, il y a quelques années, et il la méritait, mais son habit est
veuf du moindre ruban rappelant cette faveur. C'est à n'y rien comprendre quand, de ce côté-ci de la frontière, on rencontre des *enrubanés* depuis leur gilet de flanelle jusqu'à leur pardessus. Mais la cocarde bleue
et blanche — avec rose rouge pour les commissaires—rehaussée du nom
de la *Société d'apiculture* et de celui du *Bienenzeitung*, est portée osten-
siblement pendant la durée du congrès par tous les membres, et ces insignes assurent à tous le bienveillant accueil des Nurembergeois; ils nous
ouvrent les portes des monuments, des musées, et des grands ateliers industriels de la ville.

Le congrès compte un certain nombre de curés, de ministres protes-
tants, etc. ; mais comme la réunion est scientifique, apicole, tout le
monde porte l'habit civil.Par l'émigration aux États-Unis et les relations

qui en sont résultées, les Allemands prennent les mœurs du nouveau monde. Ainsi, à l'exposition, M. Teodor Schmidt, de Frankfort, fait du prospectus à l'instar américain. Il a envoyé une caisse de trois ou quatre cents paquets de tablettes en sciure de bois attendrie par le chlore pour fumer les abeilles, et ces paquets sont distribués gratis aux apiculteurs qui désirent en faire l'essai. La préface de leurs livres n'est pas non plus exempte de l'exagération propre aux Américains. Parmi les ouvrages réunis à l'exposition se distingue celui du baron de Berlepsch, dont la préface contient l'affirmation suivante : « Mon livre est le meilleur et le plus complet qui exise dans l'ancien et le nouveau monde. » Quel pavé sur la tête de certains nouveaux venus qui s'intitulent les plus rationnels « de l'univers ! » Mais si les Allemands supportent les vanités d'auteurs, ils ne souffrent pas que la police estampille la pensée.

Lorsqu'il nous a été accordé de prendre la parole au nom des étrangers, nous avons émis le vœu d'une association des apiculteurs de tous les pays, pénétré que, comme dans la ruche, la nombreuse famille des possesseurs d'abeilles a à tirer profit du butin de chaque membre. Il est vrai que déjà, des publications périodiques emmagasinent ce butin et le mettent à la porteé de leurs lecteurs respectifs. Mais de grandes réunions d'hommes d'élite de divers pays contribuent puissamment à faire tomber les préjugés nuisibles au progrès et à l'union des membres de la grande famille.

Nous ne terminerons pas ce compte rendu sans témoigner publiquement combien nous nous souvenons du bon accueil que nous ont fait les apiculteurs allemands, parmi lesquels nous citons un membre de l'autorité de Nuremberg, M. Henri Kapfer, pour remercier en particulier l'édilité de cette ville. — Le congrès dé 1870 se tiendra à Kiel, dans le Schlewig allemand.   H. HAMET.

Fragments du journal d'un apiculteur.

Ferme-aux-Abeilles, décembre 186...

12 *décembre*. — Nos abeilles ont des provisions pour la mauvaise saison, leur habitation est abritée et garantie de l'humidité ; l'entrée en est rétrécie par une porte dentée ; nous n'avons pas à nous inquiéter de toutes les colonies populeuses quelque froid qu'il fasse. Quant à celles dont la population n'est pas bien forte et dont la ruche a des parois minces et des divisions intérieures, il est bon, si la gelée est forte, de les rentrer dans un local sec et de les couvrir de paille, de foin ou de fougère. N'ou-

blions pas que les abeilles mangent pour se chauffer, et que moins leur ruche conserve la chaleur, plus elles mangent et plus elles fatiguent.

Les longues soirées de l'hiver laissent des loisirs qu'il faut utiliser à consulter les livres. C'est la saison où notre esprit peut le plus — à l'inverse de nos abeilles — amasser des provisions pour l'avenir. Bourrons-le des axiomes suivants dont nous tirerons grand parti l'été : — Les abeilles gorgées de miel ne songent pas à piquer. — On peut toujours les rendre pacifiques en leur offrant un liquide sucré. — Si on les effraye par la fumée ou le tapotement, elles se gorgent de miel, et perdent la disposition à piquer, à moins qu'on ne les serre ou les blesse. — Tout mouvement brusque autour de leurs ruches les irrite, surtout s'il ébranle leurs rayons. — Elles n'aiment pas l'odeur offensive des transpirations animales, ni le souffle impur d'une bouche gâtée. — Ordinairement l'apiculteur ne tire de profits de bonne heure au printemps, que des souches fortes et bien portantes. — Dans les cantons où la miellée n'est abondante que durant peu de temps, on récolte toujours du miel, si l'on n'augmente pas trop les colonies. — L'augmentation modérée des colonies est le mode le plus aisé, le plus sage et le plus économique pour bien gouverner les abeilles. — Si l'on ne se hâte de donner une mère aux colonies orphelines, celles-ci ne tardent guère à s'affaiblir, et à être attaquées et détruites par la fausse-teigne ou les pillardes. — La formation des colonies nouvelles doit être pratiquée dans la saison où les abeilles butinent largement le miel ; et si l'on en fait, ou bien quelque autre opération, quand la miellée est faible, on doit prendre garde au pillage.

L'apiculteur a, comme l'insecte qu'il cultive et auquel il s'attache avec passion, l'amour du travail : la bête le redit à l'homme. Lorsque la gelée suspend la plupart des travaux des champs, il s'adonne à la fabrication des ruches dont il aura besoin au printemps. Il a fait, ou se hâte de faire ses provisions de ronces dans la forêt où on les trouve avec moins de nœuds que dans les haies, et il s'est muni de gluis pour la confection des ruches en paille.   X.

_____

Société centrale d'apiculture.

Séance du 23 novembre 1869. — Présidence de M. d'Henricy.

Nourrissement au sucre. — Araignée ennemie des abeilles. — Guêpes détruisant des colonies. — Localité favorable, etc.

Le procès-verbal de la dernière séance est adopté sans réclamation.

L'assemblée a sous les yeux les pièces qui ont été envoyées à la Société pour le concours de cette année, fermé le quinze de ce mois. Il est nommé une commission de trois membres composée de MM. Hamet, de Liesville et Delinotte, qui est chargée de l'examen des titres des concurrents pour les prix proposés. Cette commission devra présenter un rapport à la séance du mois prochain.

L'assemblée s'entretient ensuite du projet d'exposition en 1870, et, après une discussion, à laquelle prennent part MM. d'Henricy, de Liesvelle, Delinotte, Arnaud, Favarger, Hamet, Lahaye et Leclair, elle remet à la séance prochaine la nomination d'un comité d'organisation. — M. Serrain, de Richemont (Oise), propose que la question de nourrissement des abeilles par le sucre soit portée au programme. — Relativement au nourrissement par le sucre, M. Duchenne, de Liancourt, fait la communication suivante. Il dit qu'ayant ramassé chez les épiciers de sa localité une trentaine de kilogrammes de déchets de sucre cassé, qu'il a payé de 70 à 90 cent. le kil., il a divisé ce sucre en portions de 5 kil., à chacune desquelles il a ajouté 2 kil. d'eau. Il a mis dans une terrine et fait fondre, puis il a servi tiède aux abeilles par 1 kil. à 2 kil. 500 gr. à la fois. Les 5 kil. de sucre étendus de 2 kil. d'eau ont donné, emmagasinés, un poids de 5 kil. 500 gr. L'année dernière cette même quantité emmagasinée n'avait donné que 4 kil. Il a opéré vers la fin de septembre.

Un membre fait remarquer que l'honorable correspondant a oublié de faire connaître l'état des colonies alimentées, et surtout le degré de température au moment de l'alimentation. M. Hamet ajoute qu'en effet une différence de température peut donner une différence de poids. Plus la température est basse, plus il y a de déperdition si l'on nourrit en plein air. Il faut que les abeilles absorbent une certaine quantité d'aliments pour faire la chaleur qu'elles perdent en se déplaçant pour monter la nourriture.

M. Jacquard, de Dornecy (Nièvre), dit que l'araignée appelée *épeire diadème* n'est pas la seule nuisible aux abeilles ; il signale celle qu'on nomme vulgairement *amoureux* dans sa localité, et dans d'autres *cheval* (ces dénominations lui viennent de ce qu'elle emporte l'insecte dont elle se saisit comme si elle était montée dessus)..Cette araignée est ronde comme un pois ; elle a de grandes pattes et ne tend pas de piége comme l'*épeire*. Ce doit être celle que Walckenaer (Tableau de aran., p. 54) appelle l'**Agelène labirinthique** (*aranea labirhintica*), qui se nourrit principalement de fourmis et d'abeilles. M. Jacquard a vu une de ces araignées se saisir, à l'entrée d'une ruche, de douze abeilles en une demi-heure, et l'essaim auquel appartenaient ces abeilles a fini par être totalement détruit. Il ajoute que, malgré la chasse constante qu'il fait à cette araignée, il en trouve toujours dans les capuchons des ruches.

M. Gobeau, de Saintes, écrit que M. Pastureau, de Maizière, a fait erreur quand il a dit que les guêpes avaient été peu abondantes (V. compte rendu de la séance précédente). La vérité est que dans la Charente-Inférieure il y en a eu cette année vingt fois plus que de frelons, et l'an dernier, dix fois plus que d'habitude. C'est désolant les ravages qu'elles ont faits aux treilles, aux poiriers et aux figuiers. « Au troisième étage de mon jardin, j'ai vingt-six ruches en ligne qui sont à 8 m. du mur de derrière, et à 2 m. est la première du mur de côté haut de 3. m. 60. L'an dernier, cette première ruche a été détruite par les guêpes; cette année, je l'ai remplacée par un très-fort essaim d'italiennes logé en bonne bâtisse, et les guêpes lui ont réservé le même sort. » — M. Leclair fait remarquer, à ce propos, que lorsqu'elles attaquent une treille, c'est par l'extrémité ou par la partie la plus élevée que les guêpes commencent leurs déprédations. M. d'Henricy attribue cela à la plus grande maturité du raisin. M. Hamet cite quelques observations qui montrent que cette cause n'est pas la seule qui les fait agir ainsi.

M. Picat, à Onesse (Landes), fait connaître l'état de son rucher, et indique les expériences qu'il a commencées avec la ruche landaise qu'il a améliorée.

M. Jabot, de Marmande, communique le résultat des expériences qu'il a faites sur l'essaimage artifiel ; il dit qu'il se propose de continuer ses essais. Il termine sa correspondance par la note suivante : « Je veux vous faire connaître une opération qui a été pratiquée sur une ruchée appartenant à un de mes amis et qui donnera une idée de la façon remarquable dont les abeilles prospèrent ici. Cette colonie était logée depuis trois ans environ dans une *camporte* ayant une capacité de 50 litres environ. Chaque année un chiffonnier venait en récolter le miel et la cire suivant les procédés en usage dans la contrée. Le propriétaire trouvant cette culture peu commode, résolut de faire passer les abeilles dans une ruche à calotte. Je lui conseillai d'avoir recours au transvasement par préparation, et voici comment

nous procédâmes : Au commencement de mars nous sciâmes la camporte dans la partie supérieure sur 15 centimètres de hauteur environ ;
puis, après avoir passé un fil de fer, nous enlevâmes cette calotte qui
donna 10 kil. de beau miel. L'ouverture que nous venions de faire
ayant été recouverte, nous plaçâmes le même jour une ruche vide
sous la comporte (celle-ci était entièrement remplie de constructions).
Vers le milieu d'avril, la ruche (elle jauge 30 litres) placée sous la
camporte était remplie de gâteaux. Le 15 mai, nous enlevâmes la camporte ; elle était presque entièrement pleine de miel. Le couvain y
occupait à peine 0 m. 2 carrés. Elle a donné 20 kil. de miel blanc
qui, ajoutés aux 10 kil. récoltés précédemment, forment un total de
30 kil.

Ces 30 kil., estimés au prix minimum 1 fr., valaient.. . . . 30 fr.
Plus 3 kil. de cire à 4 fr. 12

Total pour le miel et la cire. 42 fr.

De plus, cette colonie a donné le 11 avril un essaim naturel magnifique et quelque temps après un essaim secondaire ; enfin, l'essaim
primaire a donné un reparon, ce qui ne l'empêche pas d'avoir largement ses provisions d'hiver. Les autres sont moins approvisionnés,
mais ils survivront avec quelques avances.

M. le secrétaire général propose l'admission de M. Aubouy, professeur au collège de Lodève, et MM. Crespel frères, de Lille, comme
membres titulaires de la Société. Cette admission est faite à l'unanimité.
— M. Rivet, de Saint-Girons (Ariége), adresse une souscription de 4 fr.
et M. Coyatte, de Billy (Meuse), offre un exemplaire de sa Ruche de
l'instituteur. L'assemblée leur vote des remerciments, et la séance est
levée.   Pour extrait : DELINOTTE, secrétaire.

Rapport sur l'apiculture à l'Exposition des insectes en 1868. (Fin. V. page 24.)

M. Lourdel, instituteur à Bouttencourt (Somme), cultive intelligemment les abeilles et enseigne avec succès les méthodes rationnelles.
Mais, placé au milieu d'une population imprégnée des préjugés les
plus absurdes, il a eu, au début, fort à faire pour n'être pas taxé de
folie ou de sorcellerie. Il est mis à l'index par la routine toute-puis-
sante. Le garde champêtre d'une commune voisine, se croyant la

mission providentielle de préserver les *administrés* de tous les chiens enragés, s'empresse de passer chez les propriétaires d'abeilles pour les prévenir que malheur leur arrivera s'ils laissent pénétrer ce *mécréant* dans leur rucher. On va jusqu'à le dénoncer comme homme *dangereux* à son inspecteur. Néanmoins il triomphe de tous les obstacles et fait disparaître l'étouffage autour de lui. M. Lourdel s'adonne à l'italianisation des abeilles, et il expose : une ruche d'observation avec abeilles italiennes ; une ruche à cadre mobiles, sans abeilles ; une ruche en paille à hausses ; un fumigateur de poche ; des galettes en bouse de vache et tourbe pour asphyxier les abeilles ; une machine à asphyxier ; six petits pots de très-beau miel et six bouteilles d'excellent hydromel. Le jury accorde à M. Lourdel une médaille de vermeil (1re classe), pour son enseignement et sa propagande apicole, et pour l'ensemble de son exposition.

M. Leperdriel, instituteur à Saint-Eny (Manche), habite une contrée favorable aux abeilles, mais où l'ignorance est profonde, partant où l'étouffage est ancré. C'est en inculquant le goût des abeilles à ses confrères et en les poussant à soigner quelques ruchées que sa propagande porte des fruits. Les élèves de l'école normale de Saint-Lô reçoivent aussi ses leçons. Il présente une ruche normande coupée verticalement qui ne vaut pas, pour les paysans qui l'entourent, la ruche normande simple à calotte. Le jury accorde à M. Leperdriel une médaille de 1re classe pour son enseignement et pour sa propagande apicoles.

La pratique intelligente que M. Chapron, instituteur à Feigneux (Oise), exerce dans vingt ou trente ruchers de son canton, donne des résultats immédiats. Il enseigne, en outre, dans son école et dans le bulletin de la Société d'horticulture de Senlis. Il expose : une ruche octogonale à rayons mobiles et à calotte ; une hausse bourdonnière munie de sa grille ; une bourdonnière mécanique ; des produits, miel et cire, de bonne qualité. Le jury accorde à M. Chapron une médaille de 1re classe pour son enseignement et pour l'ensemble de son exposition.

La propagande de M. Wéry, instituteur à Montbron (Aisne), porte sur ses confrères et sur les possesseurs de ruches ses voisins. En outre, les élèves de son école reçoivent des leçons de théorie et de pratique. Depuis douze ans qu'il s'adonne avec dévouement à cet enseignement incessant, l'apiculture locale lui doit des améliorations remarquables. Le jury accorde à M. Wéry une médaille de 1re classe pour son enseignement et sa propagande apicoles.

Ont également continué de propager avec zèle les méthodes rationnelles : MM. Arnaud, à Meillonnas (Ain), qui expose des produits, miel et cire, de la Bresse, que le voyage a quelque peu abîmés ; Charamond, à Roinville (Eure-et-Loir) ; Doré, à Appeville (Eure); Pieuchot, au Charmel (Aisne) ; Cadot, à Sury (Ardennes); Hyenne, à Mareuil-le-Port (Marne). Le jury accorde aux quatre premiers un rappel de médaille de 1re classe, et aux deux derniers un rappel de médaille d'argent.

Plus de cent autres instituteurs ont pris part au concours ouvert, et un certain nombre ont envoyé des cahiers de leurs élèves ou des produits de leur rucher. Beaucoup ont des titres à une distinction et tous méritent des félicitations. Le jury accorde une médaille de 2e classe aux lauréats dont les noms suivent : M. Collin, instituteur à Salival (Meurthe), qui présente quatre cahiers substantiels sur l'apiculture ; M. Friez, instituteur à Froyelle (Somme) ; M. Gaillard, instituteur à Vaux et Chantegrue (Doubs) ; M. Gérardin, instituteur à Omelmont (Meurthe), qui expose de beaux miels en rayon et coulé ; M. Hecquet, instituteur à Breilly (Somme) ; le frère Isique, instituteur à Nérac (Lot-et-Garonne) ; M. Letellier, instituteur à Massy (Seine-Inférieure) ; le frère Ludovic, instituteur à Larajasse (Rhône) ; M. Paupy, instituteur à Perrigny-sur-Armençon (Yonne) ; M. Warpot, professeur à Bourecq (Pas-de-Calais). — Le jury accorde un rappel de médaille de 2e classe aux instituteurs suivants : MM. Brad, à Fresne-Camilly (Calvados) ; Cheruy-Linguet, à Taissy (Marne) ; Delhomet, à Andrezeille (Seine-et-Marne) ; Denizaut-Noel, à Is-en-Bassigny (Haute-Marne) ; Froment, à Richecourt (Meurthe) ; Harang, à Planquery (Calvados; Lenain, à Bouvincourt (Somme); Lenormand, à Concoret (Manche) ; Derivaux, à Urmatt (Bas-Rhin); Grenier, à la Verpillière (Isère) : Prunier, à Villemorein (Aube).

Sont désignés pour une médaille de 3e classe : MM. Carpentier, inspecteur de l'instruction primaire à Boulogne (Pas-de-Calais) ; Chatelain, instituteur à Creuzier-le-Neuf (Allier), qui présente un petit traité (manuscrit) d'apiculture à l'usage des élèves ; Galtier, à Saint-Exupère (Aveyron) ; Hacque, à Flavacourt (Oise) ; Magnenat, au Thil (Ain) ; Patte, à Gueudecourt (Somme); Stambach, à Offwiller (Bas-Rhin) ; Sorel, à Fultot (Seine-Inférieure). — Une mention honorable

est accordée à MM. Carquet, instituteur à Dierrey-Saint-Julien (Aube).;
Chargé, à Caunay (Deux-Sèvres); Chateau, à Matignicourt (Marne) ;
Dumoulin à Aix-en-Issart (Pas-de-Calais); Jeannin, à Jallange (Côte-
d'Or); Moindrot, à Ennordes (Cher); Proth, à Fillières (Moselle) ; R.
Simon, à Poix (Marne); C. Viaut, à Quennes. — Il est accordé à tous
ces instituteurs quatre exemplaires du *Calendrier apicole* pour être
remis à leurs élèves les plus méritants (1).

Le jury croit sa tâche remplie en appelant l'attention de la Société
centrale d'apiculture et en l'engageant à récompenser dans son concours prochain les mérites qu'ils n'auraient pas suffisamment récompensés et en réparant les omissions qu'il aurait faites. En attendant,
il doit témoigner aux lauréats de ce jour la satisfaction bien vive
qu'il a éprouvée en dépouillant leurs titres. Il ne saurait trop engager
tous les instituteurs à s'adonner à l'apiculture. Car non-seulement le
rucher du jardin de l'Ecole initie les enfants à la culture d'un insecte intéressant et lucratif, mais il leur présente aussi une attrayante
image du travail, qui contribuera à en faire des hommes laborieux et
sages.

Théorie apicole de Dzierzon.

Ceux des lecteurs de *l'Apiculteur* qui s'intéressent le plus particulièrement aux connaissances théoriques de l'apiculture nous sauront
gré de leur traduire les travaux de Dzierzon, auxquels nous ajouterons
des notes et des commentaires quand nous les jugerons nécessaires.

D'abord nous dirons que pour apprécier ces travaux et pour pouvoir
juger ce qu'ils ont de réellement neuf, il faut avoir lu Swammerdam,
Réaumur, Huber, Jurinne, Latreille et quelques auteurs qui les ont
plus copiés qu'imités, tels que Audoin, Féburier, Radouan, etc. Il
faut aussi être au courant des observations faites dans ces derniers
temps, et que *l'Apiculteur* a consignées dans ses livraisons parues.

De l'apiculture rationnelle. Nous ne reproduisons du chapitre intitulé : « De l'apiculture rationnelle, » que le dernier alinéa qui répond
le mieux au titre et le définit en peu de mots.

..... Celui qui veut élever avec profit un animal domestique doit
d'abord en connaître suffisamment la nature, les circonstances qui
contribuent à sa prospérité, ses aptitudes et ses penchants. Quand
il s'agit des abeilles, ces connaissances sont d'autant plus indispen-

---

(1) Ces exemplaires n'ont pu être envoyés en temps voulu, le nombre qu'il en
restait de la 2e édition n'étant plus suffisant pour satisfaire tous les ayants droit.
Les lauréats non encore servis le seront en décembre.

sables que leur nature est plus délicate, et que leur économie domestique est une des plus merveilleusement perfectionnées qui existent. Il suffit quelquefois de la moindre des petites précautions pour prévenir un désordre dans cette économie et pour empêcher une perte. Au contraire, celui qui ne connaît pas suffisamment la manière de vivre des abeilles ignorera tout à fait les moyens de se tirer d'affaire ou bien en emploiera de mauvais. Il est certain, d'ailleurs, que le plus ignorant pourra faire des profits dans les années bonnes et exceptionnelles ; le bénéfice produit par certaines ruchées couvrira facilement la perte éprouvée sur d'autres. Mais aussi les mauvaises années survenant, ses pertes seront d'autant plus fortes que ses soins auront été mal appliqués. Plus les sources de miel coulent avec pénurie, et plus il faut augmenter de soins, ce qui exige nécessairement une connaissance d'autant plus approfondie de la nature des abeilles. L'apiculture ne consiste pas seulement en un certain nombre de manipulations mécaniques. Car il peut arriver bien des cas divers et fortuits où l'on resterait alors sans ressources. Par contre, celui qui a complétement étudié la nature de l'abeille ne sera jamais à bout de ressources ; il saura toujours s'arranger et choisir les meilleurs moyens pour atteindre son but. Du reste, chacun peut, avec un peu d'attention à observer et pourvu qu'il ait de bons yeux au physique comme au moral, obtenir les connaissances nécessaires en cette matière. Cependant il faudrait plus de la moitié de la vie d'un homme pour examiner complétement toute la merveilleuse économie domestique des abeilles et pour découvrir tous les secrets si bien cachés d'une ruche. C'est pour cela que tout apiculteur novice fera bien de profiter de l'expérience d'autrui pour sa propre instruction, afin de ne pas perdre un temps précieux et de faire l'économie d'expériences souvent coûteuses. C'est aussi dans cette intention que l'apiculteur silésien met au service de toute personne les observations qu'il a faites depuis sa plus tendre jeunesse, soit depuis plus de 40 ans avec une scrupuleuse attention, et les fruits des recherches faites pendant 25 ans sur des centaines de ruches placées dans les habitations les plus diverses. Celui qui suivra ses instructions tirera probablement de l'apiculture autant de profits et de plaisirs que lui-même.

— Ainsi, de l'aveu de la théorie même, les débutants qui ne veulent pas faire trop d'école à leurs dépens, « doivent profiter de l'expérience d'autrui », c'est-à-dire commencer par étudier les praticiens.

Partie théorique ou histoire naturelle des abeilles. — Les abeilles, ces petites bêtes si merveilleuses dont nous allons nous occuper, sont des insectes de la classe des hyménoptères, qui vivent en grandes sociétés ou essaims. Leur réunion en société ne ressemble pas à celle qui existe fortuitement ou occasionnellement, comme chez beaucoup d'animaux, tels que les sauterelles, les mouches et bien des genres d'oiseaux ; il y a plus ; les abeilles ne peuvent même pas vivre isolément, ni perpétuer leur race, parce que les différents membres de cette société que l'on appelle essaim, population et même ruche quand on y comprend encore l'habitation, possèdent une destination particulière et des fonctions spéciales.

Comme tous les insectes, les abeilles sont des animaux à sang froid ; il leur faut pour vivre et prospérer une certaine chaleur, qui, suivant les années, peut varier de 10 jusqu'à 30 degrés Réaumur. Elles s'engourdissent par une température basse, elles perdent l'usage et la mobilité de leurs membres, et elles gèlent complétement à zéro et ne reviennent plus à la vie, ou du moins elles ne retrouvent plus toutes leurs forces. Les abeilles ne pourraient pas vivre du tout sous notre climat ni dans aucune contrée qui se trouve sous la zone tempérée, où la température descend si souvent au-dessous de zéro, si elles ne possédaient la faculté de produire dans leur ruche un degré considérable de chaleur qu'elles peuvent entretenir constamment, ce qui ne leur est possible qu'à la condition d'être réunies en grands essaims. Les abeilles, en dépit des plus grands froids extérieurs, entretiennent dans leur ruche ce degré nécessaire de chaleur, soit chimiquement, par leur respiration qui produit une sorte de combustion lente par la combinaison de l'oxygène de l'air atmosphérique avec le carbone contenu dans le sang, soit d'une manière mécanique par un certain frémissement des ailes et d'autres mouvements du corps qui produisent un certain frottement ; elles se tiennent aussi en un tas arrondi, où les gâteaux de cire, qui tiennent l'air emprisonné dans les cellules, les poils de leur corps et enfin la ruche elle-même empêchent la déperdition de leur chaleur naturelle.

Les abeilles ne peuvent non plus conserver leur race qu'à la condition d'être rassemblées en essaim, non pas seulement parce qu'en masse elles peuvent mieux entretenir la chaleur nécessaire au couvain, mais parce que les différentes abeilles d'une même ruchée ont pour la procréation de la race différentes destinations et doivent accom-

plir de certaines obligations qui toutes ensemble sont indispensables
pour la conservation de la famille.

— Il y a encore peu d'années que les' opinions les plus diverses,
soutenues avec la plus grande ténacité, existaient sur les diverses destinations et sur les relations de sexe des divers membres qui composent une ruche d'abeilles.

L'auteur fut obligé de soutenir une lutte acharnée pour défendre
un opinion qu'il avait formulée dans sa brochure : *Théorie et pratique
de l'apiculture*, parue en 1848, et qui fut attaquée pendant plusieurs
années par le journal d'apiculture d'Eichstadt, organe de la Société
d'apiculture allemande, auquel le journal mensuel des amateurs
d'abeille de Silésie répondit de 1854 à 1856 d'une manière victorieuse et irréfutable. L'introduction de la race italienne et sa propagation dans le pays ne fut pas pour peu de chose dans la victoire que
remporta la vérité sur les préjugés et les erreurs accrédités partout
depuis des siècles.

— Il est bon de faire remarquer qu'après l'étape en avant qu'avait
faite l'Allemagne par suite des travaux de la Société apicole de la
Haute-Lusace au XVII° siècle, ce pays resta stationnaire, et qu'il y a trente
ans, il se trouvait moins avancé que ne l'étaient la France et la
Suisse, où les observations de Huber s'étant répandues avaient porté
des fruits.

Cette race italienne est toute particulière dans la grande famille des
abeilles, et elle se distingue de la race vulgaire par sa couleur spéciale et d'autres propriétés encore. Tandis que les abeilles de la race
commune ont tous les anneaux de l'abdomen teints d'une même couleur grise ou noirâtre, les abeilles italiennes ont les deux premiers
anneaux, et même la moitié du troisième, de couleur orangée, de telle
manière que même pendant le vol on distingue comme une espèce
de ceinture·jaune autour de leur corps. Le poëte latin Virgile connaissait déjà cette belle espèce d'abeilles marquées de couleur orange
et il en décrit les avantages, qui se reconnaissent encore aujourd'hui,
dans le quatrième livre de son ouvrage sur l'agriculture où il traite
de l'élevage des abeilles. Cette abeille est plus active, plus productive,
plus courageuse dans les combats contre les pillardes, d'un caractère
plus doux en ce qu'elle ne pique que lorsqu'on la blesse ou qu'on
l'irrite à un haut degré. L'auteur reçut en février 1853 la première
ruchée d'abeilles italiennes, et de Carlsmarckt, elle se répandit, pendant
les sept dernières années, non-seulement dans toute l'Allemagne et

pays voisins, mais jusqu'en Suède, en Danemark et même jusqu'en Amérique. Nous allons expliquer dans le prochain chapitre les rapports des sexes entre eux dans une ruche d'abeille, ce qui fera comprendre comment la race italienne fut d'un grand secours pour faire reconnaître la vérité si longtemps méconnue. (*A suivre*.)

Sur l'état de l'apiculture dans le Peerhe-Gouet.

Voici d'abord une description succincte de cette charmante contrée : Collines nombreuses couronnées de pins, d'acacias, de tilleuls ; vallées sillonnées de ruisseaux clairs, sinueux, qui vont se perdre dans de larges étangs ; prairies fraîches émaillées de mille fleurs ; arbres fruitiers innombrables et de toute espèce ; bois taillis, bruyères, champs entourés de haies touffues de coudriers, de frênes, d'ormes, de ronces. La nature enfin s'y montre avec son ornement le plus varié et le plus gracieux.

Malheureusement, le terrain étant trop argileux, la couche végétale trop peu profonde, les colzas, les sainfoins, les vesces, les luzernes et tous les précieux mellifères que présente la riche Beauce, notre voisine, que je quittai en décembre 1861, font presque absolument défaut dans ces contrées plus riantes que cultivées.

Mes abeilles beauceronnes ne purent supporter la privation de ces ressources auxquelles elles étaient accoutumées : il me fallut les voir périr presque toutes dans le courant de l'été suivant.

Je me remontai avec des paniers du pays. Je les choisis bons, et je fus bientôt dédommagé de la perte sensible que j'avais éprouvée en arrivant.

La manière dont je cultivai ces colonies indigènes attira l'attention de mes habitants jusque-là étrangers aux soins, aux précautions les plus élémentaires en apiculture.

On vint avec empressement me faire visite. J'adressai, comme on pense, des questions sur le nombre et l'établissement des ruchers, sur la manière de cueillir les essaims, de récolter le miel et la cire.

Je reconnus bientôt que dans ces contrées, où nulle science n'a encore pénétré, l'apiculture se trouvait à l'état primitif, ou plutôt qu'il n'y avait pas d'apiculture.

En voici quelques preuves :

1° Ruches communes exclusivement, situées au plus grand soleil sans aucun tempérament, mal couvertes de mauvaise paille, nullement calfeutrées. En un mot, tout ce que l'on peut imaginer de plus inculte.

Il est inutile de dire les conseils que je m'empressai de donner sur ce point. Je fus bien accueilli.

2° Beaucoup d'essaims s'envolaient au loin, faute de vigilance, et aussi parce que dans ces pays couverts de bois, les abeilles éprouvent naturellement une vive tentation d'émigrer.

J'eus la hardiesse de conseiller l'essaimage artificiel. Ce procédé ayant parfaitement réussi, j'ai été bien entendu de plusieurs.

3° Pour la récolte du miel, l'étouffage était pratiqué absolument. Ici, je me montrai indigné. Je fis voir énergiquement la cruauté comme aussi le désavantage d'une telle pratique. J'indiquai comment, avec un peu de fumée et quelques minutes de tapotement, il est facile de transvaser les abeilles.

Les chasses opérées en temps opportun ayant prospéré, m'ont donné raison complètement.

Voilà, en quelques mots, que je pourrai compléter plus tard, le pauvre état de l'apiculture dans ma commune. Et je puis affirmer qu'il en est de même dans un rayon très-étendu.

Comme je vous l'ai dit, les quelques conseils que j'ai donnés ayant été bien reçus, une amélioration sensible s'est manifestée : beaucoup d'abeilles ont été conservées, et, cette année, leur multiplication a été très-bonne. Chaque panier a donné partout deux et, quelque part, trois essaims qui paraissent parfaitement viables. L'essaimage artificiel pratiqué sur plusieurs ruches a bien réussi, et il n'a point empêché un second et même un troisième essaimage naturel.

J'espère introduire peu à peu la bonne culture apicole que vous enseignez dans vos savants traités et dans votre excellent journal.

Mais il est besoin de temps. Vous savez mieux que personne combien il faut user de prudence, essuyer de contradictions et soutenir d'épreuves pour amener un progrès quelconque.

Toutefois, je suis plein d'espérances, puisque les premières leçons, qui sont toujours les plus difficiles à faire accepter, ont été généralement bien reçues.   Un de vos abonnés du Perche-Gouet.

Revue et cours des produits des abeilles.

Paris, 29 *novembre.* — Miels. Les miels blancs sont en faveur, et le seraient davantage si la consommation était forte. Les surfins gâtinais sont cotés à l'épicerie de 180 à 200 fr. les 100 kil. Les blancs selon nuance, de 140 à 160 fr. Chili, beaux choix, de 130 à 140 fr.; inférieurs, de 100 à 120 fr.

Les miels de Bretagne sont aussi en faveur; on les tient à 88 fr. les 100 kil. en gare d'arrivée. A ce prix, le commerce n'achète qu'au jour le jour. — Au Havre, il n'est rien venu en chili nouveaux. Un lot de 150 barils, qualité tout à fait inférieure, a été cédé en seconde main pour l'Allemagne, à 95 fr. les 100 kil.

Cires. — Les cires jaunes ont perdu de 10 à 15 fr. les 100 kil. On cote, hors barrière, de 120 à 130 fr. les 100 kil. en briques. Dans quelques cantons producteurs, on tient les prix antérieurs, de 130 à 140 fr. Les cires à blanchir sont restées à peu près stationnaires.

Voici les cours pratiqués à Marseille : Cire jaune de Trébizonde et de Caramanie, 240 à 235 fr. les 50 kil.; Chypre et Syrie, 230 fr.; Egypte, 210 à 220 fr.; Mogador, 200 à 205 fr.; Tétuan, Tanger et Larache, 200 à 210 fr.; Alger et Oran, 210 à 225 fr.; Bougie et Bone, 205 à 210 fr.; Gambie (Sénégal), 210 fr.; Mozambique, 215 fr.; Corse, 220 fr.; pays, 205 à 215. Ces deux dernières à la consommation et les autres à l'entrepôt.

A Alger, cire jaune en première main, 3 fr. 50 à 3 fr. 75 la kil.

Corps gras. — Les suifs de boucherie ont été cotés, 102 fr. 25 les 100 kil., hors barrière ; suif en branche, 79 à 95 fr. les 100 kil.; stéarine saponifiée, 173 fr.; de distillation, 170 fr.; oléine de saponification, 85 fr.; de distillation, 78 fr.

Sucres et sirops. — Sucre brut indigène, blanc en grains, 71 fr. 50 à 72 fr. à l'entrepôt. Sucres raffinés, de 131 à 132 fr. les 100 kil. au comptant et sans escompte. Les prix des sirops de fécule se sont maintenus.

Abeilles. — Les quelques transactions faites aux marchés de la Toussaint ont roulé sur les prix de 45 à 50 c. le demi-kil. pour colonie marchande en miel blanc, ruche déduite. Dans l'Yonne, on n'a pas encore conclu de bien grandes affaires. Dans un rucher vendu à la criée, le prix payé a été de 18 fr. en bonnes colonies pour le Gâtinais. Sans être brillant, l'été de la Saint-Martin a permis aux abeilles de sortir

un peu, et même de butiner du pollen dans quelques localités. Quelques gelées se sont fait sentir depuis. En somme, novembre n'a pas été
bien défavorable pour les abeilles. Voici les renseignements que nous
avons reçus:

Ici l'année a été très-mauvaise ; beaucoup d'essaims et pas de miel.
La teigne a fait quelques ravages. J'ai dû doubler mes ruches. *Magnenat*,
à Saint-Denis (Ain). — J'ai fait environ mille kil. de miel avec le mello-
extracteur, qui m'a été d'autant plus utile que cette année il y avait
beaucoup de pollen dans les ruches; le pollen n'était pas lancé avec le
miel, qui est beau et bien dur. Je n'en ai fait que 300 kil. provenant
des désopercules et de morceaux de rayons. Les apiculteurs qui ont
attendu l'essaimage naturel n'ont rien récolté. J'ai vendu mon miel,
1 fr. 40 le kil., et ma cire, 4 fr. 20. *Wafflard*, à Villesavoie (Aisne). —

L'année, quoi que généralement sèche, n'a pas été productive en miel;
la moitié des ruchées ont essaimé, il a fallu faire quelques réunions
pour conserver les plus faibles. Le miel se vend 2 fr. le kil. et la cire
4 fr. 25. *Cadot*, à Sury (Ardennes). — Ici déplorable année, récolte
nulle : printemps froid et été très-sec. Le vent du midi a desséché en
deux jours les sarrasins et les bruyères. Dès lors pas d'essaims naturels,
pas de miel. Deux essaims artificiels, lés seuls qu'il m'a été possible de
faire, sont excellents, parce que je les ai nourris. Ils sont logés dans des
cadres. Il en faut dans un rucher, des cadres, afin de pouvoir se procurer
avec plus de facilité de jeunes mères. *Rives*, à Saint-Girons (Ariége).
Nos ruchées sont dans la misère ; il faut réunir et nourrir. Le nombre de colonies sera réduit de moitié. Le peu de miel récolté se vend de
1 fr. 20 à 2 fr. le kil.; cire en briques, de 1 à 4 fr. 30 le kil. *Guignard*,
à Vaupoisson (Aube). Les ruchées sont bien bonnes dans nos localités.
J'ai pratiqué cette année un moyen recommandé en apiculture : c'est la
destruction des mâles au berceau ; mais j'ai remarqué que trois semaines
après, c'était à recommencer. *Jobert*, à Vallières (Aube). — Je vous dirai
que les miels sont absolument rares chez nous ; les miels rouges valent
de 54 à 55 fr. les 50 kil. *Deschamps*, au Tourneur (Calvados).

Cette année n'a pas été bonne pour les abeilles dans notre localité ;
l'essaimage a été d'environ 100 pour 100, mais la plupart des essaims ne
valent rien ; beaucoup n'ont pas vécu jusqu'à la fin d'août. *Nebou*, à la
Tremblade (Charente-Inférieure). — La récolte de Sologne est, cette
année, celle d'une bonne moyenne. Il y a eu peu ou point d'essaims,

mais ceux qui existent sont très-bons. Le prix du miel en vrague est de 30 à 35 centimes. *Moindrot*, à Ennordre (Cher).

Dans notre contrée, la récolte a été presque nulle; beaucoup d'essaims manquent déjà de provisions. *Boucher*, à Gaudreville (Eure). — Je viens de faire une visite à mes ruches; mes essaims ne sont pas lourds; sur 17 que j'ai eus, 4 mis en bâtisse ne pèsent que 13 à 15 kil. (ruche de 3 kil. comprise); 4 autres mis à nu ne pèsent que 10 kil., en moyenne. Quant aux autres, j'ai dû les réunir et les nourrir. *Huguet*, à Dancy (Eure-et-Loir). — Mes ruches ont bien essaimé, et les premiers essaims logés en bâtisse sont bons; les derniers ne valent rien. Le rendement de mes ruches chassées a été de 10 kil. l'une dans l'autre, au lieu de 16 en bonne année moyenne. En résumé, année médiocre. *Lhopital*, à Chartrainvilliers (Eure-et-Loir). — L'apiculture n'a pas été favorisée cette année dans nos localités; il m'a fallu alimenter les essaims avec du miel et du sucre. *Brouard*, à Nogent-le-Rotrou (Eure-et-Loir).

De 23 ruches qui m'étaient restées au printemps, j'ai récolté 21 essaims, et comme je n'avais pas touché aux ruchées mères, j'ai cru devoir les capoter, pensant récolter du miel; mais la chaleur et la sécheresse ayant été persistantes, la récolte a été nulle. Quant aux souches et même aux essaims, il y aura assez de provisions pour l'hiver. *Charnier*, à Nevy (Jura). — Mes abeilles m'ont donné des essaims, cette année, à raison de 30 à 40 pour 100. Ceux que j'ai enruchés après les avoir réunis, sont à peu près tous bons. Quant à la récolte du miel, elle sera presque nulle ici, car on ne touchera pas aux ruchers que 1868 a diminués des trois quarts. Nos abeilles n'ont pu se refaire que les derniers jours de septembre et la première quinzaine d'octobre. *Picat*, à Onesse (Landes).

J'ai vendu le miel blanc que j'ai récolté en calotte, 2 fr. le kil., à la pharmacie, et le coloré 1 fr. 20. J'ai acquis des ruchées à 10 fr. *Jabot*, à Marmande (Lot-et-Garonne). — Je vous dirai que 1860 a repassé dans nos contrées; tous les ruchers sont diminués de moitié. J'ai fait le sacrifice de 500 kil. de miel pour sauver juste la moitié du nombre des colonies que je possédais l'année dernière, qui est de 120. Je me suis restreint à ce chiffre. J'espère que ça fera comme en 1861. J'ai semé du miel, j'en récolterai. *Pannet*, à Courtisols (Marne). — L'essaimage n'a duré que huit jours et n'a donné que 10 p. 100. Quant à moi, je m'adonne à l'essaimage artificiel. L'année n'a pas été meilleure que l'année dernière. *Montignon*, à Saulxures (Meurthe). — Les possesseurs d'abeilles s'accordent à nous dire qu'il n'y a pas des quantités de produits cette année. Nos cours ne sont pas encore bien fixés. *Nouail*, à Vannes (Morbihan). Malgré la mauvaise campagne, je n'ai pas lieu de trop me plaindre ; les deux tiers de mes ruches ont essaimé ; les souches pèsent de 12 à 14 kil. en ruche normande, et j'ai complété les provisions des essaims. *Jacquelet*, à Berlancourt (Oise).

Il n'y a pas eu de récolte chez nous cette année. Les ruchées pèsent, panier déduit, de 4 à 5 kil. au lieu de 15 à 20 qu'elles pesaient l'année dernière. *Jouin*, à Lonlay (Orne). — Cette année réduira considérablement le nombre des colonies, et élèvera le prix de celles bien approvisionnées. Au printemps, un grand vide existera dans les ruchers du Nord. *Warpot*, à Bourecq (Pas-de-Calais).

La saison pour les apiculteurs de notre localité a été des plus favorables cette année ; de 24 ruchées dont se composait mon apier ce printemps, et sur lesquelles, par suite de trois mauvaises années, on comptait à peine 3 ou 4 bonnes colonies, m'ont donné 29 essaims, que j'ai réduits, par la réunion des plus faibles, à 24, qui la plupart sont très-lourds, et les plus faibles ont, des provisions pour atteindre la belle saison. La moyenne de 36 ruches que j'ai récoltées a été de 15 kil. de miel en vrague ; elles m'avaient donné avant 24 kil. de miel en boîtes Santonax. Mais c'est surtout par l'abondance des essaims que la saison a été remarquable ; un certain nombre de souches en ont donné jusqu'à trois, et les réparons venus des essaims primaires n'ont pas été rares. Un cultivateur d'une commune voisine avait au printemps un apier de 13 colonies de premier choix. Fin juillet, son apier comptait 44 colonies. à peu près toutes viables ; il avait, en outre, obtenu. tant des souches que des essaims, 30 capots de miel en rayon du poids moyen de 3 kil., vendu 2 fr. le kil. Le miel vaut de 140 à 160 fr. les 100 kil.; la cire, de 3 fr. 75 à 4 fr. le kil. *Jond*, à Flumet (Savoie).

Dans notre contrée, la saison n'a pas été favorable aux abeilles, et la récolte sera pour ainsi dire nulle. *Bardet*, au Havre (Seine-Inférieure). — Grâce aux sénevés de la première quinzaine de juillet, les souches comme les essaims ont pris une augmentation de poids de 5 à 8 kil., ce qui nous a dédommagé un peu de notre déconfiture aux sainfoins. En résumé, l'année est ordinaire chez nous. J'ai fait 5 à 6,000 kil. de miel quelque peu pâteux à cause de la provenance, et je conserve une centaine de ruchées dans d'assez bonnes conditions. *Lefèvre-Bernard*, à Revelles (Somme).

Ici, année stérile en miel et en essaims, et cette dernière absence est heureuse, car notre situation aurait encore été bien plus triste. *Lenain*, à Bouvaincourt (Somme).

L'essaimage naturel a été nul dans nos contrées; nos ruches étaient plus légères à la mi-juillet, qui est l'époque ordinaire où se termine notre récolte, qu'au mois de mars. Il a fallu aller au sarrasin, où les provisions d'hiver ont pu être amassées. *Merciol*, à Valleroy (Vosges).

— Nous sommes contents de l'état de nos ruches; quelques-unes qui n'ont pas essaimé sont très-lourdes. Les essaims n'ont pas le même poids, mais ils possèdent à peu près les provisions d'hiver. *Puissant*, à Lain (Yonne).

A Bordeaux, cire jaune des Landes, 430 fr. les 100 kil.

La récolte des miels des Landes bordelaises sera médiocre; on ne fera guère plus de 300 à 400 barriques de 300 kil. On parle de 80 fr. tare nette, à livrer dans une quinzaine de jours.

Une partie du Piémont a obtenu une récolte satisfaisante. Une correspondance particulière des États-Unis nous annonce une campagne meilleure que les deux précédentes.   H. HAMET.

— Nous recommandons aux producteurs qui sont sollicités de temps en temps par des acheteurs de Paris, autres que ceux de la rue des Lombards et de la Verrerie, de n'expédier leur marchandise que contre remboursement. Ils s'épargneront des déboires.

— M. A... à Lasuze : Reçu votre mandat, situation exacte.

— M. M... à Mortagne : l'année précédente n'avait pas été payée.

— M. P... à Caurel : Pris bonne note des communications.

— M. B... à Granges : Vos documents seront publiés.

L'avis aux lettres Ch. K... D. et C., à la couverture de novembre, s'adressait à des abonnés de l'Étranger.

Errata : novembre dernier, page 52, ligne 27, au lieu de *lantiorum*, lisez *lautiorum*; ligne 28, aldrovandus; ligne 31, Lœbel; ligne 33, *rite confectum*.

Paris.— Imprimerie horticole de E. DONNAUD, rue Cassette 9.

L'APICULTEUR

Chronique.

SOMMAIRE : Revue de l'année. — Merveilles promises ajournées. — Méthodes d'essaimage artificiel. — Suppression de l'essaimage. — Concours. — Lauréats.

La fin de l'année nous engage à passer en revue les faits apicoles les plus saillants de 1869. Le principal est que la campagne a été mauvaise pour la majorité des possesseurs d'abeilles. L'hiver bénin avait été favorable aux colonies médiocres; mais le printemps froid et l'été sec furent contraires à la production du miel. Le prix des produits a été plus élevé que l'année précédente, mais cette élévation n'a pas compensé le manque de quantité, il s'en faut. — Les systèmes qui promettaient merveille l'ont fait si peu en 1869 que quelques *maîtres* se trouvent à *quia*, ce qui est d'un très-fâcheux exemple pour leurs fidèles. Quoi qu'il en soit, on demeure avec la foi, — c'est le fait des convictions fortes, — et grâce aux modifications qu'on va apporter au système préconisé, il sera parfait. Nous ne demandons pas mieux qu'il en soit ainsi; nous pouvons même, le cas échéant, offrir un cierge de la première grosseur à saint Valentin; nous le pouvons d'autant mieux que nous sommes producteur de cire, qualité qui répugne à certains amateurs de nouvelle roche.

L'année dernière ceux qui s'étaient livrés à l'essaimage artificiel avaient parfaitement réussi, et cela parce que le printemps de 1868 a été doux, c'est-à-dire très-favorable. Cette année les résultats ont été beaucoup moins bons, parce que le printemps a été froid, c'est-à-dire peu favorable. Les conditions de temps sont pour quelque chose dans la réussite de l'essaimage artificiel, et comme rien ne peut préciser le temps qu'il fera après l'opération, les résultats sont éventuels. Il en est ainsi pour beaucoup d'opérations agricoles. Sans doute avec des soins et des avances, les résultats peuvent toujours être à peu près bons; mais il faut défalquer le temps employé et les débours faits, afin de voir si les bénéfices nets en valent la peine.

Un praticien intelligent, M. Vignole, s'est appliqué à chercher une méthode d'essaimage artificiel qui doit toujours, pense-t-il, assurer des avantages. Cette méthode consiste à pratiquer l'essaimage avant la ponte des œufs de faux-bourdons, c'est-à-dire tôt en saison. Mais en opérant tôt le mauvais temps est plus à redouter qu'en opérant tard. Il est vrai qu'on évite les accidents les plus à redouter, en usant de la méthode indiquée par M. Collin, en permutant les souches, c'est-à-dire en mettant la ruche essaimée à la place d'une forte colonie qui n'est pas opérée. Cette manière d'agir offre assurément des avantages. Mais la méthode est-elle partout avantageuse ? Non. Il faut le répéter pour la centième fois, en apiculture, il y a des principes généraux, mais il n'y a pas de méthodes absolues. Dans une localité où les fleurs mellifères passent vite, il faut opérer autrement que dans celle où elles durent longtemps. Là où la miellée est abondante et dure peu, il faut se garder de diviser les colonies ; il faut éviter l'essaimage autant que possible, c'est ce à quoi s'appliquent les producteurs de miel de la plaine de Caen et du Gâtinais. Des apiculteurs, entre autres M. Grangeorge de Lamerey, cantonnent la mère dans un compartiment de la ruche pour diminuer la ponte au moment de la production du miel. C'est une sorte de castration faite en vue d'un engraissement plus rapide et plus complet. Nous pensons qu'on peut y arriver par les moyens suivants, que nous nous proposons de mettre en pratique la campagne prochaine dans le Gâtinais. 1° Sur les ruches culbutées, nous appliquerons une tôle perforée qui empêchera la mère de monter. 2° Pour les ruches non culbutées, à hausses ou à calottes, après nous être emparé de la mère (par le transvasement), et cela, une huitaine de jours avant la miellée, nous la mettrons dans une hausse garnie d'un tôle perforée au-dessus de son plancher à claire-voie, laquelle hausse nous établirons sous la ruche d'où sort la mère. Nous aurons, en quelque sorte, l'essaim et la souche dans la même ruche, et le couvain disparaîtra de la partie à récolter. Nous reviendrons sur cette méthode que nous ne faisons qu'indiquer en passant, et nous décrirons plus au long la manière de procéder de M. Vignole.

Par une mauvaise campagne le goût de l'apiculture se développe moins que par une bonne ; l'amateur surtout se défrise vite devant l'insuccès. On est heureux de constater que le nombre des instituteurs qui pratiquent et enseignent l'apiculture augmente tous les jours. La Société de viticulture, d'horticulture et d'apiculture de Brioude, (Haute-Loire), constituée cette année, a compris que ces initiateurs populaires pouvaient l'aider : elle les admet sans cotisation.

Dans les concours où elle a figuré, l'apiculture n'a pu briller par la quantité des produits ; elle compte prendre une revanche en 1870. Cette année, les concours régionaux auront lieu aux époques suivantes :

A Valence (Drôme), du 23 avril au 1er mai ; à Agen (Lot-et-Garonne) et à Bourges (Cher), du 30 avril au 8 mai ; à Clermont-Ferrand (Puy-de-Dôme), à Dijon (Côte-d'Or) et à Laval (Mayenne), du 7 au 15 mai, à Chambéry (Savoie), à Mazières (Ardennes), à Evreux (Eure), à Lille (Nord), à Limoges (Haute-Vienne) et à Perpignan (Pyrénées-Orientales), du 21 au 29 mai. — Les programmes et les formules de déclaration sont distribués gratuitement à Paris, à la direction de l'agriculture, rue Saint-Dominique-Saint-Germain, 60 ; dans les départements, à toutes les préfectures et les sous-préfectures. — Les déclarations devront être adressées au ministre de l'agriculture avant le 15 mars.

H. HAMET.

NOTA. — La partie de la rue Saint-Victor où se trouve le bureau de l'*Apiculteur* vient de prendre le nom de *rue de Jussieu*. L'ancien 67 porte 41.

Un mot sur les conférences apicoles cantonales.

Depuis quelque temps on s'occupe beaucoup des moyens à employer pour propager l'apiculture. Beaucoup d'apiculteurs conviennent qu'il est nécessaire de faire quelque chose pour arriver à ce but.

Il me semble que le meilleur mode de propagation serait l'établissement de conférences apicoles dans chaque canton. En cela je suis d'accord avec M. Simon, instituteur à Reims, qui a s'écrit sur ce sujet un article remarquable. Il va même plus loin que moi : il désire que les conférences aient lieu dans chaque commune. A mon avis, on peut sans inconvénient réunir tous les apiculteurs d'un même canton. On trouverait ainsi beaucoup plus facilement des apiculteurs éclairés pour enseigner les autres. Dans les cantons qui ont une grande étendue, on pourrait le diviser en plusieurs circonscriptions.

L'enseignement étant mutuel, chaque membre y apporterait le fruit de ses expériences et de ses lumières.

On pourrait facilement, au moyen de petites souscriptions, établir un rucher-école dans chaque chef-lieu de canton ou dans un autre lieu désigné pour la réunion. Ce rucher, composé de quelques ruches seulement et placé sous la garde d'un homme intelligent, serait distiné à des enseignements pratiques. Les apiculteurs les plus éclairés serviraient de professeurs aux autres. On se bornerait pour commencer à enseigner les choses les plus élémentaires et les plus essentielles, suivant en cela la règle établie dans les autres écoles.

Je ne veux pas donner ici un programme d'enseignement apicole, je me borne seulement à indiquer ce qui me parait le plus utile d'être enseigné pour commencer.

Il est reconnu, depuis longtemps, que le fondement de l'industrie abeillières, c'est d'avoir des colonies fortes. On enseignerait donc aux apiculteurs les moyens de conserver la vie de leurs abeilles. On ferait des expériences sur les divers systèmes employés aujourd'hui. Ce qu'il y a de plus essentiel, c'est de faire disparaître l'étouffage, cette pratique si défectueuse, si contraire aux progrès de l'industrie abeillière et cependant encore si généralement employée aujourd'hui.

Quant aux ruches, je pense que la ruche normande est préférable à toute autre ruche; se prêtant mieux que toute autre ruche aux opérations diverses de l'apiculture, elle convient donc davantage aux débutants. Elle a sur la ruche vulgaire le grand avantage de pouvoir a volonté en diminuer ou en agrandir la capacité sans dérangement pour les abeilles. Je la trouve aussi préférable à la ruche à rayons mobiles : d'abord, parce qu'elle coûte moins cher, ensuite parce qu'elle est moins exposée aux attaques de la fausse teigne. Tous les perfectionnements qu'on pourra apporter à cette ruche n'empêcheront pas la teigne de l'attaquer. Quoi qu'on fasse, les jointures et les fentes qui se trouveront dans les cadres serviront toujours de retraite inexpugnable à cet implacable ennemi de l'abeille.

Tout ce qu'il faut aux débutants, c'est quelque chose de simple et d'aisé. Tout ce qui est difficile ou trop compliqué les ennuie et les rebute. Sans vouloir établir aucune règle à cet égard, on fera bien de recommander la ruche normande comme étant la plus simple et la plus commode.

Les membres de la conférence se réuniront au moins trois à quatre fois par an. Ils pourront se réunir plus souvent : cela dépend des questions à traiter, des expériences qu'ils auront à faire.

Il n'est pas absolument nécessaire que la réunion ait lieu au chef-lieu de canton ; on pourra choisir un des villages du canton qui ait une plus grande importance apicole ou qui occasionne moins de dérangement pour les membres de la conférence.

Les apiculteurs les plus influents devront prendre l'initiative pour l'organisation des conférences. Il ne sera pas difficile de trouver dans un canton un homme disposé à consacrer ses loisirs à l'apiculture : il en sera le bienfaiteur et acquerra pour ses soins et son dévouement la reconnaissance de tous ceux qui aiment les abeilles et qui cherchent le progrès et l'extension de leur culture.

L'établissement de ces conférences serait d'une très-grande utilité pour la propagation des bonnes méthodes apiculturales. Plus on vulgarisera les bons systèmes, plus on rendra cette industrie productive et intéressante.

La propagation de l'apiculture est d'une importance capitale, car à quoi serviraient tant d'utiles découvertes que nous devons aux patientes études des savants, si le commun des apiculteurs devait suivre pendant des siècles encore une routine défectueuse condamnée aujourd'hui par les praticiens éclairés.

Les conférences cantonales auront le précieux avantage de mettre tous les apiculteurs en communion d'idées. L'apiculture rationnelle deviendra, comme un champ cultivé en commun, ouvert à toutes les intelligences. Chaque intéressé voudra y mettre la main, persuadé que les progrès accomplis profiteront à tous et qu'il jouira du fruit de son travail et de ses efforts.

Qu'on ne craigne pas que la culture des abeilles, en s'étendant trop, en vienne à nuire à la vente du miel déjà, il est vrai, bien difficile. Je suis convaincu que la consommation du miel s'accroîtra en raison de l'extension de l'apiculture, j'en donne pour preuve ce qui se passe autour de moi depuis quelques années que je cultive les abeilles sur une assez grande échelle : la consommation s'est accrue, dans ma localité, d'environ 300 livres de miel. Je suis persuadé, en s'en donnant un peu la peine, qu'il en serait de même partout.

Ainsi les conférences cantonales, outre qu'elles serviront à propager et à améliorer la culture de notre précieux insecte, auront encore le grand avantage d'augmenter la consommation du miel. Si mon plan de propagande est adopté, j'ai l'espoir que, dans un avenir prochain, l'industrie apicole, étendue et améliorée, prendra place à côté des autres industries, et, dans son humble sphère, pourra concourir avec elles au développement de la richesse nationale.

F. Devienne, apiculteur, à Thiembronne.

Considérations sur la bâtisse des abeilles.

(Suite, voir page 69.)

Nous avons établi, en décembre dernier, que, dans un moment de pénurie de miel, un essaim logé en ruche vide la remplissait sans grande perte de miel, et qu'il n'était pas, à la fin de la campagne, sensiblement inférieur, pour le poids acquis, à un autre essaim logé en ruche bâtie. On suppose, bien entendu, que la population est égale de part et d'autre.

Nous verrons aujourd'hui que, en agrandissant sa bâtisse, une ruchée acquiert encore un poids à peu près égal au poids qu'acquiert une ruchée qui ne bâtit pas.

Nous établirons ce fait par deux expériences.

1862. *Première expérience.*

Lot A.	25 avril.	28 avril.	26 mai.	29 avril.
1.	11 k. 380	550	7 k. 490	740
5.	15, 500	670	9, 535	735
7.	13, 980	500	10, 035	745
10.	16, 600	570	7, 290	740
16.	14, 880	390	6, 830	730
26.	14, 220	560	8, 515	745
Totaux.		3,240	49 k. 695	
Lot B.				
3.	13 k. 600	600	6 k. 070	
4.	11, 770	410	7, 070	
13.	13, 470	540	7, 470	
14.	12, 800	550	7, 720	
8.	15, 430	530	7, 210	
12.	15, 100	520	8, 050	
Totaux.		3,150	44 k. 390	

EXPLICATION DU TABLEAU.

La première colonne donne les numéros d'ordre que les douze ruchées (six pour chaque lot) occupaient dans l'apier. Les douze ruchées, choisies pour entrer en lutte, paraissaient être les plus peuplées de tout l'apier.

La seconde colonne donne le poids de chaque ruchée, le 25 avril six heures du matin.

La troisième colonne donne le poids acquis par chaque ruchée, depuis le 25 avril jusqu'au 20 du même mois six heures du matin. Pendant ces trois jours toutes les colonies se trouvaient dans des conditions égales : elles n'avaient pas à bâtir, attendu que toutes étaient pleines de gâteaux.

C'est d'après le poids acquis pendant les trois jours que j'ai formé les deux lots, voulant autant que possible les rendre égaux. Cependant je dois dire que les deux numéros 5 et 7 du lot A étaient sensiblement plus peuplés que les autres. Ce qui donnait à ce lot une supériorité sur son concurrent le lot B.

La quatrième colonne donne le poids net, acquis depuis le 28 avril jusqu'au 26 mai cinq heures du matin. Je dis le poids net, parce que le poids des hausses dont nous allons parler a été défalqué. On voit que les numéros 5 et 7 ont déployé, comme c'était prévu, une plus grande activité que les dix autres colonies.

La cinquième colonne donne le poids de la hausse vide qui a été mise, le 29 avril, sous chacune des six du lot A. Ces ruchées se trouvaient alors composées de quatre hausses, excepté le numéro 1 qui n'en avait que trois. C'était un essaim de l'année précédente qui avait été logé dans une ruche à deux hausses. La hausse qu'il recevait, le 29 avril, l'élevait au rang réglementaire de ruche à trois hausses.

Toutes les colonies du lot B avaient trois hausses. Ainsi, à partir du 29 avril, les deux lots se trouvaient dans des conditions différentes : le lot A pouvait agrandir sa bâtisse, le lot B ne le pouvait pas, mais il avait assez de bâtisse pour loger miel et couvain. Déjà, 20 mai, les hausses des numéros 1, 7 et 16 étaient pleines de bâtisse, les trois autres n'étaient entièrement bâties que le 26 mai.

Si on compare le poids acquis du 28 avril au 26 mai : 49 k. 690 pour le lot A, 44 k. 390 pour le lot B, on est forcé de reconnaître que la bâtisse n'a pas coûté cher aux abeilles du lot A. Il est vrai qu'il faut tenir compte du produit comparativement fait des numéros 5 et 7 qui avaient, comme nous l'avons dit, une population plus forte que les autres ruchées.

La seconde expérience, qui n'a été que la continuation de la première, a paru sommairement dans *l'Apiculteur* de juin 1863. Nous la donnerons ici avec plus de détails. Disons en passant que la campagne de 1862 n'a pas été bonne pour les abeilles, en Lorraine et aussi dans presque toute la France.

1862.   *Seconde expérience.*

Lot A'	26 mai.	4 juin.	11 juin.
5.	26 k. 440	3 k. 910	2 k. 740
7.	25, 230	1, 800	1, 660
10.	25, 200	1, 390	1, 600
16.	22, 830	1, 720	1. 960
26.	21, 040	2, 120	2, 020
Totaux.		10 k. 940	9 k. 980

Lot B′

1.	20 k. 160	1 k. 960	1 k. 940	860
3.	21, 070	1, 450	1, 690	690
3.	19, 250	2, 020	1, 860	620
13.	21, 180	1, 450	1, 250	900
14.	21, 070	2, 280	2, 310	850

Totaux.   9 k. 160   9 k. 050

EXPLICATION DU TABLEAU.

Pour la seconde expérience nous n'avons plus que dix ruchées.

Le lot A′ conserve tous les numéros du lot A de la première expérience, excepté le numéro 1 qui, n'ayant que trois hausses, va se mettre dans le lot B′. Ce lot B′ conserve les quatre numéros, 3, 4, 13, 14 du lot B de la première expérience et perd les deux numéros 8 et 12 auxquels est donnée une autre destination.

La seconde colonne donne le poids total de chaque ruchée le 26 mai cinq heures du matin.

La troisième colonne donne le poids net acquis, depuis le 26 mai jusqu'au 4 juin cinq heures du matin. Je dis poids net parce que le poids des hausses dont nous allons parler a été défalqué de la pesée du 4 juin. Pendant ces neufs jours, personne n'a bâti, puisque les ruches étaient pleines de cire. Tout le monde se trouvait donc dans des conditions égales.

La quatrième colonne donne le poids net acquis, depuis le 4 juin jusqu'au 14 juin cinq heures du matin.

Enfin la cinquième colonne donne le poids de la hausse qui a été mise le 3 juin dans la soirée sous chacune des ruchées du lot B′. Ces ruchées se trouvaient alors composées de quatre hausses comme celles du lot A′; ainsi à partir du 4 juin les deux lots étaient dans des conditions différentes : le lot A′ n'avait pas à bâtir, tandis que le lot B′ pouvait et devait même agrandir sa bâtisse.

Dans la première période du 26 mai au 4 juin, pendant laquelle personne n'a bâti, le lot A′ accuse un avantage sur B′, puisqu'il a acquis 9 k. 940 contre 9 k. 160 acquis par B′.

Dans la seconde période, du 4 au 14 juin, pendant laquelle le lot A′ n'a pas bâti, tandis que le lot B′ a rempli ses hausses aux trois quarts pour le moins, nous ne voyons pas que la différence entre les deux lots soit beaucoup plus grande que pendant la première période, puisque le lot A′ n'a acquis que 9 k. 980 contre 9 k. 050 acquis par le lot B′.

Je crois avoir démontré que la cire coûte peu de miel aux abeilles.

Quant à savoir si la cire est un produit nécessaire de l'organisme de l'abeille, comme la graisse chez l'animal ; produit d'autant plus abondant que l'insecte est mieux nourri ; produit qui se forme entre les anneaux de l'abdomen et qu'on trouve, dit-on, en toute saison chez toute abeille ; laissons à de plus habiles le soin de résoudre cette question. Nous autres simples apiculteurs, contentons-nous de signaler les faits extérieurs pour en faire pratiquement notre profit.

Un apiculteur lorrain.

Puissance cirière des abeilles.

Depuis longtemps je voulais être fixé sur la quantité de cire qu'une forte colonie peut produire dans un temps donné ; voilà ce qui m'a déterminé à faire en 1869 l'expérience que je mets aujourd'hui sous les yeux du lecteur.

Je ne prétends pas que les abeilles ne puissent jamais faire mieux que dans le cas présent ; je crois au contraire que, alimentées à discrétion par la main de l'homme, elles ne produisent pas autant de cire, qu'elles en produiraient dans des circonstances de forte miellée sur les fleurs.

29 mai.	A.	B.	C.
Ruches.	6 k. 410	6 k. 400	8 k. 686
Abeilles.	1, 496	3, 335	2, 834
Total.	7, 905	9, 735	11, 520
29 mai.	1, 990	1, 980	2, 050
30 mai.		1, 990	1, 960
2 juin.	2, 040	2, 055	1, 985
3 juin.	1, 980	2, 025	2, 050
5 juin.	2, 030		
9 juin.	12, 705	15, 395	18, 470
Différence.	4 k. 800	5 k. 660	6 k. 950

EXPLICATION DU TABLEAU.

A, B, C sont trois essaims du 29 mai 1869 dix heures du matin. A et B logés en ruches vides jaugeant 25 litres, C logé en ruche entièrement bâtie jaugeant de 25 à 26 litres, ont été mis à la place des souches.

La première ligne donne le poids de la ruche avant la réception de l'essaim.

La seconde ligne donne le poids des abeilles. La population de B est énorme, elle provient de deux ruchées voisines : l'une faible, l'autre forte.

La troisième ligne donne le poids total (ruche, abeilles).

Le même jour, 29 mai, six heures du soir, chaque essaim recevait deux kil. de sirop de sucre composé de quatre parties d'eau et de sept parties de sucre.

Le 30 mai, six heures du soir, B et C recevaient une seconde ration de sirop. L'essaim A, qui n'avait pas encore absorbé toute la nourriture de la veille, ne devait rien recevoir.

Le 31 mai, six heures du soir, l'essaim B ayant encore quelque peu de nourriture au fond du vase, j'ai cru devoir laisser en repos tout mon monde.

Ce n'est que le 2 juin six heures du soir que j'ai repris le nourrissement en donnant une seconde ration à l'essaim A et une troisième ration aux deux autres.

Le 3 juin, six heures du soir, chaque essaim recevait encore deux kilog. de sirop.

Le 5 juin, six heures du matin, l'essaim A avait bâti un peu plus de la moitié de sa ruche ; l'essaim B avait presque rempli la sienne.

On voit que l'essaim A qui n'avait que les deux cinquièmes de la population de B a fait proportionnellement plus de besogne que son collègue.

Le 5 juin, six heures du soir, l'essaim A recevait une quatrième ration de sirop. Ce qui portait à quatre kilog. (nombre rond) la nourriture que chaque essaim avait reçue.

Le 9 juin, cinq heures du matin, l'essaim A avait rempli sa ruche, et l'essaim B commençait déjà à bâtir dans une calotte que j'avais laissée par négligence. C'était le moment de peser et comparer.

La dernière ligne donne la différence entre la pesée du 29 mai et celle du 9 juin.

L'essaim A avait acquis 4 k. 800 ; l'essaim B, 5 k. 660 ; l'essaim C 6 k. 950.

L'essaim A avait produit, en dix jours douze heures, soixante décimètres carrés de gâteaux ou 600 gr. de cire, avec une perte de 2 k. 150 sur C qui n'avait pas bâti.

L'essaim B avait produit, en six jours douze heures, la même quantité de cire que l'essaim A, avec une perte de 1 k. 350 sur le même concurrent C.

Dans cette expérience, les abeilles ont perdu, pour produire leur cire, plus de nourriture que dans toutes les expériences précédentes. Mais n'oublions pas que dans celle qui nous occupe, tout s'est fait pour ainsi dire artificiellement.

Les abeilles ne récoltaient que du pollen ; elles n'ont récolté un peu de miel que du 4 au 6 juin, comme j'ai pu le constater par une forte colonie qui, pesée le 4 et le 9 juin, n'avait acquis pendant les cinq jours que le faible poids de 1,360 grammes. *Un apiculteur lorrain.*

Ruché à rayons mobiles.

Depuis que la description de ma ruche à rayons mobiles a été faite dans *l'Apiculteur* (novembre dernier) plusieurs amateurs m'ont écrit pour me demander des détails plus étendus. D'autres désirent aussi savoir pourquoi j'ai abandonné l'*Aumônière* que j'avais d'abord adoptée. Je réponds de suite à ces derniers que j'ai abandonné la ruche à greniers mobiles de M. Sagot parce que cela m'a occasionné une dépense de 600 fr. pour mon apprentissage des cadres, et que cette dépense élevée n'a pas été couverte par les résultats. Il est vrai que, prenant pour de l'or en barre les avantages que l'auteur assurait à sa ruche, je l'avais expérimentée sur une soixantaine de spécimens placés chez divers collègues, qui, *comme moi*, savent aujourd'hui à quoi s'en tenir, et sont disposés à crier à ceux qui entrent dans la carrière : Méfiez-vous des systèmes nouveaux qu'on vous offre comme devant remplacer tous les autres ; n'en tâtez qu'avec circonspection. Pour mon compte, je prie les apiculteurs qui essayeront ma ruche de me faire part de leur opinion et des résultats qu'ils en obtiendront. Ils seront tous bien accueillis.

Le plancher de ma ruche se compose de deux planches de 25 millimètres d'épaisseur que l'on fixe ensemble au moyen de deux traverses. Je cloue sur la jointure une bande de zinc qui couvre le joint entièrement. Ce plancher peut servir de support, et aussi à empêcher l'essaimage sans ralentir le travail des abeilles, point très-important que tout praticien saura apprécier. A cet effet, je pratique une ouverture, c'est-à-dire que je scie le milieu de mon plancher sur une longueur de 15 centimètres et sur une largeur de 8 centimètres. J'adapte une planchette en dessous de cette ouverture que je fais dépasser de 10 centimètres afin de servir d'appui à la rentrée des abeilles. Dans le vide produit par cette ouverture, je place une petite grille qui, au besoin, laisse passer les abeilles, mais retient les bourdons et empêche la sortie de la mère; par conséquent un essaim sortirait de la ruche qu'il serait contraint de rentrer, la mère ne pouvant le suivre. Cette grille, qui forme bascule, s'enlève et se place à volonté.

Afin de rétrécir l'entrée de la ruche à un moment donné, j'emploie une petite porte en zinc à 3 effets.

Je place sur les côtés du plancher quatre crochets qui servent à enlever la ruche lorsqu'on désire en connaître le poids.

Le corps de ruche se compose de quatre planches de sapin ayant 22 à 23 centimètres de largeur; ces planches sont clouées et maintenues par 12 équerres en zinc qui empêchent le bois de jouer. La ruche a dans œuvre 30 centimètres de large, sur 38 de long, et de 22 à 23 de haut. Elle reçoit 10 rayons mobiles qui sont placés à 37 millimètres d'un point centre à un autre. Je ne fais ni encoche, ni crémaillère, ni cadres. Je pose tout simplement mes rayons mobiles sur la caisse après en avoir préablement graissé les bouts qui reposent sur la ruche pour éviter que les abeilles ne les propolisent.

Pour que les abeilles ne fixent point leurs rayons au corps de la ruche, j'attache aux porte-rayons une petite bandelette de fer-blanc ou autre métal plié en crochet; cette bandelette descend dans la ruche sur une longueur de 10 à 12 centimètres. Je laisse un espace de 8 millimètres environ entre ces montants et les parois de la ruche. Cet espace de 0,008 suffit pour empêcher les abeilles de souder leurs rayons au corps de la ruche. Les rayons sont plus solidement attachés qu'avec les cadres Sagot; le maniement en est très-facile et les abeilles peuvent prolonger leur travail au besoin sans rencontrer aucune entrave.

Au-dessus de la caisse vient le magasin à miel ou chapiteau : c'est une hausse de même longueur et de même largeur que la ruche; elle reçoit également 10 rayons qui sont en tout semblables à ceux qui servent au corps de la ruche, et qui, par conséquent, peuvent se remplacer dans certaines opérations. Cette hausse ou chapiteau se met au-dessus ou au-dessous de la ruche, ce qui a lieu lorsqu'on veut renouveler les rayons des abeilles sans déranger leur travail et sans perte de couvain.

En hiver je place sur les rayons une toile cirée comme celles qui servent à couvrir les tables. Cette toile étant un très-mauvais conducteur du froid et du chaud remplit parfaitement l'emploi qui lui est destiné.

Le plancher que recouvre cette toile est composé de trois planches mobiles. Dans la planche du milieu se trouve une ouverture circulaire qui reçoit un nourrisseur. Ce nourrisseur est tout simplement une boite en fer-blanc dont on a enlevé le fond que l'on a remplacé par une toile bien serrée; après quoi l'on fait entrer le tout dans l'ouverture ci-dessus. Afin que le miel ne s'échappe point au dehors, il faut avoir soin de faire entrer la boîte presque de force. Ce nourrisseur ainsi établi permet de nourrir ses abeilles n'importe à quel moment de la journée sans crainte de pillage et sans le moindre inconvénient.

Je me sers avantageusement, lorsque je nourris mes abeilles, d'un carré de la même dimension que la ruche; ce carré est fait avec des lattes de 0,04 d'épaisseur sur 0,025 de largeur. Je pose ce carré sur les rayons et j'y place le couvercle de la ruche, ce qui permet aux abeilles de venir en masse puiser le miel et d'aller le déposer directement sur les côtés de la ruche.

Comme abri, j'ai adopté une toiture en bois qui garantit mieux mes ruches des intempéries que les abris en paille de M. l'abbé Sagot.

Les greniers d'abondance de cet apiculteur ne sont bons que pour la forme; il faut, pour y obtenir des rayons passables, avoir, comme l'inventeur, un domestique exclusivement occupé à tourner et retourner les rayons, trancher ceux qui s'attachent aux cadres voisins. C'est une pure fantaisie qui est très-préjudiciable aux apiculteurs. En effet les abeilles n'y amassent pas plus de miel et ces greniers, seraient-ils très-bien réussis, sont d'un grand embarras lorsqu'on veut les utiliser pour l'alimentation. Il faut, pour nourrir des ruches au moyen de rayons, que ces rayons puissent entrer dans le corps de la ruche et que le miel soit renfermé dans des cellules d'ouvrières, afin que si la mère venait à y pondre, l'on n'eût que des abeilles propres au travail et non point des quantités de bourdons comme l'on en obtient avec ces greniers.

Je termine en priant de nouveau les personnes qui liront ces lignes et qui expérimenteront mon système de ruche de me faire part de leurs observations que j'accueillerai avec le plus grand plaisir.   NAQUET.

Fragments du journal d'un apiculteur.

Ferme-aux-Abeilles, janvier 487...

13 *Janvier*. La première quinzaine de janvier est communément la plus froide de l'année. La gelée se fait sentir, surtout lorsque la terre est couverte de neige. Mais si cette neige est tombée depuis peu, si décembre n'en n'a pas conservé, le froid est rarement persistant. Toutefois, comme

mars est encore éloigné, il faut s'attendre à des alternatives de gel et
de dégel, avec quelques journées de température assez élevée pour
permettre aux abeilles de.sortir vers le milieu du jour et de se vider. On
peut ensuite présenter de la nourriture, par portion de un demi-kilog.
ou de un kilog., aux colonies qu'on sait peu approvisionnées. On recom-
mencera la quinzaine suivante.

Les gelées vives et persistantes nuisent aux colonies faibles. Il faut
couvrir le plus possible leur ruche ou la porter momentanément dans un .
cellier ou dans une cave sèche où on pourra la laisser jusqu'aux premiers
beaux jours de février. Il faut se garder de toucher aux autres ruches et
de faire du bruit dans le rucher ; car des abeilles peuvent se détacher du
groupe qu'elles forment dans leur habitation, tomber sur le plancher, être
saisies par le froid et périr. Si quelque opération est à faire dans la
ruche à cadres, il faut porter celle-ci dans une pièce chaude et ne la reporter au rucher que lorsqu'à la suite de l'opération, toutes les abeilles
ont pu se grouper.

En temps de neige, il faut veiller à ce qu'elle ne s'accumule pas à l'entrée des ruches, de manière à empêcher la circulation de l'air. Il faut
enlever cette neige, car en fondant elle produirait sur le tablier une
humidité préjudiciable aux abeilles. — Lorsque le sol est recouvert de
neige, il n'est pas sans intérêt de faire une visite extérieure en passant
devant les ruches. Demandent une attention particulière toutes celles devant lesquelles on trouve un certain nombre d'abeilles tombées sur la
neige. Il se peut que cela soit dû à la visite de souris ou d'autre ennemi.
Mais il se peut aussi que quelque désordre existe dans l'intérieur : la
mère est peut-être morte ou malade, ou bien un commencement de dyssenterie se manifeste, ou encore il existe du couvain mort au berceau. Il
faut marquer ces ruches et les visiter intérieurement aussitôt que le degel
le permet. — Pour hâter la fonte des neiges qui recouvrent le sol devant
le rucher, il faut semer dessus des cendres noires, des ordures de grange,
ou de la terre émiettée. On doit commencer par balayer, et enlever la
neige, autant que possible.

L'époque est favorable pour opérer des permutations et pour changer
les ruches de place. Après avoir été retenues un certain temps prisonnières par le froid, les abeilles qui sortent de leur ruche s'appliquent à
la remarquer; elles voltigent autour avant de faire une course plus longue. On peut, à cette saison, acheter des colonies dans les ruchers les
plus rapprochés.

Si le temps n'est pas froid, il importe d'exécuter les travaux de construction et de réparation autour du rucher, ainsi que les travaux de plantation arborescente aux environs. Que dans les massifs qu'on établit pour abri, on n'oublie pas le cornouiller, le prunellier et le saule Marceau dont les fleurs hâtives et abondantes sont une précieuse ressource à une époque où les abeilles ne peuvent encore s'engager dans de longues courses.   X.

Nourrissement des abeilles.

Le rayon inépuisable.

> » Deux kil. de miel en rayon font plus de profit
> » que 3 kil. de miel coulé. » *Cours d'apiculture*
> de M. Hamet, p. 265.

Si l'on donne du miel coulé aux abeilles, il y a donc perte : trop friandes, elles se jettent toutes à la fois dans le pot de miel qu'on leur offre, se poussent, se roulent et s'engluent, empêchent les autres d'approcher, perdent leur temps ou même la vie, et peuvent, en se noyant, communiquer un mauvais goût au miel.

Si l'on veut offrir le miel en rayons, autres difficultés; le miel est moins commode à conserver en rayons qu'en pots; il peut acquérir un fort goût de cire; s'il est figé, il doit être fondu (opération délicate); enfin il faut nourrir en plusieurs fois, et remplacer le rayon plein par un vide.

Un bon moyen d'éviter ces embarras a été indiqué dans le *Cours d'apiculture* de M. Hamet, page 266 : c'est de mettre sur le pot à miel un disque de liége percé de trous; mais encore faut-il que les trous soient juste de la grandeur voulue, afin que les abeilles puissent y entrer facilement et une seule à la fois, car elles pourraient se pousser dans le miel; que ces trous soient assez rapprochés, afin que les abeilles ne perdent pas trop de temps, et, en outre, il est assez long de faire dans le liége tous ces petits trous.

Il me semble plus facile d'opérer ainsi : le nourrisseur dont je me sers est un vase cylindrique en verre ou en terre non vernie, terminé à la partie supérieure par un rebord; il a un diamètre fixe, et peut être plus ou moins long, suivant que les abeilles doivent recevoir 1, 2 ou 3 kil. de miel; je fais un trou rond dans un support, afin que le rebord du nourrisseur reste au-dessus de ce trou où il ne peut passer. Après avoir empli le vase de miel à la température de la ruche, je place sur la surface de ce miel un morceau de rayon arrangé de la manière suivante : (Voir la figure.)

Je coupe un rayon vide en rond, pour qu'il entre dans le pot sans  toucher aux parois, et avec un poinçon je fais un trou de communication entre les cellules opposées par la base (il suffit de percer dans chaque cellule une des facettes qui forme la base). En plaçant le rayon sur le miel, je l'enfonce pour faire pénétrer le miel par les cellules inférieures jusqu'à l'ouverture que j'ai pratiquée. — Je n'ai ensuite qu'à enlever la ruche que je veux nour-

Fig. 4, coupe de bas de ruche et de nourrisseur· rir, et à la poser sur ce support: les abeilles entrent dans les cellules où elles se remplacent; d'autres, appuyées sur le rayon, puisent près des parois, et le rayon descend avec la surface du miel.

Mais l'apiculteur qui ne donne à ses abeilles que la quantité dont elles ont besoin, met une limite à la production du *rayon inépuisable*, et les abeilles, dont l'appétit ne reconnait pas de limite, mettent quelquefois en morceaux le rayon arrivé au fond du vase afin d'en lécher toutes les faces, si l'on ne retire pas le vase à temps.

Voilà, je crois, le seul inconvénient du système.

G. de la M., amateur.

___

Impressions de Jean-Pierre au congrès de 1868.

Les gens de la secte des piqûres (d'Épicure) sont réunis dans une grande salle du Palais de l'Industrie pour parler sensément de leurs mouches et d'autres affaires qui y ont trait. Le bureau s'organise et la séance s'ouvre sans cérémonie. M. le greffier donne lecture de la première question à traiter : il s'agit de savoir combien de temps l'œuf de l'abeille peut conserver les facultés d'éclosion. Les mouchophiles se regardent et ne disent mot. C'est que, voyez-vous, sous ce haut plafond, on n'est pas à son aise; on se croirait dans l'église de chez nous où M. le curé a seul le droit de

parler. Pour nous autres, gens de la campagne, vive le plancher des vaches et la calotte du ciel sans nuages. La langue y est délicotée, aussi
bien pour les chapeaux que pour les bonnets blancs. Tout de même, la
conversation prenait mieux que ça quand le congrès se tenait au rucher
du Luxembourg, sous les arbres dans le feuillage desquels on entendait
les pierrots piailler, les merles siffler, et d'autres oiseaux qui vous enga-
geaient à parler de même. Pourtant un amateur demande la parole pour
lire un mémoire dans lequel il montre qu'il n'a pas vu ce qu'il s'agissait
de voir. Un autre a vu ceci : que les œufs restent environ 24 heures après
avoir été pondus sans subir de transformation, et il dit que c'est à cet
état qu'il faut les conserver, si c'est possible : tel est l'état de la question.
On passe à la deuxième, qui demande s'il existe un moyen de détruire
les poux des abeilles sans nuire à celles-ci. D'aucuns présentent des recettes qu'ils tiennent de leur grand-père, dans lesquelles recettes entrent
l'urine, le sel, le vinaigre, la moutarde, etc., et qu'il faut appliquer par
un jour de pleine lune ou de quatre-temps. Jean Claude demande la permission de ne pas croire à la vertu de ces orviétans-là. Il dit avoir observé
que les poux sont le résultat de l'affaiblissement occasionné par la misère, la malpropreté, la vieillesse, et que pour les faire disparaître, il n'y
a qu'à supprimer ces causes-là. Rien autre chose à faire, ajoute-t-il, en
se recoiffant de son petit chapeau pot de nuit-empire.

On passe à la loque, et il est encore offert des remèdes de guéritout auxquels on s'arrête peu. Il semble à d'aucuns que cette question doit se traiter sur place, qu'il faut voir la ruche employée, le mode pratiqué, la
nature du sol, le climat, la flore, etc. — Vient ensuite cette question :
Qu'a-t-on observé de nouveau sur l'abeille italienne et sur les métisses?
Il résulte de la discussion que ceux qui ne possèdent pas l'abeille alpine
n'ont rien observé, comme de raison; mais que ceux qui l'ont en sont satisfaits, ainsi que des croisements. — Enfin on arrive à la question des
ruches, ce qui permet aux dents de se desserrer. M'est avis que cette question est mal posée, sinon inutile. Puisqu'il est reconnu que sous le soleil
il n'y a qu'une seule et unique ruche rationnelle, ma Jeanpierrotte,
179 gardes champêtres et 2 gabelous l'ont attesté sur papier marqué; je
ne vois pas que se fasse sentir si fortement que ça le besoin de savoir si
la ruche basse convient mieux que la ruche haute. C'est faire planer des
soupçons sur les mérites universellement reconnus de ma ruche; je proteste, voyez-vous.

Bon, voici l'auteur de la *ruche coupée* qui se lève pour protester contre ma protestation. C'est, dit-il, uniquement à cause de mon invention qu'on l'a posée, cette question. Car, si vous voulez une ruche basse, coupez ma ruche. Si vous voulez une ruche haute, ne coupez pas ma ruche. Rien au monde n'est plus simple. — Et de deux : voici à son tour le représentant de la Bastiannière qui demande qu'en fait de ruche rationnelle, on attache le pompon au chapeau de son maitre, car c'est lui seul qui a inventé tout ce qu'il y a de plus rationnel, le cadre ouvert, comme qui dirait un carré à trois côtés. — Jean-Claude demande que le préopinant soit rappelé à l'ordre pour ses abus de mots. D'abord, dit-il, votre maître n'a rien du tout inventé ; il a pillé à autrui le rayon avec montants qu'il a, sans se gêner, baptisé du nom de cadre ouvert. — Tiens ! que dit Jean-Louis. je croyais que dans cette religion-là, on ne baptisait pas. — Mande excuse, répond Jean-Simon, mais c'est sans cérémonie. — Voyant que la discussion tourne à l'aigre, le président déclare que la question est vidée, et on passe à la suivante : Quels sont les débouchés à ouvrir au miel ?

« Tout est dans tout » a dit Jacotot. En effet à propos de débouchés au miel, on a démontré qu'il y a deux morales : celle des chemins droits et une autre. Produire bon et ne prélever que des bénéfices raisonnables, telle est la loi du plus grand nombre. Mais Choufleur et les siens soutiennent que dans *les affaires* ce n'est pas comme en géométrie. Le président, un coutumier, dit qu'il n'y a qu'une manière d'être honnête. Abordant un autre ordre d'idées un mouchetier insiste pour qu'on présente le miel sur les marchés des villes et des bourgs, comme on le fait pour les autres denrées agricoles.

On parle de l'association à établir entre les apiculteurs, et pas mal de gens sont disposés à profiter du dévouement de ceux qui feront les frais d'organisation. Un moucheron normand dit qu'il ne demande pas mieux que de donner son concours quand la chose marchera bien, mais en attendant, il ajoute qu'il faut voir.

Nous arrivons enfin à la dernière question qui est la plus importante au point de vue de l'œuvre que poursuit la société d'apiculture. Il s'agit des moyens les plus efficaces de propager les méthodes rationnelles dans les localités où l'étouffage existe encore. A ce mot de rationnel un demi-quarteron de ruchomanes se lèvent précipitamment, comme si on eût appuyé le bouton d'une boîte à surprise. Ils parlent tous à la fois du mérite supérieur de leur ruche respective et ils terminent en chœur cette ritournelle dont plus d'un prôneur de panacée a déjà tant abusé : « Si l'apiculture est si arriérée en Frrrance, c'est parce qu'on n'emploie pas ma ruche ; si la Frrrance est tributaire de l'étranger pour des millions de francs de cire et de miel, c'est parce qu'on n'emploie pas ma ruche; pour relever l'apiculture de la Frrrance, il faut prendre ma ruche.... » Un immense éclat de rire retentit d'un bout à l'autre de la salle, que c'est comme le bouquet d'un feu d'artifice.

— Un instant, les amis, ça n'est pas fini, que crie le greffier. Que ceux, dit-il, qui ont des questions particulières à poser veuillent bien les poser.

— Alors le père Chrisostôme se lève et dit . Moi, Stanislas Jean Chrisostôme qui ne suis qu'un simple faucheur dans la saison des avoines et non un savant, je propose qu'au lieu de couper à l'abeille l'aiguillon dont elle a besoin pour défendre son miel, on s'applique à lui allonger la langue en la lui tirant tous les matins, a seule fin qu'elle puisse, c'te bête, puiser le miel des fleurs de trèfle violet, chèvrefeuille et autres. Je pense que les bonnets blancs, qui s'y connaissent, pourront se charger de cette besogne-là, en allant traire leur vache.—Jean Claude demande que, pour l'honneur de notre village, l'intéressante motion du pays soit envoyée franco à l'Académie.—Oui, oui, que dit Jean Simon d'un air narquois, et sur papier glacé encore !

Après ce temps-là, on parle de délivrer les médailles et, à l'issue de la cérémonie, d'aller donner un coup de fourchette en famille au Palais-Royal. Pour le coup de fourchette les gens de chez nous sont aussi aptes que qui que ce soit de le faire durer, et si quelque chose leur manque, ce n'est pas l'appétit. Mais le diable doit s'en mêler, car leur bourse est souvent à sec. — De leur côté les bonnets blancs se disposent à faire les emplettes préméditées. La mère Chisostôme a la commission de reporter une douzaine de chignons tout ce qu'il y a de mieux, tant pour son usage et celui de la ladie Cunegonde sa fille, que pour celui des dames très-comme il faut de chez nous. Le père Chrisostôme n'a consenti à l'introduction de cet objet dans son ménage qu'à la condition qu'on lui achètera un vélocipède avec lequel il compte faire la moisson prochaine et obtenir au concours du comice cantonal le 1er prix de faucheur. En voilà encore une d'invention rationnelle, le vélocipède! ça vous mène tout seul, comme le cadre s'emplit tout seul, en le mettant dans la ruche. — En fait de cadre perfectionné, il paraît que le moucheçon Chourave en mitonne un qu'on n'aura qu'à passer, comme une épuceronnière, sur les fleurs de sainfoin, trèfles, etc. Il nous en menace pour l'exposition prochaine. C'est alors, mais alors seulement, que la Frrrance pouvant offrir à gogo du miel à tous ceux qui aiment cette douceur, occupera le rang qu'elle doit occuper parmi les nations civilisées et..... — je crois que je grimpe dans les nuages — et,..... et pour de cette hauteur ne pas dégringoler piteusement, je vous fais bien mes compliments.   JEAN PIERRE,

Membre de la garde nationale et de plusieurs autres sociétés savantes, etc.

Post-scriptum. Un petit mot à part. Je dois vous dire, entre nous, que certaines gens aux cadres sont furieux d'avoir raté les premières médailles; ils prétendent que leur génie a été méconnu. Toute la famille Choufleur est en ébullition contre vous et se dispose à former une ligue (Jean Simon dit : *clique*) qui doit user de représaille: Mais avant de vous déclarer la guerre, elle m'a chargé de vous faire des ouvertures de conciliation, ainsi que cela se pratique dans la catégorie des gens très-comme il faut d'aujourd'hui, En conséquence, vous aurez à imprimer désormais et à répéter tout le temps et sur tous les tons que les Choufleur sont les premiers apiculteurs du monde ; que ce sont des grands hommes « tout ce qu'il y a de mieux, » comme un épicier le dit de ses paquets de chandelles; et cela, moyennant deux douzaines de saucisses et trois aunes de boudin à la crème qu'on s'engage à vous envoyer tous les ans vers Noël. Si vous n'acceptez pas, on me dit de vous dire : gare votre peau ! que la ligue ou clique se propose de percer à jour comme un crible à féveroles. Le pître chargé de ce rôle s'en acquittera d'autant mieux qu'il a déjà perfore la lune, paraît-il, et il sera secondé par d'autres chevaliers d'industrie également aptes, comme de juste, à vous mettre à la raison. Ce à quoi ils n'arriveront pas, je gage, c'est à vous mettre dans leur peau. Donc, gare aux éclaboussures, ou bien il faut accepter le boudin de ces messieurs. Vous en ferez à votre guise. Quant à moi, je m'en bats l'œil.

J. P.

Société centrale d'apiculture.

Séance du 23 novembre 1869. — Présidence de M. Carcenac.

Le procès-verbal de la dernière séance est adopté.

Le secrétaire général présente le rapport de la Commission, nommée dans la dernière séance pour l'examen des titres des candidats pour les concours ouverts par la Société en 1869. Il résulte de ce rapport que les titres des concurrents sur les articles 1er (moyens de guérir la loque), 2 (conservation des œufs des abeilles), et 3 (moyens faciles de reconnaître les fraudes de la cire, notamment les mélanges de cire végétale), n'ont pas paru suffisants à la commission pour mériter les distinctions portées au programme, et qu'il y a lieu de laisser ces concours ouverts. Après examen des titres des concurrents sur l'article 4 (combattre l'étouffage), et sur l'article 5 (propagande), la commission a cru devoir réunir en une seule classe les concurrents, leurs titres portant sur ces deux articles. En conséquence, elle propose qu'il soit accordé les distinctions suivantes, pour propagande des bonnes méthodes et résultats atteints

Abeille d'honneur : à M. Beau, apiculteur, maire, à Ludes (Marne).

Id. à M. Vignon, apiculteur à Saint-Denis (Somme).

Médaille de vermeil : à M. le baron de Jerphanion, au château de Lafay (Rhône).

Médaille de 2ᵉ classe : à M. Arsac, à Mauriac (Cantal).

Id. à M. Célestin Serrain, à Richemont (Oise).

Médcille de bronze : à M. Bogud, à Berru (Marne).

Id. à M. Félix Dalibert, à Cauville (Calvados).

Prix Carcenac, aux instituteurs qui pratiquent et enseignent l'apiculture.—Le nombre et les titres *ex equo* de plusieurs concurrents, ont engagé la commission à transformer le prix de 100 fr. en quatre prix de 25 fr., et à placer en première ligne un prix d'une valeur de 50 fr. de la Société (1).

Voici la liste qu'elle propose :

M. CAYATTE, instituteur à Billy-les-Mangiennes (Meuse), médaille de de 1ʳᵉ classe, et collection de *l'Apiculteur* (valeur 50 fr.).

M. VASSEUR, instituteur à Blequin (Pas-de-Calais), médaille de 1ʳᵉ classe et 50 fr.

M. CHAPRON, instituteur à Feigneux (Oise), rappel de médaille de 1ʳᵉ classe et 25 fr.

M. GALTIER, instituteur à Saint-Exupère (Aveyron), médaille de 2ᵉ classe et 25 fr.

M. HESSE, instituteur à Guesslin (Moselle), médaille de 2ᵉ classe et 25 fr.

M. LENAIN, instituteur à Bouvincourt (Somme), rappel de médaille de 2ᵉ clásse et 25 fr.

M. MADIER, instituteur à Champcevinel (Dordogne), médaille de 2ᵉ classe et 25 fr.

M. PEIGNIER, instituteur à Lubecourt (Meurthe), médaille de 2ᵉ classe et 25 fr.

Prix de la Société :

M. MALNORY, inspecteur de l'instruction primaire à Château-Thierry (Aisne), médaille d'argent.

(1) Un concurrent, M. Wery, instituteur à Montbron (Aisne), avait des titres au prix de 100 fr. Malheureusement la mort l'a enlevé il y a deux mois.

M. Labourasse, inspecteur de l'instruction primaire à Arcis-sur-Aube (Aube), médaille d'argent.

M. Conroix, instituteur à Coutures (Meurthe), médaille de 2ᵉ classe et *Guide du propriétaire d'abeilles.*

M. Morot, instituteur à Chenicourt (Meurthe), médaille de 2ᵉ classe et *Guide.*

M. Vincent, instituteur à Aulnois-sur-Seille (Meurthe), médaille de 2ᵉ classe et *Guide.*

M. Jarlot, instituteur à Fraillicourt (Ardennes), médaille de 3ᵉ classe et *Cours d'apiculture.*

M. Jeannin, instituteur à Jallanges (Côte-d'Or), médaille de 3ᵉ classe et *Cours.*

M. J. Loustau, instituteur à Lisse (Lot-et-Garonne), médaille de 3ᵉ classe et *Cours.*

M. Maindrot, instituteur à Ennordres (Cher), médaille de 3ᵉ classe et *Cours.*

M. Renard, instituteur à Oron (Meurthe), médaille de 3ᵉ classe et *Guide.*

M. Ricour, instituteur à Danjeau (Eure-et-Loir), médaille de 3ᵉ classe et abonnement à *l'Apiculteur* (année courante).

M. Thurner, instituteur à Oberentzen (Haut-Rhin), médaille de 3ᵉ classe et *Cours.*

M. Caplet, instituteur à Cantaing (Nord), mention honorable et *Cours.*

M. Courbet, à Campagne (Pas-de-Calais), mention honorable et *Cours.*

Rappel de prix : MM. Boudes, instituteur à Lagarde (Aveyron) ; Martin, à Bretigny (Seine-et-Oise) ; Mentrée, à Château-Salins (Meurthe) ; Gauthier, à Betoncourt (Haute-Saône) ; Pidolot, à Alaincoint (Meurthe); Laugier, à Montbrison (Drôme) ; Leclerc, à Marigny (Aube) ; Dematons, à Levigny (Aube).

Rappel de médaille : Lourdel, à Bouttencourt (Somme); Arnaud, à Meillonnas (Ain) ; Charamond, à Roinville (Eure-et-Loir) ; Dorée, à Appeville (Eure); Cadot, à Sury (Ardennes); Gérardin, à Omelmont (Meurthe) ; Hecquet, à Breilly (Somme) ; le frère Isique, à Nérac (Lot-et-Garonne); Letellier, à Massy (Seine-Inférieure); le frère Ludovic, à Larajasse (Rhône) ; Paupy, à Perrigny (Yonne) ; Warpot, professeur à Bourecq (Pas-de-Calais; Brad, à Fresne-Camilly (Calvados) ; Cheruy-Linguet, à Taissy (Marne); Harang, à Planquery (Calvados) ; Derivaux, à Urmatt (Bas-Rhin); Grenier, à la Verpillière (Isère); Hacque, à Flavacourt (Oise); Patte, à Gueudecourt (Somme); Plessis, à Mellé (Ille-et-Vilaine); Stambach, à Offwiller (Bas-Rhin); Balard, à Verrières (Aveyron): Bernasse, à Sermizelle (Yonne); Gouge, à Becquincourt (Somme); Lefèvre, à Mortefontaine (Oise); Liby, à Vallerupt (Moselle); Régnier, à Jeantes (Aisne); Adnet, à Sept-Sault (Marne); Julien, à Pomacle (Marne); Carpentier, inspecteur de l'instruction primaire, à Boulogne (Pas-de-Calais); Mlle Pergant, institutrice, à Caurel (Marne).

La Société adopte cette liste de lauréats, et accorde un exemplaire du *Calendrier apicole* à chaque élève dont il a été présenté un cahier d'études apicoles.

L'ordre du jour appelle ensuite l'examen des finances de la Société. Il résulte du tableau des recettes et des dépenses que l'encaisse est, à la date de ce jour, de 2,461 fr. 35 c., dont 2,060 fr. restent dans les mains du trésorier, et 401 fr. 25 c. dans celles du secrétaire général. L'état des comptes est reconnu exact.

En vertu de l'article 10 des statuts de la Société, il est procédé au renouvellement des membres du bureau et du conseil sortant cette année; ces membres sont: MM. d'Henricy, Hamet, Richard, Sigaut et J. Valserres. Ils sont réélus à la fonction qu'ils occupaient. Le bureau se compose de MM. Ferd. Barrot, grand-référendaire du Sénat, président d'honneur; Carcenac, président; général de Mirbeck, président adjoint; vicomte de Liesville et d'Henricy, vice-présidents; H. Hamet, secrétaire général; Delinotte et P. Richard, secrétaires; Gauthier, trésorier; J. Valserres et Vignoles, assesseurs. Secrétaires correspondants pour la France: MM. Collin et Kanden; pour l'étranger: MM. Bernard de Gelieu (Suisse); Dümler (Bavière); Kleine (Hanovre); Buch (grand-duché du Luxembourg); Albasini (Italie); Thomas Valiquet (Canada); Ehrich Parmly (Etats-Unis). Le conseil d'administration est composé des membres sédentaires du bureau, plus de MM. Favarger et Sigaut.

La décision à prendre concernant l'exposition, est ajournée à la séance prochaine. — Le dépouillement de la correspondance fournit divers renseignement sur l'état des ruchers, et un mémoire sur la loque de M. Saunier, qui sera publié. — La séance est levée à 11 heures.

Pour extrait: Delinotte, secrétaire.

Nota. — Les prix et médailles seront remis à partir du 15 janvier. S'adresser au secrétariat.

Société des apiculteurs fribourgeois.

Le 17 novembre une quarantaine d'apiculteurs ou tout au moins d'amis des abeilles se trouvaient ensemble à l'auberge de la station de Chénens. Cette réunion avait pour fin la fondation d'une société d'apiculture nommée Société romande des apiculteurs fribourgeois, dont le but est de répandre la culture des abeilles par la divulgation des bonnes méthodes, commes aussi d'en retirer des avantages que donne seule l'association

Grâce à la courageuse initiative du comité, des statuts étaient déjà prêts et sanctionnés par l'autorité supérieure. Pour faire partie de la sosiété il faut une finance d'entrée de trois francs et une cotisation annuelle d'un franc. Les avantages qu'en retirent les sociétaires sont : la participation à la bibliothèque apicole, de pouvoir acheter à prix réduit tous les ouvrages et tous les instruments qui concernent l'apiculture, etc.

Cette première réunion publique a réussi à merveille. M. le président Rd., curé à Écuvillens, fit l'historique de la culture des abeilles, ainsi que l'énumération des profits qu'on peut en retirer. Ensuite, après la lecture des statuts, pendant qu'une trentaîne de membres se faisaient inscrire, on fit voir plusieurs instruments apicoles, tels que ruches de nouveau système, cadres mobiles, rayons artificiels, pipes d'apiculteurs, masques, etc.

Enfin il est certain que ceux qui ont assisté à cette réunion en ont emporté d'agréables et surtout d'utiles souvenirs. Espérons que la réunion qui aura lieu ce printemps prochain sera encore plus nombreuse et que l'apiculture fera de rapides progrès dans notre canton. Si l'agriculture consiste à retirer de la terre le maximum de produit possible sans l'épuiser, il ne faut pas négliger une branche qui donne de grands bénéfices à qui la pratique avec intelligence. C'est de toutes, celle qui exige le moins d'avances et le moins de frais, celle que pourraient cultiver les familles peu aisées, pendant que le contraire a lieu. Il faut, il est vrai, quelques connaissances pour la pratiquer avec profit ; ces connaissances pourront se généraliser avec le concours de la nouvelle société.

Pourquoi ne pourrait-on pas donner des cours d'apiculture tout comme on en donne d'horticulture et d'arboriculture? Nous sommes chargés d'impôts, il est vrai, mais ils ne sont pas au-dessus de nos moyens ; il ne s'agit que d'utiliser toutes les ressources qui sont en notre pouvoir, et, entre toutes, celle dont il est question n'est pas à dédaigner.

Pour terminer, donnons un aperçu probable des produits de cette culture dans notre canton si elle y était ce qu'elle devrait être. Il y a dans le canton 16,600 maisons; en déduisant la moitié de ce nombre pour les villes et les maisons où il y aurait impossibilité d'avoir un rucher, il reste 8,330 ruchers possibles, qui, à 6 ruches et à 10 francs de bénéfice annuel par ruche, donnent 499,800 fr.

Ce chiffre n'est pas exagéré, il est même trop faible, car avec l'apiculture rationnelle on va bien au delà de tout ça.

Une statistique apicole de la France donne comme revenu annuel des abeilles la jolie somme de 11,000,000 de francs, et on dit que le nombre de ruches pourrait y être quadruplé !

Pour faire partie de la Société, s'adresser à MM. Crausaz Rd., curé à Écuvillens, comte de Fribourg, président, et Philipe Nicolet, secrétaire, à Chéniers. (*Messager.*)

Solidarité apicole.

Après une année d'existence, le syndicat de la *Solidarité apicole* doit aux associés un compte rendu de la situation de l'institution. Rappelons d'abord le but : « La Solidarité apicole a pour but de venir en aide aux possesseurs d'abeilles adhérents poursuivis pour accidents ou prétendus accidents occasionnés par leurs abeilles, ou dont le rucher a été atteint par une inondation, une trombe ou la foudre (art. 2 des statuts). Selon nos prévisions, les adhérents n'ont pas un centime à verser pour l'excercice de 1869, parce qu'il n'y a pas eu de sinistres, et que notre institution (étrange !!!) supprime les frais d'administration. Il n'y a pas eu de sinistres, principalement de procès à soutenir pour accidents occasionnés par les abeilles, parce que les adhérents à la Solidarité apicole sont des apiculteurs intelligents et soigneux qui se savent intéressés à ce que leurs abeilles ne portent pas de préjudice à leurs voisins.

Le nombre des adhérents n'a été que d'une cinquantaine pour la première année et le nombre des ruchées assurées ne s'est élevé qu'à 2018. C'est peu, considéré au nombre des possesseurs d'abeilles de la France. Mais c'est déjà beaucoup que cinquante personnes aient compris une idée nouvelle si opposée aux idées économiques de ce temps-ci, en fait d'assurance. Plus tard, il faut l'espérer, on comprendra mieux l'association de secours ou l'assurance mutuelle sans prélèvement pour une caisse.

La solidarité vraie se distingue par le cœur et non par la caisse. — Voici la liste des adhérents en 1869 :

MM. Huet, à Guignicourt (Aisne), 16 ruches ; Vandewalle, à Berthen (Nord), 20 ; Gavet, à Caurel (Marne), 60 ; Cheruy-Dauphinot, id., 6 ; Boucton-Leonisse, id., 10 ; A. Pergant, id., 12 ; Douzamie, id., 8 ; Hamet, à Paris, 300 ; de Liesville, à Saint-Patern (Orne), 50 ; Favarger, à Bezons (Seine-et-Oise), 10 ; Delinotte, à Vincennes, 26 ; Dalibert (Félix), à Cauville (Calvados), 12 ; l'abbé Sagot, à Saint-Ouen-l'Aumône (Seine-et-Oise), 30 ; F. Titeux, à Aiglemont (Ardennes) 60 ; Simon fils, à Champfleury (Marne), 100 ; R. Simon, à Reims, 40 ; F. Bouy, à Witry (Marne), 20 ; Aumignon, à Berzieux (Marne), 20 ; Asset, à Sèvres (Seine-et-Oise), 20 ; Robinet, id., 8 ; Paupy, à Perrigny (Yonne), 29 ; Becker, à Evergnicourt (Aisne), 11 ; Jabot, à Marmande (Lot-et-Garonne), 12 ; Gaurichon, à Salins (Jura), 25 ; Chapron, à Feigneux (Oise), 15 ; Galtier, à Saint-Exupère (Aveyron), 10 ; Richefort, à Saint-Martin (Ain), 25 ; Dagron, à Moret (Seine-et-Marne), 18 ; Lefèvre-Poncelet, à Berguicourt (Ardennes), 100 ; Jamet, à Charensat (Puy-de-Dôme), 10 ; Froideval, à la Motte-Tilly (Aube), 60 ; V. Deheurles, à Rosson-Doche, id., 70 ; Dematons, à Arrentières, id. ; Dematons, à Lévigny, id., 20 ; Dupont-Poulet, à Montgueur, 25 ; Mongin, à Trannes, id, 15 ; Vignole, à Beaulieu, 350 ; Lourdel, à Bouttencourt (Somme), 25 ; Cochon, à Claye (Seine-et-Marne), 35 ; Lousteau, à Lisse (Lot-et-Garonne), 40 ; Georges, à Sommevaire (Haute-Marne), 15 ; Ed. Suaire, à Herpont (Marne), 40 ; Fr. Isique, à Nérac (Lot-et-Garonne), 40 ; Boulinguiez, à Persan (Seine-et-Oise), 70 ; Chamerois, à Arrentières (Aube), 15 ; Boibien, à Vireaux (Yonne), 28 ; Poirier, à Pantin (Seine), 16 ; Demaizière, à Vezeaux (Saône-et-Loire), 16.

Tous les adhérents de la campagne qui finit au 31 décembre courant, restent associés pour l'année 1870, à moins d'avis contraire.

H. HAMET.

Jurisprudence sur les abeilles.

Distance des ruchers. — Gêne et dégâts allégués.

Un jugement rendu vaut un article de la loi, lorsqu'il n'en existe pas sur la matière. Nous croyons devoir faire suivre celui que nous rapportons, rendu par le juge de paix d'Anglure (Marne), des conclusions prises par l'avoué de l'apiculteur poursuivi. Dans ce procès, on s'en prend également au fils qui a un rucher sur la propriété de son père.

« Plaise à M. le juge de paix, en ce qui concerne B... fils : — Attendu qu'il n'est pas propriétaire des ruches d'abeilles, qu'elles appartiennent à B... père ; — Déclarer le sieur D... non recevable à son égard et le condamner aux dépens en ce qui le concerne ;

» En ce qui concerne B... père : — Attendu que le demandeur réclame l'enlèvement des ruches appartenant à B... père ; — Attendu qu'il demande même que M. le juge de paix indique le lieu où il devra les placer ; — Attendu que tout propriétaire est libre de disposer de son terrain et d'en jouir comme il l'entend ; — Attendu que M. le juge de paix ne saurait connaître d'une pareille demande, puisqu'il s'agit d'un démembrement de la propriété, d'empêcher le propriétaire d'user de son droit ; — Que dès lors la demande est incompétemment formée. — Voir en ce sens : — Bioche, *Justices de paix*, sect. 2, § 1er, art. 4, n° 172 ; — Caron, *De la compétence*, n° 303 ; — Aix, 25 janvier 1828, Dalloz, 28, 119 ; C. 9 janvier 1833 ; — Cassation, 15 mars 1858, Dalloz, 1858, 1, 201.

» Par ces motifs : — Se déclarer incompétent et condamner le sieur D... aux dépens ; — Très-subsidiairement et pour conclure à toutes fins : — Attendu qu'il est d'usage dans la commune de G... de placer les ruches auprès des bâtiments ; — Qu'aucun arrêté de police n'en défend l'emplacement près des bâtiments ; — Attendu que le rucher dont on demande l'enlèvement est établi depuis plus de 40 ans ; — Que jamais aucune plainte ne s'est élevée contre son incommodité ; — Que d'ailleurs les abeilles ont toujours été placées dans tous les temps sous la protection des lois pénales contre les destructeurs ; — Que même dans la demande on ne voit que des craintes pour l'avenir ; — Par ces motifs, déclarer le sieur D... non recevable en sa demande, l'en débouter, et le condamner aux dépens. »

Jugement rendu entre D... et B...

« Vu la demande du sieur D.... introductive d'instance dont les conclusions tendent à ce que, dans la huitaine du présent jugement, les cités soient tenus d'éloigner leurs ruches de ses maisons et bâtiments sis au M...., à une distance assez grande qui sera déterminée par nous juge de paix, de manière à mettre le demandeur à l'abri de tout danger de piqûres par leurs abeilles dont les ruches sont placées sur la propriété des cités à très-courte distance des bâtiments du demandeur, sinon et faute d'obtention, autoriser celui-ci à faire enlever le rucher dont il s'agit, aux frais des cités et à le placer à l'endroit qu'il nous aura plu de le fixer ;

S'entendre en outre, les défendeurs, condamner solidairement à payer au demandeur une somme de vingt-cinq francs à titre de dommages-intérêts et aux dépens;

Attendu qu'il est avancé par les défendeurs que le terrain sur lequel est assis ledit rucher est la propriété du sieur B.... père, pour quoi le fils a conclu à être mis hors de cause, ce qu'à l'audience le demandeur n'a nullement contesté;

Attendu qu'il n'a pas contesté que le rucher le plus rapproché de ses maisons et bâtiments, et par conséquent celui qui serait le plus susceptible de lui être nuisible à son origine, existe au même endroit depuis au moins 40 ans;

Attendu que beaucoup d'autres ruchers existent dans l'intérieur du village et sur le terroir de la commune de G...., à des distances très-rapprochées des routes et propriétés voisines;

Que le demandeur est le seul plaignant à cet égard, et que jusqu'à présent il n'a été mis en vigueur par l'autorité municipale aucune mesure de police à ce sujet;

Attendu que D.... borne les motifs de sa demande sur la distance très-rapprochée des propriétés du rucher de B.... et l'éventualité du danger des piqûres que courent lui et ses animaux, sans articuler que jusqu'à présent il soit résulté à son égard aucun dommage;

Vu notre jugement préparatoire en date du 27 janvier dernier contradictoirement rendu entre les parties, par lequel jugement la cause a été mise en délibéré et notre jugement définitif pour le prononcé renvoyé à l'audience du 11 février présent mois;

Rapportant notre délibéré et jugeant en premier ressort;

En raison de l'exposé qui précède et vu les articles 537, 544 et 546 combinés du Code Napoléon, et vu en outre l'article 524 du même Code aux termes de l'un des paragraphes de ce dernier article, les ruches à miel sont immeubles par destination au cas dont il s'agit, et par conséquent que la demande du sieur D...., soit qu'on la considère comme action mixte, soit comme action réelle soit évidemment de nos attributions;

Au 1er cas en ce qu'elle est indéterminée et en ce que ce changement d'emplacement du rucher, s'il pouvait être ordonné serait laissé à notre discrétion, et que, dans le second cas, il s'agirait bien plutôt d'une action réelle que d'une simple action personnelle;

Attendu que la compétence sur la connaissance des actions portées de-

vant les tribunaux est d'ordre public et que lorsqu'à cet égard il n'est proposé de déclinatoire par aucun partie il appartient aux juges incompétemment saisis d'en faire d'office déclaration ;

Par les motifs ci-dessus déduits et sans distinction entre les défendeurs, nous nous déclarons incompétent sur la demande formée contre
ces derniers par le demandeur, suivant son exploit de citation susénoncé
du ministère de Blanchois ;

Renvoyons le sieur D...., comme non recevable en sa demande, et lui
réservons les dépens.

Ainsi jugé et prononcé en audience publique, le 11 février 1859. »

***

Le miel chez les anciens.

Les Hébreux, les Grecs et les Romains paraissent avoir employé le
miel aux mêmes usages que nous employons le sucre. Un écrivain juif,
qui vivait à l'époque de la reconstruction du temple de Jérusalem,
compte le miel parmi les choses nécessaires à la vie. Horace, Pline et
Martial rapportent que les épicuriens de Rome mélangeaient le miel
avec leurs vins, leurs ragoûts et leurs potages. Ils ne le mentionnent
point comme adoucissant. Pline, et autres, font allusion au *saccharum*,
gomme blanche cristallisée, obtenue d'une canne de l'Inde. C'était évidemment le sucre. Il n'était usité qu'en médecine ; et on l'apportait à
Rome en morceaux de la grosseur d'une noix.

*Il ne devint généralement connu que lorsque les Arabes eurent pro-
mené leurs armes* victorieuses dans les régions de l'Occident, et qu'ils
l'eurent importé dans les pays qu'ils s'assujettissaient. Les premiers
écrivains qui aient parlé du sucre, comme sucre, vivaient à l'époque
des croisades. Albert d'Aix raconte que les soldats arrachèrent, près de
Tripoli, en Syrie, les tiges douces d'une canne qui croissait là en abondance dans les champs, et qui était appelée *zucra*. Son jus salutaire les
rafraîchissait, et le goût en était si agréable qu'ils recouraient sans cesse
à cette plante. On la cultivait soigneusement chaque année. Lorsqu'elle
était bonne à récolter, les naturels écrasaient ses tiges dans un mortier,
et en exprimaient le jus, qu'ils renfermaient dans des vases, où il prenait et se granulait comme la neige ou du sel gemme.

En 1306, époque à laquelle *Sanudo* composa ses *Mystères des Croisés*,
la canne à sucre n'était pas encore cultivée en Sicile, bien qu'elle le
fût sur une grande échelle en Morée et dans les îles de Chypre et de
Rhodes. Un siècle plus tard, elle était devenue très-commune en Sicile,

si commune que l'infant don Henri de Portugal y trouva sans peine la quantité de plants voulue pour établir sa culture à Madère. De là et des îles Canaries elle passa en Amérique, où elle fut tellement propagée que l'Europe l'oublia promptement. Aujourd'hui, l'Amérique fournit de sucre presque toute l'Europe et une grande partie de l'Asie. Les Espagnols ont l'honneur d'avoir commencé les premiers à cultiver la canne à sucre dans l'hémisphère occidental. (Am. b. j., t. 2, C. K. tr.)

Emploi du miel pour la guérison des meurtrissures. Appliquez du miel cru sur le membre meurtri, enveloppez d'un linge, l'effet en sera salutaire. (*Journal d'agriculture*, du Canada.)

Revue et cours des produits des abeilles.

Paris, 30 *décembre.* — Miels. La fin d'année est toujours sans transaction en fait de miel blanc, et il faut attendre le 15 janvier avant qu'il soit fait quelque affaire notable. Toutefois les cours précédents sont restés tenus. L'adjudication des miels pour les hospices vient d'être faite à 97 fr. les 100 kil. pour l'année 1870. Cette fois le cahier des charges se contente de porter *miel blanc* sans indiquer la provenance. On se demande ce qu'on pourra fournir en miel blanc à 97 fr., lorsque les roux inférieurs valent de 100 à 110 fr. Mais l'énigme est trouvée, quand on sait que c'est un *droguiste* qui est adjudicataire de cette livraison miraculeuse.

Les chevaux vont envier le sort des pensionnaires de l'*assistance publique,* car voilà le bretagne à 110 et 115 fr. les 100 kil. On tient à Rennes, à 95 fr. les 100 kil., et à Saint-Brieuc, à 100 fr. Des demandes pour l'Allemagne d'un côté, et une faible récolte de l'autre, ont provoqué cette faveur.

Au Havre, il est attendu des Chili, et des achats à livrer sont faits de 75 à 105 fr. les 100 kil., selon composition des lots. Il a été présenté des échantillons de Havane à des prix très-bas (60 fr.); mais ces miels sont delaits et ne peuvent guère être employés qu'en distillerie. A Bordeaux, les miels des Landes sont tenus a 90 fr.

Cires. — Il a été traité peu d'affaires, mais les prix ont été mieux tenus. Les détenteurs ne veulent pas souscrire à la baisse qui avait été demandée le mois dernier ; ils tiennent à 440 fr. hors barrière; on a traité quelques petites parties à 455 et 460 fr. les 100 kil., dans Paris (entrée, 22 fr. 90 les 100 kil.).

Au Havre, on a coté : cire jaune de Haïti, 3 fr. 90 à 4 fr. 10 le kil.; St-Domingue, 4 fr.; Inde, 4 fr. à 4 fr. 20; New-York, 4 fr. a 4 fr. 10; Chili, 4 fr. 20 à 4 fr. 30.

A Marseille : cire jaune de Trébizonde et Caramanie, 240 à 235 fr. les 50 kil.; Chypre et Syrie, 230 fr.; Egypte, 210 a 220 fr.; Mogador, 200 à 205 fr.; Tetuan, Tanger et Larache, 200 à 210 fr.; Alger et Oran, 210 à 215 fr.; Bougie et Bone, 205 à 210 fr.; Gambie (Sénégal), 210 à 205 fr.; Mozambique, 215 fr.; Corse, 220 fr.; pays, 205 a 210 fr.; ces deux dernières à la consommation, et les autres à l'entrepôt.

A Alger, la cire a éprouvé une hausse sensible; on a coté, 4 fr. 10.le kil. en première main.

Le 10 janvier 1870, l'on présentera aux enchères publiques sur le marché de Rotterdam environ 40,000 kil. cire d'abeilles de Benguela, importée par la Société africaine de commerce, dont partie est plus ou moins avariée d'eau de mer; on estime la marchandise saine, de 90 à 100 florins par 50 kilog.

Corps gras. — Suifs de boucherie, 102 fr. les 100 kil., hors barrière; suif en branche, 79 à 80 fr.; stéarine saponifiée, 173 fr.; de distillation, 170 fr.; oléine de saponification, 85 fr.; de distillation, 78 fr.

Sucres et sirops. — Sucre brut indigène, blanc en grains, 71 fr. 50 les 100 kil., à l'entrepôt. Sucres raffinés, de 129 à 130 fr. — Sirop de fécule massé, 45 à 50 fr.; dito liquide, 36 fr. à 40 fr.; sirop dit de froment, 59 à 65 fr. Le tout par 100 kil.

ABEILLES. — Les prix pour le gâtinais roulent entre 15 et 18 fr. la ruchée, selon provenance et grandeur de la ruche. Dans le Berry et sur les confins de la Sologne, on trouve vendeurs de 11 à 17 fr. sur place, selon cru. La Savoie, qui a été assez bien favorisée, peut fournir quelques centaines de colonies de 12 à 17 fr. sur place. — Décembre a été plus humide que froid; la gelée s'est fait sentir au début du mois, puis la température a permis aux abeilles de sortir. Le froid a repris à Noël. Pâques devra être bon. Voici les renseignements qu'on nous communique :

J'ai visité les ruchers des environs, la misère est partout. *Mazoky-Gavet*, à Tagnon (Ardennes). — La moitié de mes ruches a donné des essaims. Les premiers sont bons, et les derniers ne valent rien. La récolte de miel a été médiocre. *Doussot*, à Magny-Fouchard (Aube). — Nous avons eu un essaimage de 60 pour 100; les essaims de mai sont bons et les autres médiocres. Les réunions ont pris quelques poids aux deuxième coupes. Récolte faible. *Vivien Joly*, à Maizières (Aube).

L'année 1869 a été très-mauvaise en miel et en essaims; pourtant les souches qui sont restées aux regains se trouvent assez bien garnies pour passer la mauvaise saison. *Brard*, à Fresne-Camilly (Calvados). — L'essaimage a été assez satisfaisant ici; mais les abeilles ont peu emmagasiné de produits pendant l'été à cause de la sécheresse persistante; il a fallu réunir et nourrir les derniers essaims. *Dorée*, à Appeville (Eure). — Nous avons de la hausse sur le miel et sur la cire; le prix de celle-ci n'est pas encore fixé. *Brossault*, à Rennes (Ille-et-Vilaine).

Notre récolte en miel a été faible cette année, et la qualité est bien ordinaire. Nos produits en pots se sont vendus 1 fr. 80 le kil. pour les surfins, et 1 45 blancs. Le miel citron se vend actuellement 100 à 110 fr. les 100 kil. Les chasses faites de bonne heure et conduites à la forêt ont passablement butiné; une partie ont des provisions pour passer l'hiver. On tient les ruchées dans le val de la Loire, de 11 à 13 fr.; dans le Berry, de 15 à 17 fr.; selon cru. *Amiard*, à Neuville (Loiret).

L'année n'a été que moyenne pour nos abeilles, et médiocre pour nous. *Letrillart Lefèvre*, à Courcy (Marne). — Mes abeilles ont produit peu. J'ai fait 30 essaims artificiels; les premiers sont bons; j'ai doublé les autres et leur ai complété les vivres. Les souches non essaimées sont assez bonnes. *Molandre*, à saint Dizier (Haute-Marne). — L'année 1869 a été très-pauvre en essaims et en miel dans nos contrées. *Gérardin*, à Omelmont (Meurthe).

Sur 150 paniers que je possédais au moment de l'essaimage, 30 seulement m'ont donné des essaims naturels; la plupart des autres m'ont donné des calottes, et en conservant le même nombre, j'ai pu tirer 500 kil. de miel brut que j'ai vendu 110 à 120 fr.; cire coulée, 120 fr. les 100 kil. *André*, à Beauzée (Meuse). — La campagne en 1869 a été bonne ici; toutes nos ruches ont fourni une hausse de 6 à 10 kil. Nous avons en outre fait 60 boîtes de 6 à 800 gr. dont partie a été vendue 3 fr. pièce. Les ruches normandes ont fait merveilles; elles ont donné des calottes de 8 kil. et au premier novembre les corps de ruche pesaient de 14 à 16 kil. 37 ruchées faibles au mois de mars nous ont donnés 38 essaims que nous avons réduits à 25, tous très-bons. Prix des essaims avec poids pour passer l'hiver 12 fr. *Capdevielle* à Peau (Basses-Pyrénées).

Nos abeilles n'ont pas donné beaucoup de bénéfices cette année. J'ai pris à peu près une demi-récolte en juillet. Après avoir fait une tournée chez les étouffeurs pour recueillir leurs abeilles, j'ai alimenté et ai aujourd'hui des colonies on ne peut plus populeuses et bien disposées pour la campagne prochaine, *Demaizière*, à Vezeaux (Saône-et-Loire). — Les abeilles n'ont rien fait cette année; les essaims les plus lourds pesaient 10 kil. en septembre; les souches ne valent guère mieux; sans réunion et nourriture, bien peu passeront l'hiver. *C. Caron*, à Monthyon (Seine-et-Marne).

Des 22 ruchées que je possédais après l'essaimage, j'ai dû réduire le nombre à 9 pour ne pas tout perdre. Il faut espérer que l'année prochaine sera plus heureuse. *Bonnard*, à Mareuil-sur-Lay (Vendée).

Le compte rendu de l'état de mon rucher se résume par un seul mot : misère. D'abord l'essaimage a été très-mauvais; 80 p. 100 pour nous, c'est un peu plus que rien. La récolte de miel n'a pas mieux marché; nos meilleurs ruchées n'ont amassé que leurs provisions, et plus de la moitié de nos colonies ne verront pas le soleil de mai 1870. Les autres apiers du pays de Liége sont encore pis que le mien. Malgré la disette de cette année, nos abeilles italiennes ont encore fait preuve de supériorité sur les indigènes. Notre italienne souche a pris 5 kil., tandis qu'une indigène voisine de même force a perdu 3/4 de kil.; l'essaim italien a récolté 3 kil. 1/4, tandis qu'un essaim indigène de même date et de même force serait mort de faim si l'on n'était venu à son secours. *P. Fossoul*, à Tilleer-les-Liége (Belgique).

Depuis les premiers jours de novembre l'hiver est commencé au Canada et dans le nord des États-Unis : nous avons six pouces de neige. N'espérant plus sur aucune journée assez chaude pour permettre à nos abeilles de sortir, elles ont été encavées, il y a déjà quelques jours, où elles vont demeurer à peu près six mois, c'est-à-dire jusqu'à la mi-avril. Elles sont bien approvisionnées. *Th. Valiquet*, à Saint-Hilaire (Canada).

L'enterrement des ruches est une bonne mesure dans les pays aux hivers longs et rigoureux. — Dans un pays comme celui de Liége où l'essaimage est fort, il faut employer de grandes ruches pour le modérer.

H. HAMET.

— M. F... à Brioude; reçu le mandat de M. D. et votre envoi.
— M. V.. à Etain; il ne sera pas facile de vous procurer l'article en vert.
— M. V... à St-Hilaire (Canada); expédié un Cayatte et 10 cahiers.
— M. J... à Villarvolard; ces 125 essaims sont du charlatanisme d'outre-mer.
ERRATA : page 86, ligne 10, lisez : qu'*il n'aurait*... Restent à l'acquit de la composition d'autres fautes typographiques.

Paris.— Imprimerie horticole de E.DONNAUD, rue Cassette, 9.

L'APICULTEUR

Chronique.

SOMMAIRE : Suppression de médaille pour les ruches dans les concours régionaux. — Institution à fonder. — Protectionnistes et libres échangistes. — Ni protection ni entrave. — Plantes mellifères. — Lauréats apicoles.

Les concours régionaux seront d'un médiocre intérêt cette année pour les inventeurs et les améliorateurs d'instruments apicoles, car il n'est plus affecté de médailles pour ces instruments. Le besoin de faire des économies se fait sentir, paraît-il, et de ce côté, c'est sur les petits que tombe la sollicitude administrative. Les exposants de ruches, à qui on supprime pour une quinzaine de francs de médailles par concours, ou une centaine de francs pour toute la France, sont plus faciles à contenter et tiennent beaucoup moins de place sous le soleil que les nobles éleveurs de Durham, ou de Brahma-Pootra. Mais les sommes qu'on affecte pour encourager ces derniers ne sont-elles pas sacrifiées en de pures fantaisies?

Nous sommes de ceux qui pensent que les concours régionaux ont fini leur temps et qu'il faut les remplacer par des concours spéciaux, et des concours cantonaux, lorsqu'il s'agit d'embrasser toute l'agriculture locale. A côté de l'enseignement de ces concours, il est urgent d'instituer l'enseignement omnibus par le professorat ambulant. Il faut organiser un régiment de professeurs élevés à l'école de la pratique, qui porteront les bonnes méthodes d'un bout à l'autre du territoire et qui rendront au pays des services bien autrement importants que ne peuvent en rendre des régiments de porte-chassepots les plus perfectionnés.— Mais pour avoir ces professeurs, il faut les payer? — Assurément, et rien n'est aussi facile, sans même d'impôt nouveau. — Comment cela? — En supprimant le quart ou le tiers des fonctionnaires (armée comprise) dont nous pouvons nous passer et dont le traitement sera plus que suffisant pour l'entretien de ces professeurs utiles.

Nos grands confrères de la presse agricole n'abondent pas souvent dans ce sens. Il est vrai que leur temps est absorbé par les questions de circonstance. Ainsi, la semaine dernière ils étaient occupés à congratuler le nouveau ministre. Nous avons constaté que ces chers confrères ont toujours une forte dose d'encens à offrir au maître qui entre et un

5

faible grain à celui qui sort. Cette semaine ils sont pris par la question des traités de commerce, et libres échangistes et protectionnistes proposent une panacée qui doit produire sur l'état de Jacques Bonhomme à peu près l'effet d'un cautère sur une jambe de bois.

Ayant été *saignare* et *purgare* plus que de raison, le pauvre diable renacle. Alors pour l'aider à se tenir sur ses jambes débiles, les protectionnistes veulent lui mettre dans la main une canne grosse comme une bûche. Les libres échangistes (toujours de la presse agricole) lui offrent, eux, pour canne « le laisser-faire, » qui est moins qu'un fétu. Mais les uns et les autres trouvent bon que ledit Jacques Bonhomme reste au régime de la saignée et de la purge.

Producteurs de miel et de cire, nous ne demandons ni à être protégés, ni à être entravés. Si le miel étranger que nous a amené la liberté de commerce a fait baisser le prix de celui que nous produisons, il nous a poussés à chercher des méthodes apiculturales meilleures ; il a contribué en outre à maintenir la consommation de cette denrée que le bas prix du sucre menaçait d'éteindre. Puis par de mauvaises campagnes, ce miel étranger nous aide à sauver nos abeilles. Mais pour que nous puissions tirer partie de nos ressources et avoir le fruit de notre travail, il ne faut pas que nous soyons privés de la liberté intérieure ; il ne faut pas, par exemple, que notre cire perde de sa valeur à l'entrée des villes, valeur que lui enlève l'octroi. Simples travailleurs des champs, nous ne devons pas payer les travaux fastueux des villes. Il ne faut pas non plus que dans le transport de nos produits ou de nos abeilles, nous soyons rançonnés par les compagnies de chemins de fer. Il faut que leurs tarifs soit abaissés au niveau de ceux des chemins de fer étrangers. Enfin, l'apiculteur demande à jouir du même droit, — étant du même pays, — que son voisin le sériciculteur ou le gallinoculteur. Il proteste contre toute réglementation municipale qui entrave son industrie et atteint sa propriété. Il veut le droit commun et la liberté.

— Un des moyens d'obtenir une plus grande quantité de produits consiste à introduire des fleurs très-mellifères. Parmi les plantes qui doivent attirer l'attention des apiculteurs, il faut signaler le trèfle de Suède et le trèfle d'Alexandrie sur lesquels les abeilles recueillent une grande quantité de miel. Le premier a été introduit au Canada et aux États-Unis sous le nom de trèfle *alsike*. Nous comptons pouvoir fournir à nos lecteurs des échantillons de ces trèfles le mois prochain, ainsi que des échantillons de mélilots blanc et jaune sur lesquels l'abeille butine aussi beaucoup. En mars, nous dirons le prix des échantillons, et la quantité que nous pourrons fournir.

— Le *Bulletin* n° 2 de la société d'horticulture· et d'apiculture de Brioude donne le nom des lauréats apicoles de l'exposition organisée à Brioude, en 1869. Ce sont : M. Faure, l'un des fondateurs, médailles d'or, pour sa belle collection d'appareils ; M. Abraham de Peirier, médaille de vermeil pour ses beaux miels; M. Leblon, agent d'assurance à Paris, médaille de bronze, pour ruche dite rationnelle à parois trop minces, selon le rapporteur.

— Au dernier concours de la société d'agriculture du Haut-Rhin, tenu à Rouffach, une médaille d'argent et 25 fr. ont été accordés à M. Diss (André), de Fessenheim, pour les succès qu'il a obtenus dans la propagation et la multiplication des abeilles.

— Pour ceux qui consultent les astres avant de faire une opération, on doit mentionner qu'il y aura en 1870, — sans compter l'imprévu, — une éclipse de soleil et deux éclipses de lune visibles à Paris.

H. HAMET.

Études sur la loque.

Avant de reprendre ce dernier résumé commencé trois fois et depuis si longtemps promis, j'ai voulu relire les opinions diverses signalées par *l'Apiculteur*. Avec le père Moyse d'Aiguebelles (octobre 1866, page 9), et avec M. Chapron (mars 1868, page 183), je crois qu'un nourrissage de mauvaise qualité et intempestif est une cause de loque. J'admets bien plus encore avec Dzierzon que du miel extrait *en bloc* d'une loqueuse (je souligne le mot en bloc qui n'est pas dans Dzierzon et fait bien comprendre ma pensée) peut la développer. Pourtant je crois encore que dans les gâteaux extraits d'une loqueuse il se trouve des gâteaux de miel sain malgré l'odeur et la saveur suspecte qu'ils ont au sortir de la ruche, ce goût et cette odeur se dissipant en quelques heures d'exposition à l'air libre. L'important est qu'il n'y ait aucune cellule, aucun atome de débris loqueux. J'ai cru pendant un an ou deux que l'abeille avait l'instinct de déposer son miel dans des alvéoles propres, c'est généralement son habitude, mais il n'en est pas toujours ainsi, et deux observations précises m'ont expliqué le mode de contagion et la propagation relativement lente qu'elle affecte en certains cas, et pour ces ruches que précédemment j'avais baptisées du nom de vieilles loqueuses. J'ai eu des ruches

qui n'ont péri que 18 mois après que le premier germe de la maladie, si
maladie il y a, a été sensible. Ces observations répondront aussi au fait
rapporté par M. Laganne (mai 1867, p. 244) et auquel M. Hamet, parfaitement dans le vrai, a répondu qu'il fallait attendre. Quant au moyen
indiqué par M. Chapron, qui comme moi paraît avoir été soumis à de
rudes épreuves, et au remède secret de M. Guilleminot ainsi qu'à l'annonce de M. Delinotte, probablement la même réponse peut suffire et je
le regrette : d'autant plus que la non-obtention de votre prix d'honneur
me prouve que personne n'a pu encore remplir convenablement votre
programme.

J'ai vu avec plaisir que la ponte anormale en certains cas de loque
que je vous ai signalée dès 1863 et 1864, vous a été confirmée depuis par
M. Médéric Fouré (janvier 1866 p. 116). Quant à l'opinion émise par
M. Brulefert (décembre 1867, p. 86), qu'avec de fortes populations, bien
logées, abritées de l'humidité et des vents, avec des ruches posées sur des
plateaux en bois placés à 25 centimètres du sol, on parvient à se garantir
de la loque ; hélas ! d'expérience cela ne suffit pas, car, sans me vanter
mes ruchers sont établis selon la formule, et je n'ai pas été garanti tant
s'en faut.

Je passe rapidement l'article foudre, puisque l'auteur admet dans la
dernière ligne de son article que la loque apparaît dans des mois où les
orages sont rares et la loque fréquente, pour jeter un coup d'œil sur
4 articles plus importants.

Le plus pratique de ces quatre articles est sans doute celui de Dzierzon (avril 1867 p. 197); il est à regretter qu'il soit trop bref et incomplet. Quoiqu'il m'en coûte de juger une question après une autorité aussi
grande, je le fais, que vous dirai-je, pour cause d'utilité publique, ayant
été exproprié, ayant perdu, veux-je dire, jusqu'à ma dernière ruchée ;
c'est une rude épreuve, et je peux parler *de visu*.

Dzierzon reconnaît deux espèces de loque ou pourriture, l'une guérissable, l'autre incurable, toutes deux contagieuses. Je reconnais non deux
espèces, mais deux formes de loque que je regarde comme inguérissables
toutes deux. L'une est rapide et amène la perte entière et complète du
couvain, l'autre est lente et se propage d'une cellule à l'autre, c'est une
longue agonie. Bien entendu qu'il existe entre ces deux formes une foule
de nuances intermédiaires selon les circonstances qui ont amené je ne
dirai pas la maladie, mais l'accident. Mais je n'accepte pas la description
de la loque bénigne qu'il donne comme accident loqueux. Ce n'est pour

moi qu'une différence d'époque dans l'accident survenu combiné à un degré de chaleur moindre ou d'aération plus grande. Je me fonde sur deux expériences directes, l'une portant sur du couvain de mâles entassés au nombre de cinq gâteaux et tenus au soleil et à l'air libre. Le couvain du centre a péri; celui extérieur, soit au soleil, soit à l'ombre, a paru sécher. La pourriture du centre a mis 4 à 5 jours à se développer et l'odeur en était prononcée, le couvain du bord se ridait mais la peau en était ferme quand l'expérience a été interrompue pour cause d'absence. Dans l'intérieur de la ruche, mais séparé des autres gâteaux, un gâteau de couvain brisé a commencé à se décomposer en moins de 48 heures. L'autre expérience à porté sur une forte ruchée devenue loqueuse du second degré en juillet. Je chassai la population entière pour la réunir à une orpheline ; la chasse fut à dessein mise au rucher à une autre place, avec grillage en dessous pour éviter le pillage, et la ruche soulevée des bords d'un centimètre. Dans cette condition le couvain loqueux a séché et la pourriture s'est arrêtée, et malgré le refroidissement de la ruchée privée de toute sa population, le couvain sain a continué mais lentement son éclosion; 23 jours après, en la démolissant, j'ai trouvé des abeilles grises et vivantes dans des alvéoles non operculés. Cette expérience est concluante pour prouver que ce n'est pas le refroidissement de la ruchée qui amène la pourriture du couvain.

Quant aux causes de la maladie, Dzierzon n'indique qu'un nourrissage fait avec du miel provenant de ruches loqueuses, tout en laissant entrevoir qu'il doit exister d'autres causes. Il cite entre autres le miel récolté sur l'airelle myrtille et la ciguë. D'autres végétaux ont été accusés de chose pareille et rien n'a paru bien prouvé. Quant aux conseils qu'il donne, en tout point ils sont bons à suivre même avec plus de sévérité.

Je vois dans l'article inséré sous la signature de M. Molitor Muhlfeld plusieurs observations qui concordent avec celles que je vous ai signalées en 1863 et 64 dans les indices de la loque. Ainsi il signale la présence de la mouche à viande autour des loqueuses et l'irritabilité plus grande des abeilles, mais pour le remède qu'il indique et qui n'est que le système Raspail appliqué à l'abeille, je suis, je l'avoue, fort incrédule. Combien de fois ai-je cru avoir sauvé des ruchées qui, six mois et un an après, étaient loqueuses comme devant; l'utilité de l'aération indiquée par M. Chapron et qui concorde avec les expériences indiquées plus haut me paraît bien plus sérieuse.

Mais quant à accepter que la mort du couvain provient de la piqûre d'un ichneumon, pour cela je l'accepte encore moins. Les détails donnés sur cet insecte sont vrais en partie. Comme l'abeille, la guêpe et la fourmi, l'ichneumon fait partie des hyménoptères. Selon les espèces, qui sont très-nombreuses, leur taille varie depuis celle de la très-grosse guêpe, environ 4 à 5 centimètres, jusqu'à 3 et même 2 millimètres seulement. C'est à une de celles à petite taille que Molitor attribue le méfait. Tous sont des insectes très-élégants, bien plus aériens, permettez-moi le mot, que la guêpe, et la petite espèce incriminée ressemblerait en beau à une très-petite fourmi ailée, mais à ailes courtes et transparentes. Comment donc se fait-il que M. Engster de Constance, ancien apiculteur, et regardé comme un grand observateur par Molitor dont il partage l'avis au sujet de la loque, ait pu confondre l'ichneumon, si svelte, avec la mouche à viande? Autant vaudrait confondre la gazelle d'Afrique avec le bœuf Durham; parce que ces animaux ont tous les deux 4 pattes, 2 cornes et mangent de l'herbe en commun. Il est vrai pourtant que les ichneumons qui vivent à l'état d'insecte parfait, du miel des fleurs, raison pour qu'ils rôdent comme plusieurs papillons autour des ruchées, vivent à l'état de larve aux dépens du tissu graisseux, surtout des chenilles à peau nue. Une espèce nous a rendu cet été de grands services par la guerre acharnée qu'elle a livrée à la chenille du chou. Une espèce, longue d'un centimètre 1/2 environ, parait vivre aux dépens de l'abeille maçonne, mais ce n'est pas celle dont on parle, qui parait être une autre espèce plus petite. En effet, il en est une qui parait vivre aux dépens de la galerie de la cire dite teigne des ruches, trop connue des apiculteurs; mais inférer de là qu'elle vit aux dépens de la larve de l'abeille et sans donner de preuves, cela me parait hasardé, surtout pour un observateur pouvant confondre la mouche à viande avec un ichneumon. Passe encore si le reste de l'article était dans le vrai. Ainsi il y est dit que la loque bénigne apparait parfois au printemps, lorsque par une température trop douce la mère ayant trop étendu son couvain, celui-ci, dans des journées moins chaudes, perd sa chaleur, les abeilles resserrant leur siége abandonnent une partie du couvain qui périt et entre en putréfaction.

Quand M. Blanchard, notre ancien président, demanda, pour qu'on pût juger la question loque, qu'on indiquât des cas de loque commençante, j'ai pu vous citer quelques cas où la loque ne remontait qu'à quelques heures. Dans trois de ces observations de loque de printemps, la mortalité et la pourriture n'ont point débuté par le bord qui est bien la partie la plus exposée au refroidissement, par le resserrement du siége des abeilles, je me sers des termes mêmes de Molitor, mais par le centre, soit par la partie maintenue la plus chaude. Ces trois cas sont des cas de loque commençante au printemps sur des loqueuses plus anciennes; la cause étant différente, les phénomènes seraient différents. Mais je répète ce que j'ai dit à propos de Dzierzon; veuillez bien prendre note des deux expériences données : une diminution de chaleur, quand elle n'est pas excessive, n'amène que le ralentissement de la vie; la plus grande durée de ses phases, et toujours quelle que soit son intensité, c'est une chance de moins de dissolution.

Quant à la loque maligne attribuée à l'ichneumon et que l'on reconnait, selon Molitor, aux couvercles perforés des cellules atteintes, sur le même gâteau vous trouvez des uns et des autres. Cette perforation du couvercle est un commencement de nettoyage et un moyen pour activer le desséchement. Dans des ruches très-vigoureuses et atteintes au second degré, les abeilles vont jusqu'à détruire les alvéoles et la muraille médiane laissant les gâteaux tout perforés. Ce fait a été attribué aux ruches attaquées par la teigne, mais je l'ai vu chez des loqueuses au second degre.

De plus, comme je l'ai dit à propos de Dzierzon, la pourriture du couvain non operculé a quelquefois la même adhérence que celui des nymphes. C'est une question complexe provenant de la cause même de la loque, ainsi que je le dirai plus tard, de l'intensité de l'accident, de l'âge du couvain et du degré de chaleur et d'aération de la ruchée.

Il me semble me souvenir que je vous ai envoyé jadis un gâteau de couvain loqueux très-adhérent et non operculé et en partie au fond des alvéoles, c'est bien là le cas incriminé. De plus, dans plusieurs cellules étaient plusieurs œufs ensemble au nombre de 2, 3 et 4, mais je crains fort qu'entre l'expédition et la réception ces œufs ne se soient desséchés et que vous n'ayez pu les découvrir au fond des cellules (1).

Du reste, l'auteur se juge lui-même quand, après avoir dit que c'est par sa négligence que le propriétaire des ruchées s'est laissé envahir et n'a pas su défendre à ces insectes l'entrée de ses ruches, et qu'ainsi tout le pays va être envahi, il ajoute naivement que la chose n'est guère possible (entendons-nous, de se défendre). Il est évident aussi qu'un insecte produisant de pareils dégâts et existant en pareil nombre aurait depuis longtemps été connu et jugé.

(1) Ces œufs sont arrivés intacts et ont été vus. — H.

Restent les deux articles de M. de Berlepsch ou plutôt du docteur Preuss et de Lambrescht. Ici nous avons affaire à la science plus qu'à la pratique. Je vois d'abord que Preuss n'admet pas plus que moi l'opinion émise par Molitor au sujet de l'ichneumon cause de loque. Voulant poursuivre les germes d'un mal terrible jusque dans l'inconnu, il se livre à des études microscopiques, comme Lambrescht à des études chimiques très-étendues. Ceci montre deux hommes de bonne volonté. Les maladies contagieuses ou héréditaires ont une cause et un moyen de transmission, c'est évident. Est-ce le développement des fongus de diverses sortes qui sert de véhicule à toutes ces maladies ? Cela est possible, comme il est possible que ce ne soit qu'un des premiers développements du mal, un effet et non une cause, mais je m'explique, une cause première. J'admets à la rigueur que les fongus peuvent être un véhicule de la maladie, comme la vaccine, une espèce de greffe animale, mais en ce cas c'est un empoisonnement et non une cause première, qu'il vienne de l'air ou du contact. Le docteur Preuss nous donne un aperçu de la ténuité de ces fongus en général et des cryptocoques des ruches en particulier, puisqu'il la nomme ainsi. Et après nous avoir parlé en outre de celui des ruches, de ceux du choléra, de la fièvre typhoïde, de la petite vérole, du fongus ferment, il finit par nous dire que ce dernier est peut-être le même que le premier. Tout cela s'embrouille fort, et avec l'innombrable quantité de ces fongus, de leur puissance d'expansion si grande, comment peut-il se faire que nous vivions à la surface du globe et que nos abeilles qui charrient les leurs, dans leurs pattes, dans leurs poils, qui les trouvent dans leur nourriture puissent vivre 18 mois et plus et perpétuer du couvain sain dans des ruches empoisonnées ? Je comprends, à la rigueur, le choléra se développant après le massacre de 25 à 30 mille moutons, chevaux et chameaux et pourrissant au soleil de la Mecque après leur immolation à la plus grande gloire du prophète et aux plus grands désastres de l'humanité. Mais là, si ce sont les fongus charriés dans l'atmosphère qui empoisonnent l'espèce humaine, la cause première est le massacre bien inutile de ces pauvres animaux. Aussi ne puis-je m'empêcher de dire que l'idée chrétienne, qu'un cœur pur et l'offrande la plus agréable au Seigneur est bien préférable sous tous les rapports. Mais revenons au sujet. Pour nos abeilles, la cause première est aussi simple, trop simple peut-être, pour qu'on l'admette, c'est la faim, le nourrissage insuffisant du couvain. Une privation de nourriture peut-elle développer un fongus, un être nouveau ? C'est possible, car en ce monde la mort d'un individu est le

commencement de la vie de plusieurs autres, qui souvent n'attendent
pas le terme fatal pour celui aux dépens de qui ils vivent pour croître et
se développer. Toujours est-il, c'est un effet et non une cause.

(A suivre.)   A. SAUNIER.

Fragments du journal d'un apiculteur.

Ferme-aux-Abeilles, février 187...

11 *février*. Lorsque l'hiver se montre peu rigoureux et que la température permet aux abeilles de sortir de temps à autre, l'éducation du
couvain commence tôt dans les ruches populeuses, et elle est déjà
étendue à la mi-février. Aussi la consommation est forte et la diminution de poids assez sensible. Il faut soupeser les ruches qu'on savait peu
garnies de provisions avant l'hiver et se hâter de les alimenter, si le
besoin s'en fait sentir. C'est le soir qu'il faut présenter la nourriture, et
si l'on craint que la nuit soit assez froide pour empêcher les abeilles de
quitter leurs rayons pour enlever cette nourriture, on doit porter la
ruche dans une pièce chaude. Le lendemain matin on la replace au
rucher. Les ruches qui peuvent être alimentées par le haut ou par les
côtés n'ont pas besoin d'être déplacées.

Ce mois est le plus court de l'année, mais il est parfois le plus variable : neiges, pluie, vent sec, gelée vive, temps doux, tout cela se succède quelquefois la même semaine. Hier un soleil chaud et printanier
permettait aux abeilles de sortir et de butiner du pollen sur la fleur de
l'orme, du cornouiller, de l'amandier, de l'ajonc, du buis, du mouron, etc.; aujourd'hui un temps gris et froid les retient au logis. Elles
sont serrées entre les rayons qui portent du couvain, et plus le froid est
vif, plus elles absorbent de miel pour entretenir la chaleur nécessaire à
l'existence de ce couvain. Il faut profiter des journées froides pour rogner et scier les ruches en cloche, et en tronc d'arbre qu'on veut transformer (V. 13ᵉ et 12ᵉ années de *l'Apiculteur*). La partie conservée de
l'ancienne ruche est assise sur une ruche nouvelle, où elle y est accolée.
— On peut aussi défaire les édifices de la ruche ancienne qu'on veut
supprimer et les placer dans des cadres (V. 12ᵉ année, p. 238, pour la
manière de faire tenir les rayons dans les cadres).

Lorsque la température atteint 11 à 12 degrés, les abeilles s'aventurent dehors, si l'air est calme ; mais elles s'éloignent peu si le soleil ne
brille pas. Ne pouvant aller à la recherche des fleurs, elles vont examiner l'entrée des ruches dont la population est affaiblie ou dont la

mère est morte, et cherchent à pénétrer dans ces ruches pour en piller le miel. Elles y parviennent facilement, car l'entrée de ces ruches est mal gardée et peu défendue. L'apiculteur vigilant réunit au plus vite les colonies qui ont périclité, ou rétrécit le plus possible l'entrée de leur ruche en attendant qu'il avise aux moyens de les utiliser.

Lorsque le temps est beau et que les abeilles commencent à se mettre à la recherche de pollen encore peu abondant, parce que le nombre des fleurs est très-restreint, il est bon de leur présenter des farines de légumineux, tels que haricots, fèves, lentilles, etc., ou de la farine de seigle qu'elles prennent et utilisent en guise de pollen pour alimenter leur couvain. On met ces farines dans des vases à bords peu élevés ou dans des rayons secs qu'on place dans un endroit abrité et au soleil, non loin du rucher. Lorsque la farine est mise dans un vase, il faut avoir soin de mettre dessus quelques copeaux ou des morceaux de cire pour que les abeilles puissent prendre pied et qu'elles ne s'empêtrent pas dedans. Pour attirer les butineuses à la farine, on les allèche par un peu de miel.

Il faut continuer les travaux de bêchage, d'élagage et de plantation autour du rucher. Si des bordures doivent être établies le long des allées qui conduisent au rucher, il faut les garnir de la *corbeille d'argent*. C'est la fleur qu'elles fréquentent le plus vers la fin de l'hiver.

On profite des journées froides pour donner un coup de pinceau aux boiseries du rucher, et aux ruches en bois exposées à l'humidité. On répare aussi les abris artificiels qui garantissent les abeilles des mauvais vents, surtout lorsqu'elles rentrent chargées des premières provisions. On prépare les abreuvoirs où elles pourront s'alimenter d'eau sans se noyer.   X.

Sirop de sucre comme nourriture des abeilles.

L'année 1869 a été mauvaise pour les abeilles. Il faudra, au printemps, nourrir bon nombre de ruchées. Je regarde donc comme opportun de recommander aux apiculteurs une nourriture que j'emploie depuis longtemps, et qui m'a toujours donné des résultats satisfaisants; je veux parler du sirop de sucre avec lequel j'ai alimenté les essaims dont il est question dans les derniers numéros de l'*Apiculteur*.

Un mélange de sept parties de sucre et de quatre parties d'eau, réduit à deux parties de sucre et une partie d'eau, forme un sirop qui est, pour les abeilles, une nourriture aussi saine, aussi agréable, aussi nutritive que du miel de bonne qualité. Par l'expression *aussi nutritive*, j'entends qu'un kilog. de ce sirop nourrira une colonie aussi longtemps qu'une égale quantité de miel.

La manière de préparer le sirop est simple. On verse dans une chaudière quatre litres d'eau et sept kilog. de sucre divisé en morceaux de 100 à 200 grammes; on place la chaudière sur un feu modéré; on remue et on brise avec une spatule les morceaux les plus résistants; le sucre étant entièrement dissous, on retire la chaudière du feu, et après refroidissement on met le sirop en bouteilles, pour s'en servir au besoin. On peut le conserver de la sorte pendant plus de six mois.

Le sirop ayant perdu par l'évaporation, une partie de son eau, se trouve alors réduit, à peu de chose près, à deux parties de sucre et une partie d'eau. C'est à mon avis la meilleure proportion.

Pour présenter le sirop aux abeilles, je me sers d'un vase en fer-blanc à bord droit, ayant 29 centimètres de diamètre sur 5 de profondeur. Le fond du vase est percé dans son milieu d'un trou de 30 à 40 millimètres. Sur ce trou s'élève, jusqu'à la hauteur du vase, un tuyau de même diamètre. Cet appareil permet de donner la nourriture par le haut pour les ruches à hausses et à calotte. En effet, quand on couronne une de ces ruches, les abeilles du dedans montent par le tuyau, viennent prendre leur charge qu'elles rapportent par le même chemin.

Pour éviter le danger du pillage, il faut avoir soin de recouvrir le vase d'une calotte bien calfeutrée dans ses joints.

Ce ne sont que les fortes populations qui vont chercher si loin leur nourriture, et encore faut-il que la température soit douce. Le plus souvent le vase sera donc placé par le bas et non par le haut.

Je ne connais rien de mieux que des rondelles de liége pour couvrir le sirop. Chaque rondelle devient un radeau d'où les abeilles sucent la nourriture sans courir le risque de s'engluer. Ces rondelles, qui peuvent servir indéfiniment, ne coûtent que la peine de les découper, car de vieux bouchons conviennent tout autant que des neufs. Un seul bouchon donnera quatre ou cinq rondelles.

Avec le vase dont je viens de parler, une colonie à population ordinaire absorbe, en moins de six heures, deux kilog. de sucre.

Il s'est élevé dans le temps un malentendu entre M. Vignole et l'apiculteur lorrain. Ce dernier prétendait qu'une forte population pouvait à peine emmagasiner 2 k. 500 grammes de nourriture en douze heures, M. Vignole soutenait qu'elle pouvait en emmagasiner bien davantage. J'avais opéré en juillet par une température de 24 à 25 degrés centigrades ; mon honorable contradicteur l'avait fait en octobre, de là des résultats différents. J'ai reconnu depuis qu'une grande population déve-loppe par le bruissement une chaleur qui l'oblige parfois à se grouper au dehors pour respirer un air plus frais, et qu'alors l'emmagasinement en souffre.

Déperdition de la nourriture. Peu d'apiculteurs se rendent compte de ce qui se passe dans une colonie en nourrissement. On se persuade que les abeilles emmagasinent toute la nourriture qu'on leur donne. Point du tout. Pesez une ruchée avant de la nourrir, donnez-lui, par exemple 4 kilog. de nourriture, pesez de nouveau après emmagasinement, et vous trouverez une déperdition ou perte sèche d'environ un sixième. L'expérience suivante vous le dira, elle a été faite en 1869.

1869.	A.	B.	C.	D.
2 août.	14 k.570	17 k.270	20 k.920	19 k.235
2 août.	1, 980	2, 045		
3 août.	2, 035	2, 110		
3 août.	2, 045			
Total.	20, 630	21, 425		
4 août.	19, 685	20, 650	20, 880	19, 105
Différence.	00 k.945	00 k.775	00 k.040	00 k.130

EXPLICATION DU TABLEAU.

A et B sont deux ruchées dont je voulais compléter les provisions. C et D sont deux autres ruchées qui, ayant leurs provisions faites, de-vaient servir de termes de comparaisons.

Nous disant ce qu'elles ont consommé, elles nous diront en même temps la déperdition de la nourriture donnée aux deux ruchées A et B.

Le 2 août, dix heures du matin, les quatre ruchées ont été pesées.

Le même jour 2 août, 7 heures du soir, A et B recevaient chacun 2 kil. de sirop.

Le même jour 3 août, cinq heures du matin, les deux ruchées rece-vaient une seconde ration.

Le même jour 3 août, onze heures du matin, A recevait une troisième ration, B ne recevait rien.

Chaque ruchée absorbait sa ration en moins de six heures, et la ration était de deux kilog. (nombre rond).

Le 4 août, cinq heures du matin, les quatre ruchées ayant été pesées, A accusait une différence ou perte de neuf cent quarante-cinq grammes pour six kilog. soixante grammes qu'il avait reçus; B accusait une perte

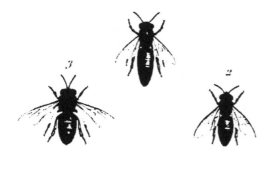

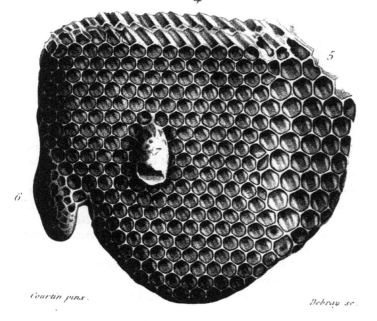

Courtin pinx.

Debray sc.

(Apis ligustica (l'Abeille ligurienne))

Imp. Houiste 3, rue Mignon, Paris.

Digitized by Google

Digitized by Google

gle

de sept cent soixante-quinze grammes, tandis que C n'avait perdu que quarante grammes ; et D, cent trente grammes.

Pour prévenir toute distinction entre miel et sirop, je dois ajouter que le miel subit une déperdition aussi grande que le sirop. On peut consulter à ce sujet *l'Apiculteur* de janvier 1861, page 105.

Un apiculteur lorrain.

Erreurs à rectifier dans les trois derniers acticles de *l'opiculteur lorrain*.

Page 40, ligne 4, lisez : 10 k. 530. Page 42, ligne 9, lisez : décimètres carrés. Page 70, ligne 25, lisez : 9 k. 095. Page 70, ligne 28, lisez 4 k. 065. Page 103, ligne 17, lisez : le 20 mai. Page 103, ligne 23, lisez : fort. Page 103, ligne 33, lisez : 2 k. 910. Page 103, ligne 38, lisez : 9,940. Page 106, ligne 37, lisez : 4,290. Page 107, ligne 6, lisez : 9 juin.

Dictionnaire d'apiculture.
(Glossaire apicole. V. 13ᵉ année, p. 305.)

ALVÉOLE, s. m. Cellule : cavité ou compartiment dans lequel l'abeille élève ses petits et emmagasine ses provisions, miel et pollen. *Pot* (Aisne, Aube, Oise, Somme, etc.) ; *trou* (Doubs, Saône-et-Loire, etc.) : « trou de paignot » ; *traou* (Lozère) : « traou d'abélio, de bresquo ou de breschio » ; *traouc* (Aveyron) ; *cru* (Deux-Sèvres) : petits crus, loges de couhis (couvain) ; *écuelle* et *cabelet* (Savoie) ; *gaeeté* (Meuse) ; *carguet*, synonyme de surcharge, d'excroissance, pour alvéole de mère (Ardèche) ; *cuhe* a la même signification dans les Landes ; *dédau* (Haute-Vienne).

Les abeilles construisent trois sortes d'alvéoles, dont deux sont réguliers et se ressemblent, sauf sous le rapport de la grandeur : 1° des alvéoles d'ouvrières (4, Planche) ; 2° des alvéoles de mâles (5, Planche) ; 3° des alvéoles de mères (6, Planche). Les alvéoles d'ouvrières et de mâles offrent la forme d'un prisme hexagonal, terminé par une pyramide à trois rhombes. Chacun de ces trois rhombes est commun à deux alvéoles ; ce qui veut dire que les abeilles bâtissent des cellules opposées. Une réunion d'alvéoles ou cellules opposées constitue le rayon ou gâteau. Les alvéoles qui composent le rayon ne sont pas tout à fait horizontaux ; ils sont inclinés de haut en bas, de dehors en dedans, sous un angle de 4 à 5 degrés. L'apothème ou petit rayon d'un alvéole d'ouvrière a une longueur de 2 millimètres 6 dixièmes. Chaque côté de l'alvéole a 3 millimètres 2 millièmes. La surface en millimètres carrés est de 23 millimètres, 4156. Donc un gâteau d'un décimètre carré ren-

ferme 127 cellules sur chaque face, ou 854 sur les deux faces. La profondeur de l'alvéole est de 12 millimètres. Le diamètre est de 5 millimètres 2 dixièmes. Le diamètre des cellules ouvrières de l'abeille
alpine est de 5 millimètres 5 dixièmes. L'apothème d'une cellule de
mâle est de 3 millimètres 3 dixièmes. Chaque côté de cette cellule à
3 mm. 811. La surface en millimètres carrés est de 35 mm. 1563. Un
rayon d'un décimètre carré renferme donc 265 cellules sur chaque face,
ou 530 sur les deux. La profondeur de la cellule de mâle est de 15 mm.
Le diamètre en est de 6 millimètres 6 dixièmes.

Le nombre d'alvéoles contenus dans une ruche pleine de rayons est
considérable. Une ruche jeaugeant 27 litres en renferme près de cinquante mille (49,472) sur une surface de 64 décimètres carrés de gâteaux répartis de la manière suivante : 40,992 cellules d'ouvrières sur
une surface de 48 décimètres carrés ; 8,480 cellules de mâles, sur une
surface de 16 décimètres carrés. Les cellules d'ouvrières sont dans les
proportions des sept huitièmes environ dans l'état ordinaire. Ces cellules
se trouvent notamment dans le milieu et le haut de la ruche ; celles de
mâles dans le bas et sur les côtés.

Les alvéoles maternels (6, voir Planche), que les anciens auteurs appellent improprement alvéoles royaux, n'ont rien de ressemblant avec
les alvéoles d'ouvrières et de mâles ; ils n'ont pas non plus le même
plan et ne sont pas placés dans le même ordre ; ils sont au contraire isolés
et ont leur direction presque perpendiculaire. Ces cellules ont la forme de
la cupule d'un gland lorsqu'elles ne contiennent pas d'embryon ; puis
elles sont allongées et operculées lorsqu'elles contiennent une larve ;
leur surface, notamment à la base, est comme guillochée de petits trous
presque rectangulaires. Les abeilles emploient une grande quantité de
cire mêlée à un peu de propolis pour leur construction. La profondeur
de ces cellules varie, et leur diamètre est d'environ 8 millimètres et
demi. — Les alvéoles de mères, au nombre de cinq ou six seulement
dans certaines ruches, de dix ou douze dans d'autres, de vingt et même
de vingt-cinq dans d'aucunes, sont ordinairement établis au tiers de
l'emplacement et sur le bord des rayons dans les parties qui n'adhèrent
pas aux parois de l'habitation, ou bien encore sur le bord central des
rayons qui ne traversent pas l'habitation. Dans ce cas, les alvéoles
maternels sont au centre et remplissent le vide formé par ces demi-
rayons. On en trouve dans quelques chapiteaux.

Les abeilles édifient quelquefois des cellules maternelles au milieu des rayons ; pour mieux dire, elles transforment des cellules d'ouvrières en cellules maternelles. Dans ce cas, ces cellules sont dites artificielles (7, Planche). Elles transforment ainsi des cellules d'ouvrières contenant du jeune couvain, lorsqu'elles manquent de mère et qu'il ne s'en trouve pas à l'état de couvain dans les berceaux ordinaires (6, Pl.).

Sur la construction des alvéoles, consulter les *Nouvelles observations* de Fr. Huber, au chapitre Architecture des abeilles. Voir aussi les années IX et X de *l'Apiculteur*.

ANESTHÉSIE DES ABEILLES. Voir *Asphyxie momentanée*.

APIAIRES, s. f. pl. Tribu d'insectes hyménoptères mellifères, renfermant les abeilles et les genres voisins. Le genre abeille (*apis*) a donné son nom à ce groupe d'hyménoptères mellifères ; il en constitue le genre le plus important pour nous. Mais les autres ne sont pas moins intéressants par leurs mœurs. Les *apiaires*, en général, sont caractérisées par des mâchoires, une lèvre et des palpes très-allongés, formant une trompe qui, dans le repos, est appliquée le long de la poitrine. La tête est triangulaire et verticale. Les mandibules varient beaucoup de forme, et avec elles aussi les mœurs des espèces. L'abdomen est ovoïde et attaché au corselet par un pédicule très-court. Les pieds sont très-dilatés et munis de poils roides et nombreux. Les larves sont vermiformes, blanchâtres, un peu recourbées, amincies aux deux bouts, munies d'une bouche écailleuse armée d'une filière. Au moment de leur première métamorphose, elles filent une coque où elles se changent en nymphes. Au printemps suivant, quand les fleurs qui doivent nourrir chaque espèce sont écloses, l'insecte parfait sort de sa coque. On le voit alors voltiger rapidement de fleur en fleur pour recueillir le miel qui doit le nourrir, ainsi que ses larves. Pour cela, il redresse sa trompe et la plonge jusqu'au fond du calice ou de la corolle. Un certain nombre d'*apiaires* vivent en parasites, et pondent leurs œufs dans le nid d'autres espèces.

Les *apiaires* se divisent en *apiaires solitaires* et en *apiaires sociales*. Celles-ci, comme leur nom l'indique, vivent en sociétés composées de trois sortes d'individus ; elles renferment les genres englosse, bourdon, abeille, mélipone, etc. Les *apiaires solitaires* n'offrent jamais que deux sortes d'individus, et toutes les femelles ont les organes reproducteurs développés.

APIARIDES, s. f. pl. (du latin *apis*, abeille). Famille d'insectes comprenant seulement les deux groupes des apites et des méliponites.

APICOLE, adj. (du latin *apis*, abeille ; *colo*, je cultive, j'élève), qui appartient, qui a rapport à l'élève des abeilles : art apicole.

APICULTEUR, s. m. (du latin *apis*, abeille ; *cultor*, qui cultive, soigne, entretient).; cultivateur ou amateur d'abeilles. *Mouchier* (Ardennes) ; *mouchetier* (Aisne) ; *moucheron* (Sarthe) ; *mouchard* (Gâtinais); *mouqueux* (Eure) ; *ézeleux, ézeleur* (Pas-de-Calais) ; *rédeux, rédeur* (Somme). Dans quelques cantons belges, on dit *abeiller, abeilleur,* pour apiculteur. Des étrangers emploient l'expression *apiarien* pour apiculteur.

On entend par *cultivateur d'abeilles* le producteur de miel et de cire ; on entend par *amateur d'abeilles* celui qui s'en occupe plus par agrément, ou par caprice que pour autre chose. Si l'on divise en grands et en petits les producteurs, on peut diviser les amateurs en variétés et sous-variétés. Il y a des nuances nombreuses depuis le contemplateur platonique des abeilles jusqu'à l'amateur qui fait reposer toute l'apiculture dans un système de ruche.

APICULTURAL, ALE, adj. Synonyme de apicole : méthode apiculturale ˅

(*A suivre*).   H. HAMET.

L'abeille égyptienne.

Son acclimatation dans le nord de l'Allemagne.

M. Vogel examine ensuite si l'abeille égyptienne est plus sensible à un climat moins chaud durant l'été que les variétés du Nord et de l'Italie. Voici, sur ce point, comment il s'exprime : « Quoique l'on calcule la température annuelle d'une contrée ou d'un endroit d'après les remarques générales, en tenant compte de son climat, il ne nous suffira pas cependant de donner la température moyenne annuelle de l'Egypte et du nord de l'Allemagne pour faire juger de la probabilité de la réussite dans l'acclimatation de l'abeille égyptienne au nord de notre pays, mais nous marquerons une moyenne d'espaces de temps plus courts ; nous comparerons la température de l'Egypte, pendant les cinq premiers mois de l'année, avec celle de notre nord, selon le thermomètre de Réaumur (1) :

	janv.	fév.	mars	avril	mai
Caire (30° lat. N.)	10.60	10.72	14.48	20.40	20.56

(1) Ces cinq premiers mois de l'année, au Caire, et les cinq autres correspondants du tableau, à Berlin, sont ici et là les mois des travaux des abeilles.

mai juin juill. août sept.

Berlin (50° 20′ lat. N.; 34° long. E.) 10.92 13.94 15.04 14.43 11.75

» Entre la température des mois d'hiver au Caire et celle des mois d'été à Berlin il n'y a que quelques degrés de différence. Au Caire, la température tombe quelquefois en hiver à 3° R. au-dessous de zéro, où elle tient peu. Le temps de la principale cueillette pour l'abeille égyptienne dans sa contrée est l'époque des mois les plus froids de l'année, de janvier à mars. En mai, la cueillette a cessé dans les basses terres, et plusieurs districts de Scharaki, où, grâce à l'irrigation artificielle, on fait trois récoltes par an, donnent encore parfois un certain pâturage aux abeilles. Dans ceux de l'Allemagne, pauvre en miel, la grande miellée a lieu en mai, juin et juillet, et ces mois ont la même température que l'hiver de l'Egypte. L'abeille égyptienne est donc tout autant chez elle pendant notre été, tout aussi heureuse que « le petit poisson au fond de la mer (1). »

» A une température de 10° à 12° R. (55° à 60° Fahr.), les abeilles égyptiennes sont en plein vol, pendant que nos abeilles, à la même température, ne font généralement que commencer à prendre leur vol. Quand les abeilles d'une souche égyptienne commencent à voler, il n'y en a pas seulement quelques-unes qui volent durant quelque temps, mais toute la souche est immédiatement en plein vol. Les égyptiennes se précipitent toujours dehors par l'entrée, à la façon des fourmis, par le trou pratiqué dans leur nid. Lorsqu'il fait doux, en novembre, elles butinent du pollen et du miel, et reviennent à tire-d'aile, tandis que quelques-unes, seulement des autres espèces, vont butiner. Je n'ai jamais vu d'égyptiennes tuées par le froid. Une abeille égyptienne a bientôt rattrapé au vol une abeille allemande ou italienne; la célérité des filles du Nil est encore plus remarquable chez les mères. Une mère fertile allemande ou italienne ne marche que lentement et pesamment, au lieu qu'une mère égyptienne court aussi vite d'un côté du rayon à l'autre que s'il était rond. Une activité, une vivacité, une agilité considérables sont les caractères généraux des natifs des contrées chaudes ; cette observation d'histoire naturelle explique la particularité susmentionnée de l'abeille égyptienne.

» En Egypte, pendant la saison chaude, le thermomètre est à 26° et à 30° R. (92° et 100° F.) : dans la haute Egypte, même à l'ombre, il

_____

(1) « Wie's Fischlein auf dem Grund. » — Goethe. — *Le trad.*

est à 30° et à 34° R. (100° et 110° F.). Au Caire, il y a 22°.96 R. en juin, 23°.92 en juillet, 23°.92 en août, et 20°.96 en septembre. Quelqu'un pourrait à cause de cela supposer que l'abeille égyptienne continuerait de voler et de travailler en Allemagne même à cette haute température, parce qu'elle y aurait été accoutumée dans sa contrée originaire. Mais, tel n'est point le cas. L'égyptienne, comme les abeilles du Nord et de l'Italie, cesse de travailler quand la température de l'intérieur de la ruche a atteint environ 30° R. (100° F.), et, comme elles, elle reste inactive, et sur les rayons et les parois internes de la ruche, et sur les contours externes de l'entrée. Si, par leur activité, les abeilles augmentaient encore davantage la température de l'intérieur de la ruche, les rayons de cire se ramolliraient et tomberaient sur le plancher. L'inactivité de l'abeille, durant la chaleur excessive qui règne au dedans de la ruche, est donc évidemment un effet de l'instinct. En Egypte également l'abeille est inactive pendant la saison chaude, quoique la contrée soit encore émaillée de fleurs. »

L'abeille égyptienne dans l'hiver de l'Allemagne.

« L'abeille, en Egypte, peut presque chaque jour s'ébattre joyeusement au milieu de l'air; mais, l'Allemagne a un hiver où la température tombe souvent à 20° R., et même plus, au-dessous de zéro, et le froid retient l'abeille emprisonnée dans sa ruche. Avant l'introduction actuelle de l'abeille égyptienne, on avait déjà agité cette question, « si l'abeille d'Egypte résisterait à nos froids rigoureux. » Je pensai, dès le commencement, que cette abeille y résisterait très-bien, et j'appuyai mon opinion du passage suivant du *Journal d'acclimatation*, année 1864, page 40 : « Le genre Apis a une nature toute particulière, c'est-à-dire, toutes les espèces comprenant les différentes variétés de l'Apis ont une nature et une manière de vivre semblables et invariables. » Considérons, en outre, que le genre Apis vit en sociétés organisées pour être permanentes, en quoi il fait exception dans la classe des insectes. Les sociétés des bourdons et des guêpes sont dissoutes en automne ; les femelles fertilisées seules hibernent pendant l'hiver, et survivent jusqu'au printemps. Nos fourmis vivent certainement aussi en communautés durables, mais à environ 1° R.; elles hibernent pareillement; le genre termès, qui appartient aux climats chauds, ne saurait être non plus comparé avec l'abeille. Celle-ci, l'abeille, n'hiberne pas, elle reste seulement en hiver dans un état de repos, lequel état est évidemment conditionnel, par le manque de ce degré de chaleur nécessaire à son activité. Il n'existe pas de cause organique du repos hivernal de notre abeille, car elle prospère également bien entre les tropiques sans un repos hivernal. La température spécifique ou personnelle d'une abeille prise individuellement est en réalité très-basse, mais l'ensemble de la société dans la ruche produit une température plus élevée et très-sensible. D'après les expériences faites, la production et l'entretien de la chaleur animale sont intimement unis avec le procédé de respiration et de nutrition. L'abeille possède un système trachéen comme pas un insecte connu de Leuckart (V. Berlepsch, *L'abeille et la culture de l'abeille*, page 188). Plus l'abeille est rudement attaquée du froid en hiver, plus elle consomme de nourriture, et plus elle accélère sa respiration, jusqu'à ce qu'elle ait produit par un grondement actuel le degré de chaleur nécessaire pour son existence. L'extrémité des abdomens de ces abeilles qui pendent en dehors du groupe arrive souvent très-près de la gelée blanche dans la ruche, tandis qu'il règne au cœur du groupe de 9° à 10° de chaleur (52° à 59° F.); Il est à la connaissance de tous que la léthargie dans laquelle notre abeille tombe en hiver est contraire à sa nature. Pareillement, personne ne peut soutenir que l'hiver de l'Allemagne soit contraire à la nature de l'abeille égyptienne; je prétends même qu'elle supportera notre hiver aussi bien et aussi facilement que notre abeille du Nord si elle est logée dans des ruches qui la défendent d'un trop grand froid. Le genre Apis appartient aux cosmopolites entre les animaux, et il doit prospérer dans des contrées où les saisons offrent un climat extrême.

» Le Dr Buory établit aussi, par des expériences, dans le *Journal d'acclimatation*, 1863, pp. 295, etc., qu'une transplantation d'animaux de contrées plus chaudes dans d'autres plus froides est plus souvent heureuse que malheureuse.

» Les souches égyptiennes sont restées tranquilles cet hiver. Elles n'ont produit un grondement presque imperceptible, ainsi que les souches allemandes ou italiennes, que dans le froid le plus rigoureux (le 3 et le 4 janvier). On peut parfaitement supposer encore que leur système trachéen se fortifiera par une plus grande activité dans notre hiver. Le 16 de ce mois (janvier 1865), les abeilles d'une souche égyptienne volèrent en masse à 4° à l'ombre et à 9° R. au soleil, entre les dix et onze heures du matin. Pas une n'a été gelée, et je n'ai vu aucun signe de dyssenterie. Ne pouvant retenir ma curiosité, j'ouvris une souche égyptienne. En regardant sur le plancher de la ruche, je fus très-satisfait de n'y remarquer que quelques abeilles mortes. La souche se portait à merveille, et la mère, l'abdomen chargé d'œufs, se pavanait comme en plein été sur les rayons. Deux à trois cents cellules avaient des œufs et des larves. Aujourd'hui (28 janvier), à midi, quelques abeilles se sont montrées à l'entrée de toutes les souches, et il n'y a pas encore de trace de dyssenterie parmi les égyptiennes. Ces observations en disent assez en faveur du bon hivernage de la nouvelle abeille. »

J'ajoute à cela que le jugement favorable de M. Vogel s'est complétement vérifié. Ses protégées ont soutenu victorieusement l'épreuve de l'hiver de 1864-65, et je les ai introduites à la fin de l'été suivant dans mon rucher; avec quel succès? La suite du récit le fera connaître.

Comment je l'ai obtenue et introduite dans mon rucher.

Aussitôt que je me fus assuré que l'abeille égyptienne était actuellement en Allemagne, je ne perdis point de temps pour me mettre en rapport avec M. Vogel, à qui la Société d'acclimatation avait confié le soin de multiplier et de répandre ces intéressantes étrangères, et j'en reçus, dans leur temps, les deux lettres suivantes, dont voici la première, datée du 8 juillet 1865 :

« Monsieur Woodbury, je suis infiniment honoré de ce que vous voulez bien me charger de vous adresser une mère fertile égyptienne.

» J'ai le plaisir de vous informer d'avance que je vous expédierai, le 15 juillet, une très-jolie mère avec un nombre suffisant d'abeilles. Quoique celles-ci ne doivent pas être très-nombreuses, le voyage n'en sera pas moins heureux, il faut l'espérer.

» Je vous conseille donc, au reçu de la présente, de supprimer la mère d'une souche peu populeuse, et de détruire, neuf jours après, les cellules maternelles que vous y remarquerez. Vous vous servirez de sa population orpheline pour renforcer les nouvelles arrivantes.

» Vous désirez savoir si l'abeille égyptienne (*Apis fasciata*) s'accouple avec l'abeille du Nord et avec l'italienne! L'Apis fasciata est une variété stéréotype constante de l'*Apis mellifica*. Elle est très-vive, et le son qu'elle rend, plus fort que celui de cette dernière. C'est pourquoi, les mères vierges de la race égyptienne, à leur sortie, choisissent régulièrement des mâles de leur espèce. Il sera donc plus

assemblée à queue d'aronde, et elle était si forte qu'on eût pu avec rapporter des lingots du fond des antipodes, quand il ne s'agissait que de quelques centaines d'abeilles. Un petit groupe adhérait au couvercle; il s'était sans doute éloigné le plus possible d'un large morceau carré de rayon de miel tout noir, hors de toute proportion avec leurs besoins, et dont une partie des contenus s'étant écoulée avait tellement englué et souillé les pauvres petites bêtes que bien peu purent ensuite se servir de leurs ailes. Ayant séparé et examiné attentivement ce groupe je trouvai des ouvrières, si parfaitement semblables aux liguriennes qu'il n'y avait pas de différence, deux ou trois faux-bourdons, petits, mais très-beaux, en piteux état, et quelque chose comme un diminutif de mère italienne, presque en aussi fâcheux état que le reste. Celle-ci me parut, j'ose le dire, un bien faible échange contre la mère italienne que j'avais supprimée. Ce ne fut donc pas avec des pensées biens gaies et des réflexions souriantes que je passai aux moyens nécessaires de placer ma Sémiramis éperdue à la tête d'un petit lot d'italiennes, qui, n'ayant plus d'espoir de se créer une mère, devaient être davantage disposées à bien accueillir le chef étranger. Régulièrement, je pris la précaution de leur offrir l'aspirante à leur trône vacant dans un étui ou cage en fils de fer, à travers lesquels elles pussent faire sa connaissance; et bien m'en prit, car, affreux fut le carnage de sa suite crottée, que j'avais mariée en même temps avec les liguriennes. « L'Italie une! » ou quelque chose d'équivalent, tel fut le cri proféré, et cent fois répété, jusqu'à ce que les malheureuses égyptiennes eussent été traînées dehors, une à une, et que leur expulsion eût été aussi complète que celle de leurs compatriotes africains, les Maures, de l'Espagne, par les guerriers de Ferdinand et d'Isabelle de Castille.

En vérité, ce commencement n'était pas de nature à m'encourager; d'ailleurs, je n'avais rien fait pour arrêter la bataille, qui dura jusqu'à la nuit. Eh! ce n'était pas une simple bataille, mais bel et bien un massacre; la terre, en avant de la ruche, était jonchée de mortes et de mourantes.

J'espérai cependant qu'une fois l'animosité des vindicatives italiennes satisfaite, elles ne refuseraient point le serment d'allégeance à la Sémiramis captive, dont la dynastie devait, par elles, se perpétuer en Grande-Bretagne; mes présomptions ne furent point tout à fait vaines. Le matin suivant, examinant l'intérieur de la ruche, je vis les démons-

trations hostiles tellement calmées que je me hasardai à donner la
liberté à ma prisonnière. En la voyant accompagnée d'antennes res-
pectueuses et caressantes pendant sa première marche royale au milieu
de son nouveau domaine, j'augurai bien ; et de fait, elle régnait désormais dans les affections de ses sujettes adoptives. Par un choix
attentif et une addition progressive de rayons de couvain mûr, je me
mis alors à fortifier la population de la ruche. J'y réussis à tel point
que je commençai de suite la propagation de l'*Apis fasciata.* — *Un
apiculteur du Devonshire.* — C. K. Tr.   (*A suivre.*)

Ruche à arcades Alsac.

La ruche à arcades en paille qu'a modifiée M. Alsac, de Mauriac, est
celle de M. Bouguet (V. *La culture des abeilles;* celle dite *Vosgienne,* de
M. Vançon), celle de M. Greslot (1), et qu'on retrouve dans des auteurs
allemands. C'est une ruche à divisions verticales mobiles, fig. 5. Chaque
division est pour un ou pour plusieurs rayons, et le nombre de divisions
peut varier de 6 à 12 et même plus.

Ceux qui fabriquent cette ruche au métier, ne font les divisions pour

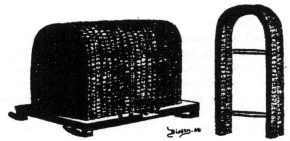

Fig. 5. Ruche Alsac.   Fig. 6. Arcade mobile.

un rayon qu'en un seul cordon. M. Alsac, qui les fabrique à la main,
les fait en deux cordons pour un rayon, et en trois cordons pour deux
rayons. Lorsque ses cordons sont fabriqués, il les place dans un moule
et leur imprime une pression qui les réduit à l'épaisseur voulue et
rend leurs bords droits. Laissons la parole à l'auteur.

J'avais lu quelque part qu'on faisait des ruches à arcades en paille.

---

(1) *L'Apiculture perfectionnée.* Prix : 1 fr. L'ouvrage de M. Bouguet (3 fr.
franco) se trouve comme le précédent, au bureau de *l'Apiculteur.*

Je ne pouvais me rendre compte qu'il fût possible de tresser à la main des arcades d'une dimension mathématique. Je me mis à la besogne. Je pris exactement les mesures données par les auteurs ; je fis un panneau auquel je vissai deux traverses. Sur ce panneau je fis un cylindre avec un rouleau de bois dur. Sur le devant je vissai une forte planche dépassant le tout de dix centimètres. Je coupai ensuite une seconde planche sur le tracé du premier panneau; je lui donnai la forme d'un arceau ayant dix centimètres de largeur. Cet arceau devait aller et venir sur la forme, et se serrer avec quatre vis à la planche du devant. Sur le cylindre, entre les deux panneaux serrés par les vis, je place mes arcades en paille.

Pour un seul gâteau je fais une arcade avec deux cordons de paille menue, de seigle, fig. 6, je tourne la moitié de haut en bas pour avoir partout la même grosseur. Je commence à tresser mon premier rouleau, qui a un diamètre d'environ 28 à 30 millimètres ; j'ai soin de marquer la courbe avec le panneau modèle, sans quoi on ne pourrait arriver à arquer solidement l'objet, puis j'y ajoute un second rouleau. Les deux me font une largeur de 45 à 50 millimètres. Je les mets sur la forme et je serre doucement chaque vis, ayant soin avec un maillet de bien faire porter l'arcade contre le cylindre, jusqu'à ce que l'arcade ait la largeur de 35 millimètres.

Pour deux gâteaux je fais les cordons plus forts et j'en mets trois : ils ont au sortir de la main 85 à 90 millimètres; je serre jusqu'à ce qu'ils soient arrivés à 70 millimètres. Je laisse sécher complétement mon arcade sur le cylindre; les brins de noisetiers que j'emploie pour former les cordons étant verts prennent bien l'empreinte de la courbe et font un angle parfait; pourvu qu'ils soient séchés complétement, ils ne perdent plus leur forme.

Avant d'ôter l'arcade de la presse, je coupe en dessous les deux bouts qui débordent sur le cylindre, puis j'y place une ou deux traverses, au moins à 45 millimètres du bas, puis une seconde au départ du cintre. Celle-ci n'est pas indispensable, mais si l'on veut retirer du miel dans les premiers mois où l'on y a placé l'essaim, on s'expose à le voir se détacher de l'arcade par son propre poids. Une des traverses du panneau qui sert de modèle est clouée dans le bas. Pour poser les traverser des arcades, je prends le panneau et je pose une traverse de l'arcade au-dessous de celle du panneau, et une au-dessus de celle du bas. Cette dernière est clouée pour empêcher que l'arcade perde sa forme. Ainsi toutes les traverses se trouvent placées à la même hauteur. Le panier se compose ordinairement de six à sept gâteaux en commençant.

ALSAC, apiculteur à Mauriac.

Société centrale d'apiculture.

Séance du 18 janvier 1870. — Présidence de M. de Liesville.

Le procès-verbal de la dernière séance est adopté.

Le secrétaire général donne lecture de lettres de lauréats qui remercient la Société, et assurent que la distinction qui leur a été accordée dans le concours de 1869 sera pour eux un motif de redoubler de zèle pour la propagation des bonnes méthodes apiculturales. M. Malnory, inspecteur de l'instruction primaire à Château-Thierry, note que depuis son installation, il n'a cessé d'engager les instituteurs à s'occuper d'apiculture. « J'ai voulu moi-même, ajoute-t-il, leur donner l'exemple, et déjà 20 d'entre eux se font avec les abeilles un revenu de 100 à 200 fr.»

L'assemblée est appelée à délibérer sur une exposition apicole en 1870. Elle décide que cette exposition aura lieu au mois d'août prochain, et nomme une commission de cinq membres chargée de le préparer. Font partie de cette commission : MM. Carcenac, de Liesville, Focillon, Jacques Valserres et Hamet.

L'assemblée s'occupe ensuite de la réédification du rucher-école de la *Société.* M. Hamet fait connaitre, à ce sujet, le résultat d'une démarche faite le jour même au ministère de l'agriculture.

M. Marquet-Montborgne, d'Ault, présente le dessin de la ruche à hausses en bois dont il 'fait usage. Cette ruche a trois hausses et reçoit un chapiteau. Chaque hausse à 10 centimètres de haut sur 26 de largeur et 29 de profondeur; elle est couronnée d'un plancher à claire-voie, et a une porte fermant à guichet mobile se divisant en deux.

M. Alsac, de Mauriac, montre à quel point la superstition est encore répandue dans le département du Cantal. Il cite le fait suivant. « En 1861, je portais souvent des arcades pleines de miel au marché. Un Limousin, — la lisière ne vaut pas mieux que le drap, — propriétaire d'un grand apier, me demande comment je faisais pour enlever le rayon avec le morceau de la ruche. Je lui dis : regardez. Il ne comprit rien. Ma femme lui dit : Il sait une prière, qu'il vous la dise. Gardant mon air sérieux, mais sous cape riant comme un bossu, je lui appris la trilogie de mon secret : *Lucifuge rofocale adonai.* Puis, j'ajoutai : avec un sabre je coupe le panier. — Le marché suivant, le même individu m'accoste pour me dire qu'avec un couteau ou *daloire*, il avait coupé une ruche non sans peine, car une traverse avait fait obstacle, et que les abeilles s'étaient ruées sur lui avec tant d'ardeur qu'elles l'auraient tué s'il ne se fût pas jeté dans la Dordogne. Je lui répondis qu'il aurait dû prendre des précautions pour ne pas heurter la traverse, et je m'étonnai qu'il n'eût pas réussi, car les amulettes n'ont jamais tort. »

M. Ledoux Algis, de Lemé, adresse deux mémoires très-curieux.

Plusieurs apiculteurs transmettent des renseignements sur l'état de leurs abeilles. Il résulte de l'hiver doux dont nous jouissons jusqu'à ce moment que la consommation est assez forte, les abeilles s'adonnent à l'éducation de couvain.

Sur la présentation du secrétaire général, sont admis membres de la Société, MM. Drory, titulaire à Bordeaux, et Focillon, honoraire à Paris. Pour extrait, l'un des secrétaires : P. RICHARD.

Essaimage artificiel. Méthode raisonnée.

Je suis fortement convaincu que l'essaimage artificiel bien conduit peut donner la clef de beaucoup de problèmes à l'état d'étude ; malheureusement l'essaimage est sur ce point très-imparfait. L'on dit bien : l'essaimage artificiel a un grand avantage sur l'essaimage naturel parce qu'il peut le précéder de plusieurs jours, mais je ne vois nulle part le point de départ fixe, de méthode bien arrêtée, ni de résultats bien constatés; il est vrai que l'on enseigne qu'il faut que la ruche soit fortement peuplée, qu'elle possède du couvain d'ouvrières, de mâles et même de mère, de telle sorte qu'en suivant ces enseignements, l'essaimage artificiel se fait presque en même temps que le naturel.

Pourquoi attendre le couvain de mâles et le couvain de mère? La larve de l'ouvrière ne peut-elle pas se transformer en mère ? Par conséquent, il ne pourrait y avoir d'inconvénient à procéder avant cette ponte, et si l'on poussait la hardiesse jusqu'à forcer l'essaim avant la ponte des faux bourdons, c'est-à-dire au moment où la grande ponte des ouvrières touche à sa fin, quel mal y aurait-il? A ce moment, la ruche possède déjà une forte population, et les rayons de couvain d'ouvrières la remplissent. N'aurait-on pas un avantage considérable à agir ainsi ? Ne serait-ce pas le moyen naturel de restreindre, sinon de supprimer les mâles, ces grands parasites qui coûtent à la ruchée plusieurs mille gouttelettes de miel par jour? Ne serait-ce pas aussi le moyen de suspendre

la ponte de la mère ? Ne trouverait-on pas là une solution on ne peut
plus rationnelle de ces deux questions pour lesquelles jusqu'à présent
l'on n'a proposé que des moyens ingénieux, mais inadmissibles en pratique ?

Et si cette double solution donne les résultats espérés, n'aurait-on
pas trouvé deux avantages importants ? Le renouvellement des ruchées
par l'essaimage, et l'obtention de produits supérieurs et abondants par
le callottage ? Enfin n'éviterait-on pas les accidents et les pertes qui
résultent de l'épuisement des souches essaimées et de l'orphelinat ? A ces
avantages multiples, ne pourrait-on pas encore ajouter l'économie du
temps perdu à la garde des ruches, ou éviter les dépenses qu'elles occa-
sionnent ? Eh bien ! un procédé fort simple, très-facile à pratiquer, me
paraît devoir réaliser ce programme dans toute son étendue.

Mode de culture. — Des souches mères. Lorsque la tiède haleine du
printemps a réchauffé la terre et ramené la vie végétale, lorsque les fleurs
apparaissent nombreuses dans les champs et sur les arbres, lorsque le
sainfoin boutonne, mai est arrivé avec ses fraiches matinées et ses jours
pleins de séve et d'espérance ; l'abeille aussi a ressenti les influences de
la saison nouvelle, et dans la prévision d'une récolte prochaine, elle a
produit d'innombrables enfants presque tous encore au berceau, espoir
et force de la colonie.

Elle est *descendue !...* Regardez ! L'entrée de cette ruche est obstruée
par une foule compacte, ses rayons touchent le tablier ; cette autre parait moins forte, penchez-la légèrement, il y a du vide à l'intérieur,
mais une population puissante est groupée sous les édifices qu'elle
recouvre entièrement. Projetez un peu de fumée, les rayons se dégagent, un nombreux couvain d'ouvrières les remplit ; il n'y en a pas de
mâles, ne vous en effrayez pas, c'est précisément ce qu'il faut ; ces deux
ruches sont suffisamment préparées pour donner un essaim forcé. Pre-
nez-le. Opérez suivant l'usage par le tapotement et à ciel ouvert, cinq à
six minutes, quinze ou vingt au plus suffiront pour accomplir cette
extraction, qu'un apiculteur expérimenté abrége en en faisant plusieurs
à la fois. L'essaimage fait, vous le mettez à la place de sa mère, vous
placez celle-ci sur le siége d'une ruche également forte, vous la calottez
et réduisez sa capacité le plus possible, ce qui est très-facile avec la
ruche à hausses ; la ruche qui a cédé sa place est portée à quelques pas,
de façon à désorienter les ouvrières au retour des champs.

Quatorze jours après, vous enlevez à la souche opérée la calotte qui lui a été donnée, et vous en tirez un essaim secondaire, toujours en pratiquant la permutation. Ainsi, cette fois encore, l'essaim prend la nouvelle place de sa mère, qui va à son tour déplacer celle qui lui a déjà cédé son siége une première fois. Si la calotte enlevée est pleine, elle est récoltée et une autre vide mise à sa place.

Sept jours plus tard, c'est-à-dire vingt et un jours après l'extraction de l'essaim forcé, au moment où il n'y a plus de couvain dans la ruche qui a déjà donné deux essaims, cette souche est transvasée de nouveau à fond, mise sous toile et transportée au laboratoire : son temps est fini. Son trevas est mis momentanément à sa place en attendant qu'il soit utilisé comme nous le dirons tout à l'heure. De la sorte, cette mère souche qui a pu devenir orpheline par suite de son deuxième essaim, comme cela arrive également dans l'essaimage naturel, se trouve récoltée au moment où elle n'a encore eu à redouter aucun des périls de cette position dangereuse, si elle s'y trouve. La teigne ne peut s'en emparer, parce que sa population est encore trop puissante ; les guêpes ne sont pas nées, les abeilles des autres ruches occupées à la récolte, ne songeront à attaquer leurs voisines désorganisées que lorsqu'elles ne trouveront plus de miel sur les fleurs desséchées. D'un autre côté, débarrassée de tout couvain, et autant que possible de matières étrangères au miel, elle donne un produit plus pur et rend la manipulation plus facile.

Des ruches déplacées. Le déplacement des ruches, tant redouté en apiculture, présente ici un avantage incontestable et précieux : c'est un moyen efficace d'empêcher l'essaimage naturel. La ruche permutée, appauvrie momentanément par la perte d'une forte partie de sa population, ressentant le besoin impérieux de se fortifier, s'adonne activement et presque exclusivement à l'éducation du couvain d'ouvrières, précisément au moment où se fait d'ordinaire celle du mâle ; de là un retard qui ne permet pas à ce couvain d'aboutir en saison utile. Aussi, ces ruchées possèdent-elles toujours une population puissante, un fort approvisionnement, et sont constamment les meilleures pour la reproduction ; elles doivent être conservées avec les essaims primaires pour former le fond du rucher et assurer le succès de la récolte suivante.

Cependant, si la miellée a donné, si les essaims secondaires ont profité de manière à assurer leur avenir, si l'apiculteur tend à faire une récolte abondante, à tirer à produit, ces ruches peuvent être récoltées méthodiquement, en suivant ponctuellement le procédé usité pour les

souches. Toutefois, il faut considérer que la ruche permutée a eu besoin
de se remettre de son deuxième déplacement ; par conséquent elle ne
peut être récoltée que trois ou quatre jours au plus avant les souches ;
il est même préférable que les deux récoltes se fassent le même jour,
parce que, tout se faisant à la fois, le temps de l'apiculteur est écono-
misé et l'agitation du rucher n'est pas renouvelée.

Ici surgit une difficulté apparente : comment faire la permutation, il
n'y a plus de mère à déplacer ? Les souches récoltées ce jour-là laissent
des places vides qui pourraient être utilement occupées par les treva-
sées, mais celles-ci ont une autre mission à remplir. Les essaims primaires, devenus très-forts, tendent naturellement à se reproduire ; les
nouvelles mères, en les déplaçant, arrêtent cette tendance désastreuse,
et l'essaim porté ailleurs est sauvé. Ainsi, la permutation faite avec
opportunité fortifie instantanément les ruchées épuisées, met obstacle
à l'essaimage naturel, donne à l'apiculteur une sécurité précieuse, et le
rend réellement maitre de diriger le travail des abeilles.   Vignole.

(*Bulletin de la S. d'apiculture de l'Aube.*)

Revue et cours des produits des abeilles.

Paris, 30 *janvier.* — Miels. Les cours sont restés bien tenus à la consommation. Quant aux cours des producteurs, ils sont nominaux. Le
commerce de gros s'occcupe d'écouler la marchandise en magasin et
n'achète rien. Les surfins gâtinais sont cotés à l'épicerie de 180 à 200 fr.
les 100 kil.; les blancs gâtinais de pays, de 120 à 150 fr. ; les Chili, de
105 à 110 fr. Les miels de Bretagne conservent les hauts prix précédents ; on a coté, à Rennes, 96 fr. les 100 kil., sans escompte. Ici on
prend à 100 ou 102 fr. pour vendre à 105 fr. à la consommation. Les
cours au dépotage sont de 110 à 115 fr.

Les miels de la Havane dont nous avions trouvé l'annonce le mois
dernier sur un journal du Havre étaient à Hambourg et on les tenait à
77 fr. et non à 60 fr. A Bordeaux, on a traité des miels des Landes de
83 à 85 fr. les 100 kil.

Cires. — On cote, 140 à 145 fr. les 100 kil., pour les belles qualités en
briques, hors barrière, et de 120 à 135 pour les qualités secondaires.
Dans Paris on a payé de 150 à 165 fr. (entrée 22 fr. 90 les 100 kil.) Le
commerce étant assez fourni pour le moment et les affaires peu brillantes, achète peu à ces cours. Les cours à l'épicerie sont de 4 fr. 90 à
5 fr. le kil.

A Bordeaux, on a coté, cire des grandes Landes pour 1er blanc, 150 fr. les 100 kil.; des petites Landes pour 2e blanc 530 fr.; cire jaune à parquet, 130 fr., en pains; du Sénégal et San Iago, 110 fr. Au Havre, cire jaune de Haïti, 2 fr. 10 à 2 fr. 15 le demi-kil.; acquitté; des États-Unis, 2 fr. 15 à 2 fr. 20.

A Marseille, on a constaté une meilleure tenue dans la deuxième quinzaine de janvier, avec une avance de 5 à 10 fr. sur les premières qualités. On a coté, cire jaune de Trébizonde et Caramanie, 210 fr. les 50 kil.; Chypre, Syrie et Constantinople, 230 fr.; Egypte, 210 à 220 fr.; Mogador, 200 à 205 fr.; Tétuan, Tanger et Larache, 200 à 210 fr.; Alger et Oran, 210 à 220 fr.; Bougie et Bone, 205 à 210 fr., Gambie (Sénégal), 210 fr.; Mozambique, 215 fr.; Madagascar, 200 à 195 fr.; Corse, 220 fr.; pays, 205 à 210 fr. Ces deux dernières à la consommation et les autres à l'entrepôt. — A Alger, marchandise recherchée de 2 fr. 05 à 2 fr. 10 le demi-kil.

Corps gras. — Suifs de boucherie ont été cotés, 101 fr. 25 les 100 kil., hors barrière; suifs en branche, 77 fr.; stéarine saponifiée, 172 fr.; de distillation, 170 fr.; oléine de saponification, 85 fr.; de distillation, 80 fr.

Sucres et sirops. — Les sucres sont restés à peu près dans les mêmes conditions; les blancs en grains, non raffinés, 71 fr. 50 en fabrique. Sucres raffinés de 129 à 130 fr. les 100 kil. — Sirops de fécule sans changement.

Abeilles. — Les prix précédents restent bien tenus. Les poids baissent, et il y a encore loin d'ici au 25 avril. Les derniers jours de décembre ont été froids, mais la première quinzaine de janvier n'a pas vu de gelées, et les abeilles ont pu sortir. Depuis une dizaine de jours, une température de saison les contraint de se serrer. Voici les renseignements qu'on nous adresse.

Nos abeilles sont maigres : celles qui ont essaimé n'ont plus rien ; celles qui n'ont pas donné d'essaims auront de la peine à arriver aux fleurs ; la plupart des essaims sont morts. *Régnier*, à Jeantes (Aisne). — Nos abeilles ne sont pas riches ; les ruchées-mères possédaient à peu près 4 à 5 kil. de miel pour passer l'hiver ; ces ressources sont insuffisantes. Quant aux essaims 1 sur 6, a à peu près la nourriture nécessaire. *Martinet-Amant*, à Bercenay-le-Hayer (Aube). — Le rendement des ruchées qui n'ont pas essaimé, n'a été en 1869 que les cinq huitièmes de celui de l'année précédente. Mais l'essaimage ayant été de 75 à 80 pour 100, il en est résulté que la récolte a atteint à peu près le quart de celle de 1868, pour la moyenne du canton. Mes cinquante colonies ne m'ayant donné que deux essaims artificiels, m'ont fourni une récolte bien supérieure. Je vends sur place, miel premier blanc, 2 fr. le kil., deuxième, 1 fr. 50; cire, 1 fr. 50. *Guilleminot*, à Saint-Jean-de-Losne (Côte-d'Or).

L'année 1869, quoiqu'au-dessous de la moyenne, a été de beaucoup meilleure que 1868, tant sous le rapport des essaims que du miel. Les essaims sont venus dans la proportion de 40 à 50 pour 100, et la majeure partie ont pu s'emménager de manière à atteindre très-probablement la saison prochaine. *Bossuet*, à Audenge (Gironde).

Les abeilles ont fait bien mal cette année chez nous, et dans la partie de la Dordogne qui avoisine notre arrondissement. Depuis trois années successives il n'y a pas eu d'essaims. *Amouroux*, à Virebeau (Lot-et-Garonne). — L'année a été très-médiocre ici : très-peu d'essaims et pas beaucoup de miel. *Foureur*, à Montbré (Marne). — L'année dernière a été très-mauvaise en produits. *Gabillot*, à Neuilly-l'Evêque (Haute-Marne).

La campagne apicole de 1869 n'a pas été avantageuse dans notre contrée; les pluies et les mauvais temps de mai et de juin ont contrariée l'essaimage; la grande sécheresse de l'automne a empêché toute récolte de miel; cependant les ruchées sont assez approvisionnées pour passer facilement l'hiver. La consommation du miel est faible et tend à se ralentir annuellement, malgré le prix modéré de 1 fr. 50 le kil.; que je livre au detail. *Charoy-Barisien*, à Stainville (Meuse). — L'année n'a pas été favorable. Par suite des froids excessifs du mois de juin, nous avons eu peu d'essaims et peu de miel. La race jaune a soutenu sa bonne réputation. *Guitte*, à Ancy (Moselle).

J'ai extrait 933 kil. de 108 ruches. Les abeilles n'ont presque pas essaimé. Il restera peu de colonies après l'hiver. Le miel s'est bien vendu, à 130 fr. les 100 kil. *Castelin-Lhussier*, à Saint-Vast (Nord). —

L'année 1869 a été mauvaise ici, comme presque partout : peu d'essaims, et c'est là ce qui sauvera nos mouches à miel; l'essaimage les aurait rendues trop faibles en population et en provisions pour passer l'hiver. Je n'ai eu qu'un essaim sur 20 ruchées, et il faut que je vienne à son secours avant le mois de mars; je préfère lui donner son supplément vers le printemps, plutôt qu'en automne; cela favorisera la ponte. *Derivaux*, à Urmatt (Bas-Rhin).

L'été et l'automne derniers ont été très-secs, les blés noirs n'ont rien donné; il m'a fallu nourrir largement les essaims; les souches ayaient presque toutes leurs provisions d'hiver. Le 8 janvier courant, j'ai vu à une de mes ruches plusieurs centaines d'abeilles qui rapportaient de petites pelottes de pollen de mouron blanc. *Brodet*, à Lyon (Rhône). — L'état de nos abeilles n'est pas satisfaisant; la plupart des ruchées qui n'ont pas reçu de provisions périront avant mai. *Imbault*, à Gouverne (Seine-et-Marne). — L'année 1869 a été peu favorable à nos abeilles : presque pas d'essaims et à peine assez de provisions pour passer l'hiver. *Dubois*, à Parvillers (Somme). — Mes abeilles se trouvent dans de très-bonnes conditions; elles ont fait des sorties qui leur ont permis de se vider. *Vignon*, à Saint-Denis (Somme). — Je conserve 150 ruchées dans de bonnes conditions; pour cela j'ai été obligé de leur donner 200 kil. de miel. Mes voisins ont été également obligés d'alimenter, excepté quelques-uns qui ont été favorisés par des fleurs tardives. *Dumont-Legueur*, au Pont-de-Metz (Somme).

L'année a été très-médiocre dans nos contrées; l'essaimage, à Quenne, n'a été que de 6 à 7 pour 100; dans quelques localités voisines, il a été plus considérable. La récolte de miel a été très-faible, et les ruches sont légères. Celles qui ont du poids se vendent 14 à 16 fr. Mon rucher se compose de 110 ruches; mais une partie auront besoin d'être secourues au printemps. *Viaut*, à Quenne (Yonne).

La taille des rayons défectueux peut se faire dans le Midi. C'est aussi le moment de porter les ruchées dans les lieux abrités où fleurissent le saule marsaut, le coudrier, l'amandier, etc.— Lundi 14, Saint-Valentin, patron des apiculteurs. H. HAMET.

M. T. U... à Medellin (Colombie). La caisse de ruches et appareils qui vous sont expédiés a dû partir du Havre le 25. — Donnez-nous des renseignements sur l'apiculture de votre pays.

— M. M. R... à St-Antoine (Charente-Inférieure), et B...à la Rochette (Drôme). Envoi retardé, parce qu'un modèle manque. C'est le moment de la fabrication.

— Les abonnés qui n'auraient pas reçu le numéro de janvier (la poste en égare toujours quelques-uns aux jours de l'an) sont priés de nous le réclamer.

Paris.— Imprimerie horticole de E. DONNAUD, rue Cassette, 9.

L'APICULTEUR

Chronique.

Le livre 1er du projet de *Code rural* annoncé depuis longtemps vient d'être présenté au Corps législatif. Il contient les trois articles suivants sur les abeilles :

« Art. 77. Les préfets déterminent, après l'*avis des conseils généraux*, la distance à observer entre les ruches d'abeilles et les *propriétés voisines* ou la voie publique, sauf, en tous cas, l'action en dommages s'il y a lieu.

» Art. 78. Le propriétaire d'un essaim a le droit de le réclamer et de s'en ressaisir, *tant qu'il n'a point cessé de le suivre*, autrement l'essaim appartient au propriétaire du terrain sur lequel il s'est fixé.

» Art. 79. Dans le cas où les ruches à miel pourraient être saisies séparément du fonds auquel elles sont attachées, elles ne doivent être déplacées que pendant les mois de décembre, janvier et février. »

D'après ce projet de code, la réglementation administrative de l'apiculture serait désormais affirmée par un texte de loi, tandis que la réglementation comme elle a été faite abusivement sur quelques points depuis notamment une quinzaine d'années, ne s'appuyait sur aucun texte précis; on invoquait bien la loi des 11 et 18 juillet 1837; mais cette loi n'a jamais dit que l'abeille fût un animal dangereux, comme les réglementateurs le lui faisaient dire.

Ce sera le préfet qui réglementera, toutefois après avoir pris l'avis du conseil général. Cet avis pourra être une garantie, sans doute; mais le besoin de consacrer la réglementation se fait-il sentir? Et puis, en déterminant une distance entre les ruchers et les propriétés voisines ne revient-on pas au régime antérieur à 1789?

L'article 79 consacrerait le vol à l'endroit des essaims qui n'auraient pas été suivis. Les auteurs de cet article ignorent, parait-il, que la science nous a appris les moyens de reconnaître et de justifier de quelle ruche est sorti un essaim qu'on n'a pas surveillé et qui est allé se fixer dans une propriété voisine. Du reste l'exposé des motifs est d'une faiblesse remarquable. Qu'on en-juge.

« On aurait voulu pouvoir établir une mesure générale, et déterminer uniformément quelle est la distance à observer entre les ruches et la voie publique et les propriétés voisines. Des prescriptions, à cet égard, sont nécessaires. Les passants doivent être protégés contre les piqûres des abeilles, qui sont toujours douloureuses et qui, par leur grand nombre, peuvent devenir vraiment dangereuses. Les voisins ont, de plus, à redouter quelques déprédations qui ne sont pas toujours sans importance. On prétend qu'un grand raffineur évalue à 3,000 fr. la quantité de sucre qui lui est enlevée, chaque année, par les abeilles. Assurément, le législateur n'a pas à tenir grand compte de faits aussi exceptionnels; mais enfin il a à se préoccuper de dommages qui, quoique infiniment moins considérables, sont trop multipliés pour ne pas être pris en considération.

» Malheureusement une règle commune ne pourrait être adoptée; la diversité des usages, dans cette occasion encore, est une entrave pour le législateur.

» Il y a des pays où l'on est dans l'habitude de déplacer les abeilles suivant les saisons, pour les rapprocher des terrains où elles trouveront le mieux leur nourriture. Lorsque, dans la campagne, les champs ensemencés en sarrasin restent seuls en fleurs, on rapproche les ruches des champs de sarrasin; ailleurs on peut avoir intérêt à les éloigner des genêts fleuris qui donneraient de l'amertume au miel. Il n'est pas possible de contrarier ces déplacements, et les distances à observer entre les ruches et les propriétés voisines ne doivent pas être les mêmes dans le jardin d'un village ou dans les plaines de la Sologne. L'article 77 laisse donc aux préfets le droit de prendre à ce sujet les arrêtés nécessaires, l'action en dommages-intérêts restant réservée dans tous les cas.

» Les abeilles se déplacent comme les volailles. Les essaims s'échappent de la ruche trop pleine; un article de la loi du 28 septembre 1791 a déterminé dans quelle circonstance le propriétaire de la ruche a le droit de réclamer l'essaim, et dans quels cas cet essaim doit être attribué à un autre *propriétaire*. Cette disposition, textuellement reproduite, est devenue l'article 78 du projet.

» L'article 79 est un autre emprunt fait à la loi de 1791. Il décide que les ruches qui ont été saisies ne pourront être déplacées qu'à l'époque du repos des abeilles. »

Ce que le code rural devrait régler, ce serait que le propriétaire d'a-
beilles pût s'emparer sans difficultés des essaims qui vont se fixer chez
autrui. Souvent celui-ci défend à l'apiculteur l'entrée de sa propriété.
Il faut courir chez le garde champêtre, le maire ou l'adjoint. Pendant
ce temps l'essaim s'enfuit, et il est perdu. — Nous reviendrons sur ce
projet de code qui, comme nos lecteurs peuvent en juger, n'est pas, il
s'en faut, une extension de la loi libérale de 1791.

L'un de nos abonnés, M. Lefranc, nous écrit :

« J'espère qu'à l'exposition apicole qui aura lieu cette année à Paris,
les systèmes nouveaux qui se sont révélés depuis 1868 s'affirmeront par
des faits concluants. Il faut que tout le monde y apporte de la bonne
volonté. Pour ma part, j'offre à la Société d'apiculture deux calottes
normandes pesant chacune de 10 à 12 kilog. net, si quelque inventeur
de mello-extracteur à bon marché s'engage (lui et son lutin) à les vider
complétement en 11 minutes l'une, ou 22 minutes les deux, comme on
l'a avancé dans l'*Apiculteur*, 13e année, p. 200. Le miel de ces calottes
sera pour une médaille à l'opérateur.....

» Vous le savez, les possesseurs de ruches bas-normands se comporten t
un peu comme les singes, moins l'agilité : ils ne font que quand ils
voient faire avec succès. Ils ont une grande méfiance et beaucoup
d'apathie. J'ai pourtant trouvé un co-abonné très-exact, mais je crois
que la potée de cidre n'est pas étrangère à ma conquète. Le bonhomme
ne vient jamais prendre le n° du mois sans m'adresser cette question en
entrant : « Eh ben! M. *Bastchien* n'a pas encore refusé le traitement de
» ministre pour vivre des bénéfices de son grand rationnel? »

— Le département de la Somme va avoir une seconde société d'apiculture. M. Dubois, le promoteur de ce deuxième groupe, nous écrit :
« La première réunion des adhérents à la Société d'apiculture du canton
d'Ault a eu lieu hier 13 février; sur 80 adhérents, 25 seulement s'y
sont trouvés; alors nous avons cru prudent de ne pas constituer la
société, vu le petit nombre de membres présents. Nous nous réunirons
à nouveau le 13 mars. » — Nous engageons les membres assistants à se
constituer, n'importe quel nombre ils soient à la réunion.

— Nous avions pensé être en mesure de fournir, au commencement
de mars, de la graine de trèfle de Suède et de trèfle d'Alexandrie, l'un
et l'autre très-mellifères. Le grainetier qui avait promis de nous en
fournir n'a pu s'exécuter. Nous avons été obligé de demander au loin
du trèfle de Suède que nous comptons recevoir vers le milieu de mars.

Quant au trèfle d'Alexandrie, nous ne pourrons en fournir cette année, n'en possédant qu'un faible échantillon provenant de l'exposition universelle, et que nous tenons de M. Dumont-Carment, d'Amiens, qui joint à son envoi la note suivante :

« Les plantes que j'ai vues à Paris m'ont paru très-vigoureuses; elles ressemblent beaucoup à celles de la lupuline (minette). Les folioles sont plus petites et plus étroites que celles des grands trèfles (trifolium pratense), mais elles sont plus nombreuses par la raison que la plante possède une grande quantité de petites branches où rameaux latéraux. La fleur de cette légumineuse a la forme d'un bouton sphérique de 15 millimètres de diamètre, composé de petits tubes jaunes, à la base desquels se trouvent les semences de même couleur ayant une forme plus conique et plus aplatie que n'est la semence du grand trèfle rouge. »

— En rendant compte du congrès de Nuremberg, nous avons dit que cette ville est renommée pour son pain d'épice, qu'elle fabrique en grand. M. Dümmler, de Homburg, nous communique le chiffre du miel qu'elle emploie pour cette fabrication. La quantité a été :

En 1865, de 1,660 quintaux ou 83,000 kilogrammes.
En 1866, — 1,773 — — 88,650 —
En 1867, — 3,054 — — 153,700 —

La majeure partie de ce miel provient de la Havane. Pendant ces trois années, il s'est coté de 35 à 40 fr. les 50 kil. à l'arrivée.

— En 1869, soixante-huit inventeurs de ruches, extracteurs, etc., ont pris un brevet aux États-Unis. Le nombre d'inventeurs de ruches qui ne se sont pas fait patenter est encore plus grand. Quelle épidémie !

— La Société protectrice des animaux accorde annuellement des médailles à ceux qui concourent à diminuer les souffrances des animaux. Les personnes qui s'appliquent à faire disparaître l'étouffage des abeilles peuvent concourir. — Adresser les pièces au siége de la Société, rue de Lille, 34, à Paris. H. HAMET.

Études sur la loque.

(Suite, voir à la page 131.)

Qu'une comparaison sur un autre insecte bien autrement précieux me soit permise. Voici 18 ans bientôt que le vers à soie est atteint dans nos contrées. La perte que subit notre département par ce fait est d'au moins 18 millions. Depuis longtemps bien des hommes de bonne

volonté ont étudié la maladie au microscope, qu'ont-ils trouvé? Des corpuscules. Ces corpuscules signalés, dit-on, depuis 30 ans dans les tissus
du ver à soie par Guérin-Meneville ont servi, en 1859, à Vistadini et
Cornalia à fonder une méthode de sélection pour le grainage du ver à
soie. Depuis 10 ans qu'a produit cette méthode en France comme en
Italie? A peu près rien. Etudiée par divers praticiens très-compétents
en sériculture, réinventée depuis trois ans par M. Pasteur, qu'est-il
advenu? Bien peu de chose. N'ai-je pas entendu l'un d'eux, de très-
bonne foi avouer, après avoir maintenu qu'avec son microscope il pouvait certifier, non qu'une graine réussirait, mais que telle graine
n'avait aucune chance de réussite par l'examen et le nombre des corpuscules qu'il y découvrait; avouer, dis-je, que la graine du Japon d'importation directe était, et dès la première année, aussi infectée de
corpuscules que les nôtres? Et pourtant la graine du Japon est la seule
qui maintenant nous réussit. Et l'un de ses collègues convaincu s'il en
fut, n'est-il pas renommé pour le non-succès sans pareil de ses cham-
brées, mon Dieu, comme je puis l'être moi-même pour la belle réussite
de tous mes ruchers anéantis?...

J'ai moi-même mis l'œil à la lunette et j'ai vu ; mais il ne suffit pas
de voir, il faut croire, et je n'ai pas cru, et je vais plus loin : il ne suffit
pas de voir et de croire, si ce n'est pas vrai. Faut-il se décourager et renoncer complétement aux études microscopiques? Non, évidemment
non; plus ou moins bien réussi, c'est toujours un service rendu à la
science, d'autant plus méritoire qu'il n'est pas récompensé. Mais je
conclus, quand l'homme multiplie par un nombre presque infini la
puissance d'examen que Dieu lui a donnée par ses organes spéciaux,
cette augmentation de puissance, qui ne porte que sur un point restreint
et non sur l'ensemble, le met en grand danger de conclure à faux : on
ne doit accepter ces questions ainsi étudiées que sous bénéfice d'inventaire, et ce qu'il y a de sûr, c'est que l'inventaire des départements
séricicoles est en perte, et nos pauvres abeilles en sont au même point.

Tout en appliquant à l'étude de M. Lambrestch les dernières phrases
du précédent article, j'observerai, s'il faut parler chimie, que je ne
comprends· pas la confusion établie entre le soufre et le phosphore
(page 149). Divers passages indiquent qu'il est parlé du soufre, puisqu'il
est parlé de sulfure et d'hydrogène sulfuré, et deux fois, entre parenthèse, à côté du mot sulfure, on a écrit phosphorus. Or, le soufre et le
phosphore sont deux corps simples, deux éléments fort distincts. Sans

doute cela provient d'une faute de rédaction, car l'auteur paraît trop
bon chimiste pour l'avoir faite.

Et pour abréger, au milieu de tous les détails donnés, il me semble
que deux choses en tout, ressortent des six pages de cet article, deux
choses que nous acceptons tous, savoir : que l'atmosphère d'une loqueuse
infectée par le couvain pourri est dangereuse et mortelle. Le fait de
loqueuses du second degré ayant vécu 18 mois vient bien à l'encontre
du dernier mot de cette proposition ; mais passons, quoiqu'il soit facile
de comprendre que le couvain de l'abeille, que la nymphe surtout,
comme la chrysalide du papillon et d'autres insectes, n'ont pas dans
leur organisme une grande exigence pour l'oxygène de l'air. Passons
donc au second fait, qui est que le pollen moisi est une mauvaise nourriture pour le couvain. J'ajoute en supposant qu'il le consomme. Là tous
les praticiens sont d'accord qu'il est utile de sortir les cires et le pollen
moisi des ruchées. Entre nous, c'est plutôt pour éviter une besogne
que la main de l'homme exécute en un tour de main, et qui est pénible
à l'abeille, que la chose est utile. Il me répugne de croire que l'abeille
qui, dit-on, a l'instinct de couvrir le pollen d'un peu de miel pour le
conserver n'a pas l'instinct de le juger bon ou mauvais quand il est
moisi, et qu'elle est obligée de le triturer dans son estomac pour la
nourriture de ses nourrissons, d'autant plus que la répulsion de l'abeille
pour les cires moisies est assez évidente. Mais là aussi l'effet est pris
pour la cause, car dans toute population vigoureuse et saine les gâteaux
sont exempts de moisissure, et les loqueuses en ont presque toujours.
Pourquoi ? parce qu'une population décimée et découragée ne peut
maintenir la chaleur et l'aération suffisantes pour éliminer l'humidité
surabondante. C'est la même raison qui fait que bien des loqueuses,
surtout dans celles qui ont été nourries, ne peuvent parvenir jusqu'au
bas de leur ruche et que les abeilles se choisissent une place pour se
vider dans l'intérieur, de là les traces de dyssenterie observées et une
cause de plus d'infection.

Pour compléter de déblayer le terrain, il sera peut-être convenable
de rappeler ce que je disais contre les anciennes raisons indiquées
comme cause de loque ; savoir, le refroidissement de la ruchée et la maladie organique de la mère. Ainsi que je vous le disais en 64 et 65,
il est impossible que la loque dont les accidents les plus forts sont produits dans les mois les plus chauds de l'année, soit due à cette cause particulière. Je vous en ai donné des preuves au sujet des loques de prin-

temps dont j'ai parlé précédemment, et de l'expérience faite sur la couvain d'une ruche loqueuse. Je ne puis que répéter ce que j'ai dit anciennement, c'est que la loque n'est pas le produit d'un simple refroidissement, mais que le refroidissement est le résultat de la loque. Il est clair que la mort n'est pas la vie, et que la présence de 8 à 10 mille cadavres ne peut répandre la même chaleur que le même nombre d'êtres vivants et jouissant des deux causes de tout calorique, comme le mouvement et la digestion. Quant au vice organique de la mère qui peut-être le contracte dans une ruche loqueuse, comme le cheval contracte la morve dans une écurie empestée, je ne puis ni nier, ni affirmer. J'ai pu vous montrer qu'elle avait connaissance de la gravité du mal et l'horreur de ses suites, au point qu'en certain cas, elle abandonne sa ruchée. Ce point-de vue s'accorde peu avec l'idée d'une maladie organique, car, en ce cas, les sujets atteints sont ceux qui s'en préoccupent le moins ; mais je n'ai pu aller au delà. Je me trompe, je vous ai montré plus tard cette même mère prenant en affection ses gâteaux qui primitivement lui faisaient horreur, et au point qu'elle refusait de pondre dans des places saines, préférant pondre pour quelques-unes 3 ou 4 œufs, dans le même alvéole infecté. Puis, je vous l'ai montrée découragée par le petit nombre de ses sujettes, et probablement plus encore par le pillage de ses doux trésors, abandonner seule sa ruchée désespérée.

Il reste à établir ce que je crois être la cause initiale du mal ; tout ce que nous avons dit précédemment nous a préparés pour la connaître.

Dzierzon et d'autres apiculteurs reconnaissent deux espèces de loque, l'une guérissable, l'autre incurable et toutes deux contagieuses. Je me servirai plutôt du mot forme que du mot espèce, et encore ajouterai-je que ces deux formes de pourrirure produites par des causes différentes ont entre elles tant de nuances intermédiaires qu'il est souvent bien difficile de les distinguer. Toutes deux sont à mes yeux des accidents plutôt qu'une maladie.

La première cause de la seconde, que j'appellerai pour ce loque du premier degré, ou, comme dans une de mes lettres précédentes, loque spontanée, n'a pour cause que la famine. Elle provient du nourrissage incomplet du couvain. C'est la loque qui apparaît à la fin de la saison du miel, quoique la loque de printemps, dans les conditions dont j'ai parlé précédemment puisse s'y joindre. Ce sont les cas de loque les plus graves et les plus complets, en cela que souvent le couvain tout entier périt. Malgré l'infection et par suite de l'absence de tout couvain vivant, cette forme de loque se termine rapidement par le pillage.

La seconde, que j'appellerai loque de second degré, loque latente, loque communiquée, comprend toutes celles empoisonnées du fait de l'homme, celles qui surtout par le pillage ont conctracté le mal des premières. Ce sont celles qu'anciennement j'appelais vieilles loqueuses, et qui littéralement ne peuvent pas mourir. Dans cette classe, je place les loqueuses provenant du fait de l'homme, d'un mauvais nourrissage surtout, car elles se comportent comme celles dont la loque est communiquée. Ici l'accident n'est plus la famine, mais c'est l'empoisonnement. Le mal agit avec lenteur, mais aussi fatalement que dans celles du premier degré, le virus loqueux contracté des premières rend le couvain atteint d'une décomposition encore plus rapide, et d'une adhérence plus tenace. Une partie du couvain est viable et se perpétue, c'est la cause qui fait que les abeilles étrangères respectent plus longtemps cette ruchée. Puis le pillage s'établit, mais lent et latent, jusqu'au moment où la population décimée périt de froid en hiver, ou se trouve abandonnée par sa mère.

Les loqueuses du second degré et qu'on a sauvées du pillage sont souvent très-lourdes. D'abord, par suite du poids des gâteaux de couvain qui sont très-lourds par sa pourriture, mais d'autres sont réellement riches en miel. Ce fait, qui m'a déconcerté longtemps, s'explique, ce sont les ruches les plus actives qui courent ainsi le plus de risque de l'empoisonnement. Actives en temps de miel, pillardes après, elles acquièrent beaucoup de poids, et le peu de couvain qui parvient à bonne fin ne les épuise guères. Ceci n'infirme donc en rien ce que j'ai dit au sujet des loqueuses du premier degré, et qui périssent par famine, ou du moins par insuffisance dans l'alimentation du couvain, ce qui n'implique pas l'absence du miel operculé et en réserve. A. SAUNIER.

(*A suivre.*)

Essaimage artificiel. Méthode raisonnée.

(Suite, voir page 154.)

Des essaims. — « Un jeton de mai vaut une vache à lait. » Ce dicton populaire résume ce que nous avons à en dire.

Il y a sous cette exagération une vérité traditionnelle, c'est que tous les essaims venus de bonne heure sont *toujours bons.* L'essaimage naturel est loin de se produire sûrement dans ces conditions. Il ne se fait d'ordinaire dans nos pays qu'au moment où la principale fleur, le sainfoin, tombe sous la faux. Il arrive parfois que le couvain est retardé par des influences atmosphériques, comme cela a eu lieu en 1868, et, bien que l'abeille soit guidée par la nature de son travail de reproduction, elle peut être surprise, comme il arrive aux oiseaux voyageurs, qui, entraînés par des apparences trompeuses, trouvent la mort où ils espéraient la vie ; puis encore l'essaimage est quelquefois trop restreint, d'autres fois trop abondant ; de là des éventualités dans la récolte, conduite par le hasard, qui la rend peu sûre et cause trop souvent des déceptions qui empêchent le développement de cette culture, et souvent même y font renoncer.

Il est donc *essentiel* de rechercher un procédé qui mette à volonté l'essaim dans la main de l'apiculteur. Eh bien ! ne sommes-nous pas dans le vrai en forçant nos essaims avant la floraison du sainfoin ? Ils ont pour prospérer toutes les ressources de la saison mellifère ; aussi leur réussite est incontestable, et si quelque chose est à craindre, ce n'est pas leur appauvrissement, mais l'excès de leur force qui peut les pousser à la migration. Cet inconvénient serait fort grave s'il n'était conjuré radicalement, comme nous l'avons dit plus haut, par la permutation faite en temps opportun, c'est-à-dire avant la ponte des faux-bourdons.

Toutes ces opérations, nécessaires pour obtenir ces divers résultats, s'enchaînent naturellement ; tout *dépend du point de départ*, la première opération étant bien faite ; les autres se font successivement et forcément au moment nécessaire ; par conséquent point de recherches, point de tâtonnement...

Quant aux essaims secondaires, comme ils se produisent quatorze jours après les primaires, ils naissent par conséquent au milieu de la floraison dont ils profitent, et ont autant de chances de réussite que la plus grande partie des essaims primaires naturels.

Les trévas des souches récoltés isolément, ou joints aux essaims des ruches permutées, qui viennent vingt et un jours après les essaims forcés, servent à fortifier des ruches fatiguées que l'on veut conserver, ou des essaims secondaires affaiblis, ou à former des colonies nouvelles et puissantes par le nombre, qui pourront trouver encore à glaner et à produire des bâtisses utiles.

Expérimentation. Mes remarques sur ce sujet pendant plusieurs sai-

sons m'inspirèrent les idées que je viens d'émettre et me déterminèrent
à expérimenter sur une grande échelle; espérant trouver dans ce travail un enseignement suffisant pour me donner une conviction définitive, je soumis en 1868, près de 300 ruches à cette épreuve, non sans
me dire plus d'une fois, tant ces idées me paraissaient neuves et har-
dies : Est-ce un rêve que le premier rayon de lumière va faire éva-
nouir, ou bien est-ce réellement une théorie rationnelle que les faits
doivent sanctionner et faire entrer dans le domaine de la pratique?

Peut-être eût-il été sage de ne faire connaître ces procédés qu'après
plusieurs années encore d'observations et d'essais; mais nous vivons
dans un temps où les choses marchent vite; chacun est pressé de jouir.
J'ai cru devoir céder à de vives instances en considérant qu'appeler l'attention des apiculteurs sur ce point, c'est acquérir leur collaboration
et prendre la voie la plus droite et la plus sûre pour avoir promptement
une solution radicale; les faits qui auront été constatés viendront en se
groupant corroborer ou anéantir ma théorie...

Je ne pus, par divers empêchements, commencer que le 10 mai (au
rucher n° 1, à Marnay). Ce jour-là, je forçai deux essaims qui prirent la
place de leur mère, et celles-ci le siége de deux ruchées fortes qui furent portées dix à douze mètres plus loin. Habitué à recueillir des
essaims forts, je fus effrayé de la faiblesse de ces essaims forcés qui
pesaient à peine 1 kilog. chacun, malgré l'épuisement presque complet
de leur mère. Ces mères étaient bien garnies de couvain d'ouvrières;
elles ne paraissaient pas posséder d'autre couvain. Aucun mâle ne parut
de la saison dans la première opérée; la deuxième en donna quelques-uns.

Le 24 mai, un essaim secondaire fut tiré de chacune des souches
mères qui cédèrent encore leur place pour aller prendre celles des deux
ruchées déjà déplacées qui allèrent s'établir un peu plus loin.

Le 21 mai, quatorze ruchées furent traitées comme les précédentes;
il était trop tard, le miel coulait, le couvain de mâle apparaissait à
l'état d'œufs dans quelques ruches; mais les essaims étaient beaucoup
plus forts que les deux du 10 mai.

Au 12 juin, le poids moyen était :

$$\text{Pour les ruches artificielles, de.} \quad . \quad . \quad . \quad 28 \text{ kil.}$$
$$\qquad - \qquad - \qquad \text{naturelles, de.} \quad . \quad . \quad . \quad 15 \text{ »}$$

Quelle différence entre les souches mères artificielles et les souches
naturelles !

$$\text{Les ruchées permutées pesaient.} \quad . \quad . \quad . \quad 26 \text{ kil. } 54$$
$$\qquad - \qquad \text{restées en place.} \quad . \quad . \quad . \quad 21 \text{ » } 99$$

Quelle différence encore entre çes dernières !

Remarquons en passant que les essaims forcés du 10 *mai*, quoique *très-faibles*, donnent en moyenne 23 kil. 1/2; les secondaires, 15 kil. Tandis que ceux du 21 mai, *une fois plus forts* en mouches, ne pèsent que 19 kil. et les secondaires, 12 kil. — Les essaims naturels primaires n'obtiennent que 14 kil., c'est-à-dire 2 kil. seulement de plus que les secondaires du 3 juin, et 1 kil. de moins que les secondaires du 24 mai. — Ces chiffres sont significatifs.

Toutefois, il faut reconnaître que l'infériorité des essaims naturels ne vient pas de ce qu'ils sont naturels, mais de ce qu'ils sont venus trop tard. — Cependant, ce résultat fait ressortir clairement l'avantage de l'essaimage artificiel bien conduit sur le naturel, et démontre qu'en ceci, comme en bien d'autres choses, il est nécessaire que l'intelligence de l'homme vienne en aide à l'instinct des êtres inférieurs les mieux doués.

Les rucher n° 2, de Malminoux, éloigné du précédent de 16 kilomètres et demi, fut opéré le 18 mai ; la miellée donnait fort ; 12 essaims furent pris. — Le 1er juin, je retirai des mères ruches, 12 essaims secondaires qui furent fortifiés, parce que la miellée faiblissait beaucoup. — Le 12 juin, à la récolte, la pesée annonça pour moyenne :

Souches mères artificielles.	26 kil.	
— naturelles.	17 »	50
— permutées	20 »	
— restées en place. . .	18 »	75

Dans ce rucher, comme dans les précédents, la supériorité des souches artificielles est considérable ; les ruches permutées l'emportent aussi sur celles restées en place.

Le rucher n° 3, de Beaulieu, situé à une distance de plus de 20 kilomètres, moins riche en miel, n'a été soumis à l'opération que les 20 et 27 mai, par conséquent dans des conditions doublement mauvaises. — A la récolte, la pesée a été :

Pour les souches artificielles, de. . .	20 kil. 60		
— — naturelles, de. . . .	15 »	65	
— — les permutées, de . .	19 »	86	
— — celles restées en place.	17 »	88	

Ici la supériorité est moins marquée, et cela devait être même à miellée égale, parce que les opérations ont été trop tardives.

Les faits cités et tous ceux que j'ai constatés affirment la théorie dé-

veloppée plus haut; ils démontrent que les essaims obtenus tard sont
moins forts que ceux forcés hâtivement; que les souches qui les ont
donnés sont moins lourdes, c'est-à-dire que leur force ou leur faiblesse
est en raison de l'absence ou de la présence plus ou moins abondante du
couvain de mâles et de l'état de la miellée. L'absence du couvain de
mâles et la suspension de la ponte de la mère au moment de la récolte,
sont donc des causes essentielles de succès; ce secret important, arraché
par l'observation, est maintenant dans la main de l'apiculteur : c'est à
lui d'en user avec intelligence. Ces faits nous apprennent aussi que si
la miellée ne donne pas, les efforts de l'art sont impuissants. Ce mode
de culture aurait donc les avantages et les inconvénients de l'emploi
des bâtisses.

Encore une remarque. Quoique faites avant la sortie des essaims naturels, ces opérations ont cependant été trop tardives ; les essaims primaires auraient dû être tous forcés avant le 10 mai; la réussite alors
eût été merveilleuse dans les bonnes localités, puisque, malgré ce retard,
là même où le miel a manqué, une supériorité constante et très-marquée est acquise au travail artificiel; les essaims qui en proviennent
sont les meilleurs, et leurs mères ont toujours eu poids le premier rang
du rucher. Ceci est incontestable. — Il ne faut pas oublier non plus que
les ruchées permutées qui ont perdu, à chaque changement de place,
une notable partie de leur population, loin d'être épuisées, ont des
populations luxuriantes, munies d'approvisionnements hors ligne,
sources de richesses, qui leur assurent, pour le printemps suivant, une
force reproductive sur laquelle l'apiculteur peut fonder un espoir sérieux :
j'ai indiqué en commençant la cause probable de ce phénomène remarquable.

Conclusion. — Quel que soit le résultat final de ces études, elles peuvent ouvrir un vaste champ à l'*observation pratique;* elles révèlent des
faits inconnus jusqu'ici ou passés inaperçus. Ces faits contiennent évidemment un enseignement dont les conséquences peuvent être considérables. Nous n'avons pas la prétention de donner dès à présent, comme
une méthode acquise à la science, le mode de culture que nous venons
de formuler ; ce sont des essais, couronnés il est vrai par un succès
encourageant, mais ce ne sont que *des essais,* qui ont besoin, pour être
érigés en principes, d'être sanctionnés par des observations nouvelles,
rigoureuses et multipliées...

Outre le renouvellement et la conservation des colonies, les avantages suivants découlent de ce procédé : — Plus de gardiens préposés à la sortie des essaims ; — plus d'essaims perdus ; — plus de pertes causées par l'orphelinat ; — miel plus abondant et plus pur ; — cire plus belle ; — bâtisses naturelles abondantes ; — manipulations plus faciles ; — rajeunissement rapide ; — économie de temps.

Ce programme vaut assurément la peine d'être étudié.   Vignole.

(*Bulletin de la Société d'apiculture de l'Aube.*)

Fragments du journal d'un apiculteur.

Ferme-aux-Abeilles, mars 187...

15 mars. — Dans la seconde moitié du mois de mars, dit le *Calendrier apicole*, profitez du premier beau jour pour faire l'inventaire de votre apier. Projetez une certaine quantité de fumée à l'entrée de la première ruchée ; puis, après l'avoir décollée avec un couteau à miel ou une lame solide, soulevez-la au moyen d'une cale d'un à deux centimètres d'épaisseur, enfumez encore. Par l'emploi modéré et intelligent de la fumée, ayant rendu les abeilles inoffensives, vous allez pouvoir opérer sans masque. La ruche enlevée et placée à terre sens dessus dessous, on commence par râcler et brosser fortement le plateau qu'on remet aussitôt à sa place. Cela fait, on s'occupe de la ruchée. Après avoir écarté les abeilles avec la fumée, on coupe tous les gâteaux moisis. D'un seul coup d'œil, le praticien se rend compte des provisions et de la population, deux choses essentielles pour la prospérité future de la ruchée. Il ne s'en tient pas là ; cette colonie quoique bien peuplée, bien approvisionnée, pourrait encore tromper ses espérances, si l'abeille mère était morte pendant l'hiver. Pour s'assurer que ce malheur, qui est rare, n'existe pas, il écarte avec la fumée les abeilles groupées dans le centre, il examine attentivement les gâteaux ; s'il y voit du couvain operculé, la ruchée est dans un état très-satisfaisant : elle a une mère, une forte population, des gâteaux jaunes plutôt que noirs et des provisions grandement assurés jusqu'au 1er mai. Content de cette visite domiciliaire, il replace la ruche sur son plateau et ne s'en inquiète plus jusqu'à la saison des essaims. Seulement, le soir du même jour ou le lendemain, il fera bien de calfeutrer le joint entre le plateau et la ruche

Pour la taille (récolte du printemps) sur les ruches communes et pour les moyens de transformer les troncs d'arbres, etc., voir les années précédentes de *l'Apiculteur.*

C'est d'une sage économie de ne pas épargner la nourriture en mars et en avril aux ruchées légères, c'est-à-dire aux colonies qui en manquent. Moyennant 1 ou 2 kilogrammes de miel ou de sirop de sucre, on sauve des colonies qui, la plupart du temps, donnent deux ou trois mois plus tard, 10 ou 15 fr. de bénéfice à leur propriétaire. La nourriture présentée à cette époque stimule singulièrement les abeilles et provoque la mère à pondre abondamment. Si les colonies fortes restent calmes et ne se mettent pas au travail lorsque la saison des fleurs commence, on peut donc les agiter en leur présentant 100 ou 200 grammes de miel ou de sirop de sucre. Les ruchées ainsi stimulées essaiment plus tôt et donnent des essaims plus forts. C'est le soir qu'on doit présenter la nourriture pour éviter le pillage, et il faut se dispenser d'ajouter dans les sirops aucune liqueur alcoolique, qui ne convient aucunement aux abeilles.

Que faire des ruchées orphelines qui n'ont pas de couvain ? s'emparer de leur population au moyen de l'asphyxie momentanée, et la réunir à une colonie voisine. Les bâtisses des ruchées orphelines sont conservées pour être utilisées au calottage ; on peut y loger des essaims, si elles son jeunes et intactes.

Au moment où la ponte se développe, les abeilles se mettent à la recherche de l'eau dont elles ont besoin pour confectionner la bouillie de leur couvain. Il est bon d'en placer à proximité du rucher lorsqu'il ne s'en trouve pas dans le voisinage et lorsque celle qui s'y trouve est dans des mares publiques ou dans des étangs éventés, où bon nombre d'abeilles se noient. On établit dans un lieu abrité et au soleil, un ou plusieurs bacs ou baquets que l'on entretient pleins d'eau, et, pour que les abeilles ne s'y noient pas, on jette dessus de la mousse, des brins de paille ou des morceaux de liége, ou mieux une poignée de cresson de fontaine, qui prend racine et forme un tapis sur lequel les quêteuses d'eau viennent se poser. — On attire les abeilles aux abreuvoirs artificiels par de l'eau miellée qu'on place près de là.

Les travaux de béchage et de plantation autour du rucher sont poussés activement. Si le sol est ressuyé on peut semer les prairies artificielles, telles que sainfoin, luzerne, mélilot, trèfle blanc, etc., qui doivent donner des fleurs aux abeilles. On peut semer ces graines dans du colza de mars ou dans de la moutarde blanche, qui, deux mois plus tard offrira une bonne ressource pour les abeilles.   X.

Ruche à cadres Dümmler.

Parmi les ruches à cadres mobiles exposées à Nuremberg l'année dernière, nous avons pris particulièrement le croquis de celle de M. Dümmler, de Homburg, avec l'intention d'en donner la description.

Nous nous sommes arrêté à cette ruche parce que ses cadres tenaient à peu près le milieu entre les diverses grandeurs présentées ; ensuite, parce qu'elle nous a paru établie dans de bonnes conditions au point de vue du bien-être des abeilles ; enfin parce que nous l'avons vue fonctionner chez l'auteur.

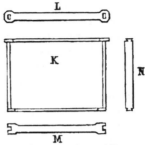

Fig. 7. Cadre mobile.

M. Dümmler emploie sa ruche sous trois formes : 1° longue ; 2° élevée ou étagée ; 3° accolée, autrement dit à loges réunies. C'est à cette dernière disposition qu'il s'arrête le plus, et c'est elle qu'on trouve sous les proportions des neuf dixièmes dans son principal apier. — Le cadre des trois formes est le même, c'est celui de Berlepsch modifié. Sa barrette supérieure, L, fig. 7, a 30 centimètres de longueur ; la largeur de cette barrette est de 0 m. 023, excepté aux extrémités où elle est de 0 m. 037. La partie inférieure (le bas) du cadre M, a 0, 027 de longueur ; les montants, N, ont 0,021 de hauteur, tenons compris. L'épaisseur de ces quatre parties est de 0 m. 007. La barrette supérieure et l'inférieure sont en hêtre, et les montants en sapin. Le bois est scié à la mécanique et non raboté. Les tenons du bas des montants sont à queue d'arronde ; ils sont fixés à la colle forte.

La ruche longue est une caisse en planches épaisses de quatre centimètres environ pouvant recevoir de 18 à 24 cadres ; cette caisse ouvre par l'extrémité opposée à l'entrée, placée à l'un des bouts. Les cadres se trouvent en face de l'entrée. Ils ne montent pas jusqu'au plancher de la ruche, mais laissent comme dans la ruche Dzierzon un vide de 8 ou 10 centimètres qui permet la pose des planchettes fermant de ce côté, et le placement d'une couverture quelconque pour l'entretien de la chaleur.

La ruche élevée se compose d'une caisse haute intérieurement de 78 centimètres, large de 0 m. 29 et profonde de 0 m. 50. Elle a trois étages de cadres ; chaque étage a 0 m. 22 de haut, celui du bas à 0 m.

225. Au-dessus du dernier étage se trouve une partie vide de 0 m. 115 de haut, qui est ménagée pour recevoir les planchettes recouvrant les cadres, et au besoin une couverture accessoire. On peut aussi y établir un ou plusieurs chapiteaux pour du miel extra. Les cadres sont placés en travers de l'entrée. Cette ruche est celle exposée à Nuremberg. Ses côtés sont épais de 7 à 8 centimètres. La disposition de la ruche Krug, dont la figure a été donnée dans la 12ᵉ année de l'*Apiculteur*, p. 112, est à peu près la même que celle-ci. L'exposant de Billancourt aurait copié le modèle allemand sur place, tout en en dédiant la paternité à M. Berlepsch.

La ruche à loges réunies se compose de trois logements d'abeilles A, B, C, fig. 8, ayant chacun les dimensions intérieures de la ruche élevé qu'on vient de faire connaître. La loge du milieu a sa sortie devant. Ses cadres sont placés en travers de l'entrée. Les loges latérales ont chacune leur sortie sur le côté extérieur, et leurs cadres se trouvent dans le sens des sorties. G A E I, fig. 8, montrent la loge du milieu ouverte. Le rez-de-chaussée est seulement, dans la figure, muni de cadres. Un pointillé montre leur disposition dans les étages supérieurs. Dans les murs de côté des loges, sont pratiqués des rainures de 8 à 9 millimètres de profondeur sur 15 à 20 millimètres de hauteur. Ces rainures reçoivent les extrémités de la partie supérieur des cadres. Lorsque les cadres sont placés dans la ruche, un espace de 1 centimètre environ existe entre leurs montants et les parois latérales de la loge ; le même espace règne entre chaque étage de cadres : il est de quinze millimètres entre le plancher inférieur et les cadres du bas. Primitivement M. Dümmler ne laissait aucun intervalle entre les étages des cadres : la barrette du bas du cadre supérieur touchant à la barrette du haut du cadre inférieur ; il y trouvait l'avantage que les abeilles descendaient un peu plus vite, et l'inconvénient que les cadres s'enlevaient difficilement parce que les barrettes contiguës étaient collées par la propolis.

L'entrée de la loge B (celle de la loge C se trouve dans les mêmes conditions) est ménagée au bas du côté extérieur ; elle est creusée en chanfrein dans l'épaisseur de ce côté, ainsi que l'indique le pointillé O. Extérieurement cette entrée a une longueur de 10 centimètres, sur une hauteur de 12 à 15 millimètres, elle ne permet pas le passage à une souris ou à un mulot.

Chaque loge a sa porte particulière fermant à clef ; en outre, chaque étage de cadres ferme avec un volet, ou avec un châssis vitré. Ce volet est mobile comme les cadres, et adosse toujours le dernier lorsqu'on en diminue le nombre dans un étage qui en compte 12 au maximum.

On a senti en Allemagne l'inconvénient des parois minces, notamment

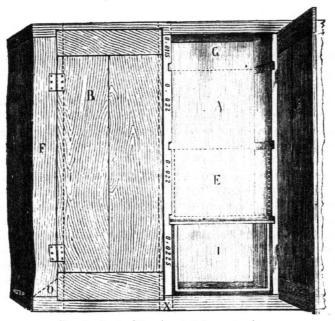

Fig. 8. Ruche Dümmler à 3 loges et cadres.

pour les ruches à cadres qui, en général, concentrent mal la chaleur. Les nombreux cas de loque qui ont décimé des ruchers entiers, et qu'au début on mettait sur le compte de miel étranger, ont indiqué que les parois minces étaient une des causes du développement du mal. On a donc cherché à supprimer la cause pour arrêter le mal. Presque toutes les ruches en paille ou en bois exposées à Nuremberg ont des parois qui varient de 4 à 10 centimètres. Les parois latérales des ruches à trois loges de M. Dümmler ont 8 ou 10 centimètres d'épaisseur; les planches en sapin qui les forment sont de cette épaisseur, ou bien elles sont doubles; parfois, un espace laissé entre elle est garni de paille ou de foin. On comprend que le froid et le chaud de l'extérieur ne peuvent avoir un accès préjudiciable à travers une telle épaisseur de corps mau-vais conducteurs. (A suivre.)

Société centrale d'apiculture.

Séance du 15 février 1870. — Présidence de M. d'Henricy.

Après l'adoption du procès-verbal de la dernière séance, l'assemblée s'occupe des moyens de rétablissement du rucher-école de la Société. Elle passe ensuite aux concours à ouvrir en 1870 et affecte :

1° *Une abeille d'honneur* à celui qui aura trouvé le moyen assuré de guérir la loque ;

2° *Une abeille d'honneur* à celui qui aura trouvé le moyen de conserver un certain temps (huit à dix jours au moins), aux œufs d'abeilles, les facultés d'éclosion.

Les étrangers peuvent concourir pour ces deux prix.

3° Une *médaille d'or*, de la valeur de 100 fr., à l'auteur d'un moyen, à la portée de tous, de reconnaitre avec précision la fraude des cires, notamment par l'addition de cire végétale ;

4° Une *médaille d'argent* ou de *vermeil* à celui qui aura le plus contribué à faire disparaître l'étouffage dans sa contrée ;

5° Une *médaille d'argent* ou de *vermeil*, à celui qui, dans le courant de l'année, aura le plus fait de propagande apicole, et formé d'apiculteurs autour de lui.

Il est affecté des médailles pour d'autres questions dont l'importance pourra être appréciée.

Des prix en argent (prix Carcenac) sont offerts aux instituteurs qui auront le plus aidé aux développements de l'apiculture, soit par l'enseignement dans leur école, soit par la propagande extérieure des bonnes méthodes apiculturales (un prix de 100 fr., un de 50 fr. et deux de 25 fr.)

La Société pourra donner d'autres prix en argent, selon le nombre et le mérite des concurrents. Elle ajoutera en outre des médailles, des livres et des instruments apicoles. — Les concurrents devront adresser leurs pièces au secrétariat, rue de Jussieu, 11, avant le 15 août prochain. Ces pièces consisteront en déclaration et attestation, cahiers d'élèves, moyens employés, etc.

On passe au dépouillement de la correspondance. M. Lourdel, de Bouttencourt (Somme), écrit ce qui suit : « On dit — et ce sont les marchands, — que les abeilles italiennes sont plus douces que les nôtres. C'est tout le contraire, je crois. Mes colonies italiennes ont toujours été au moins aussi irascibles que les autres. A l'époque où nous sommes (26 janvier), malgré le froid, j'ai plusieurs colonies italiennes qu'on ne peut presque pas remuer sans être attaqué, tandis que les abeilles noires, quoiqu'en fortes populations, ne se montrent pas aussi agitées. Non, il n'est pas vrai que les abeilles italiennes soient plus douces que les nôtres; mais elles donnent plus de produits, essaiment plus, défendent mieux leur ruche, et valent enfin mieux que nos noires. »

M. Amouroux, de Virebeaux, signale que dans le Périgord la fausse-teigne est beaucoup moins abondante que chez lui; le pays nourrit moins de papillons; il y a très-peu de culture. M. d'Henricy croit qu'il faut attribuer la quantité moins grande de fausses teignes et de papillons à la température sèche plus uniforme. Un membre dit qu'on pourrait peut-être attribuer aussi la quantité moins grande de papillons — et par conséquent de chenilles — dans le Poitou, à une plus grande quantité d'oiseaux insectivores. M. Amouroux ajoute que les paysans du Périgord croient que le socle ou tablier en planches bien jointes sur lequel reposent les ruches est malsain pour les abeilles; aussi ils tiennent toutes leurs ruches assises sur des pierres brutes mal jointes. Ils croient aussi que le plâtre répandu au printemps sur les prairies artificielles et fourragères, occasionne la mort à leurs abeilles. M. Hamet dit que le plâtre ainsi que les engrais salins empêchent la production du miel. Quant au préjugé concernant le plancher en bois, un membre fait remarquer que son mauvais effet doit être attribué au manque de soins qu'on donne aux ruches : on les place en plein soleil, et celles qui ne sont pas ouvertes à tous vents peuvent étouffer les abeilles.

M. P. Garnier, d'Arnouville, a trouvé le moyen d'arrêter le pillage latent en donnant aux abeilles qui se laissent piller un peu de miel aromatisé d'une essence forte. L'odeur de cette essence se répand dans la ruche, les abeilles s'en empreignent, et les pillardes du dehors, qui n'ont pas cette odeur, sont facilement reconnues et repoussées.

M. Monborgne Vilfroy, de Woignarue (Somme), fait part du mouvement apicole qui se fait dans son canton; il rend compte des bons résultats qu'il obtient des ruches à chapiteau et à hausses, et il indique le moyen simple par lequel il établit les planchers à claire-voie.

M. Huet, de Guignicourt, entretient la Société de l'état du rucher provenant d'une colonie offerte à l'empereur et que pour cela il appelle rucher impérial. — M. Ledoux Algis, de Lemé, adresse un nouveau mémoire, avec cachets de fabrique.

Le secrétaire général propose l'admission, comme membre titulaire de la Société d'apiculture, de M. Leclair, avenue de Châtillon, à Montrouge-Paris, et de M. Viales, directeur du pensionnat de Lauzun (Lot-et-Garonne). Ces membres sont admis. — M. P. Deproye, de Reims, adresse une sourcription de 10 fr. pour augmenter les récompenses à l'exposition prochaine. L'assemblée lui vote des remerciments. — La séance est levée à onze heures.

Pour extrait : DELINOTTE, secrétaire.

Étude sur Berlepsch.

Je me suis engagé, en septembre dernier, à faire connaitre les deux apiculteurs allemands Dzierzon et Berlepsch. Un ami ayant consenti à me venir en aide pour Dzierzon, je n'ai plus à m'occuper que de Berlepsch.

L'intitulé du livre de Berlepsch est : *les Abeilles et l'Apiculture avec ruches à rayons mobiles dans les contrées sans récolte d'automne*, par A. baron de Berlepsch, 2ᵉ édition. Mannheim, 1868, in-8.

Le livre de Berlepsch est précieux en ce sens qu'il donne le bilan de l'apiculture allemande. C'est une galerie où figurent les apiculteurs d'outre-Rhin, depuis 1600 jusqu'à nos jours. Sous ce rapport, l'honorable apiculteur alsacien, M. Dennler, a pu dire avec quelque raison que le livre de Berlepsch n'a peut-être point d'égal dans le monde entier. Il est certain que nous n'avons pas, en France, son similaire.

En feuilletant rapidement le livre, nous comptons 34 pages pour la préface; 321, consacrées à la théorie; 231, à la pratique; en tout, 586 pages, sans compter une nomenclature des auteurs cités dans l'ouvrage, et une table alphabétique des matières.

La préface renferme sept chapitres : 1º ma vie d'apiculteur; 2º mon livre; 3º avantage de la culture des abeilles; 4º état actuel de l'apiculture; 5º causes de la décadence de l'apiculture; 6º est-il possible de relever l'apiculture? 7º qu'a-t-on fait et que doit-on faire pour relever l'apiculture?

1º *Ma vie d'apiculteur*. Le goût de Berlepsch pour les abeilles se perd dans les premières années de son enfance. Tout jeune enfant, il échappait à la surveillance de sa bonne pour courir à l'apier du voisin Gotlob Richter, et quand la jeune fille venait le chercher, il se plaçait au milieu du vol des abeilles et lui criait en ricanant : Attrape-moi, attrape-moi.

Le 28 juin 1822, âgé de sept ans, il reçut de son père en cadeau sa première ruchée. Il en possédait quatre, quand, à l'âge de dix ans, il quitta la maison paternelle pour aller successivement chez un pasteur

du voisinage, au gymnase de Gotha, aux universités de Halle, Bonn,
Leipsig. Il fut attaché, de 1836 à 1838, au tribunal de Mulhouse en
Thuringe et de là il se rendit dans l'*Athènes allemande, la splendide ville
de Munich*. Mais partout et toujours notre jeune homme se faisait suivre
par quelques ruchées.

Le 5 septembre 1841, il perdit son père; et six semaines après, il
avait installé cent ruchées dans le domaine paternel de Séebach.

Arriva l'année 1845 où Dzierzon entra en scène et fonda le journal
d'apiculture d'Eichstadt avec la collaboration de Barth et Schmid. La
coïncidence de ces deux faits produisit une révolution dans l'apiculture :
l'ancien temps disparaissait pour faire place au nouveau. Berlepsch, avec
toute l'ardeur de sa nature, embrassa la nouvelle doctrine (la bâtisse
mobile). Après un travail assidu de sept ans, il publia dans les années
1853, 1854, dans le journal d'apiculture, ses lettres sur les abeilles, *qui
depuis ont fait tant de bruit*. C'est en 1853 qu'il inventa les cadres.

— Les apiculteurs allemands aiment à se donner pour inventeurs de
choses inventées longtemps avant eux.

S'ennuyant dans son petit village de Séebach, et laissant, en 1857,
son établissement apicole à Günther, fils de son jardinier, jeune homme
fort intelligent, Berlepsch se retira à Gotha où il établit, de compte à
demi, avec son vieil ami Kalb, un nouvel apier presque aussi important
que celui de Séebach. Le temps était venu pour notre apiculteur de
réunir les matériaux de son livre.

2° *Mon livre*. Berlepsch débute par ces paroles : la première édition
parut en 1860 et fut, de l'avis de tous, le livre le plus complet et le -
meilleur qui existât dans l'ancien et le nouveau monde.

Ce gros grain d'encens avalé, Berlepsch nous met dans la confidence
de ses démêlés avec Dzierzon qu'il regarde avec tous les apiculteurs
allemands comme le dieu de la théorie, mais dont la pratique est très-
controversée.

Laissons-lui la parole. J'avais inventé le pavillon pratique dont toute
l'Allemagne était entichée, il (Dzierzon) le déclara impraticable.

J'inventai les petits cadres dont tous les apiculteurs me félicitèrent,
il les déclara impossibles et conserva les petites lattes (porte-rayons).

Je perfectionnai surtout l'aménagement de sa ruche, il déclara le tout
impraticable, et opposa à ma ruche sa ruche jumelle qui, selon lui, ne
laissait plus rien à désirer, tandis que je dus appeler cet assemblage
une parade d'écrevisse et une ruche bâtarde.

Il déclara l'abeille italienne le nec plus ultra en tout et pour tout;
moi, non-seulement je préférais dans tous les cas la race indigène, mais
je la mettais bien au-dessus de la première.

Il prétendait obtenir une augmentation annuelle de 200 pour 100;
moi, je soutenais que dans les contrées sans récolte d'arrière-saison,
l'augmentation, quand on ne voulait rien risquer, ne devait pas dépasser
50 pour 100. (Je crois qu'il n'est question ici que de l'essaimage.)

Il soutenait que dans la floraison du saule Marceau, une forte taille,
jusque bien avant dans le couvain, était un point principal de l'apiculture rationnnelle; je prétendais au contraire que la taille trop forte
au printemps était la ruine de l'apiculture, dans les contrées sans récolte
d'arrière-saison, et, dans tous les cas, je la trouvais irrationnelle à Cuba
et au Brésil, aussi bien qu'en Silésie (patrie de Dzierzon) et en Thuringe (patrie de Berlepsch).

Après quelques paroles aigres-douces à l'adresse de Dzierzon, notre
auteur indique deux conditions indispensables pour faire de l'apiculture
rationnelle avec bâtisse mobile : 1° un esprit intelligent, capable de réfléchir, combiner et observer; 2° assez de souplesse corporelle pour faire
avec sécurité les opérations nécessaires. Celui qui n'a pas l'une de ces
facultés ou les deux ne peut faire avantageusement de l'apiculture avec
rayons mobiles. Il devra employer la ruche en paille jusqu'à ce qu'il ait
atteint un certain degré d'habileté.

L'expérience nous montre journellement que beaucoup de gens réussissent très-bien avec les ruches en paille, quand avec les rayons mobiles
ils n'auraient rien fait de bon.

Berlepsch a fait son livre pour les apiculteurs intelligents et habiles
qui finiront par comprendre qu'ils gagneront le double avec les rayons
mobiles. Avant d'écrire, l'auteur a étudié à fond tous les livres qui ont
paru depuis l'invention de l'imprimerie. D'après ses calculs, il a dù lire
pour la seconde édition environ 17,000 pages de ces ouvrages.

Un certain Van Bose l'accusait de plagiat à cause des nombreuses
citations d'auteurs anciens et nouveaux qui se trouvent dans la première
édition et qui sont reproduites dans la seconde.

Le noble baron, indigné : Moi plagiaire! moi me parant des plumes
d'autrui! Non, monsieur Bose, le panache qui orne mon chapeau de
général des apiculteurs ne renferme pas le moindre flocon étranger.

— Décidément notre grand enfant rêve le grand homme.

3° *Importance de l'apiculture.* Berlepsch envisage l'apiculture sous le double rapport économique et moral.

Sous le rapport économique, l'Allemagne offre à l'apiculture des positions avantageuses à divers degrés. Ce que dit Berlepsch de l'Allemagne, nous pouvons le dire de la France.

Sous le rapport moral. On sait, dit-il, que les apiculteurs, à de rares exceptions près, sont d'excellentes gens. Les natures perverses ne peuvent pas prendre goût à l'apiculture; il a connu beaucoup d'individus qui, avant d'être apiculteurs, couraient au cabaret pour boire, jouer aux cartes ou s'échauffer follement dans des discussions politiques, et qui, aussitôt qu'ils connurent les abeilles, devinrent des gens rangés.

4° *État actuel de l'apiculture.* De toutes les branches de l'art agricole, l'apiculture est au plus bas de l'échelle. Son état actuel fait pitié. Berlepsch ne ménage pas ici les apiculteurs de son pays. Nos gens deviennent des dilettantes ignorants, notamment des champions ardents de l'abeille italienne. A les entendre, l'apiculture, dans les dix dernières années, s'est développée d'une manière prodigieuse, probablement à cause d'eux et desdites abeilles. Rien ne peut les convaincre, cependant l'évidence est là, et les tables statistiques des divers États prouvent par des chiffres irrécusables que de dix en dix ans on produit moins de cire et de miel.

— Une simple réflexion. Certains disciples de l'école allemande représentent les apiculteurs français comme des embourbés dans l'ornière de la routine; et cependant ces prétendus embourbés, qui autrefois ne suffisaient pas à la consommation du pays, se donnent aujourd'hui le plaisir de vendre miel et cire à la savante Allemagne.

5° *Quelles sont les causes de la décadence de l'apiculture?* On a donné pour causes l'abaissement des connaissances apicoles et les progrès incessants de l'art agricole. C'est une erreur. Les connaissances apicoles ont progressé. Quant aux progrès de l'art agricole, il est vrai que l'agriculture détruit beaucoup d'herbes parasites produisant du miel, et qu'elle change les forêts en terres labourables, mais aussi. elle cultive en plus grande quantité des plantes telles que le sainfoin, le colza et d'autres qui dédommagent largement l'apiculteur.

La vraie et unique cause de la décadence de l'apiculture est le bas prix du miel et de la cire. Il y a 400 ans, eu égard à la valeur de l'argent, le miel et la cire se vendaient trois fois plus cher que de nos jours. La dépréciation de ces deux marchandises provient de la concurrence du sucre, des miels et cires d'Amérique.

6° *Est-il possible de relever l'apiculture?* Un oui sans réserve est la réponse de Berlepsch. Mes disciples, dit-il, aussitôt qu'ils sont devenus maîtres, retirent au prix actuel de la cire et du miel un produit moyen de plus de trois thalers par ruche mère (le thaler vaut 3, 70 centimes), trouvez-moi, dans le monde entier, une pratique rationnelle fondée sur la théorie de Dzierzon qui obtienne des résultats, si ce n'est par ma pratique et mes élèves. .

— Ainsi, en dehors de la théorie de Dzierzon et de la pratique de Berlepsch, point de salut pour l'apiculteur.

7° *Qu'a-t-on fait et que peut-on faire pour relever l'apiculture?* Il se forma des société d'apiculture qui se multiplièrent comme des champignons, mais qui ne-produisirent que peu d'effets. Cela devait être, car les membres de ces sociétés sont, pour les 99 p. 100, de simples amateurs qui voient d'abord le plaisir que leur procure l'apiculture, pour qui le profit pécuniaire est un accessoire, et qui, pour se donner de l'importance, parlent d'apiculture, et le plus souvent mentent à leur bourse. Viennent ensuite des sarcasmes qui tombent dru comme grêle sur la tête nue de ces apiculteurs de parade. Puis notre auteur continue sa mercuriale. Au lieu de montrer à l'homme du commun comment il pourrait faire de l'apiculture avec la ruche en paille, on le pousse vers la bâtisse mobile sans-avoir égard à son aptitude.

On a fait la même faute pour les instituteurs. On les lance dans les congrès et les reines italiennes, et trop souvent on les réduit, eux et leurs familles, à un grand état de gêne par les sacrifices qu'ils s'imposent pour se procurer des reines italiennes et d'autres choses inutiles. Je ne crois pas trop dire en avançant que sur cent instituteurs qui font de l'apiculture, il n'y en a pas cinq qui possèdent un apier donnant un produit de quelque importance.

Cependant, continue Berlepsch, les instituteurs sont appelés à instruire les gens du commun, surtout par l'exemple pour étendre l'élevage des abeilles; mais, pour cela faire, une nouvelle génération doit se former dans les écoles normales, et entrer dans la vie commune avec un sens plus pratique et moins d'orgueil.

— C'est le cas ici de faire observer que Berlepsch adore trop sa personne et ne respecte pas assez la personne des autres.

Un apiculteur lorrain.

Moyens de se prémunir contre la falsification de la cire blanchie.

En comparant la cire blanche pure, surtout à l'état de cierges fabriqués, avec de la cire où l'on a fait entrer d'autres substances, il est facile de reconnaître la fraude. Le cierge de cire pure est pâteux, ductile et malléable pour peu qu'on le chauffe. Le cierge qui a du suif graisse les doigts et exhale une odeur nauséabonde très-reconnaissable. Le cierge qui contient beaucoup de stéarine ou de paraffine est farineux, ce que l'on remarque lorsqu'on en presse un morceau sous les doigts ; il se casse facilement quand on le frappe ou qu'on le laisse tomber.

Pour connaître exactement la proportion des substances diverses qu'on a fait entrer dans la cire, il faut recourir à une série nombreuse d'expériences chimiques, qui exigent un laboratoire et un grand nombre de réactifs, ce qui entraînerait d'assez fortes dépenses ; mais on peut, à l'aide de quelques opérations très-faciles, arriver à une connaissance approximative du degré de mélange.

Ainsi, lorsqu'il s'agit d'un cierge, on en met une tranche dans un verre d'eau avec un peu de potasse. La potasse dissout les résines, le suif et les autres matières graisseuses, et laisse la cire intacte. En ayant soin de peser la tranche de cire avant et après l'opération, la différence de poids indique la quantité de résine ou de graisse animale qu'elle renferme. Pour découvrir la falsification par les résines, on n'a qu'à jeter un morceau de cire dans l'eau bouillante ; les os calcinés et les substances terreuses sont précipités au fond du vase. Le même procédé peut s'appliquer pour reconnaître s'il y a de l'amidon, de la fécule ou de la farine ; on trouvera ces matières précipitées en partie au fond du récipient ; et si l'on met un peu d'iode dans le liquide, il se colorera en bleu.

Quoique le degré de fusion ne donne pas sur les proportions du mélange des matières étrangères avec la cire des notions aussi exactes que l'ont prétendu quelques chimistes, cependant on peut recourir utilement à ce procédé. De nombreuses expériences ont donné les résultats suivants :

Le *suif* fond à 33° ; la *cire végétale*, à 40° ; la *paraffine*, de 43 à 44° (1) ; la *cire jaune* d'abeilles, de 60 à 64° ; la *cire blanchie* dito, de 65 à 70°,

(1) La paraffine raffinée se vend dans le commerce à 4 points de fusion différents : n° 0, fusion 61° ; n° 1, fusion 52° ; n° 2, fusion 48° ; n° 3, fusion 45°. La paraffine brute ne fond qu'à 85 degrés de chaleur. — La Rédaction.

Plus il y a de graisse mélangée avec la cire, plus le degré de fusion s'abaisse ; on peut ainsi arriver à une. connaissauce aproximative de la quantité de mélange. L'abbé E. CHEVALIER.

_____

Du rucher.

Dans notre pays, — le Cantal, — j'ai rarement vu des ruchers couverts, si ce n'est chez quelques amateurs. Malgré les avantages qu'on s'accorde à leur reconnaître, je ne saurais les approuver, par la raison que dans nos pays de montagnes les abeilles ayant à lutter contre les vents, arrivent plus facilement, quand elles sont chargées de miel ou de pollen, à une ruche située près de terre, qu'à celle qui présente une certaine élévation.

Je conseillerai donc pour l'établissement d'un apier, dans le cas où la place qu'on lui destine est voisine d'un mur, de laisser entre le mur et l'assiette de l'apier, un espace de deux mètres environ, et cela pour plusieurs motifs, dont voici les principaux : d'abord parce que les souris, les crapauds et les *lormeuses* ou petits lézards, qui se logent dans les trous des murs, seront plus faciles à détruire ; ensuite parce que souvent il arrive que, dans la mauvaise saison, les rayons du soleil, réfléchis par le mur et rendus plus chauds, excitent les abeilles à se mettre en mouvement, et qu'arrivées à une certaine hauteur, saisies tout à coup par le froid, elles tombent engourdies et ne se relèvent plus ; enfin, dans le cas où cette malheureuse hypothèse ne se réaliserait pas, il arrivera infailliblement que ne trouvant aucune fleur dans les campagnes, les abeilles rentrées à la ruche consommeront une plus grande quantité de miel et quelquefois même il arrivera que la mère pondra quelques œufs qui écloront rarement.

Les observations qui précèdent ont été recueillies après de longues expériences faites sur un de mes premiers apiers disposé le long d'un mur.

Je possède les trois apiers (n° 1, n° 2, et n° 3) dont s'occupa l'enquête agricole, dans sa séance du 15 septembre 1866. Le premier apier, dit d *l'apiphile*, est exposé comme tous les autres. Son entrée est orientée vers le midi. Derrière les paniers court une haie vive ayant environ un mètre cinquante centimètres d'élévation. Toutes les ruches sont sur une seule ligne. Un chemin convenable est ménagé entre le tertre et les paniers. Ce sentier me permet d'aller et de venir sans incommoder les

abeilles, de tenir la partie intérieure des ruches dans un état de propreté nécessaire, de débarrasser les ruches de toutes les herbes parasites,
de soulever les surtouts, de venir écouter le chant de la mère annonçant
la formation d'un nouvel essaim, enfin de procéder, suivant les cas, à
la disposition ou à l'enlèvement des calottes, au placement et au remplacement des arcades en paille, sans que les abeilles des ruches voisines en
soient prévenues et sans que celles de l'essaim desquelles je m'occupe
soient par trop gênées par mon opération.

Le second est également placé derrière un tertre; vu la distance
(il est à 4 kilomètres du 1ᵉʳ), il n'est pas tenu avec une luxuriante propreté; mais je peux, sans crainte d'être piqué et sans gêner les abeilles,
procéder à la même série d'opérations que celles indiquées dans la description du premier apier.

Quant au troisième, il est placé au bas d'un jardin en pente; au-devant des ruches, à trois mètres d'intervalle environ, s'élève un tertre, et
derrière les ruches je n'ai laissé qu'un sentier débarrassé de toutes
herbes, car sa position met le rucher à l'abri des rafales du vent du nord
et des avalanches.

Si, dans la disposition des deux premiers ruchers, il n'y avait pas un
tertre pour amortir la violence du vent et empêcher les amas de neige,
il y a longtemps que j'aurais entièrement perdu toutes mes abeilles, et
je n'aurais pas à mentionner ici les observations intéressantes qu'il m'a
été donné de faire à propos de cette nation, la plus civilisée et la mieux
gouvernée qui soit dans l'univers. — En 1852, l'hiver fut très-âpre; il
tomba en février de la neige gelée très-semblable à une fine poussière,
et cela en une telle quantité que devant et derrière les paniers il y en
avait une épaisseur de soixante centimètres au moins, et j'eus l'occasion
d'observer un phénomène et par suite de faire une étude qui m'a été
utile pour la disposition de mon premier rucher. Il était alors composé
de douze paniers. Or, par une belle matinée, au moment où le soleil
commençait à amollir la glace, je vins visiter mes abeilles et j'aperçus
non sans surprise douze tubes de glace, dont un en face de chaque
ruche. La neige amoncelée par le vent s'était fondue à la chaleur qui
émanait du panier, et avait formé dans la partie inférieure une sorte de
piston ayant une ouverture qui variait de cinq à vingt centimètres, se
prolongeant jusqu'à la longueur d'un mètre environ et présentant une
extrémité très-aiguë et forée dans toute sa longueur. C'était, à n'en point
douter, par ce seul orifice que les abeilles respiraient encore. — Un de

mes voisins ayant luté l'ouverture de ses ruches, toute la population périt à l'exception d'une seule ruche au panier de laquelle se trouvait une fente suffisant à laisser passèr l'air. — Dans d'autres ruchers qui n'avaient pas été si hermétiquement lutés, les ruches disposées sur des supports en bois furent peu maltraitées, mais celles qui avaient été placées sur des supports de pierre furent endommagées de la plus regrettable manière; car outre que le bas des paniers était pourri, le miel avait été entière. ment gelé et rendu aussi liquide que l'eau. D'où il résulte qu'il est très-important de ne point mettre les ruches sur les tabliers de pierre, parce que le suintement de la pierre résultant du froid extérieur et de la chaleur des abeilles entretient pendant l'hiver la partie inférieure de toute ruche dans un état presque permanent d'humidité, qui à la longue détériore le miel et est pour les abeilles la cause d'un mal irréparable.

Mon jardin, et par suite mes ruchers sont exposés à tous les vents. Situés sur un plateau élevé rien ne les défend des frimas, si ce n'est les précautions sans nombre et les incroyables travaux de patience qui ont fait, depuis que je m'occupe d'apiculture, le charme de tous mes loisirs. Ainsi, à l'est j'ai planté une charmille épaisse et touffue ayant environ trois mètres de hauteur ; au nord j'ai disposé un tertre artificiel recouvert d'épine-vinette : ce tertre a un mètre cinquante centimètres d'élévation ; à l'ouest j'ai construit un pavillon ou maisonnette servant de laboratoire; enfin au midi j'ai créé nombre de petits parterres au milieu desquels croissent des touffes de petits arbustes, tels que noise-tiers, seringats, pondeuses, fusains et *viornes* (nom vulgaire d'un arbuste bien connu). Sur les bords de ces parterres je cultive des fleurs destinées aux abeilles, guimauve, asters, menthes variées, thyms variés, et sur-tout en quantité, l'*argentine*, fleur simple sur laquelle les abeilles buti-nent beaucoup et qui fleurit dès les premiers jours de la bonne saison. c'est-à-dire depuis le mois de février jusqu'à la fin d'avril. Ainsi mes abeilles trouvent sans peine toutes les fleurs qui leur plaisent, et arrivées au rucher, elles ne sont tourmentées par aucun vent; elles sont à l'abri de toute bourrasque, travaillent à loisir et me payent généreusement les soins que je leur prodigue et les plaisirs que je leur donne.

Le siége ou support doit être en bois. Peut-être ceux qui ont dit qu'on devait clouer les ruches sur un fort piquet n'avaient point tort, car ce mode pouvait convenir au pays qu'ils habitaient; mais dans notre région, ceci est impraticable ; car il arriverait souvent, dans nos montagnes, qu'un vent violent ou une bourrasque emporteraient ruches et surtouts.

— Pour moi, je dispose le haut de mes supports à quinze ou vingt centimètres au-dessus du sol, à l'aide de quelques pierres, et d'un peu de terre je m'efforce de faire disparaitre tous les interstices, puis, je mets en haut un madrier sur lequel l'ouverture de chaque ruche est entaillée, ou bien une planche débordant de quinze centimètres au moins le panier qui lui est destiné. Et de plus, quand la ruche est en place, je fixe les surtouts soit avec du bois ou avec des pierres mises à l'entour.

ALSAC, apiculteur.

Théorie apicole de Dzierzon.

(*Suite.* Voir p. 86.)

Du sexe des abeilles. — On avait dans le temps les idées les plus fausses sur le sexe des abeilles. La *reine* elle-même, que tout commençant sait maintenant être la mère qui pond les œufs d'où sortent les abeilles naissantes, était prise anciennement pour un mâle. Virgile, que nous avons déjà cité, Virgile lui-même ne l'appelle pas autrement que le *roi*, et l'ancienne appellation allemande de *conducteur*, *guide*, dérivait de la même erreur. Maintenant, toute personne, pour peu qu'elle ait étudié l'histoire naturelle des insectes, sait très-bien que chez les abeilles, ainsi que chez leurs congénères les bourdons, les guêpes et les frelons, la femelle est armée d'un aiguillon, tandis que le mâle n'en a pas. A cette marque distinctive chacun peut reconnaître les individus mâles et les individus femelles dans une ruchée. Les bourdons qui n'ont pas d'aiguillon, comme il est facile de le voir, sont les mâles, et les ouvrières ainsi que les *reines*, qui sont armées d'aiguillon, représentent le *sexe* féminin. Les mâles, appelés bourdons, sont plus gros que les abeilles ouvrières ordinaires; ils naissent dans des cellules plus grandes, appelées cellules à bourdons, dont il en va quatre dans la longueur d'un pouce (1), ou bien 16 dans un pouce carré. Les cellules sont aussi plus profondes. Quand par hasard un bourdon vient à naitre dans une cellule d'ouvrière plus étroite, dont il faut 5 pour la longueur d'un pouce ou 25 pour un pouce carré, son développement est moindre, et il n'acquiert pas sa taille complète, ce qui ne constitue cependant pas une différence de sexe. Les petits bourdons sont aussi capables de fécondation. Il est impossible d'admettre une différence entre les petits et les gros bourdons; car les petits bourdons ne naissent pas régulièrement dans la ruche; mais ils ne paraissent jamais que par hasard et ordinairement lorsque l'ordre ne règne plus dans la ruche.

Les choses se passent tout autrement, en ce qui concerne les femelles armées d'aiguillon. Toutes proviennent d'œufs femelles entièrement semblables, mais elles acquièrent un degré différent de taille selon qu'elles se sont développées dans les cellules étroites d'ouvrières où elles ne reçoivent qu'une nourriture commune, ou bien dans les vastes et

(1) Dzierzon doit parler du *pouce* du Rhin qui vaut 26 millimètres 24 centièmes. Le pouce de Berlin vaut 25 millimètres 84 centièmes.

longues cellules pendantes, appelées cellules maternelles où elles sont nourries de sucs plus abondants et plus fortifiants. Ces dernières seules deviennent des femelles complétement formées, capables de propager l'espèce et que nous nommons abeilles mères. Les premières, de beaucoup plus nombreuses, qui forment la grande majorité de la population, sont des femelles dont le développement n'a pas été complet. Elles sont aptes à tous les travaux, mais comme leur vésicule seminale n'est pas développée, elles sont impropres à l'accouplement et ne peuvent procréer leur race. C'est pourquoi on les appelle avec raison abeilles ouvrières. Dans quelques traités d'apiculture et d'histoire naturelle, on les appelle abeilles neutres ; mais cette dénomination est tout à fait impropre. Car elles naissent d'un œuf entièrement semblable à l'œuf maternel, elles sont pourvues d'un aiguillon, comme toutes les femelles de cet ordre d'insectes ; elles sont même douées de la faculté de pondre, lorsque la ruchée devient orpheline et que l'état normal en est troublé, parce que leur ovaire, malgré son développement incomplet, a cependant conservé une certaine aptitude qui se complète quand les circonstances le commandent.

Quoiqu'il n'y ait que deux sexes parmi les abeilles, le sexe masculin et le sexe féminin, on trouve cependant trois sortes d'abeilles dans une ruche, au moment de sa plus grande prospérité qui coïncide toujours avec la floraison de la plupart des plantes ; ces trois sortes d'abeilles se distinguent par leur grosseur et leur destination particulière, savoir : 1° les femelles parfaites appelées mères ; 2° les femelles incomplètes appelées ouvrières, et 3° les mâles ou faux-bourdons.

Si l'on voulait admettre, ainsi que plusieurs l'ont fait, comme 4° sorte d'abeilles, les œufs pondus par des ouvrières pondeuses, il faudrait aussi admettre comme 5° et 6° sortes les mères infécondes, ou celles qui ne pondent des que mâles, ce qui serait impropre et déraisonnable, parce que ce ne sont que des faits anormaux.

Nota. Nous avons imprimé *sorte* au lieu d'*espèce* que portait la traduction. Si Dzierzou a employé ici le mot espèce, il a commis une erreur. Les trois sortes d'abeilles d'une famille, ne sont pas trois espèces d'abeilles.   (*A suivre.*)

Revue et cours des produits des abeilles.

Paris, 27 février. — MIELS. Les miels surfins gâtinais et les miels à pain d'épice se sont traités en hausse. On cote les premiers 220 fr. les 100 kil. à l'épicerie, et on les prend à 200 fr. aux producteurs. Ils sont à peu près épuisés chez ces derniers. Les Chili inférieurs se cotent 110 fr., et les belles qualités, de 130 à 140 fr. les 100 kil. Les blancs de pays et gâtinais se vendent à l'épicerie, de 130 à 160 fr., selon blancheur. Mais des producteurs n'ont trouvé que 110 à 120 fr. les 100 kil.; barils perdus. Le commerce de gros est assorti de ces sortes qu'il écoule avec bénéfices, mais lentement, car la consommation est peu forte. La consommation des miels ordinaires se fait en majeure partie par la classe populaire, et cette classe n'a pas toutes les aises pour le moment.

À Rennes, les Bretagne sont tenus à 102 et 103 fr. les 100 kil., sans escompte. On cote ici, de 112 à 115 fr. les 100 kil.; en gros fût. A Bordeaux, miel des Landes de 85 fr. à 87 fr.

A Anvers, on a coté les Havane de 83 à 89 fr. les 100 kil.; avec peu de marchandise en première main. On a signalé l'arrivé de quelques fûts de Bordeaux.

CIRES. — Les cours sont restés les mêmes : on a coté de 150 à 165 fr. les 100 kil., dans Paris (entrée 22 fr. 90); mais on trouve plus facilement à acheter qu'il y a un mois; la marchandise emmagasinée à la fin de l'année s'épuise. La faveur dominera, sans doute, jusqu'à l'arrivée des cires de taille (fin d'avril et commencement de mai). D'ailleurs le ton des cires à blanchir est plus à la hausse qu'à la baisse. Les cours en première main roulent entre 4 à 4 fr. 45 le kil.

Au Havre, les provenances étrangères ont été cotées de 4 fr. 10 à 4 fr. 50 le kil. A Bordeaux, cires des Landes de 4 fr. 30 à 4 fr. 50, selon mérite.

La récolte de cire va commencer dans les Landes; elle ne sera pas très-abondante à cause de la diminution des ruches.

A Marseille, les Corses ont gagné de 10 à 20 c. le kil. On a coté : cire jaune de Syrie, de 240 à 245 fr. les 50 kil.; Andrinople, 235 fr.; Algerie, 215 à 225 fr.; Sénégal, 210 à 220 fr.; Mogador, 205 à 210 fr.; Mozambique, 210 à 260 fr.; Madagascar, 200 fr.; Corse, 225 à 230 fr.; pays, 205 à 210 fr.; le tout par 50 kil. — A Alger, cire jaune, 4 fr. 10 le kil.

A Anvers, cire jaune d'Afrique, 2 fr. 25 le demi-kil.

Corps gras. — Suifs de boucherie, 103 fr. 50 les 100 kil., hors barrière; suif en branche, 78 fr. 50; stéarine saponifiée, 172 fr.; de distillation, 170 fr.; oléine de saponification, 85 fr.; de distillation, 80 fr. — Paraffine (52°), 220 à 230 fr. les 100 kil.; (48°) 200 à 210 fr.; (45°) 160 à 170 fr.

Sucres et sirops. — Les sucres bruts ont été un peu plus fermes, et les raffinés plus calmes; ces derniers, après être descendus à 127 fr., sont remontés de 129 à 130 fr. les 100 kil., au comptant et sans escompte. — Les sirops de fécules ont peu varié; massés, de 10 à 45 fr.; liquides, de 36 à 40 fr.; dits de froment, 58 à 60 fr. les 100 kil. en fabrique.

ABEILLES. — La plupart des exploiteurs qui n'ont pas acheté avant l'hiver attendent les beaux jours afin de pouvoir mieux juger la marchandise. Ils pourront payer un peu plus cher. Sur les confins du Loiret et du Cher, on a coté 14 fr., en cru moyen. — Des froids assez forts, du 8 au 24 février, ont ralenti le développement du couvain dans les ruchées fortes; les populations en ruche de bois mal abritées ont plus ou moins souffert. La gelée et la neige ont aussi ralenti la floraison des ormes, des marsaults, des amandiers, etc., dont les boutons étaient prêts à s'ouvrir dès le commencement de février. Ce mois a été aussi froid qu'il avait été doux l'année dernière. Voici les renseignements que nous avons reçus.

Nos ruches nous ont donné, en 1869, quantité d'essaims; nombre de colonies assez pauvres en miel à la fin de juin, en ont récolté en abondance aux fortes miellées qui se sont produites pendant les mois de juillet et d'août. *Richerot*, à Saint-Martin (Ain). — Nous avons eu une très-mauvaise année, et presque aussi mauvaise que 1860. *Huet*, à Guignicourt (Aisne). — Nous n'avons rien fait l'année dernière avec nos abeilles. *Paillard*, à Laon (Aisne). — Nous avons eu des essaims, mais pas de miel. *Rousseau*, à Œuilly (Aisne).

L'année 1869 a été très-mauvaise en miel et en essaims ; beaucoup de petites ruchées dont les propriétaires n'ont pas complété à temps les provisions disparaîtront avant l'arrivée des fleurs. Les ruches peu fournies que j'ai transportées au sarrasin y ont fait leurs provisions d'hiver. Celles dont les provisions n'étaient pas suffisantes ont reçu du sirop de sucre additionné de cidre à la place d'eau. *Lecomte*, à Goupillière (Calvados). — Mes trente-trois essaims recueillis l'année dernière ont été réduits à 16 par la réunion ; ils sont dans de bonnes conditions. Le 5, nos abeilles ont fait une belle sortie. *Thevenot*, à Fontaine (Côte-d'Or). — Mon rucher de 50 colonies, établi dans un bois, m'a donné 50 essaims artificiels et 50 essaims naturels. La moitié n'a rien value. *Lassuile*, à Tréon (Eure-et-Loir).

Dans notre pays, les colonies qui ont beaucoup essaimé sont faibles ; beaucoup n'ont pas de provisions suffisantes pour atteindre les fleurs. Celles qui n'ont pas essaimé sont bonnes. *Guérin*, à la Croix-de-Bléré (Indre-et-Loire). — 70 ruchées m'ont donné 40 essaims. J'ai chassé 50 colonies qui ne m'ont donné que 800 livres de miel. J'ai fait 35 trévas que j'ai été obligé d'alimenter. *Imbault-Grillon*, à Lorges (Loir-et-Cher).

Si les années continuent à être si mauvaises qu'elles le sont depuis deux campagnes pour nos abeilles, l'apiculture se perdra. Les contrées de la Vendée où j'ai des relations, ne sont pas mieux partagées que notre Bretagne. *Guillet*, à Nantes (Loire-Inférieure). — L'année 1869, a été très-mauvaise. Mais un insuccès ne peut refroidir l'apiculteur qui possède le feu sacré de son art. J'ai obtenu 86 essaims, tant naturels qu'artificiels, dont la moitié est passable. *Beau*, à Ludes (Marne). — Les mouches sont bien faibles dans notre contrée ; beaucoup succomberont avant les fleurs. *Aubin*, au Mans (Sarthe).

Les colonies que vous m'avez fournies l'année dernière ont bien réussi ; mères et enfants se trouvent dans de bonnes conditions. *Chargé*, à Caunay (Deux-Sèvres). Toutes mes colonies se trouvent en bon état : bon poids et bonnes populations que j'ai renforcées avec des abeilles que j'ai recueillies dans les communes voisines. *Lourdel*, à Bouttencourt (Somme). — L'année a été nulle pour l'essaimage, les souches sont dans d'assez bonnes conditions. *A. Renard*, à Acheux (Somme).

M. Dümmler, de Homburg, nous écrit que la campagne dernière a été mauvaise, et que beaucoup de colonies manquent de provisions. Le demi-kil. de bon miel coulé vaut, 18 à 22 sous ; en vrague, 10 sous. — Une lettre de New-York nous dit que les Etats-Unis pourront fournir plus de cire en 1870 qu'en 1869. La récolte dernière a été bonne.

H. HAMET.

M. L. M.., à Vienne. Reçu de M. Carof la valeur envoyée.

M. E. D... à Homburg. Reçu le journal des deux côtés.

MM. R. et X... à Santiago. Envoyez-nous des renseignements et indiquez une maison avec laquelle on puisse traiter directement les miels.

M. T..., à Chaux-de-Fonds. Il faut s'adresser à M. Vogel, à Berlin. Attendez la fin de l'article sur cette abeille, le mois prochain.

M. S. M... à Anvers. La *Revue* suffit. On vous a adressé par la poste un litre sainfoin. Prix : 4 fr. 40 affranchi.

M. L... à Marigny. L'abonnement en question (14e année) n'est pas payé.

Paris.— Imprimerie horticole de E. DONNAUD, rue Cassette, 9.

L'APICULTEUR

Chronique.

Sommaire : Cire raffinée anglaise. Jugement. — Méthode pour obtenir une récolte plus grande. — Emploi de grille pour isoler la mère. — Trèfle mellifère.
— Apiculture au Danemark, etc.

Nos voisins les Anglais produisent peu de miel et de cire, mais ils
ne trafiquent pas moins en grand sur ces marchandises. Ils possèdent
des établissements pour *raffiner* la cire. Raffiner la cire veut dire en
anglais, lui donner belle façon, tout en la chargeant fortement de suif,
de stéarine, etc.; autrement dit, en la falsifiant. Ces honnêtes insulaires
nous repassent avec profit les produits altérés qu'ils sont souvent venus
nous demander naturels, comme ils nous revendent en drap neuf nos
vieilles culottes effiloquées... raffinées : ils raffinent jusqu'à la morale.
— L'année dernière, le tribunal de commerce du Havre était appelé à
juger une affaire de plusieurs milliers de kilogrammes de *cire raffinée*,
c'est-à-dire additionnée de 30 à 35 pour 100 de paraffine, vendus à un
négociant du Havre par la maison Brooks et de Guemoens de Liverpool,
et il condamnait l'acheteur, attendu qu'il avait acquis sur échantillon
conforme, et que la marchandise avait été facturée *cire raffinée anglaise*.
Mais, dans son audience du 24 décembre dernier, la Cour impériale de
Rouen (2° chambre) a infirmé le jugement du tribunal de commerce du
Havre. Nous regrettons que l'espace nous manque pour rapporter le
jugement de la Cour de Rouen (voir le *Journal du Havre* du 21 janvier
1870). En voici le sommaire :

*Vente ; — produit naturel raffiné ; — cire raffinée anglaise ; — mélange
de paraffine ; — vice caché ; — résiliation ; — dommages-intérêts ; —
vente sur échantillon ; — essai ; -- apparences.*

I. L'acheteur d'un produit naturel raffiné, dans l'espèce, de cires
raffinées anglaises, est fondé à réclamer des dommages-intérêts et même
la résiliation de la vente pour cause de vice caché, lorsque les produits
livrés constituaient, non pas seulement des produits raffinés, mais des
produits composés par l'addition d'un corps étranger, par exemple, par
le mélange de la paraffine.

II. Ce mélange constitue un vice caché, lorsque les produits ainsi
composés ont tous les caractères apparents du produit naturel raffiné

7

et que le mélange n'a pu se découvrir que par l'emploi industriel du produit ou par une expertise scientifique.

III. La vente doit être annulée pour vice caché, encore bien qu'elle ait été faite sur échantillon, si l'échantillon représentait tous les caractères d'une marchandise naturelle et non falsifiée, et encore bien qu'elle ait été précédée d'un envoi à titre d'essai, si l'essai n'avait pas eu lieu avant la vente attaquée.

— Peut-on élever le veau et vendre le lait, ou manger les œufs et vendre des poulets ? Il est difficile d'obtenir l'un et l'autre en même temps. L'expérience — qui passe science — enseigne même qu'il convient de castrer l'animal pour que son engraissement se fasse avec avantage. En apiculture, on a quelquefois essaims et récolte abondante. Néanmoins, il convient de diriger ses opérations en vue des résultats qu'on désire obtenir, en se basant, bien entendu, sur les ressources locales, sur la durée et l'abondance de la miellée, la qualité des produits, etc. Là où les fleurs passent vite, il faut agir autrement que dans les localités où elles durent longtemps. Un apiculteur breton qui opérerait comme un mouchard du Gâtinais — et *vice versa* — ne serait pas plus sensé qu'un agriculteur artésien qui s'adonnerait à la culture de l'olivier aux environs de Valenciennes. Dans le Gâtinais et dans les autres localités où une seule floraison printanière vient tard et passe vite, mais donne beaucoup de bon et beau miel lorsque le temps est favorable, il faut arriver à la fleur — du 10 au 20 mai — avec des populations très-fortes, et opérer de façon à empêcher le plus possible la production du couvain, partant l'essaimage, au moment où le miel va donner. Car on sait que les ruchées chargées de couvain pendant la miellée négligent la récolte pour s'occuper de ce couvain.

Avec la ruche en cloche, commune dans les cantons qui fournissent le Gâtinais, le culbutage 7 fois sur 8 atteint le but et donne les résultats les meilleurs au point de vue de l'engraissement. Mais, les bâtisses entières qu'on emploie pour coiffer les ruches culbutées, devenant rares et chères, on est contraint de remplacer ce mode par le calottage avec petites bâtisses ou avec greffes seulement. Le calottage fatigue moins les souches que le culbutage, mais il donne des produits en moins grande abondance ; la mère monte quelquefois pondre dans les chapiteaux, et puis, les ruches calottées essaiment, c'est-à-dire se dédoublent au moment de la miellée ; souvent, dans ce cas, les deux colonies ne récoltent pas autant qu'une seule non dédoublée. Il faut donc s'appliquer à empêcher ce dédoublement et surtout la production du couvain dans le chapiteau.

Nous pensons — et nous nous proposons d'en faire l'application — qu'en cantonnant la mère dans le bas de la ruche agrandie quelques jours avant la grande production du miel, on peut arriver à la suppression du couvain dans le corps de la ruche au moment de la miellée, et à l'empêchement ou du moins au ralentissement de l'essaimage. Ainsi, vers la fin d'avril ou le commencement de mai, avant le dépôt d'œufs dans des cellules maternelles, nous transvaserons comme s'il s'agissait d'essaimage artificiel; la mère sera internée sous sa ruche surelevée d'une hausse de 15 centimètres au moins d'élévation, laquelle hausse aura un plancher à claire-voie surmonté d'une grille perforée mobile laissant passer les ouvrières, mais non la mère. Nous calotterons au même moment et, après la miellée, nous devrons pouvoir récolter la calotte qui donnera assurément du miel surfin, et le corps de la ruche, s'il y a lieu, qui en donnera aussi une certaine quantité. La colonie aura pour loge la hausse qu'on pourra agrandir, et dans laquelle des bâtisses et quelques provisions devront se trouver, qui permettront aux abeilles d'atteindre les secondes coupes, la bruyère ou le sarrasin sans souffrir comme trop souvent souffrent les chasses à nu.

L'emploi de la grille perforée nécessitera une dépense de 1 fr. 50 par ruche au début. Les plaques en tôle perforée, telles que les fournit la maison Calard, Brière et C*, 8, rue Leclerc, à Paris, coûtent 6 à 6 fr. 50. Elles mesurent 1m 60 de longueur sur 0m65 de largeur. On obtient quatre disques par plaque pour les ruches de 35 à 40 centimètres de diamètre. Cette tôle se trouve chez la plupart des marchands de fer de la province. — Demander le n° 35. C'est celui qui convient pour cet usage, et le 36 pour les bourdonnières.

— Nous sommes allé demander bien loin le trèfle de Suède que nous avions sous la main, et cela parce que nos grainetiers ne le connaissent que sous le nom de *trèfle hybride* (*trifolium hybridum*), dont l'a baptisé l'agricologe de notre pays qui en a parlé le premier, le considérant à tort ou à raison comme le produit d'un croisement entre le trèfle rouge et le trèfle blanc. — Le trèfle de Suède a, comme le trèfle rouge de pays, des tiges longues qui se tiennent droites; mais elles sont plus minces, plus nombreuses, plus élevées et plus feuillues. Sur de bons terrains, on a vu des tiges de trèfle hybride atteindre la longueur d'un mètre. Ses racines sont pivotantes. Lorsque les pieds ne sont pas nombreux, les tiges forment des touffes arrondies très-larges. Ses feuilles glabres (complétement dépourvues de poils) sont supportées par un long pétiole, et ses fleurs sont disposées comme celles du trèfle blanc; elles en diffèrent cependant en ce qu'elles sont nuancées de rose vif, et qu'elles forment des têtes beaucoup plus grosses. Chaque tête est attachée à la tige par un long pédoncule (queue de la fleur). Tout, dans l'apparence de cette plante, nous fait entrevoir qu'elle doit constituer un fourrage abondant, délicat et par conséquent très-estimé par le bétail. Ses fleurs étant très-mellifères, les possesseurs d'abeilles ont un grand intérêt à propager ce trèfle, notamment dans les localités qu'on déboise (1).

Par une lettre du 4 mars, M. Thomas Valiquet, de Saint-Hilaire (Canada), nous annonce l'envoi de 25 livres de graine de trèfle de Suède (2) qu'il offre à la Société d'apiculture pour être distribuée aux membres qui désirent propager cette plante.

— La statistique agricole du Danemarck indique une augmentation assez importante dans la culture des abeilles. D'après le recensement de 1861, on ne comptait que 77,870 ruches à miel, et en 1866, on en évaluait le nombre à 139,117, soit environ 80 ruches par 1,000 habitants.

— Nous avons reçu une brochure allemande ayant pour titre : *Die Bienenkultur der Schweiz* (la culture des abeilles dans le canton de Schwitz) par le professeur A. Menzel, qui présente une statistique du produit des abeilles dont nous pourrons donner quelques extraits comme modèles à suivre.

— L'ouverture du cours d'apiculture au Luxembourg (16e année) aura lieu le mardi 5 avril, 9 heures (les mardis et samedis), dans l'Orangerie.

H. HAMET.

(1) Trèfle de Suède (trèfle d'Alsike, trèfle hybride) : bisannuel ou vivace, assez durable, à fleur blanc rosé ou carné; fourrage d'excellente qualité, abondant; d'un développement rapide, particulièrement propre à utiliser les terrains froids et trop humides pour que le trèfle ordinaire y réussisse; il vient cependant bien sur des terres saines et même sèches. Bonne plante pour former des prairies artificielles et pour mélanger dans les compositions pour prairies naturelles. On le sème aussi en mélange avec de la Fléole et de l'Agrostis Herd-grass. Semer à l'automne et au printemps soit seul, soit dans les céréales. Ne remonte pas franchement. La graine, qui est très-fine et d'un vert olive foncé, devra être fort peu recouverte, il suffira même de l'appliquer sur le sol; elle pèse environ 80 kil. l'hectolitre. Il en faut de 8 à 10 kil. par hectare (*catalogue raisonné* de la maison Vilmorin-Andrieux et Cⁱᵉ).

(2) Ce trèfle est désigné en Amérique sous le nom d'*Alsike*, localité de la Suède où il croît en abondance et naturellement.

Études sur la loque.

(Suite et fin, voir à la page 164.)

Je regarde comme loqueuse toute ruchée dont le couvain mort a pourri au lieu dé se dessécher dans l'alvéole et de s'en détacher. C'est cette adhérence qui fait que l'abeille ne peut l'extraire, quand il est desséché, état qui a été précédé par un ramollissement de l'enveloppe tel que l'abeille n'a pu expulser un pareil cadavre. C'est l'adhérence qui cause l'empoisonnement du miel et de la gelée donnée au couvain, disposé sur le débris loqueux. A son contact la gelée nourricière se pénètre du virus morbide et tue infailliblement le ver qui l'absorbe, et le surplus de la gelée empoisonnée communique le mal d'une cellule à l'autre, anéantissant à la longue, dans la loque au second degré, toute la nouvelle population, et infectant peu à peu tous les alvéoles.

Les débris tantôt gissent au fond, quand le ver a péri avant d'avoir pris la position horizontale. Alors son faible volume permet plus facilement son desséchement si l'accident n'a porté que sur du couvain très-jeune. Le nettoyage a été plus facile, et la gelée posée près de lui né sera plus pour le ver qui suivra d'une influence aussi pernicieuse. Souvent le ver périt après s'être étendu ou même pendant la période de sa dernière transformation, alors la sanie infecte reste comme une goutte desséchée sur la paroi inférieure. Au moment de la mort, la larve a perdu son aspect nacré pour prendre une couleur jaunâtre, puis café au lait, devenant de plus en plus foncée et, dès que la teinte café est prononcée, la peau est déjà si faible qu'elle se déchire au moindre effort.

Au début loqueux, et s'il y a du miel au dehors, la mère entraîne toute la population sous forme d'essaim; dans 4 cas observés, la population entière abandonnait le couvain dont une partie à paru vivre encore, et comme je l'ai dit, la pourriture a toujours commencé par un noyau central. C'est la mère qui détermine le départ, car dans une ruche loqueuse récente par suite d'un mauvais nourrissage, après avoir, l'essaim sorti, enlevé toutes les cires ayant contenu du couvain et laissé au soleil la ruche démolie pendant une heure (c'était une ruche à feuillet), j'ai réinstallé l'essaim dans la ruchée. Devant moi, l'essaim a repris son travail, rentré du pollen et, dans la nuit, il a réparé et prolongé ses cires; mais le lendemain, il a de nouveau quitté son domicile et a été perdu. La mère n'avait pas pondu un œuf dans les cires qui restaient propres.

Inutile de répéter ce que j'ai dit des pontes anormales.

Quant aux signes des ruches loqueuses, si quand vous soulevez vos ruchées vous voyez sur le plateau une place couverte de débris, c'est ordinairement la place ou au-dessus, plus ou moins haut dans la ruchée, qu'est le point loqueux; vous pouvez suivre par l'étendue des débris, l'étendue du dégât. Cette observation s'applique aux loqueuses du second degré.

Quant aux signes extérieurs j'avoue n'en pas connaître, comme signes précurseurs de l'accident. Quel signe pourraient en effet vous annoncer la famine à venir ou l'empoisonnement? Comme signes du mal présent, le premier indice est l'irritabilité plus grande des abeilles de la ruche atteinte. Méfiez-vous d'une ruchée qui pique, mais visitez-la avec précaution, je vous le dis d'expérience. Cette irritation anormale vous annonce la perte du couvain et le désespoir des abeilles. Le second signe est la présence de la mouche à viande bleue ou verte, ainsi que de la mouche grise rayée à tête rouge. Je ne vous parle pas d'autres congénères moins caractéristiques. La présence de ces mouches étrangères qui cherchent à pénétrer dans la ruchée vous indique la décomposition du couvain. L'odeur cadavéreuse qui s'exhale de la ruchée trompe ces insectes sur la nature de son contenu. Enfin le ralentissement, l'abattement des abeilles et les débris loqueux, probablement des opercules des alvéoles faciles à reconnaître à leur aspect gras et à leur odeur, vous indiquent que le couvain commence à se déssécher. Ces indices sont d'autant plus marqués que le mal est plus grand, et chez des loqueuses au second degré, il faut de l'attention pour les connaître. Dans les ruchées très-fortes et faiblement atteintes, j'ai déjà dit que quelques-unes cherchaient à extraire les places loqueuses et y parvenaient en apparence, mais elles n'échappaient pas pour cela à la peste qui les avait envahies. La mère avait-elle contracté le germe loqueux, le pillage avait-il de nouveau causé leur empoisonnement, ou quelques cellules pleines de miel recouvraient-elles encore quelques cadavres, comme je l'ai remarqué pour d'autres? Il m'est impossible de rien préciser, j'ai essayé de transvaser une de ces vigoureuses populations, peine inutile, le mal à reparu plus tard. Le pillage vient toujours dérouter les soins les plus minutieux, d'autant plus qu'il s'organise même à une forte distance. Un propriétaire voisin possédait quatre ruchées qu'il me montra en avril dernier. A l'aspect de débris loqueux garnissant la pierre sur laquelle une de ses ruches était posée, je lui annonçai la mort probable de celle-ci. Ce n'est pas possible, me fut-il répondu :

c'est la meilleure, nous verrons bien plus tard. J'insistai en avertissant
que la loque se propageait. Sauvera-t-il les trois ruches qui lui restent?
mais celle dont je lui annonçai la perte en avril a péri en septembre
dernier. Eh bien! cette ruche, j'en suis certain, quoique située à
700 mètres de mon rucher, a contracté la loque dans le pillage
d'une de mes loqueuses, pillage qui pourtant n'était qu'à son début;
mais par la direction que prenaient au départ de la ruche attaquée les
abeilles pillardes, il m'a été facile de juger d'où venait l'attaque,
puisqu'il n'y en a pas d'autre autour de moi, et dans cette direction.

Longtemps j'ai cru que le pillage des loqueuses ne communiquait pas
la loque directement. Je me disais : toute loqueuses finissant chez moi
par le pillage, il n'est pas possible, une fois la loque développée sur un
point, qu'il échappe une seule ruchée. L'abeille met son miel en cire
propre, et dès que le miel n'est pas en contact avec les débris loqueux,
protégé par la cire qui l'enveloppe, il échappe à la contagion. Par
l'examen très-attentif de deux loqueuses du second degré, j'ai pu vérifier que le miel n'est pas toujours mis en cellule saine. Dans une de ces
deux ruchées, j'ai trouvé onze cellules infectées; dans l'autre quatre.
J'admets pourtant qu'il pourrait s'en trouver davantage, quoique en
très-petit nombre, et sur des ruches ayant l'une 12 kilogr., l'autre 10
de miel operculé en mars. Il est facile de se tromper si l'on s'en rapporte à la vue seule malgré l'enlèvement des opercules, car quelques
cellules où le miel commence à se figer ont l'aspect louche et trouble du
miel loqueux. Mais au goût le doute est impossible.

Eh bien! c'est ce nombre relativement très-faible de miel contenu
dans des cellules loqueuses qui fait que le pillage n'a pas les suites aussi
désastreuses que je l'aurais présumé. Il est probable aussi que ce n'est
que le miel loqueux servant à la confection de la gelée des larves qui
amènera leur perte. Mais quelque minime que pourra être la quantité de
miel infecté, l'effet pernicieux sera produit en proportion, la mort par
l'empoisonnement loqueux amenant plus infailliblement la pourriture,
que la mort par la famine pour telles ruches loqueuses du premier degré
où la pourriture provient plutôt du grand nombre des morts arrivant simultanément, et de l'impossibilité où se trouve alors l'abeil.
d'abonder à son extraction, soit parce qu'une partie est en cellule,
soit simplement par son grand nombre combiné avec la chaleur humide
de la ruchée et de la température d'été.

J'oubliais d'indiquer que dans la plupart des loqueuses du second degré, on trouve des cellules maternelles à moitié détruites.

Maintenant comment comprendre qu'en juin, juillet et août, le couvain puisse périr par famine au moment ou le grenier de la ruche regorge de provisions ?

Par cette remarque que l'abeille ne touche pas en été au miel qu'elle a operculé, et mis en réserve pour l'hiver et le printemps prochain. Le miel de la récolte du jour est mis près de l'entrée et du couvain. La quotité qu'elle présume surabondante est montée et operculée dans la nuit et, si les fleurs font défaut, la ponte sera suspendue plutôt que de toucher à cette réserve précieuse. Tout ira bien si la quantité gardée pour le couvain, ou ce que chaque jour permet de cueillir, suffit à amener le couvain en éducation jusqu'à sa mise en cellule. Mais si cette quantité est insuffisante, l'abeille cherchera, s'épuisera en courses éloignées, et périra quelquefois à ce rude labeur, mais sa provision d'hiver restera intacte. Le refroidissement du couvain ne sera pas à craindre, il restera toujours au logis assez d'abeilles nouvellement écloses pour entretenir la chaleur utile ; une diminution de calorique de quelques degrés est probablement une chose bonne. Il doit se passer pour la larve de l'abeille ce qui est pour le ver à soie où l'excès de chaleur, ce que nous appelons un coup de feu, n'est à craindre que dans le cas où le ver n'a pas assez de feuilles et manque de nourriture. Mais ce manque de nourriture est bien plus à craindre encore pour la larve de l'abeille que pour le ver à soie, car sa croissance est encore plus rapide. Le besoin de nourriture est évidemment en proportion de la rapidité de la croissance, et qui peut calculer les désastres de quelques heures de privation pour un insecte dont la croissance se fait en six jours et quelques heures ? Si la privation n'est pas trop grande, l'abeille rejettera quelques jours plus tard des abeilles sans poil, privées d'une aile ou de l'usage d'une patte, des invalides enfin, dont une nourriture insuffisante à contrarié le développement. Chez moi, ces ruches se sont toujours conduites l'année suivante comme des loqueuses du second degré, empoisonnées, sans doute par quelques cellules dont les nymphes ayant subi une plus grande privation ont pourri au lieu d'arriver à terme. Si la privation est plus grande, plus grande sera la mortalité, et, selon les circonstances, tantôt les nymphes seules échapperont, tantôt au contraire le couvain très-jeune échappera et la mortalité tombera sur le couvain d'âge moyen ou sur les nymphes. Car la privation peut n'être que d'un jour ou deux, et n'avoir en ce cas aucune influence sur les œufs non encore éclos. Peut-être dira-t-on qu'une cause aussi générale devrait entraîner la perte de toutes les ruchées de la localité. Non, car la famine n'est pas seule dans la question. C'est la proportion du couvain en élevage et de la quantité de miel réservé au couvain qui détermine le plus ou moins de gravité de l'accident. Une ruche qui a essaimé depuis quelques jours aura moins à craindre que celle qui aura encore sa mère féconde. Des essaims premiers, ainsi que je l'ai vu, peuvent être frappés à mort, et leurs souches résister. Aussi avais-je eu un moment la pensée qu'au moyen de l'essaimage artificiel, comme on peut arrêter la formation du couvain de la souche, il y avait peut-être un moyen de la garantir. Mais l'essaim reste exposé, et ce n'est pas le moment de faire des essaims artificiels quand le manque de fleurs approche.

J'ai vu au milieu de mai, par un coup de vent du nord qui pendant cinq jours a empêché tout travail des abeilles en pleine saison de colza; j'ai vu, dis-je, une petite ruche de Savoie contenant 18 à 20 litres, à bout de ressources, dévorer tout son couvain non operculé. Se serait-elle livrée à un désespoir pareil, si, malgré la même pénurie de miel que la sécheresse amène aussi bien, elle se fût trouvée en juillet ou en août? Non, elle eût cherché partout du miel, voire même dans le pillage de quelques autres ruchées, et si elle n'eût pas trouvé ce qui lui manquait, peut-être même pendant le temps employé pour ça, le couvain privé de nourriture eût péri et contracté le germe mortel.

Il est très-important de se rendre compte de ces deux causes diverses de loque, car les accidents loqueux paraissent accompagnés de circonstances si variées, je dirai même si contradictoires, qu'on est complétement dérouté dans l'étude qu'on peut en faire.

Dans les circonstances que je vous ai signalées, peut-on combattre efficacement la loque? Je ne le crois pas. Pour celles de la première catégorie, il paraîtrait bien simple au premier abord de venir au secours de ces populations nécessiteuses, ou dont la mère trop féconde pond au delà des ressources du moment et des forces de son essaim. Mais le nourrissage est un double danger, d'abord par la qualité ou le prix du nourrissage en lui-même, ensuite parce que le nourrissage tend toujours à développer une ponte plus ou moins forte, et, comme le nourrissage ne peut être continué, sa brusque interruption est un danger évident. Quant aux conséquences qui dérivent de l'accident loqueux par famine et qui se comporte comme l'accident loqueux par empoisonnement, quand il n'amène pas la perte complète du couvain en élevage, l'impossibilité du nettoyage de l'alvéole, la présence du miel dans quelques cellules contaminées, peut-être même son séjour accidentel dans une de ces cellules avant qu'il soit emmagasiné, suffit pour renouveler l'accident avec le pillage si la ruchée est encore en force. Il paraît prouvé que toute parcelle de cire loqueuse communique aussi bien la loque que le miel loqueux, et deux ou trois expériences m'ont prouvé que la contagion est bien plus rapide lorsque les cires loqueuses sont mises en dessous, en prolongement de la ruche que par-dessus. S'il n'est possible de sauver que l'essaim sans ces cires et sans provisions, l'opération ne peut être économique que par la réunion avec une faible ruchée, et encore y a-t-il lieu de décider si, en cas de réunion, la mère de l'essaim loqueux doit ou ne doit pas être sacrifiée. Quant au moyen d'en préserver les ruchées, j'admets comme seul possible l'avis donné par le docteur Pruss : ce que le remède ne guérit pas, le fer le guérit, et ce que le fer ne guérit pas, le feu le guérit. Oui, dès que la maladie apparaît, si maladie il y a, il faut agir avec vigueur et sans hésitation : le point important étant de ne pas laisser communiquer le mal à d'autres ruchées par le pillage. Il y a tantôt deux ans, la peste bovine, sortie des steppes où le manque de fourage et d'eau la développent presque tous les ans, a envahi plusieurs pays et fait des dégâts immenses; comment est-on venu à bout d'étouffer ce fléau dévastateur que la misère avait produit et qui, une fois lancé, se perpétuait par lui-même? Par le fer et par le feu. Eh bien, à ma guise, la loque est pour l'abeille ce que la peste bovine est pour nos bestiaux.

Un coup d'œil d'ensemble pour notre département prouvera peut-être mieux que tout raisonnement la cause et l'étendue du mal. Nous avons perdu depuis quarante ans les trois quarts de nos ruchées; notre département, renommé pour son miel, voit peu à peu ce produit l'abandonner. Je vous l'ai dit déjà, nous avons arraché nos haies, où le buis, la ronce, le prunier sauvage et bien d'autres fleurissaient, apportant à des époques successives d'abondantes provisions; le colza n'entre pas dans nos cultures, et le blé noir en a disparu. La montagne arrache ses buis pour umer les vignes des coteaux et ses bruyères pour nos vers à soie qui, eux-mêmes, sont sur le point de disparaître. Enfin, pour combler toutes nos misères, les labours d'été détruisent jusqu'à la plus petite fleur des hamps. Il ne nous reste que le sainfoin, bien moins vigoureux qu'autrefois, mais encore suffisant pour préparer notre essaimage. Je dis préarer, car voici deux ans que nous n'avons pas eu un seul essaim. Qu'en résulte-t-il? Un couvain nombreux dans la ruchée au moment où, sous la faux, la seule ressource des abeilles de nos pays disparait. Qu'en résulte-t-il encore? De vieilles mères dans de vieilles cires. Double chance mauvaise pour le printemps suivant.

Notre agriculture cherche de plus en plus à augmenter ses surfaces de céréales; il vaut sans doute mieux nourrir un homme de plus qu'une ruchée, mais une agriculture moins chargée serait peut-être aussi productive, et une part plus grande donnée aux récoltes fourragères et à des cultures plus variées, rendrait à nos abeilles une partie des ressources que le labourage lui enlève.

J'espère que cette étude ne sera pas prise en mauvaise part des personnes que mon opinion peut contredire. Tous nous avons travaillé dans un but d'intérêt commun, je dirais même d'intérêt public, et l'important est que la solution soit trouvée.   A. SAUNIER.

Les Teppes (Drôme), décembre 1869.

Moyens de fixer les bâtisses.

Je crois avoir démontré clairement à différentes époques, l'avantage que l'apiculteur trouvera à employer les bâtisses propres qu'il pourra se procurer; j'ai indiqué, en août 1869, le moyen de redresser les rayons qui ne sont pas bâtis dans un plan vertical, et motivé la distance de 0^m0385 que je regarde comme la meilleure à donner aux axes de deux rayons; voyons maintenant comment on peut fixer ces constructions.

Je ne parle pas ici, bien entendu, des constructions faites directement dans des chapiteaux, cabochons, hausses ou dans des cadres pour des colonies que l'on aura ensuite réunies, transposées, etc., l'usage de ces constructions bien conservées est tout indiqué au moment de la miellée dans chaque localité; je vais même jusqu'à dire qu'avec une planche percée de trous, on peut toujours réunir des portions de ruches de système et de grandeur différents; mais occupons-nous des moyens de fixer les rayons détachés que l'on pourra se procurer.

On doit tout d'abord faire attention à ne point placer les rayons à sens inverse, chacun sachant que dans un rayon l'axe des cellules forme un angle aigu avec la partie supérieure de l'axe vertical du rayon, afin que le miel non operculé ne puisse s'échapper, ce qui arriverait infaillliblement si on agissait autrement.

Après avoir coupé le rayon suivant une ligne droite, ou selon la forme du chapiteau dans lequel on désire le placer, on chauffe légèrement la partie supérieure de ce rayon, et lorsque la cire commence à entrer en fusion, on l'applique rapidement à l'endroit où l'on veut le fixer; on peut ajouter à sa solidité en faisant couler quelques gouttes de cire au moyen d'un fer chauffé et d'un morceau de cire ou de quelques débris de rayons; ces gouttes de cire, en se refroidissant, formeront un lien entre le gâteau et le chapiteau ; les abeilles se chargeront du reste (1).

J'ai aussi souvent placé des rayons au moyen de fils de fer fixés au chapiteau, et retournés à angle droit en forme de crochets, en observant pour ces crochets la distance réglementaire; je fixe ainsi mes rayons comme on pend un morceau de viande à des crochets de garde-manger; dans ce cas il faut deux ou trois crochets pour chaque construction ; les abeilles achèveront la consolidation dans la nuit suivante.

Lorsque l'on veut fixer des rayons dans des cadres mobiles, et obtenir des constructions parfaitement droites, on y placera des gâteaux parfaitement redressés, comme je l'ai indiqué (*l'Apiculteur* 1869, p. 328), que l'on maintient à l'aide de fils fixés sur l'épaisseur des cadres : il faut, autant que possible, ne laisser aucun vide dans ces derniers ; puis, lorsque les abeilles auront suffisamment raccordé et consolidé ces rayons, on les retirera pour enlever ces fils qui feront le désespoir de nos pauvres ouvrières. Avec une ruche d'observation, on peut voir avec quels efforts elles cherchent à couper ces fils sans y parvenir jamais.

J'ai en ce moment sous les yeux, des cadres de 0^{m}40 de côtés que j'ai obtenus avec chacun cinq ou six morceaux de rayons; les raccords et la consolidation qui ne laissent rien à désirer, ont été faits dans une seule nuit, tandis que les 4 ou 5 journées qui auraient été employées leur construction ont suffi au moment de la miellée pour les remplir.

Ch. GAURICHON. — Salins-les-Bains, 20 février 1870.

<hr>

Étude sur Berlepsch.

Nous avons donné, en mars dernier, l'analyse de la préface de Berlepsch. Nous commençons aujourd'hui le résumé de la première partie de son livre. Cette partie, l'histoire naturelle, est divisée en vingt-trois chapitres et cent vingt-six paragraphes occupant trois cent vingt et une pages. Tous les chapitres et presque tous les paragraphes portent un titre

(1) Voir, page 211, composition pour fixer les rayons.

particulier. Les chapitres sont numérotés en chiffres romains; les paragraphes, en chiffres arabes. ·

Afin que le lecteur se fasse une idée de l'étendue de chaque sujet, nous indiquons la pagination des chapitres. Ainsi les nombres 1-11 signifient que le chapitre premier commence à la page une et finit à la page onze.

En résumant les chapitres, nous aurons souvent occasion de faire de observations, de signaler des omissions et des erreurs considérables.

Chap. I. 1-11. Des différentes abeilles d'une ruchée. § 1. Une famille d'abeilles se compose d'une abeille mère, d'ouvrières et de bourdons. § 2. Abeilles ayant dès leur naissance une couleur autre que la couleur de la famille. § 3 (sans titre). Ce paragraphe parle de la différence de grosseur entre abeille mère et abeille mère, entre bourdon et bourdon, entre ouvrière et ouvrière, mais différence peu sensible entre les ouvrières. § 4. Abeilles hermaphrodites.

Je signale pour le chapitre premier une lacune considérable; la mesure de chaque sorte d'abeilles. Faute de connaître cette mesure, les Allemands ignorent encore aujourd'hui plusieurs points essentiels de l'histoire naturelle, tels que l'âge où la mère demande à être fécondée, l'intervalle entre la fécondation et la ponte.

L'apiculteur lorrain a donné, en 1860, la mesure de chaque sorte d'abeille ; il a indiqué, en 1863, une grille faite de main d'homme qui livre passage aux seules ouvrières; enfin, cherchant le bon marché, il a découvert et fait connaître, en 1865, une tôle mécaniquement perforée dont les trous mesurent treize millimètres vingt-cinq centièmes de longueur sur quatre millimètres quinze centièmes de largeur, trous que ni abeille mère, ni bourdon ne peuvent traverser. Cette tôle est appelée, si je ne me trompe, à rendre de grands services à l'apiculture. Aidé de cette grille, j'ai fait avec facilité des expériences qui me semblaient auparavant d'une exécution très-difficile.

Chap. II. 12-32. Sexe des trois sortes d'abeille. § 5. L'abeille mère et les bourdons sont les seuls dont le sexe est développé ; l'ouvrière est un insecte incomplétement développé. § 6. Les bourdons sont des mâles. § 7. L'abeille mère est une femelle. § 8. Les ouvrières sont des femelles non développées.

— Berlepsch doit ce chapitre à l'obligeance de Leuckart, professeur de zoologie et d'anatomie comparée à l'université de Giessen.

Chap. III. 33 36. Fécondation de l'abeille mère. § 9. Au moment de la fécondation, la vésicule seminale de l'abeille mère est remplie par la

matière fécondante du bourdon. Cette matière se conserve dans la vésicule et féconde l'œuf à son passage sous l'orifice de ladite vésicule.

Chap. IV. 37-49. Manière dont la fécondation s'opère. § 10. § 11.
§ 12. § 13. § 14.

Ce chapitre, divisé en cinq paragraphes appartient comme le chapitre
deuxième, à Leuckart. Le savant professeur, n'ayant rien vu, fonde sa
théorie sur la conformation de l'abeille mère et du bourdon. Du reste,
le sujet traité est tout à fait déplacé dans un livre usuel.

Chap. V. 50-63. Où a lieu la fécondation de l'abeille mère? § 15. L'a-
beille mère est fécondée hors de la ruche. § 16. Elle est fécondée au vol,
ordinairement haut dans les airs et souvent loin de sa ruche. § 17. Sortie
pour la fécondation.

— Berlepsch dit dans le paragraphe 17 que l'abeille mère sort pour la
fécondation le troisième jour de sa naissance. C'est une erreur. L'abeille
mère ne demande à être fécondée et ne sort à cet effet que le septième
jour de sa naissance. Les expériences que j'ai faites, en 1866, 1867,
1868, ne permettent plus aucun doute sur ce point, expériences qui ont
paru dans l'*Apiculteur* de décembre 1867, page 73, et dans l'*Apiculteur*
de novembre 1868, page 52.

Chap. VI. 64-69. La fécondation n'a lieu qu'une fois. § 18. La fécondation de l'abeille mère n'a lieu qu'une fois en sa vie, et du moment
qu'elle a pondu ses premiers œufs, la mère ne quitte plus la ruche que
pour l'essaimage. § 19 (sans titre). Dans ce parapraphe Berlepsch combat
les apiculteurs qui prétendent que l'abeille mère fait au printemps,
comme les ouvrières, une sortie d'épuration.

Chap. VII. 70-76. Unité de la ponte par l'abeille mere. § 20. L'abeille
mère pond tous les œufs de la ruchée. Ces œufs sont mâles ou femelles :
des premiers naissent les bourdons; des seconds, les ouvrières, quand
ils sont déposés dans de petites cellules hexagones; et les abeilles mères,
quand ils sont pondus dans de grandes cellules en forme de gland et
pendants. § 21 (sans titre). Ce paragraphe traite de la durée d'incubation
des trois sortes d'abeilles. § 22 (sans titre). Ce paragraphe nous montre
les abeilles arrivées à terme sortant des cellules; l'attitude de la mère
lorsqu'elle fixe ses œufs au fond des cellules; et puis il donne quelques
détails sur l'œuf pondu.

Sur l'incubation de chaque sorte d'abeille, citons textuellement Berlepsch. « La durée du développement à partir du moment de la ponte
de l'œuf jusqu'à la sortie de l'insecte, est différente pour les reines, les

ouvrières et les bourdons. En admettant une couvaison appropriée des
œufs, des nymphes recouvertes et la nourriture ainsi que l'échauffement
des larves découvertes, la reine, du moment de la ponte de l'œuf jusqu'à
sa sortie comme insecte, demande de 16 à 17 jours, les ouvrières de
19 à 21 (Dzierzon dit exactement la même chose), et les bourdons de
23 à 26 jours. On ne peut préciser exactement le temps pour les trois
êtres, parce que l'éclosion plus précoce ou plus tardive dépend de la
chaleur et de la nourriture. Quand la chaleur est grande dans les nids à
couvain, et que les larves sont largement nourries et sans intermittence,
elles se développent plus rapidement, par contre elles se développent
plus lentement quand la chaleur est faible et la nourriture parcimo-
nieusement distribué à des intervalles plus longs. On peut cependant
admettre le temps d'incubation pendant lequel les trois êtres se développent normalement et le fixer comme suit : les reines 16 jours, les
ouvrières 20 et les bourdons 24.

» En général l'œuf se transforme en larve au bout de trois jours.
Tous les apiculteurs sont d'accord là-dessus. Combien de temps les larves
restent-elles découvertes? Il y a ici divergence et beaucoup d'apiculteurs,
par exemple Dzierzon, ne se prononcent pas du tout sur ce point. D'après
Huber, la reine reste 5 jours larve découverte, 8 jours nymphe recouverte ; l'ouvrière 5 jours larve découverte, 12 jours nymphe recouverte,
le bourdon 6 1/2 jours larve découverte, 14 1/2 jours nymphe recouverte.

» D'après Gundelach la reine est 8 jours larve découverte et 7 jours
nymphe recouverte, l'ouvrière 6 jours larve découverte et 13 jours
nymphe recouverte, le bourdon 6 jours larve découverte et 15 jours
nymphe recouverte.

» Mes observations propres (de Berlepsch) ne concordent pas tout à
fait avec ces données. Mes recherches et mes expériences m'ont prouvé
que la reine reste 5 1/2 jours en larve découverte et 8 1/2 jours en
nymphe recouverte; l'ouvrière 6 jours en larve découverte et 11 jours
en nymphe recouverte; le bourdon 6 jours en larve découverte et 15
jours en nymphe recouverte. »

— L'apiculteur lorrain a fait aussi des expériences sur la durée d'incubation des abeilles. Voici ce qu'il a vu : l'abeille mère reste trois jours
sous forme d'œuf, cinq jours sous forme de larve, et sept jours douze
heures sous forme de chrysalide.

L'ouvrière reste trois jours œuf, cinq jours larve, et douze jours chry-salide.

Quant au bourdon, ne l'ayant pas suivi sous forme de larve et de chrysalide, je sais seulement qu'il n'arrive à terme que de vingt trois à vingt quatre jours après la ponte de l'œuf.

Mes calculs s'appliquent à une incubation au centre d'une population ordinaire et non aux extrémités de la ruche. J'ai vu des ouvrières n'ar-river à terme que vingt deux jours après la ponte de l'œuf, et cela faute d'une température convenable.

On voit que je ne suis en désaccord avec Huber que pour la chrysalide de l'abeille mère.

Mes premières recherches sur l'incubation de l'abeille mère sous forme de chrysalide datent de 1859 et 1861, et ont été publiées dans l'*Apiculteur* d'août 1861.

Mes dernières expériences sur l'incubation de l'abeille mère et de l'ouvrière sous forme de larve ont été faites en 1867 et ont paru dans l'*Apiculteur* de novembre de la même année.

Pour expliquer l'infériorité relative des Allemands sur plusieurs points de l'histoire naturelle de l'abeille, il faut dire qu'ils ne connaissent Huber que depuis une douzaine d'années; que leur outillage est incom-mode, insuffisant pour des expériences qui demandent des soins minu-tieux; ils n'ont pour ruche d'observation que leur grande ruche à rayons mobiles, ruche d'exploitation.　　　　　*Un apiculteur lorrain.*

Ruche à cadres Dümmler.

(Suite voir page 175.)

Dans l'apier de M. Dümmler on trouve des ruches à trois loges pla-cées sur d'autres. Cette réunion de six colonies en un seul logement forme plutôt un rucher qu'une ruche. Si cette agglomération offre cer-tains inconvénients, elle présente aussi des avantages : la chaleur des colonies du rez-de-chaussée profite à celles placées en dessus; de même la chaleur des colonies latérales profite à toutes, et M. Dümmler con-state que la consommation est moins grande dans les ruches à plusieurs logements que dans celles à un seul.

Toutes les ruches de M. Dümmler sont peintes de couleur cendre; elles sont établies sur quatre dés en pierre ou en briques, et sont recouvertes d'un chapiteau en planches formant toiture sur deux côtés pour les ruches longues, et sur quatre côtés pour les ruches hautes. Parfois ces chapiteaux sont recouverts de zinc. Les ruches sont placées aux abords de larges allées d'un jardin spacieux.

Le mode de cultiver les abeilles doit se régler, nous l'avons dit ailleurs, sur les ressources florales, le débouché des produits et le temps qu'on a à donner aux ruches. Les ressources florales de Homburg sont assez grandes : au printemps de nombreux arbres fruitiers, en été des prairies naturelles et artificielles, à l'automne de la bruyère sur une colline boisée au nord. Toutes ces ressources sont à proximité du rucher de M. Dümmler. Les débouchés consistent dans le placement avantageux de mères et de colonies italiennes ou italianisées; dans la fabrication et la vente de plaques de cire gaufrées; dans l'écoulement assez facile du miel. Par sa position très-aisée, M. Dümmler a du temps pour visiter souvent ses ruches; il peut s'adonner à l'éducation de mères italiennes, et aux récoltes partielles que demande le mobilisme. Aussi il obtient de beaux résultats. Mais si les cadres lui donnent de grands profits, c'est grâce surtout à un rucher à bâtisses fixes que notre intelligent apiculteur possède et entretient dans une autre localité, éloignée de 6 ou 7 kilomètres, et dont il emploie les populations pour remonter ses ruches à cadres. Ce rucher pépinière, situé dans une localité où l'essaimage est abondant, se compose de ruches en paille en une ou plusieurs pièces, qui sont conduites par nos méthodes raisonnées.

Non-seulement M. Dümmler, qui sait par expérience que les colonies donnent des produits en raison de leurs forces, emploie les abeilles de son rucher à bâtisses fixes pour renforcer celles à bâtisses mobiles, mais il va encore recueillir les populations des quelques étouffeurs qu'on rencontre encore dans son canton cependant avancé, et cela depuis long-temps, car au commencement de ce siècle, en 1806, un amateur d'abeilles du pays publiait un traité d'apiculture qu'on consulte encore avec fruit. Il est vrai que le livre est en français, et que les habitants du Palatinat n'entendent que l'allemand (1).

A la fin de la campagne, la colonie, qui, à la bonne saison, occupait les trois étages, est concentrée au rez-de-chaussée; quelquefois, elle

(1) *Catéchisme de l'amateur d'abeilles*, ouvrage qui enseigne à tirer le plus davantage possible d'un rucher; par J. L. Micq, doyen rural, curé de Landstuhl, diocèse de Mayence, département du Mont-Tonnerre (ce pays était alors réuni à la France). Landstuhl est une petite ville du cercle bavarois du Rhin (ancien palatinat du Rhin), située sur la route de Metz à Mayence, à 6 kilomètres N.-E. de Deux-Ponts, et à 12 kilomètres de Kaiserslautern.

occupe une partie du rez-de-chaussée et de l'étage au-dessus; mais, dans l'un et l'autre cas, elle n'a guère plus qu'une douzaine de cadres (elle en a souvent moins), garnis de vivres et de couvain. Pour que la chaleur se conserve mieux dans la partie réduite qu'occupe la colonie, une pièce d'étoffe ouatée est mise sur les planchettes qui recouvrent les cadres, et sur cette étoffe ouatée est ajouté un paillasson épais fabriqué au métier Œttl, ou, à défaut de paillasson, un ou plusieurs tapons de foin, de fougère, etc. De même, derrière le volet en bois placé contre le cadre postérieur, est ajouté un paillasson épais qui empêche la condensation de vapeurs. Pour que la ventilation se fasse facilement lorsque les rayons sont en travers de l'entrée (on sait qu'elle se fait moins bien que lorsqu'ils se trouvent verticaux à l'entrée), le volet et le paillasson qui l'abritent sont soulevés par une cale épaisse d'un centimètre environ, qui crée un courant d'air de ce côté et empêche toute humidité de séjourner dans le bas de la ruche.   (A suivre.)   H. HAMET.

Fragments du journal d'un apiculteur.

Ferme-aux-Abeilles, avril 187...

16 avril. Il n'est si gentil mois d'avril qui n'ait son chapeau de grésil. Néanmoins les abeilles s'adonnent au travail avec une grande activité lorsque le soleil se montre : ses rayons chauds font épanouir des fleurs au pollen abondant et suave qui les attire. Aussi quelle quantité en est-il apporté dans les ruches aux populations fortes! C'est que, dans ces ruches, une grande éducation de couvain se fait, et que les petits au berceau sont nourris de cet aliment étendu d'un peu de miel et d'eau. Par les beaux jours, aucune abeille ne reste oisive; celles qui ne vont pas à la picorée réparent les cellules, préparent la bouillie des larves, ou closent les berceaux lorsque ces larves ont acquis leur entier développement. La mère elle-même ne reste pas une minute en repos : elle s'empresse de pondre dans les cellules vides, et c'est par centaines qu'elle émet d'œufs journellement. Donc, à la venue du printemps, toutes s'adonnent aux nobles fonctions du travail et de la reproduction, et toutes les remplissent selon leur aptitude : c'est la loi du *devoir* et de la conservation de l'espèce. Celle du *droit* n'est pas moins juste et moins bien observée : à la saison du chômage forcé, *chaque abeille a droit à la portion de miel nécessaire à sa subsistance* (1). — A chacun le fruit de son tra-

----

(1) Si, parmi les hommes il en est qui manquent de ce nécessaire, c'est que la justice a disparu d'au milieu d'eux. — *Lamennais.*

vail. — De là point de petits et de gros lots dans la ruche, point de parias et de sybarites, mais l'égalité fraternelle. On est vraiment coupable de maltraiter des bêtes aussi sages et de ne savoir pas les soigner comme il faut. Cela est d'autant plus déplorable qu'en les maltraitant. on n'obtient pas d'elles tout ce qu'elles sont susceptibles de donner. Voici, par exemple, la saison où les colonies conduites avec entendement vont doubler. Mais combien ne produiront rien, pour peu qu'on manque de leur faire l'avance d'un peu de nourriture lorsque le temps est mau-.vais plusieurs jours de suite.

Il faut soigner et multiplier les abeilles, car elles ne font pas que de récolter le miel et produire la cire, elles favorisent aussi la fécondation des germes, et assurent par conséquent la récolte des fruits. La nature, qui n'a rien fait en vain, et qui a toujours su combiner ses moyens de manière à les rendre réciproquement utiles les uns aux autres, a voulu que l'abeille, en déchirant les capsules qui renferment les poussières fécondantes, facilitât la dispersion de ces poussières ; qu'elle les portât même sur le pistil, non-seulement de la fleur à laquelle elles appartiennent, mais même des autres fleurs du même pied ou de pieds différents. Cette dernière fonction n'est pas la moins importante au point de vue de l'intérêt général.

La dernière limite est arrivée pour la *taille* des ruches; il faut se hâter d'accomplir cette besogne sur les ruches qui la réclament. Lorsqu'on rogne les rayons des abeilles, on agit un peu comme le jardinier qui taille ses arbres fruitiers et qui enlève les parties trop vieilles pour les renouveler, et les trop vigoureuses pour répartir la sève. Les rayons trop vigoureux qu'il faut tailler sont ceux composés de cellules de mâles : il faut les enlever le plus possible, notamment dans les hausses inférieures destinées à devenir intermédiaires. — Ménageons les rayons et morceaux de rayons récoltés, s'ils sont vides et sains; nous nous en servirons un peu plus tard pour *greffes* dans les chapiteaux, ou pour bâtisses artificielles à l'usage de la récolte du miel. Dans les chapiteaux en paille, on établit ces bâtisses à l'aide de baguettes de bois. Dans ceux en bois, on colle les rayons avec la composition suivante : un tiers de cire, un tiers de colophane et un tiers de poix (ces trois corps fondus ensemble).

Il faut profiter de la taille des ruches grasses pour présenter des rayons garnis de miel aux colonies qui manquent de provisions. On présente ces rayons le soir, en les plaçant sur le plancher de la ruche à alimenter. Mais il vaut mieux les placer par le haut, lorsque la ruche a une issue de ce côté (lorsqu'elle est à hausses ou à chapiteaux). On peut alors alimenter au milieu du jour sans craindre le pillage. On peut aussi, à cette saison, alimenter à la cuiller les colonies nécessiteuses, et, tous les jours ou tous les deux jours soir, répandre quelques cuillerées de miel liquide ou de sirop de sucre tiède sur les rayons de la ruche renversée.

C'est le moment aussi de faire vider, par le pillage, les bâtisses conservées contenant quelque peu de miel, bâtisses destinées au calottage. On éloigne quelque peu ces bâtisses qu'on place au soleil, et on allèche les. abeilles des colonies qu'on désire aider. Cet allèchement se fait au moyen d'un morceau de rayons plein de miel qu'on tient pendant quelques minutes à l'entrée de la ruche dont on veut appeler les abeilles et qu'on porte garnis d'abeilles sous les bâtisses à vider.

Les abreuvoirs doivent être remplis tous les jours si le temps est sec et beau. Il faut faire les derniers semis autour des ruchers et penser aux ruches qu'il va falloir pour loger les essaims.   X.

Oiseaux apivores.

Parmi les oiseaux apivores un des plus redoutables au sortir de l'hiver, est la mésange bleue. Dans le cours de l'été, lorsque les insectes de toutes sortes pullulent, elle n'attaque pas les abeilles; mais au sortir

de l'hiver, lorsque la pitance est rare, elles se jette sur les abeilles occupées à butiner sur les chatons du marsault, sur tes fleurs de l'orme, etc. Bien qu'elle détruise ainsi une certaine quantité de mouches à miel, nous ne conseillons pas de la détruire, mais de l'éloigner du rucher en l'épouvantant ; car à cette époque elle détruit aussi toutes les guêpes mères qu'elle rencontre, et

Fig. 9. Guêpier ou abeillerolle.

c'est autant de guêpiers dont elles nous débarrasse. Plus tard, elle détruit une grande quantité d'autres insectes nuisibles.

Nous empruntons au remarquable ouvrage sur les *Oiseaux utiles et les oiseaux nuisibles*, que vient de publier M. H. de la Blanchère, les gravures des mésanges les plus connues (*fig*. 10), ainsi que celle du guêpier, un autre oiseau apivore. Ce dernier (*fig*. 9) est passager et ne se rencontre que dans l'extrême Midi. Voici ce qu'en dit M. de la Blanchère :

« Le guêpier est un des mieux habillés parmi nos hôtes de rencontre. La Provence voit tous les ans quelques-uns de ces beaux oiseaux s'arrêter et nicher sous son climat favorisé. Ils aiment les falaises ter-

Fig. 10. **Mésange petite-charbonnière.**   Mésange à longue queue.
        Mésange grande-charbonnière.   Mésange bleue.

reuses, les plaines et coteaux sablonneux. Ils y font la chasse aux *hymenoptères*, surtout aux genres bourdons et guêpes qu'ils cherchent et dont les individus sont très-nombreux dans les endroits dont il s'agit, parce qu'eux-mêmes viennent y creuser des nids pour leur progéniture. Ce serait une erreur de croire que sous les noms de bourdons et guêpes les naturalistes, — et le guêpier avec eux, — ne comprennent que la guêpe qui nous pique et le gros bourdon noir que nous voyons, au printemps, parcourir les bords du chemin. Ces deux genres et quelques-uns voisins renferment une très-grande quantité d'espèces, dont le guêpier fait son profit avec une impartialité qui, je le crains, ne met même pas l'utile abeille en dehors du festin!

» Ce mangeur d'insectes est d'un brun marron, nuancé de verdâtre, la gorge est d'un beau jaune d'or ainsi que le croupion : collier noir, poitrine et ventre bleu-vert changeant, moustaches noires, ailes rousses bordées de cette même couleur tranchante. Œil rouge, fixe, un peu hagard, — l'œil d'un animal qui voit un point volant à l'horizon. »

Nous avons déjà donné une description du guêpier commun (*merops apiaster*) dans la 8e année de l'*Apiculteur*, p. 27.   H. H.

Société centrale d'apiculture.

Séance du 15 mars 1870. — *Présidence de M. de Liesville.*

L'assemblée est appelée à s'occuper du programme de l'exposition prochaine. En ce qui concerne l'apiculture, le concours comprendra tout ce qui a trait à la culture des abeilles, à la manipulation et à l'emploi des produits de ces insectes. Il sera accordé des distinctions en raison du mérite des concurrents, pour les objets suivants.

Produits. 1° Au plus beau lot de miel en rayon ; 2° au miel coulé le mieux fabriqué et le mieux présenté ; 3° au plus beau lot de cire jaune en briques ; 4° aux échantillons les mieux épurés et les mieux préparés ; 5° au plus beau lot de cire blanchie ; 6° aux échantillons divers de cires blanchies ; 7° aux plus beaux cierges et bougies en cire ; 8° aux autres objets en cire ; 9° au meilleur hydromel ; 10° aux alcools, eau-de-vie, liqueurs, vins et vinaigres de miel ; 11° aux applications diverses.

Instruments. 1° Aux meilleures ruches de chaque système ; 2° aux divers appareils et outils apicoles d'un mérite reconnu ; 3° à la plus belle collection de ces appareils ; 4° aux meilleurs moyens de fabrication des appareils et outils apicoles, etc..

Enseignements ; propagande (voir les concours arrêtés dans la séance de février dernier). 1° A la statistique apicole générale ou locale ; 2° à l'introduction de nouvelles plantes mellifères ; 3° aux collections d'histoire naturelle de l'abeille et de ses travaux, etc. Les distinctions se composeront d'abeilles d'honneur, de médailles d'or, d'argent et de bronze, accompagnées de brevet ou attestation, d'ouvrages et d'instruments perfectionnés. — Pour les dispositions particulières de l'exposition, ainsi que pour la fixation de l'époque des déclarations, envois, etc., l'assemblée se réserve de statuer dans une prochaine séance.

— M. le président de la commission d'enquête parlementaire, sur le régime économique, adresse à la Société d'apiculture une circulaire par laquelle cette commission demande des renseignements sur l'objet spécial dont la Société s'occupe. A ce propos le secrétaire donne lecture d'une lettre par laquelle M. Suaire, d'Herpont, demande que la Société fasse valoir les raisons capitales qui s'opposent à la fixation de toute distance pour les ruchers, ainsi que le propose le projet de code rural. Il est nommé une commission de cinq membres dont font partie MM. Carcenac, de Liesville, J. Valserres, Sigaut et Hamet, chargée de préparer un mémoire qui sera adressé aux députés et aux journaux. — M. de Layens propose que la Société centrale demande pour cet objet une adhésion aux sociétés affiliées.

— M. Thoinnet de la Turmelière, député de la Loire-Inférieure, demande l'opinion de la Société sur un projet de loi qui intéresse l'agriculture et l'instruction primaire. Ce projet de loi, dû à l'initiative parlementaire, a pour but de dispenser du service militaire un certain nombre de jeunes gens engagés, pour dix ans, dans l'enseignement ou la *pratique de l'agriculture.* Dans l'exposé des motifs, l'auteur de ce projet fait valoir les moyens: 1° de vulgariser les bonnes méthodes culturales, par conséquent de produire mieux et plus; 2° d'attacher au sol des gens robustes, intelligents et moraux, etc. — Après une discussion, à laquelle prennent part MM. de Liesville, de Layens, Sigaut, Hamet, Arthaut et Delinotte, l'assemblée charge le secrétaire général de féliciter M. le député de la Loire-Inférieure de son initiative de consulter les sociétés agricoles sur un sujet qui les intéresse à un si haut degré; de lui témoigner combien les raisons qu'il expose sont fondées, et de lui faire connaître que la manière de voir de la majorité de l'assemblée est, sur ce sujet, celle des bêtes dont la Société s'occupe. Chez les abeilles, tout le monde (les travailleurs) est armé et personne n'est de la guerre. Aussi, en temps de miellée, les bras ne manquent pas aux champs. Si, imbue d'idée subversive, quelque abeille va attaquer les voisins, elle attrape souvent un coup d'aiguillon, — la mort; — c'est pour son compte personnel, et sa colonie se garde de prendre les armes sous le futile prétexte d'honneur outragé, de défense du drapeau!...

On passe au dépouillement de la correspondance. M. Boilloz, de Ronchaux, fait connaitre le bon usage qu'il obtient de la bouteille ordinaire employée comme nourrisseur par le haut de la ruche. Après l'avoir emplie de sirop liquide, il la ferme au moyen d'une toile à larges mailles et il l'introduit renversée sens dessus dessous par un trou ménagé exprès pour cela au haut de la ruche. Les abeilles vont prendre la nourriture à travers de la toile. M. Delinotte fait remarquer qu'en hiver le miel liquide peut se granuler dans la bouteille. M. de Layens dit qu'en étendant d'eau, la granulation n'a pas lieu. Un membre fait remarquer qu'alors le sirop peut passer trop vite et tomber. M. Hamet ajoute que la bouteille convient pour le sirop de sucre, qui n'a pas l'inconvénient de granuler.

M. Pillain, du Havre, signale la quantité énorme de philanthes apivores qu'il y a eu l'année dernière. Il cite une ruche qui fut réduite à près des trois quarts de sa population par les ravages de ces hyménoptères apivores.

M. Galtier, instituteur à St-Exupère (Aveyron), lauréat du dernier concours, annonce qu'il a amené un certain nombre de ses collègues à s'occuper d'apiculture. Une réunion a été fondée qui va s'occuper de propager les bonnes méthodes apiculturales dans le canton de St-Sernin. Cet honorable correspondant sollicite le titre de membre actif de la Société. L'assemblée félicite M. Galtier et s'empresse de lui accorder le titre qu'il sollicite.

M. Vasseur, instituteur de Bléquin (Pas-de-Calais), annonce aussi qu'il a gagné à la cause apicole plusieurs de ses collègues, entre autres, M. Delamarre, de Lumbres, chez lequel a lieu une réunion cantonale. — M. Alsac, de Mauriac, fait connaître que dans sa contrée ce n'est pas l'étouffage qui est nuisible, mais la trop grande division des colonies. Il dit qu'il s'applique à faire des réunions et à les recommander à ses voisins. La miellée ayant été mauvaise l'année dernière, la diminution des colonies va être sensible dans les ruchers où l'on n'a pas marié les populations. Cet honorable correspondant sollicite le titre de membre titulaire de la Société centrale. Ce titre lui est accordé.

M. Serrain, de Richemont, dit que la consommation a été, dans ses environs, de 3 à 4 kilogrammes par ruche du 1er octobre dernier au 1er mars suivant. Il ajoute que les colonies réunies et nourries au sirop de sucre avant l'hiver, n'ont pas consommé plus que celles non nourries.

Pour extrait : DELINOTTE, secrétaire.

Société d'apiculture du canton d'Ault (Somme).

La Société d'apiculture du canton d'Ault a été organisée le dimanche 13 mars courant. Malgré le mauvais temps, 42 membres se sont trouvés à la réunion.

Le promoteur de cette association, M. Dubois, qui a été utilement secondé par MM. Dacquet, Ecquen, Caron, Momborgne-Vilfroy et Marquet-Momborgue, a ouvert la séance par l'allocution suivante :

« Messieurs, avant de vous parler de la Société que nous fondons aujourd'hui et des avantages que nous devons en retirer, avant de vous entrenir des meilleures méthodes apiculturales, j'éprouve le besoin de vous dire combien nous devons être reconnaissants envers les premiers magistrats de notre département. M. le préfet de la Somme et M. le sous-préfet de notre arrondissement ont accueilli notre entreprise avec la plus grande bienveillance, et ils n'attendent que le moment propice pour nous aider et nous encourager par tous les moyens possibles. — Je suis persuadé que ces magistrats n'auront jamais qu'à se féliciter du bienveillant accueil qu'ils font aujourd'hui à notre Société, car cette Société ne produira que d'heureux résultats, tant sous le rapport moral que sous celui de l'amélioration de la culture de nos abeilles. — Mais, en attendant que nous puissions témoigner notre reconnaissance par les efforts que nous ferons pour la prospérité de l'apiculture, commençons dès aujourd'hui à nous montrer dignes de la puissante et bienveillante protection que nous accordent M. le préfet et M. le sous-préfet.

« L'union fait la force. » L'application de cette grande vérité, si bien enseignée par nos abeilles, fait le bonheur des peuples, des sociétés et des familles ; sans union nous ne pouvons rien par nous-mêmes ; avec union nous pouvons tout. Ceci est tellement vrai, que de tout temps et principalement dans le siècle où nous vivons, on a ressenti le besoin de s'unir et de s'associer, pour se livrer soit à l'industrie, soit au commerce, soit à la recherche de la science.

» L'association que nous fondons a pour but l'étude et l'enseignement des meilleures méthodes apicoles ; elle a aussi pour but de nous procurer une récréation attrayante et utile. Pour l'étude et l'enseignement de ces méthodes, nous rivaliserons tous de zèle pour étendre et améliorer la culture des abeilles, nous propagerons et encouragerons les méthodes les plus rationnelles, les inventions et les perfectionnements les plus avantageux ; nous combattrons les pratiques défectueuses par des expériences et par de saines données théoriques et appliquées ; enfin, nous ferons produire à cette branche de l'économie rurale tous les produits qu'elle est susceptible de donner dans notre canton.

» Maintenant, que vous dirai-je du plaisir et des douces jouissances que procure l'apiculture? Est-il un art plus charmant, une récréation plus innocente qui récompense par de plus utiles leçons les quelques moments qu'on lui consacre? Quand un véritable apiculteur s'absente quelque temps pour habiter la ville, quelle joie pour lui de se retrouver au milieu des champs, dans cet air pur et frais, près de son rucher, que le vol des abeilles anime! Lorsqu'un homme sait ainsi employer les quelques moments de loisir que lui laissent ses occupations journalières, est-il possible qu'il s'ennuie? Ne trouve-t-il pas au contraire que les jours sont trop courts? N'est-il pas à l'abri de cette oisiveté, mère de tant de vices et de désordres?

» Quel enseignement d'ailleurs que celui d'une ruchée d'abeilles! L'activité de ces petites bêtes ne nous engage-t-elle pas au travail? L'harmonie qui règne entre elles ne nous empreigne-t-elle pas de sentiments fraternels? L'ordre et l'économie avec lesquels elles procèdent à l'emmagasinement des trésors qu'elles butinent sur les fleurs pour leur existence dans la saison du chômage et pour élever une nombreuse famille, ne nous engagent-ils pas à les imiter? — Les abeilles nous prémunissent aussi contre le trop commun et regrettable égoïsme, en nous enseignant le sacrifice de soi-même et le dévouement à la famille.

» Enfin, si le produit des ruches est moins rémunérateur depuis l'introduction de la betterave sucrière, l'apiculture bien faite est encore une des branches accessoires de l'agriculture qui donne le plus de bénéfices avec le moins de capitaux employés. Appliquons-nous donc à bien cultiver le précieux insecte mellifère et à recruter des adeptes à l'utile association que nous fondons. »

Il a été procédé ensuite à la formation du bureau, et ont été nommés : président, M. Dubois, huissier à Ault; vice-président, M. Marquet-Momborgne, fabricant de serrures à Ault; secrétaire, M. Ecquen, instituteur à Bourseville; sous-secrétaire, M. Caron-Dechepy, négociant à Béthencourt; conseillers; MM. Dacquet, médecin à Vaudricourt; Momborgne-Vilfroy, fabricant de serrures à Woignarue'; D. Boutté, serrurier à Béthencourt; F. Depont, serrurier à Béthencourt; M. Val, employé de commerce à Ault; A. Mabille, fondeur en cuivre à Escarbotin.

Après l'organisation du bureau, M. Marquet Momborgne, praticien distingué, a fait une conférence sur l'apiculture générale qui a été écoutée avec intérêt. A la suite, M. Daquet a pris la parole pour dire quelques mots sur les phénomènes de la vie et les fonctions organiques des abeilles, qui n'ont pas moins capté l'auditoire. — On s'est séparé très-satisfait de cette première réunion, se promettant de ne pas manquer le prochain rendez-vous qui aura lieu le 15 mai.

Pour extrait : DUBOIS.

L'abeille égyptienne.

(Suite, voir p. 144).

Comment j'ai procédé pour l'accroître et la multiplier.

Avant d'entrer dans une description des essais que je fis pour propager l'*Apis fasciata* durant l'automne de l'année dernière, et de marquer le degré de succès auquel je parvins, qu'il me soit encore permis de revenir à ma correspondance avec M. Vogel, laquelle se terminait sur ce sujet par une longue lettre en allemand, que je reçus en septembre, et dont j'extrais ce qui suit :

« La mère égyptienne que je vous ai adressée a été élevée en juin dernier; elle est donc âgée d'environ quatre mois. Elle a reçu une bonne imprégnation, car les mères qui ont été formées ici de son couvain ont donné de vraies égyptiennes. Je vous l'ai envoyée, parce que les mères qu'elle produit deviennent toutes de belles et de véritables égyptiennes.

» Les cellules des abeilles égyptiennes sont d'un dixième plus étroites que les cellules de nos abeilles du Nord, en sorte que dix cellules avec leurs cloisons égalent en largeur neuf cellules de nos abeilles. Si l'abeille égyptienne est élevée dans les rayons de l'*Apis mellifica* et nourrie par des abeilles natives, elle devient corporellement un peu plus large, et les cellules qu'elle construit le sont également un peu plus. Les abeilles noires ou italiennes pourvoyant sans doute les larves égyptiennes d'une abondante nourriture, celles-ci, d'ailleurs élevées dans des cellules plus larges, donnent naissance à de jeunes abeilles d'une dimension inaccoutumée. Cependant, s'il n'y a dans la ruche que des égyptiennes, toutes les abeilles reviendront à la fin à leur dimension originelle. »

M. Vogel émet ensuite son opinion sur mes ruches, dont je lui avais envoyé une description, avec un dessin d'un de mes cadres, lesquelles tiennent le milieu entre les ruches plus larges de l'Amérique et celles plus petites de l'Allemagne, et qui, selon moi, sont plus appropriées à notre climat. Il dit :

» Les abeilles égyptiennes exigent une ruche aussi large que les italiennes. Je crois que votre ruche est trop large. La ruche Dzierzon n'a que dix pouces (mesure prussienne). Les ruches pourvues de cadres mesurent onze pouces, mais les rayons n'en ont que dix, car le cadre est distant d'un quart de pouce de chaque coté, et chaque partie du cadre a un quart de pouce d'épaisseur, soit ensemble la distance et l'épaisseur déduites, un pouce. Nous trouvons ici que les abeilles hivernent mieux dans des ruches étroites, parce qu'elles y entretiennent plus facilement leur chaleur. Nos ruches ont trois étages l'un au-dessus de l'autre, et chaque étage contient dix à douze rayons, tellement que le tout, quand il est bien rempli, comprend de trente à trente six rayons, ayant chacun dix pouces de largeur sur huit de hauteur. La ruche horizontale n'a que deux étages, dont chacun a environ quinze rayons, soit pour les deux, environ trente. Cependant, mon opinion touchant la capacité de vos ruches peut être fautive, parce que je ne connais que par les livres l'Angleterre, votre pays, son climat, et son pâturage apicultural ; je le répète, je puis me tromper. La largeur de nos barres de rayon est juste d'un pouce, et elle diffère de la largeur de vos barres. Les vôtres sont trop étroites, car un rayon a juste un pouce d'epaisseur ; mais elles conviendront mieux à l'abeille égyptienne, dont le rayon n'est pas aussi épais. »

A l'égard des attaques régicides dont les jeunes mères sont l'objet, M. Vogel s'exprime ainsi :

« Il m'est fréquemment arrivé que des jeunes mères ont été tuées par leurs propres ouvrières ; mais le cas n'a jamais eu lieu qu'après leur retour d'une course hyménéale heureuse. » Pour quelques raisons que M. Vogel énumère, elles semblent alors être devenues des étrangères ; c'est pourquoi leurs abeilles les traitent d'une façon hostile, et les tuent même.

» Vous êtes tout à fait dans le vrai, continue M. Vogel, en disant que des jeunes mères égyptiennes qui s'accouplent avec des faux-bourdons italiens ne produiront que des faux-bourdons égyptiens. L'observation me l'a encore démontré cette année. De même, des mères égyptiennes imprégnées par des faux-bourdons noirs font de purs faux-bourdons égyptiens. Si la jeune mère est pur sang de naissance, l'accouplement avec un faux-bourdon d'une autre race n'exerce aucune influence sur sa dépendance mâle.

» Je ne sache pas que les mères égyptiennes quittent leurs cellules plus tôt que les italiennes. Si tel a été le cas chez vous, c'est que les abeilles avaient choisi une larve âgée de plus de trois jours pour élever cette mère. Il m'est arrivé coup sur coup que des mères ont quitté leurs cellules le dixième jour après l'opération artificielle, mais c'était quand les abeilles avaient adopté pour les élever des larves âgées de quatre ou cinq jours.

« Vous faites bien d'élever des jeunes mères égyptiennes cet été; au printemps prochain, vous aurez plus de faux-bourdons égyptiens. Les derniers sont en totalité d'une plus grande beauté, c'est-à-dire mieux colorés que les faux-bourdons italiens, qui, généralement, varient en couleur. »

Désireux de terminer ce qu'il m'a semblé utile d'extraire des lettres de M. Vogel, je me suis laissé entraîner un peu loin, chronologiquement parlant, et je vais revenir en arrière, à la date de la fin de juillet, où je reçus la mère égyptienne. Comme je l'ai dit précédemment, elle survivait seule à la journée et aux hasards d'une introduction dans une petite colonie d'italiennes, que je me mis immédiatement en devoir de renforcer par le choix attentif et l'addition graduelle des rayons de couvain mûr pris à d'autres ruches. Ce procédé étant nécessairement un peu lent, je n'en attendis pas la fin; je différai seulement mes opérations jusqu'à ce que ma Sémiramis lilliputienne se fût remise assez des fatigues et des dangers inséparables d'une pareille journée et de sa translation dans une ruche étrangère pour y commencer les très-importantes fonctions de la ponte. Ce ne fut donc pas avant le 7 août que je me trouvai en position de faire la première étape vers la propagation de ma nouvelle et très-intéressante acquisition. Comme il était essentiel que, dans une entreprise de cette nature, je ne détériorasse en aucune façon la petite colonie présidée par l'illustre étrangère, dont les dangers et les aventures ont fait le sujet de mon dernier chapitre, on me pardonnera si j'entre dans certains détails en décrivant le procédé par lequel la prospérité de la colonie originale, fut non pas retardée, mais plutôt avancée, grâce aux mesures que j'adoptai pour propager la race nouvelle. Donc, choisissant, ledit jour, un des rayons originaux dans lesquels sa majesté égyptienne avait, durant ce temps, déposé bon nombre d'œufs, j'en fis tomber dans la ruche toutes les abeilles avec une plume, et je mis en sa place un rayon plein de couvain operculé pris à une autre ruche, dont ainsi je fis bénéficier, et avec lequel je renforçai d'une manière effective la souche égyptienne. Mettant le rayon extrait dans une petite ruche-noyau (ruchette à cadres pour élever des mères), j'ajoutai deux rayons de miel, un de chaque côté du rayon de couvain, et je brossai dans la boîte ou petite ruche toutes les abeilles de trois rayons de couvain tirés à cet effet d'une forte ruche. Substituant une plaque de zinc perforée au plancher supérieur de la ruche-noyau, et fermant son entrée avec une petite plaquette de même métal, je transportai ma ruchette dans une chambre noire, où elle resta jusqu'à la brune. Quand la nuit fut venue, je la portai à un endroit déterminé, rouvrant l'entrée et remettant le plancher supérieur. La conséquence, on le pense bien, fut que les captives se précipitèrent vivement hors de l'entrée; mais l'obscurité, devenue trop profonde, les retint de se mettre au vol et les obligea, bon gré mal gré, à rester dans la ruche; le lendemain matin, sans doute, il en retourna un certain nombre dans la ruche originale. Nonobstant cela, il en resta suffisamment qui n'avaient pas encore vu la lumière du jour, et qui ne connaissaient point leur extraction, pour se créer des cellules maternelles, et la première mère naquit le 22 août, juste quinze jours après la formation de la petite colonie.

J'avais encore un peu, mais bien peu, de vrais faux-bourdons italiens pleinement développés, et mon grand espoir, touchant la fécondation de ces princesses tard venues, reposait principalement sur un petit nombre de tout petits faux-bourdons liguriens, nourris dans des cellules d'ouvrières, que certains auteurs ont jugés incapables de remplir leurs fonctions naturelles. Aussi, avec quelle anxiété j'attendais les marques ordinaires de fécondation, et quelle fut ma joie quand, le 9 septembre, le dix huitième jour de son existence, je remarquai que cette mère, la première mère égyptienne élevée en Grande-Bretagne, était parfaitement devenue capable de s'acquitter des devoirs de sa position !

(*A suivre.*)

Revue et cours des produits des abeilles.

Paris, 30 mars. — MIELS. Le temps froid a poussé à la consommation et maintenu ferme les cours. Des rhumes nombreux et la grippe ont provoqué des demandes qui ont été satisfaites tant en miels blancs gâtinais et autres qu'en Chili. Les réserves sont entamées et il ne restera rien en magasin lorsqu'arriveront les miels nouveaux. On a coté à l'épicerie, surfins gâtinais 210 à 220 fr. les 100 kil.; blancs indigènes, de 130 à 160 fr.; surannés, 120 à 125 fr.; Chili de choix, 130 à 140 fr.; inférieurs, 115 à 125 fr.

Les miels à pain-d'épice ont continué de hausser. A Rennes des détenteurs tiennent de 112 à 115 fr. les 100 kil. Ici les bretagnes sont rares, mais il paraît qu'on *fabrique* des imitations de bretagnes qu'on cède aux cours de Rennes et même au-dessous. Ces bretagne *raffinés* se composent de chili inférieurs, de... et de... logés dans des fûts de Bretagne (pièces de Bordeaux). On les vend principalement pour la médecine vétérinaire. — On est donc arrivé, *Proh pudor!* jusqu'à falsifier les clystères!

Au Havre, on a coté, les 100 kil. acquittés, miel du Chili, de 70 à 105 fr.; Haïti et Cuba, 50 à 60 fr. (nominal, manque). Il a été importé dans la première partie du mois 169 barils miel de Hambourg, qui venaient sans doute d'autre part ; 8 du cap Haïtien, 39 de New-York, 8 de Port-au-Prince, 48 barils Espagne et Portugal. Le stock est limité, et la demande peu active.

A Anvers, les arrivages et les transactions ont été sans importance ; les cours sont restés plus nominaux que réels. Miel de Havane, 25 à 26 florins les 50 kil.; de Bretagne, 26 florins trois-quarts (droit 2 fr. les 100 kil.). Le florin courant vaut 1 fr. 80.

CIRES. — On est resté avec les cours précédents bien tenus : soit de 450 à 465 fr. les 100 kil., dans Paris, pour les belles qualités, et de 435 à 445 fr. pour les qualités inférieures (entrée 22 fr. 90). Dans les localités où la récolte se pratique en mars, elle a dû être reculée à cause du temps froid et du retard des ruchées.

Au Havre les cires ont été recherchées et en faveur ; on a coté : cire d'Afrique, de 3 fr. 60 à 4 fr. le kil. (nominal); Chili, 4 fr. 50 à 4 fr. 80 ; Etats-Unis, 4 à 4 fr. 40 ; Haïti, 4 fr. 30; Saint-Domingue, 4 fr. 30; Inde, 4 fr. 20 à 4 fr. 40 (nominal). Les arrivages sont venus de New-York, de Lisbonne, de Gibraltar, etc. Le marché reste ferme.

Voici les cours pratiqués à Marseille : cire jaune de Trébizonde et de Caramanie, 240 fr. les 50 kil. à l'entrepôt ; Chypre et Syrie, 230 fr.; Constantinople, 230 à 235 fr.; Egypte, 215 à 230 fr.; Mogador, 205 à 210 fr.; Tétuan, Tanger et Larache, 200 à 210 fr.; Alger et Oran, 215 à 225 fr.; Bougie et Bone, 210 à 215 fr.; Gambie (Sénégal), 205 à 215 fr.; Mozambique, 210 fr.; Madagascar, 195 fr.; Corse, 225 à 230 fr.; pays, 205 à 210 fr. Ces deux dernières à la consommation. — A Alger, cire jaune de 4 fr. 10 à 4 fr. 15 le kilog.

A Anvers le stock en cire est resté fort mince, quoiqu'il ait été reçu quelque marchandise du Havre et de Hambourg. On a signalé la vente d'un petit lot de Haïti à prix en hausse, mais non divulgué.

Corps gras. — Les suifs de boucherie ont été cotés 102 fr. les 100 kil., hors barrière; suif en branche, 77 fr. 75; chandelles, 120 fr. 50; stéarine de saponification, 120 fr. 50 à 121 fr. 50 ; dito de distillation, 169 fr.; oléine de saponification, 84 fr. 50 à 87 fr.; dito de distillation, 79 à 80 fr.; paraffine de 160 à 230 fr.; selon qualité. Le tout par 100 kil. hors barrière.

Sucres et sirops. — Les sucres raffinés ont eu des alternatives de hausse et de baisse dans le cours du mois. On les a cotés, à la Bourse, de 126 à 130 fr. les 100 kil. Les sirops de fécule ont été un peu plus fermes.

ABEILLES. — Quelques livraisons ont été faites par le Gâtinais; le temps froid a été favorable aux transports; mais des gelées assez vives ont empêché la végétation de marcher et ont retenu les butineuses au logis. Les provisions des ruches ont sensiblement diminué, et un certain nombre de colonies faibles se sont éteintes. C'est à peine si les amandiers et les abricotiers commencent à fleurir ; les colza ont souffert et sont en retard. On ne devra pas attendre d'essaims en avril aux environs de Paris. Voici quelques renseignements qu'on nous a adressés.

Dans notre contrée, on suit la routine sans se rendre compte de rien ; partout il y a mortalité ; dans certains ruchers elle sera cet hiver des trois-quart des colonies. *Duguet*, à Remancourt (Ardennes). — L'année dernière a été très-mauvaise : presque pas d'essaims et peu de miel. Nos abeilles ont butiné un peu les premiers jours de mars ; depuis, elles n'ont pas sorti ; aujourd'hui 24, la terre est encore couverte de neige. *Dufour*, à Fligny (Ardennes). — L'année 1869 a été très-favorable à nos abeilles qui ont donné essaims et miel ; grâce à la production mellifère des secondes coupes de luzerne, les essaims ont atteint 18 à 20 kilog. La floraison des marsaults est en retard d'un mois sur l'année dernière. *Bellot*, à Mevoie (Aube). — L'essaimage commencera sous peu ici (10 mars). *Gilly*, à Marseille (Bouches-du-Rhône).

J'ai supprimé les petites colonies à la Saint-André et vers le milieu de mars, je présente de la nourriture aux colonies qui en ont besoin. L'essaimage a été de 50 pour 100 l'année dernière, mais seuls les essaims nourris arriveront aux fleurs de mai. *Gasse*, à Gastel (Eure-et-Loir.) — L'année 1869 a été mauvaise dans notre contrée. J'avais 60 ruchées qui m'ont donné 22 essaims tant naturels qu'artificiels ; mais voyant le manque de provisions générales, j'ai, par des réunions, réduit mon apier à 50 colonies qui pourront arriver à la bonne saison. *Gilles*, à Abbeville (Oise). — La température tarde bien à venir favorable à nos abeilles et les provisions commencent à manquer (20 mars), dans bien des petits ruchers de nos environs. Plusieurs même ont à déplorer un certain nombre de décès. *Royer*, à Neauphle (Seine-et-Oise).

Vers les derniers jours de février et les premiers jours de mars, une température douce a permis aux abeilles de rapporter du pollen ; mais depuis, un temps très-froid les empêche de sortir, et rien n'avance. *Hamet*, à Fay (Somme).

Au printemps dernier des 21 ruchées que je possédais, j'en ai obtenu 64 que j'ai réduites plus tard à 28. Quoiqu'aucune colonie ne se trouve dans des besoins réels, je fais des avances. J'aime à donner un peu de nourriture à mes abeilles à ce moment, même aux colonies qui ne manquent pas de miel ; par là je hâte la ponte de la mère, et par conséquent mes ruches étant dans un excellent état au commencement de la saison des fleurs, elles amassent davantage et sont plus tôt prêtes à essaimer. *Mecus*, à Anvers (Belgique).

Il faut alimenter et surveiller le pillage des colonies peu peuplées. Si ces colonies sont trop tourmentées par des rôdeuses, elles émigreront les premiers beaux jours d'avril, donneront des « essaims de Pâques. » L'entrée de leur ruche ne doit laisser passage qu'à une abeille ou deux.

H. HAMET.

M. V... à St-Hilaire (Canada). Reçu journal.

M. S... à Dôle. Le prix a été rectifié. C'était une erreur de typographie. Il y en avait d'autres dans les prix courants.

M. G... à Meaux. L'article est très-bon. Ce sera pour le mois prochain.

Paris.— Imprimerie horticole de E. DONNAUD, rue Cassette, 9.

L'APICULTEUR

Chronique.

Après avoir organisé trois expositions bisannuelles spéciales, la Société centrale d'apiculture s'avisa en 1865, pour donner plus d'intérêt à ses solennités, de joindre aux produits de l'apiculture tout ce qui a trait à l'entomologie agricole; elle ouvrit une exposition des insectes qui réussit au-delà de ses espérances. De cette exposition sortit, un peu après, la *Société d'insectologie agricole* qui, à son tour, et avec le concours de la Société d'apiculture, fit en 1868 une deuxième exposition des insectes utiles et des insectes nuisibles dont le succès fut non moins grand. Malheureusement le contact devint dangereux. Les insectes de cette dernière catégorie déteignirent sur quelques membres, ce qui, en termes de docteur, amena des troubles endémiques. A la première exposition des insectes, on avait vu un jury, pris en dehors de la Société, prétendre délivrer des médailles comme les ministres du roi Bobèche distribuent des faveurs à *leurs créatures*.

A la *deuxième*, un imitateur renouvela le procédé, et cette fois, comme chez Nicolet, on vit le médaillé de cette façon exiger la remise de sa distinction (!!) par la puissance du papier timbré. Oui, en 1868, une maison de la rue Jacob, à Paris, — ancienne fabrique de libéraux S. G. D. G. — a fait un procès directement à la Société d'insectologie — et indirectement à la Société d'apiculture — pour la contraindre à lui délivrer une médaille d'argent qui lui aurait été accordée à l'exposition. Le généreux distributeur de la médaille réclamée est fagoteur de livres pour ladite maison.

Cette affaire plus qu'étrange est venue le 24 avril, au bout de 20 mois, devant le tribunal civil de la Seine, qui a débouté la maison susdésignée et l'a condamnée à tous les frais et dépens. Il ne pouvait en être autrement. Mais ce qui étonne, c'est que ce procès ait pu avoir lieu. Il semble nous reporter au temps où cet aphorisme était vraisemblable : « Si on t'accuse d'avoir volé les tours Notre-Dame, commence par te fouiller et sauve-toi. » La Société d'insectologie ne s'est point sauvée ;

mais, ce qui est à peu près synonyme, elle s'est dissoute, ayant cependant quelque argent en caisse, et dont une partie devait être affectée à l'organisation de la prochaine exposition.

La non-disponibilité de ces fonds a été une des causes qui ont engagé la Société d'apiculture à remettre à l'année prochaine son exposition. Il sera procédé avant peu à la réorganisation de la Société d'insectologie, sur des bases nouvelles, sans catégorie nuisible, et les deux sociétés concourront parallèlement au même but.

— Le lundi de Pâques, se sont réunis à Amiens, pour la formation d'une Société départementale, une quinzaine d'apiculteurs convoqués par M. Dumont, et présidés par M. Hamet. L'assemblée a déterminé le but à poursuivre et a nommé un bureau composé de la manière suivante : M. Dumont-Legueur, du Pont de Metz, président; MM. Dubois, d'Ault, et Vignon, de Saint-Denis, vice-présidents ; M. Besnard, de l'Etoile, secrétaire; MM. Lecomte-Michel, de Moreuil, et Lourdel, de Bouttencourt, vice-secrétaires. Le bureau a été chargé d'élaborer des statuts qu'il présentera dans une réunion, au mois de juillet prochain. La cotisation annuelle des membres est fixée à 3 fr. Ont été nommés délégués par leur canton : MM. Petit, à Genvilliers; L. Harent, à Ailly-sur-Somme; Duval, à Ailly ; V. Moinet, à Flixecourt; Payen père, à Flessélle; A. Moy, à Ailly ; A. Leroux, à Béthencourt; A. Mabille, à Escarbotin; Tremouille, à Saint-Sauveur-les-Amiens. Ces membres assistaient à la réunion.

Le canton d'Ailly-sur-Somme compte deux délégués et possède l'apiculteur le plus remarquable du département : M. Antoine Moy, qui, quoique aveugle, conduit d'une manière très-rationnelle un rucher de 70 colonies et en dirige à peu près autant chez ses voisins. Il pratique les essaims artificiels avec célérité et succès.

— La réunion de Domart (Somme) aura lieu le 1er mai. La réunion d'Ault est fixée au 15.

— Les concours régionaux qui devaient s'ouvrir les derniers jours d'avril, ne s'ouvriront qu'après le 8 mai. — Le 21 mai, le comice agricole de Nogent-sur-Seine (Aube) fera une exposition à laquelle il convie les apiculteurs du département. Une prime de 50 fr. avec médailles en argent, sera accordée au rucher le mieux tenu. En outre la Société d'apiculture de l'Aube distribuera plusieurs médailles (vermeil, argent et bronze) aux exposants d'appareils et de beaux produits.

— M. Monborgne, de Woignarue, nous écrit : « Vous avez fait connaître plusieurs systèmes employés pour le nourrissage des ruches, tant par le haut que par le bas, systèmes qui ont plus ou moins de valeur. Permettez que je vous communique celui que j'emploie. Le voici : je me sers d'une hausse ordinaire, sans plancher ni croisillon, mais ayant trois fils de fer ou baguettes passés en dessous du cordon supérieur, ou u i peu plus bas, lesquels fils de fer ou baguettes supportent un nourrisseur dont les bords montent un peu plus haut que cette hausse. Ainsi placé, le nourrisseur atteint le bas des rayons de la ruche pleine que j'assois sur la hausse, et les abeilles descendent facilement pour enlever la nourriture. »

Cette manière de suspendre le nourrisseur et de le faire toucher au bas des rayons présente des avantages.

— Les apiculteurs de la Beauce viennent de perdre un collègue de grand mérite, M. Louis Isidore Charamond, instituteur à Roinville, qui dans plusieurs communications a fait connaître aux lecteurs de l'*Apiculteur* qu'il était un praticien très-distingué. L'année dernière, lors de la grande lutte de mots entre les rationnels infaillibles et les rationnels faillibles, lui aussi avait aiguisé une flèche au mobilisme, et il avait parfaitement trouvé le défaut de la cuirasse. Mais cette flèche était si acérée et celui qu'elle devait atteindre si jeune que nous résolûmes de la retenir. Il y avait déjà assez d'huile sur le feu.

Vient aussi de mourir, M. Heurtier, conseiller d'État, ancien directeur de l'agriculture, qui fut le troisième président de la Société économique d'apiculture. **H. HAMET.**

Considérations sur la forme des ruches.

Celui qui, sans parti pris, examine les rayons d'une ruche carrée dans laquelle les constructions, par un artifice quelconque, sont régulières, pour les comparer à ceux d'une ruche cylindrique, ne peut manquer de faire tout d'abord plusieurs remarques très-distinctives. Dans l'une, il y a égalité des gâteaux, et celui ou ceux du centre n'ont pas plus d'étendue que les autres. Il y a aussi une parfaite égalité quant au vide ou espace existant entre deux rayons consécutifs.

Dans la seconde, c'est tout l'opposé. Aucune égalité n'existe entre deux rayons voisins ni sous le rapport de leur étendue, ni sous celui de l'espace vide, car le rayon central est le plus grand de tous et les autres vont successivement en décroissant de largeur, à mesure qu'ils s'éloignent du milieu. Comme l'espace entre deux rayons voisins, espace qu'il ne faut pas confondre avec la distance, est toujours proportionnel à l'étendue superficielle de ceux-ci, il en ressort qu'il est plus grand au centre que partout ailleurs.

Ces traits de démarcation deviennent encore plus tranchés en opposant à la ruche carrée ou cubique la forme cylindro-sphérique, parce que dans ce cas l'augmentation et la diminution des gâteaux et de l'espace frappent à la fois, et sur la largeur et sur la hauteur.

Si l'observateur s'est, pour comparer, servi de ruches d'un égal volume, il aura certainement encore remarqué combien était grande la différence de la surface des rayons centraux. En mesurant cette diffé rence, il aura vu qu'elle produisait en faveur des ruches à rayons inégaux des chiffres dont l'écart était souvent de plus de 7 décimètres carrés selon les capacités employées.

Après ces trois dissemblances (elles ne sont pas les seules) constantes et certaines, puisqu'elles résultent de principes fondés sur une science exacte, l'apiculteur qui observe a déjà conclu que la forme produit des effets contraires, selon qu'elle est carrée ou ronde ; alors il se pose cette question : de quel côté est le mérite?

Quand une telle question surgit, elle ne doit pas rester à l'état d'énigme, il lui faut une entière solution.

En continuant notre inspection pour reconnaître si les abeilles se comportent ou peuvent se comporter dans les ruches à rayons égaux de la même manière que dans celle où cette égalité n'a pas lieu, nous constatons que la différence dans la distribution du logement produit sur divers points des effets absolument contraires. Ce qui est vrai, et reconnu comme vrai pour une forme devient exception en employant l'autre. Ceux qui ont appris, par l'usage de la forme cylindro-sphérique, que le maximum de chaleur est au centre, que les abeilles se logent au centre de préférence, qu'elles commencent en cet endroit leurs constructions et qu'elles bâtissent ordinairement les alvéoles de mâles sur les côtés, doivent être avertis que rien de tout cela ne s'applique ni ne peut s'appliquer quand il s'agit de la forme carrée. La vérification est aussi facile en fait qu'en théorie.

Dans la ruche cylindro-sphérique, les abeilles habitent principalement le centre. C'est un fait. Il a lieu, non pas parce que le centre est le milieu de la ruche, mais par une raison plus positive : c'est qu'en cet endroit, nos insectes trouvent une plus grande place pour s'y réunir

Digitized by Google

en nombre plus considérable conformément à leur instinct. C'est là seulement qu'ils se trouvent en masse pendant l'hiver ou au commencement du printemps. C'est là seulement où, par leur nombre, ils peuvent se procurer un maximum de chaleur. Il existe donc un motif dans le choix des abeilles.

Eh bien, ce fait n'est qu'accidentel pour la ruche à rayons égaux. Aucune place, en effet, ne peut procurer un plus grand degré de chaleur ; elles n'ont pas de choix à faire puisque l'espace est égal entre chacun des rayons. Elles se logent selon leur caprice. Pour elles, il n'y a pas de partie principale, l'une ne vaut pas mieux que l'autre. La chaleur est là où elles sont en plus grand nombre, c'est-à-dire à droite ou à gauche et quelquefois au centre si le hasard s'est mis de la partie. Et, quoi qu'elles fassent, les dimensions des rayons s'opposent à ce que leur nombre entre deux rayons soit aussi considérable que dans la ruche ronde.

J'ignore si ces faits qui sont décisifs ont déjà été observés, mais je les signale à ceux qui font usage de ruches à rayons égaux.

Bien que le fait relatif à l'endroit où les abeilles commencent leurs constructions soit constant ou très-exceptionnel, selon qu'elles sont logées dans des ruches de formes opposées, je le néglige parce qu'il me paraît secondaire quant à là question ci-dessus posée. Comme celui qui concerne l'emplacement des rayons de mâles a beaucoup plus d'importance, c'est le cas d'en dire quelques mots.

Il est certain que dans les ruches où il y a une partie principale, les abeilles construisent en cet endroit plutôt qu'ailleurs leurs rayons à petites cellules destinées pour le couvain d'ouvrières et qu'elles réservent les côtés où l'étendue est moindre pour les gâteaux à grands alvéoles ; c'est un fait qui a des conséquences heureuses pour l'avenir de la colonie. Mais dans les formes où il n'y a pas de partie principale, les alvéoles de mâles se trouvent souvent au centre et ceux d'ouvrières à droite et à gauche ; les abeilles n'ont aucun choix à faire, puisque la dimension des rayons est partout la même.

Ne vaut-il pas mieux que les abeilles se logent au centre de la ruche de préférence aux autres parties ? Comme cet avantage appartient à la forme à rayons inégaux, il faut conclure qu'elle est essentiellement préférable.

Autant de formes, autant de différences soit dans la distribution de l'espace, l'étendue des parois, la superficie des rayons, leur nombre ou leur disposition, soit dans l'éloignement ou le rapprochement de divers points de l'habitation. On peut traduire en chiffres ces divers éléments d'appréciation et les comparer. C'est ce qui aura lieu plus loin. Afin que les calculs soient faciles et exacts, il ne sera question ici que de formes régulières et géométriques; d'un autre côté, les comparaisons porteront sur des ruches présentant le même volume. Celui de 24 litres sera pris arbitrairement en faisant observer que toute autre quantité produirait des chiffres à peu près en rapport avec ceux qui figureront ci-après.

Personne, à moins de méconnaître les mœurs des abeilles, ne voudrait faire usage d'une ruche carrée oblongue ayant 1 mètre de longueur, 40 centimètres de largeur et 24 centimètres de hauteur. Elle ne pèche cependant pas par la capacité qui est de 24 litres, quantité moyenne susceptible de satisfaire à beaucoup d'exigences ; mais sa forme, choisie ici à dessein, porte le cachet de la défectuosité, d'abord à cause de la disproportion des dimensions. Cette disproportion, ainsi qu'il sera démontré dans un tableau, a pour effet d'étendre l'espace, au lieu de le resserrer, et d'éloigner du centre, outre mesure, plusieurs portions du logement. Il en résulte que les abeilles sont forcées de se disséminer, ce qui ne leur convient pas, et de construire des rayons longs et étroits peu favorables à l'éducation du couvain. Le vice de construction se manifeste aussi par l'étendue des parois tellement grande, qu'étant disposée autrement, elle pourrait contenir un volume double. Il y a donc perte de chaleur et répartition inégale de celle-ci.

On a compris que le centre d'une ruche doit être la partie principale et qu'il faut absolument une partie principale. S'il importe que les abeilles habitent le milieu, il y a nécessité de rapprocher ce milieu des autres portions. Pour atteindre ce but, il n'y a pas d'autre moyen que de contenir l'espace dans des limites étroites.

'Certaines formes, même parmi les plus régulières et malgré le choix des dimensions, n'ont pas le mérite désiré ; par exemple les surfaces planes, formant dans leur jonction des angles trop petits, seront toujours un obstacle. Les angles de 90 degrés qui se trouvent dans les ruches carrées, ne remplissent le but que d'une manière très-imparfaite. En général la présence d'angles ou de coins dans une ruche est une cause soit d'inferiorité soit de défectuosité. Ils donnent à la superficie des parois un excédant qui ne se rencontre pas avec la forme ronde.

En apiculture la forme avant tout, le reste après. En sacrifiant la forme, les compensations ont été trop souvent illusoires et il n'y a aucun profit à s'écarter des véritables principes.

Afin de pouvoir faire les comparaisons indiquées, voici un tableau dans lequel figurent quatre ruches de diverses formes.

La 1re est la ruche carrée oblongue dont il a été déjà question.

La 2e a la forme carrée, son côté est de 0m 2883.

La 3e est la ruche cylindrique placée sur l'une de ses bases avec un diamètre de 0m 314 et autant de hauteur; dans son genre elle représente, comme celle qui la précède, un type maximum à cause de l'égalité des dimensions.

La dernière est la ruche cylindro-sphérique ayant un diamètre de 0m 312 et une hauteur de 0m 189 de sa base à la naissance du plafond.

D'autres formes pourraient trouver place dans le tableau avec le rang qui leur appartient. Ainsi une ruche carrée oblongue, moins défectueuse que la première, occuperait le n° 2. Une ruche hexagonale serait placée entre la ruche carrée et la forme cylindrique.

1 Formes des ruches.	2 Volume.	3 Nombre des rayons.	4 Superficie du rayon central.	5 Surface du rayon central.	6 Distances extrêmes	7 Distances du centreaux points extrèmes.	8 Vide ou espace entre le ray. central et ceux à côté.
Carrée oblongue	24 litr.	27	72 d. 80	2 d. 20	1m 03	0m 52	396 c. cub.
Carrée ou cubique	24	8	49 86	7 73	0 49	0 25	1390 id.
Cylindrique	24	8	46 45	9 23	0 44	0 22	1630 id.
Cylindro-sphérique	24	9	43 40	9 79	0 38	0 19	1740 id.

Explication du Tableau.

La 1re colonne indique la forme des ruches.

La 2e est pour leur volume de 24 litres.

La 3e donne le nombre des rayons.

La 4e fournit la superficie des parois y compris celle du siége.

Comme cette superficie est en raison inverse de la concentration de volume, la ruche carrée comparée à la ruche cylindrique donne un excédant de plus de 3 décimètres carrés. Cet excédant sur la ruche cylindro-sphérique s'élève à plus de 6 décimètres. Ces chiffres sont significatifs.

La 5° contient la superficie du rayon du centre. On voit que les chiffres suivent une marche ascendante et que le plus fort appartient à la dernière ruche malgré ses 9 rayons.

Dans la 6° colonne figurent les distances entre les points extrêmes de la ruche. Les chiffres les plus petits et par conséquent les plus méritoires se trouvent en regard des deux dernières ruches.

Même observation pour ceux de la septième colonne qui renferme les distances du centre aux points extrêmes.

La huitième colonne contient l'espace qui se trouve entre le rayon du centre et ceux qui l'avoisinent. Les chiffres suivent une marche ascendante, le plus petit est en regard de la ruche défectueuse et le plus grand vis-à-vis de la ruche cylindro-sphérique. Tandis que pour cette dernière l'espace est de 1740 centimètres cubes, il n'est que de 1390 centimètres pour la ruche carrée.

Tous ces chiffres viennent à l'appui des conclusions qui précèdent.

J. Greslot.

Étude sur Berlepsch (suite).

Chap. VIII. 77-89. Sexe des œufs de l'abeille mère. § 23. Tous les œufs des ovaires de l'abeille mère renferment le germe mâle et se développent en mâles, lorsqu'ils sont pondus sans avoir été fécondés par la matière fécondante du bourdon contenue dans la vésicule séminale ; ils produisent des femelles (ouvrières et abeilles mères), lorsqu'ils sont fécondés par le contenu de ladite vésicule. § 24 (sans titre), § 25 (sans titre). Ces deux paragraphes donnent les preuves de la parthénogenèse, c'est-à-dire de la procréation d'êtres vivants sans le concours du mâle.

Chap. IX. 90-97. Faculté de l'abeille mère de pondre des œufs mâles ou femelles. § 26. L'abeille mère pond à volonté des œufs mâles ou femelles selon que l'exigent les cellules sur lesquelles elle se trouve et qu'elle veut pourvoir d'œufs. § 27 (sans titre). Dans ce paragraphe Berlepsch perd son temps et dépense cinq grandes pages d'impression pour réfuter des apiculteurs de cabinet, qui prétendaient que l'abeille mère n'est autre chose qu'une mécanique à œufs, n'ayant pas conscience de ses actes.

— Les apiculteurs allemands ont un goût prononcé pour les questions oiseuses, les questions purement spéculatives. Il est certain qu'ils se sont occupés de ces questions beaucoup plus que les apiculteurs français.

Chap. X. 98-107. Fécondité de l'abeille mère. § 28. L'abeille mère
commence ordinairement sa ponte trois jours après la fécondation. *A.*
Les œufs se développent dans les ovaires seulement après la fécondation.
B. Les premiers œufs pondus au printemps sont femelles. *C.* Les premiers œufs pondus au printemps sont femelles. *D.* Les mères fécondées
tard ne pondent que le printemps suivant. *E.* Les mères bourdonneuses
pondent dans les cellules d'ouvrières. *F.* Les mères bourdonneuses
pondent moins que les mères fécondées. § 29. La fécondité de la mère
diffère selon le temps, les circonstances et les individus. *A.* L'abeille
mère pond, d'après les besoins de la population, beaucoup, peu ou point
d'œufs. *B.* Mère fécondée, devenue subitement bourdonneuse, pond
ensuite autant d'œufs d'ouvrières qu'auparavant. *C.* Mère fécondée,
mais devenue insensiblement bourdonneuse, cesse de pondre. § 30.
Combien d'œufs une abeille mère peut pondre chaque jour? *A.* Il existe
des mères d'une fertilité extraordinaire qui pondent dans les meilleures
circonstances, en mai et juin, trois mille œufs par jour ; ces cas sont
rares. *B.* Dans les circonstances les plus favorables: bonne température,
bonne récolte, grande ruche, la ponte journalière atteint à peine le
chiffre de douze cents œufs. § 31. Cause de la plus forte ponte. *A.* La
vigueur de la mère. *B.* Bonne conformation des membres, surtout des
pattes. *C.* La nourriture, la température et la saison. *D.* L'âge de la
mère. Une jeune est généralement plus féconde qu'une vieille. *E.* La
forme et la grandeur de la ruche. *F.* La chaleur intérieure et une provision de miel dans une saison où le miel fait défaut à la campagne.
G. La force numérique de la population. *H.* La nature des gâteaux;
bâtisse nouvelle, gâteaux sans cellules de bourdons. *I.* Des cellules vides
où la mère puisse pondre. § 32. Ce qui produit la diminution ou la cessation de la ponte. *A.* Le défaut de fleurs. *B.* La température. *C.* L'âge
de la mère.

— Observations. L'opinion générale chez les apiculteurs allemands,
est que l'abeille mère est mûre pour la fécondation le troisième jour
de sa naissance et qu'elle commence ordinairement sa ponte trois jours
après sa fécondation. Voici la vérité vraie sur ces deux points : l'abeille
mère ne demande à être fécondée que le septième jour de sa naissance.
Nous l'avons dit en avril dernier. Quant à la ponte, elle ne la commence,
dans les circonstances les plus favorables, que le onzième jour de sa vie,
et les expériences à ce sujet, faites en 1860 et 1861, et reproduites dans
l'*Apiculteur* d'août 1861, sont de nature à convaincre les esprits les

plus difficiles; je n'ai vu que deux exceptions à cette règle. Ce sont deux mères qui, en 1867, ont pondu le dixième jour de leur vie. Cette ponte, plus hâtive que toutes celles que j'avais observées jusque-là, a été provoquée probablement par de la nourriture que j'avais donnée aux deux colonies.

Souvent la ponte commence déjà le lendemain de la fécondation. J'ai vu ce fait chez des mères dont la fécondation avait été retardée au-delà du neuvième jour de leur naissance. (Voir l'*Apiculteur* de mai 1865.) Une mère fécondée dans un moment où les abeilles, pour une cause quelconque, ne récoltent pas de miel, restera un temps plus ou moins long avant de commencer sa ponte. Ce qui veut dire qu'il n'y a plus de règle.

Je maintiens tout ce que je viens de dire sur la fécondation et la ponte, au risque de perdre une somme de cent à cinq cents francs, contre tout contradicteur qui voudrait, lui aussi, risquer une somme égale.

Chap. XI, 108-117. Ouvrières pondeuses. § 33. Il se trouve par exception des ouvrières pondeuses, mais ces ouvrières ne pondent que des œufs de bourdons. *A*. Les pondeuses sont des anomalies. *B*. Plusieurs pondeuses, quelquefois une seule, se trouvent dans la même ruchée. *C*. Les pondeuses se trouvent plus particulièrement dans une population orpheline par suite d'essaimage. *D*. Il existe parfois une pondeuse à côté d'une mère stérile et aussi à côté d'une mère fécondée. *E*. Les pondeuses pondent dans les cellules de bourdons. *F*. Les pondeuses sont tuées après l'introduction d'une mère. § 34. Les ouvrières pondeuses ne sont pas fécondées. § 35. Comment se produisent-elles ? Les pondeuses se produisent dans le voisinage des alvéoles maternels, et l'on croit qu'elles ont reçu quelques parcelles de la pâtée maternelle. § 36. Les ouvrières pondeuses sont très-différentes entre elles. *A*. Les pondeuses ressemblent aux ouvrières, il est impossible de les distinguer. *B*. Mais elles sont différentes entre elles, en ce sens que les unes pondent aussi régulièrement que l'abeille mère, en ne mettant qu'un œuf dans chaque cellule et en l'attachant au fond; tandis que les autres pondent plusieurs œufs dans la même cellule et les fixent tantôt au fond, tantôt sur les côtés de la cellule.

Chap. XII. 118-121. § 36. Travaux de l'abeille mère et des bourdons. *A*. L'affaire de la mère est de pondre, elle ne travaille pas. *B*. L'affaire du bourdon est de féconder la mère, il ne travaille pas. *C*.

Pourquoi les populations qui n'essaiment pas élèvent-elles des bourdons? C'est dans l'intention d'essaimer, si la température et les fleurs
le permettent plus tard. *D.* Les bourdons ne couvent pas le couvain, et
ne sont pas destinés à chauffer la ruche.

Un apiculteur lorrain.

Les abeilles à Pretin.

En parcourant dernièrement un charmant val des environs de Salins,
je fus émerveillé de voir le soin particulier que l'on apporte aux abeilles,
dans un village nommé Pretin, et situé comme au fond d'un vaste
entonnoir.

Dans nos montagnes, l'industrie des habitants tire parti du moindre
terrain défrichable, et il n'est pas rare de voir la culture de la vigne
s'annoncer sur des pentes de 35 à 40 degrés.

C'est ce qui arrive pour les environs de Pretin, et c'est aussi ce qui
explique dans cette localité la présence d'une légion d'ânes comme
auxiliaires dans une culture aussi difficile.

Les malins du pays disent en parlant d'un sot ou d'un ignorant, qu'il
a fait ses études à l'Académie de Pretin ; permettez-moi cependant, chers
lecteurs, de vous y conduire un instant, puisque je ne puis disposer de
ceux qui sont chargés de rédiger le nouveau code rural, et qui cependant y puiseraient d'utiles renseignements.

Chaque rucher est construit en pierres ou en bois et couvert en tuiles,
l'orientation est au midi, le rucher a souvent 3, 4, et même 5 étages, il
contient environ cinquante ruchées ; il est fermé de toutes parts, sur
un des côtés s'ouvre une porte qui y donne accès, et qui permet de visiter
facilement toutes les ruchées ; chaque ruche a son plateau mobile posé
sur deux traverses horizontales formant l'étage ; une planche placée
obliquement devant la ruchée sert à l'abriter de la pluie et du soleil et
ne laisse que le libre passage aux abeilles.

La ruche employée est en paille de 0m18 de hauteur sur environ
0m50 de diamètre, d'une seule pièce avec cabochon. Les ruchers sont tous
placés à côté de la maison, soit dans un jardinet, soit même adossés à
deux pas de la porte d'entrée de l'habitation et le tout en bordure d'une
rue qui est un chemin de grande communication.

Personne ne se trouve mal du voisinage de ces utiles insectes ; leur
présence au milieu d'un village où chaque maison se touche, indique

clairement qu'ils n'attaquent jamais ni les habitants, ni les passants, ni même les ânes de la localité; sans doute que ces derniers sont moins agressifs que ceux de la Champagne?

Si quelques dégâts sont faits sur des fruits avariés ou dans le vignoble, par suite des coups de bec des oiseaux, qui ont au préalable entamé des grains, ou soit que ces déprédations aient été commencées par des mandibules plus fortes que celles des abeilles, personne ici ne penserait apporter un remède à ces larcins commis à plusieurs kilomètres du rucher, en le reculant de quelques mètres d'une route ou d'une propriété.

En continuant ma route, je rencontrai à l'entrée d'une ville de 7,000 âmes, nommée Arbois, deux petits ruchers qui ne sont séparés de la route impériale de Lyon à Strasbourg que par la simple haie de cette route; ces ruchers, fort anciens, attestent qu'il n'est jamais venu à l'idée des administrateurs de la localité de voir un inconvénient dans l'établissement de ruchers sur le bord d'une voie fréquentée lorsque l'entrée des abeilles est orientée dans le sens opposé à cette route.

Vous voyez, chers lecteurs, que l'on peut tirer un enseignement même du pays des ânes; si cependant je vous ai donné l'envie de venir visiter l'académie de Pretin et ses ruchers, n'allez pas sur ce point plaisanter un indigène, car il ne manquerait pas de vous répondre : *Pretin est le pays des ânes parce qu'il y en passe plus qu'il n'y en reste !*

Ch. Gaurichon.

Salins-les-Bains, 19 avril 1870.

Fragments du journal d'un apiculteur.

Ferme-aux-Abeilles, mai 187...

17 mai. Mai déroule son tapis vert tout chamarré de fleurs qui invitent nos phalanges d'ouvrières bien-aimées à se disperser dans la plaine et sous la feuillée pour s'ébattre sur chaque corolle et s'enivrer de nectar aux parfums suaves et variés. Comme elles, soyons vigilants et ne perdons aucun moment précieux. Si l'apiculteur doit avoir un œil attentif sur ses abeilles dans le cours de l'année, ses soins doivent redoubler à l'époque de la production, et ses travaux sont appliqués en vue de ce qu'il désire obtenir. Les produits des abeilles peuvent être divisés en deux catégories : le miel et la cire, puis les essaims. Dès le commencement de mai et même la dernière quinzaine d'avril, l'apicul-

Digitized by Google

teur doit choisir vers laquelle de ces deux catégories de produits il doit faire tendre l'activité de ses abeilles ; car on ne saurait favoriser la production de l'un sans nuire à l'autre (1). S'il trouve plus avantageux d'avoir des essaims, soit parce que son apier n'est point suffisant, soit parce qu'il en trouve un placement facile et avantageux, il devra laisser chaque ruche, quoique pleine, sans y ajouter de case vide, afin que les abeilles, se trouvant trop à l'étroit, se disposent à fonder une autre colonie. Une ruche jeageant 25 litres est suffisante pour loger le couvain et les provisions nécessaires à chaque colonie. On peut la prendre plus grande, mais les abeilles l'emplissent moins vite, s'adonnent moins ou plus tardivement à l'essaimage. Au lieu d'attendre l'essaimage naturel, on peut s'adonner à l'essaimage artificiel, et gagner quelques jours dont profiteront les nouvelles colonies.

Mais si le miel et la cire sont l'objet de la convoitise de l'apiculteur, il devra agir tout autrement : il ajoutera à chaque ruchée des hausses, des cadres, des chapiteaux ou des corps de ruche vides. Ces additions devront se faire lorsque les abeilles et leurs édifices occuperont à peu près toute la capacité de la ruche ; il usera surtout de *bâtisses* qu'il aura soin de ne placer qu'au moment où la miellée donne ou va donner, sinon la mère pourrait y aller pondre. La connaissance de la venue prochaine du miel dans les fleurs est affaire d'observation et presque d'intuition : les praticiens de longue date ne se trompent pas souvent. Les indices sont un temps doux, plus humide que sec, et quelque peu brumeux dans la matinée. Le miel arrive le plus souvent dans la dernière période de la floraison pour le sainfoin, les trèfles, etc.

Il faut profiter d'une journée de miellée pour permuter des ruchées faibles avec des fortes. La permutation doit se faire à l'heure où le miel donne le plus, ce qui est indiqué par la pesanteur des abeilles revenant des champs. La plupart des ruches faibles qui auront été permutées seront bonnes à récolter : elles auront beaucoup de miel et peu de couvain à la fin de la miellée. Le contraire aura lieu dans un certain nombre de ruches fortes permutées avec des faibles.

On ne doit pas oublier que les abeilles d'un essaim n'emportent de vivres que pour trois jours au plus, vivres qu'elles dépensent quelquefois la première journée en constructions. Il importe donc de leur présenter de la nourriture si le temps est mauvais trois ou quatre jours de suite après leur réception. Il faut donner cette nourriture le soir.

(1) D. Huillon, 5e année, p. 234.

La plupart du temps il y a plus d'avantage à rendre les essaims secondaires à leur mère que de les garder. Il faut les rendre le lendemain de
leur réception pour qu'ils ne repartent pas. Au lieu de rendre les essaims
secondaires on peut les réunir par deux ou trois. Il faut autant que
possible réunir des essaims du jour et opérer le soir. (Voir les années
précédentes de l'*Apiculteur* pour l'essaimage artificiel.)   X.

Ruche à cadres Dümmler.

(Fin, voir page 208.)

Renforcées avant l'hiver et logées dans une ruche à parois épaisses
concentrant bien la chaleur, les colonies de M. Dümmler sont actives et
fortes au printemps. Elles s'adonnent à l'éducation du couvain aussitôt
que la température se modifie et que des butineuses commencent à sortir.
Celles dont les provisions s'épuisent reçoivent un ou plusieurs cadres
garnis de miel conservés pour cet usage. Celles suffisamment approvisionnées dont la population augmente reçoivent des cadres garnis de
rayons vides composés, comme les premiers, de cellules d'ouvrières. Ces
cadres ont été garnis d'édifices par les abeilles, ou bien l'apiculteur y a
fixé un rayon sec pris dans une autre ruche, le plus souvent — chez
M. Dümmler — dans une ruche à bâtisses fixes. La composition employée pour coller les rayons vides se compose de cire, de colophane et
de poix à parties égales. On fait fondre et à l'aide d'un pinceau on répand une couche entre les barrettes des cadres et le rayon.

Dès que mai arrive et que les fleurs deviennent abondantes, le couvain
s'étend dans la ruche, qui est agrandie. C'est alors que M. Dümmler
s'occupe de produire des mères sur une grande échelle. Il enlève de
chaque colonie sa mère avant qu'elle n'ait pondu dans les cellules maternelles. Aussitôt les abeilles, pour la remplacer, transforment en cellules maternelles des cellules d'ouvrières ayant du jeune couvain, et
pour que le nombre de cellules transformées soit plus grand, M. Dümmler
s'empare de chaque cadre qui a du jeune couvain et le place dans une
ruchette n'en logeant qu'un seul, ruchette qui ressemble au chapiteau
de notre ruche d'observation, mais qui est moins grand à cause des proportions des cadres. Les ruchettes sont isolées, mais avant, M. Dümmler
a soin de mettre dans chacune suffisamment d'ouvrières pour que la
chaleur nécessaire à l'éducation du couvain puisse y être entretenue. Il
tient les abeilles 24 ou 48 heures prisonnières. Bref, chaque ruchette
élève une ou plusieurs mères; l'aînée naît et provoque l'élimination de

ses sœurs cadettes; lorsqu'elle a acquis assez de vigueur, elle sort pour se faire féconder.

La ruchette à élever des mères de M. Dümmler se compose d'un cadre extérieur ou feuillet (fig. 11) qui loge le cadre mobile dont nous avons donné les dimensions page 175. Ce feuillet a dans ses côtés latéraux, à un centimètre du sommet, des rainures qui reçoivent le bout de la barrette supérieure du cadre mobile. Deux vitres, également mobiles, la ferment. Ainsi fermée, la ruchette est logée dans une boite ou chapeau mobile, et, pour que les vitres ne condensent pas les vapeurs et ne laissent pas perdre la chaleur des abeilles, une ouate est placée dessus, c'est-à-dire est mise entre les vitres et le chapeau.

Cette ruchette permet de suivre les transformations du couvain et de contrôler la naissance et la présence de la mère. Elle permet de remplacer facilement le couvain maternel si le premier n'a pas réussi. Elle est on ne peut plus commode pour l'observation (1).

Lorsque la mère de chaque ruchette a été fécondée, elle est extraite pour être donnée à une colonie qui en manque, ou encore pour fournir un essaim artificiel. Lorsqu'elle est destinée à former une colonie nouvelle, elle est placée avec le rayon de la ruchette et les ouvrières qui l'ont élevée dans une ruche vide. On y ajoute ou non des cadres avec rayons garnis ou non garnis, et cette ruche est mise à la place d'une ruchée forte; les abeilles de celles-ci, qui sortent pour butiner, entrent bien entendu dans la nouvelle ruche qu'elles peuplent d'autant. — D'autres fois, la ruche dans laquelle on vient de placer la colonie rudimentaire est établie à l'endroit où se trouvait la ruchette, et

Fig. 11. Ruchette pour l'élève de mères.

il y est introduit des abeilles prises dans un rucher éloigné de plusieurs kilomètres. M. Dümmler emploie, pour peupler les petites colonies italiennes qu'il forme, des abeilles indigènes provenant de son rucher-pépinière dont il a été parlé. Afin de ne pas introduire de faux-bourdons étrangers, il a soin de faire passer les abeilles qu'il apporte à travers un grillage

(1) En disant, en avril dernier, que l'outillage des Allemands est incommode pour l'observation, notre savant et judicieux collaborateur, *l'apiculteur lorrain*, n'a entendu parler que de leurs ruches ordinaires à cadres mobiles, et de celles qu'ils présentent comme spéciales à l'observation.

qui arrête les faux-bourdons. Il se sert pour cela de boites qui remplissent parfaitement le but à atteindre. Ces boîtes sont tarées, puis pesées
lorsqu'elles contiennent des abcilles ; de sorte que l'opérateur sait exactement la quantité qu'il en enlève et en donne.

M. Dümmler emploie les plaques de cire gaufrée pour l'obtention du
miel. Il en vend plus qu'il n'en emploie. Ces plaques sont fixées dans
les cadres de la manière qu'il a été indiqué plus haut pour les rayons
vides. C'est à partir de la seconde quinzaine de mai qu'il en place dans
les ruches populeuses dont il veut agrandir la capacité. Les plaques
coûtent plus cher que les rayons secs et ne valent pas autant, attendu
que les abeilles sont obligées de bâtir les parois des cellules ; ce qui leur
demande presque autant de temps que si elles faisaient du tout neuf.
Il est vrai qu'avec les plaques, elles dépensent moins de miel pour construire ; mais dans une plaque qu'on paie 25 centimes il n'y a guère que
pour 10 ou 12 centimes de cire coulée.

M. Dümmler tient à la disposition des amateurs des plaques de cire,
des mères italiennes et des ruches à cadres. Il met aussi à la disposition
des visiteurs son rucher, l'un des mieux conduits de l'Allemagne qui
nous avoisine.   H. HAMET.

L'abeille égyptienne.

(Fin, voir p. 222.)

Comment je l'ai propagée, éprouvée, et finalement abandonnée.

Sans entrer dans des particularités, dont on peut d'ailleurs se rendre
compte en recourant au n° XXVI de « l'Apiculture dans le Devonshire, »
qui a paru dans le n° 241 de notre journal (*Journal of horticulture*),
je dirai en peu de mots que, durant la dernière moitié d'août et la
première semaine de septembre, sept mères égyptiennes plus jeunes
naquirent, dont six furent fécondées en temps convenable, et une suc-
comba victime d'attaques régicides de la part de ses sœurs ouvrières. Il
est remarquable que les six mères survivantes — j'ignore quel était le
cas de la dernière — furent positivement fécondées par des petits faux-
bourdons italiens nourris dans des cellules d'ouvrières, — ceux qui
étaient pleinement développés ayant tous été détruits vers la mi-
septembre.

Le reste de l'automne fut consacré à fortifier dans mon rucher l'élément égyptien, lequel comprenait la première souche avec la mère

originale, et sept jeunes colonies, produit de cette mère, qui, reçue tard, le 30 juillet, et seule échappée au massacre de sa suite, avait été mise à la tête d'un petit noyau dès son arrivée.

Le printemps de 1866 fut nécessairement attendu avec une vive impatience. Je possédais huit fortes colonies égyptiennes qui avaient admirablement supporté notre hiver. En fait, la mère égyptienne originale (grâce sans doute aux peines et aux soins que j'avais pris) se trouvait à la tête de cet élément avec la plus forte colonie, tandis que les sept autres pouvaient disputer l'avantage aux sept meilleures souches italiennes, et je me préparai avec joie à remplir l'agréable tâche de propager ce qu'alors je croyais devoir devenir une race d'abeilles supérieure même aux italiennes en docilité et en beauté. Mais ici, un malheur commença à m'ouvrir les yeux sur le véritable caractère et les dispositions de mes *protégées* africaines.

En examinant une des jeunes colonies, le 20 avril, il me sembla remarquer un petit groupe régicide au fond de l'un des rayons. Toutefois, presque au même instant, voyant la mère courir sur le rayon en parfaite liberté, je crus à une méprise, et fermai la ruche, sans plus m'en occuper. La suite me fit voir que j'avais traité la chose trop légèrement, je trouvai le lendemain matin la pauvre souveraine dépossédée gisante, inanimée en avant de la ruche. Et comme elle était fraîche et qu'elle gardait sa beauté, un ami, habile entomologiste, réussit à la rembourrer, *et* maintenant elle figure au musée britannique, seul spécimen d'abeille mère de l'*Apis fasciata* en cette vaste collection. Ceci n'est dit qu'en passant.

A la même époque, les faux-bourdons égyptiens ayant fait leur apparition, je n'attachai pas beaucoup d'importance à la perte de cette mère, qui était hybride après tout, et, en conséquence, je me mis en devoir d'emprunter des rayons de couvain à la souche originale, afin que les ci-devant régicides élevassent une vraie mère.

Mais c'était une tâche difficile; les petites coquines engagèrent l'attaque avec toute l'ardente impétuosité des cavaliers du prince Robert, combinée avec une austère détermination et une résolution indomptable, qui eût fait honneur aux redoutés côtes-de-fer de Cromwell. Vite je gantai mes gants en caoutchouc, partie d'habillement que j'avais fort négligée, et voilà que, mes pantoufles étant éculées, je devins comme Achille, vulnérable au talon. Et ce n'est pas tout. Quand l'échange des rayons eut été effectué, que la ruche eut été rétablie dans son état

normal, et, à ce que je croyais, la trève proclamée, ces indomptables
petites amazones, toujours animées de fureur, attaquèrent et piquèrent
tous ceux qui vinrent au jardin, de sorte que, désespérant de les voir
s'apaiser, je fus contraint de les exiler à un mille et demi de distance,
où elles restèrent jusqu'au soir du 7 mai. En les examinant le matin
du 8, je trouvai que deux cellules maternelles étaient arrivées à parfaite
maturité; tout le reste avait été détruit, et un examen de plus près me
révélant que les deux mères qui en étaient sorties n'avaient pas encore
engagé de combat mortel, et qu'elles existaient l'une et l'autre dans la
ruche, je partageai promptement la population en deux colonies, à chacune desquelles je donnai l'une des deux mères. Le remarquable dé-
ploiement de vivacité de ma récente acquisition fut cause que je sus-
pendis mes essais de propagation de *l'Apis fasciata*; mais il fallut plus
encore pour me pousser à la résolution que je pris dans la suite.

Si quelqu'un ouvre le n° 241 de notre journal, auquel j'ai renvoyé,
il verra que la cinquième mère égyptienne montra des phénomènes
extraordinaires, que je vais rapporter :

« Elle était âgée d'environ dix jours, quand je remarquai que la présence d'un seul œuf dans une cellule d'ouvrière fut le signal de la
destruction d'un petit nombre de faux-bourdons pleinement développés
qui existaient alors dans la ruche. Plusieurs œufs furent progressivement
pondus, dans les cellules adjacentes, et toutes recevant la calotte propre
aux faux-bourdons, tandis que l'abdomen de la mère — une très-petite
mère — restait non-développé, je ne doutai pas qu'elle ne fût devenue
bourdonneuse déclarée. Son vingtième jour étant passé, grand fut mon
étonnement en découvrant en elle une transformation notable, qui lui
donnait tout à coup le gracieux *embonpoint* d'une mère imprégnée. Cette
circonstance était accompagnée d'un changement non moins sensible
dans la ponte de l'œuf, qui, au lieu d'être éparpillée et inégale, devenait
serrée et régulière. Peu après, il devint de même évident que sa progéniture ne serait pas exclusivement du sexe mâle, — quelques cellules
de couvain d'ouvrières apparaissant çà et là parmi les berceaux bombés
des faux-bourdons, — et cette proportion s'accrût par degrés et sans discontinuité, tellement que j'eus tout lieu de croire qu'elle avait revêtu la
puissance d'une mère pleinement développée, donnant, comme il convenait, des ouvrières en cette saison: »

Il est fort singulier qu'après n'avoir produit rien que des ouvrières,
comme il arrive d'ordinaire au commencement du printemps, elle re-

prit, aux approches de l'été, son premier état de mère bourdonneuse, ne pondant des œufs mâles que dans des cellules d'ouvrières, ce qui me détermina finalement à la supprimer, et je l'envoyai à mon ami, M. F. Smith, du musée britannique, pour être tuée et mise en vitrine comme spécimen d'entomologie.

Durant ce temps-là, comme j'avais discontinué la propagation de la variété égyptienne, cet élément commença un peu à faiblir dans mon rucher. Une souche, cédée à la Société d'acclimatation, partit pour les jardins de la Société royale d'horticulture de South Kensington, où elle fit très-bien, puisqu'elle remplit en partie une calotte, — premier miel qu'ait butiné une abeille égyptienne en Angleterre. La mère et les abeilles d'une autre souche furent expédiées à Leeds. Là, je l'espère, elles dédommageront de quelque manière M. F. H. West d'une souche italienne échangée, quoiqu'elles aient beaucoup souffert par suite du transport de mon rucher dans les pays du nord. Qu'est-il advenu? a-t-elle réusi? probablement M. West nous le dira un jour. La souche originale est devenue la propriété de M. Lowe, d'Edimbourg, qui, lui aussi, je n'en doute pas, nous en donnera des nouvelles.

Ayant donc matériellement réduit l'élément égyptien, j'arrivai lentement, mais indiscutablement, à cette désagréable conviction, que les abeilles égyptiennes ne sont nullement propres à des expériences, étant tenues dans des jardins confinant à une voie publique et fréquentée. Tant qu'on n'aura rien à démêler avec elles, elles seront assez pacifiques; mais enlevez le plancher supérieur de la ruche, et la dernière abeille se ruera sur le profane, laissant ruche et rayons en garde à la seule mère et aux seules ouvrières qui n'auront pas vu le jour. Il est inutile de dire combien promptement elles trouvent et comment elles percent facilement l'endroit faible du costume de l'apiculteur; comment elles se fourrent dans ses manches et grimpent dans ses culottes. Et si seulement elles n'attaquaient que leur agresseur actuel! La plus légère opération sur une souche égyptienne provoque une violente irruption aux environs. Des enfants laissés à leurs jeux ont été piqués pendant ces accès; de petits commissionnaires lambins ont dû marcher plus vite qu'à l'ordinaire; d'infortunés bichons à la fourrure tachetée, mollement pelotonnés sur eux-mêmes, ont cherché en glapissant un abri sous la jupe de leurs maîtresses ahuries; de hauts, de puissants et très-respectables seigneurs se sont précipités dans les bras de servantes épouvantées, en courant, affolés, les uns et les autres en sens contraire, pendant que — voici le bouquet — un nombreux pensionnat de jeunes filles fut non-seulement troublé chez lui, mais ignominieusement mis en fuite et dispersé.

La patience des Exoniens, qui n'avaient point porté plainte contre moi, a été louée et critiquée. C'était un avertissement. Je transformai donc quelques colonies en changeant les mères; j'en troquai trois contre des souches communes avec mon ami M. S. Bevan Fox; j'en donnai une à M. George Fox, de Kingsbridge; et la dernière, qui était une ruche-noyau sans mère, je l'étouffai et l'enterrai, comme un barbare, bénissant le ciel, en foulant ce tombeau... débarrassé de l'abeille égyptienne! — *Un Apiculteur du Devonshire.*   C. KANDEN, trad.

Société centrale d'apiculture.

Séance du 19 avril 1870. — Présidence de M. P. Richard.

Le secrétaire général fait connaitre le vœu exprimé par plusieurs membres correspondants pour que l'exposition de 1870 soit reculée à l'année 1871. Prenant aussi en considération l'état des ressources financières affectées à cet objet, et les préoccupations du moment, l'assemblée arrête que l'exposition bisannuelle qui devait avoir lieu cette année à Paris est ajournée à l'année prochaine. Elle décide que les concours ouverts dans la séance de février dernier subsistent et qu'ils resteront ouverts jusqu'au 31 octobre prochain. Elle décide aussi que la société centrale pourra encourager par des médailles, des appareils ou des ouvrages, les sociétés départementales qui organiseront des expositions apicoles.

M. Hamet annonce qu'il vient d'établir un petit rucher école dans le jardin de M. Bertrand, professeur de mathématiques, à Arcueil, lequel jardin réunit plusieurs autres enseignements agricoles. M. Leclair rend compte de l'installation de ce rucher, à laquelle il a assisté avec un certain nombre d'auditeurs du cours du Luxembourg.

Par une lettre du 4 mars dernier, M. Thomas Valiquet, de Saint-Hilaire-Station, secrétaire correspondant pour le Canada, annonce le don qu'il fait à la Société de 25 livres de graine de trèfle *alsike*. (T. de Suède, ou t. hybride.) M. Hamet dit qu'il a reçu à bon port l'envoi de M. T. Valiquet et que déjà une grande partie de cette graine a été distribuée, à raison de 100 grammes par paquet, aux membres de la Société qui en ont demandé. Il ajoute en avoir adressé plusieurs centaines de grammes à la Société d'apiculture de l'Aube, et remis un kilogramme à des apiculteurs du département de la Somme, réunis la veille à Amiens pour la formation d'une société centrale ou départementale. L'assemblée vote des remercîments à son honorable et généreux correspondant, M. Thomas Valiquet.

La Société romande des apiculteurs fribourgeois adresse le compte rendu de sa deuxième réunion (voir ci-contre), et un exemplaire de ses statuts. Le but de cette société, déclarée affiliée, est déterminé dans un cadre qu'on peut présenter comme modèle aux groupes qui se forment :

« Art. 1er. — Une Société d'apiculture est fondée dans la partie romande du canton de Fribourg (Suisse), sous le titre de *Société romande des apiculteurs fribourgeois*. Sa devise est : UNION ET PROGRÈS.

» ART. 2. — Le but de la Société d'apiculture est : — de travailler à l'extension et à l'amélioration de la culture des abeilles dans le canton de Fribourg ; — de développer le goût et la connaissance de l'apiculture ; — de propager les bonnes méthodes de culture rationnelle et d'exploitation des ruchers ;—de neutraliser par l'expérience et de saines données les théories et les pratiques défectueuses ; — de procurer aux produits apicoles des débouchés faciles et avantageux ; — de défendre les intérêts de l'apiculture auprès des autorités.

» Art. 3. — Les moyens d'action de la Société sont les suivants : — séances consacrées à l'examen des produits et des instruments apicoles, à des lectures, discussions, votes, etc.; — expériences, démonstrations théoriques ou pratiques ; — établissement d'une bibliothèque à l'usage des membres titulaires ; — abonnement à des publications périodiques traitant d'apiculture ; — relations à établir avec d'autres sociétés analogues ; — expositions publiques d'instruments et de produits apicoles ; — visite des ruchers des sociétaires ; — récompenses décernées aux personnes concourant au but de la Société. »

— M. Chapron, instituteur à Feigneux, annonce qu'il vient de commencer des conférences apicoles nomades dans le canton de Crépy en Valois (Oise). L'assemblée le félicite et note particulièrement son zèle. — M. Madur, instituteur à Champcevinel (Dordogne), annonce aussi qu'il a organisé une tournée chez les possesseurs d'abeilles de son canton, la plupart arriérés, afin de leur faire abandonner l'étouffage. Il adresse un certain nombre de certificats attestant ses succès. La Société d'apiculture accorde mille fois plus de prix à ces morceaux de papiers signés par de simples et paisibles paysans qu'elle n'en accorderait à une voiture à quatre chevaux de drapeaux récoltés au Mexique ou ailleurs.

— M. Célestin Serrain, de Richemont, soumet un plan d'organisation ou mieux de propagation de la *Solidarité apicole*. Il désire que les premiers adhérents soient tenus d'en recueillir d'autres.

— M. Maurissard fils, d'Illiers, communique la note suivante : « Mon petit rucher est à un kilomètre de chez moi. Cette distance m'empêche de nourrir les abeilles pendant la nuit. Pour obvier à cet inconvénient, j'ai imaginé une petite cage en toile métallique dont l'ouverture s'adapte par juxtaposition à l'ouverture de la ruche. Je mets dans cette cage un vase contenant le miel destiné aux abeilles. Je pose cette cage sur le menton du tablier. Je nourris ainsi mes abeilles en plein jour et j'évite le pillage. »

— M. Tellier, à Gamaches (Somme), annonce qu'il a fait un nouveau métier à fabriquer des hausses et des corps de ruches. Ce métier tient de celui de M. Durand, de Blercourt. Le travail s'exécute en descendant comme avec le métier Lelogeais, mais d'une façon plus propre. Le prix de revient serait moins élevé.

Le titre de membre titulaire de la société centrale d'apiculture est conféré à M. Bertrand précité. L'assemblée termine la séance par un entretien sur l'état des ruchées, auquel prennent part MM. Favarger, Hamet, de Layens, Leclair, Richard et Delinotte.

Pour extrait : DELINOTTE, secrétaire.

Société d'apiculture romande.

Deuxième assemblée générale de la Société romande des apiculteurs fribourgeois, au château de Romont, le 29 mars 1870. — L'utilité de notre société a été comprise; pour s'en convaincre il ne fallait qu'assister à la deuxième réunion générale : deux cents personnes au moins étaient présentes. Bien que toutes ne fissent pas partie de la société, la suite de ce rapport fera voir que nos rangs se sont accrus d'une manière presque inespérée et que notre devise «union et progrès» ne sera pas vaine.

M. Weck-Reynold, conseiller d'État, honore l'assemblée de sa présence; comme président d'honneur, le fauteuil lui est offert; mais il déclare vouloir rester simple auditeur-spectateur.

M. Crausaz, président, ouvre ensuite la séance par quelques paroles bien senties sur la marche de la société et le *tractanda* de l'assemblée. Il exprime le plaisir qu'il éprouve en voyant la réunion si nombreuse.

Digitized by Google

Vu l'absence de M. le Secrétaire pour cause de maladie, M. Jacquet, instituteur, prend sa place comme substitut. Il donne lecture du protocole de la société depuis sa fondation à ce jour. La liste des sociétaires compte 32 membres; 34 nouveaux membres effectifs et un membre honoraire sont reçus pendant la séance, ce qui fait en tout 66 sociétaires titulaires.

M. Jerly, caissier, rend ensuite compte de sa gestion jusqu'à ce jour; approuvée.

La parole est à M. le chanoine Nicolet. Une ruche munie de ses cadres est exposée à la vue des assistants. Après avoir fait l'historique de la ruche à cadres, M. le chanoine en démontre *ex professo* la construction, les dimensions, la manière de coller aux cadres et d'y disposer les commencements de rayons, soit rayons indicateurs, ainsi que les plaques de cire.

Il annonce ensuite qu'il a trouvé un débouché pour notre miel et que les sociétaires seuls en profiteront.

M. le Président lit ensuite un travail sur le choix des ruches communes destinées au transvasement dans les ruches à cadres. Il dit que la cire ne doit pas être trop jeune, à cause de sa fragilité, ni trop vieille, vu qu'elle ne serait plus propre à élever du couvain; l'âge qui conviendrait le mieux, ce serait de deux à trois ans. La population de la ruche doit être forte, la mère jeune et les provisions abondantes.

M. Jacquet, instituteur, lui succède et donne lecture d'une dissertation sur la quantité approximative de miel nécessaire à la formation d'un essaim. Il conclut qu'un essaim de 4 L (2 kilos), la réparation des pertes de la ruche qui le donne et le miel nécessaire aux ouvrières pendant la ponte demandent de 15 à 20 L (7 à 10 kilos) de miel; partant de cela, il trouve que la méthode de dégraisser les ruches en automne ou au printemps est très-préjudiciable à la prospérité des abeilles si la taille n'est faite avec beaucoup de modération et que les temps deviennent mauvais.

On quitte ensuite la théorie pour la pratique. Il s'agit de transvaser les rayons et les abeilles d'une ruche commune dans une ruche à cadres; ce qui est fait avec beaucoup de dextérité par M. le Président aidé de quelques membres connaissant parfaitement la partie.

Pour terminer, on fait un essai du mello-extracteur. Une réunion aura lieu dans la saison des essaims.

Pour extrait : Isidore Jacquet, instituteur à Villarvolard.

Conduite de la ruche à hausses.

(Voir page 28.)

On récoltera, dans toutes ces hausses ou espaces rajoutés, du miel fin et complétement exempt de pollen, car la mère ne quitte pas volontiers l'espace réservé au couvain pour aller dans les hausses supérieures où le miel est emmagasiné, ou pour passer par l'ouverture inférieure qui la conduirait dans la ruche de côté, afin d'y pondre. Une hausse nouvellement bâtie et remplie peut contenir jusqu'à 20 livres viennoises (11 kilos 20) de miel et de cire.

Les caissettes qu'on rajoute soit par-dessus soit de côté (les calottes) peuvent avoir des petits bois ou rayons mobiles, que l'on peut enlever avec les rayons qui y sont attachés et le miel qu'ils contiennent. Nous en parlerons plus longuement dans l'appendice.

On peut, pendant deux années de suite, donner de cette manière des caissettes mobiles, à une ruche, sans lui rajouter de hausse par le bas. La population de cette ruche a suffisamment de rayons dans les 3 ou 4 hausses qu'elle a bâties pendant la première année, pour y élever son couvain et y trouver ses moyens d'existence. Cependant la troisième année, il faut reconnaître que les rayons sont vieux, qu'ils sont devenus tout noirs par le grand nombre de couvain qui y est né, et que les cellules y sont devenues plus étroites; il faut alors penser à renouveler les constructions. Ceci se fait en plaçant des hausses par-dessous, dans lesquelles les abeilles bâtissent de nouveaux rayons qui servent successivement de berceau au couvain. Une bonne ruchée saine peut bâtir en deux années au moins quatre hausses neuves, pendant qu'en automne on lui enlève petit à petit les vieux rayons remplis de miel qui se trouvent dans les hausses supérieures; après cela on peut de nouveau, au lieu de hausse par le bas, ajouter une calotte par le dessus ou par le côté. — On ne met de calotte par-dessus ou par le côté que dans le cas où l'on voudrait obtenir du miel fin dans des rayons vierges.

Observation. — Dans la chaleur de la discussion et par zèle pour la défense d'autres méthodes, on a déjà reproché au système de l'élevage des abeilles dans les magasins de produire beaucoup de bourdons qui consomment inutilement et de n'obtenir que du miel inférieur dans de vieux rayons. Ce reproche, qui peut atteindre la méthode de Christ Schlendrian (auteur allemand), je la repousse pour la nôtre. Celui qui se sert de ses magasins d'après les principes que nous avons décrits, récolte non-seulement du miel fin; mais il n'a pas à se plaindre d'avoir trop de bourdons; car il ne se trouve dans la partie occupée par le couvain, que un ou deux minces rayons à bourdons par les côtés, que la mère n'est pas forcée de garnir d'œufs de bourdons, puisqu'elle trouve dans le milieu bien assez de cellules d'ouvrières à remplir. Au surplus il serait facile d'enlever au printemps au moins les plus jeunes rayons à bourdons.   D. B.

Disons maintenant quelques mots sur la manière d'ajouter une hausse par le dessous. Chacun a pu se convaincre qu'il n'y a aucune difficulté à placer une hausse par le dessus ou par le côté; mais il n'en est pas de même pour placer une hausse par le dessous, lorsque la ruche se compose déjà de 6, 7 hausses ou davantage, qu'elle contient une forte population qui barbe et lorsque le temps est chaud : toutes ces difficultés paraissent insurmontables ou tout au moins très-grandes pour bien des personnes qui ne possèdent pas les connaissances nécessaires. Cependant cette opération n'est pas très-difficile et je vais la décrire dans tous ses détails.

Dans l'après-midi, lorsque la plupart des abeilles sont encore à la campagne, on place un plateau à droite ou à gauche tout près de la ruche et on y pose la hausse qui va servir, telle qu'elle doit y rester. Ensuite on entoure la ruche d'une corde en double, à peu près à la hauteur de la second hausse, et on en noue solidement les deux bouts. La corde ne doit pas être tendue plus qu'il n'est nécessaire pour permettre d'y passer la main, et de servir comme d'une anse pour soulever. La corde, quoique peu serrée, ne glisse cependant pas; pourtant il serait plus prudent de la fixer à sa place au moyen de deux crampons en fer, enfoncés dans la paille, dans des points intermédiaires entre ceux qui doivent servir d'anse. Après cela on insuffle un peu de fumée par l'entrée de la ruche, afin de refouler et de faire remonter les abeilles qui s'y trouvent; puis deux personnes passant une main dans la corde soulèvent la ruche, en la soutenant par le haut de l'autre main pour l'empêcher de balancer, et la posant de côté sur la hausse préparée. Voici le plus difficile et le plus dangereux de fait. Il ne reste plus qu'à ajuster exactement la ruche sur la hausse, puis à les fixer entre elles au moyen de crampons en fer, et enfin on enlève l'ancien plateau et on glisse le nouveau avec toute la ruche à sa place.

On peut de cette manière placer des hausses par le dessous de ruches dont le contenu pèse près d'un quintal; il suffit que les personnes qui

soulèvent se placent convenablement. Il est rare que l'on écrase quelques abeilles; les mouches n'ont presque pas le temps de devenir furieuses; car toute l'opération se fait presque en un clin d'œil. Il faut, il
est vrai, avoir de l'aide; mais qu'est-ce qui ne trouverait pas un voisin
obligeant, ou toute autre personne, que l'on pourrait du reste armer
d'un camail dans la crainte d'être piqué?

Là où l'opération deviendrait difficile par suite du peu d'espace qu'il
y aurait autour des ruches, il ne faudrait pas en attribuer la faute à
l'opération en elle-même, mais à la mauvaise disposition des ruches
dans l'apier. Chaque ruche doit non-seulement pouvoir être approchée
par derrière, mais elle doit aussi avoir à droite et à gauche un espace
libre de la largeur d'une ruche. On peut aussi, pour faciliter l'opération,
reculer les ruches voisines de quelques pouces.

b. En ce qui concerne *les ruches en paille horizontales*, on laisse ordinairement les abeilles bâtir d'arrière en avant; on place alors les hausses
par devant en ayant soin d'enlever d'abord le couvercle où est l'entrée.
Ici l'on n'ajoute aussi qu'une seule hausse à la fois. Veut-on, de même
que nous l'avons vu avec les ruches verticales, faire l'opération avec
l'intention d'obtenir du miel dans des rayons nouveaux? alors on place
une hausse par derrière, après que la ruche aura d'abord rempli trois ou
quatre hausses. Cependant pour que la mère ne vienne pas pondre dans
ces rayons nouveaux, et que les abeilles n'y apportent pas de pollen
destiné à la nourriture du couvain, il faut chercher à séparer cet espace
de la ruche proprement dite, où se trouve le couvain.

On y parvient en adaptant à la première hausse rajoutée un couvercle
rond en paille ou en bois, ajusté dans l'intérieur. Ce couvercle doit
avoir une entrée par le bas, là où il touche le fond, et sur les côtés
quelques petites ouvertures destinées à livrer passage aux abeilles seulement. La mère ne passe pas facilement par ces petites ouvertures, mais
les abeilles s'y faufilent, et entrent dans la hausse vides dans laquelle
elles construisent des rayons destinés à emmagasiner le miel. Plus tard
on pourra rajouter encore autant de hausses vides qu'il sera nécessaire.

Quand les ruches horizontales contiennent des rayons trop vieux, il
faut aussi leur rajouter la troisième année des hausses par devant et non
plus par derrière, pour qu'elles rajeunissent leurs constructions.

On peut aussi, de même qu'aux ruches verticales, ajouter, par les
fenêtres, des petites caisses munies de rayons mobiles. Quand l'une des

Digitized by Google

hausses rajoutées par le haut contient une fenêtre, on peut aussi y placer une caissette ou une ruchette de verre.

Nous verrons aussi dans l'appendice comment on fixe les rayons indicateurs sur les petites traverses, comment on les pose dans les hausses et comment on fait pour les entrer ou les sortir dans les ruches horizontales.

La manière de placer les hausses n'exige pas de grandes connaissances.

Pour *rajouter par le devant*, on recule un peu la ruche en arrière, on enlève le couvercle, on pose la hausse et on l'assujettit avec des mains en fer ; enfin, lorsque le couvercle est de nouveau à sa place, on ravance la ruche autant que cela est nécessaire.

Pour *rajouter par derrière*, on laisse la ruche à sa place. Il va sans dire que là où les hausses ne s'ajoutent pas exactement les unes aux autres et laissent entre elles un intervalle, il faut boucher ces intervalles avec de la terre glaise. Mais ici remarquons une chose : Comme la ruche pose sur son échelle ou sur sa planche, on ne peut pas mettre la terre glaise à l'extérieur ; il faut la mettre par dedans.

Ruches d'une seule pièce. Ordinairement on enlève à cette espèce de ruche une planche en avant et on y place tout contre une caisse qui recouvre tout l'espace. Cependant on ne fait guère cette opération que vers la fin de la campagne, alors que les abeilles ne construisent plus beaucoup. Mais comme on est obligé d'ouvrir la ruche du côté du jour, alors que les abeilles barbent beaucoup ; comme aux ruches en bloc à peine dégrossies, il est difficile d'ajuster convenablement les petites caisses pour qu'elles remplissent bien l'ouverture ; l'opération ne se passe guère sans qu'on soit beaucoup piqué ou soit qu'il vous arrive quelque autre malheur, même en employant beaucoup de fumée. J'ai vu, par exemple, une forte ruche en bloc, à laquelle on avait accroché une assez lourde caisse, renversée par terre par le poids du miel qui était venu en surcroît et qui avait fait perdre l'équilibre à tout l'ensemble. Alors tous les rayons se détachèrent et tombèrent les uns par-dessus les autres et le miel coulait de la ruche comme d'une source. Les abeilles de toute la contrée arrivèrent à la caisse pour piller et emporter le miel. La ruchée fut perdue tant pour les rayons que pour les abeilles qui périrent étouffées. Que ceci serve de leçon !

Les ruches en planches sont plus commodes pour l'application de caissettes, surtout lorsqu'on a eu la précaution d'y pratiquer des ouvertures par le haut ou par le côté. On peut facilement y placer soit des caissettes, soit des ruchettes en verre, munies de rayons indicateurs.

Du nettoyage des ruches au printemps.

§ 71. *Dans quel moment et de quelle manière se pratique le nettoyage dans les diverses espèces de ruches.* — Quand enfin l'hiver est presque entièrement passé et qu'un air plus doux pendant un ou plusieurs jours remplace en février ou en mars le vent froid de l'hiver, l'apiculteur se réjouit, car ses chères abeilles peuvent effectuer leur première sortie. On n'en voit d'abord sortir que quelques-unes, puis de moment en moment un plus grand nombre, et à la fin chaque ruchée envoie dehors toute sa population qui voltige joyeusement alentour; les abeilles quittent la ruche les unes après les autres, à tour de rôle, et tout en volant, elles abandonnent les excréments accumulés dans leur corps pendant l'hiver.

Fortifiés par ces premiers rayons du soleil qu'elles goûtent le plus longtemps possible et réconfortées par le bain d'air qu'elles ont pris en liberté, les abeilles rentrent dans la ruche et se mettent incontinent à donner des preuves de leur activité renaissante. Ainsi elles se hâtent de traîner péniblement dehors, pendant le reste de la journée, les cadavres d'abeilles mortes, le pollen détérioré, et toute autre ordure, semblant dire à leur propriétaire : nous voulons avant tout avoir une demeure propre! Et le propriétaire n'a rien de mieux à faire que de comprendre cette parole et d'aider au nettoyage des ruches.

Il faut de suite entreprendre cette opération; car le lendemain et les jours suivants peuvent amener de nouveau du mauvais temps, qui empêcherait les abeilles de sortir ou même d'ouvrir les ruches. Alors donc, à l'ouvrage, et vivement !

(*A suivre.*)   Trad. D'OETTL.

Revue et cours des produits des abeilles.

Paris, 30 *avril.* — MIELS. La vente a continué d'être active jusqu'au milieu du mois. Depuis la consommation a diminué en raison de l'élévation de la température. Les cours précédents des miels blancs ont été maintenus, si ce n'est que pour les Chili inférieurs sur lesquels on fait un rabais de 5 à 10 fr. par 100 kil. Les Bretagnes ont continué d'être

Digitized by Google

fermement tenus ; on les cote à la consommation de 120 à 130 fr. les 100 kil. ; et on les tient à 115 fr., en première main.

On écrit d'Anvers : Le marché reste maintenu en ferme position pour le miel de la Havane ; mais le stock modique entrave les affaires. En miel de Bretagne nous ne possédons toujours rien sur place. Reçu quelques barriques miel de Livourne.

CIRES. — Peu de transactions, affaires mauvaises et cependant cours à peu près tenus pour les petites parties, lorsqu'on se présente chez l'acheteur peu fourni. Autrement il faut faire des concessions et les preneurs de gros lots manquent. La plupart opèrent au jour le jour. On a coté de 120 à 115 fr. les 100 kil., hors barrière. Les cires à blanchir maintiennent leur prix. La taille s'est opérée dans la première quinzaine d'avril, et les prix en vrac ont été de 60 cent. à 1 fr. le demi-kil. Rendement très-ordinaire.

Voici les cours pratiqués à Marseille : cire jaune de Trébizonde et de Caramanie, 240 fr. les 50 kil.; de Chypre, 230 fr.; de Constantinople, 235 fr.; d'Egypte, 215 à 230 fr.; de Mogador, 210 à 220 fr.; de Tétuan, Tanger et Laroche, 200 à 210 ; d'Alger et Oran, 220 à 230 fr.; de Bougie et Bone, 215 à 220 fr.; de Gambie (Sénégal), 205 à 215 fr.; de Mozambique, 210 à 220 fr.; de Madagascar, 195 fr. à l'entrepôt; de Corse, 225 à 230 fr.; de pays, 210 à 220 ; ces deux derniers à la consommation. — A Alger, cire jaune, 4 fr. 10 à 4 fr. 15 le kilog.

On nous écrit du Havre :

Depuis le 1er avril les affaires sont nulles. Aucune vente en miels ; les cires sont aussi très-négligées, il n'a été fait que 400 kilog. Cire du Gabon, marque TQ, à 1 fr. 85 le demi-kilog. acq. Les importations ont été peu suivies; elles comportent environ :

65 sacs, cire venant des Gonaïves,
47 barils et 8 sacs — de Port-au-Prince,
4 caisses — de Saint-Marc,
1 caisse — de Kingstown,
3 caisses — de Valparaiso,
77 barils
24 colis — de Lisbonne,
24 gamelles
12 colis, 6 barils — de Hambourg,
33 fûts 8 barils — de Gibraltar.

Les courtiers cotent : cire brute le kil. acq. — Afrique, de 3 fr. 60 à
4 fr. 20 ; Chili, de 4 fr. à 4 fr. 80 ; Etats-Unis, de 4 fr. à 4 fr. 40 ; Haïti,
de 4 fr. 10 à 4 fr. 25 ; Santo-Domingo, de 4 fr. 20 à 4 fr. 30 ; Inde, de
4 fr. 20 à 4 fr. 40 (nominal). Et avec le toupet le plus imperturbable ils
continuent de coter les miels Chili, de 70 fr. à 105 et les Cuba et Haïti,
de 50 à 60 fr. les 100 kil. acq. Une dépêche de la Havane, en date du
2 avril, annonce que la cire jaune est très-rare ainsi que le miel. Une
dépêche d'Anvers du 1er, relatait que le stock en cire était considérable : 1,000 kil. Haïti; 2,000 kil. Etats-Unis; 40,000 kil. Afrique;
— 4,000 Mogador. — Néanmoins la cote était nominale et la demande
peu soutenue.

Il résulte des tableaux de la douane que du 1er janvier au 31 mars
1870, il a été importé au Havre, par mer, 163 fûts et 1190 colis,
cire de diverses provenances.

A Anvers les prix ont été maintenus, mais avec des affaires presque
nulles. On a coté : cire indigène de 2 fr. 25 à 2 fr. 50 le demi-kil.; cire
de France, 2 fr. 20 ; dito d'Afrique, 2 fr. 20 à 2 fr. 25.

Corps gras. — Les suifs ont peu varié ; on a coté ceux de boucherie de
102 à 103 fr. les 100 kil.; suifs en branche, 78 fr.; stéarine de saponification, 85 à 87 fr.; dito de distillation, 79 fr.; paraffine de 160 à
230 fr. les 100 kil. selon qualité.

Sucres et sirops. — Les sucres bruts indigènes ont été calmes ;
le n° 12 à 88 degrés a été coté 63 fr. 75. Sucres raffinés, de 130 à
131 fr. 50 les 100 kil. Les sirops de fécules sont restés sans changement
notable.

ABEILLES. — Les achats faits dans la première quinzaine du mois
n'ont pas accusé de changements sur les prix antérieurs : on a coté de
16 à 18 fr. en bonnes colonies prises sur place, pour le Gâtinais. —
L'hiver n'a cessé qu'au 20 avril. A partir de ce moment la température est devenue bonne quoique très-sèche, et les arbres fruitiers ont
offert des ressources abondantes. Les progrès accomplis depuis dix jours
sont très-remarquables dans un grand nombre de ruchers. L'essaimage
est quelque peu retardé, mais les dispositions sont bonnes, et il semble
qu'on peut espérer essaims et miel. Voici les renseignements qu'on nous
transmet :

Dans ce pays, l'hiver a été très-rigoureux. Pendant une semaine le thermomètre à marqué 10 degrés au-dessous de zéro. Aussi tous les possesseurs d'abeilles ont-ils perdus plus du tiers de leurs colonies; mais l'apiculteur soigneux les a toutes conservées. *Rives*, à Saint-Girons (Ariége). — Nos ruches sont dans le plus déplorable état; il ne reste presque plus d'essaims ni de souches (4 avril); si d'ici quelques jours le temps ne change pas, des ruchers entiers seront dépeuplés. *Lecler.*, à Marigny (Aube). — Les ruchées sont dans un triste état (8 avril). Les fleurs sont en retard, pas de navette et de colza. *A. Quignard*, à Vaupoisson (Aube). — La fleur des arbres fruitiers donne en ce moment (21 avril) une miellée abondante. Nos abeilles sont sauvées. *C. Kanden*, à Auzon (Aube).

J'ai des ruches assez peuplées, mais retardées. A la visite que j'ai faite il y a quelques jours (26 avril), je n'ai vu que quatre ou cinq colonies ayant du couvain de faux-bourdons. *Vuez*, à Mouthe (Doubs).

Les sainfoins sont très-beaux; les vesces sont belles aussi, mais les trèfles incarnats sont mauvais. Les minettes sont fleuries (27 avril). Si l'eau vient sous quelques jours, nous devons beaucoup espérer. Nos colonies sont très-populeuses, mais bien dépourvues de miel. *Marcault*, à Saucheville (Eure-et-Loir).

Ici mauvais commencement de campagne (6 avril), gelées sans interruption avec temps couvert. Depuis deux jours le soleil se montre, et il provoque des essaims de Pâques. Beaucoup de populations sont faibles. *Poisson*, à Beaune-la-Rolande (Loiret). — Les faux-bourdons commencent à voler (15 avril); l'essaimage ne tardera pas. *Isique*, à Nérac (Lot-et-Garonne). — Je crois que je vais me ruiner pour nourrir mes abeilles. Chaque semaine il me faut 25 kil. de miel. *Pannet*, à Courtisols (Marne). — Grâce à des réunions, mes essaims ont fait l'année dernière, 15 et même 20 kil., tandis que ceux de mes voisins qui suivent la routine n'ont rien valu. *Bistan*, à Moustiers (Nord).

Depuis quelques jours que le temps s'est radouci (11 avril), mes abeilles visitent les fleurs de marsault et y trouvent assez de miel. *Dannin*, à Parfondeval (Oise). — Je possédais en automne 35 ruchées d'abeilles. J'ai réduit ce nombre à 30, qui se trouvent en bon état, et j'espère sur leur avenir. *Tellier* à Gamaches (Somme). — Mes abeilles sont dans un état des plus satisfaisants. Je n'ai fait aucune perte cet hiver. Dans presque toutes les ruches les abeilles sont sur le tablier (24 avril). Il ne se trouve cependant pas de bois ni de colzas sur leur parcours; elles possèdent seulement les fleurs printannières et celles des arbres à fruits sur les- quelles elles prennent beaucoup de pollen depuis quelques jours, mais pas encore de miel. Hier j'ai encore nourri des colonies peu fournies. Mes voisins ont perdu un certain nombre de ruchées faibles faute d'avoir négligé de leur donner des vivres. Il ne restera pas de vieux miels de pays. Je compte sur une bonne campagne. *Vignon* à Saint-Denis (Somme).

Malgré la grande sécheresse (26 avril), nos abeilles ramassent une quantité prodigieuse de pollen et je me suis rassuré hier qu'elles enma- gasinent aussi un peu de miel. Nos essaims ne viendront que dans 15 ou 20 jours. *Dubois* à Ault (Somme).

Si les abeilles sont dans un état satisfaisant dans quelques cantons, elles sont faibles et peu avancées dans beaucoup d'autres. Depuis huit ou dix jours elles ont pu butiner, mais la sécheresse a nui au dévelop- pement du couvain, et la fleur a passé très-vite. Néanmoins si mai n'est pas aussi humide qu'avril a été sec, l'espoir d'une bonne campagne pourra subsister. H. HAMET.

P. S. Les colzas fleurissent mal. Les pucerons attaquent la fleur.

— A vendre : une quarantaine de toiles à transporter les abeilles, à 1 fr. pièce.
— Occasion. — S'adresser aux bureaux du Journal.

— M. T... à Chaux-de-Fonds (Suisse). Nous avons fait demander l'adresse exacte qui ne nous a pas encore été envoyée. Abonnement de 2 années non payées.

— M. C... à Esperanza (Plata). Reçu vos nouvelles. Demandez abeilles à Constant Willat, à Paysandu (Uruguay).

— M. M... à Bellinzona. La patrie du Dante n'est pas celle d'Aristée : Ces journaux italiens ne présentent rien pour nos praticiens. Le dernier reçu traduit gabeloux par... agronome naturaliste.

— M. V... à Andeville. Reçu la cire, qui n'est pas encore placée.

— M. N... à St-Pierre. Les corps de ruches vont être expédiés; vous recevrez un peu plus tard les calottes qui manquent.

— M. B... à Châlons. Les ruches et le mellificateur seront expédiés sous huitaine.

Paris.— Imprimerie horticole de E. DONNAUD, rue Cassette, 9.

Digitized by Google

L'APICULTEUR,

Chronique.

SOMMAIRE : Vote inconstitutionnel d'un partageux et activité dévorante des abeilles. — Lauréats apicoles aux concours régionaux. — Société d'apiculture d'Ault. — Concours de Nogent-sur-Seine — Lauréats.

Dans la dernière période d'avril et la première de mai, les esprits ont été préoccupés par une sécheresse persistante qui menaçait de nous priver d'essaims et de miel, et par un plébiscite qui institue la stabilité : *Vox populi, vox Dei* (?) Nous n'avons pas à parler de ce dernier fait, si ce n'est pour mentionner que l'urne d'un village, — que ce soit Fouilly-les-Oies ou Villeneuve-les-Melons, peu importe, — a rendu ce bulletin inconstitutionnel qui répond à la vive aspiration des lecteurs de l'*Apiculteur* : « Qu'il y ait du miel pour tous! » Si on l'eût pesé, ce bulletin l'emportait, — à la mesure des possesseurs d'abeilles, — sur beaucoup d'autres qu'on a comptés. Ce qui n'empêcha pas un étouffeur de s'écrier : l'auteur de tel vote ne peut être qu'un *partageux*... Dans quelques localités, la sécheresse a cessé, pour être remplacée par une calamité plus grande : la grêle. Mais dans les cantons où des ondées bienfaisantes ne sont pas venues trop tard, les abeilles ont depuis déployé une activité dévorante, — ne pas établir de comparaison, s'il vous plaît, — car ç'a été pour butiner du miel. Ailleurs le temps sec a malheureusement persisté.

— M. Lefranc nous écrit de Normandie, à la date du 18 : « La première quinzaine de mai a été par continuation froide et sèche, si bien qu'il a fallu alimenter les abeilles à une époque où ordinairement elles trouvent force miel sur les fleurs : ce qui a ravi certains amateurs qu'on peut appeler les enfants terribles de l'apiculture. Ces amateurs ont été enchantés de l'activité dévorante (le mois était à la chose) avec laquelle leurs abeilles enlevaient le sirop de sucre qu'ils leur présentaient dans des nourrisseurs de leur invention. Ils espèrent qu'elles l'enlèveront encore plus rapidement en juin, grâce surtout aux perfectionnements qu'ils apporteront au râtelier. — L'ajournement à l'année prochaine de l'exposition apicole de Paris ne m'a pas déplu, car je voyais le moment de ne pouvoir fournir les deux calottes de miel que j'ai promises à la Société. Mais depuis deux jours, nos abeilles font merveille et, si elles

9

continuent, je m'engage à doubler cet impôt qu'en bon prince je percevrai sur elles, bien entendu. »

— Les concours régionaux qui viennent d'avoir lieu ont offert peu d'intérêt aux apiculteurs, excepté celui d'Agen qui comptait six exposants spéciaux réunissant une brillante collection d'appareils et de produits apicoles. Une médaille d'or a été obtenue par le frère Isique, instituteur à Nérac, qui exposait 30 bocaux de miel des années 1867-68-69 et 70; douze briques de cire bien épurée ; 40 petits ouvrages en cire ; une ruche d'observation garnie d'abeilles (population très-forte) ; 40 bouteilles d'eau-de-vie de lavage des cires (3 années différentes), hydromel, liqueurs et sirop au miel; une collection de ruches normandes; un mémoire sur les ruches à chapiteaux ; plusieurs boîtes Santonax garnies de beaux rayons ; des cératomes, enfumoirs, masques, etc.; un mellificateur solaire fonctionnant pendant le concours et laissant goûter à ceux qui le désiraient, un bon miel. Cette remarquable collection a été visitée par un nombreux auditoire qui a reçu des instructions orales de l'exposant, l'un des propagateurs les plus zélés de la région. Le frère Isique eut surtout fort à faire pour persuader aux ignorants Lanusquets (Landais) que l'étouffage est une coutume aussi stupide que désastreuse. M. Jabot, apiculteur à Marmande, et M. Vialès, directeur des frères, à Lauzun, ont obtenu chacun une médaille de bronze.

Au concours régional de Valence, une médaille d'or a été obtenue par M. A. Saunier, des Teppes, l'auteur du Mémoire sur la loque, qu'on a lu récemment dans l'*Apiculteur*.

— Le dimanche 15 mai, la Société d'apiculture du canton d'Ault (Somme) se réunissait à Béthencourt-sur-Mer, même canton. La réunion comptait 110 membres. Après une séance pratique qui a consisté à extraire un essaim artificiel par transvasement, a eu lieu, à l'école communale, une conférence qui a duré une heure et demie, et dans laquelle un certain nombre de possesseurs d'abeilles ont adressé maintes questions au conférencier M. Hamet, qui avait pour accesseurs MM. Dumont-Legueur et Dubois. Dans un punch pris à la suite, un toast a été porté à l'union et au progrès. Le temps a été occupé comme le font les abeilles à la saison des fleurs, et il a paru trop court à tous. Avant de se quitter, on s'est donné rendez-vous à Woignarue, pour le dimanche 29.

Faire les réunions dans diverses localités, c'est mettre l'enseignement à la portée de ceux qui ne peuvent se déplacer. La Société d'Ault tient aussi tous ses membres au courant en les divisant par sections et en souscrivant un abonnement à l'*Apiculteur* pour chaque groupe. Moyennant la faible cotisation annuelle d'un franc, tous les membres sont à même de lire ou d'entendre lire le journal.

— La Société d'agriculture de la Gironde délivrera, dans son concours de 1870 qui aura lieu à Bazas, le dernier dimanche d'août, une médaille d'or, ou une médaille d'argent et 40 fr. au propriétaire d'abeilles du département qui aura établi dans son apier le système le plus avantageux pour la conservation des abeilles et la récolte de leurs produits. Les demandes pour le concours doivent être adressées avant le 1ᵉʳ juillet au secrétaire général, à Bordeaux.

— Nous venons d'assister à la réunion du 29 de Nogent-sur-Seine, et de visiter la partie agricole de l'exposition organisée par le comice de l'Aube. L'une et l'autre n'étaient pas très-fournies, à cause des occupations du moment qui retiennent à leurs ruches les possesseurs d'abeilles. Néanmoins il s'est dit de fort bonnes choses sur l'essaimage artificiel, sur le mariage et la permutation des colonies, à la réunion tenue à l'Hôtel-de-Ville, et l'exposition présentait de beaux échantillons de produits, voir même de miel nouveau, et des spécimens d'appareils convenables à la région. Les distinctions suivantes ont été accordées : médaille d'argent du Comice et 50 fr. à M. Froideval, à Lamotte-Tilly, pour bonne tenue du rucher. Le même a obtenu une médaille d'argent de la Société d'apiculture, pour ses produits; une médaille de vermeil de la Société, à M. Lecler, instituteur à Marigny, pour enseignement, propagande, et exposition; médailles d'argent du Comice, à M. Chameroy fils, à Arrentières, pour sa comptabilité agricole et l'ensemble de son exposition; médaille d'argent du Comice, à M. Barat, du port Saint-Nicolas, pour sa propagande; médaille d'argent de la Société, à M. Cheriot, de Planty, pour ses échantillons de miel nouveau. Médaille de bronze à M. Cartier, à Lamotte, pour rucher bien conduit, et à M. Pieuchot, de Semoine, pour services rendus à la Société de l'Aube et pour sa cire exposée.

— Les dimanches de juin, à 2 heures et demie, des leçons pratiques auront lieu à Meudon pour les auditeurs du cours du Luxembourg.

H. HAMET.

Bienfaits de l'apiculture.

Dans les derniers recensements on a remarqué dans beaucoup de communes rurales, une diminution assez notable de la population; tandis

que dans les villes, et surtout dans les villes industrielles, elle s'est considérablement accrue. Il est évident que cet accroissement se fait au détriment de la population des campagnes : c'est le paysan qui se fait
citadin.

On parle beaucoup aujourd'hui de l'augmentation des salaires. Il
semble à présent que les ouvriers doivent être heureux, vivre à leur
aise, mener enfin une vie de sybarite. Ce serait une grande illusion de
croire qu'il en est ainsi. Il est vrai que les salaires sont un peu augmentés, mais cette augmentation se fait plus sentir dans les villes que
dans les campagnes. Je connais même des localités voisines de la mienne
où le prix du travail manuel est resté tout à fait stationnaire, de sorte
que l'ouvrier ne gagne encore que 60 à 75 centimes par jour.

Dans ces villages-là, la gêne est beaucoup plus grande qu'elle ne l'était
autrefois. La société en se transformant a créé des besoins nouveaux ; il
faut aujourd'hui une vie plus confortable, une mise plus décente, plus
soignée. Enfin il est désirable que, sous le rapport du bien-être, l'ouvrier se ressente un peu des progrès qui se sont accomplis.

Comment un ouvrier de campagne, père de famille, pourra-t-il avec
une si faible rétribution de son travail subvenir aux besoins de son ménage, nourrir sa femme, ses enfants ? Impossible. Quelle que soit sa bonne
volonté, quels que soient ses efforts, il ne pourra jamais y arriver.

Dans cette extrémité, il n'a que deux partis à prendre : jeter sa femme
et ses enfants sur la route de la mendicité ou bien abandonner son pays
et aller au loin chercher un travail plus lucratif, plus en rapport avec
les besoins de la famille. C'est là, il est vrai, une bien cruelle alternative ;
mais il vaut beaucoup mieux quitter son pays que d'y mourir de faim.
Aussi est-ce souvent à ce dernier parti qu'il s'arrête.

Quelquefois le père de famille quitte seul la maison ; il se sépare en
pleurant de sa femme et de ses chers enfants. L'espoir d'un prochain
retour, d'un avenir meilleur, peut seul le soutenir en ce triste moment.
J'ai été quelquefois témoin de ces scènes émouvantes : elles ont toujours
fait sur moi une vive impression. Quelquefois aussi, ne pouvant se résoudre à cette cruelle séparation, il se fait accompagner de tous les êtres
qui lui sont chers.

Après avoir déposé dans un coin de sa petite maison les instruments
du travail qui ont fait vivre son père, qui ont nourri son enfance, mais
qui, avec le nouvel ordre de choses, sont devenus aujourd'hui bien insuffisants, il se dirige le cœur navré vers une ville industrielle pour s'y

Digitized by Google

établir, espérant qu'un travail mieux rétribué lui fera un sort moins cruel.

L'insuffisance des salaires est donc, si ce n'est l'unique, du moins la principale cause du dépeuplement des campagnes, qui sera dans un temps donné une cause d'alarme pour l'agriculture.

Je suis convaincu que le meilleur moyen à employer pour arrêter le déplacement des populations rurales, ce serait de répandre et de propager de petites industries accessibles aux ouvriers des campagnes, c'est-à-dire celles qui n'exigent pas beaucoup d'argent pour les entreprendre.

Je crois qu'en première ligne on peut placer l'apiculture. On pourrait y joindre l'horticulture, l'arboriculture. Ce sont là des industries qui ont entre elles une sorte de connexité, qui peuvent parfaitement s'accorder ensemble.

Un apiculteur peut fort bien, tout en soignant sa pépinière ou son verger, soigner aussi ses abeilles. En s'occupant de ces deux industries il y aura une grande économie de temps pour chacune d'elles et, par conséquent, un bénéfice plus grand en raison du temps employé.

Au village il arrive fort souvent que la femme de l'ouvrier s'occupe elle-même de la culture de son jardin potager ; elle pourrait fort bien, en ayant quelque connaissance apicole, s'occuper en même temps de son rucher, sans aucun dérangement pour elle. Si elle est mère de famille, elle apprendra à ses enfants à se familiariser de bonne heure avec les abeilles, ces modèles de travailleurs.

Les jeunes garçons en s'adonnant à l'apiculture trouveront dans cette petite industrie le moyen de payer leur apprentissage. En faisant de l'apiculture sur une grande échelle, ou bien en réunissant plusieurs petites industries; en s'y adonnant avec zèle et intelligence, ils pourront trouver des ressources pour acheter un remplaçant si le sort leur est défavorable ou pour s'établir convenablement dans le monde.

Les jeunes filles surtout doivent avoir une prédilection marquée pour la culture des abeilles ; elles s'apprivoisent facilement avec elles et les piquent très-rarement. Associant cette culture intéressante à la culture des fleurs, elles trouveront dans cette industrie productive le moyen de réaliser un petit capital destiné à former un jour la dot de leur mariage.

Cette culture attrayante aura de plus l'avantage de les détourner de ces parties de plaisir, de ces réunions dangereuses où elles sont souvent exposées à perdre à la fois l'innocence et le bonheur.

On ne saurait énumérer les avantages qu'on peut retirer de l'apiculture, tous les bienfaits qu'elle peut répandre autour d'elle.

D'après l'opinion de beaucoup de praticiens, une ruche peut rapporter annuellement 10 fr. de revenu. Une ruchée qui vaut, dans beaucoup de localités, 10 fr. donnera 10 fr. de revenu à son propriétaire, c'est un bénéfice de cent pour cent.

Une industrie qui rapporte d'aussi beaux bénéfices vaut bien la peine qu'on s'en occupe. Son grand avantage, c'est qu'on peut l'entreprendre sans dépenser beaucoup d'argent : c'est l'industrie du pauvre par excellence.

Je suppose un ouvrier, un bon père de famille qui n'a que son travail pour nourrir sa femme et ses enfants, qui ne peut arriver à mettre les deux bouts ensemble à la fin de l'année. Eh bien ! donnons à cet ouvrier une quinzaine de ruchées qu'il remettra aux soins de sa femme; les quinze ruchées lui apporteront annuellement 150 fr. de bénéfice net, et s'il a quelque connaissance d'horticulture ou d'arboriculture, en s'y livrant seulement dans ses moments de loisir, il pourra en retirer au moins la même somme.

Ainsi l'apiculture perfectionnée, agrandie ou unie à d'autres petites industries deviendra le second gagne-pain de la famille : elle sera pour le père un auxiliaire saisissant. La femme et les enfants seront mieux nourris, mieux vêtus : la gêne et le chagrin seront remplacés par l'aisance et le bonheur.

Le bienfait de l'apiculture aura pour effet certain de retenir et de rattacher aux champs les ouvriers des campagnes. Ce n'est pas de gaieté de cœur que le paysan quitte son village natal ; qu'il dit adieu aux doux souvenirs de son enfance et de sa jeunesse, et cela pour aller se mêler à la population d'une grande ville. Obligé par une impérieuse nécessité de quitter son pays, il emporte et conserve dans son cœur le désir et l'espoir d'y revenir un jour. Aussi voyons-nous souvent l'ouvrier villageois, après une absence plus ou moins longue, revenir aux lieux qui l'ont vu naître. Sa perspective à lui c'est de mourir sur son lit de paille, de reposer à l'ombre des cyprès sous les gazons fleuris, à côté de ses parents, de ses aïeux.

Ce n'est pas seulement la famille de l'ouvrier qui aura à jouir des bienfaits de l'apiculture ; elle sera encore la providence de tous les malheureux que nous voyons chaque jour à nos portes demandant le morceau de pain destiné à soutenir leur triste existence. Eh bien ! que les per-

sonnes charitables qui les assistent cherchent à leur faire obtenir quelques ruches; qu'elles en fassent des apiculteurs, et les parias de la
société, grâce à cette petite industrie, ne seront plus obligés de recourir
à la charité publique, de manger le vil pain de l'aumône.

L'apiculture, jointe à un faible travail, les mettra à l'abri du besoin : ils
passeront d'un état nuisible à un état d'indépendance et d'aisance relative (1).

Il n'est pas jusqu'à ces hommes éprouvés par de grands chagrins, qui
supportent avec peine le poids de la vie, craignant tous les jours de succomber à la tentation de s'en délivrer, qui trouveront aussi dans les
distractions, dans les occupations si attrayantes de l'apiculture, un
adoucissement à leurs infortunes. Et au lieu de faire un lâche et coupable sacrifice de leur vie, ils l'emploieront à répandre autour d'eux les
bienfaits de la culture rationnelle des abeilles (2). Le bienfait de l'apiculture aura donc encore le grand et précieux avantage de faire diminuer
le nombre des suicides.

La pratique de l'apiculture en se généralisant aura encore pour effet de
détourner les ouvriers des campagnes de la fréquentation des cabarets.
Personne n'ignore que l'ivrognerie fait aujourd'hui de grands ravages
non-seulement dans les villes, mais encore au sein des populations
rurales. C'est là un grand mal social qui fait chaque jour de bien tristes
progrès, sans qu'on ait pu jusqu'ici trouver un remède efficace à lui opposer. En inspirant aux ouvriers des campagnes le goût de l'apiculture,
j'ai l'espoir qu'on parviendra à les détourner de cette habitude funeste
qui met la discorde dans les ménages et est souvent une cause de gêne
ou de ruine pour les familles.

L'ouvrier villageois qui s'adonnera à la culture des abeilles trouvera
moyen d'occuper ses loisirs si agréablement soit à la garde de son rucher,
soit en construisant lui-même le logement de ses abeilles, qu'il ne sacri-
fiera plus aucun temps à la dissipation.

Ainsi, outre le bénéfice que lui procurera la culture des abeilles, il
lui reviendra un autre avantage pécuniaire résultant de cette industrie,

(1) Ce n'est pas en assistant le pauvre dans sa misère qu'on le soulage véritablement : c'est en le retirant hors de cet état.   « La Bruyère. »

(2) Si la vie t'est à charge, cherche quelque bien à faire. Si cette considération
te retient aujourd'hui, elle te retiendra demain, après-demain et toute ta vie.

« J.-J. Rousseau. »

en lui faisant éviter des dépenses inutiles et souvent nuisibles à sa santé. S'il se permet quelques récréations, il les prendra en compagnie de sa femme et de ses enfants et de manière à ne pas perdre de vue les intérêts de son rucher.

Ce ne sera pas un des moindres bienfaits de l'apiculture de resserrer et de fortifier les liens de la famille, qui tendent à s'affaiblir et à se relâcher de plus en plus.

On voit partout, dans les villages, s'ouvrir de nouveaux cabarets : le nombre s'en accroît de jour en jour, et cela sans doute, en raison du nombre croissant des consommateurs. Eh bien ! opposons à l'accroissement des cabarets l'accroissement des ruchers. Faisons, au moyen de l'apiculture, la guerre à l'ivrognerie : c'est une habitude déplorable qui tend à se propager partout. C'est à l'apiculture que sera dévolue cette mission moralisatrice.

Bientôt, j'en ai le ferme espoir, les réunions cantonales prendront une grande extension : c'est le meilleur moyen de répandre partout le bienfait de l'apiculture rationnelle. Déjà M. Vasseur, instituteur à Bléquen, a fait l'application de ce système de propagation dans le canton de Lumbres. De mon côté, j'ai fait aussi des démarches et je m'occupe activement de l'organisation de conférences dans mon canton. Je compte pour mener à bien l'œuvre commencée sur le concours de M. Dégrosilier de Saint-Aubin. Traditionnellement dévoué aux intérêts du pauvre et de l'ouvrier, il sera heureux de trouver là une nouvelle occasion de faire le bien, d'accomplir une œuvre philanthropique à l'égard de cette partie si intéressante de notre population cantonale. La grande influence qu'il y a acquise par ses bienfaits assure d'avance le succès de notre entreprise.

Pour que les conférences cantonales soient vraiment profitables à l'apiculture, elles ne doivent pas rester circonscrites dans quelques cantons, il faut qu'elles se répandent partout ; afin de répandre partout le système de la conservation des abeilles, et le bienfait de l'apiculture rationnelle.

Jamais une œuvre n'a été plus digne de l'approbation du gouvernement, n'a mieux mérité son appui et ses encouragements. Il s'agit ici d'une industrie particulièrement destinée à venir en aide aux pauvres, aux laborieux ouvriers des campagnes. Les ouvriers des campagnes concourent comme les ouvriers des villes à la grandeur et à la prospérité de la France ; ils doivent donc mériter le même intérêt. N'est-il donc pas malheureux de voir ces courageux ouvriers qui nous donnent non-seulement, le miel, mais encore le pain et le vin, ces deux principe de la richesse nationale, les deux éléments de la force humaine, manquer eux-mêmes des choses les plus nécessaires à la vie? L'apiculture mieux appréciée et surtout mieux pratiquée pourra leur venir en aide ; elle pourra améliorer leur sort et les attacher fortement au sol natal.

Qu'on en soit bien convaincu, c'est par le développement des petites industries qu'on parviendra à résoudre ce grand problème social : l'extinction du paupérisme. L'apiculture perfectionnée et agrandie aura une part très-importante dans ce grand bienfait. Et un jour, grâce à cette industrie, à l'exemple, à l'impulsion qu'elle aura donnée aux autres industries qui en seront le corollaire, on ne verra plus le spectacle attristant de la mendicité s'offrir à nos regards. On pourra dire alors de notre belle France ce qu'on disait autrefois d'une petite république de la Grèce, que « personne ne saurait s'y plaindre de sa misère sans se faire à soi-même un reproche de sa paresse. »

P. Devienne, apiculteur à Thiembronne (Pas-de-Calais).

Fragments du journal d'un apiculteur.

Ferme-aux-Abeilles, juin 187...

18 *juin*. — L'essaimage tire à sa fin dans les localités où les prairies artificielles sont fauchées. Les essaims de la deuxième quinzaine de juin ne valent jamais ceux de la première. Il convient de les réunir s'ils viennent tard et s'ils sont peu volumineux ; on doit rendre les secondaires à leur souche. On peut néanmoins en faire des colonies viables, en leur présentant le lendemain et le surlendemain de leur réception 6 ou 8 kilog. de sirop de sucre.

L'essaim secondaire qu'on se propose de rendre doit être recueilli comme s'il s'agissait de le conserver et être placé près de sa souche. Le lendemain matin ou le lendemain soir, on le secoue à l'entrée de la ruche mère qu'on a mise à terre et soulevée à l'aide d'une cale, si elle était dans un rucher bâti ou sur des piquets. Lorsque les abeilles de l'essaim sont entrées (on peut les accélérer par la fumée), on remet la ruche mère à la place qu'elle occupait et tout est dit. Lorsqu'on rend les essaims secondaires le jour de leur réception, on est exposé à les voir sortir de nouveau le lendemain, ce qui n'a pas lieu lorsqu'on les rend vingt-quatre heures après leur réception.

Dès que la faux achève de mettre bas les sainfoins, il faut penser à récolter, si les ruchées sont bien garnies. La récolte doit être entière ou partielle, selon les circonstances. Elle doit être entière sur les ruches en une pièce, lorsque les secondes coupes promettent des ressources pour les *trevas*. Elle doit être partielle sur les ruches à compartiments : calottes, hausses, cadres mobiles. La récolte partielle doit se borner à l'excès de provisions dans les localités où les ressources de l'été sont éventuelles ; mais lorsque les ressources des secondes fleurs promettent de remplacer le vide fait, la récolte partielle doit être plus abondante. Elle doit être très-large lorsqu'on a la ressource des blés noirs et de la bruyère. Elle peut aussi être très-large lorsque le nombre des colonies du rucher a augmenté sensiblement. Si les secondes coupes ne refont pas les colonies dépouillées, on pratiquera des réunions vers la fin de la campagne ou on alimentera.

Les ruches communes qu'on se propose de récolter entièrement doivent être transvasées. Si elles ont essaimé naturellement il y a trois semaines, ou si l'on a pratiqué dessus un essaimage artificiel depuis ce laps de temps, on doit chasser entièrement les abeilles : le couvain y fait défaut ou ne s'y trouve qu'en petite quantité. Mais si elles ne sont pas dans ces conditions il faut commencer par extraire un essaim et, trois semaines après, chasser entièrement. Ce n'est pas toujours avantageux de procéder ainsi, car pendant ces trois semaines, il y a diminution sensible des produits, et parfois apport de miel de qualité inférieure. Dans ces cas, il faut chasser de suite toutes les abeilles, recueillir le couvain et l'établir dans une hausse ou dans un chapiteau qu'on donne à la chasse ou à une colonie quelconque. — Les chasses logées à nu doivent être alimentées au bout de deux ou trois jours si le temps est mauvais et si les fleurs manquent : on peut leur donner à sucer les rayons chargés de pollen ayant un peu de miel à côté.

Les chasses ou trevas doivent être doublés et même triplés lorsqu'ils sont faits tardivement, c'est-à-dire lorsque la principale production mellifère est entièrement passée. L'essentiel est de ne pas les laisser avoir faim en attendant les ressources des secondes coupes ou de la miellée adventice.

Autant que possible, le miel doit être extrait de suite des rayons récoltés ; il coule d'autant mieux que la température est élevée. Lorsqu'on n'a que quelques ruches, quelques hausses ou quelques chapiteaux à récolter, on arrive facilement à en extraire le miel avant qu'il se soit refroidi, surtout lorsqu'on opère en été ; mais il n'en est pas de même

Digitized by Google

lorsqu'on opère sur un grand nombre de ruches, et surtout lorsque le rucher est éloigné de l'habitation de l'apiculteur. Il faut alors posséder un local spécial, dont on puisse élever la température à volonté.

Les ruches qui ont une certaine quantité de miel non operculé ne doivent pas être vidées de suite; il faut attendre que la température en soit baissée, et il faut mêler ce miel à de l'operculé pour que la granulation s'en fasse dans de bonnes conditions. Le mellificateur solaire à l'avantage d'évaporer l'excès d'eau que contient le jeune miel, celui qui a été butiné le jour ou la veille de la récolte. Le miel non operculé s'extrait facilement par le mello-extracteur. — Séparé de la cire, le miel ne doit être mis en pot ou en baril que lorsqu'il a pris la température ambiante. Les vases sont ensuite portés dans un lieu sec, un sous-sol ventilé ou un grenier aéré; ils sont fermés à l'aide d'une toile claire ou d'un couvercle mobile pour que les abeilles ne puissent y venir mordre. Lorsque la granulation du miel est faite, ils sont fermés plus complétement.   X.

Journal d'un apiculteur.

Les premiers articles des *Fragments* du journal d'un apiculteur (V. 6e et 7e année de l'*Apiculteur*) contiennent quelques indications sur la manière de faire et de consigner les observations apicoles, qui ont servi de guide à plusieurs possesseurs d'abeilles. M. P. Garnier nous adresse une page détachée du journal qu'il tient depuis qu'il s'occupe d'apiculture et que nous nous empressons de mettre sous les yeux du lecteur. Le journal de M. Garnier est divisé par colonnes. La première est pour les dates. Les cinq suivantes donnent l'état des courants atmosphériques (direction du vent); les quatre qui viennent ensuite constatent l'état du ciel (nuages, électricité, etc.); la 11e relate la température maxima; la 12e les observations courantes; la 13e l'état du rucher et les observations particulières. Cette dernière n'est pas la moins intéressante. Les premières colonnes sont remplies par des abréviations qui doivent être traduites de la manière suivante:

Cr clair, *ng* nuageux, *cv* couvert, *bd* brouillard, *bt* brouillard lointain, *be* brouillard épais, *pv* pluvieux, *pe* pluie, *ox* orageux, *og* orage, *tn* tonnerre, *tl* tonnerre lointain, *cl* calme, *lg* léger, *ss* sensible, *ft* fort, *tp* tempête, *gd* grand, grande, *st* sortie, *gn* générale, *tm* tumultueuse, *op pl* apport de pollen, *ml* miel, *fb* faible, *st* sortie, *pt* partielle, *auc trv* aucun travail, *clv* comme la veille.

Les abréviations alphabétiques peuvent être remplacées par des chiffres ou par des signes sténographiques; il faut alors être initié à ces signes pour pouvoir les traduire.

(JUIN 1869.)

Dates.	COURANTS ATMOSPHÉRIQUES.				ÉTAT DU CIEL.			TEMPÉRATURE maxima.	OBSERVATIONS APICOLES.	TRAVAIL DU RUCHER.
1	N.	cl.	lg.	cl.	cl.	ng.	cr.	cr.	17°	gd. st. gn. ap. de pl. et de ml.	
2	V.	cl.	lg.	cl.	cr. bt.	ng.	ng.	cr.	21°	clv.	
3	O.	cl.	ss.	lg.	cv. bt	cv. pv.	cv.	cv. pv.	22°	clv.	4. Quelques vieilles prairies artificielle tombent sous la faux.
4	S.-O.	lg.	ss.	lg.	ng.	ng.	cv.	ng.	22°	clv.	
5	S	cl.	cl.	cl.	ng. be.	ng.	ng.	cr.	26°	st. gn. fb. ap. de pl. et de ml.	
6	S.-E.	cl.	lg.	cl.	ng.	cr.	cr.	cr.	28°	clv.	
7	S.	cl.	ss.	cl.	cr.	ng.	cr.	cr.	28°	clv.	7. Signe de fin d'essaimage (v. juillet 1867 sur plusieurs ruchers.
8	N.-O.	lg.	ss.	ss.	ng.	cr.	cr.	cr.	20°	clv.	
9	N.	lg.	lg.	lg.	cr.	cr.	cr.	cr.	18°	st. gn. fb. ap. do pl.	9. Les souches qui ont donné des essaim seconds se débarrassent de leurs mères su perflues.
10	N.-E.	lg.	ss.	ss.	ng. bt.	ng. bt.	ng.	ng.	18°	st. gn. fb. ap. do pl.	10. On met la faux dans toutes les prairie artificielles.
11	N.-E.	ss.	lg.	ss.	ng.	ng.	ng.	cr.	21°	st. gn. lm. ap. de pl.	
12	E.	lg.	ss.	lg.	ng.	ng. bt.	ng. pv.	ng. bt.	25°	clv.	12. La récolte est finie, pour nos abeilles sur le sainfoin dont la fleur est éteinte par l hâle qu'il fait depuis quelques jours.
13	S.-O.	ss.	ss.	lg.	ng.	ng. pv.	ng. og. tl, pe.	cv.	22°	st. gn. fb. ap. de pl. et de ml.	
14	O.	ft.	ft.	ss.	ng.	ng. pe.	ng. ox.	cr.	20°	st. gn. fb. ap. de pl.	
15	O.	lp.	lp.	cl.	ng.	ng. pv.	ng.	cr.	17°	clv.	
16	V.	lg.	lg.	cl.	cr.	cv.	ng.	ng.	19°	st. gn. lm. fb. ap. de pl.	
17	V.	cl.	ss.	lg.	cv. pv	cv. pe.	cv. pe.	cv.	20°	clv.	
18	V.	cl.	lg.	cl.	ng. bd. pv.	ng. pe.	ng. pe.	ng.	16°	clv.	
19	N.-O.	lg.	ss.	lg.	ng.	ng.	ng.	ng.	17°	clv.	
20	N.	lg.	ss.	cl.	cv. pe.	cr. pe.	cv. pe.	ng. pv.	14°	fb. st. gn. anc. trav.	
21	N.-O.	cl.	cl.	lg.	cv. pe, bt.	cv. bt	ng. hl.	cv.	17°	st. gn. lm. ap. de pl.	
22	N.-O.	cl.	cl.	cl.	cv. bt.	cv. bl.	ng. bt.	ng. bt.	21°	gd. st. gn. lm. ap. de pl.	23. Grande sortie tumultueuse. Le vent es au N.-O., calme le matin et très-léger à midi calme le soir et la nuit. Le ciel est couver quelques nuages épars se dessinent noirs su un fond gris assez sombre, un brouillard loin tain couvre la plaine comme une gaze trè légère. Le thermomètre marque au maximu 21° cent. 1/2 (1).
23	N.-E.	cl.	cl.	cl.	cv. bd.	ng. bl.	ng. bt.	cv.	21°	s... gn. lm. ap. de pl.	
24	N.-E.	lg.	lg.	lg.	ng.	ng.	ng.	ng.	21°	clv.	24. Le pillage latent se déclare sur le n° 4 69; je lui passe une hotte de miel à la men the et les pillardes sont aussitôt repoussées
25	N.-E.	lg.	ss.	lg.	cr. bl.	ng.	cr.	ng.	20°	clv.	
26	N.-E.	ss.	ss.	ss.	cr.	cr.	cr.	cr.	24°	clv.	
27	N.-E.	ss.	ft.	ft.	ng.	ng.	ng.	ng.	20°	clv.	
28	N.	ss.	ss.	ss.	ng.	cr.	cr.	cr.	19°	clv.	
30	N.-E.	ft.	ft.	se.	cv. bt.	ng. bt.	ng.	ng.	19°	st. gn. ap. de pl.	

(1) Dès neuf heures du matin les faux-bourdons sortent des ruches ; mais à midi leur sortie est si bruyante et si nombreuse qu'on croirait à première vue que toutes les ruchées essaiment ; leur bruissement sonore remplit l'atmosphère. Je remarquai plusieurs fois que des ouvrières revenant des champs étaient tout à coup suivies d'un faux-bourdon qui, d'un vol rapide, s'en approchait comme pour la reconnaître et s'éloignait aussitôt.

Vers une heure de l'après-midi, étant à travailler non loin du rucher, un son particulier vint frapper mon oreille ; au son harmonieux et bien accentué des faux-bourdons se mêlait un zziiii de froissement d'ailes ; je levai la tête et je vis à quelques pas un nuage assez compacte de faux-bourdons s'élevant rapidement en une ligne allongée se repliant tout à coup en décrivant des courbes et des lignes brisées, puis s'abattant comme un trait jusqu'à terre. Je courus à toutes jambes croyant être témoin de la fécondation d'une mère, mais le temps que je mis à gagner le bout de la haie qui me séparait de quelques pas de ce spectacle, tout était disparu. Je revenais pour voir ce qui se passait à mon rucher, quand devant moi, à une certaine hauteur (10 à 12 mètres environ) je vis un autre groupe de faux-bourdons beaucoup plus petit que le premier, faisant les mêmes évolutions, puis disparaissant aussitôt en se diffusant.

J'étais resté immobile, explorant l'espace de tous mes yeux ; un bruissement vint soudain me faire tourner la tête, c'était un pareil groupe de faux-bourdons s'abattant tout près de moi sur un petit poirier ; alors je pus voir que l'objet de leur poursuite était une abeille ouvrière, cachée sous une feuille ; les faux-bourdons voltigent un instant en cherchant autour de l'arbre et s'éloignent.

Bientôt un autre groupe se forme aussi nombreux, aussi compacte que le premier, fait maintes évolutions et s'abat sur un tas de foin ; j'y cours, mais trop tard, tout était disparu.

Aussitôt un autre petit groupe vint s'abattre à terre devant moi, et j'ai encore la preuve que c'est une abeille ouvrière que les faux-bourdons poursuivent ainsi, cachée sous un brin d'herbe et comme tout épuisée ; ils la cherchent une seconde et s'éloignent. A chaque instant de petits groupes se forment en l'air, tournoient rapidement et disparaissent en se diffusant : plusieurs passent assez près de moi pour me permettre de distinguer avec certitude que c'est une abeille ouvrière qu'ils poursuivent.

Vers trois heures et demie du soir, le ciel s'éclaircit, le soleil brilla, les faux-bourdons semblèrent s'ébattre dans des régions plus élevées et je ne vis plus rien.

Ce que j'ai encore remarqué dans cette observation c'est la rapidité du vol du faux-bourdon : tant qu'il ne fait que suivre l'abeille, il est seul ; mais aussitôt qu'il la saisit, il est instantanément enveloppé d'une foule de cinquante à deux cents faux-bourdons et même plus sans que les yeux puissent distinguer de quel côté ils viennent ; quand le groupe se diffuse c'est avec la même rapidité qu'ils s'éloignent.

Je n'ai jamais vu que cette fois cette animation des faux-bourdons. Quelle en a été la cause ? Est-ce la fécondation d'une mère qui ayant eu lieu près du rucher aurait produit cette animation ?

Sans repousser cette supposition je pencherais pour la première, puisque dès le matin je remarquais le bruissement inaccoutumé des faux-bourdons.

L'abeille ouvrière peut-elle être fécondée? Je ne pourrais l'affirmer, mais ce que je peux certifier, c'est qu'il y a de la part du faux-bourdon tentative de fécondation et que l'abeille ouvrière, de son côté, fait de vigoureux efforts pour échapper à ses étreintes.

Les abeilles que j'ai vues saisies par des faux-bourdons venant s'abattre devant moi ne portaient aucune marque de fécondation; je n'ai pu m'en emparer pour les soumettre à un examen plus minutieux.

P. Garnier.

L'alsike ou trèfle de Suède.

L'alsike (*trifolium hybridum*) est une espèce de trèfle rouge clair, pérenne, qui, mêlée avec le gazon, présente de grands avantages pour les prairies permanentes, comme pâturage, ou comme fourrage. Les terres argileuses-marneuses et légèrement humides conviennent surtout à cette espèce de trèfle.

L'alsike tire son nom d'*Alsike*, pays de l'Upland, où on l'a découvert pour la première fois, et où il croît très-abondamment dans les fossés. On le trouve aussi à l'état sauvage entre la Scanie et l'Helsingland, et en Finlande et en Norwége, dans les basses terres, où sa végétation est luxuriante. Cette espèce de trèfle est donc une plante de notre pays, et elle s'y montre, ainsi que dans les contrées limitrophes, robuste et tout à fait appropriée à l'agriculture de notre climat rigoureux. Nous ne la cultivons que depuis le commencement de ce siècle. M. Georges Stéphens l'a introduite en Angleterre, en 1834, sous le nom de *trèfle d'Alsike*. C'est sous ce nom et celui de *trèfle de Suède* qu'il est maintenant connu non-seulement en Angleterre et en Écosse, mais encore, en Danemark, en Allemagne et en France, où on l'importe tous les ans.

L'alsike fig. 13, a des fleurs rouge clair, une tige un peu grêle, et des feuilles ovales-obtuses, plus petites et d'un vert plus tendre que celles du trèfle rouge. La tête de fleurs, ou capitule, partant d'une bractée, est globulaire, et formée de fleurs fragrantes pédonculées. Ces fleurs sont d'abord blanches et droites, et ensuite d'un rouge clair qui brunit après la floraison, époque à laquelle elles éprouvent une inflexion légère. Le calice est soyeux et ses dents sont inégales. Les gousses, renfermant chacune trois ou quatre graines, sortent du calice, au milieu d'une corolle blanchissante. La graine est beaucoup plus petite que celle du trèfle rouge;

elle est réniforme, et d'un vert foncé, ou tirant un peu sur le violet. Celle qui est vert tendre n'est pas mûre.

L'alsike ne pousse vigoureusement que la seconde ou la troisième année; rarement il arrive à un haut degré de croissance la première année. Il est donc convenable de le mêler avec du gazon pour une prairie permanente. Dans une terre préparée et fertile, il donne un fourrage riche et excellent. Il aime un sol argileux, préférablement un sol argileux-marneux, avec une position quelque peu humide; il vient également bien dans des mouillères et des marais cultivés. L'alsike ne repousse pas beaucoup après la fauchaison, et l'on ne doit pas en attendre une seconde coupe, comme du trèfle rouge. Sous ce rapport, et parce qu'il exige plus de temps avant de produire une coupe abondante, l'alsike cède le pas à ce dernier trèfle. Mais il a sur lui un grand, un indéniable avantage, c'est qu'il est bien plus *robuste* et qu'il peut être cultivé dans un sol humide et dans une terre exposée à l'inondation à de certaines époques de l'année. S'il est mêlé avec du trèfle blanc et de bon gazon, il donne des récoltes riches et certaines; s'il est cultivé dans les terres arables ordinaires, et mêlé avec le trèfle rouge et la graine dont on ensemence le champ, il arrive ceci de très-avantageux, qu'on peut faire, la première année, deux récoltes de fourrage fournies principalement par le trèfle rouge, et que, les années suivantes, à mesure que ce dernier décline, il lui succède et donne, avec le gazon auquel on l'a mêlé, des récoltes toujours riches et assurées.

A l'égard de sa culture et des soins qu'il exige, mêmes règles au fond que pour le trèfle rouge, avec cette remarque de plus, qu'à l'époque de sa parfaite végétation l'alsike ayant une forte tendance à verser doit, si on le cultive comme fourrage, être toujours mêlé avec du gazon, de préférence avec un gazon de pré, l'ulmaire, ou reine des prés, la queue de renard, en terres marécageuses, et le timothy, ou fléole, dans des terres plus sèches.

La graine de l'alsike étant à peu près moitié moins grosse que celle du trèfle rouge, il n'en faut qu'une demi-mesure environ de celle-ci; et elle peut être semée en gousses ou épluchée. Tout cultivateur aura bientôt fait de connaître par expérience la quantité qu'il en faut pour un acre (1). Non épluchée, c'est-à-dire contenue dans la gousse, il en faudra quatre ou cinq fois plus que si elle était épluchée.

(1) L'acre vaut environ 50 ares. Il faut à peu près 10 kil. d'alsike pour un hectare. Le kil. vaut 5 fr.   C. K.

Nous spécifierons plus loin la qualité du gazon et des autres espèces de graines qu'on peut mêler avec l'alsike lorsqu'on le cultive pour en retirer du fourrage. On sème la graine de l'alsike, épluchée ou non, au printemps, ou en automne, après la semaille des graines d'automne. Si elle n'est pas épluchée, on croit qu'il vaut mieux la semer en automne ; elle peut être semée encore au printemps après les dernières neiges. Dès le commencement de sa culture dans notre pays, on a fait la remarque « que la graine non épluchée pousse plus vigoureusement que celle qui l'a été, » ce qu'on a justement attribué au fait « que la gemmule tendre tire en partie son premier aliment des écorces qui enveloppent la graine. » (*Annales de l'Académie d'Agriculture pour l'année 1819*, vol. 2, p. 223.)

Le rendement du gazon, et de l'alsike mêlés est, dans un sol bon et riche, très-considérable. Lundstorm (*Manuel de la Ferme*, p. 294) estime qu'il peut être certainement de deux à trois tonnes par acre. A Frotuna, en Néricie, dans une période de quatre années dont une avait été très sèche, le produit moyen fut de près de deux tonnes d'alsike et foin timothy par acre ; le plus grand rapport, dans un sol bien préparé et fumé, s'est élevé à quatre et à cinq tonnes par acre (*Affaires de la Ferme*, vol. 2, p. 103), rapport qu'on ne peut espérer que dans un sol très-riche et dans des années humides, où l'alsike pousse tout particulièrement et où il atteint une végétation beaucoup plus grande que dans les étés secs ordinaires. Il donne, en général, de bonnes et belles récoltes, et dans le milieu de la Suède (spécialement en Néricie), comme en plusieurs endroits de l'Upland, du Gestrickland, et de l'Helsiugland, l'alsike mêlé de gazon est bien autrement estimé que le trèfle rouge. L'alsike donne assurément un foin meilleur et plus fin, et, quand il est mûr, sa tige n'est pas aussi coriace.

La récolte de la graine d'alsike demande une attention particulière ; car, il est important d'en récolter pour l'usage de la ferme, son acquisition entraînant toujours une dépense considérable. Il importe encore de la récolter pour la vente : étant recherchée comme elle l'est sur les marchés étrangers, elle donne de beaux bénéfices. On sait également que la récolte et la vente de la graine de l'alsike sont, dans plusieurs États, considérées comme un objet capital. Il est donc désirable que la production de cette graine pour la vente soit mieux comprise et conduite plus universellement, puisque, je le répète, c'est un article d'exportation si lucratif.

Dans un État, en Suède, où l'on avait réservé vingt acres pour la pro-

duction de la graine, le rapport moyen annuel pendant cinq années fut
de 133 livres par acre, une seule année ayant donné 200 livres. Si l'on
considère que la graine de l'alsike atteint généralement au marché
presque un prix double de celle du trèfle rouge, il devient évident que
la récolte de la première doit procurer un très-beau revenu.

La graine de l'alsike se bat mieux que celle du trèfle rouge. L'une et
l'autre ayant été culti-
vées et étant battues en-
semble, l'alsike sort toujours de ses gousses avant
l'autre graine. Cepen-
dant, la tête de graines
mûres de l'alsike se détache aussi plus facilement
de sa tige que celle du
trèfle ordinaire. C'est
pourquoi, on doit en le
fauchant prendre un soin
particulier.

La fauchaison de l'al-
sike mûr se fera toujours
soit de bonne heure le
matin, soit tard le soir,
quand il sera humide de
rosée; autrement, les
gousses les plus mûres
tomberont avec la graine
la meilleure et la plus
fine, malgré toutes les

Fig. 13. Haut de tige en fleur du trèfle de Suède
au mois de mai.

précautions du faucheur. L'alsike fauché, on le laisse comme il est
tombé, en andains, et on le retourne une fois ou deux, à la rosée, après quoi, lorsqu'il est sec, on le porte au grenier. Pour le
charrier, on étend des draps sur le fond et les côtés de la voiture, afin
que les gousses qui se détacheront ne soient pas perdues.

Si on emploie l'alsike aux usages de la ferme, on peut l'employer,
comme il a été dit, épluché ou en gousses indistinctement, et il n'y
aura pas de mal qu'il soit alors mêlé avec le trèfle rouge et le timethy,
car, pour les raisons données, ces plantes mêlées avec l'alsike présentent

plusieurs avantages. Si la graine d'alsike est destinée à être vendue, et surtout à être exportée, on la nettoiera et on la débarrassera parfaitement de toute autre graine. Toute graine étrangère qu'on expulserait si elle était mêlée à une graine quelconque sera considérée comme mauvaise étant mêlée à l'alsike ; la plus mauvaise qu'on puisse laisser mûrir est, pour le cas de vente, la graine du timothy.

On peut séparer la graine du trèfle rouge de celle de l'alsike au moyen d'un crible fin destiné à cet usage, tellement que la première reste dans le crible pendant que la dernière s'en échappe ; mais, tel n'est point le cas avec la graine du timothy, qui est si fine qu'on ne peut la séparer de celle de l'alsike, même au dernier criblage. Il vaut donc mieux, si l'on voit qu'il pousse du timothy avec l'alsike, de s'y prendre de bonne heure en été, et de le couper aussitôt qu'il épie, dans la supposition qu'on destine l'alsike au marché, c'est entendu.

L'alsike se bat comme le trèfle rouge. L'expérience du fermier lui suggérera la meilleure méthode d'en expulser la graine de la gousse. On peut y arriver en faisant passer la paille par une machine à battre, et en la séparant ensuite soigneusement des gousses, qui seront de nouveau, et peut-être plus d'une fois, passées par la même machine pour être ouvertes. Mais, une méthode préférable, sans doute, est de battre avec le fléau ; par son moyen, la graine est dégagée de la gousse et tombe sur l'aire, au lieu qu'avec la machine elle s'envole sous l'action rotatoire, et est souvent perdue. Le fléau ouvre encore la gousse plus efficacement et plus sûrement.

Quand la graine a été nettoyée avec le crible à blé, elle l'est successivement avec trois autres de différents degrés de finesse imaginés dans ce but. On se sert d'abord du plus gros pour supprimer les graines des mauvaises herbes et ôter tout ce qui pourrait être mêlé à l'alsike ; ensuite, du second et enfin du dernier, le plus fin des trois cribles. Si après avoir été ainsi criblée, elle est poudreuse, alors, comme procédé final, on la passe lentement et avec précaution par le crible à blé encore une fois, et la poussière est emportée. — J. Arrhénius, secrétaire de l'Académie royale d'agriculture, et surintendant de l'Institut agricole d'Ultona (*Manuel de l'agriculture en Suède*). — C. Kandin, tr.

Nota. Chacun s'accorde, en Amérique, à dire que ce trèfle a toutes les qualités de la meilleure plante mellifère. — C. K.

Le rossignol est l'ami des abeilles.

En janvier 1869, dans une visite faite à mon rucher, j'ai trouvé deux colonies faibles en population et n'ayant que peu de provisions.

Au lieu de fournir à chacune d'elles de quoi passer le reste de l'hiver, je résolus de les réunir. Mais la rigueur de la saison ne permettant pas de procéder au mariage en plein air, je transportai mes deux ruches dans la serre, et ôtant aux abeilles toute liberté de sortir, je les abandonnai d'abord, afin de laisser leur température se mettre en équilibre.

Le lendemain, tout en m'occupant des préparatifs de l'opération, il me vint à la mémoire qu'un des meilleurs Traités d'apiculture *faisait au rossignol le grave reproche de manger les abeilles*. Dans les localités où les moineaux sont abondants, dit le savant auteur de ce Traité, on les voit constamment près des ruches, à l'époque où les abeilles en sortent des nymphes blanches dont ils alimentent leurs petits. Comme ils happent souvent les abeilles en se saisissant de ces nymphes, il faut les traiter en ennemis : il faut en faire autant à l'égard des *rossignols*, des hirondelles et des lézards que l'on aperçoit près du rucher... » Et ailleurs, je lis que « les possesseurs de ruches regardent avec raison la mésange comme ennemie des abeilles. »

Comme on le voit, le rossignol se trouve dans la catégorie des malfaiteurs de la pire espèce.

Pour vérifier ce fait, l'occasion était belle, car j'avais précisément en liberté, dans la serre, un rossignol, un moineau friquet, des fauvettes et des mésanges bleues.

Si je viens défendre un des merveilleux musiciens de la création, ce chantre infatigable des nuits de printemps, ce n'est pas que la chose soit bien utile, car je ne pense pas que jamais un apiculteur ait porté sur sa gorge un doigt meurtrier ; mais je ne serai pas fâché de laver la seule tache que l'on croit trouver à ce charmant oiseau.

Après les précautions d'usage, je me suis mis en devoir de marier mes deux colonies par juxtaposition d'une ruche sur l'autre.

Cette première opération terminée, j'ai pu recueillir, sur les tabliers devenus libres, une certaine quantité d'abeilles mortes de faim ou de vieillesse, et j'appelai mon rossignol pour les lui offrir. Il vint, me jeta un coup d'œil moqueur et disparut dans les arbustes. Que lui présentais-je, en effet ? des cadavres desséchés ou peut-être en putréfaction ! j'excusai son refus.

Quelques précautions que l'on prenne pour faire la réunion de deux colonies d'abeilles surtout dans ces conditions, il en coûte toujours la vie à quelques-unes d'entre elles. Aussi, le lendemain j'eus l'occasion d'offrir à mon petit ami un mets plus confortable, de la chair toute fraîche. Mais, à mon grand étonnement, il fit à mon offre même refus, même dédain. Ah! gourmand! lui dis-je alors, tu aimes à te repaître de cet insecte ailé, je le sais; on dit t'avoir vu maintes fois rôder autour des ruchers, non pas en flâneur, mais en gastronome. Refuses-tu cette mouche à miel parce qu'elle est tuée de la veille? Il te faut sans doute de la chair palpitante! tu ne manges que tes victimes peut-être? eh bien, soit, nous allons voir. Et, immédiatement, je mets en liberté une dizaine d'abeilles.

Je m'attendais à voir l'oiseau roux se mettre à la poursuite des abeilles, comme il faisait pour les mouches ordinaires qui avaient l'imprudence de naître à contre-temps dans ce lieu tempéré; mais point du tout, j'ai eu beau l'observer, il ne fit aucune attention aux mouches à miel, malgré le bruit de leurs ailes contre les vitres.

Je poussai plus loin l'expérience. Je déposai ma ruche dans l'endroit même où j'avais l'habitude de mettre la pâtée de mes prisonniers, de manière à ce que la mangeoire ne se trouvât plus qu'à vingt centimètres de la ruche: je m'installai moi-même à cinquante centimètres de cette mangeoire, et j'ouvris au grand large la porte des abeilles.

Eh bien, le rossignol ne poursuivit aucune d'elles et dans la journée, huit fois en ma présence, à la distance d'un demi-mètre, comme je viens de le dire, il est venu prendre son repas sans faire attention aux nombreuses mouches à miel qui voltigeaient autour de lui ou qui venaient se promener autour de la pâtée. Cette seule expérience me persuada que l'accusation était mal fondée.

J'ai dit qu'il y avait un moineau friquet. J'aurais voulu le mettre en cause; mais, élevé par ses parents, ce rusé maraudeur est trop sauvage pour venir manger près de moi, et s'il a fait bombance en ce jour, c'est à mon insu, car je n'ai rien pu observer. Il en est de même des mésanges (1).

Quant à mes fauvettes à tête noire, je ne les accuserai pas de manger mes abeilles, elles ont fait maigre chère ce jour-là, non pas à cause de moi, car elles sont presque aussi familières que le rossignol et n'auraient

(1) Il faut les observer aux mois de février et de mars sur les ormes et sur les marsaults en fleurs. , H. H.

pas craint, selon leur habitude, de faire un bon repas à quelques décimètres de moi ; elles venaient bien à la mangeoire, mais toute abeille
qui venait frôler près d'elles les mettait en fuite.

Enfin, que va donc faire le rossignol près des ruches ? La saison
d'hiver rendant impossible toutes autres recherches, j'ai dû attendre le
printemps.

Le retour de la belle saison me permit de reprendre mes expériences
et de renouveler mes observations. Je me posai de nouveau cette question : Que va faire le rossignol près des ruches ? Mangerait-il les
araignées dont les toiles arrêtent parfaitement les abeilles ? Mais, oui,
non-seulement les araignées communes, mais encore les araignées noires
des lieux obscurs et les théridions ou fausses araignées qui détruisent
promptement les jeunes feuilles de carottes ou de salades. C'était pour
moi une récréation de régaler mon petit chanteur avec des fausses araignées, et cela sans prendre celles-ci. Il suffisait de me promener devant
la plate-bande extérieure de la serre et d'en frapper légèrement la terre
avec une baguette : les théridions fuyaient de tous côtés et beaucoup
croyant éviter un danger s'introduisaient dans la serre entre le socle
et le verre, ignorant sans doute qu'un glouton allait s'en régaler en me
suivant de l'autre côté de la vitrine... Mais je m'éloigne de mon sujet,
car la fausse araignée n'est pas nuisible aux abeilles.

Que trouve encore le rossignol près des ruches ? Des fourmis qui vont
au pillage du miel jusque dans les alvéoles. Cet oiseau mange les fourmis, grosses ou petites, les rouges exceptées, et il aime leurs larves à
l'égal des vers de farine. Si nous passons avec lui dès le matin ou pendant les jours de pluie devant la porte des ruches, nous apercevons
comme lui des nymphes plus ou moins développées que les travailleuses
ont trouvées mortes ou mal conformées dans les alvéoles. Ces nymphes
ont été déposées là pour être jetées au dehors quand ces ouvrières pourront sortir. Ces abeilles au berceau sont une excellente nourriture pour
le rossignol et ses petits, et, s'il vient les prendre jusque sur le tablier, il
n'inquiète pas plus les gardiennes que les butineuses qui se préparent à
aller aux champs, et ce qui le prouve, c'est qu'il mange d'autant moins
ces nymphes qu'elles sont plus colorées, c'est-à-dire qu'elles approchent
plus de l'insecte parfait. J'ai mêlé des nymphes blanches, des nymphes
brunes et des abeilles : il a bel et bien pris les blanches en faisant fi du
reste.

Voulant mesurer l'appétit de mon petit prisonnier pour les nymphes des abeilles, je retirai d'une ruche un rayon contenant un couvain de mâle déjà operculé; en quatre jours, il a vidé cent vingt alvéoles, et je n'ai pas eu besoin de sortir l'insecte de son berceau, il a suffi de briser le couvercle de quelques alvéoles et le gourmand s'est parfaitement chargé du reste.

Mais ce n'est pas tout : arrivons à l'ennemi le plus redoutable des abeilles, à la fausse-teigne. Les papillons, par eux-mêmes, ne portent pas grand préjudice à la mouche à miel, car ils sont petits et ils vivent peu ; mais leurs larves font le désespoir de l'apiculteur. Une ruche faible en population périt généralement par la fausse-teigne et la plupart des ruches perfectionnées perdent toute leur valeur, parce que les modifications apportées dans la demeure des mouches à miel donnent généralement asile au ver destructeur.

Quand le papillon ne peut tromper la vigilance des gardiennes pour aller faire sa ponte dans la ruche, il dépose ses œufs dans les fentes extérieures des ruches ou des rayons, et surtout entre les rouleaux des ruches en paille. Les vers qui en proviennent grossissent et quand ils sentent le besoin de manger, leur instinct les conduit dans la ruche voisine. Mais pendant qu'ils sont en route, qu'un rossignol se trouve là, et pas un n'arrivera au but de son voyage. J'ai conservé tout exprès quelques morceaux de vieille cire pour me procurer de ces vers que j'ai laissés arriver à leur plus grand développement, puis je les ai présentés à l'oiseau roux. Il les préfère à toute autre nourriture : il est venu les prendre sur ma main alors qu'il refusait de s'y poser pour des nymphes ou des vers de farine dont il est cependant bien avide ; enfin, il avale ces vers de fausse-teigne avec tant de gloutonnerie que l'on pourrait dire : *il ne les mange pas, il les boit.* Demandera-t-on maintenant pourquoi cet oiseau va fureter dans les ruchers?

Je me résume en disant que, pour moi, le rossignol ne mange pas les abeilles et que la conclusion de cet article justifie son titre.

A. DEBAUCHEY,
Secrétaire de la Société d'Horticulture du Doubs.

— Nous ne savons à quel traité d'apiculture M. Debauchey s'en prend. Le *Guide* de M. Collin dit : « Cet oiseau (le rossignol) est accusé bien injustement d'en vouloir aux abeilles. On lit dans notre *Cours d'apiculture* : « Le rossignol et le moineau sont des ennemis *indirects* des abeilles; ils sont très-friands, pour eux et leurs petits, des larves blanches

qu'elles extraient de leur ruche. » Nous avons accusé ces oiseaux (notamment le moineau), de saisir quelquefois la larve et l'abeille qui
la charrie, parce que de nos yeux nous avons vu le fait. Mais nous
n'avons pas dit que le rossignol mange des abeilles non plus que le
moineau.   H. H.

Société centrale d'apiculture.

Séance du 17 mai 1870. — Présidence de M. de Liesville.

Le procès-verbal de la dernière séance est adopté. Le secrétaire général donne lecture d'une lettre par laquelle le ministre de l'agriculture
accorde, à titre d'encouragement et pour l'exercice de 1870, une subvention de 500 fr. à la Société centrale d'apiculture. Des remerciments
sont votés à M. Louvet, ministre de l'agriculture et du commerce. La
Société met à la disposition du secrétaire général une somme de 300 fr.,
dont l'emploi devra être justifié pour des excursions apicoles s'il y a
lieu.

M. le président de la Société d'apiculture de Nogent-sur-Seine fait la
demande de médailles pour être délivrées aux exposants apicoles du concours du comice. Adopté.

M. Delinotte communique les renseignements suivants qu'il a reçus
de son frère, agriculteur dans la Meuse, sur la culture et les avantages
du trèfle de Suède. « J'ai reçu les 140 grammes de trèfle de Suède que tu
m'as envoyés, et que je connais très-bien sous le nom de trèfle hybride,
car je le cultive depuis 15 ans. Voici quelques détails sur sa valeur. Ce
trèfle se cultive comme le trèfle de pays et se sème ordinairement au
printemps avec de l'avoine ou de l'orge; il pousse très-lentement la
première année et très-vivement la deuxième ; il est vivace et vient très-
épais; il ne se coupe qu'une fois et donne 10,000 kil. de bon foin par
hectare dans nos terres fortes et froides; il est difficile à récolter parce
qu'il se couche en tous sens et que les tiges sont longues; la dessiccation
en est lente et difficile en année pluvieuse. On peut obtenir un regain.
La fleur dure très-longtemps et les abeilles en sont très-avides; elles y
prennent beaucoup de miel de première qualité. Un essaim secondaire
que j'ai porté dans une pièce de trèfle, pesait 30 kilogr. en arrière-saison.
Les personnes qui cultivent ce trèfle pour leurs abeilles, c'est-à-dire pour
les fleurs, peuvent attendre plus tard pour le couper, mais dans ce cas le
foin est inférieur. — A. Delinotte. »

M. C. Serrain annonce qu'il vient d'organiser une conférence apicole dans une commune de ses environs (Oise), qui possède un certain nombre de possesseurs d'abeilles. Cet honorable correspondant se propose d'aller ensuite porter l'enseignement dans d'autres communes. Il communique aussi un bulletin d'adhésion à remplir pour la *solidarité apicole* et envoie une liste d'adhérents.

M. Montborgne Vilfroy fait connaître le moyen qu'il emploie pour sauver le couvain des ruches transvasées ou autres qu'on récolte. Il se sert d'un petit chantier avec haies en fer qui reçoivent les morceaux de couvain. Ce chantier se place dans une hausse ou dans un chapiteau. Après l'éclosion du couvain, il donne une bâtisse qu'on peut utiliser pour la récolte du miel. — M. Leclair propose que la Société exige un modèle de chaque invention qu'on lui soumettra pour qu'il en soit parlé au procès-verbal. M. Hamet dit qu'il a vu cet appareil à la réunion apicole d'Ault, de dimanche dernier, à laquelle il a assisté, et qu'il le croit d'un bon usage. On peut le construire en bois; un plancher à claire-voie peut servir de base.

M. E. Suaire, d'Herpont, attribue la perte très-grande d'abeilles en hiver dans sa contrée : 1° à l'essaimage artificiel qui n'est pas toujours pratiqué avec entendement ; 2° à l'abri insuffisant qu'on donne aux ruches. — M. J. Vuez, de Mouthe, dit qu'il a moins perdu de ruchées en hiver que ses voisins de la Suisse, parce qu'il les couvre mieux et qu'il met sous chaque ruche une hausse vide qui donne de l'air. — M. Rives, de Saint-Girons, écrit qu'il n'a pas perdu de colonies. « J'avais eu le soin, dit-il, de ouater mes surtouts de paille avec de la filasse de lin disposée en feuilles comme de la ouate de coton. La filasse, quand elle est bien pressée, est imperméable et chasse les rats, parce qu'ils s'y empêtrent, ou qu'ils sont piqués par les brins de chènevotte qu'elle renferme en quantité. »

M. Alsac écrit de Mauriac, que la perte des neuf dixièmes des ruchées qu'il avait prévue est déjà atteinte dans sa contrée, et que d'ici au 1er juin, bien des colonies succomberont encore dans les ruchers où l'on ne donne pas de soins.

M. E. Sol, de Soult (Corrèze), fait connaître sa manière de soigner les abeilles. Il emploie des ruches en bois de 45 centim. de haut sur 40 cent. de largeur qu'il calotte avec des chapiteaux en paille, lorsque la saison le permet. Il réunit les populations faibles à la fin de la campagne, et la grande majorité de ses voisins qui le voient obtenir des succès, le traitent de songe-creux et continuent d'étouffer leurs abeilles comme des sauvages. Les majorités ignorantes n'en font pas d'autres.

L'ordre du jour étant épuisé, la séance est levée, et la session ordinaire est déclarée close.

Pour extrait : DELINOTTE, secrétaire.

Du nettoyage des ruches au printemps.

(Suite, voir page 252.)

a. On soulève *les ruches verticales en paille*, afin de jeter un coup d'œil sur l'extrémité des rayons ; il est rare d'y trouver de la moisissure ou d'autres saletés qui pourraient leur faire du tort. Puis on enlève lestement les quelques cadavres d'abeilles qui se trouvent sur le plateau et on remet la ruche à sa place. Quand cependant le plateau est humide ou même mouillé et recouvert de moisissure, il est préférable de le remplacer de suite par un autre qui soit propre. On pose ce dernier à côté de la ruche qu'on soulève pour la placer dessus, puis on recule de nouveau le tout à l'ancienne place. Quand on a remarqué un peu d'humidité contre les parois de la ruche, on la soulève à droite ou à gauche par de petites cales de bois, afin de permettre à l'air extérieur d'y pénétrer pendant une ou deux heures ; puis on enlève de nouveau les cales, et l'opération du nettoyage est terminée.

b. On ouvre les ruches horizontales en paille en enlevant le couvercle du devant. Les rayons ne sont pas construits jusqu'en bas, ce qui permet de regarder par-dessous jusque dans le fond. Cependant si quelque pointe inférieure de gâteau empêchait de regarder, on pourrait la couper au moyen d'un couteau d'apiculteur bien affilé. Après cela on retire les cadavres d'abeille et les ordures au moyen d'un petit crochet ou raclette. Celui qui voudra mieux faire, pourra encore enlever le couvercle de derrière ; cependant cela n'est pas toujours nécessaire.

Quelques personnes qui ne connaissent pas ce qui se passe dans l'intérieur des ruches horizontales pourront dire : mais il est impossible de les nettoyer au printemps ! — Car elles croient y trouver encore l'énorme quantité de sables qu'elles étaient acccoutumées de voir dans leurs ruches en bois, et qu'elles supposent que les rayons sont fixés par le bas. Elles se trompent dans les deux suppositions. Car dans les ruches en paille il n'y a que très-peu d'abeilles mortes et l'on n'a que peu d'ordures à enlever en outre de quelques débris de cire.

Cependant, lorsque l'année a été humide, il se trouve de la moisissure sur la face intérieure du couvercle antérieur, et quelquefois sur les parois de la première hausse. Dans ce cas on enlève la moisissure au moyen d'un plumeau ou d'un torchon. Lorsque le couvercle est humide, on peut encore le remplacer par un couvercle sec, ou bien lorsqu'on le remet en place, on le laisse à une petite distance de la ruche de manière à ce que l'air, pouvant circuler tout autour pendant une heure ou deux, le sèche. Après cela, l'opération du nettoyage est terminée.

« La plupart des fortes ruchées peuvent se passer de l'aide de l'homme pour se nettoyer. » C'est aussi précieux que l'or (principes de 2e ordre ou de 2e importance). Cette règle est juste, surtout pour les ruches en paille, bien des fois je fus empêché par la maladie d'aider mes ruches à se nettoyer, en février ou en mars, et pourtant je les trouvai propres et nettes au mois de mars suivant. Cependant qui est-ce qui, au prix d'un peu de peine, ne voudrait pas aider ses abeilles à se nettoyer.

c Les magasins en planche verticaux seront couchés, on débouchera au moyen d'une plume les passages inférieurs qui seraient obstrués d'abeilles mortes, et on essuiera avec un torchon les parois humides de la petite caisse d'en bas. En changeant le plateau humide contre un plateau sec, on écartera les immondices qui s'y trouvent ordinairement. On peut aussi aérer convenablement en plaçant de petites cales entre la ruche et le plateau, pendant quelques heures.

d Les magasins en planche horizontaux seront nettoyés comme les ruches horizontales en paille. Seulement ici, il faudra gratter vigoureusement avec une raclette bien aiguisée, la boue qui s'est déposée sur le fond et la jeter dehors, et essuyer avec soin, au moyen d'un torchon les parois humides. Il est convenable aussi d'aérer l'intérieur en écartant un peu pendant quelque temps le plateau antérieur.

e Les ruches en bloc ou en planches présentent cet avantage que les cadavres des abeilles et les ordures restent rarement sur l'endroit où se tiennent les abeilles, mais qu'elles tombent généralement sur le fond qui est très-bas. On enlève toutes ces ordures. Les cadavres qui pourraient demeurer encore entre les gâteaux, principalement aux environs de l'entrée seront retirés au moyen d'une baguette, afin que l'air frais puisse facilement jouer entre les gâteaux.

f Ce sont les ruches en planches horizontales qui donnent le plus de mal. Après avoir enlevé le plateau antérieur, on trouve ordinairement sur le fond une couche épaisse de plusieurs doigts d'ordures et de cada-

vres d'abeilles, et plusieurs passages entre les gâteaux en sont aussi
complétement obstrués. La ruine est d'autant plus grande encore lorsque
les souris se sont introduites, — ce qui arriva souvent en 1851 et 1852,
— soit par le bois pourri, soit par l'ouverture agrandie et qu'elles ont
grignoté à même les gâteaux. Il faut ici enlever toutes ces ordures afin
de rétablir la libre circulation de l'air frais parmi les gâteaux. Ce dernier
point est difficile à obtenir surtout dans les ruches qui ont des constructions chaudes ; parce qu'on ne peut pas voir les abeilles mortes et souvent recouvertes de moisissure qui se trouvent derrière les gâteaux.

Voici du reste encore quelques règles ayant rapport au nettoyage des
ruches.

1. Il ne faut jamais négliger cette opération ; car elle procure aux
abeilles un bien-être réel, et les ruches en bois qui souvent seraient
perdues par les ordures qu'elles contiennent sont sauvées par un bon
nettoyage. Lorsqu'on ne peut faire le nettoyage le premier jour de sortie
des abeilles ou lorsqu'on ne peut pas le terminer, il faut au moins l'entreprendre au premier beau jour et achever le plus tôt possible. Il faut
encore avoir soin de n'ouvrir les ruches que par une température de
5 degrés au moins de chaleur, pour que les abeilles qui sortent ne s'engourdissent pas.

2. On évite de couper les gâteaux afin de ne pas rendre la ruche trop
froide, et il faut la refermer le plus tôt possible. On n'enlèvera de gâteaux
que ceux qui seraient entièrement pourris, et là où l'on pourra remédier à l'espace vide, comme par exemple dans un magasin de bois, en
enlevant la caissette du bas qui serait devenue vide.

3. Au moment où l'on ouvre la ruche on ne considère pas seulement
l'état des abeilles, comme lorsqu'elles volent pour se vider ; mais on
examine aussi ce qui se trouve sur le plateau. Si l'on y voit une mère
morte, ou bien du jeune couvain de bourdon, on peut en conclure que
la ruche est orpheline ou que la reine a un défaut ; s'il y a du couvain
d'ouvrière défectueux, on peut dire que la mère est bonne et qu'elle a
pondu ; beaucoup d'ouvrières engourdies et du miel cristallisé dénotent
que la population a souffert de la faim et de la soif ; des abeilles à l'abdomen gonflé, des excréments aqueux prouvent la dyssenterie ou un refroidissement, etc., etc.... Il faut bien prendre note de tout ce que l'on
observe, et avoir l'œil sur la ruche que l'on a remarquée afin d'y faire
le nécessaire en temps opportun.

4. Il faut regarnir de terre glaise, avec soin, toutes les fentes et tous

les joints, rétrécir de nouveau l'entrée, surtout s'il doit venir encore du temps froid et rude, afin de conserver dans l'intérieur de la ruche le plus de chaleur possible, laquelle devient indispensable pour l'élevage du couvain qui augmente de jour en jour.

Remarque. Nous venons de voir comment se fait le nettoyage des ruches au printemps ; néanmoins il y a des circonstances où ce nettoyage peut devenir nécessaire au milieu de l'été, et l'on comprend que ce nettoyage doit être fait. Une ruchée faible peut être attaquée par des abeilles pillardes ; il en résulte des débris et des cadavres qui encombrent le plateau, ou bien la teigne fait irruption dans une ruche mal gardée et parvient à s'établir définitivement dans les fentes du bas. Ou bien les abeilles ont rejeté du couvain défectueux qui obstrue tellement le plateau que les abeilles auraient beaucoup trop de mal pour les enlever, ce qui devient tout à fait impossible lorsque l'entrée est élevée, etc., etc. C'est alors que l'apiculteur doit prendre l'initiative. Par son aide il rend un service signalé aux abeilles, et même souvent il peut les sauver d'une destruction complète.

L'apiculteur peut reconnaître à des signes extérieurs qu'il est temps de regarder aux ruches et de les ouvrir, comme par exemple lorsque les abeilles volent faiblement et en petit nombre, lorsqu'elles emportent les ordures au dehors, lorsqu'il existe des fentes, etc. A part ces cas exceptionnels il est bien entendu que les ruchées populeuses, saines et en bon état, se suffisent à elles-mêmes pendant tout l'été.

(*A suivre.*) Trad. D'ŒTTL.

Revue et cours des produits des abeilles.

Paris, 30 *mai.* MIELS. — A partir de la deuxième quinzaine d'avril, les cours des miels blancs sont plus nominaux que réels : on ne se préoccupe que de la récolte prochaine. Ce n'est que dans une dizaine de jours qu'on sera à peu près fixé sur la production du Gatinais et des environs de Caen. Bien que les sainfoins soient chétifs dans beaucoup de localités, à cause d'une longue sécheresse, leur floraison et assez belle, et elle a donné du miel dès le début dans plusieurs cantons; si la terminaison est semblable la récolte sera satisfaisante, excepté dans les localités où il n'est pas tombé d'eau depuis longtemps et dans celles ravagées par la grêle, les 16 et 22 mai. Dans le centre, la première récolte sera mauvaise : les sainfoins et le trèfle incarnat ont manqué.

Les miels rouges ont conservé les prix précédents. La marchandise disponible est peu abondante, et il y a encore loin jusqu'à la récolte de ces miels, en octobre et en novembre.

A Anvers on a traité quelques petits lots de miels de la Havanne à 25 florins 1/2 les 50 kil. acquittés. On tient actuellement à 26 florins. Les Bretagnes manquent.

Au Havre il s'est traité 50,000 kil. miel Chili, à livrer, à 84 fr. les 100 kil. acq. M. Pillain nous écrit : Je vous ferai remarquer que quoique les prix aient changé bien des fois depuis le 1er janvier 1870, jusqu'à ce jour les courtiers n'ont pas *une seule fois* fait changer les cours dans les prix courants qu'ils publient chaque semaine dans les journaux de la localité. Miel de Haïti et Cuba 50 à 60 fr. les 100 kil.

Cires. — Les transactions ont continué d'être limitées et difficiles. Des qualités supérieures ont obtenu 460 fr. dans Paris; les qualités courantes ont été cotées de 420 à 435 fr. les 100 kil. hors barrière; inférieures 410 à 415 fr.

Voici les cours pratiqués à la foire de Saint-Fort à Bordeaux : cires des grandes Landes, vendues 12 à 15,000 kilog., de 460 à 470 fr. les 100 kil.; petites Landes, vendues 13 à 16,000 kil. de 435 à 450 fr. Cire à parquet, peu de marchandise, de 410 à 415 fr. Cette sorte n'est pas encore fondue.

La foire de Limoges s'est également faite en hausse avec des cours plus élevés qu'à Bordeaux.

Au Havre, les courtiers cotaient le 21 mai ; cire d'Afrique de 3,60 à 4,20 le kil. acq.; de Chili 4 à 4,80; des États-Unis 4 à 4,20; de Saint-Domingue 4 à 4,10; de Haïti 4 à 4,05. Les importations longtemps nulles sont assez suivies en ce moment, tant en cires qu'en miels.

Les cours de Marseille sont venus sans changement; on a coté : cire jaune de Trébizonde et de Caramaine, 240 fr. les 50 kil.; de Constantinople 235 fr.; de Chypre et Syrie 205 à 215 fr.; de Tetuan, Tanger et Larache 200 à 210 fr.; d'Alger et Oran 220 à 230 fr.; de Bougie et Bone 215 à 220 fr.; de Gambie 210 fr.; de Mozambique 210 à 215 fr.; de Madagascar 195 fr.; de Corse 230 fr.; de pays 210 à 215 fr.; ces deux dernières à la consommation, les autres à l'entrepôt.

La cote d'Anvers porte les cires de 2 15 à 2 30 le demi-kil., selon provenance. Affaires restreintes.

Corps gras. — Les suifs de boucherie ont été cotés de 102 à 103 fr.

les 100 kil. hors barrière; suif en branche 78, 15; stéarine saponifiée
170 à 169 fr.; dito de distillation 168 fr.; oléine de saponification 86 à
90 fr.; de distillation 82 à 84 fr. Le tout par 100 kil. hors barrière.

ABEILLES. — Les derniers jours d'avril ont ramené le froid et la sécheresse qui ont continué une grande partie de mai. Le travail des
abeilles en a souffert et les populations ont peu augmenté. Ce n'est qu'à
partir de la deuxième quinzaine que, devenant plus chaude, la température a permis aux abeilles d'amasser quelque miel et que l'essaimage a
commencé dans les localités abritées de la région de Paris. Jusqu'à ce
moment les essaims sont peu abondants, et l'essaimage durera peu si la
sécheresse et le vent du nord continuent de dominer. Voici les renseignements que nous avons reçus.

Les minettes fleurissent (2 mai), les sainfoins sont assez beaux, les
trèfles incarnats de moyenne taille, mais les luzernes laissent à désirer;
avec un peu d'eau et du temps doux nos abeilles auraient à faire. Mes
colonies se trouvent dans un bon état, grâce à des soins et à des avances.
Rousseau, à Œuilly (Aisne).— Dans notre contrée le temps est très-mauvais pour les abeilles (11 mai); nous n'aurons pas d'essaims, ou ils viendront tard. *Bouvard*, à Bossancourt (Aube).

La gelée de la fin d'avril a détruit les fleurs des arbres fruitiers en floraison depuis quatre à cinq jours. Les froids n'ont cessé de continuer
jusqu'au milieu de mai. La grande ponte a été gênée dans les meilleures
ruches. De jeunes mères au berceau le 25 avril et les faux-bourdons ont
été tirés dehors. L'éducation du couvain était presque nulle dans les
ruches faibles. C'est au milieu de ces conditions qu'a commencé la floraison du sainfoin. Au froid a succédé une grande chaleur, qui fait
passer la fleur très-vite. Les ruches prennent du poids en miel (20 mai).
Il n'y aura sans doute pas beaucoup d'essaims de mai. Le 17, j'ai trouvé
des mères operculées dans une ruche italienne. Les faux-bourdons prennent leurs ébats. L'essaimage va donc commencer. *Kanden*, à Auzon
(Aube). — Ce n'est que depuis le 15 mai que les ruchées ont cessé de
perdre du poids. Je viens (26 mai) de peser une forte ruchée qui a augmenté depuis cette époque de 3 kil. 500. J'ai visité cette semaine 80 ruches établies dans 7 apiers sur quatre communes différentes; partout il
y a augmentation de poids; mais pas encore d'essaims; les colonies les
plus avancées n'ont que des œufs dans les cellules maternelles. Ce n'est
que depuis huit jours que les sainfoins sont en fleurs, et cette fleur passe

très-vite; il nous faut de l'eau pour que l'essaimage se fasse, *M. Bellot*,
à la Mévoie (Aube).

En mars, tous les ans, je considère la campagne des abeilles terminée,
c'est-à-dire l'année apicole révolue; après avoir récolté et cire et le dernier miel des ruchées qui en ont eu un superflu par une miellée exceptionnelle fort tardive dont le vide (ou superflu) les laisserait un peu
en souffrance pendant l'hiver. Ainsi cette année le résultat des produits
se trouve de dix francs par ruchée. En général chez nous, les ruchées,
souches et essaims, sont bien pourvues et bien portantes. Si le temps
devient favorable, nous aurons de bons résultats pour la campagne qui
s'ouvre. Celle que nous venons de terminer se résume par ces mots :
peu d'essaims, passablement de miel et pour l'apiculteur et pour les
provisions des mouches, même pour les essaims. *Boudes*, à Lagarde
(Aveyron).

Depuis le 14 mai mes abeilles font admirablement bien sur les pommiers qui sont en pleine fleur. Les sainfoins commencent à fleurir et,
si le temps reste favorable, je crois que les abeilles feront merveille.
Hier 20 mai, l'essaimage a commencé dans mon rucher. *A. Lecomte*,
à Goupillière (Calvados). — Les sainfoins commencent à fleurir (25 mai);
ils promettent une fleur abondante cette année, ce qui mettra nos mouches à même d'une récolte moyenne et peut-être au-delà. *Dalibert Felix*,
à Cauville (Calvados). — Dans notre contrée, il a encore gelé à glace ce
matin (4 mai); les fleurs en ont bien souffert et, par suite, les abeilles.
Alsac, à Mauriac (Cantal). — Nos abeilles ne vont presque pas butiner
par la grande sécheresse qu'il fait (13 mai), et si le temps ne change
pas sous peu, nous n'aurons pas d'essaims avant le 15 juin. *Oudard*, à
Prudemanche (Eure-et-Loir).

Mauvais début de la campagne qui se prépare (21 mai) : toujours du
temps sec ; nous avons eu deux heures de pluie d'orage le 16 et c'est
tout depuis un mois. Nos abeilles quoique bien mouchées, ne gagnent
pas de poids; elles n'ont rien fait aux colzas : il faisait trop froid. J'ai
conduit 140 paniers dans le Val de la Loire à cinq endroits différents,
mais pas meilleur l'un que l'autre. Les colzas étaient si chétifs qu'on ne
les a pas laissés défleurir; la charrue les a enfouis. Les sainfoins ne sont
pas riches non plus; la fleur ne mielle guère, la terre n'étant point
trempée et il y a peu ou point de rosée le matin. Les trèfles incarnats
n'ont pas mieux fait que le colza. Je devrais avoir des essaims, mais

d'après l'inspection générale que je viens de faire de toutes mes ruches, je n'en espère pas ce mois-ci. Je suis furieux après mes italiennes : ce sont de fameuses pillardes; elles m'ont pillé 6 ruches que j'ai nourries en cave et que j'avais remises au rucher; je n'en ai sauvé que deux, et vous savez que dans toute bataille ce n'est pas toujours le vainqueur qui laisse le moins de morts sur le terrain ; aussi en pillant les autres mes italien- nes se sont fait passablement tuer ; donc j'ai été deux fois victime. *Muller*, à Châtillon-sur-Loire (Loiret).

Jusqu'à ce jour j'ai fait 19 essaims artificiels : deux le 11 mai, six le 16, six le 19 et cinq aujourd'hui 21. *Collin*, à Nancy (Meurthe). — J'ai, aujourd'hui 24 mai, recueilli mon premier essaim sur 150 paniers ; les mouches ont déjà travaillé ; s'il venait une pluie de suite, la récolte serait bonne. *Gourlin*, à Clamecy (Nièvre). — Aujourd'hui 17 mai, je suis encore obligé de nourrir mes abeilles ; les fleurs paraissent stériles, pas de suc dedans. Les trèfles incarnats ne sont pas plus longs que des porte-plumes. Après réunions forcées, mes 56 colonies sont réduites à 10. *Carré*, à Grandfresnoy (Oise).

En automne, je possédais 60 paniers d'abeilles ; à présent j'en ai un tiers de moins, tant jaunes que noires; mais ce n'a pas été faute de nourriture, car j'ai bien dépensé 300 fr. pour cela. Quelques colonies ont péri par la gelée (les hivers sont quelquefois très-rigoureux ici) ; d'autres ont donné des *essaims de Pâques*. Grâce à des réunions je n'ai pas été le plus maltraité. Nous n'attendons pas d'essaims avant le commencement de juin. *Cuny*, aux Hayottes (Vosges). — Les abeilles font, depuis deux jours (19 mai), d'une manière incroyable. Les sainfoins commencent à fleurir. *Moreau-Barbou*, à Thury (Yonne).

Le premier essaim naturel sorti dans la banlieue de Paris est du 10 mai. Le même rucher, à Meudon, nous en avait donné le 20 et le 27 avril les deux campagnes dernières.

— Les derniers renseignements que nous recevons n'exhalent que des plaintes. La sécheresse persiste et grille les fleurs. L'essaimage mar- che peu et les petites colonies ne se refont pas.   H. HAMET.

Paris.— Imprimerie horticole de E. DONNAUD, rue Cassette, 9.

L'APICULTEUR

Chronique.

Sommaire : Sécheresse persistante, causes. — Le père Routinet. — Roquets qui jappent. — On demande quarante mille lires. — Essaim égaré dans Paris. — Ignorance des réglementateurs. — Abeilles et raisins, moineaux et chenilles. — Ruchomanes et savon vert.

La persistance de la sécheresse commence à inquiéter beaucoup de gens. Comment parer au déficit qu'elle va occasionner dans les récoltes, c'est ce qui frappe et qui demande une solution. A quelque chose malheur est bon ; ici il va entamer les frontières : c'est un commencement de suppression de ce qui les maintient. Car, il est évident que nous serons obligés d'aller demander à l'étranger mieux favorisé les denrées qui nous manqueront. Et à son tour l'étranger nous prendra d'autres produits ouvrés ou non, ou seulement des titres d'échange qu'il nous retournera plus tard. Pour que ces denrées nous arrivent au meilleur compte possible, nous devons demander la suppression de tous droits fiscaux et la réduction des tarifs des chemins de fer. Nous allons probablement sentir combien il est fâcheux que les moyens de transports aient été monopolisés par des compagnies. On n'est jamais puni que par où on a péché. La Belgique, l'Allemagne et d'autres pays qui n'ont pas concédé leurs chemins de fer, partant n'ont engraissé aucune individualité, transportent dans de bien meilleures conditions.

Le plus pressé réglé, on recherchera ensuite la cause de cette sécheresse anormale afin d'y obvier, et il ne sera pas bien difficile, pour peu qu'on y mette de bon vouloir, de découvrir qu'elle est le fait de l'*individualisme* qui, dans un intérêt privé, a opéré le déboisement, a dénudé les sols élevés qui attiraient les nuages, en recevaient les vivifiantes ondées et les distribuaient aux plaines avoisinantes par maints ruisseaux aujourd'hui taris. Un pays déboisé se stérilise. L'Afrique en offre des exemples frappants. Mais il ne faut pas aller si loin pour constater les effets du déboisement trop grand. Des cantons de la Provence menacent de devenir aussi stériles que le Sahara ; il y est quelquefois plus de six mois sans pleuvoir. Des localités de la Beauce, qui, il y a vingt ans, étaient encore boisées, ne savent plus à quel saint se vouer pour qu'il tombe de l'eau au moins une fois par mois sur leurs terres qui s'effritent.

10

Depuis moins de temps, des cantons de l'Oise dont on a déboisé les collines, sont obligés d'abandonner la culture fourragère qui était très-productive et qui assurait la prospérité de nombreux ruchers. Cette année, ces cantons sont désolés, et on ne sait comment les fermiers feront pour payer leur propriétaire, les arracheurs de bois qui ont voulu augmenter leurs revenus sans se préoccuper du reste et qui auront prouvé, en fin de compte, que le fameux « après moi le déluge » peut être rendu par « après moi la stérilité. »

— Il n'y a rien à faire, voilà la sotte réponse que font certaines gens à qui on conseille de mieux agir. Le père Foquety, de Corgnac (Dordogne), avait autrefois une dizaine de ruchées qui prospéraient, grâce surtout aux bosquets dont sa localité était plantée; il en possède aujourd'hui une quarantaine qui végètent parce qu'il les néglige. Dernièrement un jeune apiculteur lui donnait le conseil de mieux soigner ses abeilles. « Il n'y a rien à faire, répondit le père Foquety, les hommes, les plantes et les bêtes finissent par avoir leur maladie : celle des hommes est la vapeur. » Le père Foquety n'en mènerait pas long dans une ruche où on ne tolère aucun écloppé.

— Les roquets sont d'autant plus hargneux, paraît-il, que le climat sous lequel ils vivent est chaud. Le grand jeune homme qui tient les premiers rôles à l'*Apicoltore*, de Milan, jappe et fait japper quelques fruits secs contre des bouledogues de la production qu'aucune meute de roquets — fussent-ils musqués — ne pourrait faire sortir du calme qui sied à la force. Que cela soit dit sans vergogne et aille à l'adresse de tous les ayants droit, exotiques et indigènes.

A propos d'Italie, nous recevions naguère les statuts d'une société, à laquelle nous donnions une approbation sans réserve, n'en traduisant que le mot le plus répété « lire ». Bon, disions-nous, voilà une société qui va se charger d'apprendre à lire aux paysans italiens. C'est commencer par le commencement, et qui veut la fin, veut les moyens, dit la sagesse des nations. Sans doute les nobles *signors* de la patrie de Manin et de Garibaldi, ajoutions-nous, auront été frappés des progrès qui se font dans un pays voisin, la Suisse, où tout le monde sait lire, l'instruction primaire y étant obligatoire. Mais la traduction intégrale du prospectus en question a fait descendre notre imagination des nuages où elle s'était complu à monter. Il s'agit bien de lire, mais de *lire* franc, et ladite société en demande 40,000 pour propager commercialement en Italie et autres lieux de l'univers le nec plus ultra des ruches à cadres, créer

Digitized by Google

des débouchés au miel (!!), faire ce qu'on appelle dans le high-life de l'apiculture rationnelle infaillible. — Que le bon Dieu vous assiste, braves gens !

— Les ruchomanes se ressemblent un peu partout : ils trouvent des qualités particulières, inconnues jusqu'alors, à la ruche qu'ils affectionnent. Un journal du Canada nous révèle les qualités particulières d'une ruche américaine. « La ruche en question, dit-il (il s'agit d'une ruche à cadres patentée), facilite la construction de *tous* les rayons *à la fois*, ce qui n'a pas lieu dans les autres ruches. » Voici maintenant un boniment indigène : « Cette ruche (ruche à étages brevetée S. G. D. G.) réduit l'apiculture à sa plus simple expression ; tout en facilitant les opérations sans jamais faire périr les abeilles, elle *joint l'élégance à la grâce*. » C'est à la 4e page d'un journal que se recommande cette dernière, et on sait que la 4e page des journaux n'est pas sans analogie avec les haies banales sur lesquelles on fait sécher toute sorte de linge et parmi lequel il y en a qui sent fortement le savon vert.

En fait d'instruments apicoles perfectionnés, nous répéterons pour la 100e fois qu'il ne faut accepter que ceux qui réalisent des économies sur la main-d'œuvre et, par conséquent, font baisser le prix de revient des produits. Tout appareil coûtant cher et n'économisant pas la main-d'œuvre est à laisser aux amateurs aisés qui font de l'apiculture un amusement, et ne comptent pas avec leur bourse.

— On lit dans le *Réveil* du 17 : Hier soir à cinq heures, un essaim d'abeilles égaré dans Paris voltigeait à l'entrée de la rue Saint-Marc, du côté de la rue Vivienne. C'était merveille de voir ces pauvres insectes, effarés, s'agitant dans le soleil et l'air plein de poussière, sans vouloir rompre le faisceau qui les unissait. Parfois une voiture traversait l'essaim bourdonnant au grand ébahissement des badauds qui formaient un cercle épais. Une petite caisse contenant un arbuste, et placée sur le trottoir, offrit enfin un abri à l'essaim qui s'y fixa en grappes d'or. — Nous nous abstenons des réflexions qu'ajoute la feuille précitée.

— M. Galtier, nous écrit de Saint-Exupère : Je suis heureux de pouvoir vous annoncer que les succès que j'ai obtenus dans les dernières années par l'essaimage artificiel, le calottage ou le système des ruches à hausses a développé chez quelques propriétaires du canton le goût de l'apiculture. Déjà plusieurs s'en occupent sérieusement. Il faut espérer que nous ne nous arrêterons pas en si beau chemin. Tous mes efforts tendent à leur prouver que la théorie doit marcher de pair avec la pratique, et je m'aperçois avec plaisir que mes conseils ne sont pas vains. Donc le progrès se fait dans notre contrée.

— M. Lefranc nous écrit de Binges (Côte-d'Or) : Je vous félicite du courage que vous mettez à défendre nos abeilles contre la réglementation. Si les faiseurs de règlement les connaissaient mieux, au lieu d'entraver leur multiplication, ils ne chercheraient qu'à la favoriser. Plus les abeilles sont près des habitations, plus elles sont douces. Les miennes, au nombre de 30 fortes colonies, sont placées à l'entrée de mon jardin à 3 mètres de la porte de la maison ; je suis toujours au milieu d'elles, elles se buttent quelquefois contre moi, mais elles ne me piquent pas. Un autre rucher se trouve placé à côté d'un chemin vicinal dont il est séparé seulement par un mur d'appui. Toute la journée passent sur ce chemin gens et bétail, personne ne s'en plaint.

« On accuse nos abeilles de manger le raisin. Elles le sucent en effet, quand il est bon, entamé, et qu'elles ne trouvent pas mieux ; mais les deux dernières années, on a vendangé en septembre, les raisins étaient excellents, et quoique déchirés par les moineaux, les abeilles n'y touchaient pas : elles allaient au trèfle nain après les seigles ; et cependant des vignes sont devant mon rucher.

» Néanmoins nos hommes d'État pensent que l'abeille est nuisible et qu'on ne peut se passer du moineau pour détruire les insectes. A-t-on jamais vu un moineau manger une chenille lorsque les choux, les raves et les colzas sont dévorés par cette vermine ? Fi donc ! des chenilles pour un moineau ! A lui les belles cerises et le chasselas doré ! »

— On lit dans le *Courrier agricole* de Montréal : Il est constaté partout que le trèfle d'alsike dure plus longtemps que le trèfle rouge ordinaire, mais qu'il résiste moins à une longue sécheresse, vu que ses racines pénètrent moins profondément dans le sol. Il fait bien, en général, sur un sol qui a déjà produit beaucoup d'autres espèces de trèfles. Il est hors de tout doute qu'il produit beaucoup plus que le trèfle blanc, et possède des qualités nutritives supérieures, à toute autre espèce. — Nous ajouterons que les essais tentés au printemps dernier devront être recommencés ; la graine a levé, mais la sécheresse a détruit le plant.

Réunion à Janville (Eure-et-Loir), le 22 juillet. La Société d'apiculture gâtinaisienne et beauceronne se réunira le jour de la Madeleine dans la grande salle de l'hôtel de ville, à 2 heures moins le quart. Ordre du jour : 1° exposé de méthodes pour obtenir une plus grande quantité de miel surfin ; 2° agitation contre la réglementation ; 3° délibération sur un marché au miel en sirop. **H. HAMET.**

Fragments du journal d'un apiculteur.

Ferme-aux-Abeilles, juillet 187...

19 *juillet*. Après un printemps sec, les secondes coupes des prairies deviennent très-mellifères pour peu que l'été soit humide et chaud. Dans cette prévision, on récolte plus largement sur les colonies populeuses, espérant qu'elles pourront retrouver les provisions qu'on leur enlève. Néanmoins si l'essaimage a peu donné et si l'apier a sensiblement diminué en hiver, il faut agir avec circonspection, et n'enlever que l'excès de provisions sur les ruchées très-lourdes. Cet enlèvement est facile avec les ruches à chapiteau, à hausses et à cadres mobiles. Il l'est moins dans les ruches en une pièce. Le moyen le plus rationnel d'opérer ces dernières est d'en chasser entièrement les abeilles (transvasement par tapotement) et de pratiquer ensuite une taille, c'est-à-dire d'enlever les rayons de côté les mieux garnis de miel ; puis de réintroduire les abeilles qui, un peu plus tard, auront réparé, ou du moins en partie, la brèche faite dans leur ruche.

Il faut récolter entièrement les colonies orphelines, c'est-à-dire celles qui ont perdu leur mère. Les petits essaims qu'on a réunis au moment de l'essaimage, et les ruchées qui ont donné plusieurs essaims, notamment celles qui ont donné un essaim naturel après l'extraction d'un essaim artificiel, sont les plus exposées à perdre leur mère. Une souche qui, trente-cinq ou quarante jours après le jet de son premier essaim, n'a pas de couvain d'ouvrières operculé, n'en aura jamais. On ne peut donc faire mieux que de la démolir ou d'utiliser son miel et sa population en la réunissant à une autre ruchée. — Les orphelines de juillet présentent des caractères extérieurs qui les font reconnaître avec assez de facilité, sans qu'on ait besoin de les visiter intérieurement, jetez un coup d'œil sur l'apier entre midi et trois heures, au moment où les bourdons vont prendre l'air sous un ciel serein. Voyez comme ces malheureux sont chassés de partout, excepté de quelques ruchées où ils jouissent d'une liberté complète pour aller et venir. Ces ruchées ont très-peu d'activité et une faible population, les ouvrières qui reviennent chargées de pollen y sont rares, le bruissement y est nul ou presque nul le matin et le soir, tous ces caractères réunis vous donnent la certitude que la mère manque. Pour peu que vous en doutiez, visitez l'intérieur : il y a beaucoup de bourdons de tout âge, une quantité étonnante de cellules remplies de de pollen. Quand ces signes intérieurs viennent confirmer les caractères extérieurs, le doute n'est plus possible.

L'almanach de l'amateur d'abeilles, de l'abbé Micq, consigne ce qui suit pour thermidor : « Le commencement de ce mois (dernière décade de juillet) est souvent désastreux par la sécheresse qui règne. Les abeilles se répandent dans les campagnes arides, où elles trouvent la mort au lieu de leur nourriture. Faibles, languissantes, exténuées, souvent elles ne peuvent regagner leur asile. On en voit qui restent immobiles sur les fleurs, où en vain elles cherchent un suc nourricier. La chaleur du jour, le froid de la nuit tiennent les pores fermés, par où devrait suinter cette liqueur précieuse dont l'abeille sait former son miel. — Mais souvent aussi la fin de ce mois (première partie d'août) est d'autant plus heureuse. L'apparition de la seconde séve est l'époque restauratrice de l'abeille. Elle surpasse celle de la 1re floraison. Les nuits devenant chaudes, l'exsudation est plus abondante, surtout si une petite pluie aide les sucs à se développer. Les rayons croissent à vue d'œil. Dans huit jours les ruches gagnent souvent un poids surprenant. L'abeille sort dès le grand matin, recueille et rapporte encore avec la nuit qui l'invite au repos. Elle part et rentre avec la vitesse d'un trait. Surchargée de butin, on la voit tomber sur le plateau de sa ruche, tout haletant de fatigue, puis gagner l'entrée avec une activité indicible. Cinq jours quelquefois suffisent pour remplir une caisse (hausse). On voit l'abdomen tout allongé à cette époque, étant toujours rempli de miel. L'abeille ne s'amuse plus a cueillir du pollen, bien qu'il soit encore abondant, et cependant jamais les rayons n'avancent aussi vite que pendant cette époque de la seconde séve ; d'où il faut conclure que le pollen ne leur est pas indispensable pour façonner la cire.

Il est des pays où l'on transporte dans ce temps, ou un peu auparavant, les ruches dans les bois, dans les bruyères, dans les champs fleuris, tels que ceux de navette d'été et de sarrasin. Abrégeant, par ce transport, le trajet qu'il faudrait que l'abeille fît, on la met à même d'employer tous ses instants à butiner des produits. La proximité des bois est des plus avantageuses par les chaleurs ; les sucs mielleux ne s'y dessèchent pas si vite que dans la plaine. De même une pluie abondante ne lave pas toute la fleur ou le feuillage emmiellé. Les ruches ainsi placées dans les bois, ou à leur proximité, prospèrent bien mieux que celles exposées dans des campagnes riantes, mais dégarnies d'arbres, où le soleil darde à plomb, dessèche et fait languir toutes les plantes.

Les vergers suppléent en partie aux bois. La récolte en miel est toujours plus abondante dans les villages qui sont environnés d'arbres fruitiers, que dans les hameaux situés en rase campagne. Sur les arbres fruitiers, de même que sur nombre de plantes potagères, il existe des cynips (pucerons), petits insectes que l'on voit groupés par milliers sur les bourgeons. Ces insectes sont le fléau des plantes qu'ils habitent ; ils en sucent les feuilles et les bourgeons tendres, et produisent ces gouttelettes de miel qui tombent quelquefois sur les passants et que les abeilles recueillent comme le miel des fleurs.   X.

Étude sur Berlepsch (suite).

Chap. XIII, 123-131. Travaux des ouvrières hors de la ruche. § 38. Récolte du miel. *A.* Les abeilles le trouvent-elles à l'état de nature ou le font-elles ? Les avis sont partagés. *B.* Rosée de miel ou miellée. § 39. Récolte du pollen. *A.* Le pollen est recueilli avec la trompe, celle-ci le présente aux mandibules, de là il passe aux pattes de la première paire qui le transportent aux pattes de la seconde paire, enfin celles-ci le fixent sur les pattes de la troisième paire. *B.* Différentes couleurs du pollen. *C.* Où et comment est-il emmagasiné ? Dans les cellules d'ouvrières les plus rapprochées du couvain. *D.* Se gâte souvent en hiver. *L.* Est souvent mêlé au miel dans les cellules. *T.* Est souvent rentré en grande quantité (deux livres vingt-cinq loth en un jour). *G.* Se trouve quelquefois sur le dos des abeilles. *H.* Pollen surrogat. § 40. Récolte de l'eau. *A.* A quoi les abeilles l'emploient-elles ? A se désaltérer et à préparer le suc nourricier. *B.* N'est pas rentrée en provision. § 41. Récolte de la matière alcaline (eaux de fumier des étables). L'alcali est nécessaire aux abeilles. § 42. Récolte de la propolis. *A.* D'où vient-elle et comment est-elle apportée ? Elle est récoltée sur les bourgeons de certains arbres, et elle est apportée comme le pollen sur les palettes des pattes de la troisième paire. *B.* N'est jamais déposée dans les cellules. *C.* Est souvent mêlée avec de la cire.

— La livre dont parle Berlepsch est probablement la livre de Prusse qui est égale à quatre cent soixante-sept grammes soixante-onze centièmes. La livre est divisée en trente-deux loths. Le loth est donc égal à quatorze grammes soixante-deux centièmes.

Chap. XIV, 132-156. Travaux des ouvrières dans l'intérieur de la ruche. § 43. Préparation du suc nourricier. *A.* Le suc nourricier n'est pas un simple mélange de pollen, d'eau et de miel, mais une production organique distillée, formée par la digestion du corps des ouvrières. C'est la nourriture du couvain. *B.* Le suc nourricier peut se composer simplement de miel. *C.* Le suc nourricier contient-il plus de miel que de pollen? On l'ignore. § 44. Préparation de la cire. *A.* La cire est un produit organique du corps des abeilles. *B.* Elle sort des segments de l'abdomen des ouvrières sous forme de lamelles. *C.* La cire est blanche à son origine, mais avec le temps elle devient jaune. *D.* La cire est formée de miel et de pollen. § 45 (sans titre). Les abeilles peuvent produire de la cire avec du miel ou du sucre sans pollen, mais alors il leur faut plus de miel ou plus de sucre. Il résulte des expériences faites par Gundelach que les abeilles sans pollen ont besoin de vingt loth de miel pour produire un loth de cire; et il résulte des expériences faites par Berlepsch et Douhoff que les abeilles, ayant à leur disposition du pollen, produisent en moyenne un loth de cire avec quatorze loths un huitième de miel. Le résultat pratique, ajoute Berlepsch, est qu'en établissant seulement la proportion du miel à la cire comme 10 est à 1, il y a grande perte à laisser bâtir les abeilles et à fondre la cire brute. § 46 (sans titre). Les abeilles privées de pollen pendant une vingtaine de jours et n'ayant que du miel ne peuvent plus produire ni cire, ni suc nourricier. § 47 (sans titre). Théorie de Dzierzon et de Koler sur la cire. Dzierzon prétend que la cire est un produit volontaire de l'abeille, qu'elle n'est produite que quand l'abeille le veut et en a besoin. Koler, au contraire, s'appuyant sur Hofmann, de Vienne, soutient que la cire est un produit nécessaire comme la graisse chez les animaux, qu'en tout temps, en toute saison, on trouve des lamelles de cire sous les anneaux de l'abdomen des ouvrières, et par conséquent que la cire ne coûte rien. § 48. Bâtisse des rayons. *A.* La bâtisse des rayons se fait naturellement de haut en bas. Les abeilles peuvent encore bâtir de bas en haut et de côté. *B.* La construction des rayons comprend au commencement les cellules d'ouvrières et seulement plus tard les cellules de bourdons. *C.* La construction des rayons, quand est-elle plus active? En mai et juin. « J'ai expérimenté, dit Berlepsch, qu'une rûchée, dans une nuit, peut bâtir trois cents pouces carrés de rayons, c'est incroyable, mais c'est la pure vérité. » *D.* Les abeilles orphelines généralement ne bâtissent pas, et quand elles le font, elles ne bâtissent que des cellules de bourdons.

§ 49. Des différentes cellules, leur destination. *A.* Cellules d'ouvrières.
B. Cellules de bourdons. *C.* Cellules de reines : elles ont la forme d'un
gland, sont perpendiculaires, ont le fond soit en forme de chaudron, soit
en hexagone. Les premières s'appellent cellules d'essaimage ; les secondes, cellules faites après coup ; elles ont la couleur du gâteau sur
lequel elles sont construites. *D.* Cellules intermédiaires pour relier les
cellules d'ouvrières aux cellules de bourdons. § 50. Soins donnés au
couvain. *A.* Nourriture des larves d'ouvrières : les cinq premiers jours,
suc nourricier ; le sixième jour, simple mélange de miel et de pollen.
B. Nourriture des larves de bourdons, la même que pour les larves
d'ouvrières. *C.* Nourriture des larves de reines, suc nourricier plus
substantiel que le suc nourricier des ouvrières et des bourdons, et cela
depuis la sortie de l'œuf jusqu'à la transformation en chrysalide.

Observation sur le paragraphe 45. Les expériences des trois apiculteurs allemands, Gundelach, Berlepsch et Douhoff, ont été faites en
chambre close ; mais les choses se passent-elles de la même façon en
plein air ; mais en pleine liberté, en pleine récolte, les abeilles se con-
duisent-elles comme en pleine prison ? Voilà la question qu'auraient dû
s'adresser les savants d'outre-Rhin. Il est à peine croyable que des apiculteurs sérieux s'appuient sur de telles expériences pour affirmer qu'un
gramme de cire coûte à des abeilles en liberté dix grammes de miel.

Je crois avoir prouvé jusqu'à l'évidence, dans l'*Apiculteur* d'octobre,
novembre, décembre 1869 et janvier 1870, que les abeilles ne perdent
pas trois grammes de miel pour produire un gramme de cire. Qu'un
disciple de Berlepsch me fasse le plaisir de contester la valeur de mes
expériences, je lui ferai la partie belle : je lui proposerai un double pari
indivisible : 1° je soutiendrai, avec un enjeu de cent francs contre
cent francs, que les abeilles ne perdent pas trois grammes de miel pour
produire un gramme de cire ; 2° je soutiendrai, avec un enjeu de deux
cents francs contre cent francs, que les abeilles ne perdent pas dix grammes de miel pour produire un gramme de cire.

Je sais d'avance que personne n'acceptera ma proposition, et que
néanmoins on continuera d'affirmer que les abeilles perdent dix grammes de miel pour produire un gramme de cire.

Explication relative au paragraphe 48. Le pouce dont parle Berlepsch
est le pouce du Rhin, égal à vingt-six millimètres quinze centièmes, donc
trois cents pouces carrés sont égaux à vingt décimètres carrés cinquante-
un centièmes. Une ruchée qui peut faire, en une seule nuit, vingt déci-

mètres carrés de bâtisse a-t-elle besoin de bâtir de jour pour emmagasiner sa récolte? Voilà une question que j'adresse aux partisans de
Berlepsch.

Explication relative au paragraphe 49. Les cellules de reines dont le
fond est rond, *en forme de chaudron*, s'appellent chez nous cellules de
mères naturelles; et les cellules à forme hexagone, cellules de mères
artificielles. Il me semble que nous ferions bien d'appeler les premières
cellules d'essaimage, comme les Allemands; et les secondes, cellules de
sauveté. En effet, les abeilles construisent les premières au printemps en
vue de l'essaimage, tandis qu'elles ne construisent les autres qu'en vue
de sauver la famille d'une ruine certaine, après avoir perdu leur mère
par accident ou le fait de l'homme.

Observation sur le paragraphe 50. L'ouvrière ne reste pas six jours
sous forme de larve. Je ne crains pas la contradiction, en disant que
l'ouvrière est operculée en moins de huit jours, trois heures après la
ponte de l'œuf. J'admettrais facilement qu'elle reste sous forme d'œuf
trois jours moins deux ou trois heures, et sous forme de larve, cinq
jours, plus deux ou trois heures.

Chap. XV, 157-160. Nourriture des trois sortes d'abeilles. § 51. L'ouvrière mange comme nourriture propre à son corps du miel et du pollen.
§ 52. Le bourdon et la reine mangent du suc nourricier et du miel. Le
bourdon prend sa nourriture dans les cellules à miel, il la reçoit aussi
des ouvrières. La reine, le plus souvent, reçoit sa nourriture des abeilles,
mais elle la prend aussi dans les cellules à miel.

Chap. XVI, 161-169. Eloignement des membres inutiles de la famille.
§ 53. Les malades et les avortons sont chassés ou quittent volontairement
la ruche. § 54. Changement de reine. § 55. Les ouvrières pressentent
souvent la fin de la vie ou de la fécondité de la reine. § 56. Tuerie des
bourdons. § 57. Bourdons conservés en hiver par exception dans des
ruchées bien constituées. Bourdons conservés par les ruchées orphelines.

Chap. XVII, 170-176. § 38. Durée de la vie des trois sortes d'abeilles. *A.*
La reine peut vivre au moins cinq ans. *B.* L'âge moyen des reines n'atteint pas trois ans, il ne s'étend pas à plus de deux ans. *C.* Le changement de reine est plus fréquent qu'on ne le pense généralement, et il
se fait si promptement qu'à peine le remarque-t-on. *D.* Durée de la vie
des bourdons, il en a été parlé dans le chapitre précédent. *G.* durée de
la vie des ouvrières. En pleine récolte, l'âge moyen des ouvrières est

d'environ six semaines; mais en morte saison, elles vivent beaucoup plus longtemps. § 59. Différents travaux des ouvrières selon leur âge. *A.* Les plus jeunes vaquent aux travaux de l'intérieur. *B.* Les plus vieilles aux travaux extérieurs. *C.* Les ouvrières ne commencent à voler et à s'ébattre en avant de la ruche que le huitième jour de leur vie. *D.* Les ouvrières ne sont en état d'aller sur les fleurs et de butiner que le seizième jour de leur vie. *C.* Les vieilles ouvrières peuvent comme les jeunes se livrer aux travaux de l'intérieur.

Chap. XVIII, 177-191. Armes des abeilles. § 60. Le bourdon est inoffensif, il n'a pas de dard. La reine a un dard, mais elle ne s'en sert jamais que contre une rivale ou une ouvrière pondeuse. § 61. Pourquoi les abeilles piquent-elles? § 62. Quand piquent-elles plus particulièrement? § 63. Que produit la piqûre des abeilles? § 64. Remède contre la piqûre des abeilles. § 65. L'homme peut-il s'habituer à la piqûre des abeilles? § 66. La frayeur produit-elle l'enflure, ou au moins l'augmente-t-elle? § 67. Moyen de se préserver contre la piqûre.

Un apiculteur lorrain.

De l'abeille mère.
par Dzierzon (1).

L'abeille la plus importante, de laquelle dépend principalement la prospérité de la ruche, c'est la mère. Sa ressemblance avec l'ouvrière démontre déjà qu'elle est du même sexe et qu'elle provient d'un œuf semblable; elle est plus complétement développée, son corps est plus volumineux, son corselet est d'une couleur brune plus foncée, son abdomen est plus allongé et les ailes ne le recouvrent qu'à moitié lorsqu'il est gonflé par les œufs au fort de la ponte. La couleur des pattes est aussi plus brune ou plus jaune. Dans la race italienne presque tout l'abdomen est d'une couleur dorée et l'extrémité seulement est noire (2). C'est ce qui la fait reconnaître plus facilement que chez les abeilles

(1) Bien que ce sujet ait été traité dans l'*Apiculteur*. (V. 6ᵉ, 9ᵉ et 10ᵉ années), nous donnons la version intégrale de Dzierzon pour que le lecteur puisse comparer et juger. On remarquera que le grand théoricien allemand oublie d'entrer dans le détail des expériences qu'il a pu faire, et qu'il reste dans les généralités admises.   *La Rédaction.*

(2) Ce n'est pas toujours facile de trouver une mère noire sur un gâteau couvert d'abeilles noires.   *La Rédaction.*

noires. En général une ruche ne contient qu'une seule mère, excepté au moment de l'essaimage lorsqu'il vient à pleuvoir; dans ce dernier cas, il naît souvent une jeune mère dans le moment où la vieille est encore dans la ruche, et il peut aussi se faire qu'il y ait plusieurs jeunes mères dans le même moment. Il arrive aussi qu'exceptionnellement, en automne, en hiver et au printemps, en dehors du temps de l'essaimage, il y ait deux mères au même moment dans la ruche, dont l'une est ordinairement vieille, mutilée et dont la présence n'est que tolérée; tandis que la seconde est jeune, robuste et est réellement la *reine* en *titre*. La vieille mère a les ailes ordinairement tout arrachées, résultat de l'agression des jeunes. La jalousie qui paraît à son apogée lorsque la jeune mère vient de naître, s'apaise petit à petit; et celle-ci, une fois fécondée, concentre toute son activité et son attention sur la ponte.

Les jeunes mères naissent dans des cellules particulières que l'on nomme cellules maternelles. Quoique ces cellules ne diffèrent pas beau-coup les unes des autres, cependant, eu égard à leur formation, on les distingue en cellules d'essaimage et cellules faites après coup. Les abeilles forment les premières, en général, sur le bord des gâteaux et en posent les fondements sous forme de petite coupe ronde et renversée, dans laquelle la mère dépose un œuf; la cellule est ensuite allongée par le bas, au fur et à mesure de la croissance de la larve qui demande de jour en jour plus d'espace; et enfin elle est refermée par un couvercle de manière à présenter assez bien la figure d'un gland qui pend.

Les cellules faites après coup, par contre, n'apparaissent qu'au mo-ment où les abeilles, ayant perdu leur mère pour une cause quelconque, choisissent, pour la convertir en femelle complète, une larve parmi le couvain existant. Comme les abeilles ne peuvent pas transporter les œufs ou les larves d'une cellule dans une autre, elles choisissent une cellule ordinaire d'ouvrière où se trouve un œuf ou une larve et elles la convertissent en cellule maternelle en l'agrandissant. Elles préfèrent ordinairement se servir d'une cellule située sur la tranche du gâteau ou bien au-dessus d'un passage réservé dans le gâteau même, à la condi-tion toutefois qu'il s'y trouve un œuf ou une petite larve, parce que, pour allonger cette cellule par le bas, elles ne rencontrent pas de difficulté, et elles ne sont pas non plus obligées de détruire les cellules déjà existantes au-dessous. Cependant les abeilles établissent aussi des cellules mater-nelles au milieu des gâteaux; alors ces cellules dépassent le gâteau et pendent en dehors.

Bien des apiculteurs ne savent expliquer comment il se fait que les mères, malgré leur jalousie, vont pondre dans les cellules maternelles commencées et destinées à l'élevage de jeunes femelles. Mais comme il serait impossible d'enlever sans le blesser un œuf qui est collé au fond d'une cellule, comme le fond d'une cellule d'essaimage est arrondi, ce qui la distingue d'une cellule faite après coup, il ne reste plus que cette supposition que la mère dépose l'œuf dans la petite coupe de la même manière que dans une ruche orpheline une ouvrière pondeuse dépose ses œufs. On ne pourrait pas opposer à cela que les cellules maternelles n'excitent la jalousie de la vieille mère qu'au moment où elles sont operculées et où les larves royales se changent en nymphes. On pourrait bien mieux opposer ceci, que les abeilles forment beaucoup de ces petites coupes, lesquelles resteraient inutiles dans le cas où la mère n'y pondrait jamais.

Ce qui provoque le développement de la mère, c'est en partie le grand espace dont elle jouit, mais bien mieux la nourriture particulière qui lui est offerte à l'état de larve, dans laquelle elle nage pour ainsi dire, et qui est composée, jusqu'au jour de l'operculation, de principes plus vivifiants et plus nourrissants ; tandis que les larves d'ouvrières ne reçoivent qu'une nourriture moins succulente, ce qui arrête chez elles le développement des organes génitaux. Comme la nourriture des larves est la même dans les premiers jours, il est indifférent aux abeilles de choisir pour mère, soit un œuf, soit une larve de plusieurs jours. Il n'y a que cette différence que, plus la larve choisie est âgée, plutôt la jeune mère éclôt et abandonne sa cellule.

Il y a quelques années on était persuadé que la jeune mère ne pouvait provenir que d'une larve âgée de trois ou tout au plus quatre jours. L'apiculteur silésien a déjà publié, dès 1852, dans le *Traité théorique et pratique* et prouvé que toute larve même plus âgée peut encore donner une mère, pourvu qu'elle ne soit pas encore operculée. Il n'est pas rare de trouver une jeune mère déjà dix jours après l'essaimage artificiel. Le développement de la mère, à partir de l'œuf, ne dure que 16 jours, à la condition d'avoir été couvée sans désemparer et avec soin. Dans ce cas les abeilles auraient dû choisir pour mère une larve âgée d'au moins 6 jours (1). Car en supposant que la larve ait eu quatre jours, le développement n'aurait duré que 14 jours, ce qui est une supposition impossible.

(1) Voir page 298, ligne 13 sur les larves de 6 jours.

On peut vérifier la justesse de la proposition précédente en détruisant dans l'essaim artificiel les cellules maternelles commencées. On verra que les abeilles recommencent les cellules maternelles tant qu'elles possèdent encore des larves non operculées, soit jusqu'au septième jour environ. Alors les cellules royales sont à peine ébauchées et ne peuvent que difficilement être distinguées des cellules destinées au couvain de bourdon. Cependant il en sort des mères complètes, d'où l'on peut déduire que le commencement de la cellule maternelle en forme de coupe renversée, n'est pas absolument indispensable au développement complet de la mère, quoiqu'on ne puisse se refuser à reconnaître qu'un pareil commencement est nécessaire à ces cellules. Car si ces cellules étaient continuées en ligne directe, elles ne pourraient pas obtenir l'espace nécessaire, leur construction ne serait guère solide, et si elles étaient dirigées de bas en haut, les ordures y tomberaient trop facilement. Une cellule maternelle ne sert qu'une fois à l'élevage d'une mère, et elle est détruite ordinairement sitôt après la sortie de l'abeille qu'elle contenait. Les cellules ne sont conservées par-ci par-là que lorsque la population est affaiblie par l'essaimage et qu'elle a abandonné une partie des constructions. Hors ce cas, on ne trouve des cellules maternelles dans une ruche que lorsqu'elles servent de berceau aux jeunes femelles complètes.

De jeunes apiculteurs sont exposés à croire qu'on peut à volonté changer les ruches de place dans le même rucher et que les abeilles doivent toujours reconnaître leur demeure, tandis qu'on ne doit nullement les déplacer ou du moins faire cette opération avec beaucoup de précautions, d'intelligence. Il est bon de savoir qu'elles ne remarquent bien l'emplacement et l'entrée de leur ruche que dans les quatre cas suivants :

1° A leur 1re sortie après leur naissance ; 2° à leur 1re sortie après avoir essaimé ; 3° à leur 1re sortie après une réclusion prolongée ; 4° à leur 1re sortie après avoir été transportées à une certaine distance.

Quelle est la plus faible distance à laquelle il faille les transporter pour qu'elles ne puissent revenir à leur ancien rucher ? Il est impossible de la déterminer d'une manière absolue. Cependant on peut admettre une dislance moyenne de 4 kilomètres. Ce chiffre doit être modifié suivant les circonstances. — *La Ruche de l'Instituteur.*

Produits de ruches de bois en caisse et de ruches cylindriques de paille (1).

Monsieur le professeur,

Diverses occupations imprévues m'ont empêché jusqu'à ce jour de vous envoyer la note du produit des « ruches de bois en caisse et des ruches cylindriques de paille, » qui font le sujet de l'opuscule que j'ai eu l'honneur de vous adresser l'année dernière. — J'ai divisé ce produit en deux séries, l'une de six ans ; c'est celle pendant laquelle mon père, devenu paralytique, m'avait remis la direction de son rucher, composé de 50 ruches de diverses formes. — Après sa mort, ayant été appelé à desservir divers postes, dans lesquels il ne m'était pas possible d'avoir et de soigner convenablement des abeilles, j'ai dû laisser de côté ces chers insectes jusqu'en 1841. D'où date la deuxième série de 22 années.

Colombier et Fontaines, ou plutôt le vignoble, au bord du lac, entremêlé de prairies fertiles, et de la belle vallée du Val-de-Ruz, dont Fontaines est le centre, sont les deux régions de notre canton les plus favorables à l'apiculture. Colombier toutefois l'emporte par la variété et la quantité des plantes mellifères. — L'altitude au-dessus de la mer n'étant pas sans importance en apiculture, j'ai cru devoir l'indiquer, pour ces deux régions. — Ce n'est pas que les abeilles ne puissent prospérer à une plus grande hauteur ; j'en ai vu réussir, quoique dans un moindre degré, aux environs de la Chaux-de-Fonds, 997 mètres, du socle, 1,025 mètres, de la Côte-aux-Fées, 1,042 mètres, de la Chaux-du-Milieu, 1077 mètres, mais elles exigent des soins particuliers.

BERNARD DE GÉLIEU, ancien pasteur.

(1) Faute de place, cet article, reçu depuis longtemps, a dû attendre. La lettre de l'auteur contient une note sur l'abeille égyptienne (extraite du *Bienen-Zeitung für die Schweiz*, et quelques mots sur les progrès apicoles qui s'accomplissent en Suisse, sujets déjà signalés. — *La Réd.*

PRODUITS DE RUCHES DE BOIS EN CAISSE, ET DE RUCHES CYLINDRIQUES
NEUFCHATEL. HAUTEUR AU-DESSUS

	RUCHES EN BOIS.			RENDEMENT MOYEN.
Années.	Nombre de ruches.	Livres de miel.	Essaims	
1822.	16	241 1/2	3	Moyenne en 6 ans pour les ruches en bois (livres), 15, 7/38, par ruche, à Colombier.
1823.	10	112 1/4	2	
1824.	13	91 1/2	4	
1825.	14	300 1/4	2	
1826.	14	253	2	
1827.	9	156 1/4	1	
	76	1154 3/4	14	

PRODUITS DE RUCHES DE BOIS EN CAISSE ET DE RUCHES CYLINDRIQUES
NEUFCHATEL (SUISSE). HAUTEUR A=

	RUCHES EN BOIS.			RENDEMENT MOYEN. •
Années.	Nombre de ruches.	Livres de miel.	Essaims	
1841.	3	41 3/4	—	Moyenne en 22 ans à Fontaines pour les ruches en bois (L.), 12 5/6 environ par chaque ruche.
1842.	3	56 1/4	1	
1843.	2	46 1/2	—	
1844.	2	70 1/4	—	
1845.	3	20 1/4	—	
1846.	2	38	—	
1847.	2	22 3/4	—	
1848.	2	22 1/2	3	
1849.	2	—	—	
1850.	1	—	3	
1851.	2	20	—	
1852.	2	18	2	
1853.	2	36 1/4	—	
1854.	4	46	1	
1855.	4	66	1	
1856.	3	51 1/4	—	
1857.	5	54	4	
1858.	9	201	—	
1859.	3	22 1/4	—	
1860.	7	27 3/4	3	
1861.	5	28 1/4	6	
1862.	4	45 1/2	—	
	72	934 1/2	24	

DE PAILLE, DE 1822 A 1827 INCLUSIVEMENT, A COLOMBIER, PRÈS DE LA MER, 434 MÈTRES.

	RUCHES EN PAILLE.			RENDEMENT MOYEN.
Années.	Nombre de ruches.	Livres de miel.	Essaims	
1822.	8	137 3/4	3	Moyenne en 6 ans pour les ruches en paille (livres), 13 3/7, par chaque ruche à Colombier.
1823.	5	63	»	
1824.	5	30 1/4	»	
1825.	8	119	1	
1826.	9	116 1/4	6	
1827.	7	97 3/4	2	
	42	564	12	

DE PAILLE, DE 1841 A 1862 INCLUSIVEMENT, A FONTAINES, CANTON DE DESSUS DE LA MER, 769 MÈTRES.

	RUCHES EN PAILLE.			RENDEMENT MOYEN.
Années.	Nombre de ruches.	Livres de miel.	Essaims	
1841.	3	5 1/4	1	Moyenne en 22 ans à Fontaines pour les ruches en paille (livres), 11, 19/43, par chaque ruche.
1842.	3	66 3/4	—	
1843.	2	9 1/2	—	
1844.	4	53	1	
1845. -	4	21 1/4	—	
1846.	2	38 1/2	—	
1847.	2	41 1/4	—	
1848.	4	62	3	
1849.	3	10 1/2	—	
1850.	5	15 1/2	5	
1851.	4	28 1/4	—	
1852.	5	51 1/2	1	
1853.	5	42 1/4	—	
1854.	5	73 1/2	3	
1855.	5	62	—	
1856.	4	76 1/2	—	
1857.	5	66 1/2	5	
1858.	6	113 1/2	—	
1859.	2	14	—	
1860.	5	45 1/2	—	
1861.	3	39 1/2	1	
1862.	5	47 1/2	—	
	68	984	20	

Conférence sur l'apiculture (1).

J'ai promis de vous entretenir des abeilles et de leur culture, c'est-à-dire de les conserver, de les propager et d'en tirer tout le profit possible.

Bien que ce sujet puisse paraître, au premier abord, étranger aux sujets qui sont l'objet de vos occupations habituelles, vous serez forcés de convenir néanmoins qu'il s'y rapporte par plus d'un point. Car, d'une part, l'abeille, comme l'horticulteur, vit au milieu des fleurs que celui-ci cultive et dont elle tire sa substance, et elle lui offre en guise de tribut ses beaux rayons de miel doré. D'autre part, en disséminant sur son passage la poussière des étamines dont son corps velu s'est en quelque sorte saturé en se roulant dans les fleurs, elle contribue puissamment à leur fécondation; comme aussi elle est l'agent toujours actif de cette grande hybridation latente établie sur une si large échelle, et qui tend à multiplier à l'infini les variétés des fleurs et des fruits.

Vous voyez donc que les travaux des abeilles ont plus d'un rapport avec les vôtres, et que ce n'est que justice si nous nous occupons d'elles aujourd'hui. D'ailleurs pourquoi négligeriez-vous cette culture, où tout est pour vous bénéfice, qui n'exige presque aucune mise de fonds, et qui ne vous demande que quelques soins à vos moments perdus, et une toute petite place dans un coin inutilisé de votre cour ou de votre jardin?

Où trouver d'ailleurs un climat plus favorisé que le nôtre? Des campagnes, des jardins plus couverts de fleurs? Et pourquoi ces petits êtres, si actifs, si prévoyants et si bien disciplinés, vous resteraient-ils indifférents, quand tous ceux qui s'en sont occupés ont été tenus sous le charme, et n'en parlent qu'avec l'accent d'un véritable enthousiasme?

Et comment en serait-il autrement? Quel est le spectateur attentif qui pourrait rester froid ou impassible à la vue de l'ordre admirable qui préside à l'ensemble des travaux de ce petit peuple, si remarquable par une pratique des vertus civiques qui en remontrerait à plus d'une nation civilisée de nos jours?

Aussi de tout temps s'est-il trouvé des hommes qui ont fait des abeilles l'objet de prédilection de leurs études; c'est ce qui nous explique pourquoi nous trouvons, dès la plus haute antiquité, cette branche des connaissances humaines dans un état relatif de progrès assez avancé.

(1) L'espace nous a manqué pour donner plus tôt le résumé de cette conférence faite par M. le Dr Monin devant un auditoire composé en majorité de membres de la Société d'horticulture du Rhône. — *La Réd.*

Faut-il s'en étonner? Dès l'origine des choses, l'homme n'a-t-il pas dû tout naturellement chercher à s'approprier tout ce qui dans la nature pouvait être à son usage? Et n'était-ce pas une chose bien faite pour exciter son admiration et sa reconnaissance, que ces attentions touchantes de la Providence, que nous remarquons non-seulement dans la création et l'économie de l'existence des êtres dont se compose notre univers, mais encore dans les relations et la solidarité qu'elles ont entre elles, et en particulier avec l'homme, à qui il a été donné d'en embrasser l'ensemble et d'en faire concourir les actes à son profit?

Il serait long, Messieurs, si j'entreprenais de le dérouler devant vous, le chapitre des découvertes de l'homme dans l'ordre des créations faites intentionnellement à son usage. Pour me borner au sujet qui nous occupe aujourd'hui, combien ne serait-il pas intéressant de suivre les premières tentatives faites par l'homme pour s'approprier le fruit de l'industrie des abeilles!

Malheureusement l'histoire de cette découverte, aussi bien que le nom du premier inventeur, se perd dans la nuit des temps. *Indifférence ou ingratitude,* l'humanité a laissé submerger dans le fleuve de l'oubli le nom de l'homme utile, tandis qu'il se plaît à transmettre soigneusement d'âge en âge les noms vénérés de ceux qui ont ravagé la terre et se sont fait un jouet de la vie et du bonheur de leurs semblables.

Livrées à elles-mêmes et dans l'état de nature, c'est dans les troncs d'arbres cariés et dans des creux de rochers, que les abeilles établissent leur domicile. Ce qu'elles recherchent avant tout, c'est le calme et la sécurité, un abri contre le vent, la pluie et les orages, aussi bien que contre la trop grande ardeur du soleil.

C'est donc les placer tout à fait en dehors de leur instinct naturel, que les placer dans des lieux de passage ou en plein soleil de midi. En les disposant ainsi, on les oblige à se faire une ventilation continue, au moyen de leurs ailes, au dedans et au dehors de la ruche, et à perdre en efforts inutiles un temps précieux, qui serait bien mieux employé à des travaux plus fructueux.

D'autre part, le soin que nous leur voyons prendre de s'isoler, de se calfeutrer dans leur demeure, nous indique qu'elles redoutent également le froid. C'est pourquoi, si nous voulons les mettre dans des conditions identiquement semblables à celles où les a voulues la nature, nous devons les interner dans des ruches solides, épaisses et compactes, afin de les mettre également à l'abri du froid et de la trop grande chaleur extérieure, ainsi que des nombreux ennemis que leur attire l'envie de s'approprier le fruit de leur industrie. Rien ne semblait donc plus convenable que de leur approprier ce même tronc d'arbre allégi et réduit à des dimensions plus convenables ; aussi voyons-nous ce système primitif de ruches conservé chez la plupart des paysans de nos contrées ; et je dois convenir que les abeilles, lorsqu'elles y sont bien conduites, y prospèrent tout à fait bien, tandis que nous les voyons aller toujours en dépérissant chez nos prétendus connaisseurs qui, sous prétexte d'amélioration et de perfectionnement dans leurs procédés de culture, s'en vont toujours les tourmentant dans les moments où elles auraient le plus besoin de calme et de sécurité pour l'exécution de leurs importants travaux : tant il est vrai qu'on gagne beaucoup à laisser les choses dans l'état où l'a voulu la nature ; et que bien souvent, après bien des changements et des tâtonnements de tout genre, l'homme se trouve obligé de revenir à son point de départ, et de convenir qu'après tout, les choses étaient bien comme elles étaient.

C'est à combattre ces abus, et à faire rentrer la culture des abeilles dans une sage mesure dont elle n'aurait pas dû s'écarter, que je consacrerai le peu de temps que vous voulez bien m'accorder aujourd'hui.

Je vous ai signalé les premières tentatives faites par l'homme pour s'approprier le fruit de l'industrie des abeilles, et comment sa première idée fut de scier le tronc de l'arbre qui les recélait et de l'emporter près de sa demeure pour pouvoir les fouiller à son aise. Toutes les ruches qui ont été construites depuis, non pour la commodité plus grande des abeilles, mais pour donner plus de facilité à l'homme dans la dépouille, ont eu pour point de départ ce tronc d'arbre primitif, dont elles ont, autant que possible copié la forme et les dimensions.

Toutes les formes de ruches, en effet, et Dieu sait si le nombre en est grand, ont été construites d'après cette observation passée à l'état d'axiome en apiculture, que les abeilles établissent leur provision de miel dans la partie de leur demeure la plus reculée de l'entrée, afin que l'ennemi ne puisse arriver à ce trésor si convoité, qu'en traversant une nombreuse population aguerrie et aux aguets. Mais l'homme, avec l'esprit inventif qui le distingue, a su tourner la difficulté et, en s'adressant de prime abord au cœur de la place, il a mis en défaut la vigilance des abeilles, et est parvenu à se rendre maître de leurs provisions sans coup férir, et pour ainsi dire à sa volonté. C'est pour en arriver là qu'il a inventé pour elles une foule de logements dont il a varié la forme à l'infini, suivant ses idées systématiques et souvent aussi par pur caprice.

Et qu'on n'aille pas croire que les abeilles se plaisent mieux dans les ruches plus élégantes ou plus commodes, que nous avons pris à tâche de substituer à ce tronc d'arbre qu'elles affectionnent tant. Loin de là ! Les abeilles ne tiennent nul compte de l'élégance, de la forme ou de cette prétendue commodité, et elles ne font nulle difficulté de fuir les palais que nous leur offrons dans le temps de l'essaimage, pour aller se loger modestement dans le tronc pourri de quelque vieux chêne ou dans le creux abrupte d'un rocher, où elles espèrent peupler et travailler en paix.

Que faut-il, après tout, aux abeilles ? de la propreté, de la sécurité, le soin de les tenir hors de la portée de leurs ennemis. Mises dans ces conditions, elles se passent fort bien des soins de l'homme, et savent assez s'arranger d'elles-mêmes pour subvenir à leurs divers besoins.

Mais cela ne fait pas le compte de l'homme, et il veut pouvoir à volonté s'emparer de leurs provisions et les gouverner à sa guise. C'est ce qui lui a fait varier de tant de manières ses procédés d'exploitation, et écrire sur ce sujet une foule de livres dont l'énumération seule remplirait un volume.

Nous n'entrerons pas ici dans le détail de toutes ces inventions dont l'historique nous ferait perdre inutilement un temps précieux. Bornons-nous à résumer les qualités que doit réunir une bonne ruche au point de vue de l'utilité pratique et à justifier celle que je vous présente comme remplissant les diverses conditions indiquées.

Tous les apiculteurs s'accordent en ce point, que la meilleure ruche pour mener à bien les abeilles, est celle dont la grandeur est telle qu'elle soit proportionnée à la masse d'individus qu'elle doit contenir ; qu'elle puisse au besoin être augmentée ou diminuée, de manière à offrir aux abeilles suffisamment du large pour leurs constructions ; qu'elle ne soit ni trop chaude en été, ni trop froide en hiver ; et qu'enfin elle offre d'autre part à l'apiculteur la plus grande facilité pour inspecter les abeilles en toute saison, s'assurer de leur état de richesse ou d'indigence, et lui permettre de pouvoir à volonté s'emparer de tout ou partie de leurs provisions disponibles, ou leur glisser au besoin des vivres complémentaires : tout cela sans trop les tourmenter, les inquiéter ou les déranger dans leurs travaux habituels.

Toutes ces conditions, Messieurs, se trouvent réunies dans les ruches à hausses ; mais il existe des ruches à hausses de bien des modèles, et si

nous voulions prendre à tâche de vous les énumérer ici, nous les trou-
verions aussi variées dans leur genre que les ruches en général.

Ai-je besoin de dire après cela que la ruche à hausses que je vous
présente, perfectionnée et simplifiée par une longue expérience, réunit
tous ces avantages? Simplicité, facilité d'exécuter toutes les manipulations exigées par la circonstance, et une complète sécurité d'autre part
pour l'apiculteur, qui, n'étant plus obligé à chaque inspection de décoller
et de retourner la ruche, se trouve rarement exposé à être piqué par les
abeilles.

Sans entrer dans le détail descriptif des diverses pièces qui la composent, ce qui nous mènerait beaucoup trop loin, détail que l'on pourra,
du reste, trouver tout au long dans le petit traité que j'ai publié (1), qu'*il
nous suffise* de dire que cette ruche, bien que susceptible d'être divisée
au besoin en plusieurs parties, ne forme dans son ensemble qu'un tout
dans lequel les abeilles sont réunies sans se trouver séparées nulle part.
Or, on sait qu'elles affectionnent par-dessus tout cette manière d'être;
qu'elles aiment à se rendre compte d'un coup d'œil de tout ce qui se
passe dans leur demeure, s'assurer que nul ennemi ne les menace, que tout
est en bon état, et que, toutes choses égales d'ailleurs, elles prospèrent
beaucoup mieux dans une ruche d'une seule pièce que dans celles où
elles sont séparées et comme parquées en diverses places.

Les abeilles, avons-nous dit, placent leur réserve en miel dans le lieu
le plus éloigné de l'entrée: c'est pour nos ruches la partie supérieure;
au-dessous de celle-ci, elles placent à bonne portée leurs provisions de
tous les jours pour elles et leurs larves; elles réservent le compartiment
inférieur pour le couvain et les soins que nécessite son éclosion. C'est
encore là qu'elles viendront se masser, l'hiver, dans les cellules vides et
dans les ruelles qui séparent les gâteaux, afin de se maintenir dans un
état de chaleur propre à leur faire traverser sans trop de dommage cette
rude saison.

Ainsi nous pouvons diviser la ruche au point de vue pratique en trois
parties ou étages: l'étage du bas ou l'*habitation*; celui du milieu, contenant la provision indispensable, ou la *réserve*; et l'étage supérieur,

(1) *Physiologie de l'abeille*, suivi de l'art de soigner et d'exploiter les abeilles
d'après une méthode simple, facile et applicable à toutes sortes de ruches. Lyon,
Méra, rue Impériale, Mégret, quai de l'Hôpital, ou chez le concierge du Palais-
des-Arts. Prix, 2 fr. 50.

le chapiteau ou *le magasin*. Celui-ci est dépositaire du superflu des provisions et c'est à lui seul qu'il est permis de toucher (1).

Il est donc très-important de s'assurer de l'état des provisions contenues dans la réserve avant de s'emparer de la portion disponible du magasin, si l'on ne veut imiter le trop avide possesseur de la *Poule aux œufs d'or*, qui perdit tout pour avoir voulu trop avoir.

L'étage inférieur, à part les moments consacrés à la ponte et à l'éclosion du couvain, n'est rempli que de cire ; c'est là que la teigne, qui vit de la cire des abeilles, tend d'abord ses toiles, qu'elle pousse ensuite de proche en proche jusque dans les parties les plus reculées de la demeure.

Il importe également encore, comme vous le voyez, d'avoir l'accès facile de ce compartiment, pour s'assurer que tout est dans des conditions favorables. C'est dans ce but que chaque compartiment est garni de portes bien juxtaposées, mais qu'il est facile d'ouvrir, lorsqu'on veut pratiquer cette inspection, ou procéder à la cueillette du miel contenu dans le magasin. Enfin, par surcroît de précaution, et pour pouvoir inspecter pendant la saison d'hiver les provisions contenues dans la *réserve*, on a fixé au dedans de la porte de ce compartiment, une vitre mobile qui permet d'en examiner à loisir le contenu, sans crainte de faire pénétrer dans la ruche le froid extérieur, qui pourrait causer aux abeilles un dommage mortel.

(1) La ruche présentée par l'orateur à l'assemblée, et dont il fait la démonstration pièces par pièces, se compose :

1° D'un corps de ruche susceptible de se diviser en deux parties dont chacune munie à sa partie supérieure de barreaux auxquels les abeilles appendent leurs rayons, peut se comporter au besoin comme une ruche isolée ;

2° A ces deux étages, solidement unis ensemble et bien mastiqués, s'adapte un étage mobile de dimension moindre en hauteur et qui, placé au-dessous de la ruche, peut s'adapter ou s'enlever à volonté, selon que l'on juge opportun d'augmenter ou de diminuer la capacité de celle-ci ;

3° Enfin, le tout est surmonté d'un chapiteau ou étage en forme de toit, où les abeilles viendront emmagasiner leurs provisions superflues, et où l'on dispose des cadres dont le jeu rendu facile, permet de cueillir successivement et à des époques calculées, ce miel mis en réserve, qui est d'ordinaire le plus beau, blanc ou d'un jaune citriné, et exhalant tout l'arome des fleurs sur lesquelles il a été fraîchement cueilli.

L'expérience a montré qu'il y avait avantage, au lieu d'enlever brusquement d'un seul coup tout le miel contenu dans le magasin, à ne cueillir celui-ci que partiellement et d'une manière successive. En agissant ainsi, on ne décourage pas les abeilles ; au contraire, on ne les excite que davantage au travail par l'ardeur qu'elles mettent à réparer les brèches qu'on a faites à leurs édifices. C'est ce qui a fait inventer les cadres et rayons mobiles.

De plus, il vient un instant où les ruches, soit que le moment d'essaimer soit passé, soit que les abeilles aient jugé les circonstances peu favorables pour le faire, se trouvent tellement encombrées que celles-ci, se gênant dans leurs travaux, et tourmentées par la chaleur et le manque d'air, sont obligées de se répandre au dehors en d'énormes faux essaims. On se trouve bien, dans ce cas, de leur fournir un étage supplémentaire ou *socle* dans lequel elles feront quelques constructions, et où elles emmagasineront, en attendant mieux, ce qu'elles n'auront pu déposer dans le centre et le haut de la ruche.

Cet étage supplémentaire va nous offrir un autre avantage : enlevé l'hiver, et adapté au printemps à un corps de ruche, il offrira aux essaims des travaux commencés, qui, tout en leur donnant de l'avance, les mettront dans les meilleures conditions de réussite.

Cela posé, examinons sommairement le travail de l'apiculteur, puis nous terminerons par une courte revue des soins qu'exige la culture rationnelle des abeilles, ce qui constitue proprement le calendrier apicole.

Soins d'automne et d'hiver.

Je suppose que vous avez une ruche dans les conditions que je viens d'indiquer, et que vos abeilles s'y sont convenablement établies, il ne s'agit plus que de s'assurer que l'effet a répondu aux promesses et que, rien n'étant venu les troubler dans la série de leurs travaux, vous pouvez les abandonner sans crainte à leurs propres ressources.

En vous plaçant derrière la ruche et entr'ouvrant avec précaution chacune des portes l'une après l'autre, vous pouvez à tout instant du jour, sans les troubler dans leurs occupations, et sans crainte d'être piqué par elles, les inspecter étage par étage, prendre ou glisser des provisions, vous assurer que la teigne n'y a pas tendu ses toiles, que tout enfin est en bon état, et les laisser hiverner en toute sécurité.

La seule précaution que vous ayez encore à prendre, c'est de vous assurer que la ruche est bien assise sur son tablier, de manière à ne pouvoir être renversée par le vent, et que la pluie ne peut y pénétrer. Puis, dans les grands froids, de la couvrir d'un paillasson ou d'un surtout de paille, et de nettoyer de temps en temps l'entrée de la neige qui pourrait la combler, ou des petits cadavres d'abeilles qui en s'amoncelant à l'intérieur, pourraient l'obstruer et empêcher la libre circulation de l'air dont les abeilles ont le plus grand besoin, même en hiver.

Soins du printemps et de l'été.

Pendant les quelques éclaircies d'hiver, vous vous êtes assuré que leurs provisions ne sont pas consommées; dès les premiers jours du printemps, si la case contenant la réserve vous a paru suffisamment garnie, vous cueillez les à-côtés du chapiteau. Plus tard, lorsque la campagne est bien fleurie, que les abeilles butinent à qui mieux mieux, vous cueillez les cadres du milieu. Vers la fin de juin, après le départ des essaims, vous faites une troisième cueillette des deux cadres de chaque côté, tout en respectant celui du milieu. — Enfin, à l'automne, si l'année a été favorable, vous pouvez cueillir tout ou partie du chapiteau, si la réserve vous a paru suffisamment garnie pour l'approvisionnement des abeilles pendant l'hiver et les premiers jours incertains du printemps.

Vous pouvez ainsi calculer à quelques grammes près le revenu de vos ruches. Sans vous faire venir l'eau à la bouche par ces promesses fabuleuses que vous feront bon nombre d'inventeurs de nouvelles méthodes, qui vous enrichiront une année, au risque de voir l'année suivante tout votre cheptel apicultural tomber en déconfiture, voici un calcul que je puis vous établir pièces en main :

Dans le chapiteau que voici, nous avons deux rayons latéraux mesurant l'un dans l'autre 7 décimètres carrés, ce qui, répété pour chaque côté nous donnera 14 décimètres, ci.   14
    Deux cadres latéraux chacun 4 décimètres, ci.   8
    Le grand cadre du milieu 5 décimètres.   5
    Seconde récolte des cadres latéraux, ci.   7

        Total décimètres.   34

Or, tout calculé, un décimètre de rayon garni de miel sur les deux faces pèse 400 grammes. Ce sera donc 400 × 34, = 13 kilogrammes

600 grammes, soit 27 livres représentant votre récolte de miel en moyenne par ruche sans y comprendre la cire, etc. Remarquez que je néglige à dessein la troisième cueillette ; car si vous la faites en automne, il faut la compter en moins pour le printemps suivant.

Assurément nous sommes loin ici des résultats pompeusement annoncés par certains prôneurs de méthodes nouvelles ; mais convenez que cette récolte graduelle faite avec prudence, n'affamant en aucun cas vos ruches, est déjà un assez joli revenu ; puisque, dès la première année, elle peut vous remettre en possession, et au delà même, du capital dépensé pour l'achat de la ruche.

Désormais tout va devenir pour vous bénéfice, attendu qu'il y a fort peu d'avance à faire aux ruches bien conduites ; car si l'on est obligé de faire quelques avances en nourriture aux abeilles, cela n'a lieu que pour les essaims tardifs, les ruches affamées, chez ceux qui dépouillent leurs abeilles avec trop d'avidité ou qui pratiquant l'essaimage artificiel, sont occupés pendant la fin de l'année à nourrir une partie de leurs ruches avec l'excédant de l'autre moitié.....

J'aurais encore à ajouter ici, Messieurs, bien d'autres choses concernant la manière de recueillir les essaims dans les diverses circonstances où ils peuvent se présenter, l'art de les doubler, de les provoquer ou de les prévenir, les mutations de reines, d'espèces, et une foule de procédés qui constituent l'apiculture transcendante, et que j'appellerai, moi, l'apiculture fantaisiste ; mais je ne dois pas oublier que vos moments sont comptés, et que je ne me suis engagé qu'à dérouler devant vous ce qu'il était indispensable de savoir pour soigner et mener à bien les abeilles.

Quant à ceux d'entre vous qui désireraient s'instruire à fond de l'instinct, des mœurs des abeilles, et connaître les nombreuses théories auxquelles elles ont donné lieu, ils pourront trouver tout cela détaillé très au long dans une foule d'ouvrages qui ont été publiés à ce sujet, et en particulier dans le petit ouvrage que j'ai composé et qui les résume à peu près tous : leur recommandant toutefois, s'ils veulent fouiller plus avant la science, de ne pas se laisser trop facilement séduire par le mirage souvent trompeur des promesses dont les inventeurs de méthode sont généralement prodigues, et de ne se rendre qu'à bon escient.

Que si, séduits par la simplicité de la méthode que je viens d'exposer, un certain nombre d'entre vous, Messieurs, déjà possesseurs de ruches

d'autre système, voulaient convertir leurs ruches en ruches applicables
à ce procédé, voici comment ils pourraient, sans causer le moindre
préjudice à leurs abeilles, arriver graduellement à cette transformation.

Pour les ruches à deux ou à trois étages en paille ou en bois, rien
n'est plus facile : il suffira d'échanger, au fur et à mesure, ces étages
contre des cases vides construites d'après ce système. Quant à celles qui
n'offrent qu'un corps de ruche, ruches en cloche, tronc d'arbre ou caisse
allongée, il faut procéder autrement : deux saisons sont ici nécessaires ;
la première, après avoir cueilli le miel contenu dans le haut de la
ruche on retranchera cette partie que l'on remplacera par une planche
percée sur laquelle on établira le chapiteau, puis, après avoir pratiqué
sur le bas de la ruche la même opération, on glissera sous elle un étage
ou socle. Au printemps suivant, on glissera cet étage sous le chapiteau ;
puis, après avoir disposé sous ces deux étages réunis un étage vide, on
fera, à l'aide de la fumée, passer les abeilles du corps de ruche dans les
trois étages réunis, et l'on emportera ce corps de ruche pour le dépouiller ; les abeilles s'empresseront de construire dans le nouvel étage
que vous aurez ajouté afin d'y déposer leur couvain.

Voici donc votre ruche à cadres mobiles et à étages constituée ; désormais tous soins et tous procédés vont vous être faciles, et je ne crois
pas avoir besoin de m'y appesantir davantage. En m'efforçant de condenser, dans les bornes étroites d'une séance, un sujet aussi vaste et
qui aurait demandé un démonstrateur plus habile, sinon plus convaincu, il est fort à présumer que j'aurai glissé légèrement sur plus d'un
article qui eût demandé pour ceux qui sont étrangers à cet art, ou plus
de clarté ou de plus amples développements ; c'est à quoi je tâcherai de
remédier par les explications en réponse aux observations que vous
pourrez m'adresser à ce sujet.

Qu'en tous cas, Messieurs, mon insuffisance ne nuise pas dans votre
esprit à la cause que j'ai entrepris de plaider aujourd'hui devant vous.
Laissez-moi emporter cette pensée consolante que mes paroles ne seront
point restées sans écho. Aimez, cultivez les abeilles : faites plus encore
s'il est possible ; soyez vous-mêmes de fervents apôtres de l'apiculture.
En vous voyant à l'œuvre et prêcher d'exemple, vos voisins, vos amis,
vos fermiers s'empresseront de vous imiter. Où trouver, d'ailleurs, une
occupation plus attrayante ? Et que faut-il pour s'y livrer ? Un jardin,
une cour, le coin d'un bois, quelques caisses que vous pouvez exécuter

vous-mêmes à vos moments pèrdus : voilà assurément une mise de
fonds que tout le monde peut se procurer. Du zèle, de la patience, de la
persévérance surtout, et tout vous arrivera comme à souhait, car c'est
en apiculture principalement qu'il nous est donné de voir se vérifier le
proverbe si souvent rebattu : *Vouloir c'est pouvoir.* »

F. MONIN.

Revue et cours des produits des abeilles.

Paris, 30 *juin*. — MIELS. Malgré la grande séchérèsse, la récolte de
miel n'est pas mauvaise dans le Gâtinais; elle est bonne chez tous les
possesseurs d'abeilles qui possédaient des bâtisses en nombre; le calottage sans bâtisse rend peu; la sécheresse a empêché les abeilles de
construire, de *cirer*, comme disent certains apiculteurs. La Beauce est un
peu moins bien partagée que le Gâtinais. Dans la Normandie (le Calvados), il y a quelques ruchées très-lourdes, mais beaucoup n'ont pas
monté dans la calotte; les abeilles ont empli les greffes et n'ont pas
bâti à côté. Il n'y a que le calottage avec bâtisses qui ait fait merveille
cette année. Les environs de Paris sont assez bien partagés; toutes les
colonies bien peuplées en avril ont du poids. La Champagne et la Bourgogne ont des cantons où la récolte sera satisfaisante; et d'autres où elle
laissera beaucoup à désirer. Le nord de la Picardie ne donnera presque
rien; les abeilles n'ont pas leurs provisions. D'autres régions où la sécheresse a été très-forte se trouvent dans les mêmes conditions. La
qualité des produits sera généralement bonne. Mais presque partout
l'essaimage a très-peu donné; la moyenne des essaims ne s'élève pas à
15 pour 100. Cet essaimage presque nul, et les secondes coupes de
prairies gravement compromises par la sécheresse feront que dans maints
ruchers on conservera des ruches qui pourraient être récoltées.

On a traité des gâtinais nouveaux, en sirop, à 140 fr. les 100 kil.,
par parties égales ou 2/3 surfin et un tiers blanc, baril perdu. On a pris
des surfins seuls à 160 fr. net. On cote ces derniers à l'épicerie de 165
à 175 fr.; miel d'une seule sorte, de 150 à 160 fr. à l'épicerie.

Les producteurs de miel de pays parlent de 120 à 130 fr. les 100 kil.,
prix que parait accepter la consommation locale. Dans quelques cantons
de Seine-et-Oise, Oise et Ajsne on paye en vrague 40 centimes le demi-
kilog. Il n'y a pas encore de prix établi en Normandie, et il est probable

qu'il ne se trouvera pas assez de marchandise à Argences au marché du
30 pour fixer les cours, qui ne devront pas s'éloigner beaucoup de 120
à 130 fr., bien que des acheteurs prédisent des prix au-dessous de 100 fr.
La qualité sera très-bonne, le colza n'ayant presque rien fourni; mais la
quantité ne pourra être forte à cause de la réduction sensible des ruchers.
En outre, il est à présumer que la consommation sera grande, les
beurres, fromages et œufs devant faire défaut par suite du prix excessif
des fourrages et des grains.

Miel en rayons, bien présenté en calotte, de 1 fr. à 1 40, le demi-
kilog. à l'épicerie.

Les miels de Bretagne continúent leur mouvement ascensionnel : on
les tient à 125 fr. les 100 kil. à Rennes. Ici on les cote de 130 à 135 fr.
Pour peu que la sécheresse continue, la récolte de ces miels sera nulle
cette année, car la plupart des sarrasins confiés au sol ne sont pas levés
en Bretagne : la semence se trouve dans la poussière. Les sarrasins hâtifs
sont levés en Basse-Normandie, mais s'il ne pleut sous quinzaine, ils ne
pourront fleurir. Les possesseurs d'abeilles qui conduisent leurs ruches
aux environs de Vire dans le Calvados et de Tinchebrai dans l'Orne,
et dont les abeilles sont ordinairement installées à la fin de juin, attendent que le ciel décide de leur sort. Dans les pays de bruyères on se
demande aussi avec juste inquiétude si cette plante pourra fleurir.

CIRES. On ne paye aux producteurs du Gâtinais que 120 fr. les 100 kil.
avec les lots de miel. Mais en dehors, il faut voir les cours de 125 à
135 fr. les 100 kil. Quelques petites parties de très-belle marchandise
ont pu obtenir 160 fr. les 100 kil. dans Paris (entrée, 22 fr. 90). Mais
les affaires restent difficiles, l'industrie allant peu et le commerce
manquant de confiance.

Les cires à blanchir se ressentent du calme des affaires. Les cours pra-
pratiqués à Bordeaux et à Limoges ont amené depuis des offres assez
nombreuses.

A Marseille on a continué de coter : cire jaune de Caramanie et Trébizonde, 240 fr. les 50 kil. à l'entrepôt; de Constantinople, 235 fr.; de
Chypre et Syrie, 205 à 215 fr.; de Tétuan, Tanger et Larache, 200 à
210 fr.; d'Alger et Oran, 220 à 230 fr.; de Bougie et Bône, 215 à 220 fr.;
de Gambie, 210 fr.; de Mozambique, 210 à 215 fr.; de Madagascar de
190 à 195 fr.; de Corse, 230 fr.; de pays, 210 à 215 fr.; ces deux dernières à la consommation.

Au Havre, affaires très-calmes pour les cires et les miels. Miel Chili, de 70 à 105 fr.; cire dito, de 4 fr. à 4 fr. 80 le kil.

Corps gras. Les suifs ont haussé; le manque de fourrages devra les faire payer très-cher l'hiver prochain. On a coté ceux de boucherie 105 fr. les 100 kil.; suif en branche, 80 fr.; stéarine saponifiée, 172 fr. 50; dito de distillation, 168 fr.; oléine de saponification, 85 à 86 fr.; de distillation, 82 à 80 fr. Le tout par 100 kil., hors barrière.

Sucres et sirops. Les sucres sont fermes, car on se préoccupe aussi de la betterave que la sécheresse empêche de pousser. On a coté les raffinés 131, 50 à 132, 50 les 100 kil. en bourse. Les sirops de fécule ont éprouvé une hausse sensible, mais qui n'a pas été assez forte pour empêcher certains frelatiers d'en ajouter à leur miel *surfin*.

ABEILLES. — Les premiers jours de juin ont été favorables à la miellée dans beaucoup de localités, mais la sécheresse a nui à l'essaimage. On a remarqué que tout en butinant miel et pollen, les abeilles bâtissaient peu de rayons, l'humidité nécessaire à l'élaboration de la cire manquant. Il est très-peu de paniers qui aient donné des essaims secondaires, et des ruchées ont commencé à tuer leurs faux-bourdons dès juin. Il se peut qu'elles en refassent s'il pleut sous peu. Dans les cantons de plaines, les abeilles sont restées au repos après la fauchaison des prairies; mais celles des ruchers placés près des bois et des allées de tilleul ont continué de récolter du miel malgré la grande sécheresse. On est inquiet sur le sort des chasses dans le Gâtinais où la plaine est desséchée; on doute que les secondes coupes puissent fleurir et que la Sologne offre la ressource de ses blés noirs. Les trévas ne se trouvent pas dans de meilleures conditions en Champagne et dans les localités de la Bourgogne qui manquent de bois. Voici les renseignements qu'on nous transmet :

Dans notre contrée les ruchers sont aux abois. L'année dernière il n'y a presque pas eu de miel; beaucoup de possesseurs d'abeilles — étouffeurs — en ont perdu l'espèce. J'en avais une trentaine à l'automne; la loque m'en a emporté 10; ensuite j'en ai réuni 12 aux 8 autres dont 2 ont encore péri de la dyssenterie; et de la demi-douzaine qui me reste j'en nourris encore 2 aujourd'hui 7 juin. L'essaimage est nul; je ne connais qu'un essaim sorti, il y a une quinzaine de jours, dans nos environs. Encore une pareille année et les abeilles disparaîtront de cette contrée. *C.-Marboud*, à Montceaux (Ain).

Sur 45 ruchées j'ai seulement eu 10 essaims; des colonies transvasées pesaient de 19 à 24 kil. *Moùrin Dorigny*, à Saint-Pierre (Aisne). — Dans les mois d'avril et mai, beaucoup de colonies sont mortes dans nos contrées; j'ai nourri jusqu'au 18 mai. Depuis, les fortes colonies ont bien travaillé, mais les petites n'ont presque rien fait. Il n'y a presque pas eu d'essaims naturels. *Huet*, à Guignicourt (Aisne). — Dans notre pays nous n'avons pas eu un seul essaim, et je pense que nous n'en aurons pas cette année (19 juin), et les mouches ne sont pas grasses. *Bouvard*, à Bossancourt (Aube). — Bonnes et lourdes ruches, mais pas d'essaims. *Kanden*, à Auzon (Aube).

La sécheresse a été très-préjudiciable aux abeilles; elles ont vécu jus· qu'ici (13 juin) au jour le jour, et n'ont en provision de miel que ce qu'elles avaient à la fin de l'hiver. ·Le couvain aussi a été peu nombreux et les mâles n'ont apparu, en général, que quinze jours après l'époque ordinaire. Somme toute, nous aurons une année très-médiocre dans nos contrées. J'ai fait une vingtaine d'essaims artificiels qui seraient peut-être mieux dans leurs souches si la disette continue. *Galtier*, à Saint-Exupère (Aveyron). — La sécheresse persiste dans notre localité. Peu de miel et point d'essaims. *Lefranc*, à Binges (Côte-d'Or).

Les bonnes colonies d'abeilles promettent d'assurer des bénéfices à leurs possesseurs. On extrait le miel des ruches; il y a quantité et qualité. *X...* à Sommessous (Marne). — Nos abeilles ont eu de la peine à se remettre du long hiver que nous venons de traverser. Mais pas d'essaims. *Masson*, à Lavallée (Meuse). — Mes voisins n'ont pas réussi comme moi pour l'essaimage. *Jacquelet*, à Berlancourt (Oise). — L'année est bien pauvre dans' notre contrée; sur 250 bonnes ruchées je n'ai eu encore (18 juin) que 15 essaims. *Cuìsnier*, à Ecommoy (Sarthe).

Dans les environs, nous ne sommes pas riches: très-peu de miel et plus de fleurs. Je ne sais pas ce que deviendront nos ruchées. *Dumont Leyueur*, au Pont-de-Metz (Somme). — D'après les renseignements que j'ai obtenus, il y a eu assez d'essaims; les premiers sont bons, mais ceux du 6 juin à ce jour 24, ne valent rien. Sur mes 30 ruchées, j'ai fait 12 essaims, tant par division que forcé. Du 28 mai au 3 juin, tous ont été logés dans des tiers de bâtisse, et ces essaims sont tous bons; une partie peuvent fournir une récolte en leur laissant'un bon poids. Ces essaims ont été mis à la place de leur souche, et celle-ci à la place de ruchées fortes. Mes quatre ruchées italiennes ou italianisées n'étant pas très-fortes au printemps, je n'en ai que doublé le nombre ; elles sont très-fortes en ce moment par la permutation que j'ai employée. Mes ruchées destinées au miel pèsent de 25 à 35 kilog. J'ai employé les boîtes de M⁻ᵉ Santonax sur 2 ruches et ai bien réussi. Je supprime mes caisses à cadres mobiles pour calottage et les remplace par le système de M. Naquet. *Tellier*, à Gamache (Somme).

Le temps a été défavorable à nos abeilles. De mes 50 ruchées je n'ai fait que 9 essaims artificiels par division ; par transvasement ils seraient morts de faim. *Merciol*, à Valleroy (Vosges). — Après les jours favorables de la 2ᵉ quinzaine de mai, nos abeilles ont ralenti leurs travaux, la sécheresse détruisant les fleurs. *Moreau*, à Thury (Yonne).

— La sécheresse s'est fait sentir dans une partie de l'Italie, de la Suisse et de l'Allemagne. — Il ne faut pas oublier que la fausse-teigne est d'autant plus à redouter que le temps est chaud et sec. On doit surtout surveiller les petites colonies et récolter celles qui manquent d'abeilles.   H. HAMET.

— A vendre pour cause de départ : un rucher de 70 colonies. S'adresser à Mme Boulanger, à Auvers près Pontoise.

— A vendre : miel blanc nouveau, à 120 fr. les 100 kil. S'adresser aux bureaux de *l'Apiculteur*.

— A céder : une quarantaine de toiles à transporter les abeilles.

— Le négoce des rues de la Verrerie et des Lombards prévient les producteurs dans les cadres qu'il est acheteur de miel et de cire pour toute la campagne de 1870. Magasins ouverts de 6 heures du matin à 9 heures du soir tous les jours, excepté les dimanches et fêtes carillonnées.

— M. C... à Magny. Vous pourriez conserver quelques belles calottes pour l'Exposition de l'année prochaine.

— MM... à Bellinzonna. Eh bien, ce clown du pays de Barnum qui trouve des tréteaux chez tous les farceurs, vous a donc percé comme un rond de papier. Qu'allez-vous faire dans cette galère ? Si vous voulez donner la venette aux charlatans, gardez-vous de les prendre au sérieux. — Reçu la mère. Difficulté très-grande à la faire accepter.

Paris.— Imprimerie horticole de E. DONNAUD, rue Cassette, 9.

L'APICULTEUR

Chronique.

Sᴏᴍᴍᴀɪʀᴇ : Causes de calamités à chercher et à détruire (urgence). — Aveu
naïf des rationnels infaillibles. — L'hirondelle mange-t-elle des abeilles?
Plante ennemie des abeilles. — Noms des premiers apiculteurs. — L'apiculture au Chili. Concurrence décroissante du miel de ce pays.

Nous disions, le mois dernier, qu'il fallait rechercher les causes de la
sécheresse qui a atteint cette année notre production agricole, afin d'en
éviter le fâcheux retour. Voici qu'une autre calamité, la guerre, nous
arrive, dont il faut aussi, — il y a urgence, — chercher les causes pour
qu'à l'avenir cette lèpre des temps barbares n'afflige plus notre espèce.
Espérons que la peste n'entrera pas, comme conséquence de la disette et
de la guerre, dans le concert des désordres que nous devons à l'ignorance... *Mea culpa! mea maxima culpa !!*

— Un aveu naïf à recueillir est celui que contient l'exposé qu'adresse
au public la Société italienne pour la culture rationnelle et le débouché
des produits apicoles dont nous avons dit un mot le mois dernier.
Nous copions : « L'apiculteur rationnel (avec cadres, bien entendu) qui
soigne ses abeilles avec un *amour infini*, qui, avec l'extracteur, retire
de ses rayons un miel *parfait* pour l'aspect et la qualité, a peine (?) à
le céder au prix-courant des acquéreurs et *pense avec chagrin* à multiplier ses ruches, ne sachant pas comment il pourra en écouler *digne-
ment* le produit. » — Traduction libre : les rationnels purs et infaillibles
ne pouvant pas produire le miel à aussi bon marché que ceux qui procèdent par voie économique, demandent des consommateurs de bonnes
maisons. — *L'Apiculteur* déclare faire la réclame gratis.

— On nous adresse les notes suivantes :

Vous traitez dans le dernier numéro de l'*Apiculteur* des oiseaux apivores ; vous avez disculpé de ce méfait le rossignol, et j'en suis bien aise
pour cet aimable chantre qui fait la joie de nos bosquets. Vous avez
étendu cette immunité jusqu'au moineaux, bien que cela soit sujet à
discussion; je voudrais appeler votre attention sur l'hirondelle afin que
la question fût, comme on dit, en terme de palais, vidée à fond. Cela
est plus important qu'il ne semble au premier abord, car si l'hirondelle

11

est apivore, elle doit dans ses nombreux tours et détours surprendre en
l'air une quantité considérable de nos mouches voyageuses. Cela m'a
paru une question tout à fait à l'ordre du jour, cette année surtout, où
les hirondelles, arrivées de bonne heure, et surprises par un retour
offensif du vent du nord, étaient privées des moucherons qui font leur
nourriture habituelle; il m'a semblé que les habitantes de mes ruches
diminuaient sensiblement au lieu d'agmenter en nombre. Quelques
coups de fusil tirés sur un ou deux de ces oiseaux eussent pu éclairer
le fait, mais outre que je ne suis pas chasseur, j'éprouvais une vive répugnance à tirer sur ces hôtes si confiants envers notre hospitalité; je
me borne à soumettre la question à quelques apiculteurs mieux renseignés à cet égard, et je leur ferai remarquer en passant que la question
de l'aiguillon de l'abeille y joue un rôle bien secondaire; il paraît que
le gésier de certains oiseaux n'en éprouve nulle atteinte, car l'auteur
d'un traité d'apiculture dont le nom m'échappe, rapporte avoir retiré
du gésier d'un guêpier abeilleux jusqu'à soixante abeilles, dont *près de
quarante purent être rendues à la vie.*

Aujourd'hui je viens vous signaler encore un ennemi des abeilles;
c'est une plante rustique qui pullule en été autour des ruches, une sorte
de millet sauvage dont les barbes terminées en crochet retiennent
captives les abeilles qui ont le malheur de s'y poser un instant avant
de rentrer à la ruche. J'ai trouvé nombre de ces malheureuses empê-
trées dans ces espèces de hameçons, les unes mortes à la peine, les
autres faisant de vains efforts pour s'en dégager. Depuis je fais sarcler
cette plante et ai bien soin de la détruire avant que sa fructification
se multiplie à l'entour; je regrette de ne pouvoir vous envoyer un
spécimen de la plante couverte d'abeilles mortes que j'avais cueillie
à cette intention; j'en ai saisi la société Linnéenne à laquelle j'ai l'honneur d'appartenir; mais sitôt que je serai rentré des lieux où je me
trouve en ce moment je m'empresserai d'en faire offrande à votre musée
apicole. — F. MONIN.

— Je me permettrai une petite remarque sur un paragraphe de la
conférence de M. Morin, p. 307 du dernier n° de l'*Apiculteur.*

« Malheureusement, dit-il, l'histoire de cette découverte, aussi bien
que le nom du premier inventeur, se perd dans la nuit des temps. Indifférence ou ingratitude, l'humanité laisse submerger dans le fleuve de
l'oubli le nom de l'homme utile, etc. »

Ceci n'est pas tout à fait exact. L'humanité est bien indifférente et bien

ingrate, cependant elle a conservé les noms de la plupart de ceux qui
ont appris les premiers aux hommes à user, jouir et profiter des produits
de la création. La fable se mêle sans doute à ces traditions primitives,
mais la fable n'est qu'une forme et un voile qui recouvre la vérité. Et
les noms de Bacchus qui, le premier, apprit aux hommes à cultiver la
vigne, Triptolème qui, le premier, apprit aux hommes l'usage de la
charrue pour cultiver le blé, sont aussi impérissables que le nom de
Parmentier qui a appris à nos grands-pères la culture de la pomme de
terre.

Pour ce qui est de l'apiculture en particulier, Virgile a chanté en assez
bons vers celui qui s'en occupa le premier, Aristée, le fameux berger
d'Arcadie. Comme celui-ci était fils d'Apollon, on ne peut guère remonter à un plus ancien apiculteur. D'ailleurs, Justin, au livre 14° de ses
Histoires, rapporte qu'Aristée enseigna le premier aux hommes l'industrie des abeilles, l'usage du miel et, par-dessus le marché, la fabrication
des fromages. Tout le monde n'a pas autant de titres à la reconnaissance
de la postérité. Je joins à cela un chapitre de Pline, long de 2 lignes et
intitulé : « Des amateurs des abeilles. Aristomaque, de Soles, âgé de
58 ans, ne s'occupait d'autre chose, sinon des abeilles ; Philisque, de l'île
de Thasos, se retira dans les déserts pour cultiver les abeilles : on le sur-
nommait le sauvage. Tous deux écrivirent sur les abeilles. » (Pline. Hist.
nat., livre XI, ch. 9.) — CH. DELINOTTE.

— Il y a quelques jours, nous avions la visite de M. V. Bertrand, un
Bourguignon, ancien horticulteur à Paris, qui revient du Chili où, l'un
des premiers, il a cultivé et multiplié la mouche à miel. A son arrivée
au Chili, il y a 23 ans, il acheta moyennant 3,500 fr. les trois essaims
d'une colonie d'abeilles communes que venait d'introduire M. Patrocio-
Lerrain, de Peigna-Flore (Italie). Il était alors associé à un riche propriétaire du Chili pour une grande exploitation agricole. Au bout de peu
d'années, ces trois colonies le mettait à la tête de plusieurs centaines
de ruchées, tout en vendant à ses voisins de nombreux essaims à la
branche, à raison de 40 piastres (200 fr.) l'essaim. La quantité de miel
que les abeilles ont donné dans les premières années de leur introduction au Chili est incroyable. Pendant six moins consécutifs, depuis
octobre jusqu'à mars, saison de l'abondance des fleurs mellifères,
M. Bertrand était occupé à extraire du miel de ses ruches du système
Debeauvoys, et chaque ruche lui en produisait plus de 30 kil. par mois. On
n'obtient plus cette quantité extraordinaire à cause de la multiplication

incroyable des abeilles : il y a aujourd'hui trop de colonies pour la quantité des fleurs qui vont diminuant ; car de grandes étendues de prairies émaillées de fleurs de luzernes sont tous les jours converties en céréales ou en vignes. Aussi le prix fabuleux des colonies d'abeilles est tombé au-dessous de ce que coûtait la ruche vide, il y a quelques années.

Dans les derniers temps de son séjour au Chili, M. Bertrand, qui opérait alors pour son propre compte, faisait usage de la ruche à hausses en bois avec plancher à claire-voie, qu'il fabriquait lui-même, et dont le prix de revient était très-bas, ayant à discrétion le peuplier qu'il avait fait planter il y a 20 ans. Au moment où il se décida à rentrer en France, il lui restait 200 colonies logées dans des ruches Debeauvoys qui lui avaient coûté vides 22 fr. pièce. Ayant mis ces colonies en vente et n'ayant pas trouvé d'acquéreurs, il a été obligé de les étouffer pour en prendre les produits. Quant aux ruches vides, il n'a pu en obtenir que 60 centimes pièce. Cet apiculteur heureux et qui pourrait bien être le plus grand récolteur de miel qu'on ait vu, ou du moins dans une période donnée, nous a assuré que la forte concurrence que le Chili a faite à nos miels depuis quelques années va aller diminuant. Ce pays pouvait livrer du miel à bas prix lorsqu'il en récoltait beaucoup, mais la récolte de ce produit baissant, les abeilles seront abandonnées notamment par les Européens qui s'en occupent plus spécialement. D'un autre côté, des possesseurs de ruches (il y a aujourd'hui des abeilles dans toutes les fermes) commencent à convertir leur miel en eau-de-vie, afin d'en obtenir de plus grands bénéfices. Les Indiens seuls continueront de fournir du miel au commerce ; mais leurs produits sont inférieurs, ils les préparent mal ; ils laissent séjourner longtemps miel et cire fondus dans de grandes bassines en cuivre, et le vert de gris ne tarde pas à se former et à se mêler au miel.

Les plantes mellifères que l'on rencontre le plus au Chili sont : a luzerne dans les prairies naturelles, les radis, la navette et d'autres crucifères. Quelques arbres et arbrisseaux indigènes ont aussi des fleurs très-mellifères. Les osiers, les saules et d'autres arbres y donnent une mieillée abondante. — M. Bertrand nous a affirmé n'avoir pas vu l'abeille italienne au Chili ; cependant elle doit y être, car nous trouvons l'ouvrière jaune au haut de quelques barils de miel de ce pays.

H. Hamet.

Importations et exportations des produits des abeilles en 1868.

Le tableau général du commerce de la France avec ses colonies et les puissances étrangères pendant l'année 1868 (le dernier publié) donne encore un excédant d'exportation sur l'importation des produits des abeilles. Et cependant il y a des gens qui continuent de publier gravement que nous portons à l'étranger *des millions* pour nous procurer le miel et la cire qui nous manquent. Nous n'avons relevé que les valeurs.

Miel importé en France : valeur.	496,520 fr.
Cire non ouvrée importée.	3,972,755
Cire ouvrée.	25,095
Total des produits importés. . . .	4,494,370
Miel exporté de France : valeur.	860,194
Cire non ouvrée exportée.	4,723,481
Cire ouvrée.	201,195
Total des produits exportés. . . .	5,785,470
Différence en faveur de l'exportation. . .	1,291,100 fr.

C'est donc, en résumé, pour 1,291,100 fr. de produits que notre apicul-ture a fournis à l'étranger en 1868. Depuis une dizaine d'années, c'est-à-dire depuis que l'art de produire s'améliore grâce un peu à l'enseigne-ment vulgarisé par l'*Apiculteur*, l'exportation de nos produits a presque toujours excédé l'importation de ceux de l'étranger. On remarquera que le chiffre des transactions en cire tend à s'élever.

Les miels importés en France l'ont été du Chili (425,115 fr.) ; du Por-tugal, de la Suisse, etc. — Les miels exportés l'ont été en Hollande (364,687 fr.) ; en Belgique (193,760) ; dans les Villes-Anséatiques (130,642) ; en Angleterre ; en Russie (Mer Baltique) ; en Suisse, etc. Ce dernier pays nous fournit quelques miels en copols et nous prend des miels blonds de la Savoie.

Les cires importées en France l'ont été de la Turquie (Echelles du Levant), des Etats-Barbaresques, de la côte d'Afrique, de l'Algérie, du Sénégal, des Etats-Unis, de Haïti, du Portugal, de l'Espagne, etc. — Les cires non ouvrées exportées l'ont été dans les Pays-Bas (271,712 fr.) ; en Italie (179,143 fr.) ; en Angleterre, en Belgique, etc. Les cires ouvrées exportées de France ont été en Angleterre, en Portugal, en Belgique, dans les Etats-Romains, au Mexique, à la Martinique, etc.

Le nombre de colonies d'abeilles importées en France en 1868 s'est élevé à 532, la plupart venant de la Suisse (abeilles alpines du Tessin). — Les colonies d'abeilles exportées ont été au nombre de 693. Elles ont été livrées à la Belgique et à la Suisse; ces dernières par le Jura, l'Ain et la Savoie. H. HAMET.

Statistique apicole comparée de l'Europe.

Le nombre des souches d'abeilles en Europe — non compris le Danemark, la Suède, la Norwége, la Néerlande et la Turquie — est de 21,784,000, distribuées ainsi.

En Russie.	12,500,000
Autriche (1857).	3,000,000
France (1858)	2,200,000
Italie	1,250,000
Espagne (1861)	863,000
Prusse.	400,000
Suisse.	320,000
Grèce (1860)	235,000
Bavière (1863).	233,000
Hanovre (1864).	202,000
Portugal.	160,000
Wurtemberg	104,000
Grande-Bretagne	100,000
Belgique (1859).	61,000
Saxe (1861).	51,000
Hesse (1859).	41,000
Bade (1861).	25,000
Hesse-Darmstadt (1858)	19,000
Le reste de l'Allemagne.	120,000

Il y a en moyenne, par chaque mille carré, en Europe 7 ruches

En Suisse.	21
Dans les îles Ioniennes. . . .	15
En Galicie.	15
Wurtemberg.	14
Hanovre	14

Italie 12
Autriche 12
Grèce 12
Hesse 12
France. 10
Saxe-Weimar 9
Nassau. 9
Bavière. 8
Russie 6
Hesse-Darmstadt. 6
Belgique 5
Espagne 4
Bade 4
Portugal 4
Prusse 4
Grande-Bretagne. 1

Soit, en moyenne, une ruche pour chaque 11.7 habitants en Europe.

En Grèce,   une pour   55 habitants :
        Russie   —   53
        Suisse   —   75
        Hanovre   —   9
        Gallicie   —   11
        Autriche   —   11
        France   —   16
        Wurtemberg   —   16
        Espagne.   —   18
        Italie   —   18
        Bavière   —   20
        Portugal   —   23
        Nassau   —   29
        Saxe   —   43
        Hesse-Darmstadt —   45
        Prusse   —   46
        Bade   —   54
        Belgique   —   77
        Grande-Bretagne —   201

Statistique apicole de la Prusse.

D'après le recensement du 3 décembre 1864, le nombre des ruches , en Prusse était, pour 107,882 milles carrés, et une population de 18,500,000 habitants, de 760,347, réparties comme suit :

1 Prusse.	24,926 milles superficiels.	135,592 ruches.		
2 Posen.	11,342 —	—	70,265	—
3 Brandebourg.	15,468 —	—	100,764	—
4 Poméranie	12,146 —	—	76,470	—
5 Silésie	15,700 —	—	112,532	—
6 Saxe	9,754 —	—	79,627	—
7 Westphalie	7,787 —	—	65,094	—
8 Rhin	10,305 —	—	115,492	—
9 Hohenzollern	440 —	—	5,492	—
10 Bois forestiers.	14 —	—	22	-

Totaux. . . . 107,882 . . . . . 761,347 —

La valeur de ces ruches, à 2 dollars 66 chaque, dépassait 2 millions de dollars.

Bavière.

D'après la statistique officielle de 1863, le nombre des colonies d'abeilles en Bavière, se décomposait ainsi :

Haute Bavière.	52,665
Basse Bavière.	31,435
Palatinat bavarois	21,074
Haut Palatinat	22,861
Haute Franconie	16,100
Franconie du milieu	25,763
Basse Franconie.	28,367
Souabe et Neubourg.	34,874
Total	233,139

Le produit annuel du miel et de la cire en Autriche, en France et en Grèce, se divise ainsi :

Autriche. . . .	17,600,000 liv. miel.	. . .	11,220,000 liv. cire.
France.	16,020,000 —	—	3,840,000 — —
Grèce	880,000 —	—	880,000 — —

Ainsi, le miel produit par chaque ruche en France est d'environ 6 liv. 1/2; en Autriche, 6 liv 1/4, et en Grèce, 3 liv. 3/4. Le produit de

Digitized by Google

la cire par chaque ruche est, en Grèce et en Autriche, de 3 liv. 3/4, et en France, de 1 liv. 3/4. Proportionnellement à la population de ces contrées, le produit de la cire est, en Grèce, de 3/4 de liv. par chaque habitant, en Autriche, 3/4 de liv., et en France, une once et 1/2.   HAUSSNER.

C. K. tr.

Fragments du journal d'un apiculteur.

Ferme-aux-Abeilles, août 187...

20 *août*. Pluie d'août donne miel et moût, dit un proverbe agricole répandu dans l'Ardèche, les Bouches-du-Rhône et la Haute-Saône. Quoique le proverbe se soit perpétué, il ne faut pas trop compter sur les effets des pluies d'août pour refaire les colonies qui n'ont pas prospéré, et pour prendre une forte récolte à celles que l'été a favorisées. D'ailleurs la miellée qui au mois d'août transsude des feuilles de certains arbres et qui est une précieuse ressource pour les abeilles, apparaît en temps sec et chaud, et non en temps de pluie. Donc, quelles que soient les espérances, il est prudent de ne pas dégarnir entièrement les ruchées si on tient à les conserver, et on a souvent intérêt à y tenir, lorsque l'essaimage n'a pas donné. C'est ici le lieu de rappeler les préceptes laissés par Lombard : « On court risque de ruiner absolument les ruches, quand on s'empare en trop grande mesure du miel et de la cire des abeilles. — L'art de cultiver ces insectes consiste à user sobrement du droit de partager leurs récoltes, mais à se dédommager de cette modération par l'emploi de tous les moyens qui servent à multiplier les abeilles. — Si on veut, chaque année, se procurer une certaine quantité de miel et de cire, il vaut mieux la chercher dans un grand nombre de ruches qu'on exploitera avec discrétion, que dans un petit nombre auquel on prendrait une trop grande partie de leur trésor. — Il faut toujours leur laisser une provision de miel suffisante pour l'hiver. »

Ces préceptes s'appliquent principalement aux possesseurs d'abeilles qui taillent leurs ruches à la fin de l'été et qui, parfois, enlèvent tout le miel qu'ils peuvent atteindre, espérant que les fleurs de l'arrière-saison, telles que celles du sarrasin et de la bruyère, permettront aux abeilles de retrouver ce qu'on leur a pris. Quant à ceux qui les transvasent entièrement, ils sont exposés à les perdre, trois fois sur quatre, s'ils ne viennent à leur secours, surtout si la sécheresse de l'été a détruit les fleurs. Les ruches à divisions offrent l'avantage des récoltes partielles, qui ne sont prises que sur l'excès des provisions, et que l'on peut faire successivement. Vous avez, par exemple, à enlever la hausse supérieure ou le chapiteau d'une ruche qui a 15 ou 20 kilogr. de miel blanc butiné sur les fleurs du printemps et de l'été; vous pouvez faire cet enlèvement de suite ou attendre en automne. Votre récolte aura toujours la même qualité.

Dans les cantons où toute ressource mellifère est épuisée, il faut réunir les colonies qui ne méritent pas d'être alimentées, toutes celles qui sont faibles en population et en provisions. Des apiculteurs qui tiennent beaucoup à avoir des bâtisses — et des bâtisses propres — hésitent à faire des réunions à cette époque de l'année, parce que du couvain se trouve encore au berceau. On peut dans ce cas réunir par superposition ou en renversant la ruche qu'on veut vider et en la plaçant sous l'autre. On emploie miel et fumée pour empêcher tout combat entre les abeilles. Il faut opérer le soir, et réunir autant que se peut des colonies voisines. Au bout de quelques jours, lorsque le couvain de la ruche à supprimer est éclos, on enlève celle-ci, et on complète les provisions de la colonie. On doit nourrir vite pour qu'il y ait peu de déperdition, et il faut prendre quelques précautions pour éviter le pillage. On présente la nourriture le soir par portions de 2 kilogr. et plus, qu'on met dans un nourrisseur en grès, à bords droits, et qu'on place sous la ruche. On exhausse celle-ci au besoin. Le lendemain matin, on enlève le nourrisseur. Les aliments les plus économiques sont les miels inférieurs et le sirop de sucre (voir p. 138). Par miels inférieurs il faut entendre miels colorés — mais de bonne qualité — dont le prix est inférieur à celui des miels blancs et secs.

Après l'essaimage, quelques ruchées tombent en décadence, perdent leur mère et leur population. Il importe de ne pas les laisser envahir par la fausse-teigne. Cette décadence se manifeste par divers signes extérieurs : 1° les ouvrières n'apportent plus de pollen ; 2° les abeilles ne s'adonnent plus, par les beaux jours, à ce mouvement extraordinaire qui a lieu de midi à trois heures dans les colonies bien organisées ; 3° on y voit des faux-bourdons après le temps de leur expulsion des autres ruches ; 4° on y voit aussi entrer sans obstacle des fourmis et autres insectes étrangers. Le pillage pourra atteindre ces ruchées si on ne se hâte de les travailler, c'est-à-dire de les récolter et de donner leur population à des colonies bien organisées.

Les apiculteurs des cantons où manquent la bruyère et le sarrasin et qui cependant veulent procurer des fleurs à leurs abeilles sans être obligés de les transporter à des pacages éloignés, plantent le lierre (*epilobium*), arbrisseau grimpant et toujours vert qui, placé dans un terrain frais, est fleuri jusqu'au mois d'octobre; la sarriette de montagne, l'origan, espèce de marjolaine, les asters de toutes les espèce, la pimprenelle d'Afrique (*melianthus major*), la moutarde blanche — en fourrage vert d'arrière-saison; — le réséda, qui peut encore être semé après les premières pluies d'août. Les abeilles profitent des fleurs de ces plantes jusqu'à leur dernière sortie. Il existe beaucoup d'autres fleurs tardives que chaque propriétaire peut connaître dans tout canton, et qu'il doit s'appliquer à multiplier s'il voit les abeilles s'y attacher.   X.

Taille des ruches.

La taille des ruches consiste à enlever les rayons garnis de miel qui sont en excès pour la nourriture des abeilles, et les rayons de cire trop vieux ou moisis. Bien des apiculteurs exagèrent cette opération, surtout en ce qui concerne la cire; ils oublient trop souvent que 500 grammes de cire coûtent eux abeilles de 4 à 5 kilog. de miel. L'apiculteur intelligent doit conserver à la ruche toute la cire qui ne le gêne pas pour extraire le miel, à moins qu'elle ne soit trop vieille ou moisie.

Pour les ruches en bois, en troncs d'arbres, ou faites de quatre planches, comme nous en avons beaucoup, il est facile ainsi qu'on le fait habituellement, d'extraire le miel par le haut de la ruche, en la découvrant. Il va sans dire qu'on doit, comme toujours, enfumer les abeilles pour les chasser à l'autre bout de la ruche. Une année on enlève un côté des rayons, et l'année suivante l'autre côté, de sorte que la ruche est nettoyée des deux côtés tous les deux ans. Il en est de même pour la cire.

Mais on ne touchera point au couvain. Les cellules qui en contiennent sont recouvertes d'un opercule hémisphérique; celles qui ne contiennent que du miel sont closes par un opercule plat. Au printemps, il y a toujours des alvéoles contenant des œufs qui ne sont pas operculés. Un peu d'habitude suffit pour les reconnaître : on voit facilement au fond des cellules les œufs semblables à des pointes d'épingles recourbées. Les enlever, ce serait détruire des travailleurs qui auraient grossi la colonie.

Il n'en est pas de même des cellules de mâles qu'il est facile de distinguer, à cause de leurs plus grandes dimensions. Ces cellules doivent être enlevées autant que possible, parce qu'elles donneront naissance à ces grosses abeilles paresseuses, les bourdons, toujours trop nombreuses dans les ruches.

Avec les ruches en paille, il faut nécessairement extraire la cire avant le miel ou en même temps, parce que le miel est toujours en haut de la ruche. On pratique donc une taille verticale, soit sur un des côtés seulement, soit sur plusieurs côtés à la fois. Une bonne manière d'opérer · consiste à faire passer les abeilles dans une ruche vide : on ne tue ainsi aucune abeille, car il s'en tue toujours beaucoup, malgré toutes les précautions que l'on puisse prendre.

Pendant les opérations de la taille, l'apiculteur, après avoir écarté avec de la fumée les abeilles groupées au centre de la ruche, doit examiner très-attentivement les gâteaux et voir si la ruche contient du couvain. Dans ce cas, la ruchée est en bon état : elle a une mère. Si, au contraire, elle ne contenait pas de couvain, il faudrait se hâter de la réunir à une autre ruche faible, mais ayant sa mère. Cette opération est facile, si l'on a soin d'enfumer pareillement les deux ruches et de se servir d'herbes très-parfumées. Les abeilles ayant la même odeur s'acceptent très-bien. On peut même asperger les deux ruches avec de l'eau miellée ou sucrée et parfumée. On pose alors les deux ruches l'une au-dessus de l'autre, en mettant en haut celle où l'on veut que les abeilles se réunissent.

La réunion de deux colonies est toujours beaucoup plus facile avec des ruches à cadres. Après avoir enfumé, on enlève successivement les cadres et on les examine à sa volonté. Si un cadre ne contient pas de couvain, ou doit être reporté dans une autre ruche pour une cause quelconque, l'opération est facile. Par ce moyen, on vient immédiatement en aide à une colonie nécessiteuse, ou bien on lui fournit le couvain qui lui manque.

FAURE-POMIER (*Bulletin de la société de viticulture, horticulture et apiculture de Brioude*).

La ruche de l'instituteur ou du jeune apiculteur.

Monsieur le rédacteur,

La ruche que je propose aux apiculteurs des pays pauvres en fleurs ou à récoltes en miel fort irrégulières, pourrait peut-être prêter à la critique, avez-vous dit dans votre impartialité. Cette réserve dans vos éloges m'a donné l'éveil, et j'ai cherché aussitôt le côté défectueux de mon invention. Plusieurs améliorations y ont déjà été apportées. Je rédige aussi en ce moment un supplément à mon traité, que j'enverrai gratuitement jusqu'à la fin de l'année aux acquéreurs de ce traité. Ce supplément indique les corrections à opérer et renferme les observations et additions suggérées par la lecture de la collection de l'*Apiculteur*, qui est venue me confirmer bien des faits sur lesquels il me restait encore quelque doute.

Comme je ne puis faire ici la description de tout mon système, je désire en donner au moins une idée à vos lecteurs, afin de n'induire personne en erreur sur la valeur de mes travaux.

Le problème que je me suis posé au début de mes expériences est celui-ci : Trouver une forme, une composition de ruche qui réunisse les qualités réelles de l'ancienne ruche et des nouvelles ruches perfectionnées, c'est-à-dire qui soit légère, chaude en hiver, fraiche en été; — ne divise pas la population frileuse en plusieurs groupes isolés; — dirige les ouvrières dans leurs constructions; — puisse être agrandie à volonté ou diminuée par les deux extrémités selon le besoin; — se divise horizontalement plutôt que verticalement, division qui assure la pureté des produits; — permette le nourrissement de la colonie en tout temps; — écarte le pillage; — prévienne la dyssenterie, la loque, autant que la chose dépend de la ruche; — empêche la fausse-teigne de se développer; — permette de renouveler les vieilles mères; — Que l'on puisse transporter très-facilement et sans encombre; — tenir propre en tout temps, surtout en hiver; — ventiler dans le cas de nécessité; — protéger contre les intempéries; — convertir en ruche d'observation; — surmonter non-seulement de calottes, mais de chapiteaux, de petites boites, etc.; — récolter partiellement; — dont on puisse extraire un essaim, une mère, un alvéole maternel, etc., — rétrécir, fermer, agrandir l'entrée selon la saison, les circonstances, la force de la population; — expulser les faux-bourdons devenus inutiles ou en limiter l'élevage; — conserver, s'il y a lieu, et empiler les différentes parties renfermant des rayons neufs remplis de miel operculé; — avec laquelle on recueille facilement les essaims naturels; — on sépare les essaims premiers qui seraient mêlés; — on réunisse deux ou plusieurs populations; — avec laquelle on puisse renouveler les constructions en cire à peu près tous les ans; — voir s'il reste encore quelques provisions à la fin de l'hiver ou même pendant l'hiver; — conserver les rayons vides et propres pour les rendre aux colonies en temps favorable; — cantonner l'abeille mère principalement au moment de la grande sécrétion du miel; — avec laquelle on puisse se mettre en garde contre les mauvaises années; — conserver avec profit toutes ses abeilles sans jamais en étouffer une, etc., etc.

Ma ruche, si je ne m'abuse, renferme tous ces avantages si essentiels pour faire de l'apiculture rationnelle. De plus (et c'est ici le point capital pour nos cultivateurs et étouffeurs d'abeilles que j'ai surtout en vue, et qui ne daignent pas regarder les ruches compliquées et chères), elle est simple, peu dispendieuse, et très-commode à manipuler. La ruche, sans accessoires, coûte 3 fr., avec hausse ou calotte, 4 fr. 50 c. Et pour qu'elle revienne encore à meilleur marché, j'ai inventé un métier avec lequel chacun peut façonner soi-même les parties en paille de la ruche. Je ne puis d'ailleurs m'engager qu'à envoyer un modèle de ruche aux personnes qui désirent adopter mon système.

Voici ce qu'on lit à la page 94 de mon traité sur les qualités d'un bon métier à façonner les parties de ruches en paille :

1° « Le point de couture doit être le même que celui des corbeilles et autres objets en paille que l'on fabrique dans bien des pays : car il convient que chacun puisse adopter un métier tel qu'il n'ait rien à changer dans ses habitudes ; »

2° « Ce métier doit déterminer la forme exacte que l'on veut donner à chaque partie de la ruche, de manière que l'ouvrier qui sait faire un objet quelconque en rouleaux de paille tressés, puisse se mettre à l'œuvre sans nouvel apprentissage. Il faut donc que chaque point de couture fixe le rouleau de paille juste à l'endroit qu'il doit occuper : on ne doit pas être obligé de faire de vains efforts pour le ramener à sa place. »

3° « Il faut pouvoir commencer sur ce métier et finir régulièrement les différentes parties de la ruche en paille ; de manière qu'une ruche composée de ces parties superposées, soit bien droite, et qu'il ne se rencontre au point de contact de ces parties aucun disjoint par lesquels les abeilles pourraient s'échapper de la ruche ou y pénétrer. »

4° « Avec ce métier, on doit obtenir une couture plus solide, et pouvoir aplatir en même temps quelque peu les cordons à l'intérieur, afin de rendre les parois plus lisses ; les abeilles auront moins à faire pour le remplissage en propolis des parties creuses qui existent entre les rouleaux. »

5° « Enfin, il doit être d'une grande simplicité, portatif, d'un prix modéré ; il doit pouvoir se modifier, à peu de frais, selon le goût de l'apiculteur, selon la forme et le diamètre de la ruche exigés par les différentes localités. »

Malgré cet ensemble de facilités réunies, le prix n'en est que de 15 fr. Si l'on trouvait encore ce prix trop élevé, je pourrais, dans le cas où je réunirais de 40 à 50 souscriptions de 3 fr. chacune, faire autographier tous les plans de mes métiers, grandeur réelle, avec explication, de manière que chacun puisse, sans tâtonnement, exécuter ou faire exécuter ces métiers dans son village.

Je serais heureux de voir quelques apiculteurs dans chacune des localités pour lesquelles j'ai tant travaillé, adopter mon système et ma méthode, et en recevoir ensuite les observations.

Je sais que l'on est généralement porté à se défier de tout système nouveau, et ce n'est pas moi qui oserai trouver à redire à cette prudente réserve, moi qui ai eu trop de confiance dans plusieurs ouvrages très-bien écrits; mais dont le fond était loin de valoir la forme. Mon traité sera, je l'espère du moins, l'objet d'une appréciation contraire.

J'arrive à la forme de ma ruche, et au raisonnement qui m'y a conduit.

Une colonie d'abeilles ne peut vivre que dans un milieu dont la température soit au moins de 24°. Isolées, les abeilles meurent à 10° de chaleur. Aussi ont-elles soin de se réunir et de se serrer les unes contre les autres d'autant plus qu'il fait plus froid. Ainsi réunies, elles affectent la forme sphérique ou s'en rapprochent le plus possible. Cette forme est en effet celle qui laisse perdre le moins de chaleur, parce que c'est celle qui présente la moindre surface en contact avec l'air extérieur.

Si l'on ne prenait que cette nécessité en considération, la ruche devrait avoir la forme sphérique, ou mieux sphéroïdale, c'est-à-dire allongée verticalement; et la capacité devrait toujours être en rapport avec le volume du groupe, de manière à ne laisser aucun vide entre ce groupe et les parois intérieures de la ruche : ce qui serait peu pratique, me dira-t-on. Mais enfin, il faut partir d'un principe, et celui-là, je crois, est le vrai. Quant à cette forme, il faut nécessairement, pour l'enrichir de tous les avantages décrits plus haut, la modifier quelque peu; mais ne s'en écarter que le moins possible. Je continue.

Le corps des abeilles est comme un foyer; pour produire de la chaleur, ces insectes consomment du miel; mais pour qu'il y ait combustion, il faut de l'oxygène, de l'air pur. Donc une ouverture est toujours nécessaire à la ruche, même par les plus grands froids de l'hiver. Où faut-il donc percer cette ouverture?

La place importe peu pour l'air pur qui peut pénétrer dans la ruche par tous les points de la surface où il y aura un passage. Les abeilles elles-mêmes peuvent atteindre partout cette ouverture pour la sortie; mais on comprend facilement qu'à leur retour de la campagne, il ne faudrait pas les obliger à chercher longtemps et souvent en vain l'entrée de leur demeure. Donc, la porte doit être pratiquée à la partie antérieure. Recherchons maintenant à quelle hauteur.

Voici ce qu'on lit à la page 22 de mon traité :

« Les abeilles, comme les personnes et les autres animaux, émettent par la respiration et par leur corps des vapeurs, des miasmes, de l'acide carbonique, qui altèrent la pureté de l'air. On peut, en hiver, se faire une idée de cette corruption, en essayant de respirer l'air supérieur et non renouvelé d'un local habité par un grand nombre de personnes.

» Sachant que l'air échauffé tend toujours à s'élever, entraînant avec soi les vapeurs et les miasmes putrides, des apiculteurs ont cru bien faire de donner à ces vapeurs une issue par le haut de la ruche, à l'instar de ce qui se fait dans les appartements qui doivent recevoir un grand nombre de personnes. Mais ces ouvertures, pratiquées à la partie supérieure de ces appartements ont le grave inconvénient, de laisser perdre la chaleur. Nos intéressants insectes sont pourvus d'un mode de ventilation beaucoup plus ingénieux ; lorsque l'entrée des abeilles est ménagée dans le bas de la ruche, par un battement d'ailes prolongé, soutenu, elles refoulent vers cette entrée l'air saturé de vapeurs impures. Ces vapeurs, chassées au dehors du groupe formé par toute la colonie, c'est-à-dire à la partie inférieure de notre ruche, ne deviennent visibles, sous la forme de sueur sale, que parce que la chaleur s'en dégage pour remonter vers la partie supérieure ; en sorte que les abeilles savent conserver air pur et chaleur en même temps, tout en refoulant les vapeurs en excès et les miasmes délétères.

» L'acide carbonique étant plus lourd que l'air, s'écoule naturellement par la porte ainsi placée ; les abeilles qui ne pourraient remonter qu'avec peine, par une sortie plus élevée, les cadavres des individus avortés ou morts dans la ruche, les entraînent facilement au dehors quand l'entrée est au bas de la ruche. »

La ruche devant dans certains cas être agrandie par la base au moyen d'une hausse, et reposer solidement sur un siège à surface plane, il faut, par une section horizontale distraire de notre forme sphérique la calotte inférieure. Et voilà tout aussitôt la forme de la ruche d'une pièce qui apparaît dans toute sa simplicité primitive! voilà cette ruche qu'il est si difficile de remplacer par nos ruches perfectionnées qui sont plus ou moins compliquées, plus ou moins coûteuses, plus ou moins difficiles à manipuler !

Que l'on fasse la même section dans le haut ; mais que l'on conserve la calotte sphérique; que l'on établisse dans cette section une séparation à claire-voie ou autre; que l'on fixe une poignée à la calotte et quelques baguettes dans l'intérieur ainsi que dans l'autre partie, que je nomme corps de logis; que l'on ménage l'entrée au bas de la partie antérieure, et l'on obtient ainsi la ruche à calotte qui tend, par son bas prix et par la forme commune qu'elle conserve, à s'introduire dans nos campagnes et à réduire quelque peu la pratique de l'étouffage. Mais ne vaudrait-il pas mieux faire un pas de plus vers la perfection: car beaucoup d'apiculteurs après avoir fait usage de la ruche à calotte pendant un certain temps, reviennent encore à la ruche d'une pièce et par suite à l'étouffage, attendu que la ruche à calotte demi-ronde n'est pas sans quelques défauts signalés dans l'*Histoire de mon Rucher*, dont j'extrais ce qui suit :

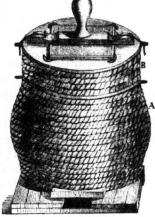

Fig. 14. Ruche de l'Instituteur.
A. corps de ruche. B. chapiteau.

« La réunion des parties, l'application de la bouse de vache dans tous les joints, demandent encore trop de temps lorsqu'on disloque un grand nombre de ruches à la fois, soit pour extraction d'essaim ou pour récolte.

» Les rayons sont, en quelques endroits, descendus jusque sur la séparation à claire-voie qui se trouve en dessous; ils y sont collés, et je n'aime pas à me servir de fil de fer pour les détacher.

» Quand on veut faire un essaim artificiel ou seulement enlever une mère, on ôte la calotte pour mettre à sa place une ruche vide, mais comme il est prudent d'enfumer préalablement la ruche pleine, la mère aura déjà pu se réfugier dans la calotte; on perdra alors son temps à la chercher dans le corps de ruche.

» Avec les séparations à claire-voie, les essaims commencent toujours leurs travaux dans la calotte, et j'avais remarqué que des séparations pleines les empêchent souvent d'y pénétrer tout le temps que le corps de ruche est suffisant pour recevoir la ponte et la récolte des butineuses. J'ai cherché à tirer parti de cette inclination des abeilles et à faire entrer dans mon système un avantage qui serait un défaut dans certaines ruches.

» Dans les mauvaises années, les souches ou ruchées mères et les essaims n'ont pu amasser une provision suffisante; on ne peut songer à faire une récolte de miel ; il faut réunir les deux populations à la fin de l'été, si ce n'est plus tôt, et passer toutes les provisions à la colonie doublée. A cette fin, on place provisoirement le corps de ruche de la souche, sous celui de l'essaim ; mais que fera-t-on de la calotte de la souche qui renferme des rayons remplis de vieux miel qui commence à se grener? on ne peut la poser ni sur une autre calotte, ni sous la ruche.

» La façon de ces calottes, bien que simplifiée par un métier spécial, exige encore trop de temps : il en est de même du couvercle plat.

» Il faut de plus que cette calotte puisse, comme le corps de ruche, recevoir le ventilateur, le nourrisseur, un chapiteau, de petites boites, des cadres d'observation, etc., etc. »

Voilà le pas que j'ai cru devoir franchir pour arriver à la forme de la ruche de l'instituteur.

La partie principale de cette ruche fig. 14, c'est-à-dire le corps de logis, est d'une seule pièce ou d'une forme cylindrique ou mieux un peu bombée, surtout vers la base ; car mes nombreux essais dont les principaux sont racontés dans l'*Histoire de mon Rucher* m'ont convaincu que, dans la grande exploitation surtout, les corps de ruche à forme de boite, à tiroirs à cadres mobiles ou autres, à divisions horizontales ou verticales, étaient plus contraires à l'instinct de conservation et de propagation des abeilles qu'à l'intérêt de l'apiculteur qui, généralement parlant, n'aime pas à dépenser son temps dans des manipulations fréquentes, et son argent en achat de ruches dispendieuses.

Le dessus de ce corps de logis est recouvert d'un plancher dont le centre est à claire-voie : les planchettes de cette claire-voie sont mobiles. Quand il est fermé par le couvercle à poignée, et qu'il a la forme bombée comme il est dit plus haut, il représente une belle petite ruche d'une capacité d'environ 24 litres, qui n'a jamais besoin d'être diminuée, mais qui peut être agrandie à volonté pour recevoir l'excédant du miel, car l'exploitation doit être conduite de manière que le corps de logis des ruchées à conserver contienne, à l'arrière-saison, une provision suffisante, et qu'il y reste néanmoins assez de place pour les ouvrières et la ponte de la mère, en sorte que, pendant la saison rigoureuse, qui décime ordinairement les colonies logées dans des ruches défectueuses s'éloignant de la forme naturelle, la forme que je recommande se trouve presque

Digitized by Google

toujours réduite au corps de logis; c'est-à-dire qu'elle a toutes les qualités de la ruche d'une pièce sans en avoir les inconvénients.

Comment tous les avantages énumérés plus haut peuvent-ils se rattacher à une forme aussi simple? Cette explication m'entraînerait trop loin, elle est donnée dans mon traité *la Ruche de l'Instituteur*, qui se divise en trois parties:

1° Description de la Ruche de l'Instituteur et des objets accessoires.

2° Qualités de la Ruche de l'Instituteur. Manière de s'en servir.

3° Descriptions des métiers qui aident à fabriquer la Ruche de l'Instituteur et les surtouts qui l'abritent. Manière de se servir de ces métiers.

CAYATTE, instituteur à Billy-les-Mangiennes.

Société d'apiculture gâtinaisienne et beauceronne.

Réunion à l'Hôtel-de-Ville de Janville (Eure-et-Loir), le 23 juillet 1870. — Siègent au bureau, MM. Menault, conseiller d'arrondissement, président; H. Hamet, professeur d'apiculture, assesseur; Durand, apiculteur à Tivernon, vice-président; Thibault, apiculteur à Andonville, secrétaire. — M. Menault demande que le bureau soit renouvelé et qu'on y fasse entrer des membres nouveaux. M. Foucher-Vapereau dit qu'il croit être l'interprète de l'Assemblée en demandant que le bureau soit maintenu par acclamation. M. le Président fait connaitre les cinq questions à l'ordre du jour et ouvre la discussion sur la 1re : Exposé de méthodes pour obtenir une plus grande quantité de miel surfin que par les procédés ordinaires. M. Hamet expose les bons usages qu'est appelée à rendre la tôle perforée pour empêcher la mère de monter dans les bâtisses et pour la confiner au besoin dans une partie de la ruche. Il fait part des résultats avantageux qu'il a obtenus cette année dans le culbutage avec l'emploi de la tôle perforée. Il place entre la ruche culbutée et celle qui la coiffe, une plaque perforée, du même diamètre, qui empêche la mère de monter; il calfeutre en ayant soin de laisser une entrée en dessus et une en dessous de la grille de séparation. Il dit que pendant les premiers moments les abeilles chargées de pollen et les faux-bourdons entrent en dessus et en dessous, mais que bientôt les quêteuses de pollen et les mâles n'entrent presque plus qu'en dessous. Bref, ses bâtisses ont été entièrement garnies de miel sans pollen ni couvain. Il signale les résultats aussi avantageux que M. J. Peigné, de Caen, présent à la réunion, a obtenus par l'emploi des grilles pour le calottage. M. Durand pense que ces grilles ne conviennent que pour les ruches en paille, parce que la pose en serait trop longue sur des ruches en petits bois. M. Hamet, répond que c'est précisément sur des ruches en petit bois qu'il a opéré, et qu'il ne voit pas ce que peut faire ici la matière non plus que la forme de la ruche. Il ajoute que le culbutage rationnel demande : 1° que les ruches soient pleines ; 2° que la ruche culbutée et sa coiffe soient à peu près de même diamètre ; 3° que les ruches juxtaposées soient calfeutrées (baugées). La grille offre cet avantage de permettre de juxtaposer des ruches dont les diamètres diffèrent plus ou moins. M. Durand, objecte que la grille ne détruit pas les faux-bourdons ainsi qu'il le pratique à la main. M. Hamet réplique que la grille ne les détruit pas, mais qu'elle les appelle dans la ruche souche, près du couvain dont ils aident l'éclosion par leur chaleur ; ce qui fait que ces souches n'ont pas de couvain mort, comme cela arrive quelquefois dans celles conduites par le procédé ordinaire ; ce qui permet enfin de pouvoir conserver les souches culbutées. M. Thibault dit qu'il ne faut jamais conserver de culbutes. M. Hamet, répond qu'il faut détruire le préjugé et non les souches. Un apiculteur dit que la culbute déforme les cellules et que parfois le miel coule lorsque la ruche est replacée dans son sens. M. Hamet répond que cet inconvénient n'a pas de gravité.

M. le Président résume la discussion et fait ressortir les avantages de l'emploi des grilles pour obtenir plus de miel surfin (1). On passe à la deuxième question, ainsi conçue : Agitation contre la réglementation de l'apiculture. M. Hamet indique les dispositions du projet du code rural sur ce qui concerne une distance à établir entre les ruchers et les voies publiques. Cette distance serait à la discrétion de MM. les préfets, qui prendraient l'avis du conseil général. Le préopinant pense que tous les possesseurs d'abeilles ne sont pas plus disposés à accepter une réglementation faite par MM. les préfets sur l'avis des conseils généraux qu'une réglementation de MM. les maires, homologuée par MM. les préfets. Unanimement l'Assemblée se prononce pour la liberté de la culture des abeilles et, par conséquent, contre toute réglementation. M. Menault dit que l'avis des conseils généraux pourra être une garantie, et qu'il importe d'intéresser ces conseils à l'apiculture. M. Hamet ne met pas en

(1) Pour feuilles de tôle perforée, demander à M. Brière, fabricant, rue Basfroid, 8, Paris. — 6 fr. la feuille qui peut donner 6 disques de 30 à 35 centimètres de diamètre. — Prendre feuille n° 35.

doute le concours favorable des conseils généraux lorsque le suffrage universel sera éclairé. Mais il dit qu'en attendant, on doit lutter contre toute réglementation. C'est dans ce but qu'il prie l'assistance de signer la pétition suivante qui sera adressée à MM. les députés :

« Les soussignés, possesseurs d'abeilles des départements du Loiret et d'Eure-et-Loir, ont l'honneur d'exposer à MM. les députés que les dispositions que propose d'établir le projet du Code rural en ce qui concerne une distance à observer entre les ruchers, est une atteinte à leur propriété et une entrave à leur industrie.

» En soumettant l'apiculture à la réglementation et en consacrant une distance entre les ruchers, on revient au régime antérieur à 1789.

» Les soussignés demandent que cette disposition contraire au droit commun ne soit pas établie.

» Dans cette attente, ils ont l'honneur d'être...

» Fait à la réunion apicole de Janville, le 22 juillet 1870. »

(Suivent les signatures légalisées par M. le maire de Janville.)

Vient ensuite cette troisième question : Établissement d'un rucher-école à Chartres. M. Hamet fait ressortir l'opportunité de cette question déjà à l'ordre du jour l'année dernière. L'établissement du rucher-école a deux buts, dit-il : 1° celui de former une pépinière de gens qui s'occuperont d'apiculture et qui l'enseigneront; 2° de montrer à l'autorité combien les abeilles sont inoffensives près des habitations et des voies publiques lorsque ces insectes domestiques sont conduits avec intelligence. M. Germain propose que le rucher soit établi à Janville et que des leçons y soient données à l'époque des réunions. Plusieurs apiculteurs du Gâtinais pensent que l'établissement de ce rucher est l'affaire de leurs collègues de la Beauce et non la leur. M. Menault dit qu'il ne s'agit pas, quant à présent, de créer un enseignement pour les apiculteurs de la Société, mais de fonder une institution qui devra se propager dans les autres départements; il engage les apiculteurs qui font partie de sociétés d'agriculture ou d'horticulture d'appeler l'attention de leur honorable corporation sur cet objet. M. Menard, de Paris, appuie vivement la fondation du rucher-école; il ajoute que l'apiculture gâtinaisienne et beauceronne ne peut qu'y gagner. M. Delorme, de Chatelet, offre de verser immédiatement une cotisation. M. Hamet dit que pour le moment il n'est demandé que l'adhésion de la Société, et qu'avant de constituer le capital de trois ou quatre cents francs indispensable pour l'établissement de ce rucher, il est nécessaire de faire de nouvelles démarches près de la société d'horticulture de Chartres dans le jardin de laquelle ce rucher doit être établi. L'*Apiculteur* fera connaître les bases arrêtées et recueillera les adhésions particulières.

La quatrième question porte : Délibération sur la création, s'il y a lieu, d'un marché au miel en sirop. M. le Président engage les apiculteurs à exprimer leur opinion sur le marché au miel en sirop. M. Germain demande que le marché de la Madeleine de Janville soit conservé, en raison de l'habitude, et que s'il est créé un second marché, il ait encore lieu à Janville. Un membre fait remarquer que la commodité et la nécessité doivent être invoquées avant l'habitude. En invoquant l'habitude, il faudrait reporter le marché de la Madeleine au Puiset. M. Faucault exprime le vœu que le marché au miel en sirop soit établi vers la St-Jean à Pithiviers, par la raison que Pithiviers est le centre des miels en sirop qui sont le plus recherchés. D'autres producteurs veulent établir le centre sur la ligne du chemin de fer d'Orléans. M. Hamet demande à consacrer le marché de miel en sirop à Paris, lieu où il se fait depuis déjà plusieurs années. Seulement au lieu de venir les uns après les autres offrir leur miel au commerce de Paris, il propose que rendez-vous soit pris pour qu'on vienne tous ensemble. Ce sera un moyen de se renseigner réciproquement sur l'état de la production. Un certain nombre de producteurs font de l'opposition à l'établissement de ce marché ou désirent qu'il soit établi dans leur localité. Après une discussion dans laquelle percent plus l'intérêt individuel que l'intérêt général, on décide qu'une commission de cinq membres, composée de MM. Foucault-Daguet, Coudière, Foucher-Vapereau, Menault et Hamet, avisera s'il y a lieu d'établir à Paris le marché au miel en sirop ; dans le cas affirmatif elle en déterminera la date et le lieu.

On aborde la dernière question : Mesures à prendre pour empêcher la vente du miel de provenance diverse sous la dénomination de « miel du Gâtinais. » M. Ménard dit que ce qu'il faut avant tout, c'est que les producteurs livrent de la marchandise loyale, et qu'ils ne mêlent pas à leur miel du sirop de fécule comme quelques-uns le font. M. le Président fait remarquer que l'accusation est grave, et qu'avant d'accuser, il faudrait prouver. M. Ménard répond que certains miels restent mous et sirotent lorsque d'autres à côté sont durs et secs. M. Dabout-Richard, de Patay, dit que du miel mou et sirotant n'indique pas du miel falsifié ; il indique souvent que la fabrication en a été mal faite. M. Blaive répond que les miels qui ont reçu une addition de sirop gonflent au bout de quelques temps et sirotent ensuite. M. le Président demande s'il ne faudrait pas attribuer l'addition de sirop autant à l'intermédiaire qu'au fabricant. Un acheteur de Paris répond que cette addition ne peut se faire qu'au moment de la fabrication. M. Ménard affirme que des producteurs ont présenté au commerce des miels additionnés de sirop; il invoque là-dessus le témoignage du professeur du Luxembourg. Celui-ci répond qu'en effet, il a eu entre les mains des échantillons contenant d'après analyse 50 %. de sirop de fécule. M. Menault demande s'il n'existe pas quelque moyen simple de reconnaître cette addition. M. Durand dit qu'on peut le reconnaître à simple vue. M. le Président l'engage à faire connaître ce moyen. M. Durand répond que n'ayant pas sous la main d'échantillons, il ne peut donner d'indications précises. M. le Président émet le vœu que la question de reconnaître le miel frelaté soit traitée dans la réunion de 1871.

M. Hamet demande qu'on revienne à la question, et dit qu'il s'agit pour le moment des mesures à prendre dans l'intérêt des apiculteurs du Gâtinais, qui produisent les miels les plus justement renommés à Paris où ils s'écoulent, pour que d'autres miels n'en prennent pas le titre. MM. Vermond et Blaive pensent que les faux titres que certains épiciers donnent à leurs miels est loin de nuire à la consommation de cette douceur. Un producteur fait remarquer que cela ne constitue pas moins une tromperie sur l'origine de la chose vendue. Des discussions particulières s'établissent, dans lesquelles les partisans de la liberté des fausses dénominations invoquent que les miels de la Beauce ne sont pas des miels du Gâtinais, et que les Gâtinais qui proviennent de ruches lourdes achetées dans diverses contrées, ne sont pas non plus de purs Gâtinais. Portée sur ce terrain, la question d'affaires menace d'embrouiller la question de principe : les intérêts se divisent et la discussion tourne à l'aigre, quoiqu'il s'agisse de miel. Mais l'heure des opérations commerciales appelle la clôture de cette discussion. Avant de lever la séance, le président remercie les nombreux membres de la réunion des lumières et de la gravité qu'ils ont apportées dans l'élucidation des matières à l'ordre du jour. Il ajoute que la séance de ce jour a consacré l'avenir de la société d'apiculture gâtinaisienne et beauceronne.   Le secrétaire : THIBAULT.

Bibliographie.

Ce n'est pas d'un ouvrage d'apiculture que nous rendons compte, c'est

du mot APICULTURE, traité dans l'*Encyclopédie générale* (1) à trois points
de vue divers : zoologie, économie rurale, droit (législation sur les
abeilles). L'article zoologie apicole est un résumé des faits concernant
principalement la génération des abeilles, dans lequel l'auteur, M. J. J.
Moulinié (de Genève) accorde aux Allemands modernes la plus large part
de découvertes. Il est certain que la ruche à rayons mobiles qu'ont
adoptée avec engouement les amateurs allemands, leur a facilité les
recherches de toutes sortes. Néanmoins, après la porthénogenèse, due à
. Dzierzon, nous ne voyons pas qu'ils aient découvert grand'chose autre
que des théories plus séduisantes qu'applicables. Il y a plus, leurs observations manquent parfois de justesse. Mais ce n'est pas le moment de
susciter à nos voisins une querelle d'Allemand. Il faut leur reconnaître,
d'ailleurs, le grand mérite des recherches scientifiques et la divulgation
qu'ils en font.

Dans l'*Apiculture* au point de vue de l'économie rurale, M. P. Joigneaux
considère plus la possession de ruches comme chose accessoire dans
l'exploitation agricole que comme industrie particulière, et il opine pour
les petits ruchers éparpillés. Il ajoute qu'alors la culture des abeilles est
un délassement plutôt qu'un travail, et, en cas d'insuccès, on perd quelquefois beaucoup d'espérances, mais très-peu de capitaux. « Nous souhaitons, dit-il, que la culture des abeilles se développe, mais en se frac-
tionnant et en se généralisant, de façon que le plus grand nombre ait
part aux profits, que les mauvaises années ne soient désastreuses pour
personne, et que la moyenne de production s'élève le plus possible.
D'ailleurs, cette répartition de petits ruchers sur de larges surfaces régu-
lariserait la récolte des sucs végétaux et aurait en même temps l'avantage
de favoriser la fécondation des plantes sur tous les points du territoire,
signalé service dont on ne tient pas suffisamment compte, et qui, à lui
seul, suffirait pour recommander à nos soins la culture des abeilles. »

Sans doute, il est à désirer que quelques ruches se trouvent dans tous
les jardins comme on y trouve les légumes du ménage ; mais nous ferons
remarquer que dans les grands centres les légumes et le miel ne sont
fournis à meilleur compte à la consommation que par les spécialistes.
Pour la production du miel comme pour toute autre production agricole,
il faut du travail et de l'intelligence que donnent plus et mieux ceux qui

(1) L'*Encyclopédie générale* paraît par fascicule de 100 pages environ à 2 fr.
et par livraisons de 50 cent. L'ouvrage complet formera 24 vol. grand in-8° de
600 pages chacun. Bureaux : rue Meslay, 67, Paris.

s'en occupent particulièrement. Que les grands producteurs de miel s'adonnent concurremment à une autre industrie, fort bien ; car les abeilles ne les tiennent qu'une partie de l'année. C'est ce qui d'ailleurs a lieu le plus souvent : la plupart sont agriculteurs, commerçants ou industriels; ils s'en trouvent bien, et les consommateurs aussi. Mais l'apiculture ne doit pas cesser d'être une industrie spéciale.

Il est regrettable que l'auteur ou les auteurs du projet de code rural présenté dernièrement au Corps législatif n'aient pas étudié la question comme l'a fait M. Marc Dufraisse dans son article DROIT de l'*Encyclopédie*, dans lequel il montre ce que le texte du Code civil concernant les abeilles — qui sont immeubles *par destination* — a d'arbitraire, d'obscur et d'incomplet ; ils auraient présenté autre chose qu'un ressassage de dispositions aussi mesquines qu'intempestives. M. Marc Dufraisse à la bonhomie d'espérer que le code rural en projet fixera le droit français sur les deux points principaux de la matière : la nature légale des abeilles et la responsabilité du propriétaire d'une ruche. Ah ! bien oui. A-t-on jamais lu, au contraire, quelque chose d'aussi obscur et d'aussi chétif que l'exposé des motifs de ce projet caduc et tout à fait à côté de la question. Ce qu'il s'agit d'établir, M. Marc Dufraisse l'indique. Citons-le :

« Après ces deux dispositions capitales (la nature légale des abeilles et la responsabilité), qui couperaient court à la contradiction regrettable des décisions judiciaires, il serait bien de remettre en vigueur les édits de la Révolution en faveur des mouches à miel ; ils défendaient de les troubler dans leurs courses et leurs travaux ; ils interdisaient toute action à raison du butin des abeilles dans les champs. » « Leur picorée, » disait la loi rurale, ne nuit pas à la fécondité de la fleur de vos jardins. » La loi ne permettait de les saisir que dans les temps déterminés par la coutume rurale, et, même en cas de saisie légitime, une ruche ne pouvait être déplacée que durant l'hivernage de l'essaim.

« Il serait bien aussi de préciser le sens de ces expressions du Code rural de 1791 : « L'essaim appartient au propriétaire sur le terrain duquel *il s'est fixé.* » Les abeilles posées sur mon mur, ou pendant en grappe à la branche de mon arbre, sont-elles *fixées* dans le sens de la loi? Faut-il, pour que j'en acquière la propriété, que l'essaim se soit établi dans le creux de mon arbre ou dans la lézarde de ma muraille? L'Etat de Bade, en adoptant notre Code, a tranché le doute par cette addition à l'article 524 : « Tant que l'essaim ne fait que camper sur le fonds étranger, » le propriétaire de la ruche conserve son droit de suite ; il ne le perd

» que quand les abeilles ont *bâti* sur le terrain d'autrui. » Peut-être serait-il mieux encore de déterminer un délai, après lequel le propriétaire de la ruche aurait perdu la propriété de l'essaim fugitif. C'est la disposition de quelques lois suisses, du code de Zurich, par exemple, et de celui des Grisons : « Le propriétaire d'une ruche est autorisé à poursuivre l'essaim » qui s'en échappe; s'il renonce à la poursuite, ou s'il ne peut le res-» saisir *dans les trois jours* après l'émigration, les abeilles sont consi-» dérées comme animaux sauvages qui n'appartiennent à personne. »

Jusqu'ici, les apiculteurs acceptent parfaitement les raisons que fait valoir M. Marc Dufraisse; mais ils lui tournent le dos lorsque — lui aussi, quoique de la grande école de la Révolution — propose que le pouvoir municipal réglemente l'apiculture à l'instar des anciens édiles de Rome, c'est-à-dire fasse des arrêtés sur la distance des ruchers. Merci, nous sortons d'en prendre. Ce que les cultivateurs d'abeilles demandent, c'est la liberté avec la responsabilité : rien de plus, rien de moins.

Citons, en terminant, une coquille qu'il faut attribuer au correcteur de l'article, un vieux troupier sans doute. Au bas de la page 410, 11e fascicule, on a imprimé *escadron* pour essaim.   H. HAMET.

Le miel chez les Romains.

La consommation du miel et de la cire et, par conséquent, la demande de ces articles étaient si considérables chez les Romains que leur production fut un objet de la plus haute importance dans l'économie rurale; et l'on n'accordait de fermage à personne qui ne justifiât de ses connaissances apicoles. La culture des abeilles était regardée par eux comme étant une source essentielle de revenus pour les propriétaires; car les Romains étaient un peuple pratique, visant en toutes choses, dit Columelle, bien plus à l'accroissement des revenus qu'au simple plaisir du goût. Seulement la production naturelle du miel en Italie ne suffisait pas aux demandes indigènes; de grandes quantités arrivaient donc d'Afrique, de Crète et de Sicile; et, comme la qualité de ces miels était supérieure, les apiculteurs italiens, au témoignage de Varron, envoyaient frauduleusement au marché les plus fins et les plus aromatiques des leurs sous les noms de miels de Sicile et de Crète. Ceux de qualité inférieure, lisons-nous dans Pline, ils les coloraient et les adoucissaient avec certaines substances, ou ils les fortifiaient avec différentes sortes de vins. On imposait un tribut annuel de miel et de cire aux provinces et aux territoires conquis, ainsi au Pont et à la Corse, et l'espoir d'obtenir des suppléments additionnels n'était pas pour rien, croyait-on, dans les raisons qui portaient les Romains à envahir la Germanie.

Les cérémonies et le culte religieux du peuple exigeaient une grande quantité de miel. « Rien, dit Varron, n'est plus doux que le miel, agréable aux dieux et aux hommes. Vous le trouvez sur les autels. » Il figurait surtout dans les sacrifices des paysans. Les nombreuses déités rurales, dont ils invoquaient la faveur et l'appui, et au service desquelles ils étaient attachés, réclamaient non-seulement une portion des produits de leurs jardins, de leurs vergers et de leurs moissons, mais encore de leurs brebis, de leurs bœufs et de leurs ruchers. Ovide raconte qu'aux fêtes des dieux, où l'on remarquait des aliments de prix et des vins recherchés, il y avait toujours de délicieux gâteaux au miel. Ceux-ci se composaient de farine, de miel et d'huile, et leur nombre égalait les années des promoteurs du sacrifice. Le miel, « présent des dieux » , était également indispensable dans le culte qu'ils rendaient à leurs divinités domestiques ou *pénates*; et il n'en fallait pas peu, en avril, dans les *Ambarvales*, pour la consécration vernale de leurs champs; en octobre, pour les actions de grâces, et en novembre pour la fête particulière de Cérès, « mère des troupeaux, » « protectrice du miel, » qui, par son union avec Jupiter pluvieux, rendait les saisons favorables. Les prêtresses de Cérès portaient le nom « d'abeilles » parce que le miel fut la première nourriture de l'enfant Dionysius, fils de Bacchus (1), que Cérès tint dans ses bras, comme Isis avait porté Horus, et parce qu'elle enseigna l'apiculture à Aristée. Bacchus aussi, « l'inventeur du miel, » l'admirateur des doux liquides » et « le décorateur des prairies émaillées », exigeait une certaine quantité de miel.

Toute victime de sacrifice offerte aux dieux puissants était aspergée de lait, de vin, et de miel, et il fallait beaucoup de ce dernier dans la célébration solennelle des mystères et dans les obsèques des morts. Les Romains des derniers âges versaient du miel dans la tombe du décédé. Chez eux le miel était un symbole de la mort.

D'où l'on peut inférer sans difficulté que leur culte religieux demandait une grande consommation de miel et qu'il dut beaucoup exciter leur attention à l'apiculture. Mais l'économie domestique avait besoin d'une

(1) Généralement les mythologues font de Dionysius et de Bacchus un même personnage. — C. K.

plus grande quantité encore ; on ne connaissait pas comme aujourd'hui le sucre. Ce qu'ils appelaient *saccharum* était un tout autre article venant de l'Arabie et de l'Inde. Pline nous apprend qu'on ne l'employait qu'en médecine. Ainsi, le miel était le principal adoucissant que les Romains ajoutaient à leurs aliments et à leurs boissons, et il leur était aussi indispensable que le sucre l'est à nos familles dans les usages domestiques.

Voici quelques-unes des nombreuses boissons au miel connues des ménagères romaines :

1o L'*hydromel*, boisson fabriquée au commencement des jours caniculaires avec de l'eau froide de fontaine ou de pluie et du miel pris. La masse était remuée cinq heures durant par des enfants et restait exposée à l'air quarante jours et quarante nuits. Après quoi on versait dans des barils et l'on scellait quand la boisson avait acquis un goût vineux.

2o Le *thalassomel*, boisson composée d'eau de mer et de miel. Conservée dans des vases de terre, c'était une boisson recherchée, de bon goût, et légèrement drastique. On la préparait toujours en septembre.

3o Le *mélitite*, fait avec cinq conges de jus de raisins, un conge de miel et un de sel ; le tout bouilli ensemble. Boisson âpre et aigre, employée quelquefois en médecine.

4o L'*eau miellée* se faisait de plusieurs manières. Généralement on mêlait une livre de miel avec un setier d'eau de pluie qu'on avait laissée exposée au soleil et à l'air pendant un an, et l'on clarifiait itérativement. Ce n'était pas une boisson très-salubre. Un *miod* moins coûteux, plus agréable et plus tôt fait consistait simplement en un mélange de miel et d'eau légèrement fermentés. Cette dernière boisson était agréable, rafraîchissante et fortifiante.

5o Le *mulsum* était fait avec le meilleur et le plus ancien falerne et du miel de choix, bouillis ensemble. C'était le breuvage favori des Romains, une sorte d'élixir de longue-vie. Auguste dînant chez Pollion Rumilius, au centième anniversaire de sa naissance, lui demanda comment il avait pu garder cette vigueur de corps et d'esprit. Pollion répliqua : « avec du miod pour le dedans et de l'huile pour le dehors. » Ce miod était le *mulsum*.

6o Le *rhodomel* se faisait avec de l'eau de roses et du miel : il était en haute faveur auprès des malades.

7o L'*oxymel* ou vinaigre de miel était médicinal. Pour le faire, il fallait, par exemple, 10 mines de miel, 5 hémines de vieux vinaigre, une livre et demie de sel marin, et cinq setiers d'eau de mer. On mêlait, on faisait bouillir, on écumait, et après refroidissement on envaisselait dans une futaille propre. Il servait pour les maux d'oreilles, de bouche et de gorge.

8° L'œnomel était fait du jus des meilleurs raisins, bien mûrs, gardés vingt jours sans être foulés, et de cinq parties de miel superfin, qu'on agitait sans cesse dans une futaille , on couvrait ensuite avec un boîte, et on laissait fermenter quarante jours, on écumait au besoin. On versait dans un fût, et au printemps on mettait en bouteilles.

9. Le *sputum* était préparé en fouettant du miel et une petite quantité de blanc d'œuf. On s'en servait pour dorer les gâteaux et les articles de confiserie avant de les mettre au four.

Le plus fréquent usage du miel, toutefois, était fait par les médecins. Il faudrait écrire un volume rien que pour mentionner les différentes préparations et les médicaments dont se glorifiait la pharmacopée romaine. Mais nous n'écrivons ici ni pour des malades ni pour des médecins. Nous avons voulu montrer simplement que le miel était fort en usage chez les Romains et qu'il y avait là un stimulant pour l'apiculture. — *American bee journal*, vol. II, p. 13. — C. K. tr.

Revue et cours des produits des abeilles.

Paris, 30 juillet. — Miels. On est plus à même d'apprécier la récolte des miels blancs que le mois dernier. Elle a été bonne dans le Gâtinais — sauf dans quelques ruchers — et dans une partie de la Beauce ; elle aurait été très-bonne en Normandie, dans les environs de Paris et dans quelques cantons avoisinants, si la campagne dernière et le long hiver qui l'a suivie n'avaient pas réduit les ruches, car celles qui ont survécu ont pris un bon poids dans ces régions. Mais comme le vide a été très-grand, qu'on tient à maintenir les ruchers sans la ressource des essaims qui ont généralement fait défaut, et qu'un certain nombre de cantons ne donneront presque rien, la récolte, en résumé, est au-dessous d'une moyenne. Aussi les prix sont bien tenus malgré le temps d'incertitude qui court.

A la réunion de Janville (Eure-et-Loir), du 22 juillet (la Madeleine), on a payé depuis 130 jusqu'à 150 fr. les 100 kil. baril perdu, selon qualité ou composition des lots. — Des producteurs n'ont pas accepté ces prix ; ils comptent obtenir mieux sous quelques mois ; ils espèrent que la misère de l'hiver prochain amènera des maladies qui nécessiteront l'emploi du miel. Les corbeaux des bords du Rhin ont des espérances de même aloi.

Aux marchés d'Argences, dont le dernier a eu lieu le 21, la marchandise s'est enlevée rapidement ; il y en avait peu d'ailleurs ; le marché le plus fourni ne comptait pas 150 barils (de 50 kil.), au lieu de 3 ou 400 qu'on y trouve en bonne année. Les prix courants ont été de 130 à

140 fr. les 100 kil., baril réservé. Quelques barils de choix ont obtenu 150 et même 160 fr. les 100 kil.

On a présenté peu de miel des environs de Paris. On nous a cité une vente de miel de Picardie à livrer à 125 fr. les 100 kil., baril perdu. Dans l'Aube, on vend à la consommation locale, miel blanc, 140 à 150 fr. les 100 kil.; surfin, de 170 à 180 fr.

Les cours à l'épicerie restent à peu près les mêmes : de 170 à 172 fr. pour les surfins Gâtinais; de 160 à 165 fr. pour les surfins d'Argences; de 150 à 160 pour les beaux blancs ou surfins de pays; de 125 à 145 fr. pour les blancs Gâtinais et divers. Les beaux Chili sont tenus de 130 à 140 fr.; les ordinaires de 120 à 125 fr.; les inférieurs de 110 à 115 fr.

Dans quelques lots inférieurs de Gâtinais, il a été cédé des citrons à 80 fr. Les beaux citrons ont acquéreurs de 90 à 100 fr. — Les miels rouges restent avec leurs hauts cours. Les orages de la première quinzaine de juillet ont permis aux blés noirs de lever en Bretagne; les avancés de la Basse-Normandie, sont meilleurs qu'on n'osait l'espérer : la fleur est belle; un peu d'humidité y mettrait du miel. Quant à ceux de la Sologne, on se demandait, à la réunion de Janville, s'ils fleuriraient. La bruyère ne se trouvait guère dans un meilleur état.

Quelques miels colorés de Portugal ont été offerts; ces miels ne peuvent remplacer ceux de sarrasin, mais ils peuvent servir à l'alimentation des abeilles, lorsque les prix n'en sont pas trop élevés.

Du 1er au 16 juillet, il a été traité au Havre 295 barils de miel du Chili à 105 fr. les 100 kil. acquitté. On a reçu, pendant ce laps de temps, 78 barils, miel de Lisbonne.

Les cours restent bien tenus à Anvers. A la date du 23, le miel de Havanne est ferme, mais sans affaires faute d'arrivages; on demande jusqu'à 27 florins les 50 kil. acquitté. Le miel de Lisbonne est tenu à 24 florins. Ce port, à cause de l'état de blocus de Hambourg, devra recevoir les arrivages destinés à l'Allemagne.

Cires. L'article reste calme, avec peu de transactions, et les cours varient d'un acheteur à l'autre. Ainsi des lots ont été payés 480 fr. dans Paris, par marchands de couleurs et droguistes, quand des qualités semblables n'ont pu obtenir 450 fr. dans la rue de la Verrerie. — A la réunion de Janville, les transactions pratiquées l'ont été à prix secrets. On aurait même traité au cours du jour. Ces sortes de marchés sont de véritables duperies, car comment établir le cours réel du jour lorsqu'on procède en cachette, et cela probablement dans le but de tromper quelqu'un. On cote 480 dans les rues de la Verrerie et des Lombards, voire même 490 et 500 fr. à l'acheteur de passage; mais au client qui fait mine de s'en aller, on fait une concession de 5 ou de 10 fr., selon marchandise.

Extérieurement, les prix varient de 410 à 440 fr. les 100 kil. pour les besoins courants, prix de producteur.

Depuis le 1er juillet jusqu'au 16 dito inclusivement, les ventes se comportent, au Havre : de 1,200 kil. cire jaune de Haïti à 2 fr. le demi-kil. acquitté; 1,500 kil. New-York à 2 fr.; 500 kil. Coromandel à 2 fr. 17 1[2; 7,000 Chili à 2 fr. 20. — Les arrivages comptent : 10 barils cire venant de Morlaix; 45 blocs de Lisbonne; 2 caisses de Hambourg; 41 dito de Rotterdam; 116 blocs de New-York; 2 fûts de New-Orléans; 5 blocs de

Digitized by Google

Kingston; 19 blocs de Port-aux-Prince; 12 fûts et 10 sacs de Haïti; 25 sacs de Calcutta.

Les prix courants de Marseille sont restés à peu près les mêmes : cire jaune de Trébizonde et Caramanie, 240 fr. les 50 kil. à l'entrepôt; Chypre, Syrie et Constantinople, 230 fr.; Égypte, 205 à 225 fr.; Mogador, Tetuan, Tanger et Larache, 200 à 210 fr.; Alger et Oran, 215 à 225 fr.; Bougie et Bone, 210 à 215 fr.; Gambie (Sénégal), 200 fr.; Madagascar, 195 à 190 fr.; Corse, 230 fr.; Pays, 210 à 215 fr. Ces deux dernières à la consommation.

Sucres et sirops. On vend à 65 cent le demi-kil. des sucres de canne en grains, très-blancs, pour confitures, qui peuvent être utilisés pour l'alimentation des abeilles. Sucre blanc, non raffiné, 79 fr. 25 à 79 fr. 50 les 100 kil. droits non compris. On trouve ces derniers dans les sucreries indigènes. Les sirops de fécules restent bien tenus.

Corps gras. Les suifs se sont faiblement soutenus, ceux de boucherie à 101 fr. les 100 kil. hors barrière, oléine de saponification, 84 à 85 fr. les 100 kil.; dito de distillation, 81 fr.; stéarine de saponification, 172 fr. 50 à 175 fr.

ABEILLES. On se préoccupe des moyens de regarnir les ruchers la campagne prochaine et on s'attend à payer les colonies des prix élevés. La sécheresse ayant persisté, les secondes coupes n'ont rien donné dans la plupart des localités. Les trèvas ont souffert, quelques-uns sont morts dans le Gâtinais; ceux conduits à la bruyère ou aux blés noirs de la Sologne ne font rien, mais ils ne meurent pas et peuvent attendre que l'eau donne du miel aux fleurs. Dans le Calvados, au-delà de Caen, les secondes coupes ont miellé à partir de la deuxième quinzaine de juillet, et les ruches ont pris du poids. Voici les renseignements que nous avons reçus.

Pas d'essaims. Beaucoup de miel. Ce dernier, vendu par les gros producteurs 70 cent. le demi-kilog., se vend couramment 75 et 80 cent. en détail. Sécheresse désolante. Fleurs de seconde coupe manquées. *Kanden* à Auzon (Aube). — La sécheresse fait mon désespoir, et cependant à partir de mon rucher se trouvent des haies de ronces d'une longueur immense; la bruyère arrive en fleur, mais pas d'eau, et des 110 ruches que je possédais il y a deux ans, je me vois réduit à 78 et menacé de tout perdre. *Amouroux* à Belvez (Dordogne).

Nos abeilles, ici, sont dans un état pitoyable; elles n'ont bientôt plus de nourriture. La bruyère sur laquelle elles ont l'habitude de butiner en cette saison (14 juillet), ne peut fleurir à cause de la sécheresse. Les sarrasins sur lesquels elles complètent ordinairement leurs provisions ne s'emblavent pas, aussi à cause de la sécheresse. De sorte qu'il faut se résigner à voir nos abeilles périr cet hiver si on ne vient pas à leur secours. *Flamant* à Romorantin (Loir-et-Cher). Cette année, dans nos contrées, essaimage nul, récolte en miel passable. Les ruchers avaient beaucoup perdu l'hiver, et le printemps ne les a guère rachetés. Résultat final : mauvaise campagne. A. *Aubert* à Juvigny (Marne).

Nous traversons une année de crise épouvantable, pas 7 essaims pour 100 dans mes ruches, et presque rien comme récolte avec une perspective absolument nulle pour l'arrière-saison. *Raudin*, à Seigneulles (Meuse). — Il y a eu peu d'essaims; ceux de la première quinzaine de juin ont assez bien fait; les derniers ne valent rien. J'ai fait 6 essaims d'abeilles italiennes le 28 mai ; je leur ai donné à chacun 1 kilog. de sucre avec un demi-kil. de miel convertis en sirop: ils pèsent aujourd'hui de 12 à 15 kil. logés dans ma ruche du poids de 3 kil. *Cayatte*, à Billy (Meuse).

L'apiculture a fait merveille dans notre contrée cette année ; peu d'essaims, mais des poids excessivement rares ; de tous côtés la ruche à calotte se fait une place parmi les ruches communes ; l'étouffage a perdu beaucoup de crédit et nous avons plus qu'une demi-victoire. Chacun fait ses essaims artificiels ; en ce point il y a encore à gagner : ils les font trop tard. En somme je n'ai pas perdu mon temps, et j'en suis heureux. *Chapron*, à Feigneux (Oise).

La sécheresse n'a pas nui ici à l'essaimage ; les essaims ont commencé à sortir vers la mi-mai ; il y en a eu passablement. Toutes mes ruchées m'en ont donné un ou deux, qui ont bien fait du 1er à 8 juin ; depuis ils n'ont pas amassé beaucoup. *Vasseur*, à Bléquin (Pas-de-Calais).

Je vous fais part du misérable état de l'industrie apicole dans nos contrées ; les froids tardifs, la persistance de la sécheresse sous l'influence d'un vent du nord incessant ont contrarié au dernier point la récolte et mis les essaims tellement en retard que les abeilles n'ont plus osé s'aventurer au dehors. Aujourd'hui les ruches regorgent d'habitants, parmi lesquels de nombreux bourdons, dont la nourriture improductive est pour elles une nouvelle cause de famine. Il faut donc s'attendre à ce que la récolte de miel soit cette année peu abondante. Heureux même ceux qui pourront conserver leurs ruches. *F. Monin*, à Mornant (Rhône).

Nous avons eu 60 pour 100 d'essaims, tant naturels qu'artificiels ; les souches sont très-lourdes et très-bien peuplés ; les essaims sont bons si ce n'est les tardifs. *Imbault*, à Gouverne (Seine-et-Marne). — L'année est trop sèche pour les abeilles ; le pays que j'habite est encore bien arriéré pour cette culture. *B. de Saint-Aubanet*, à Coullemelle (Somme). On n'a pas récolté beaucoup d'essaims dans nos environs, et plus de la moitié ne valent rien. Les souches ne sont pas lourdes ; les mieux garnies donnent 12 à 13 kil. de miel. *Hamel*, à Fay (Somme).

La petite quantité de colonies qu'on possède engage de faire des sacrifices pour les sauver. Il ne faut pas attendre que les essaims et les chasses soient tombés à rien pour les alimenter. H. HAMET.

— M. Coignard, rue St-Honoré, 414, à Paris, demande du miel en rayons à acheter en calotte.

— On offre du miel coloré à 100 fr. les 100 kil. en gare d'Albertville (Savoie).

— M. S... à Corcenay. Votre découverte n'en est pas une : il s'est trouvé une mère dans l'un des cabochons, ce qui a engagé les abeilles à rester dans la ruche vide.

— M. D... à Plaisance. Il existe divers moyens qu'il serait trop long de rapporter ici et qui ont été donnés dans l'*Apiculteur*. Si vous demandez une mère à M. Mona, il vous mettra au courant.

— MM. à Mornant. Non acquitté depuis la 12e.

— Les personnes desservies par la ligne de l'Est, qui auraient quelques objets apicoles à nous demander sont priés de les faire prendre par messager, le chemin de fer (petite vitesse) ayant refusé les colis que nous lui avons présentés depuis l'état de guerre.

— Les quelques personnes qui ont refusé sans motifs de payer la quittance de leur abonnement, vont recevoir une nouvelle quittance augmentée de 1 fr. de frais.

Paris.— Imprimerie horticole de E. DONNAUD, rue Cassette, 9.

L'APICULTEUR

Chronique.

SOMMAIRE : Notre maladie. — Marques d'intérêts reçus. — N'abandonnons pas nos abeilles quoi qu'il arrive. — Remise des concours agricoles de cette saison. — Lauréats apicoles de la Société protectrice des animaux. — Une seule manière de faire toutes les opérations. — Instituteur qui comprend son rôle. — Rétablissement du rucher du Luxembourg.

Deux jours avant la mise à la poste du numéro 11 de l'*Apiculteur,* la variole nous empoignait et nous tenait au lit jusqu'au 15 août. Le service du journal en a souffert. Les abonnés dont la bande est imprimée ont dû être servis à peu près régulièrement, mais ceux dont la bande n'est qu'écrite à la main n'ont pas tous reçu leur numéro en temps voulu; il se peut même que quelques-uns ne l'aient pas reçu du tout. Nous les prions de nous excuser et de nous réclamer ce numéro lorsqu'ils nous adresseront le renouvellement de leur abonnement, nous nous empresserons de le leur envoyer.

Pendant le cours de notre maladie, qui un moment a donné de grandes inquiétudes à ceux qui nous entouraient, des abonnés de Paris, des membres de la Société centrale d'apiculture et des amis particuliers sont venus s'informer de notre état. Cette marque d'intérêt n'a pas peu contribué à nous aider à lutter contre la douleur et à relever notre énergie abattue. Que ces personnes reçoivent le témoignage de notre vive reconnaissance. Encore quelques jours de convalescence et nous pourrons sans peine reprendre nos travaux et poursuivre avec succès l'œuvre que nous avons commencée ensemble. Les événements actuels pourront peut-être nous entraver quelques moments, mais la lutte terminée, il faudra, comme par le passé, chercher à produire mieux et davantage. Quoi qu'il arrive, gardons-nous d'abandonner nos abeilles qui, au sortir d'un hiver rude, nous apprennent comment on refait sa ruche.

— Les diverses sociétés agricoles qui devaient ouvrir des concours à la fin de l'été et en automne, les ont ajournés, à cause des événements. Plusieurs sociétés suisses ont agi de même. La Société nationale d'apiculture de Firenze (Italie) nous convie à une exposition qu'elle organise à Pistoia, du 8 au 30 septembre. Nous avons à nous occuper d'autre chose de plus pressé. Rappelons que la Société centrale d'apiculture a été bien inspirée de remetire à 1871 l'exposition qu'elle devait faire à Paris du 15 août au 15 septembre courant.

— Dans sa séance annuelle du lundi de la Pentecôte, la Société protectrice des animaux a décerné une médaille de bronze à M. Cayatte, instituteur à Billy-les-Mangiennes, pour sa brochure *la Ruche de l'Instituteur.* Elle a décerné une autre médaille de bronze à M. Célestin Serrain, de Richemont-Saint-Fierre, pour la propagande qu'il fait dans son canton pour combattre l'étouffage. Une mention honorable a été accordée à M. Vasseur, instituteur à Blequin, pour le même motif.

— M. Pastureau de Mazières nous a signalé M. Augereau, apiculteur des environs de Saint-Maixent (Deux-Sèvres), comme un praticien hors ligne n'employant qu'une méthode pour toutes les opérations. Nous copions : Cet homme en effet n'a qu'une méthode, un seul moyen de faire toutes ses opérations apiculturales, et je dis que sa manière de faire est excellente, parce qu'elle est sûre, prompte et facile; qu'elle s'applique à toutes les formes de ruches, qu'elles soient coniques, rondes, ou carrées, verticales ou horizontales, à hausses ou à cadres. Il suit toujours son même système, soit qu'il veuille faire un essaim artificiel, réunir deux colonies ou changer un essaim de ruche, soit qu'il veuille tuer une vieille mère pour la remplacer par une jeune ou par des cellules maternelles prêtes à éclore, soit enfin qu'il veuille ce qu'on appelle dans le pays tailler les abeilles, leur ôter du miel. Son procédé a encore un avantage immense, celui de se pratiquer presque en toute saison et à toute heure du soir.

Notre honorable correspondant nous donne comme clef de cette méthode la description suivante de sa manière d'opérer un transvasement, méthode qui ne révèle guère la manière d'extraire un cadre mobile ni de poser une calotte, par exemple : « Après avoir légèrement enfumé les abeilles, il renverse la ruche qu'il assujettit sur un tabouret dépaillé. Il prend sous son bras gauche sa ruchette qui n'est autre chose que le tiers d'une ruche cylindrique en boissellerie. Il en appuie le bord sur celui de la ruche de manière à ce que la ruchette fasse avec elle un angle de 45°. De sa main droite il tapote la ruche dont les abeilles montent dans la ruchette. Si c'est un essaim qu'il veut faire, il arrête dès qu'il a vu passer la mère, s'il juge l'essaim assez fort. S'il le trouve trop fort, il rejette dans la souche deux ou trois poignées d'abeilles. Cela fait, il pose sa ruchette à terre sur une petite pierre ou contre un morceau de bois pour que les abeilles aient de l'air. Sans se presser, il prépare la

Digitized by Google

ruche qui doit loger l'essaim et l'assujettit l'orifice en haut. Il met son cératome en travers sur l'ouverture de cette ruche, et d'un petit coup assez sec de la ruchette sur le cératome, il plonge l'essaim dans la ruche vide qu'il verse doucement sur un linge étendu à terre ou simplement sur la pelouse d'où elles remontent dans la ruche qu'il a maintenue au-dessus au moyen d'une pierre ou d'un bâton et qu'il place sur le siège où était la souche. Il établit un autre siège à 75 cent. ou à 1 mètre de l'essaim et y place la souche. L'essaim est fait et *sûrement* fait. » — Cette manière de pratiquer est bonne; mais comment diable l'appliquer pour extraire un cadre ou placer une calotte ?

— M. Dupont, instituteur à Chappes (Ardennes), a compris que c'est à l'instituteur rural qu'incombe la mission de développer le goût de l'apiculture et de faire disparaître l'étouffage en éclairant les possesseurs d'abeilles. Il a obtenu ces deux succès dans sa localité même; cette année quatre ruchers y ont été organisés sous son instigation, et les étouffeurs y ont disparu. Pour ne pas trop brusquer les adeptes, il leur laisse adopter la ruche du pays, ruche commune, très-grande et même trop grande; mais il leur enseigne sur place à mieux s'en servir que la routine. — Combien d'instituteurs qui ont du temps de reste pourraient agir comme M. Dupont !   H. HAMET.

Erratum. Au lieu de : *avec une boîte*, p. 349, ligne 6, lisez : avec une toile...

Rétablissement du rucher du Luxembourg.

L'administration des Domaines vient de mettre à la disposition de la Société centrale d'apiculture un emplacement dans le jardin du Luxembourg pour le rétablissement de son Rucher-École. Cet emplacement se trouve à peu près au même lieu qu'était l'ancien rucher. Il comprend en outre une jolie construction qui avait été affectée dans ces derniers temps à un café. Ce bâtiment pourra réunir le musée apicole, et la vaste salle du rez-de-chaussée servira de salle de conférence et de réunion de la Société.

Conférence apicole à Audincthun.

Le dimanche, 17 juillet, a eu lieu, dans le petit village d'Audincthun, la première conférence apicole du canton de Fauquembergue. La réunion n'a pas été aussi nombreuse qu'elle aurait dû l'être : les événements qui

vont s'accomplir sur le Rhin ont empêché beaucoup de personnes à y
. assister. Nos braves et courageux jeunes gens avaient autre chose à faire
qu'à s'occuper d'apiculture : il fallait, sur un ordre du gouvernement,
se préparer à voler à la frontière pour s'opposer à l'invasion prussienne,
et défendre là l'honneur du drapeau français.

Il y a dans les campagnes comme dans les villes une grande agitation ;
l'enthousiasme est général, on se croirait retourné en 92.

La *Marseillaise*, ce chant proscrit, est remonté des bas-fonds de la
société jusque sur les marches du trône impérial. Nos héroïques soldats
de la République et de l'Empire, pour la plupart ensevelis depuis longtemps dans la poussière du cercueil, vont tressaillir dans leur tombe en
entendant de nouveau ce vieux chant de guerre retentir dans les rangs
des héritiers de nos phalanges républicaines et de la grande armée.
Espérons que ce chant patriotique, fait pour stimuler et affermir le
courage des combattants, sera bientôt transformé en un chant de
victoire.

Malgré les circonstances défavorables où nous nous trouvons aujour-
d'hui, notre réunion a encore été assez importante. Des apiculteurs d'un
canton voisin, répondant à mon invitation, n'ont pas craint de faire un
voyage de 15 à 20 kilomètres pour assister à la conférence. Ils se sont
empressés de nous apporter le tribut de leurs connaissances pratiques.

Comme nous approchons de l'époque de l'étouffage, — la récolte du
miel ayant lieu au commencement de septembre, — M. Degrosilier de
Saint-Aubin et moi, nous nous sommes efforcés de faire comprendre aux
apiculteurs présents à la réunion tout ce que cette pratique avait de
cruel et de défectueux. Nous leur avons enseigné les moyens de conserver la vie des abeilles et fait connaître les divers systèmes employés
aujourd'hui pour obtenir ce résultat si avantageux.

Nous avons eu la satisfaction de voir notre auditoire des mieux disposé,
et résolu à se livrer à des expériences afin de faire entrer l'apiculture de
notre canton dans la voie du progrès.

Afin de travailler plus efficacement à l'extension et à l'amélioration
de la culture des abeilles, il a été décidé dans notre réunion de former
une société cantonale. Tous les membres de cette société devront s'engager à renoncer à l'étouffage et chercheront à le faire disparaître autour
d'eux.   -   .

Les apiculteurs présents à la conférence ont à l'unanimité prié

Digitized by Google

M. Degrosilier d'accepter la présidence de notre future Société. Quoi-qu'ayant refusé d'abord, il est à espérer qu'il finira par accepter. C'est, à mon avis, l'homme qui convient le mieux pour être placé à la tête de notre société.

Il a été parlé aussi d'établir un rucher école dans le chef-lieu de canton. M. Dégrosilier, mû par un sentiment de générosité qui l'honore, a spontanément offert quelques ruches pour la composition du rucher. De mon côté je ferai aussi quelque chose, et j'espère que tous les apiculteurs du canton, qui en auront la faculté, ne voudront pas rester en arrière. De sorte que nous aurons un rucher établi sans qu'il soit nécessaire de recourir à aucune souscription. C'est là ce qu'on pourrait faire dans beaucoup de cantons; car il ne sera pas difficile de trouver dans un canton, quelque peu important qu'il soit, quelques hommes disposés à faire un léger sacrifice pour opérer un grand bien. Ce que nous allons faire à Fauquembergue, peut se pratiquer partout avec la même facilité.

Le but que nous nous proposons en cherchant à établir partout des réunions cantonales, c'est de faire pénétrer les connaissances apicoles jusque dans les plus humbles villages, dans les hameaux les plus reculés.

Nous sommes dans un temps où nous devons tirer parti de toutes les ressources de notre sol. Plus nous le rendrons productif, plus nous augmenterons la richesse de notre pays. Les progrès de l'agriculture feront entrer l'abondance dans la maison du riche. Par les progrès de l'apiculture on fera entrer un peu plus de bien-être dans la demeure du pauvre.

A la fin de l'automne nous comptons faire une seconde réunion d'apiculteurs; nous espérons qu'elle sera plus nombreuse que la première. Il est probable que nos braves jeunes gens seront de retour pour cette époque.

Il est à espérer que les nations belligérantes ne tarderont pas à comprendre que la guerre est un des plus grands fléaux qui puisse affliger l'humanité. Celui qui trouvera le moyen de la rendre impossible aura réalisé l'un des plus grands progrès de la civilisation. En attendant qu'une entente cordiale s'établisse entre tous les peuples, nous allons avoir une grande guerre. Puisse le sang qui va être répandu être le dernier versé! Puissent les deux grandes nations qui vont se choquer, tirer de cette guerre cet enseignement salutaire : que les luttes pacifiques des progrès agricoles et industriels sont préférables aux luttes sanglantes des batailles (1) !

F. DEVIENNE, apiculteur à Thiembronne (Pas-de-Calais).

— Le résumé de cette conférence nous a été adressé le mois dernier, et n'a pu entrer dans le numéro d'août.

Fragments du journal d'un apiculteur.

Ferme-aux-Abeilles, septembre 187...

21 *septembre.* Dans les cantons de bruyère et de blés noirs attardés, les abeilles butinent encore du miel pendant septembre lorsque le temps est beau. Mais ailleurs, elles n'en trouvent plus, à moins que les pluies d'août n'aient fait pousser, en abondance, les sénevés ; à moins aussi que la moutarde blanche, semée comme fourrage, ne donne des fleurs qu'un temps doux permet aux abeilles de visiter. Dans ces localités on peut enlever, à la fin du mois, les hausses, calottes et cadres qui contiennent des provisions supplémentaires. — Mais partout où l'apport des abeilles est insignifiant, il faut peser les ruches, et penser sérieusement à réunir les colonies faibles en population, et à nourrir les colonies populeuses qui n'ont pas de vivres suffisants pour passer l'hiver. Il faut alimenter vite, autrement on s'expose à n'avoir pas de bons résultats ; car les abeilles n'emmagasinent pas toute la nourriture qu'on leur donne; elles en utilisent immédiatement une partie à élever du couvain ; plus l'*alimentation dure,* moins est grande la quantité de miel emmagasiné. Donnez, par exemple, 3 kilog. en quatre ou cinq fois, huit jours après un kilog. a disparu ou a été employé à nourrir du couvain ; un mois plus tard il n'en reste plus qu'un kilog. ou un kilogramme et demi. Mais donnez les trois kilog. en une fois, et au bout d'un mois la perte ne sera pas d'un kilo, surtout si vous donnez la même dose le lendemain.

Les miels de presse, dits citrons, et ceux de fours doivent être réservés pour compléter l'alimentation des abeilles. Ne comprennent guère leur intérêt, les apiculteurs qui vendent ces miels 80 ou 90 fr. les 100 kil. et qui laissent mourir en automne et parfois beaucoup plus tard des chasses ou des essaims aux deux tiers de bâtisse. Pour 10 fr de ce miel, ils peu-

(1) Il viendra un temps, mais il est loin encore, ou la guerre paraîtra une monstrueuse absurdité, où le principe même n'en sera plus compris.

CHATEAUBRIAND.

vent en faire des colonies d'une valeur de 15 fr., toutefois en n'attendant
pas la Toussaint pour alimenter leurs abeilles, mais en les alimentant en
septembre et en opérant pour qu'il y ait le moins de déperdition possible. Le sirop de sucre est aussi un aliment économique, surtout en employant le sucre blanc non raffiné qu'on peut se procurer dans les fabri-
ques de sucre de betteraves. Il est vendu par sac de 100 kil. et on ne le
détaille pas.

Il faut réunir les colonies peu populeuses en mariant ensemble les plus
voisines autant que possible. On réunit : 1° par le transvasement de l'une des
deux colonies à marier ; 2° par superposition des ruches; 3° par l'asphyxie momentanée de l'une des populations, parfois par l'asphyxie des
deux populations à réunir. (Voir ces divers moyens dans les années précédentes de *l'Apiculteur.*)

Septembre est le moment où, dans les localités arriérées, les étouffeurs
commencent leur Saint-Barthélemy dans les ruchers. Il faut s'empresser
de recueillir les abeilles vouées au soufre, autant qu'on s'empresse de
recueillir des engrais pour augmenter la production des champs. On réunira aux colonies de son rucher, lors même qu'elles seraient déjà populeuses, toutes celles qu'on aura ainsi recueillies. Toutefois, si l'on possédait des hausses garnies de miel, on pourrait établir des ruches avec ces
hausses, en y ajoutant au besoin des hausses vides, et loger dedans deux
ou trois des populations à réunir; on en ferait d'excellentes colonies.

Dans les localités où les guêpes sont nombreuses, elles tourmentent les
abeilles. Pour qu'elles ne puissent s'introduire dans les ruches, il faut
en rétrécir l'entrée à l'aide d'une porte mobile ou d'une grille quelconque. Le moyen infaillible de détruire les guêpiers consiste à placer sur le
trou de sortie — lorsqu'il est en terre — une cloche en verre de jardinier, et de mettre sous cette cloche un vase contenant de l'eau de savon,
ce qui est facile à faire le matin ou le soir. Les guêpes sortent et s'épuisent aux parois de la cloche ; un grand nombre tombent dans le vase
contenant l'eau de savon et s'y noient. Si on couvre le guêpier d'un vase
opaque, les guêpes percent un trou de sortie à la base de ce vase dans le
sol et pas une ne succombe.

Dans les cantons où les abeilles n'amassent plus qu'un peu de pollen,
on peut commencer l'achat des colonies. Les ruchées ont peu de couvain
et on peut facilement apprécier la quantité de miel qu'elles contiennent.
On peut aussi facilement se rendre compte de la force des populations.
Les nuits commencent à être fraîches, et le matin si l'on culbute les ru-

ehes, on voit leur population massée entre les rayons. A cette époque on doit considérer comme bonnes colonies à conserver celles qui ont une bonne population et qui pèsent de 18 à 20 kil. logées dans des ruches pesant de 5 à 6 kil. On peut prendre de confiance des essaims de 15 et 16 kil. logés dans des ruches de 2 à 3 kil.

Il est bon de commencer à se préoccuper des surtouts ou capuchons de ruches et de remplacer ceux qui sont usés. La saison des pluies ne tardera à arriver. Il faut aussi visiter le tour des ruches, les dessous des listeaux, traverses, fentes, etc., pour y écraser, à l'aide d'une lame de couteau, les œufs ou chenilles de fausse-teigne. On fera en même temps la chasse aux araignées.   X.

Les treize chants de l'abeille.

Peut-être me croyez-vous devenu Prussien comme l'honorable M. Collin; grâce à Dieu, l'ennemi n'a pas encore pénétré dans nos défilés, ni envahi nos montagnes, et j'espère bien qu'il n'aura jamais cette mauvaise pensée; à chacun son *cadre*, pour le moment je ne pense guère qu'à ceux de la garde nationale; cependant, un moment, nous avons craint *pour nos abeilles*, je pensais déjà à utiliser les aiguillons contre les aiguilles; les dernières pluies ayant considérablement rafraîchi la température, j'ai pensé, avec raison, que faire sortir mes combattants par ces temps humides, c'était les exposer à une dyssenterie qui tout en refroidissant leur ardeur, les eût bientôt décimés; je préfère donc les bien abriter, je serai plus certain du butin.

En attendant que les peuples soient frères, comme les abeilles sont sœurs, je vais, avec votre permission, entretenir vos lecteurs des divers chants de l'abeille; car, comme les hommes, les ruchées savent exprimer leurs diverses impressions; puissions-nous bientôt ensemble entonner celui de la victoire !

Quel plaisir surpasse celui du véritable ami de la nature, lorsque, par une de ces belles matinées de printemps, il se promène dans un parterre orné des premières fleurs : le soleil, par ses premiers rayons fait étinceler les gouttes de rosée comme autant de diamants, et fait briller du plus vif éclat les insectes aux vives couleurs; tout se réveille dans la nature et notre chère abeille, heureuse de sortir de sa prison, où l'ont renfermée les longues journées d'hiver, vient cueillir sur les premières fleurs le pollen printanier pour en composer la nourriture de ses premières

Digitized by Google

larves ; hélas ! la provision est bien longue à faire;. combien ne fant-il
pas tenir d'étamines pour remplir les corbeilles ! Mais cette tâche s'accomplit sans regrets, puisqu'un doux murmure, semblable à un hymne
de reconnaissance envoyé à Dieu par sa plus humble créature, parvient
seul à l'oreille de l'observateur.

C'est le *premier* chant de l'abeille. Vous avez vu avec quelle patience
notre ouvrière a ramassé sa petite provision, suivez-la des yeux, elle va
droit à sa ruchée apporter son précieux butin et en même temps la
nouvelle du printemps; à ce moment tout apiculteur soigneux veut nettoyer les tabliers, et donner en un mot ces mille soins que réclament les
ruchées; mais les abeilles ne sont plus habituées à celui qui les soigne ;
elles se méfient de tout, aussi le vol rapide du départ est remplacé par
des manœuvres stratégiques faites pour reconnaître l'ennemi, en découvrir les intentions et les points vulnérables; ce doux murmure, qui vous
charmait il n'y a qu'un instant, est remplacé par un son aigu, aigre,
annonçant la colère la plus vive, et plein des plus violentes menaces ;
croyez-en mon expérience, ami lecteur, et que ce qui nous fasse battre
en retraite ne soit jamais que le *second* chant de l'abeille.

Si vous êtes trop téméraire, et que confiant en votre force, vous fassiez
trop l'arrogant, vous recevrez d'abord les dards des premiers combattants
qui se sacrifieront au salut de la patrie; ne faites pas crier trop fort la
victime du courage et du dévouement, car aux cris des blessés et aux
rôles des mourants la nation tout entière fondra bientôt sur vous en
poussant le *troisième* chant de l'abeille.

Vous serez bientôt entouré d'une population en fureur qui vous poursuivra dans votre retraite, la rendra même impossible et, bientôt, percé
de mille traits, vous succomberez au bruit effroyable de cette légion ailée
qui nous fera entendre le *quatrième* chant de l'abeille.

Le calme est rétabli, chacun retourne à ses travaux ; seules une douzaine d'abeilles disposées sur le tablier, suivant les lois savantes de la mécanique, ont formé des hélices de leurs ailes pour renouveler et chasser l'air du logis qui a été vicié ; écoutez ce bruit particulier, c'est le
cinquième chant de l'abeille.

La nuit est venue; le calme le plus complet a succédé au tumulte de la
journée, et à la faveur d'un beau clair de lune vous apercevrez quelques
sentinelles gardant la porte du logis; tout semble dormir dans la cité,
pourtant il n'en est rien ; mettez votre oreille sur la ruche, frappez un

léger coup, écoutez ce sourd groguement de mécontentement, c'est le *sixième* chant de l'abeille.

Les fleurs se sont succédé, le miel se récolte en abondance, voyez de dix heures à une heure les mâles prendre leurs joyeux ébats; vous avez remarqué la différence du son, c'est un bruit plus fort, plus grave, comme il convient à un *bourdon;* c'est aussi le *septième* chant de l'abeille.

Le ciel est pur, le soleil resplendit dans tout son éclat, il est onze heures; la ruchée tout à l'heure était paisible, tout à coup et malgré qu'il y ait encore place et provisions au logis, mais pour obéir au précepte du Créateur, la porte de la ruche vomit un torrent d'abeilles; c'est une émigration, une nouvelle famille est en voie de formation, c'est un essaim.

Ce bruit joyeux de l'essaimage qui nous réjouit si vivement, c'est le *huitième* chant de l'abeille.

L'apiculteur prévoyant aura, à l'avance, disposé un logis pour recevoir cette nouvelle colonie ; mais l'essaim est dans une position difficile ; pour le diriger, faites usage de beaucoup de fumée ; bientôt un bruit particulier se fait entendre, c'est le *bruissement* ou autrement dit le *neuvième* chant de l'abeille.

Votre essaim recueilli a-t-il une jeune mère? près de là se trouve-t-il une vieille ruchée qui dépérit? vite faites une réunion en les endormant toutes deux; ce murmure, ces soupirs, sont le *dixième* chant de l'abeille.

La ruchée qui a essaimé est très-forte, au bout de huit jours, prêtez l'oreille et un bruit particulier isolé se fait entendre, c'est le cri de la nouvelle mère retenue prisonnière au berceau qui vous annonce une nouvelle émigration pour le lendemain ou le surlendemain ; ce cri que vous connaissez tous, c'est le *onzième* chant de l'abeille.

Mais les fleurs ont passé et avec elles le miel nécessaire à la nouvelle colonie, dépourvue de toutes ressources ; si vous n'avez ni bâtisses ni provisions à lui offrir, la nouvelle ruchée est exposée à périr; peut-être même cette nouvelle famille possède plusieurs mères, autre danger; emparez-vous de ces mères, mettez-les isolément dans votre main ou sous un verre ; elle appellera à son secours. C'est ainsi que moi-même j'ai appris à connaître le *douzième* chant de l'abeille.

Vous aurez des bâtises vides et propres à votre disposition, offrez-leur ces constructions, donnez immédiatement des provisions à emmagasiner; ce travail s'effectura avec un murmure de contentement et de reconnaissance, et vous connaîtrez le *treizième* chant de l'abeille.

La neige est venue, tout dort dans la nature ; assis au coin de son

Digitized by Google

foyer, entouré de sa famille, l'apiculteur savoure un verre de bon hydromel; c'est surtout comme cela, mes chers lecteurs, que j'aime à chanter
les abeilles.

Ch. GAURICHON.

Salins-les-Bains, 22 août 1870.

Extraction, épuration et coulage du miel.

Le but constant de vos efforts, en divulguant les bonnes pratiques, est
assurément d'être utile à tous, mais particulièrement à ceux qui possèdent
peu d'abeilles. Sous l'influence de cette pensée, nous allons diviser ce
travail en deux parties.

Dans la première nous donnerons tous les détails nécessaires aux
petits possesseurs, pour tirer un bon parti de leur miel par des procédés
simples et économiques.

Dans la seconde, nous décrirons les procédés usités dans les grandes
exploitations, puis nous parlerons du coulage, de la qualité, de la conservation du miel, etc.

On croirait tout d'abord inutile de parler de ces choses à ceux qui
depuis longtemps en font une industrie et qui fabriquent en grand;
eh bien! on se tromperait; à côté d'industriels que nous accepterions
bien volontiers pour maîtres, il y en a, et le nombre en est grand, qui
ont beaucoup à apprendre; nous connaissons tels et tels gros faiseurs
qui ne savent faire ni le miel ni la cire.

1re partie. — Le façonnement du miel est très-simple et très-facile;
le plus pauvre habitant des campagnes et le plus inhabile peut s'en tirer
au mieux et à peu de frais; mais pour cela il faut quitter de vieilles
habitudes routinières et prêter l'oreille aux bons conseils.

Disons d'abord que pour faire de bon miel, il faut que la récolte se
fasse de bonne heure et que les ruches à récolter soient sans couvain.
C'est un point important.

La ruche conduite par l'apiculteur n'a plus de couvain vingt-un
jours après la sortie du premier essaim qu'elle a donné; son miel est de
qualité supérieure, parce que l'abeille l'a puisé sur les meilleures fleurs
printanières, et que la ruche est débarrassée de presque toutes les matières qui servent à la nourriture du couvain.

La ruche abandonnée à elle-même ne peut guère être récoltée qu'après
la séve d'août; à cette époque, elle est sans couvain, mais alors il est

trop tard, le miel, plus froid, ne se sépare pas aussi facilement qu'aux mois de juin et juillet : sa qualité est moins bonne, parce que les fleurs et les végétaux d'arrière-saison ont des sucs inférieurs, et il est moins abondant, parce que les faux-bourdons se sont nourris aux dépens de la ruche.

Cela dit, entrons dans le rucher. Voici les deux ruches que vous voulez récolter : transvasons-les ; il ne faut jamais faire mourir les abeilles; mettons le panier qui reçoit les pauvres exilées en la place de leur ancienne demeure, afin que celles qui sont aux champs puissent se réunir à elles, et que toutes ensemble soient sauvées et utilisées par vos soins. Maintenant, portons les ruches vides d'abeilles à la maison ; si vous avez une chambre éclairée au midi, ce sera parfait, sinon mettons-nous dans le fournil ou dans la chambre où tout le ménage se fait, pourvu qu'elle soit bien close. Bouchons toutes les ouvertures le mieux possible, pour empêcher la visite des pillardes.

Il nous faut deux grandes terrines et deux cagettes ou cagerons à fromages pour les recevoir : l'une recevra les rayons blancs qui n'ont pas encore servi de berceau au couvain, le miel en est pur, sans mélange de pollen : ce sera notre miel vierge ; l'autre, les rayons de qualité inférieure, contenant du miel et du pollen : ce sera notre miel de second choix. A travers ces cagettes, les rayons laisseront égoutter le miel comme le caillé laisse échapper le petit lait ; mais il faudrait que ces cagettes eussent des rebords de 7 à 8 centimètres de hauteur, et qu'elles pussent entrer un peu dans l'intérieur des terrines, 2 ou 3 centimètres seulement. Dans ces conditions, une seule pourrait contenir tout le produit d'une de nos grandes ruches en cloche d'une seule pièce, jaugeant 45 litres.

C'est précisément à une de ces grandes ruches que nous avons affaire. Le dépouillement en est bien facile : frappez-la fortement contre terre, sur le flanc des rayons; retournez-la, et donnez une pareille secousse du côté opposé : c'est bien, tous les rayons sont détachés, il ne reste plus qu'à retirer les barrettes transversales qui servaient à les soutenir ; prenez des tenailles, car elles glisseraient dans vos mains déjà grasses.

Maintenant, à défaut de servante faite exprès, ou d'un petit tonneau défoncé par un bout, pour maintenir votre ruche, prenez-la tout bonnement entre vos jambes, inclinez-la un peu sur vos genoux; dans cette position, les rayons sont faciles à extraire : retirez-les un à un, afin de faire un bon triage.

Le premier qui se présente est magnifique de grosseur et de blancheur : le miel en est exquis ; mettez-le sur la cagette de choix ; le deuxième est aussi blanc, mais moins épais, et la partie supérieure est un peu noire cependant, je ne vois pas de rouge, le miel a une teinte verdâtre : bon signe, mettez-le avec le premier.

Celui qui vient ensuite me paraît moins beau : la partie inférieure est assez blanche, mais les deux tiers du rayon en remontant sont tachés de pollen ; détachez la partie blanche pour la mettre au choix, et jetez l'autre dans la cagette aux rebuts.

Les quatre grands rayons du centre sont débarrassés de couvain, mais chargés de rouget : leur place est dans la seconde cagette.

Le huitième rayon vaut mieux : il y a un triage à faire.

Le neuvième et les suivants sont superbes.

La deuxième ruche à dépouiller est à hausses : nous allons faire comme pour la précédente, seulement au lieu de la heurter tout entière contre terre pour détacher les rayons, il faut prendre les hausses une à une et les frapper séparément, toujours sur le flanc : le détachement se fera mieux et sans gâchis.

Enlevez cette cire vide que vous voyez dans la première hausse : il ne faut pas la laisser avec la cire grasse, elle boirait le miel en pure perte. Je vois beaucoup de couvain dans la deuxième hausse et peu de miel ; la plus grande partie de ce miel n'est pas operculée, et par conséquent n'a pas une grande valeur, car, mêlé avec l'autre, il nuirait à sa granulation ; ne touchons pas à cette hausse, elle nous servira tout à l'heure à fortifier un essaim faible, en la mettant dessous, ou un bon trévas en la plaçant dessus ; si la hausse supérieure de l'essaim n'etait pas remplie, on la mettrait aussi dessus, car il est nécessaire que le haut de la ruche soit toujours bien garni.

Si nous avions trouvé du couvain dans la ruche précédente, nous l'aurions *repiqué*, c'est-à-dire que nous en aurions fait un bâtis artifiel, car le couvain est une richesse : il faut toujours aviser au moyen de l'utiliser, et bien se garder de le jeter sur le fumier, comme font tant de gens.

Les secousses violentes que vous avez données ont bien facilité la besogne ; les rayons, complétement décollés, n'ont présenté aucune résistance à leur enlèvement ; il n'y a plus rien dans vos ruches ; cependant, avant de les mettre égoutter, il faut enlever avec soin ces débris que les rayons, en se détachant, ont laissés sur les parois du fond ;

prenez une spatule ou un couteau recourbé : vous n'en avez pas, eh bien ! prenez votre serpette à tailler la vigne, ça ira parfaitement. Il faut savoir faire arme de tout, et se passer de bien des outils que souvent on désigne bien à tort comme indispensables.

L'ecrasement des rayons. — Vous avez vu qu'au fur et à mesure que vous déposiez les rayons dans les cagettes, je m'empressais de les écraser, afin d'éviter l'engorgement et de permettre au miel de s'égoutter facilement pendant qu'il était encore chaud.

Vous avez remarqué avec quel soin je faisois ce travail ; vous avez vu que les rayons blancs s'affaissaient sur eux-mêmes au moindre contact de ma main ; les rayons noirs, plus résistants, ont été brisés du bout des doigts, de façon à permettre au miel de s'écouler sans entrainer le pollen avec lui ; les alvéoles qui le contiennent doivent être mis à part, si on le peut et jamais écrasés ; il faut même se contenter de glisser la main sur ceux qui en sont trop chargés, sans les briser, afin que le miel seul puisse s'échapper. Ne les pétrissez jamais dans vos mains.

C'est en suivant rigoureusement ces prescriptions que l'on fait le beau miel.

Voyez comme il est limpide et clair sous les cagettes.

Vous pourrez hardiment vendre votre miel de choix pour du miel vierge ou surfin.

Dans la grande culture, on procède autrement pour l'obtenir économiquement ; nous en parlerons plus loin.

Nous sommes favorisés par le temps : la journée est belle, le soleil brille et échauffe nos rayons et notre chambre de travail ; le thermomètre marque 25 degrés ; vous suez, c'est assez de chaleur, par conséquent nous pouvons nous passer de la chaleur artificielle d'un poêle.

Laissons ces marcs égoutter doucement, demain matin ils ne rendront plus rien, nous les *mettrons au four* aussitôt que votre pain sera tiré, pour en obtenir le miel commun.

Nous les retirerons trois ou quatre heures après ; le marc sera enlevé de suite des cagettes, afin qu'il n'y adhère pas, et à mesure que le refroidissement se produira, la cire qui se trouve mêlée au miel s'en séparera en pains faciles à enlever. Avant d'empoter le miel, nous pourrons l'épurer comme nous allons le dire tout à l'heure.

Cette manière d'extraire le gros miel est à la portée de tous les possesseurs d'abeilles, qui presque tous ont des fours à leur disposition : la

miel est plus pur et l'extraction est presque aussi complète qu'avec le
pressoir que les gros industriels emploient exclusivement.

Epuration. — Il ne suffit pas de bien trier les rayons, de les écraser
légèrement et avec précaution, il faut encore compléter ce bon travail
par un autre non moins important

Le miel en s'égouttant entraîne avec lui des parcelles de cire qui
remontent à la surface des terrines et des baquets où il tombe. Beaucoup
d'apiculteurs croient n'avoir rien de mieux à faire que d'enlever cette
écume à la cuillère, de passer une demi-heure ou une heure à écumer
une terrine ; mais quoi qu'ils fassent, il reste toujours quelques parcelles de cire qui leur échappent et qui salissent le miel. Cette mauvaise
méthode leur fait perdre beaucoup de temps et de matière pour obtenir
un résultat imparfait.

On obtient une épuration complète par un procédé économique aussi
simple que commode.

Le miel a, comme le vin, la propriété de remonter son marc à sa surface,
de se débarrasser ainsi de toutes les matières hétérogènes qu'il contient.

Le vigneron se garde bien d'écumer son vin, il le soutire ; l'apiculteur
doit aussi se garder d'écumer son miel : pour l'un comme pour l'autre,
le soutirage est absolument nécessaire, c'est le moyen d'économiser le
temps et d'obtenir une épuration parfaite.

Que faut-il pour cela ? un épurateur ou un petit tonneau pouvant en
tenir lieu ; mais vous êtes mal outillé, vous n'avez pas cela, c'est pourtant peu coûteux ; mais voici un pot de grès qui peut contenir 40 à
45 litres. Est-il propre ? a-t-il une bonne odeur ? il va fort bien faire
notre affaire. Nous allons le percer à sa base d'un petit trou pour y
adapter une broche et demain matin nous verserons dedans notre beau
miel, nous le laisserons reposer pendant *vingt-quatre heures*, puis nous
lâcherons la broche qui le laissera écouler doucement dans les pots
qui devront le conserver.

Le marc qui restera sera mis une autre fois au four avec des débris
de rayons, et donnera un excellent miel commun.

Les détails que nous venons de donner démontrent avec évidence que
le plus petit possesseur d'abeilles peut récolter et façonner son miel
sans grandes dépenses d'intelligence et d'argent.

2 terrines, à 1 fr. 50 c., soit	3 fr.	»			
2 cagettes, à 1	25 '	—	2	50		8 fr. 25 c.
1 pot de grès ou tonneau,			2	»	
Serpette				75	

Voilà, il faut en convenir, un outillage aussi peu coûteux que les procédés indiqués sont simples et faciles.   VIGNOLE.

(*B. de la Société d'apiculture de l'Aube.*)

Procédé Bagster pour la fonte de la cire.

On place les rayons dans un vase de terre conique (une terrine) rempli d'une mixtion d'une once d'acide nitrique pour un quart d'eau. On met sur un feu clair, et l'on remue jusqu'à ce que les rayons soient complétement fondus, on éloigne du feu, et on laisse refroidir insensiblement. Le produit est divisé en trois couches, la supérieure, cire pure, l'inférieure, les résidus, et celle du milieu, une faible quantité de cire, qu'on ajoute à la fonte suivante. On obtient par ce procédé une cire marchande, dans une seule opération, sans couler, ni presser. — *Am. B. j.* t. II, p. 24. — C. K. tr.

Blanchiment de la cire.

Ajoutez à une livre de cire fondue deux onces de nitrate de soude pulvérisée, et remuez en versant peu à peu une mixtion d'une once d'acide sulfurique et de neuf onces d'eau. Quand tout l'acide est versé, on laisse refroidir en partie, le vase est alors rempli d'eau bouillante, et on laisse refroidir lentement. La cire, lorsqu'elle est refroidie, est mise dans de l'eau bouillante pour expulser le sulfate de soude et l'acide. Elle est alors parfaitement blanche, et libre de l'acide nitrique, qui tend à la jaunir. — *Am. B. j.* t. II, p. 24. — C. K. tr.

De l'abeille mère.

par Dzierzon. (Voir page 302.)

La fécondation de la mère.

La jeune femelle n'est pas encore une mère complète au sortir de la cellule. Elle ne devient capable de pondre des œufs pouvant donner naissance à toutes les abeilles qui composent une ruche qu'après avoir été fécondée, c'est-à-dire après avoir été accouplée avec un mâle ou bourdon, acte qui ne se passe qu'au dehors de la ruche, haut dans les airs et souvent bien loin de la ruche. Lorsque la mère a été acceptée par la population et qu'elle a atteint son point de maturité, ce qui arrive du 3e ou 8e jour après sa naissance (1) suivant la température et l'activité qui règne dans la ruche, elle choisit l'heure la plus chaude d'une

(1) Voir les observations précises de M. Collin.

belle journée chaude et sereine, au moment où les jeunes abeilles **volent**
en bourbonnant devant la ruche, et elle effectue une ou plusieurs **sorties**
de fécondation ou d'accouplement. La première fois, la mère semblant
observer attentivement la ruche et ne s'en éloignant que peu à peu, il
ne paraît pas y avoir d'accouplement. Cette première sortie n'a probablement pour but que de permettre à la reine de reconnaître sa ruche
avec suffisamment de certitude pour pouvoir la reconnaître et la retrouver quand elle sort pour la seconde fois, soit le même jour, soit un jour
suivant.

Plus l'air est chaud et plus il se trouve de bourdons voltigeant autour de la ruche et plus aussi l'accouplement se fait promptement.

A la seconde sortie et aux suivantes, lorsqu'elle est suivie d'un bourdon et qu'elle s'est accouplée avec lui, la mère ne reste que peu de
temps dehors, un quart d'heure ou tout au plus une demi-heure, et quand
elle rentre elle rapporte ordinairement dans son abdomen entr'ouvert, le
membre du bourdon comme preuve évidente de l'accouplement. De
même que l'abeille, lorsqu'elle a piqué et que son dard n'est pas enfoncé
trop profondément, cherche à se dégager en tournant constamment en
cercle, de même fait la mère pour se dégager du bourdon qui ne survit
jamais à l'accouplement. On ne peut cependant que supposer cela, car
l'accouplement ne se passant que loin, très-loin de la ruche, il est difficile d'observer ce fait. Ainsi on a déjà remarqué la naissance d'abeilles
moitié de race italienne dans des ruches ordinaires alors que leur mère
s'était fait féconder par des bourdons italiens dont la ruche était à plus
d'un mille d'éloignement. En supposant que pour se rencontrer la jeune
femelle et le bourdon ont dû faire chacun la moitié du chemin, ils ont
dû cependant traverser un espace d'un demi-mille. Leur rencontre a dû
aussi se faire très-haut dans les airs, ce que l'on reconnaît à l'oreille par
le bruit qu'ils font pour s'appeler et s'attirer mutuellement. L'accouplement doit probablement avoir lieu de la même manière que nous
l'observons chez les libellules et les éphémères, le couple s'étant accroché
tombe du haut des airs sur le premier obstacle qu'il rencontre, et là
l'accouplement a lieu avec effort.

La mère une fois fécondée, conserve cette faculté pendant toute sa
vie, qui dure en moyenne quatre années. Lorsque, par une circonstance
quelconque, la mère perd sa fécondité, elle ne peut plus jamais la
recouvrer. Car sitôt qu'elle a commencé la ponte, ce qui en été se fait
deux jours après l'accouplement, elle perd la faculté de se faire féconder

de nouveau. Elle ne sort plus jamais de la ruche, excepté lors de l'essaimage ou lorsqu'elle est chassée de force de la ruche.

Il est facile de se rendre compte, par la dissection, si la mère n'est pas encore fécondée ou si elle l'a été. On coupe, au moyen de ciseaux bien affilés, l'extrémité de l'abdomen de la mère, et l'on aperçoit à l'une ou à l'autre des surfaces de section une petite vésicule entourée d'un réseau vasculaire, destiné à recevoir la liqueur séminale que le mâle y projette au moment de l'accouplement et que l'on nomme *receptaculum seminis*. Si le contenu de cette vésicule est un liquide clair, c'est que la mère n'a pas été fécondée; si, au contraire, il en découle une liqueur blanchâtre et gluante, c'est que la fécondation a eu lieu. Au moyen d'un fort grossissement on voit que cette liqueur est remplie d'une quantité innombrable de petits filaments, et lorsque l'œuf qui passe devant la vésicule doit être fécondé, il faut que l'un de ces filaments s'y introduise par la petite ouverture qui se trouve au pôle supérieur et que l'on nomme mithropyle.

Ce que nous venons de dire n'a rien de surprenant, mais nous arrivons maintenant à des faits qui se passent dans la ruche, uniques en leur genre, et que jusqu'à présent les apiculteurs ont vainement cherché à éclairer. Nous voyons par exemple, dans de certaines ruches, des mères jeunes ou vieilles qui ne peuvent pondre que des œufs de bourdons, des abeilles ouvrières dans de certaines circonstances pondent aussi des œufs, mais desquels il ne naît que des bourdons. Tandis que la mère, fécondée convenablement, possède la merveilleuse faculté de pondre les œufs selon les cellules qu'ils doivent occuper; dans les petites cellules les œufs d'ouvrières, dans les grandes les œufs mâles qui produisent les bourdons, par conséquent de déterminer volontairement le sexe de l'œuf pondu. Pour deviner cette enigme, on faisait les suppositions les plus diverses qui ne parvenaient qu'a embrouiller encore davantage le problème. Plus d'un cherchait à expliquer le mystère de la ponte des œufs mâles et des œufs femelles dans leurs cellules respectives, en supposant des ouvrières pondeuses faisant l'office de mère de bourdons, tandis que la reine avait pour mission, contrairement à toute expérience, de ne pondre que les œufs d'ouvrières. Cependant tout observateur consciencieux peut surprendre la mère pondant dans les cellules de bourdons. Les longues discussions qui eurent lieu, parce qu'on ne tenait pas compte de ce fait, prirent fin dès l'apparition des abeilles italiennes. Car mettait-on une mère italienne dans une ruche ordinaire, on pouvait observer la naissance non-seulement d'abeilles italiennes, mais aussi de bourdons italiens, ce qui prouvait irréfutablement que ceux-ci étaient procréés par la mère. On chercha ensuite à expliquer par une fécondation obtenue dans la ruche (Busck) ou retardée (Huber) (1) pourquoi une mère ou une ouvrière pondeuse ne pouvait produire que des bourdons. Cette supposition n'est basée sur rien, et se trouve détruite par une observation plus complète. La fécondation n'a jamais lieu dans la ruche. Jamais une jeune femelle ne sera fécondée, quelque grande que soit la quantité de bourdons, si le temps ou l'époque de l'année ne leur permet pas de voler au dehors. Les deux individus ne sont pas conformés pour permettre l'accouplement dans la ruche. La mère ne pourrait jouir d'aucun repos si, au temps des bourdons, leur ardeur pouvait se donner carrière.

Le crapaud.

Presque tous les principaux points de la science apiculturale ayant été assez bien discutés dans les colonnes du *Journal*, dans les livres, etc., il semble qu'il ne reste plus guère de sujets sur lesquels on puisse écrire. Mais, tel est souvent le cas, on porte son attention avec autant de plaisir « sur le point de côté » que « sur le tableau principal ; » et, comme « la variété est l'assaisonnement de la vie, » nous nous proposons d'examiner « un détail » de la science.

Il y a, dans presque tous les livres d'apiculture, un chapitre intitulé : « des ennemis des abeilles ; » le crapaud, entre autres, a une part « des bénédictions. » C'est bien à tort. Dans notre humble opinion, le crapaud est un des plus inoffensifs ; je vais plus loin, c'est un des plus utiles auxiliaires que nous ayons. Seulement, quelqu'un a dit : « sa mauvaise mine le condamne. » Pas si vite, ami, de peur de trop prouver. Il faut convenir qu'il n'a pas de quoi être fier. Si l'on doit prendre en considération la noblesse de l'origine, nous avouons que ses aïeux n'ont rien

(1) Ceux qui désireraient connaître les observations intéressantes faites par ce grand observateur, n'ont qu'à lire son remarquable ouvrage intitulé : *Nouvelles observations sur les abeilles*, par Fr. Huber, traduit en allemand avec des annotations par George Kleine, pasteur à Luethorst, royaume de Hanovre. Einbeck, librairie de L. Ehlers, 1856.

Les remarques et adjonctions rectificatives et complémentaires du traducteur, qui conduisent le lecteur au faîte de la science, sont tout aussi méritantes que les observations mêmes de Huber.

d'illustre. Mais pourquoi bannir le crapaud à cause de sa parenté? Ne découvrons-nous pas souvent une perle de la plus belle eau dans une rugueuse écaille, et un cœur ferme, généreux, sous un habit en guenilles?

On a dit, et avec raison, vraiment, « qu'une once d'un remède préservatif vaut une livre d'un remède curatif; » eh bien, si nous pouvons utiliser notre héros comme auxiliaire contre les ennemis connus et inconnus des abeilles, nous avons une autre conclusion à tirer, et nous sauverons de l'ostracisme un humble occupant d'un coin de notre domaine, — lequel, soit dit en passant, a le même droit « à la vie, à la liberté et au bien-être » qu'un grand nombre de bipèdes, souvent imitateurs d'un certain quadrupède. Mais, ceci sort du sujet. Voici la question : le crapaud est-il utile à l'apiculture? Si oui, comment?

Il n'y a aucun doute que les fausses-teignes ne soient nos pires ennemis; et si quelqu'un imagine un plan pour les anéantir, en masse ou en détail, il faut y applaudir. Il est certain que notre héros est fou de madame abeille; il est également prouvé qu'il a des partialités pour les fausses-teignes, les fourmis, les punaises, etc. Eh bien, s'il est possible de l'empêcher de gober la première, et qu'on lui donne toute liberté d'attraper les dernières, il est évident que sa réputation sortira justifiée des calomnies qui l'outragent. Qu'il ait été créé pour un but utile dans le monde, et qu'une partie de ses fonctions soit d'assister l'apiculteur, nous en sommes absolument certain. Nous n'ignorons pas non plus qu'il est l'ami spécial de l'horticulteur, parce qu'il détruit des myriades d'insectes qui dévorent ses chères productions. Partons donc de ce fait, qu'on le remarque fréquemment dans le voisinage du domicile de madame abeille, et sachant sa prédilection pour un petit gibier, ne pouvons-nous nous assurer ses services simplement en plaçant un grillage à l'entrée des ruches, ce qui l'obligera d'attendre là une autre proie? Mettez vos ruches près de terre, et que le piédestal forme une bonne retraite contre lui durant la chaleur du jour; le soir, vous le verrez à côté, alerte comme une honnête sentinelle. Faites vos planchers assez larges pour qu'il ait la faculté de s'asseoir à droite ou à gauche, ou en avant de vos colonies, et vous verrez combien sera diminué le ravage de la fausse-teigne qui cherche à glisser ses œufs sous les bords de la ruche.

Et maintenant, comme l'ami Quinby l'a déféré au tribunal « en recommandant la clémence, » je ferai l'office d'avocat *pro tem.*, en priant le jury de l'acquitter : *Zeke yon let that vood-chuck go !* — (*Am. B. j.*, t. V, p. 161.)

J. W. Barclay, *Worthington Pa.*, 12 janvier 1870.

C. Kanden, trad. — Auzon, 21 août, 1870,

au bruit, et non loin du canon des Prussiens, que Dieu confonde !

L'intelligence des abeilles.

Dernièrement, après avoir fait, dans les écrits de Buffon, quelques recherches sur l'histoire naturelle de l'homme, j'ai lu son *Discours sur les animaux*. J'y ai trouvé sur l'instinct et l'intelligence, et particulièrement sur les abeilles, les idées] les plus systématiques. Peut-être ces idées étaient-elles plutôt celles de l'époque que de Buffon lui-même; car Fontenelle, de son côté dit (t. III, p. 336 de l'édition de 1742) : les abeilles font un ouvrage bien entendu, à la vérité, mais admirable seulement en ce qu'elles le font sans l'avoir médité et sans le connaître.

Buffon n'est pas moins explicite ; c'est à peine s'il accorde aux animaux quelque instinct, et aux abeilles quelques habitudes stupides.

Quand des écrivains dont les ouvrages sont immortels et entre les mains de tout le monde, ont propagé une opinion erroné, on ne saurait la réfuter avec trop de soin, pour éviter que l'erreur et le préjugé se vulgarisent.

Voici, du reste, les termes mêmes dans lesquels s'exprime Buffon :

« L'animal est un être purement matériel, qui ne pense ni ne réfléchit, et qui cependant agit et semble se déterminer... Ils (les animaux) n'inventent, ne perfectionnent rien, ils ne font jamais que les mêmes choses de la même façon... Ils ont des sensations, mais il leur manque la faculté de les comparer. »

De ces généralités Buffon passe à une application directe, et il s'écrie :

« Que de choses ne dit-on pas de certains insectes ! Nos observateurs admirent à l'envi l'intelligence et les talents des abeilles. Y a-t-il rien de plus gratuit que cette admiration pour les mouches et que ces vues morales qu'on voudrait leur prêter... C'est cette intelligence, cette prévoyance, cette connaissance, cette connaissance de l'avenir qu'on leur accorde avec tant de complaisance et que cependant on doit leur refuser rigoureusement. »

C'est par la même raison (l'habitude) que les abeilles, au dire de Buffon, ramassent beaucoup plus de cire et de miel qu'il ne leur en faut.

« Ce n'est donc point, ajoute-t-il, du produit de leur intelligence, c'est de l'effet de leur stupidité que nous profitons ; car l'intelligence les porterait nécessairement à ne ramasser qu'à peu près autant qu'elles ont besoin et à s'épargner la peine de tout le reste, surtout après la triste expérience que ce travail est en pure perte ; qu'on leur enlève tout ce qu'elles ont de trop ; qu'enfin cette abondance est la cause de la guerre qu'on leur fait et la source de la désolation et du trouble de leur société... Leur travail n'est point une prévoyance. »

Ces citations de Buffon sont un peu longues ; mais je n'ai voulu amoindrir en rien ses arguments : car l'opinion d'un naturaliste aussi illustre mérite d'autant plus d'attention qu'elle a dû se répandre dans le monde et qu'elle a fait nécessairement autorité jusqu'à démonstration contraire.

C'est cette démonstration que je me propose d'exposer ici.

Pour ce qui concerne les animaux en général, si, comme le dit Buffon, ils ne faisaient jamais que les mêmes choses et de la même façon, l'expérience ne les ferait pas dévier de leur manière habituelle. Or, l'observation montre tous les jours que les animaux ont la faculté de modifier leurs actes d'après les circonstances accidentelles.

Je bornerai le champ de mon observation à ce qui concerne les abeilles.

D'après Buffon, il leur manquerait la faculté de comparer leurs sensations, c'est-à-dire la puissance qui produit les idées. Elles n'auraient, en d'autres termes, que de l'instinct.

Entendons-nous bien d'abord sur ce mot instinct, et rappelons que c'est un penchant intérieur qui porte à exécuter un acte sans avoir notion de son but. Dans l'exercice de l'instinct, l'organe fait sentir à l'animal ce dont il a besoin pour sa conservation. L'organe est ému, il donne l'impulsion du désir, mais il n'a pas le jugement nécessaire pour qu'il y ait conception, c'est-à-dire faculté d'apercevoir certains rapports entre les idées et les objets auxquels elles se rapportent. Ainsi, un animal a faim et il fait toutes sortes d'efforts pour satisfaire son désir de manger ; mais il n'a pas notion du but, qui est la nutrition.

Dans le système de Buffon, l'abeille n'aurait que des sensations relatives aux choses dont chacun de ses organes a besoin pour sa conservation ; elle n'aurait pas notion du but. Ceci est vrai pour les fonctions instinctives, mais ne l'est pas pour toutes les déterminations que prend l'abeille.

Voici, par exemple, une ruche en pleine activité. Toutes les abeilles butineuses sont dehors et ne rentrent tour à tour que pour décharger leur butin et repartir au plus vite. Un nuage se montre à l'horizon, l'état de l'atmosphère n'a pas varié, pas une goutte d'eau n'est encore tombée, et déjà pourtant toutes les abeilles se hâtent de rentrer en foule à la ruche. Si elles n'ont que la sensation de ce qui est nécessaire à la conservation de leurs organes, si elles n'ont pas fait l'opération intellectuelle qui consiste à apercevoir un rapport entre l'objet que nous appelons nuage et le fait de la pluie, pourquoi se détermineraient-elles à rentrer avant que la pluie tombe ?

Evidemment il y a, dans cet acte, l'appréciation de l'importance d'un fait. La vue du nuage a suffi pour établir un rapport entre lui et la pluie déjà appréciée comme redoutable et contre laquelle l'insecte se prémunit en se mettant à l'abri.

Si on dit que ce n'est là qu'un acte de mémoire, je rappellerai d'abord que la mémoire est une opération intellectuelle ; ici cette opération s'est accomplie, il est vrai, à l'occasion d'une sensation ; mais cette sensation, la vue du nuage, étant incomplète, limitée, ne pouvait conduire à aucune détermination, tandis que complétée par l'intelligence, qui, du souvenir du nuage, a conclu à l'imminence de la pluie, elle a décidé l'insecte à laisser sa récolte pour rentrer au logis.

C'est bien là un acte d'intelligence, qui n'est autre chose, comme on sait, que la faculté d'apprécier l'importance des faits, d'en déduire les rapports et de se déterminer suivant les conséquences probables.

Voici un fait plus concluant encore de l'intelligence des abeilles ; c'est une expérience que nous devons au petit-fils du célèbre Huber. Il plaça sous une cloche de cristal environ douze abeilles bourdons (1), sans aucune provision de cire, avec un gâteau d'environ dix cocons si inégaux en hauteur qu'il était impossible que la masse pût rester solidement debout. Son vacillement inquiéta beaucoup les abeilles. Leur affection pour leurs petits les fit monter sur les cocons qu'elles voulaient réchauffer ; mais cette tentative ébranlait si fortement les gâteaux qu'elles ne purent parvenir à leur but qu'après s'être avisées d'un expédient extraordinaire. Deux ou trois abeilles gravirent la masse branlante et, s'étendant sur son bord extérieur, la tête en bas, elle fixèrent leurs pattes de devant contre la table et avec celles de derrière empêchèrent les cocons de vaciller. Dans cette posture contrainte et pénible, se don-

_____

(1) Bourdons des champs.

nant tour à' tour le temps de sécréter de la cire, les abeilles se relèvent alternativement pendant trois jours, au bout desquels elles eurent préparé assez de cire pour construire des piliers et contrefort autour du gâteau. Mais un accident ayant encore déplacé ces points d'appui, elles eurent recours à leur première manœuvre, jusqu'à ce que M. Huber, ayant pitié de leur embarras, fixa lui-même sur la table les cocons qui étaient l'objet d'une si tendre sollicitude. (*Transactions Linnéennes*, VI, 247.)

Ce fait n'est-il pas évidemment un acte d'intelligence ? Si l'instinct seul avait guidé les abeilles, elles se seraient bornées, éprouvant le besoin d'échauffer le couvain, à se grouper de leur mieux *autour des* cocons, sans concevoir d'abord l'idée d'une consolidation provisoire du gâteau, puis l'idée de sa consolidation définitive. Grâce à leur intelligence, les abeilles ont apprécié le fait du défaut de solidité du gâteau ; elles en ont déduit les rapports, c'est-à-dire qu'elles ont prévu l'impossibilité de réchauffer le couvain dans cette position, elles se sont déterminées en conséquence, et elles ont appliqué des procédés de consolidation qui diffèrent de leurs procédés ordinaires. Il y a eu, dans ce fait, la comparaison, le classement de plusieurs idées. Il y a eu plus, il y a eu expression de ces idées, c'est-à-dire entente préalable et accord entre les abeilles, puisqu'elles se relevaient alternativement d'une attitude contrainte et pénible.

Mais cet accord préalable, comment a-t-il pu s'effectuer? Pour exprimer leurs sensations, pour se les communiquer, les abeilles ont dû, nécessairement, en trouver l'expression, soit sonore, soit mimique.

Est-ce à dire que les animaux ont un langage ? Non. Le langage parlé ou écrit est de convention et d'invention humaine. Les animaux se font seulement des signaux par sons ou par gestes pour exprimer leurs sensations.

Ainsi, au premier cri d'alarme que poussent le kangourou et la sarigue, on voit tous les petits accourir et se réfugier dans la poche abdominale. Au rugissement du lion, les animaux frissonnent ; ils ont reconnu la voix redoutable du plus fort.

Le chien, dans ses vives sensations, trouve des accents pour signaler le gibier, des gémissements pour implorer son maître et même des lamentations, s'il vient à le perdre. Les abeilles poussent aussi leur cri d'appel ou d'alarme ; elles possèdent de plus des signaux à l'aide desquels, par sons ou par gestes, elles se communiquent leurs sensations.

Frappez sur une ruche pleine d'abeilles, un fort·bruissement vous répondra; c'est le cri d'alerte poussé par toute une population.

Prenez la mère d'une famille d'abeilles, mettez-la, à une certaine distance, dans une ruche vide; on ne tardera pas à découvrir sa retraite, et aussitôt un certain nombre d'abeilles feront entendre, à l'entrée de cette ruche, un fort bruissement; c'est le cri d'appel auquel toute la famille aura répondu en quelques minutes, en se rendant à cette ruche auprès de la mère. Les abeilles ont donc une sorte de cri à l'aide duquel elles s'entendent et se comprennent à distance.

Mais, chez elles, les signaux mimiques ou par mouvement des antennes sont encore supérieurs aux signaux sonores. C'est par les antennes qu'elles se communiquent leurs impressions; lorsque deux abeilles se rencontrent, on les voit se toucher de suite par ces organes essentiellement sensibles. Si on leur coupe les antennes, elles ne peuvent plus se diriger.

Les renseignements que les abeilles se communiquent, soit par des signaux sonores, sont multipliés et même assez complexes.

Voici, comme exemple, une expérience faite par M. Desjardin, professeur à la Faculté des sciences de Lille, et que tout le monde peut répéter :

A 18 mètres de distance des ruches, dans l'épaisseur d'un mur est creusée une niche recouverte par un treillage et par une treille, et cachée par diverses plantes grimpantes. Je déposai dans cette niche, dit le professeur, une soucoupe contenant du sucre légèrement humecté, puis j'allai présenter à une abeille une petite baguette enduite de sirop. Cette abeille s'étant cramponnée à la baguette pour sucer le sirop, je la transportai dans la niche et sur le sucre. Elle y resta cinq à six minutes, jusqu'à ce qu'elle se fût bien gorgée. Ensuite, elle se mit à voler dans la niche, puis de çà de là devant le grillage, la tête toujours tournée vers la niche, et enfin elle prit son vol du côté de la ruche et y entra.

Un quart d'heure se passa sans qu'une seule abeille vînt à la niche; mais à partir de ce moment, elles se présentèrent successivement au nombre de trente, explorant la localité, cherchant l'entrée qui avait dû leur être indiquée, l'odorat ne pouvant les guider; et, à leur tour, faisant avant de retourner à la ruche les observations nécessaires pour retrouver cette précieuse localité ou l'indiquer à d'autres.

Les jours suivants, les abeilles de la même ruche vinrent en plus grand nombre encore, tandis que celles de l'autre ruche n'eurent pas le moindre soupçon de l'existence de ce trésor ; ce qu'il était facile de constater, les premières se dirigeant exclusivement de la ruche à la niche et réciproquement, tandis que les dernières prenaient leur vol d'un autre côté par dessus les murs des jardins voisins. ·

·Quand le sucre de la niche restait tout à fait à sec, les abeilles l'abandonnaient comme une substance inerte. De temps en temps, l'une d'elles venait s'assurer de l'état de ce sucre. S'il n'y avait point de sirop interposé, elle ne s'y arrêtait pas ; mais, dans le cas contraire, elle le suçait pendant quelques minutes, puis elle allait à la ruche donner un avis promptement suivi de l'arrivée de plusieurs abeilles.   .

Il est parfaitement clair que si les abeilles ne s'étaient point communiqué des renseignements désignant approximativement l'endroit où le sucre était déposé, une seule abeille en aurait eu connaissance ou bien le butin aurait été en même temps découvert par des abeilles de plusieurs ruches. Au lieu de cela, trente abeilles viennent en peu de temps et toutes sortent de la ruche où a été prise celle à laquelle on a montré le sucre. C'est donc incontestablement cette abeille qui, en rentrant, a donné à ses compagnes les indications nécessaires pour qu'elles trouvent le sucre.

Prenons soin de répéter que ces renseignements n'ont pas été communiqués par un langage proprement dit. S'il y avait entre les animaux un langage dans l'acception entière du mot, l'homme qui les observe depuis des siècles n'aurait pas tardé à en découvrir les signes et à les comprendre. Il y a, entre les animaux, des signaux par sons ou par gestes et non des signes de convention ; mais ces signaux ne sont pas moins, comme dans le fait qui précède, très-utilement et très-intelligemment employés. Attaquées, les abeilles s'entendent pour varier leurs moyens de défense.

Lorsqu'une gardienne aperçoit un ennemi à portée de la ruche, elle s'élance sur lui en bourdonnant. Si cet avertissement n'est pas compris, elle va chercher du renfort et revient bientôt avec un bataillon, dont le nombre est proportionné à la force de l'ennemi. Cet avertissement, cette proportion entre la défense et l'attaque sont des actes d'intelligence.

Voici un de ces combats raconté par M. de Frarière :

Un amateur d'abeilles avait établi un rucher dans son jardin. Mais bientôt il reconnut que certains oiseaux que l'on nomme *Abeilliers* ou *Guêpiers* avaient élu domicile chez lui. Perchés sur les arbres, ils croquaient toutes les abeilles qu'ils pouvaient saisir au passage. Les coups de fusil n'éloignaient que les oiseaux utiles, tandis que nos guêpiers se montraient indifférents à l'odeur de la poudre : ils semblaient invulnérables. Un jour, comme le propriétaire, embarrassé, cherchait en sa cervelle, il entendit un grand bourdonnement. Quelques abeilles échappées au bec de leurs agresseurs emplumés, s'étaient empressées d'aller répandre l'alarme dans la ruche et y demander vengeance. Une véritable armée se dirigeait, en bon ordre, contre deux de ces oiseaux.

Ceux-ci, à cette première attaque, eurent raison de la phalange apienne et se gorgèrent de leur proie; ils reprirent position, et les abeilles, décimées, retournèrent au rucher.

Mais bientôt il se fit un grand tapage au sein de la ruche, puis les habitantes, rassemblées en masse serrée, s'élancèrent sous la forme et avec la vitesse d'un boulet de canon, vers l'ennemi qui, cette fois, s'enfuit à tire-d'aile et ne revint plus. Alors les abeilles, satisfaites du succès de leur tactique, firent dans leur demeure une rentrée triomphale. Elles devaient la victoire à leur intelligence.

Ceux qui soutiennent que les animaux n'ont pas d'intelligence, mais seulement de l'instinct, disent : Les animaux font toujours, de génération en génération, les mêmes choses et de la même manière : ainsi, les oiseaux construisent leur nid avec une industrie admirable et qui semble exiger de l'intelligence; mais il n'en est rien, ajoute-t-on, parce qu'ils le construisent toujours de la même manière.

Je n'ai pas à examiner la question de construction du nid des oiseaux ; mais j'examinerai la question de construction des rayons des abeilles.

(*A suivre.*)   Dr BOURGEOIS.

Revue et cours des produits des abeilles.

Paris, 30 *août*. MIELS. — Le commerce des miels n'existe pour ainsi dire pas pour le moment : on ne vend ni on n'achète cette denrée, qui n'est pas de première nécessité. Les cours du mois dernier sont conservés, ou du moins nominalement. Le détail écoule quelque peu de marchandise pour certaines maladies; d'autres au contraire, telle que la cholérine, en paralysent la consommation.

La fabrication de pain d'épice qui, comme le reste, est paralysée, se préoccupe néanmoins de la future récolte des miels de sarrasins. Des ondées sont tombées en août, qui ont fait grand bien aux blés noirs de la Bretagne. Malheureusement ces ondées n'ont pas été générales, et dans plus d'une localité la plante ne pourra donner de fleurs tant elle a souffert de la sécheresse prolongée. La bruyère des landes de la Gascogne n'avait pas encore vu d'eau au 15 août ; elle était chétive [dans beaucoup de cantons. Il se peut que septembre la ranime.

Au Havre, transactions presque nulles.

A Anvers, les miels de Havane ont eu des cours faibles, avec peu d'affaires.

L'Allemagne n'achète rien.

Cires. — Les cours de cires sont également aussi nominaux; mais la tendance est à la baisse. Il faut attendre que la guerre soit terminée pour que cet article reprenne sa valeur normale. Aussi les producteurs qui n'ont pas besoin d'argent, et qui ne se trouvent pas sur le passage des Prussiens, gardent leur marchandise attendant des temps meilleurs.

Les cires à blanchir, peu demandées, ont aussi quelque peu fléchi, notamment les qualités inférieures. Voici les cours pratiqués à Marseille : cire jaune de Caramanie, 235 à 230 fr. les 50 kil. ; Chypre, Syrie et Constantinople, 230 fr.; Egypte, 205 à 225 fr.; Mogador, 200 à 210 fr.; Tetuan, Tanger et Larache, même prix; Alger et Oran, 215 à 225 fr.; Bougie et Bone, 210 à 215 fr. ; Gambie (Sénégal), 200 à 197 fr. 50 ; Mozambique, 212 fr.; Madagascar, 195 à 190 fr.; Corse, 230 fr.; Pays, 210 à 215 fr. Ces deux dernières à la consommation. — Sur les marchés de l'Algérie, on cote de 390 à 400 fr. les 100 kil.

Corps gras. — Après une baisse très-forte, les cours des suifs ont été fixés à 87 fr. les 100 kil.; ce qui n'établit pas moins une baisse de 13 à 14 fr. sur les cours du mois dernier. Suif en branche, 66 fr. 25 les 100 kil.

Sucres et sirops. — Les sucres bruts indigènes ont été cotés, 63 fr. 50, dito blanc, 77 fr. 50 les 100 kil., droits de régie non payés. Sucres raffinées, 140 fr. les 100 kil. — Sirops de fécule, dit de froment, de 76 à 80 fr.; sirop liquide, 50 fr. les 100 kil.

Abeilles. — On ne parle d'aucun prix. Un certain nombre de ruches qui pouvaient être récoltées dans les cantons favorisés ne l'ont pas été, parce que les acheteurs ont fait défaut. Ceux-ci ont cessé de fabriquer dès qu'ils ont vu la guerre arriver. Il restera donc un peu plus de colonies à conserver qu'on ne le pensait. — Dans certaines contrées les fleurs de regain de luzerne ont encore fourni du miel aux abeilles; ainsi dans quelque localités de l'Oise des essaims tardifs ont pu compléter leurs vivres à ces fleurs.

Mais dans beaucoup d'autres contrées, les abeilles n'ont rien trouvé depuis longtemps et les ruches sont bien pauvres. Il faut les nourrir pour les sauver.

Voici les rares renseignements qu'on nous a communiqués :

Les souches qui n'ont point essaimé ou qui n'ont pas été forcées à contre-temps sont très-bonnes. Les essaims naturels ou artificiels, même arriérés ou faits de bonne heure seront à surveiller. *Kanden*, à Auzon (Aube).

J'avais acheté une certaine quantité de paniers d'abeilles pour me monter plus vite. J'ai été déçu dans mes calculs. Elles ne m'ont donné aucun essaim, et elles n'ont rien ramassé. Le miel doit être cher cette année si c'est partout comme ici. *Cohue*, à la Guéroulde (Eure). — Je possède 30 paniers d'abeilles, mais elles sont bien malheureuse; elles manquent de vivres suffisants pour passer l'hiver. *Mary*, à la Brasse (Eure).

Il me reste 37 barils de miel surfin et 10 de blanc, avec 125 briques de cire. Si on vous demande, je vous prie d'adresser chez moi. *Marcault*, à Neuvy-en-Dunois par Bonneral (Eure-et-Loir).

Nous sommes quinze apiculteurs dans ma contrée ; et sur une étendue de 6 kilomètres, la moitié d'entre nous ont eu plus d'essaims qu'ils n'en désiraient, tandis que les autres n'en ont eu qu'un sur 20 souches. Nous avons tous quantité de miel. Nous nous demandons pourquoi nous n'avons pas eu tous également d'essaims lorsque les souches étaient à peu près dans les mêmes conditions, et que la miellée a été bonne pour tous. *Delatte*, à Auneuil (Oise).

J'ai très-bien réussi en faisant mes essaims artificiels de bonne heure, c'est-à-dire du 15 au 20 avril, et en permutant comme vous le prescrivez. J'ai calotté mes 50 paniers de mouches qui m'ont donné une récolte passable pour l'année. *Aubert*, à Saint-Mard-de-Reno (Orne).

Les pluies de juillet et d'août ont ravivé la végétation, les abeilles ont repris beaucoup d'énergie et la population augmente rapidement. *Brodet* fils, à Lyon (Rhône).

Nous n'avons ici qu'une demi-récolte en miel. *Moreau*, à Thury (Yonne).

Quelles que soient les préoccupations du moment, n'oublions pas que l'époque la plus opportune pour nourrir les abeilles, est septembre pour beaucoup de localités.   H. HAMET.

50 paniers d'abeilles à vendre, à livrer au sortir de l'hiver, et d'autres disponibles S'adresser aux bureaux de l'*Apiculteur*.

— M. C. B... à Milan. La caisse n'a pu être expédiée que le 21 dernier.

— M. D... à Chippe. Le titre de membre ne pourra vous être conféré qu'au mois d'octobre, la Société ne se réunissant pas avant cette époque. — Même réponse à divers.

— M. P.., libraire à Sainte-Anne-de-la-Pocatière (Canada) On-a payé ici votre abonnement à l'année courante. L'année précédente n'a pas été payée.

— Notre maladie nous a empêché de répondre à un certain nombre de lettres reçues du 25 juillet au 20 août.

— Plusieurs instituteurs ont demandé un certificat attestant le prix qu'ils ont obtenu dans les concours annuels (prix Carcenac). Nous devons leur dire que ce certificat n'existe pas et que la Société en fera établir un incessamment.

— Les abonnés à qui il manquerait un ou plusieurs numéros du journal de cette année (14°), sont priés de les réclamer.

AVIS AUX ABONNÉS.

Cette livraison termine la *quatorzième* année de *l'Apiculteur*. La livraison prochaine commencera la *quinzième*.

MM. les abonnés sont priés, pour éviter tout retard dans la réception de leur numéro prochain et pour faciliter le travail de l'administration du journal, de nous adresser, dès à présent, le montant de leur abonnement à la *quinzième* année. Le prix du réabonnement est de 5 fr. 60, lorsqu'il nous est adressé *franco* par un *mandat de poste;* il est de 6 fr. par toute autre voie, si ce n'est en versant au bureau ; 7 fr. pour l'étranger. Les étrangers sont également autorisés à retenir les frais d'envois. On est prié de rectifier sa bande s'il y a lieu. Signer lisiblement et indiquer le bureau de poste.

Comme par le passé, nous continuerons de servir les abonnés, à moins d'avis contraire. Les abonnés qui veulent cesser de recevoir le journal n'auront qu'à refuser le n° d'octobre, lorsque le facteur le leur présentera. *Seront considérés comme réabonnés tous les abonnés anciens qui ne refuseront pas le numéro prochain.*

Si au mois de juin, les producteurs du Gâtinais se réunissent à Paris, ainsi que nous pouvons le supposer, nous ferons paraître un n° supplémentaire au milieu de ce mois, qui mettra au courant les abonnés sur l'état présumable de la production apicole.

Nous prions nos lecteurs de profiter de l'occasion de leur réabonnement pour nous renseigner sur l'état de l'apiculture dans leur localité, la situation de la récolte, les expériences auxquelles ils se sont livrés, les prix des produits, la valeur des colonies, etc.

Il est accordé un *Calendrier apicole* (Almanach des cultivateurs d'abeilles) à tout abonné qui procure un abonné nouveau.

Le directeur gérant : H. HAMET.

TABLE ALPHABÉTIQUE DES MATIÈRES

DU 14ᵉ VOLUME DE L'APICULTEUR.

AUTEURS.

FIGURES.

Paris.— Imprimerie horticole de E. DONNAUD, rue Cassette, 9.

L'APICULTEUR

PARIS. — IMPRIMERIE DE E. DONNAUD RUE CASSETTE, 9.

Paraît du 1er au 5 de chaque mois.

L'APICULTEUR

JOURNAL

DES CULTIVATEURS D'ABEILLES

MARCHANDS DE MIEL ET DE CIRE

PUBLIÉ SOUS LA DIRECTION

DE M. H. HAMET

Professeur d'apiculture au Luxembourg

L'apiculteur, comme tous les ouvriers des diverses professions,
a besoin d'étudier son art, de le comprendre, de le raisonner.

1871

QUINZIÈME ANNÉE

3e DE LA 2e SÉRIE

AUX BUREAUX DE *L'APICULTEUR*, RUE DE JUSSIEU, 41,

PRÈS LE JARDIN DES PLANTES

Prix de l'Abonnement : 6 francs par an

N° 4.   QUINZIÈME ANNÉE   1871.

L'APICULTEUR

Paris, 30 mars 1871.

Chers et honorés lecteurs,

Après six mois de silence forcé, nous nous retrouvons avec le pays amoindri et la plupart de nos ruchers ravagés. Nous nous retrouvons, mais c'est comme par miracle; car celui qui, depuis quinze ans, vous sert l'*Apiculteur*, a eu la chance d'être fusillé sans résultat. Oui, fusillé, et s'il meurt de cette mort-là, il faudra qu'il le soit de nouveau, c'est-à-dire au moins deux fois, ainsi que l'a été Martin dit Bidauré. Je vous prononce-là un nom dont la plupart d'entre vous ignorent probablement l'histoire, parce qu'elle est contemporaine et pas du tout mythologique; tandis qu'ils savent sur le bout des ongles celle de Jonas avalé, tout vêtu, chaussé et coiffé, par une baleine, et également celle d'Ésaü, un plébiscitaire antédiluvien que la majorité des Français a trop imité dans ces derniers temps; ce dont elle se repentira assurément le jour où elle aura conscience de ses actes. Permettez qu'en quelques mots je vous fasse connaître Bidauré. Martin Bidauré était un paysan du Var dont la pièce de 5 francs n'avait pas atrophié la conscience. Sachant que République est synonyme de liberté et de justice, il se mit, en février 48, à crier vive la République de toute la force de ses poumons. Mais vint le coup d'État de l'aimable Monsieur de Sedan, dont la « mission providentielle, » fit-il accroire aux simples, était de sauver « la famille, la propriété, la religion... » Or, pour un sauveur de cette espèce-là, tout citoyen qui ose crier vive la justice, doit être un ennemi... de l'ordre, un utopiste dangereux, un pillard comme les ouvriers de Belleville ou de Montmartre, une de ces mille tentacules de l'hydre de l'anarchie qu'il faut au plus vite amputer. Au coup d'État, donc, il se trouva (je me sers des expressions employées dans les éphémérides du coup d'État de décembre 1851 — voir le *Réveil* du 10 décembre 1870), il se trouva un homme dont le profil hideux et sanglant restera tracé dans l'histoire de cette époque, le préfet Pastoureau, récemment arrivé à son poste dans le Var, qui fit arrêter et fusiller sur-le-champ Martin. Laissé pour mort sur place près d'Aups, celui-ci s'était traîné jusqu'au château de la Baume, où le fermier l'avait recueilli et soigné. Lorsque le séïde de Bonaparte apprit que Martin vivait encore, il le fit saisir de nouveau et refusiller, enfin ! Et avec une vingtaine de mille de victimes expédiées aussi sommairement, sur les boulevards de Paris, dans les cachots de Lambessa et de Cayenne, l'*ordre*... fut sauvé, et la France n'a pas été souillée et ravagée par les Prussiens depuis six mois !

Je n'ai pas rapporté cette histoire pour établir une similitude, car si je suis coupable du crime de Bidauré, je n'ai pas été fusillé dans les mêmes formes que lui, ou du moins pour ma première fois. J'ai été fusillé, moi, dans le tas, le 22 janvier dernier, sur la place de l'Hôtel-de-Ville, par les sauveurs du moment, Trochu, Vinoy, Favre et *tutti quanti*. Je dois confesser toute ma culpabilité. Dès septembre, j'étais persuadé que l'Hôtel-de-Ville logeait des Prussiens, et si le magnétisme avait toute la puissance qu'on lui attribue, ces gens-là auraient été, de par la force de mon désir, à échardonner les avoines ou à cueillir des pissenlits dans les luzernières culbutées. Aussi, chaque fois que l'occasion se présenta de les pousser dehors par l'expansion du désir, je ne manquai pas de donner mon coup d'épaule; on ne tue pas avec cette arme-là. J'étais aux manifestations des 8 et 31 octobre, et le 22 janvier je me trouvais sur la place de l'Hôtel-de-Ville, au milieu de cinq à six mille personnes non armées, lorsque, sans sommation aucune, le général ex-sénateur Vinoy, ancien décembriseur dont l'épée est vierge du sang prussien, fit de l'Hôtel-de-Ville, bourré de mobiles bretons, tirer, pendant une demi-heure, sur le peuple rassemblé là. Culbuté dans le sauve-qui-peut qui résulta de la première décharge, je ne pus m'échapper et la grêle de plomb qui sifflait de toutes parts m'engagea à m'étendre le plus possible sur le sol. J'étais alors sur le trottoir, en face du café de l'Horloge, lorsqu'une balle vint passer au-dessus de moi, à peu près à 10 centimètres, et briser un marbre des lambris extérieurs de ce café. Jugeant que l'endroit était malsain, je me roulai dans le ruisseau d'en face, où pendant plus de 20 minutes je simulai un Français de l'empire. J'y faisais toutes sortes de réflexions lorsqu'une autre balle vint frapper si près de ma tête qu'elle m'occasionna un tintement d'oreilles qui dura près de deux minutes — un siècle alors! — Cet endroit était d'autant plus dangereux et je me trouvais d'autant plus exposé — je n'en savais rien — que j'étais voisin du cadavre de Sapia, le Bidauré de la circonstance, qu'on visait encore 25 minutes après son assassinat (1).

(1) Sapia était un commandant de bataillon de la garde nationale, révoqué par les pseudo-républicains de l'Hôtel-de-Ville. C'était un homme de cœur, d'énergie et de dévouement, un véritable républicain.

Bref, lorsque je crus que le dernier coup de fusil était tiré, je me levai, comme Lazare, d'entre les morts, et je cours encore. Ce qui me permet de continuer de vous servir l'*Apiculteur*, et d'accueillir avec reconnaissance, comme par le passé, toutes les communications que vous voudrez bien me faire en vue des progrès apicoles.

A vous et à nos abeilles.   H. HAMET.

Chronique.

SOMMAIRE : Avis aux abonnés. — Il faut refaire notre rucher. — Excentricité allemande. — Grattage d'écusson. — L'ours et le Prussien récoltant les ruches.

La circulaire que nous avons adressée aux abonnés de *l'Apiculteur*, le 15 septembre dernier, leur annonçait que l'investissement prochain de Paris nous forçait de suspendre notre publication. Quoique les communications ne soient pas encore partout rétablies et que le service de la poste ne se fasse pas bien régulièrement, nous reparaissons pour satisfaire l'impatience de plusieurs de nos lecteurs. Les abonnements partiront désormais de janvier. Cette année, nous nous arrangerons pour que douze livraisons paraissent avant la fin de décembre ; ces livraisons paraîtront à intervalles plus ou moins rapprochés, et chaque cahier ne portera qu'un chiffre sans porter de mois. La revue des travaux mensuels, indiqués les années précédentes dans les *Fragments du journal d'un apiculteur*, seront suspendus en 1871. On devra avoir recours aux volumes des années antérieures pour se guider dans ces travaux. — Les abonnés des localités envahies en juillet et août qui n'ont pas reçu les derniers numéros de la 14e année, sont priés de nous les réclamer.

— Nous disions, dans notre chronique de septembre, que, quelle que fût l'issue des événements de la guerre dont nous étions affligés, il nous faudrait continuer de chercher à produire mieux et davantage. Forcément, nous sommes contraints de produire davantage, et le pis, c'est que nous voilà réduits à travailler pour le roi de Prusse. Et encore, si les sujets de cet empereur-roi eussent respecté nos ruchers, nous pourrions, par notre génie particulier, par nos méthodes économiques, refaire notre ruche de la même façon que les abeilles refont la leur au sortir d'un hiver rigoureux. Mais non, ces *civilisés* que nous devions aller voir à Berlin même ont, comme les Français au Mexique, ravagé tout sur leur passage en venant à Paris. Allons, tu l'as voulu, plébiscitaire Georges Dandin ; eh bien, marche, Juif-errant !

On ne dira plus « travailler pour le roi de Prusse, » mais travailler

pour l'empereur de Prusse; les Allemands y tiennent, et comme ils sont
en train de tout restaurer, leurs *rationnels apicoles* viennent de décider
que l'abeille-mère, qu'ils appelaient *reine* avant la guerre, s'appellera
désormais *impératrice-reine,* ainsi que Mme Augusta. Le sacre a eu lieu
le jour du mardi gras.

— Les sociétés agricoles ont chômé pendant la guerre, les sociétés
d'apiculture n'ont pas fait exception. Depuis le changement de régime,
plusieurs de ces sociétés agricoles, qui se distinguent plus par leur titre
que par le reste : société *impériale* de... S. M. N*** III, *protecteur*, etc., etc.,
sont occupées à gratter leur blason. Mais la place du protecteur est
réservée. Les grenouilles demandent un soliveau. Les journaux agricoles
avaient aussi suspendu leurs publications, et plusieurs de nos confrères,
qui ont fait une campagne dans les francs-fileurs, ne sont pas encore
de retour. Ils attendent la croix, peut-être.

— L'apiculture élève et moralise, avons-nous déjà affirmé. On n'a pas
rencontré dans notre corporation, sous le régime tombé, de ces bas adu-
lateurs comme il y en avait trop dans d'autres corporations. On a bien
vu, à une exposition, ce tableau excentrique : «A Napoléon III, nos cœurs
reconnaissants ! » Mais c'était si éphémère qu'un insecte, la fausse teigne, n'a dû en faire qu'une bouchée plus tard. Dans le cas où il existerait
encore on pourrait, avec un petit changement, l'offrir à Guillaume.

Nous lui avons cédé, à Guillaume, ou plutôt il nous l'a prise, —
comme le reste, — la société apicole qui s'intitule rationnelle infaillible. Mais c'est sans transition qu'elle est passée armes et bagages en
Allemagne. Nous la regrettons vivement, — l'Alsace.

— On sait comment le blaireau et l'ours s'y prennent pour dévaliser
les ruches. La manière d'opérer des Prussiens ne s'en écarte guère. C'est
principalement par la gelée et la neige qu'ils opèrent ; je veux dire,
qu'ils ont opéré en France. Tantôt ils renversent sens dessus dessous les
ruches le soir, et le lendemain matin, lorsque les abeilles sont engourdies par le froid, il les font tomber avec l'aile d'une poule qu'ils ont
croquée la veille. Tantôt ils se bornent à renverser la ruche au milieu
de la neige, et à la secouer pour en faire tomber rayons et abeilles.
D'autres fois, ils prennent la peine de les étouffer avec de la poudre.
On voit qu'ils ont été à bonne école.

— Le cours public d'apiculture au jardin du Luxembourg ne pourra
avoir lieu cette année. Les événements survenus ont suspendu la réorganisation du rucher expérimental.   H. H.

Culture en vue de la prospérité des abeilles.

Multipliez les fleurs où va dès le matin
La diligente abeille enlever son butin.
Nécessaire aux besoins des nations antiques,
Il fut l'utile objet de leurs soins domestiques.
Le cygne de Mantoue excita leurs efforts :
De l'abeille il chanta les mœurs et les trésors,
Ses travaux, son épargne, et l'ordre de ses villes,
Son amour pour *ses rois,* ses discordes civiles,
Et·le deuil d'Aristée, et ses essaims perdus,
Par Cyrène et les Dieux à ses larmes rendus.
Mais lorsque l'Amérique eut à notre hémisphère
Fait goûter la douceur d'une sève étrangère,
Le suc de ses roseaux fut partout préféré
Aux faciles rayons du miel pur et doré.
Du ciment dont son art forme ses édifices,
Rien n'a pu jusqu'à nous remplacer les services .
    Recherchez donc la cire, et que dans un jardin
Naissent le serpolet, la mélisse, le thym,
Le sainfoin, l'hyacinthe et ses fleurs parfumées,
Qui des essaims légers attirent les armées.
Construisez leur asile, excitez leurs travaux,
Ménagez leurs trésors et, pour guérir leurs maux,
Des sages de nos jours apprenez l'industrie
Qui sait mieux qu'autrefois nous conserver leur vie.

ROSSET (*l'Agriculture,* poëme).

Apiculteurs, au lieu de laisser incultes les plates-bandes de votre jardin, appropriez-les à une bonne culture de plantes potagères, et pour les encadrer, faites, le long des allées, des semis de fleurs odorantes, qui leur servent d'élégantes bordures. Mais d'abord, je dois vous prévenir que l'expérience a démontré que les fleurs doubles cultivées et toutes celles qui ne portent point de semis sont inutiles aux abeilles. Vous pourriez donc posséder de riches collections de plantes rares sans qu'elles aient la moindre utilité pour votre rucher. On pourra choisir pour les plantes à bordure : les arabis printanières, les violettes, la corbeille d'argent, la pulmonaire, les soucis, la menthe, thym, lavande, mélisse, romarin, mauve, les giroflées, l'asclépiade de Syrie, etc. Outre que ces plantes sont très-aimées des abeilles, elles ont un emploi précieux dans la médecine domestique, et chaque ménage trouvera son profit à les posséder. Vous pourrez propager quelques arbrisseaux à fruits, tels que le framboisier, le groseillier, les poiriers et les pommiers nains, surtout ceux en cordons. Vous planterez dans vos haies des pieds de cornouillers, d'épines blanches et des prunelliers, de saules-marceaux, etc., et si vous possédez dans le voisinage quelques allées de tilleuls, d'ormes, d'érables, de peupliers, etc., ce sera pour vos abeilles une excellente fortune.

Vous ne craindrez pas l'ombrage de quelques cerisiers, pruniers, pommiers, etc., dans votre enclos; en les plaçant dans une position convenable, le sol ne sera pas improductif autour d'eux, car le soleil, dans sa course diurne, déplace fréquemment leur ombre, et ce sont des arbres qui n'interceptent pas complétement ses rayons entre leurs rameaux.

Les plantes potagères vous offriront encore des ressources mellifères très-recherchées des abeilles. Mais ce dont elles sont le plus friandes, ce sont des fleurs de citrouilles, de concombres, de melons, d'aubergines, de tomates. Ne craignez pas de donner à ces végétaux une place choisie près du rucher et de vos abeilles, vous en retirerez un double profit. Seulement, préférez pour les citrouilles les semences de la citrouille verte de Hongrie et la jaune de Siam, de forme circulaire et aplatie, et rejetez celle de la grosse citrouille, d'un volume énorme. Celle-ci a une chair peu épaisse, elle contient un vide énorme, se conserve mal et moisit très-promptement.

Vous possédez en dehors du jardin quelques arpents de terre ; là encore vous aurez les moyens de les utiliser à deux fins. Le colza, les navets, le trèfle incarnat offrent aux abeilles de bonnes provisions printanières. Les sainfoins ou esparcettes, la luzerne, la lupuline, le mélilot et le trèfle blanc, ainsi que celui de Suède, sont les plantes aimées par excellence des abeilles et qui donnent de bonnes provisions au printemps et en été, car un certain nombre se continuent par des recoupes en regain. Après la moisson, si vous êtes diligents pour semer du sarrasin ou de la moutarde blanche, vos ruches seront lourdes en automne, et les abeilles partageront avec vous leur provision d'hiver.

Il est rare qu'il n'y ait pas autour de soi, dans la campagne, des parcelles de terrains incultes ou des bruyères délaissées, ayant un peu de terre capable de produire des fleurs. Or, *point de fleurs, point d'abeilles.* C'est un axiome apicole.

Un spéculateur, gravement atteint par des combinaisons désastreuses de bourse, résolut de se retirer à la campagne; il s'exila dans une petite maison, au fond d'un pauvre village, où il avait conservé quelques hectares de terrain patrimonial. Quelques ruches en ruines lui inspirèrent l'idée d'élever des abeilles, afin de voir quelques êtres travailler pour produire, après avoir vécu avec des hommes qui travaillaient pour ne rien faire. Le village était habité par des agriculteurs cultivant peu et mal le triste sol sur lequel ils vivaient. Quant aux fleurs, il n'y en avait guère.

Notre spéculateur, qui n'était pas un sot, se procura sans rien dire des graines de plantes rustiques. Les jours de pluie, il se promenait dans les environs du village, répandant le long des sentiers, autour des buissons, sur le sol inculte, les graines dont ses poches étaient toujours remplies (1). En le voyant gesticuler sur le bord des routes, sur les landes et les pâturages, on le crut fou, et les fortes têtes de l'endroit riaient tout haut des manies du nouvel arrivant.

Le printemps venu, les fleurs s'épanouirent, et les abeilles, trouvant une ample provision, se multiplièrent comme par enchantement. Il est impossible de se faire une idée du changement qui s'opéra dans un rayon de quelques kilomètres. Tout prit un aspect animé, la nature parut se réveiller. La prospérité des ruches de ce novateur naïf et intelligent frappa les gens du village. Ils se procurèrent aussi des abeilles, plantèrent des arbres fruitiers, introduisirent dans les clôtures, à la place des arbustes inutiles, ceux que nous avons signalés. La luzerne et le sainfoin quittèrent les haies et les fossés du chemin pour prendre place, peu à peu, dans les champs envahis par de maigres récoltes consécutives de céréales, ou par la jachère improductive ; les prairies artificielles vinrent fournir une abondante nourriture pour le bétail, en apportant aux abeilles les trésors contenus dans le calice des fleurs. En dix ans l'aspect du pays changea ; l'aisance remplaça la misère ; la prospérité de chacun assura le bonheur de tous. Ce village fut appelé le *Village aux abeilles*. Il n'avait fallu que l'exemple d'un homme instruit pour y amener cette métamorphose.

Cette citation, que j'emprunte à M. de Fraisère, vaut à elle seule une démonstration, et l'on ne saurait trop la rendre populaire parmi les gens de la campagne.　　　　　　　　　　　　　　MÉRIL CATALAN.

_____

Botanique apicole.

Les plantes cryptogames, c'est-à-dire *celles dont les organes sexuels*

(1) Les plantes mellifères qui se multiplient le plus facilement dans les mauvais sols sont : la vipérine, le trèfle blanc, le mélilot jaune, le serpolet, etc.

sont cachés, ou peu apparents, ne donnent ni pollen ni miel, et pour cette raison ne comptent pas en apiculture. Celles qui doivent intéresser les cultivateurs d'abeilles sont les phénogames, ou phanérogames, c'est-à-dire *les plantes dont les organes sexuels sont apparents*. Il convient donc qu'ils connaissent, au moins à peu près :

1° Quel est le nombre des plantes phénogames composant la flore de la contrée ;

2° Quelle est la proportion des plantes phénogames que les abeilles fréquentent ;

3° Combien produisent seulement du miel ;

4° Combien, seulement du pollen ;

5° Combien, tout ensemble du miel et du pollen.

Le Dr Alefeld, de Darmstadt (duché de Hesse), a fait un travail dans ce sens pour les apiculteurs de l'Allemagne et de la Suisse. La flore entière de ces deux contrées comprend environ 3500 espèces de plantes indigènes, dont environ 500, ou le 1/7 seulement, sont visitées par les abeilles. Prenant pour le vol le plus étendu de celles-ci le rayon d'une lieue et demie, il établit que, dans cette surface, à l'entour de sa résidence, il croît 700 espèces de plantes phénogames indigènes, — juste le 1/5 de tout le nombre des plantes croissant en Allemagne et en Suisse. Or, il remarque que, d'après les observations ci-dessus de sa flore locale :

50 espèces ou le 1/14, produisent seulement du pollen ;

100   —   ou le 1/7,   —   du pollen et du miel ;

150   —   ou plus du 1/5, —   seulement du miel.

D'où il résulte que 300 espèces, ou le 3/7 de la flore locale, fournissent du pâturage aux abeilles, ou constituent la *flore apicole* du district ; et que 400 espèces, ou les 4/7, ne procurent rien aux abeilles. Il résulte encore de là que 250 espèces de plantes donnent du miel, et 150, du pollen. Le *propolis* peut être récolté sur à peu près 25 espèces ; 20 autres, de quoi il n'est pas bien certain, produisent peut-être du pollen et du miel, et s'ajoutent éventuellement à la liste. Cela fait, pour la *flore apicole*, la moitié de toutes les plantes phénogames de son district.

Conséquemment, comme le nombre des espèces de plantes indigènes de toute l'Allemagne et de la Suisse est cinq fois plus grand que celui de la flore du Dr Alefeld, il en conclut que, si l'on multiplie par cinq le nombre de la *flore apicole* de son district, on aura exactement l'étendue de cette *flore* pour toute l'Allemagne et la Suisse. Soit :

250 espèces ou le 1/14, ne donnent que du pollen;
600 — ou plus du 1/6, donnant du pollen et du miel; .
900 — ou plus du 1/4, ne donnant que du miel.

1,750 espèces au total, ou la moité de toute la flore de ces contrées, e constituent donc leur flore apicole; le reste ne donne rien aux abeilles.

C. K. trad. (*Américan bee journal.*)

Placer de l'eau à proximité de l'abeiller.

Aux mois de mars et d'avril, les abeilles emploient beaucoup d'eau pour composer la bouillie avec laquelle elles alimentent leur couvain. Il importe qu'elles puissent en trouver sans s'aventurer au loin, autrement beaucoup périssent. Les abreuvoirs doivent être placés au soleil et à l'abri du vent froid. On prend un bac en pierre ou un baquet en bois, qu'on place en terre au niveau du sol; on l'emplit d'eau et on le garnit de mousse ou de cresson aquatique. La mousse est préférable, car elle remplit le rôle d'éponge. Voici le moyen d'obtenir un abreuvoir ou source artificielle permanente, dont l'invention est due à l'apiculteur Merville qui, cultivant les abeilles au milieu des forêts, voyait souvent ses mouches dépérir faute d'eau :

On place sur deux traverses de bois un vieux tonneau défoncé à l'un des bouts, ou un cuvier; on y tasse au fond une forte couche de mousse; on remplit même le tonneau de mousse et ensuite d'eau jusque près des bords. L'on recouvre le tout d'une forte couche de mousse et d'un lit de sable. Le lendemain, on perce le tonneau avec un petit foret très-fin, de manière que l'eau ne tombe que goutte à goutte. On place sous la gouttière un coussinet de mousse dans un plat ou dans un creux en terre glaise; ce coussinet s'entretient mouillé et est suffisant pour abreuver le rucher, son volume étant en raison du nombre de ruches de l'abeiller.

Un tonneau ordinaire, coulant goutte à goutte, dure près de deux mois, et l'eau en est aussi fraîche que le premier jour. Les localités à sources ou ruisseaux coulants n'ont pas besoin de ces sources artificielles, à moins que l'éloignement des sources naturelles ne soit trop grand.

Dictionnaire d'apiculture.

Glossaire apicole. (V. 14e année, p. 141.)

APICULTURE, s. f. (du latin *apis*, *apes* au pluriel, abeilles, et *cultura* culture). Art de cultiver ou de soigner les abeilles. Le mot *apiculture* une expression nouvelle qui remplace les locutions vicieuses et inexactes de *élève des abeilles* et *éducation des abeilles*. *Elève* ou *élevage* des abeilles ne présente pas à l'esprit une idée parfaitement claire et exempte d'équivoque, et le possesseur d'abeilles ne les *éduque* pas : il les soigne, les cultive. L'apiculture est aussi une science qui exige la connaissance de l'histoire naturelle de ces insectes. L'histoire naturelle des abeilles comprend leur physiologie, leurs mœurs, leur architecture, l'éducation de leur couvain, etc. Les soins pratiques de toutes sortes, ainsi que la préparation des produits, constituent l'art apicole.

Sous le rapport de l'exploitation des abeilles ou du mode de les cultiver et d'en obtenir des produits, on peut diviser l'*apiculture* en grande et en petite, en *apiculture sédentaire* et en *apiculture pastorale*, et aussi en *apiculture de producteur*, et en *apiculture d'amateur*. Chacune de ces divisions a des pratiques particulières, qui se modifient selon le climat, la flore locale, le système de ruche employé et le débouché des produits. Mais les principes généraux sont les mêmes : le point fondamental consiste à avoir des colonies fortes, très-populeuses.

Partout où se trouvent des prairies naturelles ou artificielles, des bois et des plantes qui donnent des fleurs nombreuses, l'apiculture peut se développer. Les frais d'établissement se bornent en achat de colonies ou ruchées. Une fois établies, les abeilles vont butiner sur la plupart des fleurs simples (fleurs à pollen), dans un rayon de trois à quatre kilomètres. Elles prospèrent d'autant plus que les fleurs mellifères sont abondantes et que le temps est beau ; elles prospèrent aussi en raison des soins qu'elles reçoivent de leur possesseur. Ces soins consistent en alimentation, lorsque la cueillette du miel a été insuffisante, en réunion ou mariage des colonies faibles, en agrandissement de leur ruche lorsque la production du miel est abondante et que la population devient très-nombreuse, etc. — Les localités où l'apiculture est développée et faite avec le plus de profit en France, sont : le Gâtinais (partie du Loiret, d'Eure-et-Loir et de Seine-et-Oise), les environs de Caen, de Reims, de Troyes; dans la Bretagne, les Landes et la Gascogne, etc. — Les produits annuels de l'apiculture française se chiffrent par 12 à 15 millions de francs. Ils sont susceptibles d'être doublés. Depuis une dizaine d'années la France exporte plus de produits apicoles qu'elle n'en importe.

APIDE, APIDIDÉ, ÉE, ad. (du latin *apis*, abeille). Synonyme de *apiaire*.

APIER, s. m. (a-pi-é, du latin *apis*). Rucher, abeiller : lieu où sont établies des ruches garnies d'abeilles.

Abeuillé (Landes); *Aveiller* (Savoie); *Eveilli* (Ain); *Exière, Nézière* (Pas-de-Calais); *Bourgnounyero* (Aveyron); *Buga* (Aude); *Pio, püo, apiẕ* (Lozère); *Rechier* (Doubs); *Tible* (Ardennes); *Tible* (Meuse); *Tieble* (Aube, Marne); *Toular* (Haute-Savoie).

On établit des ruchers abrités ou couverts et des ruchers en plein air, les premiers plus particulièrement lorsque le nombre des colonies n'est pas grand, ou qu'ils sont placés dans un endroit fréquenté par des bestiaux qui peuvent renverser les ruches. Les constructions couvertes nécessitent des frais d'établissement que beaucoup de possesseurs d'abeilles évitent en établissant leur apier en plein air, dans un coin de leur jardin, devant une haie vive, ou le long d'un mur. Les ruchers abrités doivent être couverts en paille, en roseau de rivière, ou en tuiles épaisses, pour que les rayons du soleil ne concentrent pas une trop grande chaleur dans le bâtiment. Ces ruchers ne doivent pas avoir plus de deux étages et les ruches doivent être assez espacées pour que les abeilles qui font la barbe ne puissent rencontrer celles des colonies voisines. Il faut varier autant que possible la forme des entrées et même la couleur de chaque compartiment, pour que les abeilles qui sortent se trompent le moins possible de logement.

Les apiers demandent à être établis dans les endroits abrités des vents violents et froids. Il ne faut pas les établir dans les endroits humides, ni tourner l'entrée des ruches du côté où viennent les grandes pluies et les vents aigres du printemps. Les colonies des ruchers éventés essaiment beaucoup moins que celles établies dans les bois ou au milieu des villages. Mais il faut éviter de placer des ruches dans des encoignures de bâtiments où se concentrent au milieu de la journée les rayons ardents du soleil, qui peuvent faire fondre les édifices des abeilles.

L'orientation du rucher n'est pas indifférente. On croit généralement que les ruches réussissent mieux exposées au midi que dans une autre orientation : c'est souvent une erreur; l'exposition du sud ne vaut communément rien pour les pays méridionaux, surtout lorsque les ruches sont adossées à un mur, ou se trouvent au pied d'un rocher, ou dans un rucher découvert par devant. L'exposition du levant est préférée par beaucoup d'apiculteurs qui pensent que la présence du soleil matinal engage les abeilles à sortir plus tôt. Lorsque la saison est douce et que le miel donne, les abeilles des ruches ayant leur entrée à l'ouest et même au nord sont tout aussi matinales que celles des ruches l'ayant à l'est ou au midi. Elles essaiment peut-être un peu moins et plus tardivement, mais généralement leurs essaims sont plus forts.

On a tout intérêt à ne pas établir de ruchers près des voies et passages publics fréquentés, près des rivières et des étangs, des cheminées d'usines, des fours à chaux et à plâtre, etc. Il faut en établir le moins possible dans les basses-cours, au milieu de la volaille et des autres animaux domestiques, qui, s'ils ne détruisent les mouches, les gênent beaucoup dans leurs travaux. En outre, les abeilles peuvent se jeter sur ces animaux et occasionner des accidents.

APIMANE, s. m., apiculteur engoué et ignorant.

APIPHILE, s. m., apiculteur qui aime, observe et propage les abeilles.

APIPHOBE, s. m., apiculteur fanatique.

APIS, (genre). Les diverses espèces d'abeilles constituent le genre apis.

APITES, abeilles domesticables.

APISIN, s. m., venin de l'abeille.

APISINATION, s. f., dérivant de apis, apisin, comme vaccination dérive de vacca, vaccin. Inoculation des piqûres d'abeilles. Des médecins homœopathes ont essayé l'apinisation pour guérir certaines maladies, telles que les rhumatismes, paralysies, etc. (V. l'Apiculteur, 9e année).

ARAIGNÉE APIVORE, s. f., ennemie des abeilles. Plusieurs araignées détruisent des abeilles, mais celle qui en détruit le plus est l'Epeire diadème, ou à croix papale (V. sa description dans la 14e année de l'Apiculteur). Celle appelée l'Angelène labirinthique par Walckenaer (Tableau des aran.) en détruit aussi une certaine quantité, non dans sa toile comme l'épeire, mais en s'en saisissant à l'entrée des ruches, voire même en les prenant dedans. Il faut faire une chasse incessante à ces araignées et détruire leurs nids qu'elles établissent le plus souvent dans les capuchons.

ASPHYXIE MOMENTANÉE DES ABEILLES. ANESTHÉSIE, s. f., anéantissement de la sensibilité; étouffement momentané; mort apparente. L'asphyxie momentanée est une opération qu'on pratique sur les abeilles, afin de les enlever de leur ruche sans en altérer les édifices, et aussi pour s'emparer de leur mère, pour réunir plusieurs colonies sans que les abeilles se livrent de combat.

Les matières employées pour produire l'asphyxie momentanée des abeilles sont la vesse de loup ou lycoperdon et le sel de nitre ou nitrate de potasse en ignition. Mises en contact avec la fumée de ces matières, les abeilles s'anéantissent et tombent. — Le lycoperdon est un champignon, assez commun qu'on trouve en automne dans les bois au sol argilo-sablonneux. Il y en a plusieurs espèces; celui qu'on désigne sous le nom de lycoperdon des bouviers (*L. bovista*), fig. 1, est l'un des plus développé et le plus employé. Il en faut gros comme un petit œuf de poule pour asphyxier une colonie. — Le sel de nitre est commun dans le commerce (chez les marchands de couleurs où il se vend de 25 à 30 centimes les 100 grammes).

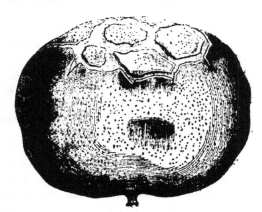

Il en faut 5 grammes pour asphyxier une colonie. On fait fondre ces 5 gr. dans un tiers de verre d'eau, et on fait absorber la dissolution par un petit paquet de chiffons de chanvre, lin

Fig. 4. Lycoperdon des bouviers.

ou coton, qu'on fait ensuite sécher. —Pour produire l'asphyxie, on place la vesse de loup ou le chiffon nitré dans un enfumoir ordinaire ou dans un appareil spécial, et ayant préparé la ruche à asphyxier et fermé toute issue, on allume la matière stupéfiante et on lance la fumée aux abeilles qui, au bout de 5 à 8 minutes, sont toutes atteintes lorsque l'opération a été bien conduite. — L'anesthésie n'est pas tout à fait la même chose que l'asphyxie. La pratique n'a rien retiré des applications anesthésiques proposées pour les abeilles. (Consulter : *De l'asphyxie momentanée des abeilles*, brochure à laquelle est empruntée la figure ci-dessus, et le *Catéchisme de l'amateur des abeilles*, de Micq, p. 71). H. HAMET.

(*A suivre.*)

Quelques réflexions sur la ruche à cadres.

Pour bien comprendre ce que nous allons dire, il faut savoir ce que l'on entend par ruche à bâtisse fixe, à rayons et cadres mobiles.

Prenons pour exemple une ruche rectangle en bois de 300 millimètres de hauteur sur 300 de profondeur et 325 de largeur. Cette ruche jauge 29 litres 25 centièmes.

Les abeilles, si l'on veut se donner la peine de diriger leurs travaux en collant au plafond de la ruche quelques portions de gâteaux, bâtiront neuf gâteaux parallèles ayant chacun 290 millimètres de hauteur sur 300 de largeur, et formant ensemble une bâtisse de 78 décimètres 30 centièmes carrés.

Les gâteaux n'ont pas 300 millimètres de hauteur, parce que les abeilles ne les descendent pas jusqu'au plateau; elles laissent un intervalle de dix millimètres environ pour la liberté des communications. Cependant, faute de place pour le miel et le couvain, elles descendent ceux des côtés et de l'arrière jusque sur le plateau, auquel elles les attachent. Voilà une ruche à bâtisse fixe.

2° Si, au lieu de coller au plafond les portions de gâteaux, on les colle sur de petites barres de bois, épaisses de dix millimètres, et qu'on place ces barres sous le plafond, les gâteaux n'auront plus à la vérité que 280 millimètres de hauteur, mais ils auront encore 300 millimètres de largeur, et les neuf gâteaux formeront ensemble une bâtisse de 75 décimètres 60 centièmes carrés, deux décimètres 69 centièmes de moins que dans la ruche à bâtisse fixe. Voilà une ruche à rayons mobiles.

3° Si l'on remplace les barres, appelées porte-rayons, par des cadres, les gâteaux renfermés dans les cadres n'auront plus que 270 millimètres de hauteur sur 270 de largeur, formant ensemble une bâtisse de 65 décimètres carrés 61 centièmes, c'est-à-dire douze décimètres carrés 69 centièmes de moins que dans la ruche à bâtisse fixe. Voilà une ruche à cadres mobiles. On le voit, la charpente des cadres et l'intervalle entre la charpente et les parois de la ruche enlève un espace pouvant donner une bâtisse de 12 décimètres carrés 69 centièmes.

J'ai plutôt augmenté que diminué la bâtisse de la ruche à cadres, car je n'ai compté que 15 millimètres pour l'épaisseur des barres du cadre et l'intervalle entre le cadre et la paroi. J'aurais pu compter 20 millimètres, 10 pour l'épaisseur des barres et 10 pour l'intervalle entre le cadre et la paroi. C'est la mesure la plus commune pour la construction des ruches à cadres.

4° Une ruche à bâtisse fixe de 24 litres 57 centièmes renferme autant de bâtisse qu'une ruche à cadres jaugeant 29 litres 25 centièmes ; mais le sens commun, d'accord avec l'expérience, dit qu'une même quantité d'abeilles chauffe mieux une ruche de 24 litres qu'une ruche de 29. Aussi Dzierzon, la première autorité apicole de l'Allemagne, affirme que les abeilles passent assez mal l'hiver en ruches à cadres.

La ruche Dzierzon n'admet pas les cadres, mais simplement les porte-rayons, ce qui lui donne un grand avantage sur la ruche à cadres. Elle renferme presque autant de bâtisse, à capacité égale, que la ruche à bâtisse fixe.

5° Les abeilles en ruches à cadres sont fréquemment atteintes d'une maladie que les Allemands appellent la soif, tandis que, logées en ruches de paille à bâtisse fixe, elles ne connaissent pas ou presque pas cette maladie.

La loque ou pourriture du couvain, dont on parle beaucoup plus en Allemagne qu'en France, ne serait-elle pas, comme la soif, une maladie plus commune chez la ruche à cadres que chez la ruche à bâtisse fixe ? C'est une simple question que je pose.

6° La ruche à cadres, système allemand, est fermée par le haut et par le bas ; on ne peut y pénétrer que par une porte latérale. Une telle construction est bien incommode pour le nettoiement du printemps. Mais le plus déplaisant, c'est quand il faut sortir tous les cadres pour arriver au dernier. L'exposition en plein air de neuf à dix cadres convient-elle aux nourrissons et aux nourrices ? N'est-elle pas au printemps et à l'automne une invitation au pillage ?

6° Les Allemands reconnaissent la supériorité de la ruche de paille sur la ruche de bois. Ils sont à la recherche d'une ruche en paille de forme rectangle, seule forme qui puisse recevoir soit des porte-rayons, soit des cadres de dimension uniforme. Bon marché, grande régularité, voilà la question à résoudre pour une ruche rectangle en paille.

7° La ruche à cadres coûte beaucoup plus cher que la ruche de paille à bâtisse fixe. Les partisans des cadres trompent le lecteur, quand ils affirment que la ruche à hausses coûte aussi cher que la ruche à cadres. Pour la ruche à hausses ils prennent le prix de vente à Paris, et pour la ruche à cadres, le prix du fabricant de province. Ce procédé est-il loyal ?

8° La bâtisse des abeilles n'est pas tracée sur des lignes droites, elle est plus ou moins bosselée çà et là ; il s'ensuit qu'il est rarement possible de remplacer un cadre plein par un autre cadre plein pris au hasard dans une autre ruche, parce que la bâtisse de l'un ne sera pas bosselée de la même façon que la bâtisse de l'autre. Un cadre plein ne peut généralement être remplacé que par un cadre amorcé, un cadre auquel on a collé un rayon régulateur.

9° La conduite de la ruche à cadres, au témoignage de ses partisans, exige une *intelligence supérieure, une connaissance approfondie de l'abeille,*

une grande adresse de main, j'ajouterai une grande patience; les apiculteurs ont tous une intelligence supérieure, accord parfait sur ce point;
mais tous ont-ils la patience du bœuf et la patte du chat?

*La seconde étoile du firmament apicole de l'Allemagne, l'inventeur des
cadres en* 1853, quand déjà on commençait en France à les mettre au grenier, de Berlepsch, va jusqu'à dire que sur cinquante apiculteurs, il s'en
trouve à peine un seul réunissant les conditions nécessaires pour conduire une ruche à cadres. On voit combien peu sont dignes d'entrer dans
le docte corps des nouveaux mobilistes.

10° L'homme aux cadres produit (en parole) deux et trois fois plus de
miel que l'homme à bâtisse fixe, mais, chose étonnante, chaque fois que
l'homme à bâtisse fixe propose des essais comparatifs, l'homme aux cadres se tamponne chaque fois les oreilles pour ne pas entendre.

11° Celui qui écrit ces lignes pratique depuis plus de dix ans, pour
les expériences, les cadres et les rayons mobiles; eh bien! il conseille aux
apiculteurs, qui veulent produire du miel sans avoir trop de soucis et dépenser trop d'argent, de s'en tenir à la ruche à calotte et mieux à la ruche
à hausses, l'une et l'autre en paille.   *Un Apiculteur lorrain.*

Fécondation de l'abeille-mère.
Par Dzierzon. (Voir 14° année, p. 368.)

Afin que les lecteurs de *l'Apiculteur* soient à même de comparer, avec
nos enseignements concis et sans prétention, les développements souvent
hypothétiques et nuageux des Allemands de l'école dite moderne, nous
continuons de donner la traduction de la partie théorique du Traité de
Dzierzon.

Relativement à la fécondation anormale des mères qui n'ont pu s'accoupler dans les premiers temps de leur existence, nous avons rejeté, il
y a plusieurs années, la théorie de Huber (*Nouv. observations,* p. 95),
propagée par Radouan, Debeauvoys, etc., sur la ponte unique d'œufs
masculins, lorsque cet accouplement n'avait plus lieu qu'après 22 jours
d'existence. Nous savons aujourd'hui, — par le contrôle du fait, — que
l'accouplement accompli après un laps de temps beaucoup plus long peut
encore être normal, si ce n'est chez toutes les mères, du moins chez un
certain nombre. Sur ce chapitre, voici comment s'exprime Dzierzon:

— La jeune femelle peut être complétement fécondée aussi longtemps
qu'elle vole au dehors pour l'accouplement, ce qui, dans un été chaud,
peut d'ailleurs durer tout au plus pendant 4 semaines; et pendant un

printemps ou un automne frais, alors que dans la ruche la vie et le développement sont moins actifs, cela peut durer de 5 à 6 semaines. Car il n'est pas possible de penser qu'une fécondation retardée devrait être moins complète et qu'elle ne servirait qu'à faire procréer le sexe masculin. Il est bien plus vrai de dire que les mères qui ne produisent que des bourdons n'ont nullement été fécondées, ou bien que la fécondation est restée sans effet ou qu'elle est devenue ainsi, car les œufs de bourdons n'ont pas besoin d'être fécondés. Ils acquièrent déjà dans l'ovaire maternel le principe de vie et ils sont réellement des œufs de bourdons, justement par cela seul qu'ils sont pondus sans avoir été fécondés. Mais quand l'œuf doit être fécondé, il sort de la vésicule séminale de la femelle fécondée un petit filament qui s'introduit dans l'œuf au moment de son passage, et il y réveille le germe vital d'un individu d'un autre genre, qui devient alors une ouvrière ou une mère.

Cette proposition renferme la clef de toutes les énigmes qui, jusqu'à présent, avaient paru indéchiffrables. Elle fut découverte par l'apiculteur silésien, alors qu'ayant la facilité d'observer plusieurs jeunes femelles qui n'avaient pu effectuer leur sortie de fécondation, soit parce que leurs ailes étaient impropres au vol, soit parce qu'elles étaient nées à une époque froide de l'année, et qui par la dissection avaient été trouvées non fécondées, que ces jeunes femelles pondaient cependant des œufs, mais dont il ne naissait que des faux-bourdons.

Comme d'autre part les œufs provenant de mères probablement fécondées produisaient toujours des ouvrières, il était facile de conclure que tous les œufs sont, dans le principe, égaux, c'est-à-dire neutres, et qu'ils ne deviennent mâle ou femelle que suivant qu'ils ont été fécondés ou non au moment de la ponte. Dorénavant il sera très-facile d'expliquer comment il se fait que les mères non fécondées ou les ouvrières pondeuses, non susceptibles de fécondation, ne peuvent pondre que des œufs de bourdons, de même que les mères fécondées ont la faculté de pondre à volonté des œufs d'ouvrières ou de bourdons et de favoriser ou d'empêcher la fécondation d'avoir lieu par un simple mouvement de muscle. Du reste, dans les premières années de son journal d'apiculture, l'auteur produisit, d'abord comme simple hypothèse, ensuite dans ses récentes publications comme vérité plus certaine et plus positive, une réfutation énergique à ce principe jusqu'alors généralement accrédité, qu'aucune vie n'était possible sans fécondation préalable. — Mais comme il prouva la vérité du fait qui se passait dans la ruche d'une manière aussi certaine que Copernic expliquait son système dans ce que l'on voyait dans le ciel, l'auteur trouva de plus en plus des adhérents, tels que les physiologistes de Fach, Allemands qui s'y intéressèrent, et maintenant son principe est devenu article de foi depuis qu'il a fait ses preuves, sous le microscope et le scalpel du grand physiologiste professeur Théodore de Siebold, jadis à Breslau, maintenant à Munich. Ce dernier poussa les recherches jusqu'à examiner la manière dont se faisait la fécondation des œufs d'abeilles et de faux-bourdons et il en résulta que les œufs de faux-bourdons ne possèdent aucun signe de fécondation soit intérieur soit extérieur, tandis que les œufs d'ouvrières, qui pour être examinés étaient fendus en deux et placés entre deux verres, afin d'en apercevoir l'intérieur, montraient un ou plusieurs filaments souvent encore mobiles (1).

De même que la mère sait adapter le sexe des œufs à la dimension des cellules, de même elle sait aussi proportionner leur nombre aux exigences de la ruche et suivant les circonstances. La mère ne pond journellement que quelques centaines d'œufs dans les ruchées faibles et par un temps froid et défavorable ; au contraire, elle en pond des milliers dans les ruchées populeuses et au moment d'une riche récolte. Il est facile de vérifier si une mère peut pondre par jour trois mille œufs par un temps favorable ; il suffit d'introduire un essaim dans une ruche garnie de rayons vides ou de placer des rayons vides dans le cantonnement du couvain d'une ruche, et de compter, après quelque temps, les œufs qui s'y trouvent. Il est vraiment risible de voir publier dans des livres qu'une mère peut pondre dans le courant de sa vie le nombre de 60,000 œufs. Il serait plus vrai de dire 600,000 et même 1,000,000 ; car la plupart des mères, dans une ruche vaste et par un temps propice, peuvent pondre 60,000 œufs dans le courant d'un mois. Ainsi, comme en général la ponte commence déjà en février et continue jusqu'en septembre, quoique avec moins d'activité, une mère de fécondité particulière peut pondre dans les quatre années que dure ordinairement sa vie plus d'un million d'œufs. Cependant le degré de fécondité est extrêmement variable chez les diverses mères. Celles-là sont les meilleures qui pondent régulièrement beaucoup d'œufs et les déposent régulièrement dans les cellules, sans en mettre deux dans la même cellule et sans omettre de cellule. Le couvain apparaît alors généralement

(1) Voir la vraie Parthénogénèse, chez les papillons et es abeilles, de Théod de Siebold. Leipsig, chez Engelmann.

operculé; il arrive régulièrement à terme et permet à la mère une ponte successive et régulière. La ruche prospère alors, parce que sa prospérité dépend surtout de la mère qui en est l'âme.

L'abeille au Chili.

Vers la fin de l'année 1849, je quittai la France pour le Chili où j'arrivai en avril 1850. Dès les premiers mois de mon installation dans ce pays, je me proposai d'y introduire l'abeille dont la culture n'existait sous aucun spécimen digne d'attention. J'avais été, avant mon départ de France, en relations très-suivies avec M. Debeauvoys qui a fait de l'apiculture une véritable science dans son pays et dont les ouvrages sur cet objet sont remarquables et très-appréciés. J'étais donc fermement décidé à appliquer son système. Malheureusement les abeilles me faisaient défaut : j'avais compté en rapporter avec moi et, à ce sujet, je m'étais mis en rapport avec M. Debeauvoys ; mais, je ne sais par suite de quels accidents, les ruches n'arrivèrent pas au Hâvre où je m'embarquai. Je fus donc à regret forcé de partir sans elles.

Installé depuis quelques mois déjà au Chili, je poursuivais toujours mon idée, en cherchant des ruches. J'appris enfin avec un vif plaisir que M. Patricio Larrain, de retour d'un voyage en Europe, avait pu rapporter une ruche déposée dans sa propriété de Pena-Flor, près Santiago. Cette ruche, système Nutt, inintelligemment dirigée à mon avis, produisit en quelques années quelques chétifs essaims. Je priai M. Ochagavia, chez qui j'étais alors, de vouloir bien faire une visite à Pena-Flor, et de savoir si l'acquisition de quelques ruches était possible. On le renvoya à M. Sada, alors directeur de l'école normale. J'y allai ; là, il me fut répondu que je pouvais faire l'acquisition de trois ruches moyennant 150 piastres chacune — 750 francs. — Je n'hésitai pas un instant. Je payai 2,250 francs et les ruches me furent livrées. Je procédai immédiatement à leur transvasement dans la ruche Debeauvoys dont j'avais emporté le modèle.

Dès la première année, je fis onze essaims tant naturels qu'artificiels. La seconde année, j'obtins plus du double. En 1857, soit six années après cette heureuse mais chère acquisition, j'arrivai à récolter 20,000 kil. de miel dont je n'avais pas le débouché. Je me résignai à regret à le distiller. Cette distillation produisait d'excellente eau-de-vie que je vendais 50 francs l'arrobe (32 litres).

Je fis ensuite quelques envois de miel en France où il fut accepté. J'ai continué depuis des expéditions et de miel et de cire et l'exportation des produits de cette nature augmente sans cesse. Je vendis aussi des ruches ; les premières me furent payées 40 piastres (2' 0 francs chaque); puis ensuite une partie de cent essaims sans logement 25 francs; aujourd'hui on en trouve à 2 fr. 50 et au-dessous.

En 1870, sur le point de regagner la France, je fis des démarches pour céder mes ruches au nombre environ de quatre cents; je ne trouvai pas à les vendre. Je fus obligé de les étouffer toutes et de récolter ensuite. Je me suis défait des ruches vides au prix de 60 centimes pièce, perdant ainsi 21 fr. 90 c. par ruche, puisqu'elles m'avaient coûté 22 fr. 50 c. à établir. Il est juste cependant de dire que ces ruches avaient beaucoup produit. — Ces chiffres ne figurant ici d'ailleurs que pour faire ressortir les progrès de l'importation et de la culture.

La plus grande partie de ces logements étaient des ruches Debeauvoys. — Elles étaient, parait-il, très-appréciées dans le pays; car on m'en vola quelquefois et toujours de celles-ci. — Puis j'avais aussi des ruches à hausses et de celles dites des jardins. Une ruche d'observation, entre autre, système Hamet, me donnait un ou deux beaux essaims par année.

Cette ruche s'est toujours très-bien tenue.

La ruche Debeauvoys m'a donné toujours les meilleurs résultats. J'avais donc une grande quantité de ces ruches. Je faisais la récolte du miel d'un seul côté jusqu'à la fin des ruches, je réprimais de l'autre et ainsi de suite, sans que les abeilles en parussent dérangées. Chaque jour le miel était broyé puis exposé au soleil dans des caisses en bois garnies de fer blanc et munies d'un tamis de crin et d'une toile légère, afin d'empêcher la cire d'adhérer au crin. Une toile noire et une feuille de verre étaient placées par-dessus. Il suffit ainsi de quelques heures pour que le miel passe. Il m'est arrivé plusieurs fois de faire deux coulées par jour. Le miel était ensuite mis en baril où aussitôt refroidi il se durcit.

Je termine ce très-simple exposé, en ajoutant que l'abeille est généralement mal soignée au Chili. On en laisse beaucoup se perdre l'hiver, faute de nourriture. Récolter et vendre, voilà le système. La récolte même y est fort négligée. Il m'a été donné de voir du miel déposé dans des vases de cuivre non étamés.

L'abeille a au Chili beaucoup d'ennemis : la fourmi, le lézard en grande quantité, et le crapaud. J'ai compté jusqu'à 14 abeilles dans l'estomac d'un de ces derniers animaux; aussi leur faisais-je une chasse à outrance.

Je semais à cet effet de grandes lignes de cornichons près des ruches;
en récoltant ceux-ci, je détruisais ceux-là. Je les détruisais encore en
superposant des paillassons sur des traverses; les crapauds s'y allaient
mettre à l'abri du soleil à l'approche du jour et je les surprenais ainsi
dès le matin.

L'abeille se plaît beaucoup au Chili. Mais, je le répète, elle y est mal
soignée. Une grande quantité de plantes mellifères peuvent y être introduites avantageusement.

L'abeille jaune des Alpes y est inconnue; ce serait une fort belle
acquisition pour ce climat exceptionnel, et je me ferais un véritable
plaisir d'en envoyer, si la demande m'en était faite.

L'abeille commune (*apis mellifica*) est répandue sur toute la côte, de
Lima à Voldivia.   J. BERTRAND.

— Cette assertion « l'abeille jaune est inconnue au Chili » est inexacte.
Des Suisses l'y ont transportée, dans d'autres localités que celle qu'habitait notre compatriote. — *La Rédaction.*

L'intelligence des abeilles.
(Voir 44ᵉ année, p. 373.)

L'abeille a toujours construit son habitation de la même manière,
comme l'oiseau la sienne, et il est vrai que l'abeille a toujours fait une
cellule hexagonale. Mais ce qui n'est pas vrai, c'est que la forme de cette
cellule soit le résultat, ainsi que le prétend Buffon, de l'entassement des
abeilles les unes près des autres. Buffon dit que, si les cellules des abeilles
ont une forme hexagonale si régulière, cela tient à un fait purement mécanique. Qu'on prenne, dit-il, des pois secs, qu'on en remplisse un vase,
qu'on y ajoute autant d'eau qu'il en peut recevoir et qu'on ferme hermétiquement; les pois, en se gonflant, font prendre une forme hexagonale.
Ce fait est vrai pour ce qui concerne les pois, mais non pour ce qui
concerne les cellules d'abeilles. En effet, dans cette supposition de
l'illustre naturaliste, toutes les cellules auraient la même grandeur,
puisqu'elles résulteraient de la compression réciproque de mouches de
même grosseur. Or, il n'en est pas ainsi. Quiconque a examiné une
ruche sait que les cellules de mâles se trouvent en assez grand nombre
dans la ruche et qu'elles sont beaucoup plus grandes que des cellules
d'ouvrières; elles n'ont donc pas pu se mouler sur le corps des ouvrières
ni sur ceux des mâles, puisqu'elles sont faites avant qu'il existe des
mâles dans la ruche, et qu'elles sont raccordées aux cellules d'ouvrières

au moyen de loges intermédiaires beaucoup plus petites que les ouvrières. Ce n'est donc point une compression qui donne la forme des cellules.

Les rayons des ruches sont loin d'avoir toujours les mêmes dispositions; tantôt ils sont parallèles à la direction de l'entrée, tantôt en travers, tantôt un seul rayon est ainsi en travers, à l'entrée, comme pour briser le vent ou faciliter la défense. La disposition de l'habitation des abeilles n'est donc pas une œuvre machinale, toujours la même et toujours exécutée de la même façon. Qu'il survienne un ennemi nouveau, l'abeille établira contre lui des constructions nouvelles.

Il existe maintenant dans nos contrées un ennemi des abeilles, qui autrefois leur était complétement inconnu. C'est un grand papillon de nuit, si gros que, pendant son vol, on le confond avec la chauve-souris. Importé en Europe en même temps que la pomme de terre dont les feuilles servent à la nourriture de sa chenille, ce papillon, qu'on appelle papillon tête-de-mort, parce qu'il a sur le corselet une tache qui imite une tête de mort, fait entendre de temps à autre un son aigu et plaintif, qui épouvante les abeilles et jette le désordre dans la ruche, au point que parfois les mouches s'entretuent. Eh bien, contre cet ennemi nouveau les abeilles ont imaginé un moyen de défense nouveau : elles construisent, à l'entrée de la ruche, un contrefort en propolis pour rétrécir le passage et empêcher l'ennemi d'entrer. Ce n'est pas là assurément faire toujours la même construction et de la même manière.

Mais c'est assez de détails : je ne cite plus qu'un seul fait relatif aux constructions des abeilles. Il y a, dans nos campagnes, un préjugé qui consiste à croire que les essaims, reçus le jour de la Fête-Dieu, disposent leurs rayons comme ceux d'un ostensoir. Ce préjugé est établi sur un fait vrai en lui-même, à savoir que les essaims recueillis à la Fête-Dieu, c'est-à-dire en général dans la première quinzaine de juin, se trouvent souvent être des essaims seconds, dont quelques-uns construisent des rayons ployés à angle droit, rayons qui se rencontrent par leurs angles vers le centre de la ruche et semblent former une croix avec des rayonnements. Pourquoi cette disposition ? Elle tient à plusieurs causes. En général, l'apiculteur, d'autant plus avide qu'il est moins éclairé, reçoit ses essaims seconds, comme ses premiers, dans de grandes ruches; ne sachant pas distinguer, il vise toujours à une récolte abondante.

Quand il a reçu ainsi un essaim second et que cet essaim contient deux mères, qu'arrive-t-il ? Si les deux mères ne se rencontrent pas pour se combattre, les ouvrières bâtissent des rayons sur deux points différents ; puis, aussitôt que chaque mère a commencé sa ponte, on s'occupe de part et d'autre du couvain. Mais, quand les rayons du milieu sont sur le point de se toucher, les mouches s'aperçoivent qu'il va s'établir une communication entre les deux familles ; alors, pour éviter la rencontre des deux mères, on construit, vers le milieu de la ruche et en travers de ce qui est déjà fait, un grand rayon de séparation, sorte de mur mitoyen qui limite les deux habitations. Après cela, on fait un retour à angle droit aux rayons commencés, tant d'une part que de l'autre, et il en résulte cette disposition cruciale avec rayons intermédiaires, qui a frappé des esprits peu éclairés et a donné lieu au préjugé.

Mais l'observateur attentif ne voit dans ce fait qu'une nouvelle preuve de l'intelligence des abeilles. Prévoyant une lutte et sachant que cette lutte ne finira que par la mort d'une des deux mères, elles prennent une mesure radicale pour l'éviter. Là, encore, elles prouvent qu'elles ne construisent pas toujours d'après le même plan ; elles varient leurs constructions avec l'intention bien évidente d'arriver à un but déterminé à l'avance entre elles, et ce but, elles savent l'atteindre.

Buffon dit encore que si les abeilles avaient l'intelligence, elles ne s'obstineraient pas à amasser provisions sur provisions, en présence de la rapacité de l'homme qui les dépouille sans cesse. Mais l'illustre naturaliste n'a pas observé par lui-même les abeilles, car il aurait bien vite vu qu'en cette circonstance, elles ne font qu'obéir à une loi très-générale et très-impérieuse de la nature, qui est celle de la conservation de l'espèce. En effet, dès le mois de janvier et jusqu'au printemps, c'est-à-dire bien avant que le miel n'abonde dans les fleurs, les abeilles élèvent une grande quantité de couvain, quantité d'autant plus grande que la provision de miel est plus abondante, et il en résulte des essaims d'autant meilleurs et hâtifs qu'il s'est trouvé plus de miel dans la ruche. Les abeilles ne font donc qu'obéir à l'impérieuse loi de conservation de l'espèce, quand elles s'obstinent à amasser du miel, malgré les incessantes violences commises par l'homme à leur détriment.

En résumé, j'ai montré les abeilles imaginant de se placer en étais provisoires et construisant, pendant ce temps, des piliers définitifs pour soutenir un rayon ; se transmettant, soit par des sons, soit par des gestes, des renseignements d'une certaine précision, désignant à leurs compagnes un butin à partager, donnant un signal d'appel, etc.   .

Ces actes ne me paraissent s'expliquer que par une intelligence réelle, et dès lors, proclamant une vérité déjà entrevue et embellie par Virgile, quand il dit, dans son poétique langage :

Esse apibus partem divinæ mentis...

je déclare que, loin d'être stupides comme le prétend Buffon, les abeilles ont de l'intelligence. — Mais, dira-t-on, si vous accordez de l'intelligence aux abeilles et aux animaux en général, nous ne voyons pas trop ce que vous accorderez de plus à l'homme.

Une minute encore d'attention, et j'espère qu'on trouvera avec moi chez l'homme, du côté des dons de l'esprit, une large et magnifique dotation que l'on ne confondra nullement avec ce qui appartient aux animaux.

En effet, si, après avoir constaté les actes d'intelligence des abeilles, je me tourne vers l'horticulteur qui les protège dans leurs travaux, et si je demande à son homme de peine pourquoi on lui a fait mettre du fumier dans la terre, il me répondra, en s'étonnant de ma naïveté, que c'est pour nourrir les plantes. Dès les premiers mots, cet homme prouve qu'il conçoit dans la nature des lois générales et notamment la loi de nutrition. Il voit, il comprend (et cela aucun animal ne le comprend), il voit que tous les corps organisés vivants ont besoin d'être nourris.

Voilà de suite une idée générale, c'est-à-dire une abstraction, chez l'homme le moins instruit. C'est là la faculté spéciale de l'homme, celle qui, « en le distinguant des animaux, » l'élève bien au-dessus d'eux : c'est la faculté d'abstraction, ou faculté de concevoir et comparer des idées générales.

De là, chez tous les hommes, la raison ou travail involontaire d'abstraction d'où résulte l'idée du bien, du juste, du vrai, de l'infini. De là, le libre arbitre ou liberté morale dont l'homme est si fier et à si juste titre. De là, enfin, la connaissance, la conscience de l'existence de l'âme, qui se révèle à l'homme, d'autant mieux qu'il étudie davantage les lois de la nature.　　　　　　　　　　　　　　　Dᵣ BOURGEOIS.

(*Bull. de la Soc. d'horticulture, de botanique et d'apiculture de Beauvais.*)

Cueillette du pollen. — J'ai remarqué qu'il y a des colonies qui rapportent plus de pollen que d'autres, lors même qu'il n'y a pas entre elles une différence bien grande pour la force ou l'âge. J'ai aussi remarqué que le miel de ces colonies est plus difficile à extraire des gâteaux. Il est plus consistant, plus gluant, ou visqueux. Quant à la douceur et au goût, je n'y ai point vu de différence. — *A. Braun.*

Les abeilles et le manteau impérial.

Oh ! vous dont le travail est joie,
Vous qui n'avez pas d'autre proie
Que les parfums, souffles du ciel,
Vous qui fuyez quand vient décembre,
Vous qui dérobez aux fleurs l'ambre
Pour donner aux hommes le miel,

Chastes buveuses de rosée,
Qui, pareilles à l'épousée,
Visitez le lys du coteau,
O sœurs des corolles vermeilles,
Filles de la lumière, abeilles,
Envolez-vous de ce manteau !

Ruez-vous sur l'homme, guerrières !
O généreuses ouvrières,
Vous le devoir, vous la vertu,
Ailes d'or et flèches de flamme,
Tourbillonnez sur cet infâme !
Dites-lui : — « Pour qui nous prends-tu ?

» Maudit ! nous sommes les abeilles !
» Des châlets ombragés de treilles
» Notre ruche orne le fronton ;
» Nous volons, dans l'azur écloses,
» Sur la bouche ouverte des roses
» Et sur les lèvres de Platon.

» Ce qui sort de la fange y rentre.
» Va trouver Tibère en son antre,
» Et Charles-Neuf sur son balcon.
» Va ! sur ta pourpre, il faut qu'on mette,
» Non les abeilles de l'Hymète,
» Mais l'essaim noir de Montfaucon ! »

Et percez-le toutes ensemble,
Faites honte au peuple qui tremble,
Aveuglez l'immonde trompeur,
Acharnez-vous sur lui, farouches,
Et qu'il soit chassé par les mouches,
Puisque les hommes en ont peur !

Jersey, juin 1853.   Victor Hugo. (Les Châtiments.)

L'apiculture en Sibérie.

Entre 1764 et 1770, les environs de la forteresse d'Oust-Kamiénogorsk furent colonisés par des paysans qui, ayant d'abord vécu en Russie, s'étaient réfugiés en Pologne pour vivre en pays catholique. Lors de la guerre contre ce dernier royaume, les fugitifs furent découverts par les armées russes et déportés au nombre de plusieurs milliers de familles dans la Sibérie méridionale, où on les appela les Polonais. Près d'Oust-Kamiénogorsk, ils avaient fondé les deux villages de Bobrofskoïé et de Séhiçofskoïé.

En 1776, le médecin en chef des corps des frontières, M. Berens, se trouvant dans ces villages lors d'une tournée d'inspection, fut sollicité par les habitants de leur procurer les moyens de faire de l'apiculture comme dans leur ancienne patrie. La contrée qu'ils habitaient étant remarquable par la richesse de sa végétation, M. Berens appuya leur demande, et en 1777 on envoya, de la Bashkirie, trente ruches pour être distribuées dans ces deux villages. Dès la première année, chaque ruche produisit trois essaims; mais beaucoup d'abeilles périrent, parce qu'on avait ôté trop de miel pour le compte du gouvernement qui regardait ces ruches comme sa propriété.

En 1792, le colonel Archéniefski, étant en garnison à Oust-Kamiénogorsk, fit venir d'Orenbourg cinquante ruches, et grâce à un homme expérimenté qui s'en occupait, le transport se fit dans de très-bonnes conditions. Le succès fut complet. Après, M. Archéniefski vendit les ruches et en donna pour rien à ceux des paysans pauvres qui avaient déjà quelques notions d'apiculture. Cette fois-ci les abeilles prirent pied dans le pays. Peu à peu les ruches se répandirent d'Oust-Kamiénogorsk à la partie méridionale du gouvernement de Tomsk et de Kouzmèntsk (voyez le travail de M. Abramof, intitulé : *Oust-Kamiénogorsk, en 1861*).

Dans la stanitsa de Lepsinsk, les abeilles furent introduites par Kasaques, envoyé de Bisk pour la colonisation des bords de Lepsa. On peut juger des avantages que l'apiculture offre dans ce pays, par le fait suivant : « Le kosaque, dans la maison duquel était logé notre chef, avait près de 400 ruches fournissant 150 poudes (3,000 kil.) de miel par an.

En 1865, le poude (20 kil.) de miel coûtait, à la stanitsa de la Sepsa, 5 roubles d'argent (20 francs); le poude de cire, 14 roubles (56 francs). Les achats étaient faits en gros et en détail par des négociants russes, tartares et kirguizes. Le miel étant un des ingrédients les plus recherchés de la cuisine de l'Asie centrale, où il remplace le sucre, le débit dans les steppes en est toujours assuré. Dans la stanitsa, il y a environ cinq cents maisons de kosaques ayant chacune son jardin aux abeilles ; néanmoins la demande du miel a toujours excédé l'offre.

Quelque favorable que soit pour l'apiculture la vallée de la Lepsa, les abeilles réussissent encore mieux autour des sources du Tentek, un peu à l'est de la première contrée. Les bois y sont remplis de si grandes quantités d'abeilles sauvages, qu'on y va même de la Lepsa, soit pour prendre des essaims, soit pour tailler les rayons.

(Extrait des *Esquisses kirguises*, de M. Heins.)　Paul VŒLKEL.

Remarque sur la piqûre d'une mère. — M. Hoffmann, de Vienne, excita une mère très-féconde à le piquer, lui permettant ensuite de retirer son aiguillon à son aise. Il remarqua qu'elle ne pondit plus d'œufs à cause de cela, quoiqu'elle parût se bien porter pendant les cinq semaines suivantes. Alors, il la tua et la disséqua ; mais il ne découvrit aucune preuve qu'elle eût bien supporté l'ébranlement intérieur. Il est donc probable que quelques muscles adhérents à l'oviducte aura été dérangé par les efforts qu'elle a faits pour retirer son aiguillon.

Ouvrière pondeuse. — Si dans l'examen d'une ruche, pour s'assurer que la jeune mère est devenue fertile, on remarque une ou plusieurs cellules maternelles rudimentaires contenant des œufs ou des larves, on peut être sûr que la mère a été perdue, et que les œufs ont été déposés par une ouvrière pondeuse.

Revue et cours des produits des abeilles.

Paris, 28 *mars*. MIELS. — Pendant le siège, les miels blancs ont atteint des cours qu'ils ne reverront peut-être jamais. En décembre on les cotait de 4 à 6 fr. le kilog. Ils étaient épuisés en janvier. Au sortir du siège, des surfins ont encore été pris à 300 fr. les 100 kil. par le commerce de gros. Mais depuis les cours sont devenus plus normaux. On a payé des lots de Gâtinais de 200 à 225 fr. les 100 kil.; des surfins seuls 250 fr.; des pays de 130 à 170 fr. Il a été traité quelques Chili en seconde main de 110 à 130 fr. les 100 kil. Pendant la guerre, ces miels sont allés à Londres et en Hollande. Il en a été de même pour une partie de nos Bretagne qui, en novembre, se cotaient à la consommation de Paris de 150 à 175 fr. les 100 kil. On les tient chez les détenteurs, à Rennes, Saint-

Brieuc et Morlaix, de 105 à 135 fr., selon vendeur et marchandise.

La consommation du miel a été grande partout cet hiver, sans compter ce que les Prussiens en ont gâché. Les cours à la consommation dans la plupart des départements est de 1 fr. à 1 fr. 50 le demi-kil.

Cires. — La plupart des industries qui emploient la cire ayant chômé pendant la guerre, à Paris et dans un certain nombre de départements, les prix de cet article se sont affaissés. On cote hors barrière : cire jaune en briques, de 400 à 420 fr. les 100 kil. Un certain nombre de producteurs restent détenteurs de leur dernière récolte ; mais comme beaucoup de ruchers ont été abimés par les suites de la guerre, ces détenteurs attendent des prix plus élevés.

A Marseille on cote : cire jaune de Caramaine, 225 à 230 fr. les 50 kil. à l'entrepôt ; Chypre et Syrie 230 fr. ; Egypte 205 à 225 fr. ; Constantinople 220 à 225 fr. ; Mogador 185 à 200 fr. ; Tetuan, Tanger et Larache 200 à 210 fr. ; Alger et Oran 210 à 215 fr. ; Bougie, Bône et Mozambique 205 à 210 fr. ; Gambie (Sénégal) 190 à 200 fr. ; Corse 220 fr. ; pays 200 à 207 fr. 50. Ces deux dernières à la consommation.

Abeilles. — Les ruchers ont plus ou moins souffert dans les départements envahis par les Allemands. Aux environs de Paris, dans un rayon de 25 à 40 kilomètres, il n'existe presque plus d'abeilles. Des ruchers de la Brie, le Gâtinais et la Beauce ont aussi été complétement ravagés. D'un autre côté les gelées de cet hiver ont détruit beaucoup de plantes mellifères ; les trèfles incarnats et les colzas ont été fortement atteints dans le nord, l'est et l'ouest ; les sainfoins ont souffert dans quelques localités. Ils promettent dans le Gâtinais.

Les bonnes colonies à livrer en avril sont tenues à des prix élevés.

H. Hamet.

Il fallait à Paris la leçon du malheur pour retirer la nation de l'abîme dans lequel elle s'enfonçait.

Paris vient de reprendre l'œuvre du xiiᵉ siècle, l'autonomie de la Commune, qui garantit au citoyen la liberté, la justice, l'ordre vrai.

L'élection parisienne du 26 mars a fait sortir de l'urne un monde nouveau qu'il faut saluer comme on salue les effluves du printemps.

Paris.— Imprimerie horticole de E. DONNAUD, rue Cassette, 9.

No 2.   QUINZIÈME ANNÉE   1871.

L'APICULTEUR

Chronique.

Il faut refaire notre rucher, écrivions-nous le mois dernier ; et pour
notre compte personnel, nous nous sommes empressé, aussitôt que nous
l'avons pu, de nous mettre à l'œuvre ; mais, hélas ! nous avions compté
sans une triste hôtesse, la force brutale se déchaînant aux portes de
Paris. Voilà donc que des Français (!) sont en train d'anéantir ce que les
Prussiens avaient ménagé. Nous devons dire, pour rendre justice à qui
de droit, que la destruction des ruchers aux environs de Paris n'est pas
le fait des Prussiens qui, s'ils ont abîmé un grand nombre de ruches sur
leur passage, ont au moins laissé de la semence. La destruction à peu
près complète des ruchers dans la banlieue de Paris a été accomplie par
les nationaux, notamment par nos *braves* mobiles bretons et autres. Ces
défenseurs... de la propriété ont détruit non-seulement pour prendre,
mais aussi pour le féroce plaisir de détruire ; car, dans plusieurs ruchers
ravagés que nous avons visités, ils sont allés jusqu'à brûler les paniers
vides et à briser en menus morceaux leurs tabliers en pierre ou en plâtre. Les Prussiens n'ont pas poussé jusque-là, les instincts brutaux de
dévastation.

Aujourd'hui, nous tremblons sur le sort des ruchers que nous avions
réorganisés aux environs de Paris ; car ils se trouvent au milieu de l'*armée indigène* qui opère contre la grande Cité ; mais périssent toutes nos
ruches, et triomphe la liberté, la justice, l'ordre vrai !

— Nous avons constaté que, pendant le siége prussien, nos confrères
de la presse agricole ont comme nous chômé ; mais quelques-uns — des
endormeurs patentés — s'étaient réfugiés dans la presse politique où ils
continuaient leur honnête métier. Bien qu'il ne soit pas apicole, nous
offrons aux lecteurs de l'*Apiculteur* un échantillon de leur boniment à
tant la ligne : « Les marronniers qu'on a abattus en grand nombre sur
les voies publiques et dans les jardins des environs de Paris, pour le service du chauffage, ont fourni, dit le *Siècle*, une immense quantité de
marrons d'Inde. Ces fruits ont tous été recueillis avec soin et vont être

2

mis à profit; on va en extraire, d'après le procédé indiqué il y a quelques années par le savant M. Flandrin, une excellente fécule analogue à celle des pommes de terre et qui possède une quantité nutritive très-marquée. On va ainsi livrer à l'alimentation publique une nouvelle et précieuse ressource en grande abondance (boum !) »

Ce narcotique agricole n'est pas dangereux; mais, amis lecteurs, méfiez-vous de celui que vous débite quotidiennement la presse politique, surtout la presse vénale du passé. Soyez à cet endroit entièrement sceptique, vous avez tout à y gagner; car jamais le mensonge ne s'est étalé dans cette presse avec tant d'impudeur.

M. Chapron nous adresse la note suivante :

« Quand on est membre d'une société, doit-on ne s'arrêter qu'à ses propres idées d'après un parti-pris? Oui, si l'on désire la polémique et les diatribes. Soyons donc sincères et voyons les choses telles qu'elles sont.

» J'ai été très-longtemps amateur passionné de l'abeille italienne; depuis juin 1866 jusqu'à aujourd'hui, j'eus six populations de ces jolies petites bêtes : une de M. Warquin et cinq de M. Mona (mères et populations); j'ai espéré des montagnes d'essaims, de cire et de miel, et ai récolté ?...

» Supposons que cette race doit se conduire différemment de l'indigène. J'ai donc remarqué que l'italienne souffre beaucoup en hiver, qu'elle ne travaille bien qu'aux bonnes chaleurs, quoique sortant même par le froid , qu'elle est aussi irascible que la noire, plus sujette à la loque; que quelques abeilles abandonnent volontiers leur demeure pour aller rôder dans les ruches noires où elles séjournent; somme toute, que notre climat n'est pas le leur, et que sur cinq bonnes populations en septembre, trois à peine arrivent à mai ayant conservé une population moyenne.

» Elle peut égaler la noire, mais non la dépasser. Je pourrai de nouveau en juillet donner d'autres détails par comparaison d'une noire et d'une croisée ayant en février, cette année, même poids, même population; en un mot, étant exactement semblables.

» Je vais essayer également en 1871, sur des populations analogues, si par rayons fixes (calotte), ou par rayons mobiles, un système pourra l'emporter. J'indiquerai le poids du miel fourni par chacune d'elles, le temps employé et les dépenses pour chaque système. Que plusieurs fassent les mêmes essais et que chacun consciencieusement déclare le résultat obtenu. Alors finira la lutte déjà trop longue entre les cadres et les rayons fixes. »   H. HAMET.

Des ouvrières,
Par Dzierzon.

La plus grande partie de la population d'une ruchée se compose des abeilles ouvrières, ainsi appelées parce qu'elles font tous les travaux de la ruche. Elles apportent les matériaux qui servent à la construction et à la nourriture, elles nettoient la ruche, elles bâtissent les cellules, elles réchauffent et nourrissent le couvain, elles montent la garde et défendent la ruche. Comme il est facile de les voir et de les examiner à tout moment, soit dans la ruche, soit par le beau temps sur les fleurs, nous ne nous arrêterons pas à les décrire. Les ouvrières dans l'œuf ou à l'état de petites larves sont aptes à devenir mères, mais resserrées dans une cellule étroite et nourries d'un aliment ordinaire, leurs instruments de travail seuls se développent, tandis que leurs organes sexuels restent atrophiés, et elles demeurent des femelles incomplètes. Il est impossible de méconnaître leur aptitude à pondre, lorsque de certaines circonstances se présentent, par exemple lorsque la ruchée est orpheline, car elles possèdent les organes sexuels féminins, et qu'elles portent des traces irréfragables d'oviducte ; mais les œufs qu'elles pondent ne peuvent produire que des bourdons, parce qu'elles n'ont pas été fécondées et qu'elles ne sont même pas capables d'être fécondées. Elles pondent de préférence dans les cellules de bourdons, quand celles-ci existent dans les gâteaux, et aussi dans les cellules maternelles qu'elles ont le désir de fonder. Quand elles n'ont pas de grandes cellules à leur disposition, elles pondent aussi dans les petites cellules d'ouvrières. Les partisans des anciens systèmes ont cru fermement, pendant longtemps, que ces ouvrières pondeuses, même en présence de la mère, pondaient des œufs de faux-bourdons ; cette opinion a été heureusement renversée à l'aide des abeilles italiennes, et l'on a pu juger qu'elle avait peu de fondement et qu'elle était insoutenable par l'observation qu'on a faite de la manière dont les mères et les ouvrières pondent leurs œufs. La mère pond les œufs de faux-bourdons avec autant de régularité que ceux des ouvrières ; tandis que les ouvrières pondeuses les déposent irrégulièrement, souvent sur le bord de la cellule et parfois même plusieurs ensemble sur un tas.

Quelques personnes citaient et citent encore comme espèce particulière les abeilles noires ; mais ici la couleur noire n'apparaît sur les abeilles que par suite d'échauffement, de frottement, de morsure, de souillure, ou d'avoir été léchée, etc., etc. En général les abeilles qui sont de couleur noire brillante sont des pillardes qui ont fait depuis longtemps l'apprentissage du métier.

Il n'y a qu'une chose qui puisse distinguer l'une de l'autre les abeilles ouvrières qui sont toutes semblables, c'est l'âge. On peut ainsi séparer en deux catégories les abeilles d'une même ruchée ; d'abord les abeilles jeunes ou abeilles à couvain ou couveuses, qui sont chargées de tous les travaux d'intérieur et spécialement de l'élevage du couvain ; puis les vieilles abeilles, ou abeilles de somme, qui apportent du dehors dans la ruche tous les matériaux nécessaires et les produits de la récolte.

Lorsque les circonstances sont favorables, la jeune abeille met, à partir de l'œuf, 19 jours et ordinairement de 20 à 21 jours pour sortir de sa cellule, et elle ne s'envole pas de suite. Il se passe plusieurs jours, même pendant les chaleurs de l'été, avant qu'elle ne se présente hors de la ruche, et cela seulement pendant les heures les plus chaudes de la journée; alors elle vole en tourbillonnant devant la ruche pour se vider, puis elle retourne à ses occupations d'intérieur, qui sont, pendant la première période de sa vie, sa tâche principale. Les vieilles abeilles par contre, quand il y a dans l'intérieur de la ruche un nombre suffisant de jeunes abeilles pour soigner le couvain, ne se soucient plus que peu ou pas du tout des travaux intérieurs; elles pendent tranquillement durant la nuit au-dessous des constructions, ou se posent contre les parois de la ruche et des gâteaux extrêmes; mais pendant le jour et quand le temps est beau elles montrent une activité infatigable pour rapporter à la ruche et y entasser tous les matériaux nécessaires, tels que le miel et le pollen, jusqu'à ce que la mort, et la plupart du temps une mort violente, vienne les atteindre ; à moins qu'elles ne périssent d'épuisement lorsque leurs ailes usées ne peuvent plus soutenir leur corps chargé de provisions, principalement quand le vent souffle fort.

La durée de la vie chez les abeilles est plus ou moins longue, suivant les circonstances. Des abeilles nées en mai ou juin, il n'en reste plus beaucoup deux mois après, lorsqu'elles ont pu exercer leur activité d'une manière ininterrompue. Quand, au printemps ou en été, on donne à une ruchée d'abeilles communes, quelque forte qu'elle soit, une mère italienne, on ne trouve plus, après six semaines, que quelques-unes et après deux mois presque plus une seule abeille noire. La durée de leur vie dépend aussi beaucoup de la distance à laquelle elles volent et de l'espèce de plantes sur lesquelles elles butinent. Ainsi les abeilles paraissent vieillies très-vite quand elles vont butiner sur les fleurs du blé, en ce qu'elles s'abîment les ailes contre les feuilles tranchantes de cette fleur, ou contre les épis serrés des céréales (1). Par contre, elles paraissent se conserver bien plus longtemps quand elles butinent sur les fleurs de sarrazin, soit parce que leur vol, quoique très-actif, ne dure que quelques heures par jour, soit parce qu'elles peuvent facilement planer au-dessus de la fleur et ne pas la toucher des ailes; mais où les abeilles se conservent le mieux, et paraissent le moins vieillir, c'est lorsqu'elles restent au repos. Aussi, celles qui sont nées en septembre paraissent au mois de février ou de mars aussi jeunes et aussi robustes que si elles venaient de quitter leur cellule depuis peu de jours. Quand alors elles passent encore l'été dans une sorte de repos, soit parce qu'elles sont orphelines, soit parce que la ruchée est trop faible, elles peuvent aisément atteindre une année d'âge et même davantage (2); mais il est tout à fait invraisemblable, qu'échappant à tous les dangers qui les menacent, elles puissent jamais atteindre l'âge de la mère, soit plusieurs années, comme le prétendait le baron d'Ehrenfels. S'il avait possédé des abeilles italiennes et s'il avait fait des expériences avec elles, il n'aurait jamais fait cette supposition.

Quant au nombre des ouvrières dans la ruche, il peut être très-variable, suivant les ruchées et suivant l'époque de l'année où on les observe. Au sortir de l'hiver ou vers le printemps, moment où la population de la ruche est réduite à son minimum, les faibles ruchées ne contiennent peut-être que quelques centaines d'ouvrières, et une forte ruchée en plein été, au moment de son plus fort développement, peut contenir peut-être plus de 60,000 ouvrières. En moyenne on peut compter qu'une forte ruchée contient environ 20,000 ouvrières, une ruchée ordinaire de 12 à 15,000, une faible de 6 à 8,000 ouvrières.

Nota. — Nous allons intervertir quelque peu l'ordre des études théoriques de Dzierzon, en faisant passer le chapitre qui traite de l'activité des abeilles avant celui qui traite des faux-bourdons.

DE L'ACTIVITÉ DES ABEILLES.

Toute l'activité des abeilles, de même que pour les autres animaux,

(1) Nous ne nions pas que les abeilles butinent sur les céréales, mais nous n'en avons jamais vu y butiner quoique ce soit. — *La Rédaction.*

(2) L'année dernière, un critique fantaisiste et atrabilaire ayant nom Ch. Dadant, a essayé, dans un journal *germanisé* — mort et enterré — d'attribuer ses qualités de brouillon à l'auteur du *Cours d'apiculture* qui, comme Dzierzon, a fixé à un an environ la durée extrême de la vie des ouvrières. — *La Réd.*

est concentrée sur la conservation et la perpétuation de leur race. Le but de leurs travaux se trouve dans cette parole de l'Écriture : *Croissez et multipliez.*

La chose la plus importante et la première dont un jeune essaim s'occupe, c'est d'assurer sa propre existence. Il se choisit d'abord une demeure, c'est-à-dire un espace creux pourvu d'une ouverture de sortie relativement petite et dont l'essaim commence par s'assurer avant même la sortie de la souche, en y envoyant en éclaireurs des abeilles appelées abeilles éclaireuses. C'est pour cela qu'à l'époque de l'essaimage on voit une foule d'abeilles dans les creux d'arbres, dans les fentes des murs et des rochers, dans les ruches en paille vides, dans les ruches (caisses ou blocs) en bois, principalement quand ces objets contiennent des morceaux de rayons, comme si ces abeilles prenaient par avance possession de ces habitations et s'occupaient déjà de les nettoyer. Cependant, bien des essaims paraissent sortis sans avoir au préalable choisi et assuré une demeure et s'envolent au hasard dans l'espace. Dans ce cas, lorsque l'essaim s'est arrêté quelque part pour se reposer, une partie des abeilles s'envole de nouveau, les unes pour chercher une habitation convenable, les autres pour rapporter de la nourriture.

Quand une fois l'essaim est entré dans la demeure qu'il s'est choisie ou bien quand celle où on l'a placé lui convient, il s'y suspend en forme de grappe, et les abeilles commencent immédiatement à la nettoyer du haut en bas, à en enlever les parties sales, raboteuses ou qui ne tiennent pas bien, et puis elles se mettent à construire les rayons.

Fertilité de l'abeille mère.

On a vu l'opinion de Dzierzon sur la quantité d'œufs que la mère peut pondre journellement (voir page 22). Voici celle d'auteurs américains que résume Baldridge et qu'il appuie de ses propres expériences :

M. Langstroth, dans son excellent traité sur « *La ruche et la mouche à miel,* » dit (page 32) : « La fertilité de la mère n'a pas été estimée à sa juste valeur par la plupart des écrivains. Au moment de la grande ponte, elle peut déposer, si les circonstances sont favorables, de 2,000 à 3,000 œufs par jour.

M. Quinby pense qu'elle 'peut pondre de 1,500 à 2,000 œufs par jour. — Voyez ses « *Mystères,* » pages 72 et 378.

Harbisson, — voyez page 75 de ses « *Abeilles et apiculture,* » - - croit qu'elle pondra bien 2,000 œufs par jour.

Réaumur, je m'en suis informé, pense que la mère peut pondre 400 œufs par jour. L'opinion d'Huber était qu'au commencement de la saison, en avril et en mai, elle pond environ 12,000 œufs, — ce qui donne quelque chose comme 200 œufs par jour. Suivant les différentes estimations des écrivains tant anciens que modernes, la mère dépose de 200 à 3,000 œufs par jour, et de 30,000 à 250,000 par an. *Aujourd'hui* encore, combien d'écrivains qui sont du même avis! D'où vient qu'il y a, même *aujourd'hui*, une si grande diversité d'opinion sur la fertilité de la mère ? La meilleure raison qu'on puisse en donner, c'est que *les écrivains n'examinent point la question par eux-mêmes.*

Nous avons à présent toute facilité pour faire des investigations sur ce sujet ; tout apiculteur a les moyens de s'assurer, avec précision, de la fertilité de la mère. Ce qui est nécessaire avant tout pour cela, c'est d'avoir une ruche qui laisse à l'opérateur un plein contrôle de ce qu'elle contient. Or, la ruche à gâteaux mobiles du Rév. L. L. Langstroth permet justement à l'opérateur de contrôler tout à son aise les abeilles, et chaque gâteau et cellule qu'elle renferme.

Vers la fin de la saison de 1859 — je crois que c'était, s'il m'en souvient bien, dans la dernière moitié de juillet, ou au commencement d'août — j'ôtai les gâteaux d'une de mes ruches à gâteaux mobiles, pour les examiner, et je me rendis compte actuellement du nombre des cellules contenant les œufs, les larves et le couvain *scellé* (operculé). Cette colonie possédait une jeune mère artificiellement produite, — âgée seulement d'environ six semaines. Le *modus operandi* était comme suit : d'un côté de la ruche et j'enlevai les gâteaux du premier au dernier. Par une secousse sèche, je fis tomber de chaque gâteau les abeilles, ce qui me permettait de bien examiner. Et pour que les pillardes ne fissent point irruption, alléchées par le miel, je les transportai (les gâteaux) à la maison. Là, je comptai soigneusement les cellules ayant des œufs, des larves et du couvain scellé, puis je remis le gâteau dans la ruche. Le suivant fut observé de la même manière, et puis les autres, en tout huit gâteaux. La ruche que j'ai aujourd'hui pour expériences en a dix.

Ci-dessous, je donne le résultat de mon examen. C'est le premier travail de cette espèce qui ait été fait, du moins à ma connaissance.

GATEAUX.	ŒUFS.	LARVES.	CHRYSALIDES ET COUVAIN OPERCULÉ.	TOTAL.
1er côté du 1er gâteau.	206*	-	»	206*
2e — —	374*	»		374*
1er côté du 2e gâteau.	32	»		32
2e — —	»	»	»	»
1er côté du 3e gâteau.	980	85	274	1339
2e — —	1323	56	205	1584
1er côté du 4e gâteau.	206	899	837	1942
» — »	247*	46	293*
2e	64	915	808	1787
» — »	324*	45*	369
1er côté du 5e gâteau.	42	»	254	296
2e — —	132	»	237	369*
1er côté du 6e gâteau.	57	208	1122	1387
2e — —	52	427	977	1456
1er côté du 7e gâteau.	51	477	1275	1803
» » »	62*	»	62*
2e	» ,	49*	»	49*
» »	32	367	1256	1655
1er côté du 8e gâteau.	81	459	»	540
2e — —	11	109	106	226
Totaux..	3,643	4,354	7,442	15,439

Les chiffres suivis d'un astérisque désignent des œufs, larves et chrysalides contenus dans des cellules de faux-bourdons, ou à provisions.

Nous déduisons de ce tableau les résultats suivants : les œufs, larves et couvain scellé, existant dans les cellules d'ouvrières, s'élèvent à 14,116; les mêmes, dans les cellules de faux-bourdons, ou à provisions, à 1,328; 91 cellules contiennent du couvain de faux-bourdon operculé.

Il faut ordinairement, dans notre latitude (43° nord), 21 jours pour perfectionner des ouvrières, et 24 pour achever les faux-bourdons, depuis le moment où les œufs ont été pondus.

Or, comme les larves de faux-bourdons sont habituellement scellées le neuvième jour après la ponte de l'œuf, il devient que les 91 cellules contenant du couvain de faux-bourdon scellé retranchées de tout le chiffre des cellules occupées — 15,439 — il reste celui de 15,348 — chiffre des œufs pondus en 21 jours; ce qui fait une moyenne de 730 œufs par jour. Le chiffre total des œufs et des larves s'élève à 7,997. Le temps néces-

saire qui doit s'écouler, depuis la déposition de l'œuf dans les cellules
d'ouvrières ou de faux-bourdons jusqu'à l'*operculement* des larves, dépend
tout à fait matériellement de la *température*. En ce cas, nous présume-
rons que les œufs et les larves qui seront dans les cellules d'ouvrières et
de faux-bourdons sont le résultat d'une ponte de neuf jours par la mère,
ce qui donne un chiffre de 888 œufs par jour. De même, l'éclosion des
œufs dépend beaucoup de la température. Le chiffre absolu des œufs
était de 3,643. S'il faut trois jours pour l'éclosion des œufs, la moyenne
par jour est de 1,214 ; ou, s'il faut soixante heures — deux jours et
demi — ce sera 1,457.

Nous pouvons, avec les faits présentés ici, prouver ou réfuter plusieurs
théories anciennes et modernes. Je n'en réfuterai qu'une, rien qu'une.
Je trouve l'extrait suivant dans « l'*Histoire naturelle des insectes*, » publiée
par Harper et frères, en 1839 : « La mère a au moins onze mois quand
elle commence à pondre des œufs de mâles. » Cette théorie est aussi soutenue jusqu'à un certain point, je crois, par les écrivains de nos jours.
Tout lecteur doit sentir la fausseté de cette théorie ; car la mère de la
colonie que j'ai examiné n'était guère plus vieille que de six semaines,
et, pourtant, les cellules contenaient du couvain de faux-bourdon ou de
mâle scellé. Il y aurait beaucoup d'autres théories que nous pourrions
aussi aisément prouver ou réfuter, mais que nous abandonnons maintenant à d'autres lecteurs.   M. BALDRIDGE.

Dictionnaire d'apiculture.
Glossaire apicole. (V. 15ᵉ année, p. 43.)

BARBE, BARBER, FAIRE LA BARBE, se dit des abeilles groupées autour
de l'entrée des ruches au moment de l'essaimage et en temps très-
chaud. *Barba* (Ain), *barbea* (Haute-Loire), *barbo* (Aude), *bave, baver*
(Somme, Saône-et-Loire), *bouffe* ou *mousse* (Pas-de-Calais), *brousse*
(Aisne), *billotte* (Orne), *éboulé* (environs de Doullens), *éfournige* (Charente-Inférieure), *marayer* (Deux-Sèvres), *musque, reuche masquée* pour
ruche faisant barbe (Meuse), *mouchou d'abelios, ochsoümados* (Lozère),
refouchen dafóre (Haute-Vienne), *rembostié* (Savoie), *richelé* (Ardennes).
Dans plusieurs localités des Ardennes l'expression *richeler* ou *richler*
s'applique pour désigner les abeilles qui, quelques jours avant l'essaimage, sortent en grand nombre vers le milieu du jour, voltigent
bruyamment et semblent s'essayer pour une émigration. On dit : il y

aura des essaims et ils sont proches, car les abeilles *richlent* ou *richellent*, comme on dirait : elles jouent fortement.

Les abeilles « qui font la barbe » se tassent les unes sur les autres ou s'accrochent entre elles en grappe au-dessus et au-dessous du menton du tablier supportant la ruche où elles simulent une barbe, ce qui rend cette expression figurée assez juste. Ce regórgement d'abeilles hors de leur habitation est causé par la chaleur excessive qui règne dans l'intérieur de la ruche, ce qui est le signe de son état prospère, et, au printemps, ce qui annonce la sortie prochaine d'un essaim. Cependant quelques ruches qui ont fait la barbe une partie de l'été manquent parfois de provisions suffisantes pour passer l'hiver, et d'autres, qui font la barbe au printemps, n'essaiment pas. L'œil est satisfait de voir les ruches faire la barbe; néanmoins il faut agir pour que, en bonne saison, les abeilles ne passent pas inutilement leur temps groupées à l'entrée de leur habitation. Il faut agrandir leur ruche ou seulement la relever, au moyen de cales, afin que l'air extérieur puisse pénétrer dedans, diminuer l'intensité de la chaleur intérieure et la rendre supportable aux abeilles. Si l'on tient avant tout à avoir du miel, il faut se hâter, à la saison des fleurs, de calotter ou de hausser les ruches dont la population devient forte et commence à barber. Si, au contraire, l'on tient à l'essaimage, il faut extraire des essaims artificiels de celles qui font la barbe depuis plusieurs jours.

L'abeille alpine ne barbe pas — ou du moins dans notre contrée — de la même façon que notre indigène : elle se groupe le plus souvent en tas et forme une, sorte de pelotte à côté ou devant l'entrée; rarement elle forme une grappe pendante. Elle se serre davantage et remue moins. Les métisses de premier croisement se comportent de la même manière.

BATISSE, s. f. Ruche garnie de rayons secs et veuve d'abeilles; cadre mobile garnie de cire sans miel et sans couvain. *Bâtis* dans la Champagne; *morine, maurinne, mortaine* (ruche dont les abeilles sont mortes), dans le Gâtinais, le Perche, la Normandie, etc.; *chire* dans la Picardie; *avance* dans quelques localités de cette province.

Ainsi qu'elles viennent d'être définies, les bâtisses artificielles sont formées avec des rayons secs qu'on fixe dans des calottes, dans des hausses ou dans des ruches. On se sert aussi de gaufres à cellules rudimentaires pour les cadres mobiles. L'édification de bâtisses artificielles est facile dans les ruches en paille; on use pour cela de baguettes et de chevilles avec lesquelles on attache les rayons.

Les bâtisses ont une grande valeur pour la production du miel, notamment du miel surfin. Aussi les apiculteurs du Gâtinais et d'autres contrées mellifères les emploient sur une large échelle. Une discussion approfondie a eu lieu, dans la VIII° année de *l'Apiculteur* (1863-1864), entre nos principaux praticiens, sur l'application des bâtisses à la production du miel et au logement d'essaims ou de chasses. Il faut consulter les diverses opinions émises et les expériences faites pour être édifié sur cet objet. — Le prix des bâtisses pleines est, pour le Gâtinais, de 5 à 6 fr. rendues sur place, en ruches de 30 à 35 litres (elles donnent 4 kilogramme de cire fondue). Ce prix monte quelquefois à 10 fr. pour les grandes ruches pleines (1 kil. et demi de cire fondue). Ces dernières ne coûtent que 4 fr. net. Il n'est pas rare qu'une bâtisse de 10 fr. (4 fr. net) ne loge 25 kilog. de miel.

La conservation des bâtisses exige qu'elles soient placées dans un lieu à température basse, mais sèche, et passées souvent au soufre, si la température est au-dessus de 10 à 12 degrés. Il faut les nettoyer, c'est-à-dire enlever les abeilles mortes qui se trouvent entre les rayons, avant de les ranger et de les employer. Consulter « Considérations sur les bâtisses, par un apiculteur lorrain; 14° année de *l'Apiculteur*. »

BOUILLIE DU COUVAIN. Le couvain à l'état de larve est alimenté d'une bouillie ou sorte de gelée composée de pollen, de miel et d'eau dans des proportions plus ou moins grandes. Les nourricières (de jeunes abeilles) absorbent une certaine quantité de ces matières, qu'elles réunissent dans leur estomac; puis, lorsque le mélange est suffisamment fait, elles dégorgent une bouillie qui est déposée au fond des cellules où gisent les larves à alimenter. Cette bouillie est plus claire aux premiers moments de l'existence de la larve que dans les derniers développements de celle-ci; elle est la même pour les larves d'ouvrières que pour celles de faux-bourdons. Les nourricières n'en donnent que la quantité suffisante pour le développement complet de ces deux individus, mais elles en donnent une quantité surabondante aux larves qui doivent produire des mères, et la composition en diffère; elle est plus épaisse et plus substantielle. Le D° Dönhoff a trouvé que les neuf dixièmes de la gelée maternelle concrétée sont composées d'albumine et de fibrine animale. La présence d'albumine et de fibrine ne peut provenir, dit-il, que d'une sécrétion animale. Il pense que cette sécrétion est effectuée par une glande du gosier ou de l'œsophage, car on n'en découvre point dans l'estomac de l'abeille. (Voir Analyse chimique de la bouillie maternelle, 6ᵉ année de *l'Apiculteur*.)

BOURDON. Voir *faux-bourdon, mâle*.

BOURDONNIÈRE, s. f. Appareil pour prendre les faux-bourdons. — On sait qu'après l'essaimage, lorsque les jeunes mères sont fécondées, les abeilles mettent à mort leurs faux-bourdons. Parfois elles attendent longtemps pour accomplir cette suppression de bouches inutiles, et d'ailleurs le nombre des mâles est très-grand pour certaines ruches. Il est bon alors d'aider les abeilles à s'en débarrasser vite, car moins il y en a dans une ruche, mieux cela vaut. Il est vrai qu'en émondant au sortir de l'hiver les cellules à faux-bourdons, on diminue le nombre de ceux-ci.

On a inventé divers appareils pour détruire les faux-bourdons. Les plus simples sont souvent les meilleurs. (Voir *l'Apiculteur*, 4ᵉ, 7ᵉ et 11ᵉ années, pour la description de diverses bourdonnières et pour les moyens de restreindre le nombre des faux-bourdons.)

BRÈCHE, BRÉCHER. Voir *taille* des ruches.

BRUISSEMENT, s. m., battement d'ailes produisant un grand bruit. *État de bruissement* : situation des abeilles tourmentées qui bruissent. On met les abeilles en état de bruissement avec de la fumée et par le tapotement. Si on souffle donc de la fumée sur une abeille, son premier mouvement est d'agiter les ailes pour éloigner cette fumée qui l'incommode : c'est cette agitation des ailes qu'on appelle bruissement. Si on tapotte une ruche pour la transvaser ou si on souffle de la fumée dans son intérieur, le même effet se produit sur la plupart des mouches qu'elle contient : c'est aussi ce qu'on appelle mettre la ruche en bruissement ; mais tous les battements d'ailes qu'accomplissent les abeilles ne constituent pas l'état de bruissement dont il s'agit. En été, à l'entrée des ruches, on voit toujours des abeilles cramponnées par derrière et par devant, la tête baissée, l'abdomen relevé et dans cette position agiter vivement les ailes : ce bruissement a un sens bien différent des autres, car c'est un signe de bien-être ; c'est encore un moyen de renouveler l'air de la ruche.

Une abeille égarée qui retrouve sa famille, bruit de joie. Lorsqu'un essaim se rassemble dans une ruche, des masses d'abeilles battent des ailes : le bruissement dans cette circonstance est un signe de rappel. Des abeilles que l'on sépare de leur mère et que l'on renferme prisonnières dans une ruche, font bientôt entendre un fort bourdonnement qui se renouvellera peut-être de demi-heure en demi-heure : c'est ici un cri de douleur et de détresse.

La mise des abeilles en état de bruissement, c'est-à-dire en état de crainte par la fumée, empêche de se battre celles des colonies diverses qu'on réunit dans cet état. Aussi se sert-on de l'état de bruissement pour la réunion de colonies. (Voir les mots *fumée* et *réunion*.)

Butineuse, ouvrière qui ramasse le butin, qui butine le miel, le pollen et le propolis. Toutes les abeilles âgées sont essentiellement butineuses, et ne peuvent plus être cirières et nourricières.

Cadre mobile. Châssis disposé pour être placé dans une ruche et pour recevoir le gâteau des abeilles. Ainsi que l'indique son nom, le cadre *mobile* se place et s'enlève à volonté — plus ou moins facilement — soit par le haut, les côtés ou le bas de la ruche. Il y a des cadres mobiles *verticaux, rectangulaires, obliques, demi-circulaires*, etc. L'épaisseur du cadre mobile est calculée sur celle du gâteau qu'il doit contenir. Or, comme l'épaisseur du rayon des abeilles, formé de cellules pour le couvain d'ouvrières, est de 24 millimètres, lorsque le couvain est operculé, et que l'intervalle entre chaque rayon est d'environ 1 centimètre, les cadres doivent occuper une profondeur de 34 millimètres au moins, tant pour l'épaisseur du gâteau que pour l'intervalle entre les édifices des abeilles. Cette profondeur ou distance peut varier de 2 et même de 3 millimètres en plus. Debeauvoys lui donne 0^m,036 et de Berlepsch 0^m,037. La grandeur du cadre est très-variable sous les rapports de la hauteur et de la largeur. Chaque inventeur ou modificateur lui donne la grandeur qu'il croit être la meilleure. Les dimensions du cadre étagé le plus employé en Allemagne sont celles-ci : largeur 0^m,255; hauteur 0^m,20 dans œuvre.

On façonne le cadre mobile en bois mince, hêtre ou sapin; les barrettes qui le composent, la plupart du temps non rabotées, ont de 5 à 7 millimètres d'épaisseur; elles sont fixées par des clous d'épingle, ou au moyen de colle forte lorsqu'elles ont des tenons.

Le cadre mobile a été calqué sur le *feuillet* (châssis extérieur) de Huber et sur le *rayon mobile* des Grecs. Le Russe Prokopovitsch est le premier apiculteur qui l'ait appliqué (1841), ou du moins en Europe; car on cite, comme l'ayant appliqué avant lui, l'Américain Blake (ce dernier a été cité en 1828 par A. Martin — *Nouveau manuel complet du propriétaire d'abeilles*, p. 127). En 1846, Debeauvoys l'a appliqué en

France ; quelques années plus tard, de Berlepsch, en Allemagne ; Langstroth, aux Etats-Unis, etc. (Voir *ruche à cadres mobiles*.)   H. HAMET.

(*A suivre.*)

Les abeilles à Bornéo et à Timor,
Par M. Woodbury.

Ayant lu récemment un très-intéressant ouvrage sur Bornéo, de M. Spencer Saint-John, publié en 1862, sous le titre : « *Vie dans les forêts du Far East,* » j'ai pris des notes de plusieurs passages se rapportant aux apiculteurs aborigènes de cette magnifique île tropicale.

Parlant des soins agricoles des « Dayaks maritimes, » M. Saint-John dit : « Ils tirent la cire d'abeilles de nids construits sur l'arbre tapang, et ils escaladent pour la prendre les cimes les plus élevées, au moyen de petits bâtons qu'ils enfoncent dans l'arbre, à mesure qu'ils avancent sur la noble tige, laquelle s'élève à plus de cent pieds sous branches, avec une circonférence de quinze à vingt-cinq pieds. Une fois ces piquets enfoncés, ils rattachent ensemble leurs bouts extérieurs par de fortes cordes, de manière à former avec l'arbre une sorte d'échelle. Il faut une âme froide et délibérée pour prendre une ruche d'abeilles à une pareille élévation ; car, dans le cas où il est attaqué par elles, l'homme presque nu doit tomber et se briser en morceaux. Ils comptent beaucoup sur les flambeaux qu'ils montent avec eux, sur ces flambeaux dont les étincelles en s'éclaboussant provoquent, dit-on, les abeilles à les poursuivre en bas, au lieu de pourchasser en haut leur ennemi réel, qui, pendant cela, captive la ruche et l'affale au bout d'une corde. Les abeilles demeurent saines et sauves. Ce plan ne me paraît pas aussi sûr que celui des Dayaks Pakatan, qui allument un grand feu sous les arbres et produisent, en accumulant dessus des branches vertes, une fumée suffocante, qui chasse les abeilles pendant que l'homme grimpe et s'empare impunément de leur nid. Ces deux opérations sont généralement conduites la nuit ; suivant moi, la dernière pourrait l'être également le jour. »

Quant aux « Dayaks terriens, » il est dit : « Dans le reste du Sirambau, se trouvent quelques très-beaux tapangs, où les abeilles bâtissent généralement leurs nids ; elles y sont considérées comme propriété privée, et un Dayak d'une tribu voisine osant s'emparer de ce miel et de cette cire, en apparence sauvage, serait puni pour vol. » C'est la première fois qu'il est insinué dans le journal que les abeilles sont regar-

dées là comme propriété privée ; le passage qui suit semble indiquer que
la domestication de la mouche à miel n'est pas non plus inconnue dans
l'île : « Durant la nuit, notre repos fut fort dérangé par les abeilles ;
elles nous piquèrent plusieurs fois ; et M. Lowe, avec cette pénétration
qui ne l'abandonne jamais dans toutes les questions d'histoire naturelle,
prononça que c'était des « abeilles domestiques » pareilles à celles qu'il
avait vues treize ans auparavant chez les Dayaks Senah, dans le Sara-
wak. A minuit, nous fûmes visités par un grand gaillard, que nos guides
nous signalèrent comme pouvant bien être un voleur ; mais nous sûmes,
le matin suivant, qu'il était venu se plaindre que ses abeilles avaient été
pillées. Dans l'enquête, nous découvrîmes le coupable. Il fut condamné
à trois fois la valeur du délit, sans préjudice de la restitution du tout au
propriétaire.

Pendant une de ses aventureuses expéditions sur la rivière Limbang,
M. John rencontra un Pakatan nommé Japer qui l'accompagna, en vue
de lui donner de plus amples instructions. Japer avait une foi entière
dans les fantômes et les esprits, et il raconta plus d'une aventure avec
eux, entre autres celle d'Antus, qui tua des chasseurs de cire en les poussant en bas du mengiris ou tapang. Quand les infortunés, à cause de
préparatifs inefficaces, par exemple, si leurs compagnons n'ont pas entretenu un grand feu sous les arbres pour stupéfier les abeilles, viennent
à lâcher leur proie, sous l'attaque de celles-ci, jamais ils n'osent donner
la véritable explication ; et ils recourent à leurs superstitions. Un neveu
de Japer vit un de ces fantômes, dit-il ; mais il manœuvra de telle sorte
qu'il le tint en respect et qu'il l'empêcha de le pousser en bas du tapang ;
et il revint à terre sans accident, mais... sans cire. J'élevai un doute
qu'il avait peut-être inventé le fantôme, afin de pallier sa timidité ; Japer
l'admet comme possible. Aujourd'hui, nous avons passé auprès d'un de
ces arbres superbes portant vingt nids d'abeilles, dont quatre, les plus
anciens, avaient une cire entièrement blanche (1). Comme la contrée est
pleine de tapangs, sur lesquels seulement les abeilles font leurs nids, elles
peuvent très-bien être vraies ces histoires de quantité de cire qu'on récolte dans ce district ; mais pourquoi les abeilles se nichent-elles généralement sur un arbre particulier ? De ce qu'il est le plus beau de la forêt,
ce n'est pas une raison ; son écorce contient-elle quelque chose d'at-

(1) C'était probablement les plus jeunes, au contraire. *Un apiculteur du Devonshire.*

trayant? Je dis généralement; car, bien que je n'aie point découvert de ces nids sur d'autres arbres, j'en ai pourtant trouvé plusieurs dans les fentes des rochers. »

Dans une autre partie de ce journal de la même expédition, notre auteur dit : « Je n'ai jamais vu de pays aussi favorable aux abeilles; elles essaiment partout d'une manière très-désagréable ; les fourmis et les insectes y sont également fort nombreux. » Au retour, le détachement, presque mourant de faim, eut une bonne chance; en passant sous un superbe tapang, nous aperçumes les restes d'un nid d'abeilles éparpillés autour ; nous en eûmes vite ramassé les parcelles. Aux empreintes des pas, nous comprîmes qu'un ours était monté là-haut, qu'il avait jeté en bas le nid pour ses petits, etc.; mais qu'importe si les ours avaient sucé ou non ; le peu de miel qui restait aux cellules fut une bénédiction pour nous. »

Le détachement ne me semble s'être rencontré qu'une fois dans un nid de frelons. Voici la description de cette rencontre et de ses conséquences : « C'est en suivant le lit du Rawan que je fus piqué. Le guide nous

Fig. 2. Nid des abeilles de Timor.

avertit de nous jeter à côté du droit chemin, ce que nous fîmes tous ; mais quelqu'un sans doute ayant troublé les frelons, ils se ruèrent contre nous avec une férocité incroyable ; beaucoup arrivèrent jusqu'à moi ; deux se fixèrent sur mes bras et me firent sentir leurs aiguillons, à travers mon double vêtement. Vous savez, ils se balancèrent de droite à gauche en l'air pendant un moment, et puis tombèrent sur moi avec cet élan impossible à décrire. Quelle douleur ! mais je me garantis le visage. Je me coulai dans une fondrière, jetant au loin veste et munitions, et m'enfonçai jusqu'aux yeux dans l'eau tout le temps que dura le son des ailes et que les frelons ne furent pas retournés à leurs nids. Plusieurs de mes hommes furent piqués ; ayant exprimé un peu de jus de tabac sur leurs blessures, ils ne souffrirent plus, me dirent-ils. Je fis de même une heure après, sans résultat. Je ne croyais pas que cette piqûre fût aussi douloureuse; mon bras droit enfla du double de sa grosseur. Dieu, qu'il m'était sensible !

Aujourd'hui, le second jour après l'enlèvement, il l'est moins; mais l'enflure persévérant, impossible de m'en servir. »

Ces passages, ainsi que de nombreux renvois aux récits des « chasseurs de cire » du pays, qu'on peut lire presque à chaque chapitre de l'ouvrage, permettent de croire que les abeilles sauvages sont très-abondantes dans les forêts et les jungles de Bornéo. Pourtant M. Saint-John ne tire pas de conclusion à l'égard de l'identité de l'abeille de cette île, et il ne nous informe point sur la manière dont elle construit son nid. A défaut d'autres sources, je vais tâcher de suppléer à cette lacune.

Il y a quelque six ans, je reçus de M. Charles Darwin, le naturaliste distingué, des spécimens de l'abeille nommée *Apis testacea* (Smith), et deux morceaux de ses rayons. Quoi qu'ils aient été recueillis par M. Alfred B. Wallace, le célèbre voyageur et auteur de *The Malay Archipelago*, dans l'île de Timor, de l'archipel de l'Est, je les crois cependant identiques à ceux de Bornéo, tellement qu'il y a quelque raison de croire que ce sont les mêmes qu'à Bornéo, ceux décrits par M. Saint-John. A l'examen, ils étaient moindres de moitié que ceux de l'*Apis mellifica*, et le rayon à couvain en était à proportion plus serré. De fait, c'est une variété de la magnifique *Apis dorsata,* désignée comme florissant dans la grande péninsule indienne, du cap Cormorin de l'Hjmalaya, et dans l'île de Ceylan.

Plus tard, M. Darwin me mit en rapport avec M. Wallace; je suis redevable à celui-ci des particularités suivantes : « A Bornéo et à Timor, la cire forme un important article de commerce. Les rayons sont attachés au côté inférieur des bords horizontaux d'arbres souvent élevés de cent pieds au-dessus de terre.

J'en ai vu trois à la suite l'un de l'autre, (fig. 2), d'au moins 4 pieds de diamètre. Les natifs s'en emparent. Je les ai vus grimper après l'arbre, emportant avec eux une torche fumante en feuilles de palmier attachée à leur ceinture. Ils se couvrent soigneusement le corps et la tête; mais leurs bras et leurs jambes sont tout nus. La fumée dirigée sur les rayons fait sortir les abeilles en tourbillon, aux approches du chasseur. Celui-ci ramone le reste de la main et ensuite, coupant le rayon avec un couteau large, il le glisse en bas à ses compagnons, au bout d'une petite corde. Un nuage d'abeilles l'enveloppe tout le temps, et, malgré la fumée qui en stupéfie un très-grand nombre, il est certainement cruellement piqué. Quoique je me tinsse à une distance considérable pour voir, il y en eut quelques-unes qui vinrent m'attaquer; je ne fus hors de leurs atteintes qu'à un demi mille de la place et qu'après les avoir capturées une à une dans mon filet à insectes. La piqûre est très-douloureuse. A Timor, la saison sèche répond à notre hiver; elle est tellement sèche que beaucoup de feuilles tombent. Les encalyptes étant les arbres les plus communs dans le pays, leurs fleurs doivent offrir un grand aliment aux abeilles. A Bornéo, les rayons sont rangés avec une certaine symétrie; peut-être sont-ils construits par la même espèce. Là où j'ai vu la seule abeille domestique dans l'est, c'est à Malacca; les indigènes suspendent pour elles des loges en bambous et en troncs creux. Je ne crois pas que ce soit une véritable *Apis*, les groupes qu'elle fait étant de larges écailles ovales en cire noire. »

J'ajoute en finissant que l'abeille de Timor a été nommée *Apis testacea* à cause de sa couleur, qui est très-claire; c'est, en effet, le seul point qui la distingue de l'*Apis dorsata*. Il y a peu d'années, en comparant les spécimens du Musée britannique, l'idée me vint que ceux qui représentaient l'*Apis testacea* n'étaient peut-être que des spécimens de l'*Apis dorsata* éclos depuis peu et non encore mûrs; cette idée m'obsédant, je la soumis à M. Smith qui en fut lui-même assez ébranlé pour vérifier l'exactitude de sa nomenclature, jusqu'à ce que M. Wallace lui eut assuré que les spécimens étaient bien mûrs et parfaitement développés.

Un apiculteur du Devonshire. -- C. K. trad.

Lettres inédites de Fr. Huber.

A titre de documents apicoles, nous publions la correspondance que Fr. Huber a entretenue avec un praticien distingué de la Suisse, C. F. Petitpierre Dubied, qui fut quelque peu le collaborateur du grand observateur de Genève. Le rucher de Petitpierre Dubied, l'un des plus forts du canton, était situé à Couvet. — Quelques-unes des lettres de Huber sont écrites par lui-même; les autres l'ont été sous sa dictée par sa femme ou par sa fille.

Ouchy, 12 octobre 1800.

Monsieur,

Je viens de recevoir votre lettre du 15 septembre; elle a été près d'un mois en route, comme vous le voyez, parce qu'elle a été me trouver à Pregny que j'ai quitté depuis près de huit ans.

Je suis flatté, Monsieur, de la confiance que vous voulez bien m'accorder, un peu gratuitement. Mes observations en histoire naturelle m'ont fait entrevoir une méthode qui pouvait être avantageuse aux cultivateurs; je m'étais promis de la mettre le premier à l'épreuve, mais les circonstances dans lesquelles je me suis trouvé, comme tant d'autres (1), ne m'ont point permis de donner quelque consistance à mes spéculations.

Quelques personnes ont fait l'essai de ma ruche en feuillets, et soit qu'ils n'aient pas pris toutes les précautions qu'ils ont cru nécessaires, soit qu'ils n'aient pas été secondés par l'adresse de leurs agents, cette ruche n'a point eu entre leurs mains les succès que Burnens avait pu obtenir et que j'avais cru trop légèrement que tout autre obtiendrait comme lui. Cette méthode a donc certainement l'inconvénient d'exiger de l'adresse et du courage dans ceux à qui l'on en remet la manipulation. Mais lorsque ces qualités sont réunies, j'ose assurer qu'elle promet plus d'avantages qu'aucunes de celles qu'on a proposées. Je conseille donc aux personnes qui me font l'honneur de me consulter et qui n'ont que des agents d'une adresse et d'une intelligence communes de s'en tenir à la ruche et à la méthode de M. de Gélieu. Avec très-peu de changements on peut la rendre propre à la formation des essaims artificiels. Sa construction est très-facile; sa taille ne l'est pas moins, et elle a encore cet avantage sur la mienne, que ces succès ont été confirmés par le temps. M. de Gélieu pourrait encore répondre bien mieux que moi à la plupart de vos questions; mais puisque vous mettez quelque prix à avoir mon opinion, je vous la donnerai sur tout cela en vous demandant seulement un peu de temps pour y penser. Je ne vous écris donc aujourd'hui, Monsieur, que pour vous annoncer ma réponse et pour que vous ne m'accusiez point d'une négligence dont je ne suis pas coupable envers vous. Je ferai ce qui sera en mon pouvoir pour vous prouver l'intérêt que je prends à vos succès. Veuillez en être persuadé, Monsieur, et croire à mon dévouement. François HUBER.

P. S. Si vous avez le courage d'essayer la ruche en feuillets, il faudrait d'abord le faire en petit. Il suffirait peut-être pour la première année d'en avoir 4 ou 5 de cette façon qui serviraient à exercer le manipulateur que vous emploieriez. L'expérience et l'observation m'ont obligé de faire deux changements dans la construction de cette ruche; le premier donne la suppression des charnières qui ont un inconvénient que je vous expliquerai une autre fois, et le second celle des portes que je faisais

(1) Par suite de la révolution de 89. — *La Réd.*

placèr au bas de chaque feuillet. Au lieu de celles-ci, il faut en faire une d'un pouce ou environ sur chacune des deux planches qui ferment les petits côtés de cette ruche et y adapter le cadran de Palteau. Si vous comptez peupler cinq ruches en feuillets au printemps prochain, il conviendra d'en faire construire dix cet hiver; vous comprenez que les surnuméraires devront servir à l'entrelacement des cadres vides entre les pleins. Les ruches cylindriques seraient bonnes, si elles n'étaient difficiles à construire avec exactitude. C'est pourquoi j'ai préféré les châssis carrés et assemblés à queue d'aronde.

Ouchy-sous-Lausanne, le 8 novembre.

Je vous remercie, Monsieur, des choses obligeantes dont votre lettre est remplie. Je sens tout le prix de votre confiance et je voudrais la mériter; mais en matière d'économie rurale et autre, c'est à l'expérience qu'il faut en croire, et c'est pour cela que je vous avais parlé de M. de Gélieu, dont je respecte infiniment le caractère et les lumières et qui ne s'en est pas tenu comme moi à la spéculation. Mais puisque vous persistez, Monsieur, à prendre de mes almanachs, je vous parlerai d'abeilles tant que vous le voudrez, à la seule condition que vous ne mettrez pas plus de valeur à tout cela que je n'y en mets moi-même.

La plupart des questions que vous me posez sont encore à résoudre: nous nous en occuperons en temps et lieux, et je vous dirai mes idées, s'il m'en vient, sur les moyens d'y parvenir.

Vous me faites un grand plaisir, Monsieur, en m'apprenant que vous ne remettez point à d'autres le soin de manier vos abeilles. Les opérations que vous avez faites prouvent que vous avez tout ce qu'il faut pour les manier impunément. Vous avez le premier confirmé ce que j'avais dit : qu'il ne fallait pour cela que de la douceur et se bien persuader que l'aiguillon n'est redoutable que pour ceux qui les traitent rudement, et que la peur rend maladroits. C'est encore un grand plaisir pour moi de penser que vous continuerez des recherches que je n'ai pu suivre. Je contribuerai à vos succès de tous les moyens qui me restent, n'en doutez pas.

Le fait que vous avez observé est bien extraordinaire; cette mère trouvée mourante auprès de vos ruches et qui n'a été reconnue par aucune de vos abeilles, ne serait-elle point une mère étrangère abandonnée, qui serait venue chercher l'asile et les sujets qu'elle aurait perdus?

Les mères ne pondent plus, lorsqu'elles approchent du terme de leur vie; leur ruche se dépeuple journellement et la société, réduite enfin à un-

trop petit nombre d'habitants, part avec la mère, et ne revient plus à la ruche natale; les ouvrières, attirées vers des demeures plus heureuses, y entrent et quelquefois y sont bien reçues; mais le sort de leur mère est très-différent : les abeilles de la ruche où elle a voulu pénétrer l'enveloppent comme vous l'avez vu, la serrent au milieu d'elles, l'affaiblissent et la jettent sur la terre, quand le jeûne ou la pression qu'elles lui ont fait éprouver la mettent hors d'état de voler et de renouveler son entreprise.

Le commencement de cette histoire n'est que conjecturale : je n'ai pas été assez heureux pour pouvoir suivre une mère depuis sa naissance jusqu'à la mort naturelle; aussi ne sais-je point encore quelle est la durée de la vie des abeilles mères. Ce sera vous, Monsieur, qui nous l'apprendrez probablement. Cette recherche est utile autant que curieuse, et je vous la recommande. Si je n'ai pas vu des mères mourir de vieillesse dans mes propres ruches, j'ai souvent été visité par des étrangères qui venaient je ne sais d'où, seules ou mal accompagnées, au commencement ou à la fin de l'automne; le plus souvent ces vieilles mères étrangères ont été trouvées mortes aux pieds de mes ruches; d'autres fois, je les ai trouvées vivantes sur quelques palissades voisines et ayant autour d'elles une cinquantaine de leurs ouvrières au plus; j'en ai vu qui ont passé plusieurs jours en plein air, et comme elles y restaient aussi pendant la nuit, je pouvais en conclure qu'elles n'avaient plus d'asile, et que ce petit nombre d'ouvrières était tout ce qui était resté de la famille qu'elles avaient gouvernée.

Une fois seulement, nous avons vu réussir la tentative que fit une de ces vieilles mères pour pénétrer dans une de mes ruches ; elle s'était d'abord présentée à d'autres qui l'avaient mal accueillie, parce qu'elles avaient leur mère; mais elle entra sans difficulté dans une ruche qui avait perdu la sienne. Sa couleur rembrunie, et la finesse de sa taille étaient des indices de sa vieillesse; sa stérilité en était un plus sûr encore. Elle ne pondit point dans la ruche qui l'avait adoptée pendant la fin de l'automne, et elle mourut à la fin de l'hiver sans avoir pondu un seul œuf; et comme les mères recommencent leur ponte pendant le mois de janvier, la vieillesse de celle-ci était prouvée par sa stérilité. J'aime mieux croire que la mère trouvée au pied de vos ruches leur était étrangère, que de supposer qu'elle fût sortie d'une de celles que vous avez opérées le 14 octobre; quoique blessée et mourante, elle n'aurait point été méconnue.

La cellule maternelle trouvée dans cette ruche prouve qu'elle était

sans mère depuis plusieurs jours. Est-ce le 14 octobre que vous l'avez découverte ou plus tard? cette circonstance peut aider à décider la question. L'agitation que vous avez observée ferait penser que cette ruche
venait de perdre sa mère, et dans ce cas celle que vous lui avez offerte
n'était probablement pas la mère qu'elle avait perdue.

Pour pouvoir expliquer un fait d'histoire naturelle, il faut bien connaître les circonstances dont il est accompagné; sans cela toute décision
est trop hasardée. Ceci me rappelle un trait de la fidélité des abeilles
qu'il faut que je vous raconte :

J'enlevai un jour une mère vierge que j'avais mise à la tête d'un essaim, pour voir comment les ouvrières se comporteraient dans cette occasion. Comme il n'y avait pas de couvain dans cette ruche, la perte de
la mère était irréparable ; j'étais curieux de voir le parti qu'elles prendraient ; mais je n'aperçus aucune agitation parmi ces mouches, ni rien
qui me fit soupçonner qu'elles regrettent leur mère, ou même qu'elles
eussent pris garde à son absence. J'allais en conclure que leur indifférence pour elle était l'effet de sa stérilité, et je trouvais assez naturel
qu'elles n'aimassent point une mère qui ne leur était bonne à rien ; mais
ce raisonnement humain n'était pas celui des abeilles, et je fus bientôt
détrompé.

Ayant trouvé le lendemain la mère engourdie par le froid, ou par la
faim, dans la botte où je l'avais enfermée, je voulus voir si ses propres
abeilles ne pouvaient point la ranimer. Je la plaçai donc dans sa ruche ;
dès qu'elle fut aperçue sur la table où elle gisait, je vis quelques-unes de
ses ouvrières se ranger autour d'elle, la caresser, la flatter avec leur
trompe, lui offrir du miel qu'elle ne prit point, la brosser avec leurs
pattes ; tout cela fut inutile, elle était morte. Les soins n'en continuèrent
pas moins depuis dix heures du matin jusqu'à huit heures du soir ; je
la sortis alors de la ruche et je la posai sans intention à l'air sur la fenêtre de mon cabinet, dans lequel la ruche était placée. Étant revenu là à
dix heures du soir, je fus bien surpris de trouver ma mère morte environnée de ses abeilles, qui lui faisaient le cercle que vous connaissez et
qui rendaient à son cadavre les honneurs accoutumés. La nuit ne fut pas
chaude et cependant la mère morte ne fut point abandonnée et je trouvai
le lendemain sa garde fidèle lui prodiguant les mêmes soins qu'elle lui
avait rendus pendant sa vie.

Je replaçai encore une fois son cadavre dans la ruche et j'y introduisis
en même temps une jeune mère fécondée, ne doutant pas que les abeil-

les ne sentissent à l'instant le prix de mon cadeau, et ne préférassent la mère que je leur donnais à la vierge morte dont elles n'avaient rien à attendre : autre raisonnement tout aussi humain, tout aussi pitoyable que le précédent. Les abeilles qui ne raisonnent pas, et qui n'en font peut-être pas plus mal, traitèrent fort durement la mère étrangère : elles la mirent au milieu d'un massif où elle ne pouvait remuer ; elles l'y tinrent pendant plus de dix-huit heures. A cette époque le massif était arrivé à la porte de la ruche : il était plus gros qu'une noix ; les abeilles qui le formaient lui imprimèrent un mouvement tel, que nous le vîmes rouler comme une boule dont il avait la forme jusqu'au bord de la table de leur ruche. Arrivé là, la continuation du même mouvement le fit tomber sur le plancher sans le déformer ; nous en retirâmes la mère, comme vous avez fait ; elle n'avait pas reçu un coup d'aiguillon, mais elle était très-affaiblie ; nous parvînmes à la sauver, en la rendant à sa ruche natale.

Les abeilles dont je vous ai parlé soignèrent obstinément le cadavre de leur mère pendant deux jours et demi ; je l'enlevai alors, et je leur donnai de jeunes vers qu'elles soignèrent, et par le moyen desquels elles se procurèrent une autre mère.

D'après ceci, et d'autres exemples pareils, je suis fondé à croire que la seconde supposition ne vaut rien, et que la mère, qui n'a été reçue par aucune de vos ruches, était réellement étrangère à toutes.

J'ai supprimé les charnières de la ruche en feuillets à regret ; cela est très-commode pour ouvrir la ruche comme un livre ; mais quand il s'agit de la refermer, il y a un inconvénient qui m'a forcé de renoncer à ce moyen. Lorsqu'on rapproche les châssis, les abeilles se retirent et se placent dans l'angle formé entre deux de ces châssis, et comme il devient toujours plus aigu, on écrase infailliblement celles qui s'obstinent à rester dans ce poste dangereux. Toute l'adresse de Burnens n'a pu l'empêcher d'en tuer souvent de cette manière, et c'est lui qui m'a demandé la suppression des charnières, en m'en prouvant la nécessité. Vous comprenez, Monsieur, qu'on ne risque point d'écraser ses abeilles quand les châssis ne tiennent pas l'un à l'autre ; qu'on peut les rapprocher sans former aucun angle, et en laissant aux abeilles le temps de se ranger et de s'étendre sur les faces des deux gâteaux. L'invention que vous avez faite pour unir vos châssis me paraît excellente ; mais il faut encore que la ruche en feuillets ait un surtout qui la mette à l'abri des alternatives de sécheresse et d'humidité, qui feraient à la longue déjeter le bois des châssis. Il ne suffit donc pas, comme je l'avais dit, de serrer la ruche avec une corde ou ficelle ; ce lien est trop fragile et n'empêche point les ruches de s'entr'ouvrir : j'aurais dû le prévoir, mais pense-t-on à tout ?

Vous recevrez dans quelques jours, Monsieur, une petite boîte contenant un modèle de ruche et un petit mémoire économique, et je compte y joindre cette lettre, etc. Mais le reste n'étant pas prêt, je ne puis tarder davantage à vous répondre et à vous assurer de mon dévouement.

J'ai l'honneur d'être votre très-humble   Fr. Huber.

Histoire politique et philosophique des abeilles,

Par A. Toussenel (1).

Sommaire : Fâcheuses dispositions des insectes en général pour l'homme. — Une exception glorieuse. — Parallèle hérétique entre les travaux d'Hercule et ceux de saint Siméon Stylite. — L'abeille honorée de plusieurs grands personnages de la mythologie et de l'Écriture sainte. — Singulière opinion des Grecs et des Hébreux sur la généalogie des abeilles. — Le mystère découvert par un aveugle. — Constitution politique des abeilles. — M. Dupin aîné et Proudhon traités de conservateurs-bornés par icelles. — Injurieux mépris des abeilles pour les doctrines des moralistes humains, touchant la propriété et la famille. — Institution du sérail masculin à l'usage du beau sexe. — Les orgies amoureuses des Cléopâtre et des Marguerite de Bourgogne dépassées. — Antinomie de la terreur. — Système d'anarchie positive. — Guerre aux mâles. — Jusqu'où va l'analogie de l'abeille et de la religieuse. — Division de la population en trois castes. — Les *reines* ou les femelles. — Les ouvrières ou *neutres*. — Les mâles. — La *reine* des abeilles *pond* et ne *gouverne pas*. — Respect édifiant des insectes pour les femelles qui se trouvent dans une position intéressante. — Usage du palanquin inventé par les fourmis de sang noble. — Où l'auteur est obligé de confesser, à son grand désespoir, la supériorité du sexe féminin sur les deux autres. — Organisation des services publics. — Le conseil d'administration supérieur. — Équilibre de population. — Solution du problème de Malthus. — Combat des *reines* annoncé à son de trompe. — L'abeille solitaire. — Miraculeuse conversion d'un économiste. — *Crédulité naïve* d'un castor de la Camargue à l'endroit de M. Thiers. — Pourquoi les abeilles ont adopté la cellule hexagonale. — Leçons de sagesse infligées par les abeilles aux chefs des écoles socialistes. — Ingénieux système de ventilation des abeilles. — Plusieurs généraux illustres mis en déroute par des abeilles. — Leurs ennemis. — Leurs misères. — Le coucou indicateur. — Morale.

L'abeille s'est ralliée à l'homme et l'a salué souverain de ce globe, dès

(1) Jouissant d'un peu de liberté — elle est très-grande à Paris — *l'Apiculteur* reproduit comme variété l'*Histoire politique et philosophique des abeilles* de A. Toussenel, publiée en 1849 dans le *Travail affranchi*. Nous profitons de cette note pour engager ceux qui possèdent une bibliothèque d'y placer les ouvrages de notre spirituel auteur, notamment l'*Esprit des bêtes*. Il y a dans ce dernier ouvrage un portrait du loup qui intéresse vivement les prolétaires. — *La Réd.*

les temps les plus reculés de l'histoire. C'est une grande gloire à elle.
Son exemple malheureusement eut peu d'imitateurs parmi les animaux
à six pattes et plus. A l'heure qu'il est, l'homme, qui a réussi à faire accepter sa politique par une quarantaine d'espèces dans les tribus peu populeuses des oiseaux et des quadrupèdes, compte à peine dans les rangs
innombrables des insectes deux ou trois adhérents. Le reste, je veux dire
la masse, n'a cessé de protester depuis le premier jour contre la tyrannie. Dans leur haine ardente contre l'homme, les insectes s'attaquent à
tout ce qui lui appartient. Le charançon dévore ses récoltes, la fourmi
ses confitures de groseilles, telles chenilles ses vergers, telle autre ses vignobles. Le tâon, la mouche, le tiquet, la puce, une foule de sangsues
insatiables, s'enivrent avec amour du sang de ses troupeaux, se suspendent en grappes à leur chair. Les tarets de la Hollande, d'infimes *perce-
bois*, pas plus gros qu'un canon de clef de montre, et qui vivent dans
l'intérieur des poutres, complotèrent un jour de jeter bas les digues
merveilleuses qui défendent les Pays-Bas des invasions de la mer, et de
rendre cette riche proie à l'Océan avide. Le complot n'échoua que par
une circonstance indépendante de la volonté des conspirateurs et grâce
à l'intervention du vanneau, dont les œufs, par parenthèse, font des
omelettes supérieures.

Vainement l'homme lui-même, le maître de la terre, essaie-t-il d'opposer aux morsures venimeuses de ses persécuteurs le triple bouclier
de ses couvertures et de son inviolabilité royale; l'engeance démoniaque,
possédée du besoin de lui nuire, s'insinue dans la place par des voies
détournées, s'empare de sa victime, la brûle, la déchire, lui ravit le repos du jour et de la nuit. J'ai vu, sous les climats heureux où fleurit l'o-
ranger, l'immonde scorpion, le hideux scolopendre chercher dans mes
bottes un abri contre l'humidité nocturne. J'ai entendu dans le demi
sommeil de la sieste ou du soir bruire à mes oreilles les fanfares des
moustiques, plus aigres, plus discordantes, plus menaçantes que celles
du jugement dernier, et j'ai maudit dans mon âme les pays enchantés,
favoris du soleil.

Cette haine sans nom de l'insecte pour l'homme ne se refroidit pas
même au contact du cadavre; elle dure tant qu'il y a à mordre, et persiste par delà la tombe. En somme, c'est une création peu réussie que
celle des insectes, une création complètement subversive et dont nous
aurons une peine infinie à nous défaire sans une révolution.

Nul ne sait ce qu'il a fallu de courage à l'abeille pour lutter contre le torrent de l'exécration universelle vouée par ses congénères à notre espèce ; mais il est certain qu'avant d'arriver à la signature de son traité d'alliance avec l'homme, elle a dû rencontrer une forte opposition dans le sein de sa propre famille, et notamment dans l'opinion bien connue du frelon et de la guêpe, ses plus proches parents. C'est précisément l'intensité de cette haine systématique et aveugle des insectes pour l'homme qui fait le mérite de l'abeille ; ce qui déshonore la règle glorifie l'exception. Les peuples les plus sages de l'antiquité en avaient jugé ainsi.

Les Grecs, ces amants passionnés du progrès et de l'art, décernèrent un brevet d'immortalité au pasteur Aristée, qui passait chez eux pour avoir apprivoisé le premier les abeilles et inventé la ruche. C'était, pour le dire en passant, un procédé de rémunération simple et commode, économique surtout, que cette habitude grecque du brevet d'immortalité. On n'avait pas le moyen d'accorder à l'inventeur une pension viagère, à titre de récompense nationale ; on lui accordait une place dans le ciel ; on faisait ce qu'on pouvait. La fonction n'étant pas rétribuée, la concession du nouveau brevet faisait plaisir à beaucoup de monde et ne gênait personne. D'un autre côté, l'espoir d'aller là haut, d'obtenir quelque jour un temple et des autels suffisait pour entretenir au cœur de l'homme le feu sacré de la noble ambition. Quelle différence, grand Dieu ! entre la politique des anciens et celle des modernes à l'endroit des inventeurs, et comme la comparaison penche à l'avantage des païens. Hélas ! au lieu de loger, comme les autres, les découvreurs illustres dans leur ciel, les chrétiens les ont mis dans des prisons obscures, où ils ont fait expier aux Galilée, aux Christophe Colomb, aux Salomon de Caus les torts de leur génie. Ingratitude et crime, que la postérité ne pardonnera pas aux bourreaux. On me dira que les nations chrétiennes les plus avancées ont substitué depuis à la peine de la réclusion perpétuelle pour l'inventeur l'amende pécuniaire, sous prétexte de brevet d'invention. Je ne méconnais pas l'amélioration ; mais je la trouve insuffisante, comme je trouve que le simple affranchissement du pont des Arts n'est pas assez pour une révolution. Je répète que je préfère aux brevets d'invention payés de l'âge moderne, le brevet gratis d'immortalité décerné par la reconnaissance publique aux Hercule, aux Bacchus, et que la légende des saints de Grèce, malgré l'absence du diable, l'emporte de cent coudées sur la légende catholique, pour l'intérêt des récits et la glorification des services réels rendus à l'humanité. Ce que je veux dire est peut-être mal ; mais j'aurai jusqu'au bout le courage de mon opinion. Je déclare qu'à mon sens un Hercule qui a consacré sa vie à la destruction des monstres et à l'assainissement des marais a mieux gagné ses indulgences et sa place dans le ciel qu'un saint Siméon Stylite, qui a perché trente ans sur une colonne, dans l'attitude d'un épouvantail à moineaux francs ou d'une cigogne endormie.

Le plus sentimental et le plus harmonieux de tous les poètes de l'antiquité, Virgile, a consacré son plus admirable chef-d'œuvre et ses plus doux accents à la gloire du pasteur Aristée, inventeur des abeilles. Le peuple athénien, peuple artistique et initiateur par excellence, vante, comme une des merveilles de sa patrie aride, le miel du mont Hymète, ce miel chéri des Grecs...

> Que l'abeille aujourd'hui cherche en vain dans ces lieux
> Abandonnés de Flore et méprisés des dieux.

L'Écriture sainte tient en haute considération les abeilles. L'Ecclésiaste célèbre leurs vertus ; le grand saint Basile, un socialiste effréné, les appelle des bêtes patriotiques. Saint Jean-Baptiste, qui fait une consommation considérable de miel dans le désert, se montre plein de reconnaissance à leur égard. Aristote reproche à tort à ces insectes d'être un peu dures d'oreille ; car elles sont sensibles aux charmes de la musique agréable et détestent le charivari.

Les oreilles délicates et les cœurs tendres se délecteront jusqu'à la consommation des siècles au récit des malheurs de la belle Eurydice et du repentir édifiant du pasteur Aristée; mais la science moderne ne pouvait ratifier aussi complaisamment la théorie de la science d'autrefois sur la génération des abeilles.

Les naturalistes d'autrefois, dont le cygne de Mantoue (Virgile) s'est constitué l'éditeur responsable, faisaient naître les abeilles du sang des bœufs et des génisses offerts en sacrifice aux dieux. Il a été prouvé que la chose ne s'opérait pas ainsi. Le mystère, toutefois, n'était pas des plus faciles à éclaircir, puisqu'il a fallu attendre pendant quarante siècles qu'un œil plus perçant que tous les autres le pénétrât. La gloire de cette découverte était réservée, comme on sait, à un aveugle, un observateur de nos jours, Huber, citoyen de Genève (1). Ainsi, non-seule-

(1) Toussenel confond ici une découverte due à Huber qui n'est pas celle de la génération, connue de Swammerdam et autres naturalistes des xvii° et xviii° siècles. — La Réd.

ment l'ignorance des modernes excuse celles des anciens; mais ici, comme toujours, le mensonge des Grecs a été aussi joli que la vérité.

Le bœuf et la vache, créatures dévouées et pacifiques qui vivent et meurent pour l'homme, mais qui, plus heureux que le prolétaire épuisé de fatigue, peuvent au moins s'endormir à la fin de leur rude carrière dans les douceurs d'une grasse indolence et s'acheminer vers la mort par un sentier semé de fleurs, le bœuf et la vache symbolisaient chez les Grecs le travail nourricier. Le bœuf et la vache, dont les prêtres mangeaient la chair et vendaient la peau, étaient naturellement les victimes les plus agréables à la divinité. Le sang de la vache rouge répandu sur les assistants les lavait de leurs impuretés, comme chez nous l'eau du baptême. Alors rien de plus logique que de placer dans les entrailles des précieuses victimes l'origine de ces insectes ailés, si passionnés pour le travail, si empressés de préparer pour l'homme le plus parfumé, le plus salubre et le plus suave de tous les aliments.

S'il nous est impossible d'admettre, avec le pasteur Aristée, que les abeilles naissent des entrailles des taureaux et des génisses, à plus forte raison refusons-nous toute créance à la théorie de l'hercule juif (Samson), qui les faisait issir (sortir) des entrailles du lion.

Nous dirons tout à l'heure les amours des abeilles ; parlons d'abord de leur constitution politique. Gibbon, Montesquieu, Blackstone et bien d'autres ont écrit de très-gros volumes sur des constitutions à coup sûr moins intéressantes que celle-là.

Prenez, en effet, le contre-pied de toutes les institutions décrétées par des *hommes ;* imaginez les théories les plus anarchiques et les plus subversives de tout ordre social ; fondez dans un même creuset Platon, Campanella, Babeuf et Morelly. Le résidu que vous obtiendrez sera du modérantisme glacial, à côté des *pratiques* gouvernementales de l'abeille. M. Dupin aîné, l'illustre historiographe de la maison des Jault, l'apologiste fougueux du principe de la communauté agricole, paraîtrait d'une pâleur extrême en regard du plus froid historien de la ruche. Le plus célèbre démolisseur de ce temps, l'ennemi le plus intime du capital, serait traité de conservateur-borné, voire de réactionnaire par les abeilles. Les abeilles sont des niveleuses effrénées qui n'ont jamais voulu entendre à la propriété individuelle, ni même au ménage morcelé.

J'ajoute que, contrairement aux prédications de toutes les écoles socialistes qui repoussent les moyens violents, l'abeille n'a jamais reculé devant l'emploi des moyens les plus énergiques pour arriver au triomphe de ses principes. Les historiens des hommes se sont fort scandalisés d'une Saint-Barthélemy de nobles qui se commit en France vers 1572. Il ne se passe pas d'année que chaque ruche ne fournisse à l'histoire des abeilles le contingent d'une semblable tuerie.

Tous les moralistes honnêtes, tous les philosophes consciencieux sont d'accord pour considérer le ménage morcelé et la propriété individuelle comme les bases les plus essentielles de l'ordre social. Il faut voir avec quel souverain mépris, avec quelle injurieuse inconvenance de formes ces petites bêtes, je parle des abeilles, ont accueilli de tout temps ces principes vénérés.

S'il est encore, dans le monde des hommes, une vérité généralement admise, c'est, sans contredit, la supériorité physique et intellectuelle de l'homme sur la femme. Allez, je vous prie, demander aux abeilles leur opinion là-dessus. L'abeille a institué le sérail d'hommes, je veux dire de mâles, à l'usage du beau sexe. L'abeille a réalisé les imaginations les plus extravagantes des *Lettres persanes*, et dépasse dans ses cruautés amoureuses les exploits des Cléopâtre et des Marguerite de Bourgogne. On lira plus bas sur ce sujet des détails scandaleux.

L'effrayant est de voir, au bout de ce régime sanguinaire d'anarchie et de terreur, l'ordre, la richesse, le bonheur universel quasi réalisés par le travail attrayant. Au spectacle de ce monde à rebours, où l'on se fait un jeu des choses les plus saintes, où les principes subversifs engendrent l'harmonie, où le masculin est moins noble que le féminin et même que le neutre, l'esprit égaré, confondu, se perd dans le flux et le reflux de mille antinomies. C'est impossible, mais ça est. Je ne trouve d'analogie à ce résultat étrange dans toute l'histoire humaine que le principe d'égalité et de fraternité, surgissant glorieux des ruines de la terreur après 89.

Pas de loi! Voilà dans tout son laconisme la teneur de l'article premier de la constitution des abeilles. Je doute que l'anarchie ait jamais été formulée d'une façon plus carrée. — Pas de loi! c'est-à-dire que *chacune* vive à sa guise, fasse ce qui lui plaît, travaille selon ses goûts, consomme suivant ses besoins.

Promulguez une pareille charte dans la société des hommes, où les désirs sont infinis et les moyens de jouissance très-bornés; ce sera le déchaînement immédiat de tous les appétits brutaux, le signal de la guerre civile et de la spoliation universelle. Mais les abeilles, mieux douées que l'homme, n'ont pas à craindre que le libre essor de leurs passions amène de semblables catastrophes; car l'unique passion des abeilles est l'amour du travail qui produit la richesse. Le privilége de fainéantise est aussi répulsif à l'abeille qu'il est attrayant pour nous. Voilà pourquoi il n'y a point de pauvres ni de riches parmi elles. L'abeille n'a pas besoin d'une loi faite par elle, puisque l'*obéissance* à la loi de Dieu, c'est-à-dire la liberté, la conduit tout droit au bonheur. La loi, même la loi la plus juste, est toujours, quoi qu'on dise, une institution *sociale* et non divine, une institution décrétée par une majorité quelconque, au préjudice de la minorité. La loi, pour les légistes, peut être l'expression de la sagesse sociale; pour les penseurs, c'est tout simplement une transaction entre la *passion*, loi de bonheur, *moteur divin*, et la *raison, moteur humain*. Et notre idéal à tous, c'est la venue d'un ordre social où l'obéissance à la loi de Dieu (liberté) se fondra avec l'obéissance à la loi de l'homme (l'ordre). Ceci est la traduction littérale de la prière, par laquelle nous demandons à Dieu que son règne arrive sur la terre comme au ciel; car les hommes ne se doutent pas du bonheur qu'ont les astres à parcourir les orbites que Dieu leur a tracées dans l'espace sans fin.

Ainsi, ce principe même de l'obéissance à la passion qui, dans une société pauvre comme la société humaine, déchaîne tous les fléaux à la fois, se trouve être la garantie de toutes les libertés dans une société riche comme celle des abeilles. Mais supprimez la fleur des prairies, et l'abeille, privée de son instrument de travail, retombe dans la situation désastreuse où gémissent nos prolétaires d'aujourd'hui. D'où je me permets de tirer cette conclusion judicieuse que, pour arriver à la jouissance du bonheur intégral (satisfaction des sens et de l'âme), l'humanité doit commencer par accroître dans des proportions colossales le chiffre de son avoir.

Guerre aux mâles, mort au parasitisme, porte le second article de la charte des abeilles. Une explication préalable de plusieurs colonnes est indispensable pour l'intelligence de ce paragraphe.

La société des abeilles est une communauté féminine qui offre un assez grand nombre d'analogies avec le couvent de religieuses, mais qui diffère néanmoins de cette institution par des caractères essentiels. Ainsi, l'abeille est habile comme la nonnette dans l'art de fabriquer les douceurs (miel, sirops, confitures). Comme la nonnette, elle fait vœu de chasteté, et l'observe. De mauvaises langues, comme j'en connais beaucoup, ajouteraient qu'il existe une certaine similitude entre le caquetage

Digitized by Google

des vierges embéguinées et l'éternel bourdonnement des abeilles ; entre le penchant à la médisance remarqué quelquefois chez les unes et la disposition à piquer trop prononcée chez les autres. L'analogie, en tout cas, s'arrête la. (*A suivre.*)

Revue et cours des produits des abeilles.

Paris, 2 mai. MIELS. Les transactions étant presque nulles à cause de l'état de lutte dans lequel se trouve Paris, les cours ne sauraient s'établir. La plupart des magasins de gros sont dégarnis et à demi fermés ; ils sont tenus par les commis, les patrons s'étant donnés de l'air. L'épicerie possède peu de marchandise ; sa vente est d'ailleurs très-limitée. Elle cote à la consommation : miels de Gâtinais et de pays, de 1 fr. 10 à 1 fr. 60 le demi-kil. Des Chili se vendent jusqu'à 1 fr. 40 le demi-kil. Ces miels ont été cédés par les producteurs à 20 centimes. Cette différence du prix du producteur au consommateur montre que parfois l'intermédiariat devient du brigandage, et qu'il n'y a pas lieu de s'étonner si une révolution sociale se produit pour faire cesser tous les abus de cette nature. Les miels de Bretagne font entièrement défaut.

Nous n'avons reçu aucuns renseignements sur les cours de l'extérieur.

CIRES. Peu de marchandise en magasin et arrivages presque nuls. Il faut voir les cours nominaux de 430 à 460 fr. les 100 kil. dans Paris (entrée 22 fr. 90). On cote à l'épicerie de 4 fr. 80 à 5 fr. le kil.

ABEILLES. L'essaimage a commencé. Les colonies paraissent bien disposées à la multiplication. Mais beaucoup de ruchers sont peu garnis.

Des six lettres seulement qui nous sont venues — poste restante à Pantin — depuis un mois, nous pouvons extraire les renseignements suivants de la correspondance de M. Jabot, de Marmande :

« Je puis vous donner quelques nouvelles apicoles et vous rendre compte des expériences que j'ai faites sur l'essaimage artificiel d'après la méthode Vignole.

» Dans notre contrée, les ruches ont beaucoup souffert du froid rigoureux de l'hiver dernier ; la sécheresse excessive de l'été de 1870 les avait déjà beaucoup fatiguées, aussi à la visite de février, bon nombre de colonies n'existaient que par les constructions. Pour ma part, j'en ai perdu près de la moitié et j'ai appris que mon ami Lousteau, instituteur à Lisse (près Nérac), qui cultive les abeilles avec beaucoup d'intelligence, ne conservait plus que quinze ruches sur une quarantaine qu'il en avait avant l'hiver. Ici la récolte du miel, que l'on a l'habitude de faire faire par les *chiffonniers*, a été insignifiante. Les colzas, qui sont d'une grande ressource pour nos abeilles, ont été complétement gelés. Le temps a été très-sec pendant la floraison des arbres fruitiers; aussi, comparativement aux autres années, nos ruches sont-elles restées faibles.

» Voici maintenant pour l'essaimage artificiel : Quand j'eus lu l'exposé de la méthode de M. Vignole, je fus séduis par une théorie qui promettait tant et qui du reste avait été mise en pratique par son auteur et avec succès.

» Le 2 avril (1870) je commencais l'essaimage artificiel — le colza était alors en pleine floraison. Dans le courant d'avril et les premiers jours de mai, je forçai trente colonies, — et après en avoir récolté dix-huit entièrement, je restais encore au mois d'octobre avec cinquante ruches *en bon état*, ayant presque toutes de jeunes mères. Je dois cependant dire qu'une partie manquait de provisions suffisantes et que je fus obligé de nourrir. Mais il n'y a là dans ce fait rien d'étonnant, si l'on tient compte de la sécheresse excessive de l'été dernier.

» Les essaims que je fis dans la première quinzaine d'avril, quoique *plus faibles* que ceux de la seconde quinzaine et commencement de mai, devinrent les plus beaux et les plus forts et plusieurs remplirent entièrement de constructions des ruches jaugeant vingt-huit litres.

» Après cette expérience, faite dans les conditions que j'ai fait connaître ci-dessus, je veux dire pendant une si *forte* et si *longue* sécheresse, et je dois ajouter aussi que le mois d'*avril* a été ici *très-sec ;* après cette expérience, dis je, il n'y a pas de doute pour moi que dans les contrées où les fleurs sont abondantes et durent longtemps, l'essaimage artificiel pratiqué suivant la méthode Vignole produira toujours d'excellents résultats et bien supérieurs que si on opérait plus tard, c'est-à-dire à l'apparition des faux-bourdons.

» J'ai omis de dire — et cela est très-important au point de vue de mon essai — que tous mes essaims ont été transportés à plus de deux kilomètres de mon rucher et non mis à la place de la souche, ainsi que l'a pratiqué M. Vignole. »

Les journaux ne sont pas venus.   H. HAMET.

Paris — Imprimerie horticole de E. DONNAUD, rue Cassette, 8.

Digitized by Google

N° 3. QUINZIÈME ANNÉE 1871.

L'APICULTEUR

Chronique.

SOMMAIRE : Avis à lire. — Correspondance : Essaimage artificiel par permutation. — Graminée accroche-abeille. — Intermédiaire nuisible. — Ruchers ravagés et solidarité.

Les tristes événements dont Paris a été le théâtre nous ont empêché de paraître aussi régulièrement que nous nous l'étions promis en reprenant notre publication à la fin de mars dernier. Nous espérons pouvoir regagner le temps perdu et être en mesure pour que les neuf livraisons à paraître soient envoyées successivement dans le cours de l'année.

Nous rappelons à nos abonnés combien il importe que l'*Apiculteur* soit un moyen d'informations étendues et exactes sur l'état de la récolte, la situation des ruchers, le prix des produits. Nous les engageons donc vivement à nous adresser les renseignements locaux qu'ils pourront nous envoyer pour que nous éclairions les intéressés, et nous le sommes tous comme producteurs ou acheteurs, car les cours de nos produits doivent s'établir sur la quantité récoltée, sur les besoins du moment, sur le stock en magasin., etc. En signalant aussi au public nos observations et nos essais apicoles, nous engageons les possesseurs d'abeilles à en profiter, et nous servons le progrès et notre pays. Les correspondances suivantes sont un canevas sur ce sujet.

M. Vignole s'exprime ainsi :

Dans votre correspondance je vois avec plaisir que M. Jabot, de Marmande, a cherché à se rendre compte de la valeur du mode d'essaimage que j'ai proposé. Toutefois M. Jabot paraît ne s'être livré qu'à une expérimentation incomplète, et cependant il n'hésite pas à conclure en faveur de l'essaimage hâtif. Je regrette que cet observateur n'ait pas jugé à propos de nous donner la date des essaims, leur poids, celui des ruches à l'instant de l'émission et au moment de la récolte. Il a oublié aussi de faire connaître l'état du couvain de la souche. Les mâles étaient-ils pondus à l'état d'œufs, de vers ou de chrysalides? Y avait-il des alvéoles maternels ? — Mais il me semble que M. Jabot, tout en cherchant à s'édifier sur mes idées en a eu peur..... Car après avoir dit : « les premiers essaims que je fis...., quoique les plus faibles, devinrent les plus beaux et les plus forts; » il ajoute un peu plus loin : «j'ai omis de dire

3

qu'au lieu de mettre l'essaim à la place de la ruche je l'ai transporté au
loin..... » (Je cite de mémoire.)

M. Jabot n'a donc pas permuté? S'il en est ainsi, son expérimentation est incomplète : il n'a vu qu'un des avantages de la méthode : la
suppression des faux-bourdons. — Pourquoi donc M. Jabot n'a-t-il pas
mis l'essaim à la place de la souche? aurait-il craint de compromettre
l'existence de celle-ci (ce qui aurait pu arriver s'il l'avait isolée sans la
permuter)? Ou bien aurait-il eu peur de perdre une ruche forte en la dépeuplant pour donner asile à la souche?... Quoi qu'il en soit, M. Jabot
s'est donné non-seulement une peine inutile en transportant ses essaims
au loin, mais il a encore amoindri sa récolte et s'est mis dans l'impossibilité de pouvoir apprécier convenablement mon procédé.

Le système de permutation des ruches que nous devons, avec tant d'autres choses utiles, aux révélations de M. Colin, effraie, malgré son excellence, beaucoup d'apiculteurs qui ne voient tout d'abord qu'une chose :
l'inconvénient de déplacer deux ruches pour avoir un essaim....., et ne
voient pas plus loin. — Assurément, il est sage de se tenir en réserve
contre des méthodes ou des essais que l'expérience et le temps n'ont pas
consacrés. Mais lorsqu'on expérimente il faut aller résolûment jusqu'au
bout; il faut suivre rigoureusement les principes posés, sous peine de
s'égarer.

M. Jabot en transportant ses essaims au loin les a abandonnés à leur
propres forces qui, loin d'augmenter, ont fortement diminué dans les premiers jours. Le contraire se serait produit s'il les eût mis à la place de
leur mère. D'un autre côté les mères n'ayant pas été mises à la place
d'une ruche forte n'ont pu réparer complétement leurs pertes et par conséquent n'ont pu donner ce que la méthode promet. La permutation remplit ici un triple but. Elle fortifie l'essaim de toutes les abeilles de la
souche qui se trouvent aux champs. Elle redonne à la mère une population puissante capable, le temps aidant, de produire une récolte relativement abondante et de donner treize jours après un deuxième essaim
dans les meilleures conditions. Enfin, elle arrête dans les ruches déplacées la ponte des mâles et, par conséquent, utilise la force des nombreuses ouvrières à remplir de miel leurs magasins qui ne sont plus pillés
par des parasites absents.

Ainsi M. Jabot pour ne pas avoir assez tenu compte des principes du
mode proposé a eu une souche et un essaim inférieurs de beaucoup à ce
qu'ils auraient dû être et n'a pu obtenir les autres avantages attendus.

Je fais des vœux pour que cet expérimentateur pousse l'essai jusqu'au bout et pour qu'il nous donne des chiffres pouvant apporter des lumières sur ce point.

— M. Aubouy nous écrit de Lodève :

Dans le numéro de l'*Apiculteur* du mois d'août dernier, vous avez publié à votre *Chronique*, p. 322, une note signée F. Monin et dans laquelle votre correspondant s'exprime ainsi : « Aujourd'hui je viens vous si-
» gnaler encore un ennemi des abeilles ; c'est une plante rustique qui
» pullule en été autour des ruches, une sorte de millet sauvage dont les
» barbes terminées en crochet retiennent captives les abeilles qui ont le
» malheur de s'y poser un instant avant de rentrer à la ruche. » Je suis étonné que les livraisons suivantes ne nous aient donné aucun renseignement sur la plante dont il s'agit, et vous me permettrez de combler cette lacune, autant du moins que les courtes indications qui précèdent peuvent me le permettre.

La plante qui pullule autour des ruches est une sorte de *millet.....*, c'est donc une graminée. Mais quelle est cette graminée dont les *barbes en crochets retiennent les abeilles captives*? Je ne connais que le *sétaire ver·ticillé* (Setaria verticillata P. de Beauv.) auquel puisse s'appliquer cette incomplète diagnose.

Les sétaires sont des plantes qui abondent dans les lieux cultivés de presque toute la France. Dans notre idiome languedocien ils sont appelés *panissa*. Le sétaire glauque (Setaria glauca P. de B.) a les soies et les épillets jaunâtres et les glumelles de la fleur fertile ridées transversalement; le sétaire vert (S. viridis P. de B.) a ses soies vertes ou rougeâtres et ses glumelles lisses ; les soies de ces deux espèces ne sont pas accrochantes, les denticules dont elles sont munies étant dirigées de bas en haut. Quant au *setaria verticillata*, il est facilement reconnaissable à sa panicule interrompue à la base, rude et accrochante. J'ai observé bien des fois cette plante dans les champs et les vignes du midi, et quoique les poils de l'involucre soient toujours munis d'aiguillons crochus dirigés en bas, il ne m'a jamais été donné de remarquer des abeilles prises aux bractées de la panicule.

— Un correspondant qui s'intitule utopiste nous soumet ses points de vue concernant l'amélioration de l'apiculture. Il pense que les producteurs de miel verraient leur position se modifier, partant l'apiculture progresser, le jour où ils pourraient écouler leurs produits sans passer par les fourches caudines d'intermédiaires qui écument les bénéfices, font monter les prix et, par là, entravent la consommation. Il verrait avec peine des taxes s'établir sur les produits des abeilles; ce serait un moyen de tuer l'apiculture.

—M. Huet, de Guignicourt (Aisne), l'un des premiers adhérents de la *Solidarité apicole*, signale la destruction par les Prussiens du rucher qu'il avait dédié à l'empereur, et exprime le désir que ses coassociés viennent à son secours pour la reconstitution d'un rucher qu'il dédiera au gouvernement actuel. Bon nombre d'adhérents à la Solidarité apicole se trouvent dans le même cas : les Prussiens ont détruit leurs ruchers. Nous-même avons vingt fois perdu ce que la cotisation imposée à chaque adhérent pourrait produire. Nous en serons chacun pour nos pertes : il y a cas de force majeure.

A la fin de la campagne courante, il sera fait une addition des ruches des solidaires, et un appel à de nouveaux adhérents.   H. HAMET.

Division des essaims mêlés.

Je n'ai pas la prétention d'apprendre au lecteur rien de bien neuf sur la manière de diviser les essaims qui se réunissent au moment de leur sortie. D'abord, doit-on les diviser ? L'honorable M. Collin répond négativement ; il dit dans son excellent *Guide*, 3ᵉ édition, p. 104 : « Je ne conseille jamais de les séparer, je connais trop les avantages des essaims forts sur les faibles. » En effet, les avantages des essaims forts sur les faibles sont incontestables. Quoi qu'il en soit, je me permettrai d'être d'un avis contraire au sien sur la division, et d'engager à les séparer, ou du moins dans les circonstances suivantes : lorsque les essaims sont hâtifs et forts, lorsque les familles d'abeilles mêlées s'entendent peu et que des ouvrières d'une colonie se pelotonnent autour de la mère de l'autre. Alors, il arrive assez souvent que, si l'on ne divise pas avec la précaution de loger les mères en étui, au lieu d'un très-fort essaim, on n'en a pas du tout. Il y a des années où le cas est fréquent.

Je rapporte les moyens de séparation indiqués par les auteurs et pratiqués communément. Recevoir dans une grande ruche les essaims réunis et les secouer au milieu des logements qui doivent les diviser. C'est-à-dire, s'il y a deux essaims réunis, disposer près l'une de l'autre — à un demi-mètre — deux ruches vides qu'on soulève par des cales, et secouer entre elles la masse d'abeilles recueillies.

S'il y a trois essaims de réunis, disposer trois ruches l'une près de

l'autre, de manière qu'elles forment un triangle, et secouer la masse d'a-
beilles au milieu de ces ruches.

« Lorsqu'on secoue un groupe renfermant plusieurs mères, il faut, dit
M. Hamet dans son *Cours*, s'occuper de distinguer ces mères et, aussitôt
qu'on les aperçoit, s'empresser de les diriger vers chaque ruche. Mais si
l'on n'en découvre qu'une, il faut placer un verre dessus et la tenir prisonnière jusqu'à ce que la plus grande partie des abeilles soient entrées
dans les ruches. Lorsqu'on s'aperçoit que les abeilles entrées dans une
ruche courent en tous sens et s'apprêtent à en sortir pour se rendre dans
la ruche voisine, il faut diriger la mère prisonnière sous la ruche qui
menace d'être désertée ; aussitôt les abeilles se calment. »

Au lieu de mettre sous verre les mères qu'on découvre, il vaut mieux
s'en emparer et les loger individuellement dans un étui en toile métallique. Il importe surtout d'agir ainsi lorsque des ouvrières d'une colonie
se pelotonnent autour de la mère d'une autre colonie dans le but de la
détruire. On peut alors faire accepter ces mères, et la division devient
possible. On en est quitte à recommencer l'opération si toutes les abeilles
se sont portées dans une seule habitation. Après avoir disposé de nouveau les ruches devant loger les divisions, on secoue le vase qui contient la réunion. On veille comme précédemment à ce que les abeilles se
répartissent à peu près également dans chaque logement, et lorsque celles
entrées dans une ruche font mine de vouloir en sortir pour se jeter dans
la voisine, on y introduit un étui garni de mère et on l'entoile, surtout
si la chaleur est grande. On se contente de l'éloigner si la température
n'est pas élevée. Les ruches percées par le haut ou par l'un des côtés rendent facile l'introduction de l'étui, qui se trouve alors au milieu du
groupe d'abeilles, et qui engage celles-ci à rester dans l'habitation qu'on
leur assigne. Le lendemain soir ou le surlendemain on enlève l'étui, et
on donne la liberté à la prisonnière qui est bien accueillie.

Lorsqu'on veut conserver des réunions d'essaims sortis au même moment qui paraissent ne pas bien s'accorder, il faut, après les avoir recueillis, entoiler la ruche qui les contient et la descendre dans une cave
fraîche et sombre où, après vingt-quatre heures de séjour, les abeilles ont
scellé la paix, non en sacrifiant une partie de la nation, mais en se dé-
barrassant de la *reine* ou des *reines* superflues.

Parfois il arrive qu'on vient de recueillir un essaim et qu'à peine est-il
logé qu'un autre va se jeter avec lui. Dans ce cas, on se hâte de placer
sous la ruche une grille (tôle perforée n° 35) qui empêche la mère du

nouvel essaim de monter. C'est le moyen de s'en emparer sans trop la chercher et de la loger dans un étui. Le soir on prend à peu près la moitié des abeilles réunies, on les met dans une autre ruche et on place l'étui dans la portion qui n'a pas de mère, ce dont on s'aperçoit au bout d'un quart d'heure, les abeilles manifestant de l'inquiétude et courant en tous sens.

Pourquoi ne pas éviter tous ces embarras en remplaçant l'essaimage naturel par l'essaimage artificiel? Pourquoi ne pas adopter la ruche à cadres mobiles qui rend les divisions si faciles qu'elle est un véritable amusement pour nombre de personnes? C'est bientôt dit, mais dans plusieurs circonstances la solution est plus spécieuse que réalisable. C'est à peu près comme si l'on disait à tous les agriculteurs d'un bout à l'autre du pays : au lieu de froment qui ne produit que cinq ou six cents francs par hectare, adonnez-vous spécialement à la culture des asperges qui produit cinq ou six mille francs. Je suis *éleveur* d'abeilles, parce que mon canton est favorable à la production des colonies et que le placement de celles-ci est avantageux. Je possède 250 ruches à cheptel, disséminées dans dix localités plus ou moins éloignées et par lots de deux à douze colonies, que je surveille en conduisant une culture de quelques hectares de terre. Quant aux chepteliers, ils ne s'occupent de nos ruches qu'au moment de la sortie des essaims, dont l'époque est variable. M'est-il possible d'extraire tous mes essaims artificiellement? Oui peut-être pour l'opération, mais non assurément pour les soins qu'il faudrait donner à ces artificiels dans mon canton où la production du miel est insignifiante à l'époque de l'essaimage. Je serais obligé d'en nourrir une bonne partie, ceux que j'aurais extraits trop tôt ou trop tard, et le temps me manquerait pour ces soins indispensables.

Je ne parle pas d'adopter la ruche à cadres, parce que je ne trouverais pas à la placer en y logeant des abeilles; mes acheteurs, des producteurs de miel du Gâtinais, ne les acceptent pas plus jusqu'à ce moment qu'ils n'acceptent le tronc d'arbre. Et la foule d'amateurs riches qui en sont enchantés, et qui pourraient me les payer leur prix, n'est pas encore bien grande, parce que dans notre pays on ne remue pas à la pelle les pièces de vingt francs comme on y remue des pommes de terre et des châtaignes.   A. LAMBERT.

P. S. Il y a quelques jours le dialogue suivant avait lieu entre moi et l'un de mes voisins sur le terrain duquel je recueillais un essaim :

Le voisin. Monsieur ?...

Moi. Goddem !...

Le voisin. Certainement que je suis dans mon droit, et je vous signifie de ne *lâcher* vos abeilles qu'après le soleil couché ; ou sinon je vous dénonce, vieux rouge.

Moi. Yès, yès, yès... (*A part*). Il faudra que je lui double son pot de miel cette année, à ce cher voisin. Encore un impôt pour le roi de Prusse qui ne tend pas à diminuer.

Considérations sur le pollen.

Le pollen est, comme on le sait, la poussière fécondante des fleurs que les abeilles s'empressent de récolter en grande quantité au printemps pour en faire la base de la nourriture de leur couvain. Plusieurs traités d'apiculture émettent sur la récolte du pollen des assertions qu'il est bon d'apprécier pour ce qu'elles valent.

Debeauvoys dit que le pollen n'est apporté à la ruche que lorsqu'elle contient des larves ; mais que si la mère cesse de pondre, on ne voit plus les abeilles qui rentrent à la ruche en apporter après leurs pattes. Ces enseignements sont fondés sur des faits mal vus ou sur des erreurs accréditées depuis longtemps. La vérité est que, si la ruchée manque de couvain, ses abeilles ne visiteront pas les fleurs qui ne produisent que du pollen exclusivement ; mais qu'elles ne manqueront jamais de s'en charger toutes les fois qu'elles visiteront des fleurs qui donnent à la fois du miel et du pollen. La quantité qu'elles en accumulent dans la ruche est quelquefois considérable pendant les vingt-deux jours nécessaires au remplacement de la mère pondeuse qu'elles ont perdue ou dont on les a privées. Le couvain produit par la jeune femelle, quelque prolifique qu'elle soit, est loin de pouvoir tout consommer. Il en reste alors une grande quantité pour l'hiver.

Le pollen est formé de gluten, matière extrêmement fermentescible. Selon qu'il est plus ou moins sec et friable, les abeilles y ajoutent du miel pour pouvoir s'en faire des pelottes, le rapporter et l'entasser dans les cellules. Ces deux substances attirant l'humidité fermentent, forment une pâte acide qui durcit en séchant, ou une fermentation putride si l'humidité se prolonge. Dans cet état il peut provoquer la loque, soit par les champignons microscopiques qui s'y développent, suivant l'opinion du Dr Preust de Dirschau, soit par les émanations qu'il exhale et ses propriétés délétères comme nourriture, si l'on en croit la théorie de A. Lambrecht.

Par la fermentation acide, le pollen perd son onctuosité et il se durcit en séchant ; mais si les rayons qui le contiennent sont placés dans un endroit sec, la fermentation ne pouvant avoir lieu, il reste assez mou pour pouvoir être utilisé par les abeilles la saison suivante.

Toute ruchée qui se trouve avoir une trop grande quantité de pollen après l'hiver est donc dans des conditions anormales, si, ayant passé l'hiver dans un lieu humide, ce pollen a subi une décomposition putride.

Le pollen aigre peut encore être utilisé par les abeilles tout comme le pain fermenté qui nous sert d'aliments et les pâtées aigries qu'on donne aux animaux. Quant au pollen putride, il est d'absolue nécessité de l'enlever de la ruche. C'est donc avec raison que les auteurs conseillent de couper tous les rayons du bas qui en contiennent.

Souvent, à la première visite des ruchées à la sortie de l'hiver, on trouve des rayons blancs de moisissure. Il faut bien se garder de les jeter; si la ruchée à laquelle ils appartiennent est faible, on place les cadres qui les portent dans des ruchées populeuses entre deux rayons ayant du couvain. Si on les examine deux jours après, on ne les reconnait plus tant ils sont bien nettoyés. Si on craint que le pollen soit gâté on le goûte : s'il n'est qu'acide il est bon (1). Le plus ordinairement le pollen gâté est vert de moisissure ; mais il est rare d'en trouver dans cet état.

Le pollen altéré a coûté aux abeilles beaucoup de travail. Les rayons qui le contiennent représentent aussi une valeur. Pourquoi n'avoir point engagé les abeilles à le consommer en temps voulu en provoquant le développement du couvain. C'est par économie de miel, sans doute ; mais cette économie est-elle bien placée? On doit toujours être pénétré de ce précepte de Contardi « que tout l'art de l'apiculteur consiste à avoir des populations fortes. » Donc, il ne faut pas craindre de faire des avances de miel à la fin de la campagne pour engager les abeilles à se livrer à l'éducation du couvain, c'est-à-dire pour devenir fortes en population.

Au sortir de l'hiver, on a aussi un grand intérêt à provoquer l'éducation de couvain; car s'il y a des abeilles en grande quantité dans la ruche au moment des fleurs mellifères, la récolte sera assurée. Supposons que

(1) Nous n'avons qu'une confiance médiocre en la bonté du pollen devenu acide. Plusieurs fois nous en avons mis à la portée des abeilles à côté de farines diverses; ce pollen a toujours été délaissé. — *La Rédaction.*

Digitized by Google

nous désirions avoir une bonne récolte du colza dont nous attendons la pleine floraison le 1er mai. Comme nous savóns que les butineuses ne s'adonnent au grand travail que quinze jours après leur naissance et qu'elles restent trois semaines au berceau, c'est donc vers le milieu de mars qu'il faut provoquer une nombreuse ponte. Mais comment provoquer cette ponte si les premières fleurs manquent ou s'il gèle la nuit? Le moyen est simple : il consiste à donner un peu de sirop de sucre aux abeilles et de placer à leur portée de la farine de seigle ou de légumes secs.

Ainsi avant l'apparition des fleurs, on a la farine, ce surrogat de pollen, que les abeilles recueillent avec avidité et qu'elles utilisent pour leur prospérité et pour la nôtre. Voici donc ce qu'il convient de faire : avant l'apparition des premières fleurs et dès que les rayons du soleil permettent aux abeilles de sortir au milieu de la journée, ce qui arrive dès février, il faut répandre, dans des boîtes ou sur des toiles serrées, de la farine blutée ou non; si elle est blutée on y ajoute un peu de son, afin d'aider les abeilles à prendre pied. On a conseillé de remplacer le son par de la sciure de bois, de la paille hachée, etc., mais la recette est mauvaise, car il faut utiliser la partie que les abeilles n'enlèvent pas : elles n'enlèvent pas ce qui n'est pas réduit en poudre fine. Tous les soirs, on doit vider les boîtes et les toiles pour les renouveler le lendemain, et la farine mêlée de son recueillie peut être utilisé à la nourriture des bestiaux de la ferme. La quantité de farine que chaque colonie peut enlever avant la venue des fleurs peut aller jusqu'à 2 kilogr. 500 et même plus, et c'est de l'argent placé à plus de 30 p. 0/0. Pour attirer les abeilles au râtelier, on pose près de là quelques gâteaux de cire contenant de l'eau fortement miellée. Ce râtelier communal doit être éloigné de quelques pas du rucher, et être placé au soleil et à l'abri du vent, des volailles et des chiens.

Lorsque des fleurs se montrent et que le temps permet aux abeilles de les fréquenter, nos butineuses cessent leur cueillette de farine; mais si une gelée atteint la floraison ou l'arrête, elles retournent au râtelier artificiel que tout apiculteur intelligent ne doit négliger d'établir au sortir de l'hiver.   *Un amateur.*

Des faux-bourdons,
par Dzierzon.

Les faux-bourdons forment la troisième espèce d'abeilles qui se trouvent dans la ruchée; ils sont du sexe masculin : quiconque possède quel-

ques notions d'histoire naturelle n'en peut douter. Leur unique destination est de féconder les jeunes mères. Toute leur activité se concentre
dans cette occupation; ils sortent dans les beaux jours et pendant les
heures les plus chaudes de la journée ; ils volent au plus haut des airs au
même moment où les jeunes femelles effectuent leurs sorties de fécondation. Ils passent le reste du temps dans la ruche, inoccupés et presque
immobiles. De même que dans le règne végétal le pollen est la poussière
mâle fécondante, de même la nature a placé dans la ruche un grand nombre de faux-bourdons, afin que la femelle développée, de laquelle dépend
la prospérité de la ruchée, soit fécondée plus tôt et plus sûrement. Il est
bien prouvé aussi qu'il est absurde de penser que les bourdons servent à
côté de cela à entretenir dans la ruche un certain degré de chaleur. Car
lorsque la jeune mère a été heureusement fécondée, qu'elle a commencé
à procréer du couvain, et lorsque déjà, les jours devenant plus frais, il y
aurait justement besoin de chaleur dans la ruche, alors les abeilles chassent les bourdons comme devenus inutiles (1). De même que chez leurs
congénères les bourdons, les frelons et les guêpes, les mâles des abeilles
ne passent pas l'hiver. Et même chez les premiers, les individus ouvriers
se dispersent et périssent en automne, parce que les femelles fécondées
seules passent l'hiver dans un état de torpeur complète, qu'elles peuvent
se passer d'être réchauffées, qu'elles bâtissent elles-mêmes les premières
cellules et qu'elles peuvent elles-mêmes nourrir au printemps le premier
couvain qui vient à naître. La mère des abeilles ne possède pas cette fa-
culté-là. C'est pour cela que la présence des ouvrières dans la ruche est
indispensable pendant l'hiver, en nombre suffisant, tandis que les faux-
bourdons sont complétement inutiles.

La mère conserve dans sa vésicule séminale la semence fécondatrice et
c'est elle-même qui féconde les œufs qu'elle va pondre. Quand au printemps l'époque de l'essaimage s'approche et qu'il devient nécessaire de
procréer les jeunes mères, alors aussi et comme préparatifs plus éloignés,

(1) Cette argumentation de Dzierzon n'est pas, il s'en faut de beaucoup, une
preuve évidente que les faux-bourdons ne servent pas à entretenir la chaleur
dans la ruche. Il n'y a qu'une expérience qui puisse prouver cela. Cette expérience est celle-ci : prendre du couvain operculé, parmi lequel se trouve une
cellule maternelle garnie, le loger dans une ruchette et la garnir d'un certain
nombre de mâles avec quelques ouvrières seulement, mais pas assez de celles-ci
pour entretenir la chaleur nécessaire à l'éclosion du couvain. Dzierzon a-t-il fait
cette expérience? — *La Rédaction.*

les œufs de faux-bourdons sont pondus, ce qui rendrait tout à fait inutiles les faux-bourdons qui auraient passé l'hiver. Car, suivant le principe que nous avons exposé ailleurs, les faux-bourdons naissent des œufs non fécondés que les mères non fécondées, tout comme les ouvrières pondeuses, peuvent produire.

La race italienne devait encore donner un moyen parfait de prouver la vérité de ce principe, à la condition que les faux-bourdons et les ouvrières se distinguent des individus de la race commune, ce qui existe effectivement, quoique la différence ne soit pas tellement grande. Si la théorie est exacte, les mères de race noire ne doivent procréer que des faux-bourdons italiens, quand même elles auraient été fécondées par des mâles de l'autre race. Le mélange des deux races ne devra s'apercevoir que dans la descendance féminine, si les œufs femelles seuls ont besoin d'être fécondés, et c'est effectivement ce qui a lieu. On n'observa qu'une seule fois la naissance de quelques faux-bourdons jaunes dans une ruche contenant une mère noire qui avait été fécondée par un faux-bourdon italien. Dans ce cas, les œufs de faux-bourdons jaunes auraient très-bien pu avoir été pondus par une ouvrière pondeuse de race italienne, comme il s'en trouvait déjà beaucoup dans la ruche. Cette circonstance d'une ouvrière pondeuse en même temps qu'une mère féconde se rencontre très-rarement, mais pourtant encore quelquefois, comme il peut, par exception, se trouver deux mères fécondes ensemble dans la même ruche.

Quoique l'accouplement de la mère avec les faux-bourdons, en se passant hors de la ruche dans les airs, soit un inconvénient pour la conservation et la perpétuation de la race italienne pure, d'un autre côté ce même inconvénient facilite cette conservation en ce que les mères de race italienne mélangée ne procréent l'année suivante que des faux-bourdons italiens. Ces mères italiennes pondent même des œufs de faux-bourdons dès l'année de leur naissance, quand la population est suffisamment grande, ce que ne font que très-rarement les mères de la race commune.

On s'est demandé si les faux-bourdons provenant d'œufs pondus par des ouvrières étaient des mâles pourvus de toute la puissance procréatrice nécessaire. Cette question est toute résolue. Car du moment qu'ils sont en tout semblables à des faux-bourdons provenant de mères, il n'y a pas de raison pour leur dénier les mêmes facultés.

Note du traducteur.—Voici une raison qui me paraît avoir bien peu de

valeur. Car suivant le même raisonnement, du moment que les ouvrières
proviennent d'une même mère qui a aussi pondu des mères, les premières devraient posséder toutes les qualités des dernières.

Dictionnaire d'apiculture.

Glossaire apicole. (V. 15e année, p. 41.)

CALENDRIER APICOLE. Sous cette dénomination il faut entendre les soins
que le possesseur d'abeilles doit donner et les travaux qu'il doit exécuter
dans le cours de l'année. Ces soins et ces travaux se modifient selon le
climat, la flore locale et le mode apicultural employé. Par conséquent ils
peuvent varier d'un canton à l'autre, et aussi chez les apiculteurs de la
même localité qui n'emploient pas le même système de ruches. A chaque possesseur d'abeille de se faire son calendrier d'après les principes
généraux de la science apicole. — Consulter le petit volume qui porte
le titre de *Calendrier apicole* (almanach des cultivateurs d'abeilles), et la
collection de l'*Apiculteur* qui contient des spécimens de calendriers pour
les environs de Paris, le Narbonnais, la Lorraine, etc.

CALOTTE. V. *Chapiteau.*

CALOTTAGE. Opération qui consiste à placer des calottes sur les ruches
susceptibles d'en recevoir, ruches dites à calottes. Le calottage s'applique
sur toutes les ruches qui peuvent recevoir un chapiteau. Il a pour but
d'obtenir une récolte partielle, plus ou moins grande, de miel supérieur.
Comme il s'applique dans certaines contrées, le calottage tend à faire
produire aux abeilles une récolte de miel au détriment de l'essaimage.
En effet, les ruches qu'on agrandit au moyen d'un chapiteau avant la
formation des essaims essaiment moins que celles qu'on n'agrandit pas.
— On sait que c'est dans le haut de leur logement que les abeilles emmagasinent la plus grande partie de leur miel; on sait aussi qu'elles
n'élèvent pas de couvain dans les chapiteaux lorsque ceux-ci sont établis
dans les conditions voulues. Les abeilles élèvent du couvain dans la
calotte quand elle est trop grande, quand elle a été posée trop tôt, quand
l'année n'est pas favorable à la production du miel, quand le trou de
communication du corps de ruche est trop grand, etc. Elles n'élèvent pas
de couvain dans le chapiteau lorsqu'entre lui et le corps de ruche on
établit un grillage en tôle perforée (voir le mot *Grille* ou *Grillage*) qui
empêche la mère d'y monter.

Les calottes ou chapiteaux doivent être placés en temps opportun, c'est-
à-dire au moment où la miellée donne ou va donner, et sur des ruches

bien remplies de travaux et de population; autrement les abeilles n'y édifieraient pas de suite, et la saison pourrait s'avancer sans qu'elles s'occupassent de le faire. Dans les localités à colza, le calottage doit se faire aussitôt que la fleur de cette plante commence à donner du miel : c'est ordinairement vers la fin d'avril ou les premiers jours de mai. On opère un peu plus tard dans les localités où la principale fleur mellifère est celle du sainfoin.— Voir *Cours d'Apiculture* et *Guide du propriétaire d'Abeilles* aux chapitres Calotte et Calottage.

CAMAIL, *masque à abeilles*, s. m. Affublement propre à éviter les piqûres d'abeilles. *Careto* (masque) dans l'Aude. — Le camail le plus employé est un masque en fil de fer mince, garni d'une toile légère, qui abrite la tête et le cou. On le remplace par une gaze noire, une sorte de bourse dont on se coiffe jusqu'aux épaules. Plus le camail est léger et moins encombrant, mieux il vaut; car on ne s'en sert le plus souvent qu'en temps chaud, et le masque lourd provoque singulièrement la transpiration lorsqu'on en est longtemps couvert en plein soleil. Il est des praticiens qui ne se servent jamais de camail. Mais, les personnes novices et peureuses font bien de se couvrir la figure et les mains pour les opérations un peu importantes. C'est d'ailleurs un moyen de se familiariser avec les abeilles.

CAPE, CAPOT, CAPOTE. Voir *Chapiteau*.

CAPUCHON. Voir *Paillasson* et *Surtout*.

CELLULE, s. f. Voir *Alvéole*.

CÉRATOME, s. m. Couteau à extraire la cire des ruches, autrement dit les rayons des abeilles. *Gauge* ou *gouge* (Deux-Sèvres); une *ebresciaire* (1), couteau pour couper et récolter une *brescia*, un gâteau de miel (Ardèche). Ce couteau, à lame fixe, recourbée vers le haut, est plus ou moins long, et varie selon les opérateurs. Lorsque sa lame est large, elle sert en même temps à couper les rayons extraits. Voir *Cours d'Apiculture*, 3ᵉ édit., p. 251, pour figures de divers couteaux à extraire les rayons.

CHANT DE LA MÈRE. On appelle ainsi le cri particulier que font entendre les femelles complètes retenues prisonnières au berceau. Ce chant ne se fait entendre ordinairement que dans les ruches qui doivent donner des

(1) Cet instrument de 0ᵐ,30 de longueur a un bout recourbé et en langue de chat dans le genre du cératome décrit ailleurs, tandis que son autre bout, en place de manche ou de poignée, figure le tranchant d'un ciseau de menuisier. Ce double outil, que possèdent tous les apiculteurs de l'Ardèche, suffit à leurs diverses opérations sur les ruches troncs-d'arbres, seules usitées dans ce pays. — *Canaud*.

essaims secondaires, et, chaque fois qu'il est produit, il inquiète les abeilles. Ce sont les futures mères retenues prisonnières au berceau et celles qui viennent de naître qui le font entendre, les premières par le cri accentué de *tit, titt, tuth*; les secondes, plus particulièrement par *koua, kauak*. Il est rare que les mères fécondées chantent; elles ne le font que lorsqu'elles éprouvent une contrainte et qu'elles sont isolées de leur colonie. Voir X° année de l'*Apiculteur*. Consulter aussi les années IX et XIV sur les divers chants des abeilles.

CHAPITEAU, *calotte, cape, capot, cabochon, chapeau, cazeret*, s. m. Partie accessoire qu'on établit sur un corps de ruche pour y obtenir une récolte partielle. Ruche à chapiteau, logement d'abeilles composé d'un corps de ruche principal, et d'un chapiteau ou partie moins grande, qui s'enlève à volonté.—La grandeur des chapiteaux doit être en raison des ressources mellifères et de la force des colonies. Plus il y a de fleurs et plus ces fleurs donnent de miel, plus les chapiteaux doivent être grands, notammeht s'ils sont placés sur des ruches très-populeuses. Lorsqu'on tient à avoir des essaims, il ne faut placer les chapiteaux qu'après l'essaimage, ou ne les employer que petits si on les place avant. On les fait le plus souvent en paille, en menuiserie et en boissellerie; on en emploie aussi en terre cuite, en faïence ou en verre.

CHASSE, TRÉVAS, s. f. On appelle *chasse* la colonie d'abeilles qu'on a fait passer forcément de la ruche garnie qu'elle occupait dans une ruche vide, autrement dit qu'on a transvasée; d'où lui vient le nom consacré de *transvas* et, par abréviation, de *trévas*, terme employé aussi communément que celui de chasse et qui détermine mieux l'objet désigné. *Panier chassé*, ou seulement *chassé* pour chasse ou trévas. *Cachi* (nord de la Somme); *Trevase* (Aisne); *Treusbase* (Landes); *Trillon* (Haute-Marne); *Trion* (Aube); *Saubeillée* (diverses localités du midi); *Soufflure* (Pas-de-Calais). Dans les cantons où le transvasement est inconnu et où trop souvent on étouffe encore les abeilles, le patois local n'a pas consacré de terme approprié à cette opération apiculturale.

Les trévas faits à la fin de la première floraison — trois semaines après la sortie de l'essaim primaire sur certaines ruchées — et logés dans des bâtisses, valent souvent des essaims logés à nus. Quant à ceux qui ne sont pas logés en bâtisse, ils doivent être doublés et secourus, à moins qu'on ne les conduise de suite à quelque pâturage offrant des ressources, tels qu'aux montagnes couvertes de labiées, aux blés noirs ou aux bruyères. C'est une bonne mesure de construire des bâtisses artificielles avec les rayons garnis de couvain, de pollen et de miel inférieur qu'on enlève des ruches chassées, et d'y loger les trévas. Si ces trévas ne prospèrent pas, ils laissent au moins des bâtisses propres que plus tard on utilise avec profit, et, lorsqu'ils n'ont pas prospéré, on a soin d'en recueillir les abeilles pour les donner à d'autres colonies.

CHASSER, TRÉVASER, TRANSVASER, SAUBEILLER, signifient la même chose : extraire les abeilles, les faire passer, les sauver. C'est une opération qu'on pratique sur les ruches communes pour les récolter entièrement ou partiellement, ou encore pour en tirer des essaims artificiels. Dans ce dernier cas, on ne chasse pas entièrement la colonie, on ne fait que de la diviser (voir *essaim artificiel* par transvasement). On chasse ou transvase les abeilles par le tapotement de leur ruche et par la projection de fumée. L'opération se pratique communément ainsi : Après avoir projeté de la fumée aux abeilles de l'extérieur, s'il y en a qui font la barbe, puis avoir décollé la ruche et projeté encore une certaine quantité de fumée afin de maîtriser les gardiennes, on enlève cette ruche et on la transporte à quelque distance, et à l'ombre autant que possible ; on la renverse ensuite sens dessus dessous, et on l'établit soit dans un petit trou en terre, soit sur un objet quelconque, par exemple sur un tabouret dépaillé, de manière qu'elle ne puisse vaciller et qu'on l'ait à sa portée. (Voir *Cours*, 3e édit., p. 100 et 249.) On la recouvre après cela de la ruche vide dans laquelle les abeilles vont monter, en les enveloppant toutes les deux avec un linge qu'on fixe au moyen d'une ficelle. Les praticiens n'enveloppent pas les ruches, ou ne les tiennent enveloppées que cinq ou six minutes. Lorsque les ruches sont ainsi disposées, on tapote avec les mains, avec des cailloux ou avec de petites baguettes autour de la ruche pleine en commençant par la partie inférieure et en montant graduellement. Au bout de trois ou quatre minutes de tapotement continu, quelquefois avant ce temps, un bourdonnement assez fort se fait entendre : ce sont les abeilles qui se mettent en marche. Ce bourdonnement grandit ; il se fait entendre, un peu après, vers le milieu, puis vers le haut de la ruche supérieure. Bientôt après il se laisse moins entendre ; les abeilles sont presque toutes montées. L'opérateur achève de faire sortir les récalcitrantes en leur lançant les bouffées de fumée que lui donne sa pipe, ou en soufflant simplement dessus, ou encore en employant le fumigateur (voir ce mot). Lorsque les ruches à transvaser ont une certaine quantité de couvain, quelques ouvrières s'obstinent à ne pas vouloir déguerpir. Après avoir couvert d'un linge la ruche chassée et l'avoir laissée un quart d'heure ou une demi-heure sens dessus dessous, les abeilles récalcitrantes se groupent au haut des rayons, et on peut les enlever à l'aide d'une barbe de plume. — Il faut opérer par un beau temps, depuis 8 ou 9 heures du matin jusqu'à 6 ou 7 heures du soir. Les abeilles montent moins bien avant qu'après midi, à moins qu'on opère en temps de cueillette de miel, et qu'elles en aient trouvé dès le matin. L'opération bien conduite demande de 15 à 20 minutes. Elle est plus rapide lorsque la ruche étant percée peut être soumise à un courant de fumée pendant le tapotement.

La chasse ou transvasement des abeilles pour les récolter est une opé - ration très-rationnelle sur les ruches communes. C'est un grand progrè s sur la coutume sauvage de les étouffer.　　　　　H. Hamet.

Botanique apicole.
La Sauge des prés : *Salvia pratensis*.

Voici avec la vipérine, une des plantes que la nature, dans le but de rétablir autant que possible l'harmonie, a grand soin de multiplier dans les terrains que l'homme bouleverse. Notons en passant que pour que la multiplication ait lieu d'une manière plus assurée et plus prompte, la nature choisit une plante mellifère, une plante qui attire les abeilles ces aides de la fécondation. Très-rustique, la sauge vit de peu et s'accommode à peu près de tous les sols, notamment de celui qui ne reçoit pas de culture. Aussi se multiplie-t-elle d'une façon toute particulière sur les berges abandonnées des chemins de fer où elle rend de grands services en empêchant l'éboulement des terres. M. Herincq nous en donne la description botanique suivante :

La sauge des prés est une plante vivace, à racines traçantes, émettant chaque année des tiges presque simples, dressées, carrées, un peu laineuses, haute de 40 à 60 centimètres. Les feuilles sont de deux sortes : celles qui naissent de la racine sont pourvues d'une longue queue ou pétiole; elles ont la forme d'un cœur allongé, un peu gauffrées, ou ridées, doublement crénelées ou dentelées sur les bords; la face supérieure est glabre, et l'inférieure est poilue, comme la queue ou pétiole : les feuilles que porte la tige n'ont pas de pétiole; elles sont placées par deux opposées l'une à l'autre, et leur forme est à peu près celle du fer de lance. Les fleurs apparaissent dans la seconde quinzaine de mai; d'autres succèdent jusqu'en août : la singulière constitution de ces fleurs

Digitized by Google

permet de reconnaître très-facilement cette sauge. Cette espèce est très-fleurifère; les fleurs, réunies par quatre ou six sur un même point de la tige, forment des sortes de collerettes superposées et dont l'ensemble constitue de longues grappes simples, quelquefois rameuses. Chaque fleur est composée d'un calice velu et visqueux en forme de clochette ; la corolle, qui est d'un beau bleu, est longuement tubulée, et partagée en deux parties nommées lèvres ; la lèvre supé-

rieure courbée en faucille forme un peu le capuchon ; la lèvre inférieure, beaucoup plus courte que la supérieure, est renversée, étalée et présente trois lobes dont celui du milieu est beaucoup plus grand. C'est dans le tube de cette corolle que se trouvent les étamines qui portent le caractère distinctif de cette plante, et qui ne permet pas de la confondre avec les autres plantes de la même famille, de la famille des Labiées. Ces étamines, au nombre de deux seulement, sont insérées à l'entrée du tube de la corolle, du côté de la lèvre inférieure; elles ont un support ou filet très-court portant sur le côté un autre filet articulé sur lui, et qui, par ce fait, est mobile et peut exécuter le mouvement de bascule, lorsqu'on exerce avec le doigt une légère pression latérale. Ce filet mobile, qui est le connectif de l'anthère, est dilaté, élargi à sa partie inférieure, effilé et portant une petite poche à pollen à sa partie supérieure. C'est à cette petite bascule des étamines qu'on reconnaîtra toujours les sauges ; elles seules présentent ce singulier caractère; quant à l'espèce qui fait l'objet de cet article, outre qu'elle est la seule qu'on trouve communément et abondamment, en France, elle est facile à distinguer par ses fleurs longues et bleues, et

Fig. 3. Fleur de la sauge des prés.

par ses feuilles en cœur. La figure 3 ci-jointe montre une tige fleurie dans la base, et boutonnée au sommet.

C'est dans le calice que les abeilles trouvent leur pâture : le fond de ce calice est occupé par quatre ovaires implantés dans un disque glan_ duleux qui sécrète la matière sucrée, etc., etc., pour laquelle nous proposons la culture de cette plante, qui n'est pas difficile en fait de terrain. Elle croit naturellement dans les prés secs, sur les talus de chemins de fer, sur les bords des routes, partout, en un mot, où le sol ne jouit pas d'une bonne réputation auprès des cultivateurs. Il est facile d'en obtenir des graines : elle croit dans toute l'Europe : Russie, Suède, Écosse, Angleterre, Allemagne, France, Italie, Espagne, Portugal, Grèce, Caucase, etc., etc.

Les graines de la sauge qu'aiment nos abeilles peuvent se recueillir à partir de juillet, bien que la floraison, qui commence en mai, dure encore en août sur des tiges ramifiées. Nous recommandons cette plante, avec la vipérine, pour les sols incultes où d'autres plantes refusent de pousser. H. H.

Lettres inédites de Fr. Huber.

(Voir page 50.)

Le 20 janvier 1801.

Monsieur, je reçois dans ce moment votre lettre du 10. Je n'y réponds pas à présent et j'attendrai pour cela d'avoir reçu celle que vous m'annoncez. J'admire votre adresse dans les manipulations, et votre sagacité; cela me fait espérer que l'histoire des abeilles pourra être continuée. Étudiez toujours le livre de la nature, il vous en apprendra plus que tous les romans qu'on a faits sur les abeilles. Vous comprenez, Monsieur, que ce petit mémoire n'est que pour vous (1). J'ai compté sur votre indulgence en l'écrivant et je ne voudrais pas qu'il sortît de vos mains, devant publier un jour ces observations. J'ai l'honneur d'être votre très-dévoué. F. Huber.

P. S. Je vois par votre lettre que vous avez deviné la suppression du 4° liteau des châssis de la ruche en feuillets. Ce n'a été qu'après de longues épreuves que j'ai senti l'inconvénient des cadres complets. La traverse que j'ai placée dans le milieu du châssis doit avoir moins de largeur que les montants. Sa largeur peut être de 12 lignes et son épaisseur de 3.

Pour forcer les abeilles à bâtir leurs rayons parallèlement au petit côté de leur ruche, il ne suffirait pas de placer une portion de gâteau dans un

(1) La présente lettre se trouve à la fin du mémoire que nous faisons suivre. — *La Rédaction.*

des châssis; le succès sera plus assuré si l'on divise un vieux gâteau bien propre en bandes de cinq ou six pouces de long sur un ou deux de large. On assujettira la première solidement dans le haut du 3ᵉ châssis; la seconde dans celui du 6ᵉ; la troisième dans celui du 9ᵉ, etc. On continuera dans cet ordre si la ruche a plus de 10 feuillets. Il faudra aussi placer plusieurs bandes de gâteaux dans les ruches semblables à celles dont j'envoie le modèle.

Mémoire sur les matières qui servent à la nourriture des abeilles et à la construction de leurs édifices (1).

Monsieur, je n'ai pas la prétention de vous donner des conseils, mais pour répondre à la confiance que vous voulez bien m'accorder, je vous raconterai deux observations que j'ai faites depuis la publication de mes lettres (2). Vous penserez peut-être comme moi qu'elles ne sont pas sans intérêt et qu'il n'est pas étonnant que la science économique des abeilles soit encore au berceau, vu qu'on ignore aujourd'hui ce qu'il importe le plus de savoir.

Distrait par d'autres recherches, je n'avais donné aucune attention aux diverses matières qui servent à la nourriture des abeilles, ou à la construction de leurs gâteaux. Je croyais, comme Réaumur et tous les naturalistes qui l'ont suivi, que les poussières fécondantes des fleurs étaient la matière première de la cire et que le miel ne servait qu'à la nourriture de la peuplade. Ce ne fut qu'en 1793 que je conçus des doutes sur la vérité de ces deux propositions; quoiqu'elles parussent consacrées par le temps et par l'autorité des naturalistes anciens et modernes, je crus pouvoir me permettre de les examiner, et voici les expériences qui me parurent les plus propres à mettre la chose dans tout son jour :

Le 28 juin 1793, je fis passer les abeilles d'une ruche vitrée dans un panier vide, je leur donnai 5 à 6 onces (150 à 180 gr.) de miel dans une tasse. Je mis dans une autre une éponge mouillée et je les enfermai de manière que l'air seul pût pénétrer dans leur habitation. Les mois de mai et de juin de cette année avaient été froids et pluvieux. Depuis plusieurs jours les abeilles que j'employais dans cette épreuve n'étaient pas

(1) Le manuscrit ne porte pas de titre en tête, mais celui que nous mettons ici correspond aux matières observées par Huber. — *La Réd.*

(2) La première publication de Huber remonte à 1798. Elle a pour titre : *Nouvelles Observations sur les abeilles, adressées à M. Charles Bonnet.* Genève, 1 vol. in-8°.

allées aux champs et n'avaient fait aucune récolte. Elles n'avaient donc point de pollen sur leurs poils, ni dans leurs corbeilles, et comme il fallait exclure cette matière, je crus ce moment favorable pour une épreuve que je voulais faire avec toute l'exactitude dont elle était susceptible.

Le 1er juillet la température de l'air était bien changée ; il faisait une grande chaleur et le thermomètre était au-dessus de 20 degrés. Je ne pouvais voir ce qui se passait dans mon panier, mais ses parois opaques ne m'empêchaient pas d'entendre très-distinctement ce bruit ou ce claquement que font les abeilles lorsqu'elles construisent des gâteaux. Vous concevez mon impatience, mais j'avais condamné ces mouches à 5 jours de prison et je ne voulais pas leur faire grâce d'une minute ; ce ne fut donc que le 3 que je me déterminai, non sans trembler un peu, à soulever le panier, et à voir si mes conjectures avaient quelque réalité. Je vis d'abord que tout le miel avait disparu, et j'eus bien plus de plaisir en découvrant de grands gâteaux de la plus belle cire placés et construits avec régularité par les abeilles prisonnières. Je pouvais déjà conclure de cette observation que cette cire avait été produite aux dépens du miel que je leur avais donné ; mais cependant, il me vint encore un doute à l'esprit. J'étais bien sûr que les abeilles n'avaient pas apporté de pollen sur leurs poils dans la prison où je les avais enfermées, mais il y en avait une bonne provision dans les cellules de la ruche vitrée qu'elles avaient habitée précédemment : il se pouvait qu'elles en eussent mangé le 28 juin, jour où mon épreuve avait commencé, et que cette matière élaborée dans leur estomac eût fourni les éléments de la cire qui servit à la construction des gâteaux qu'elles firent pendant leur captivité. Pour écarter ce doute, il fallait encore une expérience, et la voici.

Le panier avait été soulevé et observé dans une chambre dont les fenêtres étaient bien closes ; aucune abeille n'avait pu aller aux champs. Attirées par le jour, elles s'étaient formées en grappe au-devant d'un des carreaux de la fenêtre. Je secouai le panier sur une table ; les abeilles qui étaient restées sur les gâteaux et leur mère furent obligées de les abandonner et se joignirent à leurs compagnes. Je pus alors détacher tous les rayons dans lesquels je ne vis qu'un peu de miel et point du tout de poussière fécondante. Je ne laissai pas un atome de cire sur les parois de cette ruche ; je la frottai avec des plantes aromatiques ; je remplis la tasse de miel, et j'y fis rentrer les abeilles qui y furent enfermées comme la première fois.

Le 2e jour de leur prison nous entendîmes un bruit qui était de bon augure ; le 5e, nous levâmes la ruche de dessus son appui, et nous vîmes que les abeilles n'avaient pas perdu leur temps : elles avaient construit dans leur prison des gâteaux de cire blanche tout aussi grands et aussi réguliers que l'avaient été les précédents. Je ne doutais presque plus que le miel seul ne les eût mises en état de faire toute la cire que j'avais trouvée dans leur ruche, car était-il probable que le pollen qu'elles avaient pu manger 11 jours auparavant en eussent fourni les éléments? Mais comme le fait était très-important, je crus devoir chercher une démonstration plus rigoureuse, et pour cela, il suffisait de répéter ces épreuves en employant les mêmes abeilles. Car si elles continuaient à produire de la cire n'étant nourries qu'avec du miel et de l'eau, il ne serait plus permis de douter de l'inutilité des poussières fécondantes. Burnens répéta donc encore 5 fois l'expérience que je viens de vous raconter ; il le fit avec l'exactitude dont il m'avait donné bien d'autres preuves, et le résultat de ses nouvelles tentatives fut si parfaitement conforme à celui des deux premières qu'il nous parut démontré que c'est avec le miel que les abeilles font toute la cire dont elles ont besoin.

A quoi servent donc ces poussières fécondantes que les abeilles récoltent avec tant d'empressement? Vous savez, Monsieur, qu'elles les intéressent tellement qu'il faut que le temps soit très-mauvais pour qu'elles se dispensent de se livrer à ce travail. M. de Réaumur a calculé qu'un essaim d'une force ordinaire recueille chaque année 16 à 18 livres au moins de pollen (je me trompe peut-être sur cette quantité, n'ayant pas les Mémoires de Réaumur sous les yeux), et quand ses calculs seraient un peu. exagérés il n'en serait pas moins prouvé que c'est pour les abeilles une matière de première nécessité; et vous ne serez pas surpris que j'aie mis quelques soins à rechercher son véritable usage. Je pensai d'abord que les abeilles ouvrières se nourrissaient de poussières fécondantes, et que c'était pour se satisfaire elles-mêmes qu'elles cherchaient sur les fleurs un aliment agréable et nécessaire. J'avais pris des pelottes de pollen sur leurs jambes et je leur avais trouvé une saveur douce et aigrelette qui en aurait fait une assez bonne confiture, si elle n'avait pas laissé sur la langue une impression semblable à celle qu'y aurait fait un sable fin. Il fallait de nouvelles expériences pour vérifier ma conjecture, et voici ce qui me vint à l'esprit :

Le 13 juillet 1793, je logeai un petit essaim dans une ruche vitrée; on y plaça un gâteau tout rempli de pollen et quelques fruits cuits pour que les prisonnières ne mourussent pas de faim dans le cas où le pollen ne pourrait leur servir d'aliment. La ruche fut fermée et nous nous assurâmes que l'air seul pouvait y pénétrer. Nous suivîmes ces abeilles pendant 3 jours; nous les vîmes souvent lécher les fruits que nous leur avions donnés; mais le pollen ne parut pas les intéresser, et nous n'en vîmes aucune plonger sa trompe dans les cellules qui en étaient remplies.

Ces abeilles s'étaient formées en grappe dans le haut de leur ruche. Le 17, nous défîmes cette grappe avec la barbe d'une plume pour voir si elle ne cachait point quelques gâteaux, mais nous n'y trouvâmes rien, et nous pouvons garantir que ces abeilles n'avaient pas construit une seul alvéole pendant la captivité. On pouvait déjà conclure de cette observation que les abeilles ouvrières ne se nourrissent pas de pollen. Elle confirmait aussi les précédentes en prouvant d'une autre manière qu'elles ne trouvaient pas les éléments de leur cire dans les poussières des étamines. Cette récolte avait donc un autre but, et si ce n'était pas pour elles que les abeilles la faisaient pendant 8 à 9 mois de l'année, il fallait que ce fût pour des petits dont elles n'étaient pas les mères. Je cherchais les moyens d'acquérir quelques lumières sur un point aussi intéressant de l'histoire de ces mouches; l'expérience suivante pouvait m'apprendre ce que j'ignorais. Vous voulez bien que je vous en fasse le détail.

J'avais un essaim dans une ruche en feuillets dont les deux petits côtés étaient vitrés. Le 17 juillet 1793, Burnens visita cette ruche d'un bout à l'autre; son but était de n'y laisser aucune cellule qui contînt du pollen; il retrancha donc scrupuleusement toutes les portions de gâteaux qui en avaient été remplies et il mit à leur place des cellules qui n'avaient que du miel. Cette ruche était gouvernée par une jeune mère. Je l'avais empêchée de sortir pour chercher les mâles et elle était inféconde quand je commençai cette dernière épreuve. Comme il n'y avait point de couvain dans son habitation, je fus obligé d'en prendre dans une ruche en livre qui en était abondamment pourvue. Burnens plaça ce couvain dans le premier et le deuxième châssis de la ruche qui en était privée; il lui ôta sa mère vierge, et il la donna à soigner à d'autres abeilles; il ferma ensuite la ruche avec une grille qui laissait passer l'air seulement. Il résolut d'observer la conduite des prisonnières dans ces circonstances. Le lendemain nous ne vîmes rien d'extraordinaire : le couvain était couvert d'abeilles qui paraissaient le soigner.

Le 19, après le coucher du soleil, nous entendîmes un grand bruit dans cette ruche. Nous ouvrîmes les volets pour voir ce qui l'occasionnait. Les abeilles-nous parurent dans la plus grande agitation ; celles que nous pouvions apercevoir couraient en désordre sur les gâteaux ; le plus grand nombre les avait abandonnés en se précipitant sur la table de la ruche, et quelques-unes rongeaient la grille qui les empêchait de sortir ; ce désir était si violent que je craignis qu'un trop grand nombre de ces mouches ne périt si·nous les empêchions de sortir, et comme à cette heure il n'y avait pas à craindre qu'elles allassent sur les fleurs, nous leur rendîmes la liberté. Tout l'essaim en profita : les abeilles volèrent pendant un grand quart d'heure autour de leur ruche ; elles y rentrèrent ensuite. Nous les vîmes remonter sur les gâteaux et l'ordre fut entièrement rétabli : nous prîmes ce moment pour les enfermer. Nous vîmes d'abord que les cellules maternelles n'avaient pas été continuées : il n'y avait point de ver, et nous n'y trouvâmes pas un atome de cette gelée qui sert de lit et d'aliment aux larves destinées à être mères. Ce fut aussi en vain qu'on chercha des vers, des œufs et de la bouillie dans les cellules d'ouvrières : tout cela avait disparu.   (A suivre.)

Histoire politique et philosophique des abeilles,
Par A. Toussenel. (Suite. V. p. 56.)

Il n'y a rien de commun entre la ruche où tout est joie, bonheur, travail utile... et le couvent où tout est contrainte, tristesse, travail improductif. Je dirai encore que chez les religieuses l'autorité suprême appartient à la plus sage, et chez les abeilles à la plus féconde, ce qui n'est pas la même chose. J'ajouterai enfin que jamais communauté de femmes n'a pris pour devise : haine aux hommes, comme ont fait les abeilles, dont toute la politique pivote sur le mépris de ce sexe inférieur. Et, hâtons-nous de le proclamer bien vite, cette haine et ce mépris vigoureux sont fondés chez l'abeille : c'est une conséquence fatale de son amour passionné du travail.

Dans cette espèce, en effet, la femelle seule est armée pour le travail et pour la guerre. Le mâle n'est armé que pour l'amour. Dès que sa mission amoureuse est remplie, le mâle est de trop dans la communauté. La constitution ordonne qu'il périsse ; loi barbare, mais sage. Car le privilége de fainéantise, ne l'oublions jamais, est le principe de toute misère et de toute tyrannie. La sagesse des nations proclame depuis des temps infinis que l'oisiveté est la mère de tous les vices. Saint Paul, saint Mathieu, Jean-Jacques Rousseau et tous les pères ont prêché, ont écrit

que « celui qui ne travaille pas est un frelon (fripon) qui vole le bien
d'autrui, un misérable indigne de vivre. » Les abeilles, en exécutant sans
pitié la sentence de mort contre les fainéants, ne font donc qu'appliquer
les doctrines des apôtres Jean-Jacques et saint Paul. Ce sont des logi-
ciennes de l'école des Bonald et des de Maistre. Je comprends leur théorie
des rigueurs salutaires, si je ne l'approuve pas.

Au lieu de trancher le mal dans sa racine, valait-il mieux laisser se
constituer à côté de la caste laborieuse une caste de fainéants, qui se fût
arrogé peu à peu le privilége insolent de vivre sans rien faire et de consommer sans produire, qui eût érigé en principe l'exploitation de l'homme
par la bête, et qui plus tard eût argué de l'antiquité de son usurpation
pour la proclamer *légitime*? Je n'ai pas d'opinion sur cette question brû-
lante que l'abeille a résolue par la négative; mais je me sens disposé à
accorder une autorité immense à l'opinion de l'abeille.

Ainsi, comme on le voit, les mystères les plus noirs se débrouillent
sans peine à l'aide d'un peu de bon sens et d'impartialité. Ici c'est
l'amour du travail, c'est-à-dire la plus noble et la plus saine des passions,
qui commande l'extermination du parasitisme, qui justifie l'emploi de
ces moyens violents qui nous répugnent si fort. A présent, c'est l'intérêt
de la pudeur et de la chasteté elle-même qui va vous faire comprendre
l'utilité notable du sérail masculin.

Il existe trois sexes dans la famille des abeilles, comme dans la langue
latine : le féminin, le masculin et le neutre. A chacun de ces sexes correspond une caste. Il va sans dire que dans une communauté de femmes,
c'est le caractère de la féminité, c'est-à-dire de la puissance génitrice,
qui distribue les rangs. La première caste, celle qu'on a si ridiculement
appelée la caste des *reines*, est, à proprement parler, celle des *mères*,
autrement dit la caste des vraies femelles, des femelles complètes. L'autorité suprême dans la république des abeilles est élective et temporaire.
Mais cette élection ne se fait pas comme chez nous; c'est Dieu qui se
charge de désigner la candidate; le peuple des abeilles ne fait que sanctionner le choix de Dieu. Le grand saint Basile, déjà nommé, émet, au
sujet de ce mode d'élection supérieur, qui se rapproche assez de l'acclamation saint-simonienne, une foule de réflexions judicieuses. On croyait
encore, du temps de saint Basile, et malgré le glorieux exemple de la
reine de Babylone, que les rois seuls étaient appelés à gouverner les
peuples; les hommes ont eu beaucoup de peine à revenir de ce préjugé
absurde. « Le *roi* des abeilles, écrit donc l'homme de Dieu, n'est pas élu

par les suffrages du peuple, parce qu'il arrive souvent qu'une plèbe inexperte (*plebs imperita*) défère l'autorité *aux plus indignes*. Il n'est pas non plus l'élu du sort, parce que le sort peut désigner un très-mauvais (*pessimum*). Les abeilles ne veulent pas davantage de la monarchie héréditaire, parce que les héritiers d'un trône sont presque toujours des méchants ou des sots adonnés au luxe et disposés à nourrir un tas de vils flatteurs. » Saint Basile pense comme moi que ces petites créatures sont pleines de bon sens...

En conséquence, l'autorité chez les abeilles appartient à la capacité... *abdominale;* c'est là le cachet de l'élection divine. La *reine* des abeilles *pond* et ne *gouverne* pas. — Cette prétendue souveraineté, que les ignorants lui décernent, est tout simplement le monopole de la maternité, et ce n'est pas une sinécure comme les autres royautés, car la titulaire s'en acquitte en conscience, pondant 100,000 œufs à l'année, pondant neuf mois sur douze.

Ce titre de génitrice universelle et de conservatrice de l'espèce donne, au surplus, à celle qui en est revêtue, droit aux plus grands honneurs. Elle habite un palais vaste et splendide, bâti en forme de stalactite au centre de la ruche, et les salutations empressées des populations l'accueillent sur son passage, chaque fois qu'elle quitte sa demeure pour aller se livrer à ses fonctions augustes. C'est un tableau touchant que de voir les abeilles ouvrières se presser avec amour autour de leur souveraine, la caresser, lui lustrer les ailes et lui offrir au bout de leur trompe le miel le plus exquis. Ces habitudes de vénération pour la femelle mère ne sont pas, du reste, particulières à la tribu des hyménoptères (nom savant de l'abeille). Nous verrons un jour, dans l'histoire des fourmis, que les jeunes personnes de *sang noble* qui se trouvent dans la position intéressante si souvent mentionnée par les journaux anglais sont, depuis des temps infinis, dans l'usage de se faire voiturer en palanquin, litière de promenade *portée par des esclaves.* Les fourmilières sont des républiques dont les législateurs ont calqué plusieurs constitutions de l'antiquité, notamment celle de Lycurgue. On trouve dans les républiques de fourmis des castes de guerriers, de vestales et de travailleurs, des nobles, des vilains et des *ilotes* (esclaves faits à la guerre).

La reine des abeilles surpasse tout son peuple en vertu et en beauté, comme la nymphe Calypso surpassait ses compagnes. Si ses sujettes l'entourent d'un respect si affectueux, c'est à la condition qu'elle se montrera toujours la première esclave de la constitution. A peine essayet-elle, en effet, de se soustraire à ses devoirs, que le langage de l'affection cesse pour faire place au langage sévère de la réprimande et à la correction. Le peuple des abeilles ne badine pas, comme les assemblées nationales, avec les atteintes portées à la constitution. — Le nombre des cellules royales ne s'élève jamais à plus de vingt dans une ruche peuplée de vingt mille habitants et plus.

La seconde caste est celle des *neutres* ou des ouvrières qui composent, comme partout, le vrai peuple, le peuple des travailleurs, le peuple qui bâtit les cellules, qui recueille le miel et produit la cire, qui nourrit au biberon la nouvelle famille procréée par la mère. Vous aussi, pauvres travailleurs humains des cités et des champs, c'est vous qui nourrissez l'espèce, qui bâtissez les palais, qui recueillez le miel; seulement vous n'habitez pas les palais que vos mains ont bâtis, et vous ne mangez pas le miel que vous avez recueilli. C'est toute la différence qu'il y a entre les abeilles et vous, du moins tant que vivent les abeilles.

Ces abeilles ouvrières sont des femelles incomplètes auxquelles il ne manque qu'une éducation *royale* pour devenir des *reines*. La preuve qu'elles sont de la pâte dont on fabrique celles-ci, c'est que quand, par hasard, les larves royales perdent la vie en nourrice, il suffit d'agrandir la cellule d'une simple ouvrière et d'en nourrir l'habitante avec une préparation culinaire *ad hoc*, pour métamorphoser l'abeille *neutre* en *femelle complète*. On cite même des cas où ces prétendues neutres ont poussé l'amour de la conservation de leur espèce jusqu'à procréer des mâles de leur chef. Ainsi, l'on voit parfois la tendresse maternelle se développer avant l'âge chez la vierge impubère et lui donner, par une sorte de miracle d'amour, la faculté d'*allaiter* le marmot confié à ses soins. Baudeloque a observé le phénomène à Paris chez une petite fille de huit ans. Le cœur de la femme est un foyer d'amour maternel qui ne s'éteint pas même avec l'âge. Le même miracle qui *donne* les priviléges de la maternité à l'enfant de huit ans, les *rend* à la grand'mère en faveur de ses petit-fils.

On sait, ou l'on ne sait pas, que d'illustrissimes physiologistes, comme Burdach et Carus, qui partagent l'opinion des abeilles sur la supériorité du sexe féminin, en général, ont tiré de cette faculté de procréation spontanée dévolue aux abeilles neutres un argument tout-puissant à l'appui de leur thèse... Ils ont soutenu qu'un mâle, que la première venue peut pondre par l'effet de sa simple volonté, ne peut pas raisonnablement se prétendre l'égal d'une femelle dont la procréation exige toujours et partout le concours des deux sexes... et ma logique, hélas! cherche vainement une objection plausible contre cet argument victorieux. — La proportion du nombre des ouvrières dans la ruche est de dix-neuf et demi sur vingt.

La troisième caste est celle des mâles ou des bourdons. C'est une pénible étude que celle de cette tribu malheureuse, et j'avoue m'en être retiré plus d'une fois profondément humilié pour mon sexe.

Euripide, le tragique grec, regrettait amèrement que le concours de la plus belle moitié du genre humain fût indispensable à la continuation de l'espèce. Les abeilles ouvrières ne font que répéter du matin au soir, mais en la retournant, l'imprécation de l'auteur de la *Médée*. Elles ne veulent pas croire à la nécessité du mâle; elles le considère comme une des erreurs de la nature; si elles consentent à le subir, c'est uniquement à titre de mal nécessaire et qu'il est prudent d'extirper au plus vite. En conséquence, elles relèguent la caste impure dans une enceinte particulière de la cité (le harem). Là, les infortunés parias attendent qu'il plaise à leur gracieuse souveraine de jeter à l'un d'eux le mouchoir, et que le signal du bonheur d'un seul devienne le signal de l'extermination de tous.

L'élection du favori a lieu par une chaude matinée de printemps, au beau milieu des airs, où la sultane entraîne le tourbillon de ses servants d'amour; et comme les preuves de sa faiblesse sont immédiatement visibles, son retour à la ruche est le signal du massacre général des mâles. Cette Saint-Barthélemy dure quelquefois trois mois, de juin à la fin d'août. On a calculé qu'il fallait dans chaque république une moyenne de quatre à cinq cents mâles pour assurer le service d'amour. Je ne me récrie pas contre l'immoralité de ce chiffre, de beaucoup inférieur à celui des odalisques du sage roi Salomon. Je fais seulement observer que je ne me suis pas trop avancé en affirmant tout à l'heure que les orgies amoureuses de l'abeille surpassaient en atrocité grandiose celles des Cléopâtre et des Marguerite de Bourgogne; car, jamais que je sache, on n'a reproché à ces dames d'avoir fait mettre à mort deux ou trois cents amants d'un seul coup, après en avoir abusé.

Les hommes ont été bien loin dans leur injustice à l'égard de la femme, refusant la possession d'une âme à celles dont ils tenaient la vie et leur interdisant le droit d'assister aux clubs, où j'aimais tant à les voir; mais je ne suis pas certain que les femelles d'abeilles n'aient pas dépassé encore dans leur conduite vis-à-vis de l'autre sexe la mesure de ces iniquités.

Pauvres bourdons, pauvres victimes du sort et qui ne sont pas coupables de s'être donné leur sexe, il n'est sorte d'avanies qu'on ne leur fasse subir. On oublie de les pondre !... On a vu d'orgueilleuses mères refuser de se déranger pour de si petites gens et se décharger sur les ouvrières de cette besogne ingrate.

Pour justifier leurs meurtres, les abeilles ouvrières, qui sont les exécutrices des hautes œuvres de la ruche, invoquent d'abord l'argument de la nécessité qui les condamne à se débarrasser des bouches inutiles, ainsi que la chose se pratique parmi les hommes dans les villes assiégées. Elles prétendent, avec quelque apparence de raison, que la paresse, pour laquelle on peut admettre des circonstances atténuantes sous le régime du travail répugnant, ne peut avoir d'excuse sous le régime du travail attrayant. Elles ajoutent que l'amour n'a plus d'objet quand la fécondation a eu lieu, et que l'amour qui dégénère en passion de luxe ne tarde pas à engendrer les plus grandes calamités pour l'ordre public. Elles prouvent, par la citation de l'exemple du magasin de modes de Paris, que la présence des mâles dans le voisinage des vierges a toujours été cause d'une foule de distractions dangereuses et qu'il importe d'éviter dans l'intérêt du travail. A l'appui de leur système de séquestration et de suppression des mâles, elles donnent une foule d'autres excellentes raisons tirées de l'expérience des désordres de tout genre qui résultent de la confusion des sexes dans les établissements industriels.   (A suivre.)

* * *

La cire dans les superstitions.—Au moyen âge, la *cire* a servi à la divination et aux sortiléges. On la faisait fondre et on la versait goutte à goutte dans un vase plein d'eau, pour en tirer, selon les figures que fournissaient ces gouttes, des présages heureux ou malheureux. Les Turcs, pour découvrir les crimes, faisaient fondre la *cire* à petit feu, en récitant des paroles magiques ; les figures formées par la *cire* ainsi fondue indiquaient d'une manière infaillible le nom du voleur et sa retraite. En Alsace, un autre genre de superstition a été longtemps à la mode : lorsque quelqu'un était malade, les bonnes femmes avaient un excellent moyen de découvrir le saint qui lui avait envoyé sa maladie : elles prenaient un nombre de cierges égal au nombre de saints suspects, les allumaient, et celui dont le cierge était consumé le premier était à coup sûr le coupable. Il ne restait plus qu'à faire des vœux et des neuvaines pour l'apaiser et obtenir de lui la guérison. (*Grand Dictionnaire universel du XIX⁰ siècle*.)

* * *

Digitized by Google

Revue et cours des produits des abeilles.

Paris, 23 *juin*. MIELS. — On est à peu près fixé sur la récolte du Gâtinais qui équivaudra à peine à une demi-année ordinaire. Les ruches ont pris un poids assez bon dans quelques localités; mais dans d'autres le produit paiera au plus le prix d'acquisition qui a été de 20 à 28 fr. la colonie. La faible récolte tient surtout au petit nombre de ruches exploitées. Beaucoup d'apiculteurs n'ont pu s'en procurer la moitié de ce qu'ils en cultivent ordinairement. Aussi a-t-on des prétentions élevées sur les miels nouveaux. La plupart des producteurs demandent 200 fr. les 100 kil.; il en est qui espèrent davantage. Les prix ne paraissent pas être fixés. On aurait pris quelques lots au cours moyen qui s'établira ; on nous signale une petite partie cédée à 160 ou 180 fr., moitié surfin moitié blanc.

Ce n'est pas seulement dans le Gâtinais que la récolte n'est pas très-forte, c'est aussi dans la Normandie, la Champagne et dans d'autres cantons mellifères. Le Calvados avait un nombre de ruches très-réduit et la fleur du colza n'a presque rien donné dans la plaine de Caen. Les producteurs demandent aussi 200 fr. pour obtenir sans doute de 160 à 180 fr. Dans la Picardie on aurait eu huit bonnes journées, du 10 au 18. Huit jours de plus auraient rendu les ruches très-lourdes. Quelques contrées du Midi ont une bonne récolte relativement au nombre de ruches cultivées. La Bourgogne paraît assez satisfaite.

Il reste quelques miels de la campagne dernière qui n'ont été livrés qu'après le dernier siége. Ces miels sont cotés un peu à tous prix à l'épicerie. D'ailleurs il se fait peu d'affaires en dehors des stricts besoins de la consommation, qui ne sont pas grands pour le moment. On n'ose pas se charger de marchandise, entrevoyant que l'on pourrait bien n'être pas dans un pays de Cocagne l'hiver prochain. Néanmoins on pense que les miels seront bien tenus à cause de leur production restreinte et à cause du nouvel impôt que le gouvernement va établir sur le sucre. Il se peut aussi qu'il soit établi un droit d'entrée sur les miels étrangers. C'est la pensée des *protectionnistes*. Mais ce droit ne sera pas assez élevé pour empêcher les arrivages. Il n'est que de 2 à 3 fr. les 100 kil. dans des pays voisins.

Les Bretagne ont acquis un prix que nous ne leur avons jamais vu, pas même en 1860-61. On parle de 150 à 160 fr. les 100 kil. en premières mains. La marchandise est rare. On cherche à la remplacer par des Chili blonds dont quelques parties ont été payées de 90 à 100 fr. les

100 kil. au Havre. On mélange trois barils de ces miels avec un baril de Bretagne, et on cherche à placer ce mélange pour du Bretagne pur. Les fabricants de pain d'épice ne peuvent y être pris deux fois.

A Anvers on a coté : Miel de la Havane, 28 à 29 florins (de 50 à 53 fr.) les 50 kil.; de Lisbonne de 50 à 51 fr. 50; du Chili de 46 fr. 80 à 50 fr.; de Bretagne de 59 à 59 fr. 50 les 50 kil. Droit 2 fr. les 100 kil.

Miel en rayons, bien présenté en calotte : 1 fr. 25 le demi-kil.

Cires. — Les cours hors barrière sont de 400 à 440 fr. les 100 kil. selon qualité, pour les cires à parquet, encaustique, etc. Celles propres au blanc sont cotées de 420 à 500 fr., selon qualité et provenance. Il reste à placer une certaine partie de la récolte de l'année dernière dans les contrées qui ont été envahies. Mais la récolte pendant produira peu, vu la petite quantité de ruches à défaire dans la plupart des cantons au miel blanc. — Ici quelques industries qui emploient la cire n'ont presque rien demandé depuis 10 mois. Mais la guerre a employé une certaine quantité de cire pour la confection des cartouches.

A Marseille, on a coté de la manière suivante : Cire jaune de Smyrne, 215 fr. les 50 kil.; de Trébizonde, 237 fr. 50; de Caramanie, 235 fr.; de Chypre et Syrie, 230 fr.; d'Egypte, 205 à 225 fr.; de Constantinople, 220 à 225 fr.; de Modagor, 185 à 200 fr.; de Tétuan, Tanger et Larache, 200 à 210 fr.; d'Alger et Oran, 212 fr. 50 à 220 fr.; de Bougie et Bone, 210 fr.; de Gambie (Sénégal), 200 à 205 fr.; de Mozambique, 210 à 215 fr.; de Corse, 225 à 230 fr.; de pays, 200 à 207 fr. 50. Ces deux dernières à la consommation, les autres à l'entrepôt.

A Bordeaux, la cire des grandes landes pour le 1er blanc, vu la petite quantité recueillie, s'est payée de 480 à 500 fr. les 100 kil.; dito des petites landes, pour le second blanc, 450 à 470 fr. Cette sorte a été assez abondante. Cire pour parquet, 430 fr.

A Anvers : Cire indigène, 2 fr. 30 le demi-kil.; de Haïti, 1 fr. 83 1/2; d'Afrique, 2 fr. 20 à 2 fr. 25. Les affaires ont été restreintes, mais les cours bien tenus.

Abeilles. — Si l'inclémence du temps n'a pas été favorable à la production du miel, elle l'a été davantage à la multiplication des colonies. L'essaimage a été presque partout abondant dans les localités aux fleurs hâtives, le Calvados et quelques autres contrées exceptés. Bien que la plupart des essaims aient acquis peu de poids jusqu'à ce jour, ou du moins dans les environs de Paris, on peut espérer qu'ils se trouveront presque tous dans de bonnes conditions à la fin de la campagne, grâce aux pluies copieuses de ces derniers jours, qui vont donner une grande vigueur aux deuxièmes coupes de prairies artificielles, et qui développeront les herbes déjà nombreuses dans les céréales. Les trévas qu'on fait pour le moment trouveront des aliments sur la fleur de ces herbes, notamment sur les sanves, très-nombreuses cette année dans divers cantons. Voici les renseignements que nous avons reçus :

Mes trévas que j'ai été obligé d'enterrer dès septembre pour les soustraire aux Prussiens, se sont bien comportés ; au mois de mars ils marchaient bien. J'ai commencé l'essaimage artificiel le 20 mai. *Rousseaux*, à Œilly (Aisne).

Vers le 20 mai, au moment où le sainfoin entrait en fleur, quelques beaux jours ont permis aux abeilles de se fortifier et malgré les mauvais temps survenus qui ont persisté jusqu'au 10 juin, une pluie douce ayant réchauffé l'air, elles se sont remises depuis ce temps à essaimer comme des folles. Les essaims se fortifient assez bien, et si nous avons encore quelques beaux jours (15 juin), la récolte sera bonne moyenne ; elle pourra être bonne si aux deuxièmes fleurs de sainfoin le temps se tient au beau ; mais ce sont là des éventualités. — Dans l'appréciation de la récolte il y a à tenir compte de la diminution subie par les ruchers pendant la mauvaise saison, car les Prussiens et les maraudeurs indigènes ont ajouté par leurs déprédations aux rigueurs excessives de l'hiver. — L'épicerie est épuisée, les demandes abondent ; il est probable que le miel suivra la hausse que nos malheurs ont imprimée à tous les produits alimentaires. *Vignole*, à Beaulieu (Aube).

La récolte ici sera cette année au-dessous de la moyenne, à ce que je pense ; les ruchers du Calvados sont considérablement diminués depuis quelques années : il ne peut y avoir abondance de miel, d'autant plus que les abeilles en arrivant à la saison étaient généralement faibles en population et en poids. Moi-même j'en ai nourri plusieurs en mai, et quelques-unes sont mortes de faim. Les colzas étaient très-mauvais ; ils ont eu beaucoup de peine à donner leur fleur, et elle ne fait que de finir (16 juin). La fleur du sainfoin a été belle, mais nous n'avons pas eu assez de beaux jours ; de sorte que la récolte se trouve avortée. Pour mon compte, tant en Gâtinais qu'en Normandie, je ferai certainement 150 barils de moins que l'année dernière. Je n'ai presque pas eu d'essaims. *Peigné*, à Caen (Calvados).

Nous avons eu un très-mauvais hiver pour les abeilles. J'ai perdu une demi-douzaine d'essaims malgré mes soins. *L. Vincent*, à Poussan

(Hérault). Les Prussiens ont ravagé une partie des ruchers des environs. Je n' ai pas été des plus maltraités. *Cosson*, à Fontenailles (Loir-et-Cher).

La récolte ne me paraît pas mauvaise; les bonnes mouches rendront passablement. Je n'en suis pas bien grandement fourni. *Tellier*, à Ascoux (Loiret). — Par ici, nos mouches font merveilles : elles ont plus que doublé. Par malheur, il en manquait beaucoup à l'appel au début de la saison. Bien des ruchers ont été totalement rasés soit par la guerre, soit par la mortalité; pour ma part, des 150 paniers que j'avais l'an passé, il ne m'en est resté que 82 qui sont plus que doublés, et ce n'est pas fini. Les essaims premiers faits en mai sont à plein panier, et comme la terre est bien trempée et avec la chaleur qui pourra venir, ces essaims-là vont en faire d'autres. Les blés ne sont pas beaux; mais aussi ils sont remplis d'herbes, et surtout de *ravenelle*. On dirait plutôt des champs de colza que des froment ou des avoines, et si le dicton n'est pas faux : « année de *ravenelle*, année de miel », le miel sera abondant. Je chasse toutes mes ruches 21 jours après leur premier essaim, et quoique d'aucunes en aient fait deux, elles ont en moyenne 15 kilogrammes net de miel. Comme j'avais conservé toutes les bâtisses de mes mouches décédées, ayant eu soin de bien les nettoyer, mes chasses ne perdent pas leur temps; elles devront faire de bons paniers. *Muller*, à Châtillon-sur-Loire (Loiret).

Nous n'aurons en récolte qu'une demi-année, et je n'ai obtenu que 33 essaims sur 292 ruches. *P. Leroy*, à Crouttes (Orne). — Nous avons été malheureux au printemps; nos mouches mouraient de faim, et cela jusqu'au commencement de juin; il y en a une grande quantité de mortes dans nos environs. Mais depuis huit jours (17 juin) elles travaillent très-bien, et encore huit jours de bon temps, nous aurons un quart de nos ruches à récolter. *Dumont-Legueur*, au Pont-de-Metz (Somme).

La saison a été favorable pour les essaims qui sont venus nombreux. Les premiers arrivés pèsent de 25 à 30 kil. Les sainfoins ont donné long-temps. *Puissant*, à Lain (Yonne).

Nos abeilles n'ont pas fait grand'chose en 1870, et l'année 1871 paraît vouloir ressembler à sa sœur aînée. *J. Jacquet* (Suisse).

La réunion des apiculteurs du Gâtinais et de la Beauce aura lieu à Jonville, le 22 juillet.   H. HAMET.

Paris.— Imprimerie horticole de E. DONNAUD, rue Cassette, 9.

L'APICULTEUR

Chronique.

Dans sa dernière chronique, le *Journal de la société d'agriculture* des
Ardennes s'exprime ainsi sur la situation de l'apiculture dans les Ardennes
après le passage des Prussiens. « L'apiculture a payé sa lourde contribution à l'envahissement : hommes et animaux, les Allemands n'ont
rien épargné ; ils n'ont rien ménagé pour satisfaire leur appétit glouton ;
ils ont été jusqu'à livrer des combats à nos pauvres abeilles, qui se sont
vaillamment défendues. Après une lutte acharnée, dans laquelle les
ennemis ont été blessés, les abeilles ont été volées, pillées, mais non
vaincues ; elles n'ont ni capitulé, ni signé de traité honteux, et ne se
sont pas battues entre elles. — Aussitôt l'ennemi parti, le printemps
arrivé, elles se sont mises à l'œuvre ; elles ont compris que la paix et le
travail sont les meilleurs moyens de réparer les maux de la guerre. —
Aussitôt le printemps arrivé, elles ont relevé les remparts de leur cité et
jeté les fondements de nouvelles habitations. Elles ne perdent pas leur
temps en des discussions stériles, en des luttes fratricides ; elles ne se
battent que contre les Allemands, les frelons, et la première fleur éclose
leur fait oublier toute idée de destruction. »

Eh non ! elles ne pensent plus, après coup, à se fusiller à la mitrail-
leuse. Sans doute nous savons *de visu* ce que les Allemands — que les
plébiscitaires ont bêtement amenés chez nous, — y ont occasionné de
ruines. Mais nous nous doutons bien un peu, par leurs exploits au
Mexique et ici, de ce que les Français auraient pu faire en Allemagne.
Les résultats de la guerre, — fruit de l'ignorance, — sont toujours le désordre. Nous n'en devons pas moins donner, en passant, une bonne note
à nos vainqueurs : c'est qu'ils ont respecté les ruchers des Français qui
ne sont pas trop ignorants. Pour que les Allemands ne touchassent pas
aux ruches, on n'avait qu'à leur baragouiner — notamment aux chefs —
les noms de Dzierzon et de Berlepsch : ces noms étaient des talismans
infaillibles. En voici la raison, c'est que le Teuton va forcément à l'école,

non pour apprendre le nom de toutes les femmes du grand roi Salomon, mais pour apprendre à connaître et à estimer tous les savants qui rendent des services à l'humanité, et pour percevoir des notions d'histoire naturelle appliquée à l'agriculture. Le lecteur qui s'est entretenu d'apiculture avec un officier allemand parlant français — ce n'est pas rare — a pu voir comment cet officier raisonnait ruches à cadres, etc. En France, un officier qui connaît l'apiculture ou qui a étudié Mathieu de Dombasle, est presque aussi rare qu'un merle blanc.

Le fonctionnement des mitrailleuses qui ont fait de si belle besogne pendant la guerre civile, nous a mis à même de constater le fait suivant : Dans les premiers temps et lorsque le vent était dans la direction du lieu du combat, les abeilles prenaient le crépitement de ces engins de destruction pour le roulement du tonnerre : à chaque instant de la journée, elles rentraient précipitamment, comme lorsqu'un nuage épais couvre le soleil et que la foudre commence à gronder. Plus tard l'effet fut moins sensible. Les abeilles s'étaient sans doute accoutumées à ce bruit insolite. Plusieurs essaims sortirent même pendant que la fusillade et la canonnade avaient lieu dans le quartier où se trouve notre rucher, et lorsque l'air était imprégné d'odeur et de fumée de poudre. Après avoir séjourné à l'endroit où ils s'étaient posés, ces essaims s'en allèrent au loin, parce que personne ne se trouvait là pour les recueillir : il était alors prudent de demeurer dans les caves. Nous vîmes bien rentrer dans sa souche un essaim primaire sorti pendant qu'une vive fusillade avait lieu à trois ou quatre cents mètres du rucher et que des balles sifflaient en passant au-dessus ; mais cette rentrée fut due à la mère, dont les ailes étaient altérées, et non aux détonations des armes à feu. Nous désirons beaucoup ne plus recommencer cette expérience.

— Voici une manière de procéder qui a sa valeur : c'est celle de donner de l'eau aux souches d'essaims artificiels. Nous laissons parler notre correspondant, M. Cuny. « Pour faire mes essaims artificiels j'ai toujours des mères italiennes operculées. Je chasse une ruche complétement pour être sûr d'avoir la mère. Je mets l'essaim à la place de la souche. Le soir je transvase mon essaim dans une ruche à cadres ; puis je prends la mère et j'attache dans la nouvelle ruche une mère operculée italienne, ou bien une mère fécondée que j'enferme dans un étui. Je déplace une très-forte ruchée et je mets mon essaim à sa place. Je donne un peu d'eau à la ruche déplacée, pour que les quêteuses d'eau pour le couvain n'aient pas à sortir ; autrement elles ne rentrent plus et le couvain en souffre. Je

fais cela jusqu'à ce que je voie rentrer des abeilles à ma ruche déplacée.
— Pour avoir des mères italiennes fécondées, j'ai un petit rucher à
2 kilomètres, qui n'a que des italiennes. Je porte là les nouvelles nées
pour les faire féconder. »

— Dans plusieurs ruchers cette année, l'essaimage naturel a dérangé
quelque peu les prescriptions recommandées pour l'essaimage artificiel,
et les règles générales ont été souvent enfreintes par les exceptions. Voici
à ce propos, ce que nous écrit M. L. Henry de Fère-en-Tardenois :

« Du 10 au 20 juin, nos fortes souches, qui, depuis 12 jours étaient
prêtes à essaimer, profitant des dernières fleurs du sainfoin, donnèrent
coup sur coup leurs premiers, deuxièmes et troisièmes essaims. Il n'y
avait que 3 à 5 jours d'intervalle entre les essaims primaires et les
essaims secondaires, deux jours entre ceux-ci et les tertiaires. Et puis,
il fallait les voir ces essaims, se balancer en l'air, vingt minutes, une
demi-heure, ne sachant s'ils voulaient se fixer, ou rentrer, ou se sauver,
conduits par des mères vigoureuses. Car, il faut le dire ici, nos premiers
jetons étaient — en général — menés par plusieurs mères : la vieille et
plusieurs jeunes, ou tout au moins une. C'est ce qui explique pourquoi
ils étaient si lents à se fixer, et pourquoi l'on retrouvait des mères tuées,
au pied de leur ruche, le lendemain ou le surlendemain de leur
réception.

J'ai vu des souches où l'on entendait chanter les mères avant la sortie
du premier essaim, parce que cet essaim au lieu de sortir du 25 au 31 mai,
ne pouvait sortir que du 10 au 15 juin. J'ai encore vu, cette année, des
essaims se fixer sans la mère que j'avais recueillie au pied de la ruche,
tombée à terre, ne pouvant voler. Je ne prétends pas, toutefois, qu'ils
seraient restés longtemps à la branche. De même j'ai trouvé la mère —
présumée seule — de l'essaim primaire se reposant à terre au pied du
poirier où il était fixé. Dans ces deux cas les essaims n'ont pas tué de
mère les jours suivants, ce qui me fait supposer qu'il n'y en avait qu'une.

Règle : quand un essaim primaire sort de la souche, ce n'est pas en
l'air qu'il faut regarder, mais au pied de cette souche. Il faut voir sortir
la mère afin d'en apprécier, autant que faire se peut, l'âge et le plus ou
moins de vigueur, et la ramasser si elle ne peut voler. — J'ai recueilli
ces jours-ci des essaims secondaires sortant 13 et 14 jours après les
essaims primaires, et sortant malgré la décapitation des mâles pratiquées
dans les conditions voulues. Cette décapitation n'est donc pas un empêchement sûr des essaims secondaires. »

M. F. Monin nous adresse la lettre suivante :

'Je me disposais à vous faire passer un spécimen de la *graminée accroche-obeille* que je vous avais signalée, envoi un peu retardé par les tristes événements qui ont précipité la France dans l'abîme où elle se débat, quand a paru l'article de M. Aubouy de Lodève, qui m'a rappelé mon oubli.

Je mets à la poste en même temps que cette lettre une petite boîte contenant la plante et quelques abeilles encore y adhérentes. Le spécimen que je vous fais passer aujourd'hui, un peu altéré par une première présentation à notre société Linnéenne, a été reconnu effectivement pour être la *Setaria verticillata*. Ainsi toute justice rendue à M. Aubouy, j'ajoute que s'il n'a pas rencontré des abeilles appendues aux panicules de cette plante, c'est que les abeilles n'ont rien à y prendre lorsqu'elle est disséminée dans la campagne. C'est, ainsi que je l'ai expliqué, lorsqu'elle est située près des ruches, que les abeilles, fatiguées de leur course, s'y suspendent pour se reposer quelques instants avant d'entrer dans la ruche, que ses perfides facultés se font sentir. J'en ai rencontré maintes fois accrochées à ces barbes recourbées et s'épuisant en vains efforts pour s'en dépêtrer. La plante est commune dans nos pays de vignobles, et depuis je lui fais une guerre assidue.

Je profite de l'occasion pour vous mettre au courant de nos ruchers décimés, et plus que cela, par la sécheresse de l'année dernière, qui avait appauvri les ruches au delà de toute mesure : un grand nombre ont sombré corps et biens pendant le terrible hiver qui a si fort éprouvé notre pauvre armée. Par compensation les quelques ruches survivantes échappées au désastre, ont essaimé à qui mieux mieux sous l'influence d'un printemps chaud et humide. Le temps jusqu'à présent a été très-favorable aux essaims, qui ont été très-précoces et sont bien approvisionnés ; la durée de l'essaimage s'est prolongée pendant un plus long espace de temps qu'à l'ordinaire et plusieurs ruches nouvelles ont donné de beaux reparons. J'en ai pour ma part obtenu un magnifique le 1er juillet, qui s'est mis de suite à l'ouvrage avec beaucoup d'entrain ; je note cela, car notre époque d'essaimage est d'ordinaire précoce et dès les premiers jours de mai, et rarement après le 15 juin, et que d'autre part, j'ai grand soin de prévenir les reparons en donnant du large aux abeilles, quand je les vois se grouper au dehors. Ceux qui ont nourri leurs ruches en mai et au printemps sont les seuls qui ont été riches en essaim : des ruches très-pauvres sont devenues, en moins de rien, très-productives. Une entre autres, que j'avais emportée à la ville et qui m'avait servi d'expérimentation, a dépassé toutes mes espérances : il ne faut donc pas rejeter autant qu'on le dit communément, les ruches pauvres, avec un peu de soin on peut les conserver et s'en servir pour remonter son rucher. Il n'y a que les riches qui peuvent dédaigner la monnaie. J'ai un article sur le métier, à ce sujet, que je vous ferai passer en temps et lieu.

— Parmi les questions qui seront étudiées dans la réunion de Janville, le 22, vient d'abord celle qui a été posée l'année dernière : Des moyens de ne produire que des miels surfins. Puis ensuite celle de la conservation des colonies et des moyens de les avancer au printemps sans les conduire aux premières fleurs.   H. HAMET.

Apiculture progressive.

Monsieur le Directeur,

Après le problème, tant travaillé par moi, de la meilleure ruche, venait tout naturellement se ranger celui-ci :

Quelle est la meilleure méthode à suivre : 1° pour obtenir le plus tôt possible, et à peu de frais, un très-grand nombre d'ouvrières prêtes à recueillir le miel dans les beaux et longs jours d'été, où la terre est couverte de fleurs succulentes ; 2° pour arrêter ou ralentir la ponte d'ouvrières qui ne seraient mûres pour le travail qu'après la récolte ?

Je vais entretenir vos lecteurs, si vous le voulez bien, de la première partie du second problème.

On sait que le kilogramme d'abeilles qui restent dans chaque colonie à la fin de février, revient : 1° à ce que ces abeilles ont dépensé et fait dépenser pour leur élevage, plus 5 à 8 kilogrammes de miel qu'elles ont absorbé depuis la fin de la récolte jusqu'à mars. Ce sont des chères ouvrières, celles-là ; on peut dire que cinq de ces abeilles coûtent alors 1 centime. Celles qui sont élevées au printemps coûtent trois ou quatre fois moins. Il y a donc un grand avantage à ne faire passer l'hiver qu'à un nombre limité de bonnes ruchées, puis à multiplier par tous les moyens possibles la population ouvrière à partir du commencement du mois de mars, et enfin à ne plus provoquer de ponte ou à l'empêcher même pour les ruchées à récolter entièrement un mois avant la fin de la floraison des fleurs.

C'est dans ces deux problèmes, intéressant au plus haut point l'apiculture, que je trouvais un peu de consolation, que je me recueillais dans ces moments de terribles angoisses patriotiques et domestiques. Rendre quelque service à mon pays, protéger ma nombreuse famille et lui conserver quelques ressources, étaient ma grande préoccupation ; et je travaillais alors à améliorer ma ruche, je recherchais tous les moyens de conservation et de multiplication de nos chères insectes. Il faut, me disais-je, qu'à l'exemple de l'abeille laborieuse et économe, tous les enfants de cette pauvre France, que nous aimions encore plus dans notre orphelinage de 6 mois, tout en s'améliorant, recherchent, chacun dans sa sphère, à produire plus, à dépenser moins, afin de faire rentrer, par cette lutte toute pacifique, ces milliards qui, par suite d'une autre lutte, vont être jetés par-dessus nos frontières.

Je crois avoir résolu le premier problème dans le sens indiqué dans le supplément à mon traité, lequel paraîtra bientôt et sera envoyé, comme je l'ai promis (voir la 14e année de l'*Apiculteur*, page 332), aux acquéreurs de l'ouvrage principal.

Quand au deuxième problème, voici comment je propose de le résoudre.

1° Vers la fin de février, et après que les abeilles auront pu faire leurs premières sorties pour se vider, il faut leur donner un fragment de rayon rempli de bon miel. Cette nourriture, placée au bas des constructions, attire les ouvrières dans toutes les parties de la demeure ; elles approprient les alvéoles, et la mère stimulée par le miel que lui passent les ouvrières, étend bientôt sa ponte jusque dans les parties les plus reculées. Que l'on ne craigne pas pour la réussite de ce couvain printanier, si l'on fait usage d'une bonne ruche, si l'on suit bien mes recommandations faites ailleurs. A défaut de bon miel en rayons, on fait fondre du miel avec très-peu d'eau pour les premières fois, on ajoute du sucre, si l'on veut ; on augmente la quantité d'eau dans la suite, parce qu'alors les abeilles peuvent sortir plus souvent et que l'eau entre dans la nourriture des larves.

2° Chaque fois que les abeilles sont une huitaine de jours sans récolter, il faut leur administrer une nouvelle dose de sirop. Cet aliment entretient la ponte de la mère beaucoup mieux que leurs provisions cachetées, auxquelles elles ne touchent qu'avec mesure. Ainsi conduites, les colonies sont disposées pour l'essaimage deux ou trois semaines plus tôt que celles qui ont souffert abandonnées dans des temps ou des localités contraires. Cet avantage n'est pas à dédaigner : chacun a pu voir bien souvent des essaims ne pas réussir à compléter leurs provisions parce qu'ils étaient venus huit jours trop tard.

3° J'ai lu attentivement toutes les discussions relatées dans l'*Apiculteur* sur les avantages plus ou moins grands des bâtisses, et la lumière, ce me semble, n'est pas encore complète. Il y a un emploi des bâtisses sur lesquelles l'accord serait peut-être plus grand.

Les essaims faits tôt et établis dans une ruche vide de constructions souffrent, d'abord du froid ; souvent du défaut de récolte, ce qui ne leur permet pas d'édifier à la hâte ; enfin de ce que les abeilles plus ou moins âgées ne construisent plus aussi facilement que les jeunes. Dans ces conditions défavorables la mère pond peu. Mais qu'on leur donne bâtisse et sirops, s'il y a lieu, 500, 1,000, voire même 1,500 œufs et plus, seront déposés tous les jours dans les alvéoles, au lieu de 2 ou 3 cents que l'on obtiendrait en les abandonnant dans une ruche vide.

4° D'un autre côté, si l'on attend que l'essaim parte naturellement, la mère, avant cette émigration, ne peut plus pondre dans les alvéoles qu'au fur et à mesure de l'éclosion des abeilles, et s'il y a miellée, les cellules recevront plutôt la récolte des butineuses que les œufs de la mère. Ensuite elle a besoin de plusieurs jours pour recouvrer toute sa fécondité. Dans l'essaimage naturel, cette diminution de fécondité a sa raison d'être. Il faut que son abdomen devienne beaucoup plus léger pour qu'elle puisse prendre son vol et accompagner l'essaim. Mais avec l'essaimage artificiel, il est facile de prévenir ce ralentissement dans la ponte, en opérant plus tôt la division des colonies dans les conditions exprimées plus haut.

Je reste en deçà de la vérité en affirmant que l'on peut obtenir 15,000 ouvrières de plus si l'on veut bien chercher à réunir toutes les causes du retard.

Les bâtisses données aux essaims, gardées et appropriées par eux, dans lesquelles auront été élevées des milliers d'ouvrières, pourront servir ensuite à emmagasiner la récolte au moment de la grande miellée, et cela, en outre du miel pur que l'on obtiendra dans des calottes, boîtes, etc. Il suffira d'empêcher la mère d'y pondre, et, 24 à 25 jours plus tard tout le couvain sera éclos et sa place occupée par le délicieux liquide dont l'obtention doit être le but de toutes nos recherches, de tous nos efforts.

5° Il y a aussi une autre bâtisse dont les cellules après l'éclosion des abeilles restent inoccupées dans un moment où il convient encore de poursuivre la multiplication des ouvrières. Cette bâtisse que tout possesseur d'abeilles a sous la main, est celle de la souche après le départ de la vieille mère, accompagnant l'essaim premier. Il se passe là de 20 à 25 jours avant que la jeune mère soit en état de pondre, et les ouvrières qui proviennent de cette ponte arrivent trop tard pour prendre part à la récolte dans beaucoup de localités dépourvues de fleurs après la fenaison. Elles cherchent en vain à butiner dans une campagne aride et périssent en partie avant l'hiver.

Il ne faut pas perdre de vue qu'après l'essaimage naturel ou artificiel, la jeune reine qui succède à la vieille, ne donnera une nouvelle génération de 1 kilogr. d'ouvrières, capable d'aller recueillir le miel dans la campagne, qu'après deux mois et demi, à partir du jour où cette mère était encore larve. Aussi, cette année, j'ai eu soin de préparer à temps, de la manière que je l'indique dans mon supplément, bientôt sous presse, de jeunes mères toutes fécondées. J'en ai passé une à chaque souche un ou deux jours après l'extraction de l'essaim. Voilà au moins 10,000 abeilles de plus qui, avec les 15,000 déjà obtenues comme il a été dit plus haut, vont travailler à augmenter considérablement le revenu de l'apiculteur intelligent et soigneux. Ce bénéfice sensible, raisonné, aura l'avantage, je l'espère, de décider tôt ou tard tous les réfractaires à prêter une oreille plus attentive aux conseils des hommes expérimentés. J'ai même poussé l'expérience un peu loin. De dix ruchées qui me restaient au printemps, j'ai fait, en deux fois, 18 essaims que j'ai établis en bâtisses; puis je viens de prendre aux plus fortes de ces colonies 12 autres essaims que j'ai logés cette fois dans des ruches vides; parce qu'il convient d'obtenir des constructions nouvelles et parce que le temps de rechercher la multiplication du couvain s'écoule. Je ne rends plus de mères aux souches qui seront récoltées dans trois semaines; elles s'en préparent une qui entretient leur espoir, et la population, moins cette mère encore inféconde, est, au moment de la récolte, réunie aux colonies à conserver. J'ai conduit les 12 essaims à la fleur de vipérine. La mère de l'un d'eux a rempli de couvain trois bâtisses cette année; elle est à son quatrième logement. J'ai compté approximativement sa ponte de 18 jours, et j'ai trouvé pour résultat plus de 30,000 œufs, larves ou nymphes. Quelle fécondité prodigieuse à exploiter adroitement!

En résumé, il faut chercher à obtenir un très-grand nombre d'ouvrières avant et pendant la récolte; il n'en faut après la récolte que pour la reproduction, l'année suivante. Si je réussis à mettre ce procédé à la portée de tous les hommes de bonne volonté, il n'y aura plus aucune raison pour les étouffeurs en faveur de leur manière d'agir.

Je ne fais ressortir ici que les principaux avantages de cette méthode; je n'indique pas non plus la manière de préparer, de conserver des bâtisses, de présenter le surrogat de pollen, ces points ayant été traités dans l'*Apiculteur*.

Les plans promis à la page 334 de la 14e année de l'*Apiculteur* ne seront prêts que vers octobre et représentent, non la ruche telle qu'elle est déjà décrite dans mon traité, mais cette ruche modifiée, simplifiée, et dont la forme est mise en harmonie avec les principes favorables à la conservation et à la multiplication de l'insecte précieux, objet de nos études. Ces plans seront autographiés et autant que possible de grandeur naturelle, de manière que l'ouvrier puisse sans autres mesures, fabriquer immédiatement métiers, calibres, ruches et objets accessoires.

Votre tout dévoué et très-reconnaissant serviteur,

CAYATTE, instituteur à Billy.

De l'activité de l'abeille,
par Dzierzon.

Toute l'activité des abeilles, de même que pour les autres animaux, est concentrée sur la conservation et la perpétuation de leur race. Le but de leurs travaux se trouve dans cette parole de l'Écriture : *Croissez et multipliez.*

La chose la plus importante et la première dont un jeune essaim s'occupe, c'est d'assurer sa propre existence. Il se choisit d'abord une demeure, c'est-à-dire, un espace creux pourvu d'une ouverture de sortie relativement petite, et dont l'essaim commence par s'assurer avant même sa sortie de la souche en y envoyant en éclaireurs des abeilles appelées abeilles éclaireuses. C'est pour cela qu'à l'époque de l'essaimage on voit une foule d'abeilles dans les creux d'arbres, dans les fentes des murs et des rochers, dans les ruches en paille vides, dans les ruches, caisses ou blocs en bois, principalement quand ces objets contiennent des morceaux de rayons; comme si ces abeilles prenaient par avance possession de ces habitations et s'occupaient déjà de les nettoyer. Cependant bien des essaims paraissent sortir sans avoir au préalable choisi et assuré une demeure et s'envolent au hasard dans l'espace. Dans ce cas, lorsque l'essaim s'est arrêté quelque part pour se reposer, une partie des abeilles s'envole de nouveau, les unes pour chercher une habitation convenable, les autres pour rapporter la nourriture.

Quand une fois l'essaim est entré dans la demeure qu'il s'est choisie ou bien quand celle où on l'a placé lui convient, il s'y suspend en forme de grappe et les abeilles commencent immédiatement à la nettoyer du haut en bas, à en enlever les parties sales, rabotteuses et qui ne sont pas solides, et puis elles se mettent à construire les rayons.

Des rayons et de la construction des cellules.

Les constructions dont les abeilles remplissent leur demeure consistent en plusieurs rayons ou gâteaux d'environ un pouce d'épaisseur, fixés au plafond de la ruche, et qui sont continués par le bas aussi loin qu'il est nécessaire suivant les besoins de la population et l'espace disponible. Les rayons, quand ils sont régulièrement construits, sont parallèles les uns aux autres, à la distance d'environ un demi pouce allemand, de telle manière que le rayon et l'espace libre qui l'entoure mesure un pouce et demi. De sorte que si la ruche mesure douze pouces de longueur et de profondeur, elle contiendra 8 rayons de 12 pouces de largeur chacun. Comme l'écartement et la direction des gâteaux dépendent du premier qui a été construit, les abeilles ne peuvent pas les construire tous ensemble, mais seulement l'un après l'autre, à moins qu'elles ne trouvent dans la ruche plusieurs petits morceaux de gâteau servant d'amorce et qu'alors elles continuent. Pour que les abeilles puissent facilement passer d'un intervalle dans l'autre et tout autour des gâteaux, elles ne construisent pas ces derniers jusqu'à la paroi, surtout du côté de la sortie, mais elles y laissent encore un passage d'environ un centimètre, et n'attachent les gâteaux à la paroi que par ci par là pour leur donner plus de solidité. Elles ménagent aussi quelques passages au travers même des gâteaux. Quand la récolte est abondante, les abeilles continuent leurs gâteaux jusqu'en bas, mais elles ne les fixent pourtant pas au plateau, y laissant un passage, afin que les teignes qui se tiennent principalement en bas ne puissent pas facilement atteindre les gâteaux.

Un rayon considéré en lui-même se compose d'une double couche de cellules hexagonales régulières, séparées les unes des autres par des parois très-minces en cire. Les ouvertures de ces deux couches de cellules juxtaposées se trouvent sur les deux surfaces du rayon et y forment des figures hexagonales régulières. Entre ces deux couches de cellules s'étend une mince paroi qui sert de fond à toutes les cellules. Comme les gâteaux sont construits de haut en bas, les cellules sont percées horizon-

talement, et elles sont simplement un peu relevées du côté de leur ouverture, surtout quand elles sont spécialement destinées à contenir
du miel.

Destination des cellules.

En sus de leur destination à servir de pose aux abeilles et de meilleure défense contre le froid, les constructions servent surtout à contenir
le couvain qui y est élevé et à emmaganiser le miel et le pollen en provision suffisante. Comme les mâles ou faux-bourdons sont sensiblement
plus gros que les ouvrières, les cellules où sont élevés les premiers sont
aussi plus grandes que celles destinées aux ouvrières, ainsi qu'on peut le
voir dans la figure suivante.

Nous avons dit en décrivant les ouvrières et les faux-bourdons qu'il
faut cinq cellules d'ou-
vrières et quatre seule-
ment de mâles pour for-
mer un pouce (26 mil-
limètres) de longueur.
Toutes les cellules d'une
même catégorie sont
parfaitement sembla-
bles entre elles (1). On
pourrait donc s'en ser-

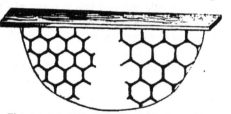

Fig. 4. A droite cellules d'ouvrières, à gauche
cellules de mâles, grandeur naturelle.

vir comme de mesure étalon, là où il n'est pas nécessaire d'avoir
aun exactitude mathématique, et on la trouverait dans tous les temps et
dans tous les pays où l'on connaît les abeilles. Les auteurs de traités d'a-
piculture, pour le moins, devraient s'en servir pour donner leurs mesures par largeurs de cellules. L'auteur (Dzierzon) profite de la circonstance
pour apprendre à ses lecteurs que la mesure dont il se sert pour donner
les dimensions des ruches qu'il décrit dans son livre, est le pouce qui
contient cinq largeurs de cellules d'ouvrières, ou le pied composé de
12 pouces qui contient 60 cellules (2).

On prend les cellules d'ouvrières de préférence à celles de faux-bour-

(1) Nous avons trouvé à quatre cellules de mâles sur de jeunes rayons, de 27 à
28 millimètres, et sur d'autres rayons de 26 à 27 millimètres. — *La Rédaction.*

(2) Admettant, selon M. l'abbé Collin, que la cellule d'ouvrière mesure
60×2. $6 \times 2 = 312$. Donc le pied de Dzierzon égale 312 millimètres et le
pouce 26. — *Note du traducteur.*

dons pour tenir lieu de mesure type, parce qu'elles se rencontrent dans les ruches en bien plus grand nombre que ces dernières, et qu'il est plus facile de trouver un gâteau de petites cellules régulièrement bâti. Bien des jeunes ruchées ne bâtissent même pas de cellules à faux-bourdons pendant la première année, parce que les faux-bourdons ne sont pas encore utiles. Car ne considérant que sa propre conservation, la ruchée ne s'occupe d'abord que d'élever du couvain d'ouvrières. Ce n'est que plus tard, après une récolte abondante et de longue durée, quelquefois même pendant le premier été ou bien seulement au printemps suivant, quand la ruche est presque entièrement garnie de construction, quand les cellules sont pleines de miel et de couvain, quand le nombre des ouvrières est devenu très-considérable et que la température s'élève dans la ruchée, alors la ruchée sentant sa force et voulant préparer un prochain essaimage, prépare aussi du couvain de faux-bourdons, afin que les jeunes mères qui doivent être bientôt formées ne manquent pas de mâles pour être fécondées. Les abeilles alors continuent leurs gâteaux par le bas en passant des petites cellules aux grandes, ou bien elles construisent par les côtés des gâteaux entiers en cellules de faux-bourdons. Outre cela, les ruches orphelines, quand elles bâtissent encore, édifient presque uniquement des cellules à faux-bourdons, parce qu'elles sentent instinctivement l'utilité des mâles pour les jeunes mères qui vont être formées.

Nous avons déjà remarqué que l'on ne peut pas toujours voir des cellules de la troisième espèce, appelées cellules maternelles, parce qu'elles ne se trouvent qu'en petit nombre et parce qu'après la sortie des jeunes mères elles sont ordinairement détruites aussitôt.

Les cellules qui ont servi à l'élevage du couvain prennent une couleur brunâtre, parce que chaque jeune abeille y abandonne son enveloppe de nymphe. Plus un rayon sert de fois à l'élevage du couvain et plus la couleur en devient foncée, plus les parois de la cellule s'épaississent et plus cette dernière devient étroite et finit même par ne plus pouvoir servir, de telle sorte qu'à la suite du temps il devient nécessaire de renouveler les constructions, quoique les abeilles sachent déjà s'arranger pour enlever de temps en temps les enveloppes de nymphes ou même pour détruire entièrement ces cellules obstruées.

De plus, les cellules servent encore à emmagasiner le miel et le pollen. Dans de certaines circonstances toutes les cellules qui se trouvent dans la ruche, les grandes comme les petites, sont employées à emmagasiner le miel, et mêmes celles qui ont servi à l'élevage du couvain; cependant il

Digitized by Google

se trouve aussi des cellules qui servent exclusivement à contenir le miel; alors, eu égard à leur emplacement dans des endroits plus frais, et à leur grande profondeur qui ne permet pas à la mère d'y déposer ses œufs sur le fond, comme cela est de règle, ces cellules ne peuvent pas servir à l'élevage du couvain.

Par une prévoyance bien remarquable, le pollen, au contraire, est toujours déposé dans des cellules d'ouvrières et le plus près possible du couvain, qui est nourri d'un suc extrait principalement du pollen (1). Quand la ponte vient à s'arrêter au milieu de la récolte, par suite de la mort de la mère, les abeilles remplissent de pollen toutes les cellules de l'emplacement destiné au couvain, quitte à le consommer elles-mêmes (2) ; puis lorsqu'elles possèdent de nouveau une mère féconde, elles changent ce pollen en nourriture pour le couvain. Il arrive aussi que les abeilles remplissent de miel et les cachettent, des cellules contenant une certaine quantité de pollen, de sorte que l'on trouve souvent du pollen dans des gâteaux de miel cacheté, et cela principalement aux environs du cantonnement destiné au couvain. Ce pollen se conserve ici parfaitement bien, parce qu'il est à l'abri de l'air, et il est d'un grand secours au printemps suivant, quand les abeilles possèdent déjà du couvain et qu'elles n'ont pas encore pu récolter du pollen frais; tandis qu'à ce moment le pollen emmagasiné dans les cellules ouvertes est la plupart du temps moisi ou desséché, et par conséquent, en tout ou en partie, impropre à son usage.

Dictionnaire d'apiculture.

Glossaire apicole. (V. 15ᵉ année, p. 76.)

CIRE, s. f., du latin *cera*, matière avec laquelle les abeilles bâtissent leurs rayons. Corps gras qu'elles sécrètent. *Cera* (italien et espagnol); *wax* (anglais); *yellow wax*, cire jaune; *wacks*, allemand. L'accord de plusieurs langues européennes pour le nom de la cire indique une origine aryenne, selon le *Grand Dictionnaire du XIXᵉ siècle*. Au grec

(1) « Ce suc extrait du pollen » reporte involontairement le lecteur à l'Extrait Liébig. Voir ce qui a été dit — moins ampoulé — sur le pollen, au mot *Bouillie du couvain* du Dictionnaire d'apiculture. — *La Rédaction*.

(2) Ce « quitte à le consommer elles-mêmes » est-il bien exact? Sans doute elles peuvent en extraire le miel qui y est mêlé en petite quantité. Ce qu'il y a de certain, c'est que les abeilles meurent de faim dans les ruches qui n'ont que du pollen pour toute nourriture. — *La Rédaction*.

keros, dit-il, correspondent le latin *cera*, l'irlandais *ceir*, le cymrique *cwyr* et l'armoricain *koar*. Il faut y ajouter le lithuanien *koris*, rayon de miel, en grec *kérion*, en latin *cerium*. En Orient, M. Pictet ne trouve d'analogue que l'arménien *keron*, cire, et *klorin*, rayon de miel. Tous ces noms lui paraissent provenir de la racine sanscrite *kr*, faire, d'où *kara*, *kdrana*, œuvre, ouvrage.

Ciri (Isère); *ciro* (Aude, Aveyron, Lozère, etc.); *boudousquo*, résidu de cire; *çeure* (Landes); *scerrea* (Haute-Loire); *chire* (Pas-de-Calais, Somme, etc.); *brencho*, de *brécho*, pour rayon de cire (Haute-Vienne); *entorche*, cire en vrague (Haute-Saône).

La cire est une substance graisseuse sécrétée par l'abeille et par quelques autres hyménoptères. Longtemps on a cru que c'était une transformation du pollen mangé par les abeilles et rendu sous forme de graisse. Mais il résulte d'observations modernes que la cire a pour base le miel, qu'elle est élaborée dans le corps de l'abeille et produite par un organe particulier qui aboutit à des poches, situées sur les parties latérales et inférieures de l'abdomen de l'ouvrière. En soulevant les segments inférieurs du ventre, on aperçoit ces poches et l'on y découvre des écailles ou plaques de cire, rangées par paires sous chaque segment. On n'en rencontre pas sous les anneaux des mâles et des mères. Chaque ouvrière n'a que 8 poches à cire : le premier et le dernier anneau n'en fournissent pas. Le miel absorbé par l'abeille est la base de la cire, avons-nous dit. De même que la nourriture se convertit chez la plupart des animaux en chyle, sang, graisse, etc., le miel se convertit en cire chez l'abeille lorsque celle-ci est dans la situation de produire cette matière. C'est la partie saccharine du miel, celle-là qui renferme une grande quantité de carbone, que l'abeille transforme en cire par des moyens chimiques qui nous sont inconnus, mais où l'humidité et la chaleur combinées de l'air ambiant jouent un certain rôle. En effet, les abeilles qu'on confine dans un petit espace rempli de vivres et qu'on fait voyager en été, sécrètent la cire à en devenir pléthoriques. C'est ainsi qu'arrivent souvent à Paris des ouvrières accompagnant une mère qu'on a expédiées du Tessin en saison chaude et humide. Toute matière saccharine absorbée par l'abeille peut produire de la cire, et la production de la cire est d'autant plus grande que la matière absorbée renferme plus de parties saccharines. En effet, le sucre et la cassonnade en donnent plus que le miel à poids égal. Des expériences faites par Huber et répétées par des chimistes, ont donné les résultats suivants : 500 grammes de sucre réduit

en sirop produisent 30 grammes de cire ; la même quantité de miel
absorbé ne donne que 20 grammes de cire. Il faut considérer ces expériences comme rigoureuses pour les proportions entre le sucre et le miel,
et pour les résultats que peut donner le laboratoire de cabinet. Mais
opérant dans d'autres conditions, l'abeille obtient d'autres proportions
dans sa ruche. Des observations pratiques nous ont démontré, ainsi qu'à
M. Collin, que de trois à cinq parties de miel ou de sirop de sucre absorbé
par les abeilles à l'état libre, peuvent donner une partie de cire dans
certaines circonstances. D'après les expériences des chimistes, il est
impossible d'attribuer la formation de la cire à la graisse préexistante
dans les intestins des abeilles, car cette graisse préexistante a été pesée
et retrouvée. Voici, du reste, le résultat des pesées et des analyses chimiques faites avec soin avant et après l'expérience par MM. Milne-
Edwards et Dumas.

La matière grasse préexistante dans le corps de chaque abeille a été
évaluée à. . . . . 0 gr. 0,016
Celle fournie à chaque ouvrière par le miel qui servait
de nourriture, à. . . . . 0 gr. 0,038
Soit, moins de. . . . . 0 gr. 0,022
Or, chaque ouvrière a produit pendant sa captivité de la
cire en proportion de. . . . . 0 gr. 0,064
Et après l'expérience, chaque abeille contenait encore
dans l'intérieur de ces organes, soit en graisse ordinaire,
soit en cire. . . . . 0 gr. 0,016

C'est, avons-nous dit, sous forme de lamelles ou de petites écailles
que la cire apparaît entre les segments abdominaux inférieurs de l'a-
beille, qui s'en empare pour les disposer à l'usage qu'elle veut en faire,
c'est-à-dire pour l'édification de ses cellules. Ces lamelles sont si légères
qu'il en faut des centaines pour égaler le poids d'un grain de blé. Mais
elles sont si apparentes, et on les trouve si nombreuses sous la ruche des
jeunes essaims, qu'il nous est arrivé d'en recueillir plusieurs grammes.
On est vraiment étonné qu'il ait fallu attendre jusqu'au dix-huitième
siècle pour savoir que l'abeille ne dégorge pas la cire. Duchet, chapelain
de Remaufens (Suisse), auteur d'un bon traité d'apiculture pour son
temps (1771), est l'un des premiers qui ait soupçonné l'origine de la
cire. D'après une lettre de Villelmée à Bonnet, datée de 1768, et rap-
portée par Huber fils, un naturaliste allemand, dont le nom est ignoré

aurait découvert, avant Duchet, l'origine de la cire. C'est à F. Huber que revient le mérite d'avoir levé tout doute sur cette origine.

Lorsqu'elle vient d'être produite, la cire est blanche, cassante, transparente ; mais lorsqu'elle a été utilisée par l'abeille elle est plus agglutinative et prend une couleur jaunâtre qui se fonce en vieillissant.

On doit considérer la cire comme une huile ou graisse végétale très-oxygénée, mêlée à une petite quantité d'extrait. Elle fournit à la distillation : de l'acide sébacique, une huile épaisse, du gaz hydrogène, du gaz carbonique et du charbon. Elle contient une matière colorante qui varie selon la nature de l'élément qui l'a fournie.

La cire est formée de deux principes immédiats (1), qui sont simplement mélangés et diffèrent par leur solubilité dans l'alcool : l'un soluble dans l'alcool bouillant, constitue l'acide cérotique ou *cérine*; l'autre, peu soluble dans ce liquide, est la *myricine* ou palmitate de myricile. La *cire* renferme en outre des quantités très-faibles de corps étrangers, qui lui communiquent sa couleur, son odeur aromatique, et son onctuosité (2). M. Lewy dit en avoir extrait une substance soluble dans l'alcool froid, à laquelle il donne le nom de *béroléine*. Gerhardt élevait des doutes sur la nature définie de cette substance. Les proportions de myricine et d'acide cérotique que l'on trouve dans la cire des abeilles varient considérablement. Suivant John Buchholz et Brandus, la cérine y entrerait pour les neuf dixièmes, tandis qu'elle n'y entrerait que pour les sept dixièmes suivant MM. Boudet et Bomenot. De la cire examinée par Hess renfermait neuf dixièmes de myricine. La cire de Ceylan est entièrement privée d'acide cérotique, d'après Bralier, et le même chimiste a trouvé 22 p. 100 de cet acide dans la cire du comté de Surrey, en Angleterre.

Lorsqu'on soumet la cire à la distillation sèche, il passe une petite quantité d'eau acide, qui renferme, suivant M. Poleck, de l'acide acétique et de l'acide proplonique. Il distille ensuite une substance, grasse d'apparence, qui prend par le refroidissement la consistance butyreuse, et que M. Etsling a trouvée composée d'un hydrocarbure solide, la

(1) Ce paragraphe et les deux suivants sont empruntés au *Dictionnaire universel du XIX° siècle.*

(2) En ce qui concerne l'élément donnant l'onctuosité à la cire, il faut croire que l'eau le dissout en partie ; car les cires fondues au soleil et notamment celles fondues au bain-marie sont plus onctueuses que celles de même provenance, fondues dans l'eau bouillante. — *La Rédaction.*

paraffine, et d'un mélange d'acides gras solides, les acides palmitique et margarique. Enfin il passe des produits huileux dont la température d'ébullition est très-variable ; ces produits présentent la même composition que l'éthylène, dont ils sont probablement des polymères. Il se dégage du gaz carbonique et du gaz oléfiant pendant toute la durée de l'opération. La quantité de charbon qui reste dans la cornue est très-faible. On n'observe, dans cette distillation, ni la production de l'oléine, ni celle de l'acide sébacique. Ce caractère permet de découvrir dans la cire les moindres proportions de suif ou de toute autre graisse, les corps gras ordinaires fournissant ces derniers produits dans les mêmes conditions.

Gerhardt et Bonalds ont observé que lorsqu'on fait bouillir la cire avec l'acide azotique, il se forme des acides pimélique, adipique, succinique, etc., comme lorsqu'on oxyde l'acide stéarique par la même méthode. La potasse caustique saponifie complétement la cire, ou plutôt dissout l'acide cérotique et saponifie la myricine.

Les principes colorants varient beaucoup. Aussi trouve-t-on des cires de toutes les nuances, depuis la blanche pâle jusqu'à la noire ; il y en a de jaune-citron, jaune-safran, de vertes et de grises. Les plus prisées sont les jaunes foncées. Le commerce recherche aussi celles qui ont un grain fin, et une épuration parfaite. L'odeur en est aromatique, le goût presque insipide, et la cassure nette.

La cire fond de 62 à 63 degrés. Elle est complétement insoluble dans l'eau, mais soluble en toutes proportions dans les graisses, les huiles et les essences, notamment celle de térébenthine. Pour l'extraction de la cire des rayons, voir *Fonte* ou *Fabrication* de la cire.

La *cire naturelle* est la cire d'abeille qui n'est pas mélangée ou falsifiée. On falsifie la cire par l'addition de graisses, notamment par le mélange de *cire végétale* (graisse de palmier) ; par le soufre, la fécule, etc. (Voir la collection de l'*Apiculteur*, pour les moyens de reconnaître les mélanges.) On donne le nom de *cire vierge* à celle qui n'a pas servi, qui n'est pas ouvrée (travaillée), notamment aux plaquettes de cire blanchies. La dénomination de *cires jaunes* s'applique à toutes les cires fondues qui n'ont pas été soumises au blanchiment ; *cires blanches* ou *blanchies*, à celles qui ont reçu le blanchiment. *Cire fondue* se dit de toute cire préparée pour le commerce ; *cire en vrague* se dit de la cire dont on a extrait le miel ou qui n'en contenait point, et qui n'est pas encore fondue.

Cire des Andoquies. Cette cire est récoltée par les Indiens de la petite tribu ou nation Tamas, qui vivent sur les bords du Rio Caquetta, dans les plaines du haut Orénoque, et vers la partie supérieure du fleuve de la Madeleine. Elle est connue dans le pays sous le nom de cire des Andoquies (*cera de los Andoquies*). Elle est le produit d'un petit insecte mélipone, qui construit sur un même arbre un grand nombre de ruches, dont chacune donne de 100 à 200 grammes de cire jaune. Purifiée par l'eau bouillante, la cire des Andoquies fond à 77° et présente une couleur légèrement jaunâtre. Elle renferme : carbone, 84,65 à 84,67 ; hydrogène 13,61 à 13,50 ; oxygène 4,74 à 4,83. M. Lewy l'a trouvée composée de trois principes différents : cire de palmier, fusible à 72°, environ 50 p. 100 ; cire de canne à sucre, fusible à 82°, 45 p. 100 ; matière huileuse, 5 p. 100. Pour isoler ces trois substances, on traite la cire par l'alcool bouillant, qui ne dissout presque pas de cire de palmier, la cire de la canne à sucre ou cérosie et la matière huileuse. Le liquide filtré dépose la cérosie par le refroidissement ; la matière huileuse reste dissoute à froid, on l'obtient en évaporant l'alcool (*G. Dictionnaire universel*).

Il existe d'autres insectes que les mellifères qui élaborent la cire animale. En Chine de petits insectes appelés *la-tchong*, qui se nourrissent de la sève de certains arbres, produisent, sur les branches de ces arbres, une cire qui ne ressemble pas à celle des abeilles, mais avec laquelle on fabrique néanmoins des bougies. A Sumatra, une espèce de fourmi ailée produit une cire grisâtre. On connaît en outre des *cires végétales* et des *cires minérales.*   H. HAMET.

--- --- ---

Lettres inédites de Fr. Huber.
(Voir page 82.)

Mémoire sur les matières qui servent à la nourriture des abeilles et à la construction de leurs édifices (suite).

Le 20 (1) nous vîmes deux cellules maternelles ébauchées sur un des gâteaux qui contenait le couvain. Le soir de ce même jour et à la même heure que la veille, nous entendîmes un grand bourdonnement dans cette ruche : tout y était en confusion et nous fûmes obligés de laisser

--- --- ---

(1) Les 6 dernières lignes de l'article précédent (p. 87) n'appartiennent pas à l'alinéa dans lequel le *metteur en pages* les a fait entrer sans que le *correcteur* s'en aperçoive. L'article doit finir au mot *enfermer.*

échapper l'essaim comme le jour précédent. — Le 21, nous remarquâmes que les cellules maternelles n'étaient pas allongées sensiblement et comme elles auraient dû l'être. Il y eut aussi un grand tumulte dans la soirée: les abeilles paraissaient en délire. Nous les mîmes en liberté et l'ordre se rétablit à leur retour pour n'être troublé que le lendemain à la même heure.

Le 22 était le sixième jour de leur captivité: nous crûmes qu'elle avait assez duré, et d'ailleurs nous étions très-impatients d'examiner le couvain et de voir quelle était la cause de l'agitation périodique de ces abeilles. Burnens mit donc à découvert le 1er et le 12e châssis. Il chassa les abeilles qui couvraient ces gâteaux, et il ne leur laissa prendre l'essor que dans une chambre dont les fenêtres étaient fermées. Il vit d'abord que les cellules maternelles n'avaient pas été continuées : il n'y avait point de vers, et il n'y trouva pas un atome de cette gelée qui sert de lit et d'aliment aux larves destinées à être mères. Ce fut ainsi en vain qu'il chercha des vers, des œufs et de la bouillie dans les cellules d'ouvrières, tout cela avait disparu. Les prisonnières avaient bien pu se nourrir du miel que nous leur avions donné, mais cet aliment ne convenait pas à leurs petits et ils étaient morts faute d'une nourriture plus appropriée à leur âge et à leurs besoins; nous ne leur avions cependant ôté que les poussières fécondantes; si elles en eussent eu, leurs vers auraient été soignés et nourris, et leur captivité seule ne les aurait point empêchées d'élever de jeunes mères à la place de celle que je leur avais ôtée.

Quelques ouvrières auraient bien essayé de sortir de leur prison aux heures qui conviennent à la récolte; mais jamais on ne les aurait vues descendre en foule de leurs gâteaux ni abandonner le couvain. Ce tumulte, cette agitation que nous avions observés tous les soirs n'auraient point eu lieu dans cette ruche. Que conclure de tout cela, si ce n'est que les poussières fécondantes des fleurs sont l'aliment qui convient aux petits des abeilles et que le défaut absolu de cette matière avait causé l'angoisse et l'agitation de leurs nourrices. Il y avait un autre moyen de s'en convaincre, le voici.

Quand le soleil eut quitté les fenêtres de la chambre où je faisais ces expériences, on laissa rentrer les abeilles dans leur demeure; nous y avions mis, pendant leur absence, du couvain pris dans une autre ruche à la place de celui qu'elles avaient laissé périr et nous avions fait tenir les rayons qui les contenaient dans les châssis n° 1 et n° 12. Mes abeilles se mirent tout de suite à mastiquer les nouveaux rayons avec ceux dans lesquels nous les avions placées. Nous fermâmes la ruche avec sa grille, et nous la laissâmes jusqu'au lendemain dans cet état. Le 23 nous remarquâmes que les abeilles avaient lié leurs gâteaux les uns aux autres et qu'elles étaient sur le nouveau couvain. Nous leur donnâmes alors quelques fragments de gâteau où d'autres ouvrières avaient emmagasiné des poussières fécondantes, et pour mieux voir ce qu'elles en feraient, nous prîmes du pollen dans des cellules qui en étaient remplies et nous le mîmes à découvert sur la table de la ruche. Au bout de quelques minutes les abeilles aperçurent le pollen des rayons et celui que nous en avions tiré. Elles se jetèrent avidement.sur les cellules qui le contenaient; mais comme leurs têtes y étaient enfoncées, nous ne pouvions voir ce qu'elles y faisaient. Nous l'avions prévu et c'était pour cela que nous avions mis du pollen plus à portée de l'observation. Nous vîmes les abeilles le prendre grain à grain avec les dents, puis avec leur langue, et le faire passer dans leur bouche. S'il souffre quelque élaboration dans l'estomac des ouvrières, elle ne prend pas beaucoup de temps. Nous vîmes celles qui en avaient mangé remonter sur les gâteaux et aller immédiatement sur les cellules des jeunes vers; elles y entrèrent la tête la première et y restèrent plus ou moins longtemps enfoncées. Quelques-unes s'y tinrent pendant six minutes au moins; d'autres firent le même manége et nous les observâmes pendant plusieurs heures. Toutes celles à qui nous vîmes prendre et manger du pollen, ne le quittèrent que pour aller sur les jeunes vers; nous nous en assurâmes en en poudrant quel-ques-unes.pendant leur repos. Par cette précaution nous ne pouvions les confondre et ce furent toujours les abeilles poudrées que nous retrou-vâmes dans les cellules des petits.

Le 24 nous vîmes des cellules maternelles ébauchées au milieu du couvain. Le 25 nous écartâmes les abeilles qui couvraient les jeunes vers. Nous remarquâmes : 1° Qu'ils avaient tous de la gelée comme dans les ruches ordinaires; 2° Que plusieurs de ces vers avaient grossi et s'étaient avancés dans leurs cellules; 3° Que d'autres avaient été enfermés nou-vellement; 4° Que.les cellules maternelles étaient prolongées. — Le 26 nous retirâmes les portions de gâteau que nous avions posées sur la table de la ruche, et nous vîmes que la quantité de pollen était sensible-ment diminuée; nous les replaçames ensuite dans la ruche avec d'autres cellules remplies de poussières fécondantes. — Le 27 deux cellules ma-ternelles avaient été fermées pendant la nuit, ainsi que plusieurs alvéoles hexagones. - - Le 28 je rendis la liberté à ces abeilles. Burnens examina les cellules avec la plus grande attention : il trouva de la gelée dans toutes celles qui contenaient encore des vers ; mais le plus grand nombre avait été fermé d'un couvercle de cire. Il ouvrit quelques-unes de ces dernières, et il trouva les vers occupés à se filer des coques de soie.

Tous les vers avaient donc été soignés comme dans les ruches naturelles, et nous ne pûmes douter que les poussières fécondantes des fleurs n'eussent fait la base de la gelée dont ils avaient été nourris.

Pendant les six jours que dura la captivité des abeilles, nous ne vîmes pas la moindre agitation, ni aucun désordre au milieu d'elles. Quelques ouvrières tentèrent bien de sortir dans le gros du jour, mais quand elles voyaient que cela ne se pouvait pas elle remontaient paisiblement sur les gâteaux et ils ne furent jamais abandonnés ; c'est que leur ruche abondamment pourvue de miel et surtout du pollen nécessaire à leurs petits ne leur laissait rien à désirer. Elles furent encore plus heureuses quand il sortit une mère de l'une des cellules spéciales qu'elles avaient construites pendant leur captivité. Elle profita de la liberté que je lui laissai et pondit un grand nombre d'œufs.

Il aurait peut-être suffi, Monsieur, de vous dire les résultats de ces observations ; mais vous aimez les abeilles et j'ai cru que les détails où je suis entré vous feraient plus de plaisir, et me gagneraient mieux votre confiance que ne l'aurait fait l'énoncé des propositions que je crois avoir bien établies, et dont vous aurez senti l'importance pour le perfectionnement de la science économique des abeilles.

Vous aurez deviné en lisant la première observation que j'avais dû regretter d'avoir publié dans ma 13e lettre (à Bonnet) que l'on pouvait toujours forcer les abeilles à faire de la cire quand la campagne était couverte de fleurs, et qu'il suffisait pour cela de leur ôter une partie de leurs gâteaux et de leur substituer des cadres vides. Non, ce n'est point assez que les fleurs abondent dans la campagne et que les abeilles puissent y faire d'abondantes récoltes sur les poussières d'étamines, c'est du miel qu'il leur faut pour qu'elles soient en état de faire de la cire et les fleurs n'en ont pas toujours comme on le croit communément. Dans certaines années, à peine y a-t-il 12 à 15 jours au plus où les abeilles puissent en recueillir assez pour être invitées à construire de nouvelles cellules, ou à prolonger les gâteaux qu'elles ont faits dans la saison des essaims qui est ordinairement la plus favorable à la récolte de miel, et, par conséquent, à la production de la cire. Si donc on suivait aveuglément le conseil que j'ai donné dans ma 13e lettre, si l'on taillait ces

ruches et si l'on donnait des vides à remplir aux abeilles dans des journées où les fleurs n'auraient que du pollen à leur offrir, l'expérience
manquerait certainement, les ouvrières ne feraient pas une cellule et
l'on regretterait la confiance que l'on m'aurait accordée. Ce n'était cependant qu'après bien des essais heureux que j'avais cru pouvoir conseiller
une opération qui m'avait toujours réussi ; par un pur effet du hasard
nous ne l'aurions jamais tentée que lorsque le miel abondait dans les
fleurs. Ce n'est que depuis la publication de mon ouvrage que j'ai vu,
comme je vous le disais tout à l'heure, que les jours favorables à la
récolte du miel étaient bien rares dans notre pays. Cependant cela ne
m'a point fait renoncer à la méthode que j'avais imaginée, ni à l'emploi
de la ruche en feuillets. On en obtiendra sans doute ce que j'avais espéré
si l'on attend pour tailler ces ruches ou pour forcer les ouvrières à travailler en cire neuve que les fleurs des prairies environnantes aient
beaucoup de miel à leur offrir ; dans ce cas on pourra faire hardiment
l'expérience suivante qui m'a réussi plusieurs fois.

Le 15 mai 1790, il faisait chaud, le temps était disposé à l'orage.
J'avais 12 ruches en feuillets très-fortes et prêtes à jeter leurs essaims,
et Burnens m'avait construit un bon nombre de châssis égaux à ceux dont
elles étaient composées. Il enleva à toutes ces ruches les châssis impairs
qu'il trouva garnis de cire, de miel et de couvain et entièrement couverts d'abeilles. Il mit à leur place 6 cadres vides dans chaque ruche, et
comme il s'agissait de faire des essaims artificiels, il entrelaça les 6 gâteaux
enlevés à chaque ruche avec un nombre égal de cadres vides ; il n'avait
point cherché à voir les mères, mais il s'était assuré que les 24 ruches
nouvelles avaient assez d'abeilles et de jeunes vers pour former de bons
essaims. Il se contenta donc de fermer leurs portes avec des grilles, afin
que les abeilles qui n'avaient pas de mère ne sortissent pas de leurs divisions pour la chercher et qu'elles fussent obligées de réparer leur perte
au moyen de leurs jeunes vers. Le lendemain nous rendîmes la liberté
aux prisonnières. Le temps fut beau les jours suivants ; les abeilles des
24 ruches travaillèrent avec la plus grande activité ; nous ne les ouvrîmes
que le 30 du même mois ; nous trouvâmes que les châssis vides avaient
été remplis de gâteaux, et que toutes les ruches avaient leur mère. Les
abeilles avaient trouvé assez de miel pour fabriquer beaucoup de cire,
et pour remplir les cellules qui ne contenaient pas du couvain ou du
pollen. Elles récoltèrent encore beaucoup de miel sur des blés noirs qui
fleurirent de bonne heure ; elles furent obligées pour pouvoir l'emmaga-

Digitized by Google

siner de prolonger leurs cellules et leurs rayons; elle passèrent donc
l'hiver dans l'abondance et donnèrent de beaux essaims l'année suivante.
Le succès de cette expérience est bien plus certain aujourd'hui qu'il ne
l'était quand je la conseillais aux cultivateurs. Si vous voulez la tenter
au printemps je ne doute pas qu'elle ne vous réussisse; il suffira pour
cela que vous vous rappeliez les observations que je vous ai racontées.

Voici en abrégé la marche qu'il faut suivre :

1° Avoir des ruches en feuillets peuplés et remplies de gâteaux.

2° On ne peut guère espérer un temps assuré et convenable aux
essaims que vers le milieu du mois de mai. Quand il fait chaud à cette
époque les fleurs sont ordinairement abondantes en miel; quelquefois
cependant une pluie froide, un vent du nord suffisent pour arrêter cette
sécrétion, et vu son importance pour le succès des essaims artificiels, il
ne faut tenter cette opération qu'après s'être assuré de l'abondance du
miel dans les fleurs. Mais comment faire ? Le voici.

Lorsque les abeilles trouvent beaucoup de miel dans la campagne, elles
s'en gorgent; leur ventre grossit sensiblement; sa forme change : il
devient presque cylindrique et il a alors la figure d'un tonneau. Il est
très-aisé de reconnaître ces abeilles et de les distinguer de celles qui ne
se sont pas gorgées de miel. Quand, par un beau jour du printemps, vous
en verrez rentrer un grand nombre dans vos ruches, vous pouvez être
sûr que la récolte du miel est abondante et que le temps est favorable à
votre opération. Il est un autre moyen de s'en assurer, c'est d'avoir une
ruche vitrée dans laquelle le plan des gâteaux soit parallèle au verre et
où l'on puisse voir les orifices des cellules. Il faudra bien connaître celles
qui contiennent de l'ancien miel, et s'assurer par des marques faites sur
le verre, de leur situation et de leurs bornes. Lorsque vous verrez le
nombre des cellules à miel s'accroître rapidement, vous en conclûrez
encore avec sûreté que le miel abonde dans les fleurs.

3° Dans ce cas vous pourrez mettre la main à l'œuvre et former des
essaims artificiels qui n'auront pas besoin de vos secours si le temps
reste au beau et si la récolte du miel continue.

4° Dans notre climat les essaims artificiels ou naturels sont souvent
dérangés par les intempéries trop communes au printemps. J'ai vu quelquefois 10 ou 12 jours de pluie ou de vent succéder à un jour qui avait
été assez beau pour favoriser le départ des essaims. Dans ce cas les
abeilles ne pouvaient construire dans leur nouvelle habitation que de
très-petits gâteaux faits aux dépens du miel qu'elles avaient apporté de

l'ancienne ruche, ou récolté le jour même où elles l'avaient quittée. Vous comprenez, Monsieur, qu'un si petit nombre de cellules est bien loin de suffire à la ponte de la mère, et que faute d'alvéoles pour recevoir ses œufs, tous ceux qu'elle pond pendant l'intempérie sont perdus. Vous sentez aussi que les abeilles doivent souffrir de la faim, puisque leur nouvelle demeure est absolument vide et n'a rien à leur offrir. Qu'arrive-t-il donc alors? Voici ce que j'ai vu il y a deux ans.

Un de mes amis eut un essaim tardif : je crois qu'il ne sortit que dans les premiers jours du mois de juin. A cette époque il n'y avait pas de miel dans les fleurs de nos campagnes. Je conseillai au propriétaire d'y suppléer ; mais il fut mal obéi et son jardinier ne donna aucun secours aux pauvres abeilles, peut-être parce qu'il voyait les prairies émaillées de fleurs et que le soleil se montra tous les jours qui suivirent la sortie de cet essaim ; mais la bise régnait et il ne savait pas que par ce vent-là, il n'y a point de miel dans les fleurs. Je visitai souvent ces abeilles que je croyais bien nourries d'après mes conseils, et je fus fort étonné quand on vint m'apprendre que l'essaim entier avait quitté la ruche; c'était le dixième jour à dater de celui où il y avait été logé. Je fis prendre la ruche abandonnée, pour voir le travail des fugitives; mais elles n'y en avaient fait aucun; elles n'avaient pas construit un seul alvéole pendant les dix jours qu'elles l'avaient habitée.

Vous voyez, Monsieur, ce qu'on aurait dû faire.

1° Donner du miel aux abeilles, puisque le temps n'était pas favorable à cette récolte.

2° Leur en donner assez pour qu'elles puissent tout de suite construire des gâteaux ; c'est-à-dire dix à douze onces par ruche dès les premiers jours de leur établissement ; il aurait suffi pour chacun des jours suivants de leur en donner une once pour les nourrir; mais il aurait fallu faire cette distribution le soir de chaque jour pour éviter le pillage.

(*A suivre.*)

Histoire politique et philosophique des abeilles,
Par A. Toussenel. (Suite. V. p. 87.)

Il est de fait que de prétendus neutres qui ont la faculté de se métamorphoser en reines et de procréer des mâles en un besoin pressant, ne sont pas tellement neutres qu'elles ne puissent être tentées de se rappeler leur véritable sexe, et qu'il est sage à elles d'éviter toute occasion de péché.

Elles ajoutent d'ailleurs, avec une sérénité d'âme qui me passe, que cette mort qu'elles infligent aux mâles n'est nullement douloureuse à ceux-ci, que les mâles s'y attendent et en ont pris d'avance leur parti. Les cuisiniers en disent autant des écrevisses qu'ils font cuire toutes vives; je voudrais avoir l'opinion de l'écrevisse qui cuit pour savoir à quoi m'en tenir sur la valeur de l'assertion des cuisiniers.

Ce n'est pas moi qui me refuserai jamais à reconnaître tout ce qu'il y a de sérieux et d'acceptable dans les arguments invoqués par les abeilles en faveur des institutions du sérail masculin et de la Saint-Barthélemy des bourdons. Néanmoins je me permettrai de dire aux mâles de l'espèce humaine et aux femelles de l'espèce des abeilles qui abusent si cruellement de la supériorité physique et intellectuelle de leur sexe :

« O hommes qui parlez de liberté et de bonheur et qui ne comprenez pas encore que votre bonheur dépend de la liberté de la femme, je ris de vos illusions...

» O abeilles femelles qui portez sous vos paletots des armes prohibées et qui avez conservé la funeste habitude de trancher par le glaive la question de la faim..... ne vous enorgueillissez ni les uns ni les autres de la sagesse de vos institutions sociales, car vous êtes bien loin encore des institutions d'harmonie. L'harmonie n'est que là où les sexes sont égaux et s'adorent mutuellement au lieu de s'asservir et de s'assassiner, que là où le bonheur de chacun se fond dans le bonheur de tous. L'harmonie ne vit pas dans la société des bourreaux! »

J'ai dit les principes politiques et les articles les plus importants de la constitution des abeilles. J'ai blâmé des coutumes barbares, parlant suivant ma conviction et mon cœur. Maintenant, si nous passons de la lecture de la constitution aux divers détails de l'administration et des services publics, la scène va changer. Nous allons être arrêtés à chaque pas par des spectacles d'institutions modèles, destinées à faire l'éternel désespoir de la législature humaine, de la philosophie et de l'édilité. Devant de si grandes choses accomplies par de si petites bêtes, la critique confondue se tait pour laisser parler l'enthousiasme.

La haute direction des travaux appartient à un conseil d'administration supérieur, exclusivement composé d'ouvrières, dont les cellules natales sont voisines des appartements royaux. Ce conseil supérieur a dans ses attributions le règlement de la ponte et de l'éclosion, l'essaimage, l'approvisionnement des magasins publics, la répartition de la besogne et la guerre. Les hommes ont besoin d'un conseil supérieur pour chacune dé ces spécialités, et Dieu sait comme ils s'en tirent. Il y a cinquante ans qu'ils travaillent le terrible problème de l'équilibre de population, je demande où ils en sont arrivés. Hélas! ils en sont arrivés, en Angleterre, à empoisonner les enfants avec du laudanum. L'Angleterre est la patrie de l'économisme et de la philanthropie.

Economie de ressort. Comme une seule mère suffisait pour assurer la perpétuité de la race, l'économie de ressort exigeait que le nombre de ces familles fût excessivement restreint. En conséquence, le nombre des œufs de femelles, ainsi que celui des cellules royales, a été fixé à vingt dans les ruches les plus populeuses. C'est la proportion d'un sur mille. La reine, qu'on pourrait appeler, sans métaphore, *la mère de son peuple*, commence par pondre les ouvrières, puis les mâles, et, en dernier lieu, les reines. Cet ordre est nécessaire pour qu'elle puisse proportionner le chiffre de ces dernières à l'effectif présumé de leurs sujets futurs. La ponte commence quelquefois par les œufs de mâles.

(A suivre.)

Revue et cours des produits des abeilles.

Paris, 14 juillet. MIELS. Il a été traité quelques lots de Gâtinais en sirop de 160 à 170 fr. les 100 kil. Au premier chiffre, il y aurait acheteur pour toute la récolte. Mais des producteurs ne veulent même pas accepter le dernier. Du reste, ils ont peu de marchandise. Beaucoup n'en ont pas le quart de l'année dernière. Il y aurait acheteur de miel de pays à 120 et 130 fr. selon qualité. Les vendeurs ne paraissent pas non plus pressés d'accepter ces cours. La plupart attendent les *secondes coupes* avant de nouer des affaires, et placent chez eux, à des prix plus élevés, les produits disponibles. En Normandie, les premières coupes n'ont pas donné suffisamment pour les besoins locaux. On tient de 170 à 180 fr., selon marchandise. Au marché d'Argences du 6, miel de 175 à 180 fr. net.

Les produits en vrague sont demandés dans l'Oise et environs à 40 c. le demi-kil. Des producteurs veulent obtenir 50 centimes.

Les cours à l'épicerie sont toujours divers pour les miels de l'année dernière. On lui cote 1 fr. 05 le demi-kil. les surfins Gâtinais nouveaux, en sirop.

Au Havre on attend des arrivages du Chili, qui doivent être nombreux au dire des acheteurs. Les armateurs demandaient 140 fr., il y a trois semaines. Il paraît qu'aujourd'hui ils offrent aux chiffres plus raisonnables, de 120 à 125 fr. les 100 kil., marchandise à livrer au débarquement, commission en sus, et par lots composés de qualités diverses. Dans la kyrielle des taxes qu'on se propose d'établir sur tous les produits étrangers, déjà taxés ou non, qui entreront en France, le miel payerait 2 fr. les 100 kil.

A Anvers, il a été traité des miels de la Havane et du Portugal à des cours moins élevés que les prétentions des vendeurs du Havre. Les négociants français qui désirent acheter sur cette place peuvent s'adresser à M. Ch. Faes, boulevard Léopold, courtier en miel et cire.

CIRES. Des belles cires en briques ont été payées de 440 à 450 fr. les 100 kil. dans Paris (entrée 22 fr. 90), et des qualités courantes et inférieures de 435 à 400 fr. On a pris un lot de miel du Gâtinais à 440 fr. dans Paris, et d'autres acheteurs à 440 fr., hors barrière.

Les cires propres au blanc sont recherchées. Si la taxe proposée sur les cires étrangères (20 p. 100 de la valeur) est mise à exécution, les cires indigènes devront hausser. Mais avec cette taxe exorbitante nos blanchisseries qui importent la matière première et exportent les produits ouvrés ou non ouvrés, ne pourront plus soutenir la concurrence avec l'étranger. Ce sera pour elles le coup du lapin. La combinaison de semblables taxes sur les produits doit, dit-on, concourir à payer nos dettes et à remettre le pays. Il faut espérer que l'effet contraire n'aura pas lieu. Il nous a toujours semblé à nous, simple paroissien, que le premier et le plus vulgaire moyen de commencer par payer ses dettes, était de faire des économies, de diminuer le budget de moitié. Ça se peut. Si nous étions du chapitre, nous supprimerions, dans le but de remettre le pays, toute entrave sur la production et établirions purement et simplement l'impôt sur le revenu.

Les cours de Marseille, du Havre et d'Anvers ont peu varié; les prix sont par continuation bien tenus. A Argences, cire en pain 4 fr. le kil.

Sucres et sirops. Les sucres raffinés ont été cotés de 150 à 155 fr. les 100 kil. En vertu de la loi du 8 juillet courant, les droits sur les sucres de toute origine sont augmentés de trois dixièmes. Les sucres bruts au titre saccharimétrique de 88 degrés qui payaient 42 fr. les 100 kil., paieront désormais 54 fr. 60; les sucres blancs en poudre à 84 degrés ou 84 degrés 1/2, aux droits anciens de 45 fr. payeront 58 fr. 50. Les mélasses non destinées à la distillation ayant 50 p. 100 au moins de richesse saccharine, acquitteront un droit de 18 fr. 60 les 100 kil. Les glucoses (sirop de fécule), à l'état de sirop et à l'état concret acquitteront un droit de 10 fr. les 100 kil., décimes compris.

ABEILLES. L'essaimage a été très-abondant dans beaucoup de localités, et il a duré bien au delà de six semaines. Commencé le 25 avril aux portes de Paris, il n'était pas encore fini le 10 juillet. Dans certains ruchers, des essaims seconds qu'on a réunis dans la première quinzaine de juin, se sont mis à essaimer les premiers jours de juillet. Grâce à une température chaude et humide depuis le commencement de juillet, les dernières colonies travaillent activement ; toutes sont fortement peuplées. Les trévas prennent du poids dans le Gâtinais où des sainfoins donnent une belle floraison de deuxième coupe. Quelques producteurs de cette contrée — les assommeurs — mettent en bas leurs essaims primaires qui ont bon poids, pour retirer 12 ou 15 fr. d'une ruchée qui en vaudra 18 ou 20 au sortir de l'hiver. Dans la Bretagne et dans la Basse-Normandie, les blés noirs sont généralement beaux. On en a semé une certaine quantité dans diverses localités où l'on n'en cultivait pas ordinairement. La floraison de la bruyère paraîtrait aussi être bonne, si le temps ne se dévoie pas en août. Voici les renseignements qu'on nous a communiqués.

L'hiver et le printemps ont été rudes à nos abeilles. Je ne parle pas du nouvel ennemi qui a apparu en automne dans les provinces de l'est et qui a fait plus de tort que toutes les teignes possibles. Mai, sauf quelques échappées de soleil, a été pluvieux d'un bout à l'autre, et les essaims qu'il a fournis ont pu se compter ; encore eût-il mieux valu qu'ils ne sortissent point, car la première huitaine de juin a été affreuse, et ils ont dû perdre beaucoup de peuple, et ramasser juste de quoi ne pas mourir de faim. En résumé il a été tardif, irrégulier et trop abondant, je le crains, pour l'avenir des jeunes colonies. Beaucoup d'essaims sont à l'heure actuelle (25 juin), extrêmement légers et toutes leurs provisions d'hiver sont à faire ; heureusement que nous avons les ressources des secondes coupes de sainfoin, et de plus des sarrasins et des bruyères. *Henry*, à Fère-en-Tardenois (Aisne). — A cause du mauvais temps nos abeilles ne sont pas riches ; ici elles n'ont donné que 50 p. 100 d'essaims. *Potentier*, à Barisis (Aisne).

Je suis satisfait de mes ruchées ; quoique mai ait été froid et sec, les essaims seront bons. *O. Duguet*, à Remaucourt (Ardennes). — Mes abeilles ont donné de nombreux et forts essaims ; les ruchers sont plus que doublés ; mais beaucoup d'essaims n'ont pas encore le poids voulu ; quant aux souches, elles sont lourdes et restent bien peuplées. Mes abeilles italiennes ont plus produit que les indigènes. *M. Bellot*, à la Mevoie (Aube).

La taille de mars, la seule récolte qui se fait ici, a été à peu près nulle. La cire s'est vendue 2 fr. 50 le demi-kil. La première miellée a été très-bonne, le temps a été très-favorable et nos butineuses n'ont pas perdu un seul jour. Il y a eu quelques essaims (ici 10 p. 100). Je compte sur une bonne récolte, d'autant mieux que la seconde miellée se passe actuellement (7 juillet) dans les meilleures conditions. *Vigier*, à Saint-Julien-de-l'Escap (Charente-Inférieure). — Mes abeilles vont assez bien. J'ai un côté de mon apier qui n'a pas essaimé. On ne peut encore rien dire (25 juin) de la récolte. *Gobeau*, à Saintes (Charente-Inférieure).

Les Prussiens et surtout les Français de M. Bourbaki ont détruit la plus grande partie des ruchers des environs. Le mien renfermant 27 ruches a été épargné parce qu'il était dans un clos près de notre maison. Au commencement du printemps l'année paraissait devoir être bonne, les ruches prenaient du poids et les essaims étaient nombreux. Mais depuis le 10 juin, nous avons toujours eu la pluie. Les abeilles ne peuvent pas sortir et la bonne saison se passe ; nous arriverons sous peu (27 juin) aux chaleurs et n'aurons rien à récolter. *Gouget*, à Baume-les-Dames (Doubs).

Les colonies chez nous (ce qu'il en est resté des Prussiens) ont toutes donné de bons essaims premiers, et même des deuxièmes. Comme produits l'année ne sera que moyenne. *E. Marcault*, à Sancheville (Eure-et-Loir). — Ici essaims considérables, année moyenne en miel, et bonne espérance pour les deuxièmes coupes de sainfoin. *D. Javault*, à Baillolet (Eure-et-Loir). — L'essaimage dans ma localité a été très-abondant; la récolte en miel sera satisfaisante. Les abeilles ont assez bien supporté les froids de l'hiver. Plusieurs colonies ont été gaspillées par les Allemands. *Brouard*, à Nogent-le-Rotrou. — Nous ne sommes restés au printemps qu'avec des colonies fortes dont le nombre était sensiblement réduit ; elles ont fourni de nombreux et bons essaims. La pluie qui ne cesse de tomber depuis 15 jours (29 juin), nous fait espérer avec de bonnes récoltes réparer nos pertes. *Parmilleux*, à Saint-Savin (Isère).

Sur trente-deux ruches à la fin de l'hiver, j'ai eu déjà (25 juin) une quinzaine d'essaims et j'espère encore en avoir un plus grand nombre, grâce au temps humide et orageux et aussi aux ensemencements précoces et assez nombreux de blés noirs faits pour remplacer des froments qui avaient gelé. *Durance*, aux Biais (Loire-Inférieure).

Mon rucher si éprouvé par les fortes chaleurs de l'année dernière et le froid excessif de celle-ci a été réduit de 30 à 9 colonies, seulement le courage ne m'a pas fait défaut. A force de soins, de courses dans la campagne pour la recherche de colonies abandonnées, je me trouve maintenant en possession de 24 ruchées, nombreuses en population, ce qui me donne l'espoir d'une année heureuse. *Isique,* à Nérac (Lot-et-Garonne).— Les mois de mai et de juin, et surtout ce dernier à cause des pluies abondantes et continuelles qui sont tombées, ont été défavorables aux abeilles. Les quelques essaims que nous avons eus, sont sortis dans ces derniers temps (4 juillet). Nous ne pensons pas que la récolte en miel soit abontante. *Jabot,* à Marmande.

Nos ruches sont assez bonnes; quelques essaims ont déjà (27 juin) acquis assez de miel pour passer l'hiver; mais les travaux souffrent beaucoup du temps froid qui dure depuis plusieurs jours. *R. Simon,* à Olizy-Violaine (Marne). — La dernière quinzaine d'avril a été des plus mauvaises; c'était l'époque de la floraison des arbres fruitiers; les abeilles ne sortaient pas, et pour comble de misère nous n'aurons pas de fruits. Le mois de mai a été des plus beaux; les essaims sont venus en grand nombre. Juin est pluvieux; il ne nous donne que quelques beaux jours; les derniers essaims ont besoin de nourriture. *Gabillot-Mouchotte,* à Neuilly-l'Evêque (Haute-Marne). — Mes abeilles ont bien été jusqu'au 18 courant (juin); l'essaimage a été arrêté par le temps froid et humide qui est parvenu. Mes premiers essaims sont bons; j'ai des souches assez lourdes et d'autres sans poids. *Molandre,* à Saint-Dizier (Haute-Marne).

Je n'ai presque pas eu d'essaims, à peine 20 p. 0/0. Tous mes voisins ont presque doublé leur rucher; cela ne m'étonne pas, ils n'agrandissent pas comme moi les ruches dès que les populations augmentent. Aussi j'ai des poids fabuleux. J'ai vendu tout mon miel de taille de mars 1 fr. le demi-kil., et j'en manque depuis le 1er avril; ce qui ne m'était jamais arrivé. *Jacquard* à Dornecy (Nièvre).— Les mouches jusqu'à ce jour (24 juin) n'ont rien fait dans nos contrées; au contraire, elles meurent en grand nombre. Quelques-unes commencent à donner des essaims. *Devred-Delabarre* à Cambrai (Nord).

L'année ne promet pas d'être très-bonne. Le 8 juin j'avais 8 colonies, sur 40 qui mouraient de faim. Quelques livres de miel les ont relevées. Mais du 11 au 15 le temps a été très-favorable. Depuis (26 juin) le mauvais temps est revenu. Le miel et la cire sont rares et chers; on cote le kil. de miel 2 fr., et la cire 6 fr. La vente a été très-forte, et les arrivages manquent. *Vernagut-Baudel* à Saint-Pierre-les-Calais (Pas-de-Calais).

—L'essaimage a été beaucoup retardé à cause des temps froids. Jusqu'à ce

Digitized by Google

moment (27 juin), il y a peu de miel. *Vis Aimable* à Bremieux (Pas-de-Calais).

On remarque une grande anomalie dans notre localité pour l'essaimage; les uns ont eu beaucoup d'essaims; les autres peu ou pas; peu de miel et la loque fait même des ravages dans quelques colonies (6 juillet). *Requet*, à Armoy (Haute-Savoie).

Nos abeilles ont bien souffert de la persistance du froid pendant l'hiver; les populations étaient décimées à la fin de février. Mais mars ayant été bien favorable pendant la floraison des saules-marsault et autres essences tendres, elles se sont bien refaites. Avril a été moins avantageux; le colza et le trèfle incarnat ont fait entièrement défaut. Cependant au commencement de mai, les populations étaient puissantes et l'essaimage a commencé le 19, époque ordinaire dans notre pays, mais devançant de 10 à 12 jours la floraison du sainfoin. Cela était la conséquence de la grande quantité de sauves (crucifères à fleur jaune) dont nos céréales sont remplies cette année. De mes 16 ruches j'ai eu 57 essaims formant 39 bonnes colonies. Les souches qui ont donné des seconds et même des troisièmes paraissent encore bien peuplées. A moins de temps plus favorable la récolte équivaudra à peine une moyenne. L'intermédiaire nous offre 80 centimes le kil. en vrague, le prix de l'année dernière. — Les soldats allemands ont essayé de faire des réquisitions de miel dans mon rucher et m'ont donné à apprécier leur savoir-faire. S'étant adressés justement à des ruches à hausses, ils les retournèrent sens dessus dessous, et cassèrent avec les mains les rayons qui se rompirent au plancher de la première hausse. Mais les abeilles qui n'étaient pas aussi faciles que les habitants du village, se ruèrent sur ces malotrus qui prirent la fuite, qui par-dessus le mur, qui par-dessus la haie, et j'en fus quitte pour remettre mes ruches en place. Plusieurs apiculteurs de ma connaissance furent plus malheureux: ils virent leurs ruches vidées, et jusqu'aux tabliers brisés. *Garnier*, à Arnouville (Seine-et-Oise). — Nous avons eu beaucoup d'essaims (8 juillet); quelques ruches en ont donné jusqu'à trois; mais ces ruches n'ont pas beaucoup de miel. Les essaims font bien, surtout les premiers. *Mortier* à Versailles.

La récolte sera tout à fait bonne; les ruches sont remplies de mouches et de miel. Ces dernières pluies (30 juin) ont fait beaucoup de bien. Il y a eu beaucoup d'essaims; ils sont sortis dès les premiers jours de mai. Ils sont lourds. *Chargé*, à Caunay (Deux-Sèvres). — Nous avons dans notre pays une telle abondance de miel, que j'ai calotté tous mes premiers essaims. Mes bonnes souches en ont toutes donné deux et une bonne récolte de miel. *F. Refranche*, à Régné (Deux-Sèvres).

A cause des Prussiens et du printemps froid, il n'y a pas eu beaucoup d'essaims ; mais voilà une huitaine de jours (3 juillet) que le miel donne un peu dans les sapins. *Cuny*, aux Hayottes (Vosges). — Nos abeilles (celles qui ont survécu à l'invasion) ont bien travaillé cette année. Les ruchées qui étaient faibles au commencement du printemps sont maintenant très-fortes en population et en provisions. Les bonnes souches ont essaimé la plupart deux fois, et les ruches sont pleines de miel. Les essaims venus à la fin de mai et au commencement de juin sont très-lourds. Les derniers, c'est-à-dire ceux du 15 au 25 juin, amasseront leurs provisions d'hiver, car champs et friches sont couverts de fleurs qui dureront quelque temps, la terre étant bien trempée. *Boibien*, à Vireaux (Yonne).

Toutes les ruchées ont essaimé, et souches et essaims ont déjà (10 juillet) à peu près leurs provisions d'hiver, et nous aurons sans doute encore un excédant de miel dans les calottes. *J. Boilloz*, à Rouchaux (Doubs). — L'année est au-dessous d'une moyenne; beaucoup d'essaims et de souches n'ont pas la moitié de leurs approvisionnements pour passer l'hiver. Si les secondes coupes ne donnent pas on pourra la compter pour une mauvaise année. Mais nous espérons beaucoup. *Bonvoisin* à Nécy (Orne).

Chez nous les abeilles font très-bien. Nous avons beaucoup d'essaims, et mères et enfants sont en bon état. *Bovvard*, à Bossancourt (Aube).

Mes abeilles ont donné et donnent encore (10 juillet) une grande quantité d'essaims. Dans nos environs on peut établir l'essaimage à 100 p. 0/0; le miel est de 7 à 8 kil. par ruche. Si le mois de juillet continue d'être beau, la récolte sera d'une bonne moyenne. *Vignon*, à Saint-Denis près Péronne (Somme).

La récolte en miel a été passable, malgré les pluies survenues dès le 18 juin, qui ont empêché les abeilles de butiner sur le sainfoin. Certains ruchers ont donné passablement d'essaims dès le 12 mai, tandis que d'autres n'en ont point donné. *Blanc*, à Courtilles (Suisse).

Les avis qui nous arrivent des départements du Nord où les abeilles n'avaient encore rien fait à la Saint-Jean, sont plus favorables. L'essaimage s'est prolongé et les fleurs donnent un peu de miel depuis une douzaine de jours que le temps est beau.   H. Hamet.

Paris.— Imprimerie horticole de E. DONNAUD, rue Cassette, 9.

L'APICULTEUR

Chronique.

SOMMAIRE : Années réparatrices. — Plusieurs périodes d'essaimage. — Un appel.
— Essaimage artificiel. — Nécrologie apicole. — Réflexions sur la réunion de
Janville.

En apiculture, moins encore qu'en tout autre chose, « il ne faut jamais
jeter le manche après la cognée, » c'est-à-dire désespérer, se rebuter.
Après une suite de campagnes malheureuses ou peu productives, il en
vient une, à des intervalles plus ou moins longs, qui répare les déficits
occasionnés par les mauvaises saisons, les méthodes défectueuses, l'incurie, les désordres de la guerre, ou par je ne sais quoi encore ; non-
seulement qui répare, mais qui procure des bénéfices qu'aucune autre
branche de l'agriculture ne saurait donner dans des proportions aussi
grandes. Pour nombre de cantons, 1871 rappelle 1861 et 1830, et comptera parmi les années réparatrices qui produisent des *nuées* d'essaims
et des *flots* de miel Dans ces cantons, heureux ceux qui étaient bien
garnis de semence au début du printemps : le nombre de leurs colonies
est plus que triplé et leur récolte plus que doublée, ou du moins dans
les ruchers que les fleurs ont favorisés. Jamais on n'avait eu, dans ces
ruchers, une production d'essaims plus grande. Non-seulement des
essaims primaires, voire même des secondaires ont essaimé, mais des
ruches qui avaient essaimé en mai ou en juin, se sont mises à donner
une *seconde coupe d'essaims* en juillet, autrement dit ont recommencé
à essaimer au bout de cinq ou six semaines. On ne sait pas si, en août,
il ne va pas y avoir les *regains*, c'est-à-dire une *troisième période* d'essaimage, comme nous avons vu cela en 1830. Il faut de ces années là
pour réparer les brèches que les mains ignorantes et cupides font dans
les ruchers. Cette année, il est telle localité que les Prussiens avaient
complétement dégarnie d'abeilles, qui ont néanmoins recueilli plus
d'essaims qu'en certaine année d'essaimage peu abondant. C'était une
migration incessante d'essaims qui venaient on ne sait d'où.

Mais plus qu'en 1861 et en 1830, il y a des ombres dans le tableau :
tous les cantons n'ont pas été favorisés ; il en est où les abeilles ont peu
butiné et peu essaimé. En outre, nombre d'apiculteurs que les P.russiens
— indigènes ou exotiques — ont dévalisés, restent ruinés. Les lettres

qu'ils nous adressent sont navrantes. Dans d'autres circonstances et dans un autre milieu que celui du — « chacun pour soi, Dieu pour tous » — nous provoquerions les heureux à aider les malheureux ; nous proposerions aux favorisés d'offrir *une colonie* ou sa valeur aux ruinés. Nous publierions les noms des uns et des autres... Allons, apiculteurs. point de fausse modestie ! Y a-t-il ou n'y a-t-il plus de Français parmi vous ?

— En disant, dans notre dernière *Chronique*, que, cette année, l'essaimage naturel a dérangé quelque peu les prescriptions recommandées pour l'essaimage artificiel et que les règles générales ont été souvent enfreintes par les exceptions, il n'est pas entré dans nos vues de préjuger aucune méthode, mais de constater un fait, rien de plus. M. Vignole a cru qu'indirectement nous voulions desservir l'essaimage artificiel. notamment le procédé très-rationnel dont il est le père. Voici ce qu'il nous répond.

« En effet, l'essaimage désordonné qui vient de se produire a démontré la faiblesse et l'insuffisance de systèmes vivement préconisés. Ces faits anormaux qui arrivent de temps à autre, sont la pierre de touche des dissertations fantaisistes et des théories hasardées. *Toutefois* vos réflexions tant soit peu ironiques sont peut-être un peu trop absolues, et vos paroles peuvent avoir assez d'autorité pour refroidir les indécis, et mettre en suspicion l'excellence de l'essaimage artificiel. Ce serait fâcheux. J'ai la conviction que ce mode de culture est très-avantageux ; mais il faut qu'il soit conduit avec méthode et savoir. »

J'ai dit naguère : « L'essaimage artificiel pratiqué avant la grande » ponte des mâles rend l'apiculteur réellement maître des abeilles. » Eh bien, les émigrations folles qui ont fait cette année le désespoir des apiculteurs, ont affirmé ce que j'ai avancé. Pour moi, ce point important est atteint. Reste à le vulgariser. Nous en reparlerons.

— L'Aube, visitée par les Prussiens, qui ont diminué ses ruchers, l'a été aussi par la variole qui a fait des victimes parmi les apiculteurs. Il y a quelques mois, succombait M. Barat, du Port Saint-Nicolas, l'agent organisateur de la Société apicole de l'Aube. Le 11 juin dernier, M. Lecler, instituteur à Marigny, secrétaire, était emporté, jeune encore. Ces deux hommes ont rendu d'éminents services à l'apiculture de leur département, et par leur pratique intelligente, leur activité et leur amour des abeilles, ils devaient en rendre encore. Mais, hélas ! la mort nous a ravi trop tôt ces amis dévoués. Puissent nos regrets et le souvenir de

Digitized by Google

leurs noms stimuler les élèves qu'ils laissent et les engager à suivre la voie qu'ils leur ont tracée !

— La dernière réunion de Janville, dont on lira plus loin le compte-rendu, nous a suscité les réflexions suivantes. D'où vient qu'autrefois, lorsque la réunion n'existait pas de fait, les mouchards du Gâtinais avaient le bon esprit de se réunir à la même table pour déjeuner et s'entretenir du rendement de leurs ruchées, et qu'aujourd'hui ils ne déjeunent plus ensemble, restent isolés, se regardent comme des chiens de faïence, et quasi comme des mouchards de la mauvaise espèce?

· Il faut reprendre l'ancienne et bonne coutume de cette réunion de famille, et en cela, imiter messieurs les acheteurs de Paris qui, eux, perpétuent avec soin leurs plantureuses agapes de Toury, je ne dirai pas à nos dépens, ça les fâcherait. L'isolement tue, qu'on ne l'oublie pas. Donc, pour l'année prochaine, tous les producteurs prennent rendez-vous pour déjeuner ensemble, à une heure précise, au *Sabot* qui, ce jour-là, méritera de s'appeler la *Ruche*.   H. HAMET.

Réunion apicole de Janville (Eure-et-Loir).

Les *mouchards* sont assez nombreux à Janville, quoique plusieurs n'aient point pratiqué cette année, faute de pouvoir se procurer des ruches devenues rares par suite d'un hiver rigoureux et du passage des Prussiens. Mais ils ne paraissent pas éprouver un bien vif désir de s'entretenir publiquement des intérêts du métier. Il est vrai que le bruit de baisse qui circule répand un certain froid parmi les producteurs; en outre, on ne voit pas apparaître les acheteurs quoique les aiguilles des pendules avancent rapidement. Néanmoins dans les cafés (pourquoi ne pas se réunir tous dans le même?) des groupes ont des discussions très-animées. On cause principalement de la récolte extraordinaire que la deuxième floraison a donnée. On va même jusqu'à exagérer le poids que chacun a obtenu. Il n'y a pas d'inconvénients, les acheteurs ne sont pas là. Mais qu'ils viennent, on mettra un dièze à la clef, et on n'aura plus que des poids bien moyens à leur offrir. Il est près de quatre heures lorsqu'on monte à l'hôtel-de-ville. C'était, il y a quinze ans, l'heure du départ. Un groupe de *vieux* reste à la porte, attendant toujours la chose la plus désirée, les acheteurs. Le bureau de la réunion a quelque peine à se former. Les membres qui le composaient l'année dernière sont absents, sauf M. Hamet. On le désigne pour la présidence, et il présente pour assesseur et pour secrétaire deux étrangers : M. Muiron, du Cher, et M. Moreau, de l'Yonne. Ces présentations sont favorablement accueillies. Le président rappelle l'importante question mise à l'étude l'année dernière : Des moyens de ne produire que des miels surfins. Il dit que les moyens proposés ont été 1° l'emploi des grilles ou tôles perforées dans le culbutage et le calottage ; 2° l'enlèvement de la mère (une sorte de castration) quelque temps (quinze jours ou trois semaines) avant la production du miel. Il demande si des praticiens ont mis en usage ces moyens. MM. Dabout-Richard, de Patay; Foucher-Vapereau, de Chevilly et Devallée, d'Orléans discourent sur les avantages et sur les inconvénients de ces moyens. Le président fait remarquer que les mêmes discussions ont eu lieu l'année dernière, et dit qu'il ne s'agit plus que d'expérimenter pour savoir àquoi s'en tenir. M. Foucault-Daguet, de Pithiviers, répond que cette année il a été impossible à beaucoup d'apiculteurs de pouvoir se livrer à des essais à cause de la présence prolongée des Prussiens. M. Hamet cite l'appréciation fortuite d'un mouchard, en ce qui concerne la valeur des ruches culbutées ayant reçu une tôle perforée. Ces ruches, a-t-il avancé l'année dernière, ne souffrent pas comme celles qui ne reçoivent point de grilles, comme celles qu'on culbute par le procédé ordinaire : la mère y reste forcément et, avec elle, une certaine quantité de nourricières qui entretiennent le couvain. Ayant cédé en avril, à un voisin, un petit lot de ruches désignées, notre mouchard a été dégoter parmi celles non désignées, précisément une ruche qui avait été renversée avec tôle l'année dernière et qui était une des meilleures du rucher.

On passe à la question de la conservation des colonies. Le président expose la situation de l'apiculture gâtinaisienne et dit qu'elle peut et qu'elle doit s'améliorer si elle veut lutter avec avantage. Pour cela, ajoute-t-il, il faut que l'on détruise moins et qu'on se fasse, dans la mesure du possible, éleveur en même temps que producteur. Plusieurs apiculteurs répondent que la contrée se refuse à l'élevage et même à la conservation. Le président réplique par des exemples agricoles qui attestent des améliorations là où elles avaient été aussi déclarées impossibles. Il cite la transformation qui a eu lieu pour l'élève du mouton. Il y a quinze ans, dit-il, on n'entretenait les moutons dans la Beauce qu'en vue de leur toison, et on les conduisait pacager toute l'année dans les jachères, nombreuses alors. Ces moutons étaient de petite taille et généralement maigres. Aujourd'hui, ils vagabondent moins dans les sols incultes qui font défaut; on les nourrit davantage dans la bergerie, et ces moutons donnent maintenant de la viande comme dans les contrées à riches pâturages. Il ajoute : Que faut-il pour que les abeilles soient bien préparées quand arrive la fleur du sainfoin ? qu'elles aient pu s'adonner sur une large échelle à l'éducation du couvain, c'est-à-dire qu'elles aient une population forte, vigoureuse. Or dans toutes les localités où les fleurs manquent au début du printemps, on peut y suppléer jusqu'à un certain point en donnant aux abeilles des rayons garnis de pollen, ou en mettant à leur portée des farines qui en tiennent lieu. M. Muiron indique le moyen de conserver les rayons contenant du pollen qu'on obtient lors de la récolte générale, en les plaçant dans des barils ou autres vases qu'on emplit de miel secondaire. M. Foucher dit que ce n'est pas seulement la fleur printanière qui active les abeilles, c'est aussi le transport des ruches. M. Hamet répond qu'il est aussi facile d'exécuter ce transport sans changer de lieu que de procurer artificiellement du pollen aux abeilles. Un soir ou un matin on charge les ruches sur une voiture et on leur fait faire trois ou quatre fois le tour du village. Cette évolution équivaut à un voyage dans un canton voisin. M. Dabout dit que les ruches qu'on conserve sont plus sujettes à la fausse teigne que celles qu'on achète. M. Muiron dit que la fausse-teigne n'est à redouter que dans les colonies désorganisées, et que les quelques vers qu'on trouve dans certaines ruchées dont les rayons sont vieux ne sont pas à craindre si la population est bonne. Un membre ajoute que la fausse teigne est comme les poux et les puces : les riches n'en ont pas. M. Foucher dit que le genêt éloigne la fausse teigne des ruchers. Le président ramène la discussion sur le sujet traité, la conservation du pollen. Quelques orateurs prennent la parole sur ce chapitre, mais s'en écartent quelque peu. Ainsi une discussion surgit entre MM. Devallée, Foucault, Dabout et divers sur la valeur des bâtisses artificielles construites avec les rayons contenant du couvain. Quelques-uns ne les trouvent pas avantageuses pour les chasses. D'autres au contraire les trouvent très-avantageuses. M. Hamet dit que ces bâtisses fixent d'abord les chasses et, en supposant que celles-ci n'y fassent rien, non plus que dans des paniers vides, elles laissent au moins des cires propres qui ont une certaine valeur. Le président résume la question de la conservation des colonies qu'on a la *coutume* irréfléchie d'abattre, lesquelles ne donnent pas de produits pour ce qu'elles valent, et il engage vivement les praticiens à user des moyens qui ont été indiqués dans le cours de la discussion. Il termine en demandant que cette question revienne l'année prochaine appuyée de faits pratiques.

Il est donné lecture d'une lettre de M. Luizy-Desforges de Pithiviers, au directeur de l'*Apiculteur*, dans laquelle l'auteur exprime le désir que les miels étrangers soient taxés d'un fort impôt (20 0/0), afin que les apiculteurs indigènes puissent faire leurs affaires. Il désire que pour cela, une pétition soit adressée au ministre. Il émet aussi le vœu que la réunion de Janville ait lieu à Pithiviers, attendu que c'est la localité qui donne le plus hâtivement les miels en sirop, et qui souvent établit le cours de ces miels. M. Dabouf déclare qu'il est partisan de la liberté, et par conséquent, adversaire de toute taxe prohibitive. L'appétit vient en mangeant, dit-il; lorsqu'on aura mis ces taxes exorbitantes sur les miels étrangers, il sera facile d'établir des impôts grossissants et des entrées de ville sur les miels indigènes. Il pense qu'on doit renvoyer les partisans des taxes à la méditation de la fable « l'Ours et le Pavé »; M. Hamet ajoute que nos apiculteurs peuvent lutter avec avantage en s'appliquant à mieux cultiver leurs abeilles. Quant au pétitionnement invoqué, il pense que nous pouvons nous en dispenser en apprenant à voter censément lors du choix de nos mandataires qui, alors, ne nous gratifieront pas de la guerre ni de ses tristes conséquences. La séance est ensuite levée et chacun se met en quête d'un acheteur ou d'un rafraîchissement. X..., *mouchard*.

Sur l'essaimage.

Il convient que chacun de nous constate et publie ce qui se passe d'extraordinaire dans son rucher, et signale toutes les circonstances qui ont provoqué ou accompagné le fait avancé.

Un fait en apparence peu important est quelquefois l'étincelle qui apporte bientôt une grande lumière sur une théorie encore obscure; il vient ensuite diriger la pratique, ou du moins guider dans de nouvelles expériences. Aussi ai-je lu l'article de M. Henri de Fère en Tardenois avec d'autant plus d'intérêt que je m'étais promis de vous entretenir d'un fait analogue, qui me porte à croire qu'une mère pondeuse annoncerait par le chant, la sortie prochaine et probable de l'essaim, dans le cas où elle se trouverait en présence de femelles retenues prisonnières au berceau. Il s'ensuivrait alors que si le départ de l'essaim premier est si rarement annoncé par le chant, c'est parce que l'émigration a lieu ordinairement dès qu'il y a une cellule maternelle d'operculée.

J'ai eu aussi cette année trois essaims premiers dont le prochain départ a été précédé du chant. Mais en examinant la souche après l'avoir bien enfumée, j'ai pu constater, par l'absence d'œufs et même de larves, que la vieille mère avait disparu tout à coup. Les ouvrières, que l'on pourrait peut-être accuser de cette disparition, édifient sans trop de regrets, des cellules maternelles autour d'œufs ou de larves d'ouvrières. La première femelle éclose chante dès que la seconde arrive à terme, et cela probablement par rivalité. Cependant j'en ai eu ce printemps qui, extraites de la souche et logées seules dans des ruchettes garnies de rayons avec quelques milliers d'ouvrières, ont continué à se faire entendre de temps à autre pendant 1, 2, 3 et même 4 jours. Serait-ce le sentiment de rivalité qui survit à la séparation? Serait-ce une certaine contrainte, invisible pour nous, que les ouvrières lui feraient subir?..... Je reviens au fait.

Une jeune mère alpine fécondée avait été passée à une souche un jour après l'extraction de l'essaim. Cette mère, donnée trop précipitamment, avait été appréhendée par les ouvrières dont j'entendais les cris sourds et menaçants, en appliquant mon oreille sur la ruche. Je l'ai crue sacrifiée, malgré la fumée que je me suis empressé de projeter vers les assaillantes. Un essaim second avec mère indigène non fécondée, a été donné à cette souche, qui me l'a rendu quelques jours après, mais cette fois accompagné de la mère alpine. J'ai reconnu cette mère, qui avait donc été acceptée, malgré la présence d'alvéoles maternels édifiés après l'extraction de l'essaim premier.

J'ai passé ce nouvel essaim à une autre souche qui se dépeuplait, bien qu'ayant des alvéoles maternels. La mère alpine a subi là une nouvelle étreinte de quelques heures. Je l'ai de nouveau crue perdue en entendant le chant d'une mère en liberté que je supposais être une mère nouvellement éclose.

Le 15 juillet, cette ruchée me donna un essaim qui se réunit parfaitement à une branche d'arbre, sans la mère retenue prisonnière par une grille. Il accepta même la ruche que je lui présentai. Mais après dix minutes d'une tranquillité à donner le change, il décampa et rejoignit la souche d'où il sortait, non sans se jeter dans les ruchées voisine trop rapprochées. Le 16, il sortit de nouveau et comme je remarquai que ses préparatifs d'essaimage l'empêchaient de récolter un kilogr. de miel par jour, j'ôtai la grille et recueillis l'essaim à l'ordinaire. Le 17, au matin, je le secouai sur un linge et reconnus l'alpine qui avait déjà pondu une cinquantaine d'œufs dans un petit rayon.

Si de nouvelles expériences confirment ce qui vient de se passer, si les mêmes faits se reproduisent toujours dans les mêmes circonstances, la conclusion sera facile à tirer. CAYATTE.

Errata. — Page 338 de la 14e année, dernière ligne : au lieu de *forme,* lisez : *ruche.* 15e année, page 101, ligne 34, au lieu de *fleurs,* lire *plantes mellifères.* Page 102, ligne 5, lire *chers* au lieu de *chères.* Page 103, ligne 28, lire, *conditions favorables, si l'on veut bien écouter toutes les causes de retard.*

Dictionnaire d'apiculture.
Glossaire apicole. (V. p. 109.)

CIRIÈRE, ad. f., ouvrière qui élabore la cire. On sait que des abeilles sont plus aptes que d'autres à produire la cire. Les jeunes ouvrières sont généralement *cirières;* les vieilles perdent cette qualité. Néanmoins quelques vieilles abeilles peuvent encore sécréter la cire. Mais, après avoir sécrété beaucoup de cire, c'est-à-dire après avoir usé ses organes sécréteurs, l'ouvrière ne sait plus que butiner, et elle s'en occupe spécialement. C'est alors qu'elle paraît plus petite, plus maigre et dénudée que la jeune abeille. Cela se remarque surtout au moment où elle part pour les provisions ; car, lorsqu'elle en revient, son abdomen *bien garni* de miel lui donne la taille de la cirière la plus grosse. Dans telle circonstance, toutes les ouvrières sont *butineuses,* et, dans telle autre, une grande partie sont *cirières.* Lorsque, par exemple, la saison est favorable à la récolte du miel, toutes ou presque toutes les abeilles d'une ruche s'occupent d'aller aux champs pendant le jour, et un certain nombre produisent la cire pendant la nuit pour bâtir des rayons ou pour operculer les cellules pleines. Les abeilles qui élaborent la cire l'emploient elles-mêmes; mais des ouvrières qui ne savent plus elaborer la cire, travaillent encore à la construction des cellules.

CLAIRE-VOIE. Voir *Plancher à claire-voie.*

COLONIE D'ABEILLES, ou simplement *colonie,* s. f. Une colonie d'abeilles s'entend d'une famille ou peuplade composée d'une mère, d'un nombre plus ou moins grand d'ouvrières, et d'une certaine quantité de faux-bourdons à la saison des essaims. *Colonie* s'entend aussi d'une ruchée, c'est-à-dire d'une peuplade logée, de cette peuplade avec ses édifices et ses provisions. L'expression *mouche* a la même signification dans le nord et une partie de l'ouest.

Colonie bourdonneuse, colonie orpheline. La colonie *bourdonneuse* est celle dont la mère pond plus de faux-bourdons que d'ouvrières, ou qui

ne pond que des faux-bourdons. La colonie *orpheline* est celle qui a
perdu sa mère. L'*orpheline* devient *bourdonneuse* lorsque les abeilles
manquent de jeune couvain d'ouvrières pour remplacer la mère
disparue. Alors une ou plusieurs ouvrières pondent des faux-bourdons. Le couvain produit par les ouvrières pondeuses se trouve dans
des alvéoles de faux-bourdons, tandis que celui provenant d'une mère
bourdonneuse est logé au centre de la ruche dans des cellules d'ouvrières.
Les colonies bourdonneuses, ainsi que les orphelines qui manquent
d'éléments pour se faire une mère, ne tardent pas à s'éteindre. Il faut
s'emparer de leurs produits, qui sont souvent inférieurs, et réunir leur
population à des colonies organisées. On peut aussi leur donner un trévas ; mais il faut avoir soin de déloger par avance la colonie défectueuse
à l'aide de l'asphyxie, puis de la réintégrer dans sa ruche lorsque le
trévas en a pris possession.

Voici les indications que M. Collin donne sur les caractères extérieurs
des colonies orphelines et sur la conduite qu'il faut tenir à leur égard.
« On rencontre des colonies orphelines au printemps et en juillet, c'est-
à-dire quelque temps après l'essaimage. Les orphelines de juillet présentent des caractères extérieurs qui les font reconnaître avec assez de facilité, sans qu'on ait besoin de les visiter intérieurement. Jetez un coup
d'œil sur l'apier, entre midi et trois heures, au moment où les faux-
bourdons vont prendre l'air sous un ciel serein. Voyez comme ces malheureux sont chassés de partout, excepté de quelques ruchées où ils
jouissent d'une liberté complète pour aller et venir. Ces ruchées ont
très-peu d'activité et une faible population, les ouvrières qui reviennent
chargées de pollen y sont rares, le bruissement y est nul ou presque nul
le matin et le soir : tous ces caractères réunis vous donnent la certitude
que la mère manque. Pour peu que vous en doutiez, visitez l'intérieur :
il y a beaucoup de faux-bourdons, mais aucune trace de couvain d'ouvrières, quelquefois du couvain de faux-bourdons de tout âge, une
quantité étonnante de cellules remplies de pollen. Quand ces signes
intérieurs viennent confirmer les caractères extérieurs, le doute n'est
plus possible. Les familles les plus exposées à devenir orphelines sont
celles qui donnent un essaim secondaire, surtout lorsque cet essaim,
retardé par le mauvais temps, ne sort que de douze à quinze jours après
le primaire. On trouve même des orphelines, quoique bien rarement,
dans un panier d'essaim. Cela vient d'une réunion de deux essaims sans
réussite : les deux mères ont péri. Une colonie récemment privée de

mère, peut s'en faire avec des vers d'ouvrières qui ne sont pas parvenus à leur entier développement; mais le malheur des orphelines devient irréparable, quand il dure depuis cinq ou six semaines. Qu'on leur donne alors du couvain de tout âge : les œufs écloront, les larves seront nourries, les nymphes sortiront de leur cellule ; mais les choses en resteront là, les abeilles ne songeront point à se donner une mère. Allons plus loin. Qu'on leur donne une mère fécondée, vous pensez qu'elles vont la recevoir avec joie ; non, elles ne la maltraiteront pas d'abord, mais elles ne lui laisseront pas la liberté de ses mouvements et finiront par s'en débarrasser. Des expériences souvent répétées ne me laissent aucun doute à cet égard. »

COMBAT DES ABEILLES ; COMBAT DES MÈRES. Lutte dans laquelle l'un des combattants succombe, et quelquefois tous les deux. Les abeilles de colonies diverses se livrent combat lorsqu'elles se rencontrent. Celles de la même colonie vivent en parfaite harmonie. Cependant on voit quelquefois deux ou trois abeilles se mettre à la poursuite d'une de leurs sœurs, se jeter sur son corps, la saisir par les jambes ou les ailes, et la tirailler en la mordant. L'abeille attaquée apaise souvent la fureur de ses ennemis en étendant sa trompe et en dégorgeant le miel qu'elle porte ; cette liqueur semble adoucir la barbarie de ses bourreaux, et l'abeille poursuivie achète ainsi son salut ; mais d'autres fois, elle n'en est pas moins mise à mort.

Il arrive quelquefois — le cas est très-rare — qu'un désordre général se met dans une ruche ; les abeilles se saisissent mutuellement et poussent des cris aigus ; elles se livrent un combat acharné qui se poursuit au dehors ; les efforts qu'elles font pour se porter des coups mortels, ne leur permettent pas alors de rester en l'air; elles se roulent à terre en cherchant à s'entre-tuer. En effet, la lutte se termine souvent par la mort des deux combattants. Cette lutte intestine peut se communiquer aux colonies voisines. — Les abeilles qui vont chercher à piller les colonies étrangères sont le plus souvent battues. Il en est de même de celles qui se trompent d'habitation.

Ne pouvant se supporter, les mères qui se rencontrent se livrent combat. Quand elles se sentent ou s'aperçoivent, elles se saisissent l'une l'autre au moyen des mandibules et des pattes, et elles cherchent à s'enfoncer mutuellement l'aiguillon entre les anneaux de l'abdomen. Celle qui y parvient la première est victorieuse, quoiqu'elle ne sorte pas toujours du combat sans avoir ses ailes ou ses pattes mutilées; il arrive aussi quelquefois que les deux rivales succombent ensemble.

CONSOMMATION DES ABEILLES. Les abeilles consomment du miel pour entretenir leur existence. Mais elles en consomment davantage pour maintenir dans leur habitation la chaleur qui est nécessaire à leur économie (Voir *Température des ruches*). La consommation hivernale est en raison de la longueur et de l'irrégularité de la mauvaise saison ; elle varie selon d'autres circonstances, telles que la force de la population, la forme et les matériaux de la ruche, l'âge et l'activité de la mère, l'âge et la disposition des rayons, la nature du miel, etc. Elle peut s'élever dans des ruchers à une moyenne de 10 à 12 kilogrammes, tandis qu'elle ne sera dans d'autres que de 4 à 5 kilogrammes. Dans le même rucher des colonies consomment beaucoup plus que d'autres. Les essaims consomment moins que les ruches mères. — Consulter les 4º, 6º et 8º années de l'*Apiculteur* pour les expériences sur la consommation hivernale, et le *Cours* au paragraphe traitant ce sujet.

CONSTIPATION, s. f., affection qui atteint les abeilles. La constipation est le résultat d'un abaissement de température dans la ruche à l'époque où les abeilles ont leur abdomen rempli de résidus. Cet abaissement de température à l'intérieur est dû à un abaissement extérieur, brusque et fort. Au printemps des années pluvieuses, il arrive quelquefois que la température des mois de mars et d'avril, se trouvant à 15 degrés au-dessus de zéro, tombe en quelques heures, dans la latitude de Paris, à 3 ou 4 degrés au-dessous avec un vent pénétrant. Les abeilles des ruches peu garnies et mal closes s'efforcent alors d'absorber du miel pour remonter la chaleur; mais, leur corps étant plein, elles ne peuvent pas atteindre le but qu'elles se proposent et deviennent constipées. Sous une température plus élevée, elles en auraient été quittes pour la dyssenterie; sous une température basse les excréments s'épaississent dans leur abdomen, au point qu'elles ne peuvent plus s'en débarrasser. Un certain nombre d'abeilles constipées essayent de s'envoler, mais souvent elles tombent au pied de la ruche pour ne plus se relever; d'autres tombent sur le tablier, ou meurent même entre les rayons.

La constipation est produite aussi par le miel récolté en arrière-saison et logé dans le bas des rayons, lorsque les cellules n'ont pas été operculées et que les abeilles ont été contraintes par le froid de s'éloigner de ces vivres. Par l'eau qu'il a absorbée pendant la saison humide, ce miel s'est décomposé et est devenu tellement liquide qu'il coule sur le tablier de la ruche. Il est alors très-défectueux et il faut se hâter d'enlever les rayons qui le contiennent.—Les abeilles atteintes de constipation ne veulent pas prendre les aliments qu'on leur présente. Le moyen de sauver celles d'une colonie fortement affectée consiste à les marier à une autre colonie qui se trouve dans de bonnes conditions. Isolément, il meurt quelques abeilles nourricières affectées de constipation au printemps, sans que cela porte préjudice à la valeur des colonies.

CORSELET, s. m., partie du corps de l'abeille (et de beaucoup d'autres insectes) placée entre la tête et l'abdomen. Au-dessus du corselet sont fixées une double paire d'ailes, et en dessous six pattes. Sur les côtés se trouvent les trachées.

COUTEAU. Voir *Gâteau, Rayon*. Voir aussi *Ceratome* pour instrument à extraire les rayons.

COUVAIN, s. m. On donne le nom de *couvain* aux jeunes abeilles au berceau, depuis l'état d'œuf jusqu'à celui d'insecte près d'éclore. — *Couvin* (Ardèche); *cuvain, covin* (Savoie); *couin, coin* (Yonne); *rouis* (Charente-Inférieure); *couhan* (Haute-Vienne); *couhi* et *coumail* (Deux-Sèvres); *coumaillé*, plein de couvain. *Cuil, coin, cundo* (Aveyron); *cougun* (Aude); *couvée* (partie de la Somme); *grouün, abélio, iñü d'abélio* (Lozère); *angrion* (Haute-Loire); *fourcin, forcin* (Aisne, Somme, Pas-de-Calais, Nord); *bermi* (Landes); *pouzons* pour *vers* (Isère).

Le couvain passe sous trois formes: œuf, ver ou larve, nymphe (Voir ces expressions pour les détails et pour le temps des évolutions de chaque forme.) Le couvain d'ouvrière naît au bout de 21 jours, à partir du dépôt de l'œuf au berceau; celui de mâle naît au bout de 24 jours, et celui de mère au bout de 15 à 16 jours. Ces dates sont rarement devancées; elles sont quelquefois reculées. — La sollicitude des abeilles (les nourricières) est très-grande pendant le temps de l'éducation du couvain. Elles ont soin d'entretenir la chaleur nécessaire à l'incubation (35° degrés environ). Dans ce but, une foule épaisse d'ouvrières se tiennent jour et nuit sur les berceaux, principalement par un temps frais, de manière à *couver*, dans toute l'acception du mot. En automne, au moment où il y a encore beaucoup de couvain dans les alvéoles, ou bien au printemps, lorsque le couvain commence à devenir très-nombreux, s'il arrive subitement une forte gelée qui nécessite de la part des abeilles de se serrer en masse les unes contre les autres, afin de pourvoir à leur conservation et à celle de leur progéniture, alors le couvain qui est placé le plus aux extrémités est sacrifié; mais les abeilles qui le couvrent

ne peuvent s'en éloigner; elles continuent de couvrir de leurs corps ces
chers nourrissons, jusqu'à ce que, perdant toute leur chaleur naturelle,
elles finissent par périr et le couvain avec elles. Pendant l'été, lorsque
la population est très-nombreuse ainsi que le couvain, et que la température extérieure de l'air entretient dans la ruche un degré de chaleur
plus que suffisant, les abeilles n'ont pas besoin de couver autant leur
progéniture, et elles peuvent même s'en écarter tout à fait. (Voir pour
la disposition du couvain, pour sa provocation et son empêchement, les
9° et 14° années de l'*Apiculteur*, et le *Guide du propriétaire d'abeilles*.

H. HAMET.

Confitures au miel. Prenez groseilles égrenées, 2 kilogrammes, mettez-
les dans le même poids de sirop de miel bouillant; lorsque les groseilles
seront crevées et auront rendu leur suc, passez-les à travers un tamis
pour séparer le marc qu'il faut laisser égoutter sans exprimer, ce qui
troublerait la liqueur que vous ferez cuire jusqu'à consistance de gelée.

Si au lieu de groseilles, on veut faire des confitures de cerises ou d'autres fruits, ce sera dans les mêmes proportions. On fait aussi des confitures au miel avec des coings, des poires, des pommes et autres fruits
avec les mêmes proportions de sirop de miel, avec cette différence qu'a-
près avoir enlevé les écorces, on coupe par morceaux les fruits; on les
fait blanchir, c'est-à-dire cuire à l'eau pendant un quart d'heure pour
leur enlever leur goût acerbe; ensuite on les fait sécher pour les priver
de leur humidité; après on les fait cuire dans le sirop de miel au point
qu'il ne reste aucune partie des morceaux de fruit qui ne soit entièrement
pénétré de sirop, ce qu'on connaît en les divisant. Il faut que ces confitures soient bien cuites et conservées dans un lieu sec.

On prépare en confitures sèches, des fruits entiers ou coupés par morceaux, des racines, de certaines écorces, etc. Ces substances doivent être
préalablement privées de leur humidité, en les faisant blanchir et sécher
au soleil ou au four; ensuite on les trempe à plusieurs reprises dans le
sirop; elles auront le même brillant, le même candi que si elles avaient
été faites au sucre. On doit les conserver dans des boîtes placées en
lieux secs.   (*Canolle*.)

*Moyen de combattre la fausse teigne en détruisant les papillons qui vien-
nent voltiger autour du rucher.* — Tout apiculteur qui a quelque notion
de son art, sait que la cire est la nourriture de la fausse teigne, qu'en
déposant des morceaux de cire près du rucher on y attire les papillons

de nuit ; or, si la cire est un appât pour les papillons de fausse teigne, il est bon de rechercher le moyen de retourner cet appât contre eux et l'employer pour leur destruction.

Quand la nuit paraît devoir être belle et douce, prenez quatre ou cinq rayons de cire, faites-les fondre dans trois litres d'eau, laissez refroidir, retirez la cire, mettez l'eau dans quatre ou cinq assiettes profondes, que vous placerez à cinq mètres environ de vos ruches; le lendemain matin vous aurez vingt ou trente papillons de fausse teigne noyés dans chaque assiette; vous enlèverez les assiettes pendant le jour pour que vos abeilles n'aillentpa s s'y noyer. Cette eau peut servir cinq ou six nuits. F. Dubois.

Debeauvoys. Biographie et bibliographie.

Lorsqu'il vivait, nous avons plus d'une fois adressé des critiques sévères à l'auteur dont nous allons rappeler les importants travaux apicoles. C'était à son système et à ses théories que nous nous en prenions, bien entendu. Il n'est jamais entré dans notre esprit de critiquer autrement qui que ce soit. Ici, nous allons honorer la mémoire de l'apiphile et mentionner les services qu'il a rendus.

Le fils de Michel Paix, avocat au parlement d'Angers, naquit à *Seiche* (Maine-et-Loire) en 1797, et reçut le prénom de Charles. S'étant marié à Sophie de Beauvoys, il ajouta le nom de sa femme au sien et signa : Charles Paix de Beauvoys. Mais ses ouvrages ne portent que l'abréviation « Debeauvoys. »

Paix de Beauvoys possédait une certaine dose de connaissances et, tout jeune, il avait été reçu officier de santé. C'est à ce titre qu'il a exercé la médecine pendant 27 ans dans son pays natal, où il était honoré de l'estime et de l'amitié de tous. Des malheurs de famille l'ayant atteint, ayant perdu successivement ses deux fils et sa femme, il chercha des consolations dans l'étude de l'histoire naturelle, et ce furent les mœurs des abeilles qui le fixèrent le plus. Aussi recherche-t-il avec avidité tous les ouvrages qui traitent de ces insectes, et, en 1846, il s'adonne spécialement à la culture des abeilles, compose une ruche où il pourra le mieux les observer, et le plus en retirer de profits. La même année, il publie une brochure dans laquelle il fait ressortir les avantages de son système. Ce système consiste en l'application à l'intérieur de ruches de diverses formes, notamment de celle en planche, du feuillet mobile ou cadre extérieur de F. Huber, et du cadre divisé que le Russe Prokopowitsh avait inventé vingt ou trente ans auparavant.

Encouragé par les Sociétés industrielle et de médecine d'Angers, dont il était membre actif, Debeauvoys publia en 1847 (Barassé frères, imprimeurs libraires à Angers) un traité d'apiculture portant pour titre : *Guide de l'Apiculteur*, avec cette mention de « 2ᵉ édition, » sur la couverture seulement. Cet ouvrage eut successivement quatre autres éditions, revues et augmentées : la 3ᵉ en 1851, chez Mᵐᵉ Bouchard-Huzard ; la 4ᵉ en 1853, id. ; la 5ᵉ en 1856, à la librairie Agricole de la rue Jacob, à Paris, et chez Barassé à Angers; la 6ᵉ, id., en 1863 (1). — En 1852, Debeauvoys publia, d'abord à la Rochelle, puis à Angers, une *Notice sur la fécondation de la reine*, ou mère des abeilles (brochure de 8 pages avec planche), et en 1855 (Lecerf frères, à Angers) une brochure de 66 pages avec planche, ayant pour titre : *Calendrier du propriétaire d'abeilles*, indiquant mois par mois les soins à donner d'après les meilleures méthodes. De 1846 à 1863 l'auteur fournit de nombreux articles apicoles à diverses publications périodiques, notamment au *Conseiller de l'Ouest*, d'Angers, et aux diverses sociétés savantes dont il faisait partie.

En même temps qu'il divulguait par la publicité les théories qu'il croyait être le *nec plus ultra* de l'art apicole, Paix de Beauvoys s'empressait de suivre les concours agricoles récemment ouverts, où il exposait sa ruche nouvelle et où, souvent, il en démontrait la théorie séduisante dans des conférences. C'est ainsi qu'il vint à Paris à l'Exposition universelle de 1855, où il installa des ruches avec abeilles et où il trouva de nombreux auditeurs dans les séances qu'il donna, tant dans l'intérieur même du palais de l'Exposition que dans un jardin particulier dans lequel il avait organisé un rucher.

C'est de ce moment que datent nos relations, et c'est à ce dernier endroit que je lui fis de vive voix la première contradiction, non sur sa ruche ce jour-là, mais sur l'emploi de l'asphyxie momentanée qu'il pensait appliquer à l'essaimage artificiel pour les ruches vulgaires. Son séjour de plusieurs mois à Paris rendit nos relations fréquentes. S'il montrait quelquefois l'aiguillon dans ses articles de journaux, il était d'une grande aménité dans les entretiens particuliers. C'est dans l'un de ces entretiens que je lui fis part du projet de fonder une société d'apiculture et que je l'engageai à se mettre à la tête de cette institution.

Je le pressai même, dans une lettre que je lui écrivis lorsqu'il était momentanément à Angers, de se hâter et de saisir l'occasion de l'Expo-

(1) 1 vol. in-8° Jésus de 340 pages et 1 planche lithographiée, contenant 35 figures. Prix : 2 fr. 50.

sition universelle pour grouper les apiculteurs. On ne lira peut-être pas sans intérêt la réponse qu'il me fit.

« Mon cher confrère... Le noble baron M. de Montgaudry, qui est propriétaire d'une véritable *mellificature*, puisqu'il vend pour 45 à 20 mille francs de miel par an, m'avait parlé de la société dont vous m'entretenez. C'est un beau projet, mais dont l'exécution n'est guère possible. Qui pourvoira aux frais, de proposition seulement? De quels fondateurs attendez-vous assez de désintéressement? J'ai beaucoup fait pour les abeilles, vous le savez, et la famille qui me vient, la modeste fortune que je possède, ne me permettent plus aucun sacrifice. D'ailleurs je ne suis pas sur les lieux. Je ne pourrai donc être qu'un de vos actifs correspondants, ce que je vous promets de faire avec toute la verve qui me tourmente à leur égard. J'ai une collection de matériaux capable de soutenir un bulletin fort longtemps.

» J'avais proposé, en 1847, à la Société séricicole de s'adjoindre l'apiculture; elle ne crut pas le devoir faire. Aujourd'hui je crois que si la Société zoologique d'acclimatation voulait permettre un démembrement et accorder quelques pages de son bulletin pour les apiculteurs, ils formeraient un comité à part qui, à des époques données, communiquerait dans une séance générale le résultat de ses travaux. Nous ne sommes que peu d'écrivains apiculteurs : nous n'abuserons pas de l'espace ni du temps; une petite part pourrait nous être accordée pour l'acquisition de modèles de ruches, pour impression du genre d'album que vous avez vu, ou de celui que vous vous proposez de publier.

» Si un directeur général est nommé pour le Jardin des plantes, on nous accorderait facilement un espace dans les terrains de la Bièvre où les abeilles seraient très-bien et là, comme vous le dites si à propos, on expérimenterait les ruches et les méthodes; enfin, il se formulerait peut-être une théorie parfaite qu'un de nos collègues de l'Exposition désire ardemment, car il nous trouve tout brouillés, et a découvert 53 *cas* d'apiculture à corriger, etc. dans la théorie du XIXᵉ siècle.

» Vous, mon cher confrère, vous êtes sur les lieux ; chauffez et battez le fer pendant qu'il est rouge. Si je retourne en août, je vous convoquerai tous à mon rucher; nous expérimenterons l'anesthésie par l'azote; nous manipulerons mes ruches et chacun de vous pourra en faire autant à ses ruches; ce qui sera déjà un grand pas pour l'instruction commune et dont le public profitera nécessairement. Revoyez M. de Montgaudry, M. Saint-Hilaire, etc. Agissez et soyez assez bon pour me tenir au conrant. Pour ce qui est de votre projet, c'est chose à laquelle je n'entends rien, et, je vous le répète, il faudra de l'argent et vos 3 francs ne mène-ront pas bien loin. »

    » Votre dévoué confrère.   » DE BEAUVOYS.

       » Angers, 14 juin 1855. »

    Le retentissement que la publicité donna aux travaux de Debeauvoys et les distinctions nombreuses qu'il obtint dans les concours, lui amenè-rent une foule de disciples, mais appartenant plus à la classe des ama-

Fig. 5. Charles Paix de Beauvoys, d'après un médaillon de famille.

teurs émerveillés qu'à celle des simples producteurs de miel. On peut reprocher au chef d'école de la ruche à cadres mobiles en France, de ne pas avoir assez étudié les méthodes des praticiens entendus, et d'avoir, par son système nouveau, établi une trop grande distance entre ce système et le leur : ce qui a empêché les rapprochements. Quoiqu'il en soit, un certain nombre d'adeptes se sont mis à modifier le cadre, et d'aucuns ont parfois cherché à se substituer au maître.

    Infatigable, Debeauvoys portait ses investigations partout où il trouvait le champ ouvert. Il s'est occupé de sériciculture pour laquelle il a obtenu une médaille d'or. Outre ses ouvrages d'apiculture, il a publié un livre charmant ayant pour titre : *Les Petits questionneurs* ou *Causeries* d'un père avec ses enfants, sur différents sujets de l'histoire naturelle. Il a laissé au fils qu'il a eu de son second mariage, une bibliothèque apicole assurément la plus complète qui existe en France. Il faut surtout mentionner ses manuscrits portant pour titre, l'un : *Monographie de toutes les ruches connues*, et l'autre, *Bibliographie apicole*.

La vie de cet apiphile, dont la mort remonte à janvier 1863, s'est écoulée en cherchant à être utile à ses semblables et à imprimer à l'apiculture une impulsion nouvelle. Puisse la postérité lui accorder le souvenir qui lui est dû! (1)   H. HAMET.

Lettres inédites de Fr. Huber.
(Voir page 414.)

Mémoire sur les matières qui servent à la nourriture des abeilles et à la construction de leurs édifices (suite).

Il est prouvé par ma seconde observation que les abeilles ne peuvent point élever leurs petits si elles n'ont pas de poussières fécondantes. Si donc il pleut après la formation des essaims et si vos abeilles ne peuvent aller à la récolte du pollen, vous leur en donnerez; vous en prendrez pour cela dans quelques-unes des ruches mères et vous déposerez le gâteau qui le contiendra sur le fond des nouvelles ruches. C'est par des soins pareils que Burnens a sauvé bien des essaims qui auraient langui, péri ou déserté si on les eût laissés à eux-mêmes.

J'ai appris par ma propre expérience ques les abeilles peuvent mourir de faim au milieu de l'été, lorsque la campagne est couverte de fleurs et que le temps nous paraît beau. Vous comprenez à présent que cela peut arriver quand les fleurs sont dépourvues du miel nécessaire à la nourriture des abeilles.

Il faut donc ne point vous fier aux apparences, observer attentivement vos abeilles pendant la belle saison et voir si elles apportent du miel; un coup d'œil jeté sur la ruche vitrée vous apprendra si la provision augmente, ou diminue; dans le dernier cas vous donnerez tous les jours une petite cuillerée de miel aux abeilles de chaque ruche, jusqu'à ce qu'il ait reparu dans les fleurs de vos prairies.

Les abeilles font quelquefois de bonnes récoltes au commencement de l'automne; mais il arrive trop souvent que les fleurs de blé noir leur

(1) Voir *Études critiques* sur Debeauvoys, 6ᵉ année, p. 266, 326 et 356.

donnent peu de miel, ou ne leur en donnent point du tout, et cela arrive
quand cette sécrétion est arrêtée par des froids trop précoces ou par des
pluies trop fréquentes ; alors les abeilles vivent aux dépens de leurs
provisions, et, si elles ne sont pas très-abondantes, il est possible qu'elles
les consomment avant l'hiver. Il m'a paru que les essaims de l'année
étaient plus exposés à ce malheur que les vieilles ruches ; la raison en
est simple, une grande partie du miel qu'ils ont récolté n'a point été
mise en magasin : il a servi à la production de la cire et à la construction
des cellules ; au lieu que les abeilles des vieilles ruches ayant des cellules
toutes faites, n'ont eu qu'à les remplir de ce même miel que les autres
employaient à les bâtir.

Au mois d'octobre 1788, j'avais six essaims dans des ruches en feuillets ;
le temps était froid et pluvieux ; je soupçonnai que les abeilles de ces
essaims avaient consommé le peu de miel récolté pendant l'été. Ce soupçon fut pleinement vérifié par l'examen que nous fîmes de leurs gâteaux ;
nous ne retrouvâmes dans chaque ruche qu'un très-petit nombre de
cellules qui continssent du miel. Les autres étaient absolument vides ou
ne continrent que des poussières d'étamines. Ces abeilles seraient donc
infailliblement mortes de faim avant l'hiver, si nous ne fussions venus
à leur secours. Je songeai aux moyens de le faire avec économie et sûreté, et voici une expérience que je tentai dans ce but.

J'avais une grande ruche vitrée dans laquelle les abeilles n'avaient pu
construire que deux rangs de gâteaux parallèles. On pouvait l'ouvrir par
le milieu et voir les cellules des faces intérieures. Sa population était
très-forte ; il y avait beaucoup de pollen dans les gâteaux, mais le miel
n'y était pas plus abondant que dans les cinq ruches dont je vous ai
parlé. Je fis couler deux livres de miel dans un auget que j'avais placé
sur la table de la ruche vitrée. Les abeilles qui l'aperçurent bientôt, se
formèrent en grappe au-dessous du bord de leurs rayons. Cette grappe
avait la forme d'une pyramide renversée dont la pointe pendait au-dessus
de l'auget ; là, les ouvrières descendirent sur les bords et plongèrent leurs
trompes dans le miel dont il était rempli ; nous refermâmes les volets de
la ruche et nous la laissâmes cinq jours sans l'observer.

Le sixième jour à dater de ce repos que nous avions donné à ces
abeilles, nous ouvrîmes la ruche, et ayant visité scrupuleusement toutes
les faces des rayons, nous vîmes à notre grande surprise que les abeilles
n'avaient point emmagasiné le miel que nous leur avions donné et
qu'elles l'avaient cependant entièrement consommé. Je leur en donnai

encore six livres tout à la fois, et ne doutant pas que cela ne leur suffît pour passer l'hiver, je les laissai à elles-mêmes jusqu'au milieu de janvier. Les ayant observées à cette époque, je les trouvai mortes et c'était de faim, car il n'y avait pas un atome de miel dans les cellules de leurs gâteaux.

La première de ces deux tentatives m'avait appris que c'était un mauvais moyen d'approvisionner les abeilles que de leur donner beaucoup de miel tout à la fois, puisqu'elles avaient consommé en peu de jours tout celui que je leur avais donné et qu'elles n'en avaient point mis en magasin pour s'en nourrir pendant l'hiver. Je pensai qu'elles se conduiraient peut-être différemment si on mettait le miel dans les cellules de leurs gâteaux, au lieu de le mettre dans un auget. Je fis cet essai qui ne réussit point. Les abeilles ne fermèrent pas une des cellules que j'avais remplies de miel : elles l'enlevèrent tout de suite, et comme je ne le trouvai pas dans les autres cellules de cette ruche, j'en conclus qu'elles l'avaient entièrement consommé. Il fallait donc chercher une autre manière de nourrir mes cinq essaims.

Puisque les abeilles n'ont pas été instruites à emmagasiner le miel qu'elles n'ont pas récolté sur les fleurs (1), je ne pouvais sauver celles qui étaient dans la disette qu'en leur donnant tous les jours ce qu'il fallait pour les nourrir (quantité que j'ignorais absolument et qui devait dépendre de la plus ou moins grande population de la ruche). J'essayai donc de donner tous les soirs un peu de miel aux abeilles de chaque ruche ; je le faisais liquéfier sur des cendres chaudes et on en remplissait une demi-coquille de noix de taille moyenne ; on introduisait ce petit vase par la porte de la ruche et on l'en retirait tous les matins par le moyen d'un manche que Burnens y avait adapté et qui en faisait une cuiller assez commode. Mes cinq ruches furent nourries de cette manière depuis le milieu d'octobre jusqu'à la fin de mars. Elles furent nonseulement sauvées par ce moyen, mais elles purent encore donner des essaims au mois de mai qui nous dédommagèrent des peines qu'elles nous avaient coûtées : ces soins au reste sont faciles et ne prennent que peu de minutes. Si l'on veut être sûr de ne point perdre de ruches pendant les hivers qui suivent une mauvaise récolte, il faut bien les nourrir et je ne connais pas de meilleure manière que celle que je viens de vous indiquer.

(1) D'expériences mal faites, Huber tire une déduction fausse qu'il croit vraie.
— La Rédaction.

Digitized by Google

Les fausses teignes de la cire sont les plus redoutables ennemis des
abeilles ; si l'on pouvait les en préserver, on leur rendrait un grand service ; on perdrait bien moins de ruches et le prix de la cire baisserait
certainement. Mais le papillon de la fausse teigne est très-petit ; il peut
donc passer par les portes qui suffisent aux abeilles ouvrières. Il a été
instruit à s'introduire pendant la nuit dans leurs habitations ; il sait
éviter les sentinelles qui font la garde à la porte des ruches et parvenir à
déposer ses œufs sur les gâteaux. Lorsque les chenilles sont écloses, elles
percent la cire et s'y construisent des galeries qu'elles tapissent de soie et
qu'elles prolongent à mesure qu'elles avancent entre les deux rangs des
cellules opposées. Les abeilles ont été instruites du danger qu'elles leur
font courir ; dès qu'elles les aperçoivent, on les voit ronger leurs propres
cellules et sacrifier même leur couvain. Bientôt elles ont mis à découvert
ces galeries dont je vous parlais. Elles les saisissent avec leurs dents, les
arrachent et les portent hors de la ruche. Les brèches qu'elles ont faites
elles-mêmes, sont bientôt réparées, et quand le nombre des teignes n'est
pas très-grand, les abeilles peuvent s'en débarrasser. Cet ennemi n'est
donc vraiment redoutable que lorsqu'il s'est trop multiplié ; il est rare
que ce malheur arrive aux jeunes essaims. Les vieilles ruches y sont
plus exposées. Je n'en sais pas la raison. Ce que je vais vous en dire n'est
donc qu'une conjecture.

Les cellules qui ont servi de berceau à un grand nombre de vers sont
tapissées de toutes les coques qu'ils y ont filées : leur diamètre est sensiblement rétréci. On a compté 17 de ces coques dans un même alvéole.
Les vieux gâteaux en sont bien plus forts et bien plus solides. Ces alvéoles
rétrécis et tapissés de toutes ces coques seraient peut-être trop difficiles à
détruire pour enlever les galeries qu'ils recèlent. Peut-être aussi que ces
tentures trop épaisses empêchent les ouvrières d'apercevoir leurs ennemis
ou leurs émanations quelconques ; elles peuvent alors ravager les ruches
impunément et forcer les abeilles à leur abandonner la place. Quoi qu'il
en soit, il paraît, d'après les faits, que les abeilles auraient peu de chose à
craindre des fausses teignes de la cire si on ne laissait jamais les gâteaux
vieillir dans leurs habitations, et pour cela il ne faudrait pas qu'ils y
passassent plus d'un an. Ce n'est pas avec les ruches ordinaires qu'on
peut obtenir cet avantage ; on ne peut ni voir ce qui s'y passe ni obliger
les abeilles à détruire leurs vieux gâteaux remplis de teignes et à leur en
substituer d'autres. Tout cela est facile avec les ruches en feuillets et je
ne connais que cette construction qui offre un moyen de préserver des

fausses teignes de la cire. Car on peut : 1° inspecter les gâteaux l'un après l'autre; 2° voir s'il y a des teignes ou leurs galeries et enlever les portions de rayons qui en sont infectés, et 3° prévenir leur multiplication en renouvelant les gâteaux toutes les années.

La formation des essaims artificiels en donnera l'occasion si on s'y prend comme je l'ai détaillé plus haut en entrelaçant les cadres vides avec les pleins; ce qui force déjà les abeilles à faire 6 ou 8 gâteaux neufs dans le courant du mois de mai. Ceux qu'on leur laissera à cette époque seront marqués pour être ôtés au printemps suivant ou dans le même été qui aura suivi la formation de l'essaim, si la récolte du miel est assez abondante en juillet ou en août pour qu'on puisse tailler les ruches une seconde fois avec l'espoir de voir les abeilles réparer leurs pertes et construire de nouveaux rayons.   (*A suivre.*)

Histoire politique et philosophique des abeilles,
Par A. Toussenel. (Suite. V. p. 122.)

La reine, d'après la règle, est tenue de déposer un œuf au fond de chaque cellule. Or, il arrive quelquefois que cette reine, trop pressée de pondre et qui ne trouve pas un nombre suffisant de cellules, dépose plusieurs œufs dans une même case. C'est encore, en ce cas, le conseil supérieur qui se charge de retirer les œufs supplémentaires. Il ne manque pas de réprimander, à cette occasion, la princesse, qui s'excuse comme elle peut de son étourderie. — On ajoute que le conseil fait *sonner* tous les soirs le *silence,* et tous les matins la reprise des travaux. Je crois le fait exact, mais je ne le garantis pas.

Il n'est pas rare de voir une infante royale, parvenue à l'état d'insecte parfait, c'est-à-dire munie de son aiguillon bien affilé et de sa double paires d'ailes, se montrer trop pressée de sortir de sa cellule, et de réclamer ses droits à la couronne. Dans ce cas, le conseil mande une section de *maçonnes* pour mettre le holà à ces prétentions. On claquemure l'impatiente dans son palais, dont on scelle la porte (le couvercle) avec un ciment d'une ténacité sans égale. A cette porte sont placés d'incorruptibles fonctionnaires, dont l'office est de peser sur la pierre qu'essaye de soulever la recluse. La captive, jusqu'à nouvel ordre, n'aura d'autre communication avec le dehors qu'une imperceptible lucarne pratiquée dans le milieu de la porte et à travers laquelle elle insinue sa trompe que des nourricières attentives s'empressent de bourrer d'un miel de premier choix. L'infante prisonnière chante sa chanson de guerre pour charmer

Digitized by Google

les ennuis de sa captivité. C'est un cartel de mort qu'elle adresse à toutes ses sœurs, voire à sa mère, l'ingrate. Le chant de guerre de l'abeille n'est pas encore noté.

Cette réclusion ne dure, au surplus, que quelques jours, juste le temps qu'il faut pour préparer l'esprit de la reine mère à des concessions devenues nécessaires. Le conseil supérieur s'en va trouver celle-ci et lui déclare, avec toutes les précautions oratoires convenables en pareille circonstance, que le moment de céder la place à la nouvelle infante est venu; que le peuple, amoureux des nouveaux visages, s'est prononcé pour cette dernière à une majorité immense; enfin, que toute résistance à la volonté nationale serait complétement inutile.

La reine douairière voudrait bien ne pas s'en aller; mais on la presse si bien, on la conduit si poliment vers la porte de son royaume, qu'elle finit par prendre son parti. Elle rallie ce qui lui reste d'amis fidèles et part à la tête d'un essaim pour aller fonder dans le voisinage une colonie rivale, sauf à recommencer son déménagement l'an suivant. Ce procédé de l'*essaimage* est une des solutions les plus simples du terrible problème de Malthus; car la communauté féminine des abeilles me semble avoir pour mission de donner des leçons de sagesse à l'homme en tout et partout. Le problème de l'équilibre de population ne peut être résolu que par l'universalisation du luxe et de la santé. Or, en attendant que la femme et l'homme aient atteint ce degré de beauté et de richesse de formes qui produit la stérilité, comme il est prouvé par l'exemple de la rose double, il est nécessaire que les pays trop peuplés, comme la vieille Europe, s'habituent à *essaimer* tous les ans sur les continents déserts d'Afrique, d'Amérique, d'Australie, le trop plein de leurs populations.

Chaque ruche bien conduite doit fournir deux à trois essaims chaque printemps; elle en fournit quelquefois davantage. Le conseil supérieur a avisé, par la détermination des œufs de reines, à ce que chaque émigration eût sa *cheffe*. Cependant, il arrive quelquefois, par suite d'accidents malheureux, que toute la sagesse des abeilles elles-mêmes ne saurait prévoir que le nombre des cheffes se trouve tantôt trop considérable, tantôt insuffisant pour le peuple. Dans le premier cas, il y a guerre entre les reines, mais il faut voir comme les abeilles, ici comme toujours, agissent plus sensément que les hommes. En pareille circonstance, les hommes ont l'habitude de se faire tuer pour savoir qui régnera sur eux; les abeilles, pas si bêtes, laissent à leurs prétendantes le soin de vider personnellement leur querelle et de conquérir leur couronne. Elles s'en rapportent au jugement de Dieu, à l'instar des preux d'autrefois. La joute a lieu avec toute la pompe et la solennité des antiques tournois de la chevalerie. Elle est publiée à son de trompe par tous les carrefours de la république. Le peuple est juge du camp; la reine victorieuse est proclamée légitime. Quelquefois toutes perdent la vie dans ce combat funeste. Alors la tribu, privée de reine, se disperse et meurt de misère. Même résultat quand le nombre des cheffes est insuffisant pour l'émigration annuelle.

Caton d'Utique, se donnant la mort pour ne pas survivre à l'aristocratie romaine, me paraît infiniment moins grand que ce peuple tout entier des abeilles, qui, lui aussi, aime mieux mourir que de survivre à l'association, à la famille collective. Car l'abeille, il faut bien le reconnaître, ne partage pas l'opinion des Wolowski, des Léon Faucher et des Athanase Coquerel, sur la sainteté de l'égoïsme familial et du *chacun chez soi*. Quand le lien de la *commune* famille et de la *commune* propriété est brisé, l'abeille meurt, parce qu'elle ne veut pas travailler pour elle seule. Le seul stimulant qui l'incitât au travail était la noble ambition de fonder un monument plus durable que l'airain et dont on parlerait dans les âges futurs. Elle s'attachait à son œuvre en proportion de la durée et de l'utilité publique de cette œuvre. Du moment que cet édifice ne doit plus servir d'abri aux générations à venir, elle refuse d'y apporter sa pierre (lisez *sa plaque de cire*).

Ainsi l'ingénieur des ponts-et-chaussées prend cœur à la bâtisse d'un pont, d'une œuvre d'art, parce qu'il travaille pour l'État, pour la postérité. Ainsi l'enthousiasme religieux recrutait jadis des légions de sculpteurs et d'artistes volontaires pour la construction des cathédrales gothiques, tandis que l'art continuait à demeurer étranger à l'édification de la boutique, objet exclusif et impur des soucis de l'épicier et de l'économiste.

Elle existe, l'abeille solitaire, l'abeille économiste, la partisane de *chacun chez soi* et du ménage morcelé. La nature est prodigue de moules; et cette abeille économiste ne manque ni d'habileté, ni d'assiduité au travail, et elle sait se bâtir une charmante demeure dans le creux des murailles. Malheureusement, la pauvrette ne peut parvenir à conserver ses petites provisions et à les défendre contre le parasitisme de la teigne (petit papillon blanc), et cela, précisément parce qu'elle vit solitaire, parce que l'*accumulation de la richesse et la sécurité de la possession sont* impossibles hors de l'association et de la solidarité. Il y a aussi loin de la ruche, demeure de l'abeille *économiste*, que de notre splendide Palais-Égalité au plus misérable hameau de la Champagne Pouilleuse.

Et l'abeille socialiste, habituée aux splendeurs de la ruche et aux richesses du travail collectif, a raison de vouloir mourir plutôt que de se dégrader et de descendre aux misères du travail solitaire, du ménage morcelé. Donc, quand les larves de mères périssent toutes en nourrice, le travail s'arrête instantanément; le silence glacial, la stupeur succèdent à l'activité et à la joie. « *Sœurs, il nous faut mourir; sœurs, mourir il nous faut,* » se disent en se rencontrant les abeilles. Mais que la main de l'homme introduise une mère, une simple espérance de mère au sein de la tribu en deuil, l'espoir renaît soudain au cœur des pauvres désolées; et les bourdonnements joyeux et les gais refrains du travail remplacent le silence : « *Tôt, tôt, battons chaud, bon courage.* »

J'ai connu un économiste de la vieille roche, un économiste du bois dont on fait aujourd'hui les ministres de l'Intérieur et les membres de l'Institut moral, un persécuteur acharné du sens commun et sur le cerveau duquel la raison rebondissait comme une balle élastique sur le bitume de la Concorde..., un homme enfin qui avait lu sans faiblir Saint-Simon, Fourier, Sismondi, et qui fut converti au socialisme au bout d'une seule séance du club de verre des abeilles.

Le vrai peut quelquefois n'être pas vraisemblable.

Un castor de la Camargue, à qui je racontais l'anecdote, m'affirmait en retour, avec cette confiance naïve qui n'appartient qu'aux amphibies qui ont beaucoup vécu sous l'eau et très-peu parmi les hommes... qu'il suffirait à M. Thiers de faire un voyage dans l'Orégon et d'y interroger les habitudes des castors socialistes pour se guérir de toutes ses erreurs et de toutes ses préventions contre le travail en commun.

Les géomètres de l'Institut de France ne reviennent pas de leur admiration jalouse, quand ils considèrent attentivement la bâtisse de la ruche, et qu'ils comparent la demeure de l'industrieux insecte avec certaines merveilles monumentales trop célèbres de notre monde. Ce qui les passe, c'est que l'abeille ait adopté d'emblée, pour base de son système architectural, la cellule hexagonale, qui est le moyen d'utiliser l'emplacement de la manière la plus avantageuse, la plus économique et la plus solide à la fois. Que diraient les savants, s'ils savaient le véritable motif de la détermination des abeilles en faveur de l'hexagone, un motif que je vais leur dévoiler gratis.

Les abeilles sont des socialistes qui partent du principe de l'égalité, qui se règlent en tout et partout sur l'égalité. Elles ont adopté l'hexagone, parce que le côté de l'hexagone inscrit *est égal au rayon*, et que le rayon est l'emblème de l'égalité, attendu que *tous les rayons sont égaux*.

Que les hommes s'avisent un beau jour de baser leurs institutions sur le principe de l'égalité, et ils réaliseront bien d'autres merveilles que les insectes. « Aimez-vous les uns les autres, dit le Christ, voilà la loi et les prophètes. » Aimez-vous, soyez égaux... le travail attrayant, le bonheur universel, la richesse, tout est là.

C'est une simple application du principe d'égalité que vous admirez dans l'administration des abeilles. Tout le monde travaille avec volupté dans la ruche, on n'y a pas laissé de place pour les oisifs, c'est-à-dire pour le privilége. C'est par l'égalité que ces industrieuses petites bêtes sont parvenues à faire régner entre elles cette cordiale entente que les hommes leur envient et qui leur fait se distribuer avec un ordre si parfait les diverses fonctions de cirière, de maçonne, de nourrice, de sentinelle, de manière à ce que chacune n'exerce jamais que l'emploi pour lequel elle a été créée et mise au monde, et qu'elle l'exerce avec un enthousiasme continu, pour son propre bonheur et pour celui de la république.

(*A suivre.*)

Revue et cours des produits des abeilles.

Paris, 3 août. MIELS. — Les cours de la réunion de Janville, du 22 juillet, n'ont pas été bien déterminés ; mais ils ont incliné vers la baisse. Néanmoins on a encore pris quelques lots de première coupe de 160 à 170 fr. les 100 kil. On a demandé des surfins seuls à 180 fr., et des citrons à 90 fr. Des acheteurs n'ont offert que 120 fr. des miels de deuxième coupe très-abondants chez les producteurs bien montés d'abeilles. Il n'a été rien fait d'important à ce prix. Il s'est traité quelques affaires à 130 fr., nous a-t-on dit. La plupart des producteurs demandaient 140 fr. et quelques-uns 150 fr. Ces miels sont plus ou moins verts, mais ils blanchiront en granulant et, comme la floraison du sainfoin, de la luzerne et d'autres fleurs qui les ont donnés a eu lieu tôt et par un temps chaud, leur qualité sera bonne.

Le prix que les acheteurs donnent des miels blancs de diverses provenances n'est que de 120 à 125 fr. les 100 kil. Le commerce paraît peu pressé de faire de suite ses approvisionnements. Cependant, il recherche les surfins en sirop, qui sont demandés par l'épicerie et qui le seraient bien davantage si celle-ci pouvait, comme elle en éprouve le besoin, se procurer des vases en verre pour l'empotage.

On sait du reste que la consommation a été très-forte l'année dernière et que tous les étalages sont à recommencer. Il faudra donc du miel, aussi bien dans la banlieue qu'à Paris, et, quoique la récolte de deuxième coupe soit abondante dans la plupart des cantons mellifères qui fournissent la capitale, les prix ne s'aviliront pas, pensons-nous, surtout en présence de la surélévation du sucre. Il est à présumer que nombre de consommateurs, notamment au village où on est moins à l'étiquette qu'à la ville, se mettront à employer, au lieu de sucre à 1 fr. le demi-kil., du miel à 75 centimes pour sucrer leur café et autres aliments, ainsi que le font les Allemands. Leur bourse amaigrie par la guerre s'en accommodera et leur santé ne s'en trouvera pas plus mal. Mais, si l'électeur n'y prend garde, il est à craindre que nos *saigneurs* n'établissent alors une petite taxe sur nos miels, à seule fin que la rente ne baisse pas. Et nos sages et économes abeilles concourraient aussi à grever le travail et à hypothéquer l'avenir.

Les prix des miels coulés, dans les lieux de production, varient de 140 à 180 fr.; selon qualité. Les prix en vragues roulent de 35 à 50 c. le demi-kil. ruche et abeilles déduites.

Des Chili sont attendus au Havre. Il y a un mois, la cargaison d'un navire a été vendue à Liverpool, à 130 fr. les 100 kil. Il paraît qu'on offre aujourd'hui ces miels à 125 fr. rendus en France, où le commerce paraît ne vouloir prendre pour les besoins du moment, que de 115 à 120 fr. rendus, et ne payer un peu plus tard que de 110 à 100 et même au-dessous, si les vendeurs y consentent.

Les Bretagne conservent des prix extrêmes; on les cote 160 fr. les 100 kil., au commerce de gros. Sous peu, la Basse-Normandie profitera de ces hauts prix pour extraire au plus vite le produit de ses sarrasins hâtifs, et offrira quelque marchandise qui modifiera les cours. Les blés noirs sont nombreux et promettent partout une belle floraison. Les abeilles commencent à essaimer en Bretagne et les colonies paraissent bien préparées pour la récolte.

A Anvers, les prix sont restés fermement maintenus, mais la modicité du stock en premières mains a réduit les affaires aux besoins de la consommation. On a coté : miel de Havane, 28 1/2 à 29 florins, de 45 fr. 90 à 54 fr. 20 les 50 kil. (droits en plus, 2 fr. par 100 kil.) ; de

Lisbonne, 28 fl. à 28 1/2 ; du Chili, 26 à 28 fl.; de Bretagne, 32 1/2. — Le florin vaut 1 fr. 80.

Cires. — L'article est resté calme. On a payé les cires en brique, pour parquet, encaustiques, etc., de 410 à 430 fr. les 100 kil.; hors barrière. Des qualités inférieures et des cires en pain, n'ont trouvé que 400 fr. à 390 fr. A la réunion de Janville, on a parlé de 420 à 430 fr., avec lot de miel, selon le prix qu'on offrait de celui-ci. Un lot de cire de Bourgogne a été pris à 425 fr., hors barrière de Paris.

Les cires propres au blanc sont restées dans la même situation.

Au Havre, on a traité des cires jaunes de Madagascar, à 207 fr. les 50 kil.

Voici la dernière cote de Marseille. Cire jaune de Smyrne, les 50 kil., à l'entrepôt, 245 fr.; de Trébizonde, 237 fr. 50 ; Caramanie, 235 à 240 fr ; de Chypre et Syrie, 230 fr. ; d'Egypte, 205 à 225 fr.; de Constantinople, 220 à 225 fr.; de Mogador, de 185 à 200 fr.; de Tanger, Tétuan et Larache, de 200 à 210 fr.; d'Alger et Oran, de 212 fr. 50 à 220 fr.; de Bougie et Bone, 210 fr. ; de Gambie, 200 à 205 fr ; de Corse, de 225 à 230 fr.; de pays de 200 à 207 fr. 50. Ces deux dernières à la consommation.

A Anvers : cire indigène, 2 fr. 30 le demi-kil.; de Haïti, 1 fr. 82 1/2; d'Afrique, 2 fr. 20 à 2 fr. 25. Affaires presque nulles.

Abeilles. — L'essaimage s'est prolongé jusqu'au 20 et même au 25 juillet, dans des cantons où il est ordinairement fini à la Saint-Jean, et les fleurs de deuxième coupe ont donné plus que les premières. La correspondance qu'on va lire apprend que tous les possesseurs d'abeilles n'ont pas été également favorisés, et qu'il y aura chez plusieurs un certain nombre de colonies à nourrir si l'arrière-saison ne vient pas à leur secours.

— Cette année l'essaimage a été abondant dans nos montagnes, près de 100 p. 100; ce qui a un peu regarni nos ruchers qui avaient perdu les deux tiers de leurs colonies, tant l'automne que l'hiver dernier par l'effet du froid et surtout du manque de vivres. La production du miel s'annonce assez bien, seulement il nous faudrait encore quelques bons jours de miellée pour que les essaims derniers ainsi que les souches qui ont beaucoup essaimé puissent compléter leurs provisions. *Richerot*, à Saint-Martin (Ain)

Dans mon canton, le commencement du printemps a été tout à fait inconstant; malgré cela l'apiculteur qui a observé les points principaux

tels que les réunions, le renouvellement des mères et l'essaimage artificiel indiqué par M. Vignole, a obtenu un rendement de 100 p. 100;
tandis qu'au contraire celui qui a laissé agir la nature, n'a obtenu à
peine qu'un rendement de 50 p. 100. Le miel se vend 1 fr. 70 le kil.,
et la cire 2 fr. *Malhomme*, à Chappes (Ardennes). — Les Prussiens ont
ravagé beaucoup de ruchers dans nos Ardennes, plusieurs apiculteurs
de mes voisins n'ont plus un seul panier. Ils ne m'ont enlevé que deux
ou trois ruchées. Lors de leur passage au commencement de juin, mes
abeilles se ruèrent sur eux avec une telle force qu'il n'était plus possible
à eux de passer dans les environs de mon apier; elles allaient même les
piquer dans l'intérieur des maisons. L'essaimage a été de plus de
80 p. 100 ; presque tous les essaims ont déjà assez de poids. L'année
sera une bonne moyenne. *Cadot*, à Sury (Ardennes). — Mes essaims ont
prospéré d'une manière admirable ; j'ai été obligé de mettre des hausses
à leurs ruches. *Duguet*, à Remaucourt (Ardennes).

L'essaimage a duré longtemps et a fourni beaucoup. Nos essaims sont
lourds et nous récolterons encore du miel des ruchées mères. *Chamerois*,
à Arrentière (Aube). — La plupart de nos essaims sont venus dans la
dernière quinzaine de juin ou la première de juillet. Ils sont populeux
et travaillent avec activité; ils ont de belles bâtisses et beaucoup de couvain, mais peu de miel. Nous espérons que le mois d'août sera favorable.
La récolte de miel est faible. Prix du kil. de 1 fr. 60 à 1 fr. 80. *Quignard*, à Vaupoisson (Aube). — L'état de nos abeilles est médiocre; j'ai
eu 46 essaims sur 55 colonies; un quart des essaims seulement a des
provisions. Les ruches transvasées donnent de 6 à 10 kil. de miel. *Mar-
tinet*, à Bercenay (Aube). — Dans ma localité les essaims ont été très-
nombreux et généralement forts; ils ont acquis un poids au-dessus de
l'ordinaire en très-peu de temps, sauf les tardifs. La récolte sera bonne.
Lambert, à Bernon (Aube).

J'ai eu peu d'essaims cette année et peu de miel. Il y a encore des
Prussiens dans le terrain où sont mes abeilles, car j'ai eu deux calottes de
volées. *Dalibert*, à Cauville (Calvados) — Malgré le temps excessivement
froid survenu pendant la floraison, je suis assez satisfait de ma récolte en
miel, grâce à la fleur tardive du colza, et 8 à 10 jours de beau temps
arrrivé à cette époque. Quant à l'essaimage, il a été presque nul:
10 essaims sur 150 ruches. *Biard*, à Fresne-Camilly (Calvados). — Ici
et dans les environs l'essaimage a beaucoup donné, au moins 100 p. 100.
Le miel vaut 90 centimes le demi-kil. et la cire coulée de 2 a 2 25 en

belle qualité. *Arviset*, à Montigny (Cote-d'Or).— **Mon rucher va admira-blemeni bien; il n'y parait plus de la brèche que les Prussiens y ont faite. Sur 32 colonies qui me restaient, j'ai plus que doublé, au point que j'en suis embarrassé. Heureusement que les essaims se sont mêlés avec d'autres. L'essaimage a commencé ici le 3 mai, et à peine est-il fini (12 juillet). Sur des ruchées qui ont donné de gros et précoces essaims, j'ai récolté plusieurs chapiteaux de miel magnifique. Les armées ont pillé plus de 100 ruchers dans nos environs. Le miel étant plus rare se vend facilement 1 fr. le demi-kil.** *Geay*, à Rougemont (Doubs).

Les abeilles ont assez bien essaimé, mais jusque-là elles n'ont rien amassé. Depuis trois ou quatre jours (20 juillet) elles font un peu ; mais je crois qu'elles ne feront pas assez pour elles. *Audinelle*, à Vesly (Eure). —L'essaimage a été faible ici. Les abeillesont peu butiné à cause de l'humidité prolongée (27 juillet). *Dorée*, à Appeville (Eure). — **Ce qu'il y a de colonies chez nous (ce qu'il en reste des Prussiens), a donné de bons essaims premiers et même des deuxièmes. La récolte sera une bonne moyenne.** *Marcault*, à Sancheville (Eure-et-Loir).

Cette année sera, j'espère, meilleure que les deux dernières pour nos abeilles. A la fin de juin nos ruches étaient très-légères et peu peuplées; depuis ce moment, grâce à la bruyère, elles sont devenues assez fortes et se trouvent parfaitement préparées à fournir une abondante récolte sur les blés noirs. *Matard*, à Redon (Ille-et-Vilaine). — **La plupart des ruchers ont été dévastés par l'ennemi dans le Jura. Je n'ai eu que trois ruches de saccagées. L'essaimage a été très-abondant, mais la plupart des souches et des derniers essaims ne trouveront pas de provisions pour passer l'hiver.** *Droux*, à Chapois (Jura).

J'ai peu eu d'essaims et peu récolté de miel. 35 colonies que j'avais en Sologne ont été ravagées. *Imbault*, à Lorges (Loir-et-Cher). — **La récolte du printemps a été assez bonne. Nos ruches ont donné de bons essaims et sont encore lourdes. Les ressources de la campagne nous font espérer que les essaims tardifs compléteront leurs provisions.** *Bastien*, à Villiers-le-Sec (Meuse). — **La récolte ne sera pas aussi abondante qu'on l'espérait : les pluies fréquentes empêchent les abeilles d'aller aux champs et les fleurs, qui sont loin de faire défaut, ne sécrètent qu'un miel aqueux.** *Cayatte*, à Billy (Meuse).

Chez nous, beaucoup d'essaims, mais peu de miel. Les derniers essaims n'ont que 3 ou 4 kil. de provisions et les souches de 10 à 12; elles ont beaucoup de mouches. Nous espérons sur les secondes coupes qui com-

Digitized by Google

mencent. *Lenoble*, à Hauteville (Oise). — Les abeilles ne sont pas très-lourdes dans notre contrée; les essaims de mai ont un peu de poids; les souches, qui ont donné presque toutes deux essaims, ne pèsent en moyenne que 15 kil. L'épicerie et la pharmacie son t dépourvues de miel. *Duchenne*, à Liancourt (Oise).

Les abeilles ont beaucoup essaimé chez nous, malgré cela les souches sont restées bien peuplées et ont des provisions pour passer l'hiver. Les essaims premiers sont très-forts en poids et en population. Les derniers ne valent rien, et quoique les secondes coupes de sainfoin soient belles, les abeilles n'y ont rien pris jusqu'à ce jour (26 juillet). Ici la bruyère fait défaut. *Aubert*, à Saint-Marc (Orne). — Les mouches ont bien essaimé cette année, les souches et les essaims d'avant le 15 juin, sont bons, mais les derniers ne vaudront rien sans les secours de la bruyère. *Proust*, à Launay-Boucher (Orne).

Nos ruchées ont beaucoup souffert de l'hiver. Nous en avons perdu un grand nombre. Il y a eu peu d'essaims. La récolte sera au-dessous de la moyenne. On parle d'acheter le miel en vrague de 35 à 40 centimes le demi-kilog. *Dumoulin*, à Aix-en-Issart (Pas-de-Calais). — Nos abeilles, plus heureuses que celles qui se trouvaient sur le passage des Prussiens, ont eu néanmoins beaucoup à souffrir du froid, l'hiver dernier. Malgré les mauvais temps survenus en mai, il y a eu beaucoup d'essaims, mais la plupart sont tardifs. Le premier, dans ma commune, est sorti le 24 mai; quelques-uns sont venus dans la première partie de juin; mais ils ont été plus nombreux dans la dernière partie de ce mois et dans le commencement de juillet. Les essaims venus après le 15 juin ne pourront guère amasser assez pour passer l'hiver, à moins qu'ils n'aient été très-populeux. *Vasseur*, à Blequin (Pas-de-Calais).

Le tiers des colonies est mort depuis l'hiver jusqu'au commencement de juin : on était fatigué de nourrir. La consommation du 1er novembre au 10 juin, a été de 12 kil. 5 sur des paniers, tandis qu'en année ordinaire elle n'est que de 6 à 7 kil. Les essaims ont été assez nombreux ; un dixième a réessaimé; mais la plupart n'ont pas de poids, et les souches ne pèsent guère que 10 kil. En résumé, si l'année ne se termine pas d'une manière avantageuse, les amateurs seront plus que découragés ; ils verront encore leur apier réduit de moitié. *Bailly-Durieux*, à Beauquesne (Somme). — Ici beaucoup d'essaims et peu de miel; les souches pèsent de 10 à 16 kil. les essaims de zéro à 10 kil. Pour se consoler on porte ses espérances sur les regains de sainfoin et de luzerne, et sur les sarrasins.

On achète les ruches en vrague à 45 à 50 centimes le demi-kil. Selon qualité le miel se vend de 140 à 150 fr. les 100 kil, mais en petite quantité, attendu qu'on espère la baisse. *Lefebvre*, à Revelles (Somme).

Le printemps n'a pas été très-favorable ; l'essaimage a été très-contrarié ; il a duré plus de six semaines. J'ai eu peu d'essaims parce que je tenais à renforcer mes colonies. La récolte est finie (26 juillet). Je conduis mes abeilles aux sarrasins avec l'espérance de réussir. Le miel est rare au pays. J'ai vendu le miel rouge 1 fr. le demi-kil. par 50 kil. *Merciol* à Valleroy (Vosges).

Je suis en train de faire des chasses ; les mères sont très-bonnes. Ça va faire beaucoup de miel extra-bon. *Puissant*, à Lain (Yonne).

Depuis quelques jours, la température est moins bonne, et de fortes ondées sont venues laver les fleurs. Néanmoins les abeilles continuaient de travailler dans le Gâtinais. Mais des ruchers que nous venons de visiter aux environs de Paris, ne sont pas ce qu'ils promettaient il y a quinze jours. La qualité des essaims n'y répond pas à la quantité.

H. HAMET.

Moyen pour empêcher les ruches en bois de se gauchir au soleil. — On fait dissoudre du sulfure de baryte dans l'eau bouillante et on badigeonne les ruches avec cette dissolution ; on laisse sécher chaque couche; on dissout ensuite de la couperose verte (sulfate de fer), on badigeonne encore et on laisse sécher. Il se fait ainsi une combinaison insoluble des deux sels qui, en pénétrant dans le bois, le durcissent et l'empêchent de se tourmenter au soleil.

Cette recette un peu compliquée peut être remplacée par la suivante, plus commode pour la campagne : faites bouillir de l'huile de lin ou de noix, en ajoutant 2 p. 100 de soufre en fleur ; badigeonnez avec le liquide bouillant ruche et plancher. — N'ayant pas expérimenté ces recettes que nous trouvons dans les journaux agricoles, nous ne les garantissons pas.

Paris.— Imprimerie horticole de E. DONNAUD, rue Cassette, 9.

L'APICULTEUR

Chronique.

SOMMAIRE : Avantage des grandes ruches et de celles qui peuvent s'agrandir et
se diminuer. — Lauréats apicoles. — Rapport du concours de Songeons.
— Nécrologie.

Les grandes ruches ont un avantage incontestable sur les petites en
année d'abondance de miel dans les fleurs. Mais les ruches qui peuvent
être agrandies et diminuées à volonté présentent des avantages en tous
temps. Cette année, les paniers qui ont été agrandis au fur et à mesure
que leur population augmentait et que l'espace manquait pour l'emma-
gasinage des produits, ont fourni des récoltes très-grandes dans les
cantons où les fleurs ont donné. Et ce sont les colonies les moins fortes
au sortir de l'hiver qui ont atteint les plus hauts poids. Cela se comprend,
ces colonies n'ont pas essaimé, ou elles n'ont essaimé qu'une fois tardivement ; tandis que les fortes ont essaimé plusieurs fois, se sont épuisées
en abeilles et manquaient d'ouvrières au moment où le miel était le plus
abondant dans les fleurs. En outre la forte miellée est arrivée tardivement, lorsque les petites colonies étaient refaites et qu'elles avaient une
population bien pourvue de butineuses.

Presque toutes les ruches peuvent être agrandies au moyen de hausses
ou de ruches coupées qui en tiennent lieu. Cette année des apiculteurs
du Gâtinais et d'autres cantons, ont largement usé de ce moyen. Manquant de hausses spéciales, ils en ont improvisé en coupant des paniers
et en y adaptant des planchers plus ou moins troués. Ils sont arrivés à
composer des ruches assez spacieuses pour loger un baril de miel
(40 kilog.). Les châsses de ces ruches, faites vers la fin des secondes
coupes de sainfoin, étaient colossales ; plusieurs ont pu acquérir, en peu
de jours, aux luzernes, assez de poids pour passer l'hiver. La plupart des
autres ont été conduites aux bruyères et aux sarrasins où elles devront
compléter leurs provisions d'hiver pour peu que le temps soit favorable.
Un certain nombre seront probablement récoltées à cause de leur surabondance de miel.

— La plupart des Sociétés agricoles n'ont pas ouvert de concours cette
année. On annonce cependant quelques expositions locales pour l'automne, entre autres, à Pontoise, du 6 au 10 septembre, où les

6

apiculteurs de Seine-et-Oise reçoivent bon accueil. La Société d'a-
griculture de la Suisse romande tiendra à Sion, du 19 au 24 septembre, son grand concours qui a été remis l'année dernière, à cause de
la guerre chez les voisins. L'apiculture suisse y recevra des encouragements. — A défaut de lauréats récents, nous en citerons de la campagne
dernière dont les noms nous ont été envoyés depuis la levée du siège.
Dans son dernier concours, la Société d'agriculture du Doubs a accordé
une médaille d'argent, plus, comme prime, un abonnement à l'*Apiculteur*
à M. Griffon, maire de Doubs. La Société d'agriculture, des belles-lettres,
sciences et arts de Rochefort, a accordé une *abeille d'argent* à M. Vinet,
propriétaire, à Saint-Germain de Marenceanes, pour son mode rationnel
de conduire son rucher. Dans le concours de Songeons, organisé par les
Sociétés d'agriculture et d'horticulture de l'arrondissement de Beauvais,
plusieurs distinctions ont été obtenues par des apiculteurs de l'Oise.
Nous reproduisons, et nos lecteurs liront avec intérêt, le rapport qui a
motivé ces distinctions.

« Organe du jury d'apiculture, je viens vous apporter son verdict. Le
brillant concours auquel nous assistons pourrait être le sujet d'une étude
pratique d'histoire naturelle. A côté de beaux spécimens du règne animal,
on y pourrait étudier presque tout le règne végétal et revoir la science
que vous avez apprise sous le nom de botanique. Ils s'occupent d'une des
branches de la botanique ceux qui, sous le nom de sylviculture, exploitent nos forêts ; ils font aussi de la botanique appliquée, ceux qui s'occupent d'agriculture ; ils en font surtout ceux qui se livrent à l'horticulture. N'est-il pas tout simple, après cela, que l'agriculture et l'horticulture, ces deux filles d'une même mère, la botanique, viennent se
rencontrer ici et se donner l'accolade fraternelle. N'est-il pas logique
aussi de trouver dans le domaine des fleurs, l'insecte utile qui se nourrit
de leur suc, en facilitant leur fécondation.

» J'ai nommé l'abeille et j'aborde l'apiculture, cette modeste, mais
charmante industrie, qui peut s'élever au niveau d'une science. Regardez
cet essaim que vous venez de loger dans une ruche depuis moins d'une
heure. Quel a été son premier soin ? Son premier soin, Messieurs, a été
le même que celui qui a présidé à la fondation de toute société humaine :
on s'est tout d'abord appliqué à constituer la famille. Or, une famille
d'abeilles n'est constituée que si la mère est au milieu de ses nombreux
enfants. On s'assure donc d'abord de la présence de la mère. Cela fait, le
besoin le plus urgent, là encore comme dans la société humaine, c'est le

besoin d'ordre, et l'intérêt commun y pourvoit de suite. Une garde s'établit, la force publique s'organise ; et, quand il s'agit de la sécurité nationale, la grande famille sait qu'elle peut compter sur le courage de tous ses enfants. L'ordre ainsi assuré, on se met au travail. Les unes préparent les matériaux, les autres les mettent en œuvre ; on ne perd ni le temps, ni la matière première, ni les forces. Il semble que l'on connaît cette grande loi de l'économie politique qui dit : le travail, c'est l'ancre de salut des peuples.

» Dès le lendemain, dans le milieu du jour, revenez à cette même ruche. Qu'y trouvez-vous ? À l'intérieur, des magasins pour le miel ; des berceaux pour le jeune couvain sont le produit d'un travail opiniâtre. A l'extérieur, les mouches prennent leurs ébats. D'un vol puissant et sonore, elles s'élèvent dans l'espace ; elles sont déjà libres. Là encore, comme dans la société humaine, l'esprit de famille, l'ordre et le travail ont fondé la liberté. Mais de leur liberté, quel usage vont-elles faire ? L'usage que l'apiculteur lui-même fait de ses loisirs. Elles l'utiliseront pour accroître le bien-être de la famille.

» Demandez, par exemple, à M. Leguay, de Crillon, cet ingénieux conducteur de locomobiles, quel usage il fait de ses loisirs. Il vous répondra : Je surveille mes abeilles, je m'applique à faciliter leur tâche ; et il vous montrera sa presse à extraire le miel et la cire, chef-d'œuvre de simplicité ; son soufflet, autre instrument ingénieux, à l'aide duquel il oblige un essaim, logé dans le haut d'un arbre, à descendre jusqu'à lui. En résumé, tous vous démontreront que de la liberté conquise par leur travail, ils font un usage qui profite encore à la prospérité publique.

» Le jury a décerné le premier prix (médaille d'argent de 1re classe), à M. Leguay, apiculteur, à Crillon, pour sa presse, pour son soufflet à enfumer à distance, et pour sa ruche à rayons mobiles. Le second prix (médaille d'argent), à M. Boulanger, instituteur à Thérines, pour sa ruche d'observation, garnie de mouches vivantes et à hausses avec volets. La construction de cette ruche est basée sur une connaissance très-exacte de la physiologie de l'abeille. Le troisième prix (médaille de bronze), a été accordé à la section d'horticulture de Marseille, pour un métier fabriquer les ruches en paille. Une mention honorable a été faite des ruches d'observation de M. Thierry, instituteur, à Hannaches. Une autre mention honorable est due à M. Lagnier, à Haut-Bos, pour sa bourdonnière. — Signé : NAQUET, GILLES-POTIER, docteur BOURGEOIS, rapporteur. »

— Naguère nous adressions des adieux de tristesse à deux apiculteurs distingués de l'Aube. Depuis, la mort a moissonné trois autres apiculteurs champenois de mérite. Dans l'Aube, c'est M. Petit-Boussard, de Pont-Hubert, près Troyes, qui, cédant à une idée malheureuse, était allé prendre un bain dans la Seine peu après avoir mangé ; il a été frappé de congestion immédiatement. Charron avant que d'être apiculteur, M. Petit-Boussard était avide de s'instruire dans l'art apicole et de se créer des relations, mais plus au loin qu'auprès : il redoutait la concurrence de ses voisins, quoique étant praticien entendu et se trouvant dans une position aisée et indépendante. Aussi s'attira-t-il quelques reproches de ses collègues de la Société d'apiculture de l'Aube, de la jeune génération, notamment en ce qui concernait la direction du rucher expérimental de la Société dont il était chargé au début. Il a été le premier abonné de l'Aube à l'*Apiculteur*, et il a brillé dans nos expositions apicoles antérieures à 1867. Ceux qui l'ont connu savent combien son commerce était agréable, et combien il était gai et aimable convive.

Est mort en juillet dernier, l'abbé Aubert (Pierre-Alexandre), curé de Juvigny (Marne), que l'apiculture comptait parmi ses plus zélés propagateurs. Neveu et élève du digne chanoine Blion, mort il y a quelques années, l'abbé Aubert avait été élevé à bonne école. Comme son oncle il possédait de vastes connaissances, et avait l'amour de son pays et de l'humanité. Aussi était-il dévoué au progrès. Le comice agricole de son arrondissement l'avait choisi depuis longtemps pour secrétaire. Cette institution libre ne pouvait faire un meilleur choix, car l'abbé Aubert aimait passionnément l'agriculture, et, par sa tolérance, *il était un lien* attractif qui a groupé de nombreux adhérents à cette association agricole. Ami des abeilles, il avait fait porter l'apiculture au programme de cette société, ainsi qu'à ceux du Comice départemental, et de la Société d'agriculture, commerce, sciences et arts de Chalons qui le comptaient pour membre. Il ne manquait pas non plus de signaler à la Société centrale d'apiculture dont il était membre actif depuis 1857, les apiculteurs de son département qui méritaient d'être encouragés. Malheureusement l'abbé Aubert n'est plus ; la mort nous l'a enlevé trop tôt (52 ans).

Nous rappelons les titres de cet ami regretté : chanoine honoraire, rédacteur en chef et directeur de la *Semaine champenoise*, membre de la Société d'agriculture, commerce, sciences et arts du département de la Marne, secrétaire général honoraire du Comice départemental, secrétaire

Digitized by Google

du Comice agricole de l'arrondissement de Châlons, membre de la Société centrale d'apiculture, de l'Académie de Reims, de la Société française d'archéologie et de plusieurs autres sociétés savantes.

L'apiculture de la Marne vient aussi de perdre son patriarche, le père Simon, enlevé en juillet dernier par une attaque de paralysie, à l'âge de 72 ans. Né à Saint-Etienne-sous-Suippe, de parents pauvres, Simon, notre premier abonné de la Marne (le 29e), s'attacha dès sa plus tendre enfance à l'apiculture, que son père professait assez en grand, et vint se fixer, vers 1817, à Champfleury, près Reims, où il se maria et où il s'appliqua avec toute l'ardeur de son âge à la culture des abeilles qu'il professa toute sa vie avec succès. Depuis quelques années son embonpoint l'avait forcé à cesser tout commerce, et il vivait tranquillement retiré, mais toujours entouré d'abeilles, car ses enfants l'avaient remplacé. Ses produits ont toujours été recherchés pour leur bonne qualité par le commerce et la consommation, qui savaient apprécier notamment la bonté de ses miels. Il en livrait en moyenne 2,000 kil. annuellement à la ville de Reims. Ce fut lui qui, le premier, pratiqua en grand l'essaimage artificiel dans la Champagne. Il essaya pendant quelque temps la ruche à calotte, mais il ne voulut jamais se départir de la ruche ordinaire qu'il avait employée toute sa vie, et dont il savait tirer parti en bâtissant dedans les rayons propres qu'il ramassait dans les localités voisines. Continuellement en voyage pour son commerce (il achetait les cires en vrague), dans un périmètre d'une douzaine de lieues, il n'a laissé que de bons souvenirs partout où il a passé. Tout le monde le connaissait par la couleur rouge de ses cheveux, et on l'appelait le *père Simon*, le gros rouge. C'est de lui que vient la recette infaillible de n'être jamais piqué et qui consiste à se tourner toujours du côté de la tête de l'abeille, attendu que l'aiguillon est du côté opposé. Une particularité à ce propos, c'est qu'il était invulnérable. Non-seulement il était insensible aux piqûres, mais les abeilles ne pensaient pas à le piquer; on eût dit qu'elles le dédaignaient et le considéraient comme une matière inerte. Il faut ajouter qu'il possédait le talent de les irriter à faire déguerpir tous les habitants d'un village. Nous voulûmes un jour rester sans masque dans le rucher de M. Beau, de Ludes, où il manœuvra quelques ruches; mais au bout de cinq minutes la place n'était plus tenable, même à deux cents mètres de distance. Quant au père Simon, il opérait tranquillement bras nus et tête découverte, et les abeilles irritées ne s'accrochaient pas plus à ses cheveux rouges qu'aux barbes d'un porc-épic. On sait qu'en 1858 (Voir l'*Apiculteur*, 3ᵉ année), il apporta de Champfleury à Paris, une colonie d'abeilles dans son chapeau.

Le père Simon survivra : il laisse trois fils qui s'occupent d'apiculture, et un de ses petits-fils pratique et enseigne.   H. HAMET.

Le massacre des abeilles.

Combien est préjudiciable cette barbare coutume.

Dans les conférences que j'ai eu l'honneur de vous faire sur les moyens de récolter le miel, je vous ai enseigné comment s'effectuait la récolte partielle d'une ruche et la récolte totale, selon les circonstances de temps et les exigences de l'apiculture. Je me suis réservé un autre moment pour vous entretenir du massacre des abeilles, lors du dépouillement de la ruche, ou en d'autres termes de l'étouffage, de cette barbare coutume trop répandue encore, principalement dans notre département où l'apiculture n'est pas pratiquée sur une bien grande échelle, et cela parce que l'étouffage nuit à son développement.

D'après une enquête apicole qui a été faite par mes soins sur plusieurs points du département, et en particulier dans le canton de Nomeny, il résulte que sur cent apiculteurs, quatre-vingt-dix-huit pratiquent le mode de l'étouffage ; ils tiennent cette coutume de leurs ancêtres, ils ne connaissent point d'autres moyens. Espérons que la lumière ira les trouver ; espérons qu'au besoin la loi Grammont interviendra pour empêcher que l'intérêt général, aussi bien que l'adoucissement de nos mœurs, soit sauvegardé.

Retirez des bénéfices de vos abeilles; vendez leurs produits; mais dans votre intérêt bien entendu ne les étouffez jamais. Vous me direz peut-être : « Ces paniers que je sacrifie sont ma propriété, je puis en user avec une parfaite liberté. » Sans doute, il vous est permis de disposer de vos abeilles comme vous l'entendez, mais c'est une folie de les tuer quand votre intérêt et l'intérêt général demandent qu'elles soient conservées. C'est alors que la loi peut intervenir pour vous faire cesser cette coutume aussi préjudiciable que barbare. Ne la voyez-vous pas intervenir dans des cas moins graves pour protéger d'autres animaux domestiques, et l'abeille n'est-elle pas un animal domestique comme le cheval, le bœuf et le mouton? Il n'est point permis de se livrer à des actes de cruauté envers ces animaux sans encourir un châtiment, et il erait permis de le faire pour l'abeille? Celui qui se livre à des actes bar-

Digitized by Google

bares n'importe sur quel animal, s'apprend à ne point se faire de scrupule d'agir de même sur ses semblables. La brutalité est la marque visible, la manifestation extérieure des impulsions de l'âme. C'est une action de mauvais citoyen.

Voyons un peu maintenant quelles sont les ruchées que vous vouez au soufre. Précisément ce sont celles qui ont le plus de valeur pour vous, parce qu'elles sont peu âgées. Ce sont des colonies de l'année précédente ou de deux ans qui, au printemps suivant auraient donné les meilleurs essaims. Il est vrai que ce sont les plus lourdes, et que plus elles sont lourdes, plus on vous les paye. Mais n'avez-vous pas dans votre rucher des paniers n'ayant qu'une population ordinaire ou au-dessous qui demandent à être fortifiés. Profitez de la circonstance pour vous emparer des populations des ruches que vous vendez, pour les donner à celles que vous conservez et qui ont besoin d'être fortifiées. Combien vendez-vous, en outre, la ruche que vous avez étouffée? ordinairement de 7 à 10 fr. Elle en vaudrait 15 ou 20 au printemps. Mais, me direz-vous encore : « A qui vendre ces ruchées à d'autres qu'aux étouffeurs. Je ne puis pas non plus les garder toutes, mon rucher deviendrait trop petit. » — Je vous répondrai ceci : Si l'étouffeur ne consent pas à ce que vous conserviez vivante la population des ruches qu'il pourrait vous acheter, supprimez l'étouffeur en récoltant vous-mêmes vos ruches et en utilisant à votre profit les abeilles. Vous ferez alors pour vos abeilles ce que vous faites pour vos froments. Est-ce que vous vendez votre blé sur pied ? Non, parce que vous avez besoin de paille. Donc vous le coupez, vous le battez, vous le criblez, puis vous le portez au marché voisin si le marchand ne vous en donne pas le prix courant chez vous. Faites de même pour vos ruchées : ne les vendez pas sur pied ; récoltez-les et utilisez en les abeilles. Vendez les produits aux consommateurs de votre localité, et s'ils font défaut, allez en chercher dans les localités voisines, voire même au marché du canton comme pour vos grains. Vous ne serez pas obligé pour cela d'agrandir votre rucher. Car vous pourrez réunir les abeilles des ruches que vous récolterez; vous pourrez réunir les essaims qui viennent tardivement ou dont les populations ne sont pas très-fortes. Vous pourrez encore agrandir vos ruches pour que vos abeilles essaiment peu.

Vous vous plaignez du petit nombre d'acheteurs de mouches. Cela se comprend : il y a peu de mouches à vendre. En effet, en parcourant nos communes rurales, on ne rencontre que çà et là quelques apiculteurs possédant seulement quelques paniers qu'à défaut de connaissance, ils font conduire par un *mouchetier* banal qui, à certaine époque de l'année, fait sa tournée et ne se donne pas autre peine que d'étouffer vos meilleures ruches, et il y va de ses intérêts, car pour cette triste besogne, vous lui abandonnez la cire.

Votre intérêt, bien entendu, demande donc que vous supprimiez l'étouffeur. Il demande aussi que vous créiez des acheteurs d'abeilles vivantes, pour le débouché des essaims qui vous viennent en abondance et pour l'écoulement avantageux de vos produits fabriqués. — Comment cela, me direz-vous : si je crée des apiculteurs nouveaux, je crée des concurrents, les produits deviennent plus abondants, et ils diminuent de valeur. — Je vous réponds qu'en créant des produits vous provoquerez la formation de consommateurs. Croyez-le bien, le miel se consommerait en quantité bien plus grande qu'il l'est s'il était produit abondamment. C'est parce qu'il en est produit peu dans nos cantons, qu'il se trouve peu de consommateurs, peu d'acheteurs. Plus une chose abonde, plus on en fait usage. Le miel est rare, on en mange peu ; ce n'est que dans des cas exceptionnels qu'on se résout à l'employer, tandis qu'il devrait entrer pour une large part dans nos aliments. Nous pouvons l'employer pour conserver les fruits à noyaux qui sont un précieux aliment en hiver; nous pouvons l'utiliser ailleurs en guise de sucre. Il a l'avantage de ne rien nous coûter. Ne nous privons donc pas d'une substance précieuse que le Créateur a mise si libéralement à notre disposition. Il nous a donné la fleur avec son miel et l'abeille pour la cueillir ; jouissons de ces dons précieux.

Les fleurs ne manquent pas; propageons les abeilles. Cessons d'être des étouffeurs, autrement dit des *apicides*, si nous voulons mériter le nom d'apiculteur. Il ne faut pas être grand propriétaire pour pouvoir entretenir des abeilles. Je vous l'ai dit dans une conférence précédente : un petit coin de quelques mètres de surface suffit pour établir un rucher, et pour se procurer par là une aisance ou une somme de bien-être qui n'est pas à dédaigner. Mettons-nous donc à l'œuvre et enseignons par la pratique : n'étouffons plus, et propageons des ruches dans toutes les localités où elles peuvent prospérer, nous travaillerons pour nous et pour notre pays.

Extrait des conférences faites aux apiculteurs de Chenicourt (Meurthe),
par M. MARROT, instituteur.

Dgtzed by Googl

Dictionnaire d'apiculture.

Glossaire apicole. (V. p. 136.)

COUVERCLE, s. m. *couvercle* des cellules et *couvercle* des ruches. Le couvercle des cellules est l'opercule en cire que les abeilles bâtissent sur les cellules pleines de miel, et sur celles garnies de larves entièrement développées. Le couvercle ou opercule des cellules garnies de miel est plat, quelquefois un peu déprimé, mince, blanchâtre et presque transparent. Il empêche le miel de couler et le conserve. Le couvercle des cellules garnies de couvain à l'état de nymphe est bombé; il se colorie plus ou moins à mesure que l'insecte approche de sa perfection. Quelques apiculteurs donnent le nom de *cachet* au couvercle des cellules.

Le couvercle des ruches est la partie qui ferme le haut, lorsqu'une ouverture existe de ce côté. C'est la plupart du temps une planche ou un paillasson tressé. C'est quelquefois un chapiteau. Les couvercles, surtout lorsqu'ils sont plats, doivent être épais, afin que l'action du froid ne puisse se faire sentir de ce côté; dans ce cas, il n'y a pas de condensation de vapeur en dessous, vapeur nuisible aux abeilles et à leurs édifices. — Les couvercles des ruches s'attachent avec des mains de fer, des pitons ou des chevilles en bois. Quelquefois le couvercle de certaines ruches vulgaires n'est qu'une pierre plate ou une ardoise épaisse posée simplement sur la ruche.

CUEILLETTE *du miel, du pollen, de la propolis*. Voir RÉCOLTE.

CULBUTAGE. s. m. Action de culbuter ou renverser les ruches pour pratiquer dessus un calottage à l'envers. Cette opération se pratique avec succès dans le Gâtinais et la Beauce sur la ruche commune en petit bois (osier, troëne, viorme) et sur la ruche en paille. Elle donne de beaux résultats lorsqu'elle est faite en temps opportun et qu'on dispose de bâtisses pour couvrir les ruches culbutées. Mais il faut avant tout que la miellée soit abondante et que les populations soient fortes. — Le culbutage se fait au moment où la fleur principale — le sainfoin ou le trèfle incarnat — commence à mieller. Un trou de trente ou trente-cinq centimètres est pratiqué à l'endroit qu'occupe la ruche à opérer et celle-ci est fichée dedans la gueule en l'air; puis, est placée dessus une ruche de même diamètre garnie de rayons, autrement dit une bâtisse. Les exploiteurs du Gâtinais ne font pas beaucoup de frais d'installation de leurs ruches; un certain nombre, à qui il en coûte de quitter la routine, les placent directement sur le sol plus ou moins égalisé; les plus soigneux emploient un plancher qu'ils exhaussent quelquefois à l'aide de briques ou de pierres. C'est en avril qu'ils garnissent leurs stations. Dans ce mois les abeilles des ruches placées à terre souffrent de l'humidité, du sol ; mais plus tard la fraicheur de la terre neutralise quelque peu les effets des rayons du soleil sur les ruches, qui ne sont abritées souvent que par un simulacre de paillassons ou par une carcasse de panier archi-usé. Au moment où les ruches sont apportées à la station, elles sont placés par rangées, composées de colonies de même force ou à peu près. Chaque rangée est culbutée en même temps pour que les butineuses d'une ruche ne rentrent pas dans la voisine. Car le culbutage les trouble : elles ne reconnaissent plus leur habitation au retour des champs ; elles la cherchent plus ou moins pour retrouver l'entrée qui, avant le culbutage, était sur le sol ou à peu près, mais qui, depuis, se trouve à 20 ou 30 centimètres au-dessus. La ruche culbutée et celle qu'elle reçoit sont disposées de manière que les entrées, quand il y en a, coïncident. Mais assez souvent les ruches en petit bois n'en ont pas de spéciales ; on les dispose alors de façon que leurs rayons soient paral·lèles, et se trouvent à angle droit avec la sortie qu'on ménage. Les deux ruches sont baugées ou *pourgetées* pour qu'elles se trouvent consolidées et afin qu'il n'existe qu'une sortie. Les deux habitations n'en font qu'une. Les apiculteurs soigneux placent comme reposoir une planchette qui va du sol à l'entrée et qui sert à recevoir les abeilles revenant chargées et qui les aide à rentrer plus vite.

Il faut, pour que le culbutage ait du succès, se servir de bâlisses pleines. Lorsqu'elles ne le sont pas, on rogne leur ruche, ou on allonge artificiellement l'un des rayons du milieu, de façon qu'il descende jusqu'à la ruche renversée et serve d'échelle aux abeilles. Il est entendu qu'on ne culbute que des ruches dont les rayons descendent jusqu'au bas, autrement dit qui sont pleines.

Il importe de saisir le moment opportun pour faire le culbutage. Trop tô·, c'est-à-dire lorsque la miellée ne donne pas encore, la mère monte dans la ruche-calotte et y dépose des œufs ; les butineuses y apportent du pollen très-coloré dont une partie se retrouve à la récolte et en altère la qualité. Trop tard, on manque une partie de la récolte. En temps opportun, la ruche-calotte donne abondamment des produits de choix. Quant à la culbutée, elle n'en donne la plupart du temps que de secondaires — miel blanc — et devient souvent défectueuse comme colonie à conserver. Voici ce qui s'y passe. Les abeilles, entraînées par l'abondance de miel que les fleurs contiennent, et trouvant de l'espace au-

dessus d'elles pour y loger des provisions, cessent l'éducation du couvain
et, parfois, abandonnent même celui qui est déjà arrivé à une certaine
période. Ce couvain meurt et développe quelquefois la loque. Les butineuses y déposent un peu de miel dans le bout des rayons qu'elles achè-
vent de garnir lorsque la ruche-calotte est pleine. Si la miellée est
abondante, celle-ci est vitement pleine, quinze ou vingt kilog. de miel
y sont emmagasinés en une semaine, quelquefois en quatre ou cinq
jours. Dans ce cas, l'apiculteur se hâte d'enlever cette ruche-calotte et de
la remplacer par une autre, qui est encore remplie si la miellée continue (1).

Le moyen d'empêcher la mère de monter dans la ruche-calotte et
d'engager les nourricières à ne pas abandonner le couvain de la ruche
culbutée, est l'emploi de la tôle perforée (n° 35. Voir l'*Apiculteur*
10° année, p. 176). Lorsqu'on culbute, on place sur la ruche culbutée
un disque en tôle perforée qui tient lieu de plancher à claire-voie. Ce
disque dépasse de deux ou trois centimètres, notamment à l'entrée. A
cet endroit il laisse passer en dessous et en dessus les abeilles qui reviennent de butiner; les quêteuses de pollen et les faux-bourdons rentrent presque tous en dessous, et les porteuses de miel rentrent en dessus.
Il est rare que du pollen soit porté dans la ruche-calotte, et lorsqu'il en
est porté, il est emmagasiné au bout des rayons et est, par conséquent,
facile à distraire lors de la récolte. Ce moyen a donc un double avantage,
celui de conserver saine la partie inférieure, et celui de ne donner que
du miel de choix dans la partie supérieure.

La récolte générale se fait aussitôt que la faux a abattu la principale
fleur mellifère, le sainfoin dans le Gâtinais. Les ruches-calottes sont
successivement enlevées; les abeilles en sont chassées par le tapotement,
et réunies à leur souche culbutée qui, alors, est replacée dans son sens
naturel. Celle-ci est chassée à son tour douze ou quinze jours plus-tard.
Un certain nombre d'exploiteurs sont tellement avides de prendre, qu'ils
chassent les essaims et les chasses même lorsqu'ils leur trouvent un peu
de poids. On en voit chasser des ruches qui valent quinze ou vingt
francs comme colonies à conserver, et dont ils ne retirent que 10 ou 15 fr.
de produits. Perte sèche 5 ou 10 fr. Mais que voulez-vous : *il faut chasser !*
« C'est écrit » dit l'ignorant fataliste de Stamboul.

(1) Cette année, des chasses doublées et culbutées au bout de trois semaines
ont donné une ruche-calotte de 15 à 20 kilogr. en quatre jours.

La pratique du culbutage dans le Gâtinais remonte à peine à un siècle. Il est difficile de savoir par qui et dans quelle localité elle a été introduite. Cette pratique a été essayée au commencement de ce siècle en Normandie dans les cantons de Saint-Pierre-sur-Dives, Argences et Croissanville (Voir Revel de Labrouaize, p. 14). Elle y a été remplacée par le calottage. Huber a aussi essayé le culbutage vers la fin du siècle dernier, mais c'était dans le but d'obtenir des essaims artificiels par division. Inutile d'ajouter que les essais de Huber ont été infructueux, ainsi qu'on le lira dans ses *Lettres inédites*. (Consulter la 3ᵉ année de l'*Apiculteur* aux articles « les mouchards du Gâtinais). »

CULTURE DES ABEILLES, CULTIVATEUR D'ABEILLES. Voir *Apiculture* et *Apiculteur*.

DÉCADENCE DES RUCHES, état des colonies en désorganisation ; ruchées qui ont perdu leur mère et qui ne possèdent pas d'éléments (du jeune couvain) pour la remplacer ; ruchées dont la mère est malade, ou défectueuse. Les *signes de décadence des ruches* s'annoncent vers le printemps, mais plus particulièrement dans la saison où la campagne est à la vieille de se dépouiller de sa parure; ces signes sont : 1° lorsqu'on voit les ruches presque désertes, c'est-à-dire, que leur entrée n'est fréquentée que par un petit nombre d'abeilles qui reviennent de la campagne sans apporter de pelottes de pollen, ce qui indique qu'il n'y a point ou qu'il a peu de couvain dans l'intérieur (voir *Colonie orpheline*); 2° lorsqu'à l'heure de l'exercice que prennent les abeilles pendant les beaux jours, depuis midi jusqu'à trois heures, les mouches de ces ruches restent dans l'oisiveté; 3° lorsqu'en mettant les ruches sur le côté pour voir leur intérieur, les abeilles restent immobiles et sans donner aucun signe de colère, ce qui indique aussi le manque de couvain ; 4° lorsqu'on voit des faux-bourdons après le temps de leur expulsion des autres ruches; 5° lorsqu'on voit entrer impunément dans ces ruches des fourmis ou d'autres insectes pillards ; 6° lorsque, vers le soir, après avoir mis du miel sous la ruche, les abeilles ne l'ont pas enlevé pendant la nuit pour le transporter dans les alvéoles supérieurs de leur logement ; 7° lorsque les tabliers ou appuis des ruches sont constamment malpropres. Ces signes annoncent que la mère est morte, ou qu'elle est inhabile à peupler la colonie : ils sont aussi les avant-coureurs de l'invasion de la fausse teigne. — Lorsqu'on s'aperçoit d'un ou de plusieurs de ces signes il faut, après avoir débarrassé les édifices endommagés s'il y en a, réunir le plus souvent par superposition ces ruchées à d'autres bien organisées.

DÉPERDITION *du miel.* Voir *Nourrissement* et consulter l'*Apiculteur* 5e année.

DÉPEUPLEMENT *des ruches.* Les ruches en décadence se dépeuplent et s'éteignent. Mais après la saison des essaims et par les étés secs, les ruchées perdent plus ou moins de leur population sans s'éteindre, à moins que les provisions ne fassent défaut. Elles se dépeuplent aussi à la suite d'hivers longs et rigoureux, et de printemps pluvieux et froids. Des soins les raniment.

DÉPOUILLE *des ruches.* Voir *Récolte.*

Lettres Inédites de Fr. Huber.

(Voir page 446.)

Sur la ruche en feuillets.

Si vous persistez, Monsieur, dans le dessein d'essayer la ruche en feuillets, il faudrait en faire construire quelques-unes cet hiver, quatre ou six par exemple ; donnez-leur les dimensions de celles de M. de Gélieu, qui ont sans doute été calculées sur ce que les abeilles peuvent faire dans votre vallée. J'aimerais mieux que les châssis n'eussent que 10 pouces de vide, et qu'il y en eût un plus grand nombre à la suite les uns des autres : dix-huit ou vingt ne seraient peut-être pas trop à Couré. C'est assez de douze aux bords du lac de Genève.

Si vous m'en croyez vous construirez les châssis comme le modèle ci-joint (1).

La traverse T suppléera le liteau inférieur que je supprime, parce que les abeilles nettoyent plus aisément une table toute unie et d'une seule pièce qu'elles ne peuvent le faire quand les cadres sont complets, car pour peu qu'ils soient désunis dans la partie inférieure, les vides se remplissent par des fragments de cire et les teignes peuvent s'y loger. La traverse, en donnant de la solidité au châssis, permet encore, lorsqu'il est question de tailler la ruche, de ne couper qu'une partie du gâteau ; c'est ordinairement dans le haut des rayons que les abeilles placent le miel, et par le moyen de la traverse, on peut enlever cette partie sans que l'inférieure coure les risques de tomber.

---

(1) Le dessin de ce modèle ne se trouvant pas dans les manuscrits que nous possédons, nous reproduisons la figure de la ruche complète donnée dans les *Nouvelles observations.* Nous conservons au texte les lettres indicatives qui ne correspondent pas avec celles du livre. — *La Rédaction.*

Les fonds mobiles de M. de Gélieu peuvent s'adapter à la ruche en feuillets. Je voudrais que celui de derrière fût vitré en partie ; on ne serait pas obligé d'ouvrir la ruche pour voir les progrès du travail des abeilles et pour juger du moment où il faut leur donner des vides à remplir. Vous peupleriez ces ruches au printemps prochain, et en vous rappelant que les abeilles ne font la cire qu'avec le miel, vous n'y toucheriez point pendant le premier été. Vous leur laisseriez toutes leurs richesses en vous résignant à ne partager avec elles que l'année suivante, à moins de circonstances si favorables qu'on ne peut guère les espérer dans ce climat.

La ruche dont je vous envoie le modèle n'a pas tous les avantages de celle en feuillets, mais elle réussira mieux dans des mains moins adroites que les vôtres. C'est, comme vous le voyez, la ruche de M. de Gélieu que j'ai seulement divisée en deux parties pour pouvoir former des essaims artificiels et forcer les abeilles à travailler en cire neuve. J'y ai encore ajouté le cadran de Palteau qui me paraît très-commode.

Les deux trous carrés que vous trouverez sur le plafond de cette ruche servent : 1° à voir par le moyen du verre qui les recouvre où en sont les gâteaux, et quand il convient d'agrandir la ruche en écartant le fond mobile ; et 2° à hausser la ruche par le haut, ce qui se pratique avec succès dans les provinces de France qui nous avoisinent et même en Suisse. Il suffit pour cela de chauffer un peu les verres pour pouvoir les enlever et de couvrir les deux trous avec une caisse qui n'ait que le tiers ou le quart de la grandeur de la ruche sur la gueule. Elle sera posée, si l'on fait cette opération dans un temps favorable et lorsque les abeilles auront rempli leurs ruches de cire et de miel. Elles monteront dans la petite caisse, y construiront de petits gâteaux qu'elles rempliront de miel nouveau, et on pourra leur enlever ce supplément sans leur causer aucun dommage. Je n'ai point fait cette épreuve ; mais je ne doute pas qu'elle ne réussisse entre vos mains, si vous vous rappelez ce que je vous ai dit au commencement de ce mémoire.

Les barreaux bb des deux fenêtres doivent avoir un pouce de largeur ; c'est au-dessous de ces barreaux que les abeilles attacheront le second et le troisième gâteau de chaque division, mais pour qu'elles y soient forcées, il faut que les centres des barreaux soient éloignés l'un de l'autre de 15 à 16 lignes du pied de roi et que celui du barreau numéro 2 soit à la même distance du premier gâteau, c'est-à-dire de celui que vous aurez placé d'avance sur le liteau l, pour forcer les ouvrières à travailler dans cette direction.

Vous comprenez que les deux verres VV ne doivent pas être cimentés extérieurement ; il suffit qu'ils soient contenus et serrés dans les coulisses CC par l'interposition d'une bande de drap. Vous couvrirez à l'ordinaire ces verres de deux planches épaisses sous lesquelles une flanelle aura été collée ; cela empêchera la ruche de se refroidir en cet endroit. Le froid, en condensant les vapeurs, exposerait les gâteaux et les abeilles à une humidité qui ne leur convient pas. Pour que l'eau des pluies ne s'insinue pas dans cette ruche, vous couvrirez extérieurement ces jointures d'un enduit qu'elles ne puissent pénétrer ni dissoudre.

Fig. 6. Ruche en feuillets.

De l'exposition des ruchers. Tous les livres qui traitent des abeilles ont parlé de l'exposition des ruches et aucun, à mon avis, n'a donné là-dessus des conseils raisonnables. Presque partout on met les ruches en espalier et dans l'exposition la plus chaude. Ne ferait-on pas mieux d'imiter la nature sur ce point ? Elle a instruit les abeilles à se fixer dans le creux des arbres ou dans ceux des rochers. Où pourraient-elles être plus à l'ombre. Les abeilles ont assez de chaleur par elles-mêmes pour se passer de celle du soleil et pour braver les hivers de la Pologne et de la Russie. La chaleur extraordinaire à laquelle on les expose communément altère la cire et le miel et diminue beaucoup l'activité des ouvrières; l'observation suivante confirme cette vérité.

Lorsque j'habitais la Linière, je tenais mes ruches à l'ombre, sous de grands châtaigniers. Celles du fermier au contraire étaient en espalier au plein midi. J'observais les unes et les autres. A vingt pas on aurait cru que mes abeilles ne faisaient rien, et que celles du fermier travaillaient vigoureusement ; mais en y regardant de plus près on voyait le contraire. Les abeilles du fermier étaient en grand nombre hors de la ruche, ou posées sur un appui ; elles voltigeaient autour de leur demeure, mais peu s'en écartaient pour aller à la récolte ; celles qui restaient dans ces ruches avaient un air de langueur et se donnaient peu de mouvement pendant le jour ; toutes ne reprenaient leur activité que lorsque le soleil avait tourné et que les ruches étaient à l'ombre. Cependant on ne voyait point de mouches amoncelées sur les appuis de mes ruches ; mes abeilles ne perdaient point leur temps à tournoyer autour de leur demeure; mais depuis l'aube du jour jusqu'au coucher du soleil on ne pouvait saisir un moment ou quelque ouvrière n'allât aux champs et n'en revint avec sa charge; c'était un mouvement égal, tranquille, mais constant ; dans l'intérieur c'était le plus bel ordre et la plus grande activité : rien ne suspendait les travaux des ouvrières et, comme elles n'éprouvaient point là dedans une chaleur extraordinaire, rien ne les forçait à en sortir, et les travaux de tout genre étaient suivis sans aucune interruption par le plus grand nombre des ouvrières. Si vous ne pouvez pas mettre vos ruches à l'ombre sous des arbres, placez-les sous quelque hangard de manière qu'elles ne soient jamais frappées par les rayons du soleil ; évitez cependant que leur porte soit enfilée par le vent du nord qui pourrait engourdir les abeilles qui reviennent mouillées : à cela près toute exposition est indifférente. Quand ce conseil ne serait pas appuyé sur l'observation que je viens de vous raconter, je n'hésiterais pas à vous le donner en vous rappelant que c'est à l'ombre que les abeilles laissées à elles-mêmes établissent leur domicile. Il y a plus d'inconvénient que d'avantage à rentrer les ruches dans nos maisons pendant l'hiver. Je vous conseille donc, Monsieur, de les laisser dans l'endroit où elles auront passé l'été en les garantissant comme vous le pourrez des souris et des voleurs.

A Ouchy, le 7 mars 1801.

Voulez-vous bien me dire, Monsieur, si vous avez reçu une boîte que je vous ai envoyée par le coche, il y a environ six semaines. Elle contenait un modèle de ruche et un petit mémoire sur les abeilles. Je ne mets pas à tout cela une grande valeur, mais je serais fâché que le mémoire tombât en d'autres mains que les vôtres. Dans le cas où il ne vous serait pas parvenu, faites-moi le plaisir de vous informer de ce qui sera arrivé à mon envoi. Votre adresse était écrite sur la boîte même. Je suis sûr que

Digitized by Google

vous m'auriez répondu si vous aviez lu ma lettre. J'aime mieux croire qu'elle est perdue que d'attribuer votre silence à quelque indisposition. Vous m'avez fait prendre intérêt à vos abeilles et à vos observations et, à ce titre, je mérite peut-être que vous ne me laissiez pas ignorer la suite de vos opérations. J'ai l'honneur d'être, Monsieur, avec considération, votre très-humble serviteur.   HUBER.

Lausanne, le 28 mars 1801.

Monsieur, je suis bien fâché d'avoir un complément de condoléance à vous faire. Soyez persuadé de l'intérêt que je prends à un chagrin dont je connais l'amertume et croyez à la sincérité des vœux que je fais pour votre conservation.

Connaissant la bienveillance que vous voulez bien m'accorder et votre exactitude, j'avais conclu de votre silence qu'il vous était arrivé quelque chose d'extraordinaire. Si j'avais d'abord été inquiet du sort de mon envoi, je le fus bien davantage quand je ne vis point venir de réponse à ma dernière lettre, et je chargeai une personne qui avait des correspondances à Neuchâtel pour me procurer de vos nouvelles.

J'ai lu vos dernières observations avec beaucoup d'intérêt; elles sont curieuses et neuves pour moi, car je ne connais la dyssenterie des abeilles que de réputation. J'ai eu quelquefois trente à quarante ruches à observer à la fois, mais la maladie dont vous me parlez et que vous décrivez bien mieux que ne l'ont fait ceux qui en ont parlé, ne s'est présentée qu'une fois chez moi dans l'espace de dix ans. Voici ce qui m'arriva : j'avais enfermé quelque ruches pendant un hiver assez froid dans un cabinet où je ne faisais point de feu. C'étaient des paniers ordinaires; en en soulevant un nous jugeâmes à sa légéreté qu'il n'y avait plus de miel; nous en remplîmes une soucoupe que nous plaçâmes sous la ruche; tranquilles après cela sur le sort de ces abeilles, nous les laissâmes deux ou trois jours sans les visiter ; je m'aperçus alors que la ruche exhalait une odeur insupportable; nous trouvâmes que les abeilles s'étaient vidées dans leur ruche, que ses gâteaux et sa table étaient couverts de leurs excréments et qu'un grand nombre d'ouvrières avaient péri ; nous ne sûmes point faire alors ce que vous avez exécuté si adroitement et cette peuplade périt parce que nous n'imaginâmes pas de la faire passer dans une habitation plus saine; mais à cette époque nous ne savions pas manier les abeilles.

Je crois comme vous, Monsieur, que vos couvains d'hiver sont morts

en naissant, parce que leurs nourrices n'opt pas eu de pollen a leur donner. Mais pourquoi n'en ont-elles pas recueilli? L'abondance du miel
que vous avez eue prouve celle des fleurs dans votre *heureuse* vallée.
Pourquoi ces trois ruches n'ont-elles pas enmagasiné leurs poussières
fécondantes, tandis que les autres ont sûrement du couvain et ce qu'il
faut pour les nourrir? C'est un secret que je ne pénètre pas. Cette question mérite d'être étudiée. Qu'est-ce que c'est que ces corps trouvés dans
des cellules fermées d'un couvercle de cire percée de petits trous? Serait-
ce des larves ou des nymphes desséchées? Vous avez aussi trouvé dans
ces cellules une matière épaisse et rougeâtre ; cela ressemble assez à de
la vieille gelée. Auriez-vous conservé ces cellules extraordinaires dans
cette saison? Pourriez-vous observer ce qu'elles contiennent avec la
loupe ou m'en envoyer quelques échantillons? La matière rougeâtre pourrait être aussi de la propolis ; l'analyse chimique me l'apprendrait.

Je connaissais le pou rouge des abeilles. Vous ne dites pas que ceux
des vôtres aient cette couleur. Vous avez déjà vu bien des choses qui m'a-
valent échappé. Le champ de l'histoire naturelle est si vaste et si riche
qu'il y a des moissons à faire lors même qu'on les croit moissonnés. Courage donc, Monsieur, vous avez du temps, du zèle, de l'adresse et de la
sagacité , avec cela vous irez loin. Le noble motif du bien public qui vous
anime vous fera vaincre des obstacles que le froid égoïsme ne surmonte-
rait pas ; aussi aurez-vous une autre récompense. Ayez des ruches vitrées,
il ne faut pas vous priver de ce secours. Dites-moi toujours vos plans, leur
exécution et leur succès. Ne pensez pas plus au style en m'écrivant que je
ne m'en occupe moi-même; ni vous ni moi nous ne sommes, grâce à
Dieu (1), obligés d'être Français et d'écrire comme eux. Faites-moi le plaisir de m'adresser vos lettres tout simplement. Je me croirai plus de vos
amis quand vous ne ferez plus de compliments avec moi. Je vous embrasse avec toute la cordialité helvétique.   Fr. HUBER.

Histoire politique et philosophique des abeilles,
Par A. Toussenel. (Suite et fin). V. p. 122.)

Les abeilles définissent l'égalité : *Le droit qui appartient à chaque
citoyen de recevoir de la société les bienfaits d'une éducation gratuite et
intégrale qui développe toutes ses facultés natives et le classe à son rang.*

(1) Ce *grâce à Dieu* serait sans doute souligné, si l'auteur eût vécu depuis
un an. — *La rédaction.*

Digitized by Google

Et je défie toutes les constituantes de me donner une définition de la liberté plus large et plus complète que celle-là.

. Rien de plus simple encore et de moins dispendieux que le système de ventilation des abeilles. La température de l'intérieur d'une ruche est presque aussi constante que celle des caves de l'Observatoire ; elle est plus élevée seulement, de 26 à 27 degrés centigrades en moyenne. Pour maintenir cette moyenne dans les grandes chaleurs, et à l'époque des éclosions multipliées où la population déborde, les abeilles ont institué une corporation d'*éventeuses,* dont l'office consiste à faire jouer leurs ailes en manière de moulin à vent dans toutes les parties inférieures de la ruche par où pénètre l'air. Ce battement d'ailes suffit pour rafraîchir la température en été ; en hiver, pour retenir la chaleur du foyer intérieur, elles calfeutrent, avec un ciment particulier (propolis), toutes les fissures du rez-de-chaussée. C'est une précaution à deux fins qui les garantit, en même temps que du froid, de l'invasion de leurs ennemis mortels, la teigne, le sphynx tête de mort, le mulot, etc.

Les hommes n'ont jamais pu construire de salles de réunion capables de contenir 26,000 personnes à couvert, et dans leurs plus magnifiques théâtres, qui tiennent à peine deux mille âmes, les spectateurs sont entassés et empilés comme des harengs dans une caque. Le rhume de cerveau et l'asphyxie qui stationnent en permanence dans les affreuses loges et dans les sombres couloirs de nos théâtres, n'ont pas même de nom dans la langue des abeilles ; et l'homme continue à se dire un être doué de raison !

Là ne se borne pas la leçon que l'abeille nous inflige en matière d'architecture et d'édilité. Elle a horreur de l'hypocrisie et ne pare pas ses édifices de devises mensongères ; elle n'a pas sans cesse à la bouche les mots de liberté et d'égalité, parce qu'elle sait qu'il n'y a pas liberté et égalité dans un état où le sexe le plus fort opprime et assassine le plus faible, elle ne comprend pas qu'on ose écrire le mot de fraternité sur les murailles d'une cité où la moitié des habitants ferait volontiers fusiller ou emprisonner l'autre, au dire de témoins dignes de foi.

L'abeille nous enseigne, en son langage barbare, que la réalisation du travail attrayant exige la suppression des oisifs ; mais elle nous prouve en même temps que le travailleur a besoin, pour se livrer à un travail fructueux, qu'il y ait sérénité dans l'air. Voyez-la, en effet, chavirer et fléchir sous le poids de ses récoltes aussitôt que fraîchit le vent. Ainsi la tempête politique brise le corps et les bras de l'artisan des villes, et ne lui permet pas de rapporter à sa famille le fruit de ses travaux.

Placez la demeure de l'abeille au sein des prairies parfumées, parmi les champs de rosiers, de mélilot, d'aubépine, son miel aura la douceur et le parfum du nectar; que si la nature la condamne à chercher sa substance au noir calice des fleurs vénéneuses, ce miel n'offrira plus à l'homme qu'un aliment perfide. Ainsi le travailleur subit fatalement la loi du milieu où il vit. Vous donc qui voulez sincèrement le bien des peuples, moralistes et législateurs, commencez par assainir ce milieu délétère qui ne peut porter que des plantes vénéneuses.

Pourquoi la guêpe et le frélon parasites, qui ont reçu de la nature de si admirables facultés d'architectes et de si puissantes armes, n'ont-ils jamais su se créer des greniers d'abondance? Parce que tous deux vivent de rapines, de brigandages et d'assassinats, et que le fripon qui a pris l'habitude de vivre du travail d'autrui regarde le travail comme chose dégradante et dépense comme il gagne.

Pourquoi la femme et l'enfant, que les abeilles chérissent par-dessus toutes les créatures humaines, sont-ils l'objet spécial des fureurs des frelons? Parce que la femme et l'enfant sont le charme et la joie des sociétés heureuses et les souffre-douleurs des sociétés maudites.

L'abeille, qui symbolise l'amant passionné du travail, a pour ennemis naturels une foule de parasites; le mulot qui symbolise le barbare, et le sphynx tête de mort, emblème parlant de l'esprit des ténèbres (1).

(1) L'abeille a pour principaux ennemis, le *clairon des ruches*, *la galerie des ruches*, le sphynx tête de mort, le crapaud et quelques petits oiseaux. — Le clairon des ruches est un coléoptère dont l'étui est traversé de bandes rouges et bleu-noir. Sa larve détruit celle des abeilles. — La galerie est une teigne dont la larve s'avance dans les rayons à l'aide d'une galerie. C'est la perte des ruches.

Le sphynx tête de mort est une espèce de papillon de nuit très-commune, dont la chenille vit sur la pomme de terre. Quand on considère la grosseur et la faiblesse des moyens d'attaque du sphynx, on ne comprend pas bien quels ravages peut occasionner dans la ruche un pareil ennemi; et pour se rendre compte de l'indicible émoi qu'apporte dans la ruche l'approche de ce rôdeur nocturne, on se voit forcé de remonter jusqu'à l'étude de ces hautes raisons d'antipathies caractérielles qui sont restées si longtemps un secret entre les bêtes et Dieu. La guerre de l'abeille et du sphynx a fourni, au surplus, à l'histoire naturelle un fait d'observation d'une portée immense. Le sphynx tête de mort n'est arrivé en Europe qu'à la suite de la pomme de terre, il y a environ un siècle. Par conséquent, les abeilles ignoraient cet ennemi du temps de Louis XIV. Or, cet ennemi

Digitized by Google

Le privilége, la barbarie et la superstition sont aussi les fléaux qui pèsent le plus lourdement sur l'enfant et la femme. La sympathie est forcée et fatale entre victimes des mêmes iniquités.

L'histoire des tueurs d'hommes, qui est généralement trop frivole pour s'occuper de ces questions immenses, raconte pourtant que Dieu s'est servi plusieurs fois des abeilles pour protéger la bonne cause. Tantôt c'est un duc de Lorraine qui, serré de trop près par les troupes de l'empereur d'Allemagne, imagine, pour se tirer de peine, de semer, pendant la nuit, des paniers d'abeilles dans le camp ennemi. Les abeilles dérangées, rapporte le chroniqueur, ont le réveil furieux. Celles-ci se jettent avec rage aux naseaux des chevaux de l'armée impériale qui s'emportent en un affreux désordre et provoquent bientôt la déroute générale. Il paraît qu'il y eut bon nombre d'impériaux occis ce jour-là. Je ne sais plus où j'ai lu encore qu'un héros Portugais, bataillant en Afrique, avait usé contre les Maures de pareil stratagème et avec plein succès. Enfin, une cité grecque, assiégée par un sultan Mourad, aurait dû sa délivrance à la même protection. Je ne dis pas la chose impossible, mais je la donne pour ce qu'elle vaut et pour ce qu'elle m'a coûté.

Pauvres soldats du socialisme, hélas ! que nous aurions besoin de renvoyer nos maîtres, nos prétendants au titre de chefs d'école à *celle* des abeilles ! Car les abeilles ne sont ni saint-simoniennes, ni fouriéristes, ni communistes, ni égalitaires, elles sont tout cela à la fois, et elles ne prennent pas texte d'une vérité partielle, d'un système incomplet, pour proscrire tous les autres. Comme ce socialisme large et compréhensible des abeilles me paraît admirable en regard du socialisme étroit et fanatique des hommes !

Les abeilles sont, avec les saints-simoniens, pour la capacité (abdominale) et contre la propriété individuelle ; avec les fouriéristes pour le travail attrayant ; avec Louis Blanc pour le travail proportionnel aux facultés et la répartition proportionnelle aux besoins. Elles prennent

connu, il a fallu *inventer*, pour se défaire de ses attaques, un système de fortification spécial... L'abeille a rencontré du premier coup le système de Vauban !!! Dites-nous donc, après cela, que les bêtes ne raisonnent pas...

Il n'est pas rare de rencontrer des crapauds qui rôdent aussi sous la ruche pour y surprendre des sentinelles endormies. Le crapaud est l'emblème du mendiant qui étale ses plaies le long de la voie publique, pour apitoyer les passants, et qui implore leur charité d'une voix gémissante. Le mendiant est l'ennemi-né du travail attrayant.   A. TOUSSENEL.

tout ce qu'il y a de souverainement vrai dans chaque doctrine pour en composer leur miel. Pauvres soldats du socialisme, quand nos chefs nous feront-ils grâce de leurs amours-propres exorbitants et de leurs rivalités haineuses si funestes à l'idée? Quand surgira parmi nous la sainte cohorte des dévoués qui fera taire les ambitions mesquines et formulera la vaste synthèse du travail attrayant.

O maîtres éloquents, maîtres dont l'orgueil nous perd tous, au nom du salut de vos frères, laissez l'esprit de secte à la porte du temple de la fraternité, comme le pèlerin de la Mecque laisse ses sandales impures au seuil de la Casba, et écoutez avec l'esprit de charité et d'humilité que recommandait le Christ, la leçon des abeilles. — Le miel, nous disent-elles, le miel qui purifie le sang, qui corrige l'âcreté des humeurs, qui est la base de toutes les boissons rafraîchissantes et émollientes, le miel, doux au palais, à l'odorat et à l'œil, le miel, cher à l'enfant et à la femme, le miel doué de tant de qualités précieuses, *est le fruit du travail attrayant*. Réalisez le travail attrayant et l'harmonie se fera sur la terre comme au ciel.....

Je finis, parce qu'il faut finir, parce que je m'aperçois que je me répète; c'est la faute de ma fidélité à traduire la nature qui se *plaît* à répéter, au-dessous de tous ses tableaux, les mots unis de solidarité et de bonheur. Je m'arrête, parce qu'il est trop tard pour engager mes lecteurs à me suivre dans les forêts vierges d'Afrique, où le coucou indicateur nous aurait mis sur la voie des abeilles sauvages, qui cachent leurs trésors dans les cavités des troncs d'arbres ou dans les demeures abandonnées des thermites. A une autre fois le voyage. Je demande seulement à terminer ce long récit par une double question, en forme de morale et d'apologue.

L'homme est un grain de sable perdu sur la croûte d'une planète imperceptible, perdue elle-même dans l'immensité de l'espace et non encore découverte par les astres voisins. Or, l'homme se mit un jour en tête qu'il était le pivot et le centre de la création; que le Créateur, en façonnant ses milliards d'univers, n'avait songé qu'à lui, et que ce Dieu tout-puissant, qui avait fait sans fatigue le ciel et les étoiles, avait éprouvé le besoin de se reposer après avoir fait l'homme... Cette folie innommée, ces prétentions risibles lui venaient, comme au seigneur Don Quichotte de la Manche, de la lecture des mauvais livres.

Dans un de ces mauvais livres, un livre prétendu saint, il était fait mention d'un pâtre de Judée qui se vantait d'avoir rencontré Dieu dans

Digitized by Google

un buisson ardent et de lui avoir parlé face à face; d'un autre qui avait arrêté le soleil dans sa course, rien qu'en tendant la main, facétie agréable et qui a dû réjouir fort le soleil, si elle est montée jusqu'à lui... Grâce au bon sens philosophique, néanmoins, et au bout de quelques milliers d'années, la folie se calma; la science vint, qui rappela au cerveau de l'âme sa raison fugitive, souffleta les imposteurs qui avaient arrêté le soleil dans sa course et sténographié au Sinaï le Verbe du Très-Haut, qui condamna enfin au supplice de l'éternel ridicule les juges de Galilée.

La leçon a-t-elle servi à l'homme? pas le moins du monde. En a-t-il profité pour mettre en suspicion la véracité des saintes Écritures? Aucunement. Ces saintes Écritures avaient fait de l'homme un forçat condamné à un travail perpétuellement répugnant, et de la femme un être inférieur, auxiliaire de Satan par sa beauté fatale.

Or, voici dix mille ans que l'abeille, qui est aussi un verbe de Dieu et un oracle plus sûr que celui de Moïse, démontre que le travail, loin d'être une condamnation du sort, est la première de toutes les conditions du bonheur, le gage de la santé, de la richesse... et que la femme, loin d'être une créature inférieure, possède seule, au contraire, la puissance de réaliser le travail attrayant, garantie de la richesse sans fin et de la félicité universelle.

Je demande s'il ne se fait pas temps que la superstition fasse place à la vérité et la sottise biblique au bon sens de l'abeille. A. TOUSSENEL.

— En reproduisant le travail de Toussenel qu'on vient de lire, la direction de *l'Apiculteur* n'a eu pour but que de le consigner dans ses archives, ainsi qu'elle l'a fait pour d'autres articles étrangers à l'apiculture, mais dans lesquels l'abeille a été prise pour sujet. Tels sont : l'*Histoire externe des abeilles*, vol. 3; les *Abeilles aux Tuileries*, vol. 7; l'*Intelligence des abeilles*, vol. 11; les *Abeilles et le manteau impérial*, vol. 15, etc. Elle entend laisser aux auteurs de ces articles la responsabilité de leurs doctrines. Quant aux lecteurs de *l'Apiculteur*, ils ont la liberté et l'intelligence d'en prendre ce qu'ils voudront. Ils sont de ceux, ou du moins la grande majorité, pour qui les rivières n'ont pas besoin de garde-fous. H. HAMET.

De la production de la cire,

par Dzierzon.

La cire est la matière avec laquelle les abeilles construisent les cellules de leurs gâteaux, matière précieuse dont la production et le profit qu'on en retire sont l'une des branches principales de l'apiculture.

Où les abeilles prennent-elles donc la cire? La trouvent-elles toute préparée dans la nature, et n'ont-elles besoin que de la ramasser, comme elles le font déjà de la résine avec laquelle elles bouchent les fentes de leur habitation? Les petites boulettes qu'elles rapportent sont-elles de la cire? Aucunement. La cire est un produit propre à l'organisme des abeilles, semblable à la graisse. De même que l'araignée tire de son corps le fil dont sa toile est tissée, de même les abeilles tirent d'elles-mêmes les matériaux destinés à la construction des gâteaux. Quand la nourriture est abondante et la température suffisamment forte, la cire se forme dans l'intervalle des anneaux de l'abdomen des abeilles et elle en sort sous l'aspect de petites paillettes minces, comme du mica, de forme ovale. En été on remarque sur de certaines abeilles, de véritables monceaux de cire accumulés sur les anneaux. Quand on place un essaim dans une ruche vide on remarque sur le plateau, au bout d'un certain temps, une masse de ces petites paillettes de cire semblables à de l'écume blanchâtre, parce que les abeilles n'employant pas à leur bâtisse autant de cire qu'elles en produisent, en laissent beaucoup tomber par terre (1).

Au moyen de leurs pattes de derrière, les abeilles se retirent les paillettes de cire, les portent entre leurs mandibules, les y pétrissent et les placent ensuite là où il en est besoin pour leurs constructions, et ordinairement sur l'espèce de rebord plus épais que le reste, qui entoure les cellules, même celles qui ne sont que commencées, ce qui leur donne une plus grande solidité. Les abeilles apportant toujours de nouveaux matériaux sur cette espèce de rebord, les cellules s'élèvent petit à petit jusqu'à ce qu'elles aient atteint leur profondeur normale; l'entourage plus épais est conservé sur les cellules terminées et contient à peu près la matière qui est nécessaire pour boucher les cellules lorsque celles-ci

(1) C'est par maladresse que les abeilles laissent tomber des parcelles de cire, et non parce qu'elles en produisent de trop. On est à même de constater qu'elles en laissent beaucoup moins tomber lorsque la température est élevée, c'est-à-dire lorsqu'elles en produisent beaucoup, et qu'elles ne sont gênées dans leurs mouvements, que lorsque la température est basse. — *La Rédaction.*

Digitized by Google

sont remplies de miel ou qu'elles renferment le couvain arrivé à son développement complet. Lorsque les constructions sont poussées plus loin, les abeilles n'emploient pas seulement de la cire nouvelle, mais elles enlèvent aussi, dans le voisinage, de la vieille cire et l'emploient aux bâtisses. Quand alors les abeilles appliquent des cellules nouvelles contre les anciennes, c'est-à-dire quand elles allongent les gâteaux, comme on dit, la construction nouvelle prend une couleur blanche qui est celle de la cire neuve. Les cellules maternelles ont ordinairement la même couleur que les gâteaux sur lesquels elles sont bâties, parce que la cire dont elles sont formées provient des cellules voisines.

Tous les apiculteurs renommés sont unanimes pour déclarer que la cire est un produit spécial du corps des abeilles et qu'on était anciennement dans une grande erreur quand on prétendait que la cire provenait des pelottes de pollen que les abeilles portent aux pattes; cependant on n'a pas encore pu découvrir d'une manière certaine d'où les abeilles tiraient la cire ou avec quels éléments elles la composaient.

Il est bien entendu que la cire ne peut être produite qu'au moyen des matières que les abeilles mangent et digèrent, c'est-à-dire qu'elle provient de leur nourriture. Nous allons examiner cela dans le chapitre suivant.

De la nourriture des abeilles.

Les aliments qui servent à la nourriture des animaux se partagent en deux classes : les aliments de la première classe servent à l'entretien de la respiration et à la formation de la chaleur ; on les appelle matières servant à la respiration. Leurs éléments sont le carbone, l'hydrogène et l'oxygène. Les aliments qui les contiennent sont : l'amidon, le sucre, la graisse, l'alcool et tous les corps susceptibles de fermentation et qui ne contiennent pas d'azote. Les aliments de la seconde classe concourent à la production de la chair et du sang, à la formation du corps et à son développement. On les appelle aliments produisant la chair et le sang ou aliments plastiques, parmi lesquels le plus important de tous est le blanc d'œuf ou albumine. Ces aliments se distinguent des premiers en ce qu'ils contiennent les trois premiers éléments, plus de l'azote.

Le miel sert donc aux abeilles d'aliment exempt d'azote pour entretenir les fonctions de la respiration et pour la formation de la chaleur ; elles ne vivent que de miel durant le repos de l'automne et de l'hiver, pendant lequel il n'existe pas de couvain et où les forces actives qui épuisent le corps sont au repos. Mais au printemps, dès le mois de février et souvent plus tôt, lorsque commence à se réveiller l'instinct de la procréation du couvain, le besoin d'une autre nourriture se fait aussi sentir chez les abeilles. Dorénavant les abeilles vont consommer, non-seulement plus de miel qu'avant parce qu'il faut obtenir et conserver dans la ruche un plus haut degré de température, mais elles vont montrer un goût très-prononcé pour les aliments azotés ou albumineux, tels que les abeilles en trouvent dans le pollen, par exemple, qu'elles extraient maintenant des cellules malgré la moisissure qui le recouvre, ou bien qu'elles vont chercher activement dans la campagne pendant les journées chaudes. Quand le pollen leur manque, tout le monde sait que les abeilles se jettent avec avidité sur la farine de froment, toujours pour y trouver l'albumine, et qu'elles la chargent sur leurs pattes de derrière sous forme de petites boulettes grises, quand on la leur donne sur des gâteaux dans un endroit tranquille et exposé au soleil, et qu'elles la rapportent à la ruche. Mais pour pouvoir convertir cette farine dans leur estomac en un suc nourrissant semblable au lait, les abeilles ont besoin d'eau ; c'est pour cela qu'elles en rapportent avec activité au printemps et pendant l'été, à moins qu'elles n'en mettent une grande quantité dans le miel. L'eau est indispensable aux abeilles pour la préparation de la nourriture destinée au couvain. Elles peuvent plutôt se passer de pollen, et il est certain qu'une ruche sans une seule cellule de pollen peut hiverner et même élever un peu de couvain avant la première sortie. Ainsi les abeilles peuvent même conserver une certaine quantité de matière albumineuse ou azotée dans leur estomac à chyle, et en consommer encore pendant un certain temps jusqu'à épuisement complet. Mais le manque d'eau empêche tout à fait la préparation de la nourriture du couvain, en présence des provisions de pollen desséché et de miel cristallisé. La ponte est non-seulement arrêtée, mais les abeilles arrachent même les plus jeunes larves pour ne continuer à élever que les larves les plus avancées. Quand alors les abeilles peuvent recueillir du pollen humide ou du miel aqueux, ou lorsqu'on les nourrit avec de l'eau sucrée, elles continuent à élever du couvain. Une température humide pendant laquelle les fleurs produisent du pollen en abondance, est propice à l'élevage du couvain et par conséquent à l'essaimage, tandis qu'une année sèche produit ordinairement plus de miel et peu ou pas d'essaims.

Il est prouvé par l'expérience que de même que l'extension de la

Digitized by Google

ponte est favorisée par un temps humide, pour la même raison les.
bâtisses sont poussées avec ardeur, parce que ces deux occupations se
font simultanément et ont des rapports entre elles. L'extension du couvain exige une égale extension des bâtisses, qui toutes deux demandent
une plus haute température dans la ruche. Dès que la ponte commence,
les abeilles se mettent aussi à produire de la cire dont elles ont besoin
pour l'operculation des cellules à couvain. Mais dès que la ponte a cessé,
par l'éloignement fortuit de la mère, quelque propice que soit la température, les constructions s'arrêtent. Aussi ce fait montre bien l'erreur
de ceux qui prétendent que le pollen sert essentiellement à la préparation de la pâtée destinée au couvain et que la cire provient uniquement
du miel. Une telle distinction n'est pas admissible. L'un et l'autre sont
produits par l'organisme du corps des abeilles, quand la vie est poussée
à son plus haut degré d'activité.   (A suivre.)

Revue et cours des produits des abeilles.

Paris, 25 août. — MIELS. Les Gâtinais de deuxième coupe ont été
payés, depuis la réunion de Janville, de 125 à 145 fr. les 100 kil., selon
composition des lots ; les pays 120 fr.; des qualités extra de ces derniers.
ont obtenues à 125 et même 130 fr.; mais il en a été cédé aussi à 115 fr.
Quelques localités ont, cette année, des miels blancs de toute beauté, ce
qui a presque toujours lieu lorsqu'il y a quantité. Ces miels peuvent
passer pour des surfins Gâtinais, aux yeux de certains acheteurs.

Les cours des Gâtinais à l'épicerie sont de 140 à 200 fr. les 100 kil,
Les pays, de 130 à 150 fr.

Les fabricants payent en vrague, de 30 à 45 c, le demi-kil. Les ruches
ont du poids dans le Perche, le Vexin, la Brie, la Bourgogne et une partie
de la Champagne. Le rendement est au-dessous de la moyenne dans la
Picardie, l'Artois et plusieurs cantons du nord-est et du midi.

Des miels roux de Basse-Normandie ont été vendus, à livrer ces jours-
ci, à 110 fr. les 100 kil. et 100 fr. à livrer dans la deuxième quinzaine
le septembre. Les premières livraisons ne sont pas composées de sarrasins purs. On n'est pas encore fixé sur la récolte en Sologne. Les blés
noirs y sont généralement beaux et abondants ; mais un certain nombre
l'apiculteurs du Gâtinais n'y ont pas conduit leurs ruches, ou ne les
ont menées que depuis quelques jours seulement ; d'abord parce que
les chasses ont trouvé à butiner sur place jusqu'à ce moment, et qu'en
outre la chaleur s'opposait au transport. Quelques apiculteurs de la

Beauce n'auront pas à déplacer leurs ruches cette année; il existe assez de blés noirs chez eux pour alimenter leurs abeilles. De la Bretagne, quelques plaintes se sont fait entendre ces derniers jours; mais rien ne sera compromis, si le temps se remet au beau sous peu.

Des Chilis, payés de 125 à 128 fr. rendus à Paris, sont vendus de 130 à 140 fr. les 100 kil. selon qualité. Les colorés étant préférés par les fabricants de pain d'épice, sont plus chers qué les blancs. Quelques-uns ont un goût prononcé de cacao.

Au Havre, aucune affaire la semaine dernière. On a coté miel du Chili de 100 à 110 fr. les 100 kil. acq.; de Haïti et Cuba, de 60 à 70 fr.

CIRES. — Plus offertes que demandées, les cires jaunes pour encaustique, parquet, etc., sont restées calmes. Les belles qualités en briques ont été cotées de 100 à 130 fr. les 100 kil., hors barrière. Très-peu à ce dernier chiffre. Des producteurs gâtinaisiens ont cédé à 100 fr. avec leur lot de miel. C'est-à-dire qu'ils ont abandonné 20 ou 25 fr. sur leur cire pour obtenir quelques francs de plus sur leur miel.

Les cires blanchies se cotent de 5 à 6 fr. le kil., sélon blancheur et pureté. Il y a des alliages à prix inférieurs.

Dans la Normandie les cires en pains sont cotées de 2 à 2 fr. 10 le demi-kil. Celles propres au blanc trouvent facilement acheteurs.

Marseille a continué la cote suivante : cire jaune de Smyrne, à 245 fr. les 50 kil., à l'entrepôt ; de Trébizonde, 237 fr. 50 ; de Caramanie, 235 à 240 fr.; de Chypre et Syrie, 230 fr.; de Constantinople, 220 à 225 fr.; d'Egypte, 205 à 225 fr.; de Mogador, 185 à 200 fr.; de Tétuan, Tanger et Laroche, 200 à 210 fr.; d'Alger et Oran, 212 fr. 50 à 220 fr.; de Bougie et Bone, 210 fr.; de Gambie (Sénégal), 200 à 205 fr.; de Mozambique, 210 à 215 fr.; de Corse, 225 à 230 fr.; de pays, 200 à 207 fr. 50 Ces deux dernières à la consommation.

Du Havre, M. Pillain nous adresse les renseignements suivants : « Du 1ᵉʳ au 19 de ce mois inclusivement, les cires quoique réalisant peu d'affaires, ont donné lieu à quelques ventes, mais avec une certaine dégringolade; ainsi 1,200 kilog., cire jaune Haïti ont été vendus au prix de 2 fr. 8 c. le demi-kil. acq.; puis 2,500 kil., même cire à 2 fr.; enfin 300 kil. dits à 1 fr. 97 c. 1/2. La semaine qui vient de s'écouler a été nulle. Les importations comportent : 10 caisses cire Hambourg; 67 colis de Lisbonne; 18 bls de Gibraltar; 50 caisses de Rotterdam.

Prix courant : cire d'Afrique, de 3 fr. 20 à 4 fr. 80; du Chili, de 4 fr. 70

à 5 fr. 80 ; des Etats-Unis, de 4 fr. 25 à 4 fr. 30 ; de Haïti, de 4 fr. 10 à 4 fr. 20 ; de l'Inde, de 4 fr. 50 à 4 fr. 60 le kil. acq. »

Corps gras. — Les suifs de boucherie ont été cotés 112 fr. les 100 kil., hors barrière; l'oléine de saponification 95 fr.; de distillation 85 fr.; stéarine de saponification 195 fr.; de distillation 185 fr.; suif en branche 85 fr. 88 c. les 100 kil.

Sucres et sirops. — Les sucres se sont traités en baisse. On a coté les raffinés belle sorte, 113 fr. les 100 kil.; bonne sorte 112 fr. — Les sirops de fécule sont aussi en voie de baisse par suite de la belle apparence de la récolte des pommes de terre. On a coté sirop blanc 78 à 80 fr. les 100 kil.; sirop massé 40 degrés, de 55 à 58 fr.; sirop liquide 33 degrés, de 47 à 48 fr., cote de la Bourse. On a coté des sirops de maïs massés 40 degrés, de 70 à 75 fr.; des liquides pour distillateurs et confiseurs, de 80 à 85 fr., les 100 kil.

ABEILLES. — Il est encore venu quelques essaims dans plusieurs ruchers jusqu'au 10 août. Beaucoup de colonies conservent leurs faux-bourdons dans les localités où l'on cultive la luzerne. Les abeilles ont continué de butiner du miel dans les cantons privilégiés, et la plupart des trévas et des essaims y ont acquis le poids nécessaire pour passer l'hiver. Mais dans d'autres cantons, les paniers ont commencé à diminuer de poids, et l'on s'aperçoit que les provisions ne sont pas abondantes. Des acheteurs de ruches à défaire de plusieurs localités de la Picardie, ne trouvent que de 10 à 12 kil. panier et abeilles détruites, de ruchées qu'ils avaient achetées le mois dernier, et sur lesquelles ils attendaient un rendement de 14 à 15 kil. Les abeilles conduites aux bruyères et aux blés noirs promettent des provisions satisfaisantes. Le Perche, le Vexin (partie de l'Eure et de l'Oise) et la Bourgogne auront de très-bons paniers de conserve à fournir à l'entrée ou au sortir de l'hiver dans les prix de 14 à 19 fr., selon grandeur de la *futaille*. — Voici les renseignements que nous avons reçus.

Depuis le mois de mai, il n'y a pas eu de suspension de miellée. Aussi les provisions hivernales des souches, des premiers et des seconds essaims sont-elles assurées. La récolte a été très-bonne, 20, 25, 30 livres de beau miel coulé par ruche. Prix du miel de 80 à 90 cent. le demi-kil. *Kanden,* à Auzon (Aube). — Nos essaims sont très-lourds, mais des souches manquent de poids. Cire, à Troyes, de 1 fr. 90 à 2 fr. le demi-kil. *Beuve,* à Creney (Aube). — Dans notre région, les ruches n'ont donné ni essaims, ni même de miel; l'année 1871 est une des plus mauvaises pour l'apiculture de l'Aude. *Buzairies*, à Limoux (Aude). — J'ai récolté peu de miel de première coupe de sainfoin. Je l'ai vendu 1 fr. 65 le kil. L'essaimage a duré dans mon rucher depuis le 31 mai jusqu'au 8 août; il a été à peu près de 100 p. 100. Le temps favorable qui a régné pendant la floraison des secondes coupes a permis aux abeilles d'y butiner une abondante récolte et pour peu que le temps continue, mes essaims tardifs vont être largement approvisionnés pour l'hiver. *Lecomte*, à Goupillières (Calvados).

Je désespérais au printemps de mes abeilles qui, depuis, ont doublé par l'essaimage. J'ai agrandi mes ruches pour empêcher la multiplication. Malgré cela un essaim a essaimé deux fois, sa souche en avait donné trois : total six ruchées d'une seule qui toutes sont bonnes. *Viardot*, à Cerilly (Côte-d'Or).

Dans notre pays qui est la haute montagne (830 mètres d'altitude), les ruchers ont été dévastés par les Prussiens, qui ont détruit la moitié des ruches. J'ai eu la bonne chance de ce qu'ils ne sont pas entrés dans le mien, et j'ai tout conservé. L'essaimage a été très-abondant et presque tous les essaims primaires et secondaires ont assez de provisions pour l'hivernage. Quelques-uns, les premiers arrivés, ont donné des calottes de 5 à 6 kil. de beau miel. La sécheresse du mois de mai a été très-favorable à la production du miel, et dans notre contrée, cette année comptera comme très-abondante, surtout si, comme tout le fait préjuger, il y a des miellées ce mois : ce sera un fort supplément de récolte. *Griffon*, à Doubs (Doubs).

Il y a eu beaucoup d'essaims dans ma localité ; les secondaires étaient aussi beaux que les primaires d'autres années. *Laugier*, à Bouvante (Drôme). — L'essaimage a été très-abondant cette année : il a été au moins de 200 p. 100. Presque tous les premiers essaims ont essaimé, même deux fois. J'en ai perdu beaucoup qui se sont enfuis. Un apiculteur des environs a 8 colonies d'une. Il y a une récolte extraordinaire. C'est mieux qu'en 1861. Tous les essaims sont bons ; beaucoup pèsent de 25 à 30 kil. et même plus. J'ai des chassés qui ont empli leur ruche. Je les ai calottées et haussées pour les empêcher d'essaimer. L'essaimage a duré du 23 mai au 5 août. J'ai vendu le miel de chasse 1 fr. 50 le kil. *Genty*, à Granvilliers (Eure).

Les abeilles n'ont pas été ravagées chez nous par les Prussiens, mais l'hiver en a beaucoup détruit ; ce qu'il en est resté a beaucoup essaimé. Les paniers qui n'ont pas été trop épuisés par les essaims sont bons, ainsi

Digitized by Google

que les premiers essaims qui sont très-lourds. *Guérin*, à la Croix-de-
Bléré (Indre-et-Loire). — Mon petit apier de sept ruchés m'a produit
deux cents francs, et je ne suis pas content, car j'ai perdu trois essaims
que j'aurais pu faire artificiellement. *Pironneau*, à la Perrière (Indre-et-
Loire).

Nos abeilles ont donné le double d'essaims que l'an passé, et elles ont
fait une bonne récolte; les paniers sont lourds. Mais nous sommes bien
arriérés; nous ne savons pas faire la récolte en juillet; nous la renvoyons au mois de mars prochain. De la lumière, de la lumière!*Protaz*,
à Grenoble (Isère). — L'hiver dernier a détruit beaucoup de colonies,
mais il y a eu passablement d'essaims autour d'ici. Je pense que dans la
campagne les abeilles doivent commencer à travailler aux blés noirs qui
sont très-beaux. *Guillet*, à Nantes (Loire-Inférieure).

Nous avons eu une grande quantité d'essaims, mais la fleur de sainfoin de première coupe a été mauvaise. Nous espérons (13 août), que les
secondes coupes et le blé noir nous dédommageront un peu. *Letrillart-
Lefèvre*, à Courcy (Marne). — La moitié des ruches qui me restaient ont
essaimé comme des folles; les souches n'ont presque pas de miel, de
15 à 18 livres par ruche; mais les essaims et les trévas sont bons, et
nous avons encore beaucoup de fleurs et surtout de blé noir. *Foureur*, à
Montbré (Marne). — J'ai permuté et haussé mes essaims artificiels et
naturels pour les empêcher de donner des réparons; quatre seulement
l'ont fait. J'avais des ruches affaiblies par l'essaimage qui se refont.
J'espère aussi que mes derniers essaims pourront passer l'hiver. Je trouve
mes mouches en de bonnes conditions. Pour le miel j'aurai une bonne
moyenne année. Je chasse et ensuite je récolte; mais en ce moment il
y a encore beaucoup de couvain. J'attends les premiers jours de septembre pour récolter de nouveau. J'ai vendu mon miel première qualité
1 fr. le demi-kil. Je le mettrai à 90 cent. *Molandre*, à Saint-Dizier
(Haute-Marne).

La récolte va commencer d'ici quelques semaines; il y aura abondance pour ceux qui auront eu des essaims; les premiers, dont plusieurs
ont essaimé, sont lourds et bien peuplés; les derniers mariés deux à
deux ont leurs provisions; mais beaucoup de souches n'ont ni poids ni
population. L'essaimage désordonné en a même privé quelques-unes
de mères, et sont ou seront envahies promptement par la fausse teigne.
Les miels en vrague pourront varier de 35 à 40 cent. le demi-kil. *Chapron*, à Feigneux (Oise).

Les abeilles n'ont travaillé, dans le canton d'Envermeu, qu'à partir de la fin de juillet. Les deux tiers des colonies, à peu près, ont essaimé, mais peu d'essaims secondaires. Depuis le commencement du mois d'août, les fleurs de vesces et de sauves favorisées par un temps alternativement chaud et pluvieux, ont fourni une abondante pâture aux abeilles. Le prix du miel en vrague est de 35 à 40 cent. le demi-kil. *Ferrand*, à Avesnes (Seine Inférieure).

Occupés à soigner les Prussiens nous avons dû négliger nos abeilles. Néanmoins je n'ai pas perdu de colonies. Sur 30, treize seulement ont donné des essaims et toutes étaient bonnes ; mais les contretemps survenus ont tout arrêté. Souches, essaims, ruches non essaimées, tout est bien peuplé, mais très-léger. *Lourdel*, à Bouttencourt (Somme). - - Les abeilles font beaucoup en ce moment (16 août) sur les secondes coupes de luzernes qui sont en pleine fleur ; elles en profitent d'autant plus qu'on retarde de les faucher à cause de la moisson. *Moreau*, à Thury (Yonne).

Les produits seront abondants dans les terres où l'on cultive les sarrasins et médiocres dans celles où pousse la bruyère. *Grandgeorge*, à Lamerey (Vosges).

. — Dans maintes localités le cidre va faire défaut cette année, le vin est cher, la bière de moins en moins bonne. Pourquoi les possesseurs d'abeilles qui produisent du miel à bon marché ne se fabriqueraient-ils pas une boisson aussi économique qu'hygiénique, un hydromel léger pour leur usage journalier. Avec une livre de miel de 60 cent. ils peuvent faire 3 ou 4 litres d'hydromel de bonne qualité, qui vaudra mieux que le cidre et la bière, et même que les vins coupés et additionnés qu'on débite dans les pays non vignobles. Plus l'hydromel est léger, moins grande doit être la quantité qu'on fabrique à la fois. Faire bouillir un quart d'heure dans des vases en cuivre, autant que possible, écumer, laisser refroidir, et emplir des petits fûts qu'on place dans un endroit sec, grange ou grenier. Ajouter gros comme une petite noix de levure de bière pour activer la fermentation. Boire au bout de trois semaines ou un mois, et mettre en bouteille si la boisson passe à l'aigrelet. — Pour l'obtenir avec les résidus de rayons gras, faire chauffer l'eau à 60 degrés environ, la verser dessus, laisser macérer 24 heures, tirer à clair, et ensuite entonner.   H. HAMET.

Paris.— Imprimerie horticole de E. DONNAUD, rue Cassette, 9.

L'APICULTEUR

Chronique.

SOMMAIRE : Rien du tout remplaçant avantageusement le mello-extracteur. — Les abeilles raccommodent les cellules percées. — Congrès et meeting apicoles. — Lauréats de Pontoise.

Le jour où nous avons dit que le mello-extracteur est un joujou inutile, les amateurs de cadres mobiles ont, d'une commune voix, crié haro sur nous. On ne sait pas trop si les plus chauds n'ont pas avancé que nous ne troublions... l'ordre social. Ce qui n'a pas empêché ladite machine de continuer à vider plus ou moins imparfaitement les rayons en cadre, et de ne pas vider les fragments de rayons, c'est-à-dire qu'elle ne peut servir qu'à ceux qui sont dans les cadres. Mais voici une découverte qui justifie au moins le qualificatif de notre épithète, puisqu'elle supprime la machine. Cette découverte consiste en un moyen, simple comme bonjour, de vider les rayons et fragments de rayons sans mello-extracteur. Il s'agit, bien entendu, de vider les rayons de façon à pouvoir les rendre aux abeilles pour qu'elles puissent les utiliser encore. Eh bien, ce moyen, que n'ont découvert ni les Allemands, ni les Américains, sans doute parce qu'il est trop simple, consiste à percer les cellules de part en part et à tenir le rayon dans le sens horizontal : le miel coule tout seul.

Cette trouvaille résout en même temps le problème suivant, à savoir : que les abeilles raccommodent et très-vivement — bien plus vivement qu'elles n'édifient sur des rudiments de gâteaux — les cellules percées par le fond. On avait avancé le contraire ou exprimé le doute en parlant des galeries de la fausse-teigne.

L'auteur de cette découverte est M. Delinotte, et c'est sur des rayons des coins de sa ruche qu'il a fait récemment ses premiers essais (voir 12e année de l'*Apiculteur*, p. 145). Ayant détaché un rayon garni de miel grand comme la main, il l'a placé sur un canevas et a percé chaque cellule d'un ou deux trous à l'aide d'une longue aiguille à coudre. C'était le soir qu'il opérait ; le lendemain matin, il trouva le rayon vidé. Il s'empressa de le coller dans le coin de ruche qui l'avait fourni et de replacer ce coin sur la ruche d'où il l'avait enlevé. Aussitôt les abeilles se mirent à débâtir les opercules ouvertes et à raccommoder les cellules percées. Le lendemain elles emmagasinaient de nouveau du miel dans ce gâteau. Plusieurs expériences lui donnèrent le même résultat. Il composa alors une sorte de perforateur pour percer à la fois les cellules d'une certaine étendue de rayons, ou d'un morceau de rayon entier. Nous donnerons la description avec figure de cet appareil lorsqu'il produira les effets qu'on peut en attendre.

Sachant que les abeilles utilisent, pour y emmagasiner des produits, les cellules qui ont été percées, M. Delinotte voulut savoir si elles utiliseraient également ces cellules pour du couvain. Nous avons pris part à l'expérience. Le 27 août dernier, nous avons enlevé d'une de nos ruches à cadres à deux étages (de Berlepsch ou mieux Prokowisch modifiée), le 1er rayon du haut (du côté droit), qui était entièrement garni de miel operculé à l'extérieur, et qui était aussi garni de miel à l'intérieur, sauf sur une surface de 10 à 12 centimètres carrés qui contenait du couvain d'ouvrière operculé. A l'aide du perforateur ébauché dont il a été parlé plus haut, les cellules garnies de miel qui entouraient le couvain ont été perforées, et le miel en est sorti, non entièrement, car nous ne lui en avons pas donné le temps. Au bout d'un quart d'heure nous avons replacé le cadre dans le bas de la ruche ; celui du bas avait été mis en haut. Aussitôt les abeilles se sont empressées de désoperculer les *cellules* percées, d'enlever le reste de miel que ces cellules contenaient encore, puis de rabaisser les pans de ces cellules qui avaient au moins 20 mil'imètres. Elles débouchèrent également les cellules garnies de miel qui se trouvaient à l'opposé du couvain, et les rognèrent au niveau des précédentes. Le lendemain une partie de ces cellules contenait des *œufs ;* deux jours après, elles en contenaient toutes et, au moment où nous traçons ces lignes, toute la partie de rayon opérée possède à l'intérieur et à l'extérieur du couvain operculé.

Nous avons pu remarquer que dans les vingt-quatre heures qu'a duré le travail de réparation et de rognage des cellules, la nuance du rayon, qui était blanc parce qu'il était jeune, s'est sensiblement colorée à cet endroit.

Maintenant faut-il, comme David, à la vue de l'arche sainte, chanter *Hosanna* devant cette découverte? Contentons-nous de la prendre pour ce qu'elle vaut. Ceux-là qui, au moment de la miellée, manqueront de rayons pour des bâtisses artificielles ou pour des greffes pourront s'en procurer par ce moyen. Mais ceux qui savent se pourvoir de rayons secs en temps opportun peuvent s'en passer. Le conseiller pour l'extraction

Digitized by Google

en grand du miel ne serait pas plus sérieux que de prôner l'usage du mello-extracteur pour le même objet.

M. Delinotte dispose un perforateur pour une surface de 8 centimè-très environ, qu'il pourra livrer aux apiculteurs qui désireront s'en servir. Nous y reviendrons.

— Le congrès apicole allemand, qui devait avoir lieu l'année dernière à Kiel, se tient cette année en cette ville. Nous doutons fort que la réunion apicole de Kiel soit aussi nombreuse que les précédentes, bien que l'Allemagne nous ait pris deux provinces. Déjà à Nuremberg un certain nombre de voix se sont élevées contre le choix trop excentri-que et trop prussien du lieu du rendez-vous. Quoi qu'il en soit, nous ferons connaître les questions importantes qui y seront traitées si elles transpirent jusqu'à nous. Les apiculteurs italiens se préparent aussi pour un congrès et pour une exposition à Milan en décembre. Aux États-Unis, l'association centrale de l'Illinois a tenu un meeting apicole à Lexington le mois de juillet dernier, et doit en tenir un autre en octobre. Ainsi, autour de nous, tout remue, la lumière se propage par les réunions et la discussion, le progrès marche à grande vitesse, entraî-nant après lui le bien-être, tandis qu'ici nous restons paralysés par le choc des événements et par les topiques empiriques avec lesquels le vieux monde prétend nous galvaniser. Néanmoins le courage et l'énergie ne manquent pas à ceux qui en étaient doués la veille. Des membres de la Société centrale poursuivent avec instance la réorganisation du ru-cher-école; mais que d'inertie du côté de l'administratif! Les sociétés départementales se préoccupent aussi de leur mission; mais que de vides a faits parmi leurs membres cette monstruosité qu'on appelle la guerre! La plus importante, celle de l'Aube, vient de faire reparaître son bul-letin. Mais tous, nous nous trouvons dans un état précaire, car non-seulement le gouvernement a *suspendu* les encouragements aux sociétés et aux publications agricoles, mais il a établi un impôt sur le papier, aug-menté le port des lettres, etc., etc.

Cependant, pour sortir du fossé dans lequel nous nous sommes laissés choir, il faut produire plus et mieux, et pour produire plus et mieux, il faut éclairer, propager et stimuler. A propos de stimulation, il est temps que des sociétés agricoles ne soient plus, comme sous l'Empire, des bureaux ouverts au favoritisme qui distribuent des médailles en veux-tu en voilà. Il est temps que les jurys soient partout composés de membres compétents, et que ce ne soient plus des fondeurs de suif ou des marchands de mélasse retirés qui soient désignés pour juger les choses de la ferme. Il paraît que nous ne sommes pas guéris de cette épidémie-là. Il y a quelques jours, au concours de Pontoise, trois exposants apicoles étaient examinés et appréciés par un jury, nombreux ma foi, mais ne comptant aucun apiculteur ; le même jugea tout : beurre, carottes, chocolat, pommes de terre, poulets, etc.

Aussi après examen (!!!) des ruches, du miel, de la cire et l'audition du boniment des exposants, ce pauvre jury, n'y voyant plus goutte, résolut — dans sa haute sagesse — de mettre *ex æquo* les concurrents et de leur accorder à chacun une 4ᵉ *distinction*. Ce nouveau jugement de Salomon aura pour principal effet de ne pas laisser oublier aux lauréats « qu'ils reviennent de Pontoise. » Il faut qu'à l'avenir les apiculteurs sérieux protestent par l'abstention partout où ils ne seront pas sûrs de rencontrer des juges capables de les juger, et sur lesquels surtout les intrigants ne puissent trouver prise. En attendant, voici le nom des lauréats de Pontoise dans l'ordre de mérite vrai : Grande médaille d'argent, M. Cheron, apiculteur à Magny-en-Vexin, collection de miel en rayon et coulé, de cire et ruche avec rayons artificiels. La cire de cet exposant est de toute beauté ; ses miels en rayon de fantaisie, poires, melons, etc., sont du dernier fini. Il les obtient avec des rayons *gaufrés* qu'il place dans des moules en plomb ou en fer-blanc. Son mode de fixer les bâtisses mérite d'attirer l'attention des producteurs de miel. *Id*. L'abbé Sagot, de Saint-Ouen-l'Aumône, exposition connue : ruche tournante, attrape-essaims, grenier mobile, tire-ficelle (mello-extracteur), tableau remis à neuf, c'est-à-dire restauré autant que le comportent les circonstances, car le fameux «A Napoléon III, nos cœurs reconnaissants» est effacé et n'est remplacé que par des pots de miel en attendant le bonhomme chose, 4ᵉ ou 5ᵉ. *Id*. M. Petit, marchand de miel à Paris, collection de miel en rayons, bien présenté, bonbons et liqueurs au miel qui attirent l'attention.   H. HAMET.

Sur l'essaimage et sur la forme des ruches.

Je vous suis fort obligé des communications d'Huber que vous avez publiées ; je ne les connaissais pas et j'en ai été d'autant plus charmé que pareilles remarques me préoccupaient dans ce moment. Mes premiers essaims sont bien garnis de miel et les abeilles sortent et rentrent à pleines portes, les cuisses garnies de pollen ; mais les dernières sont

Digitized by Google

relativement mornes et, en entr'ouvrant les volets de mes ruches, je vois les abeilles paresseusement groupées en poire dans le centre de la ruche. Quelques-unes à peine sortent et rentrent de temps en temps, et le peu de rayons dégarnis que l'on aperçoit sont formés de belles cellules blanches, mais absolument vides. Evidemment, le travail languit; à quoi l'attribuer? En y réfléchissant, je me suis convaincu que les essaims primaires trouvaient dans leur grande provision de miel amassé au bon moment une ressource qui leur permettait de continuer l'éducation du couvain, même en temps contraire; tandis que, ces ressources venant à manquer aux derniers venus, ils avaient dû abandonner cette fonction, qui est le plus puissant stimulant de la prospérité d'une ruche. J'ai fait également la même remarque pour les essaims artificiels que j'ai comparativement tenté de faire; les abeilles y ont construit leurs édifices et tout s'y est passé aussi régulièrement que pour l'établissement d'un essaim naturel; mais pour l'activité, l'entrain, quelle différence! Là un va-et-vient perpétuel, une animation à ravir; ici une mollesse, une sorte de nonchalance à inquiéter; n'était quelques ouvrières charriant à rare intervalle quelques pelotes de pollen, ce serait à douter si l'essaim est pourvu d'une mère. Tandis que le magasin du premier regorge de miel facile à distinguer à ses cellules operculées, c'est à peine si une inspection minutieuse en démontre, chez les secondes, l'existence dans les cellules du centre. Evidemment il y a eu ici surprise, tâtonnement, hésitations, retardement. Or, en pareil moment, le retard c'est la mort. C'est pourquoi, toutes choses égales d'ailleurs, je préfère infiniment les essaims naturels, et ne recourrais volontiers aux artificiels, qu'autant que les premiers, contrariés par le temps, ne pourraient heureusement aboutir. Je suis donc, comme vous le voyez, et d'autres sages observateurs feront, j'ose le croire, cause commune avec moi; je suis, dis-je, bien loin de croire que l'on puisse et que l'on doive surtout, sur la foi de l'un de vos correspondants, transformer en précepte ces errements exceptionnels; et cela est si vrai que les reparons que j'ai eus tardivement sont devenus bien supérieurs aux essaims artificiels obtenus avant eux. L'essentiel, avant tout, est d'obtenir des essaims précoces, et c'est à quoi, sans recourir aux essaims forcés, tous les apiculteurs savent qu'il est en général facile d'arriver, par l'orientation et l'abri de son rucher: reste la question du temps contraire; mais cette difficulté restant la même dans l'un et l'autre cas, je ne pense pas que l'essaim forcé soit une bien grande source de bénéfice, si son propriétaire se trouve dès l'abord

obligé de le nourrir : une colonie faible et languissante au début ne
l'indemnisera pas largement, j'imagine, de ses dépenses et de sa peine.
C'est bien assez d'avoir à nourrir celles que l'on ne saurait éviter
d'avoir sur les bras sans se créer des embarras comme à plaisir. Ceux-là
seuls qui ont passé par ces étamines peuvent savoir quelle rude tâche
incombe à l'apiculteur inexpérimenté. Guêpes, fourmis, abeilles famé-
liques, pillage, ouvrières engluées, noyées, trouble dans tout le rucher,
voilà bien souvent quels en sont les tristes résultats. C'est pour prévenir
ces inconvénients et épargner à quelques-uns de vos lecteurs des tâtonnements, des déceptions de plus d'un genre, que je vous adresse pour
le prochain numéro quelques corollaires pratiques sur les avantages et
les inconvénients du nourrissage des abeilles (1) : la grave question de le
faire en temps opportun, d'abord ; celle du *modus faciendi* ensuite, qu;
n'est pas la moins importante. Je ne vous demande que le temps de
recueillir mes idées. Cela arrivera juste au moment où l'ami des abeilles
examine, soupèse ses ruches et se met en mesure, en renforçant les
faibles, et donnant des aliments aux nécessiteuses, de rétablir dans son
rucher une balance autant que possible égale entre le fort et le faible ;
seule position sociale où, comme dans la république de Salente, si bien
vantée par l'auteur du *Télémaque*, tout concourre par ses talents et ses
aptitudes diverses à la prospérité générale de l'Etat.

Je vous signalerai entretemps une autre remarque qu'avait faite
déjà l'illustre auteur des *Observations sur les abeilles*, à savoir sur la
propriété qu'ont les fleurs de secréter du miel sous l'influence de
certaines modifications atmosphériques. J'ai été frappé comme lui de
l'immobilité de mes abeilles, alors que la campagne paraissait encore
couverte de fleurs et les accusais d'ineptie en les voyant passer dédai-
gneusement sans s'y arrêter, tout près de certaines fleurs dont ma prévoyance avait tapissé les environs de leur demeure. Du blé noir surtout
que j'avais semé à profusion autour d'elles, des bourraches qu'elles affectionnent tant généralement, restaient absolument sans charmes pour
elles par des temps de sécheresse continue, désolante ; mais vienne un
orage, une petite pluie bienfaisante, et cette torpeur apparente disparaissait comme par enchantement, et l'on voyait les abeilles reprendre leur
ardeur à butiner la divine liqueur.

(1) On trouvera ce travail dans la même livraison. Celui-ci devait passer dans
la livraison précédente. — *La Rédaction.*

Digtized by Google

Donc les anciens, qui croyaient que le miel était une rosée émanant du ciel, n'étaient pas, comme en tant d'autres choses, si loin de la vérité! Je m'arrêterai là, si vous le voulez bien, pour aujourd'hui, n'ayant plus que l'espace nécessaire pour vous assurer de ma vive sympathie.

Dr F. MONIN, de Mornant.

— Nous rapportons ici l'opinion d'un apiculteur du Doubs, qui n'est pas semblable à celle de M. Monin.

Pour mon compte, je n'ai pas eu d'essaims naturels : voici la seconde année que je les obtiens artificiellement; j'ai en quelque sorte été forcé de le faire, car j'en avais très-peu de naturels, et souvent trop tard.

Je m'en trouve très-bien, et l'année dernière, sur quinze dont quelques-uns faits dans de très-mauvaises conditions et à titre d'essai, douze ont parfaitement réussi, et étaient mes meilleures ruches cette année. Ceux que j'ai faits dans cette campagne, au nombre de 18, sont tous très-bons et plusieurs m'ont donné de 5 à 6 kilos de bon miel en calotte.

Comme mon rucher est composé de ruches de différentes formes, anciennes ruches à hausses, ruches à rayons mobiles, j'ai essayé de toutes les manières et tout a réussi à souhait; pour les ruches de l'ancienne forme, j'ai transvasé complétement et j'ai mis l'essaim à la place de la mère ruche, et celle-ci à la place d'une forte ruche; pour celles à hausses, j'ai opéré par le partage; j'ai fait de même pour celles à rayons mobiles, mais le moyen, d'après ma pratique de ces deux campagnes, que je considère comme le plus sûr de réussite quand le transvasement est complet, est la mise en place de l'essaim ou de la mère, ou d'une autre bonne ruche, à moins que l'on ne puisse mettre l'essaim artificiel à côté de la mère, et de changer de place aussi souvent qu'il en est besoin, pour les rendre de force égale. Dans les pays où les ruches sont en plein champ, cela est facile, mais dans notre pays où le climat est si rigoureux, nous sommes forcés d'avoir des ruchers couverts, et cela n'est guère possible.

Mes ruches n'ont pas souffert de l'hiver si rigoureux de 1870-71, et je dois vous dire que je n'en ai jamais perdu par le froid; je préfère de beaucoup une température même très-froide, à une température humide, et pourtant je les laisse toujours au rucher, et libres de sortir quand elles le veulent; seulement je les enveloppe complétement avec de la mousse sèche, que je ne retire que dans la première quinzaine d'avril, alors que les gelées ne sont plus autant à craindre dans notre pays, et dans mes ruches, il y a toujours du couvain relativement très-avancé, par rapport à celles qui ont passé l'hiver au cellier, ou qui n'ont pas été enveloppées.

Comme je vous le disais plus haut, j'ai des ruches de différents systèmes et depuis plus de dix ans, et je suis encore à me demander auquel on doit donner la préférence. Pour l'amateur, la ruche à hausses est ce qu'il y a de mieux : j'en obtiens un très-bon produit, et c'est la plus facile pour les manipulations et pour faire des essaims artificiels; mais son prix élevé et sa complication la feront toujours rejeter de la grande culture; celle qui me semble préférable, c'est la ruche à hausses, mais sans planchers, ou, pour l'appeler plus proprement, la ruche en plusieurs pièces; j'en suis venu après plusieurs années à enlever tous les planchers de mes ruches à hausses qui étaient construites d'après le système préconisé par MM. Radouan; je m'en trouve très-bien aujourd'hui, et je crois que pour celui qui n'a pas tout son temps à donner à un rucher, c'est le meilleur système, le plus facile, et qui peut donner le plus de bénéfices.   Griffon aîné.

—Relativement à la forme des ruches, nous extrayons la note suivante d'une lettre de M. Monin :

Permettez-moi, pendant que je suis en verve, de profiter de l'occasion pour vous dire aussi mon mot sur la supériorité comparée des ruches rondes en paille sur les ruches carrées en bois et autres substances (1). Les seules presque qui aient pu traverser l'hiver rigoureux que nous venons de subir ont été des ruches en paille, plates et larges, avec dessus bombés ou non, avec ou sans capuchon. J'ai fait pareille remarque pour les quelques ruches communes que j'ai pu voir dans mes pérégrinations. Celles carrées en bois n'ont été qu'une rare exception.

Maintenant, faut-il tant se tourmenter pour donner aux ruches en paille cette forme carrée exigée pour les cadres, forme à laquelle ce genre de ruche se prête si difficilement; et cela au détriment d'une disposition que les abeilles affectionnent et qui les protége si efficacement? Eh ! mon Dieu, non; quel désavantage y a-t-il à leur laisser cette forme et à surmonter tout simplement les ruches de chapiteaux carrés dans lesquels on établit à volonté cadres, cloches ou caissettes ?

C'est ce que je pratique avec succès depuis quelque temps. Sur mes ruches d'essaimage j'établis au printemps, sur mon invention de paille,

(1) L'*Apiculteur*, 1er numéro 1871, page 19.

Digitized by Google

une planche carrée de 35 à 40 centimètres percée à son centre d'une ouverture ronde de 12 centimètres de diamètre; sur cette planche je dispose un demi-étage carré de 8 à 10 centimètres de hauteur bien assujetti avec des pitons. Lorsque l'étage est à demi plein, j'y glisse en dessous un autre demi-étage de même hauteur garni ou non d'un plancher à claire-voie, selon que je veux y disposer des cadres, on faire tout simplement remplir l'étage de rayons libres. Cette superposition d'étages est simple, facile; elle peut être pratiquée par tout le monde, et remplit facilement le but désiré. *Commodité et simplicité*, tel est le cachet des méthodes naturelles, les meilleures encore de toutes.   Fr. Monin.

— Concernant l'essaimage, nous ferons la remarque suivante :

C'est que les souches d'essaims artificiels récoltées trois semaines après, produisent généralement 2, 3, 4 kilogr. de miel de plus que les souches d'essaims naturels, récoltées aussi au bout de 21 jours.   H. H.

L'essaim primaire rendu à la souche n'empêche pas l'essaim secondaire.

Première expérience. Le jeudi 3 mai 1866, onze heures du matin, un essaim primaire sort du numéro 8; il est recueilli dans une caisse en bois à six rayons mobiles ; dix minutes après, une hausse avec couvercle est mise par-dessous la caisse pour loger le trop-plein; une ouverture dans le couvercle rend libres les communications; dès que l'essaim est rassemblé dans sa nouvelle habitation, la caisse séparée de la hausse est portée par-dessus la souche, mais une grille mise entre la caisse et la souche permet aux ouvrières et non à la mère d'aller et de venir de la caisse dans la souche. Une demi-heure après cette opération, je sais que la mère se trouve dans la caisse, parce que les abeilles de la hausse commencent à s'agiter, puis à revenir à la souche.

Le dimanche 6 mai, dans la soirée, le chant d'une jeune mère, le chant *tuh*, se fait entendre; je dis jeune mère, car c'est de la souche et non de la caisse que vient le chant.

Le lundi 7 mai, une heure du soir, un essaim s'échappe de la souche, mais il rentre presque immédiatement, attendu qu'une grille placée à la porte ne permet pas à la jeune mère de suivre l'essaim.

Le jeudi 8 mai, huit heures du soir, deux chants bien distincts se font entendre : le chant tuh et le chant quak. L'ancienne mère ne dit mot dans sa caisse.

Le mercredi 9 mai, d'une à deux heures du soir, l'essaim sort et rentre pour la seconde fois.

Le vendredi 11 mai, à midi, troisième sortie et troisième rentrée de l'essaim.

Le même jour 11 mai, six heures du soir, ayant visité la caisse, je vois la mère, je vois aussi du couvain sous forme d'œufs et de larves, mais la bâtisse et les abeilles remplissent à peine la moitié de la caisse. Je m'attendais à trouver mieux. Il est vrai que la température du 4 et du 5 mai avait été mauvaise, et que les trois essaimages des 7, 9 et 11 mai avaient dû troubler énormément dans leurs travaux la mère et les ouvrières.

Le mardi 14 mai, je vois l'essaim groupé à l'extérieur contre les parois de la ruche.

Le froid probablement ne lui permet pas le vol dans les airs.

Le mercredi 16 mai, quatrième sortie de l'essaim ; cette fois il reste attaché à l'arbre environ une heure avant de rentrer. Pendant le jet, le tumulte était effroyable dans la caisse.

Le jeudi 17 mai, cinquième sortie de l'essaim, tumulte dans la caisse aussi grand que la veille. Vers la fin du jet, je soulève la caisse et alors mère et ouvrières, rapides comme l'éclair, s'échappent de la caisse et vont se réunir à l'essaim qui paraît vouloir se rassembler au pied d'un arbrisseau.

L'essaim logé dans la caisse même qui avait servi de cantonnement à la mère est mis à la place de la souche, et celle-ci à une place vacante.

L'essaim ne prospéra pas, la mère ne pondait pas plus en liberté que cantonnée dans la caisse, et c'était bien l'ancienne mère, car les jeunes mères ne pouvaient s'échapper ni par la grille de la porte, ni par la grille entre la caisse et la souche.

Seconde expérience. Le dimanche 6 mai 1866, onze heures quarante-cinq minutes du matin, un essaim primaire sorti du numéro 12, d'un apier placé à deux cents mètres de mon habitation, alla s'établir sur les tuiles d'un hallier voisin. Je réussis avec beaucoup de peine à le faire entrer dans une caisse semblable à la caisse précédente. Deux heures après, la caisse se trouvait placée par-dessus la souche. Une grille entre la caisse et la souche empêchait la mère de descendre dans la souche.

Le jeudi 10 mai, quatre heures trente minutes du soir, j'entendis les deux chants tuh et quak.

Le samedi 12 mai, j'entendis dans la souche le chant d'un grand nombre de mères, mais un seul chant tuh, les autres étaient des chants quak. L'ancienne mère se taisait dans la caisse.

Le dimanche 13 mai, ayant visité la caisse, je vis que les abeilles et la bâtisse la remplissaient presque entièrement, et que le couvain occupait une partie de la bâtisse.

Le mercredi 16 mai, onze heures du matin, un essaim secondaire sortit et rentra; c'était inévitable pour la rentrée, une grille à la porte ne permettait pas aux jeunes mères d'accompagner l'essaim.

Le jeudi 17 mai, voulant en finir avec le chant des mères et l'essaimage secondaire, je mis la souche à une place libre de l'apier, et la caisse, agrandie par une hausse, prit la place de la souche.

Le vendredi 18 mai, dans la matinée, la souche ne chantait plus et par conséquent l'essaimage n'était plus à craindre. La souche, abandonnée par un grand nombre d'ouvrières qui étaient retournées à l'essaim, s'était sentie incapable de fournir un essaim, et avait autorisé les mères à s'entre-tuer, aussi un grand nombre de mères gisaient sur le plateau.

Je n'ai vu que l'essaimage du 8 et du 16 mai; je ne pouvais que difficilement surveiller cette souche de la seconde expérience, mais une longue pratique me permet d'assurer que la ruchée a essaimé chaque fois que la température le permettait.

Première observation. Une souche qui se dispose à donner un essaim secondaire commence à chanter au plus tôt le sixième et au plus tard le huitième jour après l'essaimage primaire; quand le chant commence le troisième jour, c'est que l'essaim primaire a été retardé par le mauvais temps. C'est ce qui est arrivé pour nos deux essaims du 3 et du 6 mai. La température, depuis le 29 avril jusqu'au 2 mai inclusivement, a été déplorable. La journée du 3 mai a été froide, j'étais loin de m'attendre à l'essaim du numéro 8. La température ne s'est adoucie que le 8 mai, le froid est revenu le 12 jusqu'au 15 mai inclusivement.

Seconde observation. Le chant tuh est produit par la mère arrivée la première à terme. Cette mère est sortie de son berceau, elle est libre, tandis que les mères qui chantent quak sont encore au berceau enfermées et prisonnières.

L'apiculteur lorrain ne s'est pas pressé de publier ces deux expé-

riences faites en 1866, parce qu'il n'en voyait pas l'utilité pratique;
mais plus tard, en songeant aux ouvrières qui avaient bâti et aux mères
qui avaient pondu dans les caisses, il a pu entrevoir une chose qu'il
n'avait pas cherchée : le secret de commander aux abeilles et d'améliorer
l'apiculture en plusieurs points. Aujourd'hui, après avoir fait de nombreuses expériences, pendant les années 1870 et 1871, il peut annoncer
une nouvelle méthode d'apiculture plus spécialement à l'usage des apiculteurs qui se servent de ruche à hausses.   *Un apiculteur lorrain* (1).

Sur le nourrissage des abeilles.

Je me suis engagé à vous fournir pour vos lecteurs le résumé de mes
expérimentations sur le nourrissage des abeilles. Je vais m'efforcer de
tenir aujourd'hui ma promesse avant l'arrivée prochaine du moment où
cette opération se présente à eux comme une nécessité indispensable.

Le nourrissage des abeilles, chose facile à première vue, ne l'est point
autant qu'il semble l'être. Empêché l'hiver par le froid, il est également
contrarié l'été par une foule de circonstances imprévues, dont une des
premières est le délire qui s'empare des abeilles à la vue de cet approvisionnement ; d'où résulte un trouble dans tout le rucher donnant lieu à
des combats, à un pillage général, et enfin à des désordres tels, qu'il y a
souvent plus d'avantage à abandonner les ruches pauvres à leur malheureux sort, que de tenter de venir à leur secours ; justifiant ainsi cet
argument des juifs à propos de CELUI qu'ils condamnaient jadis au supplice de la croix : *oportet unum hominem mori pro salute populi.*

---

(1) Je ne reviens à l'*Apiculteur* qu'à la condition de désavouer, de flétrir les
doctrines antisociales,* antireligieuses, qui ont attristé depuis quatre mois les
lecteurs du journal. Je ne consentirai jamais à mêler ma signature à la signature
des démolisseurs de toute morale, de toute religion. — *Un apiculteur lorrain*.

(L'abbé COLLIN.)

L'*Apiculteur* n'étant ni une église ni une coterie, entend laisser toute liberté
de penser à ses collaborateurs. Chacun n'est responsable que de ce qu'il signe,
et la Direction seule l'est de ce qu'elle insère.   H. HAMET, *directeur.*

Nota. Notre correspondance relativement à l'article de Toussenel qui a provoqué la protestation ci-dessus, nous apprend que l'esprit de cet article a été autrement apprécié. — *L'Apicoltore* de Milan le reproduit, et nous savons qu'une traduction s'en fait en Allemagne.   H. H.

Cependant, à l'aide d'un peu de soin et en suivant certaines pratiques, il y a moyen d'obvier à cet inconvénient, et c'est ce que nous allons essayer de démontrer.

Il faut tout d'abord distinguer le nourrissage en nourrissage d'été et nourrissage d'hiver. On est obligé de recourir au premier dans certains cas, après la venue des essaims précoces, quand ils sont suivis de temps contraires qui s'opposent à leur sortie de la ruche et à ce qu'ils aillent en quête de leur nourriture à travers champs. Plus tard enfin, dans les fortes chaleurs, quand la sécheresse et des vents brûlants ont tari toute source de végétation et brûlé sur leurs tiges languissantes les dernières fleurs, le nourrissage devient surtout indispensable dans ce cas pour les essaims derniers sortis, qui n'ont vécu jusque-là qu'au jour le jour et sans pouvoir rien amasser, utilisant à grand'peine leurs rares provisions pour leurs bâtisses et la nourriture du couvain.

On évite le pillage dans ce cas en n'employant que des substances non odorantes qui ne puissent exciter l'envie des ruches voisines, et en prévenant autant que possible ce délire joyeux qui éveille l'attention des autres abeilles en les conviant à venir prendre leur part du festin. On remplit la première indication en remplaçant le miel en table ou liquide par le sirop de sucre; et la seconde, en ne donnant la nourriture que le soir, en quantité calculée sur ce qui peut être monté en une nuit, en retirant soigneusement l'excédant le lendemain de bonne heure dans la matinée.

Une autre précaution à prendre est de rétrécir la porte afin que les abeilles attaquées puissent au besoin se défendre; il est bon que cette porte ne soit pas trop éloignée du lieu où se donne la nourriture, afin que les abeilles n'en abandonnent pas la garde; autrement elle serait infailliblement forcée par les guêpes et abeilles rôdeuses, plus matinales et plus tardives dans leurs rondes que les abeilles elles-mêmes.

C'est à quoi l'on parvient par l'interposition d'une sorte de demi-étage placé sous la ruche, sans issue extérieure, et pourvu d'avance d'un tiroir dans lequel on glisse une assiette creuse à demi pleine de sirop, recouvert d'un papier persillé et que l'on glisse et retire à volonté avec la plus grande facilité.

Nota. — Il est important que ce papier soit soutenu à la surface du sirop par de petites brindilles de bois ou de paille, sans quoi, s'enfonçant dans la préparation liquide sous le poids des abeilles qui s'y préci-

pitent, il ne serait plus qu'un appât perfide dans lequel elles viendraient
en masse trouver la mort.

En le retirant le matin s'il est encore couvert de quelques abeilles qui
s'y sont attardées, et l'étendant sur l'herbe à proximité de la ruche,
les traînardes ne tardent pas à rentrer (1).

Mais pour effectuer le nourrissage avec quelque succès et s'assurer du
moment où on peut sans crainte le cesser, il est nécessaire que le haut
du corps de ruche soit pourvu d'une petite fenêtre vitrée recouverte d'un
volet qui permet de s'assurer *de visu* de l'état exact des provisions; — ce
dont il est facile de s'apercevoir à l'inspection des cellules à demi pleines
de miel ou operculées. — Cet avantage est particulier aux ruches
carrées : quant à celles en paille, on ne peut le savoir qu'approximativement en les soupesant dans les mains ou bien à l'aide de la balance,
quand on a eu la précaution d'en faire la tare avant de commencer le
nourrissage.

Voici pour le nourrissage d'été; passons maintenant au nourrissage
d'hiver. La question devient ici plus grave et sa réalisation souvent bien
difficile. Nourrir les abeilles par le haut, c'est les exposer au refroidissement de leur intérieur et les contrarier tout au moins par un courant
d'air qu'on les voit constamment s'efforcer de combattre par tous les
moyens possibles. Les nourrir par le bas, c'est exposer celles qui se
hasardent à descendre à être surprises par le froid et asphyxiées avant
d'avoir le temps de regagner le foyer de chaleur entretenu par leurs
compagnes : il faut donc autant que possible ne pas attendre trop tard
pour donner aux ruches pauvres leur complément de nourriture nécessaire; on doit y vaquer dès la fin de septembre, ou tout au moins au
commencement d'octobre ; ou, si l'on a été surpris par un froid précoce,
porter la ruche dans un cellier ou tout autre lieu tiède, où l'on puisse
procéder à cette opération sans craindre de voir les abeilles exposées à
la congélation.

Le pillage étant bien moins à redouter à cette époque, on peut
employer à ce ravitaillement le miel coulé ou les rayons noirs et de rebut.
Le plus simple est de surajouter sur l'ouverture supérieure un petit

(1) Ce procédé, facile à employer pour les ruches carrées en bois, peut être
utilisé également pour les ruches en paille. Il suffira pour cela d'ajouter à la
caissette de bois des silerons calculés pour donner une surface sur laquelle puisse
reposer la ruche de paille.

Digitized by Google

auget que l'on tient bien couvert pour éviter la déperdition de la chaleur intérieure : ou, si le temps le permet, de se servir du tiroir comme il a été indiqué précédemment ; mais encore faut-il que cela soit pratiqué de bonne heure ; car, si les abeilles se sont déjà mises en hivernage, elles ne se pressent pas de descendre et se laissent mourir de faim dans leurs cellules sans rien faire pour sortir de cet état d'apathie.

Je me suis toujours trouvé bien dans ce cas, comme dans le cas de pillage, d'un petit appareil bien simple, que j'appelle (emphatiquement peut-être) la boîte aux lettres : c'est une sorte de petite boîte creusée en dédolant dans une pièce de bois s'adaptant au lieu et place de la vitre dont est parlé plus haut, s'ouvrant en dehors par une ouverture étroite comme le trou d'une serrure et s'épanouissant au dedans de la ruche par une large ouverture recouverte d'un treillis en fil de fer ou d'un morceau de canevas. Du miel à l'état pâteux est glissé chaque jour par l'ouverture extérieure à l'aide d'une spatule ; les abeilles se jettent avidement sur cette liqueur sucrée mise tout à fait à leur portée, s'en nourrissent et en emmagasinent pour plus tard l'excédant. C'est à l'aide de ce procédé que je suis parvenu à faire traverser l'hiver à des ruches qui étaient dans le dernier état de misère, et que j'ai fait traverser à d'autres, sans accident, les temps variables, reprises de l'hiver sur le printemps, si justement redoutés par l'apiculteur.

Telles sont, Monsieur, les quelques considérations que je tenais à mettre à la portée de vos lecteurs. Il n'y a sans doute là rien de nouveau pour vous ; mais si vous pensez que, sous cette forme, ces préceptes puissent leur être de quelque utilité, en prévision des soucis que les essaims tardifs de l'été torride que nous traversons leur préparent, je m'estimerai heureux de voir ces préceptes élémentaires propagés par la publicité de votre excellent journal.

Je suis avec considération, monsieur, votre bien dévoué,

Dr F. MONIN.

— Pour divers modes de nourrir les abeilles, il est bon de consulter la 5e année de l'*Apiculteur*. L'hiver de 1860-1861 a mis les possesseurs d'abeilles à même de s'exercer, et de trouver des moyens rationels.

Le Philanthe apivore.

Le *Philanthe apivore* est un insecte ennemi des abeilles que les Allemands désignent sous le nom significatif de *loup des abeilles*. Nous ne pensons mieux le faire connaître qu'en reproduisant le Mémoire de Latreille qui, le premier, a observé ses ravages (1), et en empruntant les vignettes qu'en donne M. Maurice Girard, dans ses *Métamorphoses des insectes*, pages 204 et 205.

— Je vais émouvoir votre sensibilité en vous faisant connaître un oppresseur, inconnu jusqu'à ce jour, de ces sociétés d'insectes que vous avez mises au rang de vos animaux domestiques, les abeilles. Cet ennemi est d'autant plus dangereux pour elles, qu'il les assaillit lorsque, occupées à butiner sur les fleurs, elles ne peuvent recevoir aucun secours de leurs compagnes. Ce cruel agresseur est un insecte de la famille des

guêpes, du genre Philanthe de Fabricius. Qu'il exerce indistinctement ses rapines, que l'innocente abeille se trouve parfois enveloppée dans cette fatale proscription, rien encore de propre à exciter votre surprise ; mais qu'il s'attache de préférence à sa poursuite, qu'il lui déclare une guerre particulière, une guerre à mort, voilà une de ces actions qui doit provoquer l'indignation ; voilà un fait nouveau que vous devez suivre avec moi ;

Fig. 7.
Philanthe apivore.

il intéresse le naturaliste et l'agriculteur, ceux qui habitent surtout les environs de Paris.

Un terrain d'une nature fort légère, exposé au levant, sur le bord d'un chemin qui conduit du boulevard Neuf à la barrière du Montparnasse, m'a offert le repaire de ces assassins de nos abeilles. Leur demeure est signalée par une infinité de trous dont est criblée la pente du sol. Dans les alentours habitent aussi plusieurs andrènes, des abeilles solitaires ; mais il est facile de distinguer la retraite des insectes que nous faisons connaître. L'entrée de leur habitation est bien plus grande que

(1) Le travail de Latreille porte pour titre : *Mémoire sur un petit insecte qui nourrit ses petits d'abeilles domestiques.* Ce mémoire a été présenté à l'Institut national en 1801 ou en 1802 et inséré dans l'*Histoire naturelle des fourmis*, p. 307. — Les *Métamorphoses des insectes*, par M. M. Girard, 3e édition, 280 vignettes. Prix : 2 fr. — Librairie Hachette et Cie.

celle des autres. Comme ces petits animaux travaillent presque tous en
même temps, on remarquera aisément, à la couleur jaune de son ventre
et de ses pattes, à son vol stationnaire, etc., l'ouvrier qu'il nous importe
de démêler parmi les autres.

Il s'était déjà présenté plusieurs fois à ma vue; mais, ignorant la per-
versité de ses penchants, j'avais négligé de le suivre de plus près. Le vol

Fig. 8. Philanthe enlevant une abeille.

moins léger qu'à l'ordinaire d'un de ces philanthes, son empressement
à bien serrer entre ses pattes un corps étranger, et dont la couleur con-
trastait avec la sienne, piquent ma curiosité. Je saisis cet insecte, et je
prends avec lui une abeille domestique. Je présumais
d'abord que ce genre de proie n'était qu'accidentel. Je
fais quelques pas: mêmes brigands, mêmes victimes.
Je tombe encore sur ceux-ci; heureux si j'avais pu
délivrer ces abeilles infortunées! mais elles avaient déjà
reçu le coup fatal de mort.

Fig. 9 Larve
de Philanthe.

Si nous eussions été aux premiers jours du prin-
temps, à cette saison où la diligente abeille ouvre parmi les insectes la
carrière du travail, où on ne rencontre presque qu'elle seule, il me fût
venu dans l'esprit une excuse toute naturelle en faveur de ses ennemis.
Le besoin ne connaît pas de loi; lorsqu'il tourmente, on saisit tout ce qui
tombe sous la main. Mais nous étions vers le milieu de l'été, et certes,
il était facile de ne pas s'en tenir à une seule espèce de nourriture. Les
adversaires de nos abeilles voyaient à côté d'eux les autres habitants
de ces lieux, et n'allaient cependant pas à leur poursuite; ils n'en
voulaient qu'aux abeilles, et précisément dans le temps que ces nour-

ricières prévoyantes cherchaient, loin de la retraite de leurs assassins,
de quoi alimenter leurs nourrissons.

Oublions pour un instant un tel attentat; tâchons de pénétrer le
motif qui le fait commettre, et l'utilité que ces insectes en retirent.

Conserver sa postérité est de tous les sentiments celui qui agit le plus
impérieusement sur les insectes; c'est lui qui commande tous ces
meurtres. Il est arrêté que, dans cette fin, nos philanthes nourriront
d'abeilles leurs petits. Nos besoins, nos goûts n'entrent pour rien dans
ce plan; l'auteur de la nature n'a pas jugé à propos de nous consulter
lorsqu'il a prescrit aux philanthes mères de servir cet unique mets à
leurs enfants; si nous perdons un peu de miel, un peu de cire, rachetons
du moins cette perte en nous procurant le plaisir de voir nos insectes
ravisseurs s'acquitter des fonctions maternelles. C'est une véritable
jouissance pour l'observateur.

Une galerie presque horizontale ou légèrement inclinée, quelquefois
courbe, d'une longueur très-remarquable, puisqu'elle va à trente ou trente-
cinq centimètres, telle est la première tâche dont s'acquittera cette mère.
La nature ne lui a pas donné pour cela des moyens en abondance; elle
n'en a que deux, ils sont simples, mais suffisants : deux fortes mandibules qui feront l'office de leviers et de pinces, et ses pattes, dont les
antérieures agiront comme pelle et ratissoire.

L'emplacement dans lequel on doit faire jouer la mine, est choisi.
Une fossette, capable de recevoir la tête de notre pionnier, est creusée.
La coupe de cette tête servira de module à celle de la galerie. Le travailleur détache avec ses mandibules les particules de terre les plus grosses.
Ces mêmes instruments lui servent aussi à les transporter hors de l'habitation future. Vous en avez vu jeter les fondements. Déjà s'élève à son
entrée un monticule de décombres qui peuvent s'ébouler et obstruer le
passage. Il s'agit de déblayer pour faire place à de nouveaux matériaux;
notre pionnier le sent bien; il sort à différentes reprises, marche à recu-
lons, agite perpétuellement son abdomen en l'élevant et l'abaissant tour
à tour; il touche aux décombres, et voilà que ses pattes de devant les
rejettent en arrière, jusqu'à ce qu'enfin l'avenue de l'habitation soit
entièrement nette. La profondeur de la galerie augmente de plus en
plus; mais une traînée d'immondices en remplit une partie. N'ayez
point d'inquiétude sur le succès du travail, et reposez-vous sur la présence d'esprit de notre ouvrier; son abdomen et ses pattes sauront bien
faire disparaître cet engorgement. Il ne s'ensevelira pas sous la masse

énorme des éclats qui partent de la voûte souterraine. Apercevez-vous cet amas de poussière ou de sable se hausser insensiblement en forme de dôme, à peu près comme les élévations de terre que forme une taupe?

Notre travailleur a une prédilection marquée pour le local qu'il a déjà préparé. J'ai plusieurs fois détruit une partie de son ouvrage ; j'ai éboulé, creusé la terre dans les environs ; il a toujours retrouvé, au bout de quelque temps, le fil de sa galerie. De nouveaux décombres entassés au bord d'une nouvelle issue m'ont appris que je ne l'avais pas dérouté.

Son opiniâtreté pour le travail est telle, qu'il creuse dans un terrain fréquenté, foulé souvent aux pieds. Votre présence ne l'épouvantera pas ; vous pourrez vous asseoir assez près de lui. Est-il dans sa retraite, présentez-lui un brin de paille, un autre petit corps, il le saisira avec colère, et défendra ses foyers. Telle est sa force, qu'il retire de son trou de petits cailloux. J'ai vu quelquefois ses efforts être inutiles. Son impatience se manifestait sensiblement ; il se jetait avec avidité sur l'obstacle qui contrariait sa marche, faisant entendre son petit son, une sorte de murmure.

Un besoin force-t-il le travailleur de s'éloigner, il ne le fait qu'avec circonspection. La tête à l'entrée de sa demeure, il observe ce qui se passe aux environs ; il cherche à découvrir s'il n'est pas menacé de quelque danger. Vous aperçoit-il, il recule, se réfugie même au fond de sa galerie, et il n'est pas aisé de sonder le canal obscur qu'il s'est pratiqué, de le trouver dans cette terre mouvante. Mais évitons ses regards, et donnons-lui toute facilité pour sortir. Le voilà qui prend son essor, qui se précipite sur les fleurs qui émaillent ce champ ou cette prairie située dans le voisinage. Une abeille est accourue au même lieu ; pleine de sécurité, elle fait tranquillement sa récolte, et se voit tout d'un coup attaquée par un cruel ennemi qui s'est jeté sur elle avec la plus vive impétuosité. Elle veut résister, mais son adversaire la saisit par le corselet, l'embrasse avec ses pattes, la tourne et retourne jusqu'à ce qu'elle soit renversée sur le dos. Il lui enfonce son dard à la jointure de la tête et du corselet, ou à celle de l'abdomen avec ce dernier. Le poison qu'il a distillé dans la plaie fait les progrès les plus rapides. L'abeille tombe en convulsions. Elle veut bien se servir aussi de son arme meurtrière ; mais, étonnée du coup qui l'a frappée et trop affaiblie, elle darde en pure perte son aiguillon ; à peine peut-elle atteindre l'abdomen de son ravisseur, qui est d'ailleurs trop cuirassé pour recevoir la plus légère blessure. Au bout d'une agonie de quelques minutes, la mort vient enfin de terminer les jours de cette malheureuse victime. Je l'ai vue au milieu de ses angoisses, étendre sa trompe, et j'ai aperçu son assassin la lécher avec avidité. Il pousse même quelquefois la hardiesse jusqu'au point de se rendre au bord de la ruche, et d'y exercer son brigandage, malgré les dangers qui l'y menacent. Ses désirs sont satisfaits; il tient sa proie, et le voilà de retour à l'habitation qu'il prépare à ses petits. Il plane momentanément au-dessus d'elle; il va se poser à quelque distance de son entrée; il s'arrête par intervalle, comme s'il voulait reconnaître le terrain, et comme s'il craignait que quelque insecte plus vigoureux que lui ne se fût emparé en son absence de sa propriété. Il voit qu'il n'a rien à craindre, et il se hâte d'arriver au fond de la galerie qu'il a creusée avec tant de peines, afin d'y déposer le cadavre qui doit servir de nourriture à sa postérité.   (*La fin au prochain numéro.*)

Une nouvelle plante mellifère.

Cette plante est *la Vésicaire de Lesquereux* (Gray), et sa patrie est le Tennessée. Aujourd'hui encore on dirait qu'elle est confinée dans les limites de cet Etat. Le premier qui l'a découverte est Léon Lesquereux, esq. d'O., près Nashville. Le docteur T. B. Hamlin l'a aussi rencontrée dans le Davidson County; voici ce qu'il en dit dans une lettre du 5 avril 1871, adressée au Rév. E. van Slyke, avec un paquet de la graine : « Elle lève spontanément, fin août, dans les prairies retournées, croit pendant l'hiver, et fleurit à la fin de février ou au commencement de mars. Pendant tout le temps qu'elle est en fleur, mes abeilles ne cessent de la fréquenter. Excellente plante mellifère, elle contient aussi beaucoup de pollen. Le champ où elle croit en est tout jaune. »

Je donnerai de cette plante une petite description populaire, à l'usage de l'apiculteur et du botaniste, afin qu'ils puissent la reconnaître.

La Vésicaire de Lesquereux est un membre de l'ordre naturel des crucifères; elle appartient à la famille des *moutardes* et ressemble fort à une espèce de *passerage (lepidium)*. Sa racine est biennale; il en naît une douzaine de tiges, et plus, s'inclinant tout autour, et s'élevant de 10 pouces. Toutes ses parties sont légèrement pubescentes. Je n'ai point vu les feuilles du tronc; mais celles des tiges ont presque un pouce de long; elles sont oblongues, plus ou moins denticulées et embrassant à demi leur tige dont la base est pennatiséquée. Les fleurs sont cruciformes, ont 4 sépales verts, ovales, 4 pétales jaunes, obovales, 6 étamines et

1 style. Elles s'ouvrent successivement à la longue et forment une grappe au bout de chaque tige. Le fruit est une petite silique ronde, lenticulaire, hispide, ayant de 2 à 4 graines plates en chacune de ses deux cellules; son pédicule a environ un 1/2 pouce de long et son style est la moitié de sa propre longueur.   A. WOOD.

(The Beekeepers' journal and National agriculturist. Vol. XII, New-York, may, 1871). — C. K.

Lettres inédites de Fr. Huber.

Ouchy, le 23 avril 1801.

Je viens de recevoir votre boîte et votre bonne lettre. C'est toujours un plaisir pour moi quand il m'arrive quelque chose de Couvet; non-seulement parce que j'aime les abeilles et que j'espère beaucoup des talents que vous montrez pour l'observation, mais aussi parce que vos lettres, en peignant très-naïvement un caractère estimable, m'attachent tous les jours plus à celui qui les écrit.

Je vais répondre d'abord à ce que vous me dites de vos projets pour la formation des essaims avec la franchise qui est de mon caractère, et qui (je le sais bien) ne vous déplaira pas. J'ai essayé le premier moyen que vous proposez. Voici ce qui m'arriva et ce sera l'expérience qui prononcera l'arrêt.

Je m'étais servi de paniers ou cloches, comme vous vous proposez de le faire. Je les avais recouverts avec d'autres garnis de gâteaux que nous y avions fixés nous-mêmes, et une partie des ruches renversée n'avait été couverte qu'avec des paniers vides. Tout cela avait été préparé avant la saison des essaims, dans l'espoir que tous ceux qui sortiraient des paniers iraient se loger d'eux-mêmes dans les ruches que j'avais mises à leur portée. L'événement ne répondit pas à notre attente. Les paniers renversés ne donnèrent point d'essaims naturels. Les mères n'allèrent pas non plus s'établir dans l'étage supérieur qu'on avait ajouté à leur habitation. Les abeilles de toutes les ruches devinrent paresseuses et languissantes, tandis que celles dont on n'avait point bouleversé les demeures essaimaient et travaillaient avec activité. Le 24 mai de cette année-là, j'avais eu plusieurs essaims, et je voulus voir enfin ce qui était arrivé aux paniers renversés. Je fis donc enlever ceux dont ils étaient recouverts, et j'eus un spectacle auquel je ne m'attendais pas.

Dans la plupart de ces paniers, il ne restait plus de gâteaux ; on voyait sur leurs fonds une poussière noirâtre et fétide, composée de leurs débris ; c'était tout ce que les teignes m'avaient laissé. Les abeilles les avaient abandonnés à mon insu ; je ne vous dirai donc pas ce qu'elles étaient devenues. D'autres paniers montraient encore quelques gâteaux à demi rongés par les teignes, absolument enlacés dans leurs filets ; les abeilles avaient aussi abandonné ceux-là. Probablement les unes et les autres avaient filé dans les ruches qu'on n'avait pas dérangées et les mères seules avaient été sacrifiées. Je dis que cela est probable parce que nous avions presque toujours observé ce qui se passait dans ce rucher, et que s'il en était parti des colonies conduites par des mères, nous les aurions aussi bien vues que celles qui sortirent des ruches naturelles. Il paraît, d'après cela, qu'il n'est pas aussi indifférent qu'on le croit de déranger l'ordre naturel en renversant les gâteaux. Vous aurez remarqué sans doute que l'axe des cellules d'ouvrières n'est pas parfaitement horizontal ; il est un peu incliné vers le haut. Nous ne savons pas la raison de cette disposition, mais il y en a une assurément. Il faut même qu'elle soit d'une grande importance, vu ce qui arrive aux ruches qu'on renverse, puisque cette seule opération produit le *découragement* des abeilles, d'où suivent la trop grande multiplication des teignes, la désertion des ouvrières et la destruction des gâteaux. On peut bien, comme je l'ai fait, changer la direction d'un gâteau sans décourager les abeilles, mais c'est autre chose quand on culbute tout leur édifice. Vous me direz peut-être qu'il y avait des teignes dans les ruches avant que je les eusse renversées, et que c'est pour cela que tout alla de travers. Je vous répondrai qu'il y a des teignes dans toutes les ruches, car ce sont les ennemis naturels de nos abeilles. Pour qu'elles réussissent à s'en défaire, il faut qu'elles aient tout leur instinct (passez-moi le mot qui est commode), ou plutôt qu'elles jouissent de toutes les facultés qui leur ont été accordées. Il faut donc bien se garder de diminuer leur énergie en les plaçant dans des situations trop différentes de celles où elles sont appelées à vivre.

J'espère, Monsieur, que vous renoncerez à un procédé par lequel vous n'obtiendrez point d'essaims artificiels et qui vous fera perdre vos ruches mères. J'ai meilleure opinion de l'autre tentative que vous voulez faire ; une ruche à peu près semblable a été conseillée par l'abbé della Rocca : je ne l'ai point essayée ; cependant sur la description j'y ai trouvé un

inconvénient que voici : les liteaux mobiles auxquels les gâteaux sont
attachés ne peuvent s'enlever lors de la taille qu'en les tirant en haut,
ce qui ne fait de mal à rien dans tout autre temps que celui des essaims,
si ce n'est peut-être qu'en effarouchant trop les abeilles on risque de se
faire piquer. Dans la saison des essaims, on risque bien autre chose;
vous savez que les cellules maternelles qui pendent dans les chemins ou
aux bords des rayons sont inclinées à l'horizon, d'où il résulte qu'on les
détruira infailliblement quand on voudra enlever les rayons qui les portent ou ceux qui les avoisinent. Car, comme la pointe des cellules maternelles est hors du plan de son propre gâteau, elle sera déchirée si on
l'oblige de passer en montant devant le gâteau dans lequel elle est enche-
vêtrée. Les cellules maternelles de Schirac qui sortent encore plus du
plan de leurs rayons, étant entées sur des cellules d'ouvrières, seront
encore plus exposées à être détruites si l'on emploie les moyens de séparer les rayons. Cette ruche ne vaut donc rien sous le point de vue de se
procurer des essaims naturels ou artificiels. C'est pour cela que je n'ai
pas même voulu en faire l'essai.

Si j'ai bien compris votre construction, elle vaut mieux que celle de
l'abbé della Rocca. Vous comptez, n'est-ce pas : 1° composer votre ruche
de plusieurs hausses comme celle de Palteau ; 2° placer sur chacune de
ces hausses un certain nombre de liteaux mobiles, et 3° recouvrir les
liteaux de chaque hausse d'une planche mince et percée d'un trou de
3 à 4 pouces pour que les abeilles puissent aller d'une hausse à l'autre.
Par le moyen de cette planche, qui est très-bien imaginée, on pourrait
séparer les hausses les unes des autres pour faire des essaims artificiels,
et comme vous ne dérangerez point les gâteaux dans cette occasion, vous
ne gâterez point les cellules maternelles qui pourraient s'y trouver dans
cette saison. Si les abeilles ont attaché le bord inférieur des gâteaux sur
les planches qui séparent chaque hausse, vous pouvez les détacher par le
moyen d'une corde de *clavecin* que vous ferez passer bien doucement
entre les planches et le bord des rayons. Je suppose que vous aurez placé
d'avance quelques portions de gâteaux dans toutes les hausses pour
forcer les abeilles à construire les leurs sous les liteaux, et que vous
n'aurez pas oublié qu'il ne doit y avoir que 4 lignes de vide entre les
surfaces de deux gâteaux opposés. — Cette ruche est bien plus compliquée que la ruche en feuillets, et que celle dont je vous ai envoyé le modèle. Essayez-la cependant, puisque vous ne craignez pas les difficultés :
il y a à gagner à varier beaucoup les constructions.

J'ai fait l'épreuve que vous me demandez. Schirac pensait qu'il fallait donner aux abeilles des vers de 3 jours pour qu'elles puissent se donner des mères. J'ai appris qu'elles s'en procurent avec de simples œufs, comme avec des vers d'un, de deux et de trois jours. Mais elles ne le peuvent point lorsque les vers sont plus âgés (1).

A présent, Monsieur, je vais examiner votre boîte, et comme cette lettre est un peu longue, je vous dirai une autre fois ce que j'y aurai trouvé.

Je finis en vous embrassant avec la franchise helvétique et en vous félicitant bien cordialement de ce que vous avez échappé au torrent qui a tout dévasté autour de vous. Aimez cette providence qui vous a excepté. Nos yeux ont souvent été tournés vers votre heureuse contrée et nous avons vu le moment où nous aurions cherché un asile de ce côté. J'y aurais été plus particulièrement déterminé si j'eusse, dans ce temps d'orage, su que je trouverais là un homme dont je pouvais faire un ami. Il voudra bien, malgré la distance, croire à mon dévouement.   HUBER.

De la nourriture des abeilles et de l'activité de leur vie,

Par Dzierzon (voir p. 185).

Mais les abeilles ne vivent pas seulement de miel, elles mangent encore du pollen; ce n'est qu'en consommant ces deux espèces d'aliments qu'elles entretiennent leurs forces, qu'elles peuvent produire de la cire d'une manière continue, malgré que la proportion entre les deux éléments ne soit pas toujours la même. Quoique la cire considérée comme graisse soit une substance exempte d'azote, et quoique les abeilles soient capables de préparer de la cire tout en ne mangeant que du miel ou du sucre, il ne s'ensuit cependant pas que le pollen ne soit pas nécessaire pour une production continue de la cire (2). Car, comme nous l'avons déjà remarqué, si les abeilles peuvent préparer de la pâtée alimentaire pour le couvain sans pollen, personne ne pensera que cet aliment ne soit pas nécessaire pour l'alimentation du couvain (3). Dans les deux cas les abeilles tirent profit d'un certain fonds de réserve qu'elles possèdent en elles-mêmes, et qui finit par s'épuiser.

(1) Plus d'une affirmation de Huber se trouve infirmée par des expériences plus répétées et mieux faites. — La Rédaction.

(2) Il ne s'ensuit pas non plus qu'il soit nécessaire. — La Rédaction.

(3) Le pollen peut être indispensable pour la pâtée, et n'être pas nécessaire pour la cire. — La Rédaction.

Mais de même que les abeilles, suivant les circonstances, sont tantôt réduites à ne consommer que du miel, tantôt sont obligées de manger du miel et du pollen, de même les différents aliments qui servent à soutenir leur vie sont très-divers (1).

De l'activité de la vie chez les abeilles.

La nourriture des abeilles dépend de leur activité qui, suivant le temps, est très-diverse. Dans certains cas une abeille pourra parfaitement vivre plus de 8 jours avec le miel que peut contenir son estomac, tandis qu'elle périra d'inanition au bout de 24 heures dans d'autres circonstances. En supposant la vie comme une question de combustion, on peut comparer la vie d'une abeille tantôt à une étincelle couvant sous la cendre, tantôt à un brasier flamboyant; ce dernier consumera en un instant les éléments combustibles, tandis que la première trouvera un aliment suffisant pour bien des jours.

La vitalité des abeilles ne se perd presque jamais jusqu'à l'absence du sentiment ou jusqu'à l'engourdissement complet, comme c'est le cas chez beaucoup d'insectes et même chez leurs congénères, tels que frelons, guêpes, bourdons; mais cette vitalité diminue à un point extrême pendant les derniers mois de l'automne et au commencement de l'hiver, scit d'octobre à janvier dans nos climats, alors que la végétation elle-même est pour ainsi dire dans un repos complet. Les abeilles se tiennent alors tellement tranquilles que, par un temps doux, on n'entend pas le plus petit bruit dans la ruche. Les abeilles ne font donc aucun effort pour élever la température intérieure, et cette dernière s'abaisse à l'entour du rassemblement des mouches jusqu'aux environs de huit degrés Réaumur (10° centigrades), chaleur qui suffit encore aux abeilles pour se mouvoir, mais qui les rend tout à fait incapables de voler. Pendant ce temps il ne se fait pas de couvain, et malgré qu'au milieu du tas d'abeilles il y ait une température d'au moins 12 à 15° (Réaumur), le couvain ne prospérerait pas, et même les jeunes abeilles en cellules operculées qui proviendraient d'un couvain de l'année précédente meurent pour la plupart et sont par la suite jetées dehors. Il ne se consomme alors que bien peu de miel, tout au plus un loth (17 gr. 1/2) par jour pour une forte population, ce qui ferait environ 1 livre (360 gr.) par mois. Les abeilles peuvent donc rester près de trois mois et plus sans sortir ni

(1) Nous sommes toujours dans la *partie théorique*. Espérons que la *partie pratique* nous réserve des faits palpables. — *La Rédaction.*

se vider, surtout quand elles sont approvisionnées de bon miel de fleur, cacheté en grande partie, quoiqu'il soit à désirer qu'elles puissent sortir plus souvent, par exemple chaque mois.

La vitalité des abeilles se réveille et augmente dans la ruche au sortir de l'hiver et au commencement du printemps à mesure que, le soleil s'élevant sur l'horizon et les jours s'allongeant, une vie nouvelle s'éveille dans la nature, et que les abeilles, grâce à une température suffisamment élevée par les rayons du soleil, peuvent librement s'établir dans les airs. A l'opposé de leur état pendant l'hiver, où les abeilles ne peuvent trouver leur existence que par des mouvements lents du corps ou un léger frémissement des ailes, où elles ne s'écartent pas de leur rassemblement, pas même pour chasser une souris qui, entrée dans la ruche, mange leur provision de miel ou ronge leurs constructions, maintenant, elles s'élancent dans les airs avec la rapidité de la flèche, elles enlèvent les cadavres, elles cherchent de l'eau, elles poursuivent un ennemi qui s'approche trop près de leur ruche, en un mot elles jouissent complétement de l'usage de leurs membres et de leurs forces et sont aptes à tous les travaux. La vitalité des abeilles croissant de jour en jour, la consommation du miel augmente de même, en proportion d'autant plus grande qu'à partir de cette époque la production du couvain, suspendue depuis 4 ou 5 mois, prend de plus en plus d'extension, et principalement lorsque les fleurs printanières distillent de nouveau miel et que les abeilles peuvent le rapporter en profitant du beau temps.

Et justement le pollen leur est extrêmement utile en ce moment; aussi les abeilles en sont-elles très-friandes; elles ne perdent pas un instant de beau soleil pour le chercher et le rentrer, parce qu'elles en ont un grand besoin pour préparer la pâtée destinée à nourrir le couvain dont l'entretien et la propagation devient maintenant l'objet principal de l'activité des abeilles. De même que le degré de vitalité des abeilles est très-divers, de même aussi l'application de leur activité est très-variée.

De la direction de l'activité des abeilles.

L'activité des abeilles varie suivant les différentes époques de l'année. Du mois de février au mois de septembre les abeilles élèvent du couvain et, quand la température le permet, elles récoltent du miel et du pollen ; elles apportent de l'eau destinée à délayer le miel trop concret, du mastic pour boucher les fentes de leur demeure et pour consolider les rayons ;

mais elles font l'une ou l'autre de ces opérations suivant les époques ou suivant la température, sans cependant les faire dans un ordre absolu.

Au printemps, au moment du réveil de toute la nature, l'activité des abeilles, en vue de l'augmentation de population, se tourne principalement vers l'élevage du couvain, et d'abord du couvain d'ouvrières, dont au commencement il s'en trouve seulement dans quelques centaines de cellules et plus tard dans des milliers ; car la ruchée cherche tout d'abord à assurer sa postérité. Quand la population s'est beaucoup accrue par les naissances de tous les jours, quand la récolte est abondante et que la température est arrivée à un haut degré dans la ruche, les abeilles sentant leur force et leur maturité, préparent aussi du couvain de fauxbourdons qui doivent servir à l'accouplement en vue de la procréation. Enfin, les abeilles construisent aussi des cellules maternelles, en nombre plus ou moins grand, et quelquefois elles n'en font pas du tout. Quand une ou plusieurs de ces cellules ont été operculées et que les larves maternelles sont arrivées à l'état de nymphe, la vieille mère, ne se sentant plus en sûreté dans la ruche, profite d'une belle journée, vers l'heure de midi, et quitte la ruche, accompagnée de l'essaim primaire. Après 9 jours ou plus, la jeune mère qui est sortie la première de sa cellule, fait de même ; elle prouve sa jalousie et son appréhension en chantant très-distinctement *tuh* et en provoquant la sortie d'un essaim appelé essaim secondaire, qui, par les mêmes causes et dans les mêmes circonstances, peut être suivi d'un ou de plusieurs autres essaims qu'on appelle tertiaire, quaternaire ; ceci peut avoir lieu lorsque le temps reste au beau, à la condition que la population ne soit pas trop diminuée et qu'il y ait encore des cellules maternelles habitées ; comme ordinairement ces dernières n'ont pas été pourvues d'œufs le même jour, les jeunes mères n'arrivent pas à maturité en même temps, mais l'une après l'autre.

Revue et cours des produits des abeilles.

Paris, 15 septembre. MIELS. — Depuis notre dernière revue les cours sont allés se dépréciant. Ils sont aujourd'hui si fugitifs que nous avons de la peine à les déterminer. Des gâtinais de deuxième coupe ont été cédés, depuis 120 fr. jusqu'à...; des premières et deuxièmes coupes ensemble, depuis 130 fr.; des surfins seuls de 1re coupe, depuis 140 fr. Les pays ne se cotent guère que 100 fr. lorsqu'il s'agit de vendre. Autrement, le bruit court qu'ils valent de 110 à 120 fr. Les affaires sont d'ailleurs très-calmes, ce qui veut dire que les transactions font vacance, un peu parce que c'est la saison, et un peu aussi à cause de l'état provisoire qu'on veut perpétuer, et de la création d'impôts qui vont gêner notamment les petites bourses, par conséquent entraver la consommation.

Des miels rouges de Basse-Normandie ont été livrés à 90 fr. les 100 kil. par baril de 50 kil., fût perdu. On a traité du livrable, vers la fin de septembre et courant d'octobre, à 80 fr. Des bretagnes des environs de Rennes livrables sous peu, auraient été offerts à peu près dans les mêmes conditions. On a offert aussi à livrer des miels de Sologne. La récolte en sera abondante. Quant à celle de la Bretagne, elle ne paraît pas être aussi favorable qu'on l'espérait, ou du moins dans un certain nombre de localités. Plusieurs plaintes assez vives annoncent que le temps sec et chaud a brûlé la fleur des sarrasins lorsqu'elle n'avait pas donné tout son miel.

Dans les provinces, les cours se maintiennent mieux qu'ici. Mais la visite suivie des fabricants provinciaux indique que le commerce local est approvisionné — ou à peu près — et qu'il n'achète plus pour le moment. Dans quelques cantons on a encore coté de 40 à 45 c. le miel en vrague; mais ailleurs les prix sont tombés à 35 et 30 cent. — *Miel en rayons*, bien présenté pour l'épicerie, 1 fr. à 1 fr. 25 le demi-kil.

Nous consignons ici une remarque que beaucoup ont pu faire. Les miels sont beaux pour des miels de deuxième coupe. Il s'agit de ceux-là, puisqu'ils sont les plus nombreux. Mais sont-ils aussi bons que beaux! Se conserveront-ils dans de bonnes conditions? D'abord les miels de seconde coupe ou d'arrière-saison n'ont jamais valu ceux de première coupe ou de printemps. Ce qu'il y a de certain aussi, c'est que les miels blancs de cette année manquent généralement de bouquet. Nous en faisons juges les abeilles elles-mêmes. A pareille époque, les rues de la Verrerie et des Lombards sont envahies par les mouches à miel, attirées qu'elles sont par l'arome des produits dont on a dévalisé leurs sœurs. Cette année, on constate à peine leur présence chez les marchands de miel, où elles sont remplacées par des mouches de cuisine et lieux... voisins. Ce qui fait craindre pour la conservation de plusieurs miels, c'est la vue de petits pots en verre à l'étalage d'un certain nombre d'épiciers, dans lesquels le pot de miel se comporte comme du havane de mauvaise qualité, ou comme un produit allongé de glucose : le bas est granulé, et le haut est liquide comme de l'eau.

Au Havre, miel du Chili, de 100 à 110 fr. les 100 kil.; de Haïti et Cura, de 60 à 70 fr. acq.

CIRES. — Sans être aussi prononcée que sur les miels, la baisse atteint aussi les cires. On a coté les jaunes en brique, belle qualité, de 400 à 420 fr. les 100 kil., hors barrière; qualités secondaires, de 380 à 395 fr. Des acheteurs ne veulent payer que de 430 à 440 fr. les 100 kil. dans Paris (entrée 22 fr. 90). Des fabricants aiment mieux conserver quelques mois leur marchandise en magasin que de la céder au-dessous de 400 fr. Ils ne perdront sans doute pas pour attendre.

La récolte sera une bonne moyenne, non sur le nombre des ruches récoltées, qui sera inférieur à une moyenne, mais par le poids des ruches.

La cote de Marseille indique de la dépréciation sur certaines provenances. Voici les derniers prix pratiqués : Cire jaune de Smyrne, les 50 kil. à l'entrepôt, de 245 à 240 fr.; Trébizonde, 237 fr. 50; Caramanie, 235 à 230 fr.; Chypre et Syrie, 230 fr.; Egypte, 200 à 215 fr.; Constantinople, 220 à 225 fr.; Mogador, 185 à 200 fr.; Tétuan, Tanger et Larache, 200 à 210 fr.; Alger et Oran, 210 à 220 fr.; Bougie et Bone, 210 fr.; Gambie (Sénégal), 200 à 215 fr.; Corse, 225 à 230 fr.; pays, 200 à 207 fr. 50, ces deux dernières à la consommation.

Sucres et sirops. — Les sucres ont continué de baisser. On a coté les raffinés de 139 à 138 fr. les 100 kil. Les sirops de fécule ont moins varié et conservent à peu près les cours précédents.

Corps gras. — Les transactions ont été languissantes. Les suifs de boucherie ont été cotés 110 fr. les 100 kil. hors barrière; les suifs en branche, 82 fr. 50 hors barrière. Stéarine saponifiée, 192 fr; dito de distillation, 192 fr. 50. Oléine de saponification, 90 fr.; dito de distillation, 92 fr., le tout par 100 kil. hors barrière.

ABEILLES. — Le temps a continué d'être favorable aux abeilles dans beaucoup de cantons où la fleur leur offrait des ressources. Néanmoins des plaintes se font entendre de quelques points : ici un certain nombre de ruches manquent de poids; ailleurs où le poids ne manque pas et où l'essaimage a été abondant, le nombre des colonies orphelines est effrayant, et la fausse-teigne pullule. D'un autre côté, l'avilissement du prix du miel engage des possesseurs de ruche dont le poids est très-élevé à conserver quand même ces ruches, dont les produits se retrouveront en bonne partie l'année prochaine et dédommageront leur propriétaire, surtout si la campagne était mauvaise. Nous en connaissons qui conservent des essaims de 25 et 30 kil., et même au-dessus. Les vieilles colonies de ces poids seraient sujettes à caution. Voici les renseignements que nous avons reçus :

Les Prussiens se sont régalés de miel à nos dépens ; de 80 ruchées, je n'en ai sauvé que 30 qui étaient dans les bois. Sur une étendue de quatre ou cinq kilomètres, ce n'était, le lendemain de leur départ, que ruches éventrées ou brûlées, abeilles mortes, débris de rayons. Grâce à la campagne favorable, les apiers se sont en partie reconstitués. *Titeux*, à Aiglemont (Ardennes). — Toutes mes ruches sont très-lourdes ; les secondes coupes ont donné extraordinairement. En ce moment (5 septembre) les abeilles butinent sur une quantité de fleurs diverses qui se trouvent encore dans la campagne. Les populations sont fortes et le couvain est encore nombreux. *Bellot*, à la Mivoie (Aube). — Nos chasses se conduisent aussi bien que les derniers essaims en année ordinaire. Elles passeront parfaitement. *Kanden*, à Auzon.

Les mouches ont mieux fait que je ne l'avais espéré. *Dalibert*, à Canvelle (Calvados). — L'année 1871 peut dès aujourd'hui (6 septembre) être considérée comme très-bonne pour les apiculteurs solognots : abondance d'essaims et de miel. Les ruchées, tant celles qui ont été conduites au Berry que celles qui sont restées au pays, ont en moyenne doublé ; mais les premières donneront plus de miel que les secondes. *Le 3 septembre*, nous avions des souches de 46 kil. et des essaims de 40 kil., et la miellée n'était pas encore au bout. *Moindrot-Denis*, à Ennordres (Cher).

Dans notre canton les colonies de deux ou trois apiers ont été détruites par les soldats allemands ; mais cela n'est rien en comparaison de la mortalité occasionnée par la grande sécheresse de 1870, les froids persistants et rigoureux de l'hiver, et le retard dans la floraison des rares colzas qui ont survécu. Les trois quarts des colonies étaient mortes avant le 10 mai, époque à laquelle elles auraient pu se suffire. L'essaimage, qui a été d'environ 60 p. 100, a duré depuis le 15 mai jusqu'au 18 juillet. Les centaurées et les bluets ont été tellement mellifères qu'en certains jours les colonies fortes ont pu récolter jusqu'à 5 kilogr. de provisions en une seule journée. La miellée a donné encore passablement depuis le 25 août. La récolte en miel sera d'environ 8 kilogr. en excédant sur les colonies qui n'ont pas essaimé. *Guilleminot*, à Saint-Jean-de-Losne (Côte-d'Or). — J'ai eu beaucoup d'essaims. J'ai chassé 12 ruches qui m'ont produit 300 livres de miel. C'est pour notre pays de Touraine une bonne année. *Trougnous*, à Joué-les-Tours (Indre-et-Loire).

Il ne me reste pas une abeille des 23 ruches que je possédais le jour de l'entrée des Prussiens dans la commune. Je regrette d'autant plus la perte de mes ruches que celles du pays qui ont pu échapper ont donné deux ou trois essaims chacune. *Charnier*, à Nevy-les-Dôle (Jura).

Ici presque toutes les ruches ont donné des essaims, qui ont tous réussi, grâce à des réunions, car les derniers sont venus très-tard. Cependant les ruches culbutées n'ont donné que 6 à 8 kil. de miel. *Aumignon*, à Berzieux (Marne).

Ici, comme ailleurs, beaucoup d'essaims; temps contraire pour les chasses les trois semaines arrivées après l'essaimage, ce qui a reculé la besogne de 8, 10 ou 15 jours et a diminué le miel, car le couvain reparaissait. *Brulefert*, à Ville-en-Tardenois (Marne).

La guerre m'a fait un mal immense, car les Prussiens se sont emparés sous mes yeux de tout ce que je possédais. Enfin, je suis encore content de n'être point séparé de la mère-patrie, je suis resté Français, je suis sur la frontière. Vous dépeindre tous les maux que notre pauvre pays a endurés, serait une tâche bien pénible et bien douloureuse à entreprendre : c'est au-dessus de tout ce qu'on peut imaginer. Les abeilles aussi se sont ressenties de cette terrible invasion ; leurs produits étaient pour les Prussiens une nourriture favorite, un grand nombre d'entre ces admirables ouvrières ont succombé sur le champ de bataille, après une résistance acharnée. Cependant nous remercions la Providence; elle nous a dédommagés amplement des pertes que nous avons subies; aujourd'hui nos ruchers sont remplis de paniers, l'essaimage a été considérable. Tel qui possédait au mois d'avril 10 paniers en compte aujourd'hui 20 ou 25. En 1870 le nombre de ruches était de 50 ; aujourd'hui, il est de 110 dans notre localité. *Morrot*, à Chemcourt (Meurthe).

. Mes abeilles sont dans de très-bonnes conditions; beaucoup d'essaims et beaucoup de miel. *Hardret*, à Chantilly (Oise). — Chez nous les mouches ont très-bien essaimé; mais les ruchées ne sont pas pesantes comme elle l'auraient pu être si l'eau n'avait trop lavé les fleurs. Les derniers essaims ne pourront pas se sauver. *Jouin*, à Lonlay-l'Abbaye (Orne).

Dans ma contrée les abeilles n'ont amassé que depuis les deuxièmes coupes. Il y a eu des essaims nombreux, mais tardifs. Un tiers n'a pas de poids ; un tiers pèse 10 kil. et l'autre tiers, 15 kil. et plus. J'ai fait des avances en temps voulu, et j'en suis bien dédommagé. Sur 55 ruchées, il ne s'en trouve guère que 5 à réunir. J'approuve la méthode de M. Vignole, que j'ai employée les premiers jours de mai. Les essaims qui possédaient de jeunes mères sont très-forts ; les souches qui ont été permutées passeront facilement l'hiver. En ce moment (10 septembre), les abeilles visitent les bourraches. *Tellier*, à Gamaches (Somme).

Les environs de ma nouvelle localité ont été peu favorisés. Dans la vallée de la Somme, sur Péronne, il y a eu essaims assez nombreux, et mères et essaims seront assez bien approvisionnés. Il en est à peu près de même au-dessus de Péronne, vers l'Aisne, où le prix en vrague a débuté à 15 cent. le demi-kil. *Lenain*, à Saint-Léger-les-Authie (Somme).

— Les abeilles ont beaucoup travaillé aux secondes coupes de sainfoin et aux sarrasins ; elles ont presque toutes ramassé leurs provisions d'hiver. *Besnard*, à l'Etoile (Somme).

L'année 1871 comptera, dans notre canton, au nombre des moyennes. Peu d'essaims ; la fleur du tilleul contenait beaucoup de miel, mais elle a passé trop rapidement pour que les abeilles aient pu beaucoup en profiter. Il en a été de même de la fleur de l'esparcette, qui, d'ordinaire, offre une abondante pâture à ces précieux insectes. *Bernard de Gélieu*, à Saint-Blaise, près Neuchâtel (Suisse).

— Nous recommandions dernièrement l'emploi du miel pour la fabrication économique de boisson de ménage. A l'approche de la vendange et de la fabrication du cidre, on ne doit pas ignorer que son addition au raisin améliore le vin en même temps qu'il en augmente la quantité. On peut ajouter à la vendange, dans les proportions d'un tiers, une livre de miel et un litre six décilitres d'eau, ce qui produit 2 litres de vin. Pour le cidre, on peut ajouter une livre de miel par trois litres d'eau. L'addition doit se faire au moment où le fruit écrasé n'a pas encore fermenté.

Havre, 14 septembre. — Du 20 août au 31 dito, les cires ont donné lieu à quelques demandes. Les ventes comportent : 400 kil., cire Haïti, à 2 fr. le demi-kil. acq.; 800 kil. dito, Afrique, 1 fr. 80, dito. Du 1er septembre à ce jour, les cires sont demandées en prévision des nouveaux droits. On a réalisé un lot de 6,000 kil. cire de Saint-Domingue à 1 fr. 92 1/2, le demi-kil., acq. Jusqu'à ce jour les importations de septembre ne sont pas importantes. Les courtiers cotent (le 8) : cires brute, Afrique de, 3 fr. 20 à 3 fr. 60 ; Chili, 4 fr. 70 à 4 fr. 80 ; Etats-Unis de, 4 fr. à 4 fr. 20 ; Haïti de, 3 fr. 75 à 3 fr. 80 ; Saint-Domingue de, 3 fr. 90 à 3 fr. 95 ; Inde de, 4 fr. 20 à 4 fr. 50 le kil. acq. — *Pillain*.

H. HAMET.

Paris.— Imprimerie horticole de E. DONNAUD, rue Cassette, 9.

L'APICULTEUR

Chronique.

SOMMAIRE : Ultimatum d'un étouffeur. — L'acheteur de profession. — Inconvénients attribués au système Delinotte. — Remède contre la piqûre. — Abondance de guêpes, et à leur occasion, aventures d'un pétroleur pour de bon.

Un abonné nous écrit : « Si l'*Apiculteur* continue d'attaquer les
étouffeurs comme il le fait depuis quelque temps, beaucoup de marchands
qui sont étouffeurs, se verront dans la nécessité de se désabonner. Que
le journal se borne à développer l'apiculture et à nous renseigner; c'est
ce que nous demandons. » Et notre correspondant termine sa lettre par
ce fameux cliché à l'usage des abus qu'on veut perpétuer : « On a toujours étouffé, on étouffera toujours. » S'il osait, il ajouterait sans doute :
l'étouffage est *nécessaire*...

C'est précisément pour développer l'apiculture et surtout pour la
rendre plus fructueuse aux possesseurs de ruches que nous ne cesserons
de combattre à outrance l'étouffage, dussent tous les *conservateurs* de
cette coutume aussi stupide que barbare se désabonner en masse et
nous traiter de... pétroleur. Eh quoi ! lorsqu'on sait que les populations
sont à l'apiculture ce que les engrais sont à l'agriculture; lorsqu'on
sait que plus il y a d'abeilles dans une ruche, c'est-à-dire plus la population est forte, plus cette ruche produit; lorsqu'on sait qu'on peut toujours réunir *avec avantage* une nouvelle population à une qui est déjà
forte; lorsqu'on sait ces choses-là, il se trouve encore des possesseurs de
ruches assez dépourvus d'intelligence pour tuer des abeilles? C'est
presque incroyable. Que des acheteurs en vrague y trouvent des avantages : cela ne fait pas de doute. Mais c'est précisément parce que les
étouffeurs y trouvent des avantages que les éleveurs, les seuls qui
puissent développer l'apiculture, n'y trouvent pas tous les leurs; car les
abeilles qu'ils tuent maladroitement sont de l'engrais qu'ils jettent dans
la rue au lieu de l'utiliser à leur profit.

Le *Bulletin* (septembre) de la Société d'horticulture, botanique et
apiculture de l'Oise fait ainsi la biographie du marchand-étouffeur :
« C'est en général un apiculteur praticien et même un praticien habile;
malheureusement il partage les idées égoïstes qui consistent à ne pas divulguer les bons procédés; si vous le laissez faire, il ne manquera pas

8

d'agir dans son intérêt; or, chez cet homme, rien de plus étroit et de plus mesquin. Il emportera de chez vous le plus net des produits, dans le moins de temps et avec le moins de peine possible; il demandera donc avec instance à voir votre rucher, et s'il y trouve des ruches vulgaires, (ruches que déjà vous ne deviez plus avoir), si surtout elles sont lourdes, il ne manquera pas de vous dire qu'il faut les lui vendre, que vous ne pouvez appliquer sur elles aucun procédé rationnel, et il vous offrira 30 ou 35 centimes par demi-kilog. En d'autres termes, il tentera de s'emparer de celles de vos ruches qui ont plus d'un an, qui ont essaimé dans l'année courante, et qui par conséquent ont une mère jeune et féconde. »

Acceptez le marché si le prix vous convient, mais réservez vos abeilles. Emparez-vous-en, à l'aide du transvasement par le tapotement et la fumée, ou bien par l'asphyxie momentanée; et réunissez-les le soir à une colonie voisine, comme vous le feriez d'un essaim nouveau que vous donneriez à une colonie logée. (Voir *Calendrier apicole* pour les indications particulières.)

La guerre que nous faisons à l'étouffage n'est pas sans victoire, et les *annexions* sont ici favorables aux annexés et au bien-être général. M. Bocquet, de Sommery (Seine-Inférieure), nous adresse ces *lignes qui* nous consolent quelque peu de la perte *probable* de l'abonné cité plus haut. « Ce serait manquer à la reconnaissance, monsieur le professeur, si je ne vous faisais pas part des résultats que j'ai obtenus en suivant les principes que vous développez dans vos publications. C'est à eux que je dois de cultiver les abeilles sans les étouffer. Je suis le seul dans le pays qui les cultive de cette manière et j'obtiens des succès bien autres que n'en obtiennent les étouffeurs mes voisins, qui, depuis plusieurs années, sont loin de briller. Grâce à la ruche à hausses munies de planches à claire-voie que j'emploie, je puis faire des réunions, des essaims par division, des récoltes partielles, etc. Cette année, mes vingt-quatre ruchées m'ont donné plus de 150 kil. de miel, tout en augmentant mon apier... »

Un instituteur du Pas-de-Calais, M. Vasseur, nous écrit de son côté : « Dans une excursion apicole que j'ai faite pendant mes vacances, j'ai pu rencontrer un adepte qui a pris à cœur de m'aider à combattre l'étouffage. Après lui avoir donné des leçons pratiques de réunions de colonies, il s'est mis à faire une propagande des plus actives en allant

chez les tueurs d'abeilles leur apprendre à utiliser celles qu'ils sacri_
fiaient sottement. »

Un certain nombre d'*acheteurs* ne sont pas *étouffeurs* : ils s'en garde_
raient bien. Dernièrement nous avions la visite d'un vieux *marchand
de mouches* de la Champagne qui, depuis longtemps, s'empare des popu_
lations des ruches à récolter qu'il achète, et qui les mêle aux colonies de
son rucher. Il ajoute jusqu'à trois et quatre populations à ses ruches
spacieuses qui, au printemps, donnent des essaims colossaux, souvent
dix ou quinze jours avant les ruchées non renforcées, et il en obtient des
produits assurés. Quand, dans les lots qu'on lui vend, se trouve un
essaim ou un trevas à demi-cire qui ne possède que quelques livres de
provisions, il commence par emplir la ruche d'abeilles par l'addition
d'une ou de plusieurs populations ; puis il complète les approvisionnements et il a une colonie de *premier choix*.

Madame Jarrié nous adresse la lettre suivante :

Monsieur,

Je n'étais pas chez moi quand m'arriva le numéro de votre journal,
qui me fait vous écrire aujourd'hui des observations un peu longues.

Sans doute, M. Delinotte n'opère pas depuis assez longtemps pour connaître les petits inconvénients de son moyen ; mais en tous cas il me
semble, monsieur, que c'est vous avancer beaucoup en offrant aux
apiculteurs ce (rien du tout) qui doit remplacer l'extracteur.

Très-impartiale en tout ceci, j'accepte le progrès d'où qu'il vienne,
cherchant à améliorer, et ne repoussant rien. Je possède (cela vous fait
sourire) un extracteur très-imparfait (sans ficelle) que je rendrai meilleur, et qui, cet été, a vidé mes rayons très-parfaitement et très-vite,
pouvant rendre immédiatement à la ruche leurs toits enlevés et laisser
les abeilles continuer à ramasser leur butin à mon profit (ce qui est précieux, vous avouerez, monsieur, dans les jours de grande miellée). J'ai
vidé très-parfaitement à l'extracteur des portions de cadres et des
cadres entiers, des morceaux de rayons enlevés et des objets qui ne
pouvaient se mettre dedans, sans briser mes cires. Mais je ne puis, et
j'en ai la certitude, opérer que dans les heures tièdes de la matinée ou
du soir, la chaleur écrasant la cire sur le canevas de la machine. Il faut
12 heures et plus pour vider des portions de gâteaux par le moyen
Delinotte, et ils restent fortement emmiellés, laissant tomber dans le
miel une multitude de parcelles de cire qu'il est impossible d'enlever,

et qui toutes ne remontent pas sur l'écume, ce qui le rend légèrement trouble.

Je puis, monsieur, vous donner la preuve de ce que j'avance, et l'on verra mon miel d'extracteur tiré, soit en coupant les cachets, soit l'ayant pris avant les cachets, aussi pur qu'un rayon d'or.

Les abeilles, vous le savez, monsieur, construisent généralement leurs rayons à miel très-perpendiculaires; de cette façon, perçant les alvéoles cachetés, on perce non pas le fond mais les cloisons, ce qui arrive même eu les décachetant; ce que je fais afin d'éviter le plus possible les parcelles de cire. Ce moyen, le laissant entièrement à M. Delinotte, je l'emploie quand je veux, ne vidant que peu de rayons, obtenir du miel de telle ou telle fleur.

Quant au problème des rayons raccommodés par les abeilles, tout apiculteur intelligent et observateur apprend cela la première année qu'il emploie des ruches ouvertes.

Avant de posséder un extracteur, je laissais aux rayons la cloison des alvéoles, coupant le reste et faisant fondre au tamis. Il m'arriva souvent, sur des jeunes cires surtout, de percer les cloisons ou de couper imparfaitement. Mes abeilles me raccommodaient cela. Aussi depuis savais-je bien que tout rayon déchiré n'importe comment était au *plus vite* raccommodé en saison de miellée; et plus tard elles prennent la vieille cire, si elles en ont absolument besoin. Ayant ôté un rayon au milieu d'une ruche fin.de juillet, les fleurs ne donnant plus rien, les abeilles de cette ruche bâtirent un rayon de 20 centimètres à peu près avec l'excédant de leur vieille cire ; sans doute les cachets du miel *dont* elles vivaient, car la ruche ne contenait aucune parcelle émiettée des alvéoles vidés.

Vous voyez, monsieur, que ces simples remarques attestent que ce problème dont vous parlez est résolu depuis longtemps, je crois, par l'apiculteur qui travaille lui-même, essayant et observant.

Seulement qui reste coi, en face des choses qui lui semblent trop simples pour les envoyer au journal ?

Veuillez, etc.

Au Vésinet, septembre 1871.

—Les parcelles de cire qu'on peut trouver dans le miel provenant de cellules percées, montent à la surface, et rien n'est plus facile que leur enlèvement. Tout miel liquide extrait par le procédé Delinotte ne saurait être trouble, non plus que ne l'est le miel extrait par les moyens ordi-

naires employés par nos bons fabricants. Si des bulles d'air et des parcelles de cire le troublent au moment du coulage ; il devient parfaitement
clair après quelques heures de repos.

Remède contre les effets de la piqûre. On lit dans le *Cultivateur de la
Suisse romande* : Le permanganate de potasse ou caméléon minéral en
solution dans l'eau, dans la proportion d'une partie pour 50 à 100 parties
d'eau est un excellent remède contre les accidents occasionnés par les
piqûres de guêpes, d'abeilles, etc. On en met quelques gouttes sur la
partie piquée, ou mieux encore on la recouvre d'une petite compresse
imbibée de ce liquide. Cela suffit pour calmer la douleur et empêcher
l'enflure de se produire. Le permanganate est préférable à l'alcali, qui,
sans être aussi sûrement efficace, a l'inconvénient d'agir comme caustique et d'irriter la peau.

M. Latierce, de Varennes, nous signale un procédé très-simple qu'il
emploie pour neutraliser les effets de la piqûre. L'aiguillon enlevé, il
humecte avec de l'eau ou avec de la salive et gratte l'endroit piqué. Il
y applique une *prise* de tabac en poudre, et au bout de deux minutes au
plus, il ne ressent aucune douleur.

— Les guêpes ont été cette année aussi abondantes que les essaims
dans plusieurs cantons. Des fabricants de miel de la Champagne en ont
vu fondre une telle quantité sur leur laboratoire qu'ils ont été contraints de suspendre leur fabrication. Le pétrole est un ingrédient
efficace pour détruire les guêpiers. Mais il est certaines circonstances où
l'on s'expose à l'employer, et où il vaut mieux supporter les déprédations
de l'insecte malfaisant que d'en faire usage. En voici un exemple :
dernièrement un jardinier d'Asnières près Paris, s'apprêtait à détruire
un guêpier lorsque des ignorants qui, le voyant armé d'une cruche,
verser un liquide et y mettre le feu, crurent que c'était un incendiaire.
Ils s'empressèrent de crier « au pétroleur ! » On accourut et on le saisit
au collet. Fort heureusement que l'opération mal faite vint à son secours. Les guêpes n'avaient été que surexcitées ; à la vue de ces impor-
tuns, elles sortirent en foule et se jetèrent sur eux, si bel et si bien
qu'en moins de quatre minutes les lieux furent vidés, non sans yeux
pochés, nez en trompette, figures en coin de rue. Le pétroleur n'a pas
été le dernier à se tirer de ce double guêpier.

— L'apiculture suisse a été bien représentée au concours de Sion.
On a surtout remarqué le rucher complet de M. Isid. Jaquet.

H. HAMET.

Étude sur Berlepsch.

Suite. V. 14° année.

Je reprends aujourd'hui *l'étude sur Berlepsch*. Le dernier article a paru dans l'*Apiculteur* de juillet 1870, page 295. Comme *inventeur des cadres en* 1853, et *découvreur de la soif en* 1855, Berlepsch s'est coiffé *du chapeau haut emplumé de général des apiculteurs*, et s'est *appendu, brillante étoile, à la voûte du firmament apicole.* A part cette fatuité d'enfant plus risible que déplaisante, Berlepsch a fait un livre utile, un livre que l'on consultera encore quand beaucoup d'autres sur la matière seront oubliés depuis longtemps. Arrivons à notre affaire.

Chap. XIX, pages 192 à 212. Maladies des abeilles. — § 68. La loque ou pourriture du couvain. Il n'est pas facile de distinguer la loque non contagieuse de la loque contagieuse. La loque non contagieuse se produit quand, par faute de population suffisante ou par un froid subit, les abeilles abandonnent le couvain du bas pour se grouper dans le haut de la ruche. — § 69. Loque contagieuse. On distingue trois degrés dans la maladie. Le premier degré est incurable. Le second degré se guérit soit naturellement, soit par l'enlèvement des gâteaux infectés. Dans le troisième degré, ce sont les larves qui périssent avant d'être *operculées,* tandis que dans les deux premiers degrés ce sont les larves operculées qui périssent. Le troisième degré se guérit quelquefois de lui-même sans le secours de l'homme. — § 70. La loque est contagieuse. Elle se communique par du miel provenant d'une ruchée loqueuse; probablement par les miasmes de l'atmosphère; par le pillage d'une ruchée loqueuse; par l'apiculteur qui a manipulé une ruchée loqueuse; par la réunion d'abeilles malades avec des abeilles saines quand il y a du couvain: quand le couvain fait défaut, la réunion n'est pas dangereuse; par l'installation d'un essaim dans une ruche où la loque a existé. — § 71. Moyens préservatifs de la loque. Ne pas nourrir les abeilles avec du miel de Pologne ou de la Havane et autres miels qui ont fermenté. — § 72. Conduite à tenir avec les ruchées loqueuses. Il faut soufrer et démolir les loqueuses du premier degré, la maladie est incurable. La loque du second degré se guérit souvent d'elle-même, mais il ne faut pas s'y fier. Il faut enlever le couvain gâté, prendre la mère et la remplacer par une cellule operculée de mère prise dans une ruchée saine, et établir la population dans une nouvelle ruche. On agit avec la loque du troisième degré comme pour la loque du second degré. — § 73. D'où provient la

loque? C'est un fait certain, dit Berlepsch, que l'invasion de la loque en
Allemagne date de la même époque que les ruches à rayons mobiles.
Avant cette époque on manipulait peu les ruches. La loque était à peine
connue tant elle était rare, mais depuis elle est aussi connue qu'elle est
fréquente. Voilà le témoignage peu suspect de Berlepsch lui-même :
« Quelquefois il m'est arrivé de voir, en septembre, dans les colonies mal
peuplées, mal approvisionnées, du couvain operculé dont l'opercule au
lieu d'être bombé était concave, c'est-à-dire légèrement déprimé dans
son centre; cet opercule était percé d'un trou à y passer une épingle. En
ouvrant les cellules, on y découvrait une matière ou purulente ou desséchée; ce couvain pourri occupait la partie inférieure des gâteaux, d'où
l'on peut conclure que la fraîcheur des nuits de septembre avait forcé
les abeilles à se grouper au haut de leur habitation et à abandonner
leur couvain. C'est tout ce que je sais sur la loque. »

§ 74. De la soif. La soif est une maladie dangereuse qui peut détruire
tout un apier plus promptement que la loque. Cependant elle est peu à
craindre parce que l'apiculteur peut y remédier. La soif existe d'une
manière désastreuse surtout depuis la ruche Dzierzon. Elle se déclare
plus tôt et plus fortement en ruche Dzierzon qu'en ruche de paille;
quand une population en ruche de paille périt de cette maladie, il en
périt au moins vingt en ruche Dzierzon.

Berlepsch aurait pu ajouter : et quand il périt une population en ruche
Dzierzon, il en périt deux en ruche Berlepsch. Lui-même nous apprend
que la soif se fit sentir violemment en 1864, dans l'apier de sa *terre noble*
de Séebach; et que, en 1868, toutes les populations du même apier en
furent atteintes de nouveau.

La ruche Dzierzon, dans un hiver rigoureux, n'a que le défaut d'être
en bois, tandis que la ruche Berlepsch a le double défaut d'être en bois
et à cadres mobiles, c'est-à-dire plus froide que toute autre ruche.

La ruche de bois ne doit pas, ce me semble, être aussi meurtrière en
France qu'en Allemagne, par ce fait bien connu que, même dans nos
provinces septentrionale, l'hiver est moins rigoureux que dans les provinces méridionales de l'Allemagne.

Indices de la soif. Si en hiver les abeilles restent prisonnières des mois,
l'eau manque très-souvent, surtout à l'approche du printemps lorsque
les colonies sont déjà occupées du couvain. Le manque d'eau est parfois
si fort que la population périt. Les abeilles altérées ouvrent toutes les
cellules de miel uniquement pour en boire l'humidité. Elles prennent

le miel liquide et sucent le peu de parties aqueuses des cellules où le
miel est cristallisé, en sorte que le plateau est couvert des restes de miel
à la hauteur d'un pouce (26 millimètres). Les abeilles sont toujours
agitées, elles cherchent de l'eau dans toute la ruche, bourdonnent fortement, gémissent comme si elles étaient orphelines et sortent de la ruche
même par un froid de deux à six degrés Réaumur. Si elles ne meurent
pas de cette manière, elles deviennent tôt ou tard dyssentériques par
l'agitation, la nourriture abondante et le refroidissement.

§ 75. Causes de la maladie. 1° Si la ruche a des ouvertures qui laissent
sortir l'air chaud, ou si la ruche est construite de telle façon que la
vapeur se condense dans des parties de la ruche où les abeilles ne peuvent parvenir sans se séparer de la masse. 2° Si les ruches en bois sont
trop chaudes, par exemple des ruches à cloisons doubles entre lesquelles
il y a trois et quatre pouces de mousse. 3° Si le miel est cristallisé : les
abeilles ne peuvent manger en hiver le miel cristallisé, elles ont besoin
de beaucoup d'eau pour le dissoudre. 4° Si les cloisons de la ruche sont
trop poreuses. 5° Si une population est trop faible pour la ruche. 6° Si
les abeilles sont trop troublées pendant le repos de l'hiver.

On pourrait souvent opposer Berlepsch à Berlepsch. Par exemple notre
auteur donne comme une cause de la soif une ruche construite de telle
sorte que l'humidité se condense dans une partie de la ruche où les
abeilles ne peuvent parvenir sans rompre la masse, sans diviser la
famille, mais dans sa ruche la vapeur va se condenser au-delà des cadres,
contre les parois de la ruche, parois séparées des abeilles par un intervalle de quinze à vingt millimètres, et jamais en hiver les abeilles ne
peuvent franchir cet espace.

§ 76. Remède contre la soif. On donne tout naturellement à boire aux
gens qui ont soif. C'est ce que fait Berlepsch. Il introduit, en septembre,
au milieu de la ruche, un petit flacon contenant environ deux cents grammes d'eau, flacon bouché non avec du liége mais avec une éponge. Les
abeilles viennent sucer l'éponge, boivent à la santé d'un si bon maître
et à l'accomplissement de tous ses désirs.

Des raisonneuses chuchotent bien quelque peu : « Dans nos chau-
mières d'autrefois, disent-elles, nous avions moins froid en hiver et
moins chaud en été ; la pourriture, cette affreuse peste, ne tuait pas nos
petits au berceau ; nous n'avions pas ces soifs, ces soifs à mourir ; heureuses, nous donnions du miel à nos maîtres et c'étaient nos maîtres qui
buvaient à notre santé.

» Depuis que les savants se mêlent trop de notre intérieur, nous sommes malheureuses; nous ne pouvons plus leur donner de miel ; enfin, ils sont pour nous ce que fut pour eux la boite de Pandore, la cause de nos souffrances. »

(A suivre pour la partie pratique).

Lettres inédites de Fr. Huber.

(Voir page 213.)

Ouchy, le 28 juillet 1801.

J'étais fâché, monsieur, d'avoir été si longtemps sans avoir eu de vos nouvelles ; je craignais que la maladie ou qu'une de ces calamités auxquelles nous ne sommes que trop exposés, eût interrompu notre correspondance ; mais voilà une bonne lettre qui me rassure, et je vois avec plaisir que votre silence n'a point eu de cause fâcheuse. Les affaires qui vous ont occupé n'ont pas cependant arrêté la marche de vos observations. Ne regrettez pas qu'elles aient été trop peu nombreuses. Il vaut mieux assurer ses premiers pas et marcher doucement dans une route difficile que de faire des enjambées qui ne mènent à rien, si ce n'est qu'à se rompre le cou. C'est à nos yeux avoir avancé dans la carrière qui nous occupe que de vous être assuré par vous-même que je ne vous ai rien dit d'après les rêves de mon imagination. Vous vous êtes seulement trompé une fois : c'est lorsque vous avez pensé que vos répétitions de mes expériences ou observations ne pouvaient pas m'intéresser. Croyez, monsieur, qu'il en est tout autrement ; je mets un grand prix à ce que mes observations soient confirmées par d'autres. Et quand cet autre a de bons yeux, un jugement sain et qui ne peut pas être soupçonné de prévention, j'ai un très-grand plaisir. Vous me l'avez donné, je vous en remercie sincèrement.

Nous avons examiné les petits gâteaux que vous m'avez envoyés ; tout était malheureusement corrompu, l'odeur était affreuse. Il n'a pas été possible de juger de ce qui avait été dans les cellules ouvertes, la putréfaction en ayant tout désorganisé. Nous avons reconnu quelques nymphes d'ouvrières dans les alvéoles clos, et c'est tout ce que nous avons su voir. Tout cela n'était réellement pas ragoûtant. Pour en avoir le cœur net, il faudra regarder les gâteaux extraordinaires qui se présenteront au moment où on les sortira de la ruche.

Vous avez trouvé une très-jolie manière de faire des essaims en donnant une mère à des abeilles qui avaient perdu la leur. La précaution que vous avez prise de les enfermer vous a donné l'occasion de vous assurer que ce n'est pas avec des poussières fécondantes que les abeilles font leur cire. Si je publie mes recherches sur cette matière, je dirai ce qui vous est arrivé : ce n'est pas trop d'un témoin pour persuader des gens prévenus.

Ce que vous dites sur l'exposition est très-juste ; je ne doute pas que les ruches placées au soleil ne soient plus exposées à être pillées par les abeilles voisines, ou par d'autres insectes, que celles qui sont à l'ombre. On ne peut que redouter que ce ne soit l'odeur du miel et de la cire qui attire les pillards. Un moyen de diminuer ces émanations des ruches serait donc avantageux ; on le trouve en les plaçant sous des arbres ou sous quelque abri où l'odeur des ruches ne soit pas exhalée par la chaleur du soleil. Si vous m'en croyez, monsieur, vous tiendrez vos ruches au frais pendant l'été, et au froid pendant l'hiver.

Il est indifférent que les ruches en feuillets soient placées isolément sur des piquets ou réunies dans un rucher. J'aimerais cependant mieux la première manière, si on avait assez de place pour éviter le pillage, les mélanges et les équivoques des jeunes mères qui, à leur retour des airs, se posent quelquefois au-devant d'une ruche étrangère et y sont fort maltraitées. Il faudrait que les ruches fussent séparées les unes des autres, autant que cela serait possible ; si vous aviez l'ombre d'un bois ou d'un bosquet, je ne mettrais que trois ou quatre ruches autour de chacun de vos arbres. Si vous préférez vous servir des ruchers, il vaudra mieux en avoir plusieurs petits qu'un seul grand ; ne tenir jamais beaucoup de ruches réunies dans le même lieu, surtout si l'espace est étroit. Si j'avais un hangar un peu vaste, ouvert de quatre ou trois côtés, j'y placerais mes ruches sur des tablettes de manière que les unes eussent leurs portes tournées au couchant, les autres au levant et les troisièmes au midi, en prenant la précaution d'éloigner absolument le soleil par le moyen de paillassons suffisamment inclinés.

L'attachement des abeilles pour le cadavre de leur mère est une chose bien extraordinaire. Si l'on doutait qu'elles l'eussent aimée pendant leur vie, le fait que vous avez vu, comme moi, détruirait cette prévention. Les soins qu'elles rendent à la mère morte, sont la continuation de ceux qu'elles lui donnaient de son vivant et une suite de leur attachement pour cet individu. Mais quelle est la cause de cet attrait ou, si vous voulez, de cet amour bien prouvé? On connaît que la mère vivante peut agir sur les sens des ouvrières d'une manière qui leur plaise, qu'elles sont attirées autour d'elles par ses émanations, par les attouchements réciproques, ou par la perception des œufs qu'elle porte ou qu'elle dépose. Mais dans l'état où vous l'avez vue le 25 avril, morte depuis plusieurs jours, entièrement desséchée, gisant sur le plancher au dehors de son habitation, quelle sensation pouvait-elle faire éprouver à ses gardes fidèles? Aucune de celles dont je viens de parler. Ce corps froid et inanimé qu'elles s'obstinaient à caresser agissait donc sur elles par le souvenir qu'il réveillait des sensations qu'elle leur avait fait éprouver lorsqu'elle était vivante et mère. D'autres faits m'ont appris qu'on ne peut pas leur refuser la mémoire : ceci le montre d'une manière plus intéressante. Je suis bien aise que vous l'ayez vu, ma propre observation en a plus de poids à mes yeux. Je m'appuierai en temps et lieu de votre témoignage.

Je suis bien aise que vous pensiez à faire quelques recherches sur la vie des mères. J'en ai suivi une pendant deux ans et demi. La *ruchée* périt le troisième hiver. Je n'ai donc pu savoir si elle vivait trois ans ou plus. Pour éclairer ce point d'histoire naturelle, il faudra saisir quelques jeunes mères : celles qui conduisent les seconds essaims sont dans ce cas. Vous leur ferez une marque qui ne pourra point s'effacer, en retranchant le bout d'une de leurs antennes (1). Il va sans dire que vous marquerez le jour de leur entrée dans la première ruche, et que vous noterez leurs diverses émigrations d'année en année.

Si vous connaissiez les jeunes abeilles, c'est-à-dire celles qui viennent de sortir de leurs cellules et qui sont encore blanchâtres et faibles, vous pourriez tenter cette épreuve dès à présent. Pour chercher à voir si la vie des ouvrières n'est que d'un an, comme on a lieu de le penser, il suffirait peut-être de faire cette opération à une vingtaine de jeunes abeilles de votre ruche en feuillets. On verrait au mois de juillet prochain s'il en reste encore quelques-unes, dans le cas cependant où les abeilles mutilées seraient souffertes par leurs compagnes.

---

(1) Le conseil que donne là Huber, n'est pas des meilleurs. Une mère à qui on coupe une antenne peut perdre la faculté de distinguer ses œufs, voir même la faculté de pondre. — *La Rédaction.*

Je suis bien aise que vos compatriotes veuillent essayer la ruche en feuillets et qu'ils vous aient chargé d'en diriger la construction ; sans cela ils les feraient comme celle qui est gravée dans mon livre (fig. 6, reproduite p. 175), et ils tomberaient dans les inconvénients que j'ai éprouvés depuis sa publication. Pour qu'ils profitent de mon expérience adaptez-y les changements que je vous ai communiqués :

1° Que la porte soit unique sur l'un des petits côtés ;

2° Qu'il y ait une ouverture sur le côté opposé qui servira de porte à son tour.

3° Point de charnières.

4° Que le dedans de la ruche soit bien uni et que l'on n'aperçoive pas au tact qu'elle est faite de plusieurs pièces.

5° Enfin que chaque ruche ait une enveloppe ou surtout des planches épaisses, précaution nécessaire pour prévenir le déjettement des châssis. En voici une qui préviendra un autre inconvénient, c'est-à-dire l'intro-duction des teignes ou de tout autre insecte dans l'espace qui se trouvera entre la ruche et son surtout. Il suffira pour cela, de faire la porte du surtout de la même grandeur que celle de la ruche ; de la placer de ma-nière qu'elles se rencontrent exactement et de les unir par le moyen d'un tuyau ou de bois ou de fer-blanc, dont une des extrémités entrera dans la ruche d'une ou deux lignes et dont l'autre se trouvera à fleur de l'ouverture du surtout sur lequel le cadran sera planté.

Vous croirez peut-être que ce tuyau qui unit le surtout à la ruche ne permettra pas que l'on puisse aisément les séparer ; cela serait ainsi, si le surtout était une boîte dont les pièces fussent clouées. Celui que j'ai imaginé et qui est très-commode forme bien une boîte, mais toutes ces pièces sont mobiles. Les quatre verticales tiennent dans la table de la ruche par des tenons qui entrent librement dans leurs mortaises. Le toit du surtout a ses mortaises comme la table dans lesquelles s'emboît-tent les tenons supérieurs des quatre pièces verticales. Vous comprenez, monsieur, que pour découvrir la ruche, il ne faut pas enlever le surtout tout à la fois. J'ôte 1° le toit ; 2° la planche du derrière ; 3° et 4° celles qui couvrent les grands côtés de la ruche, qui se trouve alors suffisam-ment découverte sans qu'il soit besoin d'ôter la planche de devant qui porte l'appareil que vous auriez pu trouver embarrassant. Le surtout brisé a un autre avantage, celui de pouvoir s'enlever et se replacer sans bruit, sans secousse, sans frottement et sans risquer d'écraser aucune abeille, choses auxquelles il faut faire attention, si l'on ne veut pas les mettre en colère, et se faire piquer. Pour que les surtouts durent, il faut qu'ils soient peints à l'huile en dedans et en dehors, ainsi que les bords de la table jusqu'au fond de leurs mortaises ; la couleur petit jaune est, je crois, celle qui coûte le moins et qui convient le mieux.

On aime savoir comment sont placés dans ce monde les gens auxquels on s'intéresse. Habitez-vous la ville ou la campagne ; avez-vous des bois, des prairies autour de vous ? Quelles sont les cultures qui vous environnent ? Faites-moi le portrait de tout cela. Je vous demanderai aussi si vous êtes marié. Si vous me connaissiez davantage, monsieur, vous croiriez que c'est l'intérêt que vous m'inspirez et non une indiscrète curiosité qui vous attire des questions moins étrangères qu'elles ne le paraissent au sujet qui nous occupe.

Si je n'ai pas expliqué clairement le surtout que je vous propose, je vous en enverrai un modèle en petit.

Suivant ce que vous m'apprendrez, monsieur, de votre position, je vous prierai peut-être de m'associer à votre culture d'abeilles en faisant construire quelques ruches en feuillets pour mon compte, que vous peupleriez dans le temps. Cela me donnerait occasion de vous faire une visite, ce qui serait pour moi un vrai plaisir. Votre très-humble serviteur.   F. HUBER.

Le Philanthe apivore.

(Suite, voir page 208.)

J'ai défait plusieurs de ces nids ; chacun renfermait une larve reposant à côté des restes de l'abeille qu'elle avait dévorée. Les larves qui m'ont paru les plus avancées, pouvaient avoir de 14 à 16 millimètres de longueur. Elles sont d'un blanc jaunâtre, allongées, molles, roses, convexes en dessus, plates en dessous, amincies un peu vers l'anus, de douze anneaux, séparés par des étranglements fort sensibles, avec des bourrelets latéraux. Leur bouche consiste en deux crochets triangulaires, plats, courbés, connivents, très-durs, bruns, rapprochés à leur base, et recouverts par un avancement en forme de bec. Au milieu du plan supérieur de chaque crochet est implantée, sur une partie qui paraît membraneuse, une petite tige presque imperceptible, le rudiment de quelque antennule. Le premier et l'avant-dernier anneaux ont chacun, de chaque côté, un stigmate très-apparent. L'intérieur du corps laisse apercevoir des grumeaux d'une matière blanchâtre.

J'ai découvert dans un autre nid une coque ellipsoïde, formée d'une pellicule mince, d'un brun clair, et dans lequel j'ai trouvé les restes du philanthe qui y avait péri.

Les cadavres d'abeilles devant éprouver, pendant l'hiver, une altération notable, je présume que ces larves prennent leur accroissement avant cette saison ; comment s'alimentent-elles ensuite ?

La recherche d'une autre variété aiguillonnait ma curiosité : je devais essayer de découvrir les œufs de cette espèce de philanthe, leur nombre, et déduire les conséquences funestes qui en résultent pour la culture des abeilles, cette branche intéressante de l'économie rurale.

J'ai ouvert le ventre à plusieurs femelles, et leur ovaire m'a paru composé de cinq à six œufs cylindriques, allongés, blancs, et arrondis aux deux bouts. — Chaque femelle donne donc la mort à six abeilles domestiques, peut-être à un plus grand nombre, car je ne puis affirmer que chaque larve n'en consomme réellement qu'une. Plusieurs de celles qui ont été prises sont rejetées, d'autres sont abandonnées ; lorsque le ravisseur vient à être par hasard saisi d'épouvante, il laisse tomber sa proie.

J'ai compté sur un espace de terrain ayant 40 mètres de longueur, cinquante à soixante femelles environ, occupées de la construction du nid de leurs petits. Cette étendue de terre a donc pu être le tombeau de trois cents abeilles. Supposons maintenant que, sur une surface ayant un myriamètre en carré, vous ayez environ une cinquantaine d'expositions aussi favorables, aussi peuplées de nos philanthes, il s'y perdra environ quinze mille abeilles. Ces insectes sont donc pour elles un vrai fléau.

Le goût de l'étude de l'entomologie se propageant de jour en jour, le nombre des insectes diminuera en proportion ; les ennemis des abeilles y seront également compris, mais il faut leur déclarer une guerre plus directe. Le moyen sûr de les détruire est d'observer avec soin, vers la fin de l'été, quels sont les terrains criblés de trous, et de mettre à découvert, par un fort éboulement, un peu plus tard, les larves et les nymphes qui y sont renfermées. L'entomologie aurait sans doute le droit d'adresser quelques plaintes à l'agriculture ; la source de nos richesses tarirait, mais celle de l'État passe avant tout.

Vous souhaitez connaître cet insecte contre lequel nos abeilles sollicitent votre vigilance, réclament votre appui. Le célèbre historien des insectes près de Paris l'a décrit le premier ; c'est sa *guêpe à anneaux*.

bordés de jaune. Le philanthe *triangle* de Fabricius en est très-voisin ; je croirais même que c'est lui, si cet entomol giste re disait pas que le corselet de son espèce est sans tache, et que ces pattes sont rousses. Panzer a figuré le mâle de la nôtre sous le nom de philanthe peint, *philanthus pictus*. Schœffer a peint la femelle, *Icon. Ins. pl.* 85, *fig.* 1, 2.

Voilà donc notre destructeur d'abeilles connu, mais non pas sous ses mauvaises qualités. Je le désigne sous le nom *d'apivore*, et je le caracté-riserai ainsi :

Philanthe apivore (Philanthus apivorus) fig. 6. Noir ; bouche et tache frontale divisée, jaunes ; corselet tacheté ; abdomen jaune ; bord anté-rieur des premiers anneaux à bande noire, triangulaire, en dessus. (*Niger ; ore maculaque frontali divisa, luteis ; thorace maculato ; abdo-mine flavo, margine antico primorum segmentorum fascia nigra, triangu-lari, supera.*) Longueur 0ᵐ 013.

Les philanthes peuvent être partagés en deux divisions ; les premiers ont les antennes fortement renflées, et dont l'extrémité atteint à peine la naissance des ailes ; leur tête est fortement large ; leur abdomen est assez court, ové-conique. Les seconds ont les antennes presque filiformes, ou légèrement plus grosses vers leurs extrémités qui dépassent la naissance des ailes. Leur tête est moins large, mais plus épaisse que *celle des pré-*cédents. Leur abdomen est oblong, à anneaux souvent séparés par des étranglements. Le philanthe apivore appartient à la première division.

Les antennes sont entièrement noires. La tête est noire, avec sa partie antérieure et une tache échancrée frontale jaunes. Les côtés inférieurs sont pubescents. Il y a une petite ligne roussâtre derrière les yeux, en dessous. Le corselet est noir, luisant, avec le bord antérieur du premier segment, un point au-devant de chaque aile, leur attache et une ligne à l'écusson, jaunes ; il est aussi un peu pubescent et ponctué. L'abdomen est jaune, luisant, finement ponctué, avec la base du premier anneau, le bord antérieur des trois ou quatre autres suivants, noirs en dessus ; cette dernière couleur avance au milieu, et forme un petit triangle sur les premiers ; quelquefois aussi l'abdomen est presque entièrement jaune, avec le bas du premier anneau et le bord antérieur des seuls deux suivants noirs. Le dessous est d'un jaune peu ou point mélangé. Les pattes sont jaunes, avec les hanches et la moitié inférieure des cuisses noires. Les jambes intermédiaires et les postérieures surtout ont quel-ques épines latérales ; les tarses sont ciliés, mais les antérieurs le sont davantage. Les ailes antérieures ont la côte et les nervures roussâtres.

Le mâle est d'un quart environ plus petit. La tache frontale est tri-
fide. L'écusson a deux lignes jaunes, placées parallèlement l'une sur
l'autre, et dont celle de dessus plus grande. Le noir domine tellement sur
le dessus de l'abdomen, que les côtés des anneaux et le bord postérieur
sont seuls jaunes; les derniers anneaux n'ont même qu'une petite bordure jaune. Le dessous de l'abdomen est jaune, avec quelques bandes
noires, transversales. Les pattes sont bien moins dentées et bien moins
ciliées que dans la femelle.

La femelle est armée d'un aiguillon plus court que celui des guêpes,
mais qui n'en est pas moins offensif; il est arqué dès sa naissance, et
reçu avec sa gaîne dans deux styles ou pièces obtuses, concaves, velues,
et insérées sur les côtés de la base de l'aiguillon.

L'intérieur de l'abdomen est partagé en deux, au second anneau,
par un diaphragme transversal, formé d'une pellicule très-blanche et
très-mince, sur laquelle se ramifient de petites trachées; d'une cavité
latérale de ce diaphragme sort un vaisseau blanc, ovoïde, rempli d'une
liqueur très-transparente; suit un conduit cylindrique, plus étroit,
replié sur lui-même, brun, strié et annelé, recouvert d'une pellicule
qui se détache aisément. Entre ce canal et l'anus est une matière jaunâtre et un peu filamenteuse, près de laquelle se remarque la fiole du
venin.

J'ai rencontré dans les nids de ces insectes la larve du dermeste
souris, *murinus*. Elle est conique, allongée, d'un brun foncé, hérissée de
poils longs et roussâtres. Son anus est terminé par un tuyau, et l'on
voit au-dessus deux épines rougeâtres.

J'ai trouvé aussi très-fréquemment le chrysis doré femelle, guettant
avec patience l'instant où le philanthe sortirait de son trou, afin de s'y
introduire, d'y déposer ses œufs, et de détruire les espérances de ce dernier. Le philanthe s'apercevait souvent du dessein du chrysis, et venait
lui donner la chasse.

Moyen de destruction du philanthe. Dans une description de cet insecte
que nous a envoyée l'*Apiculteur lorrain*, voici le mode conseillé pour le
détruire et empêcher sa multiplication : — Il faut, en mai et en juin,
tandis qu'on est occupé à surveiller l'essaimage, observer les places où il
creuse pour nidifier; quand on le voit courir çà et là, puis s'arrêter,
c'est qu'il commence son puits; lorsqu'il a la moitié du corps enfoncé,
que l'abdomen seul reste en dehors, il faut saisir ce moment pour
l'écraser avec l'extrémité d'un bâton; par ce moyen on en détruit beau-

coup. En octobre, en bêchant et retournant la terre autour des ruches, on ramène les nids sur le sol et les nymphes sans abri périssent en hiver.

***

De la direction de l'activité des abeilles.

Par Dzierzon (voir p. 216 .

A partir du jour où la vieille mère féconde est sortie jusqu'à la fécondation de la jeune mère qui est restée maîtresse de la ruche, la ponte cesse entièrement dans la souche pendant environ trois semaines, quand encore un temps défavorable ne vient pas retarder la sortie de fécondation. Après cet acte, la ponte recommence de nouveau et dure bien plus longtemps chez la souche qui possède une riche provision de pollen que chez l'essaim dont les mères n'ont pas été changées.

Lorsque la récolte dure longtemps et avec régularité, les essaims et principalement les essaims primaires, se préparent eux-mêmes à essaimer, en ce qu'ils construisent aussi des cellules à bourdons et les garnissent d'œufs de mâles, parce que leurs bâtisses sont pour la plupart terminées et qu'ils possèdent une quantité de couvain d'abeilles. Cependant, année moyenne et dans tous les pays, la campagne a atteint, après le temps de l'essaimage, son plus haut point de richesse, par rapport aux abeilles, et elle ne peut plus que décroître. Dorénavant l'activité des abeilles va prendre une autre direction. Afin de parer, en amassant une provision de miel, à la saison où il est impossible de se procurer des vivres, les abeilles ne pensent plus qu'à économiser. Afin de pouvoir remplacer les mouches qui périssent continuellement au dehors, pendant leurs voyages à la campagne, il y a constamment encore du couvain d'abeilles dans la ruche, quoiqu'en nombre moindre; mais les abeilles ne se contentent pas seulement de ne plus élever de couvain de bourdon, elles arrachent et détruisent le couvain existant et même elles chassent tous les faux-bourdons comme des membres dorénavant inutiles.

Les bâtisses qui, au printemps, étaient poussées avec tant d'ardeur, sont complétement délaissées en ce moment, parce qu'il en coûterait du miel; les abeilles mettent à profit la récolte si abondante de l'automne pour remplir de miel toutes les cellules existantes qui jusqu'à présent avaient servi à l'élevage du couvain, mais elles n'en bâtissent presque plus. Aussi longtemps que la température reste au-dessus de 13 degrés

Réaumur (16 centig.) ce qui leur permet encore de sortir, les abeilles cherchent activement à assurer leur approvisionnement à venir en accumulant le plus de miel possible ; elles s'occupent à boucher au moyen de mastic, toutes les fentes de leur demeure et à rétrécir l'entrée de leur ruche.

A partir de ce moment où la récolte de la campagne est achevée, comme au printemps avant qu'elle ne soit ouverte, les abeilles, tres-avides de miel, de leur nature, sont très-portées à se piller les unes des autres. Tout d'abord elles pillent les ruches orphelines, puis les faibles qui ne peuvent pas se défendre comme il faut. Le pillage est une mauvaise habitude chez les abeilles, dont celui-là seul est coupable qui leur en donne l'occasion en laissant en souffrance des ruches mal soignées, mal nourries ou auxquelles il a trop enlevé de miel. Du reste les abeilles pillardes sont justement les meilleures. Comme les abeilles italiennes brillent par leur grande activité, elles sont aussi fortement portées au pillage.

Quand une fois les abeilles ne trouvent plus rien à rentrer, elles ne sortent plus, quelque beau temps qu'il fasse, afin d'épargner leurs forces et leur miel, et elles se tiennent dans un repos complet ; elles ne sortent plus que de loin en loin pour se vider avant l'hiver, en profitant d'une journée chaude à l'heure de midi pour voler en bourdonnant devant la ruche.

Lorsque le froid augmente, les abeilles abandonnent les rayons de côté, se réunissent en un tas serré dans un des passages du milieu, le plus rapproché possible de l'entrée, au-dessous des provisions dont elles se tiennent toujours à portée à mesure que ces dernières s'épuisent. C'est ainsi que les abeilles passent, dans un état semblable au sommeil, cette période de l'année où tout le règne végétal est engourdi, jusqu'à ce que le soleil montant à l'horizon envoie ses rayons plus chauds pour réveiller leur activité et leur faire parcourir de nouveau le cercle de leurs travaux.

Nous n'avons pas du tout épuisé tout ce qu'il y a à dire sur la nature des abeilles dont nous n'avons fait que tracer l'esquisse. Il n'est possible de se rendre bien compte de leurs merveilleuses qualités et de leur manière de vivre qu'en les soignant et en pratiquant leur élevage; Passons donc le plus vite possible à la partie pratique dans laquelle nous examinerons encore bien des principes théoriques qui deviendront plus faciles à comprendre et à expliquer que nous ne pourrions le faire ici.

. — Nous avons reproduit à peu près à la lettre la partie théorique du traité de Dzierzon, afin qu'on fût à même de comparer ce travail à ce qui a été écrit sur le même sujet. La matière est traitée de main de maître ; mais sauf l'affirmation avec preuves de la parthénogénèse et l'hypothèse de l'usage du pollen pour la production de la cire, on ne trouve rien de bien neuf ni de bien original dans l'exposé de la science apicole, ainsi que la professe le chef d'école dont les Allemands ont fait l'Aristée moderne. A part l'amour-propre de nationalité, il faut avouer que du bagage de Dzierzon aux études de Réaumur sur la matière, il y a loin. Sans doute les *Mémoires* de Réaumur ont vieilli et renferment nombre d'erreurs. Mais que d'horizons n'ouvrent-ils pas à ceux qui veulent étudier les mœurs des abeilles et s'occuper d'apiculture ! Il faut demander cela à Huber.

Oiseaux apivores. — L'Hirondelle.

Plaider la destruction de l'hirondelle n'est pas chose aisée. Les savants la rangent parmi les oiseaux utiles et les autres en font leur idole. L'hirondelle, en effet, avec sa robe de soie bleu-luisant, est un joli oiseau et utile à certains égards. Elle passe avec nous les plus beaux mois de l'année ; mais, elle le sait, si elle voulait persister, elle périrait *sous nos* climats ; elle va donc passer ses quartiers d'hiver sous des climats plus doux. Elle ne nous quitte qu'à regret ; aussitôt qu'elle sent que notre atmosphère se réchauffe, elle quitte sa retraite empruntée et elle vient nous annoncer la fin de la mauvaise saison.

Elle ne veut ni des champs ni des bois ; elle nous affectionne, elle affectionne nos maisons ; elle vient droit à nous. Elle perche sur les meneaux de nos fenêtres et elle nous chante les joies d'un nouveau printemps. Plus de froid, plus de neige, plus de glace, plus de giboulées, la tiède haleine des vents, le réveil de la nature et la renaissance de la vie partout ; c'est ce que nous comprenons à ses gazouillements de tous les matins, et ses couplets symboliques nous égaient et nous transforment.

L'hirondelle est dans l'air comme le poisson dans l'eau, sa vie est toute aérienne ; son vol est rapide, facile, coulant, souvent brusque, anguleux et accidenté, mais toujours nerveux, soutenu et sans lassitude. Sa petite personne est toujours gracieuse, elle ne nous paraît gauche et embarrassée que quand elle se pose, et même alors son originalité nous plaît.

Elle ne s'émeut jamais de rien ; elle nous frôlera la figure, nos vête-

ments; elle va partout, passe partout; jetez-lui une pierre, elle n'en
cligne pas l'œil. Elle ne redouté que nos chats et la présence de l'homme
quand il approche de son nid. Oh! alors elle pousse des cris d'alarme;
elle est désolée. A part cela, la familiarité avec nous est dans sa nature;
elle a confiance en nous, elle nous confie ce qu'elle a de plus cher, sa
vie et sa famille. Elle suspend sa petite maisonnette à l'avant-toit de nos
maisons, à un soliveau de nos hangars et de nos appentis, la colle à un
mur, à la pierre de nos portails, etc. Elle veut être plus intime encore,
elle s'engage jusque dans l'intérieur de nos appartements, si elle en
trouve d'inhabités, sans mouvement et sans bruit. Elle va prendre tout
bonnement à une flaque d'eau sur les chemins ou à la berge de nos
mares un peu de boue qui serait sans lien et sans consistance entre les
mains du plus habile architecte; elle le gâche avec son bec et l'invis-
que de sa salive, et la solidité de son nid ne le dispute qu'à l'art et à
la grâce avec lesquels elle le construit. Qui n'a pas admiré mille fois
ce génie inné de la science architectonique?

J'en tombe volontiers d'accord, l'hirondelle, par ses formes, son caractère bénin, sympathisant, familier, par son plumage, son adresse, ses
mœurs enfin, et par les services qu'on lui prête, porte en elle un charme
qui séduit. On dirait un phénomène au milieu de nous; un oiseau des
pays lointains, fourvoyé sous nos climats; elle ne ressemble à aucun
autre; elle est moulée sur un type unique; il y a dans l'ensemble de
cet oiseau quelque chose de poétique qui tient de la fée et qui en fait un
oiseau à part.

Jusque-là, tout est au mieux et tout irait sans rancune et sans reproches jusqu'au bout, si ce malheureux oiseau n'avait pas le tort fort
grave, trop grave pour le lui pardonner, de manger nos abeilles.

L'hirondelle mange nos abeilles, l'hirondelle dépeuple nos ruchers,
l'hirondelle nous enlève cire et miel, et, en enlevant ces deux produits aux propriétaires, elle les enlève au commerce, à l'industrie et à
nos besoins.

Oui, l'hirondelle, lorsqu'elle a sa nichée surtout, alors qu'il lui faut
plus de provisions qu'à l'ordinaire, vient tous les jours faire ses empléttes
de vivres à nos ruchers. Elle arrive sans détours, quelquefois en compagnie de plusieurs autres; les unes se placent aux passages des abeilles,
les autres vont tracer des courbes sur le rucher, s'élancent rapides
comme un trait, happent les abeilles avec un claquement de bec qui
est un coup de lance pour l'apiculteur qui voit faire et qui est obligé

par les règlements de laisser faire. Lorsqu'elles en ont pris ainsi deux ou trois chacune, elles repartent en droite ligne vers leur nichée, et, quelques minutes après, elles sont encore là à leur œuvre de destruction. Ce manége commence ordinairement à midi ou deux heures au plus tard et dure jusqu'au soir.

Par moments, elles donnent du répit au rucher, mais elles n'en donnent pas pour cela aux abeilles. Elles savent les cantons fleuris ; elles effleurent la cime des fleurs, et elles capturent les butineuses à l'œuvre. Elles font pis encore, lorsque leur nichée est adulte et qu'elle peut suivre père et mère, elles la conduisent à l'apier, elles la dressent à prendre les abeilles et elles lui donnent en l'air celles qu'elles prennent elles-mêmes.

C'est ainsi et de toutes ces manières, pour ne parler que de leurs plus récents méfaits, qu'elles m'ont détruit cinq essaims l'année dernière. Les vieilles ruches ont survécu à leurs déprédations parce qu'elles étaient fortes, mais si elles ont résisté, leur population n'en a pas moins été décimée et amoindrie. Ce qui est le plus fâcheux, c'est qu'elles ne prennent à peu près toujours que les ouvrières du dehors qui apportent le miel.

Les dégâts de cette année ne sont pas encore consommés ; mais comme les voleuses sont plus nombreuses que l'an passé, qu'elles ont le même appétit, et qu'elles n'y vont pas de main morte, je ne peux avoir que des désastres à constater. Un rucher sur lequel les hirondelles viennent à s'abattre près ou loin, ne peut qu'être bientôt anéanti. Aussi, sans parler de quelques ruches isolées qui ont été emportées tout de suite, des groupes d'une vingtaine ont été réduits à trois ou quatre. Impossible de lutter.

Je veux prouver jusqu'à l'évidence ; puis on contestera, on niera, tant que l'on voudra ; il n'est pire sourd que celui qui ne veut pas entendre.

Nous avons ouvert une jeune hirondelle encore dans le nid, en présence de M. le maire et de M. l'instituteur ; nous avons reconnu, au milieu des débris à demi digérés d'autres insectes, les antennes et les pattes de la grosse paire des abeilles. Mais voici l'argument des arguments. Un apiculteur, enrageant de voir les hirondelles lui prendre impunément ses abeilles à sa barbe, prend son fusil et en abat une *qui avait une abeille au bec.* Crime, criminelle, criminalité, tout tombe au coup.

L'hirondelle, la mangeuse des abeilles, le grand fléau des ruchers, est prise sur le fait; que va dire l'entêtement? Il dira de deux choses l'une, ou il niera carrément, où il va dire : c'est égal, qu'elle mange les abeilles... Cette double ineptie revient au même. Le fétichisme a dit que la neige est noire; la raison a beau faire, il le dira toujours; mais

Qui n'a rien vu n'a rien à dire.

STASSART, *Le Corbeau et les Corneilles.*

Ajoutons encore ceci : Un fort propriétaire du Midi a écrit ses doléances à la *Gazette des campagnes* (1). Il avait, dit-il, de dix à douze quintaux de miel tous les ans; son fermier, ne connaissant pas l'instinct vorace des hirondelles pour les abeilles, donna l'hospitalité au perfide oiseau. Les hirondelles nichèrent dans ses vastes remises, magnaneries, hangars, etc. Elles s'y multiplièrent à volonté tellement, qu'au bout de trois ans il n'a plus eu une livre de miel. Or, le miel n'est pas sans cire, et une forte quantité de miel suppose une forte quantité de cire. Voilà donc deux hommes qui avaient, sans que cela ne leur coûtât rien, le maître peut-être de quoi payer ses impôts, et le fermier, au moins une bonne partie de ses frais d'exploitation, et ils n'ont plus rien... que des *hirondelles.*

Ce n'est pas la couleur qui fait la bonne étoffe. Je serais bien trompé si ces deux messieurs n'étaient pas de l'avis de Lenoble dans son Singe habillé.

Ou il faut abjurer sa raison et ses intérêts, ou il faut combattre un oiseau qui nous fait tant de mal.

Pour mon propre compte, j'aime beaucoup mieux, infiniment mieux mes abeilles, leur miel, leur cire, mes récréatives rêveries auprès de mon rucher, que toutes les hirondelles du monde.

En 65 (2), j'avais déjà signalé l'hirondelle comme un des nombreux ennemis des abeilles; aujourd'hui, je la signale de nouveau comme telle et j'affirme, en ne disant que ce que je vois tous les jours, qu'elle en est un des plus acharnés et des plus meurtriers.

Je prends la liberté de la recommander à la science et au zèle de M. Victor Châtel, en lui disant, pour me servir de l'expression pittoresque de notre Lafontaine, que le bon n'est pas toujours camarade du beau.

(1) N° du 1er janvier 1870.
(2) Discours au concours de Réauville.

Il ne faut pas confondre l'hirondelle de cheminée avec l'hirondelle de
fenêtre, comme disent les naturalistes, *hirundo urbica, hirundo rustica*
dans la division de Linnée. Nous, nous appelons, dans notre langage
usuel, la première, *cul-blanc*, et la seconde, *hirondelle* tout court. Le
cul-blanc est irréprochable. L'hirondelle que j'accuse porte une cravate
marron ; elle à la queue fourchue et acuminée ; elle adosse son lit à un
mur ou à un soliveau ; elle ne le couvre pas, mais elle le coupe horizontalement en forme de demi-globe.

Ce malfaisant oiseau a tout le bonheur des hypocrites, il trouve les
préventions les plus favorables dans l'esprit de nos populations. Les
hirondelles, disent-elles, portent bonheur aux maisons où elles viennent
nicher, et elles portent malheur à celles qui les tuent. Ce fétichisme est
si bien établi, qu'il est comme incrusté et cimenté dans leurs os ; on ne
pourrait le croire, si on ne le voyait pas.

On va dire que je mens. Un propriétaire avait un beau rucher et il
se plaignait qu'il diminuait au lieu d'augmenter, je lui dis, parce que
je l'avais vu : « Les hirondelles vous font du mal. » — « Oh ! non, les
» hirondelles n'y vont pas ; d'ailleurs, les hirondelles ne mangent pas
» les abeilles. » — « Je crois qu'elles y vont et qu'elles ont une *grosse*
» part dans vos ruches vides. » — « Oh ! non, non, les hirondelles ne
» mangent pas les abeilles, et elles n'y vont pas. » Elles n'y allaient
qu'à tout instant et par escouades nombreuses.

La superstition, quand elle porte sur les deux pivots de l'intérêt bien
ou mal entendu et de la peur, est indéracinable. Elle aveugle, elle en-
tête, elle plaide et gagne sa cause à son tribunal, mais, en gagnant son
procès, elle condamne aux frais.

Dites à ces bonnes gens : vous donnez toute liberté aux hirondelles
de venir nicher chez vous et elles en usent largement ; cependant vous
avez des malades et des morts, des membres cassés et disloqués, des
pertes de bestiaux et d'argent ; le village est plein d'hirondelles, et nous
avons une horrible sécheresse..., et la maladie des vers à soie..., et la
maladie de la vigne..., et, pour couronnement de l'œuvre, une guerre
gigantesque... Les fléaux pleuvent sur nous à tel point, que nous n'aurons presque pas de récolte cette année. Accidents, disettes, malheurs
particuliers, malheurs publics, souffrances, gémissements partout... ;
quel bonheur vous portent vos hirondelles (1) ?

(1) Ecrit en 70.

Digitized by Google

Lorsque Dieu eut créé le monde, ne dit-il pas à l'homme : sois le maître de tous les oiseaux du ciel, de tous les poissons de la mer et de tous les animaux de la terre ? fit-il une exception en faveur de l'hirondelle ?

Le bandeau tombera-t-il ou ne tombera-t-il pas? Non, il ne tombera pas. J'aime bien ici le mot de Nivernais :

On est bien sot les yeux sous un mouchoir. (*Le Colin-Maillard.*)

Tant est que l'hirondelle est toujours l'*oiseau sacré*, qu'elle trouve toujours bon accueil et protection, et qu'elle se multiplie de manière à ne plus savoir où se placer.

L'hirondelle mange les mouches, dit-on encore.

L'hirondelle ne touche guère à notre mouche commune. Je me risque même jusqu'à dire qu'elle n'y touche pas du tout; ma raison de le croire ainsi, c'est qu'avec ces nuées d'hirondelles que nous avons, si elles mangeaient les mouches, nous n'en verrions pas des essaims comme nous en voyons dans nos rues, dans nos basses-cours et dans nos maisons.

D'ailleurs, si l'hirondelle avait sa nourriture et celle de sa nichée près d'elle, elle n'irait pas la chercher loin. Or, tantôt, nous la voyons raser la surface du sol en pleine campagne, tantôt nous la voyons s'élever à de grandes hauteurs où notre vulgaire mouche ne monte jamais, et nous remarquons que là elle fait bonne curée. Il est hors de doute qu'elle chasse alors aux cécidomyes et aux phalènes de toute espèce qui papillonnent dans l'espace, ou qui descendent près de terre, suivant les variations accidentelles de la température.

Puisque les mouches foisonnent partout et que les hirondelles n'ont qu'à prendre, pourquoi vont-elles chercher nos abeilles à distance? J'ai des mouches, et de plusieurs espèces, autour de mon rucher, mais elles m'emportent mes abeilles et me laissent mes mouches.

Que l'on suive les hirondelles dans leurs excursions de chasse, on verra qu'elles se rendent dans les bas-fonds où il y a de la fraîcheur et et qu'elles font mille tours sur les mares, sur les courants d'eau, en temps de sécheresse surtout. Or, ce n'est pas notre mouche domestique qui est à poste fixe dans nos villages, qu'elles vont chercher à un ou deux kilomètres. Non, les hirondelles ne songent guère à nous débarrasser de cet hôte salissant et importun qui nous tyrannise de mille façons dans nos propres maisons; ainsi, qu'on ne leur en fasse pas les honneurs. Cette sorte de nouveau myagrus n'est en réalité qu'une fabuleuse et décevante idéalité.

Toutefois, je veux être juste et je ne veux pas nier ce qui est, les hirondelles détruisent des insectes qui vivent sur le travail de l'homme dans le moment qu'ils s'apprêtent à se propager. Les femelles pondent leurs œufs sur des végétaux qui entrent dans l'alimentation des gens et des bêtes ; leurs larves en rongent, soit la racine, soit la moelle cellulaire de la tige, soit le grain dans sa gousse ou son épillet. Voilà des services à leur *avoir* ; mais je ne crois pas que l'on doive trop en enfler la valeur. Car, qu'on n'aille pas croire que tout ce pêle-mêle d'insectes volants dépose ses œufs sur les plantes utiles. Les uns les déposent sur les plantes sauvages, les autres sur les buissons, dans les forêts ; la plupart prennent pour leur lot les arbres morts ou languissants, les branches caverneuses et pourries ; d'autres enfin viennent se loger dans nos maisons et rongent nos vieux bois. Cela est si vrai, qu'il n'y a qu'une dizaine d'années que les hirondelles sont venues s'installer à Réauville et que l'on n'a pas remarqué que les récoltes aient eu à souffrir plus avant qu'après.

Au surplus, nous savons qui leur fait la chasse : la nombreuse famille des mésanges, tous les individus de l'ordre des passereaux et tous les grimpeurs épient le moment de l'éclosion et dévorent les vers. En sorte qu'en résultat les dommages causés par ces insectes sont à peu près insignifiants et que le bien que l'hirondelle nous fait sous cet unique rapport est presque sans importance ; mais l'imagination le grossit et l'élève à de grandes proportions.

Quoi qu'il en soit de ces services qui échappent à une juste appréciation, le cul-blanc vit des mêmes insectes que l'hirondelle ; il laisse, celui-là, nos abeilles en paix ; nous l'avons en grand nombre, il nous fera donc le même bien sans nous faire le même mal.

Conséquemment, trois choses me sont démontrées : 1° l'ignorance entoure l'hirondelle d'un prestige qu'elle ne mérite pas ; 2° les savants et le peuple lui font une réputation exagérée, et 3° nous pouvons nous affranchir sans elle des dégâts que peuvent nous causer certains insectes nuisibles, qu'elle mange, et avoir, toujours sans elle, les avantages qu'elle peut nous procurer.

Que va-t-il arriver si nous laissons nonchalamment dévorer nos abeilles ? C'est une provision de ménage et un revenu de moins ; c'est une branche de commerce et d'industrie perdue ; c'est un besoin de nos églises, de nos grandes maisons, de la société, qui ne pourra être satisfait ; car le mal que l'hirondelle nous fait ici, elle le fait ailleurs.

A quoi bon toutes ces études, toutes ces expériences, tous ces perfectionnements, tous ces livres, journaux et autres écrits, toutes ces primes,
tous ces encouragements et tous ces hommages rendus dans nos expositions publiques au zèle des apiculteurs avancés ; en un mot, à quoi bon
tant d'efforts de la part de tant d'hommes distingués pour imprimer une
impulsion féconde à l'art précieux de l'apiculture, si nous laissons ensuite froidement dévorer nos abeilles aux hirondelles ? ce seraient de
ces bruyants coups de tonnerre qui semblent ébranler les colonnes des
cieux, et qui s'évanouissent sans pluie. Ce serait, pour le dire en termes
concis, faire beaucoup pour faire bien peu.   CHERVAT.(Le *Sud-Est.*)

— Tous les apiculteurs qui ont ouvert les yeux sur les faits et gestes
de l'hirondelle s'associent à la déclaration de guerre que leur fait
M. l'abbé Chervat. Pour notre compte personnel, il nous a été donné de
juger l'étendue des ravages de cet oiseau qui nous séduit par ses belles
manières. — Il n'est pas le seul ! — Cette année, à la suite des siéges, il
n'est pas resté de ruches aux portes de Paris. Aussi, jamais nous n'avions
tant vu d'hirondelles sillonner l'air au-dessus de notre rucher du boulevard Saint-Marcel, composé de cent et quelques colonies. On eût dit que
toutes les hirondelles de la banlieue s'y étaient donné rendez-vous. Nous
y avons remarqué des couples amener là leur progéniture pour lui
apprendre à s'emparer de nos mouches. Des centaines de fois nous avons
vu père et mère se saisir d'une abeille pour l'aller donner à une jeune
hirondelle encore inexpérimentée. C'est principalement dans la seconde
quinzaine de juillet qu'ici l'hirondelle détruit le plus d'abeilles. Nous
n'exagérons probablement pas en avançant que cette année, elles ont dû
nous en détruire alors près d'un demi-kilogramme par jour. Aussi en
raison des ressources de cette campagne, nos ruchées n'ont pas prospéré
comme elles eussent pu le faire.   H. H.

P. S. On nous indique un moyen d'éloigner les hirondelles que nous
n'avons pas essayé. Il consiste à tuer un de ces oiseaux et à le pendre à
une longue perche quelque peu inclinée Le moyen d'arrêter leur multiplication est de détruire les nichées.

Revue et cours des produits des abeilles.

Paris, 10 *octobre.* MIELS. — Les cours des miels blancs sont restés à
peu près les mêmes que précédemment, mais avec une légère nuance de

tenue meilleure, et si l'état des affaires était plus brillant, on pourrait croire à une amélioration prochaine. Les vendeurs de miel de pays se sont moins précipités et ceux qui sont venus offrir quelque marchandise l'ont tenue de 110 à 120 fr. les 100 kil. Mais le commerce apporte une certaine réserve dans ses achats; il ausculte les prix élevés des objets de première nécessité et attend que la consommation des douceurs se prononce. Il attend aussi que le pays se prononce sur le provisoire bâtard qu'on lui impose, et il espère que le vote pour le conseil général le tirera d'incertitude de ce côté.

Il a été peu question des gâtinais. Ceux qu'on a présentés étant de deuxième coupe se sont confondus avec les pays. On compte que les surfins seront rares dans quelques mois et que, par conséquent, ils retrouveront facilement les hauts prix du début de la campagne.

A l'épicerie, on cote les miels blancs de 130 à 150 fr. selon provenance. Chili inférieur, 115 à 120 fr. Les citrons gâtinais manquant, on est obligé de recourir aux chilis demi-blancs pour nourrir les abeilles, ou de prendre des bretagnes et des solognots dont le prix est plus doux (de 90 à 110 fr. selon quantité), mais dont l'emploi est beaucoup moins avantageux, si ce n'est en les mêlant à parties égales de sucre.

— Les prix en vrague ont regagné quelques centimes dans plusieurs cantons. Dans la Somme, on les a tenus à 40 centimes le demi-kil.

Des bretagnes nouveaux ont été cédés par les fabricants de 75 à 80 fr. les 100 kilog. en gare d'arrivée, et des acheteurs attendaient obtenir avant peu à 70 fr. Mais des besoins pressants ont agi en sens inverse, et bientôt les détenteurs de marchandise disponible l'ont tenue de 82 à 85 fr. A la foire de Domfront du premier lundi d'octobre, les cours se sont établis à 85 fr. pour les miels rouges de Basse-Normandie. Une grande partie de la marchandise présentée aurait été achetée pour Anvers. Seul un paindepicier indigène a acquis un certain nombre de fûts. Le commerce de Paris s'est abstenu.

On n'est pas encore bien fixé sur la quantité de miels rouges que la récolte de 1871 pourra fournir à la consommation. Dans la Sologne et la Basse-Normandie, où la fabrication s'avance, le rendement est bon. Mais la Bretagne n'est pas satisfaite dans tous ses cantons mellifères. La fabrication ne se fait pas encore en grand partout; dans un certain nombre de localités, l'on attend que le couvain tombe avant que d'*abattre* les ruches, et dans d'autres, le moment de se livrer à ce sacrifice n'est pas encore arrivé : il ne commence que le lendemain de la Toussaint. Disons en passant que nos renseignements sont loin d'être complets. On a de la peine à être renseigné sur l'état de la récolte dans cette province, où le soleil se lève généralement tard, surtout de la part des producteurs de certains cantons, qui entendent moins le français que des Prussiens. On se figure difficilement que deux générations après la loi de 1833 qui imposait l'enseignement du français dans toutes les écoles publiques du pays, il se trouve encore des cantons en France où l'on n'entend pas plus notre langue nationale que celle des Esquimaux. Après cela, inutile de faire remarquer que les étouffeurs pullulent en Bretagne, et que l'*Apiculteur* compte moins d'abonnés dans les cinq départements, tous apicoles, de cette province, qu'il n'en compte dans un seul canton de l'Aisne, de l'Aube, du Loiret, de la Marne, de l'Yonne, etc. Il en compte dix fois moins que dans la Suisse Romande.

Dans les Ardennes, la Marne, les Vosges, les blés noirs n'ont pas miellé également. Dans un certain nombre de ruchers dont les abeilles y ont pâturé, les colonies n'ont pris que les provisions d'hiver. — Les ruches donneront un bon rendement de miel de bruyère dans les landes de la Gascogne; mais les apiers y sont bien diminués depuis plusieurs années défavorables et d'abandon des abeilles. La production abondante de cette année va concourir à remettre l'apiculture en faveur dans cette contrée où le progrès trouve presque autant de réfractaires qu'en Bretagne. Dans le fond de l'Auvergne, c'est-à-dire dans le Rouergue, où croît la bruyère, la ronce et le gendarme, et où beaucoup de gens n'entendent pas non plus le français, la récolte de miel sera peu abondante. Les ruchers s'y sont aussi beaucoup amoindris depuis plusieurs années.

A Anvers et à Hambourg on a recherché les bretagnes pour l'Allemagne, où le vide fait par le million d'hommes lancés sur la France a contraint de négliger les ruches et, par là, amoindri leur récolte.

CIRES. — Les cours sont restés ceux de notre dernière revue. Cire jaune en brique, belle qualité, de 400 à 420 fr. les 100 kil. hors barrière; qualités secondaires, de 380 à 395 fr. Des fabricants de la Picardie et de la Champagne n'ont pu obtenir que 380 fr. sur place pour les belles qualités. Pour le Nord, on a encore pris au-dessus de 400 fr. Nous avons vu moins de vendeurs depuis une quinzaine de jours, et nous avons constaté quelque vide dans le magasin de plusieurs acheteurs.

Marseille est restée stationnaire aux cours suivants : Cire jaune de Smyrne, les 50 kil. à l'entrepôt, de 245 à 240 fr.; de Caramanie, 235 à 230 fr.; de Chypre et Syrie, 230 fr.; d'Egypte, 220 à 215 fr.; de

Constantinople, 220 à 225 fr.; de Mogador, 185 à 200 fr.; Tetuan, Tanger et Larache, 200 à 210 fr.; d'Alger et Oran, 210 et 220 fr.; de Bougie et Bone, 210 à 205 fr.; de Gambie (Sénégal), 200 à 205 fr.; de Mozambique, 210 à 215 fr.; de Corse, 225 à 230 fr.; de pays, 201 à 207 fr. 50. Ces deux dernières à la consommation.

Au Hâvre, les cires ont donné lieu à quelques affaires aux prix précédents. Les miels du Chili y sont restés tenus de 125 à 135 fr. pour les choix et de 110 à 120 pour les inférieurs.

A Anvers on a continué de coter les cires indigènes, 2 fr. 30 le demi-kil.; de Haïti, 1 fr. 42 le demi-kil.; d'Afrique, 2 fr. 20 à 2 fr 25.

Hydromels. Cette boisson a été atteinte de 1 fr. de droit de circulation.

Sucres et sirops. — Les sucres blancs en poudre, non raffinés, qu'on peut employer pour nourrir les abeilles, se cotent à l'entrepôt 73 fr. *les* 100 kil. Droits 45 fr.; total, 118 fr. Sucres raffinés de 111 à 112 fr. — Les sirops dits de froment se paient au dépotage de 80 à 85 fr.; sirop massé 65 fr.; dito liquide, 50 fr. dans Paris, acquittés de tous droits.

Corps gras. — Les suifs se sont traités en hausse. On a coté ceux de boucherie 113 fr. les 100 kil. hors barrière (120 fr 20 dans Paris). Suif en branche pour la province, 87 fr. 75 les 100 kil. Stéarine saponifiée, 195 fr. les 100 kil.; distillée dito; oléine, 86 fr.

ABEILLES. — Des acheteurs pour la garde demandent de 35 à 50 cent. le demi-kil., poids du fût déduit, en crû blanc. A la main, on obtient, en ruches marchandes, depuis 12 jusqu'à 18 fr. selon poids et grandeur du panier. — Les derniers jours de l'été ont encore permis aux abeilles de quelques cantons de butiner le miel de leur consommation courante. Mais depuis le début de l'automne le temps les a contraintes de rester au logis. Il a été favorable au nourrissage des colonies dont les provisions étaient à compléter. Voici les renseignements qu'on nous a adressés.

La température ayant presque toujours été favorable à l'éducation du couvain et à la confection de la cire, il se trouvera plus de colonies à nourrir qu'on ne le pensait. J'en sais quelque chose, ayant passé en revue toutes mes ruches et terminé mon nourrissage. Nous avons été largement payés de nos avances de l'année dernière qui se faisaient encore dans la deuxième quinzaine de mai. La récolte a été abondante, et comme en 1861 j'ai enlevé des calottes sur les essaims précoces qui les ont remplies aux deuxièmes coupes. *Mulette*, à Paissy (Aisne). — Mon rucher a été entièrement détruit par les Prussiens. Au printemps j'avais pour toute avance 100 fr. que je consacrai à l'achat d'essaims, ne pouvant pas vivre sans abeilles. Je me retrouve à la tête de 16 colonies en bon état. *Mazoky-Gavet*, à Tagnon (Ardennes).

Dans nos pays les essaims ont été nombreux et il y a du miel. Sans les sécheresses de septembre, souches et essaims, tout eût été plein. Un panier, le seul qui n'eût pas essaimé comme les autres, avait extérieurement une grande population. Le 9 septembre, le temps étant devenu pluvieux, je tare ce panier, 15 kil. Je lui enlève au point du jour 13 kil. de miel de toute beauté. Jamais je n'en ai vu une si grande quantité à la fois, de si beau, transparent comme une glace et ne coulant pas; c'est que, je présume, les abeilles avaient fait leurs provisions aux fleurs de tilleul et de trèfle blanc, tandis que les autres essaimaient. J'ai visité d'autres ruches, elles sont pleines, mais la qualité du miel est bien inférieure. *Alsac*, à Mauriac (Cantal).

Mes abeilles ont fait comme les autres: elles ont doublé par l'essaimage. La fleur de sauve abondante dans les céréales a donné du miel, mais de qualité inférieure. *Lefranc*, à Binges (Côte-d'Or). — Après la malheureuse campagne apicole de 1870, l'hiver dernier a si rudement éprouvé nos colonies si pauvres et si dépourvues, qu'un grand nombre a péri. Des ruchers importants sont réduits à rien; quelques-uns sont à néant. Les ruches qui se sont sauvées ont fait très-peu d'essaims; mais la fin de l'été s'est montrée si favorable que ruches-mères et essaims sont aujourd'hui dans une situation très-satisfaisante. Depuis trois semaines surtout (septembre), la récolte du miel, très-favorisée par de fréquentes et chaudes ondées, permet à toutes les ruches de faire d'amples provisions. La bruyère abondamment fleurie exhale une odeur de miellée qui fait la joie de l'apiculteur. Malheureusement, nos éleveurs landais ne profiteront guère de cette richesse que leurs ruches d'une pièce en vannerie ne leur permettent pas de récolter sans étouffer la colonie; or, celles-ci ne sont pas assez nombreuses pour leur permettre de se livrer à l'étouffage; par suite, pas ou peu de récolte de miel dans les Landes. *Bossuet*, à Audenge (Gironde).

Il en est de notre contrée comme de beaucoup d'autres, suivant les rapports publiés par le journal : beaucoup d'essaims et peu de miel. Bien des ruchées ne passeront pas l'hiver; il faudra réunir et nourrir. Les Prussiens ont dévasté plusieurs ruchers par ici, et ce n'est pas sans peine qu'ils en ont respecté. *Chardonnet*, à Coulomnes (Marne). — Mes ruches se sont comportées d'une manière admirable malgré les intempéries; j'espère qu'avec un peu de nourriture je les sauverai toutes. J'ai pu faire cette expérience : les colonies de dix à douze ans et plus, ne donnent des essaims que d'un kilogramme en moyenne. *J. Tellier*, à Silly (Oise).

Ma récolte est terminée. J'ai acheté 40 cent. le demi-kil. en vrague. J'ai deux bons tiers en moins que l'année dernière. *Vernagut-Baudel*, à Saint-Pierre-les-Calais (Pas-de-Calais). — Mes abeilles ont trop essaimé cette année; elles ne sont pas aussi bonnes que je le pensais au moment des fleurs, elles n'ont plus rien fait après l'essaimage; plusieurs souches sont tombées à rien, mais tous les essaims sont bons; ils pèsent en moyenne de 20 à 30 kil. Mes chasses faites un peu tard n'ont empli que la moitié de leur panier; quelques-unes ont assez de poids pour passer l'hiver, mais les autres ont besoin d'être nourries et réunies. *Puissant* fils, à Lain (Yonne).

Nos abeilles ne font pas grand cas de nos bouleversements. Elles ont continué leur paisible travail, et fait assez d'essaims que l'on trouve maintenant bien légers dans quelques localités. Notre gain ne sera pas très-fort cette année, surtout que nos marchands ne veulent payer que 65 centimes le kilog. (miel et cire). C'est ennuyeux de donner 20 kilog. pour 13 fr. *Martin*, à Mûres (Haute-Savoie).

Dans la revue de la dernière livraison, nous avons signalé *du miel* qui se comporte mal en pot (la composition nous a fait dire que c'est le pot qui se comporte mal. Voir p. 220 lig. 36). Comme bien on le pense, les acquéreurs de ce miel sont loin d'être satisfaits. Ils récriminent, s'en prennent aux marchands de gros qui l'ont fourni. Ceux-ci retombent sur les producteurs qui prétendent, eux, qu'on a changé leurs barils en nourrice. C'est la bouteille à l'encre. Ce qui nous paraît le plus évident dans cette affaire, c'est que quelqu'un s'est livré à la fabrication de surfins gâtinais avec des Chilis refondus. C'est une mauvaise action, car pour ce quelqu'un on soupçonne peut-être le coupable, mais aussi des marchands et des producteurs honnêtes. D'un autre côté, les consommateurs trompés s'éloignent.   H. HAMET.

P. S. La brochure publiée en 1846 par Debeauvoys (voir Biographie et Bibliographie, page 442) porte le titre de son traité : *Guide de l'apiculteur*. Brochure in-18 jésus, de 412 pages, avec une planche ayant 12 figures. Imprimerie Cosnier et Lachèse, à Angers.

L'APICULTEUR

Chronique.

SOMMAIRE : Guerre à l'ignorance. — Au pied du mur le maçon. — Prime d'encouragement en faveur du mobilisme. — Miel en bouteilles. — Essaimage artificiel et naturel. — Nécrologie. — Lauréats.

L'année dernière, à pareille époque, les abeilles de plusieurs d'entre nous commençaient à éprouver les conséquences de... notre retour de Berlin. Mais, des gens pensent à une revanche ??...

Oui, oui, prenons notre revanche. Il reste une dernière et grande guerre à faire — la seule sensée — la guerre à l'ignorance, et déclarons-la sans plus tarder. Vite, armons-nous de pied en cap et entrons en campagne. Qu'il n'y ait plus ni tête ni bras inoccupés. Étudions, apprenons, et instruisons-nous mutuellement ; nous en avons grand besoin, morbleu ! Cette arme-là aura l'insigne avantage de ne pas répandre de sang et de conduire l'humanité vers son but. Guerre à l'ignorance ! guerre à *l'étouffeur :* voilà l'hydre de l'anarchie qu'il nous faut vaincre ; ce n'est pas une petite affaire, et il ne sera distribué aux vainqueurs aucun galon, aucun hochet, aucun titre de *rente* ni de *noblesse.* Il n'y aura d'autre récompense que la satisfaction d'avoir rempli le premier des devoirs sociaux. Allons, vigilantes et laborieuses abeilles de la grande ruche, concourez par votre parcelle de cire, à produire le flambeau qui doit dissiper les ténèbres et les désordres qu'elles enfantent. Votre sécurité et l'avenir de vos familles vous en font un commandement absolu.

— On lit dans le *Bulletin d'apiculture de l'Aube* un appel de son président, l'honorable M. Vignole, qui vise une partie de ce sujet. Dans un article que nous rapportons plus loin, l'auteur de cet appel établit que « c'est au pied du mur qu'on connait le maçon », et il invite fortement les *mobilistes* à faire autre chose que de parler de leurs produits, à les montrer. Pour les y engager, on se rappelle que nous avions proposé de placer sur les barils qu'ils fourniraient au commerce de la rue de la Verrerie une pancarte qu'on pourrait lire à vingt pas : *miel provenant de ruches à cadres.* C'était un moyen de vulgarisation qui rapportait quelque honneur à ceux qui l'employaient. Mais il paraît que l'honneur n'est pas suffisant. Voulant encourager l'art et l'industrie (rien du chevalier), nous nous saignons des quatres membres pour fonder une prime que nous

9

donnerons à tout producteur de miel par la ruche à cadres mobiles, qui pourra établir que le prix de revient de ce miel est au-dessous de celui obtenu par les systèmes ordinaires. Cette prime sera de 10 fr. par baril en lots de 10 barils, présentés rues de la Verrerie ou des Lombards. Elle sera payée en or ou en argent, au bureau de l'*Apiculteur*, depuis le 1er janvier jusqu'au 31 décembre inclusivement, des années de grâce 1872 et 1873, fêtes et dimanches compris, de 8 heures du matin à 8 heures du soir. Les ayant droit choisiront eux-mêmes trois jurés parmi les membres praticiens des Sociétés d'apiculture de l'Aube, de la Somme, ou autre, à leur gré, pourvu que ce soient des praticiens.

Concernant le système mobile et l'emploi de l'extracteur, on ne lira pas sans intérêt l'appréciation qu'en fait un producteur d'Eure-et-Loir, qui nous écrit ce qui suit : « C'est avec plaisir que j'ai reçu et lu l'*American bee journal* que vous avez bien voulu me communiquer. Ayant habité huit ans aux Etats-Unis, les plus belles années de ma jeunesse, c'est pour moi comme une seconde patrie. Ensuite, je porte toujours un intérêt réel à tout ce qui a rapport aux abeilles. Cependant la nouvelle apiculture perfectionnée des Américains, avec les cadres et l'extracteur, ne parait pas arriver au but à atteindre dans notre contrée : produire beau et bon. En effet, je lis dans le journal américain qu'un consommateur s'informait si le miel d'extracteur d'apparence liquide, ne sera pas disposé à fermenter et à aigrir. Pour parer à cet inconvénient, je vois un producteur avec extracteur déposer aussitôt son miel dans un bidon qu'il fait chauffer pendant une heure au bain-marie, puis le transvaser ensuite pour la vente dans des bouteilles qu'il bouche soigneusement. C'est peut-être un progrès, mais je ne crois pas que notre clientèle s'accommoderait de ces nouveaux procédés. »   A JOLY.

M. le Dr Monin nous adresse la réclamation suivante :

Dans le no 7 de votre journal de la présente année, où vous avez bien voulu insérer mes observations sur le nourrissage et la forme la plus avantageuse des ruches, page 201, je relève une faute typographique qu'avec un peu d'attention il eût été facile d'éviter. Ainsi vous me faites dire que, « sur une planche de 35 à 40 centimètres il faut percer un trou de 42 centimètres de diamètre » : c'est ici le contenu plus grand que le contenant; c'est 12 centimètres qu'il faut lire.

Ibid., page 200 « je place sur mon invention », lisez *manchon*.

Autre remarque pour profiter de mon papier :

A la suite de mon article sur les essaims artificiels et naturels, vous

Digitized by Google

ajoutez cette réflexion, de la rédaction : « *Les souches d'essaims artificiels
produisent généralement 2 à 3 kilogrammes de miel de plus que les
souches d'essaims naturels récoltées aussi au bout de 21 jours.* » A quoi
attribuer cette différence, au surcroît d'activité des abeilles de la susdite
souche ? Avez-vous tenu des deux parts une balance bien exacte ? La souche dont on a chassé l'essaim artificiel est restée pleine de miel, tandis
que celle de l'essaim naturel appauvrie par le pillage du miel auquel on
sait que se livrent les abeilles au moment du départ (pillage qui la diminue de 2 à 3 kilogrammes au dire des observateurs), est restée un moment stationnaire sous le rapport de la cueillette ; les quelques abeilles
restées au logis, ayant assez affaire de pourvoir à la nourriture des nombreuses larves destinées à combler le vide fait par les émigrantes. Mais
vienne cette éclosion, et qu'une seconde émigration leur soit épargnée, vous
verrez bien vite se rétablir la balance. Les greniers se remplissent en abondance, tandis que dans la souche de l'essaim artificiel, les abeilles décou-
ragées laissent languir leurs travaux et semblent avoir perdu les sources
de leur instinct. Je ne m'en suis que trop aperçu pour ceux que j'ai
faits. Des souches qui étaient très-lourdes se sont laissé envahir par les
teignes, et ont sombré corps et biens ; tandis que, tout à côté, des souches
d'essaims naturels leur ont fait très-activement la chasse, au point que
dans l'une d'elles à laquelle j'avais adapté un tiroir à cet effet, j'ai pu
compter 180 gros vers qu'elles avaient détachés du rayon et précipités au
bas de la ruche. Ce qui confirme cette remarque de M. l'abbé Collin, que
toutes ou *presque toutes* les ruches ont des teignes ; mais quand les abeilles sont nombreuses et actives, elles ont assez l'art de s'en préserver.

Agréez, cher monsieur, mes salutations amicales.

— Nous avons dit que les souches d'essaims artificiels récoltées au
bout de 21 jours donnent 2 ou 3 kilog. de miel de plus que les souches
d'essaims naturels récoltées au bout du même temps, parce que l'essaimage artificiel est devancé de 8 ou 15 jours, temps pendant lequel
la mère dépose au berceau beaucoup de couvain, de mâles surtout, dont
l'appétit absorbe des provisions, lequel couvain empêche en outre les
butineuses d'emmagasiner du miel dans les cellules qu'il occupe. On
sait que les ruches fortement garnies de couvain au moment où les
fleurs produisent du miel, n'augmentent pas de poids comme celles qui
ont des magasins vides. L'essaimage artificiel pratiqué en vue de la récolte doit donc être devancé, et n'être pratiqué que sur des ruches populeuses et lourdes. On peut le pratiquer avec avantage sur des ruches

qu'on ne se propose pas de récolter, parce qu'elles ne sont pas largement fournies et que la bâtisse en est jeune, mais en employant la permutation.

— La Champagne vient encore de perdre un de ses apiculteurs les plus
distingués, M. Alexis Pannet, de Courtisols, mort à la suite d'une longue
maladie d'estomac, et n'étant âgé que de 50 ans. La plupart de nos
lecteurs qui ont visité l'exposition apicole au jardin d'Acclimatation
en 1863 et qui ont assisté aux séances du Congrès au rucher du Luxembourg, se rappellent la figure intelligente et bienveillante de ce praticien
lauréat qui, par l'étude et le travail, avait su organiser le rucher le mieux
tenu et le plus productif de l'arrondissement de Châlons-sur-Marne.
L'un des premiers, il tira un excellent parti des eaux de cire en les faisant fermenter avec des fruits perdus ou des grains inférieurs. La Société
d'apiculture dut encourager cette production nouvelle. Mais arriva bientôt le fisc avec ses *droits* de régie, de patente et ses amendes qui vint
prouver que 89 n'a pas tout à fait affranchi le travailleur. — Nous y
allons donc tous à cette mort, les uns un peu plus tôt, les autres un peu
plus tard ! Eh bien ! que nos actions nous méritent les souvenirs honorables dus à la mémoire du citoyen Pannet, justement regretté de tous ceux
qui l'ont connu.

— Lauréats apicoles du concours de Sion (Suisse) :

Prix de 1re classe, M. Jacquet, Isidore, de Villarvolard, médaille de
bronze pour ses produits.

Le même, prix de 2e classe (médaille de bronze), pour son rucher
complet.

Prix de 3e classe pour produits : à MM. de Ribeaucourt, à Arsier ; Ri-
bordy, Louis, à Sion ; Pitteloud, à Vex ; Anthenmatten, à Sion.

Mention honorable : MM. Ulrich, à Sion ; Emonet, à Sembrancher.

H. HAMET.

Réflexions sur l'apiculture à propos de l'année 1871.

Année 1871. — Nécessité de dominer les abeilles. — Appel à l'union. — Taille
du printemps. — Agrandissement des ruches. — Permutation. — Décapitation des mâles. — Enlèvement des mères. — Calottage. — Culbutage. —
Essaimage artificiel. — Tôle perforée. — L'apiculteur maître des abeilles.

Chaque année apporte avec elle son enseignement ; toutes, dans leur
diversité, présentent des phénomènes quelquefois étranges, propres à

dérouter l'apiculteur, et qui cependant sont reliées ensemble par une analogie rigoureuse qu'il faut étudier avec soin.

L'année 1871, avec ses alternatives continuelles de chaleur et d'humidité, ses soubresauts irréguliers et inattendus, est une de celles qui forcent l'apiculteur à réfléchir, à combiner ses moyens d'action et à les améliorer.

Après un hiver désastreux entre tous, le printemps ramenait avec lui de douces journées ; les ruchées se remplissaient de couvain, et l'apiculteur découragé sentait son courage renaître avec l'espoir. Malheureusement la fin d'avril fut mauvaise, et les vents violents et aigres qui soufflèrent jusqu'au 20 mai arrêtèrent la ponte des mères, et les ruches arrivèrent aux fleurs dégarnies de couvain et pauvres d'abeilles ; tout à coup, sous l'influence d'une douce chaleur, une floraison splendide se produisit : ces bons moments furent courts ; les ruches, surprises, mal préparées, ne purent en profiter ; mais les essaims forcés, pendant les mauvais jours de la mauvaise dizaine de mai, tout faibles qu'ils étaient, prospérèrent au-delà de tout espoir. Il en fut de même des rares essaims naturels qui sortirent dans ces premiers beaux jours ; quoique plus tardifs, leur panier se fit promptement : les mères excitées par l'odeur du miel, profitant des innombrables alvéoles vides que leurs faibles populations ne pouvaient remplir de miel, se mirent à pondre comme des folles, et bientôt un essaimage désordonné vint surprendre l'apiculteur ébahi ; mais alors les principales fleurs avaient disparu en partie. Dans une autre année, tout eût été perdu ; cette année-ci, tout fut sauvé ; les terres, profondément trempées par des pluies chaudes, se couvrirent de fleurs de toutes sortes, qui donnèrent aux abeilles une nourriture abondante, toutes les fois qu'une éclaircie, un retour de beau temps leur permettait de sortir. Cette végétation luxuriante, constamment alimentée par des pluies douces, faisait espérer une forte récolte sur les secondes coupes de prairies artificielles ; mais les deuxièmes fleurs passèrent vite, les pauvres mères, généralement épuisées cette fois par un essaimage effréné, en profitèrent peu : les essaims seuls et les quelques ruches qui n'avaient pas essaimé firent une ample moisson.

Quand de pareils faits se produisent, on sent sa faiblesse, et l'on comprend que quelques années de pratique ne suffisent pas pour faire un apiculteur. Pour mériter ce nom, il faut une expérimentation sérieuse qui ne s'acquiert que par de longues années de travail. On oublie trop que les connaissances multiples que nécessite la culture de l'abeille, ne peuvent pas s'apprendre dans le cabinet, et cet oubli est la cause du décousu et de la diversité incroyable que nous voyons dans l'enseignement apicole. On possède quelques ruches, on remarque certains faits, on constate certains résultats, et à peine a-t-on appris à distinguer le bourdon de l'abeille que vite on part de là pour bâtir des systèmes à perte de vue, et pour lancer au nez des gens une foule d'idées plus ou moins creuses.

En dehors de ces aberrations particulières, l'apiculture est séparée en deux écoles qui toutes deux se qualifient de rationnelle :

L'une, composée presque exclusivement de théoriciens et de savants, fait consister l'apiculture dans la *forme spéculative.*

L'autre, plus réaliste, suivie particulièrement par des praticiens, *s'affirme dans le produit.*

Laquelle suivre, où est le fil pour nous guider avec sûreté au milieu de ce labyrinthe d'idées qui se heurtent, de ces systèmes préconçus qui se contredisent souvent ? L'observation et la lecture des bons ouvrages. Mais quels sont les bons ouvrages à consulter ? Mon Dieu, le choix n'est pas aussi difficile qu'on pourrait le penser.

Si les paroles ont leur séduction, les faits ont leur éloquence : d'abord il faut être attentif et se tenir en garde contre toute *prévention ; puis on* apprécie, on compare et on juge. Voici par exemple les deux écoles dont nous venons de parler : elles ont de chauds adhérents et des écrivains habiles qui les défendent. Ces deux écoles se sont trouvées plus d'une fois en présence dans les concours généraux. Eh bien ! Quel a été le résultat de la lutte ? Les faits sont là, consultez-les !... *Au pied du mur on connaît le maçon.*

Est-ce à dire pour cela qu'il faille condamner tout ce qui se dit ou s'écrit dans l'un ou l'autre des deux camps ? Loin de nous une pareille idée.

Depuis quelques années, l'école allemande, avec ses hommes de lettres et ses savants, a fait marcher en avant la *science* proprement dite par la voix des Dzierzon, des Berlepsch, des Leuckart, des Siébolt, etc.

L'école française, de son côté, représentée par les Collin, les Hamet, etc., n'est pas restée en arrière, elle a donné au progrès pratique une impulsion considérable : la France est placée au premier rang des nations productrices, par l'excellence de ses produits et par la supériorité *incontestée* de leur préparation.

Il y a donc à glaner partout. Seulement, il faut savoir séparer l'ivraie du bon grain.

Pourquoi ces deux camps opposés ne se réunissent-ils pas? Leur réunion produirait un grand bien; mais comment espérer une telle fusion. — Le savant ne voit dans le praticien qu'un roturier embourbé, pataugeant sans fin dans son ornière, et celui-ci ne considère guère le théoricien que comme un songe-creux. Exagération fâcheuse, répulsion réciproque très-regrettable, qu'un grain de vanité alimente peut-être. Pourquoi ne pas se tendre la main? Le temps, dans sa marche progressive, mettra certainement un jour tout le monde d'accord; mais le temps perdu le sera toujours.

Que l'on nous pardonne cette digression.

En attendant que nos souhaits se réalisent, constatons un fait: c'est que l'essaimage dévergondé de l'année 1871 a dérouté tout le monde: théoriciens et simples praticiens, tous ont été débordés, *aucun d'eux n'a été maître de ses abeilles.*

C'est évidemment parce qu'il y a une lacune importante dans l'enseignement apicole. Cette lacune, il faut la combler. Tant qu'elle ne le sera pas: école spéculative, école réaliste, qui que vous soyez, vous ne pourrez pas vous vanter d'avoir une culture *rationnelle.*

Et ce qu'il faut, ce n'est pas un de ces expédients ingénieux qui peuvent *avec une grande dépense de temps, d'argent et d'intelligence,* donner au possesseur de quelques ruches le résultat désiré; ce que nous voulons, nous apiculteurs, c'est un moyen *pratique,* facile, simple, qui *économise le temps,* et qui soit applicable à la grande comme à la petite culture.

Allons, praticiens, théoriciens, à l'œuvre; cherchons ensemble et sérieusement, cela vaudra mieux que de nous évertuer à crier à tue-tête dans les rues et par-dessus les toits: *prenez mon ours.*

Nous savons que, à des points de vue différents, suivant le progrès des temps, il a déjà été fait de nombreuses recherches pour se rendre maître des abeilles; si elles n'ont pas abouti, elles ont du moins ouvert le chemin, explorons-le:

La taille ou récolte printanière, l'agrandissement des ruches, la permutation, le culbutage le calottage, l'enlèvement des mères, la décapitation des mâles, l'essaimage artificiel, la tôle perforée, ont été tous *employés.*

Nous allons examiner ces procédés le plus succinctement possible pour *notre sujet*, seulement; nous tâcherons, par une analyse raisonnée, d'en faire ressortir et d'en coordonner la quintescence.   VIGNOLE.

(Bulletin de la Société d'apiculture de l'Aube.)

Étude sur Berlepsch.

Suite. V. page 230.

Nous avons terminé, dans le dernier numéro de l'*Apiculteur*, l'analyse de la partie théorique du livre de Berlepsch. Cette partie occupe trois cent vingt et une pages, et se divise en vingt-trois chapitres, et cent vingt-six paragraphes.

Nous commençons aujourd'hui l'analyse de la partie pratique, laquelle, divisée en dix-sept chapitres et quatre-vingt-trois paragraphes, occupe deux cent et une pages.

Chap. XXIV, pages 322 à 341. Emplacement et bâtiment pour les ruches. — § 127. Emplacement pour les ruches. L'apier doit être à l'abri des vents et des courants d'air. Elles ne sont pas bien placées, les ruches qui sont à une trop grande hauteur du sol, ou entre des bâtiments élevés. Elles sont mal placées, les ruches adossées à une grange, à une forge, près d'une route où il passe des voitures lourdement chargées; les secousses font du tort aux abeilles durant leur repos d'hiver. Quand on le peut, il ne faut pas mettre les ruches près d'une rivière large, un étang, un lac. Ne pas placer un apier dans le voisinage immédiat d'une récolte de miel importante, par exemple une grande allée de tilleuls; parce que, à la fin de cette récolte, le pillage commence inévitablement. Les abeilles des autres apiers, sitôt que les tilleuls ne donnent plus rien, se jettent sur les ruches du voisinage pour les piller. Cette dernière recommandation vient d'un apiculteur de la Silésie, et Berlepsch la donne pour ce qu'elle vaut.

Les abeilles se plaisent autant dans un abri de paille que dans un palais élégant, pourvu qu'elles soient à l'abri de la tempête, des courants d'air et des rayons trop ardents du soleil.

L'exposition des ruches, relativement aux quatre points cardinaux, est à peu près indifférente. Cependant notre auteur a remarqué que les ruches exposées à l'est ou au nord donnent plus de miel que celles qui sont exposées au sud ou à l'ouest. En avant des ruches, il faut ménager un espace sablé de six pieds de large.

Note. Le pied prussien, qui est le pied du Rhin, est égal à trente et un centimètres, trente-huit centièmes. Le pied est divisé en douze pouces, par conséquent le pouce est égal à vingt-six millimètres quinze centièmes.

§ 128. Bâtiment pour les ruches. Berlepsch recommande des pavillons et des hangars de son invention. Le pavillon est un bâtiment à quatre faces, dans l'intérieur duquel il place des ruches à demeure, des ruches immobilisées, en un mot des nids à abeilles, tout comme des nids à pigeon dans un colombier. Les nids sont derrière les quatre murailles du pavillon, ils ont une issue par des trous pratiqués dans les murailles. Du reste, les murailles ne sont autre chose que des cloisons doubles de onze à douze centimètres d'épaisseur, cloisons en planches rembourrées de mousse.

Berlepsch donne ses pavillons comme *les plus splendides ruches du monde. Ils sont à l'intérieur vraiment féeriques, et personne n'y entre sans laisser échapper un ah! d'admiration.*

§ 129. Dans ce paragraphe sans titre, Berlepsch décrit trois autres maisonnettes pour abriter les ruches. La première peut en loger trente, la seconde soixante, la troisième cent quarante-quatre.

La première est un hangar adossé à un mur de cloison. Elle est fermée en avant par un mur en briques où sont pratiquées des ouvertures pour le passage des abeilles. Ce hangar est à trois étages et peut recevoir dix ruches sur chaque étage.

La seconde maisonnette, bâtie au milieu d'un jardin, présente deux faces opposées, par exemple l'une au sud et l'autre au nord. Chaque face est fermée par un mur en briques, derrière le mur sont placées les ruches. Chaque face est à trois étages, et chaque étage peut recevoir dix ruches, en tout soixante ruches.

Pour se faire une idée de la maisonnette à cent quarante-quatre ruches, il faut avoir la figure sous les yeux.

C'est la même ruche pour les pavillons et les maisonnettes, mais la ruche des pavillons est immobilisée, tenant au plancher à clous et à chevilles, tandis que dans les maisonnettes, la ruche repose sur un plancher et peut être déplacée à volonté, elle est mobile. Un essaim suspendu à une branche doit être recueilli dans un vase quelconque pour être ensuite transvasé dans un des nids du pavillon, mais la ruche du hangar peut aller, de sa personne, recevoir l'essaim à la branche.

Chap. XXV, pages 342 à 382. Les ruches à constructions mobiles. — § 130. Forme de la ruche. Une ruche de 8 à 9 pouces de hauteur (209 à

235 millimètres) est trop basse. Une hauteur de 14 à 16 pouces est la plus convenable. Dans une ruche basse, les abeilles sont obligées de loger le miel sur les côtés et rien que du couvain dans le milieu. Vienne un hiver rigoureux, les abeilles ne pouvant se déplacer pour aller chercher le miel des côtés, meurent de faim à côté de l'abondance. Dans une ruche haute, au contraire, les abeilles, ne consultant que leur instinct, placent le miel dans le haut, le couvain au-dessous du miel, et, en hiver, elles trouvent la nourriture au-dessus de leur tête.

§ 131. Matière pour la construction de la ruche. Il faut une matière poreuse, telle que le saule, le tremble, l'aune, le peuplier. La paille conviendrait beaucoup, mais on ne peut en faire usage avec les rayons mobiles, parce qu'il est difficile, sinon impossible, de faire avec de la paille un rectangle à parois unies, condition nécessaire pour l'usage des rayons mobiles.

Pour garantir les abeilles des grands froids et des grandes chaleurs, la ruche aura soit des parois doubles rembourrées de mousse, soit des parois simples, mais recouvertes de deux à trois pouces de paille ou de roseaux. Une ruche à parois simples d'un pouce d'épaisseur devra être remisée, pendant les grands froids, dans des chambres obscures, des caves, des silos ou des maisons d'abeilles telles que les pavillons et hangars décrits plus haut.

§ 132. Le rayon mobile. Huber, le premier, a fait des essais avec le rayon mobile, beaucoup d'apiculteurs l'ont imité, mais personne n'arriva à le rendre réellement pratique et d'usage facile, lorsque enfin Dzierzon, ce génie tutélaire et béni des abeilles, résolut le problème. L'invention de Dzierzon consiste dans de petites barres en bois auxquelles il colle des parcelles de gâteaux, que les abeilles prolongent dans la direction voulue. Ayant reconnu de grands inconvénients dans le porte-rayon de Dzierzon, Berlepsch inventa les petits cadres, qui furent accueillis avec enthousiasme par toute l'Allemagne. Il n'y eut que Dzierzon et Kleine qui les repoussèrent par des raisons peu soutenables. Plus tard, Dzierzon les apprécia pour le magasin à miel, car il dit: *Pour le couvain et l'élevage, les petits cadres sont aussi nuisibles qu'ils sont commodes pour le magasin à miel.*

Le petit chef-d'œuvre de Berlepsch est un cadre ayant, hors œuvre, cent quatre-vingt-trois millimètres de hauteur sur deux cent vingt-deux de largeur. Mais l'épaisseur des traverses du haut et du bas étant défalquée, et aussi l'épaisseur des montants, le petit cadre est réduit à n'avoir plus, hors œuvre, que cent septante millimètres de hauteur sur deux cent dix de largeur.

Berlepsch conseille encore un cadre ayant, hors œuvre, trois cents soixante-six millimètres de hauteur sur deux cent vingt-deux de largeur. On le voit, les deux cadres ne diffèrent que pour la hauteur, la largeur est la même sous le grand et le petit.

§ 133. Description de la ruche basse. La ruche basse, ainsi appelée par opposition à la ruche haute, mesure en hauteur trois cent quatre-vingt-deux millimètres; en largeur deux cent trente-cinq; en profondeur sept cent neuf. Cette ruche, qui jauge soixante-trois litres soixante-quatre centièmes, ne renferme que cent quarante-deux décimètres carrés, quatre-vingts centièmes de bâtisse.

L'apiculteur lorrain se permettra de comparer la ruche basse de Berlepsch avec une ruche à bâtisse fixe, laissant au lecteur le soin de juger.

Une ruche à bâtisse fixe, ayant trois cent quatre-vingt-deux millimètres de hauteur sur deux cent quarante de largeur, et cinq cent quarante-neuf de profondeur, ne jauge que cinquante litres trente-trois centièmes; mais elle renferme seize gâteaux qui fournissent cent quarante-deux décimètres carrés, quatre-vingt-quatre centièmes de bâtisse.

Le grand vice de la ruche basse est que la bâtisse est interrompue dans sa hauteur par l'épaisseur des traverses des deux cadres placés l'un au-dessus de l'autre. Avec une telle disposition on perdra, dans un hiver rigoureux, bon nombre de colonies. En effet, les abeilles se tiendront dans les cadres inférieurs aussi longtemps qu'elles y trouveront du miel; mais le miel mangé, la population, surprise par un grand froid, ne pourra franchir l'espace qui la sépare du miel des cadres supérieurs, elle périra non de la soif, mais de la faim.

Il est vrai que Berlepsch dit : au lieu de placer l'un au-dessus de l'autre deux petits cadres, on peut n'en mettre qu'un grand.

§ 134. Magasin à miel. Une cloison divise la ruche en deux parties, la partie antérieure est le nid à couvain, l'autre partie est le magasin à miel. Les ouvrières communiquent du nid à couvain au magasin à miel, au moyen d'un canal creusé dans le plateau. L'abeille-mère reste dans le nid à couvain, elle ne se hasarde jamais à traverser le canal.

La description terminée, Berlepsch s'écrie : Ma ruche est ce que j'appelle la demeure la plus parfaite qui existe présentement.

Laissons à ce bon papa le bonheur de tant aimer sa fille. Est-ce que

Dzierzon n'avait pas dit : ma ruche jumelle ne laisse plus rien à désirer ? Est-ce que M. Bastian ne dit pas que sa ruche à cadres ouverts possède toutes les vertus des ruches Dzierzon et Berlepsch sans en avoir les défauts ? N'est-il pas d'un usage fort ancien qu'un apiculteur dise un peu de mal de la ruche de son voisin, et beaucoup de bien de sa propre ruche ?

§ 135. Ruche jumelle de Dzierzon. Berlepsch, dans ce paragraphe, donne la description de la ruche jumelle de Dzierzon. Ce n'est pas précisément pour en faire l'éloge, car il supplie Dzierzon de renoncer à ladite ruche, et de faire la paix avec lui, Berlepsch.

§ 136. Description de la ruche haute. Double hauteur, demi-longueur, même largeur, voilà la ruche haute comparée à la ruche basse. La hauteur est partagée, en deux parties égales, par une planchette. La partie supérieure est le magasin à miel, la partie inférieure le nid à couvain. Berlepsch préfère de beaucoup la ruche basse à la ruche haute.

§ 137. Avis divers. Ce paragraphe, d'une analyse difficile, ne peut intéresser que l'apiculteur novice qui s'est follement épris de la ruche Berlepsch.

§ 138. Collage des amorces de rayons. De l'avis de Dzierzon et Berlepsch, la cire est ce qu'il y a de mieux pour coller les amorces. On verse sur toute la longueur du porte-rayon de la cire bien chaude, puis on y applique une longueur égale de gâteau de deux à trois centimètres de hauteur. Quand on n'a pas d'amorces d'une seule pièce, on en met deux bout à bout. Il est essentiel que la cloison médiane des cellules corresponde à la ligne médiane du porte-rayon. Un gâteau qui a servi de berceau au couvain convient beaucoup mieux qu'un gâteau qui n'a logé que du miel. Avec un peu de pratique, on devient bientôt maître dans l'art de coller les amorces.

§ 139. Outils pour la ruche à cadres mobiles. 1º Un valet pour recevoir les cadres quand on les retire de la ruche ; 2º un couteau de poche ; 3º un petit balai à main ; 4º un petit racloir ; 5º une fourche à ruche.   *Un apiculteur lorrain.*

Lettres Inédites de Fr. Huber.
(Voir page 234.)

Ouchy, le 15 février 1802.

Il faut, Monsieur, qu'il se soit perdu une de mes lettres. Je viens de relire celle que vous m'écriviez le 23 août, et je vois par l'intérêt qu'elle m'inspire, qu'il est impossible que je n'y aie pas répondu. Je croyais si bien de l'avoir fait que je ne concevais rien à votre silence, car suivant mon idée c'était à vous à me renvoyer le volant.

J'ai dû vous remercier des détails que vous m'aviez donnés sur ce qui vous concerne personnellement. Je me félicitais aussi d'avoir pour correspondant, un homme bien né, plein de bons sentiments, et qui s'est donné lui-même une éducation qui lui fait beaucoup d'honneur. Le genre de vie que vous avez choisi vous permet, Monsieur, de vous livrer à l'étude de l'histoire naturelle. Vous avez assez de loisirs pour pouvoir y donner tout le temps nécessaire, sans perdre de vue vos intérêts, les soins domestiques et ceux de votre petite famille, car vous voulez encore être bon père et bon mari. — Une bonne préparation pour bien observer la nature, c'est d'aimer son auteur. Croyez qu'un homme vicieux n'est pas bien disposé à admirer l'ordre, et que ce n'est pas en s'en écartant tous les jours qu'on peut saisir les beautés de celui qui règne autour de nous; les plus grands observateurs ont été des hommes qui ne tournaient pas en ridicule ce qu'il y a de plus sacré : la morale. Marchez toujours dans la route qu'ils vous ont tracée; tous les pas vous mèneront à quelques vérités consolantes. Vous verrez que la main qui vous a placé sur cette terre n'est pas celle du hasard. La moindre feuille, le moindre insecte, bien observé, vous donnerait mille arguments contre cette doctrine, quand vous ne les trouveriez pas dans votre cœur. Suivez surtout les abeilles; observez cette complication sans confusion de soins et de travaux de genre différents. — Accoutumés à voir tous les jours les soins des mères pour les petits, nous trouvons cela tout simple, et sans savoir pourquoi; mais ce qui se passe chez les abeilles est encore plus étonnant. La mère abandonne ses petits dès l'instant ou elle les a mis au jour; une fois placés dans les berceaux qui leur conviennent, elle ne leur donne plus aucun soin et semble n'y prendre plus d'intérêt.

Les neutres au contraire ne semblent vivre que pour ces petits qu'ils n'ont ni fait ni pu faire. C'est chez les ouvrières que l'amour maternel tout entier est relégué, car la mère en est privée. Ceci serait encore plus incompréhensible et plus étrange si nous ne savions pas que ces neutres ne le sont que par accident ; le défaut d'une nourriture convenable ou de la bouillie spéciale a pu empêcher leurs organes sexuels de se développer ; mais il n'a pu leur faire perdre cet amour des petits qui caractérise les femelles et leur a laissé un cœur de mère. Voyez comme tout est bien.

Les peuplades d'abeilles, *pour être heureuses*, devaient être composées d'un grand nombre d'individus, de milliers d'enfants à soigner : ç'aurait été trop pour une seule mère. Il fallait donc leur trouver un grand nombre de bonnes nourrices, les douer de l'amour maternel et pour qu'il n'y eût pas une rivalité dangereuse entre tant de sultanes, leur ôter les moyens de perpétuer l'espèce, en accordant ce *droit* à un seul individu (1).

J'approuve sans exception tout ce que vous avez conclu de vos observations, et surtout ce que vous dites : 1° sur la nécessité d'agrandir les ruches; 2° de donner des vides à remplir aux abeilles quand le miel abonde dans les fleurs, et ; 3° de former des essaims artificiels dans les mêmes circonstances. Comme je voudrais, Monsieur, m'assurer que vous ne m'oublierez pas, je vous prie, si vous le pouviez, de me faire construire une ou deux ruches d'après le modèle que je vous ai envoyé, de les peupler ce printemps, de les soigner comme vous l'entendez et d'y mettre le nom de votre ami Huber, et vous m'enverrez le compte des frais.

N'oubliez pas que les surtouts sont nécessaires pour les ruches en feuillets; les châssis de ces ruches doivent sans doute être liés *extérieurement*. Les moyens sont à votre choix.

Quant à l'air que l'on donne par le haut des ruches, il se peut que cela empêche la moississure; c'est une chose à voir. Les portes des ruches doivent être diminuées en hiver, mais non fermées complétement. Nous causerons là-dessus une autre fois.

Écrivez-moi vite; dites-moi l'effet de ce grand hiver sur vos abeilles et sur vos campagnes et surtout n'oubliez jamais mes affectueux sentiments.

Ouchy, ce 23 avril 1802.

J'apprends, Monsieur, avec chagrin, que votre santé est dérangée. Ce long et rigoureux hiver a fait du mal à beaucoup de gens. Vous aurez sans doute été obligé de vous renfermer, de supprimer l'exercice nécessaire et de chercher à vous distraire par une application trop soutenue. Serait-ce la poitrine qui aurait souffert?

J'espère que non ; mais quelle que soit votre incommodité il faut certainement vous ménager, et, suivant sa nature, il se pourrait très-bien qu'une petite course vous fasse du bien. Dans ce cas je serai charmé.

(1) Le naturaliste aurait pu s'exprimer d'une façon plus scientifique. — *La Réd.*

Monsieur, de recevoir votre visite, ainsi que celle de votre amie. Je n'ai malheureusement pas de lit à vous offrir dans ma petite maison; mes enfants et mes petits-enfants l'occupent tout entière, et je m'aperçois, à votre occasion, que je suis très-mal logé. Mais comme je suis assez près de Lausanne, vous pouvez de là venir dîner avec nous, et je vous promets que vous serez reçu avec plaisir et sans façon.

Pour cette année, tenons-nous-en à peupler les deux ruches sur lesquelles vous voulez bien coller le nom de votre ami. C'est assez pour que je sois sûr que vous penserez à moi toutes les fois que vous les verrez. L'année prochaine, si Dieu le veut, nous ferons un établissement plus considérable. Si vous persistez à croire que les essaims du pays de Vaud réussissent mieux que les vôtres dans vos vallées, je ferai construire ici les ruches en bois; on les portera d'avance chez les paysans qui vous fournissent des essaims; ils les peupleront eux-mêmes et vous les porteront avec les précautions nécessaires.

J'avoue que je ne comprends pas l'avantage qu'il peut y avoir à cultiver des abeilles étrangères au pays qu'on habite; mais cela peut être, quoique je n'en sente pas la raison.

Une expérience comparative serait propre à nous éclairer; vous achèteriez six essaims dans le pays de Vaud, pour votre compte, et six pour le mien, dans votre vallée. Les uns et les autres seraient des premiers et de forts essaims; tous seraient logés dans des ruches semblables et recevraient les mêmes soins. On verrait lesquels auraient l'avantage; mais ce ne serait qu'après avoir répété la même épreuve pendant quelques années que l'on pourrait en conclure quelque chose de positif. On continuerait, pendant ces années-là, à comparer l'état respectif des abeilles étrangères et de celles du pays que l'on aurait mises en ruche les années précédentes. On connaîtrait ainsi les produits de la première, de la seconde et de la troisième année, et l'on pourrait se décider pour celle des deux méthodes qui aurait le plus donné. Nous causerons de tout cela et de bien d'autres choses, si j'ai le plaisir de vous voir. Dans le cas contraire, écrivez-moi pour me donner des nouvelles de l'état de votre santé. Car vous devez être persuadé de l'intérêt que je prends à tout ce qui vous concerne. Croyez-moi pour la vie votre dévoué.

F. HUBER.

P. S. J'ai vu dans les journaux français l'annonce d'un livre de Ducarne de Blangy sur les abeilles cultivées d'après la méthode que j'ai proposée. Vous connaissez sûrement le premier ouvrage de cet auteur, et j'ai demandé celui-ci à Paris. Lorsque je l'aurai, je vous le communiquerai.

Botanique apicole. — Le trèfle incarnat.

Le trèfle incarnat est une plante mellifère précieuse dans nombre de localités, qui concourt à avancer l'essaimage et qui parfois donne une récolte de miel presque égale à celle du sainfoin en quantité et en qualité. C'est en outre un fourrage précoce qui rend les plus grands services à la ferme. Nous copions la description qu'en donne M. Vianne, dans son *Journal d'agriculture progressive*.

Le *Trifolium incarnatum* L., vulgairement *trèfle incarnat — Farouch — Trèfle du Roussillon — Ferou-Lupinelle* (1), présente les caractères suivants : racine fibreuse très-déliée; tiges de 2 à 6 décimètres, dressées, très-pubescentes; feuilles trifoliées à folioles obovales suborbiculaires ou cunéiformes, obtuses ou émarginées, denticulées dans leur partie supérieure, pubescentes sur les deux faces; stipules veinées longitudinalement, membraneuses, subherbacées au sommet; — fleurs d'un pourpre vif, plus rarement rosées ou blanc jaunâtre, disposées en épis cylindriques allongés, solitaires terminaux, dépourvus de *feuilles florales* (*fig.* 10); calice très-velu à 5 divisions linéaires subulées, presque *égales*, égalant environ la moitié de la longueur de la corolle. — Annuelle.

Historique. — La culture du trèfle incarnat est contemporaine; elle a pris naissance, il y a environ un siècle, dans le Roussillon, où on le désignait sous le nom de *farragde-alfé* et de *médouches de bourrou* (fraise d'âne); en Toscane, on le cultive sous le nom de *lupinelle*. Son introduction dans les départements du Nord date de 1791. Sa propagation a été lente; pourtant depuis quelques années la culture du trèfle incarnat s'est beaucoup développée en France, où elle n'occupe cependant pas encore toute la place qu'elle mérite, car peu de plantes sont aussi précoces, aussi productives, moins difficiles sur la nature du terrain et exigent moins de frais de culture.

Sol. — Presque toutes les terres peuvent porter du trèfle incarnat, pourvu qu'elles soient saines et pas trop calcaires; pourtant cette plante affectionne particulièrement les terres fraiches un peu légères.

Epoque du semis, préparation du sol. — On sème le trèfle incarnat du 15 août au 15 septembre, et même jusque vers la fin de septembre.

(1) Dans le Nord, *trèfle anglais*.

sur chaumes, après un léger labour, ou mieux un coup de scarificateur.

Il est bon de déchaumer une huitaine de jours avant de semer, afin de faire germer les graines des mauvaises plantes, qu'on détruit facilement au moyen d'un bon coup de herse donné au moment de l'ensemencement. — Quelques cultivateurs se contentent même de semer sur chaume sans aucune préparation, surtout lorsqu'ils sèment en gousse, et de fixer la graine par un coup de rouleau. Nous ne saurions approuver cette méthode, que nous considérons comme très-vicieuse. Il est préférable de scarifier ou tout au moins de donner un coup de herse très-énergique avant et de passer le rouleau après.

La graine de trèfle incarnat pèse, lorsqu'elle est de belle qualité et nouvelle, environ 800 grammes le litre, et le kilogr. renferme environ 25,000 graines. On emploie communément 20 kilog. de graines mondées par hectare. Les cultivateurs qui récoltent eux-mêmes leur graine, ce qui est un excellent système, préfèrent généralement semer en gousses; ils en mettent de 50 à 60 kilog. par hectare, ce qui correspond de 7 à 9 hectolitres. L'emploi de la graine en gousse est préférable, surtout par les

Fig. 10. Fleur de trèfle incarnat.

temps de sécheresse, parce que le calice velu qui forme la gousse demande beaucoup de précautions, exige un bon semeur, et ne peut se faire que par un temps calme, car le moindre vent disperserait la graine et rendrait le semis très-inégal.

Culture. — Jusqu'à l'époque des pluies, le trèfle incarnat ne réclame aucune culture; mais, dès l'automne et pendant tout l'hiver, il faut surveiller les saignées d'égouttement, car l'eau stagnante détruit infailliblement la plante. — Aussitôt après l'hiver on doit donner un coup de rouleau ; cette opération doit se faire, autant que possible, avant que la plante entre en végétation.

Récolte de la graine. — La floraison s'opérant successivement, il s'ensuit que la graine mûrit très-irrégulièrement et que sa récolte réclame des soins coûteux et des précautions que le cultivateur ne peut pas toujours observer. Lorsque la plante est convenablement sèche, on la rentre et on la bat immédiatement au fléau ou à la machine.

Le prix de la graine de trèfle incarnat est très-variable; on la cotait cette année, 1871, au commencement de la saison, de 140 à 150 francs les 100 kilog., et vers la fin d'août elle ne valait plus que 90 à 100 francs. La variété tardive est toujours d'un prix beaucoup plus élevé.

Trèfle incarnat tardif. — Depuis quelques années on cultive une variété de trèfle incarnat plus tardive de dix à douze jours que l'espèce type. Cette précieuse acquisition permet de prolonger la nourriture en vert d'une dizaine de jours et de l'employer pendant vingt à vingt-cinq jours au lieu de dix à quinze jours seulement que dure l'espèce type (1).

Pour jouir complétement des avantages que présente cette variété, on a soin de cultiver l'espèce type qui est plus hâtive dans les pièces de terre les moins exposées, et la variété tardive dans les plus fraîches ; de cette manière, la floraison différencie encore davantage et, selon l'exposition et la nature du sol, on peut gagner une quinzaine de jours.

Trèfle incarnat tardif à fleur blanche. — Cette nouvelle variété est appelée à seconder le *trèfle incarnat tardif à fleur rouge,* comme celui-ci est venu aider le trèfle incarnat ordinaire qu'il faudrait appeler *hâtif* pour le distinguer des deux autres variétés. La culture de cette nouvelle variété est absolument la même que celle des deux autres variétés, mais sa production est un peu plus forte; il offre en outre l'avantage que, se distinguant facilement du trèfle incarnat par sa fleur qui est blanc rosé et par sa graine qui est beaucoup plus blanche, il rend impossible la confusion qui peut se produire entre les deux variétés à fleur rouge.

Ed. Vianne.

(1) Nous avons remarqué que l'abeille fréquente moins la variété tardive, sans doute parce qu'elle fleurit au moment où le sainfoin est en pleine fleur. *La Réd.*

La mignonnette.

Voici une autre plante mellifère qui porte aussi le nom de trèfle (*Trifolium procumbens, tr. minus*); vulgairement, *trèfle couché, trèfle-houblon, — petit trèfle jaune, — petit trèfle brun, — mignonnette jaune, petite mignonnette.* Cette plante se rencontre plus à l'état sauvage qu'à l'état cultivé, et comme elle se pro-page facilement dans les terrains inoccupés quelque peu fertiles, elle mérite d'attirer l'attention des apiculteurs. Le *Journal d'agriculture progressive* en donne la description suivante (1) :

Fig. 11. Sommité fleurie de la mignonnette.

Tiges de 1 à 4 décimètres, étalées, diffuses, rarement dressées; feuilles montées sur de courts pétioles (*fig. 12,*) composées de folioles oblongues ova-les, ou obovales, ordinairement échancrées au sommet ou émargi-nées, denticulées, la moyenne pétio-lulée; stipules ovales, ciliées, aiguës ou acuminées, atteignant la moitié environ de la longueur du pétiole. — Fleurs nombreuses, d'un beau jaune, disposées en capitules serrés ovales, longuement pédonculés, axillaires; fleurs fructifères brunes, étendard largement développé, recourbé au sommet, fortement strié et dépassant longuement les ailes; calice à gorge nue, à dents inégales, les supérieures plus courtes. Gousses ne renfermant qu'une seule graine. — Annuelle.

On rencontre fréquemment cette charmante petite plante dans les prairies sèches, surtout lorsqu'elles commencent à se dégarnir, dans les champs et dans les pelouses; mais, quoique son fourrage soit excellent, le peu d'abondance de son produit lui donne peu d'intérêt au point

(1) Le *Journal d'apiculture progressive* paraît toutes les semaines par livraison de 24 pages. 15 fr. par an. Rue Dauphine, 18.

de vue agricole, et elle n'est guère employée qu'en mélange pour les pelouses, où elle produit un bon effet.

En Normandie, dans la zone brumeuse des herbages, et en Angleterre, elle acquiert un plus grand développement; on la sème quelquefois en mélange avec des graminées pour améliorer la nature du fourrage. On la cultive particulièrement à cet effet dans quelques parties du comté d'York, où on la mélange avec le ray-grass.

En résumé, cette plante mérite peu comme fourrage d'attirer l'attention du cultivateur, mais elle mérite d'attirer davantage celle de l'apiculteur comme plante mellifère. Ainsi que le *lupin corniculé*, dont la fleur aimée des abeilles émaille aussi les pelouses; ainsi que la centaurée, *autre* excellente pâture pour nos mouches à miel, elle doit être propagée partout où elle peut pousser et où se trouve la moindre parcelle de terre inculte. L'apiculteur qui a quelques loisirs ne doit pas négliger cette besogne. L'instituteur apiphile profitera aussi de ses promenades agricoles du jeudi pour apprendre à ses élèves quelles sont les plantes sauvages que les abeilles fréquentent le plus; il en récoltera la graine et la confiera à la terre au moment propice, au printemps ou à l'automne. Qu'il se forme dans chaque village un agent disséminateur de ces *plantes, et* avant peu d'années nos ressources mellifères seront *doublées. C'est* ainsi qu'on aura créé quelque chose de rien.　　　　H. H.

Partie pratique de Dzierzon.

Les abeilles prospèrent dans la plupart des contrées de la zone tempérée et même de la zone torride. A l'état sauvage, elles habitent les forêts où les arbres creux leur servent de demeure. Elles se logent aussi dans les fentes des rochers et dans les trous en terre. Cependant, en considération des deux produits de grande valeur qu'elles fournissent, le miel et la cire, et du plaisir que l'on goûte à admirer leur activité et leur industrie, on a converti les abeilles en animaux domestiques dès l'antiquité, en les traitant d'une manière particulière; et afin de pouvoir les soigner plus facilement, on les a transportées dans le voisinage des habitations humaines, où on les a conservées dans des demeures de forme, de grandeur et d'organisation diverses construites au moyen de différents matériaux. L'endroit où l'on place les ruches, ordinairement situé dans le jardin qui entoure la maison, s'appelle jardin des abeilles (rucher, apier, abeiller), ou maison des abeilles, quand les ruches sont

Digitized by Google

placées dans une maison spéciale, ce qui, cependant, n'est pas indispensable et même peu convenable. On appelle apiculture tous les soins que demande l'élevage des abeilles. ·

Du rucher. — Le rucher ou l'emplacement consacré aux ruches a une grande influence sur la prospérité des abeilles. Il n'est pas indispensable que le rucher consiste en une hutte ou maisonnette spéciale. Quoique étant assez commodes et présentant aux ruches un certain abri, ces dernières n'en ont pas moins leurs désavantages et inconvénients. Lorsque les ruches sont trop serrées dans le rucher, les abeilles, ainsi que les mères, sont exposées, au moment du vol en tourbillons, à se tromper de ruches; elles sont souvent dérangées dans leur repos hivernal, lorsqu'on touche même à une seule ruche, par la transmission de la secousse; les souris les attaquent plus souvent; enfin on a moins de facilité pour les soigner que lorsque les ruches sont disposées au dehors. Un rucher spécial nécessite des frais de premier établissement assez coûteux, que l'on épargne lorsque l'on place les ruches à l'air libre dans une place convenable dans son jardin. Le point capital à observer, est que les abeilles soient le plus possible à l'abri de tout dérangement. Il est à peu près indifférent que les ruches soient placées de manière à ce qu'elles reçoivent plus ou moins de soleil, et à ce que leur entrée soit au levant, au midi, au couchant ou au nord. Quoique les rayons du soleil soient, dans bien des moments, très-agréables aux abeilles, pourtant elles peuvent en être très-incommodées dans d'autres moments, de manière que les avantages soient balancés par les désavantages.

Le mieux est de placer le rucher à l'abri du nord, derrière une haie élevée, un mur, une maison ou tout autre abri élevé, en avant duquel se trouve une surface plus échauffée par le soleil; quand les abeilles sortent pour se vider, ce qui leur arrive souvent, même par un temps assez froid, elles peuvent s'y arrêter et y reprendre des forces, ce qu'elles ne pourraient pas faire lorsque abattues par un coup de vent et tombant sur la terre froide, elles s'y engourdissent et meurent. Ce qui nuit le plus aux abeilles en hiver, c'est le vacarme qui les dérange dans leur repos hivernal; cependant elles finissent par s'y habituer jusqu'à un certain point, et le vacarme n'a de suites mauvaises que dans le cas où les ruches sont remuées ou sujettes à un ébranlement très-fort du sol.

Les grandes surfaces d'eau telles que lacs, étangs ou larges fleuves, sont très-nuisibles aux abeilles lorsqu'elles se trouvent très-rapprochées

des ruchers, parce que en temps d'orage beaucoup d'abeilles y trouvent
la mort; il est bon au contraire qu'il se trouve près des ruchers de petits
ruisseaux, des fossés fangeux ou des mares. Quand ces mares n'existent
pas ou qu'elles sont complétement desséchées, on y supplée au moyen
d'auges plates ou de vases semblables contenant de la mousse, dans
lesquelles on entretient de l'eau, et que l'on place dans un endroit
exposé au soleil et à l'abri du vent. Ceci a une heureuse influence sur
l'élevage du couvain, en ce que les abeilles ont besoin de beaucoup
d'eau, au printemps et en été, pendant une sécheresse prolongée, pour
éclaircir le miel cristallisé ou trop épais, et pour préparer la pâtée alimentaire.

Des demeures des abeilles. — De même que le rucher, les ruches occupent une place très-importante dans l'apiculture. Les insectes de la
même famille, tels que les guêpes et les bourdons, se construisent eux-
mêmes des demeures, les premières en une sorte de papier fongeant, les
seconds avec de la mousse. Les abeilles, au contraire, savent bien arranger
leur habitation, la nettoyer des parties susceptibles d'être arrachées en
les recordant, boucher les fentes et faire des constructions dans de
grandes ouvertures pour les rendre habitables; mais elles ne *peuvent*
pas se construire des habitations complètes. Il faut qu'elles en trouvent
une toute faite par la nature ou préparée par l'homme, et consistant en
un espace fermé de tous côtés, n'ayant qu'une petite ouverture et mesurant un ou plusieurs pieds cubes. Cette demeure doit les préserver de
l'orage et de la pluie, du froid et du chaud, doit les garantir contre leurs
nombreux ennemis qui en veulent soit à leurs provisions de miel, soit à
leurs constructions en cire, soit à elles-mêmes; et plus cette demeure
les garantira, et plus les abeilles y prospéreront et plus il faudra alors
prôner cette ruche. Ces qualités tiennent surtout aux matériaux dont la
ruche est composée.

Des matériaux. — La chaleur est une des choses dont les abeilles et
leur couvain ont le plus besoin; c'est un des principes de leur vie. Cette
chaleur indispensable, que les abeilles ne peuvent se procurer que par
un certain mouvement et au détriment de leurs provisions, la demeure
doit la conserver le plus possible au moyen de parois composées de matériaux très-mauvais conducteurs. Les différents corps ont en cet ordre
d'idées des qualités extrêmement diverses. Les métaux qui sont facilement traversés par la chaleur sont d'excellents conducteurs. Une tige
en fer plongée dans le feu par une de ses extrémités devient bientôt si

chaude à l'autre bout, qu'on ne peut bientôt plus la tenir à la main. Une plaque de métal chauffée d'un côté devient aussitôt chaude de l'autre côté, tandis qu'une planche brûlera sur une face et sera froide sur l'autre. Cela vient de ce que le bois est mauvais conducteur de la chaleur, et il existe encore parmi les différentes espèces de bois des différences très-marquées dans cette acception. Tandis que de certains bois, par leur consistance et leur lourdeur, se rapprochent des métaux, d'autres sont aussi poreux et aussi légers que la paille. En général, on peut admettre comme règle que plus une espèce de bois est légère à l'état sec, moins elle contient de matière ligneuse par rapport à sa masse, plus elle est poreuse ou spongieuse, et moins elle conduit la chaleur, par conséquent mieux elle la retient. Car les pores ou interstices vides qui se trouvent dans la masse sont remplis d'air, et cet air renfermé, immobile, dans un espace défini, est ce qui tient le mieux la chaleur. Une ruche par conséquent retiendra d'autant mieux la chaleur, que ses murailles seront plus épaisses, qu'elles contiendront plus d'air, et que ce dernier y sera bien enfermé de manière à l'isoler complétement de l'air ambiant extérieur.

Lorsque la ruche a des parois composées de matériaux bons conducteurs qui laissent facilement passer la chaleur, elle a ce double désavantage que les abeilles souffrent du froid, et que pour s'en garantir, elles sont obligées de manger davantage, qu'elles ne peuvent commencer assez tôt la ponte et l'élevage du couvain, etc. ; ensuite, il se forme contre les parois de la ruche une certaine humidité qui engendre la pourriture, la moisissure, un air malsain, la dyssenterie, etc., etc. De même que l'eau forme de la vapeur au contact de la chaleur, de même aussi la vapeur, lorsqu'elle se trouve au contact de surfaces froides qui lui soutirent sa chaleur, se condense et s'y dépose sous la forme d'eau. Les surfaces froides pleurent, comme l'on dit.

Ainsi que les fenêtres d'une chambre bien chauffée, de même aussi les parois d'une ruche se couvrent d'humidité lorsque la température extérieure étant plus basse que celle de l'intérieur, la chaleur les traverse rapidement, et que leur surface intérieure se refroidit plus que la température de l'intérieur de la ruche. Il se forme contre ces parois une certaine humidité qui se gèle et se transforme en givre ou en glace lorsque le froid extérieur est vif et soutenu. Dans les ruches à plusieurs compartiments, cet accident n'arrive jamais à la cloison intérieure commune. Car des deux côtés règne une température égale, par conséquent il n'y a pas de déperdition de chaleur, pas de refroidissement, et

par suite pas de condensation. Quand même l'un des deux compartiments ne serait pas occupé, l'air qui y est enfermé y formerait un
matelas plus chaud que ne le ferait une simple paroi exposée à l'air
extérieur.

Le meilleur moyen de garantir contre le refroidissement les parois
des ruches exposées à l'air extérieur serait de les composer de deux
parois éloignées l'une de l'autre d'environ cinq centimètres, afin d'y
retenir une certaine couche d'air, et de remplir l'intervalle de mousse
sèche, de débris de filasse, de sciure de bois, de copeaux minces, de
paille, de foin, etc.

Cependant toutes les choses ont une limite certaine que l'on ne doit
pas dépasser sous peine d'avoir à s'en repentir, et même sous le rapport
de la chaleur, le mieux est quelquefois ennemi du bien. *Il faut toujours
se tenir entre les extrêmes* (1). Les ruches trop chaudes ne peuvent pas par
elles-mêmes tourner à mal. Car les abeilles ne produiront jamais plus
de chaleur qu'elles n'en auront besoin, et lorsqu'elles en souffriront, elles
sauront déjà s'en débarrasser par la ventilation qu'elles produisent à
l'entrée de la ruche. Cependant le trop de chaleur peut devenir nuisible
en ce que les abeilles peuvent souffrir du manque d'eau en hiver ou au
printemps, alors qu'elles ne peuvent pas encore sortir pour en chercher;
leur demeure étant trop sèche ne possède aucune surface refroidissante
où la vapeur puisse se condenser en eau. Il faut donc se tenir dans un
juste milieu et construire ses ruches de la manière que l'expérience a
indiquée être la meilleure, afin d'éviter qu'après avoir fait une forte
dépense, on n'éprouve encore des désagréments.

Les anciens apiculteurs ont beaucoup discuté sur la priorité à donner
au bois ou à la paille pour servir à la construction des ruches. La paille
se recommande par son bon marché, sa légèreté et la manière dont elle
conserve la chaleur; le bois, par contre, est plus durable, plus propre; il
permet de donner aux ruches toutes les formes possibles, et principalement les formes angulaires qu'elles conservent parfaitement; les rayons
se détachent plus facilement, et les abeilles se laissent mieux enlever et
détourner de dessus les parois polies du bois, etc., etc.

Quand on a des planches ou madriers de 40 à 50 millimètres d'épaisseur, d'une essence de bois tendre, légère et tenant bien la chaleur, tel

(1) On remarquera que les Allemands ne se sont pas tenus entre les extrêmes,
mais qu'ils s'y sont placés, aux extrêmes, avec leur ruche à cadres mobiles, mauvaise gardienne de la chaleur. — *La Rédaction.*

que le peuplier, le saule, le tilleul, l'aune ou le sapin, ou bien un bois qui par suite de pourriture est devenu poreux, léger, et tenant bien la chaleur, on s'en sert avantageusement pour en faire les parois d'une ruche, en ce que cette ruche peut être très-facilement construite suivant la forme qu'on désire, tandis qu'en paille, cela n'est possible qu'avec beaucoup de peine et de perte de temps. On peut aussi se servir du bois et de la paille en même temps, en faisant la ruche en planches légères, que l'on recouvre d'une couche de paille destinée à conserver la chaleur. Ces ruches mixtes réunissent les avantages des ruches en paille et des caisses en bois, et ne laissent plus rien à désirer. L'apiculteur silésien fait construire ses ruches de cette manière; car il la trouve parfaite.

Il y a plusieurs années, M. le directeur Stœhr de Wurzbourg, et tout dernièrement encore M. le pasteur Scholz de Hertwigswaldan, ont parlé, par la voie du *Bienenzeitung*, des ruches en argile (1); il est de fait que l'on a vu des colonies d'abeilles exister longtemps dans des fentes de rochers ou de murs, et que certainement elles prospéreraient davantage dans des ruches convenablement construites, en argile crue ou cuite; cependant comme l'argile est très-accessible à l'humidité, il est bon de placer ces ruches sur un soubassement en maçonnerie et sur un plateau en bois; il faut aussi mêler beaucoup de paille à l'argile, ou bien employer des briques creuses ou très-poreuses, ce que l'on obtient en les fabriquant avec de l'argile mêlée de beaucoup de paille finement hachée ou de tourbe. Le principal inconvénient de ces ruches est d'être peu transportables, ce qui serait peu de chose dans le cas où l'apiculteur ne transporterait pas ses ruches au pâturage, mais ce qui deviendrait bien ennuyeux dans un cas fortuit comme une inondation, un incendie, ou la construction d'un nouveau bâtiment, où l'on serait obligé d'enlever les ruches. Il sera très-facile de se procurer à bon marché les quelques planches minces qui sont nécessaires à la construction des ruches en bois et en paille, même dans un pays où le bois est rare, quand on n'y emploierait que les planches de vieilles caisses. La plupart des apiculteurs feront bien de s'en tenir aux ruches construites en bois et paille, et dorénavant nous ne parlerons plus que des ruches qui sont construites de cette manière.

(1) Il y a un siècle qu'on les a proposées en France. Voir Della Rocca.

Fabrication des bougies de cire.

Les bougies sont de deux sortes : les bougies filées et les bougies de table. La bougie filée est ainsi appelée parce qu'on la dévide sur un tour en la fabriquant, à peu près de la même façon que l'on'tire les métaux en fil dans les tréfileries. L'ouvrier a devant lui un bain de cire fondue qu'il a soin de maintenir toujours à la même température ; à côté se trouve une filière dont les trous vont toujours en augmentant de diamètre. Il immerge d'abord une mèche de coton dans le bain de cire, l'en retire rapidement, puis avant qu'elle se soit refroidie complétèment, il la fait passer par un trou de la filière. Il la replonge ensuite dans le bain où elle prend une nouvelle quantité de cire, et la fait passer par le trou de la filière dont le diamètre est immédiatement supérieur à celui du précédent. Il continue de cette façon jusqu'à ce que la bougie ait atteint les dimensions désirées. D'ordinaire, on roule ces bougies en spirale, en hélice ou en peloton.

La bougie de table se distingue en bougie coulée et en bougie à la cuiller. La première se coule dans des moules, qui sont en verre le plus souvent, et se fabrique de la même manière que la chandelle. On a soin de cirer d'abord avec de la cire blanche les mèches qui sont en coton, et qu'on a tordues préalablement. Cette précaution a le double but d'égaliser parfaitement le volume de la mèche, et d'empêcher de s'échapper les brins de coton qui pénétreraient dans l'intérieur de la bougie, et produiraient des irrégularités dans la combustion. Lorsque l'on veut obtenir des bougies diaphanes, on emploie parties égales de blanc de baleine et de belle cire.

Les bougies à la cuiller sont ainsi nommées parce que, pour les fabriquer, on verse avec une cuiller de la cire liquéfiée sur des mèches en coton suspendues verticalement. D'ordinaire, une bougie ainsi préparée ne parvient à son volume moyen qu'après avoir été dix à douze fois arrosée de cire fondue. C'est par le même procédé qu'on obtient les cierges d'église ; seulement, comme on leur donne ordinairement une forme conique, on commence toujours un peu plus bas que le précédent chacun des arrosements qui suivent le quatrième. Cette opération terminée, on donne aux bougies et à la partie inférieure des cierges une forme parfaitement cylindrique, à la partie supérieure des cierges une forme parfaitement conique, en les roulant et les polissant sur une table longue et unie, au moyen d'un instrument dit polissoir. Ensuite on les

Digitized by Google

suspend par la mèche à des cerceaux, pour les faire sécher et durcir.

Remarquons en terminant que, pour la bougie de table moulée, les proportions de cire et de blanc de baleine ne sont égales que dans les articles de luxe ; il en est où elle descend à 4 pour 100.

Quant aux bougies colorées, on les obtient en mêlant au blanc de baleine du carmin, du jaune de chrome, de l'outremer, etc.

· (*Dictionnaire universel.*)

Cire des feuilles.

Les feuilles d'un grand nombre de plantes ont une couche de matière cireuse. Il en est de même de quelques fruits. Mudler a fait des expériences sur les substances cireuses qui accompagnent les substances colorantes verte, jaune et rouge des feuilles de nos climats. Lorsqu'on extrait par l'éther la cire des baies de sorbier, et qu'on la purifie autant que possible des matières colorantes, on obtient un corps très-semblable à celui que renferme l'écorce du pommier, et que l'on obtient accessoirement dans les productions de la phloridrine. M. Mudler considère même ces deux produits comme identiques, et les représente par la formule $C^{20} H^{16} O^5$, qu'il fonde sur les analyses suivantes :

Cire des baies de sorbier
- Carbone. . . 69,17 à 69,16
- Hydrogène. . 8,91 à 8,85
- Carbone . . 68,89 à 69,04
- Hydrogène. . 9,22 à 9,32

Cette cire est insoluble dans l'eau ; l'alcool la dissout moins que l'éther ; elle fond à 83° ; les alcalis ne la saponifient qu'en partie, ce qui prouve qu'elle est un mélange de plusieurs corps.

L'herbe des prés, les feuilles de syringa, les feuilles de lilas et les feuilles de la vigne ont fourni une matière identique à la cire des abeilles. On l'en retire en épuisant les plantes par l'éther, évaporant, lavant le résidu à l'alcool froid, et le faisant cristalliser plusieurs fois dans l'alcool bouillant, jusqu'à ce qu'il soit incolore. L'identité de cette matière cireuse à la cire des abeilles est appuyée sur les analyses suivantes :

Cire d'herbes
- Carbone. . . 79,83
- Hydrogène. . 13,33

Cire de lilas
- Carbone. . . 80,46
- Hydrogène. . 13,28

Suivant Mudler, toutes les parties vertes des plantes renferment de la cire qui, dérivant de l'amidon sous l'influence de la chlorophyle, jouerait un certain rôle dans la respiration des plantes.

Les abeilles ne butinent pas la couche cireuse des feuilles et des fruits, et l'industrie n'extrait pas de cire des plantes vertes indigènes, parce que le jeu n'en vaudrait pas la chandelle. Elle en extrait de fruits, de feuilles, voire même d'écorce d'arbres exotiques qui en produisent pour la peine. Elle en extrait du fruit de l'aucuba, arbuste très-répandu dans la province du Para et à la Guyane. Elle en extrait des baies du myrica cerifera, arbre très-commun dans la Louisiane (États-Unis). Elle en récolte sur les feuilles du carnauba, palmier qui croît dans le nord du Brésil. Elle en récolte dans les replis des feuilles du palmier chamærops. Elle en récolte sur l'écorce du palmier cérocylon qui croit dans la Nouvelle-Grenade, etc. Il a été parlé de ces cires. Voir la table des dix premières années de l'*Apiculteur*.

Localités favorables à l'apiculture.

De temps en temps des apiculteurs désireux de changer de localité, soit pour agrandir leur industrie soit pour autre cause, nous demandent quels sont les cantons où ils peuvent s'établir avec chance de succès. Des novices dans la culture des abeilles nous font quelquefois aussi la même question. Essayons une réponse qui puisse servir à tous. Voici d'abord un axiome qui la circonscrit. Le succès apicole réside : 1° dans la ressource des fleurs mellifères, 2° dans la capacité de l'apiculteur, c'est-à-dire dans son intelligence et son travail.

On l'a dit avec raison, l'apiculture est une industrie qui tend à devenir de plus en plus accessoire depuis l'introduction de la betterave, et les localités où elle peut s'exercer seule avec grand profit deviennent de moins en moins communes à mesure que les lumières se répandent, ce qui est loin d'établir que la culture des abeilles ne soit pas avantageuse, surtout faite accessoirement avec intelligence. Le plus souvent donc, l'apiculteur qui veut réussir dans la nouvelle localité où il désire se fixer, doit y porter en même temps un métier qu'il peut exercer concurremment et qui l'aide à vivre. Il sera favorablement placé s'il peut pratiquer l'agriculture ou l'horticulture, ou bien s'il peut s'adonner à un commerce qui nécessite cheval et voiture. Il se trouvera bien aussi de pouvoir exercer une profession sédentaire, telle que celle de menuisier, charron, cordonnier, tailleur, etc. Il devra en outre posséder quelque instruction, sans laquelle il n'est pas facile de réussir nulle part, et surtout hors de son village. Il devra être jeune et fort s'il veut se fixer dans un canton où l'on transporte les abeilles à divers pacages, car l'apiculture pastorale est fatigante dans la saison du travail.

Presque partout, il est profitable à l'apiculteur sédentaire de s'adonner à l'arboriculture fruitière et de planter des arbres en cordons dans le jardin où il entretient des abeilles. Ces arbres abritent les ruches, et produisent des fleurs aux abeilles en même temps qu'ils utilisent des parties

Digitized by Google

de terrain dont on tire peu de profit. Les soins des uns appellent la sur.
veillance des autres.

Le succès apicole réside dans les ressources mellifères, a-t-il été dit
plus haut. Par conséquent, toutes les localités où se trouvent en abondance des prairies artificielles, telles que sainfoin, luzerne, trèfle blanc ;
celles où l'on cultive sur une large échelle le colza ou la navette, et le
blé noir, sont favorables à la production du miel, surtout lorsque le sol
est argilo-calcaire, ou argilo-sablonneux, et que le sous-sol est perméa-
ble. Sont favorables à la multiplication des colonies, c'est-à-dire à l'essaimage, la plupart des localités avoisinant des bois ; celles plantées de nombreux arbres fruitiers, notamment de cerisiers et de poiriers ; toutes celles
qui offrent aux abeilles une succession de fleurs au printemps et en été.

Ces éléments de succès sont d'autant plus assurés qu'ils ne se trouvent pas explorés ou qu'ils le sont mal. Dans toute localité où règnent encore les étouffeurs, l'apiculture est mal faite et peut être avantageusement améliorée, surtout quand l'étouffage s'étend dans tout le
canton. On peut alors se rendre *acheteur* de ruches sur pied ou en vrac
pour la fabrication des produits, et l'on utilise à son profit les abeilles
des ruches récoltées et les bâtisses des colonies faibles et défectueuses.
Sous le rapport de la qualité des produits, le non-étouffeur l'emportera
facilement sur l'étouffeur. Il aura produits meilleurs et vente plus facile.

Mais les produits manquent parfois de débouchés : la production est
trop grande pour la consommation. Dans ce cas il faut s'appliquer à
étendre celle-ci, et avec de l'intelligence et du mouvement, on en vient
à bout. Un débouché assuré à créer dans beaucoup de cantons, est la
vente du miel sur les marchés, comme celle d'autres denrées agricoles.
En achetant directement sur le marché, le consommateur doit trouver
des prix plus doux par suite de la suppression du gain de l'intermédiaire. Or, payant moins cher la denrée, il en achètera davantage avec l'argent qu'il dépensait précédemment. Il est avéré, en outre,
que beaucoup de consommateurs de matières sucrées, notamment parmi
les campagnards, préfèrent le miel au sucre, lorsqu'on leur cède le premier au même prix ou à des prix inférieurs au dernier. Or, dans l'état
actuel des choses, le producteur de miel qui sait pratiquer avec entendement son métier, réalise des bénéfices rémunérateurs en plaçant à la
consommation directe ses produits au cours du sucre en gros, qui est actuellement de 115 fr. les 100 kil. Et nous démontrerons plus loin que
dans maints cantons on peut encore faire de l'apiculture avec profit, en

écoulant les produits à des cours bien inférieurs à ce chiffre. Passons une revue rapide sur chaque principale contrée mellifère, pour constater ce qui s'y fait et indiquer ce qui peut s'y faire.

Nous devons nécessairement placer en tête des contrées mellifères le Gâtinais, qui comprend l'arrondissement de Pithiviers, une partie de celui d'Orléans, et la partie de la Beauce qui s'étend au sud d'Etampes et qui va jusqu'au-delà de Chartres et de Châteaudun. Le Gâtinais est assurément le premier pays du monde pour la qualité de son miel surfin et pour son débouché à Paris. Nous ne nous arrêterons pas à établir la supériorité du surfin gâtinais dont la blancheur transparente, la finesse de goût et la conservation ne sont surpassées par aucun autre miel. Et cependant il se trouve encore des *épiciers* pour lui enlever sa renommée et pour le faire passer pour du Narbonne ou du Chamounix qui ne le valent pas, à beaucoup près. Il ne s'agit pas ici des miels blancs ou de deuxième qualité. Car l'objectif de l'apiculteur gâtinaisien est sinon de les supprimer, du moins d'en diminuer le plus possible la production, et d'augmenter d'autant celle des surfins. On marche dans cette voie : depuis une quinzaine d'années, la production de ces derniers a augmenté dans les proportions de près d'un tiers relativement au nombre de ruches cultivées, mais la diminution de celles-ci s'est élevée à près d'un quart. Il faut attribuer à plusieurs causes la diminution du nombre de ruches cultivées. D'abord, on s'est aperçu qu'en en cultivant moins on les soignait mieux ; ensuite l'achat des colonies est devenu plus difficile : le prix en a quelque peu augmenté ; en outre, les bâtisses sans lesquelles les surfins ne peuvent s'obtenir en quantité, se raréfient à mesure que l'éleveur apprend à mieux les utiliser pour son propre compte ; enfin la main-d'œuvre s'est élevée assez sensiblement, elle fait quelquefois défaut au moment important de la fabrication. On sait qu'il faut que cette fabrication soit faite rapidement, d'abord pour ne pas donner le temps aux abeilles d'entamer leurs provisions, quand la faux vient de les priver de ressources extérieures ; ensuite parce qu'il y a profit à livrer les produits en sirop.

La diminution des ruches a eu lieu plus particulièrement chez les exploiteurs qui, pour la fourniture de leurs colonies, passent par les mains d'intermédiaires ; les bénéfices de ces exploiteurs sont devenus plus éventuels par suite de la rareté des bâtisses, et parfois, à cause du prix élevé des colonies relativement à celui des produits. Au contraire, des exploiteurs établis sur les confins de la contrée qui ont supprimé l'intermédiaire en achetant directement leurs abeilles chez les éleveurs, ont eu des bénéfices plus assurés, surtout lorsqu'ils se sont appliqués à modifier la ruche généralement employée, à la remplacer par la boîte, autrement dit par la ruche à hausses en planche, à y fixer des bâtisses, et à conserver le plus possible les abeilles des ruchées récoltées. Mais en même temps que des exploiteurs apprenaient à se passer des marchands d'abeilles, plusieurs de ceux-ci, du Perche et du Mans, se faisaient exploiteurs dans le Gâtinais (notamment dans la Beauce), tout en continuant le métier d'éleveurs chez eux. Ils ont loué ou acheté un pied-à-terre dans la région mellifère, c'est-à-dire un endroit pour établir les ruches qu'ils amènent de chez eux vers la fin d'avril, et pour fabriquer deux ou trois mois plus tard les produits de ces ruches. Vers la seconde quinzaine de juillet, ils retournent dans leurs pénates.

Comme on le voit, si des localités se sont dégarnies de ruches, d'autres reçoivent un plus grand nombre de mouchards, partant d'abeilles. Il est certain, d'ailleurs, que les ressources florales n'ont pas diminué dans le Gâtinais, et que la culture du sainfoin est au moins aussi étendue, si ce n'est davantage, qu'elle l'était lorsque la contrée engraissait beaucoup plus de ruches. En outre, la fleur du trèfle incarnat est venue apporter un nouveau contingent de miellée. Il faut noter, pourtant, que l'étendue du sainfoin à une coupe — celui qui mielle le plus — a quelque peu diminué dans plusieurs localités. Il faut encore noter que l'époque florale la plus favorable à l'exsudation du miel de la fleur de sainfoin est quelque peu abrégée, car dans la plupart des localités on fauche les prairies huit ou dix jours plus tôt qu'autrefois, c'est-à-dire avant la fin de la floraison, lorsque tout le miel à produire n'est pas produit. Ces derniers jours de floraisons sont souvent précieux.

Parmi les localités qui ont vu diminuer le plus sensiblement le nombre des ruches entretenues, tout en conservant les mêmes ressources et en offrant une position avantageuse par sa proximité de Paris, par une ligne de chemin de fer et par un canton d'élevage à ses portes, est Etampes qui, il y a trente ans, avait les deux plus fortes maisons de mouchards de la contrée : celle des Moulé et celle des Robert. Ces deux maisons ont produit ensemble jusqu'à 3,000 kilog. de cire par an, et jusqu'à 12 à 1,500 barils de miel (pour 70 à 80,000 francs de produits). L'exploitation de l'une a atteint 1,800 ruches, et celle de l'autre 1,200. Trois mille ruches en dix ou douze stations établies dans un rayon de six à dix kilomètres d'Etampes, étaient trop de colonies pour les soins nécessaires à leur donner; c'était aussi trop d'abeilles par station, surtout en année de miellée peu abondante. Aujourd'hui, on compte peu de station ou rucher volant, composé de plus de 150 ruches, et ne sont pas communs les apiculteurs du Gâtinais qui exploitent plus de 500 ruches en trois ou quatre stations. Mais les exploiteurs d'un seul rucher de 100 à 150 ruches sont bien plus drus qu'autrefois.

La grande quantité de ruches exploitées par les mouchards d'Etampes leur donnait une sorte de suprématie dans le clan. Ainsi, le prix qu'ils offraient des ruches au début des achats devenait souvent le cours officiel pour tous les confrères, qui les regardaient comme chefs de file de la corporation. L'état de leur récolte, dont s'informaient attentivement les acheteurs de Paris, était une cause déterminante du cours à établir à la foire du Puiset.

1861 a vu les derniers reflets des splendeurs des grands producteurs d'Etampes qui, depuis, se sont effacés insensiblement comme des lunes au déclin, ne laissant, quoique ayant fait école, aucun élève pour continuer leur manière d'opérer et pour entretenir leur clientèle. On ne saurait classer comme tels quelques imitateurs, improvisés entre une tasse de café et une chope de bière, qui ont essayé le métier et dont les résultats obtenus ont été quelques déboires et quelques victimes parmi les intermédiaires. On ne pouvait, du reste, continuer une manière d'opérer surannée. Il y avait bien — et il y a toujours — une position apicole très-favorable à prendre, mais il fallait être muni de connaissances spéciales et savoir entrer dans la voie nouvelle, modifier et améliorer les méthodes d'exploitation, aviser surtout à la remonte économique des ruchers.

Nous venons de dire que l'école d'Etampes n'a pas laissé d'élèves. Ce n'est pas tout à fait exact, car un modeste « garçon mouchard » de la maison Moulé est devenu un apiculteur distingué, un praticien entendu qui va nous apprendre comment, en transformant et en améliorant économiquement, on se fait une place au soleil.   (A suivre.)

H. HAMET.

Paris — Imprimerie horticole de E. DONNAUD, rue Cassette, 9.

L'APICULTEUR

Chronique.

Après le pitoyable « couronnement » de ce fameux édifice qu'on sait — une copie aussi triste que réussie du Bas-Empire — et qui nous a conduits par des pentes fleuries vers un abîme fangeux, il faut penser à nous relever par l'instruction et le travail, deux grandes puissances de moralisation dont nous avons besoin d'user plus que jamais; car, en fait de dignité, de sentiment de justice et d'amour de notre semblable, tout ce qui constitue la moralité et caractérise le citoyen, les événements récents ont prouvé que notre nation est bas percée. Travaillons et surtout, instruisons-nous. Instruisons-nous mutuellement, avons-nous déjà dit, car c'est l'enseignement pratique et moralisateur par excellence. Les expositions sont une application de cet enseignement mutuel. Mais pour que les fruits en soient bons, il faut que les distinctions qui sont accordées aux jouteurs de ces luttes pacifiques et essentiellement progressives, le soient à l'instruction et au travail réalisés au profit de tous et non aux influences de condition et de position personnelle. Pour cela, il faut que les jurys chargés de ces distinctions soient composés de membres d'une honorabilité et d'une capacité réelles, ce qui n'est pas toujours synonyme de « bel habit », comme on l'a trop souvent posé en thèse par le passé.

Les gens du métier ont plus de capacité que ceux qui ne le sont pas. Il faut donc les prendre là, et les choisir parmi les plus indépendants, les plus impartiaux. Mais qui doit les choisir? Il nous semble que, par le temps de suffrage universel qui court, les exposants seuls doivent s'en charger, à moins qu'on agisse comme le fait la Société centrale d'apiculture dont les règlements à ce sujet portent : « que les exposants nommeront, pour former le jury, autant de membres qu'en désignera la Société », et on sait que les membres qu'elle désigne sont ceux qui composent son bureau, déjà dû à l'élection.

Nous venons de recevoir le règlement général de l'Exposition universelle internationale qui aura lieu à Lyon en 1872. L'article 18 de ce

règlement est à peu près calqué sur celui de la Société d'apiculture ; il
porte : « L'appréciation et le jugement des produits exposés seront confiés à un jury mixte, dont la moitié sera déférée au choix des exposants
par voie d'élection, et l'autre moitié désignée par l'administration. » —
On aurait bien fait d'ajouter : « L'administration désignera autant que
possible des gens du métier, et si elle n'en trouve pas sur place, elle en
demandera aux Sociétés spéciales. » C'est probablement ce qu'elle oubliera de faire, et les apiculteurs sont exposés à être jugés par des sériciculteurs ou des pisciculteurs, peut-être par des marchands de laine.
Aussi dirons-nous aux exposants qui ne vont pas aux exhibitions uniquement pour courir une médaille : dans le doute, c'est-à-dire dans l'incertitude d'être jugés par des praticiens, abstenez-vous, à moins que vous
ne teniez plus au *prospectus* qu'au reste. L'exposition de Lyon promet
de n'être pas de la petite bière, si l'on en juge par le prix des places,
qui est de 30 fr. le mètre superficiel dans les galeries closes; et de 15 fr.
en plein air, avec la faculté d'élever des abris à ses frais. Ce prix est salé
pour la plupart des apiculteurs qui sont accoutumés à ne pas payer de
place dans les expositions qu'ils fréquentent. Il est présumable, d'ailleurs,
que l'année prochaine les apiculteurs auront occasion de montrer pour
rien ou à peu de frais leurs produits et leurs appareils. Car la Société
centrale devra être en mesure de faire une exposition au Luxembourg.
Si l'installation de son nouvel établissement a lieu comme nous le pensons, elle disposera d'un emplacement on ne peut plus favorisé pour
une exposition et pour un congrès apicoles, qui continueront avec éclat
l'œuvre commencée en 1859. Nous engageons nos lecteurs à prendre note
de cet avis préliminaire ; ils seront en mesure de briller lorsque le moment sera venu.

On lit dans l'*Apicoltore*, que la 5e exposition d'apiculture et le premier congrès des apiculteurs italiens aura lieu à Milan du 7 au 11 décembre prochain. Le programme du congrès italien est étendu et renferme des questions importantes. Nous ferons notre profit de toutes les
solutions avantageuses qu'auront trouvées nos confrères des rives du
Pô ; la science est devenue internationale depuis la découverte de Gu-
tenberg, et surtout depuis l'usage des chemins de fer et de la télé-
graphie électrique.

— On lit dans l'*American bee journal* d'octobre dernier :

« M. G.-N. Basset dit avoir eu un cas de loque dans son rucher qu'il
pense avoir guéri d'après un traitement du docteur Abbe. Il dit : J'ai

Digitized by Google

extrait tout le miel, ôté la mère, laissant le couvain. Alors, j'ai empli
les cellules avec une solution d'hyposulphite de soude ; les laissant ainsi
toute la nuit, je les vidai et les laissai immergées quelques heures dans
une solution de choride de chaux; je les ai ensuite rincées et en ai fait
sortir l'eau ; puis je les ai redonnées aux abeilles, dans une ruche propre,
qui ont depuis élevé du couvain dedans, et je crois que tout va bien. »
La recette peut être bonne, mais elle est un peu trop pharmaceutique
pour les simples possesseurs d'abeilles. Il est vrai que chez la plupart
d'entre eux, surtout lorsqu'ils ont des ruches bien conditionnées, les cas
de loques ne sont pas fréquents, et sont même inconnus.

A propos de loque, un apiculteur de la Beauce nous écrit qu'il ne sait
à quoi attribuer les cas fréquents de loque dans son rucher.—A la ruche,
rien qu'à la ruche mal tenue, répondrons-nous. Cet apiculteur fait
usage depuis quelques années de la boîte ou hausse en planches, et
comme la plupart de ses confrères voisins, qui en font également usage,
il couvre mal ses ruches, qui ont déjà le défaut de n'avoir pas les parois
assez épaisses. C'est l'endroit de faire remarquer que ce proverbe « il
n'y a pas plus mal chaussé que le cordonnier», est applicable aux Beaucerons dont les terres produisent abondamment de la paille. A voir
comme leurs ruches sont couvertes, on croirait vraiment qu'ils la tirent
de l'Australie. _____ H. HAMET.

Travaux d'arrière-saison. — Réunions.

Le *Bulletin* de la Société d'apiculture de l'Aube publie, sous le titre
de « travaux apicoles du 4e trimestre », des opérations qu'on peut faire
un peu plus tôt ou un peu plus tard, et que pour cela nous reproduisons.

Octobre. — Dans les ruchers où les réunions et le nourrissement
sont terminés, il n'y a plus guère à faire; aussi on doit toucher
aux ruches le moins possible, les bien couvrir, surtout celles qui sont
faibles, réparer les surtouts que le temps a détériorés et remplacer ceux
qui sont trop usés. Une ruche mal abritée pour l'hiver souffre, quoi qu'on
en dise ; il est vrai qu'on voit parfois quelques ruches très-fortes résister
à toutes les intempéries, sans abri aucun; mais, tandis que ces quelques
ruches fortes résistent à tout, combien d'autres moins rustiques périssent à côté.

Dans les ruchers où les travaux ne seraient pas terminés, on peut
encore pratiquer les réunions, et donner des suppléments de nourriture

aux ruches populeuses qui manquent de provisions ; celles d'une seule pièce, en en chassant les abeilles par le tapotement, ou bien en les laissant tomber, à l'aide de secousses imprimées à la ruche, dans un baquet disposé à cet effet.

Les ruches à dessus plats mobiles peuvent se réunir à toute heure de la journée ; mais si on a du loisir, on fera bien d'opérer le matin ou bien le soir ; on commence par donner de la fumée aux deux ruches à réunir, afin de refouler les abeilles et de les mettre en état de bruissement ; puis, si les ruches sont à hausses et que les hausses inférieures ne contiennent que la cire vide, on les supprime ; ensuite, on enlève les **agrafes** et on décolle d'un côté seulement le dessus plat de la ruche qui doit former la partie inférieure de la plus faible ou de la plus vieille ; on *introduit la* douille de l'enfumoir entre le dessus plat décollé et la hausse supérieure, et on fait jouer le soufflet pendant un instant ; quand les abeilles sont maîtrisées et qu'elles ont abandonné la partie haute de la ruche, on enlève radicalement le dessus plat, et on le remplace par l'autre ruche, à l'aide des agrafes ; quelques bouffées de fumée, et l'opération est terminée. Les hausses enlevées, si elles contiennent de la cire jeune et propre, sont mises en réserve et conservées à l'abri de l'humidité, pour être utilisées comme bâtisses l'année suivante.

Pour réunir deux ruches par juxta-position, on commence par enlever de sa place la ruche qu'on destine à être abouchée sur l'autre ; on choisit la meilleure ou la plus jeune. A l'endroit qu'elle occupait, on assujettit l'autre ruche, l'embouchure en l'air, et on la maintient dans cette position, soit à l'aide de piquets, soit en lui mettant le manche en terre, etc.; on abouche la première ruche dessus, en ayant bien soin que les rayons se touchent ; si les ruches n'étaient pas complétement pleines d'édifices, on ajouterait des rayons pour servir d'échelle aux abeilles et établir la communication entre elles ; on attache ensemble les deux ruches et on calfeutre en ménageant une entrée aux abeilles sur le devant. Aussitôt que les provisions de la ruche inférieure sont consommées, et que les abeilles l'ont abandonnée, on l'enlève pour éviter l'humidité et la moisissure. Ces ruches, si elles contiennent des rayons jeunes et propres, sont excellentes pour y loger des essaims l'année suivante. Il arrive quelquefois, mais le fait est rare, que les abeilles se cantonnent dans la ruche inférieure ; dans ce cas, on est obligé d'attendre au printemps pour supprimer celle des deux ruches qui ne contient pas la mère et où par conséquent il n'y a point de couvain.

Enlever les abeilles d'une ruche par le tapotement, n'est pas toujours hose facile à cette époque où la saison devient déjà froide, et surtout si es ruches à réunir ne sont pas complétement remplies d'édifices ; l'abord, il faut s'installer dans une pièce tiède : là, après avoir mis les ibeilles en état complet de bruissement, on dispose les ruches comme)our opérer les essaims artificiels par transvasement à ciel ouvert ; les ·uches juxta-posées se touchant seulement en un point, ou on les ittache ensemble à l'aide d'une ficelle passée dans les rouleaux de)aille : de cette façon, on est plus à même, en soulevant la ruche supé-:ieure du côté laissé libre, de se rendre compte si les abeilles montent plus ou moins vite, et d'employer au besoin le souffle et même la fumée pour les activer ; on tapote avec les mains sur les parois de la ruche inférieure jusqu'à ce que les abeilles soient toutes montées ; quelquefois l'opération est très-longue ; il arrive parfois qu'en faisant monter les abeilles dans la ruche peuplée à laquelle on veut les réunir, elles se battent à outrance ; pour éviter tout combat, il faudrait les introduire dans une ruche vide, et les réunir le soir, comme il sera dit ci-après.

Les réunions en secouant les ruches pour en faire tomber les abeilles sont plus expéditives que par le tapotement, mais il se détache souvent des rayons, ce qui détériore plus ou moins les bâtisses ; mais si les ruches à déloger n'ont que peu ou point de miel, en prenant quelques précautions on évite en partie ces accidents; pour notre compte, quand nous avons des ruches vulgaires à réunir, et que nous ne pouvons les juxta-poser, nous préférons ce moyen au précédent et nous l'employons volontiers. Voici comment nous opérons : il faut autant que possible s'installer dans une pièce très-sombre, pour que les abeilles ne s'écartent pas dans la chambre, où elles seraient saisies par le froid ; on prendra une jatte assez large à sa partie inférieure pour qu'on puisse y placer, sur deux tasseaux, la ruche vide qui doit recevoir les abeilles, tout en laissant à côté assez d'espace pour y faire tomber celles qu'on veut déloger ; au-dessus du côté laissé libre, on cloue sur le bout des douves une tringle ; c'est sur cette tringle que l'on frappe doucement les ruches pour en faire tomber les abeilles ; on réussit mieux, si on a eu le soin, dix minutes ou un quart d'heure avant l'opération, de jeter, avec un léger rameau ou les barbes d'une plume, un peu de miel liquide sur le bout des rayons ; les abeilles s'y portent et sont bien plus faciles à faire tomber; on secoue successivement toutes les ruches, et on dirige, à l'aide d'un petit balai et de fumée, s'il y a lieu, les abeilles du côté de la ruche qui doit les recevoir. Quand on juge que cette dernière contient assez de population, on l'enlève et on la remplace par une autre. A la tombée du jour, on porte ces ruches à côté de celles qu'on veut repeupler; on enfume jusqu'à l'état complet de bruissement, on retourne la ruche garnie de rayons l'embouchure en l'air, en la plaçant soit sur la servante, soit sur un tabouret dépaillé, et on abouche dessus celle qui contient les abeilles, qu'on fait tomber en frappant des coups secs et réitérés ; quand toutes sont tombées, on leur donne quelques bouffées de fumée, ce qui les fait bien vite disparaître entre les rayons ; on remet la ruche sur son tablier, à la place qu'elle occupait, et on l'enfume encore pendant un instant pour empêcher tout combat.

Nous ajouterons que pour notre compte, et par n'importe quel procédé, nous ne réunissons que des ruches voisines, convaincu que de cette façon les réunions sont beaucoup plus fructueuses ; ainsi nous préférons réunir une ruche faible ou médiocre à sa voisine, quand même elle serait forte, ou bien au besoin transporter les ruches à réunir dans une autre rucher; de cette façon nous évitons tout combat et toute perte d'abeilles ; car on sait que si on réunit une ruche à une autre placée à une certaine distance, beaucoup d'abeilles retournent à leur ancienne place, et vont se faire tuer dans les ruches voisines, ou bien s'engourdissent, si l'air est froid, en cherchant leur ancienne demeure.   Emile Beuve.

— Nous ajouterons quelques détails dont pourront profiter les personnes qui ne sont pas bien au courant. La réunion par juxta-position peut se pratiquer pendant tout l'hiver sur les ruches dont les rayons descendent jusqu'en bas. Pour qu'elle se fasse dans de bonnes conditions par le temps froid, il faut rentrer les ruches dans une pièce tempérée ou dans une cave; verser quelques cuillerées de miel liquide sur le bout des rayons des deux ruches à réunir; placer entre elles quelques petits morceaux de cire qui établissent une communication directe ; enfermer avec une toile claire sans se préoccuper du reste. Au bout d'un jour ou deux, les abeilles de la ruche inférieure, celle qui a été renversée, seront montées dans la ruche supérieure. Elles peuvent tarder quelques jours, s'il se trouve du couvain dans la ruche culbutée.

— Un moyen de secouer les ruches vulgaires sans détacher de rayons, est de les attacher par le manche à une longe de cuir liée à une poutre ou à un crampon quelconque. On secoue verticalement, ou en inclinant légèrement la ruche et la tenant de façon que les rayons soient de champ, et non l'une des faces en l'air. — Au lieu de jatte ou terrine, on peut prendre une bassine étamée, qu'on asperge de quelques gouttes de miel. Lorsque toutes les abeilles sont tombées dedans, on lui donne un fort coup de main qui fait rouler les mouches en tas; aussitôt on les verse dans la ruche à laquelle on veut les joindre, et on l'entoile. Dans une séance d'une heure ou deux on peut ainsi vider et réunir une douzaine de ruches. On s'éclaire d'une lanterne n'ayant qu'un carreau qu'un volet couvre à volonté.

— Il est aussi un autre moyen de réunion qu'on peut pratiquer avec avantage en arrière-saison, surtout lorsqu'il s'agit d'enlever des populations de ruches à demi-cire. C'est par l'asphyxie momentanée, plutôt par la vesse de loup (lycoperdon) que par le chiffon nitré, vu que la première est sans innocuité. Il importe d'opérer par des journées où les abeilles peuvent encore prendre leurs ébats au milieu du jour, car un certain nombre de celles qui ont été asphyxiées éprouvent le besoin de sortir le lendemain pour se vider. — Vers la fin de la journée, on prend la ruche à vider, sans la décoller de son plancher si elle est collée; on introduit par l'entrée la douille d'un petit enfumoir, en ayant soin que le jet de fumée soit dirigé plutôt verticalement qu'horizontalement. Si la ruche n'est pas collée, on la pose sur une jatte ou sur une bassine de même diamètre; on calfeutre avec un linge pour que la fumée ne puisse s'échapper. Le soufflet fonctionnant bien, les abeilles sont presque toutes tombées au bout de quatre ou cinq minutes; on frappe la ruche avec la paume de la main pour faire tomber le reste; puis on les verse comme du grain dans la ruche à laquelle on veut les joindre; on l'entoile et on la tient un quart d'heure sens dessus dessous. Si toutes les abeilles ne sont pas tombées, on laisse revenir celles qui sont entrées dans des cellules et celles qui se sont accrochées entre les rayons, et une demi-heure après, on recommence l'opération. (Voir la brochure *de l'Asphyxie momentanée* pour de plus longs détails.

Est commode pour l'asphyxie par la vesse de loup, un petit enfumoir composé de deux parties dont l'une s'emmanche dans l'autre, et dont la base de la douille qui projette la fumée est garnie intérieurement d'une toile métallique. On met dans cet enfumoir la quantité de vesse de loup nécessaire, gros comme une forte noix lorsque le champignon est de la bonne espèce et qu'il a été récolté bien mûr, et on place à côté un charbon ardent qui le fait brûler, le jeu du soufflet aidant.   H. HAMET.

Étude sur Berlepsch.

Suite. V. page 264.

Première période. Fin de l'hivernage jusqu'à la récolte du miel.
Chap. XXVVI, pages 387 à 394. § 140. Fin de l'hivernage et époque
qui suit immédiatement. Pendant l'hiver, tout apiculteur rationnel doit
préserver ses ruches des grands froids et de la lumière : ce qui peut se
faire avec les pavillons et hangars décrits ailleurs, ou dans des chambres,
caves, silos, ou autres lieux fermés. On laisse aux abeilles la liberté de
sortir, si la terre n'est pas couverte de neige et si le thermomètre de
Réaumur indique sept degrés au-dessus de zéro. On nettoie le plancher
des ruches. Les colonies suspectes d'orphelinage, sont marquées et
examinées plus tard, lorsque le température s'est radoucie. § 111. Transvasement de la bâtisse fixe dans une ruche à rayons mobiles. On peut,
au printemps, transférer la bâtisse des ruches en paille dans des ruches
à rayons mobiles. Cependant, il vaut mieux attendre que les ruchées à
bâtisse fixe aient essaimé. L'opération se fait vingt-deux ou vingt-trois
jours après l'essaimage. Détails sur la manière d'opérer.

Observation de l'apiculteur lorrain. Le malheureux, qui démolirait
une ruche à bâtisse fixe, pour replacer les gâteaux dans une ruche à
rayons mobiles, ferait comme le médecin qui casserait bras et jambes à
son client pour se donner le plaisir de remettre bras et jambes tant bien
que mal. Si vous tenez à la bâtisse mobile, soyez patient, attendez que
vos ruches de paille vous donnent des essaims et logez ces essaims en
ruches à rayons mobiles; mais, de grâce, ne faites pas autre chose.

Berlepsch, dans ce paragraphe 241, va jusqu'à dire que vingt ruches
à rayons mobiles de Dzierzon rapportent autant de miel que quatre-vingts
ruches de paille, c'est-à-dire à bâtisse fixe. Dzierzon fait de l'argent avec
ses mères italiennes, il ne vend pas de miel, il est donc hors de cause.
Berlepsch, qui ne commerce pas sur la mouche jaune, nous ferait grand
plaisir de nous mettre dans la confidence du miel qu'il vend. Le mobiliste fait plus de miel en paroles qu'en réalité. Elle est grande, la différence entre le produit de son imagination et le produit de ses abeilles.

La gent à bâtisse mobile est vraiment trop patiente. Il y a longtemps
qu'elle aurait dû accepter la proposition souvent répétée de la gent à
bâtisse fixe : faire en commun des expériences comparatives. Est-ce
que le mobiliste aimerait mieux parler que compromettre sa bourse ?

La ruche en paille convient mieux aux abeilles que la ruche de bois,

Digitized by Google

ce sont les Allemands eux-mêmes qui le disent, mais le sens commun dit que les abeilles travaillent aussi bien dans une ruche qui leur convient que dans une ruche qui leur convient à un moindre degré. En agrandissant, au besoin, la ruche en paille par une hausse ou une calotte, on obtient l'espace que donne la ruche à rayons mobiles des Allemands, ruche qui est en bois.

La ruche Berlepsch coûte en fabrique seize francs. La même ruche habitée et approvisionnée doit coûter en automne trente francs, dont quatorze pour les abeilles le miel et la cire ; mais pour trente-deux francs, nous aurons deux colonies à bâtisse fixe dont chacune sera aussi bien peuplée, aussi bien approvisionnée, et prospérera aussi bien que la ruche Berlepsch. Je serais heureux qu'on eût la fantaisie de me contredire.

Chap. XXVII, pages 395 à 402. Nourrissement des abeilles. § 112. Nourrissement par nécessité. Donner du miel en gâteaux, c'est la manière la plus simple de nourrir les abeilles dans le besoin. A défaut de miel en gâteaux, placer deux augets l'un en bas, l'autre au milieu d'un cadre, les remplir de miel en sirop et placer le cadre à proximité des abeilles. Une autre manière de nourrissement, quand la ruche a une ouverture à la partie supérieure, consiste à remplir de miel en sirop un verre à boire ou un bocal, à fermer avec un morceau de toile, et à renverser verre ou bocal sur l'ouverture supérieure de la ruche. Les abeilles viennent sucer à travers le tissu.

Berlepsch recommande d'employer de préférence le miel de bruyère, d'ajouter un peu d'eau au miel liquéfié au feu ; il repousse comme suspects les miels américain et polonais.

Observation de l'apiculteur lorrain. La ruche à rayons mobiles des Allemands n'est pas commode pour le nourrissement. Cette ruche est fermée en bas et en haut, par une planche clouée à trois des quatre parois latérales de la ruche. On ne peut nourrir avec du miel en sirop qu'en pratiquant une ouverture dans la planche du haut, il faut alors recourir au bocal renversé.

Chez nous, rien de plus facile que d'alimenter une colonie dans le besoin. Un vase rempli de sirop est placé sur le plateau, puis une hausse, puis la ruche par-dessus la hausse, une nuit suffit aux abeilles pour emmagasiner deux et trois kilog. de nourriture. Ajoutons, qu'avec nos ruches à hausses et à calotte, nous pouvons recourir au bocal renversé, ce qui convient quand il ne s'agit que d'une petite quantité de nourriture à donner.

§ 143. Nourrissement par spéculation. Nourrir des colonies bien peuplées, bien approvisionnées, c'est le moyen d'en obtenir des essaims précoces. Ce nourrissement qui augmente fortement la ponte doit se faire dans les premiers jours d'avril, trois livres de miel pour chaque colonie ne sont pas de trop. (La livre prussienne vaut 468 grammes.)

En février et commencement de mars, si le pollen manque à la campagne, on peut le suppléer par de la farine de froment ou de seigle. On remplit de farine, en la tassant, des gâteaux à cellules de bourdons, on place ces gâteaux à vingt pas de l'apier et à l'abri, les abeilles y sont appelées par du miel chaud et odorant, enfin on met de l'eau à proximité de la farine, on recouvre de paille découpée. Crainte de pillage, on retire le miel dès que les abeilles arrivent au butin en grand nombre. Il est entendu qu'on ne fait la chose qu'autant que la température permet aux abeilles de s'ébattre au dehors.

§ 144. Succédanés de miel (nourriture remplaçant le miel). Les quatre succédanés les plus communs sont : le sucre candi, le sirop de drêche, le sirop de pomme de terre et le sucre de raisin. De ces quatre succédanés, Berlepsch ne conseille, à défaut de miel, que le sucre candi, lequel est donné dans l'intérieur de la ruche. Quant au sucre de raisin, il dit qu'on peut l'utiliser en Italie parce qu'il est pur, mais qu'en Allemagne on ne le doit pas, parce qu'il est falsifié.

Observation de l'apiculteur lorrain. Berlepsch semble ignorer qu'il existe trois produits sucrés de la pomme de terre : le sirop de froment, le sirop de fécule et le sucre de fécule. Ce dernier, qui est sous forme de pâte, ne convient pas aux abeilles; mais le sirop de froment, en usage chez les liquoristes et confiseurs, leur convient presque autant que le miel; seulement, comme le sirop de froment est très-concentré, très-gluant, il faut le délayer dans un sirop de sucre ordinaire avant de le présenter aux abeilles.

Je ne vois nulle part chez les Allemands, l'emploi du sucre ordinaire, et cependant le sirop de sucre composé, de sept parties de sucre pour quatre parties d'eau, est une nourriture aussi saine, aussi substantielle, aussi agréable que du bon miel.

Chap. XXVIII. pages 403 à 422. Taille du printemps. § 145. Historique de la taille. Les anciens apiculteurs taillaient à la floraison du saule marceau ; ils enlevaient la moitié et même les trois cinquièmes de la bâtisse; ils ne craignaient pas d'entamer les œufs et les larves; ils justifiaient cette pratique déplorable en disant que les abeilles devenaient plus travailleuses, qu'elles essaimaient plus tôt, et qu'elles produisaient plus de miel. Vichol Jacob, le premier Allemand, après la découverte de l'imprimerie, qui a écrit sur les abeilles, en 1601, sans s'opposer à la taille, blâme vigoureusement la taille trop forte et trop précoce.

Un apiculteur lorrain.

Une visite au rucher de l'instituteur de Bléquin.

M. Vasseur, instituteur à Bléquin, Pas-de-Calais, est un apiculteur qui a le goût de son art; il est zélé, intelligent et fait tous ses efforts pour faire progresser l'apiculture. Malheureusement, il se trouve dans une contrée d'étouffeurs, et tellement ignorante de la science apicole, qu'il aura toutes les peines du monde pour faire adopter son système de la conservation des abeilles. Néanmoins, il ne se laisse pas rebuter par les difficultés qu'il rencontre pour convertir au progrès les aveugles esclaves de la routine. S'étant imposé une tâche laborieuse, ingrate, il la poursuivra courageusement, ne dût-il rencontrer pour prix de ses efforts qu'indifférence et ingratitude. Il a cependant la satisfaction d'avoir rencontré quelques adeptes, quelques hommes qui sont comme lui amis des abeilles et disposés à joindre leurs efforts aux siens pour combattre l'ignorance et les préjugés.

Parmi ces hommes qui pratiquent l'apiculture rationnelle dans sa localité, on remarque son digne curé qui, à l'exemple de M. l'abbé Collin, étudie les mœurs des abeilles et fait de la culture de ses chères abeilles l'occupation de ses loisirs. Il y a encore un nommé M. Dau qui, malgré les occupations et les embarras de son négoce, trouve encore du temps pour faire de la bonne apiculture. Pour montrer aux apiculteurs de son pays l'avantage de la conservation des abeilles, il leur a acheté cette année toutes les colonies vouées à l'étouffage.

La Société centrale d'apiculture de Paris a décerné l'année dernière à M. Vasseur, une médaille de première classe; c'est assurément là une récompense bien méritée. C'est une fleur qu'on a répandue sur sa route si épineuse et si peu agréable, et qui l'encouragera à marcher constamment et sans se lasser vers le but qu'il poursuit.

Dès ses plus tendres années, M. Vasseur aimait les abeilles. Son habitation étant placée auprès d'une grande rivière, il est allé bien des fois, au risque de se noyer, porter secours à des abeilles qui en allant se désaltérer se trouvaient emportées par le courant. Plus tard, ayant envie de consacrer ses loisirs à l'apiculture, il ne pouvait se résoudre à le faire avant d'avoir trouvé le moyen de pouvoir conserver la vie à ce précieux insecte, à cet ami de son enfance, à ce chef-d'œuvre de la création dont la vie sociale et les travaux remplissent d'admiration les savants et les naturalistes. Il déplorait la destinée malheureuse de ces merveilleuses petites bêtes qui donnent à l'homme la cire et le miel, ce produit de leur laborieux travail et qui, par une aveugle ingratitude, étaient condamnées par lui à une mort cruelle, impitoyable.

Il était à la recherche d'un moyen pour conserver la vie à ses protégées, lorsque les ouvrages des Huber, des Collin, des Hamet lui tombèrent sous la main. C'est sous ces grands maîtres qu'il étudia l'art *apicole*; c'est à eux qu'il doit l'honneur d'être aujourd'hui un praticien distingué.

Ayant visité son rucher, il y a peu de temps, je l'ai trouvé très-bien tenu; il est en plein air et se compose d'une vingtaine de colonies environ, presque toutes en ruches vulgaires. Il supplée à la ruche normande par le calottage à la mode du Gâtinais, en renversant ses ruches grasses et les coiffant d'une bâtisse. Ce moyen lui a très-bien réussi cette année, en ce qu'il a pu par là empêcher l'essaimage qui n'a fait qu'*affaiblir les ruches* sans rien produire. Excepté quelques essaims précoces, tous les autres n'ont rien fait cette année, dans notre contrée.

Le rucher de M. Vasseur est placé dans le jardin de la maison d'école. C'est près de son rucher qu'il passe ses moments les plus agréables; c'est là qu'il aime à conduire ses élèves afin de leur donner des leçons pratiques sur l'art de cultiver les abeilles. Rien n'est plus louable, plus digne d'encouragements, que d'apprendre aux enfants cette partie si utile, si admirable et en même temps si productive, de l'histoire naturelle.

M. Vasseur n'aime pas les cabarets; il ne les fréquente guère. Il emploie tous ses loisirs aux soins de son rucher, à l'étude et à la propagation de la science apicole. Il préfère apprendre à ses chers élèves comment on passe agréablement son temps à des études et à des travaux attrayants que de leur montrer la route du cabaret.

Il serait à désirer que tous les apiculteurs marchassent sur les traces de l'instituteur de Bléquin; il vaudrait beaucoup mieux qu'ils employassent leurs loisirs à l'étude et à l'enseignement, devoirs agréables, que de dépenser inutilement un temps si précieux dans une salle d'estaminet de village.

Il est vrai qu'on pourrait m'objecter que ce n'est pas un crime d'aller au cabaret dès qu'on s'y comporte bien, que c'est un usage d'y aller prendre ses divertissements. Assurément, ce n'est pas l'usage que je trouve blâmable; ce n'est que l'abus. Malheureusement il arrive bien souvent que l'usage conduit à l'abus. Et pour un instituteur surtout, c'est toujours un malheur de lui voir dépenser un temps dont il pourrait faire un si utile usage, à des plaisirs énervants et à des conversations oiseuses. Le meilleur et le plus doux divertissement qu'il peut se procurer, c'est au milieu des enfants de son école. Au lieu de les entraîner par son exemple sur la route si dangereuse du cabaret, il ferait beaucoup mieux, selon moi, d'imiter M. Vasseur, de retenir les enfants et même les jeunes gens de son village près du lieu où ils ont reçu et où ils reçoivent encore l'inestimable bienfait d'une bonne éducation. Même en se divertissant, même en s'amusant, l'instituteur peut encore donner des leçons. Son devoir à lui, c'est d'instruire partout et toujours.

. Non-seulement je voudrais voir des ruches dans toutes les écoles des communes rurales ; je désirerais encore que les instituteurs s'occupas-sent un peu de l'étude et de l'enseignement de l'apiculture. Tandis que cet art, qu'on peut appeler à juste titre l'art nourricier de la France, a fait dans certaines contrées des progrès assez notables, il est resté dans beau-coup d'autres à peu près stationnaire. C'est aux cultivateurs comme aux apiculteurs : il est souvent bien difficile de leur faire abandonner la rou-tine, quelque défectueuse qu'elle soit. On veut cultiver les terres comme son père les cultivait, et on apprend à son fils à les cultiver de la même manière. Eh bien ! l'instituteur dans la position où il se trouve, peut faire beaucoup de bien pour l'amélioration de l'apiculture.

Je ne prétends pas que l'instituteur doive prendre une charrue et s'en aller dans les champs montrer à ses élèves comment on trace un sillon : non, je ne veux pas cela. Mais ce que je désire : c'est qu'il étudie et enseigne la partie théorique de cet art. De cette manière, les jeunes cultivateurs prendront plus de goût pour leur état ; ils s'y attacheront davantage en voyant le succès de leurs études ; en constatant que la cul-ture de leurs champs faite avec un système nouveau, en mettant en pra-tique les divers modes employés avantageusement dans les pays où l'a griculture est la plus florissante, donne une récolte plus abondante et de meilleure qualité.

Les enfants des cultivateurs, ayant étudié la partie la plus intéressante de leur état sous un maître intelligent et habile, deviendront eux-mêmes les maîtres de ces cultivateurs routiniers en leur prouvant pratiquement les avantages d'une bonne innovation.

Ainsi l'instituteur studieux et courageux, dévoué au bien de son pays, sera le promoteur de toutes les bonnes idées qui auront pour but d'attacher aux champs les habitants des campagnes ; il sera tour à tour, selon ses goûts et les goûts de ses élèves, agriculteur, apiculteur, horticulteur, arboriculteur. Il fera de l'étude de ces arts l'occupation de ses loisirs et enseignera aux jeunes habitants de son village le moyen de tirer un parti agréable et avantageux d'un temps dont ils ne savent souvent que faire, et employé ordinairement à des amusements inutiles, quelquefois à des plaisirs coûteux et dégradants.

Il ne faut pas oublier que si nos voisins, les Allemands, nous ont vaincus dans la grande et terrible lutte qui vient d'avoir lieu, c'est parce que, plus zélés, plus courageux que nous pour l'étude, ils nous ont devancés dans les sciences et les arts. Tâchons donc de regagner le temps que nous avons follement dépensé jusqu'à aujourd'hui en frivolités de toute nature. En agissant ainsi, quoique tombés en décadence par l'impéritie et l'aveuglement du dernier gouvernement, nous nous dégagerons et nous remonterons du fond de l'abîme où une main coupable nous a précipités. Et un jour, qui ne peut être éloigné, notre infortunée patrie, notre belle France, avilie par le despotisme, relevée de ses ruines par le courage de ses enfants, guérie de ses blessures par leur soins dévoués, régénérée par le malheur, resplendissante d'un éclat nouveau, sera replacée par eux à la tête des nations civilisées. Oui, si nous reprenons courage, si instruits par une funeste expérience, nous soutenons de toutes nos forces le gouvernement sorti de la révolution de septembre, la France républicaine deviendra le phare destiné à conduire les autres nations sur la route des pacifiques progrès. Tous les peuples, unis alors par la liberté, oublieront leurs anciennes rivalités qui n'étaient, après tout, que des querelles dynastiques. Les canons rayés du héros de Sedan et les brailleuses de Krup, transformés en instruments d'agriculture, ne porteront plus la terreur dans nos campagnes. Devenus les auxiliaires des travailleurs, ils porteront la prospérité et le bonheur là où ils portaient le deuil, la dévastation et la ruine.

C'est souvent par de petits moyens qu'on arrive à de grands résultats. C'est en améliorant, en propageant les arts utiles destinés à améliorer le sort des ouvriers des villes et des campagnes, en répandant l'instruction de tous côtés afin de les moraliser et de les rendre meilleurs, qu'on pourra arriver à l'extinction des guerres et des révolutions.

Le bien-être universel des peuples obtenu par les constants efforts du progrès, sera le seul et unique moyen de pouvoir établir le règne de la fraternité entre tous les hommes.

Il viendra ce temps, âge d'or prédit par nos penseurs et nos grands écrivains, où, grâce aux progrès incessants du commerce et de l'indusrie, aux relations que tous les peuples seront obligés d'avoir entre eux pour l'écoulement du produit de leurs travaux, les barrières qui les séparent aujourd'hui disparaîtront complétement. La guerre deviendra de cette manière impossible. On pourra dire alors, avec Lamartine, notre immortel et sublime poëte :

Nationalité, pour dire barbarie.
L'amour s'arrête-t-il où s'arrêtent nos pas ?
L'égoïsme et la haine ont seuls une patrie.
La fraternité n'en a pas.

DEVIENNE, apiculteur à Thiembronne.

La fermeture-bourdonnière Gaurichon.

Quand arrive la saison des frimas, l'apiculteur soigneux doit aviser aux moyens de préserver ses ruchées des mulots, souris, etc. Pour cela, on a imaginé divers appareils plus ou moins ingénieux et remplissant plus ou moins bien le but que l'on se propose; quelques-uns même sont fixes et doivent être détruits au retour du printemps; ce qui occasionne toujours une perte matérielle et une perte de temps. Je viens aujourd'hui, mes chers lecteurs, vous exposer ma *fermeture-bourdonnière,* pensant qu'elle pourra vous rendre quelques services dès maintenant, en attendant ceux qu'elle pourra également vous rendre au printemps prochain, soit au moment de l'essaimage, soit après cette saison.

Quelques apiculteurs se souviendront peut-être de ma ruche d'expérimentation, que j'ai présentée en 1868 à l'exposition des insectes au palais de l'Industrie; cette ruche possédait déjà ma *fermeture-bourdonnière;* depuis cette époque, elle a fait ses preuves, quelques apiculteurs l'ont adoptée, je suis donc encouragé à vous la présenter.

Ma fermeture-bourdonnière servira, comme je l'expliquerai :

1° A préserver les ruchées des atteintes de rats, mulots, souris, etc., tout en laissant un libre passage aux abeilles pour profiter des beaux

jours que l'automne et l'hiver pourront nous donner, afin de se débarrasser de leurs excréments qui sans cela finiraient par occasionner une
constipation.

2° Elle permettra de transporter la ruchée à un moment quelconque
de l'année, en ayant soin de la faire fonctionner la nuit qui précédera le
voyage.

3° Elle permettra de retarder l'essaimage naturel de la ruchée en
laissant un passage li-
bre pour les abeilles,
mais en retenant la
mère de manière *que
si* l'apiculteur *doit*
s'absenter tel jour et
qu'il craigne que tel
essaim ne parte en son
absence, il retiendra
la mère prisonnière,
et fera remettre à un
ou deux jours l'essai-
mage de sa ruchée ;
par ce moyen pas de
perte d'essaim, le fléau
de l'apiculture ordi-
naire.

Fig. 12. Ruche avec fermeture-bourdonnière.

On comprend que cette fermeture empêchera facilement, si on le
désire, le départ des essaims secondaires et autres qui sont souvent perdus
pour le propriétaire, et qui affaiblissent toujours beaucoup la souche.

4° Enfin, si on fait fonctionner la bourdonnière après la sortie des
bourdons, c'est-à-dire vers une heure de l'après-midi d'un beau jour,
ceux-ci ne pouvant plus rentrer périront saisis par le froid de la nuit
suivante, et il suffira de répéter l'opération deux ou trois fois pour
débarrasser une colonie de ses bouches inutiles.

Ne vous effrayez pas, chers lecteurs, de la complication que semble
nécessiter mon appareil pour remplir ces divers buts; il ne renferme
aucun engrenage, ni bascule, etc.; et si autrefois je vous ai résolu
certaine question au moyen d'équations algébriques, je veux vous présenter aujourd'hui un appareil dont le premier mérite est la simplicité
et d'un prix abordable à tous, car il peut être fabriqué à dix centimes

pièce. Prenons (fig. 12) un morceau de zinc, de cuivre, de tôle ou de
fer-blanc de la longueur de l'entaille faite dans le tablier de la ruche, et
d'une largeur en rapport avec la profondeur de cette entaille ; plions ce
morceau de métal à angle droit, c'est-à-dire d'équerre, dans le sens de
la longueur; fixons-le sur un morceau de gros fil de fer au moyen de
deux gouttes de soudure, voilà l'appareil construit; pour le monter sur
le tablier, deux petits clous pointés et rabattus sur le fil de fer feront les
coussinets ; il ne reste plus maintenant qu'à régler l'appareil.

On comprend, figure 13, que lorsque la fermeture possède la posi-

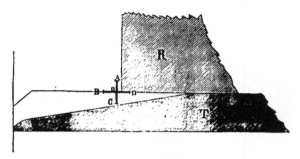

Fig. 13. Coupe explicative.

tion AOB, le passage des abeilles est complétement libre ; si l'appareil
décrit un quart de circonférence, et prend la position BOC; si d'un
autre côté on a fait le côté de la tôle OB d'une largeur égale à la profondeur de l'entaille du tablier, qui est maintenant la mesure OC, l'ouverture sera fermée et les abeilles seront prisonnières.

Faisons encore décrire à l'appareil un quart de circonférence, de
manière que les deux côtés de la tôle prennent la position COD, si le
côté OA est coupé de même hauteur que le côté OB, moins le passage
strictement nécessaire à l'abeille ouvrière, la mère ou les bourdons ne
pourront plus entrer ni sortir, et il suffira de faire fonctionner le petit
appareil en temps opportun, soit pour empêcher le passage de la mère,
et par conséquent l'essaimage, soit pour détruire les bourdons.

Quant aux dimensions nécessaires au passage des ouvrières, remarquons que la hauteur seule doit nous occuper, car la largeur de l'ouverture régnera dans toute la longueur de l'entaille du tablier, par conséquent les abeilles apportant le pollen ne seront nullement gênées. —
Tout apiculteur qui a observé le travail des abeilles, sait que le pollen

placé daus les *cueillerons* augmente en largeur la dimension de l'insecte, mais ne demande pas plus de hauteur pour le libre passage.

Cette observation vous fera comprendre, chers lecteurs, combien sont mauvaises les fermetures que l'on place souvent aux ruches et qui consistent en des morceaux de tôle perforés de petits trous de largeur *insuffisante* pour le passage d'une abeille chargée de pollen et d'une hauteur inutile; le résultat de ces appareils est tout simplement que lorsque la pauvre abeille, après avoir échappé à mille dangers, rentre toute joyeuse avec sa récolte dans les *palettes*, l'ouverture, assez large pour sa sortie, n'est plus suffisante pour sa rentrée (ce qui entre parenthèse, mon cher lecteur, nous rappellera la fable de *la belette entrée dans un grenier*), et la récolte faite avec tant de peines, est forcément laissée à la porte du magasin où elle devient inutile.

L'expérience m'a démontré :

1° Que la hauteur suffisante pour l'abeille est de 4 millimètres 1 2; dans ce cas la mère et les bourdons ne peuvent ni entrer ni sortir.

2° Qu'à 5 millimètres, les ouvrières et la mère sont libres, les bourdons restant prisonniers.

Le résultat de cette observation est que *l'amateur* pourra modifier ma bourdonnière, et en faire une à 3 côtés, représentés par BOD, figure 13; dans cette position, l'entrée de la ruche sera libre, le côté OB formera fermeture, le côté OA formera le côté du passage de l'abeille ouvrière et le côté OD livrera le passage libre pour les abeilles et la mère en s'opposant à celui des bourdons.

Il faudra avoir soin que les arêtes du métal soient bien arrondies; afin de ne pas endommager les ailes.

La fermeture-bourdonnière Gaurichon peut encore subir bien des transformations utiles ou agréables aux amateurs, mais je m'arrête au côté pratique; et n'ayant aujourd'hui comme autrefois aucune pensée de lucre, je la présente telle à ceux qui depuis des années ont la bonté de me lire.

Si la ruche au lieu d'être carrée est circulaire, il faudra placer entre la bourdonnière et cette ruche un morceau de tôle ou de verre qui, présentant une ligne droite à la bourdonnière, sera entaillée de l'autre côté de manière à se raccorder au centre de la ruche, afin de ne laisser aucun passage pour les abeilles.

Salins-les-Bains, le 6 novembre 1871.

Cн. GAURICHON.

Lettres inédites de Fr. Huber.

(Voir page 268.)

Ouchy, le 15 juin 1802.

Votre silence me fait craindre que l'indisposition dont vous m'avez
parlé, n'ait eu quelques suites fâcheuses ; c'est pour savoir de vos nouvelles précisément que je vous écris aujourd'hui ; vous m'aviez promis
une visite, mais j'ai bien compris que l'état où nous sommes ne vous a
pas engagé à vous promener dans ce canton : cela vous aurait fait plus
de mal que de bien.

J'ai reçu le livre annoncé ; comme il me paraît bon, je vous l'envoie.
L'auteur connaît bien les abeilles ; les conséquences qu'il tire de mes
découvertes et leur application à la pratique lui méritent, je crois, la
reconnaissance du cultivateur. On lui en doit aussi pour les conseils
qu'il donne sur l'époque à laquelle il convient de nourrir les abeilles.
J'avais pensé comme lui qu'il fallait augmenter les provisions des ruches
pauvres dans une saison où les mouches fussent portées à emmagasiner
le miel qu'on leur donnerait et à l'enfermer dans leurs alvéoles. Je
m'étais assuré qu'elles ne font ni l'un ni l'autre quand on leur donne du
miel trop tard et lorsque la saison des fleurs est passée. Je n'ai malheureusement eu cette idée que depuis que je n'ai plus ni mes abeilles ni
mon argent. Je n'ai donc pu la mettre à l'épreuve et voir si les abeilles
à qui on donnera du miel au mois d'août ou de septembre ne le dilapi-
deraient point comme celui qu'on leur donne pendant l'hiver. On
connaîtrait le poids du miel, celui de la ruche apprendrait sûrement si
la provision des abeilles a été augmentée de la proportion du supplément
qu'on leur aurait donné. Il paraît que M. Ducarne a fait cette épreuve
puisqu'il dit, à ce qu'il me semble, que l'on perd dans cette occasion
un septième de miel introduit. Je souhaiterais extrêmement que vous la
répétassiez cette année, car elle est très-importante. Vous savez que
dans ce pays la faim tue un très-grand nombre d'abeilles.

Vous savez que les vapeurs humides qui se condensent dans les
ruches pendant l'hiver et qui moisissent les gâteaux leur font aussi
beaucoup de mal. On la prévient, selon M. Ducarne, en donnant accès
à l'air dans l'habitation des abeilles. On doit supposer qu'il parle d'après
son expérience. Si celle-là réussit comme je le crois, on lui a une très-
grande obligation. Vous êtes bien placé, Monsieur, pour faire l'essai
de sa méthode, et vous rendrez service aux cultivateurs en en montrant

la solidité. Vous me ferez plaisir en me disant d'avance ce que vous en pensez. Votre propre expérience vous en fera pressentir les avantages. Peut-être aussi y verrez-vous quelques inconvénients; en discutant tout cela, nous nous éclairerons. Si l'auteur veut entrer en correspondance avec moi comme je le lui ai demandé, cela ne sera pas sans utilité pour le progrès de la science.

Des personnes dignes de foi m'ont dit avoir vu, en Souabe, des cultivateurs qui donnaient du sel à leurs abeilles et qui prétendaient augmenter par là leur richesse et leur fécondité. Ils placent, dit-on, ce sel en poudre ou concassé à côté de la porte de chaque ruche, et l'on m'a assuré qu'une petite quantité de ce sel placée le matin, est enlevée par les abeilles avant la fin du jour. Vous comprenez bien que je doute de tout cela, mais comme il n'y a pas impossibilité physique, il faut voir ce qu'il en est. Si vos ruches sont placées de manière que l'eau de pluies ne puisse atteindre et dissoudre le sel que l'on placerait à côté de chaque porte, vous pourriez faire cette épreuve assez en grand pour savoir à quoi vous en tenir, vous mettriez le sel dans un petit bateau de carte ; il faudrait le peser pour connaître le déchet, s'il y en avait au bout d'un ou de plusieurs jours. On pourrait mettre un gros de sel de cuisine dans chaque bateau et avoir autant de bateaux que de ruches; en les visitant souvent vous prendriez peut-être les abeilles sur le fait. Si vous les voyiez lécher ou ronger ce sel, ce serait déjà un premier pas ; il ne resterait à voir après cela s'il est vrai qu'elles en deviennent plus actives et plus riches. Accoutumées aux saveurs les plus douces, comment aimeraient-elles celle-là ? N'attendez pas, Monsieur, d'avoir fait toutes ces épreuves pour me répondre ; je suis bien plus pressé d'avoir de vos nouvelles. Je vous embrasse cordialement.   F. Huber.

A Genève, le 11 juillet 1803.

Aurais-je perdu quelqu'une de vos lettres, mon cher Monsieur, à quoi puis-je attribuer la longue suspension de notre correspondance? Lorsque vous m'écrivîtes pour la dernière fois, votre santé n'était pas trop bonne et j'ai tout lieu de craindre qu'elle ne se soit pas rétablie et que vous n'ayez pu vous occuper du sujet qui nous intéressait. Vous deviez assez compter, Monsieur, sur l'intérêt que vous m'aviez inspiré pour me donner de vos nouvelles lors même que vous n'auriez point eu à me parler des abeilles et des recherches dont vous vous étiez occupé. Vous avez su par ma dernière lettre que j'avais quitté Lausanne et que c'était à Genève qu'il fallait m'adresser les vôtres. A la réception de celle-ci veuillez m'écrire quelques mots, me parler de votre situation actuelle en vous persuadant que je ne suis point indifférent à tout ce qui vous touche. Si votre santé vous le permet, racontez-moi ce que vous avez fait et vu en histoire naturelle; je ne puis plus observer que par les yeux des autres. J'avais beaucoup espéré de votre sagacité et des lumières qu'elle vous avait déjà fait acquérir. Vous me donneriez l'histoire de ces ruches en feuillets que vous aviez bien voulu établir à mon intention.

Cette construction a reçu quelques perfectionnements; je vous en ferai part quand je les connaîtrai, car ce n'est pas à moi qu'on en aura l'obligation. Telle qu'elle était, elle pouvait réussir entre vos mains; mais je dois convenir qu'elle avait quelques inconvénients lorsqu'elle n'était pas maniée avec l'adresse et l'intelligence dont vous êtes doué et qui sont malheureusement beaucoup plus rares que je ne le croyais lorsque j'en publiai la description. Les avantages qu'elle promettait sont perdus pour le cultivateur s'il ne peut pas les ouvrir sans déchirer les gâteaux, ce qui arrivera souvent si les abeilles les construisent hors du plan des châssis : elles ne suivront la direction convenable que lorsqu'elles trouveront quelques cellules placées d'avance comme les nouvelles doivent l'être. Si l'on ne met les cellules directrices que dans les châssis qui occupent le milieu de cette ruche ou que dans ceux qui sont placés à l'un ou à l'autre de ces bouts, les abeilles pourront commencer leurs rayons dans des places qui ne leur offrent rien qui puisse les diriger, leur permettront de suivre leur caprice et de croiser le plan des châssis.

Pour éviter ce grand inconvénient, il faut qu'elles trouvent partout ces parcelles de gâteaux qui doivent les diriger. J'en mettrai donc dans tous les châssis et pour donner le moins de chance possible au hasard, chacun des châssis de la ruche en feuillets aurait deux ou trois parcelles de gâteau, chacune d'un pouce ou environ; mais il est essentiel que ces cellules soient propres et surtout exemptes de teignes. Avec ces précautions le succès est immanquable.

Nous continuerons cette conversation quand j'aurai reçu de vos nouvelles; ne me les faites pas attendre trop longtemps, et n'oubliez pas que c'est un ami qui vous en prie.   HUBER LULLIN.

Société centrale d'apiculture.

Séance du 9 novembre 1871. — Présidence de M. Delinotte.

Communication. — Emission de faux-bourdons en automne. — Ruchées bourdonneuses concourant à la fécondation. — Utilité d'en conserver en arrière-saison. — Mère mise à mort pour avoir pris l'odeur des mains. — Avantage des plaques de cire sur les gaufres. — Notes, et réclamations diverses. — Admission de membres.

L'ordre du jour appelle le renouvellement des membres du bureau et du conseil d'administration sortant, ainsi que le remplacement des membres qui ont demandé à être relevés de leurs fonctions. L'assemblée étant peu nombreuse, l'élection est renvoyée à la séance de décembre.

Le secrétaire général rend compte des démarches faites pour la réorganisation du rucher-école du jardin du Luxembourg. Il donne lecture de plusieurs pièces établissant que l'affaire est en très-bonne voie; il pense qu'à la séance prochaine, la solution attendue pourra être présentée à l'assemblée qui aura à délibérer sur les dépenses à faire.—Le directeur du Cercle des sociétés savantes a fait l'offre d'une salle pour les réunions, etc., dans le cas où la Société d'apiculture n'aurait pas de lieu de rendez-vous.—M. le ministre de l'agriculture fait part à la Société de l'invitation faite par le Comité directeur de l'exposition polytechnique qui doit avoir lieu à Moscou, en 1872, et du désir que ce Comité exprime de voir la Société d'apiculture envoyer une collection d'appareils apicoles à l'exhibition de Moscou. Est renvoyée à une prochaine séance la détermination à prendre à ce sujet. On passe aux communications apicoles.

M. Hamet communique plusieurs remarques qu'il a pu faire dans cette campagne. Dans son rucher de Paris, a eu lieu en automne, une émission de mâles presque aussi forte qu'au printemps. Cette production de mâles a eu lieu sur les deux tiers des ruches au moins, et indifféremment sur les souches et sur les essaims forts. La plupart des ruches ont tué ces mâles fin octobre, mais à l'heure présente, 9 novembre, des colonies bien organisées ne se sont pas encore débarrassées de cette excroissance anormale, et, dans la sortie du milieu jour, un certain nombre de ces faux-bourdons prennent encore leurs ébats. — M. Bonvoisin, de Nécy (Orne), présent à la séance, dit que cette production de mâles en arrière-saison a eu lieu aussi chez lui dans quelques ruches, notamment dans des essaims forts. — A propos de faux-bourdon, M. Hamet croit devoir engager les propriétaires de forts ruchers à con-

server, après l'extermination des mâles, et jusqu'à l'arrière-saison la
plus reculée, une ou deux ruches bourdonneuses (ruches orphelines qui
ont des faux-bourdons), lesquels faux-bourdons concourent à féconder
les mères qui remplacent, lorsqu'il y a du jeune couvain, celles que
la mort atteint dans la saison où les ruches bien organisées n'ont plus
de mâles. Il dit qu'il a été à même de constater le remplacement, en
septembre et en octobre, de mères qui ont été fécondées dans cette saison, et nécessairement par des faux-bourdons de colonies défectueuses,
puisque les autres n'en avaient plus, cette année exceptée. Il signale
aussi un fait qui a son importance. Au mois d'août dernier, il enlevait
d'une ruche sa hausse supérieure garnie de miel, et presque complètement dégarnie d'abeilles; il la posa à quelques pas de distance, où elle
resta le temps de clore la ruche opérée et de la recouvrir. Lorsqu'il alla
reprendre cette hausse pour faire sortir les deux douzaines au plus d'a-
beilles qui y étaient, il trouva la mère tombée à terre dessous. Il la ra-
massa au plus vite, la mit entre ses mains et la porta à l'entrée de sa
ruche où une ouvrière sauta aussitôt dessus, lui lança son aiguillon
avec la rapidité d'un trait et la foudroya instantanément. Il y avait eu
méprise de cette gardienne vigilante qui venait ainsi de tuer sa propre
mère, et cette mère s'était ainsi laissé tuer parce qu'elle entrait de confiance dans sa ruche. Il crut attribuer cette méprise à l'odeur de famille
que la mère en question avait perdue pendant le court moment qu'il
l'avait tenue dans ses mains, alors qu'elles étaient en sueur. Ayant communiqué ce fait et les conjectures précitées à un vieil apiculteur, celui-ci
les confirma par des faits semblables qu'il avait été à même de constater
dans sa longue pratique. D'où il résulte qu'il faut tenir le moins possible avec les mains en sueur, les mères qu'on veut rendre ou faire
accepter, et qu'il faut les rendre par le haut de la ruche, où elles sont
moins exposées à l'aiguillon de gardiennes trop vigilantes. M. de Layens
dit qu'on peut s'emparer des mères à l'aide de petites pinces et se servir
de porte-mère. Un membre fait remarquer que dans la plupart des cas
analogues à celui que vient de rapporter M. Hamet, on est dépourvu de
porte-mère et d'appareils pour s'en emparer.

Une conversation s'entame sur l'essaimage abondant de cette année,
à laquelle prennent part MM. Arthaut, Bonvoisin, Delinotte, de Layens
et Hamet. M. Duplouy dit qu'il n'a pu malheureusement profiter de
cet essaimage favorable, les Prussiens exotiques et indigènes lui ayant
détruit son rucher établi près de Saint-Cloud; mais il cite une ruche

qui, dans son pays natal, le Pas-de-Calais, a donné cinq essaims en
1861. De l'essaimage à la question des ruches, il y a peu de transition
pour les apiculteurs : on l'aborde. M. Layens dit qu'il importe de se
servir de ruches à parois épaisses; il ajoute que les Allemands sont
obligés d'y revenir. Il parle aussi des avantages qu'il trouve dans l'emploi de simples plaques de cires assez épaisses, au lieu de gaufres. Les
abeilles trouvent dans ces plaques toute la cire qui leur est nécessaire
pour construire les cellules ; par conséquent, elles économisent le miel.

On passe ensuite au dépouillement de la correspondance.

M. Chapron, instituteur à Feigneux (Oise), écrit que l'étouffage s'é-
touffe dans ses environs où presque tous les ruchers adoptent sa ruche à
calotte ; il espère que dans deux ans ce modèle et d'autres ruches améliorées auront complétement fait disparaître cette triste habitude. —
M. Lance, de Chevry-Cossigny (Seine-et-Marne), apiculteur intelligent,
cherche aussi à substituer les pratiques rationnelles au déplorable étouffage, encore en vigueur dans tout son canton. Les résultats obtenus par
lui en 1871, ont été excellents, la production abondante, les essaims
nombreux, certaines ruches en ayant donné jusqu'à cinq. Le 19 octobre,
à trois heures de l'après-midi, par un beau soleil, par un temps chaud
et un peu orageux, et un air très-calme, une colonie énorme s'est
abattue sur son rucher et les abeilles se sont mêlées à trois ruches. En
année ordinaire, une émigration à cette époque ne peut être qu'une
chasse ou une colonie à bout de provisions.

Mais cette année, il s'est demandé si cette colonie n'était pas un
essaim nouveau, un essaim d'automne, une véritable curiosité. Le
rucher de M. Lance a été réduit à 15 ruches par la guerre. Une quarantaine lui ont été pris tant par les Prussiens de Prusse, fort friands
de miel, que par d'autres au moins aussi enclins au vol. Sur le bureau
se trouve un échantillon de miel de sainfoin des produits de M. Lance,
dont la blancheur égale celle du surfin gâtinais et qui est remarquable
comme miel de la Brie.

M. Morrot, de Chenicourt (Meurthe-Moselle), fait connaître les ravages
des guêpes indigènes. Il donne une description des variétés de guêpes
indigènes. Voir ce qui a été publié sur cet insecte dans l'*Apiculteur*
(11e année). M. Hesse, instituteur à Guessling, cercle de Forbach, ex-
département de la Moselle, demande que la Société lui remplace la
médaille de 2e classe que les Prussiens lui ont volée. M. Collin, instituteur à Salival, cercle de Château-Salins, demande à pouvoir con-

tinuer de concourir pour les prix Cascenac, quoiqu'il se trouve Allemand par suite de nos désastres. Ces deux demandes sont accordées.
M. Delinotte demande, à cause de l'heure avancée, de remettre à la prochaine séance l'entretien qu'il se propose d'avoir sur son procédé
d'extraire le miel des rayons. ·

Sont admis membres titulaires de la Société centrale d'apiculture :
MM. Dupont, instituteur à Chappes (Ardennes) ; Cayatte, instituteur à
Belly-les-Mangienne (Meurthe) ; Huet, apiculteur à Guignicourt
(Aisne). La séance est levée à 11 heures.

Pour extrait : H. HAMET, secrétaire.

Dictionnaire d'apiculture.
Glossaire apicole (Voir p. 169).

DURÉE *de la vie des abeilles, — des ruchées.* Les notions que les anciens avaient sur la durée de la vie des abeilles, n'étaient fondées que
sur des conjectures. Virgile et Pline supposaient qu'elles pouvaient
vivre sept ou huit ans. L'abbé de la Ferrière (*Traité des abeilles, —*
1720) et Réaumur ont fait les premiers des recherches sérieuses sur
cette partie, et l'on sait maintenant : 1° que les ouvrières peuvent vivre
un an ou un peu plus, mais que la moitié n'atteint pas six mois, surtout parmi celles qui naissent au printemps ; 2° que les mâles peuvent
vivre à peu près le même temps, quoique dans notre climat ils sont
généralement mis à mort au bout de trois ou quatre mois au plus de
leur existence ; 3° que les mères vivent de quatre à cinq ans au maximum, et que les mères italiennes apportées en France ne vivent guère
que trois ans en moyenne.

Mais si les abeilles d'une colonie vivent peu, elles se renouvellent sans
cesse ; d'où il résulte qu'une ruchée peut vivre longtemps, surtout lorsque
que le logement se trouve dans de bonnes conditions et que les provisions ne font pas défaut. Dans ce cas, elle peut vivre très-longtemps.
On cite des colonies qui sont restées dans le même endroit plusieurs
générations, — plus d'un demi-siècle. Lapoutre, dans son *Traité économique des abeilles,* assure en avoir vu une qui se soutenait depuis cinquante ans. Duchet, dans la *Culture des abeilles,* dit en avoir conservé
une pendant vingt-huit années, encore ne périt-elle que par accident.
« J'ai observé, rapporte Canolle, dans son *Manuel du propriétaire d'a-
beilles,* que les essaims qui se logent dans les cavités des rochers perpétuent leur durée à un tel point, que de mémoire d'homme on n'a

jamais pu savoir l'époque de leur établissement, malgré qu'on invente
toutes sortes de moyens destructeurs pour s'emparer de leurs provisions.»
Un religieux de l'ordre des Chartreux lui a assuré qu'un essaim qui
s'était logé spontanément dans une cellule de son couvent, situé au
milieu d'une vaste forêt, s'y était maintenu dans un état de prospérité
qui datait d'une époque très-reculée. On nous a aussi signalé des colonies logées dans le creux de chênes étêtés et dans des cavités de rochers
où on les savait être depuis plus [de cinquante ans. — La durée des
colonies peut donc être très-longue lorsqu'il ne leur arrive pas d'accidents.
Mais l'apiculteur a grand intérêt à rajeunir les édifices, car les abeilles
prospèrent moins dans de vieux que dans de jeunes rayons.

DYSSENTERIE, s. f.; dévoiement, flux de ventre, foire : maladie qui
contraint les abeilles à lâcher leurs excréments dans leur ruche, sur
les rayons et même sur leurs compagnes. Dans les conditions normales
elles vont les lâcher hors de la ruche. On s'en aperçoit principalement
à la fin de l'hiver, lorsqu'elles ont été retenues un mois ou deux prisonnières par le froid ou la pluie. Elles ne ménagent alors ni les habits
de ceux qui les fréquentent, ni le linge que les ménagères font sécher
près du rucher. Les causes de la dyssenterie sont : 1° l'humidité de
l'endroit où est la ruche et de la pierre ou du plâtre sur lequel elle
repose ; 2° la nourriture aqueuse recueillie ou donnée tardivement ;
3° la faiblesse de la population quand celle-ci est logée en rayons vieux ;
4° le manque d'air qui produit souvent la moisissure. Si à la fin de
l'hiver l'air de la ruche est altéré par l'humidité, les abeilles retenues
prisonnières sont bientôt atteintes de la dyssenterie. Si aussi les abeilles
ont butiné par un automne humide du miel sur la bruyère, elles sont
aussi atteintes de la dyssenterie dans le cours de l'hiver, lorsque la population n'est pas forte. Le moyen de prévenir cette affection est d'établir les ruches dans un endroit sec et de maintenir par des réunions les
populations fortes. On connaît que les abeilles sont attaquées de dyssenterie quand on aperçoit à l'entrée des ruches des taches larges comme
des lentilles, d'une couleur presque noire et d'une odeur insupportable.
On a proposé toutes sortes de remèdes pour guérir la dyssenterie ; on a
surtout fait entrer dans la plupart des recettes le vin généreux que nous
nous contentons de conseiller pur à l'apiculteur. Lorsque la dyssenterie
est fortement développée, les abeilles refusent toute nourriture. Voici
un mode de pansement appliqué avec succès. Quand une ou plusieurs
colonies sont atteintes de dyssenterie, on refoule, au moyen de fumée,

les abeilles jusqu'au fond de leur ruche, et on coupe tous les rayons de
cire salis par les excréments; on nettoie la ruche, autant que possible,
avec un chiffon humecté d'eau étendue de quelques gouttes d'alcali.
Quand la population y est bonne, on la laisse seule et on lui fait prendre,
en trois ou quatre fois, un sirop composé de un quart de miel de Bretagne (le miel de presse peut en tenir lieu), et trois quarts de cassonade
avec une addition d'eau suffisante pour faire fondre celle-ci. Quand les
populations sont faibles, ce qui est le plus fréquent, on leur fait subir
la même opération; mais avant de donner la nourriture dont il vient
d'être parlé, on les réunit en faisant passer toutes ou plusieurs populations dans la ruche qui a les plus beaux rayons. Il faut, aussitôt la nourriture prise, donner beaucoup d'air à la ruche en lui mettant quelques
cales. Une colonie qui a eu la dyssenterie pourra par la suite devenir
loqueuse si ses rayons salis n'ont pas été enlevés.

Eau nécessaire aux abeilles, eau miellée, eau de cire. L'eau est indispensable aux abeilles pour composer la bouillie dont elles alimentent
leur couvain. Elles en usent aussi pour étendre le miel qu'elles emportent aux champs en allant à la cueillette du pollen par un temps sec et
sur des fleurs qui ne produisent pas de nectar. C'est ainsi qu'elles peuvent mettre en pelote les farines qu'elles enlèvent en guise de pollen.
Les Allemands (Voir Compte-rendu de leur congrès agricole de 1861, —
6e année de l'Apiculteur, page 275; voir aussi Etude sur Berlepsch,
année courante), assurent que les abeilles boivent beaucoup en hiver.
Dans les ruches défectueuses qui condensent les vapeurs aux parois,
les abeilles doivent boire pour enlever ces vapeurs qui produisent la
moisissure et ses tristes conséquences. Mais dans des ruches en paille à
parois suffisamment épaisses, et lorsque ces ruches sont établies dans
un endroit sec, il n'y a pas de condensation de vapeurs à leurs parois,
et par conséquent les abeilles n'éprouvent pas le besoin d'enlever l'eau,
n'ont pas soif. Dans la théorie des Allemands — et pour faire avaler
leur ruche — la soif serait un besoin indispensable chez les abeilles en
hiver. Passe encore d'admettre la soif par les grandes chaleurs de l'été.
Mais il n'est pas suffisamment prouvé que les mouches à miel consomment de l'eau, autre que dans les circonstances dont il vient d'être parlé.
Ainsi, il est fort douteux qu'elles portent de l'eau pour dissoudre le
sucre dans les raffineries comme on les en a accusées, et qu'elles en usent
également pour faire fondre le miel granulé dans leurs rayons ou
tombé sur le plancher. Ce qui prouve le contraire, du moins pour ce

dernier cas, c'est qu'elles meurent de faim dans une ruche dont tout le miel est granulé.

Il convient donc de placer de l'eau à proximité du rucher quand il ne s'en trouve pas dans le voisinage, et lorsque celle qui s'y trouve est dans des mares publiques ou dans des étangs éventés, où bon nombre d'abeilles se noient. Pour cela, on établit à la surface du sol un ou plusieurs bacs en pierre ou en bois qu'on entretient pleins d'eau, et, pour que les abeilles ne s'y noient pas, on jette dessus des brins de paille ou des morceaux de liége, ou mieux une poignée de cresson de fontaine, qui prend racine et forme un tapis sur lequel les quêteuses d'eau viennent se poser. Il faut avoir soin de placer ces abreuvoirs dans un lieu abrité du vent, et au soleil, car les abeilles commencent à quêter de l'eau dès février, lorsque la température est encore froide, et que la surface de l'eau gèle la nuit. Si l'abreuvoir n'est pas échauffé par les rayons du soleil, il devient alors le tombeau d'un certain nombre d'abeilles, quoiqu'il soit peu profond et que sa surface soit semée de radeaux. Le moyen d'attirer les abeilles à l'abreuvoir qu'on a disposé pour elles près du rucher, consiste à les allécher par un peu de miel ou d'eau miellée. Dès qu'elles sont allées à cet abreuvoir, vers le commencement de la campagne, elles continuent de le fréquenter, à moins qu'il devienne à sec ou que l'eau dont on l'entretient se corrompe. Deux ou trois gros charbons de bois mis dans le bassin, conservent l'eau saine. (A suivre.)

Revue et cours des produits des abeilles.

Paris, 15 *novembre.* MIELS. — La nuance de meilleure tenue que nous signalions dans notre précédente revue s'est accentuée : les cours sont plus fermes. Il est vrai que la plupart des miels blancs sont entre les mains du commerce, et qu'il en reste peu chez les producteurs. Ceux-ci, on le sait, sont généralement innocents des fluctuations; presque toujours ils les subissent faute d'éclaircissements et d'entendement entre eux. Quand ils les provoquent, c'est à l'instar des moutons de Panurge, en se précipitant sur les acheteurs : — ils font alors la baisse et cela faute d'entendement et surtout d'informations sur l'état de la récolte générale, ainsi que sur celui des besoins. Cette année, la récolte a été d'un tiers de plus par ruche qu'en année ordinaire; mais le nombre des ruches atteignait à peine la moitié d'une campagne ordinaire. D'où il résulte qu'en fin de compte, il s'en faut d'un sixième que la récolte soit une moyenne ordinaire. En outre, les circonstances de guerre ont épuisé les miels vieux, non-seulement chez nous, mais chez nos voisins du Nord, qui pour la récolte actuelle sont moins bien favorisés que nous. Toutefois, il faut noter que l'état précaire des affaires après une commotion comme celle que nous venons de ressentir, et le prix élevé des denrées de première nécessité, devront restreindre la consommation du miel.

Etant rares, les surfins gâtinais menacent d'atteindre les hauts prix du siége prussien. On les cote jusqu'à 250 fr. les 100 kilog. à l'épicerie. Quant aux blancs, leur abondance en a peu changé le prix, si ce n'est pour les très-belles qualités. On a pris des nuances foncées de l'Eure et pays voisins, de 115 à 120 fr. les 100 kil.; tandis que de beaux blancs, à grains secs, de la Bourgogne et d'autres provenances ont obtenu de 125 à 140 fr. On cote à l'épicerie : blancs très-beaux de 160 à 175 fr.; *dito* beaux de 140 à 155 fr.; *dito* inférieurs de 120 à 130 fr. Les Chilis participent à ces cours, excepté aux premiers.

Au Havre les premiers choix de Chili ont été tenus de 125 à 135 fr., et les inférieurs de 110 à 120 fr., selon composition de lots. Escompte 2 1/4 pour cent au comptant, en barils de 45, 70 et 100 kilog. Un certain nombre des arrivages des mers du Sud ont glissé vers Londres, Anvers et Hambourg.

Les bretagnes nouveaux ont obtenu de la faveur. Après avoir été cotés 85 fr. en octobre, ils ont obtenu 90, puis 95 fr. les 100 kilog. Des vendeurs bretons parlent de 100 fr. pour le livrable dans le courant de décembre, prix auquel les acheteurs paraissent peu disposés à souscrire, quant à présent. Parmi ces acheteurs, se trouvent notamment les pain-depiciers qui opèrent un peu comme tout le monde, au jour le jour et avec une certaine réserve, scrutant l'avenir quelque peu plongé dans des brouillards aussi intenses que ceux de la saison.

CIRES. — Les cours des cires sont restés dans la même atonie. On avait pensé que le mouvement de reprise de certaines industries qui utilisent cette production des abeilles, allait concourir à relever les prix; mais ce mouvement paraît se ralentir, d'où résulte le calme plat sur la demande. On a coté les belles qualités de cires en briques de 400 à 410 fr. les 100 kilog. hors barrière, et de 380 à 390 fr. les qualités ordinaires et inférieures. Le commerce est peu fourni, et un certain nombre de producteurs restent nantis de leur dernière récolte, attendant des prix meilleurs. Il y a bien une marchandise de même nom qui est demandée par d'aucuns (les sires de Framboisy et autres *ejusdem farinæ*) ; mais c'est précisément cette demande inconsidérée qui neutralise l'emploi de l'autre.

Au Havre, on s'est peu écarté des prix précédents, soit : cire jaune d'Afrique, de 3 fr. 20 à 3 fr. 60 le kilog.; du Chili, de 4 fr. 40 à 4 fr. 50; des Etats-Unis, de 3 fr. 75 à 5 fr. 80; de Saint-Domingue, de 3 fr. 90 à 3 fr. 95; de l'Inde, de 4 fr. 20 à 4 fr. 50.

A Marseille, on est resté aux prix suivants : cire jaune de Smyrne, 245 à 240 fr. les 50 kilos.; de Caramanie, 235 à 230 fr.; de Chypre et Syrie, 230 fr.; d'Egypte, 200 à 215 fr.; de Constantinople, 220 à 225 fr.: de Mogador, 485 à 200 fr.; de Tétuan, Tanger et Larache, 200 à 210 fr.; d'Alger et Oran, 210 à 220 fr.; Bougie et Bone, 210 à 205 fr.; de Gambie (Sénégal), 200 à 205 fr.; de Mozambique, 210 à 215 fr.; de Corse, 225 à 230 fr.; de pays, 200 à 207 fr. 50. Ces deux dernières à la consommation. Les autres à l'entrepôt.

Corps gras. — Les suifs de boucherie ont été cotés de 114 à 114 fr. 50 les 100 kilog. hors barrière; les suifs en branche 87 fr. 75. Stéarine 205 fr.; oléine, 95 fr. Le tout aux 100 kilog., hors barrière.

Sucres et sirops. — Les sucres raffinés ont été tenus de 145 à 146 fr. les 100 kilog. Sucre blanc en poudre, non raffiné, 72 fr. 50, droits non compris. Les sirops de fécule massés se cotent de 60 à 65 fr. Ceux dits de froment, 75 à 80 fr.

Abeilles. — Les bonnes colonies sont recherchées pour le Gâtinais : on les tient de 16 à 18 fr. selon la grandeur du fût, livrables maintenant. On pense que les prix seront de 18 à 20 fr. après l'hiver. La marchandise n'est pas aussi commune qu'on le pensait; la Sarthe et la Mayenne manquent de poids et un certain nombre d'éleveurs tiennent à conserver leur rucher bien fourni. D'autres ont des prétentions inabordables. On nous communique les renseignements suivants :

La récolte n'a pas été satisfaisante ici; elle doit se classer parmi les médiocres. Nous avons eu beaucoup d'essaims ; mais un certain nombre ont filé au loin, et des souches n'en valent pas mieux par défaut de mère. La cire vaut 2 fr. le demi-kilog. — *Rousseau*, à OEuilly (Aisne.)

J'ai eu beaucoup d'essaims naturels cette année; mes essaims artificiels, faits au commencement de mai, m'ont donné à leur tour de bons essaims naturels. J'ai visité mon rucher ces jours derniers : mères et essaims se portent bien et auront assez de nourriture pour passer l'hiver. J'ai calotté toutes mes ruches; celles qui n'ont essaimé qu'une fois m'ont donné deux cabochons. Les essaims forts m'en ont donné un. J'ai donc eu une bonne récolte de miel. — *Doussot*, à Magny-Foucher (Aube).

Nous avons été affligé d'un hiver désastreux, quoique notre localité n'ait pas vu de Prussiens ; nous avons perdu nos ruches faute de nourriture ; la consommation avait été extraordinaire l'hiver dernier, de 12 à 15 kilog. par ruche dans mon rucher, c'est-à-dire de 5 à 7 kilog. plus qu'à l'ordinaire. Mais nous avons été récompensé par un essaimage abondant. Mon premier essaim primaire est sorti le 28 mai, et mes derniers primaires sont sortis le 30 juin. Je vends mon miel 1 fr. 60 le kilog. à la consommation, et ma cire 4 fr. — *Vivien Joly*, à Maizières-la-Grande-Paroisse (Aube).

1871 a été une bonne année. J'ai fait 53 essaims artificiels au mois de mai, dont 50 ont essaimé naturellement au mois de juillet, depuis le 1er février jusqu'au 1er du mois suivant. Les souches ont essaimé deux ou trois fois, et la moitié des mères et des essaims ne vaut pas grand'chose. Jamais on n'avait vu tant de fleurs dans nos contrées, et elles ont duré longtemps. Mes ruchers sont situés dans des bois ; ils se sont trouvés entre deux champs de bataille, et comme par miracle il ne leur est rien arrivé. — *Lassuile*, à Tréon (Eure-et-Loir).

Je viens de vendre mon lot de 80 paniers à 18 fr. — *Radiguet* à Bonneval (Eure-et-Loir.)

Dans la Haute-Garonne, l'essaimage a duré depuis mai jusqu'au milieu de juillet et donna de fortes et nombreuses colonies. On ne peut rien dire de la récolte du miel, parce que l'inflexible usage veut qu'on ne touche au miel des ruches qu'en novembre, décembre et janvier. Mal en advient souvent. Beaucoup d'abeilles sont engluées dans le miel et y meurent saisies par le froid. L'abeille mère est quelquefois du nombre, et alors, adieu la colonie. Comment remédier à cet usage ? Il n'est pas facile : *on l'a toujours fait*, voilà la réponse. Cependant la lumière se fait peu à peu, et l'on commence par comprendre qu'il faut abandonner la vieille routine. Comme les jeunes essaims, surtout les tardifs, meurent l'hiver, la routine disait : faites bouillir des fèves et présentez ce bouillon aux abeilles. Les plus habiles font cuire des prunes sèches au vin et y mettent du sucre, leur donnent encore des poires et des pommes pourries. Rien n'y fait, la mortalité dévore les jeunes colonies En fait de maladies, ils ne connaissent rien. La teigne est le seul ennemi sérieux qu'ils sachent : elle fait des ravages tels qu'elle a dépeuplé des centaines de ruches dans certains quartiers. Mais je crois que dans peu d'années, tous ces abus vont disparaître. L'appât du gain va rendre les agriculteurs de ces contrées plus circonspects et plus intelligents. Le miel et la cire sont l'objet d'un commerce peu étendu. Le prix varie, pour le miel, de 45 à 50 et 60 centimes les 500 grammes; la cire se vend de 1.95 à 2 fr. les 500 gr. — *Descaillaux*, à Castelgaillard (Haute-Garonne).

L'année 1871 a été fructueuse en essaims, malheureusement les blés noirs ayant été dévorés par des nuées de sauterelles, mes pauvres essaims n'ont pu s'approvisionner pour passer l'hiver qui commence ; il a fallu marier les plus faibles avec ceux mieux pourvus, ce qui a ramené le nombre à une bonne année ordinaire. Les vieilles ruches sont lourdes et fortes en population. — *Raverat*, à Lyon (Rhône).

Dans les environs de Rambouillet, la mouche est très-lourde et par là difficile à acheter, car les éleveurs estiment la marchandise au poids. Il n'y aura pas de bâlisse dans cette contrée—*Priolet* à Rambouillet (Seine-et-Oise).

Nous n'avons pas fait grand'chose dans nos contrées. J'aurais bien pu tirer quelques cadres garnis, mais je les garde à la ruche pour donner des avances à mes essaims du printemps prochain. Le miel vaut 2,60 le kilog. et la cire 4.50. — *Cuny* aux Hayottes (Vosges).

L'année 1871 a été des plus mauvaises pour les apiculteurs des environs de Liége. L'essaimage n'a pas réussi, et la bruyère notre seul espoir nous a complétement fait défaut. Aussi, une grande partie de mes confrères n'ont-ils plus une seule colonie pour l'hivernage. *Moi*, au 1er août j'étais possesseur de 46 ruchées d'indigènes, et de 8 ruchées de liguriennes. De mes 46 indigènes, 10 seulement sont dans les conditions requises, 15 à 17 kilog. Mes 8 liguriennes m'ont donné 21 kilog. de miel et pèsent encore 18 kilog. Celles-ci m'ont donc prouvé une fois de plus leur grande supériorité sur celles du pays.—*L. Fossoul*, à Saint-Clessin-les-Liége (Belgique).

Bien que la température approche zéro, on peut encore présenter de la nourriture aux ruchées populeuses dont les provisions sont insuffisantes pour atteindre la fin de février ou le commencement de mars. Mais il faut se hâter.   H: HAMET.

Paris.— Imprimerie horticole de E. DONNAUD, rue Cassette, 8.

L'APICULTEUR

Chronique.

SOMMAIRE : Vingt-cinq millions de plus à l'instruction publique. — Vœux apicoles. — Rapport sur la pratique apiculturale de M. Drory. — Biographie.
— Maximes apicoles.

Tous les amis du progrès et les vrais patriotes accueilleraient avec la
plus vive satisfaction la nouvelle que le ministère de l'instruction publique va doubler son budget. Eh bien, nous pouvons annoncer cette
grande nouvelle, que le ministère de l'instruction publique augmente en
une seule fois, pour 1872, son budget de *vingt-cinq millions*. Mais c'est
le ministère de l'instruction publique de la PRUSSE ! La *Revue scientifique* fait, à ce propos, les réflexions suivantes : « Demandez-vous après
cela, pourquoi les officiers français sont moins instruits que les officiers allemands! Le véritable secret de notre défaite est avant tout
dans notre indifférence pour l'instruction à tous ses degrés; c'est peut-
être là aussi qu'il faut chercher la cause de notre mobilité politique.
L'étude n'éclaire pas seulement l'esprit, elle modère aussi les emporte-
ments de la passion. Les hommes de science demandent des réformes,
ils ne font pas de révolutions. » Donc, ajouterons-nous, de l'instruction et encore de l'instruction. C'est, pour ce qui nous concerne, le seul
moyen de faire disparaître les *étouffeurs*.

L'agriculture a attiré l'attention particulière de plusieurs conseils
généraux dans la session qui vient d'avoir lieu. Quelques-uns ont
exprimé des vœux pour une nouvelle organisation des encouragements
à donner et de la lumière à répandre par des professeurs ambulants.
Incidemment l'apiculture y aurait sa part. Autrement aucun mot n'a
été dépensé pour son propre compte. On avait d'autres lièvres à lever.

Dans sa séance du mois d'août dernier, la Société d'agriculture de la
Gironde a, sur le rapport de la commission apicole ayant pour rappor-
teur M. Rohée, décerné une médaille d'or à M. Edouard Drory, de la
Bastide. Voici le rapport présenté par M. Rohée :

« Sur la demande de M. Edouard Drory, 32, rue Nuyens, à la Bastide,
votre commission s'est transportée au rucher expérimental de cet apiculteur, afin d'examiner non-seulement sa manière de traiter les abeilles,
mais de s'assurer des modifications apportées dans leur logement. Ceci

pour nous, était le point essentiel, car avant tout, le but que nous voulons atteindre est celui qui peut être accessible à tous, et qui doit donner un résultat convenable de production et de bon marché.

» Dans un jardin d'un are environ, planté d'arbres fruitiers, M. Drory a su, par son intelligence, créer un apier modèle et pouvant servir de type perfectionné aussi bien à l'amateur qu'au propriétaire qui veut obtenir un bénéfice de ses ruches. Au milieu du jardin se trouve un pavillon Dzierzon, avec toit mobile, garni de huit ruches d'abeilles françaises; chaque ruche est à cadre, et les colonies se trouvent dans le meilleur état. De chaque côté, deux ruches d'observations d'abeilles italiennes. Un peu plus loin, sur la gauche, un pavillon de vingt-quatre ruches à cadre dont trois habitées. Puis un rucher couvert contenant dix ruches habitées par des abeilles de France et métis italiennes. Dans le fond, à droite, un rucher couvert contenant dix-sept ruches systèmes divers, dont deux ruches en paille, forme normande, superposées sur deux ruches à cadre. Tout à côté, et par opposition, deux ruches landaises (bournacs) en pleine activité.

» Comme remarque, et d'une grande rareté, une petite ruche d'observation garnie de melipones sentellaires, sorte de mouche du Brésil qui ne peut produire qu'à une température élevée, dont le miel est blanc et la cire brune. Cette rareté appartient à M. Lafon, qui l'a confiée aux soins de M. Drory. — En total, quarante-deux ruches garnies, dans un espace très-restreint.

» Ce qui, tout d'abord, a frappé notre attention, c'est une simple ruche vide pour exploitation. Cette ruche est en bois, à rayons mobiles; sa hauteur est de 40 centimètres, largeur 30, profondeur 40, et le prix de revient 2 fr. Elle est par son modique prix, accessible à tous, et bien préférable à nos ruches en paille avec calotte, qui coûtent le même prix. Elle possède un autre avantage, c'est celui de sa confection, tout propriétaire pouvant, sur un modèle, en fabriquer autant que de besoin. Il a fallu, pour arriver à ce résultat, beaucoup d'essais, une observation constante et une entente parfaite des mœurs des abeilles. Cette simple ruche remplacera dans la pratique les ruches à cadre. Avec elle, il sera tout aussi facile d'examiner chaque rayon et de conduire à volonté le travail des abeilles. Nous ne saurions, je le crois, trop insister sur son adoption pour la pratique générale.

» Après avoir examiné dans son ensemble l'apier de M. Drory, qui a droit à tous nos éloges, cet apiculteur nous a fait visiter son atelier;

Digitized by Google

car, non-seulement il possède à un haut degré l'intelligence nécessaire à la conduite d'un apier, mais encore il est lui-même le constructeur de ses ruches et des instruments complets d'apiculture, d'après sa méthode. Nous avons pu voir fonctionner un extracteur à force centrifuge pour le miel : par ce moyen de rotation, il vide complètement les rayons à miel et peut remettre dans la ruche les gâteaux secs ; — en outre, un mellificateur solaire, une machine à vapeur à extraire le miel et la cire, un appareil à fabriquer les cadres et divers outils apicoles.

» De tout ce qui précède, et après examen sérieux, votre commission, heureuse d'avoir pu rencontrer un candidat tel qu'elle le désirait, vous propose de décerner à M. Edouard Drory, ingénieur, une médaille d'or petit module. Cette récompense, M. Drory la mérite à divers titres. En encourageant les travaux de notre lauréat, nous avons la confiance qu'il voudra bien perpétuer sa méthode en donnant des conseils à tous nos apiculteurs, et des leçons pratiques à ceux qui viendront réclamer ses services. M. Drory doit du reste exposer à Bazas, diverses ruches et instruments apicoles, et chacun pourra en juger. »

— Pour les raisons que tout le monde connaît, les traités nouveaux d'apiculture n'ont pas fourmillé cette année. Il a paru un opuscule, dans la Suisse-Romande, qui porte pour titre : *Manuel d'apiculture rationnelle*, par C. de Ribeaucourt, pasteur à Arzier, canton de Vaud. Un vol. in-32, de 64 pages, avec 14 figures intercalées dans le texte. Le but de l'auteur a été de mettre à la portée des apiculteurs de la Suisse-Romande, dont un grand nombre de ruchers sont en décadence, le moyen de les remonter. La ruche qu'il leur présente pour cela, est celle à hausses en bois avec rayons mobiles. Voici les dimensions qu'il donne à sa hausse, construite en planches de peuplier de l'épaisseur de 27 millimètres au moins.

» Elle doit avoir intérieurement 34 centimètres de largeur, autant de longueur, et 16 centimètres de hauteur. Les porte-rayons (rayons mobiles), au nombre de neuf, doivent être de la largeur de 33 millimètres, et de l'épaisseur d'un centimètre. »

Ce petit volume coûte 70 cent. Il en a été fait un dépôt à Paris, librairie de Cherbuliez, rue de Seine, 33.

La *Revue horticole et viticole* de la Suisse-Romande consacre désormais une place à l'apiculture (Mensuelle. Lausanne). C'est M. Isidore Jaquet qui dirige cette partie. Ses premiers articles annoncent qu'il s'en tirera avec profit pour les lecteurs. On lit dans le compte rendu

que cette publication fait de la section apicole de l'exposition de Sion :
« Dans la classe des produits, l'apiculture avait de nombreux exposants.
Il y avait un grand nombre de vases remplis de miel, ainsi que du miel
en rayons. On y voyait pour la première fois un essai d'herbier apicole,
contenant septante plantes mellifères, un tableau contenant les principaux ennemis des abeilles ; on y voyait aussi des rayons artificiels. »

Nous occupant des Suisses, nos bons voisins, nous saisissons l'occasion de rappeler un centenaire qui a contribué à faire avancer notre
apiculture. C'est Duchet, qui, en 1771, a publié un Traité pratique
qu'on consultera longtemps encore avec fruit et qui a pour titre : « *Culture des abeilles,* ou méthode expérimentale et raisonnée sur les moyens
de tirer meilleur parti des abeilles, par une construction de ruches
mieux assorties à leur instinct, avec une dissertation nouvelle sur l'origine de la cire. » La ruche adoptée par ce praticien intelligent a été celle
à hausses en bois ou en paille, et dont le plancher était peu épais et
percé de nombreux trous. Voici quelques-unes des maximes de cet auteur, qui n'ont pas vieilli. — « Le froid augmente la consommation de
la nourriture. — Un air suffisant, pur et renouvelé, est nécessaire aux
abeilles. — La chaleur artificielle leur est plus nuisible que le grand
froid. — La liberté pendant la neige, avec certaines précautions, leur est
plus salutaire que la prison. — Il vaut mieux marier deux ou trois
essaims faibles que de les laisser périr séparés. — Il faut seconder les
abeilles dans leurs instincts et les secourir dans leurs besoins. »

Rééditer un semblable Traité en mettant tous ses chapitres à la hauteur des progrès accomplis, vaudrait mieux que d'en publier d'*écourtés,*
ne préconisant qu'un système qui ne convient souvent qu'à quelques
amateurs.   H. HAMET.

Traitement rationnel des piqûres d'abeilles.

Monsieur le rédacteur,

Ayant lu dans un de vos derniers numéros un remède contre la piqûre des abeilles et me proposant depuis longtemps déjà de traiter cette
question dans les colonnes de votre journal, je saisis cette occasion pour
exécuter mon projet.

Depuis Aristée combien d'hommes et d'autres animaux ont-ils reçu
de coups d'aiguillon? Combien d'abeilles ont-elles été victimes de leur
propre fureur? Et, d'autre part, quelles sont les recettes qu'on n'ait pas

proposées? Aujourd'hui encore chaque apiculteur a son moyen de com_
battre la piqûre de ses ouvrières; et surtout, chacun a le bon moyen.

L'homme a donc cherché de tout temps, quel était l'agent chimique
le plus propre à neutraliser les effets du venin des abeilles.

Il a trouvé cet agent, oui; il en a trouvé plus d'un, c'est incontesta_
ble; mais, je le dis bien haut, il n'a jamais su l'appliquer rationnelle_
ment.

Dans notre pays d'ignorants on ne connaît que le topique, on ne con_
naît que la drogue: hors de là, pas de salut. Le mal existant, ou il faut
mettre quelque chose dessus, ou il faut avaler une autre chose pour le
détruire. C'est tout juste si l'on n'exige pas du médecin qu'il guérisse
par l'application des mains.

Qu'est-ce que la piqûre d'une abeille? C'est l'insertion sous le derme
ou dans son épaisseur d'une gouttelette imperceptible de venin.

Qu'est-ce que la piqûre d'une mouche charbonneuse ou ayant vécu
sur des débris cadavériques en voie de putréfaction? C'est l'insertion
sous le derme ou dans son épaisseur d'une quantité infiniment petite de
matière virulente ou septique.

Dans les deux cas une substance irritante ou virulente plus ou moins
toxique a été introduite dans l'organisme par un conduit capillaire, et
va être le point de départ d'accidents plus ou moins redoutables. Chacun
connaît la ténuité de l'aiguillon des abeilles, et la finesse de la trompe
des mouches vivant sur les cadavres.

Appliquez tout ce que vous voudrez sur l'épiderme, sur ce petit point
rouge qui dénonce le point d'inoculation, appliquez jus de persil, jus de
chique, urine, salive, vinaigre, alcali ou acide phénique, jamais vous
n'atteindrez l'atome de venin ou de virus qui se trouve au-dessous. Et
cela, je le répète, à cause de l'étroitesse, de la capillarité du conduit qui
a servi à l'introduction.

Une indication ressort donc claire, incontestable, impérieuse, des
faits observés et des raisonnements qui précèdent : c'est le débridement
préalable de ce conduit.

Ergo, une piqûre ou de mouche ou d'abeille étant donnée, il faut
agrandir, débrider le point atteint, assez profondément, pour que la
simple goutte ou d'ammoniaque ou d'acide phénique qu'on y déposera
soit en contact immédiat avec la matière venimeuse ou virulente.

Ce débridement, qui est la chose essentielle, peut se faire au moyen
d'une épingle, d'une lancette, de la pointe d'un canif. Il se fait très-faci_

lement et sans douleur, un des premiers effets de la piqûre étant d'abolir
totalement la sensibilité à l'endroit lésé. Il va sans dire qu'il doit être
pratiqué le plus tôt possible et suivi immédiatement de l'application de
l'agent antiseptique.

Telles sont, Monsieur le rédacteur, les quelques observations que j'ai
cru devoir porter à la connaissance de vos lecteurs. Par le procédé que
j'indique, la piqûre de l'abeille (qui n'est rien), de même que la piqûre
de la mouche charbonneuse (qui est la mort) n'est jamais suivie d'aucun
gonflement, d'aucun accident ; à la condition pourtant qu'il soit mis en
pratique presque immédiatement.

Je n'ai jamais employé que l'ammoniaque liquide à la suite du débridement, mais je reconnais que lorsque les piqûres sont autour des
yeux, comme c'est le cas le plus fréquent, il y a lieu de donner la préférence à l'acide phénique qui ne produit pas de cuisson suivie d'un abondant larmoiement comme l'alcali volatil.

Enfin je ne terminerai pas sans recommander à mes confrères apiculteurs de résister au prurit intolérable qui suit toujours la piqûre : le frottement en effet a toujours pour résultat de favoriser une extension plus
rapide et plus considérable de la tuméfaction.

L. HENRY, médecin-vétérinaire.

Fère-en-Tardenois, le 22 novembre 1871.

Étude sur Berlepsch.
Suite. V. page 296.

La pratique de la taille exista jusque sur la fin du dix-huitième siècle.
Depuis cette époque, elle fut considérée comme irrationnelle et abandonnée par tous les apiculteurs intelligents.

Avec Dzierzon en 1845 commença l'ère nouvelle, c'est-à-dire la taille
telle qu'elle existait dans les temps anciens. Berlepsch déplore cette
erreur du maître, divin pour la théorie, mais simple mortel pour la
pratique.

§ 146. Taille du miel. Berlepsch ne s'oppose pas à la taille du miel au
printemps, mais on doit la faire de telle sorte que les abeilles ne puissent souffrir de la famine par une température longtemps mauvaise. On
ne doit enlever que le miel vraiment superflu. § 147. Taille de la cire
au printemps, remarques préliminaires. On comprend, dit Berlepsch,
qu'il n'est question que de la taille des cellules vides. Dzierzon alla jus-

Digitized by Google

qu'à conseiller la taille d'une partie de la cire occupée par le couvain, mais ce conseil ne fut pas pris au sérieux, il avait été donné dans la chaleur du combat. La taille du printemps consiste à enlever la moitié et même les deux cinquièmes de la bâtisse, selon les pays, et cette taille se fait à la floraison du saule marceau. Voilà la question posée entre les partisans et les adversaires de la taille. Berlepsch donne le nom de ses lieutenants, adversaires de la taille; il donne aussi le nom des clients de Dzierzon, partisans de la taille. Notre auteur malmène les derniers, il leur reproche de manquer de loyauté dans la discussion : « Oui, oui, on sait depuis longtemps qu'on est battu, mais le *cher moi* ne veut pas l'avouer. »

Les défenseurs actuels de la taille invoquent les mêmes arguments que les anciens apiculteurs : par la taille abondante du printemps, le travail des ouvrières est extrêmement activé, la mère pond davantage, les colonies récoltent plus de miel et essaiment plus tôt ; en somme, les ruchées sont d'un meilleur rapport. § 148. La taille de la cire au printemps ne rend pas les abeilles plus actives et n'augmente pas la récolte, mais la diminue considérablement. Les partisans de la taille n'apportent aucun fait, aucune expérience en faveur de leur opinion, ils se contentent de mettre dans la balance le poids de leur affirmation.

Berlepsch procède autrement, il rapporte des faits, des expériences nombreuses qu'il a faites entre colonies taillées et non taillées, et le résultat fut constamment en faveur des colonies non taillées.

Observations de l'apiculteur lorrain. Je suis tout à fait de l'avis de Berlepsch contre la taille du printemps, j'admettrai seulement une exception pour les vieilles bâtisses, qu'il faut renouveler.

§ 149. Remarques sur le paragraphe 148 (ce sont des explications sans intérêt). § 150. Autres preuves contre la taille de la cire au printemps : 1° quand la cire est enlevée, fin de mars ou commencement d'avril, les abeilles ne peuvent élever du couvain faute de place, car dans l'Allemagne centrale les colonies ne bâtissent pas avant le premier tiers de mai. Ces ruchées taillées ne pouvant étendre leur couvain manquent de population pour le moment de la grande récolte du colza ; 2° retrancher quelque chose d'une bâtisse trop grande pour la population, rien de mieux, mais enlever de la bonne cire à une forte population, c'est comme si on voulait amputer un membre bien portant du corps humain ; 3° les fortes colonies sont très-portées, au printemps, à bâtir des cellules de bourdons, mais alors, après la taille, elles remplaceront, en partie, les cellules d'ouvrières qu'on a enlevées, par des cellules de bourdons. § 151. Arguments en faveur de la taille ; réfutation : 1° on doit tailler la cire moisie. Oui, quand elle est tout à fait gâtée ; on doit tailler la cire trop vieille. Oui, à la fin de la récolte, où, si on l'enlève au printemps, il faut la remplacer par de la bonne cire ; 3° les abeilles d'une ruche taillée se groupent et produisent en bâtissant beaucoup de chaleur, ce qui excite la mère à pondre. Oui, la chaleur peut être plus grande sans pour cela que la ponte soit plus abondante. S'il ne fait pas chaud et si la récolte manque, la colonie la plus forte ne bâtit pas. (Les autres arguments ne sont que des répétitions, inutile de les signaler.)

Un apiculteur lorrain.

Lettres Inédites de Fr. Huber.
(Voir page 307.)

Genève, ce 13 mars 1804.

J'ai reçu votre lettre de cet été ; j'y répondis tout de suite. Il faut que ma réponse se soit perdue ; j'en suis fâché, parce que cela vous a donné quelque inquiétude à mon sujet ; mais elle ne contenait rien que vous ayez à regretter. Je vous y conseillais seulement de suivre la ruche dont vous vous occupiez, et je vois que vous l'avez fait, par votre lettre du 12 février que j'ai reçue le 10 mars. Elle a mis, comme vous le voyez, bien du temps en chemin, malgré la précaution que vous aviez prise de mettre *sitôt* sur l'adresse.

Vous ne croyez donc pas que l'on puisse augmenter les provisions des abeilles en leur donnant le miel qu'on leur destine pendant la bonne saison. Et je conviens que vous avez dû tirer cette conséquence de l'épreuve que vous me racontez. Vous l'avez faite avec exactitude, mais vous avez omis quelques détails en me la racontant : celui de l'époque à laquelle vous l'avez faite et suivie. Vous me dites bien que vous l'avez poussée jusqu'à la Saint-Martin. Je voudrais savoir quand vous l'avez commencée. Répondez donc s'il vous plaît à ces questions :

Quand avez-vous pesé les essaims dont vous me parlez ?

Est-ce dans les premiers jours de leur établissement ?

Avaient-ils alors des gâteaux commencés ou non ?

Quel temps faisait-il alors ?

Etait-ce le vent du nord ou du midi qui régnait dans votre campagne ?
Faisait-il sec, humide, chaud ou froid ?

Digitized by Google

Les abeilles récoltaient-elles du miel, ou n'en trouvaient-elles point dans les fleurs?

Vous ne trouverez pas ces questions indifférentes si vous vous rappelez ce que je vous ai dit ailleurs de l'influence de la température sur la récolte du miel. Je voudrais, Monsieur, que vous répétassiez encore votre expérience de la manière suivante :

1° Vous pèseriez deux ruches mères et remplies de gâteaux au mois de mai, par un beau temps et lorsque le miel abonderait dans les fleurs. Vous noteriez le poids de ces ruches et le jour où vous les auriez pesées.

2° Vous donneriez du miel, une livre par exemple, à celle des deux ruches que vous aurez trouvée la moins pesante. Vous donnerez ce miel le soir, quand toutes les abeilles seront rentrées, parce qu'il faut s'assurer qu'il ne sera point mangé par les mouches des ruches voisines. Il sera bon pour cela que le miel soit placé sous la table de la ruche qui sera percée de quelques trous dans cet endroit.

3° Vous repèserez les deux ruches 8 ou 15 jours après l'introduction de ce miel.

Il serait utile de faire la même épreuve sur deux essaims de l'année. C'est-à-dire qu'après les avoir pesés l'un et l'autre, lorsque vous les aurez mis en ruche, vous donneriez une quantité de miel connu au plus léger, une livre par exemple de miel naturel qui n'aurait point été bouilli ni falsifié.

4° Je voudrais que vous répétassiez encore cette expérience dans des circonstances différentes, c'est-à-dire lorsqu'il y aurait disette de miel dans vos campagnes. Ce sera lorsque, les foins étant coupés, vous aurez en même temps la sécheresse, les chaleurs et le vent du nord. Vous pourriez y employer les mêmes ruches ou d'autres avec les mêmes précautions. Vous voyez mon but. C'est de savoir si les abeilles dilapident le miel qu'on leur donne pendant la belle saison quelle que soit la température et quoiqu'il y ait disette ou abondance dans les fleurs, ou si au contraire, elles ne se conduisent point plus sagement dans un temps que dans un autre.

J'aime bien le moyen que vous employez pour nourrir vos ruches faibles, par les *capes* que d'autres mouches ont remplies de provisions. Mais comme vous ne m'avez jamais parlé de ce procédé, je vous prie de me donner plus de détails de cette opération sur la forme, la grandeur, la matière de ces ruches, de leurs capes. C'est une bonne précaution de mettre un gâteau dans la cape ; cela invite les abeilles à y monter.

Vous ne me dites point, Monsieur, que vous ayez perdu des abeilles cet hiver ; c'est notre cas dans ce pays : la sécheresse de l'année passée a fait périr beaucoup de ruches dès l'automne et j'apprends tous les jours la destruction de quelques ruchers. Vous êtes probablement bien plus heureux que nous dans vos vallées. Dites-moi, je vous prie, si la sécheresse vous a plus épargné que nous, et dans quel état étaient vos campagnes depuis mai jusqu'en octobre 1803 relativement aux abeilles ; votre vallée est très-resserrée. Etes-vous très-près des montagnes? Sont-elles boisées et ont-elles des pâturages? *Là où il y a du lait, il y a du miel,* comme vous savez. Y a-t-il des eaux autour de vous? Quelles fleurs y dominent? Quelle est l'exposition de votre rucher?

J'ai bien vu du couvain dans mes ruches à la fin de janvier, mais jamais à Noël. Votre observation est donc très-neuve pour moi ; c'est comme vous le pensez, la douceur extraordinaire de la saison qui a si fort accéléré la ponte des mères.

J'ai publié mes observations sur l'origine de la cire ; vous pourriez les lire dans le numéro de janvier 1804 — numéros 193 et 194 — de la *Bibliothèque britannique,* si ce journal parvient dans vos cantons; mais vous avez connu tout cela avant le public.

Donnez-moi de vos nouvelles bien détaillées ; rien ne peut changer nos sentiments ni diminuer l'intérêt que je prends à vous, et à tout ce que vous faites. N'oubliez jamais votre ami HUBER.

P. S. C'est un point bien intéressant que l'hivernage des abeilles ; je vous félicite d'avoir trouvé quelques règles à suivre là-dessus. Vous me ferez plaisir de me les communiquer. Qu'est-il arrivé à vos ruches en feuillets ? Vous n'en parlez point, c'est mauvais signe.

Au Bouchet, le 30 août 1809.

C'est avec un grand plaisir, Monsieur, que je reçois de vos nouvelles ; il y a plusieurs années qu'il ne m'arrivait rien de vous, quoique j'eusse chargé plusieurs personnes de s'informer de votre santé et de vous à Couvet. Je craignais que vous n'aimassiez plus ni les abeilles ni moi. Mais j'apprends avec peine que vous avez été malade, et que cela a été au point de quitter votre état et vos occupations les plus chères.

Vous ne me dites pas ce que vous avez mis à leur place, mais vous revenez aux abeilles et j'en augure bien. Je regrettais la cessation de notre correspondance ; si mes vœux sont exaucés, rien n'empêchera que

Digitized by Google

nous ne puissions la reprendre et ce sera de ma part avec beaucoup d'intérêt.

Il me paraît, parce que vous voulez bien me le dire, que vous avez fait une découverte importante. Je serais bien embarrassé si j'avais à former un essaim artificiel, par le moyen des ruches ordinaires que l'on ne saurait diviser. Vous me ferez donc plaisir, Monsieur, si vous voulez me confier votre secret. Vous avez piqué ma curiosité et, dans le cas où vous ne vous soucieriez pas de la publier à présent, je vous promets d'être discret et de n'en faire usage que pour moi.

Je vous demande, encore si vous pouvez me répondre, de me donner bien des détails sur tout ce qui vous regarde. Songez que j'ai été plus de quatre ans sans en rien savoir du tout, que vous m'avez inquiété et que vous deviez savoir que l'indifférence sur mes amis n'est pas dans mon caractère. J'attends votre lettre avec impatience et suis tout à vous.

FRANÇOIS HUBER.

Au Bouchet près de Genève, ce 19 janvier 1810.

Non, Monsieur, votre bonne lettre n'a point été égarée, ni ouverte par de curieux indiscrets ; elle me fit un très-grand plaisir quand je la reçus. Il faut que j'aie eu bien des choses dans la tête et trop peu de temps à moi pour qu'il m'ait été impossible d'y répondre et de vous remercier de la confiance que vous m'avez prouvée. Vous pouvez être sûr que je n'en abuserai point, et que la chose restera entre nous. Quand vous aurez la bonté de m'écrire, prenez tout simplement la voie la plus naturelle, puisqu'elle est sans inconvénient, comme vous le voyez. Vous ne me parlez point de votre santé ; j'espère qu'elle est parfaitement rétablie, et que rien n'empêche que vous ne retourniez à vos goûts et à vos occupations favorites.

Vous avez très-raison, Monsieur, de suspendre la publication de votre découverte et d'attendre qu'elle ait été confirmée par le temps. Si cet expédient vous réussit au printemps prochain sur toutes les ruches que vous pouvez mettre à l'épreuve, il n'y aura pas lieu de douter qu'il ne soit très-praticable. Je crois pouvoir vous assurer que ceux à qui vous ferez connaître votre ingénieux procédé, vous en auront obligation. Le pays que j'habite n'est pas favorable à la culture des abeilles ; les années dans lesquelles elles sont assez riches pour pouvoir se tirer d'affaire par elles-mêmes sont très-rares aux environs de Genève ; il en est peu où je ne sois obligé de nourrir les miennes, quoique je ne leur prenne jamais rien. Je ne leur demande que de m'amuser et je suis loin d'en faire une spéculation. Ce n'est pas avec de telles circonstances qu'une épreuve semblable à celle qui vous a réussi pourrait être tentée avec quelque espoir de succès. Je n'en ferai donc pas l'essai par moi-même, et c'est sur vous, Monsieur, que je compterai pour savoir ce que l'on peut en attendre.

Vous m'obligerez extrêmement en me donnant quelquefois de vos nouvelles et en continuant à me confier ce que vous apprendront vos abeilles, car vous ne devez jamais douter de l'intérêt que je vous porte et des vœux que je fais pour votre conservation et votre bonheur.

J'ai l'honneur d'être votre serviteur bien dévoué.   F. HUBER.

Partie pratique de Dzierzon.

De la forme des ruches. — Il y a diverses formes de ruches. Il y en a de rondes et de carrées, de verticales et d'horizontales. Les ruches carrées sont en général préférables aux rondes, car elles ont une assise solide, les abeilles peuvent y construire plus régulièrement (est-ce rigoureusement exact ?), on peut y mettre plus facilement des vitres pour permettre d'observer ce qui se passe à l'intérieur ; mais ce qui les rend surtout préférables, c'est qu'on peut y installer plus facilement les rayons mobiles dont nous allons bientôt parler (1).

Il est à peu près indifférent de faire les ruches en hauteur ou en largeur, c'est-à-dire plus ou moins hautes ou profondes. Les abeilles s'en arrangent également. Elles acceptent et résident aussi volontiers dans un arbre creux vertical que dans une branche creuse horizontale. Cependant les ruches horizontales ont cet avantage de pouvoir être placées sur une voiture, pour être transportées, de la même manière qu'elles sont placées sur le rucher ; les abeilles y construisent un plus grand nombre de gâteaux dans les cellules supérieures desquelles elles mettent le plus possible de miel, par conséquent elles sont plus productives de miel ; ensuite les gâteaux, y étant moins grands, risquent moins de s'arracher par la trop grande chaleur. Le principal inconvénient des ruches

(1) Les ruches carrées sont préférables pour les amateurs de cadres, mais sont-elles préférées par les abeilles ? Il faut lire les *Considérations sur la forme des ruches* que M. Greslot a publiées l'année dernière (16e année de l'*Apiculteur*, p. 227).

Digitized by Google

horizontales consiste en ce que les provisions d'hiver sont partagées
entre plusieurs gâteaux; qu'elles se trouvent non-seulement dans le
haut, mais en grande partie sur les côtés du cantonnement d'hiver; de
sorte que, par la suite, les abeilles se voient obligées de se rapprocher
des parois, ce qui leur devient quelquefois impossible par les grands
froids, lorsque les parois sont couvertes de givre, et c'est ainsi que
beaucoup périssent en présence de provisions suffisantes. On devra donc
éviter de faire des ruches horizontales trop basses, on se tiendra dans
un juste milieu entre les ruches verticales et les horizontales, et on les
fera autant que possible aussi hautes que profondes.

En ce qui concerne la largeur, elle sera bien proportionnée en lui donnant de 235 à 260 millimètres. Dans une ruche par trop grande, les
petites populations peuvent aussi y construire leurs gâteaux dans toute
la largeur à l'une des extrémités, et les occuper convenablement, et l'on
peut facilement réduire l'espace vide avec une planchette formant séparation. Tandis que dans une ruche aussi large que profonde, où l'essaim
n'a construit que dans un coin, il est de tous côtés exposé au froid, et
il ne peut que difficilement s'y élever à la longue. Une population
nombreuse prospérera ordinairement dans une ruche de forme carrée ou
même ronde et s'y accroîtra, parce que la chaleur y est également ré-
partie de tous côtés, et que partout il se trouve du couvain; mais alors
les abeilles ne rapportent pas ce qu'on en espérait dans ces vastes ruches rondes, parce que le couvain y est en trop grand nombre et surtout
le couvain de bourdon, à cause de la grande chaleur.

Il est difficile de voir ce qui se passe dans les ruches en bloc que l'on
peut considérer comme les premières ruches connues. Mais plus elles
sont étroites et profondes, et plus elles rapportent de miel. Les abeilles
y concentrent l'élevage du couvain dans un certain espace arrondi, sur
quelques-uns des rayons du milieu, et elles remplissent de miel, dès la
première récolte, les rayons placés de côté dans l'espace plus frais. Il est
donc bien de donner aux ruches une forme telle que leur longueur ou
profondeur soit égale à deux fois leur largeur.

De la grandeur. — La grandeur des ruches, c'est-à-dire l'espace intérieur, que l'on peut facilement calculer lorsque la ruche est carrée, en
multipliant ensemble la longueur, la largeur et la hauteur exprimées
en unités de même espèce comme le pouce (allemand, 26 millimètres
environ), cette grandeur dépend soit de la richesse du pâturage, soit de

la méthode d'élevage. Celui qui désire avoir des essaims hâtifs doit donner à ses abeilles de petites demeures et celui qui ne cherche que le produit en miel, doit leur en donner de plus grandes. Quand les ruches sont organisées de telle sorte que l'on puisse facilement et en tous temps enlever le superflu du miel que les abeilles rentrent, ou bien augmenter les ruches de capacité au moyen d'une hausse, il devient inutile de les faire trop grandes. Les ruches seront suffisamment spacieuses pour la plupart des contrées en ayant environ trois mille pouces cubes (53,406 centimètres cubes) de capacité, quoiqu'une capacité de 5 à 6 mille pouces cubes ne puisse pas nuire lorsqu'on peut facilement réduire la ruche.

Afin de pouvoir donner aux abeilles des ruches proportionnées, c'est-à-dire une grande ruche à un fort essaim et une petite ruche à un faible essaim, on a imaginé des ruches appelées magasins et composées de plusieurs pièces, caisses ou anneaux qui peuvent se superposer. L'apiculteur silésien les a toutes essayées, mais il les a depuis longtemps abandonnées, après avoir lui-même construit (et reconstruit) des ruches, qui étaient plus ou moins commodes pour l'apiculteur, possédant tous les avantages (nécessairement) des ruches en plusieurs pièces et n'ayant aucun de leurs désavantages (Hum ??). Plus il y a de pièces dans une ruche, plus elle revient cher ; car une petite caisse ou une petite hausse coûte presque autant de peine et de temps à construire qu'une grande. Cependant le temps est de l'argent. N'est-il pas plus convenable de donner immédiatement à toute ruche sa grandeur normale et de permettre à l'essaim qu'on y met d'atteindre sa force normale, de proportionner aussi l'essaim à la ruche au lieu de mesurer l'espace suivant la population, alors que cela peut se faire facilement? Et quand on a besoin d'un espace restreint, n'est-il pas plus facile de se le procurer au moyen d'une planche de séparation que d'appliquer à la ruche des pièces de rapport ? Un propriétaire qui possède en ce moment cent moutons et qui veut porter son troupeau à trois mille têtes, fera très-certainement son étable de suite pour ce dernier nombre, et il ne l'agrandira pas suivant l'augmentation de son troupeau. Tous les principes que l'on avait cherché à établir en faveur des ruches en plusieurs parties, ne sont que de faux principes qui ne tromperont pas l'homme expérimenté. Par conséquent il ne faut pas voir un avantage dans la divisibilité d'une ruche, mais un grand inconvénient. Car les parties de la ruche peuvent vous échapper des mains, ce qui peut causer la perte de la ruche et du

Digitized by Google

mal aux hommes et aux animaux (1). Tandis que la ruche d'une seule pièce est plus simple, elle coûte moins cher et est plus solide; ensuite, elle peut, au moyen d'un arrangement très-simple, obtenir les mêmes résultats que les ruches divisibles. Quand il arriverait que pendant une année exceptionnelle, la ruche normale se trouverait trop petite pour l'essaim, il serait facile d'y joindre pour quelque temps une caisse, soit par le côté, soit par-dessus, en tant que cette ruche est destinée à contenir le couvain et des provisions pour l'hiver ; et comme cette ruche est composée d'un tout non partageable, elle est chaude, elle coûte peu, elle est facile à transporter et à soigner.

Mais une ruche peut être construite des matériaux les plus convenables et avoir la forme et la grandeur la plus propre à faire prospérer une population d'abeilles, et cependant n'être d'aucune utilité à son propriétaire. On sait par expérience que des essaims, qui ont été se loger dans le creux d'un tilleul, d'un peuplier, d'un chêne ou de tout autre arbre ou maison et qui s'y trouvent bien, y sont restés plusieurs années et y ont prospéré; mais leur propriétaire n'en retire aucun avantage, parce qu'il ne peut leur enlever le superflu de leur miel sans abîmer l'arbre ou porter le désordre dans l'essaim. Car comment un essaim peut-il se trouver lorsque sa demeure est faite de cette façon que l'on ne peut enlever le superflu de son miel qu'au plus grand détriment des abeilles, en ce qu'on bouleverse le couvain et qu'on laisse toujours dans une telle ruche un espace vide qui la refroidit d'une manière dommageable. Le propriétaire ne sera que peu récompensé de ses peines et des piqûres reçues pendant une si longue et pénible opération, par une maigre récolte, qu'il payera cher, d'un autre côté, par le mal qu'il aura causé à sa ruche. Une ruche, pour être de quelque valeur à son propriétaire, doit avant tout, être très-facile à soigner.

Des précautions à prendre pour rendre une ruche commode à soigner. — Pour qu'une ruche remplisse cette condition, il faut qu'elle soit organisée de manière à ce que l'on puisse faire avec facilité et sans peine pour l'apiculteur tous les travaux nécessaires sans causer de dommage aux abeilles.

Il faut qu'une ruche puisse être soulevée, afin de permettre de jeter un coup d'œil dans l'intérieur ; il faut qu'on puisse y mettre une hausse

(1) Dzierzon n'aime pas les ruches à divisions, et cependant la *sienne* l'est. — *La Rédaction.*

par dessous afin de donner de l'espace aux abeilles. Elle doit, par conséquent, ne peser que quelques livres afin de pouvoir facilement la soulever, à soi tout seul, sans l'aide de quelqu'un, que l'on ne trouve souvent pas au moment où l'on en a le plus besoin, ou qui se sauve à la
moindre piqûre. Il faut que l'on puisse tout faire soi-même et à tout
moment. La ruche doit aussi pouvoir être ouverte facilement, puis refermée, de même qu'une armoire ou l'on renferme des habits, et elle doit
avoir des portes de côté.

Des portes de côté. — La ruche doit avoir une porte de côté, semblable à celles qui sert à fermer les ruches en bloc. Ces dernières ont
cependant l'inconvénient d'être ordinairement plus étroites par le devant
que dans le fond. Les ruches en caisson que nous allons bientôt décrire,
sont au contraire de même largeur dans toute leur profondeur, et la
partie qui les renferme à la même largeur, et même d'environ 13 millimètres de plus, afin que cette porte étant ajustée dans une feuillure
d'environ 6 millimètres 1/2, à droite et à gauche vienne s'y appuyer et
ne puisse pas être enfoncée dans la ruche, plus que de son épaisseur. Il
est inutile de pratiquer cette feuillure d'appui par le haut et par le bas,
car celles de côté suffisent. La porte peut être faite d'un morceau de
planche rabotée d'environ 40 millimètres d'épaisseur, en bois tendre,
et être maintenue en place au moyen de tourniquets ou de pointes qui
sont enfoncées par le haut, à droite et à gauche, que l'on plie et qui se
laissent facilement tourner. Quand la ruche est construite avec soin et
bien d'équerre, on peut facilement retourner la porte, afin de laisser
sécher la face intérieure qui est humide ; on peut aussi poser une légère
couche de vernis sur la porte afin de la rendre plus imperméable à
l'humidité. Nous expliquerons plus loin la manière de faire des portes
très-nettes et très-convenables en petites lattes et en paille.

Par l'ouverture de la porte de côté, on aperçoit devant soi toute la
bâtisse, on peut facilement enlever les saletés qui se trouvent sur le plateau, ou placer une petite coupe contenant de la nourriture, etc., etc.
Mais tout n'est pas encore gagné. On désire aussi jeter un coup d'œil
dans l'intérieur des constructions, s'assurer de la présence de la mère,
du couvain, des ressources en nourriture, et pouvoir au besoin enlever
de la ruche l'une de ces choses. Les rayons mobiles rendent cela possible.

Localités favorables à l'apiculture.

(Suite, voir page 284.)

Etampes est une position avantageuse, avons-nous dit, parce qu'au sud
et à l'est elle produit, et qu'au nord elle est susceptible d'élever. On peut
donc y être producteur et éleveur avec avantage, toutefois en étendant
le cercle de ses opérations, car le même rucher ne saurait donner produits et élèves en même temps, ou que par exception. Toutes les positions occupées, au sud et à l'est, par les anciens mouchards sont bonnes
pour la production, et au nord, dans un périmètre plus ou moins étendu,
on peut créer des ruchers de multiplication, autrement dit d'élevage.
Ces ruchers fructifieront, surtout dans les vallées de la Juine et de
l'Essonne plantées de nombreux arbres fruitiers, notamment de cerisiers. En s'éloignant davantage, et en rapprochant Paris, un grand
nombre de localités sont favorables à l'élevage. Les ruchers peu garnis
que possèdent la plupart de ces localités, peuvent être facilement doublés ; ils pourraient être quadruplés, aux fleurs blanches (cerisiers, poiriers, pruniers, etc.). Mais pour conduire ces ruchers, il faut demeurer
sur place ou créer des cheptelers. Le cheptel apicole n'a pas encore été
essayé dans ce canton, et cependant il ne peut manquer d'être avantageux pour les deux parties, si le propriétaire d'abeilles sait choisir le
cheptelier, et s'il le dirige avec vigilance et entendement.

Cette direction entendue exigera qu'on ne se contente pas des ressources locales — parfois bien insuffisantes par certaines années, — mais
qu'on aille demander à la bruyère — abondante à une petite journée de
distance — le complément des provisions indispensables pour passer
l'hiver. Toutes les colonies qui n'auront pas acquis le poids nécessaire,
aux premières et principales fleurs, devront donc être conduites à ces
ressources tardives. Et à leur retour, vers le commencement d'octobre,
toutes celles, garnies de bâtisse et ayant une belle population, dont le
poids ne serait pas assez fort pour permettre aux abeilles d'atteindre la
sortie de l'hiver, recevront un complément de nourriture. Les colonies
faibles seront réunies. Enfin, toutes les ruches devront être garnies
d'un bon surtout de paille pour leur hivernage ; leur entrée sera rétrécie
pour que les mulots ne puissent y pénétrer et y occasionner de dégâts.
Au printemps, les plus populeuses d'entre ces colonies seront conduites
au sainfoin pour donner des produits ; les autres resteront pour la multiplication.

Ouvrons une parenthèse pour combattre en passant le préjugé absurde qui existe encore dans l'esprit de quelques mouchards du Gâtinais, celui de croire et d'oser soutenir que les colonies avec bâtisse, souches et essaims, ne prospèrent pas à la bruyère, et qu'on ne doit y conduire que des chasses logées à nu. S'il est des colonies qui prospèrent à la bruyère, ce sont au contraire celles qui ont des bâtisses. On comprend que ces colonies économisent et par conséquent emmagasinent le miel que les chasses à nu emploient pour construire des rayons. C'est surtout par les années où la bruyère donne peu que la différence de provisions emmagasinées est sensible. Les chasses à nu n'ont rien lait, tandis que les colonies en bâtisses ont acquis quelque poids, ou ont conservé les provisions qu'elles avaient au moment de leur arrivée. Non-seulement elles ont conservé leur poids, mais leur population s'est renforcée et rajeunie. De façon qu'elles se trouvent dans de bonnes conditions de vitalité, et que leur propriétaire réalisera des bénéfices dans les avances de nourriture qu'il leur fera pour compléter leurs provisions. Moyennant 5 ou 6 francs, quelquefois moins, de miel et de sucre mélangés, il en fera des colonies qui vaudront 15 à 16 francs au moins.

Ce préjugé, dont sont encore coiffés quelques mouchards du Gâtinais parce qu'ils ne se sont jamais donné la peine de vérifier le fait, n'existe pas dans d'autres régions, où l'on s'empresse de conduire à la bruyère et au blé noir des ruches garnies de bâtisses et aussi des chasses, celles-ci logées en bâtisses la plupart du temps. Ainsi aux environs de Caen, on conduit aux blés noirs du canton de Tinchebray (Orne), les ruches qui ont été décalottées après le sainfoin, et celles dont la calotte n'a pas été enlevée parce qu'il n'y avait pas de miel dedans. On y conduit aussi des essaims maigres quand la chaleur n'est pas trop forte. Dans la Champagne on conduit également au blé noir et à la bruyère des souches et des châsses, souvent en bâtisse. Dans les Vosges, les Ardennes et la Campine belge, ou conduit encore à la bruyère les ruches sans provisions, ou avec provisions insuffisantes, et quelquefois aussi celles qui sont bien garnies pour qu'on puisse en obtenir une récolte supplémentaire à l'issue de cette fleur. Dans les cantons montagneux, on transporte de la plaine à la montagne les ruchers entiers, et ce sont, comme ailleurs, les ruches les mieux garnies de rayons et d'abeilles qui acquièrent le plus de poids.

Les ressources de la bruyère ne sont pas tout à fait sur place pour l'apiculture étampoise, mais à quelques lieues elles ne manquent pas, à

Digitized by Google

l'ouest depuis Dourdan jusqu'au-delà de Rambouillet dans les forêts des Ivelines et de Saint-Léger, à l'est, dans la forêt de Fontainebleau. A l'apiculteur de savoir prendre son pied-à-terre dans l'endroit qui le mettra le plus à la portée des divers pacages qu'il veut explorer. C'est ce qu'a su faire « le garçon mouchard » de la maison Moulé, que nous avons cité et dont la pratique apicole va attirer notre attention.

M. Robert, c'est son nom et il n'appartient pas à la famille des Robert d'Etampes, est venu, il y a vingt et quelques années, se fixer non loin de Paris, à Palaiseau (Casseau, une dépendance), où il a pris une femme qui lui a apporté en dot une chaumière bâtie sur un lopin de terre assez grand pour fournir les légumes de la famille. En retour il a joint : des jambes et des bras robustes, sa profession de garçon mouchard, plus celle de tisserand avec outils nécessaires, représentant à peu près un capital de 50 francs. Son début a été d'acheter des abeilles pour le compte des mouchards étampois, puis de se procurer quelques ruchées avec ses profits et ses économies. Bref, au bout de quelques années, il se trouvait à la tête d'un rucher assez nombreux, grâce à la position favorable qu'il occupe pour la multiplication, et aux soins qu'il sait donner aux abeilles ; il établissait alors une station entre la Ferté-Alais et Etampes, à 7 ou 8 lieues de chez lui, où il se faisait producteur. Mais les bâtisses sans lesquelles on ne saurait obtenir de résultats avantageux dans le Gâtinais, lui faisaient défaut, parce que la famille qui lui arrivait absorbait les économies avec lesquelles il aurait pu s'en procurer. Ne pouvant vaincre la difficulté, il chercha à la tourner. Les bâtisses pleines lui manquaient, mais ne lui manquaient pas les morceaux de rayons provenant de son apier et des cires en vrague qu'il achetait aux apiculteurs voisins. Il s'applique à les utiliser. La ruche en vannerie se prêtant peu à la réception des rayons secs, il prend la hausse en planches qu'il varie de grandeur, par la hauteur seulement, et qu'il confectionne lui-même pour que le prix de revient d'une ruche de deux ou trois hausses ne s'élève pas sensiblement au-dessus de celui d'une ruche vulgaire. Dans ces hausses, il édifie des bâtisses en fixant des rayons trempés par un bout dans de la cire fondue (temp. de 70 à 75°), et avec ces hausses il calotte les ruches vulgaires découronnées; les culbutées reçoivent également des hausses garnies de rayons soudés artificiellement.

Pour simplifier sa méthode et pour la rendre plus fructueuse, il logea toutes ses colonies en boîtes — ruches à hausses. Par ce système, il reste à la ruche récoltée, celle sur laquelle on a enlevé une, deux ou trois hausses, selon la grandeur de celle-ci et selon l'abondance de miel, il reste une base, — quelquefois la partie du milieu, — qui ne laisse pas les abeilles sans provision aucune et à nu. Si les colonies récoltées se trouvent populeuses, elles sont conservées seules ; leur ruche reçoit en dessous une hausse vide. Si elles se trouvent peu fournies en abeilles, elles sont réunies, puis toutes conduites à la bruyère. Au retour, sont encore mariées les colonies qui n'ont pas de provisions suffisantes pour passer l'hiver. Celles qui se trouvent fortement mouchées et auxquelle il manque peu de vivres, reçoivent un complément de nourriture en miel liquide, ou parfois il leur est donné une petite hausse garnie de miel inférieur, enlevée sur une colonie qui avait plus que ses provisions.

Par cette méthode, aucune abeille n'est perdue, et tous les rayons propres sont utilisés pour la production du miel. Cette production sera toute en surfin le jour où notre apiculteur fera usage de plaques perforées appliquées sous les hausses garnies de rayons placés comme chapiteau. Celui-ci est quelquefois une hausse pyramidale tronquée. Le chapiteau de cette forme ne saurait devenir partie intermédiaire; il ne s'emploie uniquement que pour la récolte de surfin ; mais sans l'usage de grille, la mère peut monter pondre dedans.

Nous venons de voir la pratique de ce mouchard entendu et les bons résultats qu'elle ne peut manquer de donner. Nous pourrions résumer ceux-ci par des chiffres. Ceux de cette année, — ils sont exceptionnels, devons-nous ajouter — s'établissent par 150 barils de miel (de 40 kil.) obtenus de 160 ruchées, avec un débris de 80 colonies viables. Voyons maintenant le placement des produits.

Ce n'est pas assez de bien produire, il faut aussi placer les produits au mieux possible. Telle est la double question que M. Robert s'est posée et qu'il a résolue. Pour ses produits, il aurait pu être, comme la plupart de ses confrères, à la discrétion des intermédiaires de Paris : il avait peu à se déranger. Afin de ne pas l'être, il s'est dit : supprimons l'intermédiaire et portons notre miel sur les marchés voisins, où nous l'offrirons directement à la consommation. En effet, sa femme, ses enfants et lui, sont allés s'installer, depuis octobre jusqu'en avril, sur les marchés de Versailles, de Chevreuse et de Montlhéry, où ils ont offert du miel à meilleur marché que les épiciers ne le vendent, et ils ont trouvé assez de clients pour en placer annuellement de 150 à 200 barils, y compris les potées que les consommateurs viennent prendre à domicile. Inutile d'ajouter que, les bénéfices grossissant, notre apiculteur s pu s'équiper de cheval et de voitures, l'une pour le transport des produits au marché, etc., l'autre pour la conduite des abeilles aux pâturages dont il a été parlé.   H. HAMET.

Fabrication de l'hydromel. — Usages.

Tout le monde sait que la boisson au miel, l'hydromel, était le breuvage ordinaire des Gaulois (1), et qu'il est encore celui de certains peuples du Nord.

L'hydromel est assurément la boisson qui peut le mieux remplacer le vin, et même le vin de dessert lorsqu'il est concentré, liquoreux. Cela est si vrai qu'à Paris et à Londres, on boit comme vin d'Alicante et de Madère, une certaine quantité d'hydromel vieux. Du reste, ce vin factice n'en est pas moins une boisson très-saine et très-reconfortante, avantage que n'ont pas toutes les boissons factices.

Voici comment je fabrique ma boisson corsée. Je veux par exemple avoir un tonneau de cent litres d'hydromel. Je mets cent litres d'eau dans une chaudière, puis 50 litres, ou 64 kilogrammes de bon miel que je fais bouillir en écumant pendant trois ou quatre heures (un litre de bon miel sans mélange pèse un kilog. quatre cent soixante-dix grammes).

Je mets refroidir la boisson dans un cuvier ; deux jours après, je l'entonne dans un tonneau propre que je place dans un cellier dont la température est de 15 à 20 degrés. Après douze ou quinze jours la fermentation commence : elle dure quatre à cinq mois : elle dure beaucoup moins lorsque la boisson est moins forte ; elle ne dure que six semaines ou deux mois pour l'hydromel de deuxième qualité, et trois semaines pour l'hydromel léger ou miod.

Lorsque la fermentation est arrêtée, je soutire la boisson et je la descends dans une cave fraîche. L'hydromel fort est soutiré plusieurs fois avant que d'être descendu dans la cave.

Avec les eaux de résidus, les écumes et quelque nouveau miel inférieur, je fais le miod, et proportionnellement je fais six à sept litres de cette boisson au lieu d'un d'hydromel complet.

(1) L'hydromel que buvaient les Gaulois était fabriqué principalement en Bretagne. Les réquisitions de l'armée de Jules César portent par *centaines* les tonnes d'hydromel que les villes de Morlaix et de Vannes étaient contraintes de fournir aux envahisseurs. Les Romains goûtaient autant le vin de nos pères, que les Prussiens ont goûté récemment notre... *cognac*.

Il ne faut pas oublier que pendant tout le temps de la fermentation, on doit ajouter de la boisson qu'on a réservée dans une cruche pour remplir le vide du tonneau.

Le bon hydromel a toutes les vertus et propriétés du vin le plus généreux; il en a de particulières. Ainsi j'ai constaté maintes fois qu'en absorbant un petit verre de vieil hydromel, je pouvais m'exposer au froid et à l'humidité sans souffrir.

Un tiers ou un quart de verre d'hydromel remet aussi en moins de vingt minutes nos paysans qui reviennent des prés les pieds glacés, tremblants et ayant des accès de fièvre.

C'est encore un remède souverain pour résoudre les indigestions, voire même celle due à l'ivresse. On prend un petit verre de la liqueur qui ne tarde pas à produire ses effets. Au bout d'un moment, des vents viennent à la bouche et quelquefois des vomissements ont lieu qui dégagent l'estomac. Bientôt la respiration reprend son équilibre, et en buvant un nouveau petit verre d'hydromel, on se trouve remis complétement. C'est, comme on le voit, être guéri à peu de frais. Aussi chaque ménage devrait s'appliquer à composer cet élixir bienfaisant, à l'avoir sous la main, car il est souvent le meilleur médecin qu'on puisse employer. Voici des faits.

Il y a plusieurs années, un individu âgé de cinquante ans était mourant, abandonné des médecins; on lui récitait les prières des agonisants. Son médecin, qui se trouvait là, ainsi que votre serviteur, me dit d'un air narquois que c'était le cas d'essayer ma panacée, ce que je fis *illico*. La première cuillerée ne put arriver à l'estomac du moribond; mais au bout d'un moment le malade ayant remué la tête je parvins à lui faire avaler une cuillerée de mon remède qui, à peine descendu à l'estomac, provoqua deux ou trois hoquets. Cela nous enhardit; nous augmentâmes la dose, et cette fois les vents vinrent à la bouche en grande quantité, le moribond retrouva ses sens et dit : « Où suis-je? » Deux jours après il se leva; il ne souffrait plus que du malaise d'un jeûne de cinq jours, de saignées copieuses et du désordre que la maladie avait causé intérieurement.

En février 1866, des gendarmes vinrent me dire qu'un individu est couché ivre-mort sur un tas de pierres, à 100 mètres de ma maison, et ils m'engagent à les aider pour recueillir ce malheureux. Je m'arme d'une fiole d'hydromel et d'une cuiller en fer. Nous avons beaucoup de peine à lui faire avaler un peu de mon remède qui provoque la saliva-

Digitized by Google

tion ; nous parvenons à lui en faire avaler un peu plus et au bout d'un moment survient un vomissement copieux qui lui rend la respiration régulière ; une troisième dose le remet sur ses jambes et lui permet de pouvoir regagner sa demeure.

Je pourrais rapporter d'autres cures, mais je m'arrête, car on ne manquerait pas de dire : Votre remède, c'est comme le racahout des Arabes ou la douce revalescière Dubarry, je ne sais lequel, qui a guéri jusqu'à notre Saint-Père le pape, à ce que dit la réclame. On ne me taxera pas d'être orfévre quand je ne vends pas d'hydromel et que je signe :

ALSAC, apiculteur à Mauriac.

Dictionnaire d'apiculture.
Glossaire apicole (Voir p. 316).

Au moment de la grande ponte, les abeilles paraissent rechercher les eaux ammoniacales des fumiers : il est présumable que ces eaux leur rendent des services dans la préparation de la bouillie du couvain. On en voit aussi, pendant la belle saison, fréquenter les lieux où l'on dépose des urines, probablement pour recueillir le sucre que contiennent ces urines. On sait que celles des diabètes en contiennent beaucoup.

Eau miellée, eau étendue de miel, ou miel délayé dans de l'eau, en quantité plus ou moins grande. On emploie l'eau miellée pour allécher les abeilles, les attirer, pour les engager à se déplacer ; quelquefois on leur présente l'eau miellée comme nourriture ; dans ce cas, l'eau miellée doit être une sorte de sirop, c'est-à-dire qu'elle doit contenir plus de miel que d'eau. On donne aussi le nom *d'eau miellée*, ou *eau de miel*, ou encore *eau de résidus* à l'eau qui a lavé les rayons gras. Avec cette eau on fait de l'hydromel ou de l'eau-de-vie, de l'alcool plus ou moins rectifié. L'eau de miel avec laquelle on veut faire de l'eau-de-vie, doit avoir fermenté (Voir *Hydromel*). Il faut distiller les eaux de miel aussitôt que la fermentation a atteint son maximum de développement, autrement elles peuvent passer à la fermentation acide et même putride, surtout si elles sont légères (contiennent peu de matières sucrées).

L'eau de cire est l'eau qui a servi à fondre la cire ; c'est une eau miellée, lorsqu'elle a été employée à fondre des cires grasses (cires ayant contenu du miel). Dans ce cas, l'eau de cire peut aussi être distillée après fermentation. Les eaux de cire imprégnées de miel et de couvain, donnent communément le sixième en eau-de-vie à 18 degrés environ, et

cette eau-de-vie rectifiée, c'est-à-dire distillée une seconde fois, donne
le quart en eau-de-vie à 23 degrés. Les eaux-de-vie provenant d'eaux
de cire sentent fortement leur origine. On peut en améliorer le goût en
ajoutant, au moment de la fermentation, des fruits à odeur caractérisée,
tel que baies de genévrier, etc., ou encore des marcs de raisins ou de
pommes.

EDIFICES *des abeilles*. On appelle *édifices* des abeilles les constructions
qu'elles édifient dans la ruche dans laquelle on les loge. Leur premier
soin, aussitôt qu'elles sont établies dans une ruche, est de faire des
édifices de cire qui servent de logement pour elles-mêmes, de berceau
pour le couvain et de magasin pour les vivres. Ces édifices prennent
le nom de gâteaux ou rayons et sont composés de cellules opposées.
Voir ces mots.

EMIGRATION *des abeilles*, fuite des colonies au sortir de l'hiver et des
chasses en été. Se dit aussi des essaims qui, après avoir été recueillis,
s'enfuient au loin. A la fin de l'hiver et au commencement du printemps
les colonies dépourvues de provisions tombent d'inanition ; les abeilles
s'engourdissent et meurent si le temps est froid et si l'on ne vient au
plus vite à leurs secours ; mais si le temps est beau, et le soleil brillant,
elles émigrent vers le milieu du jour, c'est-à-dire sortent toutes de leur
ruche où elles rentrent quelquefois après avoir sillonné l'air dix ou
douze minutes ; mais la plupart du temps elles se jettent dans d'autres
ruches, ou vont se fixer à une branche d'arbre comme le font les essaims.
On donne à ces émigrations le nom d'*essaims de Pâques*. Il faut réintégrer ces colonies dans leur ruche, si celle-ci n'a pas de couvain mort et
si leur population est assez forte, puis, leur donner de la nourriture le
soir même. Mais si elles sont faibles ou si elles ont perdu leur mère, il
faut les réunir à d'autres colonies.— Les chasses ou trevas logés à nu, qui
manquent de vivres au bout de quelques jours parce que le *temps* est
sec et que les fleurs ne sécrètent pas de miel, émigrent aussi et vont,
la plupart du temps, se fixer à une branche d'arbre. Il arrive, dans les
ruchers nombreux, qu'elles se réunissent là 4, 6, 10 et plus, et forment
une masse si forte que la branche casse. D'autres fois elle se réunissent
dans la même ruche, en quantité telle que ruche et surtout ne se voient
plus. Il faut diviser cette masse, de façon à faire des colonies d'environ
3 kilogrammes d'abeilles qu'on loge dans des ruches dans lesquelles on
a greffé quelques rayons propres. Le soir, on leur donne de la nourriture. Il est bon de les tenir deux jours dans une cave fraîche, temps

Digitized by Google

pendant lequel elles éliminent les mères superflues. Si on les loge à nu, c'est-à-dire en ruche vide et si on les laisse au rucher, souvent elles ressortent le lendemain.

ENFOUISSEMENT, *enterrement, ensilotage des ruches.* Voir *Hivernage* des abeilles.

ENFUMOIR, s. m.; *fumigateur* : appareil pour enfumer les abeilles, pour leur lancer de la fumée dans le but de les chasser ou de les maîtriser. L'enfumoir est l'appareil qui contient la matière produisant la fumée. Le fumigateur peut être la matière elle-même.

L'enfumoir est le plus souvent une boîte cylindrique, ressemblant quelque peu à un brûloir à café de petite dimension, munie à sa base d'une douille pouvant recevoir la pointe d'un soufflet de cuisine, et à son sommet d'une autre douille qui projette la fumée. Le cylindre de l'enfumoir dont nous faisons usage, a 17 centimètres de long, et 10 de diamètres. Il est en tôle solide, rivée et non soudée. Les douilles ont de 10 à 11 centimètres. Elles affectent la forme de cônes tronqués et sont en cuivre. Quelquefois la douille qui lance la fumée est courbée. L'enfumoir spécial, à douille projetante recourbée, convient pour l'asphyxie momentanée (voir p. 295). On modifie l'enfumoir en donnant à ses extrémités la forme d'entonnoir, celui du sommet, renversé. — Sur le flanc du cylindre est pratiquée une porte de 6 centimètres de large et 7 de haut, qui ferme par une plaque à coulisse. Cette plaque a un bouton qui permet de la faire mouvoir facilement, et sans se brûler.

On donne aux *fumigateurs* diverses formes, selon l'usage qu'on veut en obtenir. Chez un certain nombre de possesseurs de ruches, c'est une bassine ou cassolette avec ou sans couvercle, et avec ou sans manche, en terre ou en fonte (voir *Cours d'apiculture*, 3ᵉ éd., fig. 89, p. 212), dans laquelle on place la matière combustible qui doit produire la fumée, et à côté de la cendre rouge ou des charbons ardents. Les matières combustibles employées dans ce fumigateur sont la bouse de vache sèche, le foin menu, le bois mort, etc. Celles employées dans l'enfumoir à soufflet sont le chiffon de linge en tapons, la bouse de vache, le bois mort, etc. — Le fumigateur n'est quelquefois que la matière fumante. C'est alors une poupée ou andouille de linge, du diamètre d'une pièce de 5 fr. en argent, ficelée d'un petit cordon, voire même d'un fil de fer léger pour l'empêcher de se dénouer et de flamber. Quelquefois la poupée fumante est placée dans un étui métallique fermant avec couvercle (voir *Cours d'apiculture*). C'est encore un simple morceau de bois mort et en décomposition. Le saule est l'essence qui rend les meilleurs services pour cet objet.

ENGOURDISSEMENT, s. m., *assoupissement, asphyxie momentanée*. Diminution de vitalité causée par le froid, qui prive les abeilles de mouvement et les conduit à la mort, si rien ne vient à leur secours. Il faut, aux abeilles, une température élevée pour qu'elles puissent vivre. Cette température ne descend guère au-dessous de + 15° centigrades dans l'endroit de leur ruche qu'elles occupent par les gelées les plus fortes. Elles s'aventurent encore extérieurement, par une température de 10 à 12 degrés au-dessus de zéro lorsque le soleil luit ; mais alors, elles s'éloignent peu de leur ruche, et si elles se posent à l'ombre, elles peuvent s'engourdir. Quand aussi les provisions de la ruche viennent à manquer en saison froide, ou lorsque le miel est granulé, ou seulement que les abeilles ont épuisé les provisions d'un côté de la ruche, et que le froid est si vif qu'il les empêche de changer de côté, elles tombent engourdies et comme asphyxiées sur le tablier, où elles restent mortes si l'on tarde à venir à leur secours. Les abeilles qui s'engourdissent extérieurement, à l'ombre, peuvent se relever si le soleil vient les réchauffer ; autrement il faut les ramasser et les exposer à une chaleur quelconque : celle de la main suffit. Lorsqu'il s'agit d'une ruche entière dont les abeilles sont engourdies et accrochées entre les rayons, on entoile cette ruche et on la renverse en face d'un bon feu. Les abeilles ne tardent pas à recouvrer leurs mouvements si elles ne sont pas engourdies depuis plus de vingt-quatre heures, à moins cependant qu'elles n'aient été exposées à une gelée très-vive. On leur donne ensuite un peu de miel liquide en le versant sur la toile à travers laquelle il passe pour tomber sur leurs rayons. Le soir, on les alimente plus largement par les procédés ordinaires. C'est principalement au sortir de l'hiver que des colonies tombent ainsi, et qu'un certain nombre d'abeilles s'engourdissent près de leur ruche, lorsque, après une éclaircie de soleil qui a échauffé l'air et les a attirées dehors, le ciel se couvre peu après de nuages et que le vent fraîchit.

ENNEMIS *des abeilles*, animaux qui les attaquent ou qui dévalisent leurs produits. Parmi les quadrupèdes ennemis des abeilles les principaux sont : l'ours, le renard, le hérisson, le rat, la souris, le mulot. Parmi les oiseaux : l'hirondelle, la mésange, le pivert, l'abeillerolle ou guépier. Parmi les reptiles : le lézard, le crapaud, etc. Parmi les insectes : le papillon tête de mort (sphynx atropos), les libellules, la philanthe, l'araignée, les guêpes et frelons, le pou, enfin la fausse teigne

Digitized by Google

qui est le plus redoutable dans les ruchers négligés. Voir le nom de chaque ennemi.

Les abeilles ont aussi pour ennemie l'inclémence du temps à l'époque de la cueillette des produits, et en hiver, l'humidité qui altère les édifices de la ruche et leur santé. Mais leur plus cruel ennemi est sans contredit l'apiculteur ignorant, qui les étouffe pour s'emparer de leurs produits, qui les loge mal et qui néglige de leur donner les soins dont il serait le premier à profiter. L'amante des fleurs doit classer cet ennemi-là au-dessous du crapaud.

ENTRÉE *des ruches*, issue par laquelle les abeilles vont et viennent de leur ruche. *Lumière*, dans quelques localités. L'entrée est pratiquée dans la ruche, au bas, la plupart du temps, ou dans le plancher de support. Cette entrée ne doit être ni trop grande, ni trop petite; trop grande, elle laisse de la prise aux ennemis des abeilles, et provoque le pillage ; trop petite, elle ne laisse pas entrer suffisamment l'air dans les ruches et gêne les abeilles dans leurs allées et venues au moment du grand travail. Elle doit avoir de 5 à 7 centimètres de large, sur deux ou trois de haut pour les ruches en paille dont l'ouverture est pratiquée dans le bas. L'épaisseur d'un cordon s'il est gros, et de deux s'ils sont minces, suffit. L'entrée peut être de 8, 10 et même 15 centimètres de large pour les ruches en planches, mais la hauteur n'est alors que de 15 à 20 millimètres. Cette entrée peut être en dents de scie. L'entrée pratiquée dans le tablier est une entaille qui va se perdant, c'est-à-dire qui forme une inclinaison ou pente douce du dedans au dehors. L'entrée pratiquée ailleurs qu'au bas de la ruche a des inconvénients ; il s'amoncèle sur le plancher des bribes de cire qui attirent la fausse-teigne, et il y séjourne des cadavres que les ouvrières ont de la peine à enlever. L'entrée ménagée au-dessus du premier cordon du bas de la ruche, ainsi que quelques possesseurs de ruches en paille l'établissent, gêne aussi les abeilles dans leurs allées et venues, ainsi que pour le nettoyage de leur plancher.

L'entrée des ruches doit être placée dans le sens des rayons (avoir les rayons sens vertical en regard), et non en travers. Les abeilles ventilent moins facilement les ruches dont les rayons sont placés en travers des entrées, de là des éducations de couvain moins grandes ou moins réussies. Aussi remarque-t-on que les ruches dont les rayons sont ainsi bâtis (à moins que les entrées ne soient très-grandes) essaiment moins. Pour les ruches en paille, il est facile de rectifier, autrement dit de changer l'entrée, en la pratiquant dans le sens des rayons et en bouchant la première. Il est encore plus facile de rectifier l'entrée des ruches qui l'ont dans le tablier, en leur faisant accomplir un cinquième, un quart ou un tiers de cercle.

Il est bon que les entrées puissent être agrandies en été et diminuées en hiver ; agrandies en été pour que les abeilles et l'air puissent mieux circuler, et rétrécies en hiver, pour empêcher le passage aux rats et mulots. Les ruches à sections superposées (hausses) peuvent, en été, avoir une entrée à chaque section inférieure, ou du moins sans inconvénient, aux deux sections du bas.

ÉPURATEUR, s. m., appareil à épurer la cire. L'épurateur est, la plupart du temps, une sorte de tonneau étroit, défoncé par le haut, à parois épaisses et de grandeur variable. Celle-ci doit être proportionnée à la quantité de cire à épurer à la fois. Les douves qui le composent doivent être en bois blanc (sapin ou tilleul), et avoir l'épaisseur de 5 à 8 centimètres. Elles sont consolidées par de forts cercles en fer, assez rapprochés. Les mesures, pour une dimension moyenne, sont : pour le diamètre de la base dans œuvre, de 30 à 35 centimètres, et pour la hauteur, de 80 cent. à un mètre. Le diamètre du haut (partie ouverte) peut être de 40 à 50 cent. A 15 ou 20 cent. de l'orifice sont placées plusieurs broches distancées en contre-bas de 10 centimètres environ, et placées de façon à laisser approcher de l'épurateur au-dessous de chacune d'elles le vase qui sert au soutirage. L'épurateur est ordinairement établi sur un trépied, non loin de la presse à extraire la cire.

— A défaut de tonneau spécial, on peut prendre un tonneau ordinaire, dit quartaut, le défoncer par un bout (le haut) et l'envelopper d'une couche de foin ou de chiffon pour rendre ses parois mauvaises conductrices du chaud et du froid.

On a modifié la forme de l'épurateur. On en construit en fer-blanc, ayant doubles parois entre lesquelles on met de l'eau bouillante. On lui adapte aussi un tube intérieur ou extérieur (V. l'*Apiculteur*, 6ᵉ année), au moyen duquel on introduit de l'eau bouillante sous la couche de cire fondue. Cet appareil est muni de robinets et de canelles par où s'échappent l'eau et la cire.

ÉPURATION *de la cire, épuration du miel*. Voir *Fabrication*.

ESPACEMENT, s. m., ruche à *espacements*, ruche à hausses; se dit aussi de la distance entre les planchers des hausses, entre les barrettes qui les composent, entre les cadres mobiles et les parois des ruches.

ESSAIM (essaim d'abeilles), s. m. On donne le nom d'essaim à un

Digitized by Google

groupe d'abeilles qui se sépare de la famille souche pour aller s'établir ailleurs et former une autre famille ou colonie nouvelle, *Jeton* est synonyme d'essaim pour beaucoup d'apiculteurs. En anglais *chwarm*; en allemand *Bienen-Schwarm*; en italien *sciami*; en espagnol *enjambre*. Les principaux termes patois d'essaim, sont : *essant, essam* (Deux-Sèvres) ; *enchaim* (Savoie) ; *ensaim* (Saône-et-Loire) ; *eschaim, esson, essieu*, ou *essiau, voissieu* ou *voïssiau* (Somme) ; *échian, échamie, facheau d'ez* pour faisceau ou groupe d'abeilles (Pas-de-Calais) ; *issaim, issamâ* (Haute-Loire) ; *issan* (Aveyron) ; *icham* (Aude) ; *isson, brus* (Lozère) ; *anchian* (Haute-Saône) ; *chami, ichami* (Landes) ; *avu* ou *jeton* (Isère) ; *bourna* (Haute-Vienne) ; *tergniou* (Yonne) ; *ch'ton* ou *jiton* (Meuse) ; *jitton* (Aube, Sarthe) ; *zetan* (Ain).

La formation des essaims est commandée par la loi naturelle : « Croissez et multipliez. » Les abeilles, dont les colonies sont condamnées à mourir après un certain laps de temps (Voir *Durée de leur existence*), n'ont pas d'autres moyens de se perpétuer et d'augmenter leur espèce. Diverses causes concourent à une production d'essaims plus hâtive et plus forte. De même, diverses causes nuisent à la production d'essaims. Les causes qui donnent lieu à la sortie des essaims, peuvent être distinguées en causes éloignées et en causes prochaines. Les premières sont : 1° l'état d'abondance ou de pénurie de provisions dans lequel se trouvent les abeilles d'une ruche; le nombre d'individus qui l'habitent à l'époque de l'essaimage; 2° l'âge et l'activité de l'abeille-mère ; 3° la température plus ou moins favorable du climat ; 4° l'état de la floraison plus ou moins hâtive, plus ou moins tardive, plus ou moins propice à la récolte du pollen et du miel; 5° enfin, l'exposition et le voisinage des ruchers près des végétaux qui abondent en fleurs ; toutes ces causes agissent d'une manière sensible pour hâter ou retarder l'apparition des essaims.

Lorsque les temps froids et pluvieux succèdent aux premiers beaux jours du printemps, la ponte est diminuée, et parfois du couvain est jeté dehors, ce qui retarde l'augmentation de la famille. Il faut que l'abeille-mère reprenne sa ponte, qui est souvent moins considérable, à cause de cette suspension accidentelle, et aussi à cause de la perte de temps. Ailleurs, dans les localités où l'essaimage a lieu en juillet et même en août, tel qu'en Bretagne, le temps sec et les grandes chaleurs peuvent, en détruisant les fleurs, empêcher ou seulement retarder la sortie des essaims. En outre, s'il survient au moment de l'essaimage un temps froid et pluvieux, la sortie des essaims n'a pas lieu, quoique les colonies soient dans des dispositions à essaimer. L'abeille-mère, dans cette circonstance, va détruire au berceau les femelles près d'éclore. S'il s'en trouve à l'état de ver ou d'œuf, l'essaimage n'est que retardé, pourvu toutefois qu'un peu plus tard le temps ne s'oppose pas à la sortie de l'essaim. La disette de miel et quelquefois aussi sa surabondance s'opposent encore à l'essaimage. Cependant, il y a quelquefois beaucoup d'essaims dans les années qui ne donnent pas de miel, et l'on obtient parfois miel et essaims en abondance. — Les ruches très-vastes donnent beaucoup plus rarement des essaims que les petites, parce que celles-ci sont plus vites pleines. — Les ruchers placés sur les hauteurs et dans les endroits éventés donnent moins d'essaims et les donnent plus tardivement que ceux placés dans les vallées et près des bois où se trouvent en abondance le noisetier, le coudrier, le saule marceau, le cerisier, etc. A conditions égales d'emplacement, la proximité des fleurs avance l'essaimage. Aussi, dans plusieurs cantons de plaine, on transporte les colonies près des bois ou dans les vallées abritées qui ont des fleurs hâtives, afin d'obtenir des essaims précoces. Ces colonies sont reportées ensuite à d'autres pâturages.

Les causes prochaines ou immédiates de la sortie des essaims, sont : 1° un accroissement excessif de population dans les ruches, qui va jusqu'à forcer les abeilles à demeurer dehors, à faire la barbe ; 2° une élévation de température ; 3° le dépôt d'œufs maternels dans les cellules spéciales ; 4° l'apparition extérieure de faux-bourdons ; 5° un bruissement fort et inaccoutumé. La veille et même l'avant-veille de la sortie de l'essaim primaire, le bruissement ou bourdonnement occasionné par le battement d'ailes des abeilles redouble d'intensité : il est aigu, presque éclatant.

Voici maintenant des signes qui indiquent que l'essaim va sortir: les ouvrières qui sont allées à la picorée et celles qui en reviennent ne sont pas aussi nombreuses que de coutume et chez les ruches voisines; l'activité n'est plus en rapport avec la population ; les mouches paraissent être dans l'attente d'un grand événement qui ne tardera pas à s'accomplir. Un certain nombre de jeunes abeilles voltigent autour de leur ruche comme pour s'essayer à une course plus longue ; d'autres courent précipitamment à l'entrée, où elles se groupent et grossissent la barbe. Dans l'intérieur de la ruche règne un mouvement très-grand ; des ouvrières courent sur les rayons comme pour s'exciter au départ ; d'autres se gor-

Digitized by Google

gent de miel; la température de la ruche s'est élevée et les abeilles com.
mencent à se précipiter en foule à la sortie. Le signal du départ a été
donné.   H. HAMET.

Revue et cours des produits des abeilles.

Havre, 1er décembre. Dans le mois de novembre, les affaires en cire
ou en miel ont été fort peu brillantes sur place; les importations ont
été assez suivies, mais les ventes ont été pour ainsi dire nulles.

Du 1er au 25 inclusivement, il a été importé :

148 fûts miel de Morlaix.	4 barils et 2 caisses cire de New-York.	
10 dito de Redon.	99 caisses dito de Valparaiso.	
65 dito de Hambourg.	270 dito dito de Rotterdam.	
	96 barils dito d'Espagne.	

Durant ce même laps de temps les ventes se comportent : de 4,000 kil.
cire de Chili, à 2 fr. 15 le demi-kil., acquitté.

Du 25 à ce jour, nulle affaire en vente. En importation, on a reçu
538 barils de miel Valparaiso.

Je remarque que depuis un certain temps la Hollande achète beaucoup de miel, et seule elle fait subir la hausse ou la baisse de cet article
chez nos producteurs, et à son gré. Je crois qu'il serait prudent que
nos producteurs tiennent un peu la main, car il doit y avoir un tripo-
tage en cela avec l'Allemagne.

A la date du 24 novembre, le dernier prix courant rédigé par MM. les
courtiers en marchandises cotait :

Ci brute d'Afrique, de 3 fr. 20 à 3 fr. 60 ; du Chili, de 4 fr. 40 à
4 fr. 50; des Etats-Unis, de 4 à 4 fr. 20; de Haïti, 3 fr. 75 à 3 fr. 80 ;
de Saint-Domingue, de 3 fr. 90 à 3 fr. 95 ; de l'Inde, de 4 fr. 20 à
4 fr. 50 le kil.; acq.

Miel du Chili, de 105 à 115 fr.; d'Haïti et Cuba, de 60 à 70 fr. les
100 kil.; acq. — *Pillain.*

A Anvers, la demande de miel est devenue moins active et les cours
ont incliné à la baisse. On n'a plus coté les bretagne que 26 florins les
50 kil. (93 fr. 50 les 100 kil.) ; Chili, de 26 à 28 florins.   H. HAMET.

A vendre : 90 bonnes colonies d'abeilles, dont un certain nombre dans des ru_ ches à cadres. S'adresser à M. Crevoisier, rue des Arènes, ou en son absence à madame Santonax à Dôle (Jura).

— A vendre : 100 ou 150 paniers d'abeilles, grands fûts, première qualité, tous pleins, bien mouchés et en cru blanc, à 18 fr. pièce. S'adresser à M. Jules Binet, à Sementron par Courson (Yonne).

— A vendre : 50 ou 100 paniers d'abeilles disponibles, 1re qualité, à 18 fr. pièce. S'adresser à M. Priollet aîné, à Rambouillet (Seine-et-Oise).

— A vendre : 40 paniers d'abeilles en bonne qualité, avec bâtisses. S'adresser à M. Aubert, marchand d'abeilles à Saint-Mard-de-Reno par Mortagne (Orne).

— A vendre : 40 barils de miel surfin gâtinais, et 30 dito blanc de 1re coupe. S'a- dresser aux bureaux de l'*Apiculteur*.

— A vendre : quelques barils de miel blanc et surfin, dont partie en pots. S'a- dresser à M. Poisson, à Beaune-la-Rolande (Loirot).

— A vendre : 4 barriques de miel de Bretagne. S'adresser à M. Pouessel à Laillé par Guichen (Ille-et-Vilaine).

— Pour achat de miel du Chili, d'Haïti et de Cuba, s'adresser à M. Pillain, rue de Normandie, 58, au Havre.

— On demande un apiculteur pour soigner 300 ruches, dont 200 à cadres et 100 en paille, sous la direction de Mme Santonax. Il faut une personne habile. intelligente et aimant les abeilles. Il y a un cheval à soigner. Inutile de se pré- senter sans de bons certificats. — S'adresser à M. Santonax, à Dôle (Jura).

— On demande des bâtisses à livrer en mars ou avril. S'adresser aux bureaux de l'*Apiculteur*.

Peu de choses à faire aux ruches en temps de gelées: elles doivent être bien couvertes, c'est l'essentiel. Mais on ne doit pas moins faire une ronde presque journalière dans le rucher, passer devant chaque ruche, et jeter un coup-d'œil sur les entrées et sur le sol, en face, pour s'as- surer que le cadavre de la mère de s'y trouve pas. — Il faut enlever la neige et la glace qui encombrent les entrées.

Paris — Imprimerie horticole de E. DONNAUD, rue Cassette, 9.

L'APICULTEUR

Chronique.

Dans l'appel que faisait dernièrement aux membres de la Société d'Apiculture de l'Aube son président, la solidarité est indiquée comme devant être la loi de toute réunion, de tout concours de forces constituées par le groupement pour arriver au progrès. En effet « où trouver un agent plus actif, plus puissant, que ces paisibles associations qui apprennent aux hommes à s'entr'aider, à se communiquer leurs pensées, à s'épancher ensemble et à s'unir dans le bien ; n'est-ce pas saper dans sa base l'égoïsme qui, du haut en bas de l'échelle sociale, ronge comme une lèpre hideuse tout ce qu'il y a de saint et de bon dans le cœur. Cette tâche est immense et ne saurait être remplie que par l'union et le dévouement de tous, dont l'association est le lien. » Nous venons de citer le but à atteindre. Voici un exemple à suivre qui nous est familier.

« Faisons comme nos chères abeilles : lorsque l'ouragan a renversé leurs ruches, ou lorsqu'une main ennemie, en les décimant, a porté la dévastation dans leur intérieur, elles n'abandonnent pas leurs nourrissons, et dussent-elles toutes périr, elles couvrent de leur corps, en masses serrées, ces êtres chers, richesse de la famille, espoir de l'avenir, et si un rayon de soleil apparaît, elles se hâtent à l'envi de courir au travail pour réparer leur misère ; elles savent qu'il y a toujours aux champs, sous la main de Dieu, une goutte de rosée pour celui qui a soif : bientôt leurs rayons détruits se reconstruisent et la prospérité renaît. — Faisons comme elles ; si l'abeille, malgré sa faiblesse individuelle, réalise de tels prodiges, cela tient à l'union, au dévouement complet de tous à la cause commune : de là l'harmonie et le bonheur... »

D'ailleurs, par le concours entendu que *tous* doivent donner à la cause commune, *chacun* ne peut manquer d'y trouver ses intérêts particuliers. Prenons pour exemple les informations données par l'*Apiculteur*, et qui sont fournies par tous ; assurément elles profitent à chaque producteur et à chaque acheteur. Nous devons exprimer ici le désir de voir nos correspondants entrer dans une voie plus large ; nous désirons que les pro-

ducteurs indiquent la quantité de produits qu'ils ont à vendre, lors
même qu'ils ne feraient pas connaître le prix qu'ils désirent obtenir.
Voici ce qui nous fait les pousser à entrer dans cette voie : c'est que
chaque année, un certain nombre d'apiculteurs peu favorisés nous
écrivent pour nous demander l'adresse de ceux de leurs confrères qui
ont de la marchandise à céder. N'étant pas, ou étant peu renseignés
sur ce point, nous sommes souvent obligés d'envoyer nos correspondants
chez les intermédiaires, qui perçoivent de 15 à 30 0/0, tant sur les producteurs que sur les consommateurs, ce qu'éviterait l'esprit de solidarité
mieux compris et plus appliqué.

Nous reproduisons les fragments d'une lettre dont la terminaison
peut faire suite à ce que nous venons de dire :

« Peut-être aurai-je l'occasion de vous fournir quantité d'observations
nouvelles et importantes dans le courant de l'année qui va commencer,
alors qu'une expérimentation suffisante aura confirmé mes premiers
essais et m'aura permis de préciser d'une manière mathématique le
résultat de mes nombreuses recherches en apiculture. Quelques erreurs
admises jusqu'ici pourront y trouver leur rectification.

» Les points les mieux définis jusqu'ici sont :

» 1° La proportion qui existe entre le rendement mellifère et la population, et cela d'une manière aussi précise et rigoureuse que possible, je
dirai presque mathématique.

» 2° Modification à la méthode d'essaimage artificiel par déplacement,
indiquée par M. Collin et autres auteurs, qui doublerait la production
mellifère et laisserait la population plus peuplée et meilleure qu'elle ne
peut l'être dans les conditions indiquées par ces messieurs.

» 3° Réunions de fin de campagne, savoir sans hésitation quelle ruche
adopteront les abeilles réunies. Les auteurs font erreur en disant que ce
sera celle placée en dessus, dans les ruches d'une seule pièce culbutées.
La vérité est qu'elles adopteront aussi bien l'une que l'autre, selon leur
instinct. C'est à l'apiculteur de le prévoir, la chose est facile et certaine
à l'avance.

» 4° Le mode d'opérer les culbutes comme le Gâtinais sans avoir recours
aux achats de morines, et le moyen d'éviter le couvain, de récolter
presque chaque jour du miel de premier choix sans dérangement pour
les abeilles, tout en leur faisant rendre le maximum de production.

» 5° Enfin, une foule d'autres questions concernant la formation hâtive
des populations, etc., les pâturages, etc., faisant partie d'un système

basé sur le rapport qui existe entre la densité des populations et la somme de leur rendement.

» Faites, je vous en prie, ou permettez-moi d'insérer dans votre journal, un chaleureux appel à tous nos confrères en apiculture pour que chacun apporte sa pierre à l'édifice commun, et que notre belle science, l'apiculture, ne soit plus désormais livrée à l'ignorance et à la routine, comme elle l'est trop souvent, à quelques honorables exceptions près.

» Nous sommes encore bien au-dessous de ce que nous devrions être et les millions que notre commerce devrait puiser dans cette industrie s'enfouissent encore chaque année dans le sein de la terre.

» Excusez, Monsieur, la liberté que je prends de vous écrire ces quelques lignes. Mon grand désir est de nous voir, nous aussi apiculteurs, apporter notre obole pour soulager les malheurs de la patrie.

    » Tout à vous,   BOYER.

      » Neauphle-le-Château, 29 novembre. »

Un certain nombre d'apiculteurs n'entendront pas cet appel ; ne l'entendront pas malheureusement tous ceux que la guerre a ruinés, et ils sont nombreux : l'*Apiculteur* compte parmi ses abonnés plus de 150 victimes. On sait — pour en avoir fait l'épreuve — combien les Allemands sont friands de miel. Aussi de toutes les branches de l'agriculture, l'apiculture est celle qui a éprouvé le plus de dégâts, et la classe des possesseurs de ruches n'est pas la plus fortunée. Les victimes se relèveront donc difficilement de ce désastre. Quelques-uns, qui n'ont eu qu'une partie de leurs ruches d'abimées et qui ont éprouvé d'autres pertes matérielles, ne répondront pas non plus : ils nous ont écrit « que se trouvant dans la *nécessité de faire des économies*, ils se voyaient forcés de ne plus lire l'*Apiculteur* ». De toutes les économies, celle qui porte sur les moyens d'apprendre à produire plus et mieux, c'est-à-dire à réparer le plus vitement possible le mal, est assurément la plus sotte qu'on puisse faire, et rentre dans les moyens héroïques que feu Gribouille employait pour se sécher. Ah ! qu'on se prive de fumer et d'ingurgiter à tout bout de champ de l'alcool, choses qui nuisent à la santé et à la bourse sans rien produire, si ce n'est un impôt fabuleux; oui, oui, dirons-nous, c'est très-sensé de faire là-dessus de *sérieuses* économies.

Ne répondront plus à aucun appel et nous priveront à jamais de leur concours, les apiculteurs distingués que la mort a moissonné en trop grand nombre cette année. Aujourd'hui encore, nous avons à déplorer la perte d'un confrère des plus méritants et des plus zélés, de M. Vignou, apiculteur à Saint-Denis, près Péronne, mort subitement les derniers jours de novembre, et qui comptait un demi-siècle de pratique avec de nombreux services rendus au progrès par sa propagande incessante des bonnes méthodes, surtout depuis une quinzaine d'années qu'il vivait des rentes que les abeilles lui avaient amassées et qu'elles grossissaient tous les jours. Son rucher était un des plus fournis et des mieux conduits du département de la Somme.

— M. Picat, d'Onesse (Landes), nous prie d'insérer ce qui suit :

Dans le numéro 8 de l'*Apiculteur*, l'un de vos correspondants, M. Bossuet, d'Audenge (Gironde), publie ceci « : La bruyère abondam-
» ment fleurie exhale une odeur de miellée qui fait la joie de l'apicul-
» teur. Malheureusement, nos éleveurs landais ne profiteront guère de
» cette richesse que leurs ruches d'une seule pièce en vannerie ne leur
» permettent pas de récolter sans étouffer les colonies. »

Je vous prie de faire savoir à M. Bossuet que, cette année, j'ai extrait, y compris sur les ruchées que je soigne chez l'un de mes parents, plus de sept quintaux de beau miel en rayons, sur 70 colonies environ, logées dans la ruche landaise d'une pièce en vannerie, sans pour cela étouffer une seule de ces colonies, tout en leur laissant les provisions nécessaires pour passer l'hiver. Il paraît que M. Bossuet n'a jamais vu extraire les rayons de miel de nos ruches landaises, puisqu'il avance que cela ne peut se faire sans étouffer les abeilles. S'il me voyait opérer, à la saison de faire cette besogne, il jugerait que cela n'est pas impossible, pas plus que d'extraire ou de tailler des rayons de cire, ainsi que nous le faisons chaque année vers les premiers jours du printemps. C'est donc à tort que M. Bossuet avance que dans les Landes, ou du moins dans ma contrée où l'on fait usage de la ruche en vannerie, on étouffe les abeilles. Autour de ma localité, dans un rayon de huit à dix lieues, je n'ai jamais vu étouffer des abeilles pour les récolter. Il se peut que de son côté, dans la Gironde, non loin du bassin d'Arcachon, on étouffe encore. Cependant nos localités ne sont pas très-éloignées. Pour mon compte, je serais embarrassé de savoir m'y prendre pour opérer l'étouffage d'une colonie à récolter. Je crois que la réputation d'étouffeur est maintenue à tous les apiculteurs landais pour payer moins cher leur miel qui est réputé mal fait. Car l'étouffeur est censé façonner aussi mal les produits qu'il traite les abeilles. Agréez,

PICAT, aîné, à Onesse.

— Une récente circulaire du ministre de l'agriculture invite les préfets à tout préparer pour la remise en vigueur des concours régionaux dès le printemps prochain. Il faut que le travail des préfets soit rendu au ministère avant la fin du mois de janvier prochain. Le gouvernement maintiendra au budget la somme précédemment affectée aux concours régionaux qui s'ouvriront en avril 1872. Les encouragements aux Sociétés agricoles seront aussi rétablis. S'il y a des économies à faire et des réformes urgentes à accomplir, ce n'est assurément pas de ces côtés, si ce n'est en vue d'encourager davantage.

— On lit dans le numéro 12 de la *Revue* horticole, viticole et apicole de la Suisse romande : « Nous *croyons* que la ruche à cadres mobiles, telle que nous l'employons, réunit toutes ces qualités. (Les qualités dont il s'agit ont été énumérées précédemment : elles sont au nombre de *treize*, un demi-quarteron). Nous disons celle que nous employons, et non la *nôtre*. Cette ruche est employée depuis nombre d'années en Allemagne et dans la Suisse allemande ; elle a fait son apparition dans la Suisse romande et commence à s'y propager ; la France est plus rétive, il suffit de lire l'*Apiculteur* pour s'en convaincre ; on a de la peine à y accepter ce qui vient du dehors, et qui n'est par conséquent d'*invention nationale*, dût-on même en avoir des regrets. »

Nous vous prenons les mains dans le sac, cher confrère : vous empruntez cette rengaine d'*invention nationale*, à ces épais Allemands, qui auraient bien dû chercher un argument plus sérieux, car nous avons essayé et *inventé* avant eux la ruche à cadres, quoiqu'elle le fût déjà depuis longtemps.

Vous *croyez*, dites-vous, que la ruche à cadres a toutes les qualités. Pardonnez, en fait de science — et d'expérience qui la passe — la foi n'est pas une monnaie courante ; on ne connaît que la démonstration, la preuve d'après feu Barême. Ainsi donc, tenez-vous-le pour dit, nos producteurs resteront rétifs tant que vous ne leur aurez pas démontré *proprio motu* que les produits obtenus par la ruche à cadres reviennent à meilleur marché que par les ruches économiques qu'ils emploient et qu'ils savent conduire. Mais dès que vous aurez fait cette preuve, vous pouvez compter que dans le concert de louanges qui reviendront *réelle-*

ment à la *nouvelle* invention, l'*Apiculteur* tiendra la grosse caisse ou l'ophicléide, et nous n'en aurons pas de regrets.   H. HAMET.

Étude sur Berlepsch.
Suite. V. page 326.

Seconde période. Du commencement à la fin de la récolte.
Chap. XXIX, pages 425 à 437. Particularités de cette période.

§ 152 (sans titre). La floraison du cerisier est l'époque en Allemagne où les ruchées commencent à gagner du poids. C'est aussi le moment d'égaliser les populations, autant que possible, en donnant aux plus faibles des cadres de couvain operculé près d'éclore, cadres qu'on emprunte aux populations fortes et qu'on remplace par d'autres cadres bâtis. Si l'on remplaçait les cadres à couvain par des cadres non bâtis, les abeilles construiraient une énorme quantité de cellules à bourdons.

Plus tard, à la floraison du pommier et du colza, époque où la grande récolte de miel commence, on renforce les populations faibles des ruches en paille (à bâtisse fixe) en les permutant avec les populations fortes d'autres ruches en paille. Cette opération doit se faire de dix à onze heures du matin, par une belle journée et lorsqu'on voit que les mouches récoltent beaucoup de miel. Berlepsch a fait cette permutation plus de cent fois. Le vieux Jacob Schubze l'a faite plus de mille fois pendant une pratique de trente ans. « Jamais aucun de nous n'en a éprouvé de perte, et dans les bonnes années nous en avons recueilli de grands avantages. On ne peut pas dire qu'on prend le thaler à la main droite pour le donner à la main gauche, mais bien qu'on prend le thaler d'une main pour en remettre deux et plus à l'autre. »

§ 153. Donner des reines. Berlepsch s'étend longuement sur la manière de faire accepter des reines par des ruchées orphelines, ou ruchées [dont on veut remplacer la veille reine par une jeune. Description de deux cages pour emprisonner les reines. Les premières coûtent 4 francs 50 centimes la douzaine, les secondes coûtent moitié moins.

L'apiculteur lorrain emprisonne les reines dans un étui en toile métallique qui ne coûte [pas 2 centimes pièce, et qui est plus commode que les cages de] Berlepsch. Tout apiculteur français qui a reçu des reines italiennes connaît cet étui.

§ 154. Cloche et jatte à miel. De temps immémorial, les apiculteurs ont placé des cloches en verre par-dessus les ruches ; dans les derniers temps, on a donné avec raison une grande attention à ces cloches et Dzierzon surtout en a parlé avec détail. Berlepsch préfère la jatte à la cloche. L'on obtient avec la cloche et la jatte (toutes deux en verre) du miel de bel aspect et qu'on vend fort cher.

§ 155. Manière d'employer la jatte à miel. Pour rendre la bâtisse régulière, on colle au plafond des amorces en cire blanche. Sans ces amorces, les abeilles se décident difficilement à bâtir dans la jatte.

L'apiculteur lorrain remercie Berlepsch de ce qu'il a daigné recommander, dans les deux dernières lignes du paragraphe, *le vieux cylindre de paille* (hausse) à couvercle plat, pour remplacer la jatte.

Chap. XXX, pages 438 à 444. Propagation de la famille.

§ 156. Essaimage naturel et régulier. L'essaim régulier sort environ six ou sept jours avant la naissance de la reine qui arrive la première à terme. L'ancienne reine accompagne donc l'essaim primaire. Berlepsch assure qu'il n'a jamais vu d'essaim sortir d'une ruche non entièrement bâtie. C'est faute de place que l'essaim primaire abandonne la ruche.

Si la souche se prépare à donner un essaim secondaire, les cellules royales sont protégées contre la fureur de la reine qui est sortie la première de sa cellule ; cette reine fait entendre le chant *tuh*, et quand les autres reines sont arrivées à terme, elles répondent au chant *tuh* par le chant *quouak*.

L'essaim secondaire étant sorti, un essaim tertiaire peut encore avoir lieu, et alors la musique recommence, c'est-à-dire que le cri *tuh* poussé par la reine en liberté, celle qui vient après la jeune reine qui a suivi l'essaim secondaire, provoque les cris *quouak* poussés par les reines prisonnières.

L'essaim primaire ne sort pas toujours six ou sept jours avant la naissance de la reine la plus âgée ; il en est souvent empêché par le mauvais temps ; mais s'il ne peut sortir, au moins deux jours avant la maturité de cette reine, les reines au berceau sont tuées et l'essaimage est suspendu du moins pour un certain temps.

Il arrive cependant, mais très-rarement, que les jeunes reines au berceau ne sont pas tuées, que ces reines arrivent à terme en chantant *quouak* et que l'ancienne reine réponde par *tuh*. Dans ce cas l'essaim peut sortir soit avec l'ancienne reine, soit avec la nouvelle.

Observation de l'apiculteur lorrain. Berlepsch n'a pas assez étudié l'essaimage naturel et régulier. Voici les choses telles qu'elles se passent.

L'essaimage primaire, quand il n'est pas contrarié par le mauvais temps, se sépare de la famille; tantôt six, tantôt sept jours accomplis avant le chant *tuh* de la jeune reine. Exemple. L'essaim primaire sort, le dimanche 14 mai; s'il doit être suivi d'un essaim secondaire, la reine la plus âgée, sortie de son berceau, chantera *tuh*, tantôt le samedi suivant 20 mai, tantôt le dimanche 21 mai; elle chantera quelquefois plus tôt, mais rarement plus tard que les deux jours que nous venons d'indiquer. Il est à remarquer que la reine ne commence à chanter, au plus tôt, que vingt-quatre heures après sa sortie du berceau.

L'essaim secondaire, s'il fait beau temps, sortira le lendemain ou le surlendemain du jour où la reine aura commencé de chanter. Mais si le temps ne permet pas à l'essaim de sortir, vous entendrez plusieurs chants distincts : le chant *tuh* produit par la reine en liberté, et un ou plusieurs chants *quouak* produits par d'autres reines arrivées à terme et renfermées au berceau. Ainsi chant unique si l'essaim n'est pas retardé et plusieurs chants s'il est retardé.

Je n'ai jamais vu, dit Berlepsch, un essaim primaire sortir d'une ruche non entièrement bâtie. Ces paroles demandent une explication.

A la sortie de l'hiver, voilà une colonie dont la ruche n'est pas entièrement bâtie ou dont la bâtisse a été taillée en partie, cette colonie n'essaimera pas avant d'avoir complété sa bâtisse. Voilà une colonie qui reçoit, dans le premier jour du printemps, une hausse sans couvercle, de manière que les abeilles peuvent prolonger la bâtisse sans solution de continuité, cette colonie n'essaimera pas avant d'avoir bâti la hausse.

Mais voici une hausse qui est donnée à une colonie qui déjà a fait ses préparatifs d'essaimage, qui a des œufs et des larves dans des cellules maternelles; cette hausse quoique sans couvercle ne sera pas bâtie et n'empêchera pas la sortie de l'essaim.

Une calotte ou une hausse avec un couvercle est donnée à une colonie forte. Dans ce cas il arrivera souvent que l'essaim sortira avant d'avoir bâti calotte ou hausse.

Il y a plus, une hausse n'ayant d'autre couvercle que des porte-rayons avec amorces, n'empêchera pas toujours l'essaim de sortir avant d'avoir bâti la hausse. *Un apiculteur lorrain.*

Errata. Page 266, ligne 33, il faut dire : pour le couvain et *l'hivernage.*—Page suivante, 267, ligne 4 : hors œuvre; il faut dire : *dans œuvre.*

La pagination et l'ordre des matières ont nécessité la coupure des derniers articles publiés. Le lecteur devra reprendre les chapitres précédents afin de mieux comprendre le chapitre qu'il entame. — *La Réd.*

Lettres Inédites de Fr. Huber.

(Voir page 332.)

Au Bouchet, le 31 octobre 1810.

Mon cher monsieur, je reçois avec beaucoup de plaisir les nouvelles que vous me donnez dans votre dernière lettre, et je vous félicite d'abord du succès que vous avez obtenu de votre nouvelle méthode, et j'espère que les essaims artificiels que vous avez formés cette année continueront à prospérer et passeront l'hiver sans trop souffrir de ses rigueurs. Il parait que vous avez acquis bien de l'habileté dans le maniement des abeilles. Burnens, malgré toute son adresse, aurait été fort embarrassé s'il eût été question de s'emparer de la mère d'une ruche indivisible, sans engourdir les abeilles par le moyen du bain, ou les chasser dans un autre appartement par le moyen de la fumée. Depuis l'invention des ruches à feuillets, il y prenait tout ce qu'il voulait sans recourir à ces expédients : il ne s'agissait que de les ouvrir et pour ainsi dire de les feuilleter comme un véritable livre jusqu'à ce qu'on eût trouvé ce dont on voulait s'emparer. Je ne connais pas du tout comment les ruches d'une seule pièce se prêtent aux mêmes recherches, surtout à l'enlèvement de la mère. Si elle se tient entre les gâteaux, vers le sommet de la ruche, comment la voir, et surtout la prendre sans tout ravager, et s'exposer à la vengeance des abeilles ?

Si vous avez trouvé ce secret, vous me ferez plaisir de me l'apprendre. Vous pouvez être sûr qu'il restera entre nous comme tout ce que vous voudrez bien me communiquer. Nous ne connaissons point ici cette maladie que vous regardez comme l'effet de la putréfaction du couvain, et dont la cause est ignorée : je n'ai jamais rien vu de semblable. D'autres cultivateurs m'ont parlé d'un autre accident auquel le couvain est sujet dans leur vallée; il n'est pas très-rare, chez eux, de voir une grande partie des abeilles d'une même ruche venir au monde avec quelque membre de moins; leurs nourrices, qui s'aperçoivent de cette imperfection, arrachent de leur berceau ces pauvres estropiées et les jettent à la voirie. On dit que les Spartiates traitaient de la même manière leurs enfants qui naissaient avec quelque difformité. Je leur pardonne moins qu'aux abeilles, qui n'ont pas fait elles-mêmes la loi à laquelle elles sont contraintes d'obéir. Si celles-ci nous paraissent sévères, convenons cependant que celle-là est parfaitement sage : la famille surchargée de ces bouches inutiles, périrait infailliblement si on ne les mettait pas à la porte. C'est donc pour la conservation de l'espèce que quelques individus sont sacrifiés. Il ne faut donc murmurer de rien, et croire même que ce que nous ne comprenons pas aussi bien n'a pas été ordonné sans de bonnes raisons.

M. Petitpierre, dont vous m'avez procuré la connaissance, veut bien me rendre le service de donner des leçons de l'art qu'il exerce ici à un jeune homme qui nous intéresse et qui avait montré du goût et du talent pour la mécanique. Votre bon parent a jugé comme nous de ses dispositions, et s'est prêté à nos vues avec une bonté dont nous sommes infiniment reconnaissants; il sait que je vous écris et me charge de vous faire ses compliments, ainsi que l'ami qu'il m'a amené. Je vous prie de lui rappeler qu'il m'a promis une autre visite; je serai toujours charmé de voir ceux de vos compatriotes qui pourront me donner de vos nouvelles, et faciliter nos communications.

Je pensais comme vous, monsieur, que les demeures trop vastes et surtout trop larges ne convenaient pas aux abeilles; il m'avait paru qu'il pouvait être avantageux de leur donner de l'espace dans le sens de la hauteur, me fondant surtout sur leur réussite dans les ruches naturelles, c'est-à-dire dans les troncs des arbres creux, dont la cavité n'a ordinairement qu'une largeur très-limitée, tandis que leur dimension dans l'autre sens est quelquefois d'une très-grande étendue. Nous avons trouvé des abeilles établies dans de vieux chênes qui donnaient de beaux essaims chaque année; elles avaient fait leurs gâteaux dans la partie supérieure de cette cavité, qui avait peu de largeur, 24 à 30 centimètres au plus; leur entrée était quelquefois placée très-loin des rayons, à dix ou quinze pieds par exemple, sans que ce long espace qu'elles avaient à parcourir eût aucun inconvénient apparent. Il paraît que les Egyptiens suivent mieux que nous ce qu'indique la nature à cet égard ; leurs ruches à ce qu'on dit sont faites d'argile pétrie avec du charbon, et durcie par le soleil : ce sont de véritables tubes ou tuyaux de 23 à 24 centimètres de diamètre au plus, et de 3 à 4 mètres de long; ils les placent dans une position verticale. Si cela est vrai, les demeures artificielles de leurs mouches ressemblent fort aux ruches naturelles. Si d'autres observateurs ont réussi par des méthodes différentes, cela prouverait que la grandeur et la forme des ruches sont indifférentes, pourvu que le climat leur soit favorable, et qu'elles habitent des lieux fertiles pour elles. Les premiers essaims conduits par la vieille mère rejettent quelquefois, et je l'ai vu chez moi cette année. Ce sont toujours de jeunes mères qui conduisent les seconds essaims. Jamais il ne m'est arrivé d'en voir jeter aucun dans la même saison. Dites-moi si cela vous serait arrivé? et croyez-moi tout à vous.   F. HUBER.

Ouchy près Lausanne, le 13 août 1814.

Il paraît, monsieur, que votre dernière lettre ne m'est point parvenue. Il y a bien plus de deux ans que notre correspondance est interrompue, et vous pouvez être sûr que je l'ai souvent regrettée. Il est aussi certain que je n'ai laissé aucune de vos lettres sans réponse. Les communications que vous vouliez bien me faire, m'étaient trop agréables pour que je voulusse m'en priver par une négligence que je ne me pardonnerais point, et qui, permettez-moi de vous le dire, ne me ressemblerait point.

Il est vrai, monsieur, que j'ai publié mes dernières observations. Si elles peuvent vous intéresser, elles en auront plus de prix à mes yeux. Si vous ne trouvez pas de préceptes économiques, c'est que je ne me crois point en droit d'en donner sur une partie dont je n'ai pas fait mon étude, au moins directement, et que ceux qui s'en sont occupés sous ce rapport ont tiré les conséquences naturelles des faits que j'ai pu découvrir.

J'apprends avec grand plaisir que vous vous occupez toujours des abeilles. Vous m'en ferez beaucoup, monsieur, si vous voulez bien me dire ce que vous avez observé. Vous pouvez compter sur ma discrétion, comme sur l'intérêt que vous avez fait naître en moi et que je vous conserverai toujours.

Il doit paraître un ouvrage de M. de Gélieu, que je suis fort impatient de connaître; les succès que cet excellent homme a obtenus pendant un très-grand nombre d'années, en promettent à ceux qui voudront ou qui pourront suivre sa méthode.

Si vous prenez la peine de m'écrire, veuillez adresser votre lettre à Lausanne, chez M. de Mollin, banquier. Quand je retournerai à Genève, j'aurai soin de vous en avertir.

Recevez, monsieur, mes compliments très-empressés.   HUBER.

— Cette lettre est la dernière des dix-huit que nous possédons et que nous avons reproduites. Ces lettres montrent que celui à qui elles ont été adressées était un praticien très-distingué. Il est regrettable que sa correspondance soit égarée; car elle devait être d'un intérêt au moins aussi grand que celui des lettres de F. Huber. On a pu voir par ces dernières, que Petitpierre Dubied a constaté des cas de loque dus, sans doute, à de nombreuses opérations artificielles sur ses ruches ; on sait qu'il se livrait à l'essaimage forcé par transvasement, bien qu'on ne le dise pas. Il avait peut-être aussi *découvert* le procédé de Jayme Gil pour constater la présence de la mère dans l'essaim artificiel.   H. H.

Partie pratique de Dzierzon.
(Suite, voir page 332.)

Des rayons mobiles.

La ruche à rayons mobiles est organisée de manière à ce que l'on puisse enlever et replacer chaque rayon dans la ruche, aussi facilement que d'ôter et remettre la porte de bois dont il a été parlé précédemment. Mais comment cela est-il possible, se demandera celui qui ignore la manière dont la ruche est organisée, puisque les abeilles fixent leurs rayons au plafond de la ruche, et qu'il doit être bien difficile de les enlever, puis de les y fixer de nouveau, principalement lorsqu'ils sont pleins de miel et de couvain et par conséquent déjà un peu lourds ? Les rayons ne sont pas séparés du plafond, mais ce plafond consiste en petites planchettes minces, étroites et isolées, auxquelles sont fixés les rayons, et que l'on retire en même temps que le rayon qui est suspendu et que l'on a eu soin de détacher préalablement des parois de côté. Cet arrangement de planchettes ne forme pas le vrai plafond de la ruche, qui doit être fixé solidement par des clous et à demeure, mais il forme un faux plafond au-dessous du plafond de la ruche ; on le glisse dans des rainures pratiquées à droite et à gauche, de même que se compose quelquefois le plafond placé par les plâtriers dans les rainures des poutres au lieu d'être cloués au-dessous de ces poutres elles-mêmes. L'apiculteur silésien plaçait primitivement ces planchettes sur deux liteaux cloués à droite et à gauche contre les parois ; mais il donne depuis longtemps la préférence à des rainures en coulisses d'environ 6 millimètres 1/2 de profondeur. Inutile de faire observer que, puisque les planchettes destinées à porter les rayons, doivent pénétrer dans les coulisses, elles doivent avoir 13 millimètres de plus de longueur que la ruche ne mesure en largeur. Il est préférable de faire les coulisses coniques ou pointues, en donnant un trait de scie droit dans la paroi, puis un autre incliné, ou bien en sciant droit à 6 millimètres 1/2 de

profondeur, puis en enlevant la pièce au moyen d'un ciseau enfoncé de
biais. Cette forme de la coulisse permet de se débarrasser plus facilement du masticage, au moyen de deux coups de couteau ; on peut plus
facilement ajuster les porte-rayons qui sont trop longs, quand la coupe
de la coulisse est biaise, que quand elle est d'équerre avec le fil de bois.

Quoique les rayons mobiles ainsi que les gâteaux qui y sont fixés
soient parallèles à la porte, il est bon que le bout par lequel on les prend
et que l'on tire le premier à soi, quand on les sort ordinairement le bout
à droite), soit un peu plus près de la porte ; la forme de la planchette
doit par conséquent représenter un carré long légèrement biais, et un
peu arrondi par les coins. Dès que l'on tire à soi le bout à droite, ces
rayons mobiles sortent facilement de la rainure.

Les planchettes dont sont formés les rayons mobiles auront suffisamment de raideur en mesurant 6 millimètres 1/2 d'épaisseur, et elles
pourront porter facilement les gâteaux les plus lourds, parce que le
poids est également réparti dans toute la longueur. La largeur doit être
de 39 millimètres, espace que prend le gâteau et le passage qui se trouve
à côté.

Mais pour pouvoir prendre plus facilement les porte-rayons isolément,
quand ils sont serrés les uns contre les autres et collés par les abeilles,
et pour permettre aux abeilles de passer au-dessus de ces rayons, de
même que pour traverser une pareille grille de rayons placés par dessous pour leur permettre d'y continuer leurs constructions, il faut ménager des passages entre eux en les rétrécissant par place, tout en laissant subsister toute leur largeur dans d'autres places, ce qui fait qu'ils
se touchent les uns les autres et conservent une position stable. Pour
atteindre ce but, on peut ou bien en enlever du bois vers le milieu, les
rétrécir jusqu'à la longueur de 0^{m}0265 en leur laissant au bout et de
chaque côté un épaulement de 0^{m}0265 d'élévation, n° 1, fig. 14, ou bien
leur laisser toute leur largeur au milieu et enlever le bois de chaque
côté (n° 2), ou bien laisser du bois au milieu et aussi à chaque extrémité (n° 3) ; ou encore faire toutes les planchettes de la même largeur,
de 0^{m}026 partout également, et afin de ménager le passage nécessaire,
de 0^{m}013 qui doit avec la planchette former la mesure de 0^{m}039 ; on y
plante sur champ et à chaque extrémité une pointe (n° 4), qu'on laisse
dépasser de 0^{m}013 ; enfin on peut aussi se passer de ces pointes quand
par la pratique, on est arrivé à mesurer facilement de l'œil et du doigt
cet intervalle de 0^{m}013 entre les porte-rayons ; les abeilles ont bientôt

mastiqué et collé toutes ces planchettes qui se maintiennent très-bien à leur écartement quoiqu'elles n'aient ni épaulement, ni pointes. Ces porte-rayons peuvent avoir les formes suivantes : telles que les représentent les figures ci-jointes.

Le n° 3 est la forme la plus convenable, quoique la plus difficile à faire, parce qu'on peut enlever par la partie élargie du milieu un gâteau de miel, quelque épais qu'il soit, sans écraser les abeilles.

Comme les abeilles remplissent de mastic tous les espaces vides des rainures, et qu'elles fixent leurs rayons aux parois de côté au moyen de quelques attaches, la place des rayons est ainsi marquée et il suffit de placer les rayons convenablement une première fois. Tout sera bien, si l'on introduit dans la ruche tous les rayons qu'elle peut contenir et si on les espace convenablement l'un de l'autre. Une ruche de 0^{m}392 de profondeur peut contenir dix porte-rayons. Dans le cas où la profondeur serait de 0^{m}418, on pourrait, ou bien laisser plus d'intervalle entre les rayons, principalement là où l'on peut prévoir qu'il n'y aura que du miel, et où les abeilles construiront des rayons plus épais, ou bien on pourrait introduire un onzième porte-rayon et les serrer tous un peu davantage. Cette dernière manière est préférable, parce qu'on opère plus facilement avec des rayons plus minces et plus légers qu'avec des rayons épais et lourds qui se brisent plus volontiers.

Il ne faut pas écarter trop les rayons les uns des autres dans l'espace réservé au couvain ; car les abeilles construiraient un rayon attaché à la muraille et, pénétrant dans l'espace de plus de 0^{m}013 qui séparerait deux rayons voisins, y déposeraient du couvain, et cela pourrait gêner les opérations subséquentes.

Dans une ruche horizontale, dans laquelle les rayons ne peuvent atteindre plus de 0^{m}314 de longueur, il suffit d'y placer une paire de rainures et une seule grille de porte-rayons ; dans une ruche verticale, de 0^{m}6275 jusqu'à 0^{m}7845 de hauteur, il faut placer à 0^{m}209, 0^{m}235 ou 0^{m}2615 plus bas une seconde, une troisième et peut-être une quatrième paire de rainures dans lesquelles on puisse poser une grille de porte-rayons, car au-delà de 0^{m}2615, un rayon devient trop lourd et peut se briser quand on le détache de la muraille et qu'on veut l'enlever. Le mieux est de partager les ruches verticales en trois parties ou étages, et d'assigner les deux étages du bas à l'élevage du couvain, et celui du haut à servir de magasin à miel. Mais pour que les abeilles établissent dans les deux étages inférieurs leur quartier d'hiver et l'espace réservé au couvain, il faut qu'elles soient complétement séparées de l'étage supérieur. On obtient ce résultat en plaçant sur la grille de porte-rayons une couche de planchettes minces appelées planchettes de recouvrement.

Des planchettes de recouvrement. On se sert pour cela de planchettes provenant des boites à cigares ou faites avec du bois fendu avec soin. Elles peuvent avoir 0ᵐ0785 à 0ᵐ209 de largeur. Elles doivent être aussi longues que les ruches sont larges. On peut donc les poser soit en long, soit en travers. On place d'abord les plus larges de préférence vers le fond et les plus étroites vers le devant, afin que, lorsqu'on ne veut enlever qu'un ou deux rayons, on n'ait pas besoin de retirer plus de planchettes de recouvrement qu'il n'est nécessaire. Quand on se sert de porte-rayons tout simples, sans épaulement ni pointes destinées à maintenir l'écartement, on peut faire l'économie des planches de recouvre ment en plaçant entre chaque porte-rayons une planchette ayant 0ᵐ015

de largeur, et remplissant exactement l'intervalle nécessaire entre deux rayons. Cet arrangement est commode, surtout près de la porte, en ce que l'on n'est pas obligé d'enlever de planchette de recouvrement quand on veut ôter quelques rayons, ce qui ne cause aucun trouble dans la ruche et permet de saisir plus facilement la mère quand on veut s'en emparer. Au surplus, il ne faut pas être inquiet si l'on ne replace pas

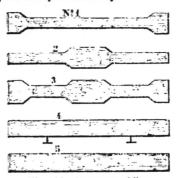

Fig. 14. Rayons mobiles.

avec soin les planchettes de recouvrement. Une fois que les abeilles ont établi leur couvain au-dessous, elles ne se dérangent pas, quand même une partie du recouvrement ne serait pas posée.

Afin de pouvoir aisément mesurer avec les doigts l'écartement des porte-rayons du haut, de les saisir et de les enlever plus facilement, il faut ménager un intervalle de 26 à 52 millimètres entre le couvercle de la ruche et les deux rainures du haut. On peut s'abstenir de poser des planchettes de recouvrement par le haut. Cependant il sera bon de les y poser quand même, pour empêcher les abeilles de construire dans ce petit espace et de faciliter la sortie des rayons de miel. On peut aussi sortir les rayons mobiles du haut, quand même il n'y aurait pas d'es-

pace au-dessus jusqu'au couvercle, en se servant d'un petit crochet ou
d'une pince; du reste, on aura beaucoup moins de peine à faire cette
opération quand on aura ménagé par le dessus l'espace nécessaire pour
le passage des doigts. Il [va sans dire que l'on peut, sans inconvénient,
laisser bâtir les abeilles à leur guise dans l'espace supérieur d'une ruche
sans y mettre de rayons' mobiles, lorsque cet espace n'est pas destiné à
l'agrandissement de la ruche, mais à fournir du miel, ce que les abeilles
ne font ordinairement que la seconde année. Cependant il est préférable
de se servir des rayons mobiles, parce que l'opération de les enlever se
fait plus facilement, plus vite et plus proprement, surtout quand il fait
chaud.

Pour faciliter le placement et l'enlèvement des rayons mobiles, non-
seulement dans une ruche, mais dans toutes les ruches de l'apier, il
faut que toutes les caisses aient exactement les mêmes dimensions intérieures ; et pour que deux gâteaux, les premiers venus, puissent être
placés l'un à côté de l'autre sans toucher ni sans laisser entre eux un
espace trop large, il faut qu'ils soient construits d'une manière bien
uniforme, bien droits et aussi exactement que possible suivant les rayons
mobiles. Ce n'est pas seulement pour la beauté du coup d'œil, mais surtout pour être plus commode. Mais les abeilles, laissées à elles-mêmes,
ne le feraient que rarement. Elles construiraient les gâteaux sur le bord
des planchettes plutôt qu'au milieu, ou bien en travers d'une planchette sur l'autre, de manière à rendre l'enlèvement des gâteaux bien
difficile et peut-être tout à fait impossible. Pour éviter cet inconvénient,
il faut donner aux abeilles un guide ou une indication certaine.

Société centrale d'apiculture.

Séance du 7 décembre 1871. — Présidence de M. Jacques Valserres.

Sommaire : Renouvellement du bureau et du conseil d'administration. — Mélipone et espèce d'abeilles exotiques. — Essaims en septembre. — Moyen de
destruction des faux-bourdons. — Essaimage artificiel. — Déprédation des hirondelles.

Le procès-verbal de la dernière séance est lu et adopté.

L'ordre du jour appelle le renouvellement des membres sortants du
bureau et du conseil d'administration. Ces membres sont : MM. Carcenac, président ; de Liesville, vice-président ; Delinotte, secrétaire ;
Gauthier, trésorier et Vignole, assesseur. Le secrétaire général fait

connaître que, par une lettre du 16 juillet dernier, M. Carcenac a annoncé que, ses nouvelles occupations de maire du 2ᵉ arrondissement ne lui laissant pas le temps de suivre les travaux de la Société, il adressait sa démission de président. Il fait connaître aussi que l'état de santé de M. Gauthier l'a contraint de résilier ses fonctions de caissier. M. Kanden a demandé également à être relevé de ses fonctions de secrétaire correspondant. L'assemblée procède à l'élection des membres à remplacer, et sont nommés : MM. Ducuing, représentant des Hautes-Pyrénées, président ; de Liesville, vice-président; Delinotte, secrétaire; Favarger, trésorier-archiviste; Vignole, assesseur.

Les articles 8 et 9 des statuts sont modifiés de la manière suivante:

« Art. 8. Le bureau est composé : d'un président-titulaire, de deux assesseurs, de deux vice-présidents; d'un secrétaire général, de deux secrétaires des séances, d'un certain nombre de secrétaires correspondants nationaux et étrangers, d'un trésorier-archiviste. Il pourra être créé des membres honoraires à ces diverses fonctions.

» Art. 9. Le Conseil d'administration est composé des membres du bureau et de trois membres adjoints. »

Sur la présentation du secrétaire général, sont nommés : présidents honoraires : MM. le général de Mirbeck et Carcenac ; secrétaires correspondants nationaux : MM. Emile Beuve, professeur d'apiculture ambulant de la Société de l'Aube, et Dumont-Legueur, président de la Société d'apiculture de la Somme. Sont nommés correspondants étrangers : MM. Parmly de New-York, le docteur Melicher de Vienne, Dümmler de Homburg, Louis Fossoul de Sclessin, José Ramon de Villalon de Santiago, Del Valle de Madrid, le major Hrurska de Dolo ; la Société polytechnique de Moscou et la Société d'acclimatation de Palerme.

— Sont nommés membres du Conseil d'administration : MM. Duplouy et Arthaut, et le titre de trésorier honoraire est conféré à M. Gauthier.

Le bureau de la Société est composé de la manière suivante pour 1872:

Présidents honoraires :	MM. { Général de Mirbeck. { Carcenac.
Président,	{ Ducuing, représentant des Hautes-Pyréné s.
Assesseurs,	{ Jacques Valserres. { Vignole, président de la Société de l'Aube.
Vice-présidents,	{ Vicomte de Liesville. { d'Henricy.

Secrétaire général,	MM.	H. HAMET, professeur au Luxembourg.
Secrétaires des séances,		P. RICHARD. DELINOTTE.
Secrétaires correspondants,		L'abbé COLLIN. Emile BEUVE. DUMONT-LEGUEUR.
Correspondants étrangers,		NEIGHBOUR, à Londres (Angleterre). Dr MELICHER, à Vienne (Autriche). DÜMMLER, à Homburg (Bavière). L. FOSSOUL, à Sclessin (Belg.-que). Th. VALIQUET, à St-Hilaire (Canada). José RAMON DE VILLALON, a Santiago-de-Cuba. DEL VALLE, à Madrid (Espagne). PARMLY, à New-York (États-Unis). KLEINE, à Luethorst (Hanovre). Major HRURSKA, à Dolo (Italie). Société polytechnique, à Moscou (Russie). Société d'acclimatation, à Palerme (Sicile). BERNARD DE GÉLIEU, à Saint-Blaise (Suisse).
Trésorier archiviste,		FAVARGER.
Trésorier honoraire,		GAUTHIER.

Conseil d'administration pour 1872 : les membres du bureau susdésignés, plus MM. SIGAUT, DUPLOUY et ARTHAUT.

L'assemblée est ensuite appelée à délibérer sur le concours à ouvrir pour 1872, entre les instituteurs qui enseignent et pratiquent l'apiculture. Elle décide que les prix Carcenac qui n'ont pu être délivrés en 1870, le seront en 1872, et que la Société ajoutera une somme de 100 fr. pour augmenter le nombre de ces prix, qui seront ainsi composés : 1° un prix de 100 fr.; 2° deux prix de 50 fr.; 3° quatre prix de 25 fr. Il sera affecté à chaque prix une médaille de vermeil, d'argent ou de bronze, et des instruments et des ouvrages d'apiculture. Les élèves auront droit à ces derniers.

Le secrétaire annonce que la Société vient d'être avisée d'une proposition d'ordonnancement de 500 fr. faite par le ministre de l'agriculture. Cette somme est attribuée à titre d'allocation pour encouragement à la Société d'apiculture. Des remercîments sont votés à M. Victor L.-

Franc, ministre de l'agriculture et du commerce. M. Valserres dit que c'est aux démarches du président qu'elle vient de nommer, que la Société doit l'obtention de cette allocation, qui n'avait pu être demandée en temps voulu à cause du siége. Il ajoute que cet honorable représentant secondera de tout son pouvoir la Société d'apiculture. Ces paroles sont accueillies avec reconnaissance. On passe au dépouillement de la correspondance.

M. Drory, ingénieur du chemin de fer et apiculteur à la Bastide, près Bordeaux, annonce qu'il transmettra prochainement les observations qu'il a pu faire sur la colonie de mélipones (*Melipona scutellaris*) qu'il possède. Il envoie des spécimens d'ouvrières et de femelles non fécondées de ces mélipones. Il dit que leur nid se trouve actuellement dans une chambre chauffée à 25°. Malgré cette température élevée, il en meurt, ajoute-t-il, tous les jours (une certaine quantité). Il envoie aussi quelques exemplaires d'abeilles de l'île Maurice, dont il attend deux colonies vivantes en mai prochain, et quelques abeilles du Sénégal. Une colonie de ces dernières abeilles lui est arrivée malheureusement pendant une absence assez grande, et à son retour, il a trouvé la ruche pleine de cadavres, exhalant une odeur nauséabonde. Cet honorable correspondant fait remarquer qu'il n'existe qu'une légère différence entre ces abeilles et celles d'Égypte ; celles du Sénégal ont un anneau de plus coloré en jaune. Leur taille est la même que celles des Egyptiennes. L'écusson jaune sur le corselet existe également. « J'attends, dit M. Drory, une autre colonie de ces abeilles en avril, et il est très-probable que je recevrai, en août ou en septembre prochain, une colonie d'*apis dorsata*. »

M. Valserres fait remarquer que les espèces des pays chauds sont de plus petite taille que celles des pays tempérés, et que par conséquent elles doivent moins nous convenir. M. d'Henricy dit que les pays chauds réunissent souvent les plus grands types à côté des plus petits : l'éléphant et l'abeille naine. M. Hamet ajoute que ces abeilles, dont les caractères sont tranchés, peuvent toujours nous rendre des services au point de vue de l'histoire naturelle, mais qu'au point de vue de la production, il faut chercher les types qui ont la trompe plus forte que notre abeille, afin que ces mellifères puissent butiner sur le trèfle ordinaire où notre abeille ne peut presque rien prendre. On a parlé d'une espèce répandue dans quelques contrées de la Chine qui posséderait cet avantage. Elle serait pour nous une bonne acquisition.

M. Cuny, des Hayottes (Vosges), communique que dans sa contrée il y a eu, cette année, des essaims jusque dans la première quinzaine de septembre; on les trouvait à la branche, attendu qu'à cette époque on ne s'occupe plus de soigner les ruches pour l'essaimage. Il dit en avoir acheté un moyennant 3 fr. pour le joindre à une colonie orpheline qui va très-bien. En ce qui concerne les abeilles jaunes, il est à même de juger qu'elles amassent plus de produits que les noires. Un de ses voisins, qui n'a que des abeilles jaunes, a tiré de son petit rucher 240 livres de miel, et toutes ses colonies restent bien approvisionnées pour l'hiver. Voici le moyen que M. Cuny emploie pour se débarrasser des faux-bourdons dans la ruche à cadre. Il s'empare d'abord de la mère, qu'il met dans un étui (c'est le matin ou le soir qu'il opère et par une journée qui a donné du miel ou qui en promet). Il enlève les cadres les uns après les autres, et avec la barbe d'une plume il en fait tomber les abeilles dans un panier rond en paille; il couvre celui-ci d'une grille perforée laissant passer les ouvrières, mais non les mâles, puis jette dessus un linge. Il remet dans leur ruche les cadres qu'il a déposés provisoirement dans un porte-cadres ou dans une ruche vide ; il y remet aussi la mère. Il enlève le linge du panier de paille et abouche celui-ci à sa ruche à cadres, où bientôt les ouvrières rentrent. Quand aux faux-bourdons, ils se trouvent prisonniers dans le panier de paille. Il est alors facile de les détruire.

M. Vivien Joly, de Maizières (Aube), dit qu'il opère facilement ses essaims artificiels par transvasement, parce que sa ruche en cloche est percée par le haut pour recevoir au besoin un calottage quelconque. Il lance de ce côté, qui a une grille à claire-voie, de la fumée en même temps qu'il tapote, ce qui fait déguerpir très-vite les abeilles. Pour le reste, il use avec avantage de la permutation indiquée par M. Vignole.

M. Rousseau, d'Ouilly (Aisne), dit qu'il s'est assuré du dégât des hirondelles. Il en a tué une au moment où ces oiseaux chassent le plus les abeilles, et a trouvé sept ouvrières dans son estomac. Il a pendu cette hirondelle à une longue perche qu'il a plantée dans son rucher, et les autres hirondelles se sont presque toutes abstenues de passer dans les environs. Cet apiculteur dit qu'il a essayé de beaucoup de systèmes de ruches, à cadre et sans cadre, et qu'il se borne à celle en cloche avec chapiteau et hausses.

Sur sa demande, M. Rousseau est admis membre de la Société centrale d'apiculture.

M. le président propose de porter à l'ordre du jour de la prochaine séance, l'examen du programme de l'exposition apicole de 1872. Il pense qu'avant le 1er janvier la Société sera fixée sur sa nouvelle installation au jardin du Luxembourg. MM. Favarger et Duplouy appuient cette proposition, qui est accueillie. La séance est ensuite levée.

Pour extrait, l'un des secrétaires : DELINOTTE.

P. S. La prochaine réunion mensuelle aura lieu, le jeudi 4 janvier 1872, chez le président de la Société, rue de Londres, 7, à huit heures précises du soir.

Ayez un carnet de poche.

Portez-le toujours sur vous, et aussitôt qu'il se présente à votre esprit une idée que vous désirez retenir, couchez-la de suite sur votre livre. Prenez en note les petits ouvrages que vous avez à faire, le temps où il faudra pratiquer une opération sur vos ruches, acheter un instrument, ou tel article dont vous aurez besoin dans deux ou trois semaines, enfin toutes ces petites pensées sans nombre *sur quelque chose que vous aurez à faire,* et qui vous viennent à l'esprit de temps à autre, et dont on ne se souvient plus au bout d'une heure, d'une journée. Le marchand intelligent ne s'en rapporte jamais à sa mémoire pour se rappeler les articles de marchandise qu'il devra acheter lorsqu'il ira chez ses fournisseurs; de même l'apiculteur intelligent ferait une bonne chose en inscrivant sur un carnet les besoins qu'il lui est impossible de confier à sa mémoire, les remarques et observations qu'il fait en courant.

Il faut que votre carnet soit un *agenda* et que chaque page contienne un ou deux jours de la semaine, désignés et datés. Par conséquent, il a besoin d'être renouvelé tous les ans. Il faut aussi qu'il ait un certain nombre de feuillets consacrés aux notes particulières; d'autres, à des adresses, etc. Ce carnet vous dispensera des quittances et reçus timbrés pour les emplettes que vous ferez. C'est-à-dire qu'il vous donnera le moyen de le gagner cent fois. Ainsi, lorsque vous aurez payé une somme due à quelqu'un et que vous voudrez un titre sans verser les deux sous du fisc, vous mentionnerez ce payement au quantième du mois de votre carnet et vous le ferez attester par celui qui l'aura reçu.

Vous pourrez libeller ainsi votre note :

Ce jour, payé à... pour..., la somme de...

Vous ferez mettre dessous, par le vendeur ou l'encaisseur :

Certifié véritable (avec signature).

Par ce moyen, vous posséderez un titre, et vous n'aurez pas à payer les dix centimes de timbre, attendu qu'ils ne sont pas exigibles pour les certificats.   .   **X.**

Dictionnaire d'apiculture.
Glossaire apicole (Voir p. 343).

Essaim (sortie de l'). Lorsque l'ordre du départ a été communiqué, les abeilles se précipitent en foule et en battant les ailes vers la porte ; elles prennent leur vol avec vivacité et font entendre un bourdonnement particulier, une sorte de chant de joie, que l'apiculteur reconnait. Bientôt l'essaim est sorti, quelquefois en moins de trois minutes, mais d'autres fois il met plus du double de temps ; il se balance un moment dans l'air, cinq ou six minutes en moyenne, se fixe ensuite à un endroit le plus souvent peu éloigné de la ruche qu'il quitte, ordinairement à une branche d'arbre peu élevé. Cet essaim est composé d'abeilles de tout âge, dont la plupart ont eu soin de se charger de vivres ; et, comme nous le verrons plus loin, il est accompagné de l'abeille-mère de la ruche qu'il quitte, laquelle ruche en a une ou plusieurs au berceau.

Essaim (moyen de faire fixer l'). Ordinairement l'essaim se fixe à une branche d'arbre, avons-nous dit, quelques minutes après sa sortie de la ruche-mère. Mais parfois, il tarde à se fixer ; il s'élève même à une certaine hauteur et émigre au loin. Lorsqu'il se balance longtemps sans se fixer, il faut se hâter de lui jeter de la cendre, de la poussière, du sable fin, à défaut de la terre émiettée, ou bien de l'eau à l'aide d'une pompe de jardinier, parce que cela imitant la pluie, lui fait réellement sentir le besoin de se fixer pour l'éviter autant que possible.

De tout temps on a cherché les moyens d'arrêter les essaims dans leur vol ; et comme on avait remarqué que le tonnerre, présage de la pluie, les faisait abattre sur-le-champ, on s'est imaginé que le bruit qui l'imite plus ou moins produirait le même effet. En conséquence, on frappait, et dans quelques localités, on frappe encore à coups redoublés sur des chaudrons, des poêles, des pelles à feu, comme si ce ridicule tintamarre devait être suivi de la pluie, compagne ordinaire du tonnerre, et qui est réellement ce que les abeilles craignent ; d'autres usent dans le même but de coups de fusil. Il en est qui attribuent au jus de citron la propriété d'attirer les abeilles de l'essaim. Dans quelques villages, on ajoute au tintamarre des démonstrations orales qui sont au moins aussi sottes.

Essaim (endroit où se fixe l'). Le plupart du temps l'essaim, après avoir parcouru, voltigé en l'air sans trop s'éloigner du rucher, se fixe à une branche d'arbre peu élevé (pommier, prunier, cerisier, etc.), dans un buisson ou une haie, etc., où il forme une sorte de pelote ou grappe plus ou moins volumineuse. Là, les abeilles attendent des coureuses qu'elles ont envoyées à la découverte d'un trou d'arbre ou d'un mur propre à les loger. Ces coureuses partent ordinairement avant la sortie de l'essaim et font l'office de maréchaux de logis. Mais, soit qu'elles ne remplissent pas leurs fonctions, soit qu'il n'en ait pas été mis en campagne, l'essaim séjourne quelquefois à l'endroit où il s'est fixé ; ce n'est que le lendemain, lorsque le soleil a repris de la vigueur et qu'il a réchauffé les abeilles, que l'essaim fixé reprend sa volée, tantôt pour se fixer de nouveau près de l'endroit où il était, tantôt pour émigrer fort loin. On en voit quelquefois parcourir plusieurs lieues, le plus souvent en ligne droite. On en voit aussi parfois, mais pas très-communément, séjourner et s'établir dans le buisson où il s'est posé.

Cet office de maréchaux de logis est loin d'être général. Si quelquefois on voit des abeilles aller avant coup nettoyer la ruche vide qu'elles ont découverte et où elles veulent se loger, la plupart des essaims paraissent partir à l'aventure, sans s'être préoccupés d'un logement. Néanmoins nous rapportons des opinions conformes d'auteurs qui ont été répétés sans qu'on se soit donné la peine de les contrôler rigoureusement. Dans les *Transactions philosophiques* (1807), Knight assure avoir vérifié, qu'avant le départ d'un essaim, les abeilles de la ruche d'où il doit sortir, vont à la recherche d'un lieu propre à les loger à l'abri des injures de l'air. Saint-Jean de Crève-Cœur, dans ses *Lettres du cultivateur américain,* s'exprime ainsi : « Un des phénomènes les plus difficiles à résoudre est de savoir, quand les abeilles auront essaimé, si elles voudront rester dans la ruche qu'on leur aura destinée, ou échapper pour aller se fixer dans le creux de quelque arbre ; car lorsque, par le moyen de leurs émissaires, elles se sont choisi une retraite, il n'est pas possible de les faire rester ; plusieurs fois j'ai forcé les essaims d'entrer dans la ruche que je leur avais préparée, je les ai toujours perdus vers le soir ; au moment où je m'y attendais le moins, elles s'enfuyaient en corps vers les bois. » Ce qu'il y a de certain, c'est qu'à l'état sauvage dans les forêts, les essaims se logent eux-mêmes, c'est-à-dire cherchent un endroit où s'abriter. Mais il y a un moyen d'empêcher l'essaim de fuir à la fin de la journée la ruche qu'on lui a donnée : ce moyen consiste à le porter, quelques minutes après sa réception, au rucher où les coureuses ne parviennent pas à le retrouver. — Souvent les essaims du lendemain vont s'établir à la branche qui a servi de station à ceux de la veille. La raison de cette préférence, c'est que la nouvelle colonie est attirée par les quelques abeilles de la première qui reviennent voltiger près de l'endroit où elles s'étaient posées la veille. L'odeur d'une mère qui a stationné là pourrait bien aussi être une cause de préférence.

Lorsqu'il n'existe pas d'arbre ni arbrisseau près du rucher, les essaims vont la plupart du temps se fixer aux reposoirs qu'on établit aux environs. On plante en terre quelques piquets longs de trois à quatre mètres, auxquels on append une poignée de branchages feuillus ou de bruyère, une sorte de balai, que l'on attache à une ficelle passée dans un anneau et que l'on fait fonctionner à l'instar des anciens reverbères; on les descend et on les monte à volonté. On peut introduire dans cette sorte de balai un vieux rayon de cire dont l'odeur attire les abeilles, ou du moins quelques rôdeuses, qui attirent elles-mêmes les abeilles des essaims. On peut également y mettre un étui qui ait renfermé des mères.

Essaim (réception de l'). Dès que l'essaim s'est fixé et qu'il n'y a plus que quelques abeilles qui voltigent autour de la grappe, il faut s'apprêter à le loger dans une ruche qu'on aura disposée à cet effet. Quelques personnes frottent intérieurement cette ruche de plantes aromatiques ou de miel, dans le but d'y faire fixer plus sûrement les abeilles. Cette précaution n'est pas indispensable. L'essentiel est que la ruche soit propre et n'ait pas de mauvaise odeur. Il est bon de la passer au préalable sur la flamme d'un feu de paille, qui détruit les œufs d'insectes et les insectes qui auraient pu s'y loger

(*A suivre.*)

H. HAMET.

Revue et cours des produits des abeilles.

Paris, 20 *décembre.* MIELS. Dès qu'on entre en décembre et qu'on approche le jour de l'an, les transactions en miel blanc deviennent sans importance et les cours sont plus nominaux que réels. Les derniers gâtinais cédés l'ont été à 140 fr. les 100 kil., partie égale de surfin et de blanc, première coupe. On a parlé de 110 à 115 fr. pour des pays, qu'on cote à l'épicerie et à la droguerie de 130 à 140 fr. Le peu de surfin gâtinais placé à l'épicerie, l'a été à des prix très-élastiques, depuis 1 fr. 80 jusqu'à 2 fr. 40 le kilog. On cote les Chili depuis 120 jusqu'à 145 fr. les 100 kil. selon qualité.

Dans la plupart des cantons de production, les prix restent bien tenus, notamment dans le Nord où des besoins se font sentir. On y cote les miels blancs ordinaires de 130 à 160 fr. les 100 kil.

Les bretagnes ont été plus calmes; on les a laissés de 85 à 88 fr. les 100 k. à Redon, et à 85 fr. à Fougères. De 80 à 83 fr. les acquéreurs ne manqueraient pas. Les miels de Bordeaux (miel de bruyère) n'ont pas encore de cours; on parle de 100 fr. les 100 kil. Ils sont peu abondants et aucune demande n'était encore venue les premiers jours de décembre. Le calme des bretagnes pourra établir leur cours à un chiffre moins élevé.

Au Havre, affaires nulles en miels exotiques qui prennent presque tous la direction du Nord (Belgique, Hollande et Allemagne par la mer du Nord). On a coté : miel de Chili de 105 à 115 fr. les 100 kil.; de Haïti et Cuba, de 60 à 70 fr. nominal.

Cires. La faiblesse domine et les offres affluent. Il a été cédé une certaine quantité de cire jaune depuis 3 fr. 75 jusqu'à 4 fr. le kilog. hors barrière. Les belles qualités n'ont guère obtenu que 4 fr. 20, entrées; ce qui les met à 3 fr. 97 hors barrière. Quelques lots ont été vendus directement aux marchands de couleurs, de 430 à 450 les 100 kil. dans Paris. Le commerce de gros cote à l'épicerie de 4 40 à 4 60 fr. le kil. — La consommation demande peu; l'emploi des cires à parquet, qui est toujours très-grand à cette époque, est restreint cette année. On brille moins. Les industries qui utilisent la cire semblent de leur côté être atteintes par la crise monétaire et par la situation équivoque dans laquelle se trouve le pays ; elles modèrent leurs demandes et opèrent au jour le jour.

M. Pillain nous écrit du Havre : « Les cires sont assez fermes. Toutefois, l'on a cédé, vu l'importance de l'affaire, un lot de 11,000 kil. cire de Chili, à 2 fr. 10 le demi-kil. On a aussi vendu 700 kil. cire jaune Haïti à 2 fr. le demi-kil. »

Voici les prix courants : cire brute, le kil. acq., d'Afrique 3 20 à 3 fr. 50; de Chili, 4 40 à 4 fr. 50; des États-Unis, 4 à 4 fr. 20 ; de Haïti, 3 75 à 3 fr. 80; de Saint-Domingue, 3 90 à 3 fr. 95; de l'Inde, 4 20 à 4 fr. 50.

Du 1er de ce mois à ce jour (10 décembre) les importations comprennent : 43 bls. cire jaune de Lisbonne; 15 dito de Rotterdam; 3 bouc. de New-Orléans, et 96 fûts miel de Morlaix.

Havane (dépêche du 10 novembre), cire blanche sans changement, de 12 piastres 1/3 à 13 l'arrobe (de 5 60 à 6 fr. le kil.); jaune de 8 piastres 3/4 à 9 1/4 (de 3 95 a 4 fr. 20 le kil.)

New-York, 20 novembre, cire ferme, de 34 à 35 cents (de 1 83 à 1 fr. 89 la livre).

A Marseille, les cours sont restés à peu près les mêmes : cire jaune de Smyrne, 245 à 240 fr. les 50 kil.; de Caramanie, 235 à 239 fr.; de Chypre et Syrie, 230 fr.; d'Egypte, 200 à 215 fr.; de Constantinople, 220 à 225 fr.; de Mogador, 185 à 200 fr.; de Tetuan, Tanger et Larache 200 à 210 fr.; d'Alger et Oran, 210 à 220 fr.; Bougie et Bone, 210 à 215 fr.; de Gambie (Sénégal), 200 à 205 fr.; de Mozambique, 210 à 216 fr.; de Corse, 225 à 230 fr.; de pays, 200 à 207 fr. 50. Ces deux dernières à la consommation. Les autres à l'entrepôt.

A Bordeaux on cote la cire à parquet 410 fr. les 100 kil. sans loge-ment ni escompte. A Anvers les cours se sont maintenus de 4 40 à 4 fr. 40 le kil. acq.

Corps gras. Les suifs fondus ont été cotés 112 fr. les 100 kil. hors barrière; les suifs en branche, 84 fr.; stéarine, 195 fr.; oléine, 90 fr. Le tout aux 100 kil. hors barrière.

Paraffine 1re qualité, hors barrière, 2 fr. 50 le kil.; 2e qualité, 2 fr. 40; 3e qualité, 2 fr. 30 (cours de la maison Lacorre, rue Saint-Martin, 203).

Sucres, sirops et mélasses. Les sucres raffinés sont un peu plus fermes depuis la hausse de la fin de novembre et commencement de décembre; ils sont offerts de 149 à 148 fr. les 100 kil. suivant marques, au comptant, et sans escompte. — Sirop dit de froment, 72 à 74 fr. les 100 kil.; sirop massé, de 55 à 56 fr. — Mélasse de canne pour fabrica-tion de pain d'épice, nature et grenue, 38 fr. les 100 kil.; mélasse dite blonde clarifiée, 45 fr.; escompte 3 0/0 (ces cours sont ceux de la maison Ménard et Blaive, rue de la Verrerie, 99).

ABEILLES. Les cours de 17 à 18 fr. en qualité marchande subsistent pour le gâtinais, mais des lots extra sont tenus de 20 à 22 fr. (28 fr. avec addition de bâtisse pleine). Les bâtisses, en grand fût propres et bien conservées, ont preneur de 6 à 8 fr.; celles en petits fûts de 3 à 5 fr.; bâtisse à demi selon grandeur de fût, de 2 50 à 4 fr.

Les froids vifs sont venus précipitamment, et pourront nuire aux colo-nies qui ont butiné tardivement; ces colonies avaient encore quelque couvain au berceau ; nourrices et jeunes abeilles souffriront, si elles sont retenues longtemps sans pouvoir sortir pour se vider : la dyssenterie pourra en résulter pour peu que l'humidité se fasse sentir. Dès les premiers jours de décembre, la neige couvrait le sol dans une partie du Nord-Est; le 7, elle tombait abondamment dans la région de Paris, et le lendemain le thermomètre descendait à 20 degrés au-dessous de zéro. On nous signale des colonies gelées, ou pour mieux dire étouffées en ruche de planches, dont on a rétréci l'entrée. C'est le contraire qu'il faut faire pendant les fortes gelées pour ces ruches; il faut avoir soin qu'elles ne manquent pas d'air, et que, par conséquent, la glace ne bouche pas l'entrée, ce qu'on évite en les surélevant au moyen de petites cales, absolument comme par les fortes chaleurs ; mais en même temps il faut avoir soin de bien les emmitoufler par le haut pour que la chaleur intérieure se conserve à l'endroit où sont groupées les abeilles.

Voici les renseignements que nous avons reçus :

En 1870 nous n'avions eu de nos abeilles ni essaim ni miel ; bon nombre de nos colonies dans ma contrée, avaient péri de misère en été même; mais septembre, avec ses dernières fleurs de bruyère dite *miellon*, est venu raccommoder celles qui survivaient, sans cela nos ruchers étaient presque anéantis. Enfin 1871 a été assez bonne; pour ma part, j'ai extrait à mes plus grosses et plus belles ruchées d'abeilles (à 37) le poids de quatre quintaux de miel en rayon ; mais je n'ai presque pas eu d'essaims. Mes colonies, au nombre de cinquante et quelques-unes, sont en bon état et ont les provisions nécessaires pour passer l'hiver. Dans certains ruchers de ma contrée, il y a eu des apiculteurs qui ont ramassé assez bon nombre d'essaims ; en résumé, l'année 1871 n'a pas été mauvaise pour nos abeilles des Landes. Nous en avions besoin ; car depuis trois ou quatre ans nos ruchers allaient toujours se dépeuplant. — *Picat*, à Onesse (Landes).

Dans mon canton, arrondissement de Bar-le-Duc, la campagne apicole de 1871 a été assez fructueuse; les ruchers étaient dégarnis après l'hiver désastreux de 1870, mais un essaimage abondant les a remontés; les premiers essaims sont bons, les autres pourront gagner la bonne saison avec quelques soins au printemps. En somme, bonne production, mais consommation restreinte par suite de la cherté de tous les vivres de première nécessité. — *Charoy*, à Stainville (Meuse). — Le début de l'année s'annonçait passablement; mais des contre-temps sont venus restreindre nos espérances. Bref, après mes réunions d'octobre, je conserve le nombre des colonies que j'avais au printemps, mais je n'ai rien récolté. — *Lourdel*, à Bettencourt (Somme).

Les miels sont chers. Je viens d'acheter à 160 fr. des blancs gâtinais à Lille, où l'on cote le chili au même prix. La cire est sans variation. J'apprends que des ruchers s'anéantissent faute de vivres. — *Vernaȝut-Baudel*, à Saint-Pierre (Pas-de-Calais).

Chez nous l'année a été pauvre pour les mouches; je ne sais s'il en est de même dans tout le département. Mais d'après ce que j'entends, il n'y a guère de différence. — *Dubaële*, à Morris (Nord).

On se trouverait bien, si le froid persistait, de descendre dans une cave sèche, ou de placer dans un cellier, voire même dans une pièce inhabitée, les colonies qui ont peu de vivres. On peut les alimenter à la cave, si la température y est à 10 ou 11 degrés au-dessus de zéro. Les aliments à donner doivent contenir le moins d'eau possible. L'ensilotage (l'enterrement) peut être employé par les hivers rigoureux. Il faut avoir soin que la fosse soit pratiquée dans un terrain sec et non tourmenté par le bruit, et qu'elle soit assez spacieuse pour que les abeilles ne manquent pas d'air.   H. HAMET.

P. S. Je puis vendre miel roux à 85 fr. les 100 kil. en gare de Redon. Mandat à 15 jours, sans escompte. — *Pillain*, rue de Normandie, 58, au Havre.

— Les apiculteurs qui désirent en nombre des ruches en paille, doivent faire leur commande dès maintenant pour être servis en temps voulu.

— Aujourd'hui 20, le premier dégel est complet, le soleil luit et les abeilles sortent, après trois semaines de réclusion.

Correspondance.

Ce 14 décembre 1871.

Monsieur le Directeur,

Il est bon de savoir à quoi s'en tenir sur ce fait avancé dans le dernier numéro qu'une mère retenue quelque temps entre les doigts peut s'imprégner de l'odeur particulière à la personne qui l'a saisie et parfois ne plus être bien accueillie de sa population. Je connais presque toutes mes mères, il n'y en a peut-être pas que je n'aie fait sortir de leurs ruches une, deux, trois et quatre fois, et que je n'aie tenue dans ma main. Je ne me suis pas aperçu qu'elles aient disparu ensuite. En septembre dernier encore, un amateur venait pour m'acheter quatre colonies d'alpines, et en moins d'une demi-heure, j'avais pu faire sortir une partie de la population de chacune et présenter à l'amateur quatre mères sur le bout de mes doigts; elles ont été rendues à leur population et ont été bien reçues. Le 4 de ce même mois, je transvasai vers une heure du soir ma plus belle colonie alpine dans une ruche où se trouvaient quelques œufs d'ouvrières, peut-être même des larves. Pensant que la mère était avec sa famille, j'abandonnai le rucher pour aller recevoir quelques amis. Vers 4 heures du soir en allant faire une revue, je fus fort surpris de trouver la mère sur le sol, devant la ruche, environnée d'une cinquantaine d'abeilles accourues a son secours; je la rendis au plus vite à la colonie sans la toucher. Je fus ensuite absent cinq jours, mais j'avais eu la précaution de placer à l'entrée la grille à reine sur laquelle je trouvai morte l'alpine à laquelle je tenais tant. J'ai pensé que pendant son absence de trois heures, les ouvrières avaient fait choix de quelques jeunes larves d'ouvrières qu'elles voulaient élever maternellement. D'ailleurs cette mère avait, dans le cours de l'été, rempli plusieurs ruches de couvain et elle pouvait être épuisée.

Comme vous le voyez, c'est une question à étudier. Je ne l'oublierai pas.   CAYATTE à Billy (Meuse).

___

Gare, là! Nous venons d'être dupé en achetant *l'Abeille*, almanach rural; nous l'avions déjà été en prenant Mathieu de la Drôme, de la lignée de Mathieu Laensberg. — Vous aurez la main plus heureuse en achetant l'*Almanach de l'agriculture*, par Barral, ou l'*Almanach de Gressent*, ce dernier principalement arboricol. Prix: 50 cent. chez tous les libraires.

___

AVIS ESSENTIEL.

Cette livraison termine la *quinzième* année de *l'Apiculteur*. La livraison prochaine, qui paraîtra du 10 au 15 janvier, commencera la *seizième année.*

MM. les abonnés sont priés, pour éviter tout retard dans la réception de leur numéro prochain et pour faciliter le travail de l'administration du journal, de nous adresser, dès à présent, le montant de leur abonnement à la *seizième année.* Le prix du réabonnement est de 5 fr. 60 lorsqu'il nous est adressé *franco* par un mandat de poste, dont le talon sert de quittance; il est de 6 francs par libraire intermédiaire. Les réabonnements encaissés à domicile seront désormais de 6 francs 50 (*six francs* *cinquante centimes*). Les abonnés étrangers sont également autorisés , retenir les frais d'envois.

On est prié de rectifier sa bande s'il y a lieu. — Signer lisiblement et indiquer le bureau de poste de distribution.

Comme par le passé, nous continuerons de servir tous les abonnés, à moins d'avis contraire. Les abonnés qui veulent cesser de recevoir le journal n'auront qu'à refuser le *numéro de janvier*, lorsque le facteur le leur présentera. *Seront considérés comme réabonnés tous les abonnés anciens qui ne refuseront pas le numéro prochain.*

Chaque livraison portera à l'avenir le nom du mois qui la verra paraître, et à partir de février le journal sera adressé régulièrement aux abonnés du 1er au 5 du mois. *Les fragments du journal d'un apiculteur* (travaux de chaque mois) suspendus en 1871, seront repris en 1872. Sous le pseudonyme de *l'attrape-science*, un collaborateur publiera une suite d'articles ayant pour titre : *l'apiculture du commençant.*

Nous prions nos lecteurs de profiter de l'occasion de leur réabonnement pour nous renseigner sur l'état de l'apiculture dans leur localité, la situation de leur récolte, les expériences auxquelles ils se sont livrés, les prix des produits, la valeur des colonies, etc. Ils nous obligeront aussi de nous donner l'adresse des possesseurs d'abeilles qu'ils sauront être capables de s'abonner.

De notre côté, nous continuerons de fournir les renseignements particuliers que nos abonnés pourront nous demander sur l'état et l'avenir des affaires, sur la marchandise à vendre ou acheter, etc. (joindre un timbre-poste pour l'affranchissement de la réponse.)

Nous pouvons mettre à la disposition de nos lecteurs qui sauraient les traduire, des journaux apicoles allemands et suisses-allemands, ainsi que le *The bee-keepers journal* de New-York, et autres publications de langue anglaise. Le directeur de *l'Apiculteur :* H. HAMET.

Malgré les expériences auxquelles je soumets quelquefois la moitié de mon rucher, et sans compter que les colonies que je conserve ont trois quarts en poids de plus que celles de l'année dernière, j'ai eu la satisfaction de faire cette année un bénéfice de 200 fr., c'est-à-dire de 100 p. 100. CAYATTE, à Billy (Meuse).

TABLE ALPHABÉTIQUE DES MATIÈRES

DU 15e VOLUME DE L'APICULTEUR.

COLLABORATEURS.

FIGURES.

Paris. — Imprimerie horticole de E. DONNAUD, rue Cassette, 9.

PERIODICAL

THIS BOOK IS DUE ON THE LAST DATE
STAMPED BELOW

RENEWED BOOKS ARE SUBJECT TO
IMMEDIATE RECALL

Library, University of California, Davis

Series 458A

Lightning Source UK Ltd.
Milton Keynes UK
UKHW041030020319
338009UK00027B/135/P